W0258823

N
NNW
NNO
NW
NO
WNW
ONO
W
O
WSW
OSO
SW
SO
SSW
SSO
S

Hilfsbuch für die Schiffsführung

von

Johannes Müller und **Joseph Krauß**
Inspektor des Norddeutschen Lloyd
Direktor der Staatlichen Seefahrtschule Stettin

Zweite, wesentlich erweiterte
und verbesserte Auflage

Mit 229 Abbildungen im Text
und einer farbigen Tafel

Springer-Verlag Berlin Heidelberg GmbH
1925

ISBN 978-3-662-39028-3 ISBN 978-3-662-40000-5 (eBook)
DOI 10.1007/978-3-662-40000-5

Ursprünglich erschienen bei Julius Springer in Berlin 1925
Softcover reprint of the hardcover 2nd edition 1925

Vorwort.

Wissen ist Macht,
Wie schief gedacht!
Wissen ist wenig,
Können ist König!
Rosegger.

Die erste Auflage des „Hilfsbuches für Schiffsoffiziere" von Johannes Müller erschien im Jahr 1911. Dieses Buch wollte schon damals einen Überblick über das gesamte Wissensgebiet des Nautikers geben und für die Navigateure ungefähr das sein, was z. B. die „Hütte" für die Ingenieure oder der „Johow-Foerster" für die Schiffbauer sind.

Die erste Auflage des Buches ist vergriffen. Seit ihrem Erscheinen haben sich auf fast allen Gebieten der Nautik grundlegende Umwälzungen vollzogen. Die Einführung der bürgerlichen Zeitrechnung in der astronomischen Navigation, die sprunghafte Entwicklung der technischen Navigation, neue Gesetze und Verordnungen auf allen Gebieten des Seewesens usw. schufen ein Verlangen nach einer Neuauflage des Buches, das sich so vorteilhaft eingeführt hatte und vielen Nautikern treuer Berater und Begleiter geworden war.

Nur in wenigen Berufen wird von dem einzelnen ein so vielseitiges Können, ein so umfassendes Wissen und ein so großes Verantwortungsgefühl verlangt wie von den Nautikern. Ihnen in ihrem schweren Berufe ein zuverlässiger und treuer Ratgeber zu sein, war das Hauptbestreben der Verfasser dieser neuen Auflage. Sie glauben aber auch, daß den Reedern, der Seeberufsgenossenschaft, den Seeämtern, den Assekuradeuren, den Schiffbauern, den Sportseglern und allen sonstigen Interessenten der Seefahrt ein solches Buch willkommen sein wird.

Mit Bezug auf den Unterricht umreißt es in großen Zügen das Wissensgebiet, dessen gründliche Durcharbeitung Aufgabe der Fachschule ist. Wir glauben, daß dieses Buch die eindringlichste Begründung der Forderung nach einer Besserung der Ausbildung und einer Verlängerung der Seefahrtschul-Kurse ist. Das Buch soll und kann kein „Lehrbuch" sein, trotzdem wird es auch den Besuchern der Seefahrtschulen wertvolle Hilfe leisten können. Die Verfasser waren überall um äußerste Kürze der Darstellung bemüht. Nur im Teil „Technische Navigation" glaubten sie davon eine Ausnahme machen zu müssen, und sie sind hier selbst vor Wiederholungen nicht zurückgeschreckt.

Die Verfasser wissen, daß das Ziel, das sie sich gesteckt haben, erst allmählich und nur dann erreicht werden kann, wenn die Nautiker der

Handels- und Kriegsmarine selbst an der Ausgestaltung des Buches mitarbeiten. In diesem Sinne begrüßen sie dankbar jede Anregung und Berichtigung und jede Kritik.

Die Verfasser danken allen den Herren, Behörden und Firmen, die sie durch Rat und Tat bei der Herausgabe des Buches unterstützt haben. Sie danken auch ganz besonders dem Verlag, der keine Kosten und Mühen scheute, das Buch in würdiger Form herauszubringen.

Lehe-Wesermünde. Stettin-Grabow.
Frühling 1925.

Die Verfasser.

Anschriften: Direktor J. Krauß, Stettin-Grabow, Staatl. Seefahrtschule.
Inspektor des Nordd. Lloyd Johs. Müller, Lehe-Wesermünde, Goethestraße 50 a.
Verlagsbuchhandlung Julius Springer, Berlin W 9. Linkstraße 23/24.

Inhaltsverzeichnis.

I. Vorbemerkungen.

Seite

Wichtige Fragen, die ein Schiffsoffizier sofort nach Übernahme eines neuen Bordkommandos beantworten können muß 1
Vor dem Inseegehen zu beachtende Fragen 1
Was ist während der Fahrt zu beachten und zu bedenken? 2
Worauf ist beim Wachwechsel zu achten? 3
Was ist beim Anlaufen eines Hafens zu bedenken? 4
Worauf ist beim Ankern zu achten? 4
Worauf ist im Hafen zu achten? 4
Tägliche Fragen im Hafen und auf See 5
Worauf ist beim Docken eines Schiffes zu achten? 5
Welche Regeln gelten bezüglich des Flaggengrußes? 6

II. Terrestrische Navigation.

1. Die Seekarte 6
Beschreibung und Konstruktion der Seekarte 6
Gebrauch und Behandlung der Seekarte 7
Abkürzungen und Bezeichnungen in deutschen Seekarten 9
Bezeichnung von Unterwasserschallsendern in deutschen Seekarten 559
Topographische und hydrographische Zeichen in deutschen Seekarten 11
Einige häufig vorkommende Abkürzungen und Bezeichnungen in englischen Seekarten 13
Wrackzeichen in britischen Karten 14
Allgemeine Bezeichnung der Fahrwasser und Untiefen 15
Betonnungssystem von Deutschland 15
Wrackbezeichnung in den deutschen Küstengewässern und betonnten Fahrwassern 16
Wrackbezeichnung in den Gewässern an den Küsten von England, Wales, Schottland, Irland und der Insel Man 17
Die die Seekarten ergänzenden nautischen Bücher 17
Längenunterschiede zwischen Greenwich und anderen Hauptmeridianen 18

2. Bestimmung der Fahrt des Schiffes 18
Gewöhnliches Handlog 18
Relingslog 19
Grundlog 19
Fahrtbestimmung an der gemessenen Meile 19
Fahrtbestimmung nach Umdrehung der Maschine 20
Bestimmung des Slips 20
Tabelle: Seemeilen in einer Stunde beschickt auf Meter in einer Sekunde 21
Tabelle: Seemeilen in der Stunde beschickt auf Meter in Minuten . 22
Tabelle: Bestimmung der Schiffsgeschwindigkeit an der abgesteckten Seemeile 23
Fahrttabelle I: Seemeilen in der Stunde beschickt auf Seemeilen am Tage und in der Woche 23
Fahrttabelle II: Seemeilen in der Stunde beschickt auf Seemeilen in Minuten 24
Abstands- und Fahrttabelle III nach A. Warneke 28
Anmerkungen und Beispiele zur Abstands- und Fahrttabelle III . . 32

Seite
3. Bestimmung der Wassertiefe 32
Vorbemerkungen 32
Handlot 33
Tieflot 33
Umwandlung von metrischen und englischen Maßen 34

4. Die terrestrische Ortsbestimmung 35
A. Die Ermittlung der terrestrischen Standlinie 35
Vorbemerkungen 35
Abstandsbestimmungen 35
a) Schätzung 35
b) Schall 36
c) Leuchtfeuer in der Kimm 36
d) Höhenwinkelmessung, wenn der Gegenstand innerhalb des Seehorizontes liegt und seine Höhe bekannt ist 36
e) Höhenwinkelmessung von einem Landgegenstand von bekannter Höhe, dessen Fuß von der Kimm verdeckt ist 37
f) Kapitän Randermanns kleine a-b-c-Tafel zur Abstandsbestimmung aus Höhe und Höhenwinkel von Bergen, die jenseits der Kimm liegen 38
g) Zweimaliges Messen des Höhenwinkels eines innerhalb des Horizontes liegenden Gegenstandes von unbekannter Höhe, während man recht auf den Gegenstand zu oder von ihm absegelt 40
Peilungen 41
Messen von Horizontalwinkeln 41
Lotungen 42
B. Verwertung einzelner terrestrischer Standlinien zur Vermeidung von Gefahr 42
Die 10-m-Linie 42
Peilungslinie 42
Abstand durch Höhenwinkel (vertikaler Gefahrwinkel) 42
Horizontalwinkel (horizontaler Gefahrwinkel) 43
C. Die Verwertung der terrestrischen Standlinien zur Ortsbestimmung . 43
I. Ortsbestimmung mit Hilfe einer Landmarke 43
Peilung und Abstand 43
Peilung und Lotung 43
Doppelpeilung 43
a) Tafel zur Bestimmung des Abstandes aus einer Doppelpeilung 44
b) Sonderfälle der Doppelpeilung 44
c) Tafel zur Vorausbestimmung des Querabstandes aus einer Doppelpeilung 45
II. Ortsbestimmung mit Hilfe zweier Landmarken 45
Kreuzpeilung 45
Zwei Abstände 46
Abgestumpfte Doppelpeilung 46
Peilung und Horizontalwinkel 46
Horizontalwinkel und Abstand 46
III. Ortsbestimmung mit Hilfe dreier Landmarken 46
Gleichzeitige Peilung von drei geeigneten Objekten 46
Gleichzeitiges Horizontalwinkelmessen von drei geeigneten Objekten (Pothenotsches Problem; Aufgabe der vier Punkte) . . 46
Gleichzeitige Abstandsbestimmung von drei geeigneten Objekten 47

5. Die terrestrische Besteckrechnung 47
Die geographischen Koordinaten eines Punktes auf der Erdoberfläche 47
Die Grad- und Strichtafel (Koppeltafel) 48
A. Segeln in der Loxodrome 48
1. Aufgabe der Besteckrechnung 48
a) Lösung nach Mittelbreite 48
b) Lösung nach vergrößerter Breite 49

Seite

2. Aufgabe der Besteckrechnung 50
a) Lösung nach Mittelbreite 50
b) Lösung nach vergrößerter Breite 51
Tabelle zur Verbesserung der Mittelbreite 52
Kursverwandlung 52
Koppelkurs 53
Überschreiten der Datumgrenze 53

B. Segeln in der Orthodrome 54
I. Fall: Abfahrtsort und Bestimmungsort liegen auf derselben Seite des Äquators 54
a) Berechnung von Abgangskurs und Ankunftskurs 54
b) Berechnung der Distanz 54
c) Berechnung der Lage des Scheitelpunktes 55
d) Berechnung der Zwischenpunkte 55
II. Fall: Abfahrtsort und Bestimmungsort liegen auf verschiedenen Seiten des Äquators 55
Vereinfachte Verfahren zur Bestimmung des größten Kreises . . . 55
a) Die gnomonischen Karten 55
b) Der Gebrauch der a-b-c-Tafel zur Berechnung des Kurses . . 56
c) Bestimmung des Kurses mit Hilfe des Diagramms von Prof. Dr. Maurer zur Berichtigung von F.T.-Peilungen 56
d) Vereinfachte Berechnung der Distanz 56
e) Airys Näherungsverfahren 57
International festgelegte Dampferwege im Nordatlantik 58

6. Stromschiffahrt 58
Vorbemerkungen 58
Gegeben: der Weg durchs Wasser und der Strom. Gesucht: Kurs und Fahrt über den Grund 58
Gegeben: der Weg über den Grund und der Weg durchs Wasser. Gesucht: der Strom (Besteckversetzung) 58
Gegeben: der Strom nach Richtung und Stärke, die Fahrt des Schiffes durchs Wasser und der Kurs, den das Schiff über den Grund gut machen soll. Gesucht: der durchs Wasser zu steuernde Kurs, die Fahrt über Grund und die Zeitdauer der Seglung 59
Den Kurs über Grund zu finden aus dreimaligen Peilungen desselben Punktes und den beiden dazwischen verflossenen Zeiten 59

7. Jagdsegeln 60
Gesucht: der zu steuernde Kurs nach einem Gegenstande hin, der sich selbst in Bewegung befindet 60
Ein Schiff soll in eine bestimmte Richtung und Entfernung von einem anderen in Fahrt befindlichen Schiffe gelangen 61

8. Das Navigieren im Nebel, bei Eisgefahr und in Gegenden, wo Korallenriffe vorkommen 61

9. Entfernungstabellen 62
Wichtige Entfernungen zwischen dem Weser Feuerschiff und einigen Hafenplätzen 62
Allgemeine Entfernungstabellen 63
Angaben für einige häufig benutzte Dampferwege 76
Zusammenstellung einiger Entfernungen vom Weser Feuerschiff nach der Westküste Amerikas via Panama und via Punta Arenas . . 77

III. Technische Navigation und technische Hilfsmittel des Nautikers.

Einführung 78

1. Unterwasserschallsignalwesen (U.T.) 78
Allgemeines 78
Schallgeber 79

Seite
Schallempfänger 79
Handhabung der einfachen Apparate 81
Der Richtungshörer und seine Handhabung 82
Abstandsbestimmung mittels U.T. 83
Anwendungsbereich 85
Störungen und Fehlerquellen 86
Bemerkungen 87

2. Drahtlose Telegraphie (F.T.) 88
Die Grundlagen der drahtlosen Telegraphie 88
Abstimmung 89
Wellenlänge und Frequenz 89
Gedämpfte und ungedämpfte Wellen 90
Hochfrequenzmaschine 90
Lichtbogensender 90
Kathodenröhren. Audion 90
Röhrensender 91
Wellenanzeiger (Detektoren) 91
Bordstationen für drahtlose Telegraphie 91
Bedeutung und Anwendungsmöglichkeiten der F.T. für den Nautiker . 92
F.T.-Ortsbestimmung 93
Allgemeines 93
F.T.-Peilungen in der Merkatorkarte 93
F.T.-Ortungskarten 95
Funkortung auf große Entfernung 549
Richtungsempfangsanlagen 96
a) Fremdpeilungen 96
Goniometeranlage 96
Vielfachantennenanlage 97
b) Empfangsanlagen für Eigenpeilungen 97
Telefunkenkompaß 97
Funkpeiler (Radiopeiler oder Braunsche Rahmenantenne) 97
Allgemeines 97
Einbau von Funkpeilanlagen an Bord 98
Funkfehlweisung 98
Funkbeschickung (Fehler des Funkpeilers) 99
Kontrolle der Funkbeschickung des Funkpeilers 101
Kompensation der Funkpeiler 101
Der Funkpeiler von Telefunken (Debeg) 101
Schematische Skizze eines Telefunken-Funkpeilers 102
Wellentabelle und Gebrauchsanweisung für den Funkpeiler 103
Der Anschütz-Funkpeilkompaß 553
Akkumulatoren 103
Verstärkerröhren 105
Prüfung des Funkpeilers 105
Erzielung von F.T.-Peilungen 106
a) Fremdpeilungen 106
Genauigkeit der F.T.-Fremdpeilungen 106
b) Eigenpeilungen 107
Nautischer Funkdienst 109

3. Drahtlose Telephonie (D.T.) 109
Allgemeines 109
Anwendungsbereich für die Schiffahrt 110

4. Schallortung 110
Allgemeines. Handhabung 110
Störungen. Bemerkungen 111

5. Leitkabel 112
Allgemeines 112
Handhabung 113

Seite

Störungen 114
Bemerkungen 115

6. Apparate zur Bestimmung der Wassertiefe 115
a) Die Thomsonsche Lotmaschine 115
Allgemeines. Beschreibung. Handhabung 115
Fehlerquellen 116
Bemerkungen 118
b) Der Tiefenmelder 119
Allgemeines. Beschreibung. Handhabung 119
c) Das Behm-Echolot (Behm-Lot) 119
Allgemeines 119
Anzeigeapparat (Kurzzeitmesser) 120
Handhabung des Kurzzeitmessers 120
Empfängeranlage — Geberanlage 122
Bedienungsvorschrift für den Geber 122
d) Das Anschütz-Echolot (Anschütz-Lot) 123
Allgemeines 123
Schallgeber 123
Schallempfänger — Anzeigeapparat 124
Kurzzeitmesser 125
Der Einbau von Echolotapparaten 126
Bemerkungen zu den Echoloten von Behm und von Anschütz . . 126
e) Das Lot der Atlas-Werke (Fathometer) 128
Allgemeines — Schallgeber — Empfänger 128
Anzeigeapparat 128
Handhabung — Bemerkungen 129
f) Andere „akustische Lote" 129
g) Das Fall-Lot 130
Allgemeines — Handhabung — Beschreibung — Bemerkungen . . 130

7. Apparate zur Bestimmung der Fahrt des Schiffes 131
a) Das Patentlog 131
Allgemeines — Beschreibung 131
Handhabung — Bemerkungen 132
b) Das Navigatorlog 132
Allgemeines — Beschreibung 132
Handhabung — Störungen — Bemerkungen 134
c) Das Forbes-Log 134
Beschreibung 134
Bemerkungen 135
d) Die hydraulische Fahrtmesser-Anlage der Gelap 135
e) Andere mechanische Fahrtmesser 136

8. Der Kreiselkompaß 136
Allgemeines 136
Beschreibung des Einkreiselkompasses 137
Beschreibung des Dreikreiselkompasses 138
Die Fernübertragung 139
Die Ablenkung des Kreiselkompasses aus dem Meridian. Der Fahrtfehler 140
Störungen 141
Aufstellen von Kreiselkompaßanlagen 142
Allgemeine Bedienungsvorschriften 142

9. Das Selbststeuer oder der Geradkurssteurer 143

10. Der Anschütz-Kursschreiber und -Koppeltisch 145

11. Verschiedene Hilfsgeräte der Navigation 147
1. Das Marinefernrohr und -doppelglas 147
Einteilung der Fernrohre 147
Allgemeines über die optische Konstruktion der Fernrohre und Doppelgläser 148
Die terrestrischen Fernrohre 150

Seite
Die Galileischen Doppelgläser 150
Die Prismengläser 150
Prüfung und Behandlung der Doppelgläser 150
Das Basisgerät 152
2. Apparate zum Arbeiten in der Karte 152
Der Kompaßkreis 152
Das Navigationsgerät: Kuhlmann-Ludolph 153
3. Das Barozyklonometer 154

IV. Astronomische Navigation.

1. Die Spiegelinstrumente 157
Grundgedanke des Sextanten und Oktanten 157
Untersuchung des Sextanten an Bord und Berichtigung etwaiger Fehler 157
Spiegelgläser, Blendgläser, Teilung des Gradbogens und Nonius, Exzentrizitätsfehler, Stellung der Spiegel 158
Indexberichtigung, Spiegelparallaxe, Stellung des Fernrohrs 159
Der künstliche Horizont 161
Besondere Arten von Winkelmeßzeugen 162
Trommelsextant, Zeigersextant, Kreiselsextant, Horizontsextant . . 162
Behandlung und Gebrauch des Sextanten 162
Der Kimmtiefenmesser von Pulfrich 163
2. Astronomische Vorkenntnisse 164
Die zwei Koordinatensysteme der nautischen Astronomie 164
Das Koordinatensystem des wahren Horizontes 164
Das Koordinatensystem des Himmelsäquators 165
Das sphärisch-astronomische Grunddreieck 168
Die Bewegung der Weltkörper 168
Sonnen- und Mondfinsternisse 169
Sternkarte des nördlichen Sternhimmels 170
Sternkarte des südlichen Sternhimmels 171
Sterne, die in der Nautik häufig benutzt werden 172
3. Die Uhren an Bord und die Schiffszeit 172
Die Uhren 172
Die Schiffszeit 173
Das Stellen der Uhren 173
Zonenzeit auf See 174
4. Verwandeln der Zeiten 176
Verwandeln von bürgerlicher Zeit in mittlere (nautische) Zeit . . . 176
Verwandeln von mitteleuropäischer und osteuropäischer Zeit in mittlere Greenwicher Zeit und umgekehrt 176
Verwandeln von wahrer Zeit in mittlere Zeit und umgekehrt . . . 176
Verwandeln von Ortszeit in Greenwicher Zeit und umgekehrt . . . 176
Übergang vom Zeitwinkel eines Gestirns zum Zeitwinkel eines anderen Gestirns 176
5. Verbesserung der beobachteten Höhen 177
Beschickung von Kimmabständen zu wahren Höhen 178
Beschickung von doppelten scheinbaren Höhen zu wahren Höhen . 178
Einige Bemerkungen über das Messen von Gestirnshöhen auf See . 179
6. Das nautische Jahrbuch 180
7. Berechnung der angenäherten Kulminationszeit 180
Sonne, Fixsterne, Planeten, Mond 181
Berechnung der genauen MOZ der Kulmination der Gestirne . . 182
Vorausberechnung von Sternkulminationen für eine Wache 183
8. Berechnung des Auf- und Untergangs der Gestirne 183
Berechuung des sichtbaren Auf- und Untergangs 184
9. Bestimmung des Namens eines unbekannten Sterns 185

Seite

10. Berechnung des Stundenwinkels eines Gestirns aus Breite, Deklination und Höhe . . . 187
Sonderfälle der Stundenwinkelberechnung . . . 188
Tafeln und Karten zur Berechnung des Stundenwinkels . . . 188
Genauigkeit der Stundenwinkelberechnung (Fehlergleichungen) . . . 188

11. Berechnung des Azimuts eines Gestirns . . . 188
Berechnung des Zeitazimuts (aus φ, δ und t) . . . 188
Zeitazimuttafeln und andere Hilfsmittel zur Berechnung des Zeitazimuts 189
Genauigkeit des Zeitazimuts (Fehlergleichungen) . . . 190
Berechnung des Höhenazimuts (aus φ, δ und h) . . . 190
Höhenazimuttafeln und andere Hilfsmittel zur Berechnung des Höhenazimuts . . . 191
Genauigkeit des Höhenazimuts (Fehlergleichungen) . . . 192
Berechnung des Höhenzeitazimuts (aus δ, h und t) . . . 192
Höhenzeitazimuttafeln und andere Hilfsmittel zur Berechnung des Höhenzeitazimuts . . . 192
Genauigkeit des Höhenzeitazimuts (Fehlergleichungen) . . . 192
Sonderfälle der Azimutberechnung . . . 192
Azimut der Sonne beim Auf- und Untergang (Amplitude) . . . 192
Nordsternazimut . . . 193
Azimut im 6^h-Kreis . . . 193
Azimut in der größten Ausweichung . . . 193
Allgemeine Bemerkungen über das Peilen der Gestirne und die Bestimmung der Fehlweisung und der Ablenkung der Kompasse durch Azimute . . . 193

12. Berechnung der Höhe eines Gestirns . . . 194
Allgemeiner Fall: Berechnung der Höhe aus φ, δ und t . . . 194
Höhentafeln und sonstige Hilfsmittel zur Berechnung der Höhe . . 195
Angenäherte Berechnung der Höhe mit Hilfe der ABC-Tafeln . . . 196
Sonderfälle der Höhenberechnung . . . 197
Höhe im Meridian, Nordsternhöhe, Höhe im I. Vertikal, Höhe im 6^h-Kreis, Höhe in der größten Ausweichung . . . 197
Genauigkeit der Höhenberechnung (Fehlergleichungen) . . . 198
Astronomische Ortsbestimmung . . . 198

13. Die astronomische Standlinie . . . 198
Theorie der astronomischen Standlinie . . . 198
Berechnung der Standlinie nach dem Höhenverfahren . . . 199
Berechnung der Standlinie nach dem Längenverfahren (Chronometerlänge) . . . 200
Berechnung der Standlinie nach dem Breitenverfahren . . . 202
Meridianbreite, obere Kulmination, Mittagsbreite . . . 202
Meridianbreite, untere Kulmination, Mitternachtsbreite . . . 203
Nebenmittagsbreite . . . 204
Nebenmitternachtsbreite . . . 205
Polarsternbreite . . . 205
Genauigkeit der Nebenmeridianbreite (Fehlergleichungen) . . . 206
Die Verwertung einer einzelnen astronomischen Standlinie . . . 206
Die Verschiebung der astronomischen Standlinie . . . 207
Die Genauigkeit der astronomischen Standlinie . . . 207

14. Die Bestimmung des Schiffsortes aus zwei oder mehreren Standlinien . 208
Ermittlung des Schiffsortes nach dem Höhenverfahren . . . 208
Beide Höhen sind an demselben Orte beobachtet . . . 208
Die Höhen wurden an verschiedenen Orten beobachtet . . . 210
Ermittlung des Schiffsortes nach dem Längenverfahren . . . 211
Beide Höhen sind an demselben Orte beobachtet . . . 211
Die Höhen wurden an verschiedenen Orten beobachtet . . . 212
Ermittlung des Schiffsortes durch Verwendung der u-Werte . . . 212
Ermittlung des Schiffsortes nach kombinierten Verfahren . . . 213

Seite
Das astronomische Mittagsbesteck 213
Lösung nach dem Längen- und Breitenverfahren 214
Lösung nach dem Höhenverfahren 214
Bestimmung des Schiffsortes aus drei oder mehreren Standlinien . . 215

V. Chronometerkontrolle.

Unterbringung und Behandlung der Chronometer 216
Chronometervergleiche 217
Chronometerstandbestimmung 217
Standbestimmung durch Beobachtung von Einzelhöhen von Gestirnen 217
Standbestimmung durch Vergleich mit einer Normaluhr 218
Standbestimmung durch Zeitbälle, -klappen, -flaggen, -lichtzeichen oder -schallzeichen 219
Standbestimmung durch Signaluhr und Fernsprecher 219
Standbestimmung durch F.T.-Signale 220
Koinzidenzsignale 222
Der Gang und die Gangformel 222
Gangbestimmung aus zwei beobachteten Ständen 222
Gangbestimmung aus einem vorausberechneten und einem beobachteten Stand 223
Umwandlung von Stunden und Minuten in Dezimalbrüche des Tages (*Tbr*) 223
Beschickung des Chronometerstandes auf eine beliebige Zeit und Berechnung des Tagebuchstandes 224

VI. Kompaßkunde.

1. Deviationslehre 224
Allgemeines über Deviationsbestimmung 224
Erdmagnetismus 225
Fester Schiffsmagnetismus 225
Koeffiziententafel 226
Flüchtiger Magnetismus im vertikalen Weicheisen 228
Flüchtiger Magnetismus im symmetrisch verteilten horizontalen Weicheisen 228
Die allgemeine Deviationsformel 228
Berechnung der Koeffizienten 228
Schwächung der Richtkraft 229
Bestimmung von λ durch Schwingungsbeobachtungen 229
Halbfester Magnetismus 229
Krängungsfehler 230
Bestimmung von K und δ_K 230
Die Kompensation der Kompasse 230
Kompensation von D durch Nadelinduktion 233
Getrennte Kompensation von B_1 und B_2 233
Verfahren, um das Schiff auf bestimmte mißweisende Kurse zu legen 237
Nachkompensieren während der Reise 237
Aufstellen der Deviationstabelle. Methoden der vollständigen Deviationsbestimmung 238
Deviationsdiagramme 239
Allgemeines über die Steuertafel 240
Einfluß von Nebel und Sonnenbestrahlung auf den Kompaß . . . 240
2. Der Kompaßdeflektor und seine Anwendung 241
Prinzip 241
Normaleinstellung 242
Ausführung der Kompensation 243
Koeffizientenbestimmung 244
3. Bau und Behandlung des Magnetkompasses 245
Die Montierung des Kompasses 245
Die Kompaßrose 246

Seite
Die Peilvorrichtung 247
Die Aufstellung der Kompasse an Bord eiserner Schiffe 248
Prüfung und Behandlung der Kompasse an Bord 249
Ermittlung des magnetischen Momentes M und des Trägheitsmomentes K einer Kompaßrose 251
Vom Fluidkompaß 253
Die Führung des Deviationsjournals 254
Vorschriften der Seeberufsgenossenschaft über Kompasse 254
Angenäherter Betrag des durch Weicheisenkugeln kompensierten D 256
Angenäherter Betrag des durch eine Flinderstange kompensierten B_2 256
Kompaßtafel für Striche und Grade 257
Benennung der Kompaßstriche auf Deutsch, Englisch, Französisch, Italienisch, Spanisch, Schwedisch, Norwegisch, Dänisch, Holländisch und Portugiesisch 258
Tafeln zur schnellen Berechnung der Ablenkung aus den Ablenkungskoeffizienten 259

VII. Gezeitenberechnung.

Erklärungen, betreffend die Tidenerscheinungen 259
Graphische Darstellung der Gezeiten-Erscheinung 260
Berechnung der Tidenhübe aus den Hochwasserständen und umgekehrt 260
Berechnung von HW und NW für Häfen, für die ausführliche Vorausberechnungen gegeben sind (Basishäfen) 262
Berechnung für HW und NW für Häfen, für die Tidekonstanten gegeben sind 262
Berechnung von HW und NW für Häfen, für die nur die Hafenzeit gegeben ist 262
Beschickung der geloteten Wassertiefe auf Kartentiefe 263
Bestimmung des Gezeitenstromes 263
Beispiele für die Gezeitenberechnung 264

VIII. Wetter- und Meereskunde.

1. Wetterkunde 265
Erklärung einiger wichtiger meteorologischer Begriffe 265
Bezeichnung des Wetters 266
Thermometer 266
Vergleichung der Thermometerskalen 267
Die Wärmeverhältnisse der Luft 268
Barometer 268
Millibar 270
Die Druckverhältnisse der Luft 271
Niederschläge 272
Wind 272
Tafel der Windstärke 273
Windgesetze 274
Allgemeine Zirkulation der Atmosphäre 275
Kalmenzone, Passate, Roßbreiten 275
Land- und Seebrise. Monsune 275
Luftdruck und Winde an der Erdoberfläche im Januar 276
Luftdruck und Winde an der Erdoberfläche im Juli 277
Winde und Stürme der gemäßigten Zonen 278
Einige für die Schiffahrt wichtige örtliche Winde 279
Fallwinde: Bora, Mistral, Schirokko, Harmattan, Williwaws, Sumatras 279
Echte oder eigentliche Böen: Tornado, Pampero, Norder, Bayamo, White squall, Blizzard, Nordwester, Black Southeaster, Bürster 280
Wind- und Wasserhosen oder Tromben 281
Die tropischen Wirbelstürme 281
Anzeichen für das Nahen eines tropischen Sturmes 281

Seite
Übersichtstafel der tropischen Wirbelstürme 282
Bestimmung der Lage des Zentrums 284
Manöver 284
2. Wetterdienst und Sturmwarnungswesen 285
Arbeitsmethode des europäischen Wetterdienstes 285
Wetterkarten 285
Hafentelegramme 286
Sturm- und Windwarnungen 286
Sturmwarnungssignale mit Scheinwerfern 287
Windsemaphore 288
Funkentelegraphischer Wetterdienst 288
Versorgung der in See befindlichen Schiffe mit Wetternachrichten. „Funkwetter" 291
Versorgung der in See befindlichen Schiffe mit Sturmwarnungen. „Funksturm" 292
Wetterberichte für die Ost- und Nordsee auf Anfrage von Schiffen 292
Bekanntgabe der Sturmwarnungen durch Sturmsignale von Schiffen mit F.T.-Apparaten 292
Drahtlose telephonische Wetternachrichten 293
Eismeldedienst (siehe auch S. 402) 293
Nachrichten über Eisverhältnisse in freier See . . . . 557 u. 564
3. Meereskunde 296
Das Meerwasser 296
Das spezifische Gewicht des Meerwassers und seine Bestimmung . . 296
Die Wellen 297
Stärke des Seeganges und der Dünung nach Beaufort 297
Strömungen im allgemeinen 297
Oberflächenströmungen des Atlantischen Ozeans 298
Jahresisothermen und Oberflächenströmungen der Meere im Nordwinter 299
Oberflächenströmungen des Stillen Ozeans 301
Oberflächenströmungen des Indischen Ozeans 301
Oberflächenströmungen des Indischen Ozeans im nördlichen Sommer 302
4. Das meteorologische Tagebuch 302

IX. Seestraßenrecht.

Ausweicheregeln (siehe auch S. 564) 303
Kursänderungssignale 304
Nebelsignale 304
Mäßigung der Geschwindigkeit und Manövrieren im Nebel 305
Verhalten nach einem Zusammenstoß 305
Verpflichtung der Schiffseigentümer und Kapitäne 305
Lichterführung und Nebelsignale 305
Allgemeines über Positionslaternen 305
Segler in Fahrt 306
Dampffahrzeug nur unter Segel 306
Dampffahrzeuge in Fahrt 307
Telegraphenkabelleger 307
Schleppendes und geschlepptes Fahrzeug 307
Manövrierunfähiges Fahrzeug 308
Lotsenfahrzeuge 308
Ankernde Fahrzeuge 308
Fischereifahrzeuge 309
Signale von Fischerfahrzeugen in England 310
Signale von Minensuchfahrzeugen in England 311
Kennzeichnung von deutschen Marinefahrzeugen, die Scheiben schleppen, sowie von geschleppten und verankerten Scheiben 311
Kleinere Fahrzeuge 312
Kennzeichnung von Baggern, Bergungsfahrzeugen und Wasserbaustellen 312

Seite
Notsignale 313
Beantwortung von Notsignalen an der englischen Küste 313
Wegweisersignale an der englischen Küste 314
Warnungssignale an der englischen Küste 314
Bemerkungen zum Fahren in Kanälen, Flußmündungen und engen Revieren 314
Ankersignale 315
Seestraßenrecht zwischen Schiffen und Luftfahrzeugen 315
Verkehrsordnung für die deutschen Seefahrts- und Seewasserstraßen . . 316

X. Seemannschaft.

1. Einige Angaben über Schiffsmanöver mit Dampfern und Motorschiffen . 321
Manövriertabellen 321
Die Wirkung des Ruders und der Schraube 321
Einige ungefähre Angaben über die Manövrierfähigkeit von Dampfern bzw. Motorschiffen 323
Manövrieren in engen und flachen Gewässern 324
Verhalten im Eis 325
Brennstoffverbrauch 325
Mittelwerte der Fahrt moderner großer Segler in Knoten bei Windstärken 1—10 *B* 326
2. Sicherheitsdienst an Bord 326
Allgemeine Vorschriften 326
Rettungsboote 327
Mann über Bord 328
Die Feuerlöscheinrichtungen 328
Das Schaum-Feuerlöschverfahren 331
3. Boote und Bootsmanöver 332
Allgemeines 332
Ermittlung des Raumgehaltes der Boote 333
Bootsmanöver: Ausschwingen der Boote. Zu Wasser fieren. Heißen der Boote 333
Anlegen mit einem Boot 334
Einige Winke für Bootsführer 334
Bootsegeln 335
Abreiten eines Sturmes auf hoher See in einem offenen Boot . . . 335
Handhabung offener Boote in Brandung und schwerer See 335
Ausrüstung von Rettungsbooten für eine Seereise 336
4. Anweisung zur Handhabung des Raketenapparates 337
5. Öl zur Beruhigung der Wellen 338
6. Lenzsäcke 339
7. Anker, Ankerketten und Ankermanöver 339
8. Über Segel und Segeltuch 341
9. Trossen, Tauwerk, Blöcke und Taljen 342
Hanftauwerk 342
Drahttauwerk 343
Blöcke 343
Taljen 344
10. Konservierung des Schiffes 344
Rostschutzmittel 344
Farbanstriche 346
Farbverbrauch bei Farbanstrichen 348
Schutzmittel gegen die Zerstörung des Holzes 348
Konservierungsmittel der stehenden Takelage 349
Schmiermittel 349
Kitte 349
11. Schiffsausrüstung 350

XI. Ladung.

Seite
1. **Allgemeine Bemerkungen** 351
2. **Regeln für das Einnehmen, Stauen und Löschen der Ladung** 352
3. **Berechnung der Trimmänderung und des Tiefganges** 355
Allgemeines 355
Deplacementskurve 355
Tons per Zentimeter oder Tons per Zoll Eintauchung 356
Moment, um den Trimm 1 cm oder 1″ zu ändern 356
Trimmänderung 356
Trimmtabelle 357
4. **Allerlei Bemerkungen für den Ladungsoffizier** 358
Schriftliche Arbeiten des Ladungsoffiziers 358
Gewichte, die bei der Belastung des Schiffes außer der Ladung in Rechnung zu ziehen sind 358
Tragfähigkeit des Ladegeschirrs 359
Stärke von Tauwerk und Ketten 360
Deckbelastung 360
5. **Gefährliche Güter** 360
Vorsicht beim Betreten der Laderäume 361
Mittel zur Verhütung der Selbstentzündung und der Explosionsgefahr bei Kohlenladungen 362
6. **Andere besondere Ladungen** 364
Flüssigkeiten in Tanks, Kisten, Fässern usw. 364
Gemüse- und Obstladungen 364
Deckladungen 365
Bemerkungen über Holzdeckladungen 365
Wertladungen 366
Ballenladungen 366
Beschädigte Ladung 366
Anlage und Behandlung von Kühlräumen 366
Zweckmäßige Temperaturen für Kühlräume 368
7. **Goldene Regeln für Kapitäne und Ladungsoffiziere** 368
8. **Die Grundlagen der Haager Regeln** 370
9. **Stau- und Stauraumangaben für einige Ladungen** 375
10. **Spezifische Gewichte fester Körper** 382
11. **Spezifische Gewichte von Flüssigkeiten** 385
12. **Längenmaße, Flächenmaße, Raummaße und Gewichte verschiedener Länder** 386
13. **Vergleichung von Maßen und Gewichten** 391
14. **Münztafel** 394
15. **Häufig vorkommende englische Ausdrücke im Ladungsdienst** 395
16. **Ungefähre Beförderungsdauer in Tagen für Sendungen von europäischen Häfen nach Übersee** 397

XII. Signalwesen.

1. Internationales Signalbuch 398
Allgemeines über die Einrichtung und den Gebrauch des Internationalen Signalbuches 398
Anleitung zum Signalisieren 399
Alphabetische (Buchstabier-) Signale 400
Zahlensignale 400
Häufiger vorkommende Signale 401
Eissignale (siehe auch S. 557 u. 565) 402
Notsignale 402
Lotsensignale 403
Fernsignale 404

Seite
Signale zwischen Schleppern und geschleppten Schiffen 405
Winkersignale mit Handflaggen 405

2. Morsesignale 407
Allgemeines 407
Morsebuchstaben 407
Morsezahlen 407
Internationale Signale dringender Bedeutung 407
Anweisung zum Gebrauch der Morsesignale 407

3. Drahtlose Telegraphie (F.T.) 409
Allgemeines 409
Besondere Morsezeichen im F.T.-Verkehr 409
Zusammenstellung der im F.T.-Verkehr anzuwendenden Abkürzungen 410
Gesetzliche Bestimmungen über F.T.-Verkehr 412
Telegraphengeheimnis 415
Drahtlose Telephonie 415

XIII. Seerecht, Schiffspapiere und verwandte Gebiete.

1. Schiffstagebuch 416
Zweck und Nutzen des Schiffstagebuches 416
Gesetze und Verordnungen, die Eintragungen in das Tagebuch vorschreiben 416
Das Handelsgesetzbuch 416
Die Verordnung betreffend die Führung und Behandlung des Schiffstagebuches 417
Die Seemannsordnung 418
Das Gesetz über die Beurkundung des Personenstandes 419
Die Reichsversicherungsordnung. Seeunfallversicherungsgesetz . . . 420
Die Unfallverhütungsvorschriften der Seeberufsgenossenschaft . . . 421
Die Strandungsordnung 422
Die Vorschriften des Bundesrats (der Reichsregierung) über Auswandererschiffe 422
Bekanntmachung betreffend Krankenfürsorge auf Handelsschiffen . 423
Internationaler Vertrag zum Schutz des menschlichen Lebens auf See 424
Eintragungen, die vom Kapitän selbst vorzunehmen sind 424
Eintragungen in das Schiffstagebuch, die weder vom Kapitän noch von den Schiffsoffizieren gemacht werden dürfen 424
Fälle, in denen der Kapitän mit Strafe bedroht wird, wenn Eintragungen in das Schiffstagebuch unterbleiben 425
Fälle, in denen der Kapitän verpflichtet ist, dem Schiffsmann vom Inhalt der Eintragungen in das Schiffstagebuch Kenntnis zu geben 425

2. Manteltarif 425
Geltungsbereich 426
Allgemeine Bestimmungen 426
Arbeitszeit 426
Vergütung für Überarbeit 427
Verpflegung 429
Versicherung 429
Landgang im Hafen 429
Seemännische Fahrtzeit 430
Urlaub 430
Anstellung und Kündigung 430
Heuerzahlung 431
Wohnräume der Mannschaften 431
Berufskleidung 431
Zeugnisse 432
Tarifschiedsgericht 432

3. Schiffs- und Ladungspapiere 432
Verordnungen und Gesetze, die an Bord sein müssen 432

Seite
Bücher, die an Bord sein müssen 433
Schiffspapiere, die an Bord sein müssen 433
Schiffszertifikat 434
Flaggenattest 434
Meßbrief 434
Freibordzertifikat 435
Chartepartie 435
Despatch-money 435
Konnossement oder Ladeschein 436
Manifest 436
Ursprungsattest 436
Klarierungsattest 437
Lukenbesichtigungsprotokoll 437
Gesundheitspaß 437
Musterrolle 437
Sonstige Atteste 437
Inventarmanifest 437

4. Havariepapiere und Verhalten bei einer Havarie 439
Havarie 439
Gewöhnliche Havarie 439
Besondere oder partikuläre Havarie 440
Große Havarie 440
Einige Regeln für das Verhalten der Schiffsleitung im Nothafen nach einer großen Havarie 441
Dispache 441

5. Geschäftliche Angelegenheiten 442
Allgemeine Bemerkungen 442
Seeprotest oder Verklarung 443
Rechtfestsetzung 444
Deutsche Hafenbehörde 444
Scheck und Wechsel 444
Seeversicherung 445
Abandon 446
Schiffslebensversicherung 446
Bodmerei 447
Kondemnation 447
Schiffspfandrecht 447
Steuerbehörde 447

6. Hilfe- und Bergeleistung 448

7. Die Reichsversicherungsordnung 448
Die Unfallversicherung 448
Die Invaliden- und Hinterbliebenenversicherung 449
Die Reichs-Angestelltenversicherung 450
Die Krankenversicherung 451
Die Erwerbslosenfürsorge für Seeleute 451

8. Seekriegsrecht 451

9. Einige der wichtigsten Behörden der Schiffahrt 452
Das Seemannsamt 452
Das Seeamt 453
Das Reichsoberseeamt 453
Die Schiffsregisterbehörde 453
Die Schiffsvermessungsbehörde 453
Die Schiffsbesichtiger 453
Die Auswanderungsbehörde 453
Die Seeberufsgenossenschaft 454
Die Strandämter 454
Das Reichsverkehrsministerium 454
Die Marineleitung 454

Seite
Das Reichswirtschaftsministerium 454
Die Deutsche Seewarte 455
Seemännische Heuerstellen 559

XIV. Schiffbau und Stabilität.

1. Einige Angaben aus dem Schiffbau 455
Angaben, die zum Entwurf eines Schiffes nötig sind 455
Das Schiffsgewicht 455
Klassifikationsgesellschaften 456
Klassenzeichen des Germanischen Lloyd 457
Tiefgang- oder Freibordmarken 458
Ökonomischer Wirkungsgrad von Handelsschiffen 458
Schiffbautechnische Begriffe und Bezeichnungen 458
Die gebräuchlichsten Ruderanlagen 463
(Patentruder — Balanceruder — Bugruder — Suezruder — Flettnerruder — Dreiflächenruder) 464
Der Gegen-(Kontra-)Propeller 466
Formstabile Anbauten 467
Mittel zur Verhütung des Schlingerns bei Schiffen 467
Schlickscher Schiffskreisel — Frahmsche Schlingertanks — Formstabile Anbauten zur Dämpfung der Schlingerbewegung 468
Bezeichnung der Decks 469
Steinholzbelag für Schiffe (Litosiloschiffsbelag) 469
Eisenbetonschiffbau 469
Das Flettner-Rotorschiff 554
2. Schiffsvermessung 470
Die Maßstäbe der Schiffsvermessung 470
Allgemeines 470
Annäherungsformel zur Berechnung des Bruttoraumgehaltes 470
Vermessung für den Suez- und Panamakanal 471
Vermessung der Kriegsschiffe 471
Segelfläche 471
3. Innere Schiffsräume 471
Wohnräume 471
Hospitäler 471
Kojen und Hängematten 472
Waschräume, Bäder, Aborte 472
Niedergänge und Treppen 472
Lüftung 472
Beleuchtung 473
Boote 473
Ballast 473
4. Stabilitätslehre 473

XV. Schiffsmaschinenkunde.

1. Einige physikalissche Erklärungen 483
Maße und Maßeinheiten — Arbeit — Leistung — Goldene Regel der Mechanik — Energie der Lage — Lebendige Kraft — Drehmoment — Hebelgesetz — Schiefe Ebene — Spezifisches Gewicht — Geschwindigkeit — Bewegung — Beschleunigung — Trägheitsgesetz — Gesetz von der Erhaltung der Energie — Gesetz von der Erhaltung der Materie — Entropie — Das wirtschaftliche Grundgesetz der Mechanik — Gleichgewichtszustände — Aggregatzustände — Mariottesches Gesetz — Kalorie — Schmelzwärme — Verdampfungswärme — Siedetemperatur und Ausdehnung des Wasserdampfes . . . . 483—486
2. Einige maschinentechnische Erklärungen 486
Verbrennung der Steinkohle — Maschinenleistung — Der Indikator — Überdruck — Überhitzter Dampf — Füllung . . . . 486—488

Seite

3. **Erklärung von Maschinenteilen** 488
Pleuelstange — Exzenter — Kulisse — Drucklager — Stopfbüchse — Anker und Längsanker — Stehbolzen — Nockenscheiben . . . 488—489

4. **Die Kessel der Schiffsmaschinen** 489
Allgemeines 489
Feuerung der Dampfkessel 490
Armatur des Schiffsdampfkessels 492

5. **Schiffsdampfmaschinen** 493
Allgemeines 493
Steuerung und Umsteuerung 495
Ungefähre Umlaufzahl und Hub von Dampfmaschinen verschiedener Schiffe 496

6. **Pumpen** 496
Luftpumpen — Dampfstrahlpumpen — Speisepumpen — Pulsometer 497

7. **Hilfsmaschinen** 497
Umsteuerungsmaschinen — Regulatoren — Maschinendrehvorrichtungen und Bremsen — Winden, Spille, Kräne — Ankerlichtmaschinen — Bootsheißmaschinen — Steuer- oder Rudermaschinen — Destillierapparate — Kältemaschinen und Kühlanlagen 499

8. **Rohrleitungen** 499

9. **Schiffsschrauben** 500
Gewöhnliche Schraube — Griffitschraube — Hirschschraube — Gillschraube 500

10. **Turbinen** 501
Prinzip — Leit- und Laufschaufeln — Stufeneinteilung — Turbinenbauarten — Unterteilung der Turbinen und Anordnung im Schiff — Rückwärtsfahrt — Beispiel einer Schiffsturbinenanlage — Manövriervorrichtung — Rückschlagventile — Konstante und variable Schiffsgeschwindigkeiten — Marschstufen, Marschturbinen — Turbinen für Handelsschiffe — Föttinger-Transformator — Westinghouse-Lavalgetriebe — Ritzelgetriebe — Wellenleitung — Vorzüge der Turbine 506

11. **Motore** 506
Allgemeines — Schiffsmotore — Viertaktmotore — Zweitaktmotore — Steuerung und Umsteuerung — Ingangsetzen oder Anlassen — Kompressorlose Schiffsmotore — Armatur — Kühlung — Hilfsmaschinen — Glühkopfmotore — Brennstoff für Motore — Langsam und schnell laufende Motore 512

12. **Besondere Maschinenanlagen** 512

XVI. Elektrizität an Bord.

1. **Gebräuchliche Bezeichnungen bei F.T.-, D.T.- und anderen elektrischen Anlagen** 513

2. **Die wichtigsten elektrischen Maßeinheiten** 515
Das Ohmsche Gesetz 516

3. **Erklärung einiger Begriffe** 516
Kapazität 516
Galvanisches Element 516
Magnetische Wirkung des elektrischen Stromes 517
Wärme- und Lichtwirkung des elektrischen Stromes 517
Chemische Wirkung des elektrischen Stromes 517
Einige einfache elektrische Meßinstrumente 517
Galvanometer — Voltmeter — Amperemeter 517
Induktionswirkung des elektrischen Stromes 518
Selbstinduktion 518
Induktionsapparate 518
Dynamoelektrische Maschinen 519

Seite

Dynamomaschinen 519
Transformatoren 519
Akkumulatoren 520
Kopplung 521
Schwingungskreis 521

4. **Verwendung des elektrischen Stromes** 521
Elektrisches Licht 521
Elektrische Signal- und Kommando-Anlagen 522
Elektrische Nebelsignalapparate 523
Schiffstelegraphen 523
Elektrische Uhren 526

5. **Bemerkungen bezüglich elektrischer Leitungen** 526

XVII. Gesundheitspflege an Bord.

Auszug aus verschiedenen gesetzlichen Bestimmungen 527
Untersuchung anzumusternder Seeleute auf Tauglichkeit zum Schiffsdienst 528
Allgemeine Bestimmungen über die gesundheitspolizeiliche Schiffskontrolle 528
Desinfektion der Schiffe 530
Allgemeines 530
Desinfektionsmittel 530
Schiffsräucherung mit Blausäuregasen 531
Sorge der Schiffsleitung um den Gesundheitszustand der Mannschaft . 532
Einige Winke für die erste Hilfeleistung bei Unglücksfällen bis zur Ankunft des Arztes 533
Anweisung zur Behandlung scheinbar Erfrorener 535
Anweisung zur Rettung Ertrinkender durch Schwimmen 535
Anweisung zur Wiederbelebung scheinbar Ertrunkener 536

XVIII. Proviant.

Provianteinkauf und -Ausgabe 536
Aufbewahrung des Proviantes 537
Beispiel einer Speiserolle (vom 19. VIII. 1922) 538

XIX. Arithmetische und trigonometrische Formeln.

1. **Arithmetik** 539
Vorbemerkungen 539
Vorzeichenregeln für das Rechnen mit algebraischen Zahlen 539
Regeln für das Auflösen der Klammern 540
Potenzieren, Radizieren, Logarithmieren 540
Ausziehen der Quadratwurzel aus bestimmten Zahlen 541
Auflösen algebraischer Gleichungen 541
Verwertung von Gleichungen 541
Gleichungen 1. Grades mit 2 Unbekannten 542
Verhältnisgleichungen 542

2. **Flächenberechnung** 543

3. **Segelberechnung** 544
Rahsegel — Dreieckige Segel — Gaffelsegel 544

4. **Körperberechnung** 545

5. **Trigonometrische Formeln** 546
Vorzeichen und Grenzwerte der Funktionen der Winkel von 0—180° 546
Aufschlagen einer Funktion 546
Einige goniometrische Formeln 547
Ebene Trigonometrie 547
Sphärische Trigonometrie 547

6. **Verschiedenes** 548

XX. Nachtrag.

Seite

1. **Funkortung auf große Entfernung** 549
   a) Fremdpeilung 549
   b) Eigenpeilung 550
2. **Der Anschütz-Funkpeilkompaß** 553
3. **Das Flettner-Rotorschiff** (siehe auch S. 564) 554
4. **Nachrichten über Eisverhältnisse in freier See** 557
   a) Drahtlose Eismeldungen 557
   b) Eissignale für Schiffe ohne Funkentelegraphie (siehe auch S. 565) . . 558
5. **Schiffsmeldungen über Störungen von Seezeichen** 559
6. **Bezeichnung von Unterwasserschallsendern in deutschen Seekarten** . . 559
7. **Seemännische Heuerstellen** 559

XXI. Anhang.

Im Buche angewandte Abkürzungen 561
Abkürzungen der deutschen Maße- und Gewichtsbezeichnungen 562
Einige wichtige nautische Maße 563
Verwandlung von Zeitmaß in Bogenmaß und umgekehrt 564
Das griechische Alphabet 564
Zusätze und Berichtigungen 564

Sachverzeichnis 566

I. Vorbemerkungen.

Wichtige Fragen, die ein Schiffsoffizier sofort nach Übernahme eines neuen Bordkommandos beantworten können muß.

Was für ein Unterscheidungssignal hat das Schiff?

Welche Abmessungen hat das Schiff? Ladefähigkeit, Länge, Breite, Tiefgang, Segelfläche, Höhe der Masten und Schornsteine.

Wie groß sind die einzelnen Laderäume?

Zahl der Mannschaft?

Hat das Schiff eine rechts- oder linksschlagende Schraube?

Welches sind die Manövriereigenschaften des Schiffes? Fahrt bei voller Kraft? Fahrt bei halber Kraft? Geringste Fahrt?

Welches ist der Brennstoff- und Wasserverbrauch pro Tag?

Welchen Ballast muß das leere Schiff haben, um stehen zu können?

Anzahl, Lage und Größe der Ballasttanks?

Wie groß ist die Anzahl der Passagiere, die das Schiff nehmen kann?

Welche Sicherheitseinrichtungen hat das Schiff?

Was für Landfesten (Festmacheleinen) sind aus und wie sind sie befestigt?

Wie arbeitet die Ruderanlage (z. B. Telemotorsystem)?

Wie arbeitet das Ankerspill? Jeder Nautiker an Bord muß im Falle der Not sofort den Anker fallen lassen können!

Vor dem Inseegehen zu beachtende Fragen.

Ist die Ladung gut gestaut?

Ist das Schiff gemäß den Vorschriften der Seeberufsgenossenschaft ausgerüstet?

Sind genügend Brennstoff, Wasser und Proviant an Bord?

Sind die Schiffspapiere alle an Bord und in Ordnung?

Ist die Mannschaft vollzählig, gesund und die Decksmannschaft auf Farbenblindheit, Sehvermögen und Hörvermögen untersucht?

Ist das Schiff auf Überschmuggler und Schmuggelwaren untersucht?

Sind die Rettungseinrichtungen, Boote, Ringe (14 kg Tragfähigkeit), Korkwesten (8 kg Tragfähigkeit), Schotten, Signalkörper, Feuerlöschapparate, Raketenapparate, Pumpen, Handruder probiert und in gutem Zustande?

Sind zwei Rettungsbojen mit je 28 m Leine und je zwei Nachtlichtern versehen?

Ist die Maschine klar, und hat sie die nötigen Befehle erhalten? (Zum Anfeuern von Zylinderkesseln kann man mindestens 6—12 Stunden, zum Anfeuern von Wasserrohrkesseln etwa 2—3 Stunden rechnen. Motorschiffe benötigen zur Ingangsetzung ihrer Anlagen etwa 1 Stunde.)

Sind die Luken gut gedichtet?

Sind die Positionslaternen in Ordnung?

Sind die Winden zum Verholen und das Ankergeschirr in Ordnung?

Sind Zoll und Lotse und Hafenbehörden benachrichtigt?

Sind Dampfpfeife, Ruder und Maschinentelegraph probiert?

Welchen Tiefgang hat das Schiff?

Gehen die Schiffsuhren richtig? Welche Zeit zeigen sie an?

Welche Deviation ist bei den Kompassen zu erwarten?

Was für ein Ruderkommando wird vom Lotsen gebraucht werden? (Falls englisches Ruderkommando gegeben wird, ist das Ruder bei dem Kommando „starboard" nach BB, bei „port" nach StB zu legen.)

Was ist während der Fahrt zu beachten und zu bedenken?

Der wachhabende Nautiker benachrichtige in allen zweifelhaften Fällen, bei unsichtigem Wetter usw. sofort den Kapitän!

Bei Antritt der Wache mache sich der wachhabende Nautiker sofort klar, welche Maschinen- bzw. Segelmanöver er bei der herrschenden Wetterlage im Falle des plötzlichen Auftretens eines Hindernisses oder bei Mann über Bord ausführen muß.

Auf dem Revier ist stets die Ankerwinde klarzuhalten.

Lotsentreppe und ein Ende für das Lotsenboot bereithalten.

Nach dem Verlassen des Hafens ist das Schiff noch einmal gründlich auf Seetüchtigkeit zu untersuchen.

Patentlog aussetzen; Zeigerstellung und Uhrzeit notieren!

Solange sich das Schiff noch in flachem Wasser befindet, nicht zu hohe Fahrt laufen, da das Schiff sonst schlecht steuert oder sogar aus dem Ruder läuft.

Vermeide das dichte Herangehen an Küstenvorsprünge und das „Eckenabschneiden"!

Suche beim Umfahren eines Kaps oder beim Passieren eines Seezeichens möglichst mit einer Kursänderung auszukommen. Allmähliches Ändern des Kurses beeinträchtigt die Sicherheit der Eintragung des Schiffsweges in die Karte.

Befolge in engem Fahrwasser Art. 25 des Seestraßenrechtes (die Seite der Fahrrinne halten, die an der Steuerbordseite liegt). Auf Revieren rechts fahren, links überholen! Beim Passieren von Schiffen und Fahrzeugen in Fahrt in solchem Fahrwasser fahre langsam wegen der Sogwirkung und achte scharf auf das Ausscheren des Schiffes! Rechtzeitig Ruderlegen!

Mache vor dem Aussichtkommen des Landes stets noch eine möglichst genaue Schiffsortsbestimmung.

Rudermanöver in der Nähe anderer Schiffe sind durch Schallsignale anzuzeigen! Bei unsichtigem Wetter muß man sofort langsam fahren und Nebelsignale geben. Loten! Unterwasserschallsignale und F.T.-Peilungen ausnutzen!

Man achte beständig auf den Mann am Ruder und lasse sich den gesteuerten Kurs öfters melden.

Von Sonnenuntergang bis Sonnenaufgang ist für gutes Brennen der Positionslaternen zu sorgen und der Ausguck besonders gut besetzt zu halten! Der Mann auf Ausguck oder Wache hat halbstündlich zu melden, daß die Lampen gut brennen. Reservelampen müssen stets gebrauchsfertig zur Hand sein!

Benutze jede Gelegenheit, um den Schiffsort in der Karte genau festzustellen!

Bestimme möglichst oft die Fahrt des Schiffes!

Überwache beständig Kurs, Mißweisung und Deviation. Bei großem Kurswechsel an halbfesten Magnetismus denken!

Sind Maschinenmanöver erforderlich, so benachrichtige man den Maschinisten rechtzeitig und gebe die ungefähre Dauer der Manöver an. (Im Nebel z. B. ist es sehr unangenehm, wenn die Maschine zu hohen Dampf hält und dann die Ventile blasen.) Bei allen besonderen Manövern notiere man die Uhrzeit. Ebenso bei allen Peilungen wichtiger Landmarken oder Seezeichen.

Bei allen Unfällen sind sofort Protokolle aufzusetzen und Zeugen zu vernehmen. Von allen Vorfällen ist der Kapitän zu benachrichtigen. Man zögere nie mit einer Meldung, da der Kapitän immer für den Schaden verantwortlich gemacht wird.

Vermeide in unsichtiger Nacht bei unsicherem Besteck das Ansteuern von Landfeuern, und halte in solchem Falle bis Tagwerden die hohe See!

Schließe bei unsichtigem Wetter nach Möglichkeit alle Schotten!

Die Passagiere sind möglichst bald nach ihrer Einschiffung in der Handhabung der Rettungsgürtel zu unterweisen.

Auf See probiere man täglich die Schottenschließvorrichtungen.

Verlasse niemals die Kommandobrücke ohne ordentliche Ablösung!

Worauf ist beim Wachwechsel zu achten?

Vor der Wachübernahme hat der neue Wachhabende sich an der Hand der Karte über die während seiner Wache zu sichtenden Feuer, Landmarken, die gemachten oder vorzunehmenden Lotungen, sowie über die gesteuerten und zu steuernden Kurse genau zu unterrichten und, wenn er glaubt, Unrichtigkeiten gefunden zu haben, sofort dem Kapitän davon Meldung zu machen.

Bei Übergabe der Wache sind dann nochmals genaue Anweisungen über Kurs, Mißweisung, Deviation, Wind, Wetter, in Sicht befindliche Feuer oder Landmarken und Schiffe zu geben. Wichtige Befehle wie Kurs, Kursänderungen oder sonstige Anordnungen des Kapitäns lasse man sich von dem ablösenden Wachoffizier wiederholen.

Der Wachhabende darf die Nachtwache nicht eher übernehmen, als bis er sicher ist, daß sich seine Augen an die Dunkelheit gewöhnt haben. Er überzeuge sich sofort, ob der Ausguck ordnungsmäßig besetzt ist. Ein vor der Ablösung angefangenes Manöver ist in der Regel zu Ende zu führen, wenn der ablösende Offizier nicht etwa glaubt, die Ausführung und volle Verantwortung dafür selbst übernehmen zu können.

Sofort nach Beendigung der Wache hat der abgelöste Wachhabende die vorgeschriebenen Eintragungen in das Schiffstagebuch zu machen.

Was ist beim Anlaufen eines Hafens zu bedenken?

Besonders sorgfältige Ortsbestimmungen vornehmen.

Spezialkarten, Segelanweisungen, Hafenverordnungen rechtzeitig vor dem Anlaufen studieren.

Die besonders wichtigen Signale, wie Sondersignale für Lotsen, Schlepper, Bagger, Schleusen und Wasserstandsanzeiger schreibe man sich übersichtlich auf, damit man sie bequem auf der Brücke zur Hand hat. Anker klar zum Fallen. Winden in Betrieb nehmen. Lotsenflagge, Lotsentreppe klarlegen, evtl. auch Quarantäneflagge. Schiffs-, Gesundheits- und Zollpapiere, Mannschafts- und Passagierlisten bereithalten. Maschine rechtzeitig von der ungefähren Ankunft benachrichtigen.

Asche und Abfälle nach Möglichkeit noch auf See über Bord hieven, da diese in den meisten Häfen nur in besonderen Leichtern oder Behältern an Land gebracht werden dürfen.

Rücksicht auf die Fischer und ihr Fanggerät nehmen!

Post und Gepäck der Passagiere an Deck klarlegen.

Im Hafen Schiff bei den Behörden (Hafenamt, Zoll usw.) und unter Umständen Protest oder Verklarung anmelden.

Mannschaft und Passagiere von etwaigen besonderen Hafenvorschriften in Kenntnis setzen.

Ladegeschirr überholen und klarmachen.

Worauf ist beim Ankern zu achten?

Nicht ankern, wo See-, Telegraphen- oder Leitkabel ausliegen.

Beim Ankern auf Reede stets einen zweiten Anker klar zum Fallen halten.

Genaue Ankerpeilungen anstellen und diese schriftlich niederlegen.

Bei unsichtigem Wetter Lot ausbringen, um ein Treiben des Schiffes feststellen zu können.

Ankersignale (schwarze Bälle) und Ankerlampen beständig unter Kontrolle halten.

Bei unsichtigem Wetter Ankernebelsignale geben.

Beim Schwoien des Schiffes die in einzelnen Häfen oder Revieren vorgeschriebenen besonderen Signale (z. B. Schwenken einer Laterne am Heck) geben.

Bei schlechtem Wetter die Maschine klar haben.

Bei Nebel oder unsichtigem Wetter auch das Ankerspill besetzt halten.

Die Ankerwachen stets gut besetzt halten und beständig kontrollieren!

Worauf ist im Hafen zu achten?

Für gute Bewachung des Schiffes bei Tage und bei Nacht sorgen[1]).

In Häfen, wo sich die Gezeiten bemerkbar machen, die Festmacheleinen dauernd gut überwachen.

---

[1]) Für die Bewachung eines Schiffes während des Aufenthaltes im Hafen kommen folgende Vorschriften in Betracht:

§ 517 des Handelsgesetzbuches bestimmt im Absatz 1: Vom Beginn des Ladens an bis zur Beendigung des Löschens darf der Schiffer das Schiff gleichzeitig mit dem Steuermann nur in dringenden Fällen verlassen; er hat in solchen Fällen zuvor

Rattenbleche an den Leinen anbringen!

Laufstege, Verkehrstreppen und offene Luken bei Beginn der Dunkelheit gehörig beleuchten und die Beleuchtung durch die Wachen kontrollieren lassen. Am Laufsteg stets einen Rettungsring mit Leine bereithalten!

Feststellen, wo sich der nächste Feuermelder, der nächste Wasserhydrant, die nächste Rettungswache und die nächste Polizeiwache befinden, damit man diese im Falle der Gefahr sofort benachrichtigen kann.

Bei Frostgefahr Wasser- und unbenutzte Dampfleitungen sowie die Wasserfässer in den Booten entwässern.

Schiffe mit Ölfeuerung: kein Öl im Hafen auspumpen, es steht überall hohe Strafe darauf.

Vor alle Speigatten, Ausgüsse usw. hänge man Schutzkästen, damit kein Wasser usw. in längsseit liegende Leichter oder auf die an der Kaje befindliche Ladung fließt!

S. auch Abschnitt über Ladung!

Tägliche Fragen im Hafen und auf See.

Sind die Chronometer aufgezogen?

Sind die Feuerlöscheinrichtungen in Ordnung und klar?

Welches ist der Wasserstand bei den Pumpen?

Stehen einige Notlampen klar?

Auf die richtige Stellung der Ventilatoren der Lade- und Passagierräume achten!

Ladung evtl. durch Öffnen der Luken lüften.

Beim Außenbordsarbeiten der Mannschaft stets dafür sorgen, daß die betreffenden Leute Sicherheitsleinen umhaben!

Worauf ist beim Docken eines Schiffes zu achten?

Das Schiff muß beim Ein- und Ausdocken so beladen sein (evtl. Tanks auffüllen), daß es gut schwimmt, d. h. genügende Stabilität hat.

Beim Ein- und Ausdocken sind alle Bullaugen, Fenster, Schotten und Luken zu schließen.

Im Dock darf nichts an der Belastung des Schiffes ohne Einverständnis der Werft geändert werden.

Bei Frostgefahr im Dock Doppelböden entwässern.

---

aus den Schiffsoffizieren oder der übrigen Mannschaft einen geeigneten Vertreter zu bestellen.

Die Unfallverhütungsvorschriften der Seeberufsgenossenschaft für Dampfer bestimmen entsprechend: Vom Beginn des Ladens an bis zur Beendigung des Löschens ist, sofern Kapitän und Steuermann das Schiff gleichzeitig verlassen (was nach dem Handelsgesetzbuch nur in dringenden Fällen zulässig ist), zuvor aus den Schiffsoffizieren oder der übrigen Mannschaft ein geeigneter Vertreter zu bestellen.

Dazu kommt z. B. für den Hamburger Hafen noch § 22 des Hamburger Hafengesetzes in Frage, der besagt: In Rücksicht auf die öffentliche Ordnung und Sicherheit im Hafen müssen alle Seeschiffe und Flußfahrzeuge, sowie beladene Hafenfahrzeuge von je einem Wächter bewacht sein. Für mehrere zusammenhängende beladene Hafenfahrzeuge kann eine genügende gemeinsame Bewachung gestellt werden.

Welche Regeln gelten bezüglich des Flaggengrußes?

Eine Grußpflicht besteht:
für das ausgehende Schiff gegenüber dem heimkehrenden,
für das überholende Schiff gegenüber dem überholten,
für das in Fahrt befindliche Schiff gegenüber dem stilliegenden,
für das nördlich stehende Schiff gegenüber dem südlich davon stehenden.

Ferner ist die Handelsflagge zu zeigen:
beim Vorbeifahren an Küstenbefestigungen,
beim Ein- und Auslaufen aus einem Hafen,
beim Passieren von Kriegsschiffen der deutschen Reichsmarine, die ihre Flagge gesetzt haben,
nach Aufforderung durch Kriegsschiffe fremder Nationen.

II. Terrestrische Navigation.

1. Die Seekarte.

Beschreibung und Konstruktion der Seekarte. Der Seemann unterscheidet Generalkarten oder Übersegler, die einen größeren Meeresteil in kleinem Maßstabe darstellen, Spezialkarten, die ein kleineres Meeresgebiet in großem Maßstabe wiedergeben, und Pläne von Häfen, Buchten, Reeden u. dgl. Mit Ausnahme der Pläne sind alle Seekarten in der Merkatorschen Projektion entworfen. Das ist ein winkeltreuer Entwurf, der die Eigenschaften hat, 1. daß die Loxodrome in ihm als eine gerade Linie erscheint, 2. daß der Kurswinkel in der Karte derselbe ist wie auf der Erdoberfläche, 3. daß sich die Distanzen in der Karte leicht messen und absetzen lassen. Die Entfernung der Meridiane voneinander ist in einer Merkatorkarte überall gleich. Der Abstand der Breitenparallele voneinander wächst nach den Polen zu, daher auch der Name „wachsende Karte". Die Entfernung eines Breitenparallels vom Äquator auf einer Merkatorkarte, ausgedrückt in Längenminuten, nennt man die vergrößerte Breite (Φ) des Breitenparallels. Soll ein Netz einer Merkatorkarte gezeichnet werden, so verfahre man nach folgenden Beispielen:

Beispiel 1:

Es ist das Netz einer Seekarte für den Nordatl. Ozean (0°—60° N und 0° W bis 90° W) zu zeichnen. Maßstab: 1 Längenminute = $^1/_{30}$ mm.

Berechnung des Kartennetzes:

a) der Längenausdehnung: 0° W—90° W = 90 · 60′ = 5400 · $^1/_{30}$ mm = 180 mm.

Man trage nun auf dem Längenrand (Süd- oder Nordrand) 9 · 20 mm ab, dann ist jeder Punkt der Ausgangspunkt eines 10°-Meridians.

b) der Breitenausdehnung: (Die Werte Φ entnimmt man Breusing-Fulst, Tafel 14, oder Domke-Canin, Tafel 3.)

0° Φ = 0000
60° N Φ = 4527

vergr. B.U. = 4527 · $^1/_{30}$ = 150,9 mm (Höhe der Karte).

Den Abstand der 10°-Breitenparallele voneinander berechnet man nun nach folgendem Schema:

0°—10° N	vergr. Br.U.	= 603 · $^1/_{30}$	mm	= 20,1 mm
0°—20° N	„	= 1225 · $^1/_{30}$	„	= 40,8 mm
0°—30° N	„	= 1888 · $^1/_{30}$	„	= 62,9 mm
⋮	⋮	⋮	⋮	⋮

Auf dem Breitenrand (linken oder rechten Rand) trägt man nun vom Äquator (Südrand) aus diese Werte nach oben hin ab.

Beispiel 2:

Es ist eine Karte von 55° S—65° S und 172° O—172° W zu zeichnen. Maßstab = 1 : 5 000 000.

Berechnung des Kartennetzes:

a) der Längenausdehnung:

	55° S	174° O
	65° S	174° W
Unterschiede	10° S	12° O
Mittelbreite	60° S	

$$\text{Größe einer Längenminute in mm} = \frac{1852 \cdot \cos 60° \cdot 1000}{5\,000\,000} = 0{,}1852 \text{ mm}.$$

Man trage auf dem Längenrand 12 · (60 · 0,1852) mm = 12 · 11,1 mm = 133,3 mm (Breite der Karte) ab, dann ist jeder Punkt der Ausgangspunkt eines 1°-Meridians.

b) der Breitenausdehnung:

55° S Φ = 3968
65° S Φ = 5179

vergr. Br.U. = 1211 · 0,1852 mm = 224,2 mm (Höhe der Karte).

Den Abstand der einzelnen Breitenparallele voneinander findet man nun nach folgendem Schema:

55°—56°	vergr. Br.U.	= 106 · 0,1852	= 19,6 mm
55°—57°	„	= 215 · 0,1852	= 39,8 mm
55°—58°	„	= 326 · 0,1852	= 60,4 mm
⋮	⋮	⋮ ⋮	⋮

Auf dem Breitenrand trägt man nun vom Nordrand der Karte (55°-Rand) aus diese Werte nach unten hin ab.

Anmerkung: Will man eine Karte von 70°—90° zeichnen, so wähle man die stereographische Projektion mit dem Pol als Mittelpunkt. Die Radien, mit denen man um den Pol die Breitenparallele als Kreise ziehen muß, findet man nach der Formel $r = \text{tang}\,\frac{90° - \varphi}{2}$.

Gebrauch und Behandlung der Seekarte. Benutze, wo es angeht, nur deutsche Karten!

Wähle von vorhandenen Karten immer die mit dem größten Maßstabe!

Siehe nach dem Jahr der Vermessung der Karte! Je älter die Vermessung, auf der sie beruht, desto weniger zuverlässig ist die Karte. Je spärlicher die Lotungsangaben, desto oberflächlicher war die Vermessung.

Benutze nur Karten neuesten Datums! Behilf dich nie mit einer alten Karte, wenn eine neue Ausgabe von ihr erschienen ist!

Achte auf das Datum der letzten Berichtigung und berichtige die Karte vor dem Gebrauch an Hand der „Nachrichten für Seefahrer" bis zur letzten Möglichkeit!

Wo viele Karten an Bord sind, so daß man sie selbst nicht auf dem Laufenden halten kann, schicke man die Karten sofort nach Ankunft in einem deutschen Hafen an ein Seekartenberichtigungsinstitut.

Siehe nach, für welches Jahr die eingezeichnete Mißweisung gilt!

Achte darauf, für welchen Wasserstand die Tiefenangaben gelten!

Verlaß dich nicht auf Ortsbestimmungen nach schwimmenden Seezeichen (Tonnen, Baken usw.), da diese vertrieben sein können, so daß sie nicht genau an den eingezeichneten Stellen liegen! Mache dich vollständig vertraut mit allen in der Karte vorkommenden Zeichen und Abkürzungen!

Rechne nicht mit Sicherheit auf das Ausliegen von schwimmenden Seezeichen!

Lies vor Benutzung einer Karte alle darin enthaltenen Anmerkungen!

Verlaß dich nicht allzusehr auf die Genauigkeit deiner Seekarte!

Die 10-m-Linie ist eine Warnungslinie, die ohne Not nie überfahren werden darf!

Gehe allen Untiefen weit aus dem Wege!

In Gewässern mit starker Strömung und an sandigen Küsten ist die Seekarte immer nur mit größter Vorsicht zu gebrauchen, da dort das Fahrwasser, besonders nach schweren Stürmen, großen Änderungen unterworfen ist.

Siehe jede Küstengegend, von der nicht ausdrücklich nachgewiesen ist, daß sie frei von Gefahren ist, als gefährlich an!

Findest du Widersprüche zwischen Karte und Segelanweisung oder Leuchtfeuerverzeichnis, so halte zunächst beide Angaben für unsicher oder gib der Angabe den Vorzug, die zuletzt veröffentlicht wurde!

Notiere bei jedem in der Karte niedergelegten Schiffsort die Uhrzeit!

Befleißige dich der rechtweisenden Navigation, sie bietet viele Vorteile!

Bei Auswahl von Landmarken zur Ortsbestimmung gib den näheren den Vorzug vor den entfernteren!

Behandle deine Karte mit großer Sorgfalt und Schonung! Bewahre sie flachliegend auf, und wenn dafür der Raum nicht ausreicht, so rolle sie sorgfältig auf, aber falze sie nicht!

Mache keine unnötigen Striche, Notizen oder gar Ausrechnungen auf die Karte!

Ziehe Peilungslinien und Hilfslinien nur an den Stellen aus, wo voraussichtlich der Schiffsort zu liegen kommen wird!

Setze den Stechzirkel nur schräg an die Karte, da sie sonst leicht zerstochen wird.

Dulde keine Tinte auf dem Kartentisch!

Benutze zum Arbeiten in der Karte nur gutgespitzte Bleistifte mittlerer Härte (Nr. 3) und weichen Radiergummi!

Ziehe kantige Bleistifte den runden vor, da diese leicht fortrollen!

Radiere nicht, wenn die Karte noch feucht ist!

Bevor eine feuchte Karte weggelegt wird, ist sie zu lüften und zu trocknen!

Entferne alle Spuren früherer Arbeit aus der Karte, ehe du sie aufs neue benutzt!

Ziehe Transporteur und Dreiecke dem Parallellineal vor!

Besonders gute Dienste leisten die bekannten Zelluloiddreiecke mit eingravierter Grad- und Strichrose.

Abkürzungen und Bezeichnungen in deutschen Seekarten.

A

A.	*Amt, Anstalt*
Ankpl.	*Ankerplatz*
Anl-Brk.	*Anlegebrücke*
Ans.	*Ansicht*
Anst-Tn.	*Ansteuerungstonne*
auffall.	*auffallend*
Aust.	*Austern*

B

B.	*Bai, Bucht*
b.	*bei*
Bar.	*Baracke*
Batt.	*Batterie*
B.B.	*Backbord*
beabs.	*beabsichtigt*
Beob-Pkt.	*Beobachtungspunkt*
Bg. Bg^{e}	*Berg, Berge*
Bh.	*Buhne*
Bhf.	*Bahnhof*
Bk., Bk^{n}	*Bake, Baken*
bl.	*blau*
Bn.	*Brunnen*
Bnk., Bnk^{e}	*Bank, Bänke*
bnt.	*bunt*
Br.	*Breite*
br.	*braun*
Brdg.	*Brandung*
Brf-Tb.	*Brieftauben*
Brk.	*Brücke*
brl.	*bräunlich*
brt.	*breit*

D

D.	*Dock*
D.Adm-Krt.	*Deutsche Admiralitätskarte*
Dev-Bk.	*Deviationsbake*
dkl.	*dunkel*
Dkm.	*Denkmal*
Dlb.	*Dalben*
Dm.	*Damm*
Drchf.	*Durchfahrt*

E

Einf.	*Einfahrt*
eisr.	*eisern*
Eis-S.	*Eissignal-Station*
el.	*elektrisch*

F

f.	*fein*
Fbr.	*Fabrik*
Fd.	*Föhrde*
Fh.	*Fähre*
Fhrwss.	*Fahrwasser*
Fj.	*Fjord*
Fl.	*Fluß*
Flgmst.	*Flaggenmast*
Flgst.	*Flaggenstock*
Fls.,	*Felsen*
fls.	*felsig*
Fnkmst.	*Funkentelegraphenmast*
F.P.S.	*Funkpeilstelle*
F.S.	*Funkstelle*
Fstm-Tn.	*Festmachetonne*
Frhs.	*Forsthaus*
Frm.	*Foraminiferen*
Ft.	*Fort*

G

G.	*Golf*
g.	*gelb*
Gasl.	*Gasolin*
gb.	*grob*
Gbd.	*Gebäude*
Gbg.	*Gebirge*
Gd., Gd^{e}	*Grund, Gründe*
Gef-Sgn.	*Gefahrsignale*
gem.	*gemeldet*
geogr.	*geographisch*
Gez-S.	*Gezeitensignal-Station*
Glb.	*Globigerinen*
Glt.	*Gletscher*
Gl-Tn.	*Glockentonne*
gn.	*grün*
gr.	*grau*
Greenw.	*Greenwich*
Grenz-W.	*Grenzwache*
Grs.	*Gras*
gß.	*groß*

H

h.	*hell*
Hd-S.	*Handelsstation*
Hfn.	*Hafen*
Hfn-Sgn.	*Hafensignale*
Hfn-Zt.	*Hafenzeit*
Hg.	*Hügel*
H-I.	*Halbinsel*
Hk.	*Huk*
Hkn.	*Haken*
H-Tn.	*Heultonne*
Hlt-S.	*Haltestelle*
Hm.	*Holm*
Hs.	*Haus*
Ht.	*Hütte*
ht.	*hart*
H-Wss.	*Hochwasser*
H-Wss-H.	*Hochwasserhöhe*

I

I., I^{n}	*Insel, Inseln*

K

K.	*Kap*
K.	*Kies*
Kan.	*Kanal*
Kas.	*Kaserne*
Kb-Bk.	*Kabelbake*
Kblg.	*Kabellänge*
Kb-Tn.	*Kabeltonne*
Kk.	*Kalk*
kl.	*klein*
Klp.	*Klippe*
km	*Kilometer*
Kmpss-Bk.	*Kompensierungsbake*
Kor.	*Korallen*
Kpf.	*Kopf*
Kpl.	*Kapelle*
Kr.	*Kirche*
Kr.	*Kreide*
Krhf.	*Kirchhof*
Krn.	*Kran*
Kr-Tm.	*Kirchturm*
Krz.	*Kreuz*
Kst-W.	*Küstenwache*

L

L.	*Lehm*
Lat.	*Laterne*
Laz.	*Lazarett*
Lcht-Bk.	*Leuchtbake*
Lcht-Tn.	*Leuchttonne*
Lcht-Tm.	*Leuchtturm*
Ld.	*Land*
Ldg-Brk.	*Landungsbrücke*
Ld-Sgn-S.	*Lloyd-Signal-Station*
Lfv.	*Leuchtfeuerverzeichnis*
Lg.	*Länge*
Lgr.	*Lager*
L-S.	*Lotsenstation*

M

M.	*Muscheln*
M.	*Mühle*
m	*Meter*
^{m}	*Minute*
Mag.	*Magazin*
Mdg	*Mündung*
Ml-Bk.	*Meilenbake*
Mißw.	*Mißweisung*
Mk.	*Mark (für Bäume mit Kennzeichen, Steinhaufen pp.)*

Ml-Tn.	*Meilentonne*
M.-Sign.S.	*Marine-Signalstation*
Mss-S.	*Missions-Station*
Mt-	*Mittel-*
mw.	*mißweisend*
	N
N	*Nord*
Nd-	*Nieder-*
Nd-Wss.	*Niedrigwasser*
N.f.S.	*Nachrichten für Seefahrer*
Nm.	*Nachmittag*
Np.	*Nipp*
N-S.	*Nebel-Signalstation*
(*Gl.*, *Gg.*)	*Glocke, Gong*
(*H.*)	*Horn oder Trompete*
(*K.*)	*Kanone oder Knall*
(*Pf.*)	*Pfeife*
(*R.*)	*Rakete*
(*Sir.*)	*Sirene*
(*U-Wss-Gl.*)	*Unterwasserglocke*
	O
O	*Ost*
Ob-	*Ober-*
Obs.	*Observatorium*
od.	*oder*
or.	*orange*
	P
P?	*Position unsicher*
P-A.	*Postamt*
Petr.	*Petroleum*
Pfl.	*Pflanzung*
Pgl.	*Pegel*
Pkt.	*Punkt*
Pl.	*Platz*
Plv-Mag.	*Pulvermagazin*
Pt.	*Pteropoden*
Pv.	*Pavillon*
	Q
Qrt-Tn.	*Quarantänetonne*
	R
R.	*Riff*
r.	*rot*
Rd.	*Reede*
Rdl.	*Radiolarien*

Rgd.	*Riffgrund*
R-S.	*Rettungsstation*
R-S-Sgn.	*Rettungsstationssignale*
(*B.*)	*Boot*
(*Lt.*)	*Leiter*
(*R.*)	*Raketenapparat* Leinengewehr u. Leinengeschütz
Ru.	*Ruine*
rw.	*rechtweisend*
	S
S.	*Station, Stelle*
S	*Süd*
s.	*schwarz*
^{s}	*Sekunde*
Schl.	*Schloß*
Schl.	*Schlamm*
Schls.	*Schleuse*
Schls-Sgn.	*Schleusensignale*
Schn.	*Schnecken*
Schornst.	*Schornstein*
Schp.	*Schuppen*
Schw-Dock	*Schwimmdock*
Sd. } Sd. }	*Sand*
S^d	*Sund*
See-T-A.	*See-Telegraphenanstalt*
Seez-Sgn.	*Signale über das Ausliegen von Seezeichen*
Sem.	*Semaphor*
senkr.	*senkrecht*
Sgnmst.	*Signalmast*
Sgn-S.	*Signalstation mit telegraph. Verbindung*
Shb.	*Seehandbuch*
Sk.	*Schlick*
Sm	*Seemeile*
Sp.	*Spitze*
Sp.	*Sprenkeln*
Sperr-Sgn-Bk.	*Sperrsignalbake*
Spr.	*Spring*
Sst.	*Seestern*
S^t	*Sankt*
St.	*Stein*
St-B.	*Steuerbord*
Stg.	*Seetang*
Str.	*Straße*
Strom-Anz.	*Stromanzeiger*
Strom-Kbblg.	*Stromkabbelung*

Strom-S.	*Stromsignal-Station*
Strm-S.	*Sturmwarnungs-Stelle*
^{h}	*Stunde*
	T
T.	*Ton*
t	*Tonne (Gewicht)*
T-Bk.	*Telepraphenbake*
Tch.	*Teich*
Td-Hb.	*Tidenhub*
tlws.	*teilweise*
Tm.	*Turm*
Tp.	*Tempel*
tr.	*trocken*
Tr-Dock	*Trockendock*
T-S.	*Telegraphenstelle oder Fernsprecher*
T-Tn.	*Telegraphentonne*
	U
U-	*Unter-*
u.	*und*
(*u.*)	*unbewacht*
ubr.	*unterbrochen*
ungf.	*ungefähr*
unrgmß.	*unregelmäßig*
unr.	*unrein*
Untf.	*Untiefe*
Untsg.-Ankpl.	*Untersuchungs-Ankerplatz*
unzvl.	*unzuverlässig*
UTSdr.	*U.W. Telegr. Sender*
U-Wss-Gl.	*Unterwasserglocke*
	V
vdklt.	*verdunkelt*
viol.	*violett*
Vm.	*Vormittag*
Vorh.?	*Vorhandensein, Bestehen zweifelhaft*
vrsdt.	*versandet*
vrsw.	*versuchsweise*
	W
W.	*Wache*
W	*West*
w.	*weiß*
wch.	*weich*
Wd-Bk	*Windbake*
We-Sgn.	*Wettersignale*
Wr-Sgn.	*Wracksignale*
Wr-Tn.	*Wracktonne*
Wrt.	*Wärter*

W-Sem.	*Wind- und Wettersemaphor*	*Wss-S.*	*Wasserstands-sign.-Station*	*zrst.*	*zerstört*
				ZS.	*Zufluchtsstation f. Schiffbrüchige*
		Z			
W-Sgn.	*Windsignale*	*zbr.*	*zerbrochen*		
Wss.	*Wasser*	*Zgl.*	*Ziegelei*	*Ztbl.*	*Zeitball*
Wss-Anz.	*Wasserstands-Anzeiger*	*Zoll-A, -S.*	*Zoll-Amt, -Station*	*Zt-Sgn.*	*Zeitsignal*
				ztws.	*zeitweise*

Die Höhen- und Tiefenangaben sind in Metern ausgedrückt. Die Tiefenangaben, sowie die Höhenangaben auf trocken fallenden Sänden, Watten, Riffen beziehen sich auf mittleres Springniedrigwasser, in gezeitenlosen Gewässern auf einen mittleren Wasserstand, wenn nicht etwas anderes in den Karten besonders angegeben ist.

Die Höhen der Leuchtfeuer geben die Höhe der Lichtquelle über Hochwasser an, in gezeitenlosen Gewässern über dem mittleren Wasserstand, entsprechend den Angaben des Leuchtfeuerverzeichnisses aller Meere.

Als geographischer Ort eines Zeichens gilt der Mittelpunkt seiner Grundlinie in der Karte.

Die bei den Leuchtfeuern eingetragenen Kreise entsprechen nicht den Sichtweitegrenzen, sondern sollen nur die Kennung der Feuer verdeutlichen.

Die deutschen Admiralitätskarten geben bei den Feuern die Entfernung an, bis zu der man sie bei sichtigem Wetter in 5 m Augeshöhe sehen kann. Es ist dies die Sichtweite, wenn die Tragweite des Feuers größer ist als die Sichtweite; hat das Feuer aber eine kleinere Tragweite, so bildet diese die Grenze seiner Sichtbarkeit.

Topographische und hydrographische Zeichen in deutschen Seekarten.

Felsige und steile Küste

Allmählich ansteigende Küste

Feste und veränderliche Sandküste mit Dünen

Küste bei Springhochwasser überflutet

Flachküste

Nicht vermessene Küste

Deich mit Sielschleusen

Watt
2 m-Grenze
4 ,, ,,
6 ,, ,, } Sand- und Schlickgrund

Trocken bei Nd.-Wss.
2 m-Grenze
4 ,, ,,
6 ,, ,, } Fels- und Korallengrund

10 m-Grenze
20 ,, ,,
40 ,, ,,
100 ,, ,,
200 ,, ,,

Grenze ungenau vermessener u. gefährl. Gründe

(8) Inseln mit nebenstehender Höhenangabe

Felsen bei Niedrigwasser im Meeresspiegel

(5) Steine od. Felsen x m unter dem Nd.-Wss.-Spiegel

Grenze von felsigen Gründen (auch Riffgrund) in Tiefen über 6 m

Strömungsgrenze

Brandung oder Stromkabbelung

Stromwirbel

Seetang, Seegras

Eisgrenze

10 Meeresströmung mit Angabe der Geschwindigkeit in 24 Stunden in Sm

5-6 Ebbstrom
4 Flutstrom } mit Angabe der größten Geschwindigkeit für 1 Stunde in Sm

(Die Anzahl der Punkte gibt die Stundenzahl nach Hochwasser)

Fahrwasserlinie
Richtungslinie u. Deckpeilung } Beim Zusammenfallen beider wird nur die erstere gegeben
Leuchtfeuersektoren
Hinweis auf eine Ansicht oder Vertonung, nach dem Hauptobjekt gerichtet
Wasserfall, Stromschnellen
Ankerplatz { für große Schiffe / für kleinere Fahrzeuge
250 600 Lotungen ohne Grund bei der angegebenen Tiefe
Feuerschiffe[1])
Heultonnen
Leuchttonnen
Glockentonnen
Bakentonnen
Spierentonnen (Treibbaken)
Spitze Tonnen
Stumpfe Tonnen
Kugeltonnen (Telegraphen- und Quarantänetonnen)
Deviations- u. Festmachetonnen
Pricken
Stangenseezeichen
Dalben
Wracks
Kleine Ortschaft, Dorf
Kirchen
Moschee
Windmühlen
Wassermühle
Türme
Leuchtfeuer, Leuchtbake
Baken mit Angabe der Höhe der Spitze über H.-Wss.
Schornsteine
Hochofen
Signalmast
Sturmsignalmast
Zeitball
Flaggenstange
Funkentelegraphenmast
Kran m. Angabe d. Tragfähigkeit in Tonnen (50t)

Landesgrenze
Eisenbahn (i. Bau)
Straßenbahn
Hauptstraße
Nebenstraße
Verbindungs- und Fußweg
Hecke, Knick
Mauer
Batterie
Fort
Trigonometrischer und Beobachtungspunkt
Wasserleitung
Telegraphen- und Fernsprechleitung
Kanal
Laubwald
Nadelwald
Mischwald
Busch
Parkanlagen
Begräbnisplatz für { Christen / Nichtchristen
Weinberge
Trockene / Nasse } Wiese
Hohes Gras
Schilf, Rohr
Heide
Sumpf
Palmen
Einzelne auffallende Bäume
Mangroven
Pflanzungen

[1]) Die schwarzen Punkte geben nur die Zahl der Feuer an, nicht die Tagmarken.

Kennung der Leuchtfeuer.

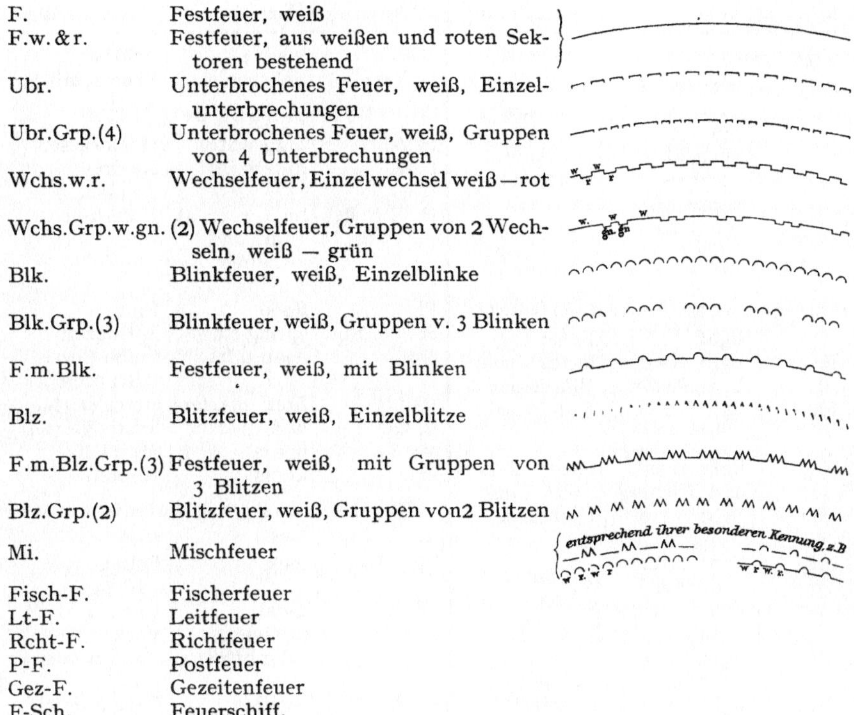

F.	Festfeuer, weiß
F.w.&r.	Festfeuer, aus weißen und roten Sektoren bestehend
Ubr.	Unterbrochenes Feuer, weiß, Einzelunterbrechungen
Ubr.Grp.(4)	Unterbrochenes Feuer, weiß, Gruppen von 4 Unterbrechungen
Wchs.w.r.	Wechselfeuer, Einzelwechsel weiß — rot
Wchs.Grp.w.gn.(2)	Wechselfeuer, Gruppen von 2 Wechseln, weiß — grün
Blk.	Blinkfeuer, weiß, Einzelblinke
Blk.Grp.(3)	Blinkfeuer, weiß, Gruppen v. 3 Blinken
F.m.Blk.	Festfeuer, weiß, mit Blinken
Blz.	Blitzfeuer, weiß, Einzelblitze
F.m.Blz.Grp.(3)	Festfeuer, weiß, mit Gruppen von 3 Blitzen
Blz.Grp.(2)	Blitzfeuer, weiß, Gruppen von2 Blitzen
Mi.	Mischfeuer
Fisch-F.	Fischerfeuer
Lt-F.	Leitfeuer
Rcht-F.	Richtfeuer
P-F.	Postfeuer
Gez-F.	Gezeitenfeuer
F-Sch.	Feuerschiff.

Einige häufig vorkommende Abkürzungen und Bezeichnungen in englischen Seekarten.

Englische Abkürzung	Englische Bezeichnung	Deutsche Bezeichnung	Englische Abkürzung	Englische Bezeichnung	Deutsche Bezeichnung
Bezeichnung der Bodenbeschaffenheit.			oz.	oaze(od.ooze)	Schlick
			peb.	pebbles	Kieselsteine
b.	blue	blau	r.	rock	Felsen
blk.	black	schwarz	rd.	red	rot
br.	brown	braun	rot.	rotten	verfault
brk.	broken	zerbrochen	s.	sand	Sand
c.	coarse	grob	sft.	soft	weich, milde
chk.	chalk	Kreide	sh.	shells	Muscheln
cl.	clay	Ton, Lehm	sm.	small	klein
crl.	corals	Korallen	spk.	speckled	Sprenkeln
d.	dark	dunkel	st.	stones	Steine
f.	fine	fein	stf.	stiff	steif, starr
g.	gravel	Kies	w.	white	weiß
gn.	green	grün	wd.	weed	Kraut
gy.	gray	grau	y.	yellow	gelb
h.	hard	hart			
l.	large	breit	Bezeichnung der Bojen.		
lt.	light	hell	B.	black	schwarz
m.	mud	Mudde, Schlamm	Cheq.	chequered	kariert, gewürfelt
oys.	oysters	Austern	G, G^n	green	grün

Englische Abkürzung	Englische Bezeichnung	Deutsche Bezeichnung
Bezeichnung der Bojen.		
H. S.	horizontal stripes	horizontale Streifen
R.	red	rot
V. S.	vertical stripes	vertikale Streifen
W.	white	weiß
S. F. B.	submarine fog bell	Unterwasser-Schallsignal
Bezeichnung der Leuchtfeuer.		
L^{t}.	light	Feuer
L^{t}. F.	light fixed	festes Feuer
L^{t}. Fl.	light flashing	Blinkfeuer
L^{t}. Fl.	light flashing (flash shorter than 2 seconds)	Blitzfeuer
L^{t}. F. Fl.	light fixed and flashing	festes Feuer mit Blink
L^{t}. Rev.	light revolving	Drehfeuer
L^{t}. Int.	light intermittent	unterbrochenes Feuer
L^{t}. Occ.	light occulting	unterbrochenes Feuer
L^{t}. Alt.	light alternating	Wechselfeuer
L^{t}. Elec.	light electric	elektrisches Feuer
Ecl.	eclipse	Verdunkelung
	eclipsed	verdunkelt

Englische Abkürzung	Englische Bezeichnung	Deutsche Bezeichnung
Vis.	visible	sichtbar
L^{t}.Ves.	lightvessel	Feuerschiff
Bezeichnung der Tiden.		
H.W.	high-water	Hochwasser
L.W.	low-water	Niedrigwasser
H.W.F. &C.	high-water at full and change of moon	Hafenzeit
Fl.	flood	Flut
Sp. od. Spr.	spring tides	Springzeit
Np.	neap tides	taube Gezeit, Nippzeit
1st Q^{r}.	first quarter	erstes Viertel
L. Q^{r}.	last quarter	letztes Viertel
h^{rs}, h.	hours	Stunden
kn.	knots	Knoten
Bezeichnung von Untiefen.		
R^{f}	reef	Riff
Rk., R^{k}	rock	Felsen, Klippe
Sh.	shoal	Untiefe
E. D.	existence doubtful	Vorhandensein zweifelhaft
P. D.	position doubtful	Lage zweifelhaft
P. A.	position approximate	Lage nur angenähert angegeben

Tiefenangaben in britischen Karten. In bestimmten britischen Karten werden Tiefen unter 18,3 m (10 Fad.) statt wie bisher in Faden und Bruchteilen von Faden in Zukunft in Faden und Fuß wie folgt angegeben: 8_5 bedeutet 8 Faden und 5 Fuß (16,2 m); 0_3 bedeutet 0 Faden 3 Fuß (0,9 m). Die neuen Tiefenangaben werden auf den Karten, soweit nötig, allmählich durchgeführt.

Wrackzeichen in britischen Karten. Wracks werden in britischen Karten nach folgendem System angegeben, das allmählich durchgeführt wird:

1. *Wreck.* (Jahr) Wrack, von dem irgendein Teil des Schiffskörpers oder Aufbaues über Niedrigwasser sichtbar ist.
2. *Wreck.* (Jahr) Wrack, über dem 10 Fad. (18,3 m) oder weniger Wasser ist; die genaue Tiefe über ihm ist nicht bekannt.
3. *Wreck.* (Jahr) Wrack, über dem die angegebene Tiefe ist. (Symbol: *Tiefe*)
4. *Wreck.* (Jahr) Wrack, über dem mehr als 10 Fad. (18,3 m) Tiefe ist; die genaue Tiefe ist nicht bekannt.
5. *Foul.* (Jahr) Wrack, das keine Gefahr für die Überwasserschiffahrt bildet; dieses Zeichen soll nicht Schiffe angemessenen Tiefgangs von dem Orte fernhalten, sondern anzeigen, daß Ankern usw. in der Gegend nicht ratsam ist.

Bei den Wrackzeichen wird in Karten großen Maßstabes, wenn bekannt, in Klammern das Jahr angegeben, seit dem das Wrack dort liegt.

Allgemeine Bezeichnung der Fahrwasser und Untiefen.

Als allgemeine Regeln gelten:

Man findet beim Einlaufen von See nach dem Hafen an Steuerbord spitze oder kugelförmige Tonnen, die meistens rot angestrichen sind.

Man findet beim Einlaufen von See nach dem Hafen an Backbord stumpfe Tonnen, die meistens schwarz angestrichen sind. — Jedoch gelten diese Regeln nicht für alle Staaten. In England sind die Steuerbordtonnen mit einer Farbe einfach gestrichen, und die Backbordtonnen sind mit einer anderen Farbe einfach oder mit anderen Farben verschieden gestrichen.

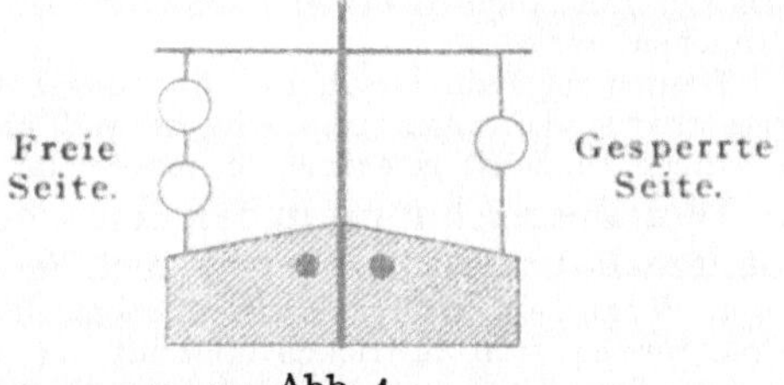

Abb. 1.

Mittelgründe, die man an beiden Seiten passieren kann, sind meistens durch rot und weiß (oder schwarz) horizontal gestreifte Bojen bezeichnet.

Wracks werden fast immer durch grüne Bojen oder grüne Wrackfeuerschiffe bezeichnet. Zuweilen wird durch Bälle oder Lampen (weiße Lichter) die Lage des Wracks bezeichnet.

Telegraphenkabel werden vielfach durch grüne Bojen bezeichnet.

Quarantänegrenzen werden durch gelbe Bojen bezeichnet.

Weiße Tonnen bedeuten oft einzelne, freiliegende Untiefen.

Betonnungssystem von Deutschland (s. auch Seestraßenrecht!).

Steuerbordseite[1]) des Fahrwassers: rote Spierentonnen (selten stumpfe); rote Baken mit Spieren; Stangenseezeichen. Auf Revieren zeigen Leuchttonnen an Steuerbord ungerade Feuer.

Backbordseite des Fahrwassers: schwarze, spitze Tonnen; schwarze Baken ohne Spieren; Pricken. Auf Revieren zeigen Leuchttonnen an Backbord gerade Feuer.

Mitte des Fahrwassers: rot und schwarz gestreifte Kugeltonnen.

Einzelne Untiefen in der Mitte des Fahrwassers: rot und schwarz gestreifte Bake.

Untiefen: schwarz und weiß gestreifte Spieren-, Bakentonnen; auf den Tonnen ist meistens der Name der Untiefe verzeichnet.

Große Untiefen: weiße Baken-, Spierentonnen oder Baken mit dem Namen der Untiefe. Die Ränder von großen Untiefen werden durch Bojen mit folgenden Abzeichen bezeichnet:

Nördlich von der Untiefe: zwei Dreiecke mit den Spitzen nach oben; Name der Untiefe und N.

Östlich von der Untiefe: zwei Dreiecke mit den Spitzen voneinander abgewandt; Name der Untiefe und O.

Südlich von der Untiefe: zwei Dreiecke mit den Spitzen nach unten; Name der Untiefe und S.

Westlich von der Untiefe: zwei Dreiecke mit den Spitzen gegeneinander gekehrt; Name der Untiefe und W.

Die auf der Untiefe selbst ausgelegten Seezeichen erhalten als Toppzeichen eine Trommel.

Sämtliche zur Bezeichnung der Untiefen außerhalb der Fahrwasser verwendeten Seezeichen sind weiß oder schwarz und weiß gestreift.

[1]) Als Steuerbordseite eines Fahrwassers gilt diejenige Seite, die für die von See kommenden Schiffe an Steuerbord liegt. Verbindet ein Fahrwasser zwei Meeresteile oder zwei durch Gründe voneinander getrennte Wasserflächen, so ist als Steuerbordseite des Fahrwassers diejenige Seite zu betrachten, die von den aus westlicher Richtung, d. h. von rechtweisend Nord (einschließlich) über West bis rechtweisend Süd (ausschließlich), kommenden Schiffen an Steuerbord gelassen wird. Ist ein solches Fahrwasser derart gekrümmt, daß Zweifel darüber entstehen, welche Seite als Steuerbord- und welche als Backbordseite zu bezeichnen ist, so gilt die am meisten nördlich gelegene Einfahrt als die maßgebende für das ganze zusammenhängende Fahrwasser.

Zur Bezeichnung der Lage unterseeischer Telegraphenkabel werden grün angestrichene Kugeltonnen verwendet, die in weißer Farbe das Wort „Telegraph", den Buchstaben „T" oder die Aufschrift „Kabel" tragen.

Zur Bezeichnung der Grenzen von Quarantänegründen werden stumpfe, spitze oder Faßtonnen mit gelbem Anstrich verwendet.

Die Grenzen solcher Wasserflächen, die zur Vornahme von Schieß-, Minen- oder Torpedoversuchen zeitweise für die Schiffahrt abgesperrt werden müssen, sind mit gelb angestrichenen Faßtonnen bezeichnet, die als Toppzeichen ein rotes Fähnchen tragen.

Tonnen im Fahrwasser, die Warnungszwecken dienen, jedoch an allen Seiten passierbar sind, tragen einen schwarz-weiß gewürfelten Anstrich sowie den Namen des ihnen zunächst gelegenen in den Seekarten verzeichneten Ortes.

Wrackbezeichnung in den deutschen[1]) Küsten-Gewässern und betonnten Fahrwassern. (Siehe auch Seestraßenrecht!)

1. Wrack-Leuchttonnen (Leucht-Heul- und Glockentonnen) sind wie alle Wracktonnen grün gestrichen und mit der weißen Aufschrift „Wrack" versehen. Je nach ihrer Lage zum Wrack führen sie die vorgeschriebenen, grün gestrichenen Toppzeichen, und zwar: nördlich vom Wrack zwei mit der Spitze nach oben gekehrte Dreiecke; südlich vom Wrack zwei mit der Spitze nach unten gekehrte Dreiecke; östlich vom Wrack zwei Dreiecke, von denen das obere die Spitze nach oben und das untere die Spitze nach unten kehrt; westlich vom Wrack zwei Dreiecke, deren Spitzen gegeneinander gerichtet sind.

Wrack-Leuchttonnen zeigen ein grünes, unterbrochenes Feuer, Blink- oder Blitzfeuer, und zwar:

In offener See[2]) zeigen die so nahe wie möglich im nordöstlichen oder südwestlichen Quadranten vom Wrack zwischen dem Wrack und der Hauptverkehrsstraße anzulegenden Wrack-Leuchttonnen folgende Feuerkennung:

a) grünes Blink- oder Blitzfeuer mit Gruppen von zwei Blinken oder Blitzen, wenn sie in einer Richtung zwischen N und O vom Wrack liegen;

b) grünes, unterbrochenes Feuer mit Einzelunterbrechungen, wenn sie in einer Richtung zwischen S und W vom Wrack liegen.

In betonnten Fahrwassern zeigen die so nahe wie möglich vom Wrack zwischen dem Wrack und der Fahrrinne auf einer gedachten, vom Wrack rechtwinklig zur Fahrrinne gezogenen Linie auszulegenden Wrack-Leuchttonnen folgende Feuerkennung:

a) grünes Blink- oder Blitzfeuer mit ungerader Zahl der Blinke oder Blitze, und zwar mit Gruppen von drei Blinken oder Blitzen, wenn sie einkommend an der Steuerbordseite des Fahrwassers liegen;

b) grünes, unterbrochenes Feuer mit gerader Zahl der Unterbrechungen, und zwar mit Gruppen von vier Unterbrechungen, wenn sie einkommend an der Backbordseite des Fahrwassers liegen.

2. Die Wrackseezeichen sind nur als Hilfsmittel bei der Navigierung anzusehen; auf das Ausliegen und die richtige Lage dieser Seezeichen sowie auf das Brennen ihrer Feuer darf man sich nicht unbedingt verlassen.

Die Seefahrer haben dabei stets zu berücksichtigen, daß die oft auf weit vorgeschobener und stark gefährdeter, noch nicht erprobter Position ausliegenden Seezeichen besonders kurz nach dem Auslegen infolge schlechten Ankergrundes, ungenügenden Einsandens der Ankersteine u. dgl. leicht vertreiben, daß ferner ein Verlöschen ihrer Feuer oder eine Beeinträchtigung der Schärfe der Feuerkennung und der Sichtweite infolge schwerer See oder aus anderen Ursachen nicht ausgeschlossen ist und die Feststellung und Beseitigung eingetretener Störungen wegen der weiten Entfernung von der Versorgungsstelle zuweilen längere Zeit in Anspruch nimmt. Derartige Vorkommnisse werden jedoch stets so bald wie möglich durch die N. f. S. und funktelegraphisch bekanntgegeben werden.

---

[1]) Die im schwedischen und dänischen Seegebiet liegenden Wrackbezeichnungen sind ähnlich den deutschen.

[2]) „Offene See" im Sinne dieser Grundsätze umfaßt das außerhalb des äußersten Seezeichens (Ansteuerungstonne) eines in seinem Verlaufe fortdauernd durch Seezeichen kenntlich gemachten Einlaufes oder Fahrwassers liegende Seegebiet.

Bei drohender Eisgefahr werden ausliegende Wrack-Leuchttonnen in der Regel eingezogen und durch gewöhnliche Wracktonnen ersetzt.

Wrackbezeichnung in den Gewässern an den Küsten von England, Wales, Schottland, Irland und der Insel Man.

Farbe der Wrackseezeichen, Feuer, Toppzeichen usw. ist stets grün; für andere Seezeichen soll die grüne Farbe nicht verwendet werden. Feuer auf Wrackschiffen und -tonnen sollen ringsherum mindestens 1 Sm sichtbar sein. Wrackfeuerschiffe und -tonnen tragen die weiße Aufschrift „Wreck".

Wenn zwei oder mehrere Seezeichen ein Wrack bezeichnen, darf nicht zwischen ihnen hindurchgefahren werden. An den Wrackseezeichen ist stets in großem Abstand vorbeizufahren.

1. Wrackbezeichnung in offener See. Entsprechend der nachstehend angegebenen Form der Wracktonnen und der Kennung ihrer Feuer sowie der Anzahl Bälle, Feuer und Kennung der Nebelsignale auf den Wrackfeuerschiffen sind die Wrackseezeichen wie folgt an der Backbord- oder Steuerbordseite des Beobachters zu lassen.

Die Zeichen sind zu lassen	Wracktonnen		Wrackfeuerschiffe		
	Form	Feuer	Feuer an der Rahnock senkrecht untereinander	Bälle an der Rahnock senkrecht untereinander	Nebelsignale mit tieftönender Glocke in Gruppen von
An Backbord	stumpf	**Blz. Grp. 2 gn.**	**2 F. gn.**	2 Bälle	2 Tönen } Wiederkehr nicht mehr als 30ˢ
„ Steuerbord	spitz	**Blz. Grp. 3 gn.**	**3 F. gn.**	3 „	3 „
„ beiden Seiten	kugelförmig	**Blz. gn.**	**4 F. gn.**	4 „	4 „
			je 2 an jeder Rahnock		

Die Wrackfeuerschiffe führen keine Ankerlaternen.

Als Steuerbordseite gilt die Seite, die auf See mit dem Hauptflutstrom fahrend oder von See in einen Hafen oder Fluß einlaufend zur rechten Hand des Beobachters liegt; als Backbordseite die entgegengesetzte Seite.

Für die nachfolgenden Gebiete läuft der Hauptflutstrom wie folgt:

a) Kanal, N- und O-K. von Großbritannien (ausschließlich Moray Firth, Firth of Forth und The Wash), Pentland Firth und zwischen den Orkney- und Shetland-Inseln } nach der Themsemündung zu.

b) St. Georgs-Kanal, Irische See (ausschließlich Bristol-Kanal), N-K. von Irland (Tory-Insel bis Rathlin-Insel) und S-K. von Irland (Skelligs-Klippen bis Carnsore Huk) } auf der O-Seite nach dem Solway Firth, auf der W-Seite nach dem Lough Strangford zu.

c) W-K. von Irland von den Skelligs-Klippen nach der Troy-Insel nach Norden.

d) W-K. von Schottland, nördlich von Mull of Cantyre, einschließlich Hebriden } nach dem KapWrath zu.

e) O- und W-K. der Orkney- und Shetland-Inseln nach Süden.

2. Wrackbezeichnung in engen Gewässern, in Flüssen, Mündungsbuchten, Häfen und in deren Ansteuerungen erfolgt im allgemeinen gleichfalls nach den unter 1. angegebenen Grundsätzen, doch sind die örtlichen Behörden unter Beachtung der allgemeinen Bestimmungen zu Abweichungen berechtigt.

Die die Seekarten ergänzenden nautischen Bücher. Die Seekarte kann nicht alles enthalten, was der Schiffsführer zur terrestrischen Navigation braucht. Zur Ergänzung dienen folgende nautische Bücher:

1. Die Seehandbücher, wovon stets die neuesten Ausgaben an Bord sein müssen. Alle Seehandbücher sind an Hand der „Nachträge" auf dem Laufenden zu halten.

2. Die Leuchtfeuerverzeichnisse, die zum Teil jährlich neu erscheinen.

3. Die Nachrichten für Seefahrer, die wöchentlich bzw. in dringenden Fällen als Extrablätter herausgegeben werden. An Hand der N. f. S. sind alle Seekarten, Leuchtfeuerverzeichnisse und Seehandbücher beständig sorgfältigst zu berichtigen. Jede Nachlässigkeit in dieser Beziehung kann eine Gefährdung des Schiffes im Gefolge haben.

4. Die Gezeitentafeln, die jährlich neu herausgegeben werden.

5. Der Nautische Funkdienst und seine neuesten Nachträge. Er enthält alle für den Nautiker wichtigen Angaben über das Funkwesen zum Handgebrauch auf der Brücke.

6. Die „Annalen der Hydrographie" und „Der Pilote".

Bei allen nautischen Büchern studiere man sorgfältig auch das Vorwort und die Vorbemerkungen!

Längenunterschiede zwischen Greenwich und anderen Hauptmeridianen.

Amsterdam	4° 53′ 2″ O	=	$+0^h\ 19^m\ 32^s$
Batavia (Observat.) .	106° 48′ 37″ O	=	$+7^h\ 7^m\ 14^s$
Berlin	13° 23′ 44″ O	=	$+0^h\ 53^m\ 35^s$
Ferro	17° 39′ 45″ W	=	$-1^h\ 10^m\ 39^s$
Jenikale (Kirche) . .	36° 36′ 34″ O	=	$+2^h\ 26^m\ 26^s$
Kristiania	10° 43′ 26″ O	=	$+0^h\ 42^m\ 54^s$
Lissabon (Observat.) .	9° 7′ 55″ W	=	$-0^h\ 36^m\ 32^s$
Neapel (Observat.) .	14° 15′ 7″ O	=	$+0^h\ 57^m\ 1^s$
Nikolajew (Observat.)	31° 58′ 48″ O	=	$+2^h\ 7^m\ 55^s$
Paris	2° 20′ 14″ O	=	$+0^h\ 9^m\ 21^s$
Pulkowa (Observat.) .	30° 19′ 40″ O	=	$+2^h\ 1^m\ 19^s$
San Fernando (Cadix)	6° 12′ 20″ W	=	$-0^h\ 24^m\ 49^s$
Washington	77° 3′ 3″ W	=	$-5^h\ 8^m\ 12^s$.

2. Bestimmung der Fahrt des Schiffes.

Gebrauchte Abkürzungen: Meter = m, Seemeile = Sm, Knoten = Kn, Fahrt des Schiffes durchs Wasser = F_w. Fahrt des Schiffes über den Grund = F_g.

Gewöhnliches Handlog. Länge des Vorlaufs etwa eine Schiffslänge, jedoch nicht über 60 m. Halbmesser des Logscheits 20 cm, Dicke 15 mm. Knotenlänge, wenn das Glas x^s läuft, bei der Handelsmarine $x/2$ m (also richtige Knotenlänge für ein 14^s-Glas = 7 m), bei der Kriegsmarine $\left(x \cdot 0{,}514 - \frac{x \cdot 0{,}514}{20}\right)$ m (also richtige Knotenlänge für ein 14^s-Glas = 6,84 m). Eine neue Leine muß vor dem Abmarken gut gereckt und einige Zeit im Wasser nachgeschleppt werden, damit die Törns herauskommen. Im feuchten Zustand marken! Man nehme als Logleine eine ungeteerte Leine von $1^1/_2$—2 cm Umfang. Logglas und Logleine müssen öfters nachgeprüft werden. Letztere ist dabei im nassen Zustande an Marken, die man im richtigen Abstand an Deck anbringt, nachzumessen. Stimmt die Markung der Leine nicht mit der Laufdauer des Glases überein, so kann man trotzdem die wahre Fahrt damit erhalten. Es ist dann wahre F_w in Kn $= \frac{\text{gelogte Fahrt} \cdot \text{benutzte Knotenlänge}}{\text{richtige Knotenlänge}}$. Bei Fahrten unter 3 und über 12 Kn werden die Angaben des Handlogs unsicher. Logglas immer trocken aufbewahren! Wenn der Sand feucht geworden ist, so trockne man ihn, indem man das Glas in die Sonne legt. Am besten in Lee loggen.

Relingslog. Das Relingslog gibt bei Fahrten unter 4—5 Kn genauere Werte als das Handlog. Es ist besonders zu empfehlen zur Bestimmung des Stromes, wenn das Schiff vor Anker liegt. Man mißt eine möglichst lange Strecke auf beiden Relingen in Meter oder Meridiantertien (1 Meridiantertie = 0,514 m) ab und bestimmt genau die Zeit, die ein über Bord geworfenes Stück Holz zum Durchlaufen dieser Strecke braucht. Visiervorrichtungen an den Endpunkten der Strecke müssen senkrecht zur Reling (also etwa: Vorderkante Haus, Hinterkante Back oder ähnlich) sein. Bei raumen Wind in Lee loggen, bei größerer Abtrift in Luv. Man hat dann:

$$\text{wahre } F_w \text{ in Kn} = \frac{\text{Strecke in Meridiantertien}}{\text{Sekundenzahl}} = \frac{\text{Strecke in m}}{0{,}514 \cdot \text{Sekundenzahl}} .$$

Bei häufigem Gebrauch des Relinglogs empfiehlt sich die Vorausberechnung einer Tafel.

Beispiel: Abgemessene Strecke 51,4 m = 100 Meridiantertien. Zeit, die ein Körper zum Durchschwimmen dieser Strecke gebraucht 20^s. $F_w = 100 : 20 = 5$ Kn.

Grundlog. Mit Handlog und Relingslog mißt man immer nur F_w. Auf flachem Wasser kann man bei geringer Fahrt mittels des Grundlogs auch F_g bestimmen. Man benutzt dazu die Tieflotleine mit angestecktem Tieflot und eine Sekundenuhr. Man mißt Wassertiefe + Heckhöhe (= h), läßt von der Lotleine etwa die dreifache Länge der Wassertiefe als Vorlauf v auslaufen und mißt dann die Zeit, die verfließt, bis eine bestimmte Länge l der Leine ausgelaufen ist. Man hat dann:

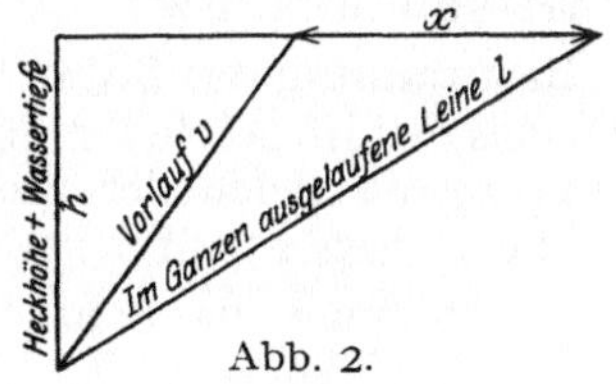

Abb. 2.

$$x = \sqrt{(l+h)(l-h)} - \sqrt{(v+h)(v-h)} \quad \text{und} \quad F_g = \frac{x \text{ in m}}{0{,}514 \cdot \text{Sekundenzahl}} .$$

Beispiel: Man lotet Wassertiefe + Heckhöhe = 17 m. Zwischen dem Passieren der 50-m-Marke und der 80-m-Marke am Heck verfließen 14^s.

$$x = \sqrt{(80+17)(80-17)} - \sqrt{(50+17)(50-17)} = 31{,}2 \text{ m},$$

$$F_g = 31{,}2 : (0{,}514 \cdot 14) = 4{,}3 \text{ Kn}.$$

Die Peilung der Lotleine gibt außerdem den Kurs über den Grund.

Patentlog und moderne Logapparate siehe „Technische Navigation".

Fahrtbestimmung an der gemessenen Meile. Seehandbücher und Seekarten geben Aufschluß, wo solche „abgesteckte Meilen" vorhanden sind. Man halte genau den vorgeschriebenen Kurs, der senkrecht zu den Deckpeilungsrichtungen der Landmarken liegen soll. Auf gutes Steuern achten! Genügenden Anlauf nehmen! Strecke hin und zurück laufen, um Einfluß von Wind und Strom auszuschalten. Mittel aus beiden F (nicht aus den gebrauchten Zeiten!) bilden. Läuft man nur einen Weg, so ist das Resultat F_g! Ist die abgemessene Strecke x Sm lang, so ist F_g in Kn $= \frac{x \cdot 3600}{\text{Sekundenzahl}} = \frac{x \cdot 60}{\text{Minutenzahl}}$.

Zur Bestimmung von F des Schiffes bei Probefahrten wendet man meistens diese Methode an. Tiefgang vorn und hinten notieren! Richtung und Stärke des Windes! Möglichst stromloses und tiefes Fahrwasser wählen! Ist der Strom bekannt, so läßt sich aus F_g und dem Strom ebenfalls F_w finden (s. Segeln im Strom).

Beispiel: Eine bekannte Entfernung von 2,3 Sm legt man hin in $14^m\,20^s$, zurück in $17^m\,10^s$ zurück.

$$F_{g_1} = \frac{2{,}3 \cdot 3600}{860} = 9{,}7 \text{ Kn}, \qquad F_{g_2} = \frac{2{,}3 \cdot 3600}{1030} = 8{,}0 \text{ Kn},$$

$$F_w = \frac{9{,}7 + 8{,}0}{2} = 8{,}8 \text{ Kn}.$$

Fahrtbestimmung nach Umdrehung der Maschine. Auf Dampfern wird die Fahrt gewöhnlich aus der Umdrehungszahl der Maschine bestimmt, für die bei den Probefahrten die entsprechenden Geschwindigkeiten festgestellt werden. Diese Werte müssen als „Fahrttabelle" auf der Brücke vorhanden sein. Bei Zweischraubenschiffen sollen auch die bei Benutzung einzelner Maschinen gültigen Werte vorhanden sein. Die Angaben der Fahrttabelle sind bei jeder Gelegenheit nachzuprüfen und zu vervollständigen. Alle diese Werte sind wesentlich abhängig vom Tiefgang, Seegang, Wind, Trimm, Bewachsen des Schiffsbodens usw.

Bestimmung des Slips. Wäre das Wasser ein starres Mittel, so würde sich das Schiff bei jeder Schraubenumdrehung um eine Strecke weiter bewegen, die gleich der Steigung der Schraube ist.

Theoretischer Schiffsweg in der Stunde

$$(F_{th}) = \frac{\text{Steigung der Schraube in m} \cdot \text{Umgänge in der Minute} \cdot 60}{1852} \text{ Sm}.$$

Nun weicht aber das Wasser dem Druck der Schraubenflügel nach hinten aus (außerdem entsteht durch Saugwirkung ein dem Schiffe nachfolgender Wasserstrom, der sog. „Vorstrom"), so daß der wirkliche Schiffsweg in der Stunde kleiner ist als der theoretische. Wirklicher Schiffsweg in der Stunde $(F_w) = \frac{\text{Zurückgelegte Entfernung in Sm} \cdot 60}{\text{Zeitdauer der Segelung in Minuten}}$ Sm.

Den Unterschied $F_{th} - F_w$ nennt man den scheinbaren Slip oder kurzweg den Slip. Man gibt in der Praxis den Slip in Prozenten der theoretischen Schiffsgeschwindigkeit an.

$$\text{Slip in } \% = \frac{F_{th} - F_w}{F_{th}} \cdot 100$$

$$\left[\text{oder Slip} = \left(1 - \frac{\text{Zurückgelegte Entfernung in Sm.} \cdot 1852}{\text{Zeitd. d. Segel. in Minuten} \cdot \text{Steigung in m} \cdot \text{Umgänge in der Min.}}\right) \cdot 100\right].$$

Der Slip ist im allgemeinen bei einer mittleren Fahrt eines Schiffes am kleinsten und steigt sowohl bei Verringerung als auch bei Erhöhung dieser Fahrt. Der Slip nimmt zu: 1. mit dem Schiffswiderstand, 2. mit wachsender Umdrehungszahl, 3. mit der Steigung der Schraube, 4. mit dem Verhältnis des Hauptspanntareals zur Schraubenkreisfläche. Der Slip nimmt ab: 1. mit wachsender Flügelfläche, 2. mit der Tieflage der Schraube unter Wasser, 3. mit der wachsenden Entfernung der Schraube vom Schiffskörper.

Beispiel 1: Auf einem Schnelldampfer machte man beim Passieren der Südküste Sardiniens in stromfreiem Wasser folgende Beobachtungen:

Steigung der Schraube = 7,65 m. Wetter: leicht bewegte See, Windstärke 2 von vorn.

$11^h\,47^m\,20^s$ vorm. hatten Teulada Ostecke quer
$12^h\,37^m\,50^s$ nachm. hatten Spartivento quer } Distanz 9,9 Sm, Zeitdauer = $50{,}5^m$.

Schraubenumgänge in der Minute = 60.

$$F_{th} = \frac{7{,}65 \cdot 60 \cdot 60}{1852} = 18{,}87 \text{ Kn}, \qquad F_w = \frac{9{,}9 \cdot 60}{50{,}5} = 11{,}76 \text{ Kn},$$

$$\text{Slip} = \frac{14{,}87 - 11{,}76}{14{,}87} \cdot 100 = 20{,}9\%.$$

Beispiel 2 (vereinfachte Rechnung): Ein Dampfer legt bei ruhigem Wetter in stromlosem Wasser 10 Sm. in 50^m zurück. Die Maschine macht 70 Umdrehungen in der Minute. Die Steigung der Schraube beträgt 6 m.

$$F_{th} = \frac{6 \cdot 70 \cdot 50}{1852} = 11{,}34 \text{ Sm}, \qquad \text{Slip} = \frac{11{,}34 - 10}{11{,}34} \cdot 100 = 11{,}8\%.$$

Beispiel eines Auszuges aus der Fahrttabelle eines mod. Schnelldampfers siehe S. 22.

Seemeilen in einer Stunde beschickt auf Meter in einer Sekunde.

Knoten in der Stunde	,0	,1	,2	,3	,4	,5	,6	,7	,8	,9
5,	2,57	2,62	2,68	2,73	2,79	2,83	2,88	2,93	2,98	3,04
6,	3,09	3,14	3,19	3,24	3,29	3,34	3,40	3,45	3,50	3,55
7,	3,60	3,65	3,70	3,76	3,81	3,86	3,91	3,96	4,01	4,06
8,	4,12	4,17	4,22	4,27	4,32	4,37	4,42	4,48	4,53	4,58
9,	4,63	4,68	4,73	4,78	4,84	4,89	4,94	4,99	5,04	5,09
10,	5,14	5,20	5,25	5,30	5,35	5,40	5,45	5,50	5,56	5,61
11,	5,66	5,71	5,76	5,81	5,86	5,92	5,98	6,02	6,07	6,12
12,	6,17	6,22	6,28	6,33	6,38	6,43	6,48	6,53	6,58	6,64
13,	6,69	6,74	6,79	6,84	6,89	6,95	7,00	7,05	7,10	7,15
14,	7,26	7,25	7,31	7,36	7,41	7,46	7,51	7,56	7,61	7,67
15,	7,72	7,77	7,82	7,87	7,92	7,97	8,03	8,08	8,13	8,18
16,	8,23	8,28	8,33	8,39	8,44	8,49	8,54	8,59	8,64	8,69
17,	8,75	8,80	8,85	8,90	8,95	9,00	9,05	9,11	9,16	9,21
18,	9,26	9,31	9,36	9,41	9,47	9,52	9,57	9,62	9,67	9,72
19,	9,77	9,83	9,88	9,93	9,98	10,03	10,08	10,13	10,19	10,24
20,	10,29	10,34	10,39	10,44	10,49	10,55	10,60	10,65	10,70	10,75
21,	10,80	10,85	10,91	10,96	11,01	11,06	11,11	11,16	11,21	11,27
22,	11,32	11,37	11,42	11,47	11,52	11,58	11,63	11,68	11,73	11,78
23,	11,83	11,88	11,94	11,99	12,04	12,09	12,14	12,19	12,24	12,30
24,	12,35	12,40	12,45	12,50	12,55	12,60	12,65	12,71	12,76	12,81
25,	12,86	12,91	12,96	13,02	13,07	13,12	13,17	13,22	13,27	13,32
26,	13,38	13,43	13,48	13,53	13,58	13,63	13,68	13,74	13,79	13,84
27,	13,89	13,94	13,99	14,04	14,10	14,15	14,20	14,25	14,30	14,35
28,	14,40	14,46	14,51	14,56	14,61	14,66	14,71	14,76	14,82	14,87
29,	14,92	14,97	15,02	15,07	15,12	15,17	15,23	15,28	15,32	15,38
30,	15,43	15,48	15,54	15,59	15,64	15,69	15,74	15,79	15,84	15,90

Beispiel: Ein Schiff, das 18,4 Sm in der Stunde läuft, legt in einer Sekunde 9,47 m zurück.

Seemeilen in der Stunde beschickt auf Meter in Minuten.

Knoten in der Stunde	1m	2m	3m	4m	5m	6m	7m	8m	9m	10m	15m	20m	25m	30m
5	154	309	463	617	772	926	1080	1235	1389	1543	2315	3087	3859	4630
6	185	370	556	741	926	1111	1296	1482	1667	1852	2778	3704	4630	5556
7	216	432	648	864	1080	1296	1512	1728	1945	2161	3241	4321	5401	6482
8	247	494	741	998	1235	1482	1729	1976	2222	2469	3704	4939	6174	7408
9	278	556	833	1111	1389	1667	1945	2222	2500	2778	4167	5556	6945	8334
10	309	617	926	1235	1543	1852	2161	2470	2778	3087	4630	6173	7716	9260
11	340	679	1019	1358	1698	2037	2377	2716	3056	3395	5093	6791	8489	10186
12	370	741	1111	1482	1852	2222	2592	2964	3334	3704	5556	7408	9260	11112
13	401	803	1204	1605	2006	2408	2809	3210	3611	4013	6019	8025	10031	12038
14	432	864	1296	1729	2161	2593	3025	3458	3890	4321	6482	8643	10804	12964
15	463	926	1389	1852	2315	2778	3241	3704	4767	4630	6945	9260	11575	13890
16	493	988	1482	1976	2469	2963	3456	3952	4445	4939	7408	9877	12346	14816
17	524	1049	1574	2098	2624	3148	3672	4196	4720	5247	7871	10494	13118	15741
18	556	1111	1667	2222	2778	3334	3890	4444	5000	5556	8334	11113	13891	16668
19	586	1173	1760	2346	2932	3520	4106	4692	5278	5865	8798	11730	14662	17595
20	617	1235	1852	2470	3087	3704	4321	4940	5557	6173	9260	12347	15434	18520
21	648	1296	1945	2592	3241	3890	4538	5184	5832	6482	9723	12964	16205	19446
22	679	1358	2037	2716	3395	4074	4753	5432	6111	6791	10186	13581	16976	20372
23	710	1420	2130	2840	3550	4260	4970	5680	6390	7099	10650	14200	17750	21299
24	741	1482	2222	2964	3704	4445	5186	5928	6669	7408	11112	14816	18520	22224
25	772	1544	2315	3088	3858	4630	5402	6176	6948	7717	11576	15435	19293	23152
26	803	1605	2408	3210	4013	4815	5618	6420	7223	8025	12038	16051	20064	24076
27	833	1667	2500	3334	4167	5000	5833	6668	7501	8334	12501	16668	20835	25002
28	864	1729	2593	3458	4321	5186	6050	6916	7780	8643	12964	17285	21606	25928
29	895	1790	2685	3580	4476	5370	6265	7160	8055	8951	13422	17902	22378	26853
30	926	1852	2778	3704	4630	5556	6482	7408	8334	9260	13890	18520	23150	27780

Beispiel: Ein Schiff, das 12 Sm in der Stunde läuft, legt in 9 Minuten 3334 m zurück.

Beispiel eines Auszuges aus der Fahrttabelle eines modernen Schnelldampfers.

Steigung der Schraube: 10 450 mm.

Schraubenmeilen	Anzahl der Umdrehungen in der Minute	Schiffsgeschwindigkeit in Knoten	Slip %	Tiefgang vorn	Tiefgang hinten	Tiefgang mittel	Art der Geschwindigkeitsermittelung	Bemerkungen
	15			Tiefgang bei Abfahrt $V = 30' 6''$, $H = 30' 6''$	Tiefgang bei Ankunft $V = 24' 9''$, $H = 28' 0''$	Tiefgang im Mittel $V = 28' 1''$, $H = 28' 4''$	Astronom. Beobachtungen und Landpeilungen	Gegen Ende der Reise bei schönem Wetter und ruhiger See sind bei 79—80 Umdrehungen $23^1/_4$—$23^1/_2$ Knoten zu rechnen
	20							
	25							
10,15	30	9,5	6,4					
11,84	35	11,0	7,1					
13,54	40	13,0	4,0					
15,23	45	14,5	4,7					
16,92	50	16,0	5,5					
18,62	55	17,5	6,0					
20,31	60	19,0	6,4					
22,00	65	20,0	9,1					
23,69	70	21,0	11,3					
25,39	75	22,0	13,3					
27,08	80	23,0	15,0					

Bestimmung der Schiffsgeschwindigkeit an der abgesteckten Seemeile.

Sekunde	Gebrauchte Zeit zum Durchlaufen der gemessenen Meile									
	2^m	3^m	4^m	5^m	6^m	7^m	8^m	9^m	10^m	11^m
0	30,00	20,00	15,00	12,00	10,00	8,57	7,50	6,67	6,00	5,45
2	29,51	19,78	14,86	11,92	9,95	8,53	7,47	6,64	5,98	5,44
4	29,03	19,57	14,75	11,84	9,90	8,49	7,44	6,62	5,96	5,42
6	28,57	19,36	14,63	11,77	9,84	8,45	7,41	6,59	5,94	5,41
8	28,13	19,15	14,52	11,69	9,78	8,41	7,38	6,57	5,92	5,39
10	27,70	18,95	14,40	11,61	9,73	8,37	7,35	6,55	5,90	5,37
12	27,27	18,75	14,29	11,54	9,68	8,33	7,32	6,52	5,88	5,36
14	26,87	18,56	14,17	11,47	9,63	8,30	7,29	6,50	5,86	5,34
16	26,47	18,37	14,06	11,39	9,57	8,26	7,26	6,48	5,84	5,33
18	26,09	18,18	13,95	11,32	9,52	8,22	7,23	6,45	5,83	5,31
20	25,71	18,00	13,85	11,25	9,47	8,18	7,20	6,43	5,81	5,29
22	25,35	17,82	13,74	11,18	9,42	8,15	7,17	6,41	5,79	5,28
24	25,00	17,65	13,64	11,11	9,38	8,11	7,14	6,38	5,77	5,26
26	24,66	17,48	13,53	11,04	9,33	8,07	7,12	6,36	5,75	5,25
28	24,32	17,31	13,43	10,98	9,28	8,04	7,09	6,34	5,73	5,23
30	24,00	17,14	13,33	10,91	9,23	8,00	7,06	6,32	5,71	5,22
32	23,68	16,98	13,24	10,84	9,18	7,97	7,03	6,29	5,70	5,20
34	23,38	16,82	13,14	10,78	9,14	7,93	7,00	6,27	5,68	5,19
36	23,08	16,67	13,04	10,71	9,09	7,90	6,98	6,25	5,66	5,17
38	22,79	16,51	12,95	10,65	9,05	7,86	6,95	6,23	5,64	5,16
40	22,50	16,36	12,86	10,59	9,00	7,83	6,92	6,21	5,63	5,14
42	22,22	16,22	12,77	10,53	8,96	7,79	6,90	6,19	5,61	5,13
44	21,95	16,07	12,68	10,47	8,91	7,76	6,87	6,16	5,59	5,11
46	21,69	15,93	12,59	10,41	8,87	7,73	6,84	6,14	5,57	5,10
48	21,43	15,79	12,50	10,35	8,82	7,69	6,82	6,12	5,56	5,09
50	21,18	15,65	12,41	10,29	8,78	7,66	6,79	6,10	5,54	5,07
52	20,93	15,52	12,33	10,23	8,74	7,63	6,77	6,08	5,52	5,06
54	20,69	15,39	12,25	10,17	8,70	7,60	6,74	6,06	5,51	5,04
56	20,46	15,25	12,16	10,11	8,65	7,56	6,72	6,04	5,49	5,03
58	20,23	15,13	12,08	10,06	8,61	7,53	6,69	6,02	5,47	5,01
60	20,00	15,00	12,00	10,00	8,57	7,50	6,67	6,00	5,45	5,00

Beispiel: Ein Schiff, das 1 Sm in $6^m\ 22^s$ zurücklegte, hatte eine Fahrt von 9,42 Kn.

Fahrttabelle I. Seemeilen in der Stunde beschickt auf Seemeilen am Tage und in der Woche.

Sm in der Stunde	Sm am Tage	Sm in der Woche	Sm in der Stunde	Sm am Tage	Sm in der Woche
1 =	24	168	16 =	384	2688
2 =	48	336	17 =	408	2856
3 =	72	504	18 =	432	3024
4 =	96	672	19 =	456	3192
5 =	120	840	20 =	480	3360
6 =	144	1008	21 =	504	3528
7 =	168	1176	22 =	528	3696
8 =	192	1344	23 =	552	3864
9 =	216	1512	24 =	576	4032
10 =	240	1680	25 =	600	4200
11 =	264	1848	26 =	624	4368
12 =	288	2016	27 =	648	4536
13 =	312	2184	28 =	672	4704
14 =	336	2352	29 =	696	4872
15 =	360	2520	30 =	720	5040

Fahrt-

Seemeilen in der Stunde

Sm	1^m	2^m	3^m	4^m	5^m	6^m	7^m	8^m	9^m	10^m	11^m	12^m	13^m	14^m	15^m
1	0,02	0,03	0,05	0,07	0,08	0,10	0,12	0,14	0,15	0,17	0,19	0,20	0,22	0,24	0,25
2	0,03	0,07	0,10	0,12	0,15	0,19	0,22	0,25	0,29	0,32	0,37	0,39	0,44	0,45	0,48
3	0,05	0,10	0,15	0,20	0,25	0,30	0,35	0,40	0,45	0,50	0,55	0,60	0,65	0,70	0,75
4	0,07	0,13	0,20	0,27	0,33	0,40	0,47	0,54	0,60	0,67	0,74	0,80	0,87	0,94	1,00
5	0,08	0,17	0,25	0,33	0,42	0,50	0,58	0,66	0,75	0,83	0,91	1,00	1,08	1,16	1,25
6	0,10	0,20	0,30	0,40	0,50	0,60	0,70	0,80	0,90	1,00	1,10	1,20	1,30	1,40	1,50
7	0,12	0,23	0,35	0,47	0,58	0,70	0,82	0,93	1,05	1,17	1,29	1,40	1,52	1,64	1,75
8	0,13	0,27	0,40	0,53	0,67	0,80	0,93	1,07	1,20	1,33	1,47	1,60	1,73	1,87	2,00
9	0,15	0,30	0,45	0,60	0,75	0,90	1,05	1,20	1,35	1,50	1,65	1,80	1,95	2,10	2,25
10	0,17	0,33	0,50	0,67	0,83	1,00	1,17	1,33	1,50	1,67	1,83	2,00	2,17	2,33	2,50
11	0,18	0,36	0,55	0,73	0,91	1,10	1,28	1,46	1,65	1,83	2,01	2,20	2,38	2,56	2,75
12	0,20	0,40	0,60	0,80	1,00	1,20	1,40	1,60	1,80	2,00	2,20	2,40	2,60	2,80	3,00
13	0,22	0,43	0,65	0,87	1,08	1,30	1,52	1,73	1,95	2,17	2,39	2,60	2,82	3,04	3,25
14	0,23	0,46	0,70	0,93	1,16	1,40	1,63	1,86	2,10	2,33	2,56	2,79	3,04	3,25	3,50
15	0,25	0,50	0,75	1,00	1,25	1,50	1,75	2,00	2,25	2,50	2,75	3,00	3,25	3,50	3,75
16	0,27	0,53	0,80	1,07	1,33	1,60	1,87	2,13	2,40	2,67	2,93	3,20	3,46	3,73	4,00
17	0,28	0,56	0,85	1,13	1,42	1,70	1,98	2,27	2,55	2,83	3,11	3,40	3,68	3,97	4,25
18	0,30	0,60	0,90	1,20	1,50	1,80	2,10	2,40	2,70	3,00	3,30	3,60	3,90	4,20	4,50
19	0,32	0,63	0,95	1,27	1,58	1,90	2,22	2,53	2,85	3,17	3,49	3,80	4,12	4,43	4,75
20	0,33	0,67	1,00	1,33	1,67	2,00	2,33	2,67	3,00	3,33	3,67	4,00	4,33	4,67	5,00
21	0,35	0,70	1,05	1,40	1,75	2,10	2,45	2,80	3,15	3,50	3,85	4,20	4,55	4,90	5,25
22	0,37	0,73	1,10	1,47	1,83	2,20	2,57	2,93	3,30	3,67	4,03	4,40	4,76	5,13	5,50
23	0,38	0,77	1,15	1,53	1,92	2,30	2,68	3,07	3,45	3,83	4,21	4,59	4,98	5,37	5,75
24	0,40	0,80	1,20	1,60	2,00	2,40	2,80	3,20	3,60	4,00	4,40	4,80	5,20	5,60	6,00
25	0,42	0,83	1,25	1,67	2,08	2,50	2,92	3,33	3,75	4,17	4,59	5,00	5,42	5,83	6,25
26	0,43	0,86	1,30	1,73	2,16	2,60	3,03	3,46	3,90	4,33	4,77	5,20	5,63	6,07	6,50
27	0,45	0,90	1,35	1,80	2,25	2,70	3,15	3,60	4,05	4,50	4,95	5,40	5,85	6,30	6,75
28	0,47	0,93	1,40	1,87	2,34	2,80	3,27	3,74	4,20	4,67	5,13	5,60	6,07	6,53	7,00
29	0,48	0,97	1,45	1,93	2,42	2,90	3,33	3,87	4,35	4,83	5,32	5,80	6,28	6,77	7,25
30	0,50	1,00	1,50	2,00	2,50	3,00	3,50	4,00	4,50	5,00	5,50	6,00	6,50	7,00	7,50
31	0,52	1,03	1,55	2,07	2,58	3,10	3,62	4,13	4,65	5,17	5,68	6,20	6,72	7,23	7,75
32	0,53	1,07	1,60	2,13	2,67	3,20	3,73	4,27	4,80	5,33	5,87	6,40	6,93	7,47	8,00
33	0,55	1,10	1,65	2,20	2,75	3,30	3,85	4,40	4,95	5,50	6,05	6,60	7,15	7,70	8,25
34	0,57	1,13	1,70	2,27	2,83	3,40	3,97	4,53	5,10	5,67	6,23	6,80	7,37	7,93	8,50
35	0,58	1,17	1,75	2,33	2,92	3,50	4,08	4,67	5,25	5,83	6,42	7,00	7,58	8,17	8,75
	1^m	2^m	3^m	4^m	5^m	6^m	7^m	8^m	9^m	10^m	11^m	12^m	13^m	14^m	15^m

tabelle II.

beschickt auf Seemeilen in Minuten.

16^m	17^m	18^m	19^m	20^m	21^m	22^m	23^m	24^m	25^m	26^m	27^m	28^m	29^m	30^m	Sm
0,27	0,29	0,31	0,32	0,34	0,36	0,37	0,39	0,41	0,43	0,44	0,46	0,48	0,49	0,50	1
0,52	0,55	0,58	0,62	0,65	0,68	0,72	0,75	0,78	0,82	0,85	0,88	0,92	0,97	1,00	2
0,80	0,85	0,90	0,95	1,00	1,05	1,10	1,15	1,20	1,25	1,30	1,35	1,40	0,45	1,50	3
1,07	1,14	1,20	1,27	1,34	1,41	1,47	1,54	1,61	1,67	1,74	1,81	1,88	1,94	2,00	4
1,33	1,42	1,50	1,58	1,66	1,75	1,83	1,92	2,00	2,08	2,16	2,25	2,33	2,42	2,50	5
1,60	1,70	1,80	1,90	2,00	2,10	2,20	2,30	2,40	2,50	2,60	2,70	2,80	2,90	3,00	6
1,87	1,99	2,11	2,22	2,34	2,46	2,57	2,69	2,81	2,93	3,04	3,15	3,27	3,39	3,50	7
2,13	2,27	2,40	2,53	2,66	2,80	2,93	3,06	3,19	3,33	3,46	3,59	3,73	3,86	4,00	8
2,40	2,55	2,70	2,85	3,00	3,15	3,30	3,45	3,60	3,75	3,90	4,05	4,20	4,35	4,50	9
2,67	2,83	3,00	3,17	3,33	3,50	3,67	3,83	4,00	4,17	4,33	4,50	4,67	4,83	5,00	10
2,93	3,11	3,29	3,49	3,66	3,84	4,03	4,21	4,39	4,57	4,76	4,94	5,12	5,31	5,50	11
3,20	3,40	3,60	3,80	4,00	4,20	4,40	4,60	4,80	5,00	5,20	5,40	5,60	5,80	6,00	12
3,47	3,68	3,90	4,12	4,33	4,55	4,77	4,98	5,20	5,42	5,63	5,85	6,07	6,29	6,50	13
3,74	3,96	4,20	4,44	4,67	4,90	5,13	5,37	5,60	5,83	6,07	6,30	6,53	6,77	7,00	14
4,00	4,25	4,50	4,75	5,00	5,25	5,50	5,75	6,00	6,25	6,50	6,75	7,00	7,25	7,50	15
4,26	4,53	4,79	5,06	5,33	5,59	5,86	6,13	6,39	6,66	6,93	7,19	7,46	7,73	8,00	16
4,53	4,81	5,10	5,38	5,66	5,95	6,23	6,51	6,80	7,08	7,36	7,64	7,92	8,21	8,50	17
4,80	5,10	5,40	5,70	6,00	6,30	6,60	6,90	7,20	7,50	7,80	8,10	8,40	8,70	9,00	18
5,06	5,38	5,69	6,01	6,32	6,64	6,96	7,27	7,59	7,90	8,22	8,53	8,85	9,17	9,50	19
5,33	5,67	6,00	6,33	6,67	7,00	7,33	7,67	8,00	8,33	8,67	9,00	9,33	9,67	10,00	20
5,60	5,95	6,30	6,65	7,00	7,35	7,70	8,05	8,40	8,75	9,10	9,45	9,80	10,15	10,50	21
5,86	6,23	6,59	6,96	7,32	7,69	8,05	8,42	8,78	9,15	9,52	9,89	10,26	10,63	11,00	22
6,14	6,52	6,91	7,29	7,67	8,06	8,44	8,83	9,21	9,60	9,98	10,36	10,75	11,13	11,50	23
6,40	6,80	7,20	7,60	8,00	8,40	8,80	9,20	9,60	10,00	10,40	10,80	11,20	11,60	12,00	24
6,67	7,08	7,50	7,92	8,33	8,75	9,17	9,61	10,03	10,45	10,86	11,25	11,67	12,09	12,50	25
6,93	7,37	7,80	8,23	8,67	9,10	9,53	9,97	10,40	10,83	11,27	11,70	12,13	12,57	13,00	26
7,20	7,65	8,10	8,55	9,00	9,45	9,90	10,35	10,80	11,25	11,70	12,15	12,60	13,05	13,50	27
7,47	7,93	8,40	8,87	9,33	9,80	10,26	10,73	11,20	11,67	12,13	12,60	13,07	13,53	14,00	28
7,73	8,22	8,70	9,18	9,67	10,15	10,63	11,12	11,60	12,08	12,57	13,05	13,53	14,02	14,50	29
8,00	8,50	9,00	9,50	10,00	10,50	11,00	11,50	12,00	12,50	13,00	13,50	14,00	14,50	15,00	30
8,27	8,78	9,30	9,82	10,33	10,85	11,37	11,88	12,40	12,92	13,43	13,95	14,47	14,98	15,50	31
8,53	9,07	9,60	10,13	10,67	11,20	11,73	12,27	12,80	13,33	13,87	14,40	14,93	15,47	16,00	32
8,80	9,35	9,90	10,45	11,00	11,55	12,10	12,65	13,20	13,75	14,30	14,85	15,40	15,95	16,50	33
9,07	9,63	10,20	10,77	11,33	11,90	12,47	13,03	13,60	14,17	14,73	15,30	15,87	16,43	17,00	34
9,33	9,92	10,50	11,08	11,67	12,25	12,83	13,42	14,00	14,58	15,17	15,75	16,33	16,92	17,50	35
16^m	17^m	18^m	19^m	20^m	21^m	22^m	23^m	24^m	25^m	26^m	27^m	28^m	29^m	30^m	Sm

Fahrttabelle II

Seemeilen in der Stunde

Sm	31^m	32^m	33^m	34^m	35^m	36^m	37^m	38^m	39^m	40^m	41^m	42^m	43^m	44^m	45^m
1	0,52	0,53	0,55	0,57	0,58	0,60	0,62	0,64	0,65	0,67	0,69	0,70	0,72	0,74	0,75
2	1,03	1,07	1,10	1,12	1,15	1,19	1,22	1,25	1,29	1,32	1,35	1,39	1,42	1,45	1,48
3	1,55	1,60	1,65	1,70	1,75	1,80	1,85	1,90	1,95	2,00	2,05	2,10	2,15	2,20	2,25
4	2,07	2,13	2,20	2,27	2,33	2,40	2,47	2,54	2,60	2,67	2,74	2,80	2,87	2,94	3,00
5	2,58	2,67	2,75	2,83	2,92	3,00	3,08	3,16	3,25	3,33	3,42	3,50	3,58	3,67	3,75
6	3,10	3,20	3,30	3,40	3,50	3,60	3,70	3,80	3,90	4,00	4,10	4,20	4,30	4,40	4,50
7	3,62	3,73	3,85	3,97	4,08	4,20	4,32	4,43	4,55	4,67	4,79	4,90	5,02	5,14	5,26
8	4,13	4,27	4,40	4,53	4,67	4,80	4,93	5,07	5,20	5,33	5,47	5,60	5,73	5,87	6,00
9	4,65	4,80	4,95	5,10	5,25	5,40	5,55	5,70	5,85	6,00	6,15	6,30	6,45	6,60	6,75
10	5,17	5,33	5,50	5,67	5,83	6,00	6,17	6,33	6,50	6,67	6,83	7,00	7,17	7,33	7,50
11	5,68	5,86	6,05	6,23	6,41	6,60	6,78	6,96	7,15	7,33	7,51	7,70	7,88	8,06	8,24
12	6,20	6,40	6,60	6,80	7,00	7,20	7,40	7,60	7,80	8,00	8,20	8,40	8,60	8,80	9,00
13	6,72	6,93	7,15	7,37	7,58	7,80	8,02	8,23	8,45	8,67	8,89	9,10	9,32	9,54	9,76
14	7,23	7,46	7,70	7,93	8,16	8,40	8,63	8,86	9,10	9,33	9,57	9,79	10,03	10,25	10,50
15	7,75	8,00	8,25	8,50	8,75	9,00	9,25	9,50	9,75	10,00	10,25	10,30	10,75	11,00	11,25
16	8,27	8,53	8,81	9,07	9,33	9,60	9,87	10,13	10,40	10,67	10,93	11,20	11,46	11,73	12,00
17	8,78	9,06	9,35	9,63	9,92	10,20	10,48	10,77	11,05	11,33	11,61	11,90	12,18	12,47	12,75
18	9,30	9,60	9,90	10,20	10,50	10,80	11,10	11,40	11,70	12,00	12,30	12,60	12,90	13,20	13,50
19	9,82	10,13	10,45	10,77	11,08	11,40	11,72	12,03	12,35	12,67	12,99	13,30	13,62	13,93	14,25
20	10,33	10,67	11,00	11,33	11,67	12,00	12,33	12,67	13,00	13,33	13,67	14,00	14,33	14,67	15,00
21	10,85	11,20	11,55	11,90	12,25	12,60	12,95	13,30	13,65	14,00	14,35	14,70	15,05	15,40	15,75
22	11,37	11,73	12,10	12,47	12,83	13,20	13,57	13,93	14,30	14,67	15,03	15,40	15,76	16,13	16,49
23	11,88	12,27	12,65	13,03	13,42	13,80	14,18	14,57	14,95	15,33	15,71	16,09	16,48	16,87	17,25
24	12,40	12,80	13,20	13,60	14,00	14,40	14,80	15,20	15,60	16,00	16,40	16,80	17,20	17,60	18,00
25	12,92	13,33	13,75	14,17	14,57	15,00	15,42	15,83	16,25	16,67	17,09	17,50	17,92	18,33	18,75
26	13,43	13,86	14,30	14,73	15,17	15,60	16,03	16,46	16,90	17,33	17,77	18,20	18,63	19,07	19,50
27	13,95	14,40	14,85	15,30	15,75	16,20	16,65	17,10	17,55	18,00	18,45	18,90	19,35	19,80	20,25
28	14,47	14,93	15,40	15,87	16,34	16,80	17,27	17,74	18,20	18,67	19,13	19,60	20,07	20,53	21,00
29	14,98	15,47	15,95	16,43	16,92	17,40	17,88	18,37	18,85	19,33	19,82	20,30	20,78	21,27	21,75
30	15,50	16,00	16,50	17,00	17,50	18,00	18,50	19,00	19,50	20,00	20,50	21,00	21,50	22,00	22,50
31	16,02	16,53	17,05	17,57	18,08	18,60	19,12	19,63	20,15	20,67	21,18	21,70	22,22	22,73	23,25
32	16,53	17,07	17,60	18,13	18,67	19,20	19,73	20,27	20,80	21,33	21,87	22,40	22,93	23,47	24,00
33	17,05	17,60	18,15	18,17	19,25	19,80	20,35	20,90	21,45	22,00	22,55	23,10	23,65	24,10	24,75
34	17,57	18,13	18,70	19,27	19,83	20,40	20,97	21,53	22,10	22,67	23,23	23,80	24,37	24,93	25,50
35	18,08	18,67	19,25	19,83	20,42	21,00	21,58	22,17	22,75	23,33	23,92	24,50	25,08	25,67	26,25
	31^m	32^m	33^m	34^m	35^m	36^m	37^m	38^m	39^m	40^m	41^m	42^m	43^m	44^m	45^m

(Fortsetzung).

beschickt auf Seemeilen in Minuten.

46^m	47^m	48^m	49^m	50^m	51^m	52^m	53^m	54^m	55^m	56^m	57^m	58^m	59^m	$60^m = 1^h$
0,77	0,79	0,81	0,82	0,84	0,86	0,87	0,89	0,91	0,93	0,94	0,96	0,98	0,99	**1**
1,52	1,55	1,58	1,62	1,65	1,68	1,72	1,75	1,78	1,82	1,85	1,88	1,92	1,97	**2**
2,30	2,35	2,40	2,45	2,50	2,55	2,60	2,65	2,70	2,75	2,80	2,85	2,90	2,95	**3**
3,07	3,14	3,20	3,27	3,34	3,41	3,47	3,54	3,61	3,67	3,74	3,81	3,88	3,94	**4**
3,83	3,92	4,00	4,08	4,16	4,25	4,33	4,42	4,50	4,58	4,66	4,75	4,83	4,91	**5**
4,60	4,70	4,80	4,90	5,00	5,10	5,20	5,30	5,40	5,50	5,60	5,70	5,80	5,90	**6**
5,37	5,49	5,61	5,77	5,84	5,96	6,07	6,19	6,31	6,43	6,54	6,65	6,77	6,89	**7**
6,13	6,27	6,40	6,53	6,66	6,80	6,93	7,06	7,19	7,33	7,46	7,59	7,73	7,86	**8**
6,90	7,05	7,20	7,35	7,50	7,65	7,80	7,95	8,10	8,25	8,40	8,55	8,70	8,85	**9**
7,67	7,83	8,00	8,17	8,33	8,50	8,67	8,83	9,00	9,17	9,33	9,50	9,67	9,83	**10**
8,43	8,61	8,79	8,97	9,16	9,35	9,53	9,71	9,89	10,07	10,26	10,44	10,62	10,81	**11**
9,20	9,40	9,60	9,80	10,00	10,20	10,40	10,60	10,80	11,00	11,20	11,40	11,60	11,80	**12**
9,97	10,18	10,40	10,62	10,83	11,05	11,27	11,48	11,70	11,92	12,13	12,35	12,57	12,79	**13**
10,73	10,95	11,20	11,43	11,66	11,90	12,13	12,36	12,60	12,83	13,05	13,30	13,53	13,76	**14**
11,50	11,75	12,00	12,25	12,50	12,75	13,00	13,25	13,50	13,75	14,00	14,25	14,50	14,75	**15**
12,26	12,53	12,79	13,06	13,33	13,60	13,86	14,13	14,39	14,66	14,93	15,19	15,46	15,73	**16**
13,03	13,31	13,60	13,88	14,16	14,45	14,73	15,01	15,30	15,58	15,86	16,14	16,42	16,71	**17**
13,80	14,10	14,40	14,70	15,00	15,30	15,60	15,90	16,20	16,50	16,80	17,10	17,40	17,70	**18**
14,56	14,88	15,19	15,51	15,84	16,15	16,46	16,79	17,09	17,42	17,74	18,05	18,37	18,68	**19**
15,33	15,67	16,00	16,33	16,67	17,00	17,33	17,67	18,00	18,33	18,67	19,00	19,33	19,67	**20**
16,10	16,45	16,80	17,15	17,50	17,85	18,20	18,55	18,90	19,25	19,60	19,95	20,30	20,65	**21**
16,86	17,23	17,59	17,96	18,32	18,69	19,05	19,42	19,78	20,15	20,52	20,89	21,26	21,63	**22**
17,64	18,02	18,41	18,79	19,17	19,56	19,94	20,33	20,71	21,08	21,48	21,86	22,23	22,63	**23**
18,40	18,80	19,20	19,60	20,00	20,40	20,80	21,20	21,60	22,00	22,40	22,80	23,20	23,60	**24**
19,17	19,58	20,00	20,42	20,83	21,25	21,67	22,08	22,50	22,92	23,33	23,75	24,17	24,59	**25**
19,93	20,37	20,80	21,23	21,67	22,10	22,53	22,97	23,40	23,83	24,27	24,70	25,13	25,57	**26**
20,70	21,15	21,60	22,05	22,50	22,95	23,40	23,85	24,30	24,75	25,20	25,65	26,10	26,55	**27**
24,17	21,93	22,40	22,87	23,33	23,80	24,23	24,73	25,20	25,67	26,13	26,60	27,07	27,53	**28**
22,23	22,72	23,20	23,68	24,17	24,65	25,13	25,62	26,10	26,58	27,07	27,55	28,03	28,52	**29**
23,00	23,50	24,00	24,50	25,00	25,50	26,00	26,50	27,00	27,50	28,00	28,50	29,00	29,50	**30**
23,77	24,28	24,80	25,32	25,83	26,35	26,87	27,38	27,90	28,42	28,93	29,45	29,97	30,48	**31**
24,53	25,07	25,60	26,13	26,67	27,20	27,73	28,27	28,80	29,33	29,87	30,40	30,93	31,47	**32**
25,30	25,85	26,40	26,95	27,50	28,05	28,60	29,15	29,70	30,25	30,80	31,35	31,90	32,45	**33**
26,07	26,63	27,20	27,77	28,33	28,90	29,47	30,03	30,60	31,07	31,73	32,30	32,87	33,43	**34**
26,83	27,42	28,00	28,58	29,17	29,75	30,33	30,92	31,50	32,08	32,67	33,25	33,83	34,42	**35**
46^m	47^m	48^m	49^m	50^m	51^m	52^m	53^m	54^m	55^m	56^m	57^m	58^m	59^m	$60^m = 1^h$

Abstands- und Fahrttabelle III.

Distanz in Sm	Knoten										
	24	**23,5**	**23**	**22,5**	**22**	**21,5**	**21**	**20,5**	**20**	**19,5**	**19**
	h m	h m	h m	h m	h m	h m	h m	h m	h m	h m	h m
1	2,5	2,6	2,6	2,7	2,7	2,8	2,9	2,9	3	3,1	3,2
2	5,0	5,1	5,2	5,3	5,5	5,6	5,7	5,9	6	6,2	6,3
3	7,5	7,7	7,8	8,0	8,2	8,4	8,6	8,8	9	9,2	9,5
4	10,0	10,2	10,4	10,7	10,9	11,2	11,4	11,7	12	12,3	12,6
5	12,5	12,8	13,0	13,3	13,6	14,0	14,3	14,6	15	15,4	15,8
6	15,0	15,3	15,7	16,0	16,4	16,7	17,1	17,6	18	18,5	18,9
7	17,5	17,9	18,3	18,7	19,1	19,5	20,0	20,5	21	21,5	22,1
8	20,0	20,4	20,9	21,3	21,8	22,3	22,9	23,4	24	24,6	25,3
9	22,5	23,0	23,5	24,0	24,5	25,1	25,7	26,3	27	27,7	28,4
10	25,0	25,5	26,1	26,7	27,3	27,9	28,6	29,3	30	30,8	31,6
11	27,5	28,1	28,7	29,3	30,0	30,7	31,4	32,2	33	33,8	34,7
12	30,0	30,6	31,3	32,0	32,7	33,5	34,3	35,1	36	36,9	37,9
13	32,5	33,2	33,9	34,7	35,5	36,3	37,1	38,0	39	40,0	41,1
14	35,0	35,7	36,5	37,3	38,2	39,1	40,0	41,0	42	43,1	44,2
15	37,5	38,3	39,1	40,0	40,9	41,9	42,9	43,9	45	46,2	47,4
16	40,0	40,9	41,7	42,7	43,6	44,7	45,7	46,8	48	49,2	50,5
17	42,5	43,4	44,3	45,3	46,4	47,4	48,6	49,8	51	52,3	53,7
18	45,0	46,0	47,0	48,0	49,1	50,2	51,4	52,7	54	55,4	56,8
19	47,5	48,6	49,6	50,7	51,8	53,0	54,3	55,6	57	58,5	**1** 0
20	50,0	51,1	52,2	53,3	54,5	55,8	57,1	58,5	**1** 0	**1** 1,5	3
21	52,5	53,6	54,8	56,0	57,3	58,6	**1** 0	**1** 1,5	3	4,6	6
22	55,0	56,2	57,4	58,7	**1** 0	**1** 1,4	3	4,4	6	7,7	10
23	57,5	58,7	**1** 0	**1** 1,3	3	4,2	6	7,3	9	10,8	13
24	**1** 0	**1** 1,3	3	4,0	6	7,0	9	10,2	12	13,8	16
25	3	3,8	5	6,7	8	9,8	11	13,2	15	16,9	19
26	5	6,4	8	9,3	11	12,6	14	16,1	18	20,0	22
27	8	8,9	10	12,0	14	15,3	17	19,0	21	23,1	25
28	10	11,5	13	14,7	16	18,1	20	22,0	24	26,2	28
29	13	14,0	16	17,3	19,	20,9	23	24,9	27	29,2	32
30	15	16,6	18	20,0	22	23,7	26	27,8	30	32,3	35
31	18	19,1	21	22,7	25	26,5	29	30,7	33	35,4	38
32	20	21,7	24	25,3	27	29,3	31	33,7	36	38,5	41
33	23	24,3	26	28,0	30	32,1	34	36,6	39	41,5	44
34	25	26,8	29	30,7	33	34,9	37	39,5	42	44,6	47
35	28	29,4	31	33,3	36	37,7	40	42,4	45	47,7	51
36	30	31,9	34	36,0	38	40,5	43	45,4	48	50,8	54
37	33	34,5	37	38,7	41	43,3	46	48,3	51	53,8	57
38	35	37,0	39	41,3	44	46,0	49	51,2	54	56,9	**2** 0
39	38	39,6	42	44,0	46	48,8	51	54,1	57	**2** 0	3
40	40	42,1	44	46,7	49	51,6	54	57,1	**2** 0	3	6
41	43	44,7	47	49,3	52	54,4	57	**2** 0	3	6	10
42	45	47,2	50	52,0	55	57,2	**2** 0	3	6	9	13
43	48	49,8	52	54,7	57	**2** 0	3	6	9	12	16
44	50	52,3	55	57,3	**2** 0	3	6	9	12	15	19
45	53	54,9	57	**2** 0	3	6	9	12	15	19	22
46	55	57,4	**2** 0	3	6	8	11	15	18	22	25
47	58	**2** 0	3	5	8	11	14	18	21	25	28
48	**2** 0	3	5	8	11	14	17	21	24	28	32
49	3	5	8	11	14	17	20	23	27	31	35
50	5	8	10	13	16	20	23	26	30	34	38
	24	**23,5**	**23**	**22,5**	**22**	**21,5**	**21**	**20,5**	**20**	**19,5**	**19**

Nach A. Warneke. Off. d. N. D. L.

Knoten										Distanz in Sm
18,5	18	17,5	17	16,5	16	15,5	15	14,5	14	
h m	h m	h m	h m	h m	h m	h m	h m	h m	h m	
3,2	3,3	3,4	3,5	3,6	3,8	3,9	4	4,1	4,3	**1**
6,5	6,7	6,9	7,1	7,3	7,5	7,7	8	8,3	8,6	**2**
9,7	10,0	10,3	10,6	10,9	11,3	11,6	12	12,4	12,9	**3**
13,0	13,3	13,7	14,1	14,5	15,0	15,5	16	16,6	17,1	**4**
16,2	16,7	17,1	17,6	18,2	18,8	19,4	20	20,7	21,4	**5**
19,5	20,0	20,6	21,2	21,8	22,5	23,2	24	24,8	25,7	**6**
22,7	23,3	24,0	24,7	25,5	26,3	27,1	28	29,0	30,0	**7**
25,9	26,7	27,4	28,2	29,1	30,0	31,0	32	33,1	34,3	**8**
29,2	30,0	30,9	31,8	32,7	33,8	34,8	36	37,2	38,6	**9**
32,4	33,3	34,3	35,3	36,4	37,5	38,7	40	41,4	42,9	**10**
35,7	36,7	37,7	38,8	40,0	41,3	42,6	44	45,5	47,1	**11**
38,9	40,0	41,1	42,3	43,6	45,0	46,5	48	49,7	51,4	**12**
42,2	43,3	44,6	45,9	47,3	48,8	50,3	52	53,8	55,7	**13**
45,4	46,7	48,0	49,4	50,9	52,5	54,2	56	57,9	**1** 0	**14**
48,6	50,0	51,4	53,0	54,5	56,3	58,1	**1** 0	**1** 2,1	4	**15**
51,9	53,3	54,9	56,5	58,2	**1** 0	**1** 1,9	4	6,2	9	**16**
55,1	56,7	58,3	**1** 0	**1** 1,8	4	5,8	8	10,3	13	**17**
58,4	**1** 0	**1** 1,7	4	5,5	8	9,7	12	14,5	17	**18**
1 1,6	3	5,1	7	9,1	11	13,5	16	18,6	21	**19**
4,9	7	8,6	11	12,7	15	17,4	20	22,8	26	**20**
8,1	10	12,0	14	16,4	19	21,3	24	26,9	30	**21**
11,4	13	15,4	18	20,0	23	25,2	28	31,0	34	**22**
14,6	17	18,9	21	23,6	26	29,0	32	35,2	39	**23**
17,8	20	22,3	25	27,3	30	32,9	36	39,3	43	**24**
21,1	23	25,7	28	30,9	34	36,8	40	43,4	47	**25**
24,3	27	29,1	32	34,5	38	40,6	44	47,6	51	**26**
27,6	30	32,6	35	38,2	41	44,5	48	51,7	56	**27**
30,8	33	36,0	39	41,8	45	48,4	52	55,9	**2** 0	**28**
34,1	37	39,4	42	45,5	49	52,3	56	**2** 0	4	**29**
37,3	40	42,9	46	49,1	53	56,1	**2** 0	4	9	**30**
40,5	43	46,3	49	52,7	56	**2** 0	4	8	13	**31**
43,8	47	49,7	53	56,4	**2** 0	4	8	12	17	**32**
47,0	50	53,2	57	**2** 0	4	8	12	17	21	**33**
50,3	53	56,6	**2** 0	4	8	12	16	21	26	**34**
53,5	57	**2** 0	4	7	11	16	20	25	30	**35**
56,8	**2** 0	3	7	11	15	19	24	29	34	**36**
2 0	3	7	11	15	19	23	28	33	39	**37**
3	7	10	14	18	23	27	32	37	43	**38**
7	10	14	18	22	26	31	36	41	47	**39**
10	13	17	21	26	30	35	40	46	51	**40**
13	17	21	25	29	34	39	44	50	56	**41**
16	20	24	28	33	38	43	48	54	**3** 0	**42**
20	23	27	32	36	41	47	52	58	4	**43**
23	27	31	35	40	45	50	56	**3** 2	9	**44**
26	30	34	39	44	49	54	**3** 0	6	13	**45**
29	33	38	42	47	53	58	4	10	17	**46**
32	37	41	46	51	56	**3** 2	8	15	21	**47**
36	40	45	49	55	**3** 0	6	12	19	26	**48**
39	43	48	53	58	4	10	16	23	30	**49**
42	47	51	57	**3** 2	8	14	20	27	34	**50**
18,5	18	17,5	17	16,5	16	15,5	15	14,5	14	

Abstands- und Fahrt-

Distanz in Sm	Knoten									
	13,5	**13**	**12,5**	**12**	**11,5**	**11**	**10,5**	**10**	**9,5**	**9**
	h m	h m	h m	h m	h m	h m	h m	h m	h m	h m
1	4,4	4,6	4,8	5	5,2	5,5	5,7	6	6,3	6,7
2	8,9	9,2	9,6	10	10,4	10,9	11,4	12	12,6	13,3
3	13,3	13,8	14,4	15	15,7	16,4	17,1	18	18,9	20,0
4	17,8	18,5	19,2	20	20,9	21,8	22,9	24	25,3	26,7
5	22,2	23,1	24,0	25	26,1	27,3	28,6	30	31,6	33,3
6	26,7	27,7	28,8	30	31,3	32,7	34,3	36	37,9	40,0
7	31,1	32,3	33,6	35	36,5	38,2	40,0	42	44,2	46,7
8	35,6	36,9	38,4	40	41,7	43,6	45,7	48	50,5	53,3
9	40,0	41,5	43,2	45	47,0	49,1	51,4	54	56,8	**1** 0
10	44,4	46,1	48,0	50	52,2	54,5	57,1	**1** 0	**1** 3,2	7
11	48,9	50,8	52,8	55	57,4	**1** 0	**1** 2,9	6	9,5	13
12	53,3	55,4	57,6	**1** 0	**1** 2,6	6	8,6	12	15,8	20
13	57,8	**1** 0	**1** 2,4	5	7,8	11	14,3	18	22,1	27
14	**1** 2,2	5	7,2	10	13,0	16	20,0	24	28,4	33
15	6,7	9	12,0	15	18,3	22	25,7	30	34,7	40
16	11,1	14	16,8	20	23,5	27	31,4	36	41,1	47
17	15,6	19	21,6	25	28,7	33	37,1	42	47,4	53
18	20,0	23	26,4	30	33,9	38	42,9	48	53,7	**2** 0
19	24,4	28	31,2	35	39,1	44	48,6	54	**2** 0	7
20	28,9	32	36,0	40	44,3	49	54,3	**2** 0	6	13
21	33,3	37	40,8	45	49,6	55	**2** 0	6	13	20
22	37,8	42	45,6	50	54,8	**2** 0	6	12	19	27
23	42,2	46	50,4	55	**2** 0	6	11	18	25	33
24	46,7	51	55,2	**2** 0	5	11	17	24	32	40
25	51,1	55	**2** 0	5	10	16	23	30	38	47
26	55,6	**2** 0	5	10	16	22	29	36	44	53
27	**2** 0	5	10	15	21	27	34	42	51	**3** 0
28	4	9	14	20	26	33	40	48	57	**3** 7
29	9	14	19	25	31	38	46	54	**3** 3	13
30	13	19	24	30	37	44	51	**3** 0	10	20
31	18	23	29	35	42	49	57	6	16	27
32	22	28	34	40	47	55	**3** 3	12	22	33
33	27	32	38	45	52	**3** 0	9	18	28	40
34	31	37	43	50	57	6	14	24	35	47
35	36	42	48	55	**3** 3	11	20	30	41	53
36	40	46	53	**3** 0	8	16	26	36	47	**4** 0
37	44	51	58	5	13	22	31	42	54	7
38	49	55	**3** 2	10	18	27	37	48	**4** 0	13
39	53	**3** 0	7	15	24	33	43	54	6	20
40	58	5	12	20	29	38	49	**4** 0	13	27
41	**3** 2	9	17	25	34	44	54	6	19	33
42	7	14	22	30	39	49	**4** 0	12	25	40
43	11	19	26	35	44	55	6	18	32	47
44	16	23	31	40	50	**4** 0	11	24	38	53
45	20	28	36	45	55	6	17	30	44	**5** 0
46	24	32	41	50	**4** 0	11	23	36	51	7
47	29	37	46	55	5	16	29	42	57	13
48	33	42	50	**4** 0	10	22	34	48	**5** 3	20
49	38	46	55	5	16	27	40	54	10	27
50	42	51	**4** 0	10	21	33	46	**5** 0	16	33
	13,5	**13**	**12,5**	**12**	**11,5**	**11**	**10,5**	**10**	**9,5**	**9**

tabelle III (Fortsetzung).

Knoten										Distanz in Sm
8,5	8	7,5	7	6,5	6	5,5	5	4,5	4	
h m	h m	h m	h m	h m	h m	h m	h m	h m	h m	
7,1	7,5	8	8,6	9,2	10	10,9	12	13,4	15	1
14,1	15,0	16	17,2	18,4	20	21,8	24	26,6	30	2
21,2	22,5	24	25,8	27,6	30	32,8	36	40,0	45	3
28,2	30,0	32	34,2	37,0	40	43,6	48	53,4	1 0	4
35,3	37,5	40	42,8	46,2	50	54,6	1 0	1 6,6	15	5
42,4	45,0	48	51,4	55,4	1 0	1 5,4	12	20,0	30	6
49,4	52,5	56	1 0,0	1 4,6	10	17,4	24	33,4	45	7
56,5	1 0	1 4	8,6	13,8	20	27,2	36	46,6	2 0	8
3,5	8	12	17,2	23,0	30	38,2	48	2 0,0	15	9
10,6	15	20	25,8	32,2	40	49,0	2 0	13	30	10
17,6	23	28	34,2	41,6	50	2 0,0	12	27	45	11
24,7	30	36	42,8	50,8	2 0	11	24	40	3 0	12
31,8	38	44	51,4	2 0,0	10	22	36	53	15	13
38,8	45	52	2 0	9	20	33	48	3 7	30	14
45,9	53	2 0	9	18	30	44	3 0	20	45	15
52,9	2 0	8	17	28	40	55	12	33	4 0	16
2 0.	8	16	26	37	50	3 6	24	47	15	17
7	15	24	34	46	3 0	17	36	4 0	30	18
14	23	32	43	55	10	27	48	13	45	19
21	30	40	51	3 5	20	38	4 0	27	5 0	20
28	38	48	3 0	14	30	49	12	40	15	21
35	45	56	9	23	40	4 0	24	53	30	22
42	53	3 4	17	32	50	11	36	5 7	45	23
49	3 0	12	26	42	4 0	22	48	20	6 0	24
57	8	20	34	51	10	33	5 0	33	15	25
3 4	15	28	43	4 0	20	44	12	47	30	26
11	23	36	51	9	30	55	24	6 0	45	27
18	30	44	4 0	18	40	5 6	36	13	7 0	28
25	38	52	9	28	50	17	48	27	15	29
32	45	4 0	17	37	5 0	27	6 0	40	30	30
39	53	8	26	46	10	38	12	53	45	31
46	4 0	16	34	55	20	49	24	7 7	8 0	32
53	8	24	43	5 5	30	6 0	36	20	15	33
4 0	15	32	51	14	40	11	48	33	30	34
7	23	40	5 0	23	50	22	7 0	47	45	35
14	30	48	9	32	6 0	33	12	8 0	9 0	36
21	38	56	17	42	10	44	24	13	15	37
28	45	5 4	26	51	20	55	36	27	30	38
35	53	12	34	6 0	30	7 6	48	40	45	39
42	5 0	20	43	9	40	17	8 0	53	10 0	40
49	8	28	51	18	50	27	12	9 7	15	41
57	15	36	6 0	28	7 0	38	24	20	30	42
5 4	23	44	9	37	10	49	36	33	45	43
11	30	52	17	46	20	8 0	48	47	11 0	44
18	38	6 0	26	55	30	11	9 0	10 0	15	45
25	45	8	34	7 5	40	22	12	13	30	46
32	53	16	43	14	50	33	24	27	45	47
39	6 0	24	51	23	8 0	44	36	40	12 0	48
46	8	32	7 0	32	10	55	48	53	15	49
53	15	40	9	51	20	9 6	10 0	11 7	30	50
8,5	8	7,5	7	6,5	6	5,5	5	4,5	4	

Anmerkungen und Beispiele zur Abstands- und Fahrttabelle III.

Um ein genaueres Einschalten zu ermöglichen, sind für die erste und zweite Stunde die Minuten auf Zehntel genau gegeben. Die Stundenzahlen sind zu Anfang jeder Stunde verstärkt gedruckt und der besseren Übersicht halber dann nicht mehr wiederholt. Die Tabelle läßt sich durch geeignete Division der Distanz und der Dampfzeit leicht bis zu 200 Sm verwenden. Die Tafel kann vorzüglich gebraucht werden:

1. Zur Ermittlung der innerhalb einer gegebenen Zeit versegelten Distanz.

Beispiel: Ein Schiff läuft $14^1/_2$ Kn. Welche Distanz legt es zurück in $2^h\ 25^m$? Die Tafel ergibt 35 Sm.

2. Zur Ermittlung der Verseglungsdauer für eine gegebene Distanz.

Beispiel: Ein Feuerschiff liegt nach der Karte 180 Sm ab. Wie lange wird ein Dampfer, der 9,5 Kn läuft, brauchen, um es zu erreichen? Die Tafel ergibt für $180 : 4 = 45$ Sm Distanz $4^h\ 44^m$; also für 180 Sm Distanz $4 \cdot 4^h\ 44^m = 18^h\ 56^m$.

3. Zur Ermittlung des Querabstandes bei einer 4^{str} Peilung.

Beispiel: Ein Schiff läuft 19,5 Kn. Es peilt in stromfreiem Wasser ein Landobjekt 4^{str} voraus und nach 40^m quer ab. Abstand bei der Querpeilung? Die Tafel ergibt 13 Sm.

4. Zur Ermittlung der Fahrt über den Grund beim Passieren zweier Landmarken auf unverändertem Kurse.

Beispiel: Die zwischen den Querpeilungen zweier Landobjekte liegende Distanz beträgt nach der Karte 24 Sm. Ein Dampfer brauchte zum Zurücklegen derselben $1^h\ 36^m$. Welches war seine Fahrt über den Grund? Die Tafel ergibt 15 Kn.

5. Zur Ermittlung der Fahrt über den Grund, mit der eine gegebene Distanz innerhalb einer gegebenen Zeit zu versegeln ist.

Beispiel: Feuerschiff A liegt vom Feuerschiff B 96 Sm. Welche Fahrt über den Grund muß ein Dampfer machen, um die Strecke in $5^h\ 20^m$ zu durchlaufen? Die Tafel ergibt für $96 : 2 = 48$ Sm eine Fahrt von 9 Kn, also für 96 Sm eine Fahrt von $9 \cdot 2 = 18$ Kn.

3. Bestimmung der Wassertiefe.

Vorbemerkungen. Wenn man eine Küste ansteuern will, so lote man nicht nur bei unsichtigem Wetter, sondern auch stets bei klarem Wetter. Wird dann das Wetter plötzlich schlecht und unsichtig, so hat man durch die bereits genommenen Lotungen schon eine wertvolle Lotungsreihe (Standlinie). So soll man beim Ansteuern des Kanals und in der Nordsee das Lot stets eifrig benutzen. Man vermerke auf Pauspapier den von Lotung zu Lotung zurückgelegten Schiffsweg im Maßstab der im Gebrauch befindlichen Seekarte. Bei jeder Lotung notiere man Tiefenangabe, Zeit der Lotung und erhaltene Grundprobe. Ein wahrscheinlicher Strom wird berücksichtigt, indem man auf die Pause mehrere parallele Kurslinien zeichnet und auf ihnen den zwischen den einzelnen Lotungen zurückgelegten Weg (je nach der Stromannahme) verschieden wählt. Auf Dampfern, die stets die gleichen Linien befahren, trage man die Positionen der Lotungen, die erhaltenen Tiefen und Grundproben in ein Buch ein. Man wird auf diese Weise ein reiches Material und gute Erfahrungen über die Tiefen- und Bodenverhältnisse der betreffenden Gegend bekommen, die dann bei unsichtigem Wetter die Navigation in hohem Maße erleichtern.

Die Tiefenangaben in den Seekarten beziehen sich im allgemeinen auf den Wasserstand bei Niedrigwasser. Von allen zu anderer Zeit gemachten Lotungen ist deshalb ein kleiner Betrag abzuziehen, um sie für

Niedrigwasser geltend zu erhalten. Der Abzug ist abhängig von der Größe des Tidenhubes (T.H.). Im allgemeinen gelten angenähert folgende Werte:

bei Hochwasser ist der Abzug gleich dem ganzen Tidenhub
1 Stunde vor oder nach Hochwasser ist der Abzug gleich $^9/_{10}$ T.H.
2 Stunden „ „ „ „ „ „ „ „ $^3/_4$ „
3 „ „ „ „ „ „ „ „ „ $^1/_2$ „
4 „ „ „ „ „ „ „ „ „ $^1/_4$ „
5 „ „ „ „ „ „ „ „ „ $^1/_{10}$ „
6 „ „ „ „ „ „ „ „ „ 0.

Handlot. Es kann nur bei geringer Fahrt des Schiffes und geringen Tiefen verwandt werden. Ein geübter Lotgast soll bei 8 Kn Fahrt noch Tiefen von 25 m loten können. Nach den U.S.B. müssen 2 Handlote nebst Leinen und 1 Mittellot nebst Leine an Bord sein. Die Kriegsmarine unterscheidet:

Handlot	Nr. 0 =	Gewicht:	10,0 kg;	Länge der Leine = 90 m
„	Nr. I =	„	6,0 kg;	„ „ „ = 50 m
„	Nr. II =	„	4,5 kg;	„ „ „ = 50 m.

Die Markung der Leine geschieht von 2 zu 2 m mit Streifen farbigen Flaggentuchs:

bei	2	12	22 m	usw.	schwarz
„	4	14	24 „	„	weiß
„	6	16	26 „	„	rot
„	8	18	28 „	„	gelb
„	10	20	30 „	„	Lederstreifen mit 1, 2, 3 usw. Löchern.

Als Lotleine nimmt man eine ungeteerte Hanfleine von etwa 2 cm Umfang. Nicht zu dünn nehmen, weil sie sonst die Hand kaput schneidet!

Die Höhe des Lotstandes über der Wasserfläche muß genau bekannt sein, damit man auch nachts, wenn man mit Hilfe einer Laterne oben abliest, die richtige Tiefe angeben kann. Vor dem Marken die Lotleine ordentlich recken und anfeuchten! Die Markung öfter nachprüfen! Vor dem Loten den inneren Tamp der Leine an Bord befestigen. Eine Lotung allein hat selten Zweck, stets mehrere Male hintereinander loten!

Zeigt die Leine bei Grundberührung achteraus, so kann die Lotung berichtigt werden, indem man für je 10 m Wassertiefe bei 10° Neigung 0,2 m, bei 20° Neigung 0,6 m von der abgelesenen Tiefe abzieht.

Tieflot. Es kann nur bei sehr geringer Fahrt (unter $1^1/_2$ Kn) gebraucht werden. Nach den U.S.B. muß ein 15—25 kg schweres Lot mit 150 m Leine an Bord sein. Die Kriegsmarine unterscheidet:

Tieflot	Nr. I =	Gewicht:	30 kg;	Länge der Leine = 500 m
„	Nr. II =	„	20 kg;	„ „ „ = 225 m
„	Nr. III =	„	12 kg;	„ „ „ = 225 m.

Die Markung der Leine geschieht von 10 : 10 m mit Bändsel und Lederstreifen:

bei	10	60	110	160 m	usw.	Bändsel mit 1 Knoten
„	20	70	120	170 „	„	„ „ 2 „
„	30	80	130	180 „	„	„ „ 3 „
„	40	90	140	190 „	„	„ „ 4 „
„	50	150	250	350 „	„	Lederstreifen
„	100	200	300	400 „		Lederstreifen mit 1, 2, 3 bzw. 4 Löchern.

Als Tieflotleine wählt man eine ungeteerte, linksgeschlagene Hanfleine von $2^1/_2$—3 cm Umfang.

Vor dem Loten Fahrt aus dem Schiffe bringen. Leine an der Luvseite frei von allem Tauwerk und Vorsprüngen der Bordwand (Brassenbaum usw.) nach vorn mannen. Leute zum Freihalten mit losen Buchten in der Hand aufstellen. Lotspeise nicht vergessen! Inneren Tamp der Leine an Bord festbinden! Eine Lotung allein hat fast nie Zweck. Lot sofort nach jedem Wurf mit neuer Speise versehen! Die erhaltenen Lotproben mit einem Messer sorgfältig abschneiden und im Kartenhaus aufbewahren, bis man sicheres Besteck hat. Zeit dabei notieren und Wassertiefe. Auf Pauspapier den von Lotung zu Lotung zurückgelegten Schiffsweg im Maßstab der Karte vermerken mit Tiefenangaben und Zeit. Man mißt häufig zu große Tiefen, da das Schiff während des Lotens nach Lee abtreibt und die Leine daher schräg zeigt. Bei Strom und großer Tiefe ist die Leine auch ausgebuchtet.

Wenn ein Schiff vor Anker liegt, ist ein auf den Grund gelassenes Tieflot ein gutes Mittel, um das Treiben vor Anker festzustellen.

Lotmaschinen, Tiefenmesser und akustische Lote siehe unter „Technische Navigation".

Umwandlung von metrischen und englischen Maßen.

Meter in Faden.

Meter	0	1	2	3	4	5	6	7	8	9
0	0,00	0,55	1,09	1,64	2,19	2,73	3,28	3,83	4,38	4,92
10	5,47	6,02	6,56	7,11	7,66	8,20	8,75	9,30	9,84	10,39
20	10,94	11,48	12,03	12,58	13,12	13,67	14,22	14,76	15,31	15,86
30	16,40	16,95	17,50	18,04	18,59	19,14	19,69	20,23	20,78	21,33
40	21,87	22,42	22,97	23,51	24,06	24,61	25,15	25,70	26,25	26,79
50	27,34	27,89	28,43	28,98	29,53	30,07	30,62	31,17	31,72	32,26
60	32,81	33,36	33,90	34,45	35,00	35,54	36,09	36,64	37,18	37,73
70	38,28	38,82	39,37	39,92	40,46	41,01	41,56	42,10	42,65	43,20
80	43,75	44,29	44,84	45,38	45,93	46,48	47,03	47,57	48,12	48,67
90	49,21	49,76	50,31	50,85	51,40	51,95	52,49	53,04	53,59	54,13

Faden in Meter.

Faden	0	1	2	3	4	5	6	7	8	9
0	0,00	1,83	3,66	5,49	7,32	9,14	10,97	12,80	14,63	16,46
10	18,29	20,12	21,94	23,77	25,60	27,43	29,26	31,09	32,92	34,75
20	36,58	38,40	40,23	42,06	43,89	45,72	47,55	49,38	51,21	53,03
30	54,86	56,69	58,52	60,35	62,18	64,01	65,83	67,66	69,49	71,32
40	73,15	74,98	76,81	78,63	80,46	82,29	84,12	85,95	87,78	89,61
50	91,44	93,26	95,09	96,92	98,75	100,58	102,41	104,24	106,07	107,89
60	109,73	111,55	113,39	115,22	117,05	118,87	120,70	122,53	124,36	126,19
70	128,01	129,84	131,67	133,50	135,33	137,15	138,98	140,81	142,64	144,47
80	146,30	148,13	149,96	151,79	153,62	155,44	157,27	159,10	160,93	162,76
90	164,59	166,42	168,25	170,08	171,91	173,73	175,56	177,39	179,22	181,05

Meter in Fuß.

Meter	0	1	2	3	4	5	6	7	8	9
0	0,00	3,28	6,56	9,84	13,12	16,40	19,69	22,97	26,25	29,53
10	32,81	36,09	39,37	42,65	45,93	49,21	52,49	55,78	59,06	62,34
20	65,62	68,90	72,18	75,46	78,74	82,02	85,30	88,58	91,87	95,15
30	98,43	101,71	104,99	108,27	111,55	114,83	118,11	121,39	124,67	127,96
40	131,24	134,52	137,80	141,08	144,36	147,64	150,92	154,20	157,48	160,76
50	164,04	167,33	170,61	173,89	177,17	180,45	183,73	187,01	190,29	193,57
60	196,85	200,13	203,42	206,70	209,98	213,26	216,54	219,82	223,10	226,38
70	229,66	232,94	236,22	239,51	242,79	246,07	249,35	252,63	255,91	259,19
80	262,47	265,75	269,03	272,31	275,60	278,88	282,16	285,44	288,72	292,00
90	295,28	298,56	301,84	305,12	308,40	311,69	314,97	318,25	321,53	324,81

Fuß in Meter.

Fuß	0	1	2	3	4	5	6	7	8	9
0	0,00	0,30	0,61	0,91	1,22	1,52	1,83	2,13	2,44	2,74
10	3,05	3,35	3,66	3,96	4,27	4,57	4,88	5,18	5,49	5,79
20	6,10	6,40	6,71	7,01	7,32	7,62	7,92	8,23	8,53	8,84
30	9,14	9,45	9,75	10,06	10,36	10,67	10,97	11,28	11,58	11,89
40	12,19	12,50	12,80	13,11	13,41	13,72	14,02	14,33	14,63	14,94
50	15,24	15,54	15,85	16,15	16,46	16,76	17,07	17,37	17,68	17,98
60	18,29	18,59	18,90	19,20	19,51	19,81	20,12	20,42	20,73	21,03
70	21,34	21,64	21,95	22,25	22,56	22,86	23,16	23,47	23,77	24,08
80	24,38	24,69	24,99	25,30	25,60	25,91	26,21	26,52	26,82	27,13
90	27,43	27,74	28,04	28,35	28,65	28,96	29,26	29,57	29,87	30,18

Englische Zoll in Zentimeter.

Zoll	1	2	3	4	5	6	7	8	9	10	11	12
Zentimeter	2,54	5,08	7,62	10,16	12,70	15,24	17,78	20,32	22,86	25,40	27,94	30,48

Zentimeter in engl. Zoll.

Zentimeter	1	2	3	4	5	6	7	8	9	10
Zoll	0,39	0,79	1,18	1,58	1,97	2,36	2,76	3,15	3,54	3,937

4. Die terrestrische Ortsbestimmung.

A. Die Ermittlung der terrestrischen Standlinie.

Vorbemerkungen. Die Lage eines Punktes in einer Fläche wird durch den Schnitt zweier Linien bestimmt. Diese Linien heißen „geometrische Orte" des Punktes. Der Schiffsort auf der Erdoberfläche wird ebenfalls als Schnitt zweier geometrischer Orte gefunden. Man nennt in der Nautik diese geometrischen Orte „Standlinien". Je nachdem sich die Standlinie aus der Beobachtung eines irdischen Gegenstandes oder eines Gestirns ergibt, unterscheidet man terrestrische und astronomische Standlinien. Durch eine Beobachtung allein erhält man nie den Schiffsort, sondern immer nur eine Standlinie, auf der das Schiff sich befinden muß. Terrestrische Standlinien erhält man vornehmlich 1. durch Abstandsbestimmungen, 2. durch Peilungen, 3. durch Messen von Horizontalwinkeln, 4. durch Lotungen.

Abstandsbestimmungen. Die durch eine Abstandsbestimmung erhaltene Standlinie ist ein Kreis, den man mit dem gefundenen Abstand als Halbmesser um die betreffende Landmarke beschreibt. Die hauptsächlichsten Abstandsbestimmungen sind:

a) Schätzung. Durch Schätzung sind nur am Tage, bei geringer Entfernung, bei richtiger Beurteilung des Zustandes der Luft und bei großer Übung einigermaßen zuverlässige Resultate zu erwarten. Unbedingter Verlaß ist auf Schätzung niemals! Grobe Fehler in der Abstandschätzung sind meistens die Folge einer außergewöhnlichen terrestrischen Strahlenbrechung. Erscheint die Kimm gehoben, so sieht man das unter normalen Strahlenbrechungsverhältnissen hinter dem Horizont befindliche Land meistens auch noch in senkrechter Richtung vergrößert, so daß man sich dichter an das Land heran schätzt, als man in Wirklichkeit ist. Wenn Land, das bei gewöhnlichen Strahlenbrechungsverhältnissen sichtbar sein würde, durch Senkung der Kimm unter dem Horizont liegt, also nicht sichtbar ist, so schätzt man sich weiter nach See hinaus als man in Wirklichkeit ist. Man soll daher auch in der Nähe des Landes Temperaturmessungen von Luft und Wasser machen und besonders vorsichtig sein, wenn dabei erhebliche Unterschiede auftreten.

b) Schall.

Temperatur der Luft bzw. des Wassers	Fortpflanzungsgeschwindigkeit des Schalles in 1^s	
	in der Luft	im Wasser
0° C	333 m	1335 m
5° C	337 m	1368 m
10° C	339 m	1402 m
15° C	343 m	1435 m
20° C	346 m	1468 m

Diese Werte kann man gelegentlich zur Bestimmung des Abstandes von einem anderen fahrenden Schiffe verwenden. Man multipliziert die Anzahl Sekunden, die zwischen Aufsteigen der Dampfwolke und dem Hören des Tones der Dampfpfeife verfließt, mit 340 und erhält dadurch den Abstand in Meter. Bei ruhiger Luft und Nebel gibt zuweilen das Echo eine wertvolle Warnung vor im Nebel eingehülltem hohen Land oder Eisbergen. Ungefährer Abstand in Meter = Zahl der Sekunden zwischen Abgabe des Signals und Wahrnehmung des Echos · 160. Alle Abstandsbestimmungen durch Schall haben nur geringe Zuverlässigkeit.

Über Abstandsbestimmung durch Abhören gleichzeitig abgegebener Funkspruch- oder Nebelsignale und Unterwasserschallsignale siehe „Technische Navigation".

c) Leuchtfeuer in der Kimm.

$$\text{Abstand in Sm} = 2{,}1\left(\sqrt{\text{Höhe des Feuers in m}} + \sqrt{\text{Augeshöhe}}\right).$$

Bei dieser Beobachtung spielt die von der Beschaffenheit der Atmosphäre abhängige Sichtweite des Feuers, die vom Temperaturunterschied zwischen Luft und Wasser abhängige Kimmtiefe, sowie die durch etwaigen starken Gezeitenhub veränderte Objekthöhe eine Rolle, so daß die nach diesem Verfahren ermittelten Abstände nur als Annäherungswerte zu betrachten sind. Die Feuerhöhe ist stets einem neuen L.F.V. zu entnehmen. Die im L.F.V. angegebene Sichtweite bezieht sich auf 5 m*Ah*. Für andere *Ah* ist die Sichtweite zu berechnen. Eine Tafel zur Berechnung des Abstandes von einem Feuer in der Kimm bei mittlerer Strahlenberechnung findet man vorn in jedem L.F.V. Es kommt vor, daß bei schlechtem Wetter die Leuchtapparate der Feuerschiffe nicht bis zur vorgeschriebenen Höhe geheißt werden können. In solchen Fällen kann also ein Feuer trotz klarer Luft wesentlich weniger weit sichtbar sein als bei gutem Wetter. Für die Leuchtfeuer der deutschen Küste gilt als Feuerhöhe die Höhe der Lichtquelle, im Tidegebiet über dem gewöhnlichen Hochwasser, sonst über dem mittleren Wasserstand.

d) Höhenwinkelmessung, wenn der Gegenstand innerhalb des Seehorizontes liegt und seine Höhe bekannt ist.

$$\text{Abstand in Sm} = \frac{\text{Höhe des Gegenstandes in Meter}}{\text{Gemessener Höhenwinkel in Minuten}} \cdot \frac{13}{7}.$$

Bei dieser Beobachtung ist eine möglichst kleine *Ah* zu wählen; also am besten vom Deck aus messen. Ist der Höhenwinkel recht klein, so mißt man am besten vorwärts und rückwärts. Die halbe algebraische Differenz der Ablesungen gibt dann den Höhenwinkel frei von I.B. Messung stets sorgfältig mit gutem Instrument ausführen! Wegen des veränderlichen Einflusses der irdischen Strahlenbrechung darf man kein allzu genaues Resultat erwarten. Als „Höhe des Turmes" gilt an der deutschen Küste die Höhe des Dachfirstes über dem Erdboden. Als First gilt die Spitze oder Bekrönung des Daches, z. B. der Turmknauf. Weniger gut sichtbare Zubehörteile, wie Blitzableiter, Wetterfahnen oder Flaggenstangen bleiben außer Betracht. An fremdländischen Küsten s. darüber L.F.V. Bei Feuerschiffen wird die Höhe der Oberkante des Masttoppzeichens oder einer bestimmten Tagmarke über dem Wasserspiegel angegeben. Siehe darüber L.F.V. Im Tidegebiet darauf achten, für welchen Wasserstand die Objekthöhe gegeben ist.

Beispiel: Höhe eines Turmes = 35 m. Gemessener Höhenwinkel ∢ 26′.

$$\text{Abstand} = \frac{35}{26} \cdot \frac{13}{7} = 2{,}5 \text{ Sm.}$$

e) Höhenwinkelmessung von einem Landgegenstand von bekannter Höhe, dessen Fuß von der Kimm verdeckt ist. Wenn h = Höhe des Berges in Meter, w = der gemessene Höhenwinkel in Minuten, so ist

$$\text{Abstand in Sm} = \sqrt{3{,}71\,(h - Ah) + (w - Kt)^2} - (w - Kt).$$

Wenn man nicht genau weiß, ob der Fuß des Gegenstandes innerhalb oder außerhalb des Horizontes liegt, so berechne man sich zunächst den Abstand nach der Formel Abstand $= \frac{H}{w} \cdot \frac{13}{7}$ (s. 36) und dann den Abstand der Kimm vom Schiffe nach der Formel Abstand $= 2{,}1\sqrt{Ah}$ (s. 36). Ist letzterer der größere, so ist der Gegenstand diesseits der Kimm, ist er der kleinere, so wird der Fuß des Gegenstandes von der Kimm verdeckt. Auch diese Abstandsbestimmung ist infolge der terrestrischen Strahlenbrechung ziemlich unsicher. Es ist darauf zu achten, daß der Kimmabstand über der wirklichen Kimm und nicht über einer Strandkimm gemessen wird. Ist man im Zweifel darüber, so ist der Standpunkt tiefer zu wählen, so daß der Strand durch die Kimm verdeckt wird. Ist aber die Entfernung groß und überragt die Bergspitze nur wenig die Kimm, so ist es praktisch, die *Ah* groß zu wählen, weil dadurch der Umriß des Berges in der Regel deutlicher hervortritt. Bei kleinen Kimmabständen empfiehlt sich auch hier die Messung vor- und rückwärts.

Beispiel: Ein Segelschiff läuft die Insel Amsterdam von 841 m Höhe in Sicht, um den Stand des Chronometers zu bestimmen. Als der Kapitän zu diesem Zwecke eine Sonnenhöhe beobachtete, peilte er gleichzeitig den Pik der Insel und maß aus 5 m Augeshöhe den Kimmabstand der Bergkuppe = 1° 43,0′.

$$\text{Abstand} = \sqrt{3{,}71\,(841 - 5) + (103 - 4)^2} - (103 - 4)$$
$$= \sqrt{3101{,}56 + 9801} - 99 = 113{,}6 - 99 = 14{,}6 \text{ Sm.}$$

f) Kapitän Randermanns kleine a-b-c-Tafel zur Abstands- jenseits der

Tafel I. **Mittlere Kimmtiefe.**

Ah	Kt
Meter	
2,0	2,5
2,1	2,6
2,3	2,7
2,5	2,8
2,7	2,9
2,8	3,0
3,0	3,1
3,2	3,2
3,4	3,3
3,7	3,4
3,9	3,5
4,1	3,6
4,3	3,7
4,6	3,8
4,8	3,9
5,1	4,0
5,3	4,1
5,6	4,2
5,8	4,3
6,1	4,4
6,4	4,5
6,7	4,6
7,0	4,7
7,3	4,8
7,6	4,9
7,9	5,0
8,2	5,1
8,5	5,2
8,9	5,3
9,2	5,4
9,6	5,5
9,9	5,6
10,3	5,7
10,6	5,8
11,0	5,9
11,4	6,0
11,8	6,1
12,1	6,2
12,5	6,3
12,9	6,4
13,3	6,5
13,8	6,6
14,2	6,7
14,6	6,8
15,0	6,9
15,5	7,0
15,9	7,1
16,4	7,2
16,8	7,3
17,3	7,4
17,8	7,5
18,3	7,6
18,7	7,7
19,2	7,8
19,7	7,9
20,2	8,0
20,7	8,1
21,2	8,2
21,8	8,3
22,3	8,4
22,8	8,5
23,4	8,6
23,9	8,7
24,5	8,8
25,0	8,9

Tafel II. **Zur Entnahme von a, b und c.**

w	0°		1°		2°		3°		4°		5°	
	a	b	a	b	a	b	a	b	a	b	a	b
′		Sm		Sm		Sm		Sm		Sm		Sm
0	0	0,0	115	70,9	459	141,9	1033	212,9	1840	284,1	2880	355,4
1	0	1,2	118	72,1	467	43,1	045	14,1	855	85,3	899	56,6
2	0	2,4	122	73,3	475	44,2	056	15,3	870	86,5	918	57,8
3	0	3,5	126	74,5	482	45,4	068	16,5	886	87,7	938	59,0
4	1	4,7	130	75,6	490	46,6	080	17,7	902	88,8	957	60,2
5	1	5,9	135	76,8	498	47,8	092	18,8	917	90,0	977	64,4
6	1	7,1	139	78,0	506	49,0	103	20,0	933	91,2	2997	62,6
7	2	8,3	143	79,2	514	50,2	115	21,2	949	92,4	3016	63,8
8	2	9,5	147	80,4	522	51,3	127	22,4	965	93,6	036	65,0
9	3	10,6	152	81,6	530	52,5	139	23,6	981	94,8	056	66,1
10	3	11,8	156	82,7	539	153,7	1152	224,8	1997	296,0	3076	367,3
11	4	13,0	161	83,9	547	54,9	164	26,0	2013	97,2	096	68,5
12	5	14,2	165	85,1	555	56,1	176	27,1	029	98,4	116	69,7
13	5	15,4	170	86,3	564	57,3	188	28,3	045	299,5	136	70,9
14	6	16,5	174	87,5	572	58,4	201	29,5	061	300,7	156	72,1
15	7	17,7	179	88,7	581	59,6	213	30,7	078	01,9	176	73,3
16	8	18,9	184	89,8	589	60,8	226	31,9	094	03,1	197	74,5
17	9	20,1	189	91,0	598	62,0	238	33,1	111	04,3	217	75,7
18	10	21,3	194	92,2	607	63,2	251	34,3	127	05,5	238	76,9
19	11	22,5	199	93,4	616	64,4	263	35,4	144	06,7	258	78,1
20	13	23,6	204	94,6	625	165,5	1276	236,6	2160	307,9	3279	379,3
21	14	24,8	209	95,7	634	66,7	289	37,8	177	09,0	299	80,5
22	15	26,0	214	96,9	643	67,9	302	39,0	194	10,2	320	81,7
23	17	27,2	219	98,1	652	69,1	315	40,2	210	11,4	341	82,9
24	18	28,4	225	99,3	661	70,3	328	41,4	227	12,6	362	84,0
25	20	29,5	230	100,5	670	71,5	341	42,6	244	13,8	383	85,2
26	22	30,7	236	01,7	679	72,6	354	43,7	262	15,0	404	86,4
27	23	31,9	241	02,8	689	73,8	367	44,9	279	16,2	425	87,6
28	25	33,1	247	04,0	698	75,0	381	46,1	296	17,4	446	88,8
29	27	34,3	252	05,2	708	76,2	394	47,3	313	18,6	467	90,0
30	29	35,5	258	106,4	717	177,4	1407	248,5	2330	319,7	3488	391,2
31	31	36,6	264	07,6	727	78,6	420	49,7	347	20,9	509	92,4
32	33	37,8	270	08,7	736	79,8	434	50,9	365	22,1	531	93,6
33	35	39,0	276	09,9	746	80,9	448	52,0	382	23,3	552	94,8
34	37	40,2	281	11,1	756	82,1	462	53,2	400	24,5	574	96,0
35	39	41,4	287	12,3	766	83,3	475	54,4	417	25,7	595	97,2
36	41	42,5	294	13,5	776	84,5	489	55,6	435	26,9	617	98,4
37	44	43,7	300	14,7	786	85,7	503	56,8	453	28,1	639	399,5
38	46	44,9	306	15,8	796	86,9	517	58,0	471	29,3	661	400,7
39	48	46,1	312	17,0	806	88,1	531	59,2	489	30,5	682	01,9
40	51	47,3	319	118,2	816	189,2	1545	260,4	2507	331,6	3704	403,1
41	53	48,5	325	19,4	826	90,4	559	61,5	525	32,8	726	04,3
42	56	49,6	331	20,6	837	91,6	573	62,7	543	34,0	748	05,5
43	59	50,8	338	21,8	847	92,8	588	63,9	561	35,2	770	06,7
44	61	52,0	345	22,9	858	94,0	602	65,1	579	36,4	792	07,9
45	64	53,2	351	24,1	868	95,2	616	66,3	598	37,6	815	09,1
46	67	54,4	358	25,3	879	96,3	631	67,5	616	38,8	837	10,3
47	70	55,5	365	26,5	889	97,5	645	68,7	635	40,0	860	11,5
48	73	56,7	372	27,7	900	98,7	660	69,9	653	41,2	882	12,7
49	76	57,9	378	28,9	911	99,9	674	71,0	672	42,4	905	13,9
50	80	59,1	385	130,0	922	201,1	1689	272,2	2690	343,5	3927	415,1
51	83	60,3	392	31,2	932	02,3	704	73,4	709	44,7	950	16,3
52	86	61,5	400	32,4	943	03,4	719	74,6	728	45,9	972	17,5
53	89	62,6	407	33,6	954	04,6	734	75,8	746	47,1	995	18,7
54	93	63,8	414	34,8	965	05,8	749	77,8	765	48,3	4018	19,8
55	96	65,0	421	36,0	977	07,0	764	78,2	784	49,5	041	21,0
56	100	66,2	429	37,1	988	08,2	779	79,3	803	50,7	064	22,2
57	103	67,4	436	38,3	999	09,3	794	80,5	822	51,9	087	23,4
58	107	68,6	444	39,5	1010	10,5	809	81,7	841	53,1	110	24,6
59	111	69,7	451	40,7	022	11,7	824	82,9	860	54,3	133	25,8
60	115	70,9	459	141,9	1033	212,9	1840	284,1	2880	355,4	4156	427,0
	$a+\frac{h}{10}$	c	$a+\frac{h}{10}$	c	$a+\frac{h}{10}$	c	$a+\frac{h}{10}$	c	$a+\frac{h}{10}$	c	$a+\frac{h}{10}$	c

bestimmung aus Höhe und Höhenwinkel von Bergen, die Kimm liegen.

Tafel II (Fortsetzung).

w	6°		7°		8°		9°		10°		11°	
	a	*b*	*a*	*b*	*a*	*b*	*a*	*b*	*a*	*b*	*a*	*b*
′		Sm		Sm		Sm		Sm		Sm		Sm
0	4156	427,0	5672	498,8	7431	571,0	9438	643,5	11 697	716,4	14 215	789,7
1	179	28,2	699	500,0	462	72,2	473	44,7	737	17,6	259	91,0
2	203	29,4	727	01,2	494	73,4	509	45,9	776	18,8	303	92,2
3	226	30,6	754	02,4	525	74,6	544	47,1	817	20,0	347	93,4
4	250	31,8	782	03,6	557	75,8	580	48,3	857	21,2	392	94,6
5	273	33,0	809	04,8	589	77,0	616	49,5	897	22,5	436	95,9
6	297	34,2	837	06,0	621	78,0	652	50,7	937	23,7	481	97,1
7	320	35,4	864	07,2	653	79,4	688	52,0	11 977	24,9	526	98,3
8	344	36,6	892	08,4	684	80,6	724	53,2	12 018	26,1	571	799,5
9	368	37,8	920	09,6	716	81,8	760	54,4	058	27,3	615	800,8
10	4392	439,0	5948	510,8	7748	583,0	9797	655,6	12 099	728,6	14 660	802,0
11	416	40,2	5976	12,0	780	84,2	833	56,8	139	29,8	705	03,2
12	440	41,4	6004	13,2	812	85,5	869	58,0	180	31,0	750	04,4
13	464	42,6	032	14,4	844	86,7	905	59,2	221	32,2	795	05,7
14	488	43,7	060	15,6	877	87,9	942	60,5	262	33,4	840	06,9
15	512	44,9	089	16,8	909	89,1	9978	61,7	302	34,7	885	08,1
16	537	46,1	117	18,0	942	90,3	10 015	62,9	343	35,9	931	09,4
17	561	47,3	146	19,2	7974	91,5	051	64,1	384	37,1	14 976	10,6
18	585	48,5	174	20,4	8007	92,7	088	65,3	425	38,3	15 022	11,8
19	610	49,7	203	21,6	039	93,9	125	66,5	466	39,5	067	13,1
20	4634	450,9	6231	522,8	8072	595,1	10 163	667,7	12 507	740,8	15 113	814,3
21	659	52,1	260	24,0	105	96,3	200	69,0	549	42,0	158	15,5
22	684	53,3	290	25,3	138	97,5	237	70,2	590	43,2	204	16,7
23	709	54,5	318	26,5	171	98,7	274	71,4	632	44,4	250	18,0
24	733	55,7	346	27,7	204	599,9	311	72,6	673	45,6	296	19,2
25	758	56,9	375	28,9	237	601,1	348	73,8	715	46,9	342	20,4
26	783	58,1	404	30,1	270	02,4	385	75,0	756	48,1	388	21,7
27	808	59,3	433	31,3	303	03,6	422	76,2	798	49,3	434	22,9
28	833	60,5	462	32,5	336	04,8	460	77,4	839	50,5	480	24,1
29	858	61,7	491	33,7	370	06,0	10 498	78,7	881	51,7	526	25,4
30	4884	462,9	6521	534,9	8403	607,2	10 536	679,9	12 923	753,0	15 573	826,6
31	909	64,1	550	36,1	437	08,4	573	81,1	12 965	54,2	619	27,8
32	934	65,3	580	37,3	470	09,6	611	82,3	13 007	55,4	665	29,0
33	960	66,5	609	38,5	504	10,8	648	83,5	049	56,6	712	30,3
34	4985	67,7	639	39,7	537	12,0	686	84,7	092	57,9	759	31,5
35	5011	68,9	668	40,9	571	13,2	724	85,9	134	59,1	805	32,7
36	037	70,1	698	42,1	605	14,4	763	87,2	176	60,3	852	34,0
37	062	71,3	727	43,3	639	15,6	801	88,4	218	61,5	899	35,2
38	088	72,5	757	44,5	673	16,9	839	89,6	261	62,8	946	36,4
39	114	73,7	787	45,7	707	18,1	877	90,8	303	64,0	993	37,7
40	5140	474,9	6817	546,9	8741	619,3	10 916	692,0	13 346	765,2	16 041	838,9
41	166	76,1	847	48,1	775	20,5	954	93,2	389	66,4	088	40,1
42	192	77,3	877	49,3	809	21,7	10 993	94,5	432	67,7	135	41,4
43	218	78,5	907	50,5	843	22,9	11 031	95,7	474	68,9	182	42,6
44	244	79,7	938	51,7	878	24,1	070	96,9	517	70,1	229	43,8
45	270	80,9	968	52,9	912	25,3	108	98,1	560	71,3	276	45,1
46	297	82,1	6998	54,1	947	26,5	147	699,3	604	72,6	324	46,3
47	323	83,3	7029	55,3	8981	27,7	186	700,5	647	73,8	372	47,5
48	349	84,5	060	56,5	9016	28,9	225	01,8	691	75,0	420	48,8
49	376	85,7	090	57,7	051	30,2	264	03,0	734	76,2	467	50,0
50	5403	486,9	7121	558,9	9086	631,4	11 303	704,2	13 777	777,5	16 515	851,2
51	429	88,0	151	60,1	121	32,6	342	05,4	820	78,7	563	52,5
52	456	89,2	182	61,3	155	33,8	381	06,6	864	79,9	611	53,7
53	482	90,4	213	62,5	190	35,0	420	07,8	908	81,1	659	54,9
54	509	91,6	244	63,8	226	36,2	459	09,1	952	82,4	707	56,2
55	536	92,8	275	65,0	261	37,4	499	10,3	13 995	83,6	755	57,4
56	563	94,0	306	66,2	296	38,6	532	11,5	14 039	84,8	803	58,6
57	590	95,2	337	67,4	331	39,8	578	12,7	083	86,0	851	59,9
58	618	96,4	369	68,6	367	41,0	618	13,9	127	87,3	900	61,1
59	645	97,6	400	69,8	402	42,3	657	15,2	171	88,5	948	62,3
60	5672	498,8	7431	571,0	9438	643,5	11 697	716,4	14 215	789,7	16 997	863,6
	$a+\frac{h}{10}$	*c*	$a+\frac{h}{10}$	*c*	$a+\frac{h}{10}$	*c*	$a+\frac{h}{10}$	*c*	$a+\frac{h}{10}$	*c*	$a+\frac{h}{10}$	*c*

Diese umständliche Rechnung wird wesentlich vereinfacht durch Kapt. Randermanns[1]) kleine a-b-c-Tafel (S. 38 u. 39). Für den Gebrauch dieser Tafel gilt folgendes:

1. Vom Kimmabstand ist die Kimmtiefe aus Tafel I zu subtrahieren; man erhält dadurch den scheinbaren Höhenwinkel w.
2. Für w entnimm der a-b-c-Tafel die Werte a und b.
3. Dividiere die in Metern ausgedrückte Bergeshöhe durch 10, wobei die Einer unter 5 vernachlässigt, über 5 aber für einen Zehner zu rechnen sind und addiere $\frac{h}{10}$ zu a.
4. Mit $\frac{h}{10} + a$ entnimm derselben Tafel c. Hierbei wird $\frac{h}{10} + a$ in der unten so bezeichneten Spalte aufgesucht und der Wert von c unmittelbar rechts daneben entnommen.
5. Subtrahiere b von c, der Unterschied ist die Entfernung e in Sm.

Beispiel: Wie auf Seite 36:

Kimmabstand $= 1°\,43{,}0'$	$a = 312$	$b = 117{,}0$ Sm.
Kimmtiefe $= -4{,}0'$	$\frac{h}{10} = 84$	
$w = 1°\,39{,}0'$		
	$\frac{h}{10} + a = 396$	$c = 131{,}8$ „
	Abstand	$= 14{,}8$ Sm.

g) Zweimaliges Messen des Höhenwinkels eines innerhalb des Horizontes liegenden Gegenstandes von unbekannter Höhe, während man recht auf den Gegenstand zu oder von ihm absegelt. Zuweilen hat der Nautiker gute Gelegenheit, den Höhenwinkel eines Berges oder eines Turmes usw. zu messen, dessen Höhe ihm aber unbekannt ist. In diesem Falle findet man den Abstand, indem man auf das Objekt zu oder von ihm ab steuert, dabei zwei Höhenwinkel in angemessenen Zwischenräumen mißt und die zwischen beiden Winkelmessungen abgelaufene Strecke genau bestimmt. Ist α der kleinere, β der größere Höhenwinkel und d die dazwischen versegelte Distanz, so ist

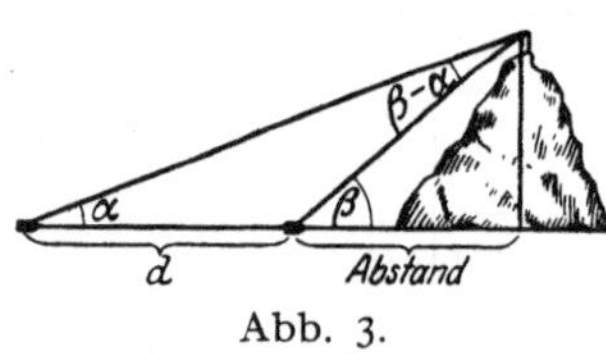

Abb. 3.

$$\text{Abstand in Sm} = d \cdot \sin\alpha \cdot \cos\beta \cdot \operatorname{cosec}(\beta - \alpha)\,.$$

Beispiel: Man mißt die Höhe eines Hauses auf einem Küstenrande zu 1° 5′. Die Höhe des Hauses über dem Meeresspiegel ist unbekannt. Nach $11\frac{1}{2}$ Minuten Fahrt auf die Küste zu mit 8,5 Kn mißt man die Höhe dieses Hauses = 1° 53′.

Abstand in Sm = 1,612 · sin 1°5′ · cos 1°53′ · cosec 0°48′.

$d = 1{,}612$	log	$= 0{,}2074$
$\beta = 1°\,53'$	log cos	$= 9{,}9998$
$\alpha = 1°\,\;5'$	log sin	$= 8{,}2766$
$\beta - \alpha = 0°\,48'$	log cosec	$= 1{,}8551$
Abstand $= 2{,}2$ Sm	log	$= 0{,}3389$.

[1]) Nachdruck der Tabelle wurde vom Verfasser freundlichst gestattet.

Bei größeren Entfernungen, wo die Winkel klein werden und die sich schnell ändernden Sinusse und Kosekanten das Ergebnis stark beeinflussen, dürfte man die Ah und die von ihr abhängige Kt nicht außer acht lassen. Man müßte dann nach der genaueren Formel rechnen:

$$\text{Abstand in Sm} = \frac{d\left(\alpha - Kt + \frac{d}{2}\right)}{\beta - (d + \alpha)}.$$

Beispiel: Man mißt von See aus den Höhenwinkel des Ätna zu 1° 28′, segelt 38 Sm recht auf den Berg zu und mißt den Höhenwinkel jetzt zu 5°15′. $Ah = 9{,}8$ m, also $Kt = 5{,}5'$.

$$\text{Abstand} = \frac{38\,(88 - 5{,}5 + 19)}{315 - (38 + 88)} = \frac{3857}{189} = 20{,}4 \text{ Sm}.$$

Peilungen. Die durch Peilung erhaltene Standlinie ist eine Gerade, vom gepeilten Gegenstande aus in entgegengesetzter Peilungsrichtung gezogen. Die Peilung wird um so genauer, je näher der gepeilte Gegenstand dem Schiffe ist. Die genauesten Peilungen sind Deckpeilungen. Bei Peilkompassen soll man die Peilung gleich an der Kompaßrose ablesen können. Peilungen mit Peilscheiben sind weniger zu empfehlen (doch bei geschlossenen Ruderhäusern oft unvermeidbar).

Die Kompaßpeilung ist durch Anbringung der Fehlweisung (= Deviation für den anliegenden Kurs! + Mißweisung) in rechtweisende Peilung zu verwandeln. Ostfehlweisung mit dem Uhrzeiger, Westfehlweisung gegen den Uhrzeiger anbringen!

Beispiele:

Gegenstand gepeilt am Kompaß	Kompaßkurs	Mißweisung	Ablenkung	rechtw. Plg.
312°	192°	−5°	+2°	309°
S½ O	SSW	½str O	¼str O	S¼ W
5° BB hinten	N 15° W	11° W	6° W	S 27° O

Peilungen durch U.T.- und F.T.-Signale siehe „Technische Navigation".

Messen von Horizontalwinkeln. Die durch Messen eines Horizontalwinkels erhaltene Standlinie ist ein Kreisbogen, der den gemessenen Winkel als Peripheriewinkel und die Strecke zwischen den beiden Objekten als Sehne faßt. Den Mittelpunkt dieses Kreises findet man: 1. wenn der gemessene Winkel spitz ist, indem man das Komplement dieses Winkels an den beiden Endpunkten der Sehne nach der Seite des Schiffes hin anträgt; 2. wenn der gemessene Winkel stumpf ist, indem man den Überschuß über 90° an den beiden Endpunkten der Sehne nach der entgegengesetzten Seite hin anträgt. Der Schnittpunkt der beiden freien Schenkel ist der gesuchte Mittelpunkt.

Ist e die Entfernung zwischen den beiden beobachteten Objekten A und B und w der gemessene Horizontalwinkel, so ist der Radius r des dazugehörigen Kreises $r = e/2 \cdot \operatorname{cosec} w$. Diese Multiplikation kann leicht mit der Gradtafel ausgeführt werden. Beschreibt man nun um A und B Kreise mit r, so ist der Schnittpunkt dieser Kreise ebenfalls der Mittelpunkt des Horizontalwinkelkreises.

Wenn die beiden Objekte nicht gleich hoch liegen, so ist darauf zu achten, daß der Sextant horizontal gehalten wird, so daß die beiden Objekte auch im Instrument übereinander erscheinen. Wenn ein Objekt sehr nahe liegt, so soll man das entfernte Objekt direkt anvisieren.

Lotungen. Durch eine Lotung erhält man als Standlinie eine Linie, die alle Punkte mit der gemessenen Wassertiefe untereinander verbindet. Eine Lotung allein ist nie zuverlässig! Bei einer Reihenlotung ist die Standlinie eine Gerade, parallel zum gesteuerten Kurs. Lotungen haben nur Zweck, wo regelmäßig ansteigender oder abfallender Meeresboden vorhanden ist. Außer der Tiefe ist auch stets die Bodenbeschaffenheit von Wichtigkeit. Im Tidengebiete sind Lotungen immer auf Kartennull zu beschicken (s. auch Teil VII, Gezeitenlehre, und S. 32).

B. Verwertung einzelner terrestrischer Standlinien zur Vermeidung von Gefahr.

10-m-Linie. Die 10-m-Linie ist für alle Schiffe eine Gefahrenlinie. Man soll diese Linie nie ohne Not übersegeln.

Peilungslinie. Einer Flachküste sind die Bänke A und B vorgelagert. Um den Hafen L anzusteuern, nähere man sich der Küste aus einer

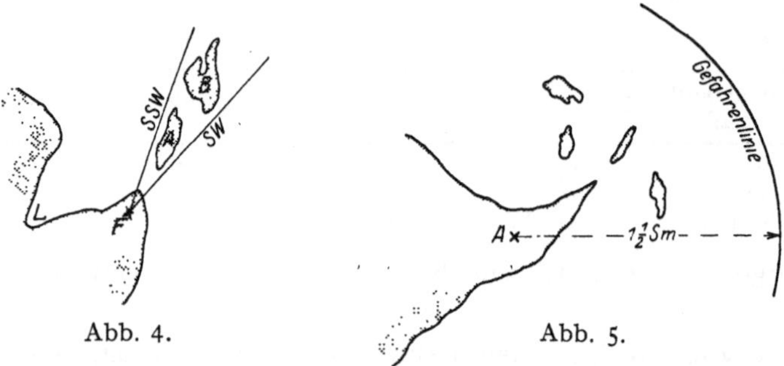

Abb. 4. Abb. 5.

Richtung, die nicht westlicher als SSW ist. Die Peilungslinien SSW und SW des Feuers schließen eine Gefahrenzone ein (s. Abb. 4).

Abstand durch Höhenwinkel (vertikaler Gefahrwinkel). Beim Umsegeln einer Landecke will man von den vorgelagerten Klippen $^1/_2$ Sm abbleiben. Die Entfernung der Klippen vom 75 m hohen Lt. A ist 1 Sm.

$$\text{Winkel in Minuten} = \frac{13}{7} \cdot \frac{\text{Höhe des Gegenstandes in Meter}}{\text{Abstand in Sm}}$$

$$\sphericalangle x = \frac{13}{7} \cdot \frac{75}{1{,}5} = 93'.$$

Man messe während der Umseglung den Höhenwinkel vom Lt. A. Er darf nicht größer als $1^\circ 33'$ werden (Indexverbesserung!), wenn man den beabsichtigten Abstand von der Klippe behalten will (Abb. 5).

Horizontalwinkel (horizontaler Gefahrwinkel). Einer Küste sind zwei Untiefen X und Y vorgelagert, die durch keine Seezeichen kenntlich gemacht sind. Man will zwischen diesen Untiefen passieren. Auf der Küste befinden sich die Landmarken A und B.

Man verbinde zwei im tiefen Fahrwasser gelegene Punkte außerhalb X und innerhalb Y mit A und B und findet dadurch die Winkel $AXB = 46^\circ$ und $AYB = 35^\circ$. Der Horizontalwinkel zwischen A und B darf nun bei der Durchfahrt nicht größer als 46° und nicht kleiner als 35° werden.

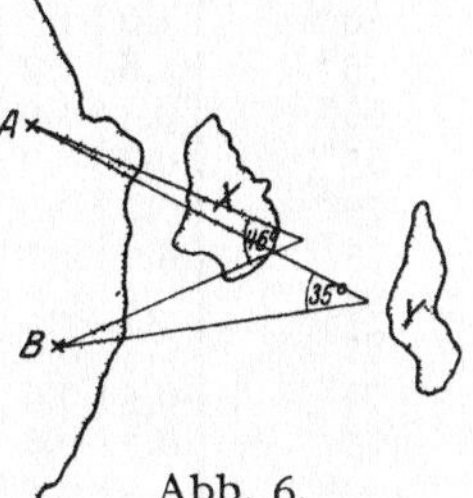

Abb. 6.

C. Die Verwertung der terrestrischen Standlinien zur Ortsbestimmung.

Der Schnitt zweier Standlinien ergibt immer den Schiffsort. Die wichtigsten Verbindungen zweier Standlinien sind hier angegeben. Je weniger Zeit zwischen der Ermittlung der beiden Standlinien liegt, um so genauer wird das Resultat sein. Von den angeführten Methoden sind aber diejenigen die besten, bei denen beide Standlinien gleichzeitig oder unmittelbar hintereinander gefunden werden. Man mache es sich zur Regel, jedesmal die Uhrzeit bei dem ermittelten Schiffsort zu notieren!

I. Ortsbestimmung mit Hilfe einer Landmarke.

Peilung und Abstand. Man ziehe eine Gerade entgegengesetzt der Peilung durch den gepeilten Ort und trage darauf die Entfernung ab. Bequeme Ortsbestimmung: Peilung von Feuer in der Kimm.

Peilung und Lotung. Man ziehe eine Gerade entgegengesetzt der Peilung durch den gepeilten Ort und suche auf ihr die gelotete Wassertiefe auf. Gute Ortsbestimmung: Peilung und Reihenlotung.

Doppelpeilung. Man peilt ein Landobjekt, segelt dann eine genau gemessene Distanz sorgfältig ab (auf gutes Steuern achten, Kurs nicht ändern!) und peilt dann denselben Gegenstand noch einmal. Lösung am besten durch Zeichnung in der Seekarte (s. Abb. 7). Die Genauigkeit dieser Ortsbestimmung ist wegen der unvermeidlichen Distanzfehler und Nichtberücksichtigung von allenfalls vorhandenem Strom nicht sehr groß.

Abb. 7.

a) Tafel zur Bestimmung des Abstandes aus einer Doppelpeilung.

Winkel β zwischen Kurs und zweiter Peilung	Winkel α zwischen Kurs und erster Peilung													
	25°	30°	35°	40°	45°	50°	55°	60°	65°	70°	75°	80°	85°	90°
50°	1,0	1,5	—	—	—	—	—	—	—	—	—	—	—	—
55°	0,8	1,2	1,7	—	—	—	—	—	—	—	—	—	—	—
60°	0,7	1,0	1,4	1,9	—	—	—	—	—	—	—	—	—	—
65°	0,7	0,9	1,2	1,5	2,1	—	—	—	—	—	—	—	—	—
70°	0,6	0,8	1,0	1,3	1,7	2,2	—	—	—	—	—	—	—	—
75°	0,6	0,7	0,9	1,1	1,4	1,8	2,4	—	—	—	—	—	—	—
80°	0,5	0,7	0,8	1,0	1,2	1,5	1,9	2,5	—	—	—	—	—	—
85°	0,5	0,6	0,8	0,9	1,1	1,3	1,6	2,1	2,7	—	—	—	—	—
90°	0,5	0,6	0,7	0,8	1,0	1,2	1,4	1,7	2,1	2,7	—	—	—	—
95°	0,5	0,6	0,7	0,8	0,9	1,1	1,3	1,5	1,8	2,2	2,8	—	—	—
100°	0,4	0,5	0,6	0,7	0,9	1,0	1,2	1,4	1,6	1,9	2,3	2,9	—	—
105°	0,4	0,5	0,6	0,7	0,8	0,9	1,1	1,2	1,4	1,6	1,9	2,3	2,9	—
110°	0,4	0,5	0,6	0,7	0,8	0,9	1,0	1,1	1,3	1,5	1,7	2,0	2,4	2,9
115°	0,4	0,5	0,6	0,7	0,8	0,9	1,0	1,0	1,2	1,3	1,5	1,7	2,0	2,4
120°	0,4	0,5	0,6	0,7	0,7	0,8	0,9	1,0	1,1	1,2	1,4	1,5	1,7	2,0
125°	0,4	0,5	0,6	0,7	0,7	0,8	0,9	1,0	1,1	1,2	1,3	1,4	1,6	1,7
130°	0,4	0,5	0,6	0,6	0,7	0,8	0,9	0,9	1,0	1,1	1,2	1,3	1,4	1,6
135°	0,5	0,5	0,6	0,7	0,7	0,8	0,8	0,9	1,0	1,0	1,1	1,2	1,3	1,4

Man multipliziere die zwischen den beiden Peilungen zurückgelegten Seemeilen mit dem dieser Tafel entnommenen Wert, so erhält man, wenn keine Stromversetzung vorhanden ist, den Abstand bei der zweiten Peilung in Seemeilen. (Man denke stets an Stromversetzungen!)

b) Sonderfälle der Doppelpeilung.

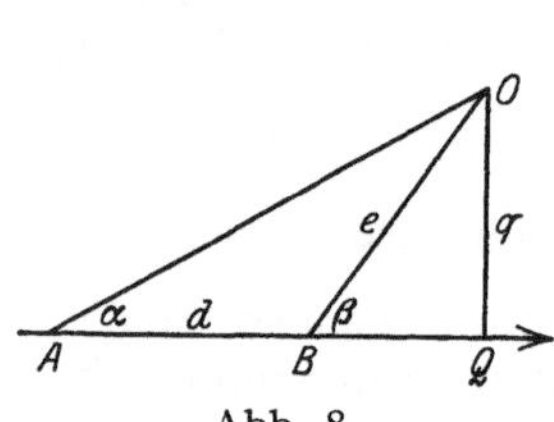

Abb. 8.

O = gepeilter Gegenstand an Land.
A = Schiffsort zur Zeit der 1. Peilung.
α = Winkel zwischen Kurslinie und 1. Peilung.
B = Schiffsort zur Zeit der 2. Peilung.
β = Winkel zwischen Kurslinie und 2. Peilung.
e = Entfernung von O zur Zeit der 2. Peilung.
Q = Schiffsort bei Querpeilung.
q = Abstand bei Querpeilung.
d = abgelaufene Distanz zwischen 1. u. 2. Peilung.

Im allgemeinen gilt der Satz:

wenn $\beta = 2\alpha$, dann ist $e = d$.

Doppelpeilungen, die man sich leicht im Kopfe merken kann, sind:

wenn	$\alpha = 1^{\text{str}}$	und	$\beta = 90°$,	dann	ist $q = d:5$
,,	$\alpha = 18^1/_2°$	,,	$\beta = 90°$	,,	,, $q = d:3$
,,	$\alpha = 26^1/_2°$	,,	$\beta = 90°$	,,	,, $q = d:2$
,,	$\alpha = 45°$	,,	$\beta = 90°$	,,	,, $q = d$ (4^{str} Plg.!)
,,	$\alpha = 63^1/_2°$	,,	$\beta = 90°$	,,	,, $q = d \cdot 2$
,,	$\alpha = 71^1/_2°$	,,	$\beta = 90°$	,,	,, $q = d \cdot 3$
,,	$\alpha = 76°$	,,	$\beta = 90°$	,,	,, $q = d \cdot 4$.

In vielen Fällen ist es wichtig, schon bei der 2. Peilung zu wissen, in welchem Abstande man den Gegenstand auf dem anliegenden Kurse passieren wird. Im Kopfe kann man sich merken:

wenn $\alpha = \mathbf{26^1/_2}°$ und $\beta = \mathbf{45}°$, dann ist $q = d$;
ferner: „ $\alpha = \mathbf{45}°$ „ $\beta = \mathbf{63^1/_2}°$ „ „ $q = d \cdot 2$.

Ein rohes Verfahren, um den ungefähren Querabstand beim Freilaufen eines bei klarem Wetter in Sicht kommenden Objektes zu bestimmen, ist folgendes (nur anwendbar bei kleinen Winkeln und größeren Entfernungen!):

Bei einer Entfernung des in Sicht kommenden Punktes von etwa	teile man den Winkel in Graden zwischen Peilung und Kurslinie durch	hierdurch erhält man den ungefähren Querabstand beim Freilaufen in Seemeilen. Z. B. Feuerturm, ungefähr 10 Sm ab, peilt 6° StB vorne. Ungefährer Querabstand 6° : 6 = 1 Sm.
30 Sm	2	
25 Sm	2,5	
20 Sm	3	
15 Sm	4	
10 Sm	6	
5 Sm	12	

(Stets an Stromversetzungen denken!)

c) Tafel zur Vorausbestimmung des Querabstandes aus einer Doppelpeilung.

α	β	α	β	α	β	α	β	α	β	α	β	α	β
20°	30°	30°	54°	40°	79°	50°	99°	60°	113°	70°	122½°	80°	129½°
21°	32°	31°	56½°	41°	81½°	51°	101°	61°	114°	71°	123½°	81°	130°
22°	34°	32°	59°	42°	83½°	52°	102½°	62°	115°	72°	124°	82°	130½°
23°	36½°	33°	61½°	43°	86°	53°	104°	63°	116°	73°	125°	83°	131½°
24°	39°	34°	64°	44°	88°	54°	105½°	64°	117°	74°	125½°	84°	132°
25°	41°	35°	67°	45°	90°	55°	106½°	65°	118°	75°	126°	85°	132½°
26°	43½°	36°	69½°	46°	92°	56°	108°	66°	119°	76°	127°	86°	133°
27°	46°	37°	72°	47°	94°	57°	109½°	67°	120°	77°	127½°	87°	133½°
28°	48½°	38°	74½°	48°	95½°	58°	110½°	68°	121°	78°	128½°	88°	134°
29°	51°	39°	77°	49°	97½°	59°	112°	69°	121½°	79°	129°	89°	134½°
												90°	135°

Wenn der Winkel zwischen Kurslinie und 1. Peilung $= \alpha$, so peile man den Gegenstand wieder, wenn der Winkel zwischen Kurslinie und 2. Peilung $= \beta$, dann ist, wenn keine Stromversetzung vorhanden ist, der Querabstand beim Passieren des Feuers gleich der zwischen den beiden Peilungen zurückgelegten Distanz.
(Stets an Stromversetzungen denken!)

II. Ortsbestimmung mit Hilfe zweier Landmarken.

Kreuzpeilung. Man peile zwei Landmarken gleichzeitig. Der Schnittpunkt der beiden Peilungslinien ist der Schiffsort. Die Ortsbestimmung ist um so genauer, je rechtwinkliger sich die beiden Peilungslinien schneiden. Wenn möglich, so peile man zur Kontrolle noch eine dritte Landmarke. Alle 3 Peilungslinien müssen sich dann in einem Punkte schneiden. An unbekannter Küste, deren Peilungsmarken einem fremd sind, peile man eine voraus in Sicht kommende unbekannte Marke zugleich mit zwei bekannten Marken. Auf diese Weise (Einpeilen eines Objektes) wird man die neue Marke in der Seekarte leicht eindeutig bestimmen können.

Zwei Abstände. Der Schnittpunkt der beiden Standlinien (Kreise) ist der Schiffsort.

Abgestumpfte Doppelpeilung. Nur im Notfalle anwenden, wenn Doppelpeilung nicht möglich und beide Gegenstände nicht gleichzeitig sichtbar sind. Das Verfahren ist genau wie bei der gewöhnlichen Doppelpeilung.

Peilung und Horizontalwinkel. Dies Verfahren ist einer Kreuzpeilung vorzuziehen, wenn der Winkel zwischen den beiden Peilungen stark von 90° abweicht. Auch nachts ist es einer Kreuzpeilung häufig vorzuziehen. Man peile den näher gelegenen Gegenstand. Den gemessenen Winkel trage man in einem beliebigen Punkte an die Peilungslinie an und ziehe durch den entfernteren Gegenstand eine Parallele zum freien Schenkel dieses Winkels. Deren Schnittpunkt mit der Peilungslinie ist der Schiffsort.

Horizontalwinkel und Abstand. Dann anwenden, wenn auf den Kompaß kein Verlaß oder das Peilen aus irgendeinem Grunde nicht möglich ist.

Über Ortsbestimmung mittels U.T.- und F.T.-Signale s. „Technische Navigation".

III. Ortsbestimmung mit Hilfe dreier Landmarken.

Gleichzeitiges Peilen von drei geeigneten Objekten. Man peile die 3 Landmarken gleichzeitig oder unmittelbar hintereinander. Die Peilungslinien müssen sich in einem Punkte schneiden. Je länger die Zwischenzeit zwischen den einzelnen Peilungen und je größer dabei die Fahrt des Schiffes ist, desto unsicherer wird der Schnittpunkt. Wenn die 3 Gegenstände sehr weit entfernt sind, so wird der Schnittpunkt ebenfalls unsicher.

Gleichzeitiges Horizontalwinkelmessen zwischen 3 geeigneten Objekten (Pothenotsches Problem; Aufgabe der 4 Punkte). Statt die 3 Landmarken zu peilen, mißt man den Horizontalwinkel zwischen je zweien von ihnen. Dies ist das beste Verfahren zur genauen Ortsbestimmung (z. B. Bestimmung des Ankerplatzes usw.), da es den Beobachter vollständig unabhängig vom Kompaß macht. Es ist dies besonders wichtig beim Durchsteuern schwieriger, viel gekrümmter Fahrwasser, weil hier die Deviation durch Auftreten von halbfestem Magnetismus meistens unsicher wird.

Beispiel: Man mißt den Horizontalwinkel zwischen den Küstenpunkten A und B zu 104° und zwischen B und C zu 60°. Dann steht das Schiff in O. Die Konstruktion ergibt sich aus der Abb. 9 und dem auf Seite 41 Gesagten.

Einfacher noch ist folgende Konstruktion: Trage nur im mittelsten Punkte B die Winkel 14° und 30° an (s. Abb. 10) und errichte in A und C Lote auf BA und BC. Verbinde die Schnittpunkte S und S' dieser Lote mit dem freien Schenkel der angetragenen Winkel durch eine Gerade SS'. Der Fußpunkt O des von B auf diese Gerade gefällten Lotes ist der Schiffsort.

In der Kriegsmarine benutzt man zur schnellen und sicheren Lösung der Aufgabe vielfach den Doppelwinkelmesser. Sehr gute Dienste leisten auch der Doppeltransporteur und vor allem der Kompaßkreis (s. „Technische Navigation"), auf denen die mit dem Sextanten gemessenen

Winkel eingestellt werden. In Ermangelung solcher Hilfsmittel bediene man sich eines Stückchens Pauspapiers, auf das man die Winkel von einem beliebigen Punkt aus mittels eines Transporteurs aufträgt. Man lege das Pauspapier so auf die Karte, daß der gemeinsame Schenkel der beiden gemessenen Winkel durch die mittlere Landmarke geht, und verschiebe das Ganze so lange, bis die beiden anderen Schenkel durch die beiden seitlichen Landmarken gehen. Wenn sich das Schiff ungefähr auf dem Kreise befindet, der durch die 3 Landmarken gelegt werden kann, dann genügen die beiden Horizontalwinkel allein nicht, sondern es muß dann noch eine Landmarke gepeilt werden. Über die Brauchbarkeit der gewählten Objekte zu einer solchen Ortsbestimmung entscheidet

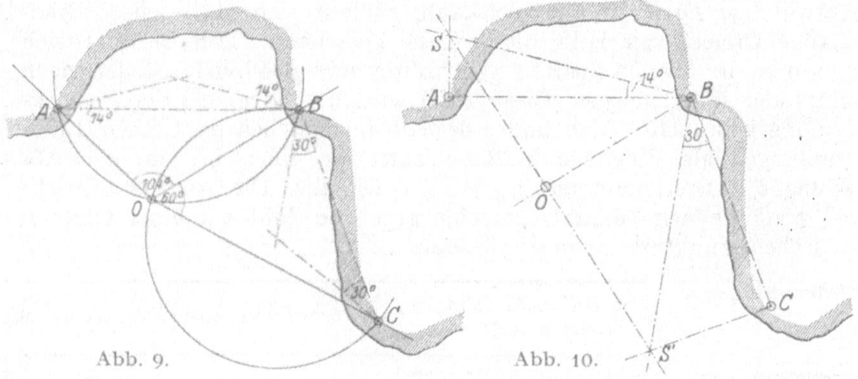

Abb. 9. Abb. 10.

ein einfacher Satz: Die Orte liegen um so günstiger, je näher die Summe der über den beiden Strecken AB und BC gemessenen Winkel + dem von den Strecken gebildeten Winkel ($\sphericalangle ABC$) an 90° oder 270° liegt. Die Orte liegen um so ungünstiger, je näher diese Summe an 180° oder 360° liegt.

Gleichzeitige Abstandsbestimmung von 3 geeigneten Objekten. In der Regel handelt es sich dabei um 3 Höhenwinkelmessungen. Der Schnittpunkt der 3 Kreise, die man mit den aus den Beobachtungen errechneten Abständen um die betreffenden Objekte beschreibt, gibt ebenfalls den Schiffsort, unabhängig vom Kompaß. Bezüglich der Genauigkeit der Beobachtung s. das auf Seite 37 oben Gesagte.

Über Schiffsortsbestimmungen mittels U.T.- und F.T.-Signale, Schallortung, Leitkabel siehe „Technische Navigation".

5. Die terrestrische Besteckrechnung.

Abkürzungen: φ_v, λ_v = (verlassene) Breite und Länge des Abfahrtsortes. φ_0, λ_0 = Breite und Länge des Bestimmungs- (des erreichten) Ortes. φ_m = Mittelbreite. α = Kurswinkel. d = Distanz. M.T. = Meridionalteile.

Die geographischen Koordinaten eines Punktes auf der Erdoberfläche. Die Lage eines Punktes auf der Erdoberfläche ist bestimmt durch seine Breite und Länge. Man unterscheidet Nord oder +Breite,

Süd oder —Breite, Ost oder +Länge und West oder —Länge. Breiten- und Längenunterschiede erhalten ihre Namen von der Richtung vom Abfahrtsort nach dem Bestimmungsort. Man unterscheidet Nord oder +Br.U. und Süd oder —Br.U.; ebenso Ost oder +Lg.U. und West oder —Lg.U. Abweitung ist ein Stück eines Breitenparallels, gemessen in Sm. Sie ist gleichnamig mit dem entsprechenden Lg.U. Loxodrome ist die Kurslinie eines Schiffes. Sie schneidet alle Meridiane unter demselben Winkel, dem Kurswinkel oder dem rechtweisenden Kurse.

Die Grad- und Strichtafel (Koppeltafel). Aus der Grad- und Strichtafel lassen sich zu zwei gegebenen Stücken eines rechtwinkligen Dreiecks die beiden anderen durch bloße Einsicht entnehmen. Da man jedes schiefwinklige Dreieck durch Ziehen einer geeigneten Höhe in zwei rechtwinklige Dreiecke zerlegen kann, so läßt sich auch jedes schiefwinklige Dreieck mit Hilfe dieser Tafel berechnen. Den Dezimalstrich kann man in allen 3 Spalten gleichzeitig um gleichviele Stellen nach rechts oder links rücken. Diese Tafel wird besonders bei der Besteckrechnung gebraucht. Man findet deshalb in manchen nautischen Tafelsammlungen als Eingänge in diese Tafel die Überschriften: a = Abweitung, b = Breitenunterschied und d = Distanz. Die Grad- und Strichtafel wird vielfach benutzt, um eine gegebene Zahl mit einer trigonometrischen Funktion zu multiplizieren.

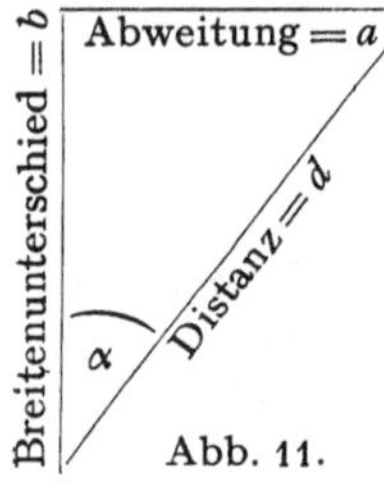

Abb. 11.

Um eine Zahl zu multiplizieren mit:	sin α	cos α	tang α	cotg α	sec α	cosec α
gehe man unter dem Winkel α mit der Zahl ein in die Spalte:	d	d	b	a	b	a
und entnehme das Resultat aus der Spalte:	a	b	a	b	d	d

A. Segeln in der Loxodrome.

1. Aufgabe der Besteckrechnung.

Gegeben: Abfahrtsort (φ_v und λ_v), Kurswinkel α und Distanz.
Gesucht: Erreichter Ort (φ_0 und λ_0).

a) Lösung nach Mittelbreite:

1. Abweitung = Distanz · sin Kurswinkel

$$a = d \cdot \sin\alpha .$$

2. Breitenunterschied = Distanz · cos Kurswinkel

$$\text{Br.U.} = d \cdot \cos\alpha .$$

3. Mittelbreite = verlassene Breite + $^1/_2$ Br.U.

$$\varphi_m = \varphi_v + {}^1/_2\,\text{Br.U.}$$

4. Längenunterschied = Abweitung · sec Mittelbreite

$$\text{Lg.U.} = a \cdot \sec\varphi_m .$$

5. Erreichte Breite = verlassene Breite + Br.U.

$$\varphi_0 = \varphi_v + \text{Br.U.}$$

6. Erreichte Länge = verlassene Länge + Lg.U.

$$\lambda_0 = \lambda_v + \text{Lg.U.}$$

Die Formeln 1 und 4 werden bei der logarithmischen Lösung der Aufgabe in der Regel in eine zusammengezogen, indem man rechnet: Lg.U. = Distanz · sin Kurswinkel · sec Mittelbreite. Das +-Zeichen in den Formeln bedeutet, daß die beiden Werte algebraisch, d. h. unter Berücksichtigung ihrer Vorzeichen zu addieren sind.

b) Lösung nach vergrößerter Breite:

1. Breitenunterschied = Distanz · cos Kurswinkel

$$\text{Br.U.} = d \cdot \cos\alpha .$$

2. Erreichte Breite = verlassene Breite + Breitenunterschied

$$\varphi_0 = \varphi_v + \text{Br.U.}$$

3. Vergrößerter Breitenunterschied = Meridionalteile der verlassenen Breite ∓ Meridionalteile der erreichten Breite

$$\text{vergr. Br.U.} = \text{M.T. von } \varphi_v \mp \text{M.T. von } \varphi_0 .$$

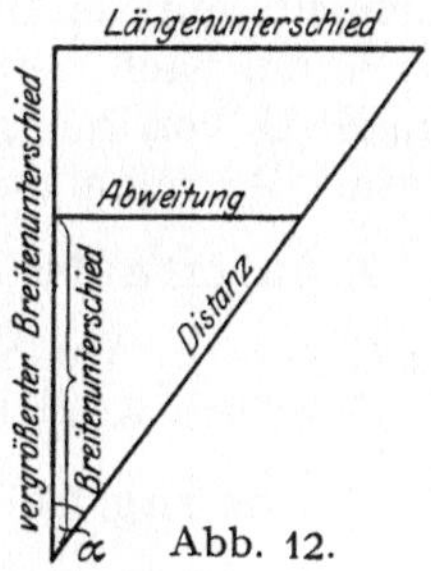

Abb. 12.

4. Längenunterschied = vergrößerter Br.U. · tang Kurswinkel

$$\text{Lg.U.} = \text{vergr. Br.U.} \cdot \tan\alpha .$$

5. Erreichte Länge = verlassene Länge + Längenunterschied

$$\lambda_0 = \lambda_v + \text{Lg.U.}$$

In Formel 3 gilt das −-Zeichen, wenn die beiden Breiten gleichnamig sind, das +-Zeichen, wenn sie ungleichnamig sind.

Beispiel: Von Helgoland (54° 11′ N und 7° 53′ O) segelt man rw. 316° (= N 44° W) 447 Sm. Auf welcher Breite und Länge befindet man sich dann?

a) Lösung nach Mittelbreite:

Distanz = 447 Sm	log = 2,6503	log = 2,6503
Kurs = 44°	log cos = 9,8569	log sin = 9,8418
Br.U. = 321,5′ = 5° 22′ N	log = 2,5072	
$^1/_2$ Br.U. = 2° 41′ N	Abw. = 310,5 Sm	log = 2,4921
φ_v = 54° 11′ N		
φ_m = 56° 52′		log sec = 0,2623
	Lg.U. = 568,1′ W	log = 2,7544

φ_v = 54° 11′ N	λ_v = 7° 53′ O
Br.U. = 5° 22′ N	Lg.U. = 9° 28′ W
// φ_0 = 59° 33′ N	// λ_0 = 1° 35′ W

Diese Rechnung wird nur bei großen Distanzen logarithmisch, sonst stets mit der Grad- und Strichtafel ausgeführt.

b) Lösung nach vergrößerter Breite:

Distanz = 447 Sm	log = 2,6503	
Kurs = 44°	log cos = 9,8569	
Br.U. = 5° 22′ N	log = 2,5072	
φ_v = 54° 11′ N	M.T. = 3883,4	
∥ φ_0 = 59° 33′ N	M.T. = 4473,7	
	vergr. Br.U. = 590,3	log = 2,7711
	Kurs = 44°	log tang = 9,9848
	Lg.U. = 570,0′ W = 9° 30′ W	log = 2,7559
	λ_v = 7° 53′ O	
	∥ λ_0 = 1° 37′ W	

Auch hier können die Multiplikationen mit dem Kosinus und der Tangente mit der Grad- und Strichtafel ausgeführt werden. Das Rechenverfahren nach vergrößerter Breite kommt nur in Frage, wenn es sich um Br.U. von mehr als 5° handelt. In diesem Falle erhält man genauere Resultate, wenn man nach vergrößerter Breite rechnet.

2. Aufgabe der Besteckrechnung.

Gegeben: Abfahrtsort (φ_v und λ_v) und Bestimmungsort (φ_0 und λ_0). Gesucht: Kurs und Distanz.

a) Lösung nach Mittelbreite:

1. Breitenunterschied = Breite des Bestimmungsortes — Breite des Abfahrtsortes

$$\text{Br.U.} = \varphi_0 - \varphi_v .$$

2. Längenunterschied = Länge des Bestimmungsortes — Länge des Abfahrtsortes

$$\text{Lg.U.} = \lambda_0 - \lambda_v .$$

3. Mittelbreite = verlassene Breite + $^1/_2$ Breitenunterschied

$$\varphi_m = \varphi_v + {}^1/_2\,\text{Br.U.}$$

4. Abweitung = Längenunterschied · cos Mittelbreite

$$a = \text{Lg.U.} \cdot \cos \varphi_m .$$

5. tang Kurswinkel = Abweitung : Breitenunterschied

$$\operatorname{tang} \alpha = a : \text{Br.U.}$$

6. Distanz = Breitenunterschied · sec Kurswinkel

$$d = \text{Br.U.} \cdot \sec \alpha .$$

Die —-Zeichen in Formel 1 und 2 bedeuten die algebraische Differenz, das +-Zeichen in Formel 3 die algebraische Summe der betreffenden Werte. Die Formeln 4 und 5 werden in der Regel in eine zusammengezogen, indem man rechnet:

$$\text{tang Kurswinkel} = \frac{\text{Längenunterschied} \cdot \text{cos Mittelbreite}}{\text{Breitenunterschied}} .$$

b) Lösung nach vergrößerter Breite:

1. Breitenunterschied = Breite des Bestimmungsortes – Breite des Abfahrtsortes

$$\mathbf{Br.U.} = \varphi_0 - \varphi_v\,.$$

2. Längenunterschied = Länge des Bestimmungsortes – Länge des Abfahrtsortes

$$\mathbf{Lg.U.} = \lambda_0 - \lambda_v\,.$$

3. Vergrößerter Breitenunterschied = Meridionalteile der verlassenen Breite ∓ Meridionalteile der erreichten Breite

$$\mathbf{vergr.\ Br.U.} = \mathbf{M.T.\ von}\ \varphi_v \mp \mathbf{M.T.\ von}\ \varphi_0\,.$$

4. tang Kurswinkel = Längenunterschied : vergrößerten Breitenunterschied

$$\tan\alpha = \mathbf{Lg.U.} : \mathbf{vergr.\ Br.U.}$$

5. Distanz = Breitenunterschied · sec Kurswinkel

$$d = \mathbf{Br.U.} \cdot \sec\alpha\,.$$

In Formel 3 gilt das –-Zeichen, wenn die beiden Breiten gleichnamig sind, das +-Zeichen, wenn sie ungleichnamig sind.

c) Beispiel: Es sind Kurs und Distanz von Finisterre (42° 53′ N und 9° 16′ W) nach Madeira (32° 38′ N und 16° 55′ W) zu berechnen.

a) Lösung nach Mittelbreite:

φ_v = 42° 53′ N	λ_v = 9° 16′ W		
φ_0 = 32° 38′ N	λ_0 = 16° 55′ W		
Br.U. = 10° 15′ S	Lg.U. = 7° 39′ W		
½ Br.U. = 5° 8′ S	= 459′	log = 2,6618	
φ_m = 37° 45′		log cos = 9,8980	
	Br.U. = 615′	colog = 7,2111	log = 2,7889
	⫽ Kurswinkel = S 30° 33′ W	log tang = 9,7709	log sec = 0,0649
	(210° 33′)	⫽ Distanz = 714 Sm	log = 2,8538

Auch diese Aufgabe wird in der Praxis, solange die Distanzen nicht über 300 Sm sind, stets mit der Grad- und Strichtafel gelöst. Bei Breitenunterschieden über 4—5° bekommt man ein genaueres Resultat, wenn man diese Aufgabe nach vergrößerter Breite löst.

b) Lösung nach vergrößerter Breite:

φ_v = 42° 53′ N	M.T. = 2854	λ_v = 9° 16′ W
φ_0 = 32° 38′ N	M.T. = 2074	λ_0 = 16° 55′ W
Br.U. = 10° 15′ S	vergr. Br.U. = 780	Lg.U. = 7° 39′ W
= 615′		= 459′

Lg.U. = 459′	log = 2,6618	
vergr. Br.U. = 780	colog = 7,1079	
⫽ Kurswinkel = S 30° 28′ W	log tang = 9,7697	log sec = 0,0646
(210° 28′)	Br.U. = 615′	log = 2,7889
	⫽ Distanz = 714 Sm	log = 2,8535

Auch in diesem Falle kann man sich an Stelle der logarithmischen Rechnung der Grad- und Strichtafel bedienen. Das Verfahren nach vergrößerter Breite versagt, wenn der Br.U. sehr klein, also der Kurswinkel nahe 90° ist.

Man kann aber auch noch bei großen Breitenunterschieden nach Mittelbreite rechnen, wenn man die nach der Formel $\varphi_m = \varphi_v + {}^1/_2$ Br.U. berechnete Mittelbreite mit folgender Tafel verbessert:

Tafel zur Verbesserung der Mittelbreite.

(Der Tafelwert ist stets zur Mittelbreite zu addieren.)

Mittelbreite	Breitenunterschied																
	4°	5°	6°	7°	8°	9°	10°	11°	12°	13°	14°	15°	16°	17°	18°	19°	20°
10°	4′	6′	9′	13′	17′	21′	26′	31′	37′	43′	50′	57′	1° 4′	1° 12′	1° 20′	1° 29′	1° 38′
15°	3	5	7	9	12	15	18	22	27	31	36	41	47′	53′	59′	1° 5′	1° 12′
20°	2	4	6	8	10	12	15	18	22	25	29	34	38	43	49	54′	1° 0′
25°	2	3	5	7	9	11	13	16	19	23	26	30	34	38	43	48	53′
30°	2	3	5	6	8	10	13	15	18	21	25	28	32	36	41	45	50
35°	2	3	4	6	8	10	12	15	18	21	24	28	32	36	40	45	49
40°	2	3	4	6	8	10	12	15	18	21	25	28	32	36	41	45	50
45°	2	3	5	6	8	11	13	16	19	22	26	30	34	38	43	48	53
50°	2	4	5	7	9	11	14	17	20	24	28	32	36	41	46	51	57
55°	3	4	6	8	10	13	16	19	22	26	34	35	40	45	51	57	1° 3′
60°	3	4	6	9	11	14	18	22	26	30	35	40	46	52	58	1° 5′	1° 12′
65°	3	5	7	10	13	18	21	25	30	35	41	48	55	1° 2′	1° 10′	1° 18′	1° 26′
70°	4	6	9	13	17	21	26	32	38	44	52	1° 0′	1° 8′	1° 18′	1° 28′	1° 38′	1° 50′

Kursverwandlung.

Um zu verwandeln	in	hat man anzubringen	wie?
Kompaßkurse	Mißw. Kurse	Deviation	O mit dem Uhrzeiger W gegen den Uhrzeiger
Mißw. Kurse	Rechtw. Kurse	Mißweisung	
Kompaßkurse	Rechtw. Kurse	Fehlweisung	
Rechtw. Kurse	Kompaßkurse	Fehlweisung	O gegen den Uhrzeiger W mit dem Uhrzeiger
Rechtw. Kurse	Mißw. Kurse	Mißweisung	
Mißw. Kurse	Kompaßkurse	Deviation	

Ebenso sind Peilungen zu berichtigen. Man kann in obiger Tafel statt „Kurs" auch überall „Peilung" einsetzen. Fehlweisung = algebraische Summe aus Deviation und Mißweisung.

Die Abtrift bekommt den Namen Ost, wenn der Wind von BB einkommt.

Die Abtrift bekommt den Namen West, wenn der Wind von StB einkommt.

Beispiel:

Wind	Kompaßkurs	Abtrift	Mißweis.	Deviation	Gesamtber.	Wahrer Kurs
SO	NO z. O	$^1/_2$str W	$^3/_4$str W	$^1/_2$str O	$^3/_4$str W	NO $^1/_4$ O
S	N 70° W	4° O	10° O	2° W	12° O	N 58° W
WSW	348°	+2°	−7°	+3°	−2°	346°

Das Rechnen mit der 360°-Rose bietet viele Vorteile; es bedeutet eine wesentliche Erleichterung!

Koppelkurs. Hat man mehrere verschiedene Kurse und Distanzen gutgemacht, so rechne man die Abweitungen und Breitenunterschiede gegeneinander auf. Man bildet dann die Gesamtabweitung und den Gesamtbreitenunterschied und verfährt, als ob man nur e i n e n Kurs gesteuert hätte (Koppelkurs).

Beispiel: Von 54° 30′ N und 18° 40′ O steuerte man folgende rechtw. Kurse und Distanzen. Wo befand sich das Schiff nach dieser Segelung?

Rechtw. Kurs	Distanz in Sm	Breitenunterschied N	Breitenunterschied S	Abweitung O	Abweitung W
62° = N 62° O	8	3,8		7,1	
25° = N 25° O	10	9,1		4,2	
301° = N 59° W	25	12,9			21,4
264° = S 84° W	41		4,3		40,8
		25,8 N	4,3	11,3	62,2 W
		4,3 S			11,3 O
		Br.U. = 21,5′ N			Abw. = 50,9 W

φ_v = 54° 30′ N
Br.U. = 22′ N
// φ_o = 54° 52′N

φ_m = 54° 41′

λ_v = 18° 40′ O
Lg.U. = 1° 28′ W
// λ_o = 17° 12′ O

φ_m = 54° 41′

Sm	′
50	86,5
0,9	1,6
50,9	88,1

Überschreiten der Datumgrenze. Die Datumgrenze verläuft:

von 70° 0′ N-Br. und 180° 0′ Lg. durch die Mitte der Behring-Straße;
„ 65° 0′ „ „ 169° 0′ W-Lg. nach 52° 30′ N-Br. und 170° 0′ O-Lg.
„ 52° 30′ „ „ 170° 0′ O-Lg. „ 48° 0′ „ „ 180° 0′ Lg.
„ 48° 0′ „ „ 180° 0′ Lg. „ 5° 0′ S-Br. „ 180° 0′ „
„ 5° 0′ S-Br. „ 180° 0′ „ „ 15° 30′ „ „ 172° 30′ W-Lg.
„ 15° 30′ „ „ 172° 30′ W-Lg. „ 45° 30′ „ „ 172° 30′ „
„ 45° 30′ „ „ 172° 30′ „ „ 51° 30′ „ „ 180° 0′ Lg.
„ 51° 30′ „ „ 180° 0′ Lg. „ 60° 0′ „ „ 180° 0′ „

Östlich von dieser Grenze gilt das Datum der amerikanischen Küste, westlich davon das Datum der asiatischen Küste.

Beim Überschreiten der Grenze haben daher Schiffe mit östlichem Kurse dasselbe Datum zweimal zu zählen, Schiffe mit westlichem Kurse ein Tagesdatum ausfallen zu lassen.

Beispiel:

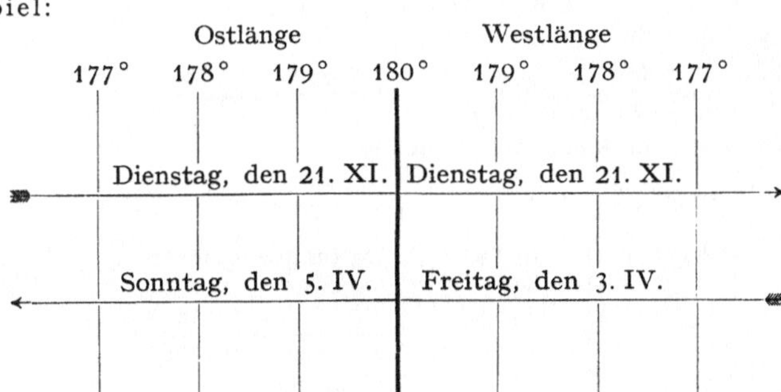

B. Segeln im größten Kreise.

I. Fall: Abfahrtsort und Bestimmungsort liegen auf derselben Seite des Äquators.

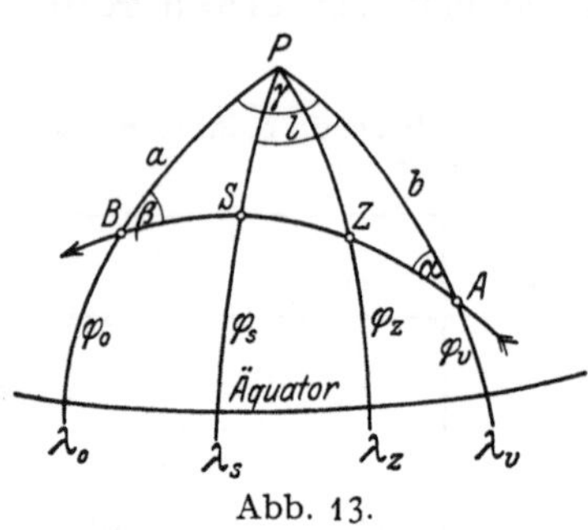

Abb. 13.

A = Abfahrtsort (φ_v und λ_v).
B = Bestimmungsort (φ_o und λ_o).
α = Abgangskurs.
β = Ankunftskurs.
S = Scheitelpunkt (φ_s und λ_s).
Z = Zwischenpunkt (φ_z und λ_z).
$\gamma = \lambda_v - \lambda_o$.
$l = \lambda_v - \lambda_s$ oder $\lambda_o - \lambda_s$.
$a = 90° - \varphi_o$ und $b = 90° - \varphi_v$.

Beispiel: Ein Schiff will von den Sandwich-Inseln (13° 20′ N, 151° 47′ W) nach San Franzisko (35° 15′ N, 123° 45′ W) im größten Kreise segeln. Welches ist der Anfangskurs, der Endkurs und die Distanz in der Orthodrome? Auf welcher Breite und Länge liegt der Scheitelpunkt? Auf welchen Breiten werden die Meridiane von 150° W, 140° W und 130° W geschnitten?

a) Berechnung von Abgangskurs und Ankunftskurs:

$$\text{tang}\,\frac{\alpha+\beta}{2} = \text{cotg}\,\frac{\gamma}{2}\cdot\cos\frac{a-b}{2}\cdot\sec\frac{a+b}{2},$$

$$\text{tang}\,\frac{\alpha-\beta}{2} = \text{cotg}\,\frac{\gamma}{2}\cdot\sin\frac{a-b}{2}\cdot\text{cosec}\,\frac{a+b}{2},$$

$$\alpha = \frac{\alpha+\beta}{2} + \frac{\alpha-\beta}{2} \quad \text{und} \quad \beta = \frac{\alpha+\beta}{2} - \frac{\alpha-\beta}{2}.$$

Abb. 14.

A:	φ_v = 13° 20′ N	λ_v = 151° 47′ W
B:	φ_o = 35° 15′ N	λ_o = 123° 45′ W
	a = 54° 45′	γ = 28° 2′
	b = 76° 40′	$\frac{\gamma}{2}$ = 14° 1′
	$b + a$ = 131° 25′	

$^1/_2\,(b + a)$ = 65° 42,5′	log sec = 0,38576	log cosec = 0,04026
$^1/_2\,(b - a)$ = 10° 57,5′	log cos = 9,99201	log sin = 9,27897
$\frac{\gamma}{2}$ = 14° 1′	log cotg = 0,60269	log cotg = 0,60269
$^1/_2\,(\beta + \alpha)$ = 84° 1,7′	log tang = 0,98046	
$^1/_2\,(\beta - \alpha)$ = 39° 52,6′	. . . .	log tang = 9,92192

Endkurs β = 123° 54′ = N 56,1° O
Anfangskurs α = 44° 9′ = N 44,1° O

b) Berechnung der Distanz $\widehat{AB}$.

Wenn $^1/_2\,(a + b)$ nahe 90°, so rechne:

$$\text{tang}\,\frac{\widehat{AB}}{2} = \text{tang}\,\frac{a-b}{2}\cdot\sin\frac{\alpha+\beta}{2}\cdot\text{cosec}\,\frac{\alpha-\beta}{2}.$$

Wenn $^1/_2\,(a - b)$ sehr klein ist, so rechne:

$$\text{tang}\,\frac{\widehat{AB}}{2} = \text{tang}\,\frac{a+b}{2}\cdot\cos\frac{\alpha+\beta}{2}\cdot\sec\frac{\alpha-\beta}{2}.$$

$^1/_2\,(b + a)$ = 65° 42,5′	log tang = 0,34550
$^1/_2\,(\beta + \alpha)$ = 84° 1,7′	log cos = 9,01718
$^1/_2\,(\beta - \alpha)$ = 39° 52,6′	log sec = 0,11497
$^1/_2\,\widehat{AB}$ = 16° 43,1′	log tang = 9,47765

Distanz $\widehat{AB}$ = 33° 26,2′ = 2006 Sm.

c) Berechnung der Lage des Scheitelpunktes.

Berechnung der Breite:

$$\cos\varphi_s = \cos\varphi_v \cdot \sin\alpha$$

oder

$$\cos\varphi_s = \cos\varphi_o \cdot \sin\beta\,.$$

Berechnung der Länge:

$$\operatorname{cotg} l = \sin\varphi_v \cdot \operatorname{tang}\alpha \qquad \lambda_s = \lambda_v \pm l$$

oder

$$\operatorname{cotg} l = \sin\varphi_o \cdot \operatorname{tang}\beta \qquad \lambda_s = \lambda_o \pm l$$

$\varphi_v = 13^\circ\,20'$	log cos = 9,98 813	log sin = 9,36 289
$\alpha = 44^\circ\;\;9{,}1'$	log sin = 9,84 296	log tang = 9,89 714
	log cos = 9,83 109	log cotg = 9,35 003
Scheitelpunktsbreite	$\varphi_s = 47^\circ\,20'$ N	$l = 77^\circ\,23'$
		$\lambda_v = 151^\circ\,47'$ W
	Scheitelpunktslänge	$\lambda_s = 74^\circ\,24'$ W

d) Berechnung der Zwischenpunkte Z.

$\operatorname{tang}\varphi_z = \cos(\lambda_s - \lambda_z) \cdot \operatorname{tang}\varphi_s$. ($\lambda_z$ wird beliebig angenommen.)

λ_z	$\lambda_s - \lambda_z$	log cos $\lambda_s - \lambda_z$	log tang φ_z	φ_z
150° W	75° 36′	9,39566	9,43107	15° 6′ N
140° W	65° 36′	9,61606	9,65147	24° 8′ N
130° W	55° 36′	9,75202	9,78743	31° 10′ N
$\varphi_s = 47^\circ\,20'$ log tang = 0,03541				

Der größte Kreis schneidet den Meridian von 150° W in 15° 6′ N, den Meridian von 140° W in 24° 8′ N und den Meridian von 130° W in 31° 10′ N.

II. Fall: Abfahrtsort und Bestimmungsort liegen auf verschiedenen Seiten des Äquators. (Dieser Fall hat praktisch kaum irgendwelche Bedeutung.)

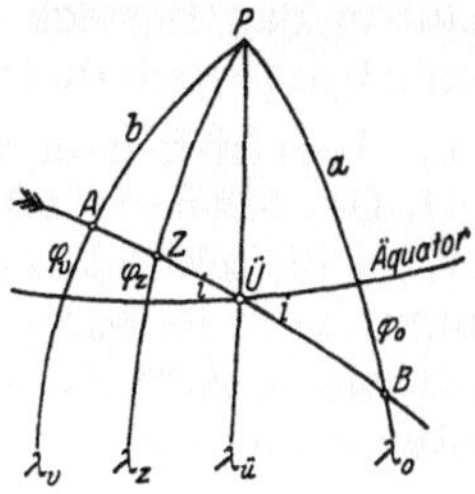

$\ddot{U}$ = Übergangspunkt = Schnittpunkt des größten Kreises mit dem Äquator.

$a = 90^\circ + \varphi_o\,.$

$b = 90^\circ - \varphi_v\,.$

i = Kurswinkel am Äquator.

Abb. 15.

a) Berechnung von α und β wie im I. Fall.

b) Berechnung von $\widehat{AB}$ wie im I. Fall.

c) Berechnung des Übergangspunktes:

$$\operatorname{tang}(\lambda_{\ddot{u}} - \lambda_o) = \sin\varphi_o \cdot \operatorname{tang}\beta \qquad \lambda_{\ddot{u}} = \lambda_o + (\lambda_{\ddot{u}} - \lambda_o)$$

oder

$$\operatorname{tang}(\lambda_{\ddot{u}} - \lambda_v) = \sin\varphi_v \cdot \operatorname{tang}\alpha \qquad \lambda_{\ddot{u}} = \lambda_v + (\lambda_{\ddot{u}} - \lambda_v)$$

d) Berechnung des Übergangswinkels i:

$$\cos i = \cos\varphi_o \cdot \sin\beta \qquad \text{oder} \qquad \cos i = \cos\varphi_v \cdot \sin\alpha\,.$$

e) Berechnung der Zwischenpunkte Z:

$\operatorname{tang}\varphi_z = \sin(\lambda_z - \lambda_{\ddot{u}}) \cdot \operatorname{tang} i$ (λ_z wird beliebig angenommen.)

Vereinfachte Verfahren zur Bestimmung des größten Kreises.

a) Gnomonische Karten. In der Praxis bedient man sich zur Bestimmung des größten Kreises am besten der vom hydrographischen Amt in Washington herausgegebenen gnomonischen Karten. In ihnen sind alle größten Kreise gerade Linien. Diesen Karten entnimmt man direkt den Scheitelpunkt und einige Zwischenpunkte und trägt diese in eine Merkatorkarte ein. Um die Distanz zu messen, markt man an der geraden Kante eines genügend großen Bogen Papiers den Abgangsort und den Bestimmungsort an und zugleich an einer schrägen Kniffkante den mit „point of tangency" bezeichneten Mittelpunkt des Kartenentwurfs. Nun dreht man den Papierbogen so, daß der „point of tangency" stets mit dem angemarkten Punkt der Kniffkante zusammenfällt, bis die beiden an der geraden Kante angemarkten Punkte auf demselben Kartenmeridian liegen. Der Breitenunterschied dieser beiden Orte in Minuten ist dann die gesuchte Entfernung in Sm. Die höchste Breite, durch die die gerade Kante dann geht, ist die Scheitelbreite. Liegen die beiden Orte auf verschiedenen Seiten des Äquators, so muß man erst den Schnittpunkt des größten Kreises mit dem Äquator ermitteln.

b) Der Gebrauch der *A*-*B*-*C*-Tafel zur Bestimmung des Kurses. Man betrachte die Breite des Schiffsortes als „Breite", die Breite des Bestimmungsortes als „Deklination" und den in Zeit verwandelten Längenunterschied: Länge des Schiffsortes — Länge des Bestimmungsortes als „Stundenwinkel". Das Azimut ist dann der zu steuernde Kurs.

Beispiel: Von 13° 20′ N, 151° 47′ W soll nach 35° 15′ N und 123° 45′ W im größten Kreise gesegelt werden. Gesucht: Abfahrtskurs.

$$\varphi = 13^\circ 20' \text{ N} \quad t = 28^\circ 2' = 1^h\, 52^m : A = -0{,}44$$
$$\delta = 35^\circ 15' \text{ N} \quad t = 28^\circ 2' = 1^h\, 52^m : B = +1{,}50$$
$$\text{Kurs} = \text{N } 44^\circ \text{ O} \begin{cases} C = A + B = +1{,}06 \\ \varphi = 13^\circ 20' \end{cases}$$

Diese einfache Kursbestimmung wird nun am Ende jeder Wache, nachdem das Besteck aufgemacht ist, für den neuen Besteckpunkt als Abfahrtsort wiederholt.

c) Bestimmung des Kurses mit Hilfe des Diagramms von Prof. Dr. Maurer zur Berichtigung von F.T.-Peilungen (s. S. 94 oder „Nautischer Funkdienst"). Das Diagramm dient eigentlich dazu, Großkreise in loxodromische Kurse zu verwandeln, umgekehrt kann man natürlich loxodromische Kurse in Großkreise verwandeln. Die Berichtigung hat man dann nur umgekehrt anzubringen.

Beispiel: Abfahrtsort: $\varphi_v = 13^\circ 20'$ N, $\lambda_v = 151^\circ 47'$ W;
Bestimmungsort: $\varphi_0 = 35^\circ 15'$ N, $\lambda_0 = 123^\circ 45'$ W.
Gesucht: Anfangskurs des Großkreises.

Längenunterschied 28° 2′.
Mit der Breite dss Abfahrtsortes (B_1) und der Breite des Bestimmungsortes (B_2) geht man in das Diagramm und entnimmt 0,19.
Verbesserung: $28^\circ \cdot 0{,}19 = 5{,}3^\circ$
Kurs nach Besteckrechnung: N 49,4° O.
Großkreiskurs: N 49,4° O — 5,3° = N **44**° O.

d) Vereinfachte Berechnung der Distanz. Will man außerdem noch die Distanz haben, so rechnet man sie am bequemsten nach der Formel:

$$\text{sem}\, x = \sin^2 \frac{x}{2} = \sin^2 \frac{\gamma}{2} \cdot \cos \varphi_v \cdot \cos \varphi_o \cdot \sec (\varphi_v - \varphi_o)$$

$$\cos \text{Distanz} = \cos(\varphi_v - \varphi_o) \cdot \cos x\,.$$

Beispiel von vorhin:

$\gamma = 28^\circ\ 2'$	$\log\sin^2\frac{\gamma}{2} = 8{,}76836$	
$\varphi_v = 13^\circ 20'$ N	$\log\cos\ \cdot = 9{,}98813$	
$\varphi_o = 35^\circ 15'$ N	$\log\cos = 9{,}91203$	
$\varphi_v - \varphi_o = 21^\circ\ 55'$	$\log\sec = 0{,}03258$	$\log\cos = 9{,}96742$
$x = 1^h\ 43^m\ 38^s$	$\log\sin^2\frac{x}{2} = 8{,}70110$	$\log\cos = 9{,}95400$
	$\widehat{AB} = 33^\circ 26'$	$\log\cos = 9{,}92142$

e) Airys Näherungsverfahren. Ein schnelles Verfahren, den Hauptbogen zwischen 2 Punkten A und B ohne vorherige Rechnung in eine Merkatorweltkarte einzuzeichnen, ist folgendes von Prof. Airy angegebenes:

1. Man verbinde die beiden Orte, wenn sie auf gleichnamiger Breite liegen, in der Merkatorkarte durch eine gerade Linie, halbiere diese Linie und errichte im Mittelpunkt nach der Äquatorseite hin eine Senkrechte, die gegebenenfalls bis über den Äquator hinaus zu verlängern ist. (Liegen die beiden Orte auf verschiedenen Seiten des Äquators, so ziehe man ebenfalls die Loxodrome und konstruiere nun für jeden Abschnitt derselben nördlich und südlich vom Äquator auf die angegebene Weise den dazugehörigen Hauptbogen.)

2. Mit der Mittelbreite beider Orte entnehme man aus nachfolgender Tabelle den korrespondierenden Parallel.

Airys Hilfstafel für Segeln im größten Kreise.

Mittelbreite	Korrespondierender Parallel		Mittelbreite	Korrespondierender Parallel	
20°	81° 13′	Auf entgegengesetzter Breite wie die Orte.	58°	4° 0′	Auf gleicher Breite wie die Orte.
22°	78° 16′		60°	9° 15′	
24°	74° 59′		62°	14° 32′	
26°	71° 26′		64°	19° 50′	
28°	67° 38′		66°	25° 9′	
30°	63° 37′		68°	30° 30′	
			70°	35° 52′	
32°	59° 25′		72°	41° 14′	
34°	55° 5′		74°	46° 37′	
36°	50° 36′		76°	52° 1′	
38°	46° 0′		78°	57° 25′	
40°	41° 18′		80°	62° 51′	
42°	36° 31′				
44°	31° 38′				
46°	26° 42′				
48°	21° 42′				
50°	16° 39′				
52°	11° 33′				
54°	6° 24′				
56°	1° 13′				

3. Der Schnittpunkt dieses Parallels mit der Senkrechten ist der Mittelpunkt des Kreises, den man über der Loxodrome als Sehne durch beide Orte legt. Dieser Kreis entspricht ziemlich genau der Kurve des Hauptbogens.

International festgelegte Dampferwege. Für den Nordatlantik sind für die Hauptdampferwege zwischen Europa und Nordamerika bestimmte Wege, den Jahreszeiten bzw. der Eistrift entsprechend, von den Schiffahrtsgesellschaften festgelegt worden.

In den Monatskarten der Deutschen Seewarte, sowie in einigen ausländischen Monatskarten werden die größten Kreise für diese Wege stets angegeben.

Für andere Strecken bestehen gleichfalls Abmachungen zwischen einigen Schiffahrtsgesellschaften. Die notwendigen Angaben hierüber findet man in den betreffenden Seehandbüchern (s. auch Entfernungstabellen *76*).

6. Stromschiffahrt.

Vorbemerkung. In der Nähe der Küste löst man alle Stromaufgaben durch Zeichnung in der Segelkarte. Dadurch kommen die navigatorischen Verhältnisse am Orte am besten zum Bewußtsein. Auf hoher See löst man die Stromaufgaben am besten rechnerisch mit der Koppeltafel.

Auf Dampfern, die stets die gleichen Strecken befahren, notiere man sich beständig unter Angabe von Zeit und Ort der Beobachtung: Wind, Wetter, erwartete Gezeitenströmung und tatsächlich beobachtete Besteckversetzung. Im Laufe der Zeit wird man so ein wertvolles Material erhalten, das einem gestattet, die einzelnen Faktoren ziemlich genau in Rechnung zu stellen.

Gegeben: der Weg durchs Wasser und der Strom. Gesucht: Kurs und Fahrt über den Grund.

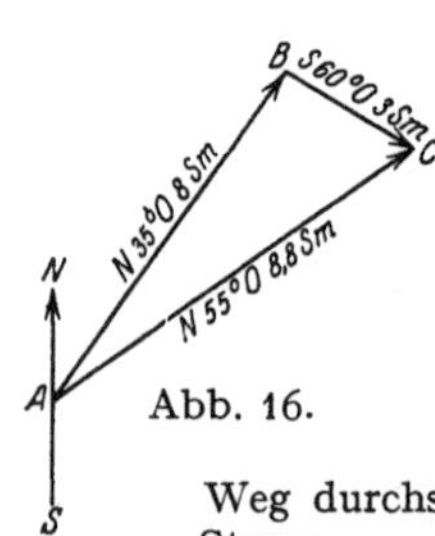

Abb. 16.

Beispiel: Ein Schiff segelt rechtw. N 35° O mit 8 Kn Fahrt. Der Strom setzt rechtw. S 60° O 3 Kn. Was ist Kurs und Fahrt über Grund?

Lösung durch Zeichnung: Man setzt den Weg durchs Wasser = *AB* in der Karte ab und trägt in *B* den Strom = *BC* nach Richtung und Größe für die Dauer der Segelung an. *AC* ist dann der Weg über den Grund. Kurs über Grund: N 55° O. Fahrt über Grund 8,8 Kn.

Lösung durch Rechnung: Man koppelt den Weg durchs Wasser und den Strom.

Weg durchs Wasser	rechtw.:	N 35° O	8 Sm	=	6,6 N	4,6 O
Strom	rechtw.:	S 60° O	3 Sm	=	1,5 S	2,6 O
Weg über Grund	rechtw.:	N 55° O	8,8 Sm	=	5,1 N	7,2 O.

Diese Aufgabe ist besonders wichtig in der Nähe der Küste, wenn unsichtiges Wetter eine Kontrolle des Schiffsortes durch Landpeilungen verhindert.

Gegeben: der Weg über den Grund und der Weg durchs Wasser. Gesucht: der Strom (Besteckversetzung).

Beispiel: Ein Schiff legt nach Grundlog stündlich rechtw. N 55° O 8,8 Sm, nach Handlog stündlich rechtw. N 35° O 8 Sm zurück. Gesuchte Richtung und Stärke des Stromes.

Lösung durch Zeichnung: Man setzt den Weg durchs Wasser = *AB* und den Weg über Grund = *AC* in der Karte ab. Da *C* dann den Ort angibt, wo sich das Schiff wirklich befindet, ist *BC* die Stromrichtung. Siehe Abb. 16. Strom rechtw.: S 60° O 3,0 Kn.

Lösung durch Rechnung: Man koppelt den Weg über den Grund und den entgegengesetzten Weg durchs Wasser.

Weg über Grund:	N 55° O	8,8 Sm =	5,1 N	7,2 O
Entgegengesetzter Weg durchs Wasser:	S 35° W	8,0 Sm =	6,6 S	4,6 W
Strom:	S 60° O	3,0 Sm =	1,5 S	2,6 O

Bei der täglichen Besteckrechnung sieht man den Unterschied zwischen dem nach Loggerechnung gefundenen (gegißten) Besteck und dem durch astronomische Beobachtung (beobachteten) Besteck als Strom (Besteckversetzung) an. Die Besteckversetzung wird jeden Mittag entweder der Karte entnommen oder mit der Koppeltafel berechnet.

Beispiel:

Schiffsort nach Loggerechnung:	$\varphi = 51°\ 5'$ N	$\lambda = 10°\ 58'$ W
Schiffsort nach astr. Beobachtung:	$\varphi = 51°\ 15'$ N	$\lambda = 10°\ 50'$ W
Besteckversetzung: N 27° O 11 Sm =	10′ N	8′ O = 5 Sm O,

Gegeben: der Strom nach Richtung und Stärke, die Fahrt des Schiffes durchs Wasser und der Kurs, den das Schiff über den Grund gutmachen soll. Gesucht: der durchs Wasser zu steuernde Kurs, die Fahrt über Grund und die Zeitdauer der Seglung.

Beispiel: Ein Schiff will rechtw. S 60° O 40 Sm über den Grund zurücklegen. Der Strom setzt rechtw. S 50° W 2 Kn. Die Fahrt des Schiffes durchs Wasser ist 6 Kn. Welches ist der rechtw. Kurs und die Distanz durchs Wasser, die Fahrt über Grund und die Zeit, die man zum Zurücklegen der 40 Sm gebraucht?

Abb. 17.

Lösung: Man setze den beabsichtigten Kurs über Grund AX und den stündlichen Strom $= AC$ in der Karte ab. Schlage um C mit der Fahrt durchs Wasser einen Kreisbogen, der AX in B schneidet. CB ist dann der gesuchte Kurs durchs Wasser. AB ist die gesuchte Fahrt über den Grund.

rechtw. Kurs durchs Wasser	= S 79° O
Fahrt über Grund	= 5 Kn
Zeitdauer der Segelung	= 40 : 5 = 8 Stunden
Distanz durchs Wasser	= 8 · 6 = 48 Sm.

Den Kurs über Grund zu finden aus dreimaligen Peilungen desselben Punktes und den beiden dazwischen verflossenen Zeiten.

Erste Lösung: Man peilt eine Landmarke, segelt eine beliebige Zeit $= x^{m}$ oder eine beliebige Distanz $= y$ Sm, peilt wieder, und nach weiteren x^{m} oder y Sm peilt man noch einmal. Zieht man nun von einem beliebigen Punkte O der mittleren Peilungslinie aus Parallele zur ersten und letzten Peilungsrichtung, die diese in A und B schneiden, so ist AB der Kurs des Schiffes über den Grund (aber nicht der Weg des Schiffes über den Grund!).

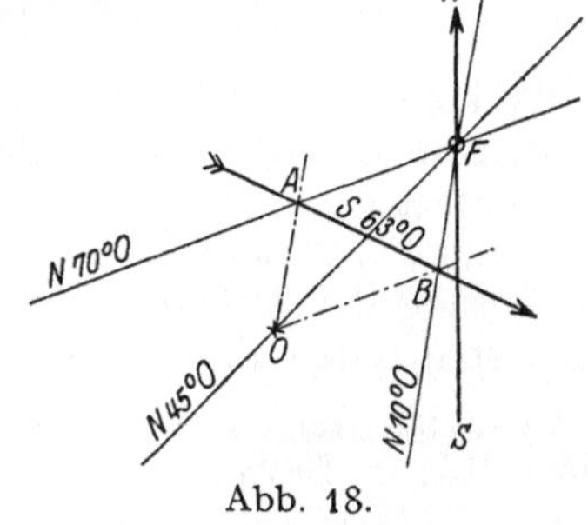

Abb. 18.

Beispiel: Ein Dampfer peilt F in N 70° O, nach 20^{m} peilt er F in N 45° O, und nach weiteren 20^{m} in N 10° O. Gesuchter Kurs über Grund: S 63° O.

Zweite Lösung: Man verfährt wie vorhin, wählt aber ohne Rücksicht auf die Zwischenzeiten und die Distanzen die Peilungen so, daß die beiden Peilungsunterschiede (die beiden Winkel bei F) einander gleich sind. Man trage dann auf der ersten und letzten Peilungslinie von F aus nach einem beliebigen Maßstabe Stücke ab, die den Zwischenzeiten proportional sind. Die Verbindungslinie der Endpunkte A und B dieser Strecken gibt wieder die Kursrichtung über den Grund (aber nicht den Weg über den Grund!).

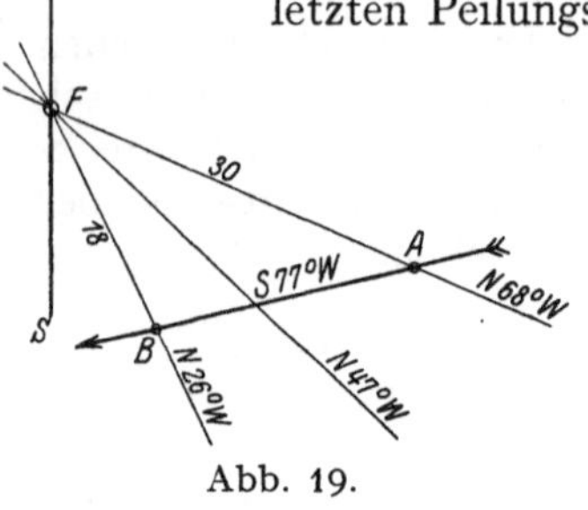

Abb. 19.

Beispiel: Ein Dampfer peilt F in N 68° W, nach 30^m peilt er F in N 47° W und nach weiteren 18^m in N 26° W. Kursrichtung über den Grund: AB = S 77° W.

Dritte Lösung: Allgemeiner Fall. Man peilt auf einem bestimmten Kurse dasselbe Feuer F zu beliebigen Zeiten 3 mal. Die Zwischenzeit zwischen 1. und 2. Peilung sei x^m, zwischen 2. und 3. Peilung y^m. Man trage von F aus auf der mittleren Peilungslinie in beliebigem Maßstabe die Strecken $FO = x$ und $OG = y$ an und lege durch G eine Parallele zur 1. Peilungslinie, die die letzte Peilungslinie in B schneidet. OB ist dann der Kurs (nicht Weg!) über Grund.

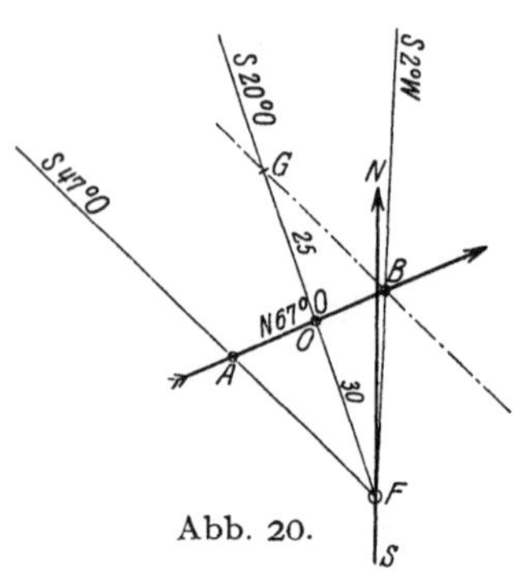

Abb. 20.

Beispiel: Ein Dampfer peilt F in S 47° O, nach 30^m in S 20° O und nach weiteren 25^m in S 2° W. Kursrichtung über Grund: N 67° O.

Hat man bei einer dieser 3 Peilungen zugleich auch seinen Abstand von F bestimmt, so kann man auch den „Weg" über den Grund in der Karte absetzen.

7. Jagdsegeln.

Es kommt in der Praxis, besonders bei Havarien oder sonstigen Seeunfällen zuweilen vor, daß ein Schiff einem anderen nachgeschickt oder entgegengeschickt werden soll. Durch F.T. wird man meistens Kurs und Fahrt oder Trift des einzuholenden Schiffes erfragen können. Die Lösung der Aufgabe, wie man zu steuern hat, erfolgt wohl immer am besten durch Zeichnung in der Seekarte selbst.

Gesucht: der zu steuernde Kurs nach einem Gegenstande hin, der sich selbst in Bewegung befindet.

Lösung: Man trägt am Standort des fremden Schiffes F die Peilung des eigenen Schiffes E und Kurs und Fahrt des fremden Schiffes FC an. Schlage um C mit der Fahrt des eigenen Schiffes einen Kreisbogen, der

FE in *D* schneidet. *DC* stellt dann den zu steuernden Kurs des eigenen Schiffes dar.

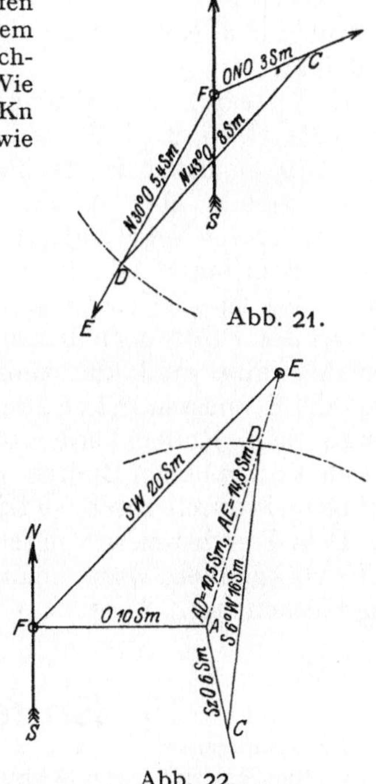

Abb. 21.

Abb. 22.

Beispiel: In N 30° O 70 Sm von einem Hafen befindet sich ein Dampfer *F* in Seenot, der unter dem Einfluß von Wind und Strömung mit einer durchschnittlichen Fahrt von 3 Kn nach ONO treibt. Wie hat ein auslaufender Bergungsdampfer *E*, der 8 Kn machen kann, zu steuern, um *F* zu treffen, und wie lange wird er dazu gebrauchen?

Zu steuernder Kurs: N 43° O,

Zeit = 70 : 5,4 = 12,9^h.

Ein Schiff soll in eine bestimmte Richtung und Entfernung von einem anderen in Fahrt befindlichen Schiffe gelangen.

Lösung: Man trage an den Standort *F* des fremden Schiffes die Richtung und Entfernung *FA* an und verfahre wie vorher, nur tritt *A* an Stelle von *F*.

Beispiel: Ein feindliches Wachtschiff *F* befindet sich SW 20 Sm von einem Dampfer *E* und steuert mit 6 Kn Fahrt SzO. Wie muß *E*, der 16 Kn läuft, steuern, damit er in die Stellung „10 Sm O von *F*" gelangt, und wann wird dies der Fall sein?

Zu steuernder Kurs = S 6° W,

Zeit = 14,8 : 10,5 = 1,4^h.

8. Das Navigieren im Nebel, bei Eisgefahr und in Gegenden, wo Korallenriffe vorkommen.

Beim Ansteuern einer Küste im Nebel darf man sich nie darauf verlassen, daß man ein Nebelsignal sicher hören wird. Man erwarte nicht, daß man die Nebelsignale früher als auf 3—5 Sm höre. Im allgemeinen geben die Feuerschiffe erst die Nebelsignale, wenn die Sichtigkeit geringer als 3—5 Sm wird. Bei frischem Wind und Nebel sind die Nebelsignale der Feuerschiffe gegen den Wind unter Umständen nur 1 Sm, ja schwache Nebelsignale (Glocken) nur $^1/_2$ oder $^1/_4$ Sm zu hören!

Oft nähert sich ein Nebel nur ganz allmählich von See her der Küste und wird vom Leuchtturmwärter erst bemerkt, wenn er das Land erreicht hat, während ein Schiff, das sich dieser Küste nähert, schon mehrere Stunden im Nebel gewesen sein kann. In solchen Fällen kann es vorkommen, daß das Schiff die Küste erreichte, ehe überhaupt Nebelsignale an Land gemacht wurden.

Wechselnde Dichtigkeitsverhältnisse in den unteren Luftschichten lenken die Schallwellen zuweilen nach oben oder unten beträchtlich ab, so daß z. B. ein Ausgucksmann im Topp möglicherweise Nebelsignale hört, die an Deck oder auf der Brücke nicht zu hören sind.

Besondere Vorsicht ist bei der Ansteuerung eines Feuerschiffes im Nebel notwendig, wenn dieses in der Nähe einer Bank liegt. Man muß in solchen Fällen stets die Windrichtung bei der Bestimmung der Schallrichtung des Nebelsignals berücksichtigen. Man fahre stets langsam und lote!

Bei Nebel ausgiebigen Gebrauch von Ortsbestimmung mittels U.T.- und F.T.-Signalen, Schallortung und Leitkabel machen (s. darüber „Technische Navigation").

Da gerade über kalten, eisführenden Meeresströmungen auch besonders häufig Nebel auftreten, so bilden die Eisberge eine große Gefahr für die Schiffahrt. Glaubt man in der Nähe von Eisbergen oder größeren Eismassen zu sein, so messe man viertelstündlich die Wassertemperatur, bei großer Fahrt noch häufiger. Der Ausguck ist doppelt zu besetzen. Die Maschine muß klar zum Manöver sein. Wenn irgend möglich, so sind die Eismassen in Lee zu lassen. Nie darf man dicht an die Eismassen herangehen. Robbenherden oder Vogelscharen in großer Entfernung vom Lande sind in hohen Breiten meistens ein Zeichen von Eisnähe. Muß man Scholleneis durchfahren, so trimme man das Schiff möglichst achterlastig.

Beim Durchsteuern von selten befahrenen Gegenden, in denen Korallenriffe vorkommen, warte man auf die Tageszeit, zu der man die Sonne im Rücken hat. Ausguck von hohem Standpunkt ist erforderlich.

9. Entfernungstabellen.

Bemerkungen:

1. Zunächst sind einige wichtige Entfernungen zwischen dem Weser-Feuerschiff (als günstigster Ansteuerungspunkt für Jade, Weser und Elbe) und einigen Hafenplätzen gegeben.

2. Sind einige Reisetabellen, die allgemein gebräuchlich sind, zusammengestellt worden. Es empfiehlt sich, für häufig befahrene Linien Tabellen dieser Art, die sich ohne Mühe zusammenstellen lassen, für die ganze Reise anzufertigen und im Kartenhaus oder Kontor aufzuhängen.

3. Die dann folgenden mittleren Entfernungstabellen enthalten in alphabetischer Anordnung die Distanzen zwischen zahlreichen Hafenplätzen der ganzen Welt. Man suche die gewünschte Entfernung zunächst unter der Ortsangabe, deren Anfangsbuchstabe im Alphabet am weitesten vorn steht.

4. Den Schluß der Tabelle bilden einige Angaben für die Dampferwege zwischen Europa und Nordamerika, sowie zwischen Südafrika und Australien, und schließlich noch eine kurze Gegenüberstellung der Dampferwege zwischen der Westküste Amerikas und Europa über Punta Arenas und Panama.

Abkürzungen: (S.) = Suez-Kanal, (K. d. g. H.) = Kap der guten Hoffnung, (K. H.) = Kap Horn, (K. W.) = Kaiser-Wilhelm-Kanal, (P.) = Panama-Kanal, (P. A.) = Punta Arenas, (Skg.) = Skagen.

Wichtige Entfernungen zwischen dem Weser Feuerschiff und einigen Hafenplätzen.

Weser Fsch.—	**Hamburg**	**92**	**Weser Fsch.—**	**Bremen**	**67**
	Cuxhaven	**36**		**Bremerhaven**	**33**
	Elbe I. Fsch.	**16**		Elsfleth	53

Weser Fsch.—	**Emden**	**100**
	Wilhelmshaven	**28**
	Holtenau	**107**

Weser Fsch.—Amsterdam 194
Antwerpen (Westgatt) 320
Antwerpen (Ostgatt) . 290
Boulogne 321
Cherbourg 448
Dover 303
Horns Riff Fsch. . . 106

Weser Fsch.—Hull 335
London 343
Plymouth 527
Rotterdam 230
Southampton 420
Vlissingen (Westgatt). 273
Vlissingen (Ostgatt) . 245

Allgemeine Entfernungstabellen.

Hamburg—Weser Fsch.

6	Blankenese								
11	5	Schulau							
17	11	6	Brunshausen						
28	22	17	11	Glückstadt					
40	34	29	23	12	Brunsbüttel (bis Kiel 56)				
45	39	34	28	17	5	Oste Riff			
56	50	45	39	28	16	11	**Cuxhaven**		
76	70	65	59	48	36	31	20	Elbe I. Fsch.	
92	86	81	75	64	52	47	36	16	Weser Fsch.

Bremen—Bremerhaven—Weser Fsch.

7	Vegesack							
14	7	Elsfleth						
20	13	6	Brake					
29	22	15	9	Nordenham				
34	27	20	14	5	**Bremerhaven**			
50	43	36	30	21	16	Hoheweg		
63	56	49	43	34	29	13	Außen-Jade Fsch.	
67	60	53	48	38	33	17	4	Weser Fsch.

Weser Fsch.—Dover—Bishop Rock.

21	Norderney Fsch.											
64	43	Borkum Fsch.										
111	90	47	Terschelling Fsch.									
146	125	82	35	Haaks Fsch.								
249	228	185	138	103	Nord-Hinder Fsch.							
303	282	239	192	157	54	**Dover**						
320,5	299,5	256,5	209,5	174,5	71,5	17,5	Dungeness					
351	330	287	240	205	102	48	30,5	Beachy Head				
410	389	346	299	264	161	107	89,5	59	St. Cathrines Pt.			
503	482	439	392	357	254	200	182,5	152	93	Start Point		
565	544	501	454	419	316	262	244,5	214	155	62	Lizard	
614	593	550	503	468	365	311	293,5	263	204	111	49	Bishop Rock

Weser Fsch.—Ushant—C. Finisterre.

410	St. Catherines Pt.			
474	64	Casquets		
609	199	135	Ushant	
			385	C. Finisterre

Adelaide

Fremantle 1356
Kapstadt 5600
Melbourne 511
Port Augusta . . 290
Port Pirie 255
Sydney 980
Weser Fsch. (S.) . 10970
„ „ (K. d. g. H.) 12090
„ „ (P.) . 13800

Aden

Basra 1950
Batavia 3940
Bombay 1665
Calcutta 3320
Calicut 1820
Colombo. 2094
Daressalam . . . 1770
Delagoabay . . . 2955
Fremantle 4925
Gibraltar 3350
Kapstadt 4100
Kurachee 1475
Kuweit 1920
Madras 2650
Mascat 1220
Melbourne 6420
Mombassa 1610
Mozambique . . . 2140
Penang 3300
Perim 97
Port Said 1400
Rangoon 3320
Singapore 3640
Weser Fsch. (S.) . 4900
Zanzibar 1720

Akkra

Addah 55
Agadir 2485
Axim 1175
Kamerun 615
Lagos 230
Lome 100
Monrovia 695
Weser Fsch. . . . 4100

Albany

Aden	5130
Colombo	3380
Fremantle	340
Melbourne	1330
Weser Fsch.	9990

Alexandrien

Brindisi	830
Candia	367
Genua	1315
Gibraltar	1805
Jaffa	263
Konstantinopel	730
Malta	825
Marseille	1408
Messina	830
Neapel	1005
Piraeus	515
Port Said	158
Triest	1200
Tripolis	860
Weser Fsch.	3360

Algier

Barcelona	282
Genua	534
Gibraltar	420
Malaga	365
Malta	575
Marseille	410
Neapel	575
Port Said	1519
Rotterdam	1773
Tanger	442
Tunis	385
Weser Fsch.	1960

Amboina.

Banda	598
Makassar	125

Amoy

Bangkok	1730
Canton	360
Futschau	200
Hongkong	286
Manila	670
Nagasaki	825
Shanghai	580
Singapore	1690
Swatau	123
Weser Fsch.	10220

Amsterdam

Antwerpen	155
Dover	160
Emden	175
Port Said	3320
Rotterdam	75
Weser Fsch.	194
Ymuiden	15

Angaur

Banda	360
Berlinhafen	785
Friedr. Wilh.-Hf.	1022
Labuan	1260
Manila	1000
Pulo Laut	1310
Rabaul	1295
Sandakan	1020
Yap	285

Antwerpen

Christiania	630
Dover	135
Emden	274
Genua	2260
Gibraltar	1370
Grimsby	250
Hamburg	383
Harwich	135
Havre	240
Horta	1540
Kronstadt	1340
Leith	450
London	188
Madeira	1557
Malta	2360
Marseille	2065
Messina	2392
Neapel	2340
Newcastle	332
Oporto	935
Palamos	1926
Port Said	3283
Reval	1160
Rotterdam	115
Southampton	244
Stettin	810
St. Vincente	2585
Teneriffa	1755
Ushant	446
Vlissingen	45
Wandelaar Fsch.	67
Weser (Ostgatt)	290
Fsch. (Westgatt)	320
Ymuiden	164

Apenrade

Flensburg	62
Kiel	67
Kopenhagen	192
Travemünde	117

Apia

Brisbane	2170
Honolulu	2300
Jaluit	1640
Panama	5740
Singapore	5210
Sydney	2430
Tahiti	1305
Weser Fsch. (P.)	10800
„ „ (S.)	12150

Archangel

Bergen	1480
Drontheim	1275
Hammerfest	650
Vardö	485
Weser Fsch.	1880

Arica

Callao	620
Iquique	110
Panama	1935
Punta Arenas	2295
Taltal	435
Valparaiso	880

Aruba

Colon	616
Curacao	69
St. Thomas	471

Auckland

Hobart	1550
Melbourne	1650
Panama	6750
Sydney	1285
Valparaiso	5250
Vancouver	6130
Wellington	535
Weser Fsch. (K. d. g. H.)	13850
„ „ (K. H.)	12600
„ „ (P.)	11700
„ „ (S.)	12860

Außen-Weser-Fsch. siehe Weser-Fsch.

Bahia

Buenos Aires	1875
Lissabon	3540
Maceio	280
Madeira	3025
Montevideo	1735
Para	1425
Paranagua	1045
Pernambuco	388
Rio de Janeiro	745
Rio Grande do Sul	1445
Santos	925
St. Vincent	1995
Teneriffa	2835
Victoria	467
Vigo	3755
Weser Fsch.	4800

Bahia Blanca

Desterro	1060
Montevideo	470
Punta Arenas	980
Puerto Madryn	305
Weser Fsch.	6860

Baltimore

Boston	641
Charleston	540
Galveston	1870
Gibraltar	3445
Habana	1095
Halifax	838
New Orleans	1612
New York	408
Norfolk	170
Philadelphia	376
Quebec	1740
Weser Fsch.	3960

Banana

Akkra	1070
Benguella	405
Boma	60
Fernando Po	620
Gabun	500
Kabinda	40
Kapstadt	1735
Makulla	80
St. Vincent	2650
Swakopmund	1025
Teneriffa	3075
Weser Fsch.	5010

Bangkok

Batavia	1245
Futschau	1890
Hongkong	1460
Kosichang	52
Manila	1455
Penang	1225
Saigon	657
Shanghai	2280
Singapore	830
Weser Fsch.	9350

Batavia

Apia	4900
Colombo	1860
Hongkong	1780
Makassar	752
Manila	1570
Melbourne	3430
Padang	545
Saigon	1040
Samarang	240
Singapore	520
Soerabaya	395
Tjilatjap	400
Weser Fsch.	8770
Yokohama	3160

Batum

Constanza	594
Galatz	651
Konstantinopel	588
Nikolajeff	590
Odessa	570
Saloniki	916
Sewastopol	414
Varna	612
Weser Fsch.	3920

Belfast

Cardiff	310
Cherbourg	480
Glasgow	115
Plymouth	380
Southampton	500
Weser Fsch.	900

Belize

Colon	570
La Ceiba	125
Pensacola	850
Port au Prince	932
Port Royal	680
Progresso	460
Tampico	982
Vera Cruz	920
Weser Fsch.	5200

Bergen

Christiansand	218
Drontheim	310
Edinburgh	398
Kirkwall	295
Merock	280
Odde	124
Tromsö	695
Weser Fsch.	412

Berlinhafen

Banda	1026
Potsdamhafen	187

Bermuda

Gibraltar	2880
Habana	1140
Halifax	752
Jamaica	1120
New Orleans	1660
New York	685
Ushant	2760
Weser Fsch.	3300

Bibundi

Addah	520
Appam	596
Axim	686
Bata	160
Fernando Po	30
Groß-Popo	460
Lagos	390
Malimba	60
Monrovia	1230
Teneriffa	2735
Weida	450
Weser Fsch.	4665

Bilbao

Coruna	259
Gibraltar	865
Leixoes	420
Lissabon	589
Santander	46
Vigo	369
Weser Fsch.	970

Bishop Rock

Casquet	158
Cherbourg	192
Dover	312
Havre	255
Plymouth	96
Weser Fsch.	614

Bombay

Basra	1570
Bassein	2085
Beira	3250
Bushire	1425
Calcutta	2140
Calicut	520
Goa	230
Kapstadt	4700
Kurachee	500
Madras	1490
Mascat	865
Port Said	3070
Singapore	2450
Weser Fsch.	6540
Zanzibar	2450

Boston

Halifax	384
Newport-News	515
New York	383
Philadelphia	488
Quebec	1210
Weser Fsch.	3250

Bordeaux

Havre	402
Saint Nazaire	159
Santander	234
Vigo	516
Weser Fsch.	923

Boulogne

Bishop Rock	316
Calais	22
Cherbourg	140
Havre	100
London	110
Plymouth	230
Rotterdam	105
Southampton	123
Ushant	306
Weser Fsch.	328

Bremen (s. auch Bremerhaven u. Weser Fsch.)

Brake	20
Bremerhaven	34
Elsfleth	14
Hamburg	156
Nordenham	29
Vegesack	7
Weser Fsch.	67

Bremerhaven (siehe auch Weser Fsch.)

Amsterdam	230
Antwerpen (Ostgatt)	326
Antwerpen (Westgatt)	353
Bishop Rock	648
Borkum Fsch.	98
Brunsbüttel	82
Cherbourg	480
Cuxhaven	66
Dover	337
Elbe I Fsch.	44
Emden	132
Gibraltar	1575
Hamburg	121
Helgoland	52
Hoher Weg	16
Kap Finisterre	1030
London	372
Norderney	57
Plymouth	561
Rotterdam	263
Southampton	454
Ushant	642
Weser Fsch.	33
Wilhelmshaven	42

Brindisi

Alexandrien	825
Beirut	1010
Fiume	333
Konstantinopel	790
Malta	365
Messina	261
Neapel	435
Piraeus	480
Port Said	935
Smyrna	635
Triest	375
Venedig	382
Weser Fsch.	3836

Brisbane

Batavia	3375
Finsch-Hafen	1440
Fremantle	2600
Hongkong	3900
Makassar	2805
Melbourne	1075
Newcastle	458
Rabaul	1426
Simpsonhafen	1432
Singapore	3680
Sydney	495
Thursday Is.	1255
Townsville	680
Weser Fsch. (P.)	12820
,, ,, (S.)	12150
Yokohama	4010

Bristol

Cherbourg	341
Glasgow	395
Havre	411
Liverpool	280
London	520
Weser Fsch.	765

Buenos-Aires (siehe auch Montevideo)

Bahia Blanca	535
Genua	6225
Gibraltar	5365
Kapstadt	3740
La Plata	42
Lissabon	5370
Montevideo	126
New York	5910
Parana	294
Port Stanley	1045
Punta Arenas	1425
Rio de Janeiro	1170
Rio Grande do Sul	440
Rosario	212
Santos	1000
Süd-Georgien	1550
Süd-Orkney	1710
Süd-Shetland	1830
Teneriffa	4670
Victoria	1400
Vigo	5585
Weser Fsch.	6580

Bushire

Bahrein	175
Basra	192
Fao	140
Koweit	150
Lingeh	290
Mascat	620
Port Said	3305
Weser Fsch.	6770

Cadiz

Agadir	428
Almeria	221
Gibraltar	72
Horta	1080
Lissabon	252
Madeira	590
Oporto	395
Oran	297
Sevilla	155
Tanger	58
Weser Fsch.	1490

Caibarien

Cardenas	148
Nuevitas	166

Calcutta

Basra	3550
Bushire	3440
Calicut	1630
Colombo	1255
Kapstadt	5470
Kurachee	2560
Madras	770
Point de Galle	1183
Rangoon	760
Singapore	1665
Weser Fsch.	8220

Callao

Arica	565
Guayaquil	718
Mollendo	458
Panama	1365
Punta Arenas	2665
Valparaiso	1315
Weser Fsch. (P.)	6370
,, ,, (P. A.)	10260

Capedello

Maceio	194
Natal	80
Pernambuco	74
Teneriffa	2415

Cardenas

Habana	90
Matanzas	60

Cardiff

Cherbourg	312
Havre	380
Liverpool	270
Southampton	336
Weser Fsch.	740

Charleston

Habana	635
Newport News	400
New York	628
Weser Fsch.	3740

Cherbourg

Havre	70
Plymouth	108
Queenstown	315
Southampton	86
Weser Fsch.	448

Christiania (Oslo)

Arendal	125
Christiansand	162
Drontheim	670
Gothenburg	160
Kiel	355
Kopenhagen	268
London	682
Odde	435
Weser Fsch.	409

Colombo

Belawan	1225
Fremantle	3125
Goa	670
Kurachee	1335
Madras	610
Marseille	4990
Mauritius	2095
Padang	1360
Penang	1278
Perim	2295
Port Said	3495
Rangoon	1262
Sabang	976
Singapore	1580
Tjilatjap	1990
Weser Fsch.	6970
Zanzibar	2500

Colon

Barbados	1237
Bishop Rock	4360
Buenos Aires	5400
Cartagena	268
Cayenne	1790
Cindad	1522
Curacao	678
Galveston	1495
Gibraltar	4310
Habana	1012
Haiti	820
Jacmel	685
Kingston	550
La Guaira	825
Maracaibo	683
New York	1970
Panama	47
Paramaribo	1610
Pensacola	1360
Puerto Cabello	790
Rio de Janeiro	4320
St. Thomas	1017
Vera Cruz	1430
Weser Fsch.	4940

Coquimbo

Antofogasta	392
Callao	1140
Coronel	445
Panama	2445
Punta Arenas	1615
Taltal	280
Valparaiso	195

Coruna

Antwerpen	774
Bahia	3815
Cadiz	573
Colon	4215
Habana	3820
Leixoes	174
Lissabon	348
Montevideo	5480
Oporto	189
Teneriffa	985
Vigo	145
Villagarcia	116
Weser Fsch.	948

Coronel

Iquique	1030
Panama	2815
Pisagua	1060
Punta Arenas	1222
Valparaiso	266

Cuxhaven (s. auch Elbe I, Hamburg, Weser Fsch.)

Bremerhaven	66
Brunsbüttel	16
Brunshausen	39
Elbe I. Fsch.	20
Glückstadt	28
Hamburg	56
Weser Fsch.	36

Dakar

Agadir	1105
Cadiz	1495
Monrovia	702

Dalny (Dairen)

Hankow	1135
Kushinotsu	630
Shanghai	615
Taku Baru	195
Tsingtau	280

Danzig

Flensburg	362
Gefle	450
Gothenburg	390
Haparanda	740
Helsingfors	425
Kiel	342
Königsberg	67
Kopenhagen	265
Kronstadt	563
Libau	149
Lulea	705
Memel	116
Neufahrwasser	5
Pillau	47
Reval	400
Riga	326
Skagen Fsch.	400
Stettin	235
Stockholm	340
Travemünde	318
Warnemünde	273
Wiborg	533

Daressalam

Bagamoyo	35
Kilwa	130
Pangani	84
Tanga	120
Zanzibar	43

Delagoa-Bay

Adelaide	5200
Aden	2955
Beira	465
Daressalam	1480
Durban	310
Fremantle	4550
Kapstadt	1155
Mozambique	833
Weser Fsch.	7550
Zanzibar	1405

Desterro

Montevideo	665
Rio de Janeiro	412
Rio Grande do Sul	380
San Franzisko do Sul	94
Santos	245

Dover

Amsterdam	158
Antwerpen	133
Bishop Rock	314
Boulogne	26
Bremerhaven	337
Cherbourg	144
Dünkirchen	38
Emden	285

Dover

Falmouth 258
Gibraltar 1245
Hamburg 394
Havre 115
Liverpool 560
London 86
Ostende 62
Plymouth 226
Rotterdam . . . 138
Southampton . . 119
Ushant 307
Weser Fsch. . . . 303

Durban (Pt. Natal)

Adelaide 5150
Colombo 3625
Daressalam . . . 1600
East London . . 290
Fremantle 4500
Kapstadt 855
Las Palmas . . . 5275
Mauritius 1440
Melbourne 5450
Mozambique . . . 1070
Tamatave 1260
Weser Fsch. . . . 7250

Edinburgh

Christiania . . . 545
Dover 392
Grimsby 219
Kirkwall 182
Tromsö 1010
Weser Fsch. . . . 402

Elbe I. Fsch. (siehe auch Cuxhaven, Hamburg, Weser Fsch.)

Amsterdam . . . 215
Antwerpen { Westgatt 336
Antwerpen { Ostgatt 306
Bishop Rock . . 629
Borkum Fsch. . . 79
Bremen 81
Bremerhaven . . 46
Brunsbüttel . . . 36
Cuxhaven 20
Dover 319
Emden 113
Esbjerg 104
Gibraltar 1540
Hamburg 76
Harwich 300
Helgoland 17
Hornsriff Fsch. . 99
Hull 315
Island 1180
Leer 115
London 353
Narvik 1005
Nord-Kap 1380
Ostende 271
Pentland Skerries 466
Rotterdam . . . 245
Skagen Fsch. . . 290
Stavanger 330
Ushant 625
Weser Fsch. . . . 16
Wilhelmshaven . 42

Emden

Amsterdam . . . 178
Antwerpen . . . 274
Borkum Fsch. . . 56
Christiania . . . 465
Dover 285
Ems Tonne . . . 40
Esbjerg 173
Hamburg 188
London 310
Rotterdam . . . 205
Weser Fsch. . . . 100
Wilhelmshaven . 122

Falmouth

Bishop Rock . . 66
Havre 205
Liverpool 320
Plymouth 42
Southampton . . 160
Weser Fsch. . . . 577

Fernando-Noronha

Bahia 680
Gibraltar 2810
Lissabon 2815
Maceio 395
Montevideo . . . 2355
Pernambuco . . . 292
Rio de Janeiro . 1372
St. Vincent . . . 1318
Teneriffa 2120
Vigo 3030
Weser Fsch. . . . 4100

Fire Island

Ambrose Channel Fsch. 28
Nantucket Sh. . . 164
New York 53
Sandy Hook Fsch. 30

Fiume

Gibraltar 1618
Malta 694
Messina 602
Pola 62
Port Said 1270
Triest 107
Venedig 130
Weser Fsch. . . . 3135

Flensburg

Apenrade 62
Eckernförde . . . 51
Kiel 57
Königsberg . . . 402
Kopenhagen . . . 186
Korsör 93
Lübeck 127
Memel 480
Rostock 118
Swinemünde . . . 212

Finsch-Hafen

Adolfhafen . . . 81
Hongkong 2580
Rabaul 368
Stephansort . . . 164

Fremantle

Albany 330
Batavia 1835
Hobart 1840
Kap d. g. Hoffng. 4880
Melbourne 1620
Perth 8
Port Darwin . . 1810
Singapore 2278
Suez 6223
Sydney 2160
Thursday Is. . . 2640
Weser Fsch. (K. d. g. H.) 11380
,, ,, (S.) . 9640

Friedrich-Wilhelm-Hafen

Hongkong 2590
Potsdamhafen . . 95
Rabaul 423
Simpsonshafen . . 425
Stephansort . . . 19
Yap 997

Futschau (Foochow)

Hongkong 461
Manila 781
Nagasaki 702
Ningpo 365
Shanghai 450
Singapore 1850
Swatau 312
Taiwan 225
Weser Fsch. . . . 10380

Galatz

Bourgas 270
Konstantinopel . 335
Nikolajeff 240
Odessa 185
Piraeus 705
Saloniki 680
Sewastopol . . . 260
Taganrog 592
Varna 230

Galveston

Gibraltar	4810
Habana	765
New Orleans	392
New York	1920
Pensacola	445
Tampico	455
Weser Fsch.	5280

Genua

Alexandrien	1315
Cartagena	618
Colon	5180
Gibraltar	850
Konstantinopel	1295
Malta	582
Marseille	200
Messina	495
Montevideo	6070
Neapel	336
New York	3500
Palermo	432
Palma	440
Port Said	1430
Rio de Janeiro	5080
Rotterdam	2230
Tunis	467
Weser Fsch.	2460

Gibraltar

Alexandrien	1800
Barbados	3250
Barcelona	480
Cartagena	188
Dakar	1570
Habana	4100
Halifax	2650
Horta	1125
Kap Finisterre	560
Kapstadt	5190
Konstantinopel	1795
Madeira	619
Malaga	64
Malta	980
Marseille	690
Montevideo	5235
Neapel	1005
New York	3170
Palermo	910
Pernambuco	3150
Ponta Delgada	986
Port Said	1917
Punta Arenas	6480
Quebec	3025
Rio de Janeiro	4235
Saloniki	1720
Santos	4410
Southampton	1172
St. Thomas	3330
St. Vincent	1555
Tanger	32
Teneriffa	715
Triest	1680
Valencia	390
Weser Fsch.	1550

Habana

Bermuda	1140
Buenos Aires	5730
Caibarien	210
Cienfuegos	482
Fayal	2935
Gibara	395
Jacmel	750
Kingston	740
Lissabon	3865
Manzanillo	675
Matanzas	56
Mobile	558
New Orleans	598
New York	1225
Pensacola	506
Port au Prince	650
Rio de Janeiro	4750
Santa Cruz	620
Santiago de C.	639
St. Thomas	1020
Tampico	854
Tunas	505
Vera Cruz	810
Vigo	3955
Weser Fsch.	4470

Halifax

Kap Race	470
New York	591
St. Johns	525
Weser Fsch.	2920

Hamburg (siehe auch Cuxhaven, Elbe I., Weser Fsch.)

Amsterdam	295
Antwerpen	386
Bishop Rock	706
Blankenese	6
Bremen	156
Bremerhaven	122
Brunsbüttel	40
Brunshausen	17
Cherbourg	535
Cuxhaven	56
Dover	396
Elbe I. Fsch.	76
Emden	189
Gibraltar	1620
Glückstadt	28
Helgoland	90
Kap Finisterre	1070
London	435
Plymouth	620
Rotterdam	321
Southampton	513
Ushant	702
Weser Fsch.	93

Herbertshöhe

Batavia	3000
Finschhafen	360
Friedr.-Wilh.-Hfn.	435
Jaluit	1570
Ponape	860
Singapore	3600
Stephansort	430
Sydney	1850

Holtenau

Brunsbüttel	53
Danzig	341
Flensburg	53
Gefle	612
Gothenburg	238
Haparanda	915
Helsingfors	630
Karskär	748
Kiel	3
Königsberg	376
Kopenhagen	160
Korsör	71
Kronstadt	770
Libau	400
Lübeck	97
Lulea	873
Malmö	190
Memel	396
Nyborg	75
Reval	609
Riga	550
Skagen Fsch.	246
Stettin	222
Stockholm	500
Stralsund	185
Umea	750
Warnemünde	81
Windau	440
Weser Fsch.	106
„ „ um Skagen	515

Hongkong

Amur-Mündung	2440
Apia	4870
Canton	83
Hakodate	1828
Honolulu	4920
Jaluit	3360
Kapstadt	6980
Kudat	1020
Manila	650
Moji	1175
Nagasaki	1065
Palau	1572
Panama	9180

Hongkong

Ponape	2715
Port Arthur	1290
Saigon	925
Saipan	1870
Sandakan	1140
San Francisko	6100
Shanghai	830
Singapore	1440
Soerabaya	2000
Swatau	185
Sydney	4400
Tamsui	450
Thursday Is.	2650
Tientsin	1465
Tsingtau	1120
Valparaiso	10530
Vancouver	5960
Weser Fsch.	9970
Wladiwostock	1662
Yap	1622
Yokohama	1590

Honolulu

Auckland	3800
Callao	5130
Fiji-Inseln	2780
Jaluit	2125
Kap Horn	6600
Manila	4810
Panama	4665
Port Arthur	4600
Punta Arenas	6400
San Francisko	2100
Shanghai	4360
Singapore	5930
Sydney	4420
Tahiti	2380
Valparaiso	5920
Vancouver	2330
Weser Fsch. (P.)	9720
Yokohama	3392

Horta (Azoren)

Agadir	1060
Bishop Rock	1170
Dakar	1560
Galveston	3630
Kap Finisterre	912
Kapstadt	5300
Lissabon	922
Madeira	687
Montevideo	4870
New York	2100
Pernambuco	2795
Ponta Delgada	153
St. Thomas	2250
Teneriffa	888
Weser Fsch.	1810

Jacmel

Aux Cayes	70
Curacao	425
Kingston	246
La Guaira	560
Maracaibo	483
Pt. Cabello	540
S. Domingo	190
Santiago d. C.	250
St. Thomas	460
Weser Fsch.	4430

Jaffa

Larnaka	182
Port Said	148
Smyrna	648

Jan Mayen

Bergen	723
Drontheim	695
Reykjavik	600
Tromsö	500
Weser Fsch.	1165

Iquique

Caleta Buena	21
Panama	2000
Payta	1145
Pisagua	39
Punta Arenas	2195
Taltal	322
Tocopilla	117
Valparaiso	788

Kamerun

Addah	570
Axim	735
Banana	640
Bata	155
Gabun	255
Groß-Bassa	1220
Groß-Popo	510
Kapstadt	2362
Klein-Batanga	64
Klein-Popo	525
Kitta	550
Kribi	83
Lagos	440
Lome	545
Madeira	3020
Monrovia	1275
Sierra Leone	1515
Swakopmund	1668
St. Vincent	2340
Teneriffa	2780
Weida	500
Weser Fsch.	4760

Kap Horn

Auckland	4750
Brisbane	5900
Buenos-Aires	1540
Falkland-Ins.	444
Gibraltar	6590
Kapstadt	3880
New York	7100
Sydney	5300
Valparaiso	1590
Weser Fsch.	7800

Kapstadt

Aden	4050
Bombay	4600
Colombo	4460
Dakar	3600
Daressalam	2550
Delagoabay	1120
Durban	808
Kiliman	1595
Lagos	2570
Lüderitzbucht	485
Madeira	4700
Madras	4850
Mahe	2910
Mauritius	2310
Melbourne	5600
Mombassa	2615
Monrovia	2950
Montevideo	2620
New York	6830
Port Elisabeth	422
Punta Arenas	3800
Rio de Janeiro	3270
Singapore	5680
St. Helena	1710
St. Vincent	3945
Swakopmund	730
Tamatave	2070
Weser Fsch.	6420
,, ,, (S.)	8820
Zanzibar	2390

Kiel siehe Holtenau

Kingston

Aux Cayes	205
Jeremie (Haiti)	170
New York	1480
Port au Prince	268
Port of Spain	990
San Domingo	415
St. Thomas	684
Weser Fsch.	4520

Klein Popo

Addah	65
Akkra	120
Axim	265
Banana	968
Bata	560
Bonny	380
Dakar	1500

Klein Popo

Fernando-Po	465
Gabun	630
Groß-Bassa	760
Groß-Batanga	540
Groß-Popo	16
Kap Palmas	590
Kapstadt	2645
Kribi	540
Lagos	110
Lome	22
Monrovia	810
Weida	30
Weser Fsch.	4255

Kobe

Amoy	1130
Hakodate	842
Hongkong	1365
Manila	1560
Moji	243
Nagasaki	390
Port Arthur	867
Shanghai	830
Taku	1002
Tsingtau	800
Weser Fsch.	11270
Wladiwostock	798
Yohohama	350

Konakri

Dakar	450
Kamerun	1580
Monrovia	290
Sierra Leone	65
Weser Fsch.	3240

Königsberg

Danzig	67
Hangö	360
Haparanda	745
Kiel	376
Kopenhagen	295
Kronstadt	565
Libau	145
Lübeck	362
Lulea	705
Memel	110
Pillau	23
Rostock	319
Skagen	434
Stockholm	360
Swinemünde	234

Konstantinopel

Beirut	834
Constanza	196
Fiume	1123
Malta	811
Nauplia	402
Neapel	980
Odessa	341
Piraeus	361
Port Said	798
Saloniki	350
Samsun	368
Santorin	380
Sewastopol	299
Smyrna	285
Taganrog	611
Trapezunt	480
Triest	1050
Tunis	1050
Varna	155
Weser Fsch.	3345

Kopenhagen

Apenrade	193
Arensburg	413
Christiania	273
Gefle	525
Gothenburg	132
Hangö	510
Haparanda	830
Helsingfors	545
Helsingör	20
Kiel	160
Korsör	126
Kronstadt	715
Libau	315
Memel	309
Reval	525
Riga	475
Skagen	145
Stettin	166
Stockholm	405
Travemünde	137
Warnemünde	98

Kronstadt

Hangö	212
Helsingfors	154
Libau	416
Memel	465
Petersburg	16
Reval	172
Riga	444
Stockholm	360
Swinemünde	650
Travemünde	740
Wiborg	70
Warnemünde	700

Kudat

Jesselton	95
Sandakan	198

Labuan

Batavia	950
Cebu	651
Hongkong	995
Jesselton	72
Kudat	168
Manila	700
Sandakan	290
Sarawak	405
Shanghai	1800
Singapore	735

La Guaira

Barbados	460
Cartagena	590
Carupano	225
Cayenne	1010
Colombia	535
Curacao	145
Demerara	657
Maracaibo	370
Paramaribo	825
Puerto Cabello	70
Port au Prince	505
St. Thomas	480
Weser Fsch.	4400

Las Palmas

Lissabon	720
Madeira	285
Sierra Leone	1340
St. Vincent	825
Teneriffa	62
Weser Fsch.	1935

Libau

Baltisch Port	240
Hangö	222
Helsingfors	288
Petersburg	440
Riga	173
Skagen	460
Stockholm	210
Swinemünde	275
Travemünde	377
Warnemünde	338

Lissabon

Azoren	785
Bordeaux	684
Buenos Aires	5320
Cherbourg	830
Ferrol	358
Gibraltar	307
Kap Finisterre	358
Leixoes	177
Madeira	536
New York	2960
Oporto	174
Pernambuco	3180
Rio de Janeiro	4225
Santos	4400
St. Nazaire	670
St. Vincent	1555
Teneriffa	720
Vigo	258
Weser Fsch.	1270

Loanda (S. Paolo d. L.)

Banana	195
Benguela	250
Gabun	645
Groß-Batanga	800
Kabinda	220
Kamerun	870
Kap Lopez	580
Lagos	1095
Teneriffa	3210

Lome

Appam	135
Axim	245
Bata	580
Bibundi	495
Elobe	600
Gabun	645
Kribi	560
Lagos	130
K. Las Palmas	510
Teneriffa	2300
Weida	50
Weser Fsch.	4420

Lübeck

Christiania	405
Memel	385
Pillau	340
Petersburg	780
Skagen	286
Stettin	212
Stockholm	480
Travemünde	12
Warnemünde	60

Maceio

Ceara	550
Para	1160
Pernambuco	130
Rio de Janeiro	957
Santos	1185
Teneriffa	2568
Victoria	704

Madeira

Dakar	1085
Monrovia	1790
Montevideo	4730
Pernambuco	2659
Rio de Janeiro	3740
Santos	3920
St. Thomas	2730
St. Vincent	1040
Teneriffa	265
Vigo	705
Weser Fsch.	1735

Magellan-Str. siehe Punta Arenas

Makassar

Ayer-Besar	506
Boeleng	318
Cairus	2010
Dongala	328
Gorontalo	648
Rabaul	2250
Singapore	1105
Soerabaya	431
Tjilatjap	720
Townsville	2150
Zambaonga	806

Malta

Candia	523
Girgenti	98
Havre	2145
Kattaro	473
Marseille	665
Messina	160
Neapel	333
Piraeus	526
Port Said	940
Rotterdam	2365
Saloniki	734
Suda-Bay	490
Triest	745
Tripolis	200

Manila

Friedr.-Wilh.-Hfn.	2016
Iloilo	365
Nagasaki	1297
Singapore	1350
Shanghai	1160
Sydney	3950
Yap	1150
Yokohama	1753

Manzanilo (Cuba)

Cienfuegos	300
Gibara	420
Nuevitas	511
Savannah	1100
S. Jago d. C.	168
St. Cruz	65

Manzanillo (Mexico)

Acapulco	320
Guayamas	700
Mazatlan	300
Panama	1725
San Diego	1000
San Francisko	1580
San Jose	875
Vancouver	2270

Mauritius

Aden	2340
Bombay	2522
Kapstadt	2250
Reunion	125
Tamatave	470
Weser Fsch. (S.)	7200

Melbourne

Cairus	1805
Hobart	460
Newcastle	635
Port Augusta	695
Port Pirie	617
Sydney	580
Townsville	1650
Wellington	1480
Weser Fsch. (K. d. g. H.)	12300
,, ,, (P.)	13200
,, ,, (S.)	11320
Zanzibar	5980

Memel

Swinemünde	260
Travemünde	370
Warnemünde	330

Moji

Dalny	675
Hakodate	692
Kutchinotsu	191
Nagasaki	155
Port Arthur	665
Shanghai	550
Singapore	2555
Taku-Barre	812
Tamsui	765
Tsingtau	575
Weser Fsch.	11080
Wladiwostok	562
Yokohama	542

Molde

Lofoten	305
Merock	112

Mollendo

Antofogasta	428
Arica	140
Callao	452
Iquique	222
Panama	1770
Punta Arenas	2370
Valparaiso	968

Montevideo

Kap Horn	1450
New York	5780
Paranagua	785
Pernambuco	2100
Port Stanley	1020
Punta Arenas	1305
Rio de Janeiro	1046
Rio Grande do Sul	310

Montevideo

Rosario	315
Santos	900
San Franzisko d. Sul	725
St. Vincent	3700
Teneriffa	4540
Victoria	1280
Weser Fsch.	6460

Montreal

Belle Isle	880
Boston	1340
C. Race	952
Halifax	996
New York	1550
Queenstown	2645
Quebec	135
Weser Fsch.	3380

Mozambique

Bagamoyo	577
Beira	483
Daressalam	600
Kapstadt	1880
Madras	3140
Majunga	325
Mauritius	1230
Quilimane	320
Singapore	4120
Tanga	720
Weser Fsch. (S.)	7020
Zanzibar	570

Nagasaki

Hakodate	815
Port Arthur	597
Shanghai	460
Singapore	2430
Tamsui	645
Tsingtau	525
Weser Fsch.	10970
Wladiwostok	663
Yokohama	700

Natal (Südamerika)

Ceara	258
Parahyba	92
Paranahyba	485
Pernambuco	180
St. Vincent	1500
Teneriffa	2340
Weser Fsch.	4250

Neapel

Catania	229
Messina	176
Palermo	168
Piraeus	718
Port Said	1115
Saloniki	928
Smyrna	834
Triest	824
Tunis	316
Weser Fsch.	2560

New-Orleans

Colon	1380
Mobile	212
Newport News	1480
Pensacola	229
San Juan	1257
Savannah	1140
St. Thomas	1603
Tampico	705
Vera Cruz	800
Weser Fsch.	5000

New-York

Ambrose Channel Fsch.	23
Bermuda	675
Colon	1970
Horta	2100
Nantucket Sh.	220
New Orleans	1730
Newport News	280
Panama (P. A.)	10960
Pentland Skerries	2900
Pernambuco	3700
Philadelphia	230
Portland	362
Queenstown	2815
Quebec	1410
Rio de Janeiro	4800
Savannah	700
Weser Fsch.	{3400 / 3650

Siehe Dampferwege im Nordatlantik, S. 76.

Nord-Kap

Adventbay	505
Archangels	590
Kap Tscheljuskin	1520
Lofoten	415
Spitzbergen	370
Waigatsch Str.	610
Weser Fsch.	1270

Odessa

Nikolajeff	75
Rodostow	416
Saloniki	675
Sewastopol	168
Smyrna	620
Trapezunt	540
Varna	252
Weser Fsch.	2140

Panama

Acapulco	1408
Buena Ventura	350
Colon	47
Galapagos	858
Guam	7980
Guayamas	2385
Guayaquil	835
Jaluit	6672
Pascamoyo	1030
Payta	850
Pisagua	1981
Punta Arenas (Costarica)	465
Punta Arenas	3940
San Blas	1950
San Diego	2965
San Franzisko	3250
San Jose	890
Sydney	7850
Tahiti	4530
Talcahuano	2800
Valdivia	2980
Valparaiso	2610
Vancouver	3950
Wellington	6550
Weser Fsch. (P.)	5000
,, ,, (P.A.)	11600

Padang

Singapore	1110
Suez	4710
Weser Fsch.	8300

Para

Cayenne	527
Ceara	681
La Guaira	1540
Maceio	1230
Manaos	1005
Maracaibo	1863
Maranham	390
Paramaribo	765
Pernambuco	1110
Rio de Janeiro	2175
Weser Fsch.	4400

Paramaribo

Barbados	517
Cayenne	228
Demerara	217
Maranham	906
Pernambuco	1610
St. Thomas	930
Weser Fsch.	4200

Paranagua

Bahia	1045
Pernambuco	1390
Rio de Janeiro	315
Santos	150

Penang

Batavia	885
Belawan	141
Calcutta	1310

Penang

Point de Galle	1210
Singapore	382
Suez	4650
Weser Fsch.	8240

Pernambuco

Demerara	1790
Leixoes	3305
Rio de Janeiro	1090
Santos	1280
St. Vincent	1616
Teneriffa	2445
Victoria	810
Weser Fsch.	4370

Pillau (siehe Königsberg)

Piraeus

Catania	518
Korinth (durch den Kanal)	34
Korinth	368
Port Said	590
Saloniki	250
Smyrna	210
Weser Fsch.	3030

Plymouth

Liverpool	352
Lizard	49
Queenstown	222
Southampton	137

Port Arthur

Hakodate	1285
Hongkong	1282
Shanghai	568
Taku	175
Weser Fsch.	11170
Wladiwostok	1110
Yokohama	1209

Port Said

Basra	3150
Batavia	5300
Berbera	1490
Calcutta	4730
Daressalam	3140
Fremantle	6300
Hodeidah	1170
Massaua	1085
Mokka	1255
Melbourne	7820
Messina	935
Palamos	1582
Perim	1300
Point de Galle	3540
Rotterdam	3310
Saloniki	745
Singapore	5050
Smyrna	630
Suakin	838
Suez	88
Triest	1320
Weser Fsch.	3465
Zanzibar	3140

Port Sudan

Padang	4090
Perim	562
Suez	708

Puerto Cabello

Bahia	2818
Barbados	528
Cartagena	560
Dominica	486
Pernambuco	2430
St. Thomas	503
Trinidad	392
Weser Fsch.	4510

Quebec (siehe Montreal)

Rangoon

Deli	815
Kapstadt	5520
Singapore	1135
Weser Fsch. (S.)	8220

Reval

Flensburg	640
Gefle	270
Hangö	63
Helsingfors	45
Libau	265
Riga	290
Stockholm	210
Wiborg	145

Reykjavik

Bellsund	1225
Edinburgh	910
Weser Fsch.	1165

Riga

Hangö	250
Helsingfors	310
Stockholm	255
Wiborg	420
Windau	120

Rio de Janeiro

Kap Horn	2390
Rio Grande do Sul	745
Santos	200
St. Thomas	3555
St. Vincent	2700
Teneriffa	3540
Vigo	4450
Weser Fsch.	5455

Rotterdam

Barry	576
London	186
Rosario	6565
Southampton	256
Weser Fsch.	230

Saloniki

Smyrna	255
Varna	476
Weser Fsch.	3265

Samarang

Cheribon	108
Fremantle	1800
Soerabaya	188

San Franzisko

Manila	6255
Nagasaki	5050
Port Arthur	5510
Seattle	805
Shanghai	5650
Sydney	6480
Tahiti	3650
Valparaiso	5140
Vancouver	730
Wellington	5820
Weser Fsch. (P.)	8320
,, ,, (P.A.)	14900
Yap	5510
Yokohama	4880

Santos

Rio Grande do Sul	609
Rosario	1215
San Franzisko d. S.	199
St. Catharina	255
St. Vincent	2875
Teneriffa	3695
Victoria	480
Vigo	4620
Weser Fsch.	5620

Shanghai

Batavia	2520
Belawan	2575
Hakodate	1200
Hankau	611
Karatsu	492
Kuchinotsu	478
Pukow	213
Sabang	2800
Saigon	1740
Singapore	2160
Swatau	688
Sydney	4680
Tahiti	5910.
Taku	697
Tamsui	420
Tsingtau	405
Vancouver	4550
Weser Fsch.	10770
Wladiwostok	1015
Wusung	14
Yokohama	1050

Sierra Leone

Akkra	930
Dakar	470
Klein-Popo	1055
Lagos	1150
Monrovia	250
Teneriffa	1325
Weser Fsch.	3160

Singapore

Ampanan	978
Asahan	340
Belawan	360
Boeleng	910
Deli	360
Kohsichang	778
Point de Galle	1500
Port Said	4940
Saigon	648
Samarang	660
Samoa	5220
Soerabaya	760
Swatau	1555
Sydney	4386
Tjilatjap	840
Weser Fsch.	8530

Southampton

Queenstown	335
Ushant	216
Weser Fsch.	420

Stettin

Arkona	96
Christiania	422
Gefle	542
Hangö	490
Haparanda	835
Helsingfors	556
Karlskrona	183
Lulea	815
Memel	300
Öxelösund	357
Reval	535
Riga	480
Skagen	310
Stockholm	430
Swinemünde	36
Umea	687
Warnemünde	161
Weser Fsch. (Belt)	720
Wiborg	670

St. Thomas

Aux Caye	525
Azoren	2360
Barbados	442
Bishop Rock	3365
Cartagena	792
Greytown	1185
Las Palmas	2775
Maracaibo	620
Martinique	318
Port au Prince	632
Puerto Colombia	720
San Domingo	295
St. Vincent	2275
Tampico	1850
Trinidad	510
Weser Fsch.	3980

Sydney

Dunedin	1220
Hobart	630
Jaluit	2640
Newcastle	67
Port Augusta	1170
Port Pirie	1140
Rabaul	1855
Tahiti	3320
Townsville	1085
Valparaiso	7950
Victoria	1062
Wellington	1220
Weser Fsch. (P.)	12840
,, ,, (K. d. g. H.)	12870
,, ,, (S.)	11750
Yokohama	4420

Tanga

Lamu	206
Mombassa	70
Mozambique	720
Pangani	30
Zanzibar	75

Teneriffa

Ascension	2215
Banana	3085
Benguella	3360
Bonny	2655
Dakar	850
Gabun	2805
Lagos	2510
Monrovia	1540
St. Helena	2825
St. Vincent	845
Swakopmund	4165
Vigo	915
Weser Fsch.	1935

Townsville

Cairus	140
Rabaul	1145

Triest

Pola	60
Port Said	1330
Venedig	63

Trinidad (Port of Spain)

Cartagena	900
Cayenne	680
Curacao	440
Demerara	377
La Guaira	336
Maracaibo	655
Paramaribo	485

Tsingtau

Port Arthur	290
Taku	424

Tunas

Cienfuegos	60
Jucaro	40

Vigo

Horta	1000
Ponta Delgada	837
Rotterdam	875
Santander	336
Villagarcia	40
Weser Fsch.	1020

Weser Fsch.

Bremen	**67**
Hamburg	**92**
Aalesund	555
Aarhus (K.W.)	235
Aberdeen	435
Amsterdam	194
Antwerpen (Westgatt)	320
(Ostgatt)	290
Archangel	1880
Bergen	440
Bishop Rock	613
Bordeaux	923
Borkum	50
Borkum Fsch.	64
Boulogne	328
Bremerhaven	33
Brunsbüttel	52
Cardiff	760
Cherbourg	448
Christiania	409
Colon	4940
Cuxhaven	36
Danzig (Belt)	800
,, (Skg.)	710
,, (K.W.)	440
Dover	303
Drontheim	700
Edinburgh	402
Elbe I.	**16**
Emden	**100**
Esbjerg	105
Falmouth	576
Flensburg (K.W.)	154
Gibraltar	1545
Grimsby	283
Hamburg	**92**
Havre	419
Helgoland	20

Weser Fsch.

Hornsriff	106
Kap Finisterre	990
Kapstadt	6340
Kiel	110
Königsberg	486
Kopenhagen	286
Kronstadt	880
Leith	410
Leixoes	1106
London	343
Madeira	1730
Montevideo	6460
Narvik	1050
Newcastle	346
New York	3500
Nordkap	1270
Oporto	1110
Pentland Firth	470
Plymouth	527
Ponta Delgada	1730
Port Said	3465
Queenstown	760
Rotterdam	230
Skagen Fsch.	293
Southampton	420
Swinemünde (K.W.)	284
(Skg.) (Belt)	660
(Skg.) (Sund)	570
Travemünde(K.W.)	193
Tromsö	1100
Ushant	608
Vardö	1400
Vlissingen (Westgatt)	273
(Ostgatt)	245
Wilhelmshaven	28

Wladiwostok

Hakodate	430
Karatsu	590
Nikolajewsk(Amur-Mündung)	848
Petropawlowsk	1350
Shanghai	1024
Tsingtau	985
Weser Fsch. (S.)	11570
Yokohama	950

Yokohama

Dalny	1240
Hakodate	545
Hankau	1035
Petropawlowsk	1560
Saipan	1250
Taku	1365
Valparaiso	9340
Vancouver	4300
Weser Fsch. (P.)	13020
,, ,, (S.)	11480

Kanäle.

Kaiser-Wilhelm-Kanal	53
Korinth-Kanal	3,3
Panama-Kanal	47
Suez-Kanal	87

Angaben für einige häufig benutzte Dampferwege.

1. Bishop Rock—Quebec.

a) Von Bishop Rock im größten Kreis nach der Belle Isle-Str., von dort weiter nach Quebec. 2565 Sm.

b) Von Bishop Rock im größten Kreis nach C. Race, von dort weiter nach Quebec. 2685 Sm.

c) Von Bishop Rock im größten Kreis nach 41° 30′ N 47° W, von da weiter nach Quebec. 2860 Sm.

Die Benutzung der Wege richtet sich nach den Eisverhältnissen. Während der Zeit der starken Eistriften wird man Weg c) benutzen müssen.

2. Dampferwege von Bishop Rock nach New York und zurück.

Die angegebenen Wege sind von den großen Schiffahrtsgesellschaften festgelegt. In Jahren mit normaler Eistrift tritt der Trackwechsel zu den angegebenen Zeitpunkten ein. Bei starker Eistrift werden aber vielfach die südlichen oder andere Wege *früher* aufgenommen.

Der Trackwechsel wird stets von den Schiffahrtsgesellschaften mitgeteilt.

Von der Routenkonferenz sind folgende Wege bis auf weiteres festgelegt. Man beachte die Monatskarten der Seewarten!

1. Vom 1. September bis 31. Januar einschließlich:
   a) Westwärts: Von Bishop Rock im größten Kreise nach 43° N 50° W, von dort weiter in geradem Kurse. 2930 Sm.
   b) Ostwärts: Gerader Kurs nach 42° N 50° W, dann im größten Kreise nach Bishop Rock. 2960 Sm.
2. a) Westwärts: Vom 1. Februar bis 31. März und 1. Juli bis 31. August einschließlich: Von Bishop Rock im größten Kreise nach 41° 30′ N 47° W, dann weiter in geradem Kurse. 2990 Sm.
   b) Ostwärts: Vom 1. Februar bis 24. März und 8. Juli bis 31. August einschließlich gerader Kurs nach 40° 30′ N 47° W, dann weiter im größten Kreise nach Bishop Rock. 3010 Sm.
3. a) Westwärts: Vom 1. April bis 30. Juni einschließlich: Von Bishop Rock im größten Kreise nach 40° 30′ N 47° W, dann weiter in geradem Kurse. 3040 Sm.
   b) Ostwärts: Vom 25. März bis 7. Juli einschließlich: Gerader Kurs nach 39° 30′ N 47° W, dann weiter im größten Kreise nach Bishop Rock. 3070 Sm.

Für die Wahl der Wege ist folgender Zeitpunkt maßgebend: Für westwärts bestimmte Dampfer, wann sie den Meridian von Fastnet Rock, für ostwärts bestimmte Dampfer, wann sie 70° Westlänge passieren.

Dampfer von und nach Halifax sollen sich ebenfalls an die vorstehend genannten Regeln halten. Von den angegebenen Schnittpunkten ab ist der Kurs nach Halifax so zu wählen, daß sie, westwärts bestimmt, 40 Sm südlich und, ostwärts bestimmt, 60 Sm südlich von Sable Island entfernt bleiben.

3. Dampferwege von Südafrika nach Australien und zurück.

a) Vom 16. März bis 30. September von Kapstadt im größten Kreis nach 45° S 90° O, von da weiter im größten Kreis über K. Otway nach Melbourne. 5780 Sm.
b) Vom 16. März bis 30. September von Durban im größten Kreis nach 45° S 90° O, von da weiter im größten Kreis über K. Otway nach Melbourne. 5370 Sm.
c) Vom 1. Oktober bis 15. März von Kapstadt im größten Kreis nach 47° S 90° O, von da weiter im größten Kreis über K. Otway nach Melbourne. 5725 Sm.
d) Vom 1. Oktober bis 15. März von Durban im größten Kreis nach 47° S 90° O, von da weiter im größten Kreis über K. Otway nach Melbourne. 5645 Sm.
e) Für alle Jahreszeiten von Kapstadt im größten Kreis nach 41° S 60° O, von da weiter im größten Kreis nach Fremantle. 4720 Sm.
f) Von Durban nach Fremantle der gleiche Weg. 4280 Sm.
g) Vom 16. April bis 15. November von Melbourne über K. Leuwin nach 29° S 100° O, von da nach 29° S 45° O, von da weiter nach den Häfen der afrikanischen Küste. (Melbourne—Kapstadt 6470 Sm; Melbourne—Durban 5955 Sm).
h) Vom 16. November bis 15. April von Melbourne über K. Leuwin nach 32° S 100° O, von da nach 32° S 45° O, von da weiter nach Häfen der afrikanischen Küste. (Melbourne—Kapstadt 7060 Sm; Melbourne—Durban 5800 Sm.)

Zusammenstellung einiger Entfernungen von Weser Fsch. nach der Westküste Amerikas via Panama und via Punta Arenas.

Von Weser Fsch.			
nach	via Panama	via Punta Arenas	Differenz[1])
Acapulco	6460	13040	6580
Antofogasta	7150	9474	2324
Arica	6954	9670	2716
Callao	6370	10260	3890
Coquimbo	7466	9158	1692
Coronel	7838	8790	956
Corinto	5720	12300	6580
Guayaquil	5864	10760	4896
Guayamas	7404	13984	6580
Iquique	7022	9602	2580
Mazatlan	7100	13680	6580
Mollendo	6800	9840	3040
Pascamoyo	6060	10580	4520
Payta	5870	10752	4882
Pisagua	7010	9618	2608
Punta Arenas	8960	7676	+1284
Sa. Cruz	6190	12770	6580
San Blas	6970	13550	6580
San Diego	7990	14570	6580
San Franzisko	8320	14900	6580
San Jose	5910	12490	6580
Santa Barbara	8060	14640	6580
Talcahuano	7830	8810	980
Valdivia	8010	8630	620
Valparaiso	7640	8990	1350

[1]) Mit Ausnahme der Strecke Weser Fsch.—Punta Arenas sind alle Entfernungen durch den Panama-Kanal kürzer.

III. Technische Navigation und technische Hilfsmittel des Nautikers.

Einführung. In der Geschichte eines jeden Handwerkes und einer jeden Wissenschaft treten von Zeit zu Zeit Erfindungen und Entdeckungen auf, die für die ganze weitere Entwicklung von bedeutungsvollstem Einflusse sind. Sie bilden für den Geschichtsschreiber die natürlichen Marksteine, nach denen er seine Einteilung vornimmt und von denen aus er immer eine neue Epoche beginnen läßt. In der Geschichte der Nautik[1]) sind solche Wendepunkte die Einführung des Kompasses, die Verwendung der Seekarte und die Erfindung der Spiegelinstrumente und Chronometer. So zeitlich scharf begrenzt solche Erfindungen auch sind, so vollzog sich doch ihre Auswirkung in der Praxis so langsam, daß die Miterlebenden nur selten wirklich empfanden, wie sie in einer Zeit der Umwälzung und Neugestaltung lebten. Dasselbe ist heute mit uns der Fall. Seit einer Reihe von Jahren liefert die Technik den Nautikern so viele neue mechanische Navigationsgeräte, daß ein zukünftiger Historiker kaum umhin können wird, unsere Gegenwart als umwälzend für das ganze weite Gebiet der Navigation zu bezeichnen. Wenn wir die vergangene Epoche als die der astronomischen Navigation bezeichnen, weil in ihr die Methoden der astronomischen Ortsbestimmung ihre glänzendste und genialste Ausbildung erfuhren, so stehen wir jetzt am Beginn eines Zeitalters der technischen Navigation.

1. Unterwasserschallsignalwesen (U.T.).

Allgemeines. Da das Wasser wegen seiner größeren Dichtigkeit und gleichmäßigeren Beschaffenheit als Schalleiter akustischen Trübungen und Störungen weit weniger unterworfen ist als die Luft, so bieten von Wetter, Wind und Seegang unabhängige Unterwasserschallsignale größere Sicherheit, Zuverlässigkeit und Genauigkeit in bezug auf absolute Hörweite und Richtungsbestimmung der Schallquelle als Luftsignale. Dies gilt namentlich da, wo größere und gleichmäßigere Tiefen in Frage kommen. Flaches Wasser dagegen und zwischen Signalgeber und Signalempfänger liegende, mehr oder weniger trocken fallende Sände beeinträchtigen die Fortpflanzung der Schallwellen oder heben sie unter Umständen ganz auf. Nach den zahlreich vorliegenden praktischen Feststellungen darf mit Sicherheit darauf gerechnet werden, daß entsprechend starke und in genügender Tiefe unter Wasser (mindestens 3 m) ertönende Glockensignale von Schiffen in Fahrt, die mit besonderen Empfangsvorrichtungen ausgerüstet sind, auf 5 Sm Abstand deutlich wahrgenommen werden können und auch die Richtung der Schallquelle hierbei bei einiger

[1]) Einen kurzen Überblick über die Geschichte der Nautik gibt: „Die Entwicklung der Nautik und ihrer Hilfsmittel vom Altertum bis zur Neuzeit“ von Johs. Müller. Verlag der „Hansa“, Hamburg 11.

Übung innerhalb eines Striches genau festgelegt werden kann. Zu jeder Unterwasserschallsignalanlage gehört ein Geber, der die Schallwellen im Wasser erzeugt, und ein Empfänger, der die Schallwellen aus dem Wasser aufnimmt und nach einem Hörapparat auf der Brücke leitet.

Schallgeber. Als Signalgeber dient eine Glocke, deren wulstartig verstärkter Rand die Abgabe lauter, scharf begrenzter und kurz aufeinanderfolgender Töne ermöglicht. Die Glocken bringt man auf Feuerschiffen, Bojen oder an festen Grundgestellen frei im Wasser hängend an. Auf Feuerschiffen wird das Läutewerk entweder elektromagnetisch betätigt oder man nutzt die dem Betriebe der Überwasserschallsignale dienende Preßluft auch zum Betriebe der Unterwasserglocken. Man läßt diese Glocken in bestimmten, aber verschiedenen Zeitintervallen anschlagen, so daß dadurch Kennungen für die verschiedenen Stationen gegeben sind. Für Landstationen verwendet man fest auf dem Meeresboden stehende Gerüste und Unterwasserglocken mit elektromagnetischem Antrieb vom Lande aus. Auf einigen solchen Stationen hat man aber auch einen Preßluftfernbetrieb eingerichtet. Auf Stationen untergeordneter Bedeutung, bei denen die Unterwasserglocke mit der ausgelegten Heul- oder Leuchttonne in Verbindung gebracht ist, erfolgt die automatische Betätigung des Federspannwerks der Glockenschlagvorrichtung durch die Stampfbewegung der Tonne, so daß die Signale auch bei klarem Wetter, aber nicht mit einer festen Kennung, sondern in Zwischenräumen erzeugt werden, die je nach der Stärke der Wellenbewegung verschieden sind.

Zu den Unterwasserglocken sind als Geber für Unterwasserschallsignale während des Krieges die Elektromagnetsender hinzugekommen, bei denen die Schallwellen durch die Schwingungen einer Membrane hervorgerufen werden. Die Bewegung derselben wird durch Elektromagnete oder Spulen erzeugt, deren Anker oder Stromleiter Schwingungen ausführt, sobald sie mit Wechselstrom beschickt werden. Die Sender sind so gebaut, daß das elektrische Schwingungssystem vollkommen in einem Gehäuse eingeschlossen ist, dessen eine Seite durch die Schallmembrane gebildet wird, so daß keine Durchführung für bewegte Teile nach außen vorhanden ist. Da auch die Teile im Innern keine Drehbewegungen, sondern nur Schwingungen ausführen, so benötigen diese Sender keinerlei Wartung oder Schmierung. Ihre Vorzüge gegenüber den Unterwasserglocken bestehen vor allem darin, daß sie wesentlich betriebssicherer sind und daß sie außerdem gestatten, die Signale mit größerer Schallenergie und als Morsezeichen zu erzeugen. Da infolgedessen die Kennung der Senderstationen sowohl deutlicher als auch schneller abgegeben werden kann, so ist dadurch beim Empfang die Möglichkeit geboten, häufiger Signale aufzunehmen und danach die Richtung der Schallquelle schneller zu bestimmen.

Schallempfänger. Als Empfänger baut man im Vorschiff auf beiden Seiten, etwa 10 m vom Vordersteven ab, möglichst tief unter der Wasserlinie, mit Flüssigkeit von bestimmter Dichte gefüllte Aufnehmertanks ein. Die Tanks sind durch nicht schalleitende Packungen von der Schiffswand akustisch isoliert. Jeder Tank enthält zwei wasserdicht gekapselte

Mikrophone, von denen das eine (II) als Reserve- oder auch als Kontrollapparat des anderen (I) aufzufassen ist. Von ihnen aus führen Drahtleitungen nach dem Hörapparat auf der Brücke. Dieser besteht aus zwei hintereinandergeschalteten Telephonen, die so angeordnet sind, daß sie den Schall entweder beide vom Steuerbordtank oder beide vom Backbordtank aufnehmen. Die Umschaltung vom Steuerbord- auf Backbordtank geschieht mittels eines Hebels, der für den Steuerbordtank nach rechts, für den Backbordtank nach links gedreht werden muß. Eine Sicherung am Schalter schließt Zweifel, mit welcher Seite man verbunden ist, aus. Außerdem sind am Hörapparat zwei Stöpsel angebracht, von denen einer zum Einschalten des Lichtes (zum Ablesen), der andere zur Auswechslung der benutzten Mikrophone innerhalb desselben Tanks dient. Die Mikrophonpaare I und II sind nämlich mit Rücksicht auf die Verschiedenheiten der Tonhöhen der U.W.S.-Glocken zum Empfang verschiedener Tonbereiche eingerichtet, so daß der Ton einer U.W.S.-Glocke, je nach der Tonhöhe, entweder mit den Mikrophonen I oder mit den Mikrophonen II besser zu hören ist. Sämtliche Zubehörteile und Leitungen des Empfängers liegen innenbords und sind daher jederzeit leicht zugänglich. Die von außen gegen die Schiffswand treffenden Schallwellen werden, von der Wand des Schiffes nur unwesentlich geschwächt, auf die vom Tank eingeschlossene Flüssigkeit und dadurch auf die Mikrophonplatten übertragen und von diesen an den im Kartenhaus befindlichen Hörapparat weitergegeben.

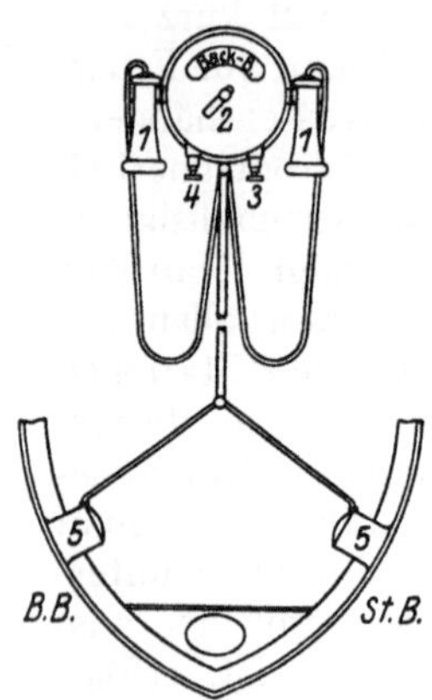

Abb. 23. Schema einer Empfängeranlage. 1. Hörer. 2. Umschalter. 3. Satzschalter. 4. Lichtschalter. 5. Mikrophone.

Man hört den Ton einer U.W.-Glocke am lautesten, wenn sich diese etwas vorderlicher als querab von der Seite des Aufnehmertanks befindet. Dreht das Schiff, so wird der Ton allmählich leiser und ist am leisesten, wenn die U.W.-Schallquelle sich recht voraus oder recht achteraus befindet. Hat man im Nebel nach Loggebesteck ein Feuerschiff u. dgl., das U.T.-Signale gibt, recht voraus und kann man diese Signale, trotzdem man sich nach Logge im Hörbereich befindet, nicht hören, so wird man gut tun, das Schiff mit gestoppter Maschine einige Striche vom Kurse abfallen zu lassen. Abb. 24 zeigt die Abhängigkeit der Hörweite einer U.T.-Empfangsanlage von den Einfallswinkeln der Schallstrahlen.

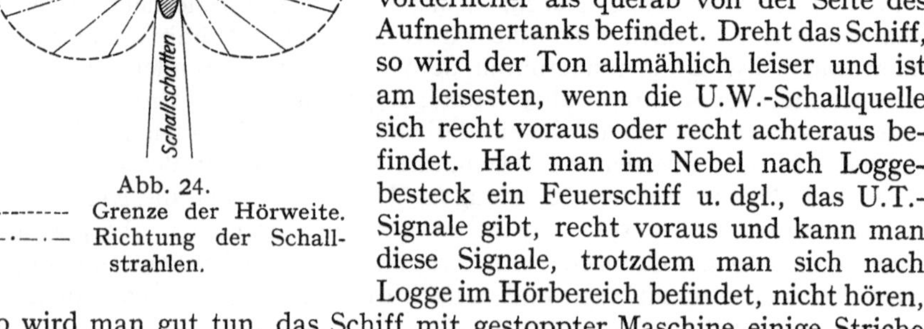

Abb. 24.
--------- Grenze der Hörweite.
—·—·— Richtung der Schallstrahlen.

In neuester Zeit baut man auch Mikrophonempfänger, die mit der Membrane in die Außenhaut des Schiffskörpers eingesetzt werden, so daß sie als Teil derselben die Schallenergie unmittelbar aus dem Seewasser aufzunehmen vermögen. Das Empfängergehäuse, das größer und kräftiger als bisher gehalten ist, wird mit einem starken Flansch von innen durch Schraubbolzen an der Außenhaut befestigt und gegen diese durch eine Gummipackung abgedichtet. Falls eines der Mikrophone, die auch größer und wesentlich widerstandsfähiger als die bisher verwendeten gebaut werden können, erneuert werden muß, so geschieht dies durch einfaches Ausschrauben des alten und Einschrauben eines neuen, ohne daß dazu etwa ein Docken oder Aufslippen nötig ist[1]).

Zur Aufnahme der U.W.S. an Bord kleiner Fahrzeuge, für die sich ein elektrischer Betrieb und deshalb Mikrophonempfänger nicht eignen, hat man akustische Empfänger konstruiert, die sehr widerstandsfähig gehalten und somit für den rauhen Bordbetrieb, z. B. auf Fischdampfern, sehr geeignet sind. Bei diesen Anlagen wird die Schallenergie durch die Empfänger unmittelbar aus dem Wasser aufgenommen und mit gutem Wirkungsgrad auf eine Luftleitung übertragen. Zur Übermittlung der Signale von den Empfängern zur Brücke dienen Rohre, die zu dem Hörapparat im Karten- oder Ruderhaus geführt sind und dort den Empfang und die Beobachtung der Signale ermöglichen. Da diese akustischen Empfangsanlagen keinerlei abnutzbare oder veränderliche Teile enthalten, so erfordern sie auch keine Überwachung oder Instandhaltung und sind deshalb für die Kleinschiffahrt besonders geeignet.

Handhabung der einfachen Apparate. Die praktische Handhabung an Bord vollzieht sich folgendermaßen: Man nimmt möglichst beide Telephone ans Ohr und sucht durch öfteres Umlegen des Steuerbord-Backbordschalters sowohl als durch wechselweises Einschalten der Mikrophonpaare I und II festzustellen, ob und an welcher Seite eine U.W.-Glocke zu hören ist. Es ist wichtig, möglichst früh mit dem Hören zu beginnen, damit das Ohr sich an die im Telephon zu hörenden Nebengeräusche gewöhnt. Der Beobachter bleibt am besten dauernd am Hörapparat, damit er die erlangte Gewöhnung nicht wieder verliert und sein auf leise Geräusche eingestelltes Ohr nicht durch lautere Einwirkungen wieder unempfindlich macht.

Ist ein Signal, obgleich man es nach der Besteckrechnung sicher erwartet, nicht wahrzunehmen, so versucht man durch öfteres Ruderlegen und zeitweiliges Stoppen möglichst günstige Bedingungen für die auftreffenden Schallwellen zu schaffen. Sobald man die metallisch klingenden Töne der U.W.-Glocke erfaßt hat, wird man durch Vergleichung der Tonstärken im StB- oder BB-Empfänger bald imstande sein, die Seite zu bestimmen, an der sich die U.W.-Glocke befindet. Durch Drehen des Schiffes unter gleichzeitigem Beobachten der Lautstärke im StB- und BB-Mikrophon kann dann die Richtung, in der die U.W.-Glocke liegt, bei einiger Übung leicht auf 1^{str} genau festgestellt werden. Wenn die Glockentöne im StB- und BB-Mikrophon gleich schwach ertönen, so befindet sich die Glocke gerade voraus.

---

[1]) In neuerer Zeit erhalten größere Schiffe doppelte Empfangsanlagen eingebaut, so daß bei Versagen einer Anlage sofort die andere benutzt werden kann.

Der Richtungshörer und seine Handhabung. Anstatt aus der Verschiedenheit der Lautstärken der ankommenden Schallwellen in den beiden Empfängern kann man auch aus dem Zeitunterschied zwischen dem Eintreffen der Schallwellen an den beiden Empfängern auf die Richtung der Schallquelle schließen. Dieses Verfahren hat den Vorteil, daß keine Kursänderung dabei nötig ist.

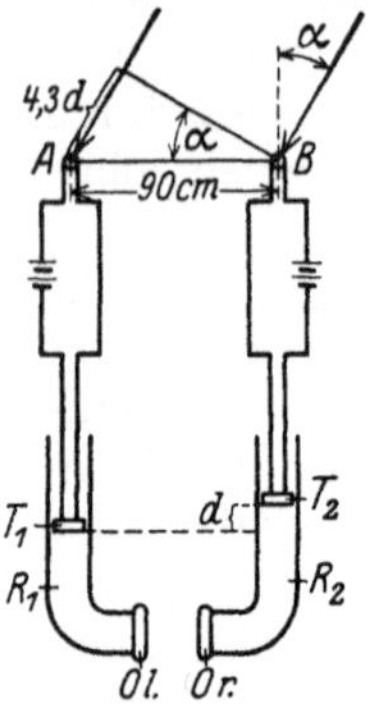

Abb. 25. Prinzip des Richtungshörapparates.

Je größer die Zeit ist, die zwischen dem Ankommen des Schalles an den beiden Empfängern vergeht, um so seitlicher erscheint uns die Schallquelle. Um nun einer Schätzung des sehr kleinen Zeitunterschiedes, der den Richtungseindruck hervorbringt, enthoben zu sein, wurde von den Atlas-Werken A.G., Bremen, ein sog. Kompensator geschaffen, der den Winkel, unter dem die Schallwellen ankommen, direkt am Apparat abzulesen gestattet, und zwar geschieht dies durch Rückführung des Seiteneindrucks auf einen Mitteneindruck. Trifft ein Schallstrahl die beiden Empfänger A und B unter dem Winkel α, so haben die Schallstrahlen, um den Empfänger A zu treffen, eine um 4,3 d größere Wegstrecke zurückzulegen als bis zum Empfänger B. Es besteht also eine Zeitdifferenz, die ihrerseits einen Richtungseindruck hervorruft. Zur Bestimmung des Winkels α verschiebt man die beiden Telephone T_1 und T_2, die in der Nullstellung des Kompensators gleich weit von den Ohren O_l und O_r des Beobachters entfernt waren, um die Strecke d, bei der man den sog. Mitteneindruck bekommt. Zum Ausgleich des Weges 4,3 d in Wasser ist in Luft nur die Strecke d erforderlich, da die Schallgeschwindigkeit in ihr entsprechend kleiner ist. Die Verschiebung der Telephone geschieht durch ein Handrad, das zugleich eine Gradteilung trägt. Die Genauigkeit dieser Methode beträgt etwa 2—3°. Um den Apparat möglichst klein zu halten, bringt man die Telephone auf zwei konzentrischen Scheiben an (Abb. 26 und 27). Man stellt zunächst durch abwechselndes Umschalten des Hauptschalters auf BB und StB fest, auf welcher Schiffsseite die Signale gehört werden, und läßt dann diese Seite eingeschaltet. Hierauf stellt man das Handrad in die Nullstellung und gleicht die mit den beiden Ohren verbundenen Empfänger, die an der betreffenden Schiffsseite eingebaut sind, hinsichtlich ihrer Intensität ab. Nun achtet man unmittelbar auf die Schallrichtung. Man wird die Signale mehr oder weniger rechts oder links empfinden und kann nun durch Drehen des Handrades erreichen, daß sie gerade von vorn zu kommen scheinen. Ist diese Einstellung herbeigeführt, so kann die wahre Schallrichtung direkt an der Skala in Graden abgelesen werden.

Einen anderen Richtungsempfänger in der Art des Radiopeilers hat die Signal Gesellschaft m. b. H., Kiel, konstruiert. Eine Membranscheibe wird im Wasser gedreht. Zeigt die volle Fläche der Scheibe auf den U.W.S.-Geber, so ist der Ton am lautesten; zeigt die schmale Seite der Scheibe auf die Gebestation, so ist das Signal unhörbar oder ganz leise. Dieser Richtungshörer muß in einem besonderen Tank an Bord ein-

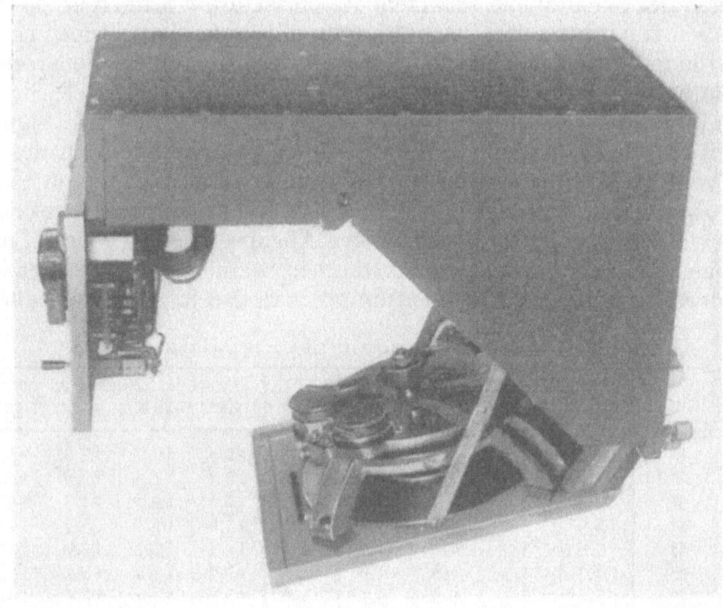

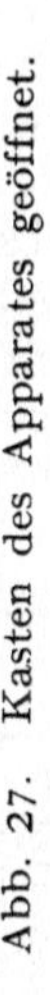

Abb. 27. Kasten des Apparates geöffnet.

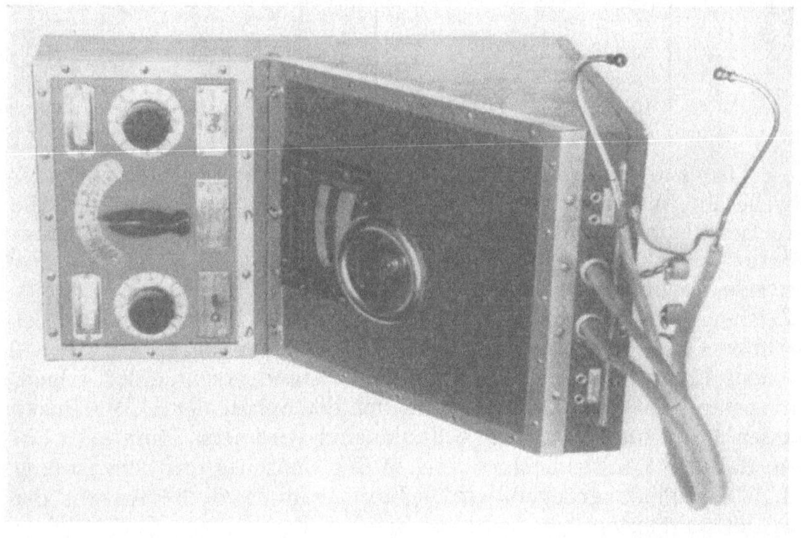

Abb. 26. Richtungshörapparat der Atlas-Werke. Bremen.

gebaut werden und zwar ein Apparat in der Mittschiffslinie oder je ein Apparat an jeder Seite. Die Richtung der Schallquelle läßt sich ebenfalls ohne weiteres am Apparat ablesen.

Abstandsbestimmung mittels U.T. Im allgemeinen läßt sich aus der Stärke der gehörten Töne allerdings die größere oder geringere Ent-

6*

fernung von der Schallquelle schätzen. Doch ist diese Schätzung so ungenau, daß sich darauf keine Ortsbestimmung gründen läßt. Eine erfolgreiche Methode besteht aber darin, daß man etwa von einem Feuerschiff ein drahtloses oder ein Luftschallsignal und zu gleicher Zeit ein U.T.-Signal aussendet und aus der Zeitdifferenz, mit der im ersten Fall das U.T.-Signal, im zweiten Fall das Luftsignal später auf einem Schiffe ankommt, dessen Abstand vom Feuerschiff berechnet. Bei gleichzeitiger Abgabe von U.T.- und F.T.-Signalen ist der angenäherte Abstand in Seemeilen = Zwischenzeit in Sekunden × $^3/_4$. Bei gleichzeitiger Abgabe von U.T.- und Luftschallsignalen ist der angenäherte Abstand in Seemeilen = Zwischenzeit in Sekunden : 4. Genauere Werte entnimmt man den folgenden Tabellen:

Abstand in Seemeilen von einer Signalstation.

Zwischenzeit zwischen dem Hören eines gleichzeitig abgegebenen Funksignals und eines Unterwasserschallsignals	Temperatur des Wassers ° C					Temperatur des Wassers ° C			
	0°	10°	20°	30°		0°	10°	20°	30°
1^s	0,7	0,7	0,8	0,9	16^s	11,5	12,0	12,8	13,3
2^s	1,4	1,5	1,6	1,7	17^s	12,2	12,8	13,5	14,1
3^s	2,2	2,3	2,4	2,5	18^s	12,9	13,6	14,3	14,9
4^s	2,9	3,0	3,2	3,3	19^s	13,6	14,3	15,1	15,7
5^s	3,6	3,8	4,0	4,1	20^s	14,3	15,1	15,9	16,5
6^s	4,3	4,5	4,8	4,9	21^s	15,1	15,8	16,7	17,4
7^s	5,0	5,3	5,6	5,7	22^s	15,8	16,6	17,5	18,2
8^s	5,7	6,0	6,4	6,6	23^s	16,5	17,3	18,3	19,0
9^s	6,5	6,8	7,2	7,5	24^s	17,2	18,1	19,1	19,8
10^s	7,2	7,5	8,0	8,3	25^s	18,0	18,9	19,8	20,7
11^s	7,9	8,3	8,8	9,1	26^s	18,7	19,7	20,6	21,5
12^s	8,6	9,0	9,6	9,9	27^s	19,5	20,4	21,4	22,4
13^s	9,3	9,8	10,4	10,7	28^s	20,2	21,2	22,2	23,2
14^s	10,0	10,6	11,1	11,5	29^s	20,9	22,0	23,0	24,0
15^s	10,8	11,3	12,0	12,3	30^s	21,6	22,7	23,8	24,9

Dieser Tafel liegt die Annahme zugrunde, daß die Fortpflanzung der Schallwelle im Wasser von 0° C = 1335 m/sec = 0,72 Sm/sec und die mittlere Beschleunigung der Schallwelle bei einer Zunahme der Wassertemperatur um 3° C = 20 m = 0,011 Sm beträgt.

Um jede Rechnung zu sparen, hat man in der Praxis besonders einfache Zeichensysteme erfunden. So besteht z. B. das Funknebelsignal des Feuerschiffes Graadyb (Dänemark) (s. S. 108) aus dem Morsebuchstaben *G* — — •, dem 12 Punkte mit 1,3 Sekunden Abstand voneinander folgen. Dieser Abstand entspricht der Zeit, in der der Schall der U.W.-Glocke im Wasser 1 Sm zurücklegt. Das Funksignal wird jede Minute so abgegeben, daß der Punkt im Morsezeichen *G* gleichzeitig mit dem Anfang eines U.W.S.-Signals gegeben wird. Zählt man dann die Anzahl der Punkte, die wahrgenommen werden, nachdem das Zeichen *G* abgegeben ist, bis das U.W.S. gehört wird, so gibt diese Zahl den Abstand vom Feuerschiff in Seemeilen. Andere U.T.-Stationen, z. B. Borkum-Riff Feuerschiff, haben ähnliche Anordnungen.

Der Tafel auf S. 85 liegt die weitere Annahme zugrunde, daß die Fortpflanzung der Schallwelle in Luft von 0° C = 333 m/sec = 0,179 Sm/sec und die mittlere Beschleunigung der Schallwelle bei einer Zunahme der Lufttemperatur um 3° C = 2 m = 0,001 Sm beträgt. Die Tafel ist berechnet für eine Wasser- und Lufttemperatur von $+12°$ C. Solange Wasser- und Lufttemperatur annähernd gleich sind, gilt diese Tafel ohne weiteres. Nur wenn wesentliche Verschiedenheiten zwischen Luft- und Wassertemperatur vorhanden sind, können bei Entfernungen von über 3 Sm von der Schallquelle größere Abweichungen ($^1/_2$ Sm) vom Tafelwert eintreten. Je nach der Richtung und Stärke des Windes werden diese Werte noch eine weitere kleine Änderung erleiden. Doch bleibt in allen Fällen die Ungenauigkeit der Tafel stets noch unter den möglichen zufälligen Beobachtungsfehlern.

Grundbedingung für diese Art von Abstandsbestimmungen ist, daß die Feuerschiffe ihre U.T.- und F.T.- bzw. ihre Nebelsignale stets zu gleicher Zeit ertönen lassen. Man nimmt derartige Signale am besten auf, indem man ein Ohr mit dem Empfänger der F.T.- und das andere

Abstand in Seemeilen (Sm) von einer Signalstation, wenn die Zwischenzeit zwischen der Ankunft eines dort gleichzeitig abgegebenen Unterwasserschallsignals und eines Nebelsignals T Sekunden beträgt.

T	Sm	T	Sm	T	Sm	T	Sm	T	Sm	T	Sm
1	0,2	8	1,9	15	3,6	22	5,3	29	7,0	36	8,7
2	0,5	9	2,2	16	3,9	23	5,6	30	7,3	37	9,0
3	0,7	10	2,4	17	4,1	24	5,8	31	7,5	38	9,2
4	1,0	11	2,7	18	4,4	25	6,1	32	7,8	39	9,5
5	1,2	12	2,9	19	4,6	26	6,3	33	8,0	40	9,7
6	1,5	13	3,2	20	4,8	27	6,6	34	8,2	41	9,9
7	1,7	14	3,4	21	5,1	28	6,8	35	8,5	42	10,1

mit dem Empfänger der U.T.-Signale verbindet. Über derartige bestehende Einrichtungen geben die Feuerbücher und Segelanweisungen ausführliche Auskunft.

Anwendungsbereich. Die U.T. wird im weitgehendsten Maße zur Ansteuerung der den Küsten vorgelagerten Feuerschiffe bei Nebel und unsichtigem Wetter benutzt. Befindet sich ein mit einem Richtungshörer ausgerüstetes Schiff in der Nähe mehrerer U.T.-Stationen, so kann es eine U.T.-Kreuzpeilung nehmen, die bei unsichtigem Wetter von unschätzbarem Nutzen sein kann. Eine ganz hervorragende Bedeutung gewinnt aber die U.T., wenn die Schiffe selbst mit U.T.-Signalanlagen zum Zwecke des Nachrichtenaustausches ausgerüstet werden. Hierzu eignet sich in ausgezeichneter Weise der Membransender. Die Membrane ist dabei so ausgebildet, daß sie ohne Beeinträchtigung der See-Eigenschaften des Schiffes unmittelbar in die Bordwand eingesetzt werden kann. Es ist auch möglich, einen Sender in einer gefluteten Kielzelle anzuordnen. Bringt man an StB und BB je einen solchen Sender an, deren jeder besondere, vorher bestimmte Signale gibt, so ist es einem entgegenkommenden Schiffe ohne weiteres möglich zu hören, ob das signalgebende Schiff ihm die BB- oder StB-Seite zukehrt, d. h. also, wie sein ungefährer Kurs ist. Ist das betreffende Schiff mit einem Richtungshörer ausgerüstet, so kann es auch die Richtung feststellen, in der das entgegenkommende Schiff steht. Durch die gleichzeitige Verwendung von U.T.- und F.T.-Signalen läßt sich auch die Entfernung beider Schiffe voneinander bestimmen. Mit Senderanlage versehene Schiffe können ferner im Nebel leicht von anderen Schiffen angesteuert werden, was von großer Bedeutung in Havariefällen oder für Lotsendampfer sein kann. Auch ein direkter Nachrichtenaustausch von Schiff zu Schiff durch U.T.-Signale liegt im Bereich des Möglichen.

Die Signalempfängeranlagen können auch zur Aufnahme von Geräuschen dienen, die beispielsweise durch die Maschinen oder Schrauben anderer Schiffe erzeugt werden, wodurch im Nebel die Nähe anderer Schiffe angezeigt wird. Auch kann man wie beim Signalempfang die Richtung ausmachen, aus der die Geräusche kommen, und die Entfernung derselben schätzen.

Durch den Empfang des am Meeresboden (siehe akustisches Lot) oder an Eisbergen reflektierten Schalles kann man die Wassertiefe oder den Abstand von diesen der Schiffahrt so gefährlichen Hindernissen feststellen.

Für die Errichtung und den Betrieb von Sendeanlagen für U.T.-Zeichen an Bord von Handelsschiffen sind vom Reichspostminister im Einvernehmen mit dem Reichswehrminister folgende Bestimmungen erlassen worden (3. IV und 17. V 1922):

„1. Die Genehmigung zur Errichtung und zum Betrieb einer Sendeanlage für Unterwasserschallzeichen — im folgenden „Anlage" genannt — erfolgt unter dem Vorbehalt des jederzeitigen Widerrufs.

2. Die Anlage darf nur benutzt werden: a) wenn die Sicherheit des Schiffes es erfordert, insbesondere um die Auffindung des Schiffes in Fällen der Seenot und die Rettungstätigkeit zu erleichtern; b) um bei unsichtigem Wetter den Tendern die Auffindung des Schiffes bei einer Verankerung auf der Reede zu ermöglichen.

Abgesehen von Fällen der Seenot darf die Anlage nur in Betrieb gesetzt werden, wenn das Schiff mehr als 8 Sm von einer staatlichen Unterwasserschallanlage entfernt ist.

3. Die Übermittlung anderer als der in 2. gedachten Nachrichten ist weder gegen Bezahlung noch unentgeltlich gestattet.

4. Dem Antrage auf Genehmigung ist eine Nachweisung über die technische Einrichtung und die Betriebsverhältnisse der geplanten Anlage beizufügen; Abweichungen von den Angaben der Nachweisung, die nach Prüfung durch das Reichspostministerium vom Antragsteller anzuerkennen ist, bedürfen der Genehmigung.

5. Es dürfen nur folgende Unterwasserschallzeichen gegeben werden: a) In Fällen der Seenot: Einzeltöne mindestens 1^m lang; die Pausen zwischen den Einzeltönen betragen etwa 2^s. b) Zum Herbeirufen eines Tenders: Doppeltöne mindestens 1^m lang wie folgt: Ton, 2^s Pause; Ton, 4^s Pause; Ton, 2^s Pause; Ton, 4^s Pause usw.

6. Der Inhaber der Genehmigung ist unter voller Verantwortlichkeit verpflichtet, die Schiffsleitung nachdrücklich auf die Folgen ungeeigneter Zeichen hinzuweisen.

7. Zur Überwachung ist den Beauftragten des Reichspostministeriums und den Marinebehörden zu gestatten, die Anlage an den Landungsplätzen des Schiffes zu besichtigen."

Störungen. Fehlerquellen. Beim Empfang von U.W.S. treten zuweilen Störungen auf, die durch die Geräusche des eigenen Schiffes und durch das vorbeistreichende Wasser hervorgerufen werden. Durch geeignete Anordnung der Wasserkästen und sinnentsprechende Konstruktion der Empfänger werden diese Störungen auf ein Minimum herabgesetzt. Sollten sie jedoch bei einem Schiff infolge dessen örtlicher Verhältnisse noch störend in Erscheinung treten, oder will man die Signale auf besonders große Entfernungen aufnehmen, so muß man das Schiff entweder langsame Fahrt gehen lassen oder ganz stoppen.

Sehr stark in Erscheinung treten die von der Jahreszeit abhängigen Schwankungen der Reichweiten. Im allgemeinen beträgt die Reichweite der U.W.-Glockensignale etwa 4—6 Sm. Unter besonders günstigen Verhältnissen sind schon Beobachtungen in einem Abstand von 20—30 Sm, in Ausnahmefällen sogar von 50 Sm möglich gewesen. Die Schwankungen entstehen hauptsächlich dadurch, daß das Wasser in horizontaler Richtung nach Temperatur und Salzgehalt geschichtet ist und die Schallwellen sich in den einzelnen Lagen mit verschiedener Geschwindigkeit fortpflanzen. Wenn das Wasser an der Oberfläche wärmer ist als auf dem Grunde, so erfolgt eine allmähliche Ablenkung der Schallstrahlen gegen den Meeresboden, der den größten Teil der Schallenergie absorbiert und nur wenig reflektiert. Infolgedessen sind die Reichweiten im Sommer gering. Wenn dagegen das Wasser an der Oberfläche kälter ist als auf dem Grunde, so erfolgt eine allmähliche Beugung der Schallstrahlen nach oben gegen den Wasserspiegel, der die Schallenergie nahezu vollständig reflektiert, so daß von dort aus die Schallwellen weiter fortgepflanzt werden. Infolgedessen sind die Reichweiten im Winter größer. Die Schwankungen selbst hängen hierbei wiederum von der Größe des Unterschiedes der Temperatur und des Salzgehaltes ab, die je nach Bodenbeschaffenheit, Tiefe und Strömung des Wassers verschieden sind. Bei kleinem Salzgehalt des Wassers ist die Reichweite geringer als bei größerem Salzgehalt.

Wenn die Beobachtungsergebnisse einmal gut und einmal geringer sind, so darf dies nicht ohne weiteres auf fehlerhaftes Arbeiten der Empfänger- oder Senderapparate zurückgeführt werden, sondern es wird dieses meistens in den Wasserverhältnissen begründet sein. Trotz der Reichweitenschwankungen sind die U.W.S.-Signale zur Ansteuerung der Küsten im Nebel von größter Bedeutung für die Schiffahrt, da sie an Zuverlässigkeit der Wirkung sowohl den Lichtsignalen als auch den Luftschallsignalen wesentlich überlegen sind. — Bei der Aufnahme von U.W.S.-Signalen muß noch berücksichtigt werden, daß von seiten der Feuerschiffsbesatzung die Sichtigkeit der Luft von Land nach See anders als an Bord der Schiffe von seiten der Kapitäne von See nach Land beurteilt wird. Da außerdem die Vorschriften zur Betätigung der U.W.S.-Signal-Senderstationen nicht überall dieselben sind, so werden U.W.S.-Signale häufig erst später, als von dem Schiff erwartet, abgegeben und deshalb trotz angestrengter Beobachtung nicht wahrgenommen.

Bemerkungen. Die praktische Bedienung der U.T.-Empfangsanlagen erfordert in der Hauptsache ein gutes und geübtes Ohr. Es ist daher zu empfehlen, daß alle Offiziere der mit U.T.-Empfangsanlagen versehenen

Schiffe jede Gelegenheit zur Übung im Abhören benutzen. Wenn ein Schiff bei gutem Wetter die U.T.-Signale deutscher Feuerschiffe übungshalber aufnehmen will, so hat es eine weiße Flagge mit großer gelber Glocke zu heißen. Auch auf funkentelegraphisches Ersuchen werden die meisten U.T.-Stationen bereit sein, ihre Signale ertönen zu lassen.

Im Folgenden sollen noch einmal die wichtigsten Punkte zusammengefaßt werden, die bei Benutzung der U.T. zu beachten sind:

1. Der Beobachter muß möglichst alle Geräusche, die von außen an sein Ohr dringen könnten, ausschließen. Möglichst stets mit beiden Telephonen horchen!

2. Der Beobachter soll nicht längere Zeit dauernd horchen, sondern ab und zu kleine Pausen eintreten lassen, da sonst das Ohr ermüdet.

3. Wenn mit dem einen Satz nichts zu hören ist, den Reservesatz benutzen.

4. Die Reichweite ist am geringsten, wenn das Schiff die Schallquelle gerade voraus hat. Also beim Aufsuchen eines Feuerschiffes hin und wieder den Kurs ändern, um die Schallquelle mehr querab zu bekommen.

5. Wenn möglich, die Fahrt vermindern.

6. Die Signale haben nicht immer einen volltönenden Klang, sondern ähneln oft mehr einem kurzen, dumpfen Schlag, der dann an seiner regelmäßigen Wiederkehr leicht aus den Nebengeräuschen herauszuhören ist.

7. Beobachtungen möglichst aufschreiben und den Lieferfirmen berichten, da durch solches Material zur Verbesserung des Systems beigetragen werden kann, insbesondere Fehler an den Geberstationen festgestellt werden können.

2. Drahtlose Telegraphie (F.T.)[1].

Die Grundlagen der drahtlosen Telegraphie.

Bei der Entstehung eines elektrischen Funkens findet nicht einfach ein Übergang der Elektrizität von einem Körper zu dem anderen statt, sondern es erfolgt die Entladung in einem ungeheuer schnellen Hin- und Herwogen der elektrischen Kräfte; es entstehen elektrische Schwingungen oder Strahlen, die elektrische Zustandsänderungen des Raumes hervorrufen. Träger der elektrischen Schwingungen ist wahrscheinlich wie bei dem Licht der Äther.

Eine Möglichkeit, das Vorhandensein elektrischer Wellen bequem nachzuweisen, wurde zunächst in dem sog. Fritter oder Kohärer geschaffen. Der Fritter besteht aus einer kleinen Glasröhre, in die zwei mit Zuleitungsdrähten verbundene Metallelektroden geführt sind. In dem kleinen Zwischenraum zwischen diesen befinden sich kleine Metallkörner (Feilspäne) von Nickel, Silber, Aluminium, Eisen oder Kupfer. Eine derartige Röhre bietet dem Durchgang eines elektrischen Stromes einen solchen Widerstand, daß man die Zuleitungen an die Pole einer galvanischen Batterie anschließen kann, ohne einen Strom zu erhalten. Sobald aber der Fritter von elektrischen Strahlen getroffen wird, leitet er den Gleichstrom.

---

[1]) Das Buch will kein Lehrbuch sein, der Nautiker soll hier nur auf möglichst viele Fragen seines Berufes eine kurze Auskunft erhalten. Bei der großen und stetig wachsenden Bedeutung des F.T.-Wesens für die Nautiker erschien es aber notwendig, einige Grundbegriffe dieses Gebietes in kürzester Form zu erörtern. Eine Anzahl Fachausdrücke und Zeichenerklärungen des F.T.-Wesens sind im Teil XVI: „Elektrizität an Bord“ wiedergegeben. Siehe auch Teil XII: „Signalwesen“.

Schaltet man z. B. (Abb. 28) einen solchen Fritter in eine geschlossene Klingelleitung, so wird die Klingel trotz des vorhandenen Elements keine Zeichen geben, da der Fritter dem Strom Widerstand entgegensetzt. Sowie aber von dem Funkeninduktor ein Funke zur Entladung gebracht wird, werden die Feilspäne unter dem Einfluß der elektrischen Wellen leitend, das Läutewerk spricht an und läutet so lange fort, bis man den Fritter durch Klopfen wieder nichtleitend gemacht hat. Durch die elektrische Bestrahlung werden zwischen den zahllosen Feilspänen unsichtbare elektrische Fünkchen hervorgerufen, welche die Verbindung zwischen den Spänchen und den Metallelektroden herstellen.

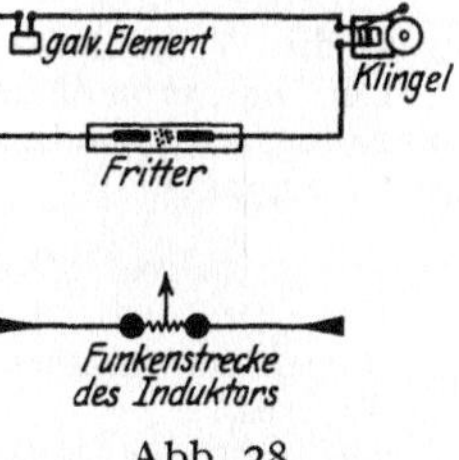

Abb. 28.

Geber und Empfänger der drahtlosen Telegraphie waren somit durch den elektrischen Funken einerseits und den Fritter andererseits gegeben. Die Grundlagen der Lehre von den elektrischen Schwingungen schufen der deutsche Physiker Hertz und der Däne Feddersen. Dem Anglo-Italiener Marconi, der Geber und Empfänger weiter durchbildete, gelangen 1897 seine ersten aufsehenerregenden Versuche. Beim Empfänger hatte er ein Relais eingeschaltet, das erst den zum Betrieb des Morseschreibers usw. dienenden Strom schließt. Dadurch bewahrte man den Fritter vor zu starken Strömen, die man aber benötigte zum Betrieb des Morseschreibers und des Klopfers, der den Fritter jedesmal sofort, nachdem die elektrische Bestrahlung ihn leitend gemacht hatte, durch Klopfen aufs neue unempfindlich machte. Vor allem führte Marconi die Antenne ein, indem er den einen Funkenpol (bzw. das eine Fritterende) mit einem frei in die Luft geführten Draht, der Antenne, verband und den anderen Funkenpol (bzw. das andere Fritterende) erdete.

Abb. 29 stellt ein einfaches Schema einer früheren Marconi-Station dar. Der auf wissenschaftlichen Untersuchungen fußende Ausbau der praktischen Anwendung der elektrischen Schwingungen ist in erster Linie von deutschen Forschern (Braun, Slaby, Wien, Goldschmidt, Graf von Arco u. a.) ausgeführt worden.

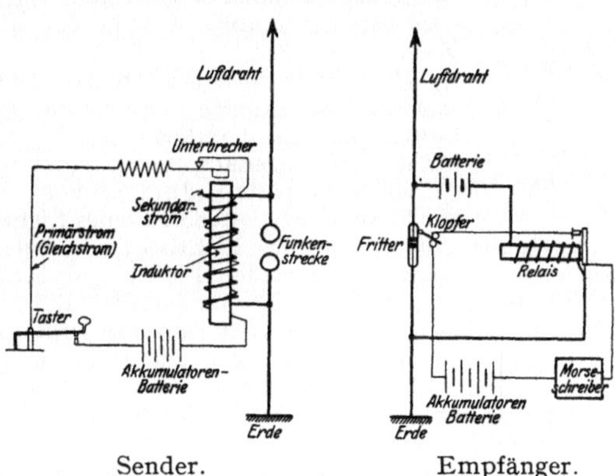

Sender. Empfänger.

Abb. 29. Schema einer Marconi-Station.

Abstimmung. Nimmt man mehrere gleiche und mehrere verschiedene Stimmgabeln und schlägt eine an, so werden nur die gleichen Stimmgabeln mittönen. Schlägt man eine Stimmgabel an und bringt durch Anfassen der ganzen Gabel den Ton sofort zum Erlöschen, so werden die anderen gleichen Stimmgabeln trotzdem etwas weitertönen. Die gleichen Erscheinungen sind bei der drahtlosen Telegraphie vorhanden. Die elektrischen Schwingungen werden nur wahrgenommen, wenn Geber und Empfänger auf die gleiche Welle abgestimmt sind. Die Abstimmung wird durch Einschaltung von Widerständen, Spulen, Verlängern und Verkürzen der Antenne, vor allem durch Kopplung geschlossener und offener Schwingungskreise usw. erreicht. Elektrische Schwingungen von gleicher Wellenlänge werden von allen Empfängern, die auf diese Welle geschaltet haben, abgenommen. Je schärfer Geber und Empfänger auf eine Welle abgestimmt sind, um so störungsfreier werden sie miteinander arbeiten.

Wellenlänge und Frequenz. Damit der Verkehr mit Hilfe der drahtlosen Telegraphie (Funkentelegraphie = F.T.) sich regeln läßt, hat man international vereinbart, daß dieser nur mit Schwingungen ganz besonderer Art erfolgen darf. Um einen einfachen Vergleichsmaßstab für die Art der verwendeten elektrischen

Schwingungen zu haben, hat man den Begriff „Wellenlänge" eingeführt. Es wird darunter der Weg in Meter verstanden, den die Zustandsänderung, d. h. die elektrische Schwingung, in einer Sekunde durchläuft. Ein Sender, der eine Million Schwingungen in der Sekunde aussendet, arbeitet mit einer Wellenlänge von 300 m.

Arbeitet der Sender mit Schwingungen, deren Schwingungszahl 500 000 beträgt, so ist die Wellenlänge 600 m.

Der Zusammenhang der Größen: Schwingungszahl, Wellenlänge und Fortpflanzungsgeschwindigkeit der elektrischen Schwingungen wird ausgedrückt durch die Gleichung:

$$\text{Schwingungszahl} = \frac{300\,000\,000 \text{ m/sec}}{\text{Wellenlänge in Meter}}.$$

300 000 000 m/sec = Fortpflanzungsgeschwindigkeit der elektrischen Wellen (und des Lichtes).

Die Zahl der vollen Schwingungen in einer Sekunde wird als Frequenz bezeichnet.

Gedämpfte und ungedämpfte Wellen. Die genaueste Innehaltung der für den F.T.-Verkehr bestimmten Wellen ist eine Hauptbedingung, um ein sicheres Arbeiten zu ermöglichen. Wissenschaft und Technik waren daher besonders bemüht, gleichmäßige Funken für den Geber zu erzielen. Weiteste Verbreitung haben besonders die „tönenden Löschfunkensender" der Gesellschaft für drahtlose Telegraphie (Debeg) gefunden, mit der die Mehrzahl der deutschen Schiffe ausgerüstet wurden. Die durch die Funkenentladung gebildeten elektrischen Wellen werden aber selbst bei den besten Apparaten mehr oder weniger stark gedämpft, da durch die Erwärmung der Drahtmasse des Luftleiters und auch durch die Kraft, welche die Erregung der Welle selbst beansprucht, Energie verloren geht.

Bei der gedämpften Welle Abb. 30 nimmt die Kraft ab, während bei der ungedämpften Welle Abb. 31 die Kraft die gleiche bleibt. Wissenschaft und Technik ist es aber auch hier gelungen, für die Praxis verwendbare Apparate zu schaffen, die ungedämpfte Wellen erzeugen.

Abb. 30. Gedämpfte Welle.

Abb. 31. Ungedämpfte Welle.

Hochfrequenzmaschine. Diese ist eine besonders konstruierte elektrische Maschine, deren Leistungsfähigkeit es gestattet, für den F.T.-Verkehr brauchbare ungedämpfte Schwingungen zu erhalten.

Lichtbogensender. Schließt man eine Leydener Flasche an die Kohlen eines Lichtbogens, so wird sie durch die eine Kohle des Lichtbogens geladen und kann sich sofort wieder entladen, da durch den leitenden Lichtbogen hindurch eine Verbindung mit der anderen Belegung der Flasche hergestellt ist. Hierdurch entsteht, solange am Lichtbogen Gleichstrom übertritt, ein hin und her schwingender Strom in dem Lichtbogen, und man erhält einen dauernden und daher ungedämpften Wechselstrom. Dieser Lichtbogensender wurde besonders durch den Dänen Poulsen ausgebildet und fand in Deutschland durch die Firma Lorenz Verbreitung.

Kathodenröhren. Audion. Das elektrische Leitvermögen beruht auf der Anwesenheit elektrisch geladener Teilchen, die sich in einem elektrischen Felde bewegen und so die Elektrizität befördern. Erzeugt man in einem Leiter ein elektrisches Feld, so beginnt die Wanderung der sog. Elektronen; es entsteht ein elektrischer Strom in dem Leiter, und dieser erwärmt sich dadurch, daß die Elektronen sich untereinander und mit den Metallatomen reiben. Bei Temperaturerhöhungen von Metallen geraten andererseits die Elektronen ebenfalls in eine gewisse Bewegung, und eine Anzahl ist bestrebt, das erhitzte Metall zu verlassen.

Eine hochevakuierte (luftleer gemachte) Glasröhre gestattet keine Entladungen durch die Röhre; um nun doch durch eine derartige Glasröhre einen elektrischen Strom schicken zu können, müssen Elektronen auf irgendeine Weise in die luftleere Röhre gebracht werden. Dies kann dadurch geschehen, daß man einen in die Röhre hineinragenden Metallkörper oder Draht durch eine an seine beiden äußeren Enden angeschlossene Heizbatterie auf Glühtemperatur bringt. Das erhitzte Metall strahlt dann Elektronen aus, die dann die Träger des elektrischen Stromes innerhalb der Röhren sind. Den positiven Pol bildet die Anode, den negativen die Kathode; da die Elektronen kleinste Teilchen negativer Elektrizität darstellen, die an der erhitzten Kathode entstehen, so nennt man Röhren dieser Art Glühkathodenröhren (Abb. 32).

Die Kathodenröhren werden in den verschiedensten Arten und Größen hergestellt. Abb. 33 zeigt die drei Stromkreise einer Telefunkenkathodenröhre mit Gitter. Das Gitter ist eine besondere Elektrode, die zwischen der Anode und Kathode angeordnet ist. Mit Hilfe der Spannung am Gitter ist man in der Lage, den von der Kathode zur Anode hindurchtretenden Strom zu erniedrigen oder zu erhöhen.

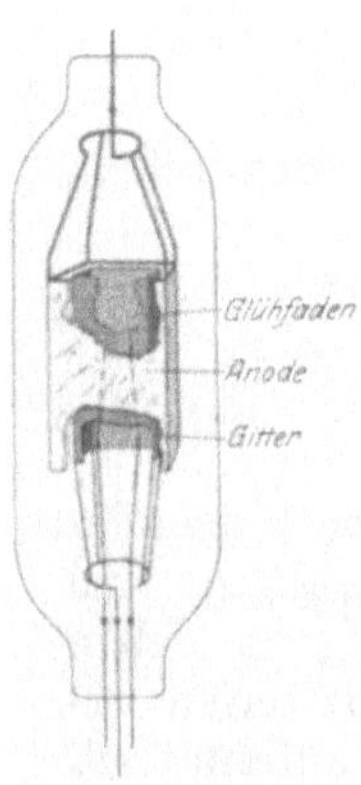

Abb. 32. Schema einer Glühkathoden-Senderöhre.

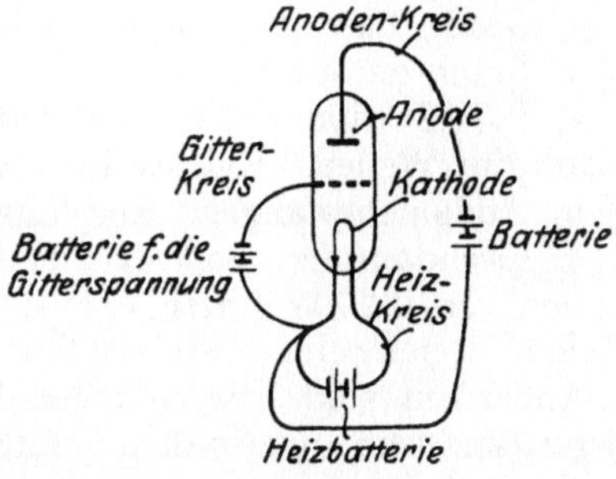

Abb. 33.

Der Verwendungsbereich der Kathodenröhren in der drahtlosen Telegraphie ist sehr vielseitig, da sie sich je nach der Bauart und Schaltung zur Verstärkung, zur Erzeugung (Generator) und zum Hörbarmachen (Audion) elektrischer Schwingungen verwenden lassen.

Röhrensender. Abb. 34 zeigt die Grundschaltung eines Röhrensenders. Der Kondensator *C*, der auch die Antenne sein könnte, bzw. die abgestimmte Antenne, ist mit dem Kreis *LC* lose gekoppelt (Zwischenkreissender). *E* ist die Stromquelle, sie treibt durch die Röhre einen Strom entsprechend der Ausstrahlungsfähigkeit des Heizfadens. Das Gitter steuert diesen Strom im Rhythmus der Eigenschwingungszahl des Kreises *LC*.

Röhrensender werden in den verschiedensten Ausführungen gebaut, und sie werden an Bord mehr und mehr verwendet.

Wellenanzeiger (Detektoren). Der Fritter oder Kohärer war der erste Detektor, der es ermöglichte, die elektrischen Schwingungen wahrzunehmen. Heute ist in der praktischen drahtlosen Telegraphie die Verwendung der Fritterröhre allgemein aufgegeben. Man verwendet jetzt vielfach Kontaktdetektoren, die es ermöglichen, den ungeheuer schnell wechselnden Leitungsstrom in einen gleichgerichteten Strom umzuformen. Kontaktdetektoren der einfachsten Art bestehen aus der Kontaktstelle zweier verschiedener Mineralien, die unter einem ganz bestimmten Druck gegeneinandergepreßt sind, z. B. Graphitspitze gegen Bleiglanz. Auch die Kathodenröhren lassen sich als Detektoren benutzen.

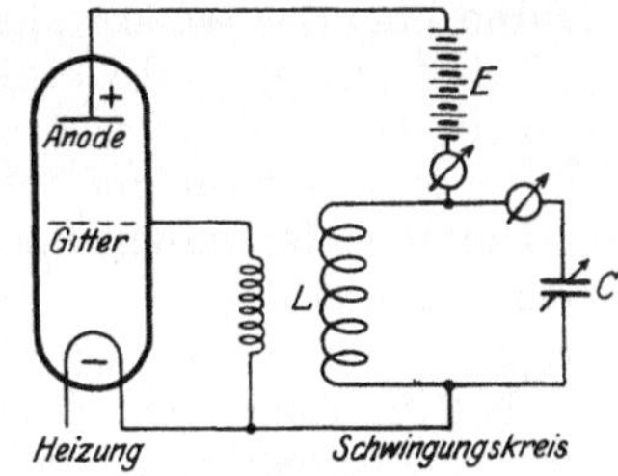

Abb. 34. Grundschaltung eines Röhrensenders.

Die Detektoren werden in den verschiedensten Ausführungen hergestellt. Je nach dem System sind sie in den offenen Schwingungskreis der Antenne selbst oder in einen geschlossenen Schwingungskreis, der mit dem offenen Kreis verbunden (gekoppelt) ist, eingeschaltet.

Bei Bordstationen kleinerer Schiffe werden in der Hauptsache Kontaktdetektoren, aber bei größeren Bordstationen Kathodenröhren (Audiongerät) verwendet.

Bordstationen für drahtlose Telegraphie.

In der Handelsschiffahrt werden hauptsächlich, je nach Art und Fahrt der Schiffe, folgende Stationsgrößen verwendet.

1. Große Passagierdampfer:

a) F.T.-Station von 1,5 kW (Kilowatt) Antennenleistung; tönende Löschfunken; gedämpfte Wellen. Reichweite etwa 500 Sm.

b) Audionempfänger. Empfangsreichweite etwa 1500—2000 Sm.

c) Sender für ungedämpfte Wellen von 250—1000 W (Watt). Reichweite 800—2000 Sm.

d) Anlage für drahtlose Telephonie. Reichweite 150—300 Sm.

2. Große Passagier- und Frachtdampfer: wie a), b), c).

3. Frachtdampfer:

a) F.T.-Station von 0,5 kW Antennenleistung; tönende Löschfunken, gedämpfte Wellen. Reichweite etwa 300—500 Sm.

b) Audionempfänger. Empfangsreichweite etwa 800—1000 Sm.

4. Fischdampfer und Küstendampfer, Rettungsmotorboote: F.T.-Station von 0,2 kW Antennenleistung; tönende Löschfunken, gedämpfte Wellen. Reichweite etwa 100 Sm.

Außerdem sind bzw. müssen die Schiffe noch mit einem Notsender ausgerüstet sein, der es dem Schiffe im Falle der Gefahr ermöglicht, bei Ausfall der Hauptstation noch mindestens 2 Stunden Notsignale geben zu können. Die Notsender werden durch Akkumulatorenbatterien gespeist. Angestrebt wird die Schaffung und Einführung von automatisch gebenden und empfangenden Notsignalapparaten.

Der Ausdruck T.K. bei der Bezeichnung von F.T.-Stationen bedeutet, daß das Schiff mit einer tönenden Löschfunkenstation von x Kilowattstärke ausgerüstet ist.

Bedeutung und Anwendungsmöglichkeiten der F.T. für den Nautiker.

Durch die F.T. hat der Nautiker die Möglichkeit, jederzeit durch eine Küstenstation direkt — oder indirekt über andere Schiffsstationen — mit seiner Reederei in Verbindung zu treten. Er kann auf See Nachrichten über das Wetter (Teil VII) und über N.f.S. erhalten, er kann durch F.T.-Zeitsignale (Teil V) seine Chronometer kontrollieren, er hat die Möglichkeit, Eismeldungen zu empfangen, er kann Seenotsignale (Teil XII) geben, und er kann mit Hilfe der F.T. seinen Schiffsort bestimmen.

Die F.T. ist daher für den Nautiker von höchster Bedeutung. Bei jedem Seeunfall wird das Seeamt dem Nautiker die schwersten Vorwürfe machen, wenn dieser die F.T. für die Zwecke der Navigation, sei es zur Ortsbestimmung, sei es zur Einholung nautischer Nachrichten, nicht genügend ausgenutzt hat.

In Deutschland werden z. B. die Feuerschiffe „Borkum-Riff“, „Norderney“, „Elbe I“ und „Amrum-Bank“ mit Funk-, Abstands- und Nebelsignal-Einrichtungen ausgerüstet.

Die Funkstellen Swinemünde, Cuxhaven und Norddeich sind in der Lage, über den jeweiligen Zustand der Außenseezeichen an der deutschen Küste — das Ausliegen von Feuerschiffen und Tonnen, das Brennen von Feuern und Leuchttonnen — auf Anfrage von Schiffen auf See Auskunft zu erteilen.

Die Auskunfterteilung erfolgt für das Gebiet der Ostsee durch die Funkstelle Swinemünde, für das Gebiet der Nordsee durch die Funkstellen Cuxhaven und Norddeich. Letztgenannte Funkstelle, die durch andere Aufgaben stark belastet ist, ist für die Auskunfterteilung jedoch nur in den Fällen in Anspruch zu nehmen, wo ein Verkehr des Schiffes mit Cuxhaven nicht durchführbar ist.

Für die Auskunfterteilung werden dem anfragenden Schiffe die Gebühren für die Anfrage und für das Auskunfttelegramm (mit einer Mindestgebühr von 10 Wörtern für ein Telegramm) nach der jeweiligen Küstenwortgebühr in Rechnung gestellt.

Es muß sich jeder Nautiker darüber orientieren, wie er die an Bord seines Schiffes befindliche F.T.-Station ausnutzen kann. Die Art der Station, die ungefähre Reichweite müssen dem Nautiker bekannt sein. *Im Nebel sind das Lot, die U.T. und vor allen Dingen die F.T. die wichtigsten Hilfsmittel für die Ortsbestimmung!*

F.T.-Ortsbestimmung.

Allgemeines. In der Ausstrahlung funkentelegraphischer Wellen hat man ein Mittel, diese zu Peilzwecken auszunutzen, wenn entweder die Empfangsantenne eine bestimmte Richtung zu einem allseitig ausstrahlenden Sender einnimmt oder wenn die Wellen von einem Sender nur in einer bestimmten Richtung gestrahlt werden.

Bestimmt man die F.T.P. von Bord, so spricht man von „Eigenpeilung"; läßt man sich die F.T.P. von Landstationen geben, so be-

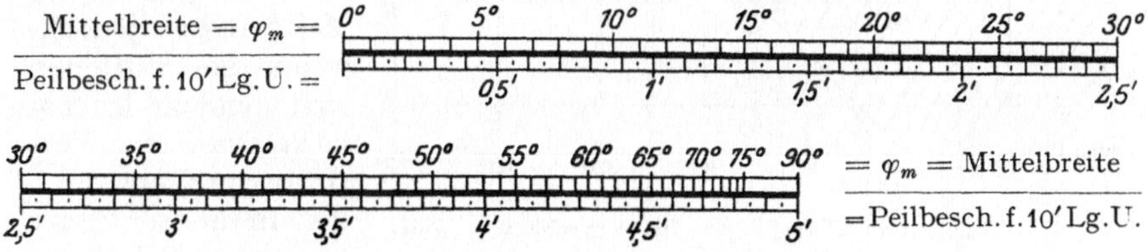

Mittelbreite $= \varphi_m =$ 0° 5° 10° 15° 20° 25° 30°
Peilbesch. f. 10′ Lg. U. = 0,5′ 1′ 1,5′ 2′ 2,5′

30° 35° 40° 45° 50° 55° 60° 65° 70° 75° 90° $= \varphi_m =$ Mittelbreite
2,5′ 3′ 3,5′ 4′ 4,5′ 5′ = Peilbesch. f. 10′ Lg. U.

Abb. 35. Maßstab zur Entnahme der Peilbeschickung für je 10′ Lg.U.

Beispiel: $\varphi_m = 55{,}1°$, Lg.U. $= 183'$. Wie groß ist die Peilbeschickung? Zu $\varphi_m = 55{,}1°$ liefert die Skala für Lg.U. 10′ den Wert 4,1′; also ist die ganze Peilbeschickung $= 18{,}3 \cdot 4{,}1' = 75' = 1°15'$.

zeichnet man dies mit „Fremdpeilung". Zur Zeit überwiegen noch die letzteren, da bisher erst wenige Schiffe mit Funkpeilanlagen ausgerüstet sind, doch dürfte bei der schnellen Entwicklung der Funkpeiler bald ein Umschwung eintreten.

F.T.P. in der Merkatorkarte. Die F.T.P. können genau so als Standlinien zur Ortsbestimmung für die Navigation verwendet werden wie terrestrische Peilungen. Bei den F.T.P. ist jedoch zu berücksichtigen, daß die Bahnen der F.T.-Wellen keine geraden Linien, sondern größte Kreise sind. Man kann daher bei größerem Abstande von den gepeilten F.T.-Stationen die Peilstrahlen nicht ohne besondere Verbesserungen in die Merkatorkarte eintragen. Den Sinn, in dem die Peilverbesserung anzubringen ist, kann man sich leicht daran merken, daß zwischen zwei Orten gleichnamiger Breite der größte Kreis polnäher als die Loxodrome verläuft. Peilt z. B. die Landstation X in 40° N-Breite ein Schiff Y in

50° N-Breite 314° (oder N 46° W) und beträgt die Verbesserung 10°, so ist die in die Merkatorkarte einzutragende Peilung 304° (oder N 56° W).

Von der Marineleitung sind zwei kleine Hilfstafeln herausgegeben worden, die die Entnahme bzw. Berechnung der Verbesserung bequem gestatten (Abb. 35 und 36). (Die Tafeln wurden mit Erlaubnis der Marineleitung dem „Naut. Funkdienst" entnommen.

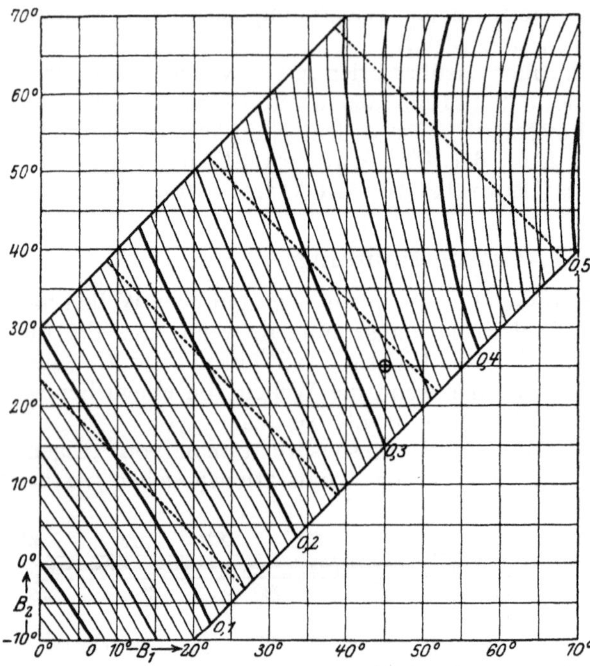

Abb. 36. Graphische Tafel zur Entnahme der Peilbeschickung für je 1° Lg.U. Anwendbar bis etwa 1800 Sm Distanz.

Loxodromische Peilung = wahre Peilung + $k \cdot$ Lg.U. B_1 = Breite des Peilortes, B_2 = Breite des gepeilten Ortes. k = Tafelwert (Kursivzahlen an den Kurven).

Beispiel: $B_1 = 45°$ N, $B_2 = 25°$ N, Lg.U. = 20°. $k = 0{,}325$, also Peilbeschickung = $20° \cdot 0{,}325 = 6{,}5°$.

Liegen Bordstation und Landstation auf dem gleichen Meridian oder in der Nähe des Äquators, so ist keine Verbesserung notwendig, da sowohl die Angaben der Merkatorkarte wie die F.T.P. größten Kreisen entsprechen. In höheren Breiten und außerhalb des Meridians ist jedoch, wenn die Stationen weit voneinander entfernt sind, eine Verbesserung notwendig. In unserer Breite kann man F.T.P. bis auf 50 Sm nehmen, ohne einen größeren Fehler als 0,5° zu erhalten.

Bezeichnet man die Fremdpeilung mit Methode I und die Eigenpeilung mit Methode II, so gelten folgende einfache Regeln für die Ermittlung der Standlinie:

1. Liegen Schiff und Landstation auf verschiedenen Seiten des Äquators, so bringe man keine Beschickung an die Peilung an; die Beschickung ist dann sehr klein und im Vorzeichen nicht einfach zu bestimmen.

Der Peilstrahl ist stets von der Landstation aus zu ziehen, nur ist bei Methode *II* der Peilstrahl rückwärts zu verlängern.

2. Liegen Schiff und Landstation auf gleichnamigen Breiten, so ist wieder in allen Fällen die wahre Peilung von der Landstation aus einzutragen und der Peilstrahl um die Beschickung (gleich-

gültig, wie sie gefunden ist) äquatorwärts zu drehen. Bei Methode II (Peilung von Bord aus) ist der beschickte Peilstrahl rückwärts zu verlängern.

3. Das Vorzeichen der Beschickung ist also:

a) wenn die Azimute stets von N über O oder W bis 180° gemessen werden, gleich dem Vorzeichen der Breite (Nord = +; Süd = —),

b) wenn die Azimute stets von N über O, S, W bis 360° gemessen werden, gleich dem Vorzeichen der Breite, falls der gepeilte Ort östlicher als der Peilort, entgegengesetzt dem Vorzeichen der Breite, falls der gepeilte Ort westlicher als der Peilort liegt.

Beispiele: Längenunterschied = 26,8°, Landstation = L, Bordstation = B; *a*) Azimute bis 180°, *b*) Azimute bis 360°.

Methode I: Fremdpeilung.

Wahre Peilung		Beschickung	Loxodromische Peilung	Rückw. verlängert
L in 38° N	N 37,22° W	+9,04°	N 46,26° W	—
peilt B in 55° 22′ N	bzw. 322,78°	—9,04°	313,74°	—
L in 38° S	N 142,78° W	—9,04°	N 133,74° W	—
peilt B in 55° 22′ S	bzw. 217,22°	+9,04°	226,26°	—
L in 38° S	N 142,78° O	—9,04°	N 133,74° O	—
peilt B in 55° 22′ S	bzw. 142,78°	—9,04°	133,74°	—
Methode II: Eigenpeilung. Funkpeiler an Bord.				
B in 38° N	N 37,22° O	+10,85°	N 48,07° O	N 131,93° W
peilt L in 55° 22′ N	bzw. 37,22°	+10,85°	48,07°	228,07°
B in 38° N	N 37,22° W	+10,85°	N 48,07° W	N 131,93° O
peilt L in 55° 22′ N	bzw. 322,78°	—10,85°	311,93°	131,93°
B in 38° S	N 142,78° W	—10,85°	N 131,93° W	N 48,07° O
peilt L in 55° 22′ S	bzw. 217,22°	+10,85°	228,07°	48,07°

Die Methode II ist, da man eine Landstation von verschiedenen Punkten der Erde aus unter gleichen Azimuten peilen kann, nur anwendbar, wenn die Länge des Schiffsortes ungefähr bekannt ist. Bei großem Fehler in der Länge wäre das Verfahren nach Erlangung einer angenäherten Position zu wiederholen. In der Praxis der Schiffahrt dürften aber im allgemeinen F.T.-Peilungen nur auf Entfernungen, die geringer als 200 Sm sind, genommen werden und wird das Loggebesteck keine solche Abweichungen haben, daß ein für die Praxis in Frage kommender Fehler entsteht.

F.T.-Ortungskarten. Um die Verbesserungen der F.T.P. für Großkreise unnötig zu machen, sind Ortungskarten geschaffen worden, in denen alle Großkreise als gerade Linien abgebildet sind.

Die Marineleitung hat für die deutsche Nord- und Ostseeküste eine solche Karte (D.Adm.K. Nr. 8) herausgegeben, die folgenden Vermerk zur Erklärung und zur Anwendung der Karte enthält:

Alle Großkreise der Erde lassen sich in der Ortungskarte als Gerade abbilden, die sich fast genau unter den gleichen Winkeln wie auf der Erde schneiden. Da sich die von den Funkstellen ausgesandten elektrischen Wellen in Großkreisen über die Erde ausbreiten, so kann auf der Ortungskarte der Schiffsort durch gefunkte Peilungen in der gleichen

Weise bestimmt werden, wie auf einer Merkatorkarte durch Kompaßpeilungen terrestrischer Objekte. Zur Eintragung der Funkpeilungen dienen die um die Funkstellen als Mittelpunkte eingezeichneten farbigen Kompaßrosen. Um die gefunkte Peilung, die dem Großkreise „Funkstelle—Schiff“ entspricht, einzutragen, ziehe man die Gerade durch die der Peilung entsprechenden Teilstriche des äußeren und inneren gleichfarbigen konzentrischen Kreises oder durch den entsprechenden Teilstrich eines Kreises und den Ort der Funkstelle. Diese Gerade ist eine Standlinie des Schiffes zur Zeit der Peilung. Der Schnitt zweier Standlinien ergibt den Schiffsort. Der so ermittelte Schiffsort kann in eine Merkatorkarte am einfachsten unter Benutzung der auf dem mittleren Breitenparallel und dem mittleren Meridian eingezeichneten Teilungen eingetragen werden, wobei aber zu berücksichtigen bleibt, daß die Meridiane nach Norden zusammenlaufen.

Die Karte ist durch blaue starke Linien in große Felder mit Buchstaben- und durch blaue schwache Linien in kleine Quadrate mit Zahlenbezeichnung eingeteilt worden. Diese Einteilung und Bezeichnung soll dazu dienen, bei Unfällen von Flugzeugen u. dgl. den ungefähren Ort des Unfalls mit weniger Zeichen melden zu können, als dies bei Angabe der geographischen Koordinaten möglich wäre.

Richtungsempfangsanlagen.

a) Fremdpeilungen.

Diese sind nach verschiedenen Systemen gebaut, von denen hier die beiden Hauptarten kurz erwähnt werden sollen.

1. Goniometeranlage. Diese Richtungsempfangsanlage besteht aus einem Antennensystem (Antennenkreuz), dessen Antennenpaare Nord-Süd und Ost-West rechtweisend orientiert sind. Die Antennenpaare werden am stärksten durch die elektrischen Wellen beeinflußt, die aus der Richtung kommen, nach der das Antennenpaar hinzeigt. Ist die Lage des Empfängerpaares z. B. Ost-West, so erhält man die größte Lautstärke im Empfänger, wenn der Sender entweder Ost oder West von der Empfangsstation liegt. Ein Sender nördlich oder südlich von dem Ost-West-Antennenpaare würde nicht in diesem, sondern nur in dem Nord-Süd-Antennenpaare gehört werden.

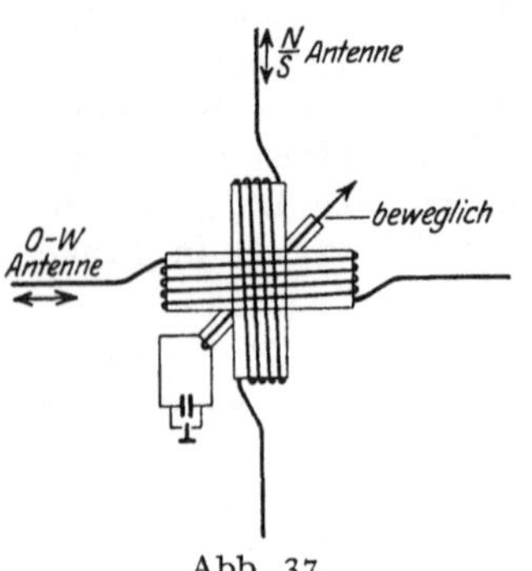

Abb. 37.

Um die zwischen den Hauptrichtungen liegenden Peilungen feststellen zu können, muß man sich eines besonderen Meßapparates, des sog. Goniometers — Winkelmessers — bedienen (Abb. 37), der aus einer besonderen Anordnung und Schaltung von festen Spulen und einer beweglichen Spule in Verbindung mit dem Empfänger besteht.

Die Goniometeranlagen eignen sich sehr gut für Landstationen; an Bord ist ihr Einbau auf großen Schiffen zwar möglich, aber ziemlich schwierig.

2. Vielfachantennenanlage. Bei diesem System wird das erste Antennenpaar Nord-Süd angeordnet, und weitere (etwa 15) Antennenpaare folgen in kurzen und gleichen Winkelabständen. Durch einen Drehkontaktschalter (Ringspule) werden die Antennenpaare nacheinander an den Empfangsapparat gelegt und das Lautminimum oder Lautmaximum festgestellt.

Diese beiden Systeme haben sich für Fremdpeilungen gut bewährt.

b) Empfangsanlagen für Eigenpeilungen.

Für Eigenpeilungen kommen folgende Anlagen hauptsächlich in Frage:

1. Telefunkenkompaß. An Land befindet sich ein Richtsender, dessen Standort, Wellenlänge und Einrichtung dem Schiffe genau bekannt sind. Der Richtsender ist meistens eine gewöhnliche, ungerichtete Antenne, um die 16 Antennenpaare im Kreise angeordnet sind. (Die Anordnung der Antennen kann aber auch anders sein.) Nachdem mit der ungerichteten Antenne ein Anfangssignal gegeben ist, werden alle die einzelnen Antennenpaare der Reihe nach automatisch in gleicher Zeitfolge an den Geber gelegt, wobei man mit den Nord-Süd-Antennen beginnt.

Der Beobachter an Bord setzt mit dem Hörer am Ohr bei dem Hören des Anfangs-Zeitsignals (sog. „Los“-Zeichens) eine Stoppuhr in Gang, die nach Graden bzw. Kompaßstrichen geteilt ist und die genau in der gleichen Zeitfolge herumläuft, wie die Antennenpaare am Geber angeschlossen werden. Die Minima der im Telephon wahrgenommenen Lautstärken markiert der Hörer am Rande der Stoppuhr und kann so die Richtung der Landstation bestimmen.

Der Vorteil dieser Methode ist besonders der, daß jeder normale Empfänger ohne besondere Einrichtungen der Bordstation in der Lage ist, seine Peilung auf sehr einfache Weise zu bestimmen.

Verlangt man von solcher Telefunkenkompaßstation aber eine sehr große Genauigkeit, so bedingt das, daß die Station sehr groß sein und viele Hunderte von Antennen haben muß. Diese Art von Stationen werden daher sehr teuer.

Wesentlich besser für Eigenpeilungen eignet sich nachstehender Apparat.

2. Funkpeiler (= Radiopeiler oder Braunsche Rahmenantenne).

Allgemeines. Dieser besteht aus einem runden Rahmen von etwa 1 m Durchmesser oder einer auf die Spitze gestellten drehbaren Spule von quadratischem Querschnitt und etwa 1 m Seitenlänge. Da eine offene Antennenanlage bei dem Funkpeiler fortfällt, so stellt dieser einen geschlossenen Schwingungskreis dar, der sich mit Hilfe von Verstärkerröhren außerordentlich scharf abstimmen läßt. Der Rahmen ist mit einer Anzahl Kupferwindungen versehen, die Enden des Drahtes sind einem Drehkondensator angeschlossen, der zum Zwecke der Hörbarmachung der Morsezeichen (oder auch Telephonzeichen) mit einem Hoch- und Niederfrequenzverstärker verbunden ist. Je nach der Konstruktion sind die Funkpeiler mit verschiedenen kleinen Zusatzapparaten versehen.

Die Richtungsangaben des einfachen Funkpeilers sind zweiseitig, da man ohne weitere Hilfsmittel nicht feststellen kann, ob der Sender sich vor oder hinter der Rahmenebene befindet. Um diese Zweideutigkeit aufzuheben, sind die neuen Funkpeiler mit einer Hilfsantenne versehen, die es in Verbindung mit der Rahmenantenne ermöglicht, die Richtung einwandfrei zu bestimmen.

Die Radiopeiler sind ziemlich unempfindlich gegen atmosphärische Störungen und besitzen die Eigenschaft, Wellen, die in der Richtung der Rahmenebene ankommen, besonders gut, solche, die aus einer dazu senkrechten Richtung kommen, überhaupt nicht aufzunehmen. Man braucht also nur nach vorhergehender Abstimmung auf die betreffende Welle bei beständigem Drehen des Rahmens das Maximum oder das Minimum der Lautstärke der ankommenden F.T.-Zeichen zu beobachten und auf einer mit dem Rahmen verbundenen Peilscheibe direkt die Lage des gebenden Senders zum Schiffe abzulesen. Da man das Minimum der Lautstärke besser feststellen kann als das Maximum, so sind die Peilscheiben des Funkpeilers so eingerichtet, daß man die Peilung an der Peilscheibe = Seitenpeilung erhält, wenn das Lautminimum festgestellt ist.

Die Kraftquelle für die Funkpeiler sind Akkumulatoren, die an Bord ohne Mühe geladen werden können.

Einbau von Funkpeilanlagen an Bord. Die elektrischen Wellen werden durch die Eisenmassen des Schiffes abgelenkt, und es hat sich als unbedingt notwendig herausgestellt, daß der Aufstellungsplatz — ähnlich wie bei dem Magnetkompaß — sorgfältig ausgewählt werden muß. Der Funkpeiler muß möglichst frei und von allen Eisenmassen weit entfernt aufgestellt werden. Ferner darf er nicht in der Nähe von starken Motoren stehen. Im allgemeinen wird sein Platz auf der Brücke und am besten auf hölzernen Ruderhäusern sein. Der Rahmen des Funkpeilers muß höher als alle etwa in der Nähe befindlichen Metallgeländer stehen. Der Funkpeiler muß mit einem Schutzkasten versehen sein, so daß er gegen Regen und Feuchtigkeit gut geschützt ist. Der Rahmen wird durch ein Gestänge mit den Empfangsapparaten verbunden, letztere werden natürlich am besten im Kartenhaus aufgestellt. Der günstigste Platz kann bereits während der Bauzeit auf der Werft mit Hilfe eines transportablen Funkpeilers ausgesucht werden.

Funkfehlweisung. Die von einem F.T.-Empfänger an Bord bestimmte Funkstrahlrichtung wird im allgemeinen nicht genau mit der Richtung des Großkreises zum Sender zusammenfallen.

Der Unterschied (rechtweisende Peilung — Funkpeilung) ist die Funkfehlweisung. Sie ist positiv, wenn die rw. Peilung größer als die Funkpeilung ist, in gleichsinnigem Gebrauch, wie wir es bei der magnetischen Mißweisung und bei der Kompaßdeviation gewohnt sind. Die Funkfehlweisung setzt sich zusammen aus einem vom Aufstellungsort des Empfängers abhängigen, mehr oder weniger gleichbleibenden Betrag, der örtlichen Ablenkung, und einer vom ganzen Wege der Funkstrahlbahn abhängenden Wegfehlweisung. Die örtliche Ablenkung (Funkbeschickung) muß bei einem Empfänger an Bord in ihrer Abhängigkeit von der Seitenpeilung durch Beobachtungen festgestellt werden.

Funkbeschickung (Fehler des Funkpeilers)[1]). Die von einer F.T.-Station ausgesandten elektrischen Wellen werden durch die Eisenmassen eines Schiffes, das die Richtung der ankommenden Strahlen bestimmen will, mehr oder weniger stark beeinflußt. Bei einem mittschiffs aufgestellten Funkpeiler werden die Wellen in der Richtung des Schiffskörpers abgelenkt. Einen etwa vier Strich von StB vorne ankommenden F.T.-Strahl wird man also vorderlicher — den Winkel also kleiner — beobachten. Bei einem so aufgestellten Funkpeiler wird man daher meistens eine Fehlerkurve, die einer $+D$-Kurve eines Magnetkompasses entspricht, erhalten.

Um eine beobachtete Funk-Seitenpeilung q verwenden zu können, hat man die Funkbeschickung f, d. i. die Ablenkung, die der ankommende Strahl durch das Schiff selbst erleidet, anzubringen; $q + f$ ist dann die beschickte Funk-Seitenpeilung, die zusammen mit dem rw. Kurs r die rw. Funk-Großkreispeilung $q + f + r$ ergibt. Beim Einzeichnen in die Merkatorkarte ist die Peilung dann noch gemäß S. 93 zu verbessern. Im allgemeinen wird man aber in unseren Breiten auf diese letzte Berichtigung verzichten können, falls die Entfernung 50 Sm nicht übersteigt.

Die Feststellung der Größe der Funkbeschickung für die einzelnen Grade der Seitenpeilung kann, wie nachstehend angegeben, erfolgen:

a) In Sicht von einer Land- oder Bordstation drehe man das seeklar gemachte Schiff auf der Stelle möglichst langsam und beobachte gleichzeitig mit dem Funkpeiler die gebende F.T.-Station und peile diese gleichzeitig mit der Peilscheibe. Der Unterschied zwischen der optischen Peilung mit der Peilscheibe und der Peilung mit dem Funkpeiler ist die Funkbeschickung.

b) Das Schiff liegt zu Anker und ein mit F.T. ausgerüsteter Dampfer umfährt das Schiff in einem Abstande von 2—3 Sm. Das Verfahren ist sonst das gleiche wie bei a).

c) Ist die F.T.-Station nicht in Sicht, so bestimme man genau die Schiffsposition und die rw. Peilung der F.T.-Station, drehe dann das Schiff langsam auf der Stelle und peile die Station mit dem Funkpeiler und beobachte gleichzeitig bei jeder Peilung den Kompaß. Berechne dann nach folgendem Schema die Funkbeschickung:

1.	2.	3.	4.	5.	6.
Kompaßkurs	rechtw. Kurs	rechtw. Peilung der F.T.-Station nach der Karte	3 — 2 = richtige Peilung nach der Peilscheibe	Funk-Seitenpeilung q	4 — 5 = Funkbeschickung f
z. B. 81°	71°	129°	58°	45°	+13°
17°	7°	129°	122°	135°	—13°

(Dieses Schema ist nur gültig, wenn die F.T.P. nicht für Großkreis beschickt werden muß.)

Voraussetzung für dieses Verfahren ist, daß der rw. Kompaßkurs und die Position genau bekannt sind.

[1]) Es sind hier die von Telefunken bzw. der Reichsmarine geprägten Ausdrücke und Bezeichnungen gewählt worden.

Die erhaltenen Funkbeschickungen trage man auf Millimeter- oder Gitterpapier auf, zeichne nach Art der Ablenkungskurven bei Deviationsbestimmungen eine Funkbeschickungskurve und trage die erzielten Werte für die einzelnen Grade oder für jeden zweiten Grad der Seitenpeilung in eine Funkbeschickungstabelle ein.

Funkbeschickungstabelle.

Dampfer:.. Welle:..

Schiffsort	Sendestation	Sendeart (gedämpft oder ungedämpft)	Abstand von Sendestation	Datum und Name des Beobachters

Funk-Seitenpeilung	Funkbeschickung	Funk-Seitenpeilung	Funkbeschickung
0°	z. B. $\pm 0°$	180°	z. B. $-0{,}5°$
2°	$+2°$	182°	$+1{,}5°$
usw. bis 178°	.	usw. bis 358°	.

Man sollte genau wie bei der Deviationsbestimmung nach Möglichkeit eine Links- und eine Rechtsdrehung vornehmen, damit Schlepp-, Befehlsverzugsfehler usw. eliminiert werden.

Hat man nicht die Möglichkeit, für alle Richtungen Seitenpeilungen zu erhalten, so kann man sich dadurch helfen, daß man sich eine Tabelle berechnet nach der Formel:

$$f = A + B \sin q + C \cos q + D \sin 2q + E \cos 2q$$ [1])

(also nach einer Formel. die aus der Deviationslehre bekannt ist!) Im allgemeinen wird für mittschiffs und gut aufgestellte Funkpeiler nur D von wirklicher Bedeutung sein. Dieser Koeffizient kann allerdings ziemlich groß werden, D-Beträge von $+6°$ bis $+14°$ dürften keine Seltenheit sein.

Es ist unbedingt notwendig, daß für die wichtigsten Peilwellen eine besondere Funkbeschickungstabelle aufgestellt wird (z. B. für 600, 800, 1000, 1200 m)!! Bei kleinen Wellen sind die Fehler meistens erheblicher als bei größeren.

---

[1]) Die weiteren Glieder der Formel sind:

$$F \sin 3q + G \cos 3q + K \cdot \sin 4q + L \cdot \cos 4q\,.$$

Diese sextantalen und oktantalen Teile der Fehlerkurve sind aber in der Regel so klein (wie beim Magnetkompaß), daß sie vernachlässigt werden können. Nur K ist zuweilen mit einem merklichen positiven Wert aufgetreten. Die Berechnung der Koeffizienten A, B, C usw. geschieht wie in der Deviationslehre. Nur hat man statt der Kompaßkurse z die Funkseitenpeilung q und statt der Deviation δ die Funkbeschickung f einzusetzen, wobei $\delta_n = f0$, $\delta_{no} = f45$ usw. bedeuten. Also:

$$A = \tfrac{1}{4}(f0 + f90 + f180 + f270);\quad B = \tfrac{1}{2}(f90 - f270);\quad C = \tfrac{1}{2}(f0 - f180);$$
$$D = \tfrac{1}{4}(f45 - f135 + f225 - f315);\quad E = \tfrac{1}{4}(f0 - f90 + f180 - f270);$$
$$F = \tfrac{1}{6}(f30 - f90 + f150 - f210 + f270 - f330);$$
$$G = \tfrac{1}{6}(f0 - f60 + f120 - f180 + f240 - f300);$$
$$K = \tfrac{1}{8}(f22{,}5 - f67{,}5 + f112{,}5 - f167{,}5 + f202{,}5 - f247{,}5 + f292{,}5 - f337{,}5);$$
$$L = \tfrac{1}{8}(f0 - f45 + f90 - f135 + f180 - f225 + f270 - f315)\,.$$

Kontrolle der Funkbeschickung des Funkpeilers. Wie der Nautiker den Magnet- oder auch den Kreiselkompaß kontrollieren muß, so hat er auch den Funkpeiler zwecks Kontrolle der Funkbeschickung zu beobachten. Solche Beobachtungen können natürlich nur erfolgen, wenn der Schiffsort genau bekannt ist. Sie sind aber auch von Wert zur Feststellung von etwaigen Fehlern oder Wegablenkungen der Sendestationen (siehe Genauigkeit der F.T.P. S. 106). Als Schema[1]) für solche Kontrollbeobachtungen kann man folgendes verwenden:

	Beispiel 1	Beispiel 2
1. Schiff	*X*	*X*
2. Datum	15. VI. 24	15. VI. 24
3. Uhrzeit	$10^h\ 20^m$ *MGZ*	$14^h\ 40^m$ *MGZ*
4. φ und λ nach Beobachtung	53° 50′ N 7° 50′ O	53° 45′ N 6° 30′ O
5. Sendestation	*Y*	*Z*
6. Welle	800	1000
7. Entfernung in Sm	30	60
8. Funk-Seitenpeilung (unverbessert)	208°	198,5°
9. Funkbeschickung (bisher)	+11°	+9°
10. rechtw. Kurs	269°	260°
11. Beschickung auf Merkatorpeilung (falls erforderlich)	±0°	+0,5°
12. rechtw. Funk-Merkatorpeilung (8 + 9 + 10 + 11)	128°	108°
13. rechtw. Peilung nach der Karte	126°	109°
14. Unterschied	−2°	+1°
15. Falls keine Wegablenkung (siehe Genauigkeit der F.T.P. S. 106) vorliegt, würde die Funkbeschickung nun folgende sein (9 + 14)	+9°	+10°

16. Bemerkungen: Wann und wo letzte Funkbeschickung bestimmt? Güte des Minimums?
Angaben über Wetter, den Bordbetrieb und andere Faktoren, die die Funkpeilungen beeinflussen können (z. B. aufgebrachte Ladebäume usw.).

Kompensation der Funkpeiler. Die Aufhebung des Einflusses der Eisenmassen des Schiffskörpers auf den Funkpeiler ist bereits versucht worden. Es wird voraussichtlich eine Kompensation der Funkpeiler möglich sein, doch wird diese stets von Fall zu Fall besonders ausgeführt werden müssen, so daß keine Regeln für die Kompensation der Funkpeiler gegeben werden können.

Ein Aufstellungsfehler des Funkpeilers, der ein + oder $-A$ erzeugt, kann leicht durch Verstellen des 0°-Striches beseitigt werden (bei $+A$ 0°-Strich nach StB, bei $-A$ 0°-Strich nach BB).

Der Funkpeiler von Telefunken (Debeg)[2]).

Von den vielen Rahmenantennen, die für Bordzwecke konstruiert worden sind, hat sich bisher nur der Funkpeiler von Telefunken

[1]) Die Reichsmarine nimmt mit Dank alle Beobachtungen dieser Art entgegen. Der Nautiker sollte aus eigenem Interesse die Entwicklung des Funkpeilwesens unterstützen.

[2]) Die Zeichnung und Angaben wurden von Telefunken (Debeg) freundlicher Weise zur Verfügung gestellt.

in der Praxis bewährt. Mit ihm wurden aber bereits sehr gute Ergebnisse erzielt.

Nachstehend bringen wir eine schematische Skizze einer Anlage des Funkpeilers von Telefunken und eine Gebrauchsanweisung nebst Wellentabelle. Aus den Angaben ist ersichtlich, daß die Handhabung keine

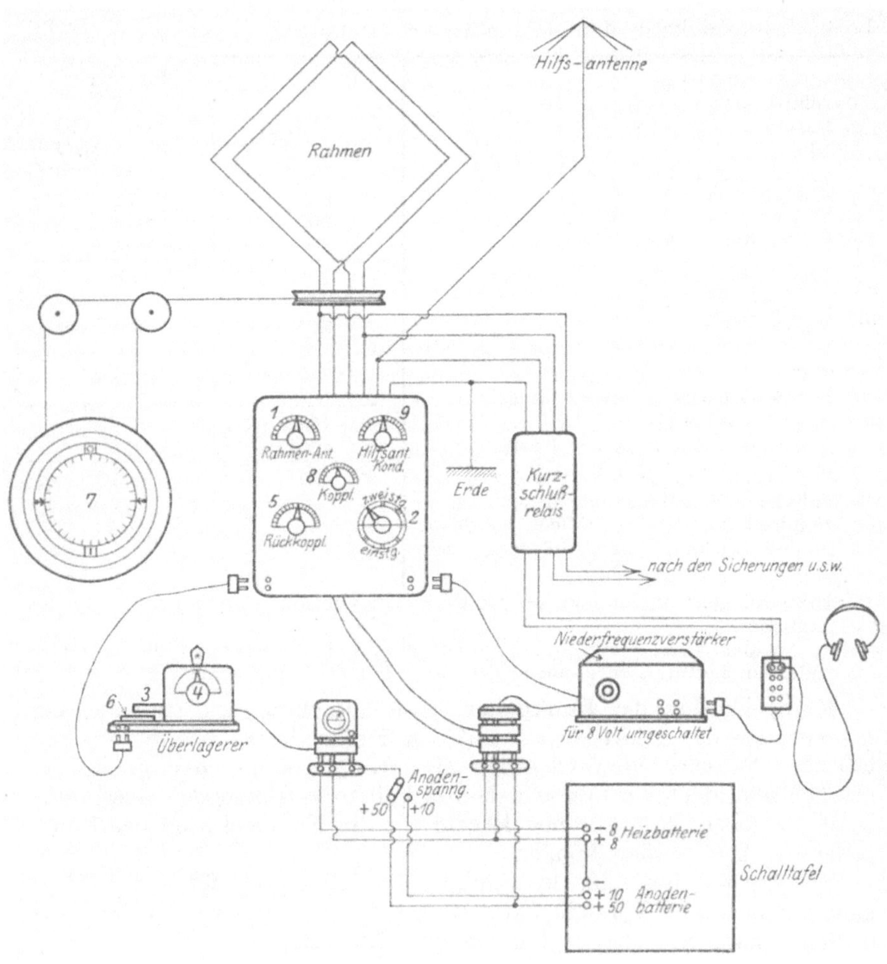

Abb. 38. Schematische Skizze eines Funkpeilers von Telefunken (Debeg).

Schwierigkeiten bietet. Selbstverständlich kann man aber nur brauchbare Resultate erwarten, wenn man häufige Übungen mit dem Funkpeiler anstellt. Der Funkpeiler wird auch in Verbindung mit einem Kreiseltochter-Kompaß geliefert, so daß man, falls keine Funkfehlweisung vorhanden ist, sofort die rw. Peilung erhält.

Beispiel einer Wellentabelle und Gebrauchsanweisung für den Funkpeiler von Telefunken (Debeg)

für Dampfer ....X........

	1	2		2	9	3	4
Welle	Rahmenabstimmung	Hilfsantenne für				Überlagerer	
		Peilung		Seitenbestimmung			
		Schalter	Abstimmung	Schalter	Abstimmung	Spule	Abstimmung
	z. B.				z. B.		z. B.
400	10	lose	—	400/600	30	I	25
500	25	lose	—	400/600	65	I	35
600	35	lose	—	400/600	110	I	50
700	50	mittel	—	600/900	55	II	70
800	70	mittel	—	600/900	85	II	20
900	90	mittel	—	600/900	120	II	25
1000	115	fest	—	900/1200	65	II	30
1100	140	fest	—	900/1200	85	II	35
1200	165	fest	—	900/1200	110	II	45

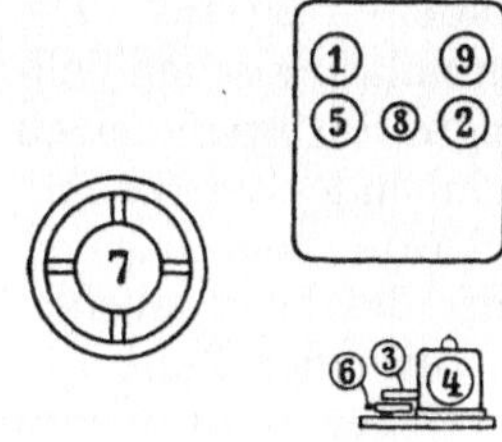

Abb. 39.
1 = Rahmenabstimmung.
2 = Hilfsantennenschalter.
3 = Überlagererspule.
4 = Überlagererabstimmung[1]).
5 = Rückkopplung.
6 = Überlagererkopplung.
7 = Peilskala.
8 = Kopplung Rahmen-Hilfsantenne.
9 = Hilfsantennenabstimmung.

Peilung[2])	
Seite ist bekannt	Seite ist unbekannt
a) 1, 2 (zweiseitig), 3, 4 nach Wellentabelle einstellen. b) 1, 4, 5, 6 auf größte Hörbarkeit. (Bem. b). c) 7 und 8 auf kleinste Hörbarkeit. d) 7 Peilung ablesen. Bemerkung a): Bei 7 ist die schwarze Punktmarke in die Funkstrahlrichtung zu stellen. Bemerkung b): Bei großen Hörbarkeiten von Funkensendern ist der Überlagerer nicht erforderlich. d. h. die Bedienungen 3, 4, 6 fallen fort.	Vorpeilung: 1, 2 (zweiseitig), 3, 4 nach Wellentabelle einstellen. 1, 4, 5, 6 auf größte Hörbarkeit. (Bem. b). 7 roh in ein Minimum stellen. 8 auf 10° blau oder rosa. Seitenbestimmung: 2 (einseitig) u. 9 nach Wellentabelle einstellen. 9 auf größte Hörbarkeit. 8 auf kleinste Hörbarkeit. Zeiger auf 0° stellen. 7 um 90° schwenken. 8 Farbe mit kleinster Horbarkeit suchen. 7 bei ermittelter Farbe, Seite ablesen. Hat man einmal die Seite bestimmt, so braucht man nur die Griffe a) bis d) auszuführen.

Die Bordstation muß ausgeschaltet werden[3]); die Bordantennen müssen abgeschaltet sein und dürfen nicht geerdet werden!

Akkumulatoren. Den für den Betrieb benötigten Strom entnimmt die Anlage einer Akkumulatorenbatterie, deren Wartung dem Nautiker obliegt.

[1]) Überlagerer. Der Überlagerer ist ein kleiner ungedämpfter Hilfssender. Er dient zur Hörbarmachung der Signale von ungedämpften Sendern und zur Verstärkung der schwachen Funksendersignale.

[2]) Zunächst sind die Batterien und Stromkreise der Anlage einzuschalten, der Kopfhörer anzulegen. Nach beendigter Peilung ist der Apparat sofort auszuschalten.

[3]) Es wird von Wissenschaft und Technik darauf hingearbeitet, daß sowohl die Bordstation wie auch der Funkpeiler gleichzeitig arbeiten können. Es ist zu erhoffen, daß das Ziel bald erreicht wird.

Die Batterien sind auszuwechseln und auf Ladung zu schalten, wenn bei eingeschaltetem Funkpeiler folgende Spannungen unterschritten sind:

Heizspannung . . . 7,2 Volt
Anodenspannung . . 52 Volt.

Zum Beginn der Ladung sind die Verschlußstöpsel der einzelnen Zellen herauszuziehen. Die Ladung ist abzuschalten, nachdem sämtliche Zellen der Batterien eine halbe Stunde starke Gasentwicklung zeigen. In diesem Zustand sollen bei richtiger Säuredichte unter Ladung

die Heizbatterien . . 10,8 Volt Spannung
und die Anodenbatterien . 67 „ „

haben. Bei falscher Säuredichte werden größere oder kleinere Spannungen erzielt. In diesem Falle ist nach einer halben Stunde starker Gasentwicklung abzuschalten, und es ist Sorge zu tragen, daß die Batterien instand gesetzt werden.

Da bei der Ladung Knallgas entsteht, so ist es nicht statthaft, sich dem Batterieschrank mit glimmendem oder offenem Feuer zu nähern. Nicht rauchen!!

Bei guter Wartung sehen die positiven Platten nach vollständiger Ladung blauschwarz bis dunkelbraun, etwa schokoladenfarbig aus. Die negativen Platten eines in Ordnung befindlichen Akkumulators sehen hellgrau aus. Infolge ungenügender Ladung vernachlässigte Batterien zeigen weiße Flecke an den negativen Platten, ein Zeichen beginnender Zerstörung.

Der Säurespiegel soll stets über der Plattenoberkante stehen.

Die Säuredichte ist alle 2 Monate einmal mit Hilfe des beigegebenen Stechhebers mit Aerometer zu prüfen. Dieses hat bei jeder Zelle der Heiz- und der Anodenbatterien zu erfolgen. Der Heber wird hierzu nach Entfernung des Gummipfropfens so weit in die Zelle hineingesenkt, bis er sich bei nachlassendem Druck auf dem Gummiball mit Säure füllt. Das Aerometer zeigt durch sein mehr oder weniger tiefes Schwimmen das spezifische Gewicht der Säure an. Die Säuredichte soll im geladenen Zustande der Batterie bei den Heizbatterien ein spez. Gewicht von 1,20 (24° Bé) und bei Anodenbatterien ein spez. Gewicht von 1,24 (28° Bé[1]) betragen. Ist die Dichte größer, so muß destilliertes Wasser nachgefüllt werden, die Säure also so weit verdünnt werden, bis sie die erwünschte Dichte erreicht.

[1]) Die Aerometer der meisten Hebersäuremesser sind nach Graden Baumé = Bé geeicht.

Dichte der Schwefelsäure in Bleiakkumulatoren bei +15° C.

Grade Baumé	0	10	15	20	22	23	24	25	26
Spez. Gewicht	1,000	1,075	1,116	1,162	1,180	1,190	1,200	1,210	1,220
100 Gew. Teile enthalten H_2SO_4 %	0,9	10,8	16,2	22,2	24,5	25,8	27,1	28,4	29,6

Grade Baumé	27	28	29	30	40	50	60	66
Spez. Gewicht	1,231	1,241	1,252	1,263	1,383	1,530	1.711	1.842
100 Gew. Teile enthalten H_2SO_4 %	31,0	32,2	33,4	34,7	48,3	62,5	78,1	100,0

Ist die Säuredichte geringer, so kann dieselbe entweder durch länger andauerndes Laden oder durch Hinzufügen frischer Säure vom spez. Gewicht 1,24 ausgeglichen werden.

Die Säuredichte kann auch als Maß für die Aufladung des Akkumulators dienen, da dieselbe je nach dem elektrischen Zustand des Akkumulators verschieden ist. Man erkennt die erfolgte Aufladung auch daran, daß die Säuredichte der Zellen ein spez. Gewicht von etwa 1,24 erreicht hat und im Laufe einer Stunde nicht mehr steigt.

Bei gänzlicher Erneuerung der Säure eines Akkumulators soll chemisch reine, verdünnte Schwefelsäure vom spez. Gewicht 1,24 verwandt werden.

Verstärkerröhren. Der gesamte Röhrenbestand einschließlich der Reserveröhren ist vor der Ausreise auf seine Brauchbarkeit zu prüfen. Gibt das Gerät trotz gut geladener Batterien und brennender Röhren keine Verstärkung, so hat das Vakuum einer Röhre gelitten. Die unbrauchbare Röhre ist auszuwechseln und als unbrauchbar zu kennzeichnen. Brennt eine Röhre oder zwei Röhren nach Anschalten der Batterie nicht, so ist der Glühfaden der einen Röhre durchgebrannt, die verbrauchte Röhre ist durch Austauschen zu suchen.

In dem Empfänger, Verstärker und Überlagerer sind nur die hierfür bestimmten Röhren zu verwenden.

In dem Überlagerer sind Röhren bestimmter Art mit dem dazugelieferten Eisenwiderstand einzusetzen. Brennt die Röhre nach Anschalten der Batterie nicht, so ist sowohl die Röhre als auch der Widerstand zu ersetzen. Gibt der Überlagerer bei brennender Röhre und guten Batterien keine Schwingungen, so ist gleichfalls die Röhre und der Eisenwiderstand auszutauschen.

Prüfung des Funkpeilers. Der Funkpeiler ist von Zeit zu Zeit bei Fernempfang zu prüfen. Ein einfaches Kennzeichen für gute Betriebsfähigkeit und gute Isolation ist das Einsetzen der Schwingungen beim schnellen Drehen der Rückkopplung. Solange diese Schwingungen immer an gleicher Stelle der Rückkopplung einsetzen, ist die Isolation im Gerät und Rahmenkreis in Ordnung. Ist zum Einsetzen der Schwingungen eine festere Rückkopplung erforderlich, so kennzeichnet dies ein Nachlassen der Isolation im Rahmenkreis, vorausgesetzt, daß die Batteriespannung normal ist.

Die schlechte Rahmenisolation entsteht durch Eindringen von Feuchtigkeit und durch Ansetzen einer Salzschicht an Klemmen und Anschlüssen. Der Rahmen muß also sorgfältig gegen Feuchtigkeit geschützt und eine ansetzende Salzschicht von Zeit zu Zeit durch Abpinseln beseitigt werden.

Entstehen beim Drehen des Rahmens Nebengeräusche, so ist dieses ein Kennzeichen, daß im Rahmen oder in den Anschlußleitungen Wackelkontakte vorhanden sind, die durch Nachziehen der Verbindungsschrauben und Überbrücken des Wackelkontaktes durch eine Lötstelle beseitigt werden müssen.

Hat die Empfindlichkeit beim Fernempfang und bei gut geladenen Batterien merklich nachgelassen, so ist dieses ein Kennzeichen, daß die

Röhren im Empfänger oder Verstärker verbraucht sind. Diese Röhren sind auszuwechseln.

Im allgemeinen sind bei sorgfältiger Behandlung Störungen am Funkpeiler selten. Nach jeder Reise lasse man die Anlage, falls kein Fachmann an Bord ist, durch die liefernde Firma nachprüfen.

Erzielung von F.T.-Peilungen.

a) Fremdpeilung.

An einzelnen Küsten — meistens in der Nähe großer Hafenplätze — sind vielfach F.T.-Empfangsstationen ohne Sendeeinrichtungen (nach dem Vielfachantennen- oder Goniometersystem) aufgestellt, die Stationen sind durch Landtelegraphenleitungen untereinander und mit einer mit Sendeapparat ausgerüsteten Funkstelle verbunden. Letztere übernimmt die Leitung des Peildienstes.

So hat z. B. die Funkstation Nordholz die Leitung für die F.T.P.-Stationen Borkum, Nordholz und List.

Wünscht ein mit einer F.T.-Station ausgerüstetes Schiff seinen Schiffsort oder seine Peilung von den F.T.P.-Stationen, so ruft es nach den Vorschriften für den internationalen Funkverkehr die Leitstelle an und erbittet entweder die Einzelpeilungen oder den Schiffsort. Die dabei anzuwendenden Abkürzungen sind:

QTE = Wie ist meine rechtweisende Peilung?
QTF = Wie ist mein Standort nach Funkpeilung?

Die Leitstation fordert im allgemeinen dann die Schiffsstation auf, mit einer bestimmten Welle den Rufnamen oder *vvv* . . . zu geben. Die F.T.P.-Empfangsstationen bestimmen die Peilung und melden das Resultat sofort an die Leitstation, die dem Schiff dann die Peilungen oder den Schiffsort selbst gibt.

Es empfiehlt sich, daß die größeren Schiffe sich die Peilungen, die kleineren den Schiffsort von der Leitstation geben lassen.

Die einzelnen Funkpeilstellen arbeiten aber recht verschieden. Im „Nautischen Funkdienst" ist ausführlich angegeben, wie man die Peilungen von jeder F.T.P.-Station erhält.

Die erhaltenen F.T.P. sind gemäß S. 93 bei Verwendung in der Seekarte für Großkreis zu berichtigen!

Genauigkeit der F.T.-Fremdpeilungen. Im allgemeinen können mit guten Stationen und gutem Personal F.T.P. von einer Genauigkeit von 1° bis 2° erzielt werden.

Um den größtmöglichsten Grad der Genauigkeit zu erzielen, ist es wichtig, daß die Senderenergie dem Abstand von der Empfangsstation angepaßt wird, da durch überstarkes Senden, das für die Peilung benötigte Minimum unscharf wird. Zu beachten ist ferner, daß sich die F.T.-Wellen erst in einer Entfernung von etwa 10 Wellenlängen gut ausgebildet haben; eine Station, die z. B. mit einer Wellenlänge von 600 m arbeitet, muß daher mindestens in einem Abstand von etwa 6000 m (ca. 3,2 Sm) von einem Schiff liegen, das sich von dieser Station peilen lassen will.

Große Sorgfalt ist auf die Abstimmung und auf die Gleichmäßigkeit der Zeichen zu verwenden.

Bei manchen F.T.P.-Stationen ist es möglich, daß sie nicht in der Lage sind, einen Unterschied zwischen Peilung und Gegenpeilung zu machen, so daß also ein Unterschied von 180° in den Angaben vorhanden sein kann. Im allgemeinen wird aber dann die Schiffsführung selbst entscheiden können, welche Peilung zu nehmen ist.

Die F.T.-Wellen werden namentlich an den Küsten, also beim Übergang von Wasser und Land oder umgekehrt (und zwar fast stets nach dem Wasser zu), ferner durch starke Wolkenbildung, Gewitterbildung und Nebel zeitweise abgelenkt (Wegablenkung), doch scheinen diese Störungen nicht so groß zu sein, wie vielfach angenommen wurde.

Einige Gebiete scheinen Störungen besonders zu begünstigen, so z. B. Gegenden, wo sich Erzlager befinden. Im „Nautischen Funkdienst" wird nähere Auskunft über solche Störungsgebiete gegeben. So sind z. B. die Funkpeilungen der F.T.P.-Station List in einem Sektor etwa zwischen 187—194° (von der Station ausgerechnet) ungenau.

Um zuverlässige F.T.P. zu erhalten, lasse man sich mehrmals in kurzen Abständen peilen, da dann die Landstation sich besser auf die Bordstation eingestellt haben wird.

Damit die Schiffsführung Zutrauen zu den F.T.P. erhält und damit das F.T.-Personal an Bord und Land Übung und Sicherheit in der Bestimmung von F.T.P. erhält, ist es unbedingt notwendig, daß bei jeder Gelegenheit auch bei klarem Wetter und bekanntem Schiffsort Versuchs- und Übungs-F.T.P. genommen werden. (Die deutschen F.T.P.-Stationen geben zur Zeit die F.T.P. umsonst.)

Für solche F.T.P. bediene man sich folgenden Schemas[1]):

	Beispiel
Schiff	*X*
Datum	10. VI. 24
Uhrzeit	$17^h\ 55^m$ *MGZ*
F.T.-Station	*Y*
Welle	800 m
Von der Station erhaltene F.T.P.	269°
Verbesserung für Großkreis	—1°
rechtw. F.T.P. für Merkatorkarte	268°
rechtw. Peilung nach Beobachtung	270°
Unterschied (Funkfehlweisung)	+2°
Schiffsort nach Beobachtung	$\varphi = 53°\ 44'$ N, $\lambda = 5°\ 19'$ O } nach Landpeilung
Entfernung Schiff—Peilstation	120 Sm

Bemerkung über Zuverlässigkeit des Schiffsortes, Wetter, Barometer, Begleitumstände usw.

b) Eigenpeilungen.

Eigenpeilungen können von Bord aus mit einer einfachen F.T.-Station genommen werden, wenn eine Landstation Zeichen mit einem Telefunkenkompaß aussendet. Ferner können von Bord aus F.T.P. beobachtet

[1]) Die Reichsmarine nimmt mit Dank alle Beobachtungen dieser Art entgegen. Der Nautiker sollte aus eigenem Interesse die Entwicklung des F.T.-Wesens fördern.

werden, wenn das Schiff mit einer gerichteten Antennen- und einer Goniometerempfangsanlage oder aber mit einem Funkpeiler ausgerüstet ist.

Es ist anzunehmen, daß der Funkpeiler in kürzester Zeit eines der wichtigsten Hilfsmittel der Navigation sein wird.

Die Eigenpeilungen müssen genau wie die Fremdpeilungen, wenn sie in der Seekarte verwendet werden sollen, für Großkreis berichtigt werden (s. S. 93). Ferner sind an die durch Funkpeiler (oder Goniometeranlagen) erzielten F.T.P. die Funkbeschickungen anzubringen (s. S. 99).

Durch atmosphärische Störungen können die F.T.-Eigenpeilungen ebenfalls beeinflußt werden (s. S. 107).

Eigenpeilungen in Verbindung mit U.T. lassen sich gut zur Ortsbestimmung durch Peilung und Abstand verwenden (s. auch S. 84). So gibt z. B. das Feuerschiff Graadyb (und andere) Unterwasser- und Funknebelsignale.

Nachstehende Darstellung veranschaulicht das Zusammenwirken der Signale des Feuerschiffes Graadyb (s. S. 84):

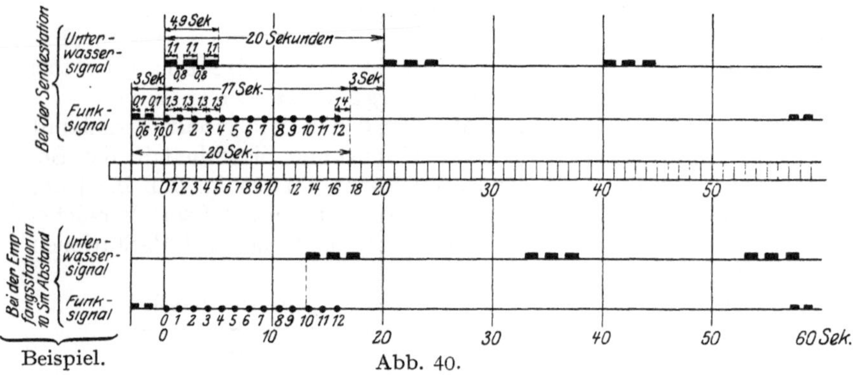

Abb. 40.

Es werden funktelegraphische Nebelsignale gegeben, so daß Schiffe, die diese Signale und die Signale mit der Unterwasserglocke beobachten, außer der Richtung des Feuerschiffes auch den Abstand von ihm bestimmen können, wenn er 12 Sm oder weniger beträgt.

In der Praxis betrachtet man als F.T.-Standlinie der Merkatorkarte immer die auf loxodromische Peilung beschickte Großkreispeilung. Dies hat aber, streng genommen, nur für kleine Entfernungen Gültigkeit. Bei großen Entfernungen über 500 Sm erhält man als Standlinie bei Fremdpeilung die Großkreispeilung und bei Eigenpeilung die „Azimutgleiche“. Siehe darüber „Nachtrag“ am Schluß des Buches.

Schema für die Berechnung einer mit dem Funkpeiler genommenen Peilung zur praktischen Ortsbestimmung.

	z. B.
1. Funkseitenpeilung	130°
2. Funkbeschickung	−10°
3. Berichtigte F.T.-Seitenpeilung	120°
4. rechtw. Kurs	200°
5. rechtw. Großkreispeilung	320°
6. Großkreisbeschickung	−1°
7. rechtw. Peilung für die Seekarte	319°

Bei kleinen Entfernungen wird man stets 5 = 7 setzen können; Ziffern 6 und 7 fallen dann fort.

Für Versuchs- und Kontroll-Funkpeilungen benutze man das auf S. 101 gegebene Schema.

„Nautischer Funkdienst".

Wie jedes Schiff mit Seekarten, Seehandbüchern und Feuerbüchern ausgerüstet sein muß, so darf an Bord eines mit F.T. ausgerüsteten Schiffes auf keinen Fall der neueste „Nautische Funkdienst" mit seinen Nachträgen fehlen, der fortlaufend gewissenhaft nach den N. f. S. berichtigt werden muß.

Dieses Buch wird wie die Feuerbücher von der Marineleitung herausgegeben. Aus dem Werke kann der Nautiker in bequemer Weise ersehen, welche Angaben ihm die einzelnen F.T.-Stationen geben können. Das Buch enthält folgende Abschnitte: Funkpeilungen, Funknebelsignale, Zeitsignale, Wetterberichte und Sturmwarnungen, Eismeldungen, Nautische Warnnachrichten, Erdbebenmeldungen, Ärztliche Ratschläge an Seeleute durch Funkspruch, Küstenfunkstellen, Notsignale, Gesetzliche Bestimmungen, Namenliste.

Mit dem „Nautischen Funkdienst" muß sich jeder Nautiker vertraut machen. Es sollten stets zwei Exemplare des Buches an Bord sein, und zwar das eine im Kartenhaus und das andere im F.T.-Raum.

Ohne gründliche Übung werden mit der F.T. keine Ergebnisse erzielt. Beherrscht der Nautiker aber die F.T., so kann sie für die Schiffsführung von großem Nutzen sein. Besonders bei unsichtigem Wetter ist die drahtlose Telegraphie ein äußerst wichtiges Hilfsmittel, das der Nautiker nie versäumen sollte, gehörig auszunutzen.

3. Drahtlose Telephonie (D.T.)[1]).

Allgemeines. Es lag nahe, daß man nach der Entdeckung und Vervollkommnung der drahtlosen Telegraphie auch versuchte, drahtlos zu telephonieren. Man erkannte aber bald, daß man, um zum Ziele zu gelangen, einen Luftleiter haben müßte, der ähnlich dem Leitungsdraht für das gewöhnliche Telephon eine Rinne bildete, welche die elektrischen Schwingungen, die der menschlichen Stimme entsprechen, an die Aufnahmestelle leitete.

Erst der fortlaufende ungedämpfte Wellenzug von schnellen Schwingungen, wie sie mit Hilfe der Hochvakuumröhren oder auch des Lichtbogensenders oder der Hochfrequenzmaschine erzeugt werden können, gestattete, die drahtlose Telephonie zu verwirklichen. Den ungedämpften Schwingungen werden die Mikrophonschwingungen eines Telephons überlagert; die ungedämpften Wellen sind so die Träger der Lautschwingungen. Für die sehr schnellen ungedämpften Schwingungen ist unser Ohr unempfindlich, dagegen nimmt es das langsame An- und Abschwellen, hervorgerufen durch die überlagerten Mikrophonschwingungen, wahr.

Die D.T. beruht wie die F.T. auf der Fernwirkung elektrischer Wellen, die von einer Sendeantenne aus nach allen Richtungen im Raume ausstrahlen. Die Entfernung, auf die drahtlose Gespräche gehört werden

[1]) Siehe auch „Drahtlose Telegraphie" und „Signaldienst".

können, richtet sich nach der Stärke des Senders. Hierbei ist ebenso wie bei der F.T. die Möglichkeit vorhanden, beliebige Wellenlängen zu verwenden. Die verschiedenen Wellen als Träger für Gespräche lassen sich durch Abstimmung trennen, es können daher auch gleichzeitig mehrere Gespräche geführt werden, die aber natürlich von jedermann abgehört werden können.

Schwierigkeiten traten bei der Lösung der Frage des „Gegensprechens" auf, d. h. des wechselseitigen Fragens und Antwortens, wie man es bei dem gewöhnlichen Telephon kennt, doch ist es auch hier der Technik gelungen, eine Lösung zu finden. Ermöglicht wurde die hohe Vollkommenheit der D.T. durch die Erfindung der Hochvakuumröhren.

Genauigkeit der D.T. s. F.T. S. 106.

Anwendungsbereich für die Schiffahrt. Da im internationalen F.T.-Verkehr die Verständigung durch Morsezeichen wegen ihrer allgemeinen Verständlichkeit das Gegebene ist, da ferner die F.T. sich für große Entfernungen besser eignet und billiger ist als die D.T., so ist der Anwendungsbereich für die D.T. in der Schiffahrt ein beschränkter. Auf See ist die D.T. für den Nautiker ein praktisches Verständigungsmittel, um mit in der Nähe befindlichen Schiffen der gleichen Nation in Verbindung zu treten. Vor allen Dingen erleichtert aber die D.T. in der Nähe der Küsten der heimischen Gewässer den Nachrichtenaustausch zwischen Schiff und Reederei. Die Schiffsleitung kann mit der Reederei direkt in Verbindung treten, sie kann ferner mit entgegengesandten Schleppern und Tendern sprechen und diesen Anweisungen geben, sie kann D.T.-Wetterberichte und N. f. S., wie sie von einigen Küstenstationen als Rundfunk gegeben werden, empfangen und kann schließlich, wenn das Schiff mit einem Funkpeiler ausgerüstet ist, die D.T.-Station peilen und zur Ortsbestimmung ausnutzen!

Da die Einrichtung und die Handhabung von D.T.-Stationen immer mehr und mehr vereinfacht werden, so werden diese ohne Zweifel im Küstenverkehr eine steigende Verbreitung finden. Der Nautiker sollte auch dieses praktische Hilfsmittel nach Möglichkeit ausnutzen.

4. Schallortung.

Allgemeines. Bei diesem Hilfsmittel der technischen Navigation wird mit mehreren an Land aufgebauten Mikrophonsystemen, die in bekannten Abständen auf einer Basis verteilt und einem Zeitmesser angeschlossen sind, die Auftreffzeit der Schallwellen bestimmt, die von dem zu peilenden Schiff durch Abgabe eines Schallsignals erzeugt werden. Aus dem Unterschied der Empfangszeiten bei den verschiedenen Empfangsstellen wird der jeweilige Abstand und hieraus der Schiffsort bestimmt, der dem Schiff durch F.T. übermittelt wird.

Handhabung. Das Schiff, das seinen Ort im Nebel bestimmen lassen will, funkt diesen Wunsch an die Landstation. Von dort kommt die Aufforderung, ein Schallsignal abzugeben. Dieses wird vom Schiff gegeben und von einigen an der Küste aufgestellten Spezialmikrophonen aufgenommen, die durch Leitungen mit dem (von Siemens & Halske gebauten) Oszillographen verbunden sind. Auf diesem Apparat markieren sich automatisch auf einem Filmstreifen die Unterschiede der Zeiten, die der Schall vom Schiff bis zu den verschiedenen Mikrophonen braucht. Aus diesen Zeitunterschieden, die bis auf Hundertstel Sekunden genau abgelesen werden können und die mit Tabellen in bezug auf gleichzeitig beobachteten Wind und Temperatur verbessert werden, bestimmt sich der Schiffsort. Und zwar wird er unmittelbar aus einer Seekarte, auf der die Linien gleichen Schallzeitunterschiedes eingezeichnet sind, abgelesen und dem Schiff funkentelegraphisch mitgeteilt. Der ganze Vorgang beansprucht etwa 5^m Zeit.

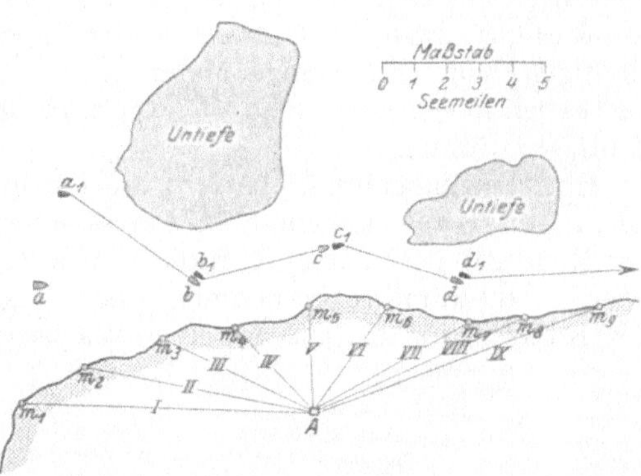

Abb. 41. a, b, c, d = Schiffsort nach Logge. a_1, b_1, c_1, d_1 = Schiffsort nach Schallortung. m_1, m_2, m_3, m_4 = Mikrophone A = Oszillograph.

Abb. 41 stellt die Durchsteuerung eines engen Fahrwassers mit Hilfe von Schallortung dar.

Störungen. 1. Die Einflüsse von Temperatur und Wind. Da diese auf Vergrößerung bzw. Verringerung der Schallgeschwindigkeit hinwirkenden Einflüsse bekannt sind, so lassen sie sich bei guten Temperatur- und Windmessungen durch einfache Tabellen ziemlich genau ausschalten. Die durch diese Faktoren bei der Ortsbestimmung entstehenden Fehler sind deshalb sehr gering und gehen im allgemeinen kaum über 0,3—0,4% der Entfernung hinaus, spielen also bei der Navigation keine nennenswerte Rolle. Größere Abweichungen kommen nur in vereinzelten Fällen, z. B. bei starken, böigen Winden, die bei Nebel jedoch nicht herrschen, vor.

2. Ungenauigkeiten durch unscharfe Einsätze auf den Filmen. Diese sind bei geübtem Personal sehr selten, beeinflussen im übrigen bei der großen Genauigkeit der Zeitmessung (auf $^1/_{100}{}^s$ genau) gleichfalls das Resultat nicht wesentlich.

Bemerkungen. Die Entfernung von der Küste, auf die das Verfahren anwendbar ist, richtet sich naturgemäß nach der Stärke des Knalles. Bei Nebel und geringen Windstärken oder auch bei gleicher Wind- und Schallrichtung kann im allgemeinen mit Ortungen bis auf etwa 6 Sm von der Küste gerechnet werden, wenn starke Knallkörper Verwendung finden.

Diese Methode der Ortsbestimmung hat den Nachteil, daß sie an Land erfolgt und F.T.-Verkehr erfordert.

Bei Versuchen mit der Schallortung in der Nähe von Kiel sind brauchbare Ergebnisse erzielt worden. In der Praxis wird die Schallortung zur Zeit noch nicht angewendet.

5. Leitkabel.

Allgemeines. Die auf hoher See und in der Nähe der Küsten üblichen Verfahren zur Bestimmung des Schiffsortes versagen auf engen Revieren, wenn es gilt, zwischen Untiefen und Klippen bei unsichtigem Wetter den richtigen Kurs auf wenige Meter genau zu halten. Hier hilft nun das Leitkabel (oder elektrische Wegweiseranlage) dem Nautiker, sicher sein Schiff zu führen.

Eine Leitkabelanlage besteht aus einem oder zwei nicht sehr starken einadrigen Kupferkabeln (mit Papierisolierung und Bleimantel), die in der Richtung des Kurses, den die Schiffe in einem engen Küstengewässer oder in Flußmündungen nehmen sollen, ausgelegt werden. Das Landende des Kabels wird an den Pol einer Wechselstrommaschine angeschlossen,

Abb. 42. Elektrische Leitkabel auf dem Boden einer Hafenzufahrtstraße.

deren zweiter Pol geerdet ist; das See-Ende des Kabels wird ebenfalls gut geerdet. Wird nun ein Wechselstrom erzeugt, so kann dieser durch das Kabel und zurück durch die Erde bzw. das Wasser hin und her strömen. Die Leitkabel werden vorteilhaft mit 50 periodigem Wechselstrom gespeist, man kann aber auch mehrperiodigen Wechselstrom nehmen; so kann ein 500 periodiger gewählt werden, wenn man durch die Leitkabelanlage gleichzeitig einen an das Ende geschalteten U.T.-Geber betätigen will.

Werden nun durch das Kabel Wechselstromzeichen im Takte eines bzw. zweier verschiedener Morsebuchstaben geschickt, so kann man diese an Bord mit Hilfe von Empfangsapparaten, die an StB und an BB und bei einzelnen Systemen auch noch in der Mittschiffslinie angeordnet sind, entweder als optische oder als akustische Zeichen aufnehmen.

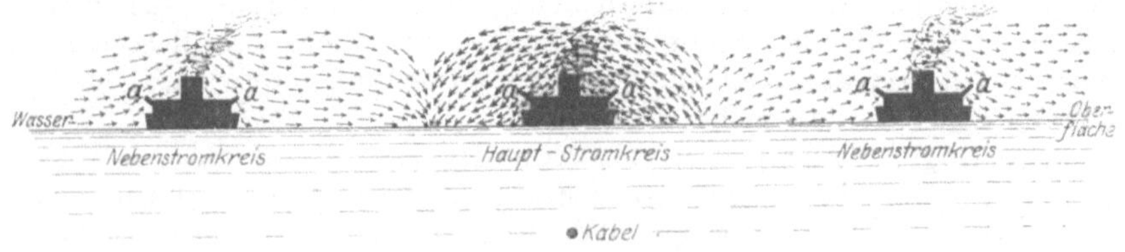

Abb. 43. Die Kraftlinien des magnetischen Überwasser-Feldes und ihr Verlauf um den Schiffskörper. a = Auffangspule.

Um jedes im Betrieb befindliche Kabel bildet sich im Wasser ein elektrisches Stromlinienfeld, außerdem entsteht um das Kabel auch ein magnetisches Feld, dessen Wirksamkeit noch weit über die Wasseroberfläche hinaus nachweisbar ist. Gerät ein eiserner Schiffskörper in den Bereich dieses Magnetfeldes, so wird dadurch der regelmäßige Verlauf der Kraftlinien gestört. Die Kraftlinien schmiegen sich überall an das Schiff an, verlaufen dabei aber im wesentlichen parallel zu den Schiffswänden in Ebenen, senkrecht zur Kiellinie; in einiger Entfernung vom Schiff gehen sie wieder in ihren normalen Verlauf über.

An der dem Kabel zugewendeten Seite ist eine höhere Felddichte als an gleichliegenden Punkten auf der dem Kabel abgewendeten Seite. Zu bemerken ist, daß sich rechts und links vom Hauptstromkreis auch noch schwächere Nebenstromkreise ausbilden, die nicht mit dem Hauptstromkreis verwechselt werden dürfen.

Als Empfänger für die Kraftlinien benutzt man Spulen (Rahmenantennen) von verschiedener Bauart von etwa 1 qm Fläche und bringt sie auf beiden Seiten des Schiffes senkrecht zur Kraftlinienrichtung an Stellen an, wo das Feld besonders dicht ist. Aus der Verschiedenheit der Felddichte an BB und StB ergeben sich dann Unterschiede in der Lautstärke bzw. im Ausschlage der Anzeigervorrichtung und dadurch zuverlässige Angaben, auf welcher Seite des Kabels man sich befindet.

In den Spulen wird ein ganz schwacher Wechselstrom erzeugt. Um den Strom bzw. die Morsezeichen hörbar machen zu können, wird der schwache Wechselstrom ähnlich wie bei der drahtlosen Telephonie durch Hochvakuum-Glühkathodenröhren erst verstärkt und kann dann mit Hilfe eines Telephons abgehört werden.

Da nun aber das fortgesetzte Beobachten eines Tones anstrengend und ermüdend ist, so ist ein optischer Anzeigeapparat geschaffen worden. Bei diesem Verfahren wird der Wechselstrom durch eine besondere Schaltung gleichgerichtet und mit Hilfe eines Galvanometers die Anzeigevorrichtung betätigt. Bei dieser zeigt ein Zeiger an, an welcher Seite das Kabel liegt. Soll das Leitkabel stets gerade unter dem Schiff gehalten werden, so muß sich der Rudersmann bemühen, den Zeiger auf der auf dem Apparat angegebenen Mittellinie zu halten.

Beide Systeme können miteinander verbunden werden, so daß der Nautiker auf der Brücke sowohl akustisch wie auch optisch das Leitkabel beobachten kann.

Handhabung. Will ein mit Leitkabelempfänger ausgerüstetes Schiff ein Leitkabel ansteuern, so hat das Kommando die Rahmenspulen auszubringen. Diese sind in der Regel in einem Winkel von etwa 15—45° zur Senkrechten geneigt. Dann ist der Hör- bzw. akustische Empfänger einzuschalten. Für die Inbetriebnahme der elektrischen Anlage geben die einzelnen Firmen ihre Sondervorschriften heraus. Besondere Schwierigkeiten bieten die betriebsklaren Anlagen nicht.

Der Nautiker hat dann das ausgelegte Leitkabel anzusteuern unter dauernder Beobachtung der Empfangsapparate. Im allgemeinen dürfte das Ende des Leitkabels durch ein Feuerschiff oder einen Unterwasserschallsender besonders bezeichnet sein, so daß die Ansteuerung nicht zu schwierig ist.

Die Entfernung des Kabels, bis zu der man noch einen Ton empfängt, beträgt bei Benutzung der außenbords hängenden Spulen etwa 500 m. Wenn man das Kabel einmal angesteuert hat, genügt diese Reichweite völlig, um sich an dem Leitkabel weiter entlang zu tasten. Will man jedoch im Flußmündungsgebiet ein nicht besonders gekennzeichnetes Kabelende ansteuern, so benutzt man mit Erfolg eine Schleppantenne. Mit einer solchen ist es möglich, den Ton des Leitkabels auf $^3/_4$ Sm zu empfangen. Eine solche Schleppantenne besteht aus zwei über das Heck ausgeworfenen isolierten Drähten von verschiedener Länge. Der eine Draht ist 50 m, der andere 150 m lang. An ihren Enden sind sie von der Isolierung befreit und haben also Wasserschluß. Die bessere Verbindung mit dem Wasser wird durch Kupferplättchen erhöht.

Hat man das Leitkabel durch den Empfangsapparat festgestellt, so muß man sich am besten zunächst durch den akustischen Empfänger überzeugen, daß man sich in dem Hauptstromkreis des Leitkabels befindet, denn unter Umständen kann es möglich sein, daß man sich in einem Nebenkreis befindet. Hat man die richtige Lage zum Leitkabel eingenommen, so ist der optische Empfänger einzuschalten, nach dem der Rudersmann unter Aufsicht des wachhabenden Nautikers das Fahrwasser entlang steuern kann.

Selbstverständlich sind hierbei das Seestraßenrecht und sonstige Sonderbestimmungen für das Fahrwasser und die Leitkabelanlage zu beachten; in den Fällen, wo nur ein Leitkabel ausliegt, werden die Ausweicheregeln besonders festgesetzt sein.

Die Navigation mit Hilfe eines Leitkabels besteht also darin, daß man, wenn das Kabel in der Mitte des Fahrwassers ausgelegt ist, feststellt, daß man die Zeichen in beiden Spulen gleichmäßig stark hört bzw. der Anzeiger angibt, daß das Kabel mittschiffs unter dem Schiffe liegt.

Muß man das in der Mitte des Fahrwassers ausgelegte Kabel an einer bestimmten Seite lassen, so hat man darauf zu achten, daß nur die betreffende Spule gut empfängt bzw. der Anzeiger entsprechend anzeigt. Um beim Einkabelsystem die Richtung des Schiffes zur Kabelrichtung leichter feststellen zu können, wendet man außer dem BB- und StB-Empfänger zeitweise noch einen dritten Empfänger an, der es gestattet, in der Art der Rahmenantenne bzw. des Radiogoniometers bei der F.T. die Lage des Kabels zum Schiff genau zu bestimmen.

Liegen zwei Leitkabel im Fahrwasser aus, so besteht die Navigation darin, daß man das Schiff in eine solche Lage zu den Kabeln bringt, daß man an StB und BB die entsprechenden Zeichen der Leitkabel hört bzw. beobachtet, und daß man dann etwas näher an die rechte Fahrwasserseite geht, um entgegenkommende Schiffe klar passieren zu können.

Störungen. Durch Fehler in der Leitkabelanlage und in den Empfängern an Bord können Störungen auftreten. Im allgemeinen dürften solche aber schnell zu beseitigen sein, da die Geberanlagen mit Reserve-Wechselstrommaschinen ausgerüstet sind und es sich an Bord meistens nur um das Auswechseln der Kathodenröhren handelt, das ohne Schwierigkeiten vorzunehmen ist.

Grundbedingung des sicheren Arbeitens der Leitkabelanlage ist, daß das Leitkabel fest und sicher auf dem Meeresboden verlegt ist, und daß es nicht mit anderen Leitungen, Wracks usw. in Berührung kommt, da diese den Strom ablenken können.

Bemerkungen. Je länger ein Leitkabel ist, desto größer muß der Kraftaufwand der Wechselstromanlage sein, die das Kabel speist. Die bisher längste Leitkabelanlage wurde von Deutschland während des Krieges von Borkum aus verlegt, um unsere Kriegsschiffe sicher durch die Minenfelder zu leiten; die Länge des Kabels betrug 120 Sm.

Nach den Enden zu ist der Strom nicht so stark bemerkbar wie am Anfang des Leitkabels.

In Deutschland haben auf dem Gebiete des Leitkabelwesens besonders die A. E. G. und die „Gelap" bisher gearbeitet.

Eine erprobte Leitkabelanlage ist ein wertvolles Hilfsmittel für den Nautiker.

6. Apparate zur Bestimmung der Wassertiefe.

a) Die Thomsonsche Lotmaschine.

Allgemeines. Der Thomsonsche Lotapparat beruht auf der Erkenntnis, daß das Volumen der Luft bei gleichbleibender Temperatur dem äußeren Drucke umgekehrt proportional ist (Mariottesches Gesetz). Man mißt bei dieser Lotmaschine die Wassertiefe nicht nach der Länge des ausgelaufenen Drahtes, sondern nach dem Wasserdruck, der am Schiffsorte am Meeresgrunde herrscht. Zu diesem Zwecke versenkt man mit dem Lote eine oben geschlossene Glasröhre, die innen mit einem roten Belag von chromsaurem Silber versehen ist. Dieser Belag wird durch das im Seewasser enthaltene Salz, soweit das Wasser in die Röhre eindringt, gelb gefärbt. Aus der Höhe der Entfärbung findet man an einem beigegebenen Maßstabe die Wassertiefe in Metern oder Faden (Abb. 44).

Beschreibung. Die Thomsonsche Lotmaschine besteht aus dem Lot, einem ungefähr 1 m langen eisernen Zylinder von 10—20 kg Gewicht (langsam fahrende Schiffe nehmen am besten Lote von 10 kg Gewicht, Schiffe von 10—15 Kn nehmen Lote von 12—15 kg, Schnelldampfer wenden Lote von 16—20 kg an), dem Lotdraht, einem lehnigen galvanisierten Eisen- oder Stahldraht von 0,7—1,5 mm Durchmesser und 500 bis 600 m Länge, einer in einem Kasten versenkbaren Maschine, auf deren eisernen Trommel der Draht aufgewunden wird, und dem Taster und verschiedenen Leitblöcken. Zwischen Draht und Lot ist an einer Hanfleine eine Messinghülse befestigt, in die die Lotröhre kommt.

Handhabung. a) *Vorbereitung.* Zugeschmolzenes unteres schwarzes Ende der Lotröhre abbrechen. Lotröhren vor grellem Sonnenlicht schützen. Die offenen Lotröhren einige Zeit lang *umgekehrt* in ein mit *frisch aufgeschlagenem Seewasser* gefülltes Gefäß stellen, um die Temperatur der in ihnen eingeschlossenen Luft möglichst auf diejenige des Seewassers zu bringen. Dabei darauf achten, daß die offenen

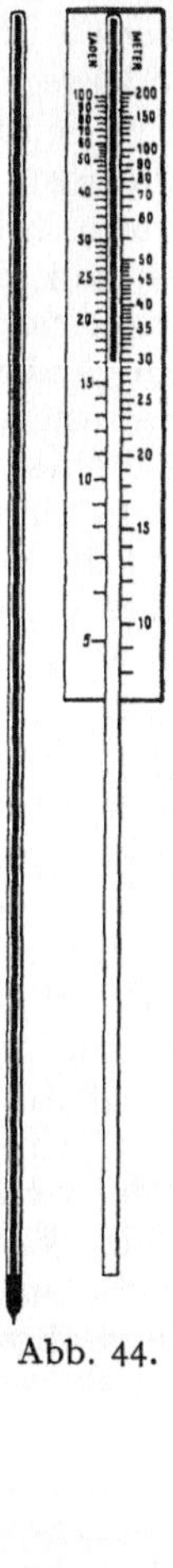

Abb. 44.

Enden nicht mit dem Seewasser in Berührung kommen. Leitrolle für Lotdraht anbringen. Lot mit Speise versehen! Lot mit einem mindestens 1,5 m langen Vorläufer am Lotdraht befestigen. Lotrohrhülse, Kapsel nach oben, $^3/_4$—1 m oberhalb der Stange des Lotes am Vorläufer befestigen. Lotröhre mit Öffnung nach unten vorsichtig in die Lotrohrhülse stecken. Nicht hineinfallen lassen!! (Verfärbung tritt nur in Seewasser ein, also Lotröhren nicht in Süßwasser gebrauchen.) Trommel feststellen. Lot mit Messinghülse so weit außenbords fieren, daß das Lot etwas über der Wasseroberfläche ist. Gut Kurs halten lassen, da sonst Lotdraht in die Schraube kommen kann. Taster bereit halten.

b) Loten. Hebel lösen, damit das Lot zu fallen beginnt. Uhrzeit notieren. Mit dem Taster leicht auf Lotdraht drücken. Kurbel nicht aus der Hand lassen! Sobald Grundberührung erfolgt ist, kommt der Draht lose. Trommel nicht zu plötzlich abstoppen, da sonst Draht reißt. Bei großen Tiefen aufpassen, daß sich immer noch eine Anzahl Buchten des Drahtes auf der Trommel befinden.

c) Nach dem Loten. Bremse öffnen und langsam einwinden. Lotdraht dabei durch einen Fettlappen gehen lassen, um ihn vor Rost zu schützen. Draht so leiten, daß er sich gleichmäßig auf die Trommel verteilt. Lotröhre stets mit dem unteren Ende senkrecht nach unten über die Reeling nehmen und auch in dieser Lage mit dem geschlossenen Ende gegen die Messingplatte an den Maßstab halten und die Tiefe an dem Teilstrich, der mit dem untersten Ende des roten Belages abschneidet, sofort ablesen und nicht die Lotröhre erst mit auf die Brücke nehmen! Lotspeise abschneiden und im Kartenhaus aufheben, bis man sicheres Besteck hat. Zeit und Tiefe auf einem dabeigelegten Zettel notieren. Selbstverständlich ist es, daß die Lotmaschine wie jede andere Maschine sorgfältig zu behandeln und zu konservieren ist. Von Zeit zu Zeit überhole man alle Teile gründlich.

Fehlerquellen. Die am Lotröhrenmaßstab abgelesene Tiefe bedarf noch

1. einer Verbesserung für den Barometerstand; ältere Maßstäbe sind für 740 mm Barometerdruck berechnet, die neueren alle für 760 mm. Diese Verbesserung soll bei Barometerständen über 770 und unter 750 mm nicht vernachlässigt werden;

2. einer Verbesserung für die Temperatur des Seewassers; wenn die Lotröhren vorher auf die Temperatur des Seewassers gebracht werden, kann diese Verbesserung wegfallen. Bei größeren Tiefen wird es häufiger vorkommen, daß die Oberflächen- und Bodentemperaturen des Meerwassers erheblich voneinander abweichen, hierdurch können Fehler in den Angaben entstehen. Bei einem Temperaturunterschied von z. B. 10° werden die Tiefen nach dem Lotmaßstab etwa 3 bis 5% zu groß sein, wenn das Wasser am Meeresboden kälter als an der Oberfläche ist;

3. einer Verbesserung für die Dichte des Seewassers; da diese aber in den extremsten Fällen nur zwischen 1,00 und 1,04 schwankt, kann der Fehler kaum 2% betragen und im allgemeinen vernachlässigt werden;

4. einer Verbesserung für die Lotröhrenlänge, wenn die Röhrenspitze falsch abgebrochen worden ist. Man soll in einem solchen Falle die Röhre

nicht verwenden. Muß eine falsch abgebrochene Röhre verwendet werden, so findet man die richtige Tiefe h nach der Formel:

$$h = \text{abgelesene Tiefe} \cdot \frac{\text{falsche Länge}}{\text{richtige Länge}} - 10{,}1 \cdot \frac{\text{richtige Länge} - \text{falsche Länge}}{\text{richtige Länge}}.$$

Beispiel: Richtige Länge, für die der Maßstab berechnet ist = 610 mm. Falsche Länge = 520 mm. Abgelesene Tiefe = 28 m.

$$h = 28 \cdot \frac{520}{610} - 10{,}1 \cdot \frac{90}{610} = 22^1/_2\ \text{m}.$$

Herstellungsfehler der Lotröhren, falsche Behandlung, schlechtes Loten, Nichtberücksichtigung des Barometerstandes, Unkenntnis der Wassertemperatur des Meeresbodens, Einfluß der Fahrt des Schiffes auf das Fallen und Aufhieven des Lotes und die verschiedene Dichte des Meerwassers bringen es mit sich, daß namentlich bei Tiefen über 80 m zeitweise weniger gute Lotergebnisse erzielt werden.

Den Kommandos der Schiffe, die in der Linienfahrt beschäftigt werden, ist zu empfehlen, daß sie bei bekannten Positionen Lotungen vornehmen und gleichzeitig die Fahrt des Schiffes, den Barometerstand, Luft- und Wassertemperatur beobachten und den Unterschied zwischen Kartentiefe und geloteter Tiefe feststellen. Die Kommandos werden so schnell empirische Werte erhalten, die sie bei den Lotungen in großen Tiefen auf den Strecken berücksichtigen können.

So wurde z. B. auf einem Dampfer der Nordamerika-Fahrt beobachtet, daß seine Lotungen bis zu 70 m stets richtig waren, daß aber bei größeren Tiefen eine Berichtigung an die am Lotmaßstab abgelesene Tiefe anzubringen war, um die Kartentiefe zu erhalten, und zwar waren bei Tiefen von 70—110 m nach dem Maßstab 5 %, bei Tiefen von 110—140 m 10 %, bei größeren Tiefen 15 % abzuziehen.

Treten bei den Lotröhren Unzuverlässigkeiten auf, so verwende man bei jeder Lotung gleichzeitig zwei.

Berichtigung der abgelesenen Wassertiefe für Barometerstände.

Eingang, wenn Maßstab für 760 mm berechnet:	Barometerstände in mm					
	700	710	720	730	740	750
	820	810	800	790	780	770
Am Maßstab abgelesene Tiefe in m: 10	1	$1^1/_2$	$^1/_2$	$^1/_2$	$^1/_2$	—
20	$1^1/_2$	$1^1/_2$	1	1	$^1/_2$	$^1/_2$
30	$2^1/_2$	2	$1^1/_2$	1	1	$^1/_2$
40	3	$2^1/_2$	2	$1^1/_2$	1	$^1/_2$
60	$4^1/_2$	4	3	$2^1/_2$	$1^1/_2$	1
80	$6^1/_2$	$5^1/_2$	4	3	2	1
100	8	$6^1/_2$	$5^1/_2$	4	$2^1/_2$	$1^1/_2$
120	$9^1/_2$	8	$6^1/_2$	$4^1/_2$	3	$1^1/_2$
140	11	9	$7^1/_2$	$5^1/_2$	$3^1/_2$	2
160	$12^1/_2$	$10^1/_2$	$8^1/_2$	$6^1/_2$	4	2
180	14	12	$9^1/_2$	7	$4^1/_2$	$2^1/_2$
200	$15^1/_2$	$13^1/_2$	$10^1/_2$	8	5	$2^1/_2$
Eingang, wenn Maßstab für 740 mm berechnet:	800	790	780	770	760	750
	680	690	700	710	720	730
	Barometerstände in mm.					

Diese Angaben sind zu den am Maßstab abgelesenen Tiefen zu addieren, wenn die Barometerstände höher als 760 (bzw. 740) mm, zu subtrahieren, wenn die Barometerstände niedriger als 760 (bzw. 740) mm sind.

Wenn der den Lotröhren beigegebene Maßstab verlorengegangen sein sollte, so kann man die Tiefen auch an einem gewöhnlichen Millimetermaßstab abmessen. Bei einer Röhrenlänge von 610 mm und 760 mm Barometerstand gilt dann folgende Teilung:

Wassertiefe in m	10	11	12	13	14	15	16	17	18	19	20	22	24	26	28	30	32
Unentfärbte Röhre in mm	296	284	273	262	253	244	235	227	220	213	207	194	183	173	164	156	149
Wassertiefe in m	34	36	38	40	42	44	46	48	50	55	60	65	70	75	80	85	90
Unentfärbte Röhre in mm	142	136	130	125	120	116	112	108	104	96	90	84	79	74	70	66	63

Bemerkungen. Der Vorteil der Thomsonschen Lotmaschine gegenüber dem gewöhnlichen Tiefenlot besteht darin, daß man, ohne stoppen zu müssen, Tiefen bis 180 m loten kann. Die Lotmaschine kann noch bei 20 Kn Fahrt gebraucht werden.

Auf demselben Prinzip wie die Thomson-Lotmaschine beruht die Bambergsche Lotmaschine.

An Stelle der Lotröhren verwendet man zuweilen Tiefenmesser. Die bekanntesten davon sind der Thomsonsche, der Bambergsche, der Basnettsche, ferner Wigzells und Sigurdsons Tiefenmesser. Diese Tiefenmesser befinden sich häufig außer den Lotröhren an Bord und sollen dann gebraucht werden, wenn die Lotröhren aufgebraucht sind. Im wesentlichen bestehen sie aus einer Metallhülse, die eine oder mehrere Metallröhren und Glasröhren umschließt. Beim Loten steigt das Seewasser in diesen Röhren je nach der Wassertiefe verschieden hoch, so daß man durch Ablesen des Standes des eingedrungenen Wassers an der Tiefenskala die gelotete Tiefe erhält. Beim Gebrauch ist darauf zu achten, daß das Glasrohr vor dem Loten leer und die untere Ventilöffnung fest verschlossen wird. Im übrigen gilt alles für die Lotröhren Gesagte auch für die Tiefenmesser. Eine besondere Art der Tiefenmesser ist das Rungsche Lot. Rung geht von demselben Gedanken aus, der den Farbröhren zugrunde liegt, führt ihn aber dann insofern weiter aus, als er einen Teil der in einem Rohre durch den Wasserdruck zusammengedrückten Luft im Augenblick der Grundberührung in einer Luftkammer absperrt und ihm dann in einer besonderen Meßröhre Gelegenheit gibt, sich während des Aufzuges des Lotes bis zur Meeresoberfläche wieder in demselben Verhältnisse auszudehnen, in dem es vorher zusammengedrückt war. Bei Rungs Lot ist daher der Maßstab in seiner ganzen Länge gleich geteilt; die Genauigkeit der Ablesung bleibt bei jeder Tiefe dieselbe.

W. Ludolph A.-G., Atlas-Werke und Carl Bamberg-Berlin haben kombinierte Hand- und Motormaschinen in den Handel gebracht, die sich durch absolute Betriebssicherheit auszeichnen. Die Bamberg-Lotmaschine ist mit einem kräftigen Motor zum Antrieb der Lotwinde ausgerüstet. Der Motor ist ein Gleichstrom-Nebenschlußmotor für 220 Volt, 13 Amp. mit 3 PS bei 2,2 kW. Motor und Winde befinden sich in einem eisernen Kasten, um Spritzwasser abzuhalten und Beschädigung der Triebteile zu verhüten.

b) Der Tiefenmelder.

Allgemeines. Der Tiefenmelder dient weniger zur Bestimmung der Wassertiefe, als dazu, dem in Fahrt befindlichen Schiffe das Erreichen einer bestimmten Wassertiefe selbsttätig anzuzeigen und so vor flachem Wasser zu warnen.

Beschreibung. Der Tiefenmelder besteht in der Hauptsache aus einem Sinker oder Wasserdrachen, der zu Wasser gelassen und dann in einer bis zu 70 m beliebig einzustellenden Tiefe unter dem Schiffe hergeschleppt wird, und dem Deckapparat mit dem Läutwerk. Der Drache hält sich während der Fahrt infolge seiner zur Fahrtrichtung geneigten Lage unter dem Wasser auf annähernd der gleichen Tiefe. Bei der Grundberührung verliert er seine geneigte Lage und kommt an die Wasseroberfläche. Die hierdurch bewirkte Verminderung des Zuges auf die Schleppleine setzt an Bord eine Signalglocke in Tätigkeit.

Handhabung. Seil langsam zu Wasser führen. Trommel auf 0 einstellen. Draht langsam bis zur gewünschten Tiefe auslaufen lassen. Fahrt des Schiffes dabei mäßigen. Tiefenmelder nur bei sandigem Boden, nicht auf Korallen oder felsigem Grunde gebrauchen. Apparat gibt die senkrechte Wassertiefe bis zum Leitblock an. Die Höhe des Blocks über der Wasseroberfläche muß also bei der Einstellung zur gewünschten Tiefe addiert werden. Alle Teile des Tiefenmelders sind immer gut einzufetten. Bei Geschwindigkeiten unter 3 und über 15 Kn ist der Apparat nicht mehr zu gebrauchen.

c) Das Behm-Echolot (Behm-Lot).

Allgemeines. Die Tiefenbestimmung durch das Behm-Lot beruht auf der mechanischen Messung der Echozeit, d. h. der Zeitdifferenz, die zwischen der Abgabe eines Knalles unter Wasser und der Rückkehr seines Echos vom Meeresgrunde vergeht. Diese Zeit ist proportional der Wassertiefe und wird mittels eines Kurzzeitmessers gemessen. Sie ist bei den normalerweise zur Lotung kommenden Tiefen sehr gering, da die Schallgeschwindigkeit im Wasser etwa 1435 m pro Sekunde beträgt. Die Dauer einer Lotung bei beispielsweise 100 m Tiefe ist also nur etwa $^1/_7$ Sekunde!

Der Vorgang einer Lotung mittels Behm-Lotes ist kurz folgender:

Durch einen Geber wird eine Patrone herausgeschleudert, die unterhalb der Wasserlinie zur Detonation kommt. Durch diese Explosion wird ein innenbords angebrachter Schallempfänger in Gang gesetzt, der den Kurzzeitmesser einschaltet, der dann durch den Echoempfänger bei Ankunft des Echos wieder gestoppt wird.

Die Schallquelle und der Echoempfänger sind so angeordnet, daß der Schiffskörper abschirmend zwischen ihnen liegt, so daß der Echoempfänger wohl vom Echo, aber nicht vom Knall direkt getroffen werden kann. Den Weg der Schall- und Echowellen zeigt die Abb. 45.

Der **Anzeigeapparat** (Kurzzeitmesser) (Abb. 46). Der als Anzeigeapparat ausgebildete Kurzzeitmesser besitzt zur direkten Ablesung der Tiefe eine in Tiefenmetern oder Faden geeichte Doppelskala, auf der ein Lichtstrich die jeweils gelotete Tiefe augenblicklich anzeigt. Die Doppelskala ist in der Weise eingerichtet, daß die obere Skala mit dem gleichen Teilstrich aufhört, mit dem die untere beginnt. Beim Übergang zwischen beiden Skalen erscheint ein Strich auf jeder von ihnen bei demselben Skalenwert.

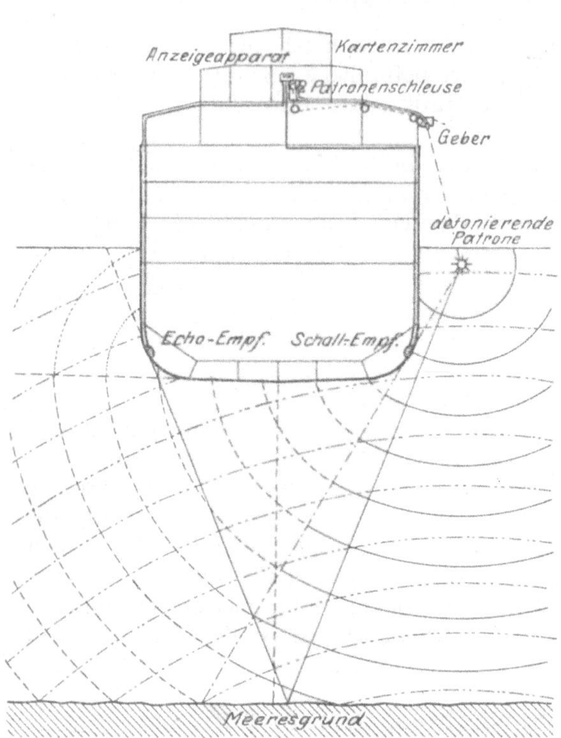

Abb. 45. Schema einer Behm-Lotanlage. Schallwelle: ——— ungebeugt. --------- 2 mal gebeugt. – – – – 1 mal gebeugt. —··— Echowelle.

Der Ausschlag bei 1 m Wassertiefe beträgt 3—5 mm. Dieser Kurzzeitmesser arbeitet auf 10000stel Sekunden genau, und die Exaktheit seiner Angaben ist größer, als sie für die Zwecke der praktischen Navigation notwendig wäre.

Das Prinzip des Behm-Kurzzeitmessers ist aus Abb. 48, S. 125, zu ersehen. Die praktische Ausführung ist natürlich an Einzelheiten und Feinheiten viel reicher als die Skizze erkennen läßt.

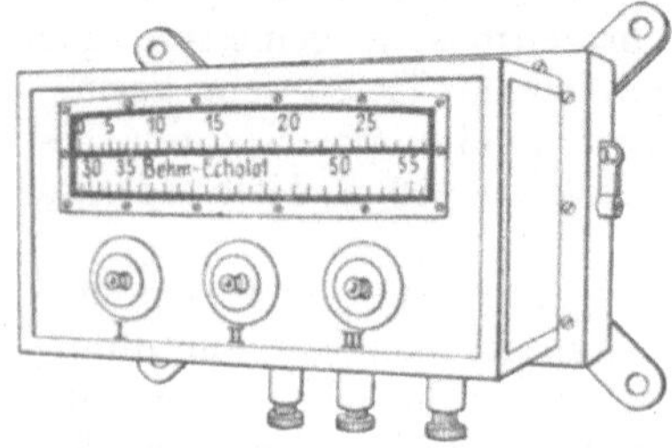

Abb. 46. Anzeigeapparat des Behm-Lotes.

Der Behm-Kurzzeitmesser arbeitet mit einer kleinen Akkumulatorenbatterie von etwa 8 Volt Spannung.

Handhabung des Kurzzeitmessers. An der Vorderseite des Kurzzeitmessers (Abb. 46) unterhalb der Skala befinden sich drei Druckknöpfe: *1* (links), *2* (Mitte) und *3* (rechts). Knopf *1* dient als Hauptschalter für die gesamte Anlage und ist bei jeder Lotung für die Dauer derselben niedergedrückt zu halten. An der rechten Seite des Apparates befindet sich ein Schalthebel mit der Aufschrift *L* (Loten) und *K* (Kontrolle). Soll gelotet werden, so muß der Hebel auf *L* (Loten) geschaltet sein. An der Rückseite des Anzeigeapparates sind zwei Schlüssellöcher angeordnet, in die zur Einstellung der elektrischen Teile der Apparatur ein Steckschlüssel einzuführen und nach Vorschrift zu verdrehen ist.

Um zu loten, drückt man Knopf *1* dauernd nieder, alsdann erscheint irgendwo auf der Skala der Lichtzeiger. Sodann drückt man Knopf *2* für einen Augenblick nieder, bis der Lichtzeiger auf den Nullpunkt der Skala zurückgeht und hier verharrt. Darauf läßt man Knopf *2* los und drückt Knopf *3* kurz nieder. Dadurch wird die Lotpatrone zur Entzündung gebracht. Der Lichtzeiger zeigt im gleichen Augenblick die zu dieser Zeit unter dem Schiff vorhandene Wassertiefe auf der Skala an. Damit ist die Lotung beendet. Das Resultat kann beliebig oft wieder abgelesen werden, wenn man Knopf *1* niederdrückt. Der Lichtzeiger erscheint alsdann immer auf der zuletzt geloteten Tiefe. Um sich von dem richtigen Funktionieren des Kurzzeitmessers jederzeit überzeugen zu können, ist im gleichen Gehäuse mit dem Kurzzeitmesser eine Kontrollvorrichtung eingebaut, die eine Normalzeit herstellt, die vom direkten Kurzzeitmesser bei Betätigung der Kontrolle ausgemessen wird. Man betätigt die Kontrolle, nachdem man den Seitenhebel durch Verdrehen auf *K* gestellt hat, dadurch, daß man die drei Druckknöpfe, genau in derselben Weise wie beim Loten niederdrückt. Durch Umschalten des Kontrollhebels ist der beim Loten weiße Lichtzeiger zur Hälfte grün geworden. Man erkennt also an der Farbe des Lichtzeigers, ob der Apparat auf „Loten" oder „Kontrolle" geschaltet ist. Auf der Skala ist ein grüner Kontrollstrich angebracht, an dem der Lichtzeiger bei einer Kontrollierung erscheinen muß. Weicht der grüne Lichtzeiger vom grünen Kontrollstrich ab, so ist dies ein Zeichen dafür, daß sich die Batteriespannung geändert hat (8 Volt). Um die nur geringen Fehler auszugleichen, die beim Loten durch geänderte Batteriespannung entstehen können, hat man durch Verdrehen der im Innern des Anzeigeapparates befindlichen Vorschaltwiderstände die Spannungsänderung auszugleichen. Die Einstellung erfolgt in der Weise, daß man zuerst den Kontrollhebel auf „Loten" stellt (wodurch der Lichtzeiger wiederum weiß wird) und alsdann den beigegebenen Steckschlüssel in das rechte Schlüsselloch einführt und ihn im Sinne des Uhrzeigers bis an den Anschlag verdreht. Darauf stellt man den Lichtzeiger wie beim Loten auf Null durch dauerndes Niederdrücken des Knopfes *1* und einmaliges Niederdrücken des Knopfes *2*. Sodann verdreht man den Schlüssel langsam entgegen dem Sinne des Uhrzeigers so weit, bis der weiße Lichtzeiger plötzlich rot wird. Darauf führt man denselben Steckschlüssel in das linke Schlüsselloch ein und verdreht den Schlüssel zuerst im Sinne des Uhrzeigers ebenfalls bis zum Anschlag. Darauf stellt man den Lichtzeiger wie oben auf Null und verdreht den Schlüssel entgegen dem Sinne des Uhrzeigers langsam so weit, bis der Lichtzeiger plötzlich von Null herabspringt. Damit ist die Einstellung des Kurzzeitmessers beendet. Von der richtigen Einstellung kann man sich nun durch Betätigung der Kontrolle überzeugen, nachdem man vorher den Kontrollhebel auf *K* gestellt hat. Beim Loten hat man dauernd den Lichtzeiger zu beobachten.

Es darf und kann nur gelotet werden, wenn der Lichtzeiger am Nullstrich steht und weiß ist. Man kann nicht loten, wenn der Lichtzeiger nicht am Nullstrich steht oder rot oder grün ist. Ist der Lichtzeiger rot oder bleibt er trotz Druck auf Knopf *2* nicht auf Null stehen, so muß vor der Lotung eine neue Einstellung mittels Steckschlüssel erfolgen. Ist der Lichtzeiger grün, so war die Kontrolle eingeschaltet. Würde man in diesen drei Fällen trotzdem versuchen zu loten, so würde man im Falle 1 und 2 überhaupt kein Ergebnis erhalten, da der Lichtzeiger vor dem ersten Teilstrich der Skala stehenbleibt. Im Falle 3 würde man eine Kontrollierung ausführen.

Empfängeranlage. Die im Schiffsinnern an der Bordwand angeordneten Schall- und Echoempfänger bedürfen keiner besonderen Wartung noch Bedienung.

Geberanlage. Neben dem Kurzzeitmesser (Anzeigeapparat) ist an der Bordwand eine Patronenschleuse (eine mit einem Schnellverschluß versehene Patronenkammer) angeordnet, von der aus eine Rohrleitung von etwa 11 mm Durchmesser in beliebigen Krümmungen bis zu einer mehrere Meter über dem Wasserspiegel gelegenen Stelle der Bordwand hinführt. (Bei kleinen Schiffen kann die Rohrleitung aus dem Kartenhaus auch direkt auf der Brücke außenbords geführt werden.) Die Rohrleitung endet in einem Geberkopf, der innerhalb der Bordwand in einem etwa 40 cm langen und etwa 80 mm im Durchmesser messenden, unter einem spitzen Winkel an die Bordwand angesetzten Rohrstutzen untergebracht ist. Soll gelotet werden, so führt man eine Patrone in die Patronenkammer ein, schließt den Verschluß und bläst die Patrone in den Geberkopf. Sobald die Patrone im Geberkopf angelangt ist, flammt neben dem Kurzzeitmesser eine Signallampe auf (Glocke). Die Patrone kann hier beliebig lange bis zu einer Lotung verbleiben und wird bei einer solchen durch Niederdrücken des Knopfes *3* entzündet. Dabei wird die Knallkapsel aus der Patronenhülse herausgeschossen und fliegt durch eine Öffnung der Bordwand außenbords ins Wasser und gelangt, nachdem sie in dasselbe 1—2 m eingedrungen ist, zur Explosion.

Bedienungsvorschrift für den Geber. Um eine Patrone einzulegen, öffnet man den Schnellverschluß der Geberschleuse und klappt den Deckel auf. Hierdurch wird ein Kontakt geschlossen, der, falls beispielsweise vergessen wurde, eine leere Hülse oder einen Versager auszuwerfen, oder falls man versuchen sollte, versehentlich eine zweite Patrone einzulegen, die Signalvorrichtung in Tätigkeit treten läßt (Lampe oder Glocke), die anzeigt, daß sich im Geberkopf eine Patrone befindet. Ist der Geberkopf leer, so führt man eine Patrone in die Schleuse ein, klappt den Deckel zu, schließt den Schnellverschluß und befördert die Patrone in den Geberkopf durch Hineinblasen in ein Mundstück oder mit einem kleinen Handluftpreßapparat oder einer Zugvorrichtung. Im Geberkopf gleitet die Patrone über drei Rückstoßknaggen, welche den Rückstoß beim Abschießen der Patrone auffangen und gleichzeitig der Stromzuführung zwecks Zündung der Patrone auf elektrischem Wege dienen. Zugleich wird die Patrone von drei Klemmbacken im Geberkopf zentral fest eingeklemmt. Alsdann drücke man die Knöpfe im Kurzzeitmesser nach Vorschrift nieder, wodurch mittels des Knopfes *3* die Patrone abgeschossen wird. Das Entladen erfolgt in der Weise, daß man den Deckel der Schleuse öffnet. Dadurch tritt das Signal in Tätigkeit, das anzeigt, daß noch eine leere Hülse im Geberkopf sitzt. Alsdann betätigt man den Drahtzug, wodurch die Hülse ausgeworfen wird, was kenntlich wird an dem Erlöschen des Signals. Sollte die leere Hülse nicht sofort herausfallen, so hat man den Drahtzug wiederholt zu betätigen. Sollte aus Versehen eine Patrone auf eine leere Hülse im Geberkopf geblasen sein, so hat man beide Teile durch Betätigen des Drahtzuges auszuwerfen. Das Auswerfen kann in solchem Falle unterstützt werden, indem man gleichzeitig Druckluft gibt.

Die Patronen sind sorgfältig vor Schlag und Stoß zu schützen und nach Vorschrift verschlossen und trocken aufzubewahren.

d) Das Anschütz-Echolot (Anschütz-Lot).

Allgemeines. Das Anschütz-Echolot besteht ebenso wie das Behm-Lot im wesentlichen aus drei Teilen, dem Schallgeber, dem Schallempfänger und dem Tiefenmesser.

Der Schallgeber ist das Abschußgerät für die den erforderlichen kurzen, starken Knall erzeugende Lotpatrone. Durch den Knall wird ein am Geber angebrachtes Mikrophon beeinflußt, das durch eine Leitung mit dem Tiefenmesser in Verbindung steht.

Der Schallempfänger besteht aus einem an oder in der Bordwand angebrachten hochempfindlichen Mikrophon, das durch das vom Meeresboden kommende Echo beeinflußt wird. Es ist ebenfalls durch eine Leitung mit dem Tiefenmesser verbunden.

Der Tiefenmesser enthält vor allem den Kurzzeitmesser, der durch den vom Geber kommenden Stromstoß ausgelöst und durch den vom Empfänger kommenden abgestoppt wird.

Der Schallgeber. Der Schallgeber wird in zwei Ausführungen gebaut, von denen die eine für Handbetrieb bestimmt ist, während die andere einen Antriebsmotor besitzt.

a) S c h a l l g e b e r f ü r H a n d b e t r i e b. Der Schallgeber wird auf der BB- oder StB-Seite des Schiffes möglichst tief unter der Wasserlinie eingebaut. Er besteht aus einem Messingrohr mit durchbohrtem Eisenkopf, das durch ein Seeventil ausgefahren wird. Die Patrone wird mittels einer Kolbenstange durch das Rohr in den Geberkopf geschoben, wo sie durch starke, federnde Klauen festgehalten wird. Die Zündung erfolgt auf elektrischem Wege. Die Zündleitung liegt in der Kolbenstange. Der Stromkreis wird erst geschlossen, wenn die Patrone ganz ausgefahren ist, so daß eine vorzeitige Zündung ausgeschlossen ist. Die Kolbenstange wird mittels eines Drahtzuges von der Brücke aus ein- und ausgefahren. Das Laden erfolgt ebenfalls von der Brücke aus. Die Patrone wird in das Laderohr geworfen und gleitet hinab bis vor die Ladeklappe, die durch einen Drahtzug betätigt wird und die Patrone vor den Kolben legt. Der Weg der Kolbenstange ist durch Anschläge festgelegt. Die jeweilige

Stellung der Kolbenstange ist auf der Brücke an der Stellung eines Läufers zu erkennen.

Um ein Verbiegen des Geberrohres beim Anlegen des Schiffes zu vermeiden, wird es vorher durch ein Seeventil eingefahren. Beim In-See-Gehen wird der Geber dann wieder ausgefahren.

Am Geber ist ein Mikrophon angebracht, das beim Abschuß erschüttert wird und über ein Relais den Stromkreis des Haltemagneten im Tiefenmesser unterbricht. Die Verbindung zwischen Geber und Tiefenmesser wird durch ein vieradriges Kabel hergestellt.

b) Schallgeber mit Motorantrieb. Der Geber mit Motorantrieb entspricht in allen wesentlichen Teilen dem Geber für Handbetrieb, nur erfolgt die Ladung durch einen von der Brücke aus geschalteten Elektromotor, der die Ladetrommel und die Kolbenstange treibt. Die Ladetrommel wird jeweils mit 10 Patronen gefüllt.

Das richtige Arbeiten der Ladevorrichtung des Gebers wird am Tiefenzeiger durch das Aufleuchten von vier farbigen Lampen angezeigt.

Der Schallempfänger. Der Schallempfänger wird an der anderen Seite des Schiffes eingebaut. Eine Kapselmembran wird entweder durch ein Seeventil ausgefahren oder unmittelbar in oder an der Bordwand angebracht. Diese Membran steht durch einen Luftkanal mit einem hochempfindlichen Mikrophon in Verbindung. Dieses Mikrophon wird bei der Ankunft des Echos erschüttert und unterbricht über ein hochempfindliches Relais den Stromkreis des Bremsmagneten. Die Verbindung zwischen dem Empfänger und dem Tiefenmesser wird durch ein zweiadriges Kabel hergestellt.

Der Anzeigeapparat. Im oberen Teil des Tiefenmessers ist der Kurzzeitmesser enthalten. In den unteren Teil, der nur für solche An-

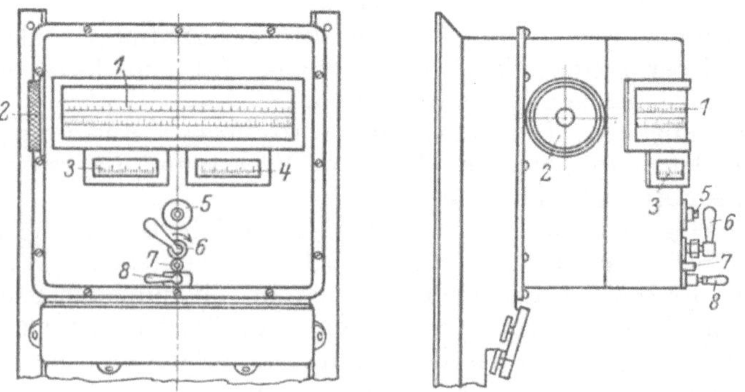

Abb. 47. Oberer Teil des Tiefenmessers von Anschütz. Anzeigeapparat.
Frontansicht. Seitenansicht.

lagen in Frage kommt, die einen Geber mit Motorantrieb besitzen, sind die Schalt- und Kontrollapparate für den Geber eingebaut. Er enthält außerdem die Sicherungen und Anschlußklemmen für die Gesamtanlage.

Soll der Tiefenmesser betriebsklar gemacht werden, so wird zunächst der Hebel *8* nach links gelegt, um eine ungewollte Zündung der Lotpatrone zu vermeiden. Sodann wird der Hebel *6* nach rechts gelegt. Durch diese Schaltbewegung wird ein Uhrwerk aufgezogen, das eine Schaltwalze treibt, die nacheinander alle zur Betätigung des Echolotes erforderlichen Schaltungen macht. Zunächst erscheint auf der oberen Tiefenteilung *1* der Lichtstrich. Die beiden Milliamperemeter *3* und *4* spielen auf einen Läuferstrich ein. Sollte diese Einstellung nicht genau sein, so kann der Strom durch Verstellen eines Widerstandes geregelt werden. Durch die Schaltwalze werden dann gleichzeitig die beiden Magnete des Kurzzeitmessers unter Strom gesetzt. Dies erkennt man daran, daß der Lichtstrich sich auf den Nullpunkt der Tiefenteilung *1* einstellt.

Das Uhrwerk der Schaltwalze läuft so schnell ab, daß man die einzelnen Kennzeichen für das richtige Arbeiten nicht genau verfolgen kann. Zum Zwecke der Prüfung empfiehlt es sich daher, das Uhrwerk abzukuppeln. Dies geschieht durch Einschrauben der Schraube *7* bis zum Anschlag. Man kann dann durch Umlegen des Hebels *6* nach rechts die Schaltwalze ganz langsam betätigen und das Ergebnis der einzelnen Vorgänge beobachten. Dann wird die Schraube *7* wieder so weit herausgedreht, daß ihr Kopf mit dem Rande des Schraubloches glatt ist. Das Uhrwerk ist dann wieder mit der Schaltwalze gekuppelt.

Will man loten, so wird zunächst der Hebel 8 nach rechts auf „Loten" gelegt. Dann wird der Hebel *6* nach rechts bis zum Anschlag gedreht. Es erfolgen die oben aufgezählten Schaltungen und zum Schluß die Zündschaltung. Darauf zeigt der Lichtstrich die Wassertiefe in Metern an.

Nach dem Ablaufen des Uhrwerkes erlischt der Lichtstrich. Will man die zuletzt gemessene Tiefe noch einmal ablesen, so genügt ein Druck auf den Knopf *5*, um den Lichtstrich wieder aufleuchten zu lassen.

Sollte das Uhrwerk einmal beschädigt sein, so kuppelt man es, wie oben beschrieben, von der Schaltwalze ab und betätigt diese von Hand durch langsames Umlegen des Hebels *8* bis zum Anschlag.

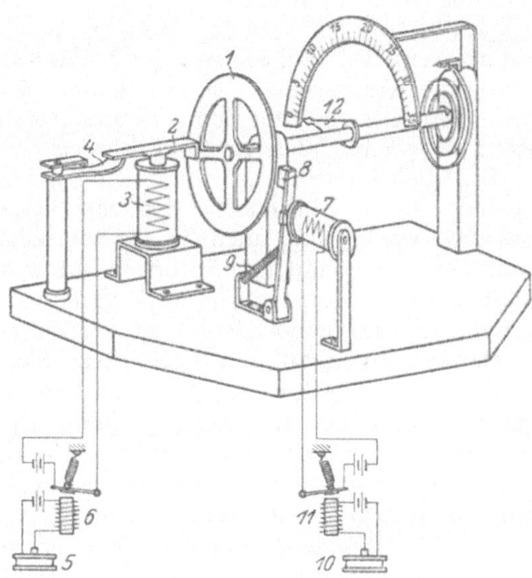

Abb. 48.

Der Kurzzeitmesser. Nebenstehende Abb. 48 zeigt das Prinzip des Kurzzeitmessers des Anschütz-Lotes. In zwei auf einer Grundplatte angebrachten Lagerböcken dreht sich die Achse eines Rades *1*. Dieses Rad trägt einen Arm *2*. Steht der Elektromagnet *3* unter Strom, so zieht er diesen Arm an und hält so das Rad *1* fest. Durch den kräftigen Zug des Magneten wird der Arm *2* gegen die Feder *4* gepreßt. Im Augenblick des Schallabganges wird das Gebermikrophon *5* erschüttert und unterbricht über das hochempfindliche Relais *6* den Stromkreis des Elektromagneten *3*. Dieser läßt den Arm *2* los und das Rad *1* wird durch die Kraft der Feder *4* herumgeschnellt.

Ein zweiter Elektromagnet *7* ist mit dem Empfängermikrophon *10* verbunden. Bei der Erschütterung dieses Mikrophons durch das Echo wird der Stromkreis des Magneten *7* durch das hochempfindliche Relais *11* unterbrochen. Bis zu diesem Augenblick hielt der Elektromagnet *7* den Bremshebel *8* fest und die Feder *9* unter Spannung. Der stromlos werdende Magnet läßt den Bremshebel *8* los, der dann durch die frei werdende Kraft der Feder *9* gegen das Rad *1* geschnellt wird. Dabei legt sich eine Bremsbacke fest gegen das Rad und bringt es zum Stehen.

Der Betrag, um den sich das Rad *1* inzwischen gedreht hat, wird mittels eines Zeigers *12* an der Teilung abgelesen. Bei dem ausgeführten Tiefenmesser ist der Zeiger *12* durch einen Lichtzeiger ersetzt. Der Lichtstrahl geht von einer kleinen Lampe aus und wird von einem kleinen Spiegel zurückgeworfen, der an der Achse des Rades *1* befestigt ist. Der zurückgeworfene Strahl erscheint als Lichtstrich auf der durchscheinenden Teilung des Tiefenmessers, die in Metern geeicht ist.

Der Einbau von Echolotapparaten. Die Apparate sind einfach in das Schiff einzubauen. Die Plätze für die Anbringung der Mikrophone und des Geberkopfes müssen jedoch für jedes Schiff besonders bestimmt werden, da diese je nach der Schiffsform (wegen der abschirmenden Wirkung) und mit Rücksicht auf die oft sehr störenden Schiffsgeräusche ausgewählt werden müssen. Man nehme daher eine eingebaute Anlage erst ab, wenn diese auf See genügend einwandfreie Ergebnisse gezeitigt hat.

Da die Kraftquelle z. B. des Behm-Lotes nur aus wenigen Trockenelementen oder einer kleinen Akkumulatorenbatterie besteht, so kann sie leicht in jedem Hafen erneuert werden.

Das Behm-Lot kann auch mit einem Registrierapparat geliefert werden. Diese Einrichtung ist von besonderer Bedeutung für Vermessungszwecke, aber auch für die Schiffskommandos ist es von Vorteil, wenn die vorgenommenen Lotungen automatisch aufgezeichnet sind. Die Schiffsleitung kann dadurch z. B. in Havarie- und Strandungsfällen beweisen, daß genügend oft gelotet wurde.

Bemerkungen zu den Echoloten von Behm und von Anschütz. Bei Unebenheiten des Grundes, etwa bei auftretenden Felsblöcken, mißt das Echolot immer die geringste Tiefe. Dieses Verhalten des Echolotes ist für die Schiffahrt sehr günstig. Würde man z. B. im Augenblick der Lotung über ein Wrack oder ein getauchtes U-Boot fahren, so würde man die Tauchtiefe des Wracks bzw. des U-Bootes messen.

Die Schallgeschwindigkeit im Wasser ist je nach der Wassertemperatur und der Stärke des Salzgehaltes verschieden. Auf 1° C Temperaturanstieg nimmt die Schallgeschwindigkeit um etwa 1,7‰ und bei einer Zunahme des Salzgehaltes von 1‰ um etwa 0,8‰ zu. Eine in sommerlichem Nordseewasser von 17° C und 34‰ Salzgehalt geeichte Echolotskala würde demnach im winterlichen Brackwasser (z. B. Elbe bei Hamburg) von 2° C und 4‰ Salzgehalt etwa 5% zu große Tiefen angeben. Es ist daher ratsam, daß man beim Einbau eines Echolotes verlangt, daß die Tiefenskala für Lotungen in kaltem oder salzarmem Wasser geeicht ist.

Bei Benutzung zu starker Patronen und bei geringer Basis (Schiffsbreite) kann der Empfänger evtl. sofort den Knall registrieren, also die Entfernung: Empfänger — Geber.

Bei kleinen Tiefen wird unter Umständen der Schall mehrmals reflektiert, doch kann man an der Unruhe der Ausschläge des Anzeigers merken, daß er solche Tiefe gemessen hat. Jedenfalls sind bei ganz kleinen Tiefen die Lotungen nicht absolut einwandfrei. Der Kurzzeitmesser selbst würde die Zeit ohne Zweifel bestimmen, aber das Echo läuft eben dann seine eigenen Wege, und es werden mehrere Schallwellen erzeugt.

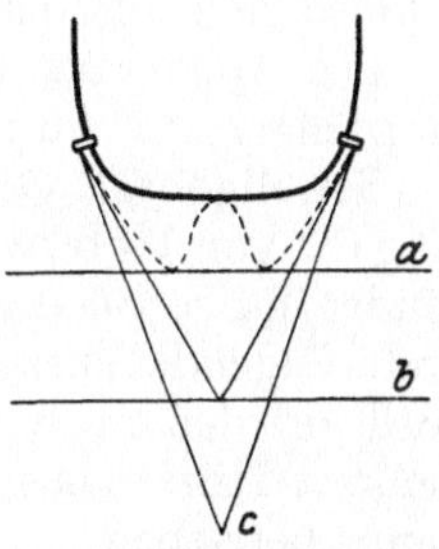

Die Genauigkeit einer Lotung ist von der Fahrtgeschwindigkeit praktisch unabhängig; doch kann man für jeden Apparat leicht eine Tabelle berechnen, der man dann die kleine Korrektion entnehmen kann.

Es ist denkbar, daß bei langem Gebrauch die Feder des Kurzzeitmessers schlapp wird, wodurch die Resultate gefälscht würden.

Es ist auch möglich, daß der Kurzzeitmesser auch einmal auf ein anderes Geräusch anspringt und so ein Fehler in der Lotung entsteht. Eine Wiederholung der Lotung wird einen solchen Fall erkennen lassen.

Abb. 49. *a* = zu kleine Tiefen, bei denen leicht Störungen auftreten. *b* = Mindesttiefe für das Schiff, damit der Apparat einwandfrei arbeitet. *c* = größere Tiefen, bei denen der Apparat absolut zuverlässig anzeigt.

Ein Echolot ist im großen und ganzen ein einfacher Apparat, dessen Bedienung ebenfalls leicht zu erlernen ist. Ein gut arbeitendes Echolot ist für die Schiffsleitung immer ein sehr wertvolles Hilfsmittel der Navigation.

Die wesentlichsten Vorteile des Echolotes vor anderen Lotmethoden sind:

1. Man kann, auch bei hoher Fahrt, in so kurzer Zeit loten, daß im Augenblick des Lotens die Tiefe schon bekannt ist.

2. Der Ort, für den die Lotung gilt, liegt im allgemeinen bei deren Abschluß noch unter oder dicht bei dem Schiff, und die ermittelte Tiefe weicht von derjenigen unter dem Schiff in der Regel nur unwesentlich ab.

3. Das Loten geschieht bequem und sicher von der Navigationsstelle aus, an der sein Ergebnis sofort bekannt ist und leicht nachkontrolliert werden kann.

4. Höhere Genauigkeit (etwa $^1/_4$ Tiefenmeter), vor allem, weil die Lotungen sehr rasch wiederholt werden können.

5. Größere Genauigkeiten der Tiefenlotungen gegenüber der Röhrenmethode, weil bei dieser der Maßstab mit zunehmender Tiefe zu klein wird.

6. Äußerst geringer Kraftbedarf, vor allem im Vergleich zum Loten mit Lotmaschinen.

e) Das Lot der Atlas-Werke.

(Fathometer der Submarine Signal-Corp.)

Allgemeines. Die Atlas-Werke, Bremen, und die Subm. Sig.-Corp., Boston, die vor etwa 20 Jahren die ersten Unterwasserschallsignal-Apparate einführten, haben sich seit längerer Zeit mit der Schaffung eines akustischen Lotes (Echolotes) beschäftigt. Das Resultat der Entwicklungsarbeit beider Firmen ist eine Lotapparatur, die nach Betätigung eines elektrischen Schalters automatisch arbeitet und fortgesetzt die jeweilige Wassertiefe an einer Skala abzulesen gestattet, da die Messungen sehr schnell aufeinanderfolgen.

Die Apparatur besteht aus einem Sender, einem Unterwasserschallempfänger zur Aufnahme des Echos und einem Anzeigeapparat.

Schallgeber. Der Sender stellt eine vereinfachte Form des für die Abgabe von Unterwasserschallsignalen bekannten elektrischen Membransenders (s. S. 79) dar, mit dessen Hilfe es möglich ist, schnell aufeinanderfolgende kurze Schallimpulse von Toncharakter auszusenden. Er wird auf der einen Schiffsseite fest eingebaut und durch Wechselstrom, der mit Hilfe eines Transformators dem Schiffsnetz entnommen werden kann, betrieben.

Empfänger. Auf der anderen Schiffsseite, durch den Schiffskörper vom Sender abgeschirmt, befindet sich ein normaler Unterwasserschallempfänger zur Aufnahme des Echos.

Anzeigeapparat. Von dem Empfänger führt eine Kabelleitung zum Anzeigeapparat auf der Brücke, wo er mit Vorteil im Ruderhaus aufgehängt wird. Der Apparat selbst enthält eine durch einen kleinen Motor in Rotation versetzte Scheibe mit einem Schlitz, hinter dem eine Glimmlichtlampe angeordnet ist. Die Scheibe macht 4 Umdrehungen in der Sek. und befindet sich hinter einer Glasscheibe, auf welcher in einer kreisförmigen Skala die Tiefenangaben aufgezeichnet sind. Auf der Achse der rotierenden Scheibe sitzt weiter eine Schaltvorrichtung, die jedesmal beim Durchgang des Schlitzes durch die Nullstellung der Skala den Sender für kurze Zeit einschaltet. In dem Augenblick, wo das Echo am Empfänger ankommt, wird die hinter dem Schlitz befindliche Lampe blitzartig zum Aufleuchten gebracht und beleuchtet die Stelle der Skala, bis zu der sich der Schlitz während der Laufzeit des Schalles von der Nullstellung aus bewegt hat. Da die Scheibe 4 Umdrehungen pro Sek. macht und jedesmal beim Durchgang durch Null ein Schallsignal abgegeben wird, wird auch die Lampe 4 mal in der Sek. betätigt, Es erfolgen also 4 Lotungen in der Sek. Da die Tiefe sich in dieser kurzen Zeit nicht nennenswert ändern kann, erfolgt das Aufleuchten des Schlitzes schnell hintereinander mehrmals an derselben Stelle der Skala, so daß das Auge nahezu den Eindruck hat, als wenn die betreffende Stelle der Skala dauernd erleuchtet würde. Um ein einwandfreies Ansprechen der Lampe zu gewährleisten, ist der Empfängerkreis auf den Senderton abgestimmt. Auch ist ein Verstärker zur Verstärkung des vom Empfänger aufgenommenen Echos vorgesehen. Die Skala des Apparates reicht für automatischen Betrieb bis zu etwa 200 m Tiefe.

Zur Messung größerer Tiefen ist eine zweite Skala vorgesehen mit einem zweiten Schlitz, der dauernd beleuchtet ist. Dieser wird in langsamere Umdrehung versetzt und kann auf seinem Wege dauernd mit den Augen verfolgt werden. Die Schallaussendung erfolgt ebenfalls beim Durchgang dieses Lichtzeigers durch Null, und es wird nun durch Abhören des Echos festgestellt, an welcher Stelle der Skala sich dieser Zeiger befindet, wenn das Echo ankommt. Die Messung größerer Tiefen erfolgt bei dem Apparat also durch Hörempfang.

Handhabung. Nach Einschaltung der elektrischen Kraftquellen für den Membransender und den Anzeigeapparat ist die Anlage betriebsklar, und es können jeder Zeit die Tiefen an der Skala abgelesen bezw. abgehört werden

Bemerkungen. Da die Schallgeschwindigkeit im Wasser sich nach der Wassertemperatur und der Stärke des Salzgehaltes richtet, so können ganz geringe Abweichungen in den Angaben des Apparates entstehen, die für die Praxis jedoch belanglos sind.

Bei kleinen Tiefen wird unter Umständen der Schall nochmal reflektiert, doch wird man dies an dem Anzeiger merken; jedenfalls sind bei ganz geringen Tiefen die Lotungen nicht absolut einwandfrei (s. Abb. 49).

Die Anlage des Atlas-Lotes ist einfach; der Apparat hat sich auf vielen Versuchsfahrten praktisch bewährt und arbeitet in jeder Lage einwandfrei, selbst bei starkem Stampfen und Rollen. Die Meßgenauigkeit bei der automatischen Anzeige beträgt etwa 1—1,5 m.

f) Andere „akustische Lote“.

Mit Membransender und U.W.S.-Empfangsapparaten arbeitet auch der „Sonic depth finder“. Der Gedanke dieses amerikanischen Patentes besteht darin, daß der Empfänger während der in regelmäßigen Intervallen erfolgenden Aussendung des Schalles jedesmal selbsttätig ausgeschaltet wird, so daß man nie den direkten Ton hört, sondern immer nur das Echo. Aus der Zahl der Umdrehungen eines Kommutators kann man dann auf die Tiefe schließen. Bei größeren Tiefen über 100 m hat sich dies Verfahren recht gut bewährt. Ein deutsches Patent von 1921 hat übrigens den Gedanken weiter ausgebaut: Man sendet in regelmäßigen Intervallen Schallwellen aus und verändert die Frequenz der Signale, also den gegenseitigen Zeitabstand, so lange, bis das Aussenden eines neuen Signals gerade zusammenfällt mit dem Ankommen eines vorangegangenen Signals am Echoempfänger. Die Frequenz ist dann ein Maß für die Tiefe.

Während der „Sonic depth finder“ bei kleinen Tiefen sich bisher nicht bewährte, hat man bei einem ähnlichen Echolot der engl. Admiralität gerade bei Tiefen zwischen 15—65 m gute Ergebnisse erzielt.

Besonders interessant ist noch die Anwendung des Richtunghörapparates zu Tiefenmessungen. Mit ihm kann man nämlich auch die Richtung feststellen, in der der Schall vom Meeresboden zurückgeworfen wird. Da man die Entfernung zwischen Schallquelle und Empfänger kennt, so kann aus der Richtung des ankommenden Schalles ohne weiteres auf die Meerestiefe geschlossen werden.

g) Das Fall-Lot.

Allgemeines. Das Fall-Lot ist ebenfalls eine besondere Art der Verwertung der U.W.S.-Empfangsanlage. Es beruht darauf, daß ein Körper von bestimmtem Gewicht und bestimmter Gestalt im Wasser mit bestimmter gleichbleibender Geschwindigkeit sinkt und deshalb die Fallzeit zur Berechnung der Wassertiefe benutzt werden kann. Das Fall-Lot ist gewöhnlich als fischförmiger Körper ausgebildet worden, welcher frei ins Wasser geworfen wird und beim Auftreffen auf dem Meeresgrund ein Knallsignal erzeugt.

Handhabung. Die Fallzeit wird an Bord mittels einer Stoppuhr gemessen, die beim Auftreffen des Fall-Lotes auf der Wasseroberfläche in Umlauf gesetzt und bei Wahrnehmung des Knallsignals angehalten wird.

Zur Beobachtung des letzteren wird der Hörapparat der U.W.S.-Empfangsanlage benutzt, der in der üblichen Ausführung für die Navigation im Nebel an Bord vorhanden sein muß. Wenn in dieser Weise mit einem Fall-Lot, dessen Fallgeschwindigkeit z. B. 2 m in der Sekunde beträgt, die Fallzeit von der Wasseroberfläche bis zum Grunde zu 12 Sekunden ermittelt wird, so ist die Wassertiefe an der Abwurfstelle $2 \cdot 12 = 24$ m.

Beschreibung. Das Fall-Lot wird im allgemeinen in der Normalausführung für die Schiffahrt mit einer Fallgeschwindigkeit von 2 m in der Sekunde geliefert, hat dann bei einem größten Durchmesser von ungefähr $3^1/_2$ cm eine Länge von 15 cm und wiegt annähernd 120 g. Für besondere Zwecke kann es auch für 1—3 m Fallweg in der Sekunde gebaut werden.

Bemerkungen. Bei einem Vergleich mit den Wassertiefenmessungen mittels Handlot oder Lotmaschine ergeben sich die folgenden Vorzüge des Fall-Lot-Verfahrens:

1. Es ist jederzeit betriebsklar, denn es wird stets ein neuer Fall-Lot-Körper verwendet, der gebrauchsfertig geliefert und zweckmäßig im Karten- oder Ruderhaus aufbewahrt wird, in dem sich auch der Hörapparat der U.W.S.-Empfangsanlage befindet und der ebenfalls wie die Stoppuhr ohne jede Vorbereitung benutzt werden kann.

2. Es ist bei jedem Wetter, bei jeder Fahrtgeschwindigkeit und ohne Anhalten des Schiffes möglich, denn das Fall-Lot wird vom Brückendeck abgeworfen, auf dem auch die Stoppuhr betätigt und der Aufschlagknall abgehört wird.

3. Es ist von dem Wachhabenden persönlich und allein auszuführen, denn es kann von seinem vorgeschriebenen Beobachtungsstand aus vorgenommen werden, wie auch ohne Hinzuziehung von Personal, so daß keinerlei Störung des Bordbetriebes entsteht.

4. Es ist stets in kürzester Zeit durchzuführen, denn das Fall-Lot, die Stoppuhr und der Hörapparat sind immer in erreichbarer Nähe des Wachhabenden und ohne jede fremde Hilfe zu benutzen, so daß die sonst durch das Herbeirufen der Bedienung, das Klarmachen der Einrichtung und die Nachrichtenübermittlung verursachten Zeitverluste nicht auftreten.

5. Es liefert einwandfreie und zuverlässige Ergebnisse, vor allem niemals falsche Messungen, denn das Knallsignal wird nur erzeugt, wenn das Fall-Lot den Boden wirklich erreicht, und unterscheidet sich von allen anderen Bord- und Wassergeräuschen so sehr, daß Verwechslungen nicht vorkommen. Ebenso sind Irrtümer, die bei Abhängigkeit vom Personal kaum vermieden werden können, hier vollständig ausgeschlossen.

6. Da der Vorgang bei allen für Lotungen in Frage kommenden Tiefen mehrere Sekunden beträgt und man andererseits eine Stoppuhr bis zu etwa $^1/_5$ Sekunde genau ablesen kann, so ist der dadurch erreichte Genauigkeitsgrad für die Praxis mehr als genügend. Solange es sich nicht um sehr große Tiefen (mehrere 100 m) handelt, braucht auch die Fahrt des Schiffes nicht verringert zu werden.

7. Es ist im Betrieb einfach und billig, denn wenn auch für jede Lotung ein neues Fall-Lot verbraucht wird, ähnlich wie bei dem Thompsonschen Verfahren in jedem Falle eine Glasröhre, so erfordert es doch weder eine Leine noch ein Drahtseil, noch eine mechanische Vorrichtung, noch besonderes Personal zu seiner Betätigung, so daß weder Ersatzteile noch Wartung und Instandhaltung notwendig sind und somit alle hierdurch verursachten Unkosten in Fortfall kommen.

Die Vorteile des Fall-Lotes (wie auch die des Echolotes) werden sich besonders bei der Ansteuerung größerer Tiefenlinien bemerkbar machen.

7. Apparate zur Bestimmung der Fahrt des Schiffes.

a) Das Patentlog.

Allgemeines. Bei den Patentlogs ermittelt man die Schiffsgeschwindigkeit aus der Umdrehungszahl einer nachgeschleppten Schraube oder eines Flügelrades, oder auch aus dem Wasserdruck auf ein nachgeschlepptes Logscheit oder auf einen am Schiff angebrachten Mechanismus. Man unterscheidet Decklogs und Logs mit nachgeschlepptem Zählwerk. Für beide verwendet man eigens dazu gefertigte runde, geflochtene Hanfleinen. Die Schleppleine muß, um die Schraube aus dem Sog des Kielwassers zu bringen, je nach Schiffsgröße, Fahrtgeschwindigkeit und Heckhöhe, 70—140 m lang sein.

Beschreibung verschiedener Konstruktionen. Die Decklogs von Cherub, Haecke, Massey und Walker bestehen aus einer nachgeschleppten Schraube, deren Umdrehungen durch eine Leine auf ein Gehäuse mit Zählwerk übertragen werden. Bei den älteren Fabrikaten befindet sich das Zählwerk in der Schraubennabe selbst, so daß man das Log zum Ablesen jedesmal einholen muß. Ein Verlust der Schraube durch Hängenbleiben an treibenden Gegenständen u. dgl. hat auch jedesmal den Verlust des teuren Zählwerks zur Folge. Das Log von Fleuriais mißt die Fahrt des Schiffes durch die Umdrehungen eines nachgeschleppten Flügelrades, deren Zählung auf elektrischem Wege geschieht. Bei

Clarkes Fahrtmesser wird der Wasserdruck auf ein nachgeschlepptes Logscheit durch den Zug der Leine auf ein Dynamometer übertragen, dessen Zeiger die Fahrt auf einem Zifferblatt anzeigt. Bei dem Strangmeyerschen Fahrtmesser wird der durch die Fahrt erzeugte Druck des Wassers gegen den Schiffskörper auf ein Manometer übertragen, das ebenfalls die Fahrt durch den Ausschlag eines Zeigers an einem Zifferblatt anzeigt.

Handhabung. Patentlog in Lee aussetzen. Wenn im beständigen Gebrauch, mindestens einmal wöchentlich reinigen und ölen. Nach jedesmaligem Gebrauch ebenfalls gut reinigen (in frischem Wasser), gut trocknen und dann ölen. Öfteres Nachprüfen (am besten mit Handlog) notwendig. Beim Nachprüfen durch Ablaufen einer bekannten Entfernung muß die Strecke hin und zurück gelaufen werden, um Einfluß von Wind und Strom auszugleichen. Das Mittel aus den beiden ermittelten Geschwindigkeiten ist die gesuchte Fahrt durchs Wasser. Jedes Patentlog hat einen konstanten Fehler: den Berichtigungsfaktor f, mit dem alle Angaben des Patentlogs zu multiplizieren sind, um die wahre Fahrt durchs Wasser zu erhalten. $f =$ wahre Fahrt durchs Wasser : Fahrt nach Patentlog oder $f =$ richtige Distanz : angezeigte Distanz. Eine Regulierung des Decklogs für eine bestimmte Fahrt erfolgt zweckentsprechend durch Verlängerung oder Verkürzung der Schleppleine, da dadurch eine Vergrößerung oder Verringerung des Reibungswiderstandes erzielt wird. Man hat aber auch Propeller mit verstellbaren Flügeln konstruiert. Diese Logs werden für eine bestimmte Fahrt einfach durch eine Änderung des Steigungswinkels der Schraubenflügel reguliert. Um Unregelmäßigkeiten im Gang der Decklogs zu verhindern, verwendet man Regulatoren. Es sind dies nach dem Prinzip des Schwungrades konstruierte Vorrichtungen, die hinter dem Zählwerk zwischen diesem und der Schleppleine eingeschaltet werden.

Bei einer Geschwindigkeit von 10 Kn muß die Leine ungefähr 75 m lang sein, bei 14 Kn etwa 90 m, bei 16 Kn 110 m und bei 18 Kn etwa 130 m. Bei Geschwindigkeiten unter 3 und über 18 Kn ist das Patentlog nicht mehr anwendbar.

Bemerkungen. Die Angaben der Patentlogs sind nicht besonders zuverlässig. Bei mittlerer Geschwindigkeit darf man von einem in gutem Zustand befindlichen Patentlog bis auf 5% richtige Angaben erwarten. Ein weiterer Nachteil ist die schnelle Abnutzung bei stetem Gebrauch. Ferner können sie durch treibende Gegenstände leicht ganz oder teilweise unbrauchbar werden, daher Propeller während der Fahrt von Zeit zu Zeit nachsehen.

b) Das Navigatorlog.

Allgemeines. Das Navigatorlog benutzt zur Fahrtbestimmung den Druck, den der Fahrtstrom auf Doppelröhren (Pitotsche Röhren, Abb. 50) in Verbindung mit einer Membrane ausübt.

Beschreibung. Der Hauptapparat ist ungefähr $^1/_2$ m unter der Leichtladelinie anzuordnen. Am besten im Maschinenraum. Er besteht in der Hauptsache aus zwei Abteilungen:

a) aus der durch eine Membrane in zwei Abteilungen getrennten Wasserkammer;

b) aus dem elektrischen Apparat.

Von den unter a) genannten Wasserkammern führen getrennte Kupferrohre zu einem Seeventil, das am Schiffsboden befestigt ist. In dieses Seeventil wird das Pitotrohr eingesetzt. Es ragt etwa 20 cm aus dem Schiffsboden heraus. Das Pitotrohr enthält zwei Rohrleitungen. Außenbords weist die Öffnung der einen Leitung in der Schiffsrichtung direkt nach vorn, die Öffnung der anderen Leitung zur Seite. Sinngemäß angeschlossene Leitungen vom Hauptapparat zum Seeventil übermitteln den Wasserdruck von außenbords zu den beiden Wasserkammern.

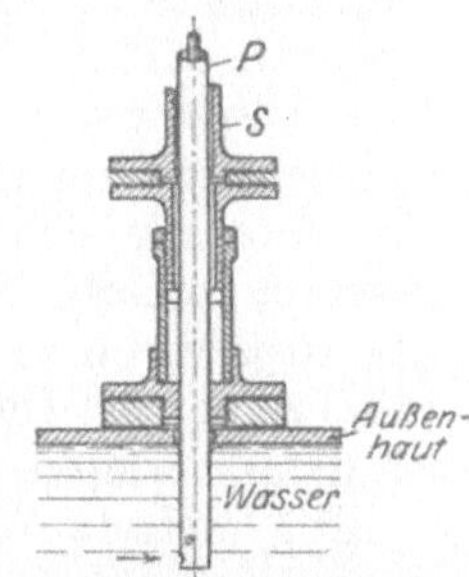

Abb. 50.
P = Pitot-Röhre.
S = Seeventil.

Hat das Schiff keine Fahrt, so haben beide Kammern gleichen Wasserdruck. Hat das Schiff Fahrt voraus, so ist der Wasserdruck in der Leitung, deren Öffnung nach vorn gerichtet ist, größer als in der anderen Leitung. Infolgedessen wird die Membrane aus der Ruhestellung in eine Tätigkeitsstellung gedrückt.

Mit der Membrane steht ein Hebel in Verbindung, der auf ein Segment wirkt, das einen Zeiger trägt. Dieser gestattet die Geschwindigkeit direkt an einer Skala abzulesen. Das Segment regelt die Stellung des Geschwindigkeitsanzeigers und die Übertragung des zum Meilenzähler nötigen elektrischen Uhrwerkes in der Art, daß die Kontakte um so häufiger Schluß haben, je höher die Fahrt ist. Das elektrische Werk des Logs ist so eingerichtet, daß nach jeder 20stel Seemeile ein Kontaktschluß erfolgt. Die Meilenzähler, die zweckmäßig auf der Brücke oder im Kartenhaus angebracht werden, sind mit dem Hauptapparat durch elektrische Kabel verbunden. Sie zeigen die zurückgelegte Distanz an.

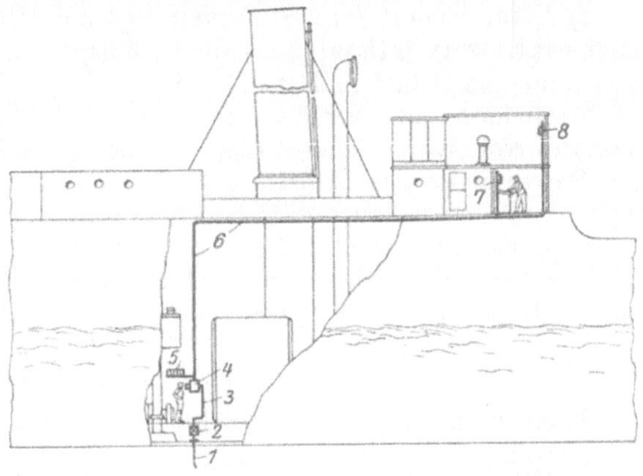

Abb. 51. Schema einer Navigatorlog-Anlage.

1. Pitot-Röhre
2. Seeventil
3. Verbindungsröhren
4. Hauptapparat (Fahrtmesser)
5. Akkumulatoren-Batterien
6. Kabel
7. 8. Meilenzähler.

Um auf der Brücke auch die augenblickliche Geschwindigkeit feststellen zu können, mißt man die Zeit zwischen 3 Kontaktschlägen. Während dieser Zeit ist $^1/_{10}$ Sm zurückgelegt. Einer beigegebenen Tabelle kann man mittels der festgestellten Zeit ohne weiteres die momentane Geschwindigkeit entnehmen. Als elektrische Kraftquelle dient zweckmäßig eine kleine Akkumulatorenbatterie von 22 Volt, der eine Ladevorrichtung beigegeben wird.

Handhabung. Sobald das Schiff soviel Wasser unter dem Kiel hat, daß eine Gefährdung des ausgesetzten Pitotrohres nicht vorhanden ist, wird dasselbe in das Seeventil eingesetzt. Eine Justierung erfolgt durch Drehung des Pitotrohres, so daß eine Übereinstimmung der Angaben der Apparate mit der tatsächlich durchlaufenen Meile erzielt wird. Justierbare Anschlüsse sind vorhanden, so daß ein Pitotrohr immer wieder die gleiche Lage einnehmen muß, sobald das Rohr ausgesetzt wird. Sollte ein Pitotrohr sich verbiegen oder verbogen werden, so wird der aufgesetzte konische Kopf gelöst, auf ein Reserverohr aufgesetzt und mittels des Reserverohres durch das Seeventil gestoßen, so daß nunmehr das Reserverohr die Dienste des früheren Rohres übernimmt. Das erste Rohr ist dann verloren.

Eine weitere Wartung findet nicht statt, es sei denn, daß Luft in die Leitung gekommen ist, die durch Ablaßhähne beseitigt werden muß.

Störungen. a) Störungen der elektrischen Anlage sind selten, da die elektrische Leitung einfach ist. Sie lassen sich durch den Bordelektriker beseitigen.

b) Ist das Pitotrohr verbogen, da es vielleicht beim Einlaufen in einen Hafen nicht eingeholt wurde, so ist es auszuwechseln.

c) Sollte die Anlage verschmutzen, so ist das Pitotrohr einzunehmen und die Anlage zu reinigen.

d) Beim Rollen und Stampfen des Schiffes sind die Angaben vielfach nicht zuverlässig, da dann andere Ergebnisse gezeitigt werden, als wenn das Schiff auf ebenem Kiel fährt.

Vermeiden oder verbessern lassen sich diese Fehler dadurch, daß das Pitotrohr an solcher Stelle am Schiffsboden angebracht wird, wo die Bewegungen des Schiffes am wenigsten bemerkbar sind. Der Platz dafür muß bei jedem Schiff besonders ausgewählt werden.

Bemerkung. Viele Erfahrungen liegen über das Navigatorlog nicht vor. Während einige Berichte von ausländischen Schiffahrtslinien recht günstig lauten, haben deutsche Schiffe keine guten Ergebnisse erzielt.

c) Das Forbes-Log.

Beschreibung. Das Forbes-Log benutzt zur Fahrtbestimmung den Fahrtstrom, und zwar dadurch, daß durch ihn ein kleiner Propeller (Abb. 52) gedreht wird.

Dieser befindet sich in einem Schutzrohre, das durch ein besonderes Seeventil in das Wasser hinausgeschoben wird.

Durch die Umdrehungen des Propellers wird ein kleines Zahnradwerk in Bewegung gesetzt, das mit einer elektrischen Anlage verbunden ist, die zu dem Meilenzähler und Fahrtzeiger führt, an denen die ganze zurückgelegte Distanz und die Knoten abgelesen werden können.

Die Anlage muß durch die liefernde Firma oder Installateure eingebaut werden, während das Schiff im Dock liegt. Das Forbes-Log bedarf nur geringer Wartung. Der Empfänger kann, falls Fehler auftreten sollten, von der Schiffsleitung neu geeicht werden.

Im Hafen und auf Revieren empfiehlt es sich, das Schutzrohr einzuziehen; durch geeignete Ventile kann der Apparat leicht von dem Seeventil abgenommen werden.

Bemerkungen. Das Forbes-Log kann durch unter Wasser treibende Gegenstände beschädigt werden, auch nutzt es sich ab. Es ist daher erforderlich, Reserveteile wie Propeller, Schutzrohr, Lager und Zahnräder an Bord zu haben.

Mit diesem Fahrtmesser wurden, wenn er in gutem Zustande war, recht brauchbare Ergebnisse erzielt. Seine hauptsächlichsten Vorzüge sind:

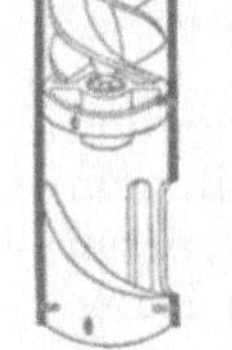
Abb. 52.

Abb. 53. Forbes Meilenzähler (Anschütz & Co., Kiel).

1. Große Genauigkeit bei ausgedehntem Meßbereich, da bereits Geschwindigkeiten von 4 Kn angezeigt werden.
2. Unmittelbare Gebrauchsbereitschaft.
3. Der Apparat wird beim Rückwärtsgehen des Schiffes nicht beschädigt.
4. Er liefert genaue Angaben bei jedem Wetter, gleichgültig, wie rauh die See sein mag.
5. Er kann nicht durch andere Schiffe beschädigt werden, wie dies bei nachgeschleppten Logs der Fall ist.
6. Die Anzahl der zurückgelegten Meilen und die jeweilige Fahrtgeschwindigkeit können nach jedem beliebigen Punkte des Schiffes übertragen werden, und zwar können bis sechs verschiedene Ablesestellen eingerichtet werden.
7. Etwaige Geschwindigkeitsänderungen, die von der Zunahme des Schraubenslips herrühren, können augenblicklich beobachtet und in Rechnung gezogen werden. Dies ist besonders für Turbinenschiffe sehr wichtig.

d) Die hydraulische Fahrtmesser-Anlage der Gelap.

(Gesellschaft für elektrische Apparate.)

Die Ermittlung der Schiffsgeschwindigkeit erfolgt auch hier durch Messen des Druckes, den das Wasser der Bewegung des Schiffes entgegensetzt. Zur Aufnahme des Wasserdruckes dient ein außen am Boden des Schiffes angebrachtes Staurohr. Durch zwei Rohrleitungen werden die in der Staudüse auftretenden Drucke auf den Fahrtmesser übertragen. Dieser ist seiner Wirkungsweise nach ein Quecksilber — Differenzdruckmanometer und wird entweder mit einem Fernzeigergeber, oder mit einer Registriereinrichtung (Dauerschreiber) oder mit einem Kontaktgeber mit motorischem Antrieb für den Koppeltisch (Koppeltreiber) vereinigt. Die Angaben des hydraulischen Meßgerätes können nach beliebigen und mehreren Stellen des Schiffes übertragen werden. Hierzu wird das Siemens'sche Wechselstromfernzeigersystem verwendet.

e) Andere mechanische Fahrtmesser.

Nach dem Prinzip des Navigator- und des Forbes-Log werden noch andere ähnliche Fahrtmesser gebaut. Bei allen diesen Systemen ist mit Störungen, Verschmutzung und bei Unachtsamkeit mit Beschädigungen der Instrumente zu rechnen.

Weite Verbreitung haben Apparate gefunden, die dem Nautiker auf der Brücke die jeweiligen Umdrehungen der Schrauben oder die Summe der Umdrehungen von der Einschaltung des Apparates an angeben, oder welche die den Umdrehungen der Schraube entsprechende Schraubenfahrt anzeigen.

Der Nautiker kann mit Hilfe dieser Anzeiger fortlaufend das Arbeiten der Maschine kontrollieren und aus der Anzahl der Umdrehungen die Fahrt des Schiffes bestimmen (s. S. 20 und Teil XVI).

8. Der Kreiselkompaß[1]).

Allgemeines. Das wichtigste Instrument für jede Navigation ist ein absolut zuverlässiger Richtungsanzeiger. Der Magnetkompaß kann als solcher nur bedingt gelten. Es ist keine Seltenheit, daß beim Navigieren nach dem Magnetkompaß das Schiff erhebliche Abweichungen vom Kurse erfährt, die von der Ungenauigkeit der angewandten Fehlweisung herrühren. Es kommt dies besonders dann vor, wenn Nebel oder bedeckter Himmel eine Kompaßkontrolle längere Zeit hindurch unmöglich machen. Dazu kommen noch gefährliche Störungen des erdmagnetischen Feldes durch elementare Einflüsse, die sich oft jeder Beobachtung entziehen und örtliche Ablenkungen durch Ursachen, die zuweilen lange unerkannt bleiben. Auf eisernen Schiffen sind zur Erlangung eines guten Kompaßplatzes häufig bauliche Einrichtungen am Schiffe vorzunehmen, die hohe Kosten verursachen. An Bord von Kriegsschiffen, U-Booten u. dgl. ist aber selbst durch solche Umbauten kein Platz zu erzielen, an dem ein einwandfreies Arbeiten eines Magnetkompasses gewährleistet werden kann.

Alles dies drängte zur Lösung der Aufgabe, ein Instrument zu finden, das die Nordrichtung und damit den Schiffskurs unabhängig von magnetischen Kräften anzeigte. Wegweisend waren die Untersuchungen des Physikers Leon Foucault (1852) und die Arbeiten von Dr. Anschütz-Kaempfe, dem es 1908 gelang, den ersten brauchbaren Kreiselkompaß für Bordzwecke zu bauen.

Der Grundgedanke des Kreiselkompasses ist etwa folgender: Die Erde ist ein Kreisel. Ordnet man auf diesem großen Kreisel einen schnell rotierenden anderen Kreisel so an, daß sich dessen Achse in einer Horizontalebene frei bewegen, diese aber nicht verlassen kann, so hat die Achse das Bestreben, einen möglichst kleinen Winkel mit der Erdachse zu bilden, weil sie in dieser Lage am wenigsten durch die Erddrehung

---

[1]) Ausgezeichnete Führer durch dieses Spezialgebiet sind: Prof. Dr. H. Meldau: „Kleines Kreiselkompaß-Lexikon", und die von der Firma Anschütz & Co., Kiel-Neumühlen, herausgegebene Abhandlung: „Der Anschütz-Kreiselkompaß".

gestört wird. Die horizontale Richtung, die den kleinsten Winkel mit der Erdachse bildet, ist aber der Meridian. In diese Richtung stellt sich die Kreiselachse ein, und zwar wendet sich das Achsenende nach Norden, von dem aus gesehen der Kreisel gegen den Uhrzeiger dreht. Da auch die Erde von Norden gesehen gegen den Uhrzeiger rotiert, so kann man sagen, daß der Kreisel seine Achse der Erdachse gleichsinnig parallel zu stellen sucht.

Beschreibung des Einkreiselkompasses. Der erste ausgeführte Kreiselkompaß war ein Einkreiselkompaß. Abb. 54 zeigt ihn, stark schematisiert, im Aufriß, unter Weglassung der elektrischen Zubehörteile. Im Kreiselkompaßhaus *H* hängt in Kardanischen Ringen *R*, deren äußerster zur Stoßabschwächung an Federn *F* aufgehängt ist, der mit Quecksilber gefüllte kreisförmige Kompaßkessel *K*. In diesem Quecksilber schwimmt ein ringförmiger, mit Luft erfüllter Schwimmer *J*, der durch den Hals *Ha* nach oben hin mit der Kompaßrose S-N, nach unten hin mit einem Stahl- oder Aluminiumblechgehäuse *G* fest verbunden ist. In diesem Gehäuse befindet sich der Kreisel *Kr*. Der etwa 6 kg schwere Kreisel, der mit der Achse aus einem Stück Stahl gedreht ist, hat einen Durchmesser von etwa 13 cm. Die Achse läuft in den Kugellagern *A—B*, die auf das genaueste geschliffen sind. Auf diese Weise erreicht man mit dem Kreisel 20000 Umdrehungen in der Minute. Zu seinem Antrieb dient ein Drehstrommotor, dessen Wicklung ruhig liegt. Nur das magnetische Feld läuft um und nimmt dabei den „Rotor" mit, der in den Kreisel eingepreßt ist und keine elektrische Zuleitung braucht. Zur Erzeugung des nötigen Drehstromes wird einer Kreiselkompaßanlage ein Gleichstrom-Drehstromumformer beigegeben. Mit Gleichstrom ist bei den hohen Tourenzahlen ein sicherer Betrieb nicht durchzuführen, weil jeder Kollektor in kurzer Zeit versagen würde. Der Kreisel ist vollständig in eine Aluminiumkappe eingeschlossen.

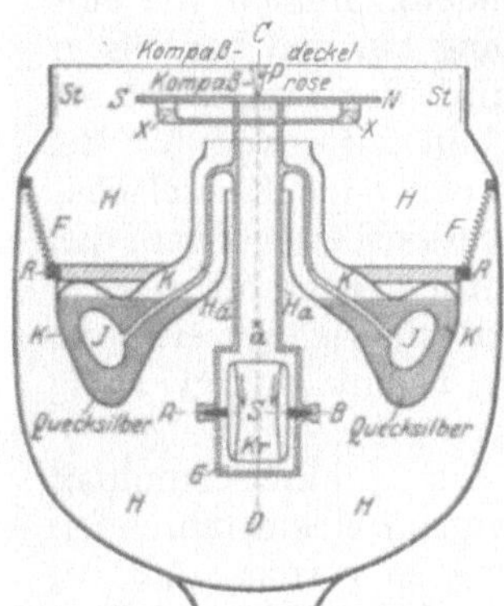

Abb. 54. Skizze eines Einkreiselkompasses.

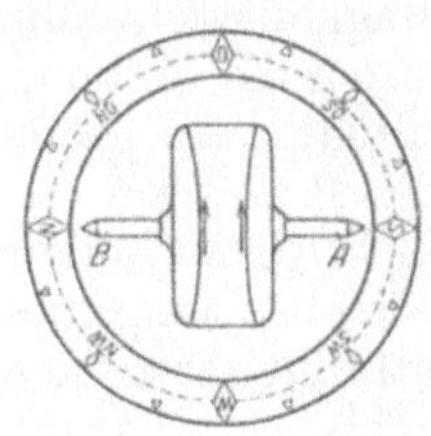

Abb. 55. Lage des Kreisels und der Kreiselachse zur Kompaßrose. Die Pfeile geben die Drehrichtung des Kreisels an.

Der Schwerpunkt *S* des ganzen schwimmenden Systems liegt etwas unter dem Auftriebsmittelpunkt *a*, der als Aufhängepunkt des Kreisels anzusehen ist. Infolge dieser Aufhängung hat der Kreisel drei Freiheitsgrade. Er kann sich um seine Rotationsachse *AB*, außerdem durch das Schwimmen im Quecksilber um seine senkrechte Achse *CD* frei bewegen und sich auch beliebig neigen. Dieser dritte Freiheitsgrad erleidet aber gegenüber den Drehungen des Systems um die *CD*-Achse eine starke Beschränkung, indem das Kreiselgewicht das geneigte System immer wieder horizontal zu stellen versucht. Außerdem trägt zur schnellen Dämpfung dieser Schwingungen die Dämpfungseinrichtung XX wesentlich bei. Es sind dies unter der Kompaßrose im Nord- und Südstrich angebrachte, halb mit Öl gefüllte kommunizierende Gefäße, die durch ein enges Rohr miteinander verbunden sind. Nach Art des Frahmschen Schlingertanks wird dadurch die Schwingungsenergie des Kompasses durch die Reibung der Flüssigkeit in dem engen Rohr verzehrt.

Das schwimmende System wird durch eine vom Kompaßdeckel herabragende Pinne P zentriert.

Wird der Kreisel in Rotation versetzt, so wird er infolge der Erdanziehung und Erddrehung so präzessieren, daß seine Achse AB sich in der Richtung des geographischen Meridians einstellt. Der Kreisel schwingt dabei sehr langsam (1 Schwingung in 1—2 Stunden), ähnlich wie eine Magnetnadel, einige Male um die Nord-Südrichtung hin und her, bis er durch die Reibung zur Ruhe kommt. Die Richtkraft des Kreisels ist am Äquator am größten und nimmt nach den Polen hin mit $\cos\varphi$ ab. Bei der Präzession (Schwingungen um die CD-Achse) bleibt die Kreiselachse nicht genau horizontal, sondern macht kleine Elevationsbewegungen, die, wie oben ausgeführt, durch eine besondere Einrichtung gedämpft werden. Dämpft man die vertikalen Schwingungen, so erlöschen gleichzeitig die Schwingungen in der Horizontalebene und der Kompaß zeigt ruhig nach Norden.

Beschreibung des Dreikreiselkompasses. Ein Einkreiselkompaß wird bei festem Standort unbedingt richtig zeigen; auf einem fahrenden Schiffe jedoch wird er durch die Schiffsbewegung so gestört, daß bei starkem Seegang Fehler (sog. Schlingerfehler) bis zu mehreren Strichen auftreten können. Man fand bald heraus, daß die Ursache dieser Störungen die große Verschiedenheit der Schwingungsdauer um die N-S- und die O-W-Achse des Kompasses, d. h. seine schlechte Ausbalancierung war. Die Behebung dieses Fehlers ist der Firma Anschütz durch den Bau des Dreikreiselkompasses gelungen. Seit 1913 werden von dieser Firma Einkreiselkompasse überhaupt nicht mehr gebaut. Abb. 56 zeigt stark schematisch die Anordnung der drei Kreisel in bezug auf die N-S- und O-W-Achse des Kompaßsystems.

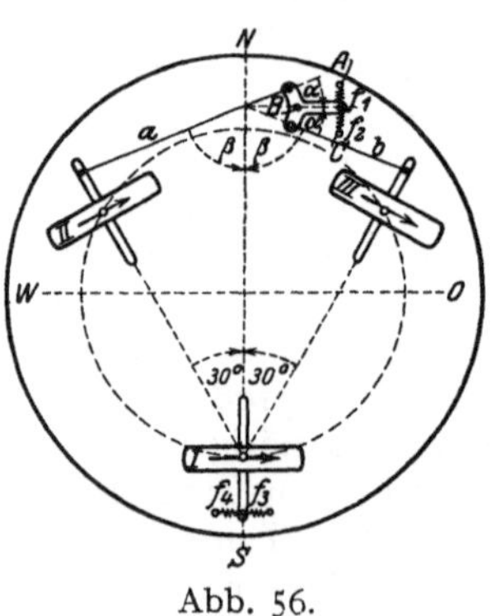

Abb. 56.

Die drei Kreisel sind federnd so unter der Rose befestigt, daß ein Kreisel mit der Achse in der N-S-Linie als Südkreisel (I) angebracht ist und die Achsen der beiden anderen Kreisel um je 30° zur Achse des Südkreisels versetzt und durch Winkelgestänge miteinander verkoppelt sind. Alle drei Kreisel rotieren, von Süden gesehen, im Sinne des Uhrzeigers. Sie sind untereinander gleich groß, jedoch bedeutend kleiner als der Kreisel des Einkreiselkompasses. Sie laufen ebenfalls mit 20000 Touren in der Minute und arbeiten als parallel geschaltete Drehstrommotore vollkommen gleichzeitlich. Die Gehäuse der Kreisel sind so am Schwimmer befestigt, daß sie um eine Vertikalachse drehbar sind. Die Nordachsenenden der Kreisel II und III sind durch ein Gestänge *a* und *b* und einen dreiarmigen Hebel gekoppelt. Zwei Federn f_1 und f_2 suchen den Hebel und dadurch die Kreisel II und III in einer Mittellage von 30° Neigung gegenüber der Achsenrichtung des Kreisels I zu halten. *A*, *B* und *C* sind feste Punkte am Schwimmer. Die Federspannung erlaubt den Kreiseln eine kleine notwendige Präzession. Die Kupplung der Kreisel II und III ist aber derart, daß diese bei solchen Schwingungen stets in symmetrischer Lage zum Südkreisel bleiben. Die Richtungen der Kupplungsstangen *a* und *b* schneiden sich in der N-S-Richtung und bilden mit ihr gleiche Winkel β, so daß gleiche Richtkräfte der Kreisel II und III auch gleich große Wirkungen auf den Hebel übertragen.

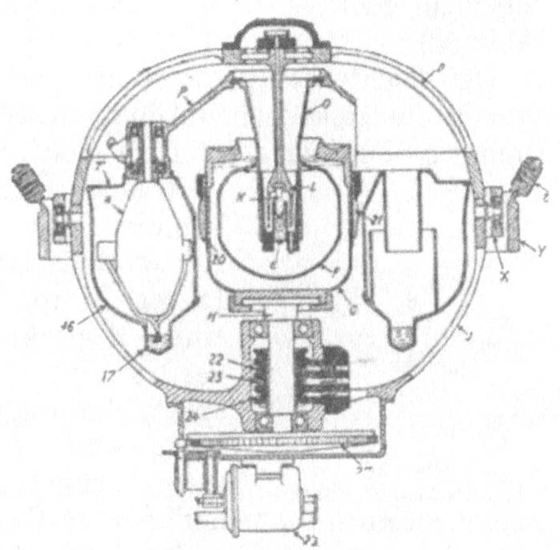

Abb. 57. Skizze eines Dreikreiselkompasses.
F = Hohler Schwimmer aus Stahlblech. *O* = Kelchförmiger Einsatz desselben, der den dreiarmigen Bügel *P* trägt. *Q* = Kugellager, um den Kreisel innerhalb der Kappe *A* um eine vertikale Achse drehbar zu machen. *T* = Rose. 16 Abschlußkessel, innerhalb dessen sich die 3 Kreisel *A*, die Ölrinne 17 und die Entlüftungskamine befinden. Diese Teile bilden zusammen das sog. schwimmende System.
Z = Spiralfedern, die an ihrem oberen Ende am Kompaßhaus befestigt sind und am unteren Ende den Ring *Y* haben. *X* = Kardanischer Ring, der mittels zweier Kugellager den Tragbügel *J* trägt.
K = der isoliert am Bügel *J* befestigte Mittelstift, der das ganze schwimmende System zentriert und gleichzeitig eine Phase des Drehstroms vermittels eines Quecksilberkontaktes in das schwimmende System leitet.
L = Stromzuführungshülse für die zweite Phase des Drehstroms, konzentrisch zu *K* (die dritte Phase des Drehstroms ist als Körperschluß verlegt).
G = Quecksilberkessel, der isoliert auf der Achse *X* befestigt ist und vom Nachdrehmotor 26 vermittels des Zahnrades 27 nachgedreht wird.
20 und 21 sind die beiden isolierten Kontakthalbringe, 22, 23 und 24 die Schleifbürsten und diejenigen Leitungen, die den Wendemotor außerhalb des Mutterapparates betätigen.

Abb. 57 ist ein senkrechter Schnitt durch einen Dreikreiselkompaß. Seine sonstige Konstruktion entspricht im wesentlichen derjenigen des Einkreiselkompasses, nur ist der Schwimmer hier nicht ringförmig, sondern kugelförmig und in der Mitte des Systems angeordnet. Zentrierung und Stromzuführung sind genau gleich geblieben. Der Mutterkompaß wird jetzt fast ausschließlich in einem hermetisch verschlossenen Gehäuse mit Wasserstoffüllung untergebracht. Das Gehäuse ist so stark gebaut, daß es selbst im Falle einer Knallgasexplosion standhalten würde; ein Fall, der aber in der Praxis noch nie vorkam.

Die Fernübertragung. Ein großer Vorteil des Kreiselkompasses besteht darin, daß dem Hauptkompaß oder Mutterkompaß eine beliebige Anzahl Tochterkompasse angeschlossen werden können. Diese Tochterkompasse sind da, wo sie als Steuerkompasse

Verwendung finden, so eingerichtet, daß sie in der Mitte der Gradrose eine sog. Minutenrose haben, die eine vollständige Umdrehung bei einer Kursänderung von nur 10° macht. Der Mann am Ruder ist daher in der Lage, den geringsten Betrag des Ausscherens des Schiffes zu erkennen; ungemein genaues Steuern und dadurch Kohlenersparnis sind die Folge (Abb. 58).

Die Tochterkompasse sind sehr einfache Apparate, die nach dem Prinzip der elektrischen Uhren arbeiten, mit dem Unterschied, daß die Drehung nicht fortgesetzt im gleichen Drehsinn erfolgt, sondern einmal nach links, einmal nach rechts. Die Stromimpulse kommen von einem Stromverteiler, der an den Rotor des sog. „Wendemotors" gekoppelt ist. Dieser Motor erhält seine Wendeimpulse von einem Kontakt an der Rose des Mutterkompasses, der in einem Schlitz zwischen zwei Halbringen spielt, die am Umfang des Quecksilberkessels befestigt sind. Je nach dem Drehsinn der Kursänderung berührt der Kontakt den einen oder den anderen Halbring und setzt die eine oder die andere „Wendewicklung" des Wendemotors unter Strom. Auf diese Weise wird der Motor umgesteuert, ohne daß ein Kollektor oder Kohlenbürsten zur Anwendung kommen. Ein Motor, der in seiner Konstruktion und Wirkungsweise einem Tochtermotor entspricht, dreht den Quecksilberkessel im Drehsinne der Rose und um den gleichen Betrag, so daß Kontakt und Schlitz in steter Deckung bleiben und die Tochterkompasse sofort stillstehen, sowie die Kursänderung aufhört.

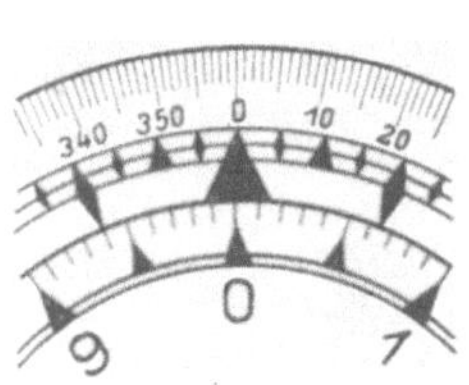

Abb. 58. Minutenrose eines Tochterkompasses.

Die Ablenkung des Kreiselkompasses aus dem Meridian. Der Fahrtfehler. Der Kreiselkompaß zeigt stets den rechtweisenden Kurs an. Der Anschütz-Dreikreiselkompaß hat keinen Schlingerfehler, keinen Schleppfehler und keinen Breitenfehler. Auf einem fahrenden Schiff wird allerdings eine konstante Verbesserung erforderlich, weil die Geschwindigkeit des Schiffes gewissermaßen eine sehr langsame Erddrehung darstellt und auf den Kreisel genau den gleichen Einfluß hat wie diese. Allerdings bleibt dieser Einfluß gegenüber dem der Erddrehung im Betrag weit zurück. Immerhin stellt sich aber die Kreiselachse nicht mehr rechtwinklig zur Winkelgeschwindigkeit der Erddrehung, sondern rechtwinklig zur Resultanten beider Winkelgeschwindigkeiten. Der Winkel zwischen der wahren N-S-Linie und der N-S-Linie des Kompasses ist an der Weisung des Kompasses anzubringen. Er ist am größten auf nordsüdlichem Kurs und verschwindet auf ostwestlichem Kurs, weil hier die Richtung der Geschwindigkeiten zusammenfällt. Da dieser Winkelbetrag für gleichen Kurs, gleiche Fahrtgeschwindigkeit und gleiche Breiten konstant ist, war es möglich, die jeweiligen Beträge zu errechnen und übersichtlich zusammenzustellen, so daß die Fahrtverbesserung keinerlei Umstände macht. Außerdem ist der Betrag für die meisten Fälle so klein, daß er praktisch vernachlässigt werden kann. Von einer automatischen Verbesserung ist aus diesen Gründen abgesehen, um den Kompaß nicht unnötig zu komplizieren.

Jedes mit einem Kreiselkompaß ausgerüstete Schiff erhält die Fahrtverbesserungstabellen in mehreren Exemplaren mit.

Für 50° Nord- oder Südbreite sind die Werte folgende:

Geographische Breite 50° (südlich oder nördlich).

Kurs				Schiffsgeschwindigkeit in Sm						
negativ		positiv		4	8	12	16	20	24	28
°	°	°	°	°	°	°	°	°	°	°
0	0	180	180	0,4	0,8	1,2	1,6	2,0	2,4	2,8
15	345	165	195	0,4	0,8	1,1	1,5	1,8	2,2	2,6
30	330	150	210	0,3	0,7	1,0	1,3	1,6	2,0	2,3
45	315	135	225	0,3	0,6	0,8	1,1	1,4	1,7	2,0
60	300	120	240	0,2	0,4	0,6	0,8	1,0	1,2	1,4
75	285	105	255	0,1	0,2	0,3	0,4	0,5	0,6	0,7
90	270	90	270	0,0	0,0	0,0	0,0	0,0	0,0	0,0

Bei der Anwendung des Fahrtfehlers muß darauf geachtet werden, daß diese Verbesserung bei allen Nordkursen negativ, bei allen Südkursen positiv ist;

Beispiel:

Bei einer Fahrtgeschwindigkeit von 24 Sm pro Stunde liege der Kreiselkompaß an . . . . 335,5°
nach der Tabelle ergibt sich bei einer Breite von 50° dafür eine Fahrtverbesserung von . . . . — 2,0°
daher rechtweisender Kurs . . . . 333,5°
oder
bei einer Fahrtgeschwindigkeit von 12 Kn liege der Kreiselkompaß an 138,0°
nach der Tabelle ergibt sich bei einer Breite von 50° dann eine Fahrtverbesserung von . . . . + 0,8°
daher rechtweisender Kurs . . . . 138,8°

Beim Manövrieren sowie bei niedrigen Geschwindigkeiten wird man diese Verbesserung vernachlässigen können.

Die richtige Einstellung des Steuerstriches am Kreiselmutterkompaß ist von Zeit zu Zeit nachzuprüfen, indem man an einem Tochterpeilkompaß die Kursbeschickung durch Peilung eines Gestirns oder anderen Objektes von bekanntem Azimut ermittelt und von ihr den Fahrtfehler, der einer Tafel entnommen wird, subtrahiert. Bei genauer Aufstellung und guter Überwachung muß dieser konstante Fehler (Kreiselkompaß A) gleich Null sein. Ergibt sich ein A von mehr als $^1/_4$°, so ist für eine Richtigstellung des Steuerstriches am Kreiselkompaß Sorge zu tragen. Es kann sich dabei um ein A des Mutterkompasses oder des Peilkompasses handeln.

Die gesamte Ablenkung des Kreiselkompasses aus dem Meridian kann also für alle Kurse und alle Breiten ausgedrückt werden durch die Formel:

$$\text{Kursbeschickung} = A + \text{Fahrtfehler}.$$

Störungen. Der Mutterkompaß bedarf keiner Bedienung. Störungen sind sehr selten, da der Mutterkompaß im Gashaus allen schädlichen Einflüssen entzogen ist. Man achte aber stets auf das Arbeiten der Mutter- und der Tochter-Kompasse und nehme häufig Kontrollpeilungen vor. Das Dämpfungsöl im Kessel des schwimmenden Systems ist einmal im

Jahre zu erneuern. Störungen der Übertragung haben in den meisten Fällen ihre Ursache im Durchbrennen einer Sicherung im Sicherungskasten oder im Wendemotorkasten. Solche Störungen der elektrischen Anlage können von jedem Bordelektriker festgestellt und beseitigt werden. Arbeitet der Umformer nicht ordnungsgemäß, so wird der fünfpolige Maschinenumschalter umgelegt; der Anlasser des bisher ruhenden Umformers wird langsam eingerückt und der Anlasser des bisher laufenden Umformers ausgerückt. Der Umformer soll täglich überholt werden.

Die hauptsächlichsten Störungen werden durch das Aufleuchten kleiner Kontroll- oder Signallampen auf der Brücke angezeigt.

Der Kompaß muß während der ganzen Fahrt des Schiffes ununterbrochen laufen. Längere Stromstörungen stellen die genaue Weisung noch 2—3 Stunden nach ihrer Behebung in Frage. Bei kürzerem Stromausfall, bis etwa 15 Minuten, läuft der Kreisel durch sein großes Schwungmoment genügend schnell weiter, so daß seine Weisung noch nicht wesentlich beeinträchtigt wird.

Aufstellen von Kreiselkompaßanlagen. Diese kann an jedem Platze an Bord erfolgen, im allgemeinen sollte man eine Stelle wählen, die möglichst wenig Erschütterungen ausgesetzt ist.

Kreiselkompaßanlagen sollen sich von Magnetkompassen mindestens $^3/_4$—1 m entfernt befinden.

Allgemeine Bedienungsvorschriften. (Man beachte genau die Sondervorschriften der Firma.)

A. Anlassen der Kreiselkompaßanlage. Die Kreiselkompaßanlage ist mindestens drei Stunden vor dem beabsichtigten Gebrauch in Betrieb zu setzen.

1. Der zweipolige Hauptschalter ist auf einen der beiden Betriebsstromkreise zu schalten.
2. Der fünfpolige Maschinenumschalter ist auf Umformer I oder II zu schalten.
3. Der Anlasserhebel wird langsam eingerückt (10 Sekunden). Der Umformer läuft an. (Die Amperemeter zeigen nach dem Anlassen einen Stromverbrauch von 4 Amp. an. Die Zeiger sinken in etwa 20 Minuten auf 0,9 bis 1 Amp. normalen Stromverbrauch.)

B. Abstellen der Kreiselkompaßanlage.

1. Der zweipolige Halter wird auf „aus“ gedreht.
2. Der Anlasserhebel wird ausgerückt.
3. Der fünfpolige Maschinenumschalter wird auf „aus“ gedreht.

C. Während des Betriebes.

a) Nach dem Anlassen, aber vor Benutzung der Anlage sind die Weisungen der Tochterkompasse mit der Mutterkompaßweisung zu vergleichen. Differenzen sind mit dem Nachstellschlüssel zu beseitigen. Die Kontrolle ist nach einiger Zeit zu wiederholen.

b) Die drei Amperemeter sind zu überwachen. Sie müssen gleichmäßig belastet sein. Normal 0,9 Amp.

c) Der Umdrehungszähler ist des öfteren nachzusehen. Normal 2500 Umdrehungen. Abweichungen von 100 Umdrehungen, hervorgerufen durch Spannungsschwankungen, sind ohne Einfluß auf die Weisung des Kompasses.

d) Der Umformer verlangt die Wartung jeder Dynamomaschine. Darf nicht funken. Ist dies der Fall, so sind Kollektor und Bürsten mit Glaspapier Nr. 0 (kein Schmirgel) abzuschleifen. Den Umdrehungszähler alle 14 Tage mit einigen Tropfen reinen Vakuumschmieröles ölen.

e) Verteilerwelle im Wendemotorkasten täglich einmal mit einem Stück Wildleder abreiben. Bei stillstehender Anlage Spiel der Bürsten prüfen.

f) Gasdruck im Gehäuse täglich am Manovakuummeter ablesen. Normal 0,3 Atm. Fällt er auf 0,1 Atm., so ist Wasserstoff aus einer der Reserveglasflaschen nachzufüllen.

D. Umschalten auf den anderen Stromkreis. Der zweipolige Hauptschalter wird schnell auf den anderen Stromkreis umgelegt. Ist der Stromkreis unterbrochen, so daß der Umformer ruht, so muß der Anlasser erst ausgerückt werden, worauf die Anlage wie unter A. angelassen wird.

E. Umschalten auf den anderen Umformer.

1. Der fünfpolige Maschinenumschalter wird auf den anderen Umformer geschaltet.

2. Der Anlasser des ruhenden Umformers wird langsam eingerückt (10 Sekunden). Der Umformer läuft an.

3. Der Anlasser des außer Betrieb gesetzten Umformers wird ausgerückt. Der Umformer wird möglichst bald überholt, um betriebsklar zu sein.

9. Das Selbsteuer oder der Geradkurssteurer.

In Verbindung mit einer Kreiselkompaßanlage war es möglich, ein Gerät zu schaffen, das die Arbeit des Rudergängers in einwandfreier Weise automatisch ausführt. Das Selbsteuer besteht im wesentlichen aus einem Tochterkompaß mit einer Kontaktvorrichtung, einer Nachdrehvorrichtung für die Kontaktvorrichtung, zwei Schaltrelais, einem Getriebe für die Ruderbetätigung und einem Motor, der sowohl die Nachdrehvorrichtung als auch das Ruderrad antreibt. Mit dem Ruderrade ist das Selbsteuer verbunden durch eine Treibkette *E*, die über Kettenräder läuft, von denen eines auf der Hauptwelle des Selbsteuers, das andere auf der Achse des Ruderrades *F* befestigt ist (s. Abb. 59).

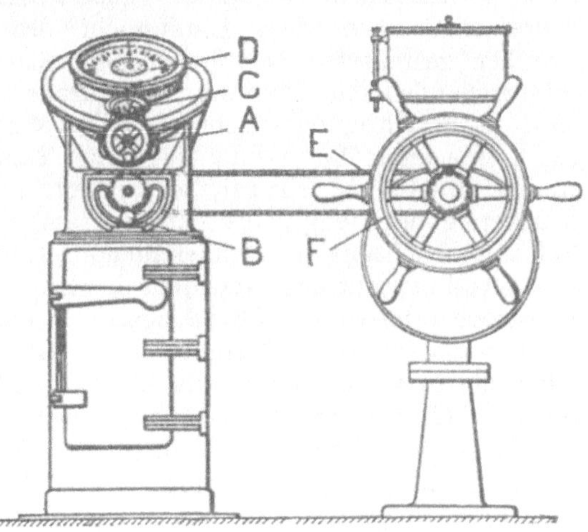

Abb. 59. Selbsteueranlage.

Die Kontaktvorrichtung des Tochterkompasses im Oberteil des Selbsteuers macht je nach dem Drehsinn des Schiffes mit einer der beiden Kontaktbahnen Kontakt und betätigt so entweder das Backbord- oder das Steuerbordrelais, das seinerseits den Motor auf Rechts- oder Linkslauf schaltet. Dieser Motor legt dann das Ruder entsprechend und zwingt das Schiff im Kurs zu bleiben. Gleichzeitig wird vom Motor die Nachdrehvorrichtung betätigt, die dafür sorgt, daß die neutrale Stelle zwischen den Kontaktbahnen dem Kontakt an der Rose nachläuft, so daß sich dieser Kontakt beim Aufhören der Schiffsdrehung augenblicklich neutral stellt und den Motor ausschaltet.

Um das Selbsteuer den besonderen Steuereigenschaften des Schiffes und der jeweiligen Wetterlage anpassen zu können, sind drei Stellvorrichtungen vorgesehen. Durch Verstellen des Hebels auf „klein", „mittel" oder „groß" wird das Übersetzungsverhältnis des Getriebes und damit die Ruderlage geändert. Die Feineinstellung der Ruderlage erfolgt durch Verstellen des Hebels der „Lose-Kupplung". Bei manchen Arten von Seegang wird das Schiff fortwährend aus dem Kurs geworfen, um gleich darauf wieder immer annähernd in den Kurs zurückzufallen. Um unnötiges Ruderlegen zu vermeiden, ist es in solchen Fällen erforderlich, das Selbsteuer entsprechend träger zu machen. Dies geschieht durch Verstellen des Hebels der „Lose-Seegang" am Oberteil des Selbsteuers.

Der Tochterkompaß des Selbsteuers arbeitet bei eingeschalteter Kreiselkompaßanlage genau wie jeder andere Tochterkompaß und muß wie diese mit der Mutterkompaßweisung in Übereinstimmung gebracht werden. Während der Dunkelheit wird die Rose durch Lampen von innen beleuchtet. Die Helligkeit der Beleuchtung ist in drei Stufen regelbar. Soll das Selbsteuer in Betrieb genommen werden, so ist zunächst der Gleichstrom für den Motor einzuschalten. Der Schalter findet sich im Unterteil des Selbsteuers. Das Einkuppeln erfolgt durch Umlegen des Hebels *B* von „aus" auf „ein". Im Augenblick des Einkuppelns muß der rote Zeiger am Rande der Gradrose über deren rotem Nordstrich stehen. Vor dem Einkuppeln ist darauf zu achten, daß der Ruderlagenanzeiger *C* ungefähr die Mittellage des Ruders und die Rose *D* des Tochterkompasses genau den befohlenen Kurs anzeigt. Sollte sich nach dem Einkuppeln des Selbsteuers eine Differenz zwischen gesteuertem und befohlenem Kurs zeigen, so wird durch eine entsprechende kleine Drehung des Stellrades *A* nach Backbord oder Steuerbord die Berichtigung angebracht. Der Rand dieses Rades verdreht sich gegen eine feste Marke und trägt eine Teilung in Graden und Zehntelgraden, so daß eine sehr genaue Kursverlegung möglich ist. Bei größeren Kursverlegungen empfiehlt sich langsames Drehen des Stellrades unter steter Beobachtung des Ruderlagenanzeigers, bis der gewünschte Kurs annähernd erreicht ist. Nachdem das Schiff wieder Kurs hält, wird eine evtl. noch erforderliche Berichtigung angebracht.

Im ausgerückten Zustand behindert das Selbsteuer die Handsteuerung in keiner Weise. Es ist also jederzeit möglich, ohne weiteres von der Handsteuerung zur Selbsteuerung überzugehen und umgekehrt.

Die Instandhaltung des Selbsteuers beschränkt sich auf eine leichte Ölung der laufenden Teile durch die vorgesehenen Öler. Die Kontaktstellen der Relais sind hin und wieder mit feinem Schmirgelleinen blank zu reiben. Hat sich die Treibkette gelockert, so ist sie durch Anziehen der Spannrolle straff zu ziehen. Der Motor im Selbsteuer wird wie jeder andere Elektromotor behandelt. Vor allem ist vor jeder Reise nachzusehen, ob die Lager gut unter Öl stehen. Gleichzeitig prüft man die Schmierringe auf leichten Gang.

Das Anschütz-Selbsteuer arbeitet nach all den Erfahrungen, die bis jetzt vorliegen, zuverlässig und vollkommener als der tüchtigste Rudergänger. Jeder Anlage wird eine genaue Beschreibung und Gebrauchsanweisung beigegeben, die aufmerksam zu studieren, Pflicht der Wachoffiziere ist.

Ist das Selbsteuer in großer Nähe eines Magnetkompasses aufgestellt, so wird durch das Einschalten des Motors der Magnetkompaß unter Umständen beeinflußt. Das ist bei der Anwendung und bei den Beobachtungen des Magnetkompasses gut zu beachten!

10. Der Anschütz-Kursschreiber und der Anschütz-Koppeltisch.

Der Kursschreiber ist ein wichtiger Kontrollapparat, der zu jeder Kreiselkompaßanlage gehört. Er bezweckt eine vollkommen selbständige, lückenlose, eindeutige Aufzeichnung aller gesteuerten Kurse während der ganzen Reise. Dadurch ist er einerseits eine wertvolle Kontrolle für den Steuerer, andererseits liefert er beweiskräftige Unterlagen für die innegehaltenen Kurse und ausgeführten Rudermanöver. Ferner erhält die Reederei durch Vergleichen der von den einzelnen Schiffen angelieferten Aufzeichnungen wertvolle Aufschlüsse über die Steuerfähigkeit der verschiedenen Schiffstypen und andere betriebstechnische Unterlagen.

Der Kursschreiber ist durch ein sechsadriges Kabel mit dem Wendemotorkasten bzw. dem Verteilerkasten der Kreiselkompaßanlage verbunden. Ein Tochtermotor treibt über Zahnräder eine Spindel, die einen auf ihr laufenden Schreibschlitten mit einer Schreibfeder bei Kursänderungen entsprechend dem jeweiligen Drehsinn des Motors nach rechts oder links verschiebt. Ein Uhrwerk schiebt einen Papierstreifen mittels eines Stiftrads, das am linken Rande in die Lochung des Papierstreifens eingreift, mit einem Millimeter Verschub in der Minute über den Schreibtisch. Die Kursänderungen des Schiffes erscheinen also als eine auf die Zeit bezogene Linie auf dem Papierstreifen. Der Zeitmaßstab ist am linken Rande neben der Lochreihe auf den Streifen aufgedruckt. Zum Ablesen des anliegenden Kurses dient eine feste Teilung und eine sich gegen die Teilung verschiebende Marke. Die Linien für die Zehner- und Fünfergrade sind auf dem Papierstreifen in verschiedenen Strichstärken aufgedruckt, um die Ablesung zu erleichtern. Einem Grade entspricht eine Papierbreite von zwei Millimetern, so daß die Ablesegenauigkeit ebenso groß ist wie an der Gradrose des Tochterkompasses. Die gesamte Schreibfläche des Streifens ist 120 mm breit und entspricht somit 60°, d. h. dem sechsten Teil des vollen Kreises.

In der Dunkelheit kann die Schreibfläche durch zwei Lampen, die rechts und links vom Schreibtisch angebracht sind, beleuchtet werden.

Der besseren Übersicht halber empfiehlt es sich, zweimal täglich den Kurs und das Wetter neben den aufgezeichneten Kurs zu schreiben. Größere Kursänderungen sind ebenfalls zu notieren.

Vor Inbetriebnahme des Kursschreibers ist das Uhrwerk aufzuziehen, eine Rolle Kursschreibepapier, die etwa für 20 Seetage ausreicht, einzusetzen und die Schreibfeder mit einem Tropfen der mitgegebenen Tinte zu versehen (verschmutzte Federn sind im Wasser zu reinigen). Der

Kursschreiber — obere plus untere Ablesung — muß genau den gleichen Kurs wie der Steuerkompaß anzeigen. Sollte dies nicht der Fall sein, so ist der Schutzkasten abzuheben, der kleine Motor auszuschalten und der Schlitten des Kursschreibers durch Drehen der vorhandenen Zahnrädchen um den Betrag des Unterschiedes nach rechts oder links zu verschieben.

Die Stundenteilung des Schreibpapiers ist mit der Schiffsuhr in Übereinstimmung zu bringen.

Von der Firma Anschütz & Co. wird jedem Kursschreiber eine ausführliche Erklärung der Behandlung des Apparates mitgegeben.

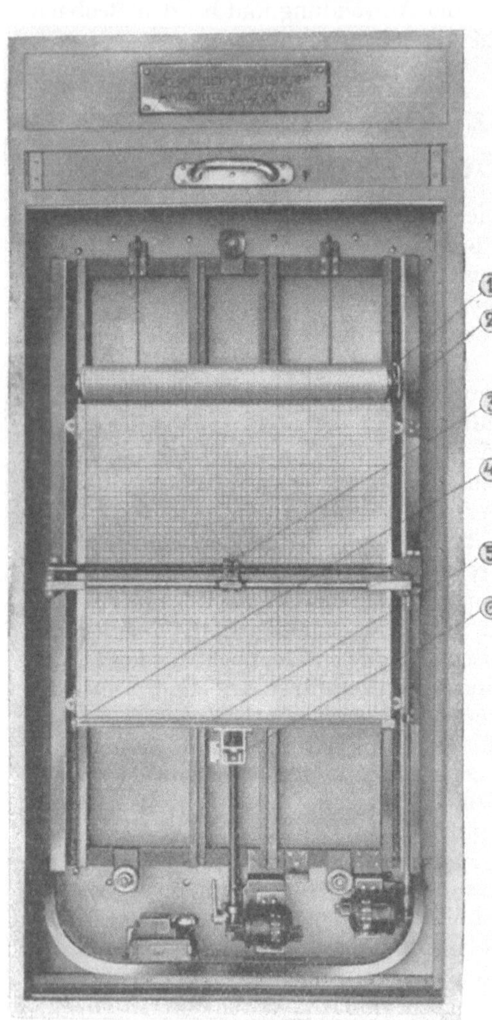

Abb. 60. Koppeltischempfänger.
1 Papierrolle, 3 Schreibfeder, 6 Schraubenmutter für die Nord-Süd-Komponente.

Der Koppeltisch ist ein Apparat zur mechanischen Ermittlung des jeweiligen Schiffsortes und zur Aufzeichnung des vom Schiff durchlaufenen Weges. Das mit seiner Hilfe gemachte gegißte Besteck ist bei häufigen Kurs- und Fahrtänderungen genauer als die rechnerische Ermittlung, da alle noch so kleinen Änderungen in Kurs und Fahrt berücksichtigt werden.

Eine gesamte Koppeltischanlage setzt sich zusammen aus: 1. einem Forbesschen oder anderen Loggeber, 2. einem Koppeltischgeber, 3. einem Koppeltischempfänger.

Kurs und Geschwindigkeit des Schiffes werden vom Kreiselkompaß und Fahrtmesser laufend auf den Koppeltischgeber übertragen, dem nun die Aufgabe zufällt, daraus den zurückgelegten Schiffsweg und den jeweiligen Schiffsort zu bestimmen. Er löst diese Aufgabe dadurch, daß er den Schiffsweg in eine Nord-Süd- und eine Ost-West-Komponente zerlegt und jede Komponente nach Art einer Rechenmaschine für sich ermittelt. Der Koppeltischempfänger setzt dann die beiden Komponenten wieder zusammen und zeichnet den Schiffsweg in einem bestimmten Maßstab auf.

Koppeltischgeber und -empfänger können getrennt aufgestellt werden. Der Empfänger findet wohl immer im Kartenhaus seinen Platz.

Sowohl Geber wie Empfänger sind in kräftigen, verschließbaren Gehäusen untergebracht. Der Geber befindet sich in einem verschließbaren, wasserdichten Gehäuse aus Rotguß.

Der eiserne Kasten des Koppeltischempfängers besitzt einen spritzwasserdichten Rolladen, der am besten auch beim Gebrauch verschlossen gehalten wird, bis das Glockenzeichen meldet, daß der Schreibstift sich dem Papierrande nähert. Da der Verschluß durch Federn entlastet ist, bereitet das Öffnen und Schließen keine Mühe.

Alle Teile sind entsprechend kräftig gestaltet, um den Anforderungen an Bord von Schiffen dauernd standzuhalten. Der elektrische Teil wird mit Wechselstrom von 1000 Volt auf Isolationsfestigkeit geprüft; Kabeleinführungen usw. sind marinenormal.

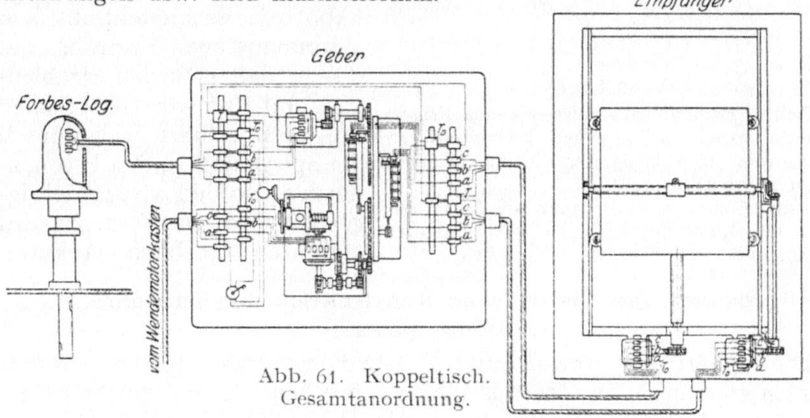

Abb. 61. Koppeltisch. Gesamtanordnung.

Der Koppeltisch kann natürlich nur die Fahrt des Schiffes durch das Wasser angeben, da ja das Log nur diese Fahrt messen kann. Es ist also der vom Koppeltisch ermittelte Schiffsort noch um die Stromversetzung zu verbessern. An der vom Koppeltisch aufgezeichneten Kurslinie läßt sich auch die Güte des Steuerns nachprüfen, da die geringste Abweichung vom Kurs auch an der aufgezeichneten Kurslinie zu erkennen ist.

Jeder Koppeltischanlage wird seitens der Firma Anschütz eine genaue Beschreibung und Gebrauchsanweisung beigegeben, aus der die Handhabung des Apparates leicht zu ersehen ist.

11. Verschiedene Hilfsgeräte der Navigation.

1. Das Marine-Fernrohr und -Doppelglas.

Einteilung der Fernrohre. Es gibt vier verschiedene Konstruktionen von Fernrohren:

1. Das Galileische Fernrohr (Abb. 62). Es besteht aus dem die Lichtstrahlen sammelnden Objektiv und einer Zerstreuungslinse als

Okular. Es gibt ein aufrechtes Bild. Im Fernrohr ist keine reelle Bildebene, in der sich ein Fadenkreuz anbringen läßt.

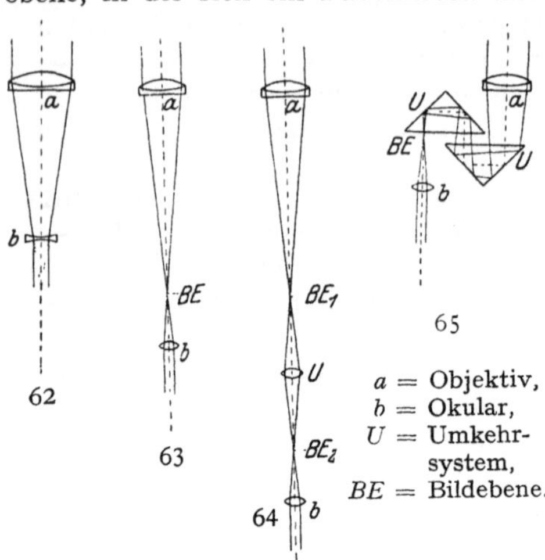

Abb. 62 bis 65.

Beim Prismenfernrohr ist das eine Prisma in Wirklichkeit um 90° gegen das andere verdreht, was in Abb. 65 der Übersichtlichkeit wegen nicht dargestellt ist.

Unter Okular versteht man die dem Auge, unter Objektiv die dem zu betrachtenden Gegenstande zunächst stehende Linse.

2. Das astronomische Fernrohr (Abb. 63). Es besteht aus einem sammelnden Objektiv und einem sammelnden Okular. Das entstehende Bild steht auf dem Kopf.

3. Das terrestrische Fernrohr (Abb. 64). Das umgekehrte Bild des astronomischen Fernrohres wird durch ein eingeschaltetes Linsensystem wieder richtiggestellt. Das Fernrohr wird hierdurch sehr lang.

4. Das Prismenfernrohr (Abb. 65). Es entsteht aus dem astronomischen Fernrohr dadurch, daß man den Strahlengang mit Hilfe von Glasprismen hin- und herführt, wobei durch die Spiegelung an den Prismenflächen das Bild wieder richtiggestellt wird. Das Fernrohr wird hierdurch erheblich verkürzt.

Allgemeines über die optische Konstruktion der Fernrohre und Doppelgläser.

Die sphärische Abweichung entsteht dadurch, daß die Randstrahlen stärker als die Zentralstrahlen gebrochen werden. Dieser Fehler wird bei Galileischen Fernrohren durch Abblendung der Randstrahlen, bei terrestrischen und astronomischen durch entsprechende Anwendung von plankonvexen (aplanatischen) Linsensystemen beseitigt.

Die chromatische Abweichung entsteht dadurch, daß beim Durchgang der Lichtstrahlen durch die Linse eine Farbenzerstreuung dieser Lichtstrahlen stattfindet, da das Brechungsverhältnis für jede Farbe verschieden ist. Das Bild zeigt daher farbige Ränder, die die Deutlichkeit sehr beeinträchtigen. Dieser Fehler wird beseitigt durch Anwendung achromatischer Linsensysteme. Achromatische Linsen bestehen aus einem konkavplanen Flintglas (*a*) und einem bikonkaven Kronglas (*b*).

Abb. 66.

Austrittspupille ist der kleine runde Lichtkreis, der sichtbar wird, wenn man das Objektiv gegen das Tageslicht richtet und aus einiger Entfernung auf das Okular sieht. Man erblickt dann einen kleinen Lichtkreis, der das von der Okularlinse erzeugte Bild des Objektivs ist und der Ramsdensche Kreis genannt wird. Fängt man diesen Kreis auf weißem, durchsichtigen Papier auf, so kann man seinen Durchmesser mit einem Maßstab direkt messen.

Eintrittspupille ist die von außen sichtbare, gleichmäßig helle Kreisfläche des Objektivs, soweit sie durch innere Blenden nicht eingeschränkt ist. Sie ist sichtbar, wenn man das Glas mit dem Okular gegen das Tageslicht richtet und dann aus einiger Entfernung in das Objektiv hineinsieht.

Vergrößerung. Die Vergrößerung gibt an, wievielmal das im Glas gesehene Bild größer ist bzw. näher erscheint als das Objekt. Der Durchmesser der Eintrittspupille, dividiert durch den Durchmesser der Austrittspupille gibt die Vergrößerung eines Fernrohres. Je stärker die Vergrößerung ist, desto kleiner wird das Gesichtsfeld. Man verwendet gewöhnlich bei Galileischen Doppelgläsern eine drei- bis siebenmalige Vergrößerung, während terrestrische Fernrohre eine 35malige und stärkere Vergrößerung zulassen.

Relative Helligkeit oder Lichtstärke. Die Helligkeit wird ausgedrückt als Quadrat des Durchmessers der Austrittspupille in Millimetern. Helligkeit 25 heißt, daß der Durchmesser der Austrittspupille 5 mm ist. Die Helligkeiten verschiedener Gläser verhalten sich also wie die Quadrate der Durchmesser der Austrittspupillen. Das menschliche Auge hat bekanntlich je nach dem Grade der Beleuchtung verschiedene Pupillendurchmesser. Ist der Durchmesser der menschlichen Pupille zu gewissen Zeiten größer als der des Fernglases, so kann das Auge sein Anpassungsvermögen nicht ausnützen, das Glas ist für das betreffende Auge zu lichtschwach, das Bild im Fernrohr erscheint verhältnismäßig dunkel. Andererseits hat es keinen Zweck, ein Glas mit einer Austrittspupille zu wählen, die einen viel größeren Durchmesser als das eigene Auge hat. Durchmesser der menschlichen Pupille von mehr als 7,5 mm sind kaum beobachtet worden. Man kann also Gläser mit einer Austrittspupille von 6—7 mm als sehr gut bezeichnen.

Wahres Gesichtsfeld ist der Ausschnitt aus der Landschaft, den man im Fernrohr auf einmal übersieht. Man drückt es aus als Winkel oder als Strecke. In ersterem Falle ist es der Winkel am freien Auge des Beobachters, gebildet durch Linien nach denjenigen beiden Punkten der durch ein Glas betrachteten Landschaft, die das Gesichtsfeld rechts und links begrenzen. Man muß sich also hierzu merken, welches beim Durchsehen durch das Glas die beiden Grenzpunkte waren. Im zweiten Falle ist es die Strecke, die man quer zur Sehrichtung durch das Fernrohr übersehen kann, und zwar im Verhältnis zur Entfernung. Als Normalentfernung nimmt man 1000 Einheiten des Landesmaßes an. „Gesichtsfeld 120 m" heißt: der Durchmesser des Kreises, den man bei feststehendem Instrument bei einer Entfernung von 1000 m auf einmal übersieht, ist gleich 120 m. Das wahre Gesichtsfeld bei Doppelgläsern liegt gewöhnlich zwischen 60—180 m bzw. zwischen 3—10°.

Scheinbares Gesichtsfeld ist der Winkel, unter dem der mit einem Male übersehene Ausschnitt der Landschaft im Fernrohr erscheint. Man findet das scheinbare Gesichtsfeld, indem man das wahre Gesichtsfeld mit der Vergrößerung multipliziert; z. B. wahres Gesichtsfeld = 6°, Vergrößerung = 7, dann ist scheinbares Gesichtsfeld = 42°.

Spezifische Plastik ist der Abstand der Objektivmitten voneinander, dividiert durch den Abstand der Okularmitten voneinander. Je größer die spezifische Plastik, desto mehr hat man den Eindruck des körperlichen Sehens. Bei Linsengläsern ist infolge ihrer Bauart die spezifische Plastik immer gleich 1. Bei Prismengläsern können infolge der eingeschalteten Prismen die Objektive weiter auseinanderliegen als die Okulare. Spezifische Plastik 1,8—2,5.

Die terrestrischen Fernrohre haben gewöhnlich aus zwei Linsen zusammengesetzte Objektive und sog. orthoskopische Okulare aus vier Konvexlinsen bestehend, von denen zwei achromatisch sind. Durch diese Anordnung wird eine große Schärfe des Bildes, bedeutendes Gesichtsfeld und starke Vergrößerung bewirkt. Um diese Fernrohre, die sich besonders als Tagfernrohre für den Schiffsgebrauch eignen, bequem handhaben zu können, sind sie aus mehreren ineinander schiebbaren Röhren zusammengesetzt.

Die Galileischen Doppelgläser haben entweder ein aus zwei Linsen bestehendes Objektiv und ein einfaches Okular (so daß sich also in dem Doppelfernrohr sechs Linsen befinden), oder das Objektiv derselben besteht aus drei und das Okular ebenfalls aus drei Linsen (also in einem Doppelfernrohr zusammen zwölf Linsen). Da die Eintrittspupille möglichst groß genommen werden muß, um ein genügendes Gesichtsfeld zu erhalten, ist auch die Helligkeit verhältnismäßig groß. Infolgedessen muß auch die Austrittspupille ziemlich groß gewählt werden, meistens größer als die Augenpupille. Da die menschliche Pupille bei Nacht immer größer ist als bei Tage, folgt, daß bei Nacht ein größeres Gesichtsfeld mit diesen Gläsern übersehen wird als bei Tage. Bei Galileischen Gläsern hängt das erreichbare wahre Gesichtsfeld mit davon ab, wie weit man mit den Augen an die Okularlinse herankommen kann. Tiefliegende Augen sind hierbei im Nachteil. Eine natürliche Beschränkung hinsichtlich der Größe des Objektivs und infolgedessen auch hinsichtlich der Größe des Gesichtsfeldes ist durch den Abstand der beiden Augenpupillen voneinander gegeben. Im allgemeinen eignen sich für den Nachtgebrauch Galileische Gläser besser als Prismengläser.

Die Prismengläser. Bei ihnen hat die Größe der Eintrittspupille nur Einfluß auf die Helligkeit und nicht auf die Größe des Gesichtsfeldes. Die Größe des Gesichtsfeldes hängt in erster Linie ab von der Konstruktion des Okulars. Infolge ihrer großen spezifischen Plastik hat man den gesteigerten Eindruck des körperlichen Sehens. Bei gleicher Vergrößerung haben sie meistens ein größeres Gesichtsfeld als Linsengläser, jedoch geringere Helligkeit. Prismengläser eignen sich für den Taggebrauch im allgemeinen besser als Linsengläser.

Prüfung und Behandlung der Doppelgläser. Will man ein Doppelfernglas ohne besondere Instrumente einer Prüfung unterziehen, so überzeuge man sich zunächst, ob es scharfe und farbenrichtige Bilder gibt. Um zu untersuchen, ob das Glas keine achromatische Abweichung hat, richte man es auf ein recht hell erleuchtetes Objekt. Bei scharfer Einstellung erhält man dann ein ungefärbtes Bild. Schiebt man das Okular etwas hinein oder zieht man es heraus, so treten farbige Ränder auf. Erscheint beim Einschieben ein reiner grüner Saum oder ein violetter über blau zu tiefgrün übergehender Saum, so ist das Glas gut.

Schlechte Gläser lassen alle Regenbogenfarben erkennen oder zeigen nicht nur dunkle, sondern auch helle Ränder, sobald die Einstellung geändert wird. Um zu untersuchen, ob das Glas keine sphärische Abweichung hat, liest man am besten schwarze Schrift auf weißem Grunde. Die Schrift muß in jeder Lage des Fernrohres scharf und unverzerrt sein.

Dann prüfe man vor allem, ob das Glas den richtigen Augenabstand hat. Man sehe mit dem Glas gegen das helle Tageslicht, hierbei darf nur ein richtiger Kreis zu sehen sein. Selbst das beste Doppelglas muß als schlecht befunden werden, wenn die Augenweite der Gläser nicht mit der Pupillenweite der Augen des Bestellers übereinstimmt. Wer anormale Augenweite hat, kann also Doppelgläser mit normaler Pupillendistanz nicht gebrauchen. Um den Okularabstand auf den Pupillenabstand einstellen zu können, hat man Doppelgläser mit Knickrahmen (fast alle Prismengläser) hergestellt. Gebraucht man solche Gläser, so merke man sich seinen Pupillenabstand, um die Okulare nach der angebrachten Skala von vornherein einstellen zu können, ohne vorher die Augen durch Probieren ermüden zu müssen. Wer auf beiden Augen stark verschiedene Sehschärfen hat, verwende ausschließlich Doppelgläser mit Einzeleinstellung der Okulare! Der Gebrauch solcher Gläser bei Nacht setzt aber eine gewisse Vertrautheit mit ihnen voraus.

Die relative Helligkeit prüft man, indem man das Glas in einigem Abstand gegen den freien Himmel hält. Die dann sichtbare Austrittspupille muß klar und kreisrund sein. Ist sie so groß oder größer als die eigene Pupille, so ist das Glas für den Betreffenden genügend lichtstark.

Die Vergrößerung prüft man, indem man (bei ungefähr gleich guten Augen) mit dem einen Auge durch das Glas, mit dem anderen Auge direkt auf eine gleichgeteilte Fläche, etwa eine Ziegelsteinwand, sieht. Man zählt nun, wieviel Ziegelsteine bei dem freien Auge auf einen (oder besser auf zwei) durch das Glas gesehenen, vergrößerten Ziegelstein kommen; hieraus ergibt sich direkt die Vergrößerung. Bei trübem Wetter ist die Verwendung einer stärkeren Vergrößerung nutzlos, da dadurch das verschleierte Bild nur auseinandergezogen und noch unübersichtlicher wird.

Die Güte der Fernrohre hängt zum guten Teil von der vollkommenen Zentrierung der Gläser ab. Diese prüft man, indem man das eingestellte Fernrohr auf einen leuchtenden Punkt richtet und es in fester Lage um seine Achse dreht. Verändert das Bild des leuchtenden Punktes seinen Ort im Fernrohr nicht, so sind dessen Linsen genau zentriert. Wenn man trotz möglichst scharfer Einstellung des Fernrohres auf einen recht hellen Stern neben ihn Lichtstreifen sieht, so ist das Fernrohr nicht gut zentriert.

Den wasserdichten Abschluß eines Glases prüft man, indem man es unter die Brause bringt und sieht, ob Wasser eindringt.

Man schütze die Gläser vor Seewasser, da sonst leicht Flecken entstehen. Sind sie naß geworden, so verwende man zum Trocknen nur weiches Tuch oder Leder. Fettflecke entferne man durch Spiritus, trockenen Staub mittels eines Haarpinsels. Durch Abschrauben der Linsen geht die Dichtigkeit gewöhnlich verloren; fast stets ist damit eine Schädigung der Güte des Glases verbunden. Bei längerem Gebrauch bilden sich zuweilen in der Objektivlinse Flecken, die die Helligkeit beeinträchtigen. Man gebe dann das Glas zu einem zuverlässigen Optiker in Reparatur.

Das Basisgerät ist ein optisches Gerät nach Art der Scherenfernrohre. Durch stereoskopisches Sehen kann man mit Hilfe des Basisgeräts Entfernungen messen. Dieser in der Kriegsmarine viel gebrauchte Apparat hat sich in der Handelsmarine nicht einbürgern können.

2. Apparate zum Arbeiten in der Karte.

Um in der Karte den Kurs schnell und sicher absetzen zu können, sind viele Hilfsgeräte geschaffen worden. Sehr zu empfehlen sind Kursdreiecke und Patentparallellineale aus Zelluloid mit Strich- und Gradteilung. An neueren Geräten hat sich noch als sehr brauchbar erwiesen der Kompaßkreis.

Der Kompaßkreis. Eine durchsichtige Kreisscheibe aus Zelluloid ist mit Grad- und Strichteilung versehen. Die Nordrichtung ist durch eine Pfeilspitze kenntlich gemacht. Parallel zur Nord—Süd-Linie laufen eine Anzahl roter Richtungslinien, die den Zweck haben, das Instrument auf der Seekarte rechtweisend nach Norden orientieren zu können. Drei ebenfalls aus Zelluloid gefertigte Schenkel sind drehbar um eine Büchse gelagert und können durch eine Klemmschraube festgestellt werden. Innerhalb der Büche ist die Scheibe halbkreisförmig ausgeschnitten, der Mittelpunkt des Instrumentes wird durch eine kleine Kimm bezeichnet.

Gebrauch. Man stellt die gepeilten rechtweisenden Richtungen mittels der Schenkel an der Teilung ein. Ist eine Kreuzpeilung abzusetzen, so wird der dritte Schenkel zunächst aus dem Wege gedreht, die Klemmschraube dann leicht angezogen. Das Instrument wird dann in der Nähe des vermuteten Schiffsortes so auf die Seekarte gelegt, daß die eingestellten Schenkel den ungefähren Richtungen in der Karte entsprechen. Bei richtiger Orientierung nach N laufen die Richtungslinien xx mit dem Kartenmeridian parallel. Nun werden die schwarzen Striche auf den Schenkeln bzw. die in Verlängerung dieser Striche liegenden Anlegekanten genau mit den gepeilten Punkten der Seekarte zur Deckung

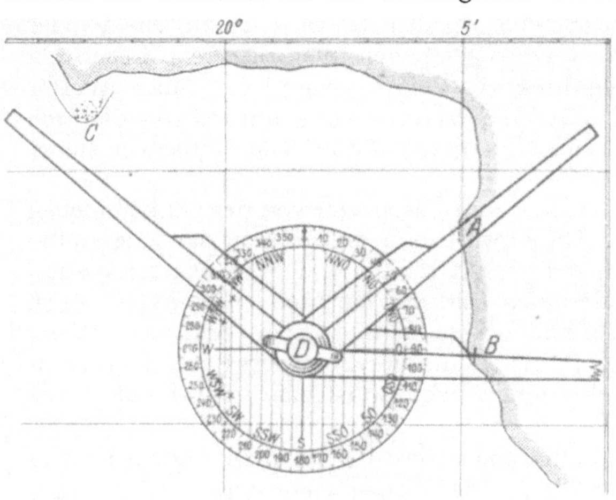

Abb. 67. Kompaßkreis.

gebracht. Die Kimm D markiert dann auf der Karte den Schiffsort zur Zeit der Peilung. Soll von hier aus ein neuer Kurs bestimmt werden, so ist die Klemmschraube zu lösen und der dritte Schenkel in die betreffende Richtung zu drehen; der gesuchte neue Kurs kann dann sofort an der Grad- oder Strichteilung abgelesen werden.

Beispiel. (Hierzu Abb. 67.)

Aufgabe: Ein Schiff peilt Punkt A in rw. 51°, Punkt B in 92°. Wo steht das Schiff und wie ist der Kurs vom Schiffsort gut frei von dem Riff bei C?

Lösung: Ein Schenkel wird auf 51°, der zweite auf 92° eingestellt, der dritte Schenkel wird in westlicher Richtung gedreht. Dann wird die Klemmschraube leicht angezogen und das Instrument so auf die Seekarte gelegt, daß die eingestellten Schenkel ungefähr auf die gepeilten Punkte der Karte zeigen. Durch entsprechendes Drehen werden die roten Richtungslinien (x x) parallel zu dem nächstgelegenen ausgezogenen Kartenmeridian (hier 20°) und gleichzeitig die Schenkel auf A und B zur Deckung gebracht. Liegen sie bei richtiger Orientierung gut an, so markiert ein Bleistiftpunkt in D den Schiffsort auf der Karte. Darauf wird die Klemmschraube gelöst und der dritte Schenkel in Richtung C gut frei von der Untiefe gedreht. An der Teilung ist sofort der neue Kurs = 310° rw. abzulesen.

Das Instrument kann bei nicht zu stark arbeitendem Schiff leicht beschwert auf der Karte liegenbleiben, so daß sich der Navigateur durch einen Blick von der Richtigkeit des Schiffsortes sowohl als des Kurses überzeugen kann.

Deviationskontrolle. Man peilt schnell hintereinander drei Punkte und stellt die gepeilten Richtungen an der Teilung ein. Der Schiffsort wird darauf wie eine Doppelwinkelmessung, ohne Rücksicht auf die richtige Orientierung des Instruments abgesetzt. Die mittelste Richtung entspricht dem festen Schenkel des Transporteurs bei der Doppelwinkelmessung. Ein Bleistiftpunkt markiert den gefundenen Schiffsort und ein kleiner Strich auf der Karte die Lage des falschen Nordens. Dann wird das Instrument um den markierten Schiffsort gedreht, bis die roten Richtungslinien parallel zum Kartenmeridian laufen. Ist dies erreicht, so liest man direkt die Fehlweisung an der Kreisteilung ab, sie ist gleich dem Bogen vom rw. Nordpunkt bis zu dem vorerwähnten kleinen Bleistiftstrich auf der Karte. Auf die Fehlweisung die Mißweisung nach der Seekarte in bekannter Weise angewandt, ergibt sofort die Deviation des Kompasses für den gesteuerten Kurs.

Der Kompaßkreis ersetzt in der Handelsmarine den früher in der Kriegsmarine gebräuchlichen Doppeltransporteur.

Das Navigationsgerät Kuhlmann-Ludolph. Der Grundgedanke dieses Gerätes, das sich besonders für Kabeldampfer und Vermessungsfahrzeuge eignet, ist, daß ein Teilkreis durch zwei aus Stahlstangen gebildete Parallelogramme parallel geführt wird, d. h. über der Karte beliebig verschoben werden kann, so daß seine Nullinie immer dieselbe Richtung behält. Der Anfang des ersten Parallelogramms ist an einem eisernen Block befestigt, der hinter dem Kartentisch an der Wand festgeschraubt ist; das zweite Parallelogramm endet an einem handlichen Griff, an dem unten der erwähnte Teilkreis sitzt. An dem Teilkreis ist ein Lineal befestigt, dieses kann mittels des Kreises auf beliebige Richtungen eingestellt werden. Eine Klemme erlaubt, die jeweilige Stellung des Lineals zu fixieren. Der Index, an dem die Ablesung des Teilkreises erfolgt, ist verstellbar eingerichtet, die Stellung kann an einer kleinen Skala abgelesen werden. Bei Einstellung auf „Null" sind die abgelesenen Kurse und Peilungen rechtweisende. Will man mißweisend arbeiten, so stellt man den Index an der kleinen Skala, die von +25° bis −25° läuft, auf den Wert der Ortsmißweisung ein. Das Gerät ist außerordentlich sauber gearbeitet; die Gelenke besitzen Kugellager, so daß man bei der Bewegung keinerlei Reibung oder sonstige Hindernisse verspürt. Seine Anschaffung kommt nur für große Schiffe in Frage.

3. Das Barozyklonometer.

Das Barozyklonometer besteht aus einem außerordentlich empfindlichen Barometer und einer Windscheibe, dem sog. Zyklonometer.

Das Barometer ist ein besonders gut gearbeitetes Aneroidbarometer, an dessen Rande sich ein flacher, verstellbarer silberner Ring befindet, der mit Teilungen und Aufschriften versehen ist, wie Abb. 68 zeigt. Um dieses Barometer gebrauchsfertig zu machen, muß der rote Strich oder Pfeil auf dem Ringe, der die Abteilung „Stürmisches Wetter" oder kurzweg die Taifunzonen A, B, C, D von der Abteilung „Veränderliches Wetter" trennt, auf den für Seehöhe und Temperatur korrigierten mittleren Barometerstand des Beobachtungsortes eingestellt werden. Diese mittleren Barometerstände der Taifungegenden Ostasiens sind auf der unteren Hälfte des silbernen Ringes eingraviert.

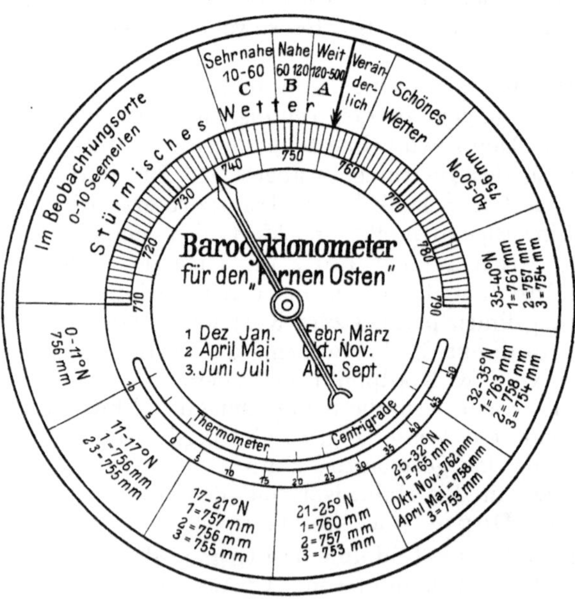

Abb. 68. Das Barometer eines Barozyklonometers.

Fällt das Barometer während der Taifunmonate am Beobachtungsorte unter den angegebenen Barometerstand, so ist anzunehmen, daß man sich in der äußersten Zone eines Taifuns befindet. Je weiter nach rechts also der Zeiger des Barometers von dem eingestellten roten Indexstrich oder Pfeil deutet, um so beständiger wird das Wetter sein. Zeigt der Zeiger aber nach links von der Indexmarke, so befindet sich das Schiff innerhalb einer Taifunzone. Der Winkel zwischen Zeiger und Indexpfeil gibt die (auf dem Ringe eingravierte) ungefähre Entfernung des Schiffsortes vom Orkanzentrum an.

Das Zyklonometer ist eine um ihren Mittelpunkt drehbare Scheibe, die sog. Windscheibe, die durch fünf konzentrische Kreise in Zonen geteilt ist, die den Zonen A, B, C und D des Barometers entsprechen. In der innersten Zone ist ein dicker schwarzer Pfeil gezogen, der die Bahnrichtung des Orkanzentrums vorstellt. Die in den betreffenden Quadranten vorherrschenden Windrichtungen in einer Zyklone nördlicher Breite werden durch die dünnen schwarzen Pfeile der Windscheibe angezeigt. Über dieser Scheibe befindet sich ein nicht drehbarer Glasdeckel, auf dem 8 eingravierte Durchmesser die 16 Hauptstriche des Kompasses anzeigen. Auf diesem Glasdeckel werden alle Richtungsangaben der Windscheibe abgelesen. Außerhalb der Glasscheibe befinden sich zwei mit der Hand verstellbare Zeiger. Der eine Zeiger ist auf den inneren $^2/_3$ seiner halben Länge, vom Zentrum aus in 100 gleiche Teile geteilt. Der andere Zeiger (Doppelzeiger) trägt in einem Punkte, der $^2/_3$ der halben Zeigerlänge vom Mittelpunkt entfernt ist, einen kleinen Zapfen, um den eine kleine Nadel drehbar ist.

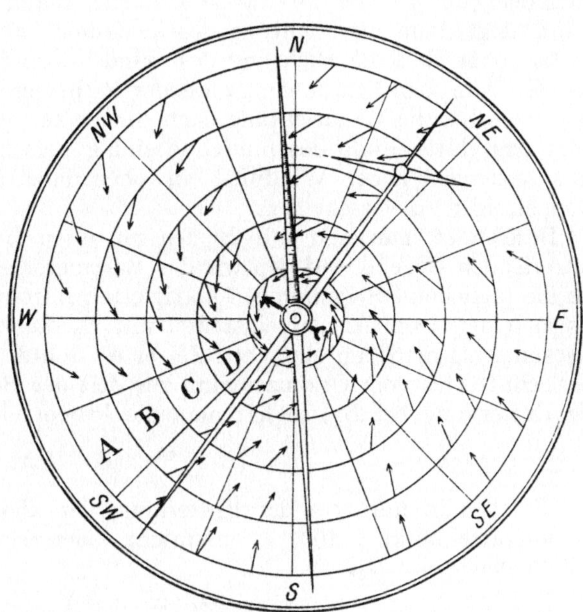

Abb. 69. Die Windscheibe eines Barozyklonometers.

Glaubt nun ein Beobachter auf Grund seiner Barometerablesung, sich in der Zone A eines Taifuns zu befinden, so stellt er erst die Windscheibe so ein, daß ihr dicker Pfeil die vermutliche Bahnrichtung des Taifunzentrums anzeigt. Nun sucht er in der Zone A der Windscheibe einen Windpfeil, der der Windrichtung am Beobachtungsorte entspricht, und stellt einen der beweglichen Zeiger auf den Ausgangspunkt dieses Windpfeiles ein. Das andere Ende des Zeigers gibt dann die ungefähre Richtung an, in der das Taifunzentrum liegt. Entspricht keiner der Windpfeile genau der herrschenden Windrichtung, so denkt man sich einen passenden Pfeil dazwischengeschaltet. Fällt das Barometer weiter, so daß der Beobachter nach der Barometerablesung glaubt annehmen zu müssen, sich in Zone B zu befinden, so sucht er jetzt in Zone B einen Windpfeil, der der Windrichtung am Beobachtungsorte entspricht. Einer der beweglichen Zeiger wird wieder auf den Ausgangspunkt dieses Windpfeiles eingestellt, und das andere Ende des Zeigers deutet jetzt schon mit viel größerer Sicherheit als vorher die Richtung an, in der das Orkanzentrum liegt. Dies Verfahren muß nach jeder Änderung der vorherrschenden Windrichtung wiederholt werden.

Erst wenn das Barometer so weit gefallen ist, daß man Grund hat, annehmen zu dürfen, daß man sich in Zone *C* oder *D* befindet, kann man versuchen, mit dem Instrument auch die genauere Richtung der Sturmbahn zu bestimmen. Man stellt dann das einfache Ende des Doppelzeigers auf einen der beobachteten Windrichtung entsprechenden Windpfeil der Zone *C* oder *D* ein. Das andere Ende, das die kleine Nadel trägt, zeigt dann die Richtung des Zentrums an. Fällt das Barometer weiter, ohne daß die Richtung des Windes sich ändert, so nähert sich das Zentrum dem Schiffe genau aus der Richtung, die der Zeiger angibt. Hat sich aber die Windrichtung nach einiger Zeit geändert, so stellt man jetzt das glatte Ende des mit Gradteilung versehenen Zeigers auf den entsprechenden neuen Windpfeil ein, ohne dabei aber den eingestellten Doppelzeiger zu verschieben.

Bezeichnet man nun mit B den mittleren Barometerstand in der betreffenden Gegend, auf den wir das Barometer einstellten, mit B_1 den für die täglichen Schwankungen korrigierten Barometerstand zu der Zeit, als man den Doppelzeiger einstellte, mit B_2 die korrigierte Barometerablesung, als man den einfachen Zeiger einstellte, mit y die Entfernung des Schiffsortes vom Orkanzentrum zur Zeit der Beobachtung B_1, mit x die Entfernung bei B_2, so hat man die Proportion

$$x : y = (B - B_1) : (B - B_2).$$

Setzt man nun $y =$ der Entfernung der kleinen Zeigernadel vom Zyklonmittelpunkt $= 100$, so entspricht x der relativen Entfernung bei der Beobachtung B_2.

$$x = \frac{100 \cdot (B - B_1)}{B - B_2}.$$

Man braucht also nur die kleine Nadel des Doppelzeigers so zu drehen, daß sie auf den Teilstrich x des einfachen Zeigers zeigt. Die kleine Nadel zeigt dann parallel der Taifunbahn, und man dreht jetzt die Windscheibe so, daß ihr Mittelpfeil parallel der kleinen Nadel zeigt. Diese Beobachtung muß immer wiederholt werden, wenn der vorherrschende Wind sich dreht.

Beispiel: Man beobachtete am 12. Oktober in Capiz (Insel Panay):

$7^1/_2{}^h$ p. m. Bar.: 738 mm; Wind: W,
8^h p. m. Bar.: 737 mm; Wind: SW.

Am Barometer ist einzustellen: 756 mm. Der Zeiger zeigt dann nach Zone *D* (Abb. 68). Die geschätzte Zugrichtung des Taifuns ist NWzW.

$$x = \frac{100\,(756 - 738)}{756 - 737} = 95.$$

Wie Abb. 69 zeigt, gibt das Zyklonometer als tatsächliche Zugrichtung WzN an.

Elektrische Kommando- und Signalanlagen siehe Teil XVI.

IV. Astronomische Navigation.

1. Die Spiegelinstrumente.

Grundgedanken des Sextanten und Oktanten. Die optischen Gesetze, auf denen die Verwendung der Spiegelinstrumente gegründet ist, sind folgende:

1. Einfallender Strahl, Einfallslot und zurückgeworfener Strahl liegen in einer Ebene.
2. Der Einfallswinkel ist gleich dem Reflexionswinkel.
3. Eine Spiegeldrehung mißt einen Winkel, der doppelt so groß ist wie der, um den der Spiegel gedreht ist.

Der Scheitelpunkt des gemessenen Winkels liegt stets im Mittelpunkt C des großen Spiegels (Abb. 70). Sein einer Schenkel CA geht nach dem einen Objekt (bei Höhenmessungen von Gestirnen: nach dem Gestirn), sein anderer Schenkel $CB_2 \parallel OB_1$ nach dem anderen Objekt (bei Höhenmessungen: nach der Kimm). Ein Lichtstrahl, von A kommend, trifft den großen Spiegel in C und bildet mit der Spiegelfläche den Winkel β_1. Er wird unter dem Winkel $\beta_2 = \beta_1$ nach dem kleinen Spiegel zurückgeworfen, wo er in D mit der Spiegelfläche den unveränderlichen Winkel γ_1 bildet. Von hier wird er unter dem Winkel $\gamma_2 = \gamma_1$ nach dem in O befindlichen Auge des Beobachters reflektiert. Beim Winkelmessen muß die Alhidade CE mit dem großen Spiegel immer so weit gedreht werden, bis der von A kommende und in C zurückgeworfene Strahl in die Richtung CD fällt.

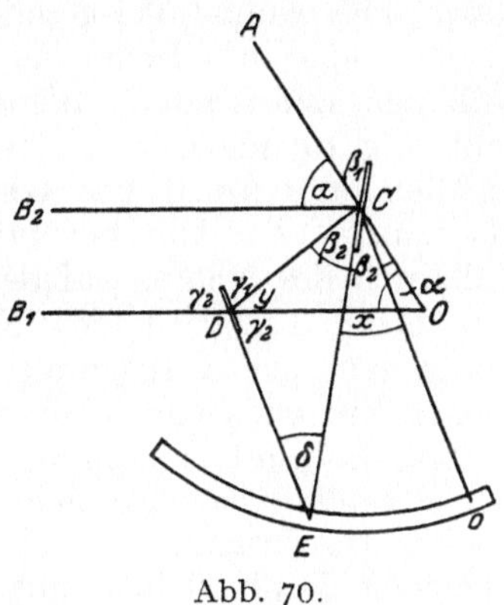

Abb. 70.

Der Winkel x, um den die Alhidade gedreht werden muß, ist dann gleich dem Winkel δ, den die beiden Spiegel miteinander bilden und gleich dem halben gemessenen Winkel $ACB_2 = AOB_1$

$$\gamma_1 = \beta_2 + \delta \quad \text{(Außenwinkel am } \Delta CDE\text{)}$$

$$2\gamma_1 = 2\beta_2 + 2\delta \quad \text{(multipliziert mit 2)}$$

$$\gamma_1 + \gamma_2 = 2\gamma_1 = 2\beta_2 + \alpha \quad \text{(Außenwinkel am } \Delta CDO\text{)}$$

$$2\delta = \alpha$$

Bei einigen Instrumenten wird der kleine Spiegel durch ein Prisma ersetzt, dessen Wirkung aber gleich der des Spiegels ist. Instrumente mit zwei Spiegeln sind Sextant und Oktant, Instrumente mit Spiegel und Prisma: Prismenkreise.

Der Limbus bei allen derartigen Instrumenten ist so geteilt, daß man den gemessenen Winkel direkt ablesen kann, also das Multiplizieren mit 2 erspart bleibt.

Untersuchung der Sextanten an Bord und Berichtigung etwaiger Fehler. Die an Bord befindlichen Sextanten und Oktanten müssen vor ihrer

Neuanschaffung durch die Seewarte, deren Agenturen oder eine andere vom Vorstande der See-Berufsgenossenschaft anzuerkennende Stelle oder Person geprüft und als tauglich befunden sein. Das hierüber erteilte Attest ist an Bord aufzubewahren. Jeder Kapitän und jeder Offizier hat streng darauf zu achten, daß diese Instrumente sich in gutem Zustande befinden, und sie zu diesem Zwecke während des Gebrauchs nach den in den Seefahrtschulen gelehrten Methoden einer fortlaufenden Prüfung zu unterziehen. Ergeben sich bei dieser Prüfung Unregelmäßigkeiten, die der Besitzer der Instrumente nicht selbst zu heben vermag, so hat er für sachgemäße Beseitigung dieser Mängel Sorge zu tragen.

Die Spiegelgläser müssen planparallel geschliffen sein. — Die Flächen der Spiegel sind planparallel geschliffen, wenn das Bild eines scharf begrenzten, hellen Gegenstandes ohne Verzerrung scharf begrenzt erscheint.

Die Blendgläser müssen planparallel geschliffen sein. — Die Blendgläser sind planparallel geschliffen, wenn man an der Kimm ohne und an der Sonne mit Blendglas die gleiche Indexberichtigung findet. Auch muß man, wenn man die Blendgläser umdreht, dasselbe Resultat erhalten. Schlechte Blendgläser und Spiegel sind zu verwerfen.

Die Teilungen des Gradbogens und Nonius müssen fehlerfrei sein. — Zur Untersuchung der Teilung des Limbus stelle man den Nullstrich des Nonius auf den Nullstrich des Gradbogens. Dann muß der letzte Teilstrich des Nonius wieder mit einem Teilstriche des Gradbogens genau zusammenfallen. Diese Untersuchung setze man in kleinen Zwischenräumen über den ganzen Gradbogen fort. — Bei guter Teilung des Limbus kann mit ihm der Nonius untersucht werden. Fehler in der Teilung bemerkt man dadurch, daß bei irgendeiner Stellung des Nonius das Zusammen- und Wiederauseinanderrücken der aufeinanderfolgenden Noniusstriche mit den Limbusstrichen sprungweise erfolgt. Instrumente mit fehlerhafter Teilung sind unbrauchbar.

Der Drehpunkt der Alhidade muß genau mit dem Mittelpunkte der Teilung des Gradbogens zusammenfallen. — Fällt der Drehpunkt der Alhidade nicht mit dem Mittelpunkte der Teilung des Gradbogens zusammen, so hat man einen Exzentrizitätsfehler.

Die Prüfung an Bord erstreckt sich auf folgende Punkte:

1. Stellung der Spiegel. Die Spiegel müssen senkrecht zur Instrumentenebene stehen. Um die Stellung des großen Spiegels zu untersuchen, stellt man die Alhidade ungefähr auf die Mitte des Gradbogens ein, hält das Instrument so, daß der große Spiegel nach oben dem Auge zugekehrt ist und sieht an der inneren Ecke des großen Spiegels vorbei nach dem Nullpunkt des Gradbogens. Man wird dann dicht daneben im Spiegel das entgegengesetzte Ende des Gradbogens sehen. Liegen nun der direkt gesehene und der gespiegelte Teil in einer Ebene, dann steht der große Spiegel senkrecht zur Ebene des Instrumentes. Erscheint das gespiegelte Bild höher als das direkt gesehene, dann ist der große Spiegel nach vorn geneigt und umgekehrt.

Steht der große Spiegel nicht senkrecht, so mißt man alle Winkel zu groß. Je größer der gemessene Winkel ist, um so größer wird der Fehler.

Die Berichtigung der Stellung geschieht vermittels der Schrauben, die die Fußplatte mit der Alhidade verbinden. Es genügt dazu ein leichtes Anziehen oder Lösen der hinter der Mitte des Spiegels befindlichen Vertikalschraube. Befindet sich in der Mitte der oberen Kante eine von hinten auf den Spiegel drückende Stellschraube, so geschieht die Berichtigung durch Anziehen oder Lösen dieser Schraube.

Um die Stellung des kleinen Spiegels zu prüfen, halte man das Instrument zunächst senkrecht und bringe durch Verschieben der Alhidade die Kimm mit ihrem Spiegelbild genau zur Deckung. Dann drehe man das Instrument um die Fernrohrachse um etwa 45° rechts oben links herum. Bleibt dabei die Kimm in Deckung, so steht der kleine Spiegel gut. Erhöht sich aber das doppelt gespiegelte Bild der Kimm über das direkt gesehene, oder senkt es sich, wie in Abb. 72, so steht der kleine Spiegel nicht senkrecht.

Man mißt dann alle Winkel zu klein; der Fehler wird am größten bei ganz kleinen Winkeln. Je größer der gemessene Winkel ist, desto kleiner wird der Fehler sein.

Die Berichtigung der Stellung des kleinen Spiegels erfolgt entweder durch eine Schraube, die in der Mitte der oberen Kante von hinten gegen den Spiegel drückt oder durch zwei Schrauben, die von der Unterseite des Instrumentes her die Fußplatte halten. Man lockert erst die eine Schraube etwas und zieht dann die andere fest an, bis sich die beiden Bilder decken.

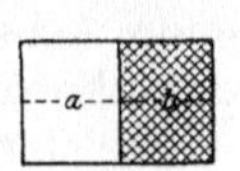

Abb. 71. Kleiner Spiegel bei senkrechter Haltung des Instruments. a = direkt gesehene Kimm, b = gespiegelte Kimm.

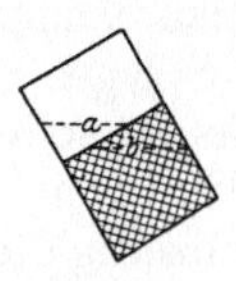

Abb. 72. Kleiner Spiegel, um 45° um die Fernrohrachse gedreht. a = direkt gesehene Kimm, b = gespiegelte Kimm.

2. Die richtige Lage des Nullpunktes der Limbusteilung und Bestimmung der Indexberichtigung. Unter Indexfehler versteht man den abgelesenen Winkel am Instrument, wenn beide Spiegel zueinander parallel stehen. In diesem Falle muß nämlich der gemessene Winkel gleich Null sein, da die von einem entfernten Gegenstand kommenden Strahlen unter gleichen Winkeln auf den großen und kleinen Spiegel fallen. Um die Indexberichtigung zu bestimmen, bringt man eine mindestens 2 Seemeilen entfernte, scharf begrenzte Kante, auf See die Kimm, mit sich selbst zur Deckung. Nachts bringt man einen Stern mit seinem Spiegelbilde zur Deckung. Dadurch sind die Spiegel parallel zueinander gestellt. Die Stelle des Limbus, auf die jetzt der Index zeigt, ist der wahre Nullpunkt. Liegt der Index (d. i. der Nullstrich des Nonius) links vom Nullpunkt des Limbus (also auf dem Hauptbogen), so wird jeder Winkel um diesen Betrag zu groß abgelesen, die Indexberichtigung erhält dann das Vorzeichen minus. Liest man auf dem Vorbogen ab, so ist die Indexberichtigung plus. Das Instrument ist dabei senkrecht zur anvisierten Kante, bei der Kimm also senkrecht, zu halten.

Oder: Man bringe den Rand des doppelt gespiegelten Sonnenbildes mit dem Rande des direkt gesehenen zunächst auf der einen Seite in scharfe äußere Berührung und lese die Einstellung ab. Darauf schraube man das doppelt gespiegelte Bild durch, stelle auf der anderen Seite die scharfe Berührung her und lese wieder ab. Gibt man der Ablesung auf dem Vorbogen das Pluszeichen, der auf dem Hauptbogen das Minuszeichen, so ist die halbe algebraische Summe der Ablesungen die Indexberichtigung.

Beispiel:		
	Ablesung auf dem Vorbogen .	+ 34′ 20″
	„ „ „ Hauptbogen	− 30′ 10″
	algebraische Summe . . . . . =	+ 4′ 10″
	Indexberichtigung . . . . . . =	+ 2′ 5″
	algebraische Differenz . . . . =	64′ 30″
	= 4facher Jahrbuchhalbmesser.	

Eine Kontrolle der Richtigkeit der Ablesungen gewährt der Umstand, daß die algebraische Differenz der Ablesungen gleich dem vierfachen im Nautischen Jahrbuch für den betreffenden Tag gegebenen Sonnenhalbmesser sein muß. Bei der Beobachtung ist besonders auf gleiche Helligkeit der Bilder zu achten. Am besten benützt man zur Abblendung die Okularblende. (Die Benutzung eines astronomischen Fernrohres wird dabei vorausgesetzt. Wenn die Sonne niedriger als 20° steht, so muß das Instrument bei der Messung horizontal gehalten werden.)

Zur Beseitigung des Indexfehlers ist gewöhnlich an der Fassung des kleinen Spiegels seitwärts eine kleine Schraube angebracht, die erlaubt, den Spiegel um eine senkrecht zur Instrumentenebene stehende Achse etwas zu schwenken. Es ist jedoch nicht anzuraten, diese Schraube oft zu benutzen, weil mit dem Anziehen und Lockern derselben meistens gleichzeitig die senkrechte Stellung des Spiegels beeinflußt wird. Man zieht deshalb vor, die Indexberichtigung, die ohnehin durch Temperatureinflüsse veränderlich ist, öfters von neuem zu bestimmen und in Rechnung zu stellen.

Die Spiegelparallaxe. Bringt man ein Objekt, das weniger als 2 Seemeilen entfernt ist, mit sich selbst zur Deckung, so bilden die Strahlen: Objekt — großer Spiegel und Objekt — kleiner Spiegel einen Winkel miteinander, den man die Spiegelparallaxe nennt. Gehen die Strahlen von einem Punkte aus, der nur 1 Seemeile entfernt ist, so bilden sie einen Winkel von 6″ miteinander. Die bei Benutzung einer zu nahen Kante erhaltene Indexberichtigung ist stets nach der positiven Seite falsch.

Mißt man einen Winkel zwischen zwei Objekten, von denen das direkt gesehene so nahe ist, daß Spiegelparallaxe vorhanden ist, dann bestimme man die anzuwendende Indexberichtigung an diesem Objekt. Beide Messungen enthalten dann die Spiegelparallaxe und durch Anwendung der Indexberichtigung auf die Ablesung der Winkelmessung fällt die Spiegelparallaxe fort und der Winkel ist richtig. Die Entfernung des durch den Spiegel doppelt reflektierten Objektes ist gleichgültig.

Die Parallelstellung des Fernrohrs zur Instrumentenebene. Will man die Parallelstellung des Fernrohres zur Instrumentenebene prüfen, so stellt man neben dem Fernrohr ein Diopterpaar auf den Instrumentenkörper, so daß deren Visierlinie parallel dem Fernrohre ist und visiert eine entfernte, scharf begrenzte Linie (oder Strich an einer Wand) an. Wenn man dann durch das Fernrohr sieht, so muß diese Linie in der Mitte des Fernrohres erscheinen.

Oder: Man dreht das Okular so, daß zwei parallele Fäden desselben der Instrumentenebene parallel gerichtet sind. Bringt man nun zwei Sterne oder scharf markierte Punkte, die etwa 120° voneinander abstehen, zur Deckung, so steht das Fernrohr richtig, wenn diese Deckung, an beiden Fäden nacheinander beobachtet, unverändert bleibt. Gehen aber die beiden Bilder an dem der Instrumentenebene entfernteren Faden auseinander, so ist das Objektivende des Fernrohrs der Instrumentenebene abgeneigt und umgekehrt. Zur Berichtigung der Fernrohrstellung ist entweder die ganze, den Fernrohrträger haltende Büchse zum Neigen eingerichtet oder die beiden Schrauben, die den Gewindering mit dem Fernrohrträger verbinden, gestatten, die Fernrohrlage entsprechend zu korrigieren.

Eine fehlerhafte Stellung des Fernrohres fällt bei kleinen Winkeln wenig ins Gewicht, sie ist aber beträchtlich bei großen Winkeln, und zwar sind die abgelesenen Winkel stets zu groß.

Der künstliche Horizont ist eine horizontale ebene Fläche, in der sich der Gegenstand, dessen Höhe man messen will, spiegelt. Der über dem künstlichen Horizont gemessene Winkel ist gleich der doppelten Höhe des Gegenstandes über dem Horizont, bei Gestirnen gleich der doppelten scheinbaren Höhe. Fehler in der wagerechten Stellung des künstlichen Horizonts gehen mit ihrem vollen Betrag in die gemessene Höhe ein. Künstliche Horizonte werden im allgemeinen nur an Land verwendet. Man unterscheidet Troghorizonte, Dosenhorizonte und Glashorizonte. Bei den Trog- und Dosenhorizonten benutzt man als spiegelnde Flüssigkeit meistens Quecksilber. In Ermanglung von Quecksilber kann man mit Kienruß geschwärztes Öl, Teer, Sirup, Tinte, schwarzen Kaffee, auch Wasser in flachen dunkelwandigen Gefäßen verwenden.

Die Vorteile des künstlichen Horizonts sind:

1. Die Kenntnis der Augeshöhe ist nicht erforderlich.

2. Der unsichere Faktor der terrestrischen Strahlenbrechung fällt bei der Verbesserung der gemessenen Höhen fort.

3. Beobachtungsfehler kommen, da die gemessenen Winkel halbiert werden, nur mit ihrem halben Betrage zur Geltung.

Die Nachteile sind:

1. Beim Glashorizont die große Sorgfalt, die man auf dessen genaue Einstellung verwenden muß.

2. Beim Quecksilberhorizont die Wellenbewegungen der spiegelnden Fläche, die durch Erschütterungen verursacht werden, ferner das Aufkrümmen der Oberfläche an den Rändern infolge der Kapillaritätswirkung. Man muß deshalb die Bilder möglichst in die Mitte des Horizonts bringen.

3. Bei beiden, daß der größte für Spiegelinstrumente meßbare Winkel nur ungefähr 130° beträgt, also die zu messende Höhe 65° nicht übersteigen darf, und daß bei Höhen unter 10° das Ergebnis infolge der Unsicherheit der Strahlenbrechung und wegen des spitzen Winkels, den der auffallende Strahl mit der spiegelnden Fläche bildet, unzuverlässig wird.

Beim Messen von Sonnenhöhen muß man sich vor Verwechselung der Ober- und Unterränder hüten. Es ist deshalb zweckmäßig, die im Horizont gespiegelte Sonne durch die Wahl eines besonders gefärbten Blendglases schon äußerlich von der in den Spiegeln doppelt reflektierten Sonne zu unterscheiden. Bei windigem Wetter und unruhigem Horizont mißt man oft besser die Mittelpunktshöhe dadurch, daß man die Bilder sich decken läßt. — Sterne und Planeten bringt man immer zur Deckung.

Besondere Arten von Winkelmeßzeugen. Trommelsextanten. Bei ihnen dient zur Ablesung eine Trommel. Der Vorteil besteht darin, daß man sie auch in der Dämmerung und nachts bei schwachem Licht ohne Lupe ablesen kann.

Zeigersextanten. Bei ihnen dient als Ablesevorrichtung eine Zeigerdose.

Instrumente mit einem künstlichen Horizont am Meßzeug. Sie finden bei Nacht und bei unsichtiger Kimm Verwendung. Im Gebrauch sind:

1. Der Kreiselsextant von Fleuriais. Zum Ersatz des Horizonts dient ein auf einem rasch rotierenden Kreisel in einem Gehäuse neben dem kleinen Spiegel angebrachter Kollimator. Infolge der raschen Drehung des Kreisels zeigt die Mittellinie des Kollimators bei genau senkrechter Stellung der Kreiselachse horizontal und bildet einen scheinbaren Horizont in Augeshöhe des Beobachters.

2. Der Horizontsextant von Coldewey. (Hersteller W. Ludolph, A. G.) Dies ist ein Sextant mit fest eingebautem Libellenhorizont, bei dem das halbe Bild der Libellenblase im scheinbaren Horizont gesehen wird. Der Krümmungsradius der Libelle ist nahezu 1 m, und ihr Bild wird durch 5 rechtwinklige Prismen und durch ein Pentaprisma doppelt reflektiert, so daß es als Streifen erscheint und das Auge des Beobachters im Krümmungsmittelpunkt liegt.

Eine kleine Hilfslibelle ermöglicht die Senkrechthaltung des Instruments.

Für Nachtbeobachtungen des Mondes oder ganz heller Planeten ist eine elektrische Beleuchtung der Libelle angebracht, deren Helligkeit beliebig geschwächt und den verschiedenen Gestirnen angepaßt werden kann.

Beim Beobachten wird das Gestirnsbild mit der halb gesehenen Libellenblase in gleiche Höhe gebracht, wobei die Senkrechtstellung des Instruments daran erkannt wird, daß die Blase der Hilfslibelle unten im Gesichtsfeld erscheint. Sonnenhöhen mißt man am besten so, daß das halbe Sonnenbild neben der halben Blase in gleicher Höhe liegt. Dadurch, daß die Blase bei mittlerer Temperatur den Durchmesser der Sonne hat, wird die Einstellung sehr erleichtert.

Bei etwas Übung des Beobachters und ruhiger See kann der Fehler einer Einzelhöhe als innerhalb 3′ liegend angenommen werden.

Um die Genauigkeit der Ortsbestimmung zu vergrößern, nehme man stets eine Reihe von Beobachtungen und mittele sie.

Behandlung und Gebrauch des Sextanten. Vor jeder Benutzung des Instruments prüfe man die Stellung der Spiegel und bestimme die Indexberichtigung. Die ganze Nachprüfung nimmt für einen geübten Beobachter keine halbe Minute in Anspruch, erhöht aber wesentlich das Zutrauen zu seinem Instrument. Man gewöhne sich daran, alle Beobachtungen mit dem terrestrischen Fernrohr (oder Sternfernrohr) zu machen. Das Fernrohr bleibt, auf scharfes Sehen eingestellt, im Instrument eingeschraubt. Klemm- und Feinschrauben, sowie Gewinde des Fernrohrträgers sind gelegentlich mit säurefreiem Öl leicht einzufetten. Roststellen entferne man mit einer Mischung aus pulverisierter Holzkohle und Öl. Fettige Gläser wische man mit Spiritus ab und mit einem Lederlappen! Vermeide zu häufiges Reinigen und oftes Drehen an den Richtschrauben!

Der Sextant darf nicht unnötigerweise den Sonnenstrahlen ausgesetzt werden. Man vermeide auch, beim Ablesen oder gar beim Tragen das Instrument beim Gradbogen anzufassen. Es wird hierdurch verdorben, der Gradbogen biegt durch und wird beschmutzt. Ist der Sextant naß geworden, so trockne man ihn mit weichem Waschleder ab, besonders den Gradbogen und die Spiegel.

Der Kimmtiefenmesser von Pulfrich. Die Erfahrung lehrt, daß oft gerade bei schönem klaren Wetter, wenn die Kimm deutlich zu sehen ist und man überzeugt ist, ausgezeichnete Höhen beobachten zu können, außergewöhnliche Hebungen oder Senkungen der Kimm auftreten, die die gemessenen Höhen bis zu 5′ fälschen können. Mit dem Pulfrichschen Kimmtiefenmesser kann man die wirkliche Kimmtiefe direkt messen. Der Kimmtiefenmesser besteht aus einem Spiegel *ab*, drei Prismen *bcd*, *bde*, *edff* und einem Fernrohr. Abb. 73 zeigt eine Vorder-, Abb. 74 eine Seitenansicht des Instrumentes. Zwischen den Prismen *ebd* und *bcd* liegt eine Silberschicht *bd*, die streifenförmig zur Hälfte weggekratzt ist. Sie wirft daher die auffallenden Lichtstrahlen zurück, läßt aber auch die von hinten kommenden Lichtstrahlen durch.

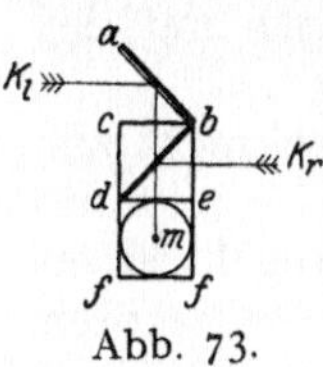

Abb. 73.

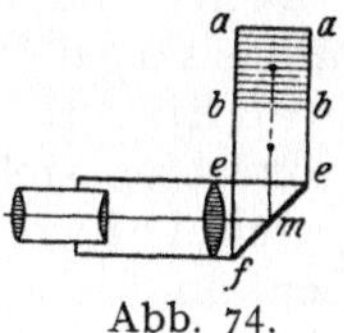

Abb. 74.

Der von rechts kommende Kimmstrahl *Kr* fällt durch die Seite *be* in das Prisma ein, wird durch die stehengebliebenen Streifen der Silberschicht *bd* nach unten nach *m* gespiegelt und bei *m* wieder in die horizontale, aber zu seiner ursprünglichen Richtung rechtwinklige Richtung abgelenkt und in das Fernrohr geworfen.

Der von links kommende Kimmstrahl *Kl* wird durch den Spiegel *ab* nach unten geworfen, dringt durch das Prisma *bcd*, durch die Streifen, wo die Silberschicht *bd* weggekratzt ist, und durch das Prisma *bde* hindurch und gelangt ebenfalls nach *m*, von wo er zusammen mit dem von rechts kommenden Kimmstrahl in das Fernrohr gespiegelt wird. Der Beobachter sieht also im Fernrohr in der Richtung voraus in *m* (Abb. 74) die Bilder der rechts und links querab liegenden Kimmen.

Die beiden Seiten der Kimm erscheinen im Gesichtsfelde bei horizontaler Lage des Fernrohres als zwei einander parallele, vertikale Linien, deren Abstand voneinander, unabhängig von der Haltung des Instrumentes, gleich der doppelten Kimmtiefe ist. Dieser Betrag läßt sich von einer Skala, die in der Mitte des Gesichtsfeldes angebracht ist, ohne weiteres ablesen.

Gegen die vorbeschriebene Art der Messung der Kimmtiefe läßt sich der Einwand erheben, daß die Kimmtiefe rechts und links vom Beobachter nicht immer gleich zu sein braucht. In der Tat sind schon mehrfach verschiedene Kimmtiefen an verschiedenen Stellen des Horizontes beobachtet worden. Da man mit dieser Fehlerquelle stets zu rechnen haben wird, ist es empfehlenswert, die mit dem Apparat ausgeführte Messung an verschiedenen Stellen des Horizontes zu wiederholen.

2. Astronomische Vorkenntnisse.

Die zwei Koordinatensysteme der nautischen Astronomie. Die Lage der Gestirne an der Himmelskugel bestimmt man in der nautischen Astronomie durch zwei Koordinatensysteme, nämlich 1. das des wahren Horizontes, 2. das des Himmelsäquators.

Das Koordinatensystem des wahren Horizontes. Die Achsen dieses Systems sind: der wahre Horizont und der Himmelsmeridian; die Koordinaten sind: wahre Höhe und Azimut.

Senkrechte oder Vertikallinie eines Ortes ist die Richtung eines an dem betreffenden Orte frei aufgehängten Lotes.

Zenit und Nadir sind die Schnittpunkte der Senkrechten mit der Himmelskugel.

Wahrer Horizont ist der Hauptkreis, dessen Ebene senkrecht zur Senkrechten steht.

Scheinbarer Horizont ist ein Nebenkreis der Himmelskugel, dessen Ebene durch das Auge des Beobachters geht und senkrecht zur Senkrechten steht.

Seehorizont, sichtbarer Horizont oder Kimm ist die Linie, in der die vom Auge an die Erdkugel gezogenen Tangenten diese berühren (Grenze des Gesichtsfeldes auf freier See).

Höhenparallele sind Nebenkreise, deren Ebenen senkrecht zur Senkrechten stehen.

Himmelsmeridian ist ein größter Kreis der Himmelskugel, der durch Zenit, Nadir und die Himmelspole geht. Nordmeridian ist der halbe Himmelsmeridian vom Zenit nach Nadir durch den Nordpol, Südmeridian vom Zenit nach Nadir durch den Südpol; Oberer Meridian vom Nordpol nach dem Südpol durch Zenit, Unterer Meridian vom Nordpol nach dem Südpol durch Nadir.

Nord- und Südpunkt heißen die Schnittpunkte des Himmelsmeridians mit dem wahren Horizont.

Vertikale oder Höhenkreise sind Hauptkreise, die durch Zenit und Nadir gehen.

Erster Vertikal ist derjenige Vertikal, dessen Ebene senkrecht zur Ebene des Himmelsmeridians steht.

Ost- und Westpunkt heißen die Schnittpunkte des I. Vertikals mit dem wahren Horizont.

Wahre Höhe (h) eines Gestirns ist der Bogen eines Vertikals vom wahren Horizont bis zum wahren Ort des Gestirns.

Scheinbare Höhe (h') ist der Winkel zwischen den Linien: Auge — scheinbarer Ort des Gestirns und Auge — scheinbarer Horizont.

Kimmabstand ist der Winkel zwischen den Linien: Auge — Kimm und Auge — scheinbarer Ort des Gestirns.

Kimmtiefe (k) ist der Winkel zwischen den Linien: Auge — Kimm und Auge — scheinbarer Horizont. Ihre Größe ist abhängig 1. von der Augeshöhe, 2. vom Temperaturunterschied zwischen Luft- und Wasseroberfläche.

Strahlenbrechung oder Refraktion (R) ist der Winkel zwischen den Linien: Auge — scheinbarer Ort des Gestirns und Auge — wahrer Ort des Gestirns. Ihre Größe ist abhängig 1. von der Höhe des Gestirns, 2. von der Beschaffenheit der Atmosphäre (Barometer und Thermometer).

Horizontalparallaxe oder Horizontalverschub (π) ist der Winkel, unter dem vom Gestirn aus der Äquatorhalbmesser der Erde erscheint. Ihre Größe ist abhängig von der Entfernung des Gestirns.

Höhenparallaxe oder Höhenverschub (P) ist der Winkel zwischen den Linien: Gestirn — Auge und Gestirn — Erdmittelpunkt. Ihre Größe ist abhängig von der Höhe des Gestirns. Höhenparallaxe = Horizontalparallaxe · cosinus scheinbarer Höhe des Gestirns.

Zenitdistanz (z) ist der Bogen eines Vertikals vom Zenit bis zum wahren Ort des Gestirns.

Wahrer Halbmesser (ϱ) eines Gestirns ist der Winkel zwischen den Linien, die man sich vom Erdmittelpunkt nach dem wahren Gestirnsmittelpunkt und nach dem wahren Gestirnsrand gezogen denkt.

Scheinbarer Halbmesser eines Gestirns ist der Winkel zwischen den Linien, die man sich vom Auge des Beobachters nach dem scheinbaren Gestirnsmittelpunkt und nach dem scheinbaren Gestirnsrand gezogen denkt.

Azimut (A) ist der sphärische Winkel am Zenit zwischen dem Himmelsmeridian und dem Vertikal des betreffenden Gestirns.

Amplitude ist der Bogen des Horizonts zwischen Ostpunkt und dem Gestirnsmittelpunkt beim wahren Aufgang (Morgenweite) oder zwischen dem Westpunkt und dem Gestirnsmittelpunkt beim wahren Untergang (Abendweite). sin Amplitude = cos Azimut.

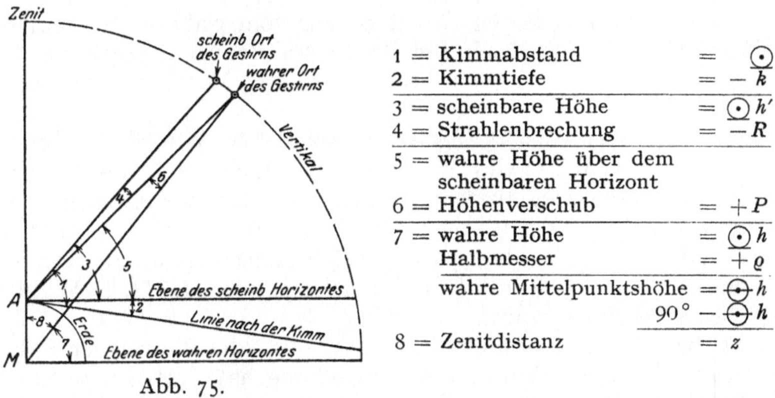

Abb. 75.

Das Koordinatensystem des Himmelsäquators. Die Achsen dieses Systems sind der Himmelsäquator und der Stundenkreis des Widderpunktes, die Koordinaten: Gerade Aufsteigung und Abweichung eines Gestirns.

Weltachse ist die verlängerte Erdachse, um die sich die Himmelskugel scheinbar dreht.

Weltpole sind die Endpunkte der Weltachse.

Himmelsäquator ist ein größter Kreis der Himmelskugel, dessen Ebene senkrecht zur Weltachse steht.

Stundenkreise sind größte Kreise, die durch die Weltpole gehen.

Sechsuhrkreis ist der Stundenkreis, dessen Ebene senkrecht zum Himmelsmeridian steht. Er schneidet den Himmelsäquator und den wahren Horizont im Ost- und Westpunkt.

Stundenwinkel (t) ist der sphärische Winkel am Pol zwischen dem oberen Meridian und dem Stundenkreis des Gestirns. Er wird gezählt vom oberen Meridian nach Ost (t_o) und West (t_w) von 0^h—12^h.

Zeitwinkel (τ) ist der sphärische Winkel am Pol zwischen dem unteren Meridian und dem Stundenkreis des Gestirns. Er wird gezählt vom unteren Meridian im Sinne der täglichen Bewegung der Himmelskugel von 0^h—24^h.

$$\tau = 12^h - t_o \quad \text{also} \quad t_o = 12^h - \tau$$

und

$$\tau = 12^h + t_w \quad \text{also} \quad t_w = \tau - 12^h.$$

Abweichungsparallele sind Nebenkreise, deren Ebenen senkrecht zur Weltachse stehen. Bei der täglichen Drehung der Himmelskugel beschreibt jedes Gestirn seinen Abweichungsparallel. Der Teil eines Abweichungsparallels, der über dem wahren Horizont liegt, heißt Tagbogen, der unter dem wahren Horizont liegt, Nachtbogen.

Abweichung oder Deklination (δ) ist der Bogen eines Stundenkreises vom Himmelsäquator bis zum Abweichungsparallel des Gestirns.

Poldistanz (p) ist der Bogen eines Stundenkreises vom Pol bis zum Gestirn.

Kulmination nennt man den Durchgang eines Gestirns durch den Meridian. Und zwar nennt man den Durchgang durch den oberen Meridian die obere Kulmination, den Durchgang durch den unteren Meridian die untere Kulmination.

Polhöhe (φ) ist der Bogen des Meridians vom wahren Horizont bis zum oberen Pol. Sie ist gleich der Breite des Beobachtungsortes.

Breitenkomplement (b) ist der Bogen des Meridians vom Zenit bis zum Pol.

Parallaktischer Winkel (q) ist der sphärische Winkel am Gestirn zwischen dem Vertikal des Gestirns und dem Stundenkreis des Gestirns.

Ekliptik ist die scheinbare jährliche Bahn der wahren Sonne am Himmelsgewölbe.

Tag- und Nachtgleichenpunkte (Äquinoktialpunkte) sind die Schnittpunkte der Ekliptik mit dem Himmelsäquator (21. III. = Widderpunkt; 23. IX. = Wagepunkt).

Sonnenwendpunkte (Solstitialpunkte) sind die Punkte der Ekliptik, in denen die Sonne ihre größte Abweichung hat. (21. VI. = Punkt des Krebses; 22. XII. = Punkt des Steinbocks).

Tierkreis (Zodiakus) nennt man die Sternbilder, in denen die Ekliptik verläuft: Widder, Stier, Zwillinge, Krebs, Löwe, Jungfrau, Wage, Skorpion, Schütze, Steinbock, Wassermann, Fische.

Widderpunkt oder Frühlingspunkt (♈) ist der Punkt der Ekliptik, in dem die Sonne am 21. III. steht, wenn ihre Abweichung gerade 0 ist. Dieser Punkt liegt jetzt nicht mehr im Sternbilde des Widders, sondern im Sternbilde der Fische, da er eine langsame, rückläufige (von Ost nach West) Bewegung hat. (Präzession der Tag- und Nachtgleichen; etwa 50,3″ jährlich.)

Geradeaufsteigung oder Rektaszension (α) ist der sphärische Winkel am Pol zwischen dem Stundenkreis des Widderpunktes und dem Stundenkreis des Gestirns. Sie wird gezählt von W nach O, also im entgegengesetzten Sinne der scheinbaren täglichen Drehung der Himmelskugel von $0^h - 24^h$.

Stundenwinkel des Widderpunktes (♈t) oder Geradeaufsteigung des Meridians ist der sphärische Winkel am Pol zwischen dem oberen Meridian und dem Stundenkreis des Widderpunktes.

Zeitwinkel des Widderpunktes (♈τ) ist der sphärische Winkel am Pol zwischen dem unteren Meridian und dem Stundenkreis des Widderpunktes.

(Beachte die irreführenden Bezeichnungen im Nautischen Jahrbuch 1925! Dort bedeutet ♈t den Zeitwinkel des Widderpunktes; ebenso bedeutet dort $m\odot t$ Zeitwinkel der $m\odot = MOZ$ usw.)

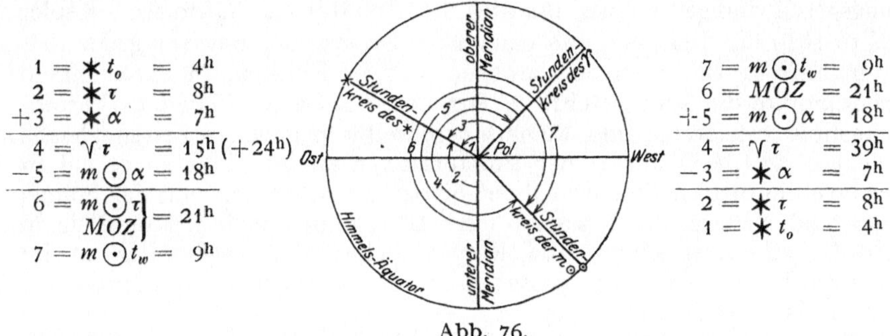

Abb. 76.

Wahre Zeit ist der Zeitwinkel der wahren Sonne. ($WOZ = w\odot\tau$.)

Mittlere Zeit ist der Zeitwinkel der mittleren Sonne. ($MOZ = m\odot\tau$.)

Mittlere Sonne ist eine gedachte Sonne, die sich mit gleichförmiger Geschwindigkeit auf dem Äquator im rechtläufigen Sinne bewegt, und zwar so schnell, daß sie zu einem ganzen Umlauf dieselbe Zeit gebraucht wie die wahre Sonne, nämlich ein Jahr.

Zeitgleichung (e) ist der Unterschied zwischen der wahren und mittleren Zeit oder: der sphärische Winkel am Pol zwischen dem Stundenkreis der wahren und dem Stundenkreis der mittleren Sonne.

Sterntag ist der Zeitraum von einer oberen Kulmination des Widderpunktes bis zur nächstfolgenden, also die Zeit einer einmaligen Umdrehung der Erde um ihre Achse (24^h Sternzeit $= 23^h\, 56^m\, 4{,}1^s$ mittlerer Sonnenzeit).

Wahrer Sonnentag ist die Zeit von einer oberen Kulmination der wahren Sonne bis zur nächstfolgenden. (Er ist verschieden lang, im Winter am längsten.)

Mittlerer Sonnentag ist die Zeit von einer oberen Kulmination der mittleren Sonne bis zur nächstfolgenden. (Alle sind gleich lang, jeder $= 24^h\,3^m\,56{,}6^s$ Sternzeit.)

Das sphärisch-astronomische Grunddreieck. Legt man durch ein Gestirn S einen Vertikal und einen Stundenkreis, so entsteht in Verbindung mit dem Meridian das Dreieck ZPS, das fast allen Rechnungen der nautischen Astronomie zugrunde liegt, und das man das sphärisch-astronomische Grunddreieck nennt.

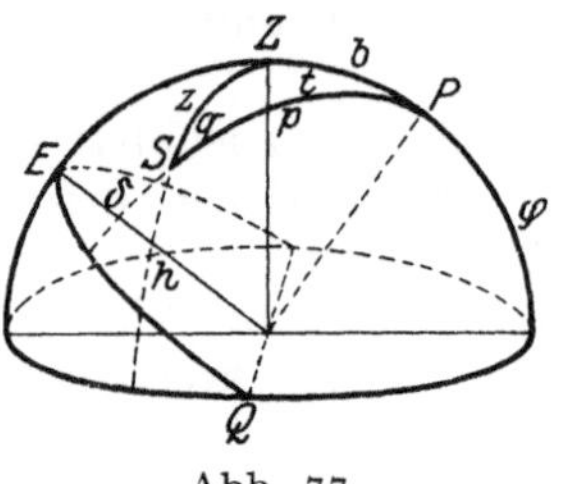

Abb. 77.

Die Seiten dieses Dreiecks heißen

PZ = Breitenkomplement $b = 90° - \varphi$,
ZS = Zenitdistanz $z = 90° - h$,
PS = Poldistanz $p = 90° \pm \delta$ (+, wenn φ und δ ungleichnamig, −, wenn φ und δ gleichnamig sind.)

Ferner heißt

$\sphericalangle Z$ = Azimut A,
$\sphericalangle P$ = Stundenwinkel t,
$\sphericalangle S$ = parallaktischer Winkel q.

Die Bewegung der Weltkörper. a) Erde. Kopernikus (1473—1543) hat die Achsendrehung der Erde von West nach Ost nachgewiesen. Drehungsgeschwindigkeit eines Punktes am Äquator ca. $^1/_2$ km/sec. Kepler stellte 1619 die drei nach ihm benannten Gesetze der Bewegung der Planeten auf: 1. Die Planeten bewegen sich in Ellipsen, in deren einem Brennpunkte die Sonne steht. 2. Der Leitstrahl eines Planeten (Verbindungslinie von Sonne und Planet) beschreibt in gleichen Zeiten gleiche Flächen. 3. Die Quadrate der Umlaufszeiten zweier Planeten verhalten sich wie die dritten Potenzen ihrer mittleren Entfernung von der Sonne. 1686 fand Newton die Ursache dieser Bewegung und begründete sie in dem Gravitationsgesetz: Alle Körper ziehen sich gegenseitig an im direkten Verhältnis ihrer Massen und im umgekehrten quadratischen Verhältnis ihrer Entfernungen.

Die Erde dreht sich also um die Sonne von West nach Ost, täglich ca. 1°. Die Geschwindigkeit der Erde in der Ekliptik ist verschieden (ungefähr 30 km/sec), am größten in der Sonnennähe, also im Winter; am geringsten in der Sonnenferne, also im Sommer. Erdbahnlänge rund 933 Millionen km. Die Umlaufszeit der Erde um die Sonne heißt Jahr. Man unterscheidet:

1. das siderische Jahr, das ist die Zeit, die verfließt, bis die Erde, von der Sonne aus gesehen, wieder in der Richtung desselben Fixsternes steht $= 365$ Tage $6^h\,9^m\,10^s$;

2. das tropische Jahr, das ist die Zeit, die zwischen zwei aufeinanderfolgenden Durchgängen der Sonne durch den Frühlingspunkt verfließt $= 365$ Tage $5^h\,48^m\,47^s$;

3. das bürgerliche Jahr von 365 bzw. 366 Tagen. Wir lassen bei unserem gregorianischen Kalender auf 3 gemeine Jahre zu 365 Tagen je ein Schaltjahr folgen. Da dem bürgerlichen Jahr das tropische Jahr zugrunde liegt, so rechnet man also die $5^h\,48^m\,47^s$ zu 6^h, d. h. alle Jahre um

$11^m\ 13^s$ zu viel. Dies macht alle 100 Jahre etwa 18^h aus, also in 400 Jahren etwa $72^h = 3$ Tage. Man läßt daher im Laufe von 400 Jahren 3 Schaltjahre ausfallen und wählt dafür diejenigen Säkularjahre, deren Hunderter nicht durch 4 teilbar sind. Also keine Schaltjahre sind: 1500, 1700, 1900; Schaltjahre: 1600, 2000. Auf der unveränderten schrägen Lage der Erdachse während des Erdumlaufs um die Sonne gründet sich die Einteilung der Erde in Zonen, der Wechsel der Jahreszeiten und die Änderung der Tageslänge. Der Breitenparallel von $23^1/_2$ °N heißt Wendekreis des Krebses, der von $23^1/_2$° Süd Wendekreis des Steinbocks; die Breitenparallele von $66^1/_2$ °Nord und Süd heißen Polarkreise. Die Zone zwischen den Wendekreisen ist die heiße Zone, die Zonen zwischen den Wende- und Polarkreisen heißen nördliche und südliche gemäßigte Zonen und jenseits der Polarkreise liegen die nördliche und südliche Polarzone.

b) Planeten. Zum Sonnensystem gehören folgende Planeten, geordnet nach ihrer Entfernung von der Sonne: Merkur ☿, Venus ♀, Erde ♁, Mars ♂, Jupiter ♃, Saturn ♄, Uranus ⛢ und Neptun ♆. Die Bahnen aller Planeten sind nur wenig gegen die Ekliptik geneigt. Sie bewegen sich alle von West nach Ost um die Sonne. Sie haben alle auch eine Drehung um ihre Achse.

c) Mond. Der Mond hat eine dreifache Bewegung von West nach Ost: 1. eine eigene Achsendrehung, 2. eine Bewegung um die Erde, 3. eine Umlaufsbewegung mit der Erde um die Sonne. Seine Bahn um die Erde ist eine von der Kreisgestalt nur wenig abweichende Ellipse, deren einen Brennpunkt die Erde einnimmt und deren Ebene einen Winkel von 5° 8′40″ mit der Ekliptik bildet. Die Schnittpunkte von Ekliptik und Mondbahn nennt man Knoten. Durch die verschiedenen Stellungen, die die von der Sonne erleuchtete Hälfte des Mondes zur Erde einnimmt, entstehen die Phasen des Mondes. Die Umlaufszeit des Mondes um die Erde heißt Monat. Der Nautiker unterscheidet: 1. den siderischen Monat, das ist die Zeit, die verfließt bis der Mond, von der Erde aus gesehen, wieder bei demselben Fixstern steht $= 27^1/_3$ Tage; 2. den synodischen Monat, das ist die Zeit von Vollmond zu Vollmond oder die Zeit, die verfließt, bis der Mond wieder in derselben Stellung zur Erde und Sonne steht $= 29^1/_2$ Tage und 3. den bürgerlichen Monat zu 30 bzw. 31 und 28 Tagen.

Sonnen- und Mondfinsternisse. Tritt der Mond auf seinem Wege um die Erde zwischen Sonne und Erde, so daß sein Schatten auf die Erde fällt, so entsteht eine Sonnenfinsternis (Abb. 78). Sie kann nur ent-

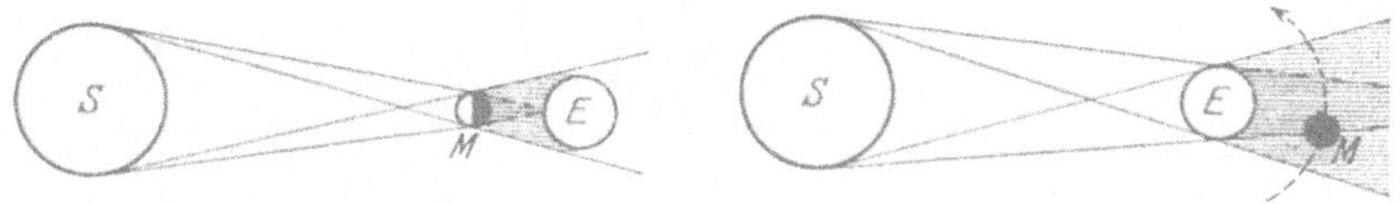

Abb. 78. Sonnenfinsternis. Abb. 79. Mondfinsternis.

stehen, wenn der Mond bei Neumond gerade die Ekliptik passiert (also in einem Knotenpunkt steht). Vom Kernschatten des Mondes getroffene Orte haben eine totale, vom Halbschatten getroffene eine partielle Sonnen-

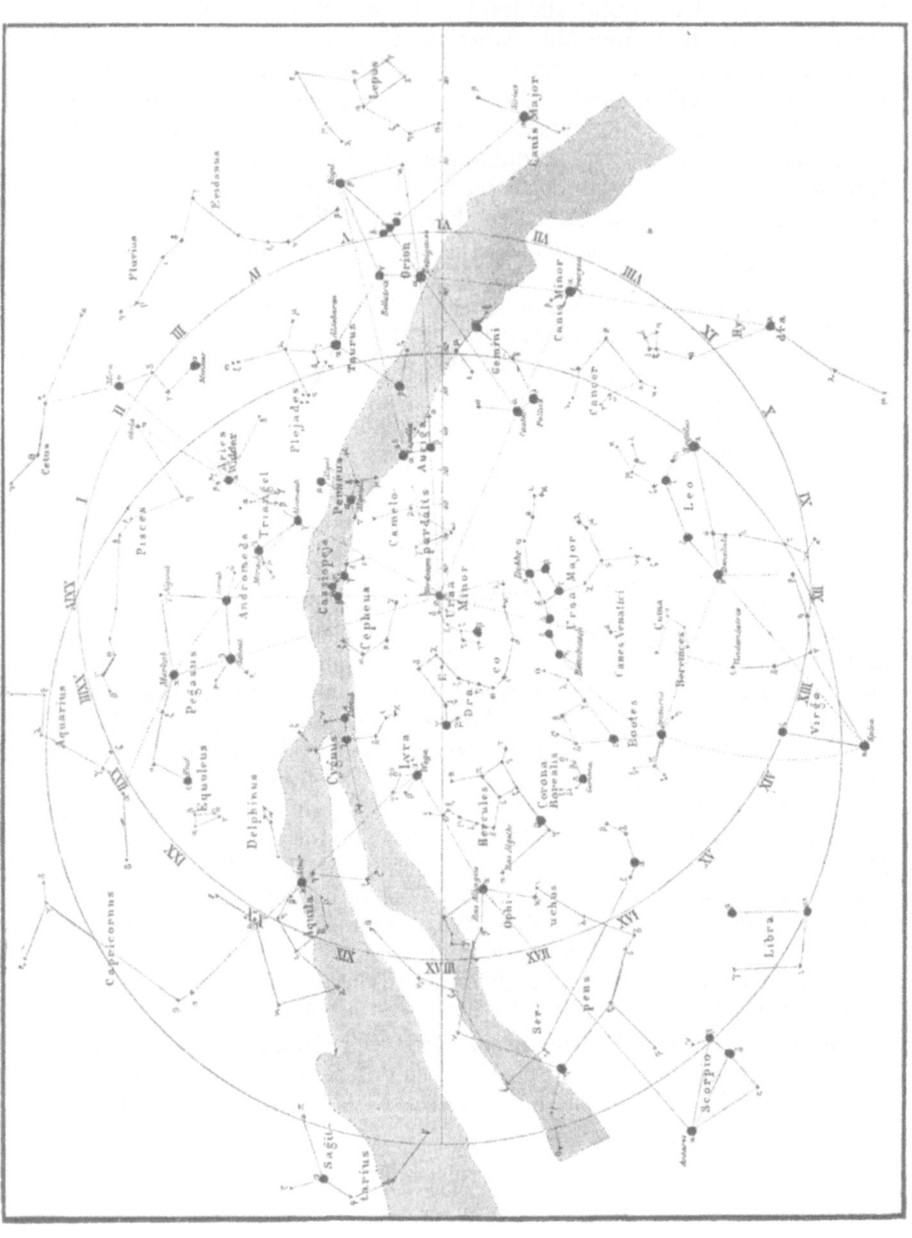

Abb. 80. Sternkarte. Nördlicher Sternhimmel. ● = Sterne 1. und 2. Größe. + = Sterne 3. Größe. ▾ = Sterne 4. Größe.

finsternis. Bei einer ringförmigen Sonnenfinsternis ist der mittlere Teil der Sonnenscheibe verdeckt, während ein schmaler Rand der Sonne unverdeckt bleibt.

Tritt der Mond auf seinem Wege um die Erde in den Kernschattenkegel der Erde, so entsteht eine Mondfinsternis (Abb. 79). Sie kann nur bei

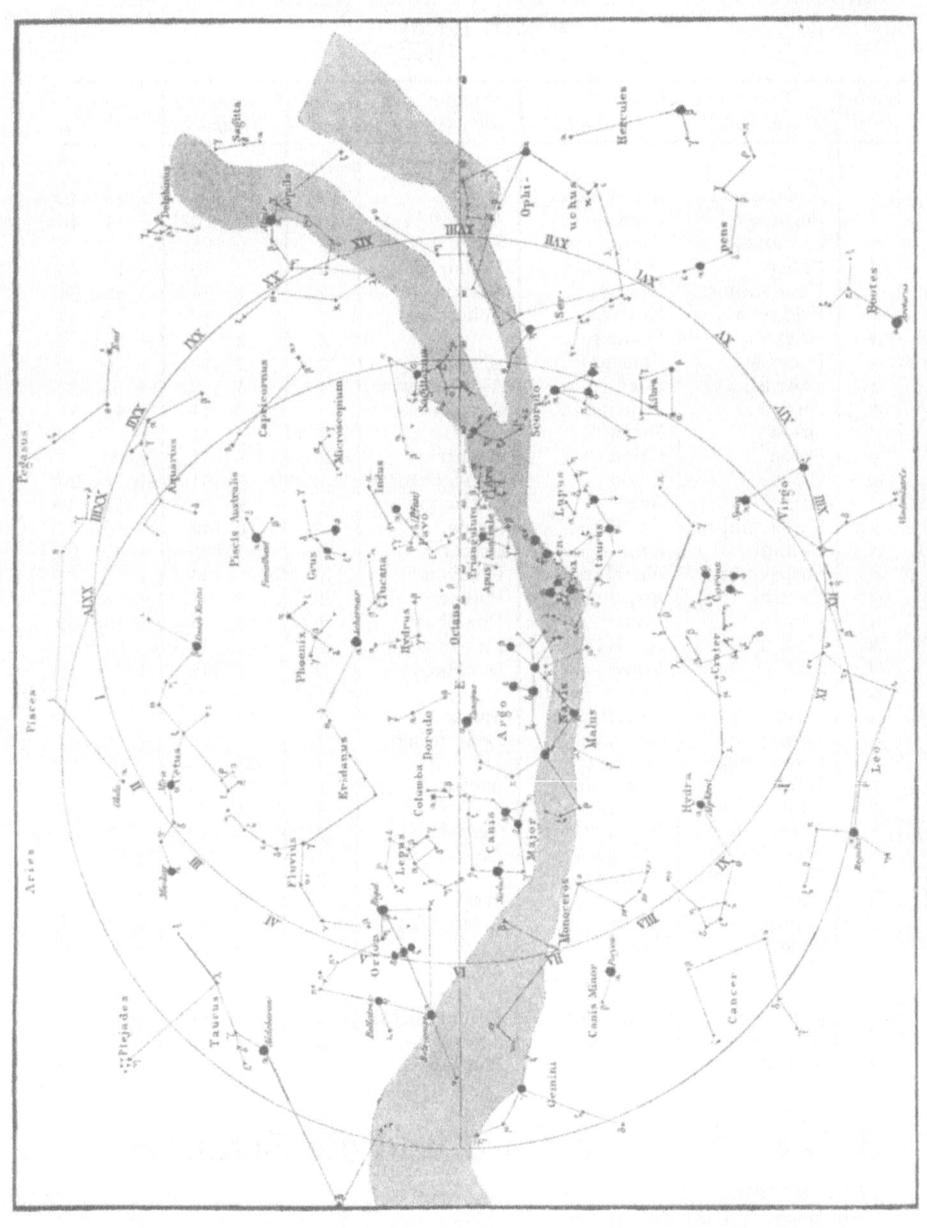

Abb. 81. Sternkarte. Südlicher Sternhimmel.
● = Sterne 1. und 2. Größe, • = Sterne 3. Größe, ᵛ = Sterne 4. Größe.

Vollmond vorkommen, und zwar nur dann, wenn der Mond zu dieser Zeit gerade die Ekliptik passiert (also in einem Knotenpunkte steht). Bei einer totalen Mondfinsternis ist die ganze Mondscheibe verfinstert, bei einer partiellen nur ein Teil. Die Spitze des Kernschattenkegels liegt in der Ekliptik der Sonne gegenüber.

Mittlere Örter der Hauptsterne, die in der Nautik häufig benutzt werden (1925).

✱ Sterne haben rötliches Licht.

Buchstabe	Name des Sternbildes lateinisch	deutsch	Eigenname des Sterns	Größe	Gerade Aufsteigung h	m	Abweichung +=N; −=S °	′
α	Andromeda	Andromeda	Sirrah	2	0	5	+ 28	40
γ	Pegasus	Pegasus	Algenib	3	0	10	+ 14	46
α	Cassiopeja	Cassiopeja	Schedir	2	0	36	+ 56	8
β	Cetus	Walfisch	Deneb Kaitos	2	0	40	− 18	24
α	Ursa minor	Kl. Bär	Nordstern	2	1	34	+ 88	54
α	Eridanus	Eridanus	Achernar	1	1	35	− 57	37
α	Aries	Widder	—	2	2	3	+ 23	6
α	Perseus	Perseus	Algenib	2	3	19	+ 49	36
α	Taurus	Stier	Aldebaran ✱	1	4	32	+ 16	22
α	Auriga	Fuhrmann	Capella	1	5	11	+ 45	56
β	Orion	Orion	Rigel	1	5	11	− 8	17
γ	Orion	Orion	Bellatrix	2	5	21	+ 6	17
α	Orion	Orion	Beteigeuze ✱	1	5	51	+ 7	24
α	Argo	Argo	Cannopus	1	6	22	− 52	39
α	Canis major	Gr. Hund	Sirius	1	6	42	− 16	37
α	Gemini	Zwillinge	Castor	2	7	30	+ 32	03
α	Canis minor	Kl. Hund	Procyon	1	7	35	+ 5	25
β	Gemini	Zwillinge	Pollux	1	7	41	+ 28	12
α	Leo	Löwe	Regulus	1	10	4	+ 12	20
α	Ursa major	Gr. Bär	Dubhe	2	10	59	+ 62	09
β	Leo	Löwe	Denebola	2	11	45	+ 14	59
α	Crux	Kreuz (südl.)	—	1	12	22	− 62	41
α	Virgo	Jungfrau	Spica	1	13	21	− 10	46
μ	Ursa major	Gr. Bär	Benetnasch	2	13	45	+ 49	41
β	Centaurus	Centauer	—	1	13	59	− 60	1
α	Bootes	Bärenhüter	Arcturus	1	14	12	+ 19	34
α^2	Centaurus	Centauer	—	1	14	35	− 60	32
α	Corona bor.	Nördl. Krone	Gemma	2	15	32	+ 26	58
α	Scorpius	Skorpion	Antares ✱	1	16	25	− 26	16
α	Triang austr.	Südl. Dreieck	—	2	16	41	− 68	54
α	Lyra	Leyer	Wega	1	18	35	+ 38	43
α	Aquila	Adler	Altair, Atair	1	19	47	+ 8	40
α	Pavo	Pfau	—	2	20	20	− 57	03
α	Cygnus	Schwan	Deneb	1	20	33	+ 45	1
α	Grus	Kranich	—	2	22	4	− 47	19
α	Piscis aust.	Südl. Fisch	Fomalhaut ✱	1	22	54	− 30	01
β	Pegasus	Pegasus	Scheat	2	23	00	+ 27	40
α	Pegasus	Pegasus	Markab	2	23	01	+ 14	48

3. Die Uhren an Bord und die Schiffszeit.

Die Uhren.

An Bord sind im Gebrauch:

1. Chronometer, die immer *MGZ* zeigen. Ihr Stand gegen *MGZ* ist zu berücksichtigen.

Der Stand des Beobachtungschronometers wird im folgenden mit *MGZ*-I bezeichnet.

Das Chronometer darf niemals zum Beobachten an Deck geholt werden, sondern muß stets im Chronometerspind verbleiben!

2. Schiffsuhren (Brücken-, Kartenhaus-, Wachuhren), die Schiffszeit zeigen.

3. Beobachtungsuhren, die entweder auf Chronometerzeit oder auf *MGZ* oder auf die Zeit der Wachuhren oder auf Sternzeit gestellt werden.

Der Stand der Beobachtungsuhr gegen den Beobachtungschronometer wird im folgenden mit I-*U* bezeichnet.

Die Schiffszeit.

Schiffe, die zwischen Hafenplätzen mit der gleichen gesetzlichen Zeit fahren, stellen am besten ihre Uhren auf diese Zeit.

Schiffe, die in der Küstenfahrt Verwendung finden, stellen ihre Uhren mit Vorteil auf die betreffende gesetzliche Zeit der Küste, an der das Schiff fährt. Hat ein Schiff z. B. im Winter eine Reise von Hamburg nach England zu machen, so empfiehlt es sich, mit *MEZ* abzufahren und bei Annäherung an die englische Küste die Uhr eine Stunde zurück auf *MGZ* zu stellen. Im Sommer würde die Uhr gar nicht zu stellen sein, da England dann Sommerzeit, also ebenfalls *MEZ* hat.

In der Großschiffahrt ist es bisher gebräuchlich, die Schiffsuhren auf See auf ***WOZ*** (bürgerliche Zählweise) des wahren Ortsmittags zu stellen.

Das Stellen der Uhren.

In der Regel geschieht dies so: Man entnimmt der Karte die voraussichtliche Mittagslänge oder ermittelt die Länge durch Besteckrechnung. Die Schiffsuhren werden dann bei kleinem Längenunterschied auf der Morgenwache und bei großem Längenunterschied auf der Abend- und Morgenwache gestellt.

Beispiel: Am 20. Nov. 19 . . wird das Schiff nach Loggerechnung im wahren Ortsmittag auf 68° 13′ W stehen. Nach dem Chronometertagebuch ist an diesem Tage *MGZ*-I = $-2^m\,14^s$. Wie ist die Uhr zu stellen?

$$\begin{array}{rl} WO\text{Mittag} = & 12^h\ 0^m\ 0^s \text{ (bürgerl. Zählweise)} \\ 68°\,13'\,\text{W} = & +4^h\ 32^m\ 52^s \\ \hline WGZ = & 16^h\ 32^m\ 52^s \text{ 20. XI.} \\ +\text{Ztgl} = & -\quad 14^m\ 24^s \\ \hline MGZ = & 16^h\ 18^m\ 28^s \\ \text{entg. } MGZ\text{-I} = & +\quad 2^m\ 14^s \\ \hline \text{Chr. I} = & 16^h\ 20^m\ 42^s \end{array}$$

oder kürzer:

$$\begin{array}{rl} \lambda = & +4^h\ 32^m\ 52^s \\ +\text{Ztgl} = & -\quad 14^m\ 24^s \\ -\text{Stand} = & +\quad 2^m\ 14^s \\ \hline \text{Chr. I} - \text{Uhr} = & +4^h\ 20^m\ 42^s \end{array}$$

Die Schiffsuhr ist also so zu stellen, daß sie $4^h\,21^m$ gegen das Chronometer zurück ist.

In Verbindung mit einer astr. Längenbestimmung (Zeitbestimmung) vormittags kann man auch so verfahren:

Beispiel: Gegen 8 Uhr morgens, nach Logge auf 42° 44′ N und 47° 10′ W, beobachtete man: Chr. I = $10^h\,53^m\,14^s$, $\odot h$ = 22° 41,5′. Daraus ergibt sich *WOZ* = $7^h\,42^m\,25^s$. Das Schiff steuert rw. ONO mit 20 Kn Fahrt. Wie ist die Uhr zu stellen?

$12^h\,0^m - 7^h\,43^m = 4{,}3^h$. Das Schiff legt also bis Mittag noch $4{,}3 \cdot 20 = 86$ Sm zurück.

ONO 86 Sm = 33′ N und 79,5 Sm O = 119′ O = $7^m\,56^s$.

$$\begin{array}{rl} WOZ = & 7^h\ 42^m\ 25^s \\ \text{Chr. I} = & 10^h\ 53^m\ 14^s \\ \hline WOZ - \text{Chr. I} = & -3^h\ 10^m\ 49^s \\ \text{Verseglung} = & +\quad 7^m\ 56^s \\ \hline ZU \text{ im } WO\text{Mittag} = & -3^h\ \ 2^m\ 53^s \end{array}$$

Die Schiffsuhr ist daher so zu stellen, daß sie gegen das Chronometer $3^h\,2^m\,53^s$ zurück ist.

Die Schiffsuhr zeigt **also im allgemeinen nur im Mittag** des betr. Tages die genaue *WOZ* an. **Zu jeder anderen Zeit ist an dieser Uhrzeit eine Beschickung anzubringen,** um aus ihr die *WOZ* zu erhalten. Die Beschickung wird immer gleich sein dem Längenunterschied zwischen der Länge, auf der sich das Schiff im Augenblick befindet, und dem Längengrad (meistens die voraussichtliche Mittagslänge), für den die Uhr auf *WOZ* gestellt ist. Ist die augenblickliche Länge östlicher als die Länge des Meridians, für den die Uhr *WOZ* zeigt, so muß man zur *UZ* den „Lg.U. in Zeit" addieren, um *WOZ* zu erhalten. Ist die augenblickliche Länge westlicher als die Länge des Meridians, für den die Uhr *WOZ* zeigt, so muß man von der *UZ* den „Lg.U. in Zeit“ subtrahieren, um *WOZ* zu erhalten.

Schiffe, deren Uhren nach *WOZ* gehen, stellen bei Annäherung an die Küste oder beim Einlaufen in den Hafen ihre Uhren auf *MOZ* bzw. auf die gesetzliche Zeit am Orte.

Zonenzeit auf See. Bis jetzt war es Brauch, die Borduhr nach *WOZ* gehen zu lassen. Tatsächlich zeigte sie aber fast nie wahre Zeit, da man immer die durch Verseglung in Länge bedingte Berichtigung anbringen mußte. Und wenn nun ein Schiff tagelang aus irgendwelchen Ursachen keine Zeit- oder Längenbestimmung machen konnte, so waren die Angaben der *WOZ* zeigenden Borduhr doch häufig recht unsicher. Begegneten sich zwei Dampfer, so konnten die in die Tagebücher eingetragenen Uhrzeiten ihrer Begegnung sehr stark voneinander abweichen, was sich besonders während des Krieges beim Melden von U-Booten oder Minen sehr unliebsam bemerkbar machte. Um eine Übereinstimmung der Zeitangaben passierender Schiffe zu erreichen, ist die „Zonenzeit auf See“ vorgeschlagen worden, die bereits bei den Kriegsmarinen aller größeren Seestaaten eingeführt wurde. Auch eine große Zahl von Dampfern der Großschiffahrt stellen ihre Uhren nach „Zonenzeit auf See“.

Zur Zeit der Breiten- und Längennavigation konnte man noch astronomische Vorteile für das Beibehalten der *WOZ* geltend machen, aber heute im Zeitalter der Standlinie und Funkentelegraphie ist es ganz gleichgültig, welche Zeit die Wachuhr zeigt, wenn sie nur richtig geht. Die kleine Mehrarbeit, die darin liegt, daß man bei Deviationsbestimmungen nach der Sonne von der Zonenzeit erst auf die *WOZ* schließen muß, wird reichlich aufgewogen durch den Wegfall der Berechnung des Betrages, um den die Uhr verschoben werden muß, damit sie *WOZ* zeigt. Das Verschieben der Uhr machte mit Rücksicht auf Wachwechsel und Passagiere oft allerlei Schwierigkeiten, die man auf den großen Ost-West steuernden Passagierdampfern durch täglich dreimaliges Verstellen zu überwinden suchte. Die Uhr wird bei Anwendung der Zonenzeit stets um eine volle Stunde gestellt. Da das Stellen der Uhr um eine volle Stunde Härten bzw. zu große Vorteile für einzelne Wachgänge mit sich bringen würde, so ist die eine Stunde dadurch auf die Wachen zu verteilen, daß man auf westwärts steuernden Dampfern bei 3 Wachen die Mannschaft 20 Minuten, bei 2 Wachen 30 Minuten länger im Dienst behält. Auf ostwärts dampfenden Schiffen ist bei 3 Wachen die Mannschaft 20 Minuten, bei 2 Wachen 30 Minuten früher abzulösen. Diese Regelungen der Wachzeiten machen keine Schwierigkeiten, die Besatzung gewöhnt sich sehr schnell daran. Im Interesse des Dienstbetriebes wird es sich meist empfehlen, die Uhr des Nachts zu stellen. Die Einführung der Zonenzeit bringt so den großen Vorteil mit sich, daß der „Tag an Bord“ wieder eine volle Anzahl mittlerer Sonnenstunden hat, was für Loggeablesungen, Berechnung der mittleren täglichen Geschwindigkeit, des Kohlenverbrauches, der Maschinenleistung usw. von großem Wert sein wird.

Das Stellen der Uhren an Bord nach „Zonenzeit auf See“ geschieht nach folgenden Gesichtspunkten:

Man denkt sich die Erde durch die Meridiane in 24 Zonen, je 15 Längengrade umfassend, eingeteilt. Die Ausgangszone liegt zwischen den Meridianen $7^1/_2{}^\circ$ O und $7^1/_2{}^\circ$ W und wird mit der Zahl 0 oder „Null“ bezeichnet. In ihr zeigen die Schiffsuhren *MGZ*. Die östlich davon liegenden Zonen werden mit den Zahlen -1 bis -12, die westlich davon liegenden analog mit den Zahlen $+1$ bis $+12$ bezeichnet. Die Zone 1 liegt zwischen $7^1/_2{}^\circ$ und $22^1/_2{}^\circ$, in ihr zeigt die Uhr 15°-Zeit; die Zone 2 liegt zwischen $22^1/_2{}^\circ - 37^1/_2{}^\circ$, in ihr zeigt die Uhr 30°-Zeit, und die zwölfte Zone wird durch den Meridian von 180° in zwei Hälften geteilt; die westliche Hälfte trägt die Zahl -12, die östliche die Zahl $+12$. In der Nähe von Land sind die Grenzen zwischen zwei Zonen in Übereinstimmung gebracht mit den Grenzen der Länder oder Bezirke, in denen Zonenzeit eingeführt ist. Die Schiffsuhr zeigt nun immer die Zeit der betreffenden Zone an, in der sich das Schiff gerade befindet. Ihre Angabe unterscheidet sich aber immer um volle Stunden von der *MGZ*. Die Innehaltung dieser Vorschrift hat zur Folge, daß alle Schiffe normalerweise dieselbe Zeit haben, wenn sie sich innerhalb derselben Zone befinden. Der Uhrzeit wird immer die Zonenangabe beigefügt. Ist die Bordzeit z. B. 3 Stunden gegen die *MGZ* voraus, so erhält sie die Zahl -3, ist sie etwa 2 Stunden gegen *MGZ* zurück, so erhält sie die Zahl $+2$.

Es ist wichtig, zu beachten, daß die Zonenangabe nicht notwendigerweise immer mit der Zone, in der sich das Schiff befindet, übereinstimmt. Wenn sich z. B. ein Schiff im englischen Kanal, also in Zone 0, befindet und dort in Übereinstimmung mit den Vorschriften an Land „Sommerzeit“ (englische!) hat, so ist seine Zonenangabe -1. Die Zonenangabe wird auch nicht dieselbe sein wie die Zone, in der sich das Schiff befindet, während der kurzen Zeit, die verfließt zwischen dem Passieren der Zonengrenze und dem Stellen der Uhr. Sobald aber einer Zeitangabe die Zonenangabe beigefügt wird, kann gar kein Irrtum in bezug auf die Zeit eintreten.

Die für die Uhrzeit gültige Zonenangabe (d. i. die Berichtigung der Uhrzeit auf *MGZ*) ist in deutlich sichtbarer Weise an oder in der Nähe der Uhr anzubringen. — Allen Eintragungen in das Schiffstagebuch ist die Zonenangabe beizufügen. Ebenso ist in allen offiziellen Berichten, in denen Zeitangaben gemacht werden, diesen die Zonenangabe beizufügen.

Wenn sich ein Schiff in einem Hafen oder innerhalb der territorialen Grenzen eines Landes befindet, dessen gesetzliche Zeit eine halbe Stunde mit der Zonenzeit differiert, so ist den Zeitangaben die Zonenangabe auf halbe Stunden (also etwa $-6^1/_2$) beizufügen. Stimmt dagegen die gesetzliche Zeit in keiner Form mit der Zonenzeit überein, so ist der genaue Betrag in Stunden, Minuten und Sekunden, um den sich diese Zeit von der Zonenzeit unterscheidet, mit dem entsprechenden Vorzeichen anzugeben.

Der einzige und alleinige, aber auch nur scheinbare Nachteil der Zonenzeit ist der, daß die Zonenzeit zur Zeit der Kulmination der Sonne nicht mit der *WOZ* zusammenfällt, sondern daß die Kulmination früher oder später eintreten wird. Dieser „Nachteil“ kann aber selbstverständlich unschwer dadurch behoben werden, daß um 12 Uhr Mittag-Zonenzeit der Schiffsort mit Hilfe einer Standlinienbeobachtung oder einer Nebenmeridianbreite in Verbindung mit einer Vormittagsbeobachtung berechnet wird. Die Beobachtung der Mittagshöhe kann früher oder später immerhin noch zur Kontrolle erfolgen.

Bei Anwendung der Zonenzeit, also der *MGZ* + oder − einiger Stunden, beginnt man jede Rechnung von der gleichen Grundzeit aus. Das ist ein großer Vorteil.

Für den größten Teil unserer heutigen Schiffe, wie z. B. für die ganze kleine Fahrt, bringt die Zonenzeit überhaupt keine Neuerung. Die Uhren dieser Schiffe zeigten schon seit langem immer *MEZ*, das ist: Zonenzeit −1, und diese Zeit können sie beibehalten, wohin auch immer die Reise in der Ost- und Nordsee gehen mag.

Die Anwendung der Zonenzeit ist sehr zu empfehlen!

4. Verwandeln der Zeiten.

Im bürgerlichen Leben zählt die Zeit von Mitternacht bis Mittag von 0^h—12^h mit der Beifügung „vormittags" und von Mittag bis Mitternacht mit der Beifügung „nachmittags". In der Nautik rechnet die Zeit stets von Mitternacht bis Mitternacht, d. h. von einer unteren Kulmination der mittleren Sonne bis zur nächstfolgenden, von 0^h—24^h.

Verwandlung von bürgerlicher Zeit in nautische Zeit (mittlere Zeit). Vormittägige bürgerliche Zeit ist der mittleren Zeit gleich. Nachmittägige bürgerliche Zeit wird durch Addition von 12^h in mittlere Zeit verwandelt. Das Datum beider Zeiten ist dasselbe.

Beispiele: $5^h\,20^m$ vormittags, d. 7. Juni bürgerl. Zeit = $5^h\,20^m$, d. 7. Juni. mittlerer Zeit.

$8^h\,30^m$ nachmittags, d. 7. Juni bürgerl. Zeit = $20^h\,30^m$ d. 7. Juni mittlerer Zeit.

Verwandlung von mitteleuropäischer Zeit (Zeit des 15° Ost Meridians) und osteuropäischer Zeit (Zeit des 30° Ost Meridians) in mittlere Greenwicher Zeit und umgekehrt.

$$MEZ - 1^h = MGZ \qquad OEZ - 2^h = MGZ$$
$$MGZ + 1^h = MEZ \qquad MGZ + 2^h = OEZ.$$

Verwandlung von wahrer Zeit in mittlere Zeit und umgekehrt.

$$\left.\begin{array}{l} WOZ + Ztgl = MOZ \\ WGZ + Ztgl = MGZ \end{array}\right\} + \text{ bedeutet: } Ztgl \text{ mit dem Vorzeichen des Jahrbuches anbringen.}$$

$$\left.\begin{array}{l} MOZ - Ztgl = WOZ \\ MGZ - Ztgl = WGZ \end{array}\right\} - \text{ bedeutet: } Ztgl \text{ mit entgegengesetztem Vorzeichen anzubringen.}$$

Verwandlung von Ortszeit in Greenwicher Zeit und umgekehrt.

$$\left.\begin{array}{l} MOZ \pm \lambda = MGZ \\ WOZ \pm \lambda = WGZ \end{array}\right\} \begin{array}{l} \text{bei } O\lambda \text{ gilt das } - \text{ Zeichen} \\ \text{bei } W\lambda \text{ gilt das } + \text{ Zeichen.} \end{array}$$

$$\left.\begin{array}{l} MGZ \mp \lambda = MOZ \\ WGZ \mp \lambda = MOZ \end{array}\right\} \begin{array}{l} \text{bei } O\lambda \text{ gilt das } + \text{ Zeichen} \\ \text{bei } W\lambda \text{ gilt das } - \text{ Zeichen.} \end{array}$$

Übergang von Zeitwinkel eines Gestirns zum Zeitwinkel eines anderen Gestirns. Addiert man zum Zeitwinkel (τ) eines Gestirns seine Geradeaufsteigung (α), so erhält man den Zeitwinkel des Widderpunktes ($\Upsilon\tau$). Wird dabei die Summe größer als 24^h, so sind 24^h zu subtrahieren:

$$\ast\tau + \ast\alpha \quad = \Upsilon\tau$$

also:

$$MOZ + m\odot\alpha = \Upsilon\tau$$

Subtrahiert man vom Zeitwinkel des Widderpunktes die Geradeaufsteigung eines Gestirns, so erhält man den Zeitwinkel dieses Gestirns. Ist die Geradeaufsteigung des Gestirns größer als der Zeitwinkel des Widderpunktes, so sind zu diesem 24^h zu addieren:

$$\Upsilon\tau - \ast\alpha \quad = \ast\tau$$

also:

$$\Upsilon\tau - m\odot\alpha = MOZ\,.$$

Beispiel: Aus der *MGZ* den Stundenwinkel eines Gestirns ($\ast$ oder ☾ oder ♀) zu berechnen.

Am 5. Januar 1925 um 11^h nachmittags wurde auf 54° N und 7° 21′ O der Sirius beobachtet, als der Chronometer $10^h\ 50^m\ 25^s$ zeigte. MGZ-I $= 0$. Wie groß war der Stundenwinkel des Sirius?

$$\begin{array}{rl}
MGZ = & 22^h\ 50^m\ 25^s \quad 5.\ \text{I.}\\
\lambda = + & 29^m\ 24^s\\
\hline
MOZ = & 23^h\ 19^m\ 49^s\\
m\odot\alpha = + & 19^h\ \ 0^m\ \ 1^s\\
\hline
\Upsilon\tau = & 18^h\ 19^m\ 50^s\\
\ast\alpha = - & 6^h\ 41^m\ 51^s\\
\hline
\ast\tau = & 11^h\ 37^m\ 59^s\\
\ast t_o = & 0^h\ 22^m\ \ 1^s\\
\hline
\end{array}$$

$MGZ = 22^h\ 50^m$ 5. I.
Hierfür aus dem Jahrbuch:
$m\odot\alpha = 19^h\ 0^m\ 1^s$
$\ast\alpha = 6^h\ 41^m\ 51^s$

Ist τ kleiner als 12^h, so subtrahiert man τ von 12^h und erhält dann t_o; ist τ größer als 12^h, so subtrahiert man 12^h von τ und erhält dann t_w.

Beispiel: Aus dem Stundenwinkel eines Gestirns ($\ast$, ☾ oder ♀) die *MGZ* zu berechnen.

Am 10. Februar 1925 abends auf 55° N und 6° 26′ O fand man, als das Chronometer $5^h\ 43^m$ zeigte (Stand $= 0$), aus einer Höhenbeobachtung des Markab: $\ast t_w = 4^h\ 28^m\ 48^s$. Welche *MGZ* folgt daraus?

Wenn $\ast t_o$ gegeben, so subtrahiert man $\ast t$ von 12^h, wenn $\ast t_w$ gegeben, addiert man $\ast t$ zu 12^h, um $\ast\tau$ zu erhalten.

$$\begin{array}{rl}
\ast\tau = & 16^h\ 28^m\ 48^s\\
\ast\alpha = & 23^h\ \ 1^m\ \ 0^s\\
\hline
\Upsilon\tau = & 39^h\ 29^m\ 48^s\\
m\odot\alpha = & 21^h\ 21^m\ \ 7^s\\
\hline
MOZ = & 18^h\ \ 8^m\ 41^s\\
\lambda = - & 25^m\ 44^s\\
\hline
MGZ = & 17^h\ 42^m\ 57^s\\
\hline
\end{array}$$

$$\begin{array}{rl}
\text{ChrZ} = & 5^h\ 43^m \quad 10.\ \text{II.}\\
\text{Std} \ = & 0\\
\hline
MGZ = & 17^h\ 43^m \quad 10.\ \text{II.}
\end{array}$$

Hierfür aus dem Jahrbuch:
$m\odot\alpha = 21^h\ 21^m\ 7^s$
$\ast\alpha = 23^h\ 1^m\ 0^s$

5. Verbesserung der beobachteten Höhen.

Es sollen bedeuten:

$\underline{\ast}$ = Kimmabstand eines Fixsterns,
$\underline{\odot}$ = „ des Sonnenunterrandes,
$\overline{\odot}$ = „ des Sonnenoberrandes,
$\underline{☾}$ = „ des Mondunterrandes,
$\overline{☾}$ = „ des Mondoberrandes,
♀ = „ der Venus, } Planeten,
♂ = „ des Mars, } Planeten,
♃ = „ des Jupiter, } Planeten,
♄ = „ des Saturn, } Planeten,

$\ast h$, $\overline{☾} h$, $\ominus h$ = wahre Höhe des Fixsterns, des Mondoberrandes, des Mondmittelpunktes,

$\ast h'$, $\underline{\odot} h'$, $\ominus h'$ = scheinbare Höhe des Fixsterns, des Sonnenunterrandes, des Sonnenmittelpunktes,

k = Kimmtiefe,

R = Strahlenbrechung,

P = Höhenverschub,

ϱ = Halbmesser,

GB = Gesamtbeschickung,

IB = Indexberichtigung,

AH = Augeshöhe,

$\backslash\underline{\ast}/$ = doppelte scheinbare Höhe eines Fixsterns,

$\backslash\underline{\odot}/$, $\check{\overline{\odot}}$ = doppelte scheinbare Höhe des Sonnenunterrandes, Sonnenoberrandes,

$\underline{☾}$, $\check{\overline{☾}}$ = doppelte scheinbare Höhe des Mondunterrandes. Mondoberrandes.

Beschickung von Kimmabständen zu wahren Höhen. Bemerkung. Die Berichtigungen werden in folgender Reihenfolge angebracht:

a) Indexberichtigung. Vorzeichen $\pm$.

b) Kimmtiefe. Vorzeichen stets $-$.

c) Refraktion. Vorzeichen stets $-$.

d) Parallaxe oder Verschub. Vorzeichen stets $+$.

e) Halbmesser (bei $\odot$ oder ☾). Oberrandbeobachtung Vorzeichen $-$. Unterrandbeobachtung Vorzeichen $+$.

f) Will man die mittlere Strahlenbrechung für Thermometer und Barometer berichtigen, so hat man beim Mond bei Anbringung der Berichtigung an den Wert: „Verschub minus Strahlenbrechung" das umgekehrte Vorzeichen des Tafelwertes zu nehmen, wenn nicht eine besondere Tafel vorhanden ist. In der Praxis kann man auf diese Berichtigung verzichten. Man bedient sich einfach der Gesamtbeschickung, die aus der algebraischen Summe der Einzelbeschickungen besteht. Nachdem man den gemessenen Kimmabstand für den Indexfehler verbessert hat, bringt man die GB an, die man einer nautischen Tafel entnimmt. Das Vorzeichen der GB ist in der Tafel stets gegeben.

Beschickung von doppelten scheinbaren Höhen zu wahren Höhen. Hat man über einem künstlichen Horizont beobachtet, so hat man die Berichtigungen in folgender Reihenfolge anzubringen:

Man schreibe die über dem künstlichen Horizont beobachtete Höhe hin und bringe an:

a) die Indexberichtigung, Vorzeichen $\pm$;

b) dividiere diese Höhe durch 2;

und bringe an die dann erhaltene scheinbare Höhe an:

c) Refraktion, Vorzeichen stets $-$;

d) Parallaxe, Vorzeichen stets $+$;

e) Halbmesser ($\odot$, ☾), Oberrandbeobachtung Vorzeichen $-$; Unterrandbeobachtung Vorzeichen $+$.

Bei den Fixsternen wird keine Parallaxe angebracht, auch bei den Planeten nicht, wenn diese gering ist. Gewöhnlich bringt man aber auch bei Beobachtungen über dem künstlichen Horizont eine Gesamtbeschickung an, die man der Gesamtbeschickungstafel entnimmt, indem man mit 0 m Augeshöhe eingeht.

Einige Bemerkungen über das Messen von Gestirnshöhen auf See. Bei klarem sichtigen Wetter oder bei hohem Seegang wähle man zum Messen von Gestirnshöhen den Standpunkt (die Augeshöhe) so hoch wie möglich, bei trübem unsichtigen Wetter so niedrig wie möglich. Augeshöhe nachmessen!

Ist bei ruhigem Wetter die Luft bedeutend wärmer als das Wasser, so mißt man die Höhen in der Regel zu klein; ist die Luft bedeutend kälter als das Wasser, so mißt man die Höhen zu groß.

Zuweilen werden von einigen Nautikern auch des nachts bei Mondkimm Sternbeobachtungen angestellt. Diese können unter Umständen gute Resultate ergeben; im allgemeinen vermeide man aber diese Beobachtungen und mißtraue ihnen wie allen Beobachtungen bei schlechter Kimm.

In hohen Breiten (über 50°) sind während des Hochsommers die bei schönem ruhigen Wetter in den frühen Morgenstunden gemessenen Höhen sehr unzuverlässig. Man warte deshalb in diesem Falle mit Höhenmessungen bis 8 oder 9 Uhr. Nachmittagshöhen sind im allgemeinen zuverlässiger als Vormittagshöhen.

In hohen Breiten im Winter beobachtet man bei sehr niedrigem Sonnenstande besser den Oberrand der Sonne als den Unterrand.

Die in fast allen nautischen Tafelsammlungen gegebene „Höhenverbesserung für Temperaturunterschiede zwischen Wasser und Luft" verdient kein allzugroßes Vertrauen. In der Nähe von Land und bei ruhigem Wetter stimmen die Werte fast nie. Man läßt sie am besten unberücksichtigt. Ein Kimmtiefenmesser kann in diesem Falle in der Hand eines geübten Beobachters gute Dienste tun. Glaubt man mit einer großen Unsicherheit in der Kimmtiefe rechnen zu müssen, so lasse man (bei Höhen über 55°) gleichzeitig von einem zweiten Beobachter auch den stumpfen Kimmabstand des Gestirns messen und berechne daraus die Kimmtiefe.

Beispiel:

$$\sphericalangle K_1BS = \underline{\odot} = 62^\circ\,38'$$
$$\sphericalangle K_2BS = \overline{\odot} = 117^\circ\,34'$$
$$180^\circ + 2\,Kt = 180^\circ\,12'$$
$$Kt = 6'.$$

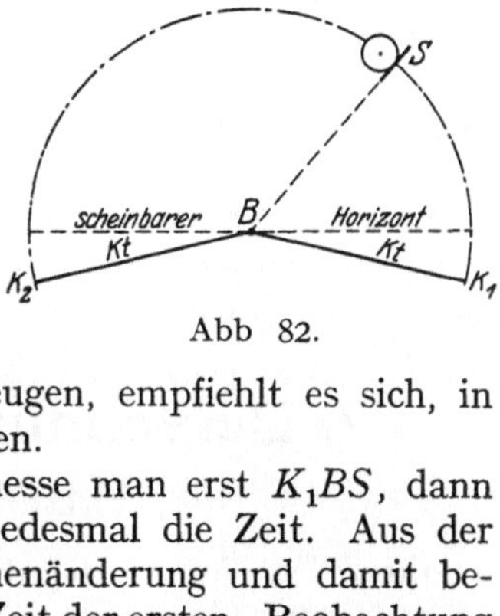

Abb 82.

Beim Anbringen der Gesamtbeschickung hat man die darin enthaltene mittlere Kimmtiefe durch die beobachtete Kimmtiefe zu ersetzen. Um falschen Überlegungen vorzubeugen, empfiehlt es sich, in diesem Falle Einzelbeschickungen anzubringen.

Ist nur ein Beobachter zur Hand, so messe man erst K_1BS, dann K_2BS, dann nochmals K_1BS und notiere jedesmal die Zeit. Aus der 1. und 3. Beobachtung ergibt sich die Höhenänderung und damit beschicke man dann die 2. Beobachtung auf die Zeit der ersten. Beobachtung 1 + beschickte Beobachtung 2 ist dann gleich $180^\circ + 2\,k$. Beobachtet man über einer Kimm, hinter der Land liegt, so ist immer mit einem Fehler in der Kimmtiefe zu rechnen. In einem solchen Falle wird man bessere Resultate erzielen, wenn man die stumpfe Höhe (vorausgesetzt, daß hinter dieser Kimm **kein** Land liegt, und daß der Sextant ausreicht) beobachtet. Man rechnet dann z. B.:

$$\begin{array}{lcr} \overline{\odot} & = & 117^\circ\,34' \\ & & 180^\circ \\ \hline \underline{\odot} & = & 62^\circ\,26' \\ +\,2k & = & 12' \\ \hline \underline{\odot} & = & 62^\circ\,38' \end{array}$$

An den so erhaltenen Kimmabstand ist dann *GB* anzubringen.

Venus, Jupiter, zuweilen auch Sirius, hat man, wenn die Gestirne der Sonne nicht zu nahe stehen, Gelegenheit, auch am Tage beobachten zu können. Man berechne vorher ihre ungefähre Höhe und ihr Azimut, um sie am Himmel leicht zu finden und stelle das Instrument auf die vorher berechnete ungefähre Höhe ein.

6. Das nautische Jahrbuch.

Das „Nautische Jahrbuch oder Ephemeriden und Tafeln" enthält alle astronomischen Daten, die der Nautiker für seine astronomischen Berechnungen braucht. Eine ausführliche Erklärung der Angaben wird jedes Jahr im Vorwort und in der Einleitung gegeben. Alle Angaben des Jahrbuches beziehen sich auf *MGZ*. In die nautischen Rechnungen sind aber die Koordinaten der Gestirne, die Werte für Zeitgleichung, Halbmesser, Parallaxe usw. für den Augenblick der Beobachtung einzusetzen. Man muß daher zwischen den im Jahrbuch gegebenen Werten einschalten. Zu diesem Zwecke muß man sich stets eine, wenn auch nur angenäherte, Kenntnis der *MGZ* für den Augenblick der Beobachtung verschaffen.

Vom Jahre 1925 an wird in den nautisch-astronomischen Werken aller Kulturvölker statt der bis dahin üblichen astronomischen die nautisch-bürgerliche Zählweise des Datums eingeführt, wobei die Stunden mit $0^h\,0^m$ Mitternacht beginnend, bis 24^h durchgezählt werden. — Die im Nautischen Jahrbuch 1925 gebrauchte Bezeichnung Υt oder „Ortsstundenwinkel des Widderpunktes vom unteren Meridian nach Osten" ist gleichbedeutend mit $\Upsilon \tau$ oder „Zeitwinkel des Widderpunktes".

Der Nautiker sorge dafür, daß sich an Bord seines Schiffes ein oder mehrere Exemplare des Jahrbuches des laufenden und bei längeren Reisen auch des folgenden Jahres befinden.

7. Berechnung der angenäherten Kulminationszeit.

Sonne. Entnimm dem Jahrbuch die Zeitgleichung für den betreffenden Tag auf ganze Minuten. 12^h + Zeitgleichung ist dann = *MOZ* der oberen Kulmination. Die *MOZ* der vorhergehenden und der nachfolgenden unteren Kulmination erhält man, indem man davon 12 subtrahiert und 12^h addiert.

Beispiel: Um wieviel Uhr *MGZ* kulminiert am 11. Okt. 1925 die Sonne auf 81° 15′ W?

MOZ d. ob. Kulm.	$= 12^h\,0^m - 13^m =$	$11^h\,47^m$	11. X.
	$\lambda =$	$\div\ 5^h\,25^m$	
MGZ d. ob. Kulm.	$=$	$17^h\,12^m$	11. X.
		-12^h	
MGZ d. u. Kulm.	$=$	$5^h\,12^m$	11. X.

Fixsterne. Entnimm dem Jahrbuch für den betreffenden Tag auf ganze Minuten genau $\ast\alpha$ und $m\odot\alpha$ (Mittagswerte). Subtrahiere von $\ast\alpha + 12^h$ die Geradeaufsteigung der mittleren Sonne. Der Rest ist die *MOZ* der oberen Kulmination. Ist er kleiner als 24^h, so findet die berechnete Kulmination am betreffenden Tag statt, ist er größer als 24^h, so findet sie am nächstfolgenden Tag statt. Für den betreffenden Tag ist die Kulminationszeit dann ungefähr um 4^m größer. Die untere Kulmination ist immer $^1/_2\ \ast$ Tag $= 11^h\,58^m$ früher oder später.

Da ein Sterntag nur $23^h\,56^m$ lang ist, kann es vorkommen, daß an einem Tage zwei untere oder zwei obere Kulminationen stattfinden.

Die meisten nautischen Tafelsammlungen enthalten eine Tafel „Mittlere Kulminationszeit der Hauptsterne", der man die Kulminationszeiten ohne weiteres entnehmen kann.

Um wieviel Uhr *MOZ* kulminieren Canopus am 24. I. 1925 und Atair am 16. VI. 1925?

Canopus			Atair		
$\ast\tau =$	$12^h\,0^m$		$\ast\tau =$	$12^h\,0^m$	
$+\ast\alpha =$	$6^h\,22^m$		$+\ast\alpha =$	$19^h\,47^m$	
$\gamma\tau =$	$18^h\,22^m$		$\gamma\tau =$	$7^h\,47^m$	
$-m\odot\alpha =$	$20^h\,13^m$		$-m\odot\alpha =$	$5^h\,37^m$	
MOZ d. ob. Kulm. $=$	$22^h\,9^m$	24. I.	*MOZ* d. ob. Kulm. $=$	$2^h\,10^m$	16.VI.
$-^1/_2\ \ast$ Tag $=$	$11^h\,58^m$		$+^1/_2\ \ast$ Tag $=$	$11^h\,58^m$	
MOZ d. u. Kulm. $=$	$10^h\,11^m$	24. I.	*MOZ* d. u. Kulm. $=$	$14^h\,8^m$	16.VI.

Planeten. Für die Planeten ist die mittlere Ortszeit des Meridiandurchgangs in Greenwich im Nautischen Jahrbuch auf den Seiten XIII und XIV eines jeden Monats angegeben. Da sie sich von einem Tage zum anderen nur um wenige Minuten ändert, so gilt dieser Wert angenähert auch für Orte mit anderer Länge. Nötigenfalls schaltet man nach Sicht ein, auf Westlänge zwischen der Kulminationszeit des betreffenden und der des folgenden, auf Ostlänge zwischen der Kulminationszeit des betreffenden und der des vorhergehenden Tages.

Die angenäherte Zeit der unteren Kulmination erhält man aus der Zeit der oberen Kulmination durch Addition oder Subtraktion von 12^h oder eines halben Planetentages.

Der Planetentag ist meistens kürzer als 24 Stunden mittlere Zeit, so daß an einem Tage zwei untere oder zwei obere Kulminationen stattfinden können. Finden zwei obere Kulminationen in Greenwich statt, so sind sie beide im Jahrbuche angegeben.

Ist der Planet rechtläufig und ist die tägliche Änderung seiner Geradeaufsteigung größer als die tägliche Änderung der Geradeaufsteigung der mittleren Sonne, so ist der Planetentag länger als ein mittlerer Sonnentag, und in diesem Falle kann es eintreten, daß an einem Tage eine obere oder eine untere Kulmination nicht stattfindet.

Beispiel: Um wieviel Uhr *MOZ* kulminiert auf 120° W Jupiter am 26. VI. 1925?

MOZ d. ob. Kulm. in Gr.	$= 1^h\ 10^m$	26. VI.
Verb. f. $\lambda\ \frac{5 \cdot 120}{360}$	$= -\ 2^m$	
MOZ d. ob. Kulm. a. Orte	$= 1^h\ 8^m$	26. VI.
½ ♃ Tag	$= 11^h\ 58^m$	
MOZ d. unt. Kulm. a. Orte	$= 13^h\ 6^m$	26. VI.

Dasselbe Beispiel abgekürzt gerechnet:

MOZ d. ob. Kulm.	$= 1^h\ 10^m$	26. VI.
	$+12^h$	
MOZ d. unt. Kulm.	$= 13^h\ 10^m$	26. VI.

Mond. Die angenäherte mittlere Ortszeit der oberen und der unteren Kulmination des Mondes erhält man aus der im Jahrbuche auf Seite V eines jeden Monats angegebenen mittleren Ortszeit des Meridiandurchgangs in Greenwich durch Anbringung einer Berichtigung für die Länge. Diese Berichtigung erhält man, indem man die im Jahrbuche angegebene Änderung für 1° Länge mit der Anzahl der Längengrade multipliziert. Befindet man sich auf Westlänge, so ist zwischen der Kulminationszeit des betreffenden und des nächstfolgenden Tages einzuschalten, die Schaltteile sind dann zu addieren. Befindet man sich auf Ostlänge, so ist zwischen der Kulminationszeit des betreffenden und des nächstvorhergehenden Tages einzuschalten, die Schaltteile sind dann zu subtrahieren.

Ein Mondtag ist im Durchschnitt 50 Minuten länger als ein Sonnentag. Wenn daher eine obere Kulmination nahe um Mittag stattfindet, so fällt die vorhergehende untere Kulmination noch auf den vorhergehenden Tag, die folgende untere Kulmination aber schon auf den folgenden Tag. An dem betreffenden Tage findet dann keine untere Kulmination statt. Ebenso kann der Fall eintreten, daß an einem Tage nur eine untere Kulmination nahe dem Mittage, aber keine obere Kulmination stattfindet.

Hat man die Kulmination für einen Tag zu bestimmen, für den in Greenwich nur eine Kulmination stattfindet, so geht man auf Westlänge von der Kulmination des vorhergehenden, auf Ostlänge von der Kulmination des folgenden Tages aus.

Beispiel: Um wieviel Uhr *MOZ* kulminiert auf 110° O der ☾ am 3. XII. 1925?

MOZ d. ob. Kulm. in Gr.		$= 2^h\ 4^m$	3. XII.
Verb. f. λ	$110 \cdot 0{,}14$	$= -\ 15^m$	
MOZ d. ob. Kulm. a. Orte		$= 1^h\ 49^m$	3. XII.
MOZ d. unt. Kulm. in Gr.		$= 14^h\ 29^m$	3. XII.
Verb. f. λ	$110 \cdot 0{,}14$	$= -\ 15^m$	
MOZ d. unt. Kulm. a. Orte		$= 14^h\ 14^m$	3. XII.

Berechnung der genauen *MOZ* der Kulmination der Gestirne. Genügt die Genauigkeit der auf diese Weise bestimmten Kulminationszeiten nicht, so verwandelt man die gefundene *MOZ* durch Anbringen der Länge in *MGZ*. Man entnimmt dann für diese *MGZ* dem Jahrbuch die genauen Werte für $m\odot a$ und $\ast\alpha$ und verfährt dann nach der Formel:

$$(12^h + \ast\alpha) - m\odot\alpha = MOZ \text{ der oberen Kulmination,}$$
$$\ast\alpha - m\odot\alpha = MOZ \text{ der unteren Kulmination}$$

oder: MOZ d. ob. Kulm. $\pm\, ^1/_2 \ast$ Tag $= MOZ$ d. unt. Kulm.

Vorausberechnung von Sternkulminationen für eine Wache. Eine häufige Aufgabe der Nautik ist es, festzustellen, welche Sterne innerhalb einer bestimmten Zeit (etwa während einer Wache) den oberen Meridian sichtbar passieren. Man berechnet $\Upsilon\tau$ für den Anfang und das Ende der Wache. Alle Sterne, deren „Geradeaufsteigung $+12^h$" zwischen diesen beiden $\Upsilon\tau$ liegt, kulminieren während dieses Zeitraumes. Ihre ungefähre Meridianhöhe ist gleich: Breitenkomplement $\pm\delta$ (+, wenn φ und δ gleichnamig; —, wenn φ und δ ungleichnamig).

Beispiel: Welche Sterne 1. und 2. Größe kulminieren für einen Beobachter auf 54,2° N und 10° 15′ O am 7. I. 1925 zwischen $18^h\ 30^m$ *MEZ* und $21^h\ 0^m$ *MEZ*. Wann (*MEZ*) und in welcher ungefähren Höhe kulminieren sie?

$MEZ =$	$18^h\ 30^m$		$21^h\ 0^m$	
$ZU =$	$-\ 1^h\ 0^m$		$-\ 1^h\ 0^m$	
$MGZ =$	$17^h\ 30^m$	7. I.	$20^h\ 0^m$	7. I.
$LgU =$	$+\ 41^m$		41^m	
$MOZ =$	$18^h\ 11^m$		$20^h\ 41^m$	
$m\odot\alpha =$	$19^h\ 7^m$		$19^h\ 7^m$	
$\Upsilon\tau =$	$13^h\ 18^m$		$15^h\ 48^m$	

$\ast$	$12^h + \ast\alpha$	$\ast\delta$	*MEZ* d.ob.Kulm.[1])	ungef. Höhe
Nordstern	$13^h\ 34^m$	+88,9°	$18^h\ 46^m$	55,3° N
Alamak	$13^h\ 59^m$	+42,0°	$19^h\ 11^m$	77,8° S
α Arietis	$14^h\ 3^m$	+23,1°	$19^h\ 15^m$	58,9° S
Menkar	$14^h\ 58^m$	+ 3,8°	$20^h\ 10^m$	39,6° S
Algol	$15^h\ 3^m$	+40,7°	$20^h\ 15^m$	76,5° S
Algenib	$15^h\ 19^m$	+49,6°	$20^h\ 31^m$	85,4° S

[1]) *MEZ* d. ob. Kulm. $= 18^h\ 30^m + [(12^h + \ast\alpha) - 13^h\ 18^m]$.

8. Berechnung des Auf- und Untergangs der Gestirne.

Der Stundenwinkel (t_o) des wahren Aufgangs und der Stundenwinkel (t_w) des wahren Untergangs eines Gestirns sind gleich dem halben Tagbogen des Gestirns. Der halbe Tagbogen kann berechnet werden nach der Formel: $\cos t = -\operatorname{tang}\varphi \cdot \operatorname{tang}\delta$.

Für gewöhnlich entnimmt man diesen Wert der Tafel „Halber Tag- und Nachtbogen". Für die Sonne erhält man auf diese Weise leicht die *WOZ* des wahren Auf- oder Untergangs. Für alle übrigen Gestirne berechnet man am besten zunächst die *MOZ* der oberen Kulmination (s. S. 180) und bringt hieran den halben Tagbogen. Durch Subtraktion desselben erhält man die Zeit des Aufganges, durch Addition die Zeit des Unterganges.

Den fertigen Azimuttafeln kann man ebenfalls den halben Tagbogen (für die $\odot$ gleich die *WOZ* des Auf- und Unterganges) leicht entnehmen.

Beim Mond muß man zum halben Tagbogen für jede Stunde zwei Minuten addieren, da eine Mondstunde um rund zwei Minuten länger ist als eine Sonnenstunde. Wegen der schnellen Änderung des ☾ δ ist beim Monde eine Wiederholung der Rechnung zu empfehlen.

Beispiel: Wann geht am 2. Januar 1925 für einen Beobachter auf 50° 30′ N und 57° 30′ W der Mond auf und unter?

Aufgang		Untergang	
MOZ d. ☾ Kulm. in Gr. =	$18^h\ 38^m$ 2. I.		$17^h\ 53^m$ 1. I.
Verb. f. λ 0,12 · 57,5 =	$+\ 7^m$	0,13 · 57,5	$+7^m$
MOZ d. ☾ Kulm. a. O. =	$18^h\ 45^m$ 2. I.		$18^h\ 0^m$ 1. I.
ang. $^1/_2$ Tagbogen $\varphi = 50^1/_2$ N $\delta = 1°$ N } =	$-\ 6^h\ 5^m$		$+\ 6^h\ 5^m$
ang. *MOZ* d. Aufganges =	$12^h\ 40^m$ 2. I.	d. Unterganges	$24^h\ 5^m$ 1. I.
λ =	$3^h\ 50^m$		$3^h\ 50^m$
ang. *MGZ* d. Aufganges =	$16^h\ 30^m$ 2. I.	d. Unterganges	$3^h\ 55^m$ 2. I.

Wiederholung:

$\varphi = 50^1/_2$ N, $\delta = 3^1/_2°$ N } $^1/_2$ Tagb. =	$6^h\ 17^m$	$\varphi = 50^1/_2$N, $\delta = 1°$ N } $^1/_2$Tagb. =	$6^h\ 5^m$
Verb. f. Mondstunden 6,3 · 2	13^m	6,1 · 2 =	12^m
genauer halber Tagb. =	$-\ 6^h\ 30^m$	$^1/_2$ Nachtbogen =	$+\ 6^h\ 17^m$
MOZ d. ☾ Kulm. a. O. =	$18^h\ 45^m$ 2. I.		$18^h\ 0^m$ 1. I.
MOZ d. ☾ Aufganges =	$12^h\ 15^m$ 2. I.	*MOZ* d. ☾ Unterg. =	$0^h\ 17^m$ 2. I.

Berechnung des sichtbaren Auf- und Untergangs. Beim Mond fällt der sichtbare Aufgang und Untergang des Mondoberrandes ziemlich gut zusammen mit dem wahren Auf- und Untergang des Mondmittelpunktes, so daß man das eine für das andere setzen kann. Bei der Sonne bedient man sich untenstehender kleiner Tafel, wenn man den sichtbaren Auf- oder Untergang des Sonnenoberrandes berechnen will. Nach Schiffsgebrauch wird im Hafen die Nationalflagge um 8 Uhr morgens gehißt und beim sichtbaren Sonnenuntergang niedergeholt. Zu diesem Zwecke berechnet man sich an Bord der Kriegsschiffe Flaggenparade-Tabellen.

Unterschied des sichtbaren Auf- und Untergangs der Sonne gegen den wahren.
Augeshöhe = 8 m.

Breite	Abweichung							
	0°	5°	10°	14°	18°	20°	22°	24°
	m	m	m	m	m	m	m	m
0°	4	4	4	4	4	4	4	4
10°	4	4	4	4	4	4	4	4
20°	4	4	4	4	4	4	4	4
30°	4	4	4	4	5	5	5	5
40°	5	5	5	5	5	5	6	6
50°	6	6	6	6	7	7	7	8
54°	6	6	7	7	8	8	8	9
58°	7	7	8	8	9	9	10	11
60°	8	8	8	9	10	10	12	13
62°	8	8	9	9	11	12	13	16
64°	9	9	9	10	12	14	16	23
66°	9	9	10	12	14	17	24	—

Zur Zeit des wahren Untergangs zu addieren.
Von der Zeit des wahren Aufgangs zu subtrahieren.

Beispiel: Es ist eine Flaggenparade-Tabelle für Tsingtau (36,1° N, $8^h\,1^m$ O) vom 1.—5. Juni 1925 zu berechnen.

1. VI.		5. VI.	
$\left.\begin{matrix}\delta = 22^\circ \text{ N} \\ \varphi = 36^\circ \text{ N}\end{matrix}\right\} t_w =$	$7^h\,8^m$	$\left.\begin{matrix}\delta = 22^1/_2{}^\circ \text{ N} \\ \varphi = 36^\circ \text{ N}\end{matrix}\right\} t_w =$	$7^h\,10^m$
WOZ d. wahren Unterg. =	$19^h\,8^m$ 1.VI.	*WOZ* d. wahren Unterg. =	$19^h\,10^m$ 5.VI.
Verb. aus Tafel =	$+6^m$	Verb. aus Tafel =	$+6^m$
WOZ d. sichtb. Unterg. =	$19^h\,14^m$ 1.VI.	*WOZ* d. sichtb. Unterg. =	$19^h\,16^m$ 5.VI.
Zeitgleichung =	-2^m	Zeitgleichung =	-2^m
MOZ d. Unterg. =	$19^h\,12^m$ 1.VI.	*MOZ* d. Unterg. =	$19^h\,14^m$ 5.VI.

Flaggenparade Tsingtau
1.—5. Juni.

Datum	*MOZ*
1. VI.	$19^h\,12^m$
2. VI.	$19^h\,12^m$
3. VI.	$19^h\,13^m$
4. VI.	$19^h\,14^m$
5. VI.	$19^h\,14^m$

9. Bestimmung des Namens eines unbekannten Sterns.

Sind mehrere Gestirne zu sehen, deren Namen man in der Dämmerung oder infolge starker Bewölkung mit Hilfe der Sternbilder allein nicht ausmachen kann, so messe man die Distanzen eines dieser Sterne von zwei anderen, gleichfalls unbekannten Sternen. Kapitän Karl Löwe hat Sterntafeln veröffentlicht, denen man dann mit den gemessenen Distanzen die Namen aller drei Gestirne ohne weiteres entnehmen kann.

Aber wenn auch nur ein Stern zu sehen ist, so kann man ihn, ohne ihn zu kennen, ruhig zur Beobachtung benutzen. Man messe seine Höhe und bestimme sein rw. *Az*. Man findet dann seinen Namen direkt an der Hand der Wedemeyerschen Sternkarte. Außerdem dienen diesem Zwecke noch die englischen Tabellen „What star is it?" von H. W. Harvey, die amerikanischen „Star identification tables" und der „Starfinder" von Barker und Sohn, London.

Die Nautische Tafelsammlung der Marine enthält eine Tafel, mit deren Hilfe man $\ast t$ und $\ast\delta$ ebenfalls schnell und bequem findet. Auch der Meßkarte von Prof. Stück kann man diese Werte mit h, Az und φ leicht entnehmen. In Ermangelung solcher Hilfsmittel bedient man sich mit Vorteil der *ABC*-Tafel.

Gebrauch der *ABC*-Tafel zur Bestimmung des Namens eines unbekannten Sterns aus *MGZ*, $\ast h$ und $\ast Az$[1]).

Betrachte $\ast h$ als „Deklination" und rechne diese immer gleichnamig mit φ und betrachte das vom erhöhten Pol aus gerechnete $\ast$Azimut als „Stundenwinkel". Dann gelten folgende Regeln:

Gehe mit φ und Az in die A-Tafel und entnimm A.

Gehe mit h und Az in die B-Tafel und entnimm B.

1) Man schreibe sich diese Angaben in die *ABC*-Tafel hinein.

Gehe mit φ und $A + B$ in die C-Tafel und entnimm dieser das Az. Dieses Az, in Zeitmaß verwandelt, ist gleich $\ast t$. Dann ist ♈$\tau - \ast\tau = \ast\alpha$. $\ast\alpha$ genügt in den allermeisten Fällen, um den Namen des Sternes festzustellen. Will man auch noch $\ast\delta$ haben, so gelten folgende Regeln:

Gehe mit Az und φ in die C-Tafel und entnimm C.

Gehe mit $\ast t$ und φ in die A-Tafel und entnimm A.

Gehe mit $\ast t$ und $C - A$ in die B-Tafel und entnimm dieser $\ast\delta$. Alle in der ABC-Tafel angegebenen Vorzeichenregeln behalten dabei, sinngemäß angewandt, ihre Gültigkeit.

Beispiel 1: In 5° 30′ S und 76° 0′ O beobachtete man am 7. III. 1925 um $MGZ = 13^h\,14^m\,36^s$: $\ast h = 22°\,5'$, $\ast Plg =$ S 28° W. Was für ein Stern war das?

$\varphi = 5°\,30'$ S $\quad Az = 28° = 1^h\,52^m$: $\quad A = -0{,}18$
$h = 22°\,5'$ S $\quad Az = 28° = 1^h\,52^m$: $\quad B = +0{,}86$

$\ast t_w =$ S 56° W $= 3^h\,44^m$ $\Big\}$ $C = A + B = +0{,}68$; $\varphi = 5{,}5°$ S

$\ast\tau = 15^h\,44^m$

$MGZ = 13^h\,15^m$ 7. III.			
$\lambda = 5^h\,4^m$			
$MOZ = 18^h\,19^m$	$\varphi = 5{,}5°$ S	$Az = 28°$	: $C = +1{,}89$
$m\odot\alpha = 22^h\,58^m$	$\varphi = 5{,}5°$ S	$t_w = 3^h\,44^m$	: $A = -0{,}07$
♈$\tau = 17^h\,17^m$	$\ast\delta = 58^1/_2°$ S	$\Big\{$	$B = C - A = +1{,}96$
$\ast\tau = 15^h\,44^m$			$\ast t_w = 3^h\,44^m$
$\ast\alpha = 1^h\,33^m$	Der beobachtete Stern war also der Achernar.		

Beispiel 2: In 29° 50′ N und 133° 57′ W beobachtete man am 18. VIII. 1925 um $MGZ = 13^h\,26^m\,5^s$ $\ast h = 33°\,24'$, $\ast Plg =$ S 54° O = N 126° O. Was für ein Stern war das?

$\varphi = 29{,}8°$ N $\quad Az = 126° = 8^h\,24^m$: $\quad A = +0{,}42$
$h = 33{,}4°$ N $\quad Az = 126° = 8^h\,24^m$: $\quad B = +0{,}81$

$\ast t_ö =$ N 43° O $= 2^h\,52^m$ $\quad$ $A + B = +1{,}23$
$\ast\tau = 9^h\,8^m$ $\quad$ $\varphi = 29{,}8°$ N

$MGZ = 13^h\,26^m$ 18. VIII.			
$\lambda = 8^h\,56^m$			
$MOZ = 4^h\,30^m$	$\varphi = 29{,}8°$ N	$Az = 54°$	: $C = -0{,}84$
$m\odot\alpha = 9^h\,45^m$	$\varphi = 29{,}8°$ N	$\ast t_o = 2^h\,52^m$	: $A = -0{,}61$
♈$\tau = 14^h\,15^m$	$\ast\delta = 9°$ S	$\Big\{$	$B = C - A = -0{,}23$
$\ast\tau = 9^h\,8^m$			$\ast t_o = 2^h\,52^m$
$\ast\alpha = 5^h\,7^m$	Der beobachtete Stern war also der Rigel.		

Bemerkung. In den allermeisten Fällen kann man diese Rechnung dadurch sparen, daß man $\ast t$ bzw. $\ast\tau$ und $\ast\delta$ schätzt. Dies gelingt anfänglich am leichtesten, indem man sich an den Ort des Sternes die Sonne denkt und nun deren Stundenwinkel und Deklination schätzt. Die für die Sonne geschätzten Werte gelten dann für den betr. Stern. Durch Subtraktion des geschätzten $\ast\tau$ von ♈τ findet man, wie oben gezeigt, leicht $\ast\alpha$ und kann nun nach dem Sternverzeichnis im Nautischen Jahrbuch leicht beurteilen, welchen Stern man beobachtet hat. Die zu nautischen Beobachtungen benutzten Sterne 1. und 2. Größe sind so vereinzelt am Himmel, daß eine Verwechslung in den meisten Fällen ausgeschlossen ist.

Man übe sich nicht nur im Schätzen der WOZ nach dem Stande der Sonne, sondern auch im Schätzen des Stundenwinkels bekannter Sterne.

Man kontrolliere dann stets, ob man richtig geschätzt hat! $(MOZ + m\odot\alpha) - \ast\alpha = \ast\tau)$. Zur schnellen Ermittlung des Namens eines unbekannten Sternes dient auch ein von dem Lloydoffizier Herrn Woerdemann konstruierter Apparat.

Am Rande einer auf der Oberfläche eines Lagerklotzes befindlichen halbkugelförmigen Ausnehmung ist ein mit Gradeinteilung versehener Eisenring angebracht, auf dem das Azimut abgelesen wird.

In die Ausnehmung wird eine Kugel, das Himmelsgewölbe darstellend, derart gelegt, daß der Stundenkreis des Widderpunktes in der Richtung „Nord—Süd" liegt.

Nachdem ein über die Kugel gestülpter Azimutmesser in Richtung „Nord—Süd" gebracht ist, wird die Sternkugel in der Richtung des Meridians so weit verschoben, daß die Breite (φ) mit dem auf dem Azimutmesser angegebenen Zenitalpunkt (Z) zusammenfällt.

Kennt man nun die Höhe und das Azimut eines Gestirnes, so braucht man den Azimutmesser nur auf dieses Azimut einzustellen und kann dann sofort feststellen, welche Sterne in der betreffenden Höhe stehen.

10. Berechnung des Stundenwinkels eines Gestirns aus Breite, Deklination und Höhe.

Um aus einer Höhenbeobachtung der Sonne oder eines anderen Gestirns den Stundenwinkel dieses Gestirns zu berechnen, verfährt man wie folgt:

1. Man bestimmt die angenäherte mittlere Greenwicher Zeit der Beobachtung.

2. Für diese Zeit entnimmt man aus dem Jahrbuche die Abweichung des Gestirns.

3. Hierauf beschickt man den Kimmabstand oder die über dem künstlichen Horizont gemessene doppelte scheinbare Höhe zur wahren Mittelpunktshöhe.

4. Mit Hilfe der so gefundenen Werte berechnet man den Stundenwinkel am bequemsten nach der Formel:

$$\operatorname{sem} t = \sec\varphi \cdot \sec\delta \cdot \sin\tfrac{1}{2}(z + z_0) \cdot \sin\tfrac{1}{2}(z - z_0)\,.$$

z ist die Zenitdistanz des Gestirns im Augenblick der Beobachtung. z_0 ist die Meridiandistanz; sie ist gleich der algebraischen Differenz der Breite und der Abweichung: $z_0 = \varphi - \delta$. Den Wert $\frac{1}{2}(z - z_0)$ bildet man am bequemsten, indem man $\frac{1}{2}(z + z_0)$ von z oder z_0 von $\frac{1}{2}(z + z_0)$ subtrahiert.

Beispiel 1: Am 9. Mai 1925 gegen $7^1/_2{}^{h}$ MOZ auf $50°21'$ N und $40°49'$ W beobachtete man $U = 7^h\,30^m\,16^s$ $\underline{\odot} = 26°20'$ $IB = +2'$ $AH = 6$ m
$I\text{-}U = +2^h\,57^m\,0^s$ $MGZ\text{-}I = -23^m\,27^s$.

Wie groß ist der Stundenwinkel der wahren Sonne?

$U = 7^h\,30^m\,16^s$	$\underline{\odot} = 26°20'$	$\varphi = +50°21'$	$\log\sec = 0{,}19511$
$I\text{-}U = +\ 2^h\,57^m\,0^s$	$IB = +\ 2'$	$\delta = +17°16'$	$\log\sec = 0{,}02003$
$I = 10^h\,27^m\,16^s$	$\underline{\odot} = 26°22'$	$z_0 = 33°\ 5'$	$\log\sin = 9{,}87300$
$MGZ\text{-}I = -\ 23^m\,27^s$	$GB = +\ 10'$	$z = 63°28'$	$\log\sin = 9{,}41861$
$MGZ = 10^h\,3^m\,49^s$ 9. V.	$\odot h = 26°32'$	$z + z_0 = 96°33'$	$\log\operatorname{sem} = 9{,}50675$
$NJ: \odot\delta = +17°16'$	$z = 63°28'$	$\frac{1}{2}(z + z_0) = 48°17'$	$t_0 = 4^h 36^m 12^s$
		$\frac{1}{2}(z - z_0) = 15°12'$	$WOZ = 7^h 23^m 48^s$

Beispiel 2: Am 17. April 1925 gegen 4^h *MOZ* in 6° 8′ N und 63° 22′ O beobachtete man:

I = $11^h 46^m 30^s$ ✱Rigel = 35° 17′ (östl. v. Meridian) *IB* = − 2′. *AH* = 10 m.
MGZ-I = + $0^m\ 6^s$. Wie groß ist der Stundenwinkel des Rigels?

MGZ = $23^h 46^m 36^s$ 16. VIII.	✱ = 35° 17′	$\varphi = +\ 6°\ 8'$	log sec = 0,00249
NJ: ✱ $\delta = -8° 18'$	*IB* = − 2′	$\delta = -\ 8° 18'$	log sec = 0,00457
	✱ = 35° 15′	$z_0 = 14° 26'$	log sin = 9,75478
	GB = − 7′	$z = 54° 52'$	log sin = 9,53854
	✱h = 35° 8′	$z + z_0 = 69° 18'$	log sem = 9,30038
	$z = 54° 52'$	$\frac{1}{2}(z + z_0) = 34° 39'$	$t_\delta = 3^h 32^m 21^s$
		$\frac{1}{2}(z - z)_0 = 20° 13'$	

Sonderfälle der Stundenwinkelberechnung.

Stundenwinkel im I. Vertikal: $\cos t = \operatorname{cotang} \varphi \cdot \operatorname{tang} \delta$.
Stundenwinkel in der größten Ausweichung: $\cos t = \operatorname{tang} \varphi \cdot \operatorname{cotang} \delta$.
Stundenwinkel beim Auf- und Untergang: $\cos t = -\operatorname{tang} \varphi \cdot \operatorname{tang} \delta$.

Tafeln und Karten zur Berechnung des Stundenwinkels.

Tafeln, die die log Berechnung des Stundenwinkels ersetzen sollen, haben in der Praxis nur wenig Anklang gefunden. Die bekanntesten davon sind die Tafeln von Percy L. H. Davis, Chronometer Tables or Hour Angles. London.

Auch mit den Meßkarten von Kohlschütter, Maurer und Stück läßt sich der Stundenwinkel angenähert berechnen. Ebenso mit der *ABC*-Tafel. Alle diese angenäherten Berechnungen finden aber in der nautischen Praxis keine Verwendung.

Genauigkeit der Stundenwinkelberechnung (Fehlergleichungen).

Δt ist bei allen diesen Formeln in Zeitsekunden ausgedrückt.

a) Einfluß eines Fehlers in der Breite auf den Stundenwinkel.

$$\Delta t = 4 \cdot \Delta\varphi \cdot \sec\varphi \cdot \operatorname{cotang} A\,,$$
$$\Delta t = 4 \cdot \Delta\varphi \cdot \sec\delta \cdot \operatorname{cosec} q \cdot \cos A\,.$$

b) Einfluß eines Fehlers in der Höhe auf den Stundenwinkel.

$$\Delta t = 4 \cdot \Delta h \cdot \sec\varphi \cdot \operatorname{cosec} A\,,$$
$$\Delta t = 4 \cdot \Delta h \cdot \sec\delta \cdot \operatorname{cosec} q\,.$$

c) Einfluß eines Fehlers in der Abweichung auf den Stundenwinkel.

$$\Delta t = 4 \cdot \Delta\delta \cdot \sec\delta \cdot \operatorname{cotang} q\,,$$
$$\Delta t = 4 \cdot \Delta\delta \cdot \sec\varphi \cdot \cos q \cdot \operatorname{cosec} A\,.$$

d) Einfluß eines Fehlers im A auf den Stundenwinkel.

$$\Delta t = 4 \cdot \Delta A \cdot \operatorname{tang} t \cdot \operatorname{cotang} A\,,$$
$$\Delta t = 4 \cdot \Delta A \cdot \cos h \cdot \sec\delta \cdot \sec q\,.$$

Die günstigste **Zeit zu Zeitbestimmungen** ist also, wenn das Gestirn im I. Vertikal steht.

11. Berechnung des Azimuts eines Gestirns.

Berechnung des Azimuts aus φ, δ und t (Zeitazimut). Um ein Zeitazimut zu berechnen, verfahre man folgendermaßen:

1. Bestimme die *MGZ* und entnimm für diese Zeit aus dem N. J.
   a) bei der Sonne: δ und *Ztgl*.
   b) bei einem anderen Gestirn: $m\odot\alpha$, ✱ α und ✱ δ.
2. Leite aus der *MGZ* den Stundenwinkel des betr. Gestirns ab.
3. Berechne dann das *Az* nach den Formeln:

$$\operatorname{tang}\frac{A+q}{2} = \operatorname{cotang}\frac{t}{2} \cdot \sec\frac{p+b}{2} \cdot \cos\frac{p-b}{2}\,,$$

$$\operatorname{tang}\frac{A-q}{2} = \operatorname{cotang}\frac{t}{2} \cdot \operatorname{cosec}\frac{p+b}{2} \cdot \sin\frac{p-b}{2}\,.$$

Ist dabei p größer als b, so ist $A = \frac{1}{2}(A + q) + \frac{1}{2}(A - q)$.

Ist aber p kleiner als b, so ist $A = \frac{1}{2}(A + q) - \frac{1}{2}(A - q)$.

Wenn φ und δ ungleichnamig, so ist $p = 90° + \delta$.

Ist $\frac{1}{2}(p + b)$ größer als 90°, so ist auch $\frac{1}{2}(A + q)$ stumpf!!

Das so berechnete A ist stets gleichnamig mit der Breite.

In der praktischen Navigation ist die Berechnung des Zeitazimuts ungebräuchlich. Es wird wohl fast ausschließlich mit Hilfe von Tafelwerken bestimmt.

Zeitazimuttafeln und andere Hilfsmittel zur Berechnung des Zeitazimuts. Die bekanntesten deutschen Zeitazimuttafeln sind: 1. die Az.-Tafeln von Julius Ebsen; 2. die Naut.-Tafeln von Randermann; 3. die Naut.-Tafeln von Matthies; 4. die Az.-Tafeln von O. Fulst; 5. Wedemeyer, Kurze Zeitaz.-Tafel; 6. Julius Bortfeldt, Azimute zirkumpolarer Sterne; 7. die *ABC*-Tafel; 8. die kleine Azimuttafel von P. Andresen.

Außer diesen Tafeln kann man das Zeitazimut auch noch bequem entnehmen: 1. dem Azimutdiagramm von Weir; 2. der Meßkarte von Kohlschütter; 3. der Meßkarte von Maurer; 4. der Meßkarte von Stück.

Sehr handlich ist auch der Azimut-Rechenstab von R. Nelting, mit dem sich das Azimut schnell und leicht finden läßt. Eine besonders einfache Tafel zur Bestimmung des Zeitazimutes in der Nähe des Meridians ist die Tafel 31 im „Breusing-Fulst". Man findet das Azimut, indem man den Tafelwert mit der Anzahl der Minuten des Stundenwinkels multipliziert.

Die Berechnung des Azimutes mittels Tafeln erfolgt im allgemeinen nach folgenden Regeln:

Bestimme den Stundenwinkel des Gestirns und gehe mit φ, δ und t in die Tafel ein, entnimm das Azimut.

Man geht in die Tafeln mit dem östlichen bzw. westlichen Stundenwinkel ein.

Bei der praktischen Azimuttafel zirkumpolarer Sterne von Julius Bortfeldt hat man mit der Sternzeit einzugehen.

Azimute zu Deviationsbestimmungen werden auf See meistens nach der Schiffsuhr genommen. An die Uhrzeit ist dabei immer noch eine kleine Verbesserung für die Verseglung anzubringen. Die Regel dafür ist (s. auch S. 173):

Ist meine Länge östlicher als die Länge des Meridians, für den die Uhr *WOZ* zeigt, so ist die Berichtigung +, ist sie westlicher, so ist die Berichtigung —.

Die Azimuttafeln tragen bisher der 360°-Rose keine Rechnung. Es gelten daher bei der Berechnung des Azimuts mit den bekannten Tafeln von Ebsen usw. und bei Benutzung der 360°-Rose folgende Regeln:

		360°-Rose
Nord-Breite	Vormittags	= Tafelwert,
	Nachmittags	= 360° — Tafelwert,
Süd-Breite	Vormittags	= 180° — Tafelwert,
	Nachmittags	= 180° + Tafelwert.

Beispiel: *Az* gefunden mit der *ABC*-Tafel im „Breusing-Fulst".

Am 14. April 1925 mittags auf 39° 6 N und 65° 7′ W war die Uhr auf *WOZ* gestellt. Darauf segelte man 13′ N und 1° 40′ W und beobachtete dann nach dieser Uhr, als das Schiff am Peilkompaß N 60° W anlag: $U = 7^h\,40^m$ Spica ✱ = 20° BB hinten. Wie groß ist die Fehlweisung des Kompasses?

39° 6′N	65° 7′W	$U = 7^h\,40^m$		$MOZ = 19^h\,33^m$
13′N	1° 40′W	Verb. f. Vers. $= -7^m$		$\alpha m \odot = 1^h\,31^m$
39° 19′N	66° 47′W	$WOZ = 19^h\,33^m$	14. IV.	$\gamma\tau = 21^h\,4^m$
		$Ztgl = 0^m$		$✱\,\alpha = 13^h\,21^m$
		$MOZ = 19^h\,33^m$	14. IV.	$✱\,\tau = 7^h\,43^m$
		$\lambda = 4^h\,27^m$		$✱\,t_o = 4^h\,17^m$
		$MGZ = 24^h\,0^m$	14. IV.	

N. J.: $m\odot\alpha = 1^h\,31^m$; $✱\,\alpha = 13^h\,21^m$; $✱\,\delta = -10°\,46'$

$\varphi = +39{,}1°$	$t_o = 4^h\,17^m$	$A = -0{,}39$	$Az = S\,65°\,O$
$\delta = -40{,}8°$	$t_o = 4^h\,17^m$	$B = -0{,}21$	$✱ = S\,40°\,O$
	$\varphi = +39{,}1°$	$C = -0{,}60$	$Fw = 25°\,W$

Genauigkeit des Zeitazimuts (Fehlergleichungen). ΔA ist bei allen diesen Formeln in Bogenminuten, Δt in Zeitsekunden ausgedrückt.

Einfluß eines Fehlers im Stundenwinkel auf das Azimut:

$$\Delta A = \tfrac{1}{4} \cdot \Delta t \cdot \cos\delta \cdot \sec h \cdot \cos q .$$

Einfluß eines Fehlers in der Breite auf das Azimut:

$$\Delta A = \Delta\varphi \cdot \operatorname{tang} h \cdot \sin A .$$

Einfluß eines Fehlers in der Abweichung auf das Azimut:

$$\Delta A = \Delta\delta \cdot \sec\varphi \cdot \operatorname{cosec} t .$$

Am günstigsten für Zeitazimute sind also Gestirne, die in der größten Ausweichung stehen, d. h. wenn der parallaktische Winkel $q = 90°$ ist. Gestirne in der Nähe des Meridians sind nicht vorteilhaft. Im übrigen ist das A um so günstiger, je kleiner die Höhe ist.

Berechnung des Azimuts aus φ, δ und h. (Höhenazimut.) Das Höhenazimut ist mit Vorteil dann anzuwenden, wenn aus irgendeinem Grunde auf die Zeit des Chronometers oder der Schiffsuhr kein Verlaß ist. Rechnerisch bietet es den Vorteil, daß die Berechnung des Stundenwinkels fortfällt. Will man das Azimut nur auf ganze Grade genau haben, so braucht man bei Stern-, Planeten- und Sonnenazimuten gar keine Zeit zu berechnen, da man die Abweichung dieser Gestirne auf ganze Grade genau immer ohne weiteres dem Nautischen Jahrbuch entnehmen kann. Auch die Beschickung des beobachteten Kimmabstandes zur wahren Höhe ist nicht nötig: man kann statt mit der wahren Höhe gleich mit dem gemessenen Kimmabstand rechnen. Will man genauer rechnen, so verfährt man wie folgt:

1. Bestimme die Abweichung des Gestirns. Dazu ist bei der Sonne, dem Monde und den Planeten die Kenntnis der ang. *MGZ* erforderlich.
2. Beschicke den beobachteten Kimmabstand zur wahren Höhe.
3. Berechne das Azimut nach einer der folgenden Formeln.

Formel I. Anzuwenden, wenn das Azimut größer als 10° ist:

$$\cos^2\frac{A}{2} = \sec\varphi\cdot\sec h\cdot\cos\frac{s}{2}\cdot\cos\left(\frac{s}{2}-p\right).$$

Formel II. Anzuwenden, wenn das Azimut kleiner als 10° ist:

$$\sin^2\frac{A}{2} = \sec\varphi\cdot\sec h\cdot\sin\left(\frac{s}{2}-h\right)\cdot\sin\left(\frac{s}{2}-\varphi\right).$$

Formel III. Immer anwendbar:

$$\operatorname{tang}^2\frac{A}{2} = \sec\frac{s}{2}\cdot\sec\left(\frac{s}{2}-p\right)\cdot\sin\left(\frac{s}{2}-h\right)\cdot\sin\left(\frac{s}{2}-\varphi\right).$$

In diesen drei Formeln ist $s = p + \varphi + h$ und $p = 90° - \delta$, wenn φ und δ gleichnamig, $p = 90° + \delta$, wenn φ und δ ungleichnamig sind. Das so berechnete Azimut ist gleichnamig mit der Breite; es ist Ost, wenn das Gestirn steigt, West, wenn das Gestirn fällt.

In Verbindung mit der Chronometerlänge (Stundenwinkelformel siehe S. 187) kann man das Azimut bequem berechnen nach

Formel IV: $$\operatorname{sem} A = \sec\varphi\cdot\sec h\cdot\sin\frac{z-z_0}{2}\cdot\sin\left(\frac{z-z_0}{2}+h+\varphi\right).$$

Das nach dieser Formel berechnete Azimut ist ungleichnamig mit der Breite.

Beispiel: $\varphi = 51°2'$N ✱ $\delta = 16°36'$S ✱ $h = 12°32'$ (östl. v. Meridian).

Formel I:

$p =$	106° 36′	
$\varphi =$	51° 2′	log sec = 0,2014
$h =$	12° 32′	log sec = 0,0105
$s =$	170° 10′	
$s/2 =$	85° 5′	log cos = 8,9330
$s/2 - p =$	21° 31′	log cos = 9,9686
	: 2)	9,1135
		log cos = 9,5568
		$A/2 =$ 68° 52′

Formel II:

$p =$	106° 36′	
$\varphi =$	51° 2′	log sec = 0,2104
$h =$	12° 32′	log sec = 0,0105
$s =$	170° 10′	
$s/2 =$	85° 5′	
$s/2 - h =$	72° 33′	log sin = 9,9795
$s/2 - \varphi =$	34° 3′	log sin = 9,7481
	: 2)	9,9395
		log sin = 9,9698
		$A/2 =$ 68° 53′

Formel III:

$p =$	106° 36′	
$\varphi =$	51° 2′	
$h =$	12° 32′	
$s =$	170° 10′	
$s/2 =$	85° 5′	log sec = 1,0670
$s/2 - p =$	21° 31′	log sec = 0,0314
$s/2 - h =$	72° 33′	log sin = 9,9795
$s/2 - \varphi =$	34° 3′	log sin = 9,7481
		0,8260 : 2
		log tang = 0,4130
		$A/2 =$ 68° 53′

$A =$ N 137,8° O = S 42,2° O.

Höhenazimuttafeln und andere Hilfsmittel zur Berechnung des Höhenazimuts. Die bekanntesten Höhenazimuttafeln sind die von A. C. Johnson: Short, accurate and comprehensive Altitude-Azimuth Tables. London.

Ferner läßt sich das Höhenazimut auch den Meßkarten von Kohlschütter, Maurer und Stück bequem entnehmen.

Außerdem sei auf den Höhenazimut-Rechenstab von R. Nelting verwiesen.

Genauigkeit des Höhenazimuts. (Fehlergleichungen.)

Einfluß eines Fehlers in der Höhe auf das Azimut:

$$\varDelta A = \varDelta h \cdot \sec h \cdot \operatorname{cotang} q\,.$$

Einfluß eines Fehlers in der Breite auf das Azimut:

$$\varDelta A = \varDelta \varphi \cdot \sec \varphi \cdot \operatorname{cotang} t\,,$$

$$\varDelta A = \varDelta \varphi \cdot \sec h \cdot \operatorname{cosec} q \cdot \cos t\,.$$

Am günstigsten für Höhenazimute sind also Gestirne, die in der größten Ausweichung stehen. Gestirne in der Nähe des Meridians sind zu vermeiden. Im übrigen ist das Azimut um so günstiger, je kleiner die Höhe ist und je näher das Gestirn dem I. Vertikal steht.

Berechnung des Azimuts aus δ, h und t (Höhenzeitazimut). Kennt man, etwa in Verbindung mit einer Höhen- oder Stundenwinkelberechnung, sowohl h als auch t, so berechnet man das Azimut am einfachsten nach der Formel:

$$\sin A = \sin t \cdot \cos \delta \cdot \sec h\,.$$

Das so berechnete Azimut ist stets gleichnamig mit der Breite. Sind φ und δ ungleichnamig, so ist A stets stumpf, ist t größer als 6^h, so ist A stets spitz. Alle anderen Fälle sind zunächst zweideutig. In der Nähe des I. Vertikals läßt sich nach dem Augenschein allein nicht mehr entscheiden, ob das spitze oder stumpfe A in Frage kommt. Die meisten nautischen Tafelsammlungen enthalten die Tafel „Höhe zur Zeit der größten Höhenänderung" oder die Tafel „Stundenwinkel zur Zeit der größten Höhenänderung". An der Hand einer dieser Tafeln läßt sich dann leicht entscheiden, ob das betreffende Gestirn im Augenblick der Beobachtung den I. Vertikal schon passiert hat oder nicht, d. h. ob A spitz oder stumpf zu nehmen ist.

Höhenzeitazimuttafel und andere Hilfsmittel zur Berechnung des Höhenzeitazimuts. Die bekannteste Höhenzeitazimuttafel ist die von Weyer, Hamburg 1890. Auch den beim Zeitazimut erwähnten Meßkarten läßt sich das Höhenzeitazimut entnehmen.

Genauigkeit des Höhenzeitazimuts (Fehlergleichungen).

Einfluß eines Fehlers im Stundenwinkel auf das Azimut:

$$\varDelta A = \tfrac{1}{4} t \cdot \operatorname{cotang} t \cdot \operatorname{tang} A\,.$$

Einfluß eines Fehlers in der Höhe auf das Azimut:

$$\varDelta A = \varDelta h \cdot \operatorname{tang} h \cdot \operatorname{tang} A\,.$$

Sonderfälle der Azimutberechnung.

Azimut der Sonne beim wahren Auf- und Untergang. Amplitude.

1. Berechne die ang. *MGZ* des wahren Auf- oder Untergangs (s. S. 183).

2. Entnimm für diese Zeit dem Nautischen Jahrbuch die Abweichung der ☉. Da es genügt, wenn man ☉ δ auf $^1/_2{}^\circ$ genau kennt, so kann die Berechnung der *MGZ* auch unterbleiben.

3. Berechne das Azimut nach der Formel

$$\cos A = \sin\delta \cdot \sec\varphi .$$

Das so berechnete Azimut ist stets gleichnamig mit der Abweichung und immer spitz. Es ist Ost beim Aufgang, West beim Untergang.

Die meisten nautischen Tafelsammlungen enthalten eine Tafel „Azimut der Sonne beim wahren Auf- und Untergang“. Auch allen Zeitazimuttafeln kann man das Azimut der ☉ beim wahren Auf- und Untergang ohne weiteres entnehmen.

Will man die Sonne beim wahren Auf- oder Untergang peilen, so muß man bei einer mittleren Augeshöhe von 5—10 m den Augenblick wählen, in dem der Sonnenunterrand sich etwa $^2/_3$ des Sonnendurchmessers über der Kimm befindet.

Nordsternazimut. Ein besonders günstiges Peilobjekt auf mittlerer Nordbreite ist der Polarstern. Sein Azimut $= p \cdot \sec\varphi \cdot \sin t$. Man entnimmt es der Tafel 2 des Nautischen Jahrbuchs, in die man mit dem Zeitwinkel des Widderpunktes und der Breite eingeht.

$$♈\tau = WOZ \text{ nach der Schiffsuhr} + w\odot\alpha$$

oder

$$♈\tau = \text{ChrZ I} + (MGZ\text{-I}) \pm \lambda + m\odot\alpha .$$

Die Rechnung kann man auf Zehntelstunden genau im Kopf ausführen. Der Polarstern ist gut beim Einsteuern neuer Kurse zu verwenden.

Beispiel: Am 3. Dez. 1925 peilte man auf 54° 30′ N und 16° 30′ W morgens nach der Schiffsuhr, die Zonenzeit I (15° West-Zeit) zeigte, den Polarstern um $6^h\,40^m$ = 13° (N 13° O). Kurs am Peilkompaß war 275° (N 85° W). Ortsmißweisung = 10° W.

Zonenzeit I	= $6^h\,40^m$		✱	= N 13° O
LU f. *MOZ*	= − 6^m		Jahrbuch Tafel 2	= N 1° W
MOZ	= $6^h\,34^m$	3. XII.	Fehlweisung . .	= 14° W
$m\odot\alpha$	= $16^h\,47^m$		entg. Ortsmißw.	= 10° O
$♈\tau$	= $23^h\,21^m$		Deviation . . .	= 4° W

Azimut im 6^h-Kreis: $\operatorname{cotang} A = \cos\varphi \cdot \operatorname{tang}\delta$.

Azimut in der größten Ausweichung: $\sin A = \cos\delta \cdot \sec\varphi$.

Allgemeine Bemerkungen über das Peilen der Gestirne und die Bestimmung der Fehlweisung und der Ablenkung der Kompasse durch Azimute.

1. Sterne über 60° Höhe sollte man, wenn es nicht dringend notwendig ist, nicht peilen.

2. Gebrauche bei allen Deviations- und Fehlweisungsbestimmungen die 360°-Rose, die Rechnung wird dadurch wesentlich vereinfacht.

3. Um den Namen der Fehlweisung zu bestimmen, gilt folgende Regel: Muß man von der Kompaßpeilung zur rechtweisenden Peilung rechts herum gehen (mit dem Uhrzeiger), so ist die Fehlweisung Ost (+), muß man links herum gehen (gegen den Uhrzeiger), so ist die Fehlweisung West (−). Bei der 360°-Rose hat man die einfache Regel: Fehlweisung = Rechtweisende Peilung − Kompaßpeilung.

4. Aus der Fehlweisung findet man die Deviation, indem man von der Fehlweisung die Ortsmißweisung algebraisch subtrahiert, d. h. sie mit entgegengesetzten Namen addiert.

5. Peilt man mit einer Peilscheibe, so ist genaues Steuern unbedingt notwendig, da jeder Fehler im Kurs mit seinem vollen Betrage in die Fehlweisung eingeht.

6. Hat die Peilscheibe 90°-Teilung, so sind die gepeilten Werte bei „StB vorn" und „BB hinten" zum anliegenden bzw. zum entgegengesetzten Kompaßkurs zu addieren und von „StB hinten" und „BB vorn" vom anliegenden Kurs zu subtrahieren.

Beispiele: 1. Man peilt ein Gestirn 20° StB vorn, anliegender Kurs N 10° W. Die Kompaßpeilung ist also: N 10° W + 20° = N 10° O.

2. Man peilt ein Gestirn 20° BB vorn, anliegender Kurs N 10° W. Die Kompaßpeilung ist also: N 10° W − 20° = N 30° W.

3. Man peilt ein Gestirn 30° BB hinten, anliegender Kurs S 23° W. Die Kompaßpeilung ist also: N 23° O + 30° = N 53° O.

7. Beim Einstellen darf die Peilvorrichtung nicht gekippt werden. Bei klarem Himmel läßt sich die Sonne am besten mittels eines Schattenstiftes peilen. Siehe S. 248.

8. Hat man noch einen zweiten Kompaß bei der Beobachtung abgelesen, so vergleicht man den abgelesenen Kurs mit dem rechtweisenden Kurs und erhält dadurch auch die Fehlweisung des zweiten Kompasses.

Beispiel: Am 2. Januar 1925 peilte man auf 50° N und 12° W um $18^h 48^m$ nach einer Schiffsuhr, die Zonenzeit I (= 15° West-Zeit) zeigte, λ Arietis = 187° (S 7° W). Das Schiff steuerte Nord, die Ortsmißweisung betrug 10° W. Während der Peilung lag am Steuerkompaß N 10° W an. Welches waren die Fehlweisungen und die Deviationen der beiden Kompasse?

Zonenzeit I =	$18^h 48^m$	
LgU für MOZ =	+ 12^m	
MOZ =	$19^h\ 0^m$	2. I.
+ $m\odot\alpha$ =	$18^h 48^m$	
$\Upsilon\tau$ =	$13^h 48^m$	
− ✶α =	$2^h\ 3^m$	
✶τ =	$11^h 45^m$	
t_o =	$0^h 15^m$	

	360°-Rose	90°-Rose
✱	= 187°	S 7° W
rw. A	= 172°	S 8° O
Fehlweisung. . .	= 15° W	15° W
entg. Ortsmißw.	10° O	10° O
Pl. Kp. Deviation	5° W	5° W
rw. Kurs	345°	N 15° W
St. Kp. Kurs . .	350°	N 10° W
Fehlweisung . .	5° W	5° W
entg. Ortsmißw.	10° O	10° O
St. Kp. Deviation	5° O	5° O

Weitere Beispiele siehe Teil VI: Kompaß.

12. Berechnung der Höhe eines Gestirns.

Allgemeiner Fall: Berechnung der Höhe aus φ, δ und t. Bei Berechnung einer Gestirnshöhe hat man folgenden Weg einzuschlagen:

1. Man bestimmt die mittlere Greenwicher Zeit.

2. Für diese Zeit entnimmt man dem Jahrbuche für die $\odot$: δ und *Ztgl*, für ein anderes Gestirn: δ und α dieses Gestirns, sowie $m\odot\alpha$.

3. Hierauf bestimmt man den Stundenwinkel des Gestirns.

4. Aus den so gefundenen Werten berechnet man die Höhe oder die Zenitdistanz nach einer der folgenden Formeln. Die darin vorkommende Meridianzenitdistanz z_0 ist gleich der algebraischen Differenz der Breite und der Abweichung ($\varphi - \delta$). Also: Wenn φ und δ gleichnamig, dann subtrahieren; wenn φ und δ ungleichnamig, dann addieren.

Formel I:

$$\operatorname{sem} x = \operatorname{sem} t \cdot \cos\varphi \cdot \cos\delta \cdot \sec z_0$$

$$\sin h = \cos z_0 \cdot \cos x \quad \text{oder} \quad \sec z = \sec z_0 \cdot \sec x$$

$$\left(\operatorname{sem} t \text{ ist gleichbedeutend mit } \sin^2 \frac{t}{2}\right).$$

Formel II:

$$\sin h = \cos z = \cos z_0 - \sin\operatorname{vers} t \cdot \cos\varphi \cdot \cos\delta$$

$$\left(\sin\operatorname{vers} t \text{ ist gleichbedeutend mit } 2 \sin^2 \frac{t}{2} = 2 \operatorname{sem} t\right).$$

Formel III:

$$\mathbf{sem}\, x = \mathbf{sem}\, t \cdot \mathbf{cos}\, \varphi \cdot \mathbf{cos}\, \delta,$$

$$\mathbf{sem}\, z = \mathbf{sem}\, z_0 + \mathbf{sem}\, x.$$

In Verbindung mit einer modernen nautischen Tafel, die neben dem log sem auch die natürlichen Werte des Semiversus in praktischer Anordnung enthält, ist dies die einfachste und praktischste Formel.

Beispiel 1: Welches ist am 16. Dez. vormittags gegen 11^h die wahre Höhe der Sonne um Chronometerzeit I = $4^h\,59^m\,40^s$? MGZ-I = $-\,0^m\,30^s$, $\varphi = 50°\,10'$ S, $\lambda = 82°\,40'$ W.

I	=	$4^h\,59^m\,40^s$
MGZ-I	= −	30^s
MGZ	=	$16^h\,59^m\,10^s$
λ	= ·	$5^h\,30^m\,40^s$
MOZ	=	$11^h\,28^m\,30^s$
$-Ztgl$	= +	$4^m\,20^s$
WOZ	=	$11^h\,32^m\,50^s$
⊙ t_0	=	$0^h\,27^m\,10^s$

16. XII.: $Ztgl = -\,4^m\,20^s$; ⊙ $\delta = -23°\,19'$

Formel I.

⊙ $t = 0^h\,27^m\,10^s$	log sem = 7,54514		
$\varphi = 50°\,10'$ S	log cos = 9,80656		
$\delta = 23°\,19'$ S	log cos = 9,96300		
$z_0 = 26°\,51'$	log sec = 0,04954	log sec = 0,04954
	x log sem = 7,36424	log sec = 0,00201
	$z = 27°\,22'$	log sec = 0,05155
	$h = 62°\,38'$	

Formel III.

$\varphi = 50°\,10'$ S	log cos = 9,80656
$\delta = 23°\,19'$ S	log cos = 9,96300
⊙ $t = 0^h\,27^m\,10^s$	log sem = 7,54514
	x { log sem = 7,31470
	x { sem = 00206
$z_0 = 26°\,51'$	sem = 05390
$z = 27°\,22'$	sem = 05596
$h = 62°\,38'$	

Bemerkung zu Formel III: Da die Kennziffer des natürlichen Semiversus stets 0 ist, so kann sie, wie es in diesem Beispiel gezeigt wird, bei der Rechnung ganz weggelassen werden. Aber auch die Kennziffer der Logarithmen sind fast immer entbehrlich. Abgesehen von ganz hohen Breiten und ganz großen Deklinationen — in der Praxis also nur mit Ausnahme der Berechnung von Nordsternhöhen — ist nämlich der log sem x stets um weniger als eine Einheit kleiner als der log sem t.

Beispiel 2: Gegeben $\varphi = 50°\,0'$ N $\delta = 0°\,36'$ N $t_0 = 4^h\,0^m\,1^s$. Gesucht h?

Formel III.

$t_0 = 4^h\,0^m\,1^s$	log sem = 9,39794
$\varphi = 50°\,0'$ N	log cos = 9,80807
$\delta = 0°\,36'$ N	log cos = 9,99998
	x { log sem = 9,20599
	x { sem = 17 461
$z_0 = 49°\,24'$	sem = 16 071
$z = 70°\,46'$	sem = 33 532
$h = 19°\,14'$	

Formel II.

$t_0 = 4^h\,0^m\,1^s$	log sin vers = 9,69897
$\varphi = 50°\,0'$ N	log cos = 9,80807
$\delta = 0°\,36'$ N	log cos = 9,99998
	log = 9,50702
	Zahl = 0,32139
$z_0 = 49°\,24'$	cos = 0,65077
	sin = 0,32938
$h = 19°\,14'$	

Höhentafeln und sonstige Hilfsmittel zur Berechnung der Höhe. Bei der Wichtigkeit der Höhenrechnung für die astronomische Ortsbestimmung hat es nicht an Versuchen gefehlt, die Höhenrechnung durch Tafelwerte zu ersetzen. Die bekanntesten deutschen Höhentafeln sind:

1. Die Tafeln von Wedemeyer. Herausgegeben vom Reichs-Marineamt. Berlin.
2. Die Höhentafeln von Dr. B. Soecken. Hamburg.

Außerdem gibt es eine Reihe von Meßkarten, denen man die Höhe leicht entnehmen kann. Die bekanntesten sind:

1. Dr. E. Kohlschütter: Meßkarte zur Auflösung sphärischer Dreiecke nach Chauvenet.
2. Dr. Hans Mauerers Meßkarte.
3. Die Meßkarte von Prof. Dr. Stück. Deutsche Seewarte, Hamburg.

Angenäherte Berechnung der Höhe mit Hilfe der *ABC*-Tafeln. Auf See ist es in vielen Fällen erwünscht, die angenäherte Höhe eines Gestirns zu kennen. In der Morgen- und Abenddämmerung, also gerade während der besten Sternbeobachtungszeit, sind die Sterne oft so lichtschwach, daß sie sich kaum mit dem Sextanten herunterholen lassen. Man kann sie aber oft gut beobachten, wenn man die angenäherte Höhe des Sternes am Instrument eingestellt hat und dann mit dem Sextanten die Kimm in dem ungefähren Azimut des Gestirns absucht. Es ist auf diese Weise noch möglich, Sterne zu beobachten, die man mit freiem Auge am Himmel kaum erkennt. Dies gilt auch besonders für Venus- und Jupiterbeobachtungen am Tage. Auch für die Sonne kann eine Kenntnis der zu erwartenden Höhe von Vorteil sein, wenn diese an stark bewölkten Tagen nur immer für wenige Sekunden zwischen Wolkenlücken sichtbar wird und somit große Schnelligkeit der Beobachtung bedingt ist. Es empfiehlt sich in einem solchen Falle, die Höhe von etwa 10^m zu 10^m im voraus zu berechnen.

In allen solchen Fällen wird eine Meßkarte immer gute Dienste tun. Prof. Stücks Diagramm sei hierfür besonders empfohlen. Natürlich erfüllt auch jede Höhentafel diesen Zweck. Eine schnelle, angenäherte Berechnung der Höhe ist auch mit der *ABC*-Tafel möglich.

Man berechne zunächst mit der *ABC*-Tafel aus φ, δ und t das Az des Gestirns. Betrachte dann $\ast t$, verwandelt in Bogenmaß, als $\ast Az$. (Wenn $\ast t$ größer als 6^h, so rechne man $12^h - \ast t$.) Verwandle dann $\ast Az$ in Zeitmaß und betrachte es als $\ast t$. Es gelten dann folgende Regeln:

Gehe mit φ und t in die C-Tafel und entnimm C. C ist $+$, wenn $\ast t$ kleiner als 6^h, sonst $-$.

Gehe mit φ und Az in die A-Tafel und entnimm A. A ist $+$, wenn φ und Az ungleichnamig, sonst $-$.

Gehe mit Az und $C - A$ in die B-Tafel und entnimm dieser $\ast h$ als $\ast\delta$.

Beispiel 1: $\ast t_0 = 4^h\,0^m$ $\quad \varphi = 50{,}0°\,N$ $\quad \delta = 0{,}6°\,N$ $\quad \ast h = ?$

$$\begin{array}{r|l}
A = -\,0{,}69 & t_0 = 4^h\,0^m = 60° \qquad \varphi = 50°\,N: \; C = +\,0{,}90 \\
B = +\,0{,}01 & Az = 66° = 4^h\,25^m \qquad \varphi = 50°\,N: \; A = +\,0{,}52 \\
\hline
C = -\,0{,}68 & \ast h = 19° \begin{cases} B = C - A = +\,0{,}38 \\ Az = 4^h\,25^m \end{cases} \\
Az = S\,66{,}2°\,O &
\end{array}$$

(Genaue Rechnung ergibt 19° 14′.)

Beispiel 2: $t_o = 0^h\,27^m\,2^s$ $\varphi = 50°\,10'$ S $\delta = 23°\,19'$ S $\ast h = ?$

$A = -\ 10{,}2$	$t_o = 0^h\,27^m = 6{,}8°$	$\varphi = 50{,}2°$ S : $C = +\ 13{,}2$
$B = +\ \ 3{,}67$	$Az = 13{,}4° \ = 0^h\,54^m$	$\varphi = 50{,}2°$ S : $A = +\ \ 5{,}0$
$C = -\ \ 6{,}53$	$\ast h = 62^1/_2°$	$B = C - A = +\ \ 8{,}2$
$Az =$ N $13{,}4°$ O		$Az = 0^h\,54^m$

(Genaue Rechnung ergibt 62° 38′.)

Beispiel 3: $t_o = 3^h\,12^m$ $\varphi = 48°\,58'$ N $\delta = 20°\,41'$ S $\ast h = ?$

$A = -\ 1{,}04$	$t_o = 3^h\,12^m = 48°$	$\varphi = 49°$ N : $C = +\ 1{,}37$
$B = -\ 0{,}51$	$Az = 45° \ = 3^h\,0^m$	$\varphi = 49°$ N : $A = +\ 1{,}15$
$C = -\ 1{,}55$	$\ast h = 9°$	$B = C - A = +\ 0{,}22$
$Az =$ S $45°$ O		$Az = 3^h\,0^m$

(Genaue Rechnung ergibt 8° 15′.)

Zur Beachtung: Die 3 Beispiele sind gerechnet unter Zugrundelegung der nautischen Tafelsammlung von „Breusing-Fulst". Bei Benutzung anderer *ABC*-Tafeln behalten die in der betreffenden *ABC*-Tafel angegebenen Vorzeichenregeln, sinngemäß angewandt, immer ihre Gültigkeit.

Sonderfälle der Höhenberechnung.

Höhe im Meridian. Die Höhe h_o eines Gestirns zur Zeit seiner oberen Kulmination ist immer gleich 90° — Meridianzenitdistanz z_0 und $z_0 = \varphi - \delta$. $\varphi - \delta$ bedeutet die algebraische Differenz aus φ und δ, also: gleichnamige Werte subtrahieren, ungleichnamige Werte addieren.

Beispiele:

$\varphi = 50°\,10'$ N	$\varphi = 30°\,17'$ N	$\varphi = 20°\,43'$ N	$\varphi = 50°\,18'$ N
$\delta = 20°\ \ 5'$ N	$\delta = 50°\,28'$ N	$\delta = 50°\,56'$ S	$\delta = 20°\,12'$ S
$z_o = 30°\ \ 5'$ N	$z_o = 20°\,11'$ S	$z_o = 71°\,39'$ N	$z_o = 70°\,30'$ *N*
$h_o = 59°\,55'$ S	$h_o = 69°\,49'$ N	$h_o = 18°\,21'$ S	$h_o = 19°\,30'$ S

Die Höhe h zur Zeit der unteren Kulmination $= \varphi - p$. Hierbei sind φ und δ stets gleichnamig. $p = 90° - \delta$.

Beispiel:

$\delta = 62°\,37'$ S	$\delta = 23°\ \ 7'$ N
$p = 27°\,23'$	$p = 66°\,53'$
$\varphi = 59°\,37'$ S	$\varphi = 72°\,41'$ N
$h = 32°\,14'$	$h = \ \ 5°\,48'$

Man berechne also die *MOZ* der oberen oder unteren Kulmination (s. S. 180), leite daraus die *MGZ* der Kulmination ab und entnehme für diese Zeit dem Nautischen Jahrbuch δ des Gestirns.

Nordsternhöhe. Besonders einfach ist die Höhe des Nordsterns zu berechnen. Man errechnet für die Zeit der Beobachtung ♈τ (auf Minuten) und entnimmt für diese Zeit der Tafel 3 des Nautischen Jahrbuchs die Berichtigungen I und II. Dann ist:

$$\ast \text{ Polaris } h = \varphi - \text{I. Ber.} - \text{II. Ber.}$$

Die —-Zeichen bedeuten, daß die Berichtigungen mit ihren umgekehrten Vorzeichen an φ anzubringen sind. (Siehe Beispiel auf S. 206.)

Höhe im I. Vertikal: $\cos z = \sin h = \operatorname{cosec} \varphi \cdot \sin \delta$.

Höhe im 6^h-Kreis: $\cos z = \sin h = \sin \varphi \cdot \sin \delta$.

Höhe in der größten Ausweichung: $\cos z = \sin h = \sin \varphi \cdot \operatorname{cosec} \delta$.

Genauigkeit der Höhenberechnung (Fehlergleichungen).

Einfluß eines Fehlers in der Breite auf die Höhe:

$$\Delta h = \Delta \varphi \cdot \cos A\,.$$

Einfluß eines Fehlers in der Länge (Stundenwinkel) auf die Höhe:

$$\Delta h = \Delta \lambda \cdot \cos \varphi \cdot \sin A$$

$$\Delta h = \Delta \lambda \cdot \cos \delta \cdot \sin q\,.$$

Einfluß eines Fehlers im Azimut auf die Höhe. (Bei Berechnung von h mit Hilfe des Azimut mit der *ABC*-Tafel):

$$\Delta h = \Delta A \cdot \operatorname{cotang} \varphi \cdot \operatorname{cosec} A$$

$$\Delta h = \Delta A \cdot \operatorname{cotang} h \cdot \operatorname{cotang} A$$

$$\Delta h = \Delta A \cdot \cos h \cdot \operatorname{tang} q\,.$$

Astronomische Ortsbestimmung.

In der Nähe der Küste stehen dem Nautiker zur Ortsbestimmung die terrestrische und technische Navigation zur Verfügung, auf hoher See ist er auf die astronomische Ortsbestimmung angewiesen.

Es muß davor gewarnt werden, von der astronomischen Navigation eine zu große Genauigkeit zu erwarten. Es ist grundfalsch, zu glauben, daß man sein Besteck bei anscheinend guten Beobachtungen immer auch auf 1′ genau erhält. Die atmosphärischen Verhältnisse und persönlichen Beobachtungsfehler spielen eine größere Rolle als im allgemeinen angenommen wird.

Übung und Erfahrung vermindern die Fehler.

13. Die astronomische Standlinie.

Theorie der astronomischen Standlinie. Jede astronomische Ortsbestimmung in der Nautik beruht auf Beobachtung von Gestirnshöhen. Aus jeder Höhenbeobachtung ergibt sich als geometrischer Ort für den Schiffsort ein Nebenkreis auf der Erdkugel (die sog. Höhengleiche), dessen Mittelpunkt der Projektionspunkt des Gestirns im Augenblick der Beobachtung und dessen Radius die gemessene Zenitdistanz ist. Ein kleines Stück dieser Höhengleiche wird als gerade Linie betrachtet und heißt „astronomische Standlinie“. Man findet diese Standlinie, indem man einen Punkt (den sog. Leitpunkt) berechnet, durch den sie gehen muß, und durch den man sie senkrecht zum Azimut des beobachteten Gestirns zieht. Ist O_g der gegißte Schiffsort (Schiffsort nach Loggerechnung) und AB die Standlinie, auf der sich das Schiff in Wirklichkeit befindet, dann sind O_l, O_h und O_b 3 Leitpunkte der Standlinie. Den Längenpunkt O_l erhält man nach dem Längenverfahren (durch eine sog. Chronometerlänge), den Breitenpunkt O_b nach dem Breitenverfahren (durch eine sog. Nebenmeridianbreite) und den Höhenpunkt O_h nach dem Höhenverfahren. O_h liegt von allen Punkten der

Standlinie dem gegißten Schiffsort O_g am nächsten. Solange man über den wahren Schiffsort nichts weiß, als daß er auf AB liegt, muß dieser Punkt O_h als „wahrscheinlichster Schiffsort“ angesehen werden. Die Berechnung des Längenpunktes empfiehlt sich nur dann, wenn das Gestirn in der Nähe des I. Vertikals steht, die Berechnung des Breitenpunktes nur dann, wenn das Gestirn in der Nähe des Meridians steht. Das Höhenverfahren ist stets anwendbar und sollte nur noch allein eingeschlagen werden. Man merke sich: Aus einer Höhenbeobachtung läßt sich niemals der Schiffsort bestimmen, sondern immer nur eine Linie, auf der der Schiffsort liegt, nämlich die Höhengleiche. Die Höhengleiche verläuft in jedem Punkt senkrecht zum Azimut des beobachteten Gestirns. Zur astronomischen Bestimmung des Schiffsortes sind stets zwei Höhen erforderlich, und zwar ergibt sich dann der Schiffsort als Schnittpunkt der beiden zu den beobachteten Höhen gehörigen Höhengleichen.

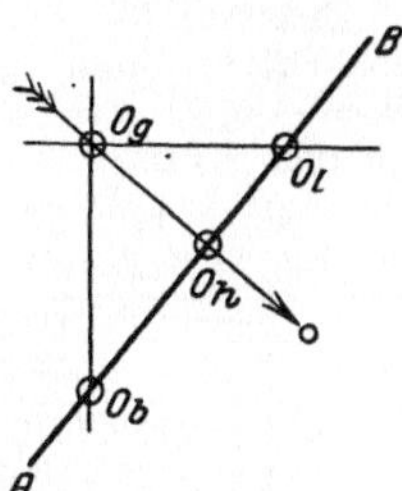

Abb. 83.

Berechnung der Standlinie nach dem Höhenverfahren. Immer anwendbar, gleichgültig, in welchem Azimut das Gestirn steht.

1. Beobachte eine Gestirnshöhe und beschicke sie zur wahren Höhe (s. S. 178). Die dazugehörige Zenitdistanz heißt z_b (= durch Beobachtung gefundene Zenitdistanz).

2. Ermittle *MGZ* der Beobachtung und entnimm für diese Zeit dem Nautischen Jahrbuch für die Sonne: $\odot\delta$ und *Ztgl*, für ein anderes Gestirn: δ und α dieses Gestirns, sowie $m\odot\alpha$.

3. Leite aus *MGZ* und λ_g (Loggelänge) den Stundenwinkel des beobachteten Gestirns ab und berechne dann aus $\ast t$, $\ast \delta$ und φ_g die Zenitdistanz (oder Höhe) des Gestirns im Augenblick der Beobachtung (s. S. 194) Diese durch Rechnung gefundene Zenitdistanz heiße z_r.

4. Schlage mit einer Azimuttafel das wahre Azimut des Gestirns im Augenblick der Beobachtung auf.

5. Trage in O_g dieses Azimut an und auf dem Azimutstrahl die Differenz $z_r - z_b = \Delta z$ (oder $h_b - h_r = \Delta h$, wobei Δz stets gleich Δh ist) in beliebigem Maßstab **(1′Δz = 1 Sm)** ab. Beim Einzeichnen in die Seekarte ist natürlich der Kartenmaßstab zu nehmen. Ist die beobachtete Zenitdistanz z_b kleiner als die berechnete Zenitdistanz z_r, so ist Δz positiv. Ist die beobachtete Zenitdistanz z_b größer als die berechnete Zenitdistanz z_r, so ist Δz negativ. Oder: Ist die beobachtete Höhe h_b größer als die berechnete Höhe h_r, so ist Δh positiv; ist die beobachtete Höhe h_b kleiner als die berechnete Höhe, so ist Δh negativ. $+\Delta z$ (oder $+\Delta h$) wird auf dem Azimutstrahl auf das Gestirn zu, also in der Richtung des Azimutstrahles, $-\Delta z$ (oder $-\Delta h$) in entgegengesetzter Richtung abgetragen.

Durch den so erhaltenen Punkt O_h (wahrscheinlichster Schiffsort) zieht man eine Senkrechte zum Azimut. Diese Senkrechte ist dann die astronomische Standlinie, auf der das Schiff im Augenblick der Beobachtung stand. Stimmt die berechnete Zenitdistanz mit der beobachteten überein, so geht die Standlinie durch den gegißten Schiffsort.

Rechnerisch findet man O_h, indem man das Azimut als gesteuerten Kurs (bei $-\Delta z$ oder $-\Delta h$ nimmt man das entgegengesetzte Azimut) und Δz ($=\Delta h$) als Distanz betrachtet und diese an O_g ankoppelt.

Beispiel 1: Am 29. Januar 1925, nach Logge auf 51° 40′ N und 40° 25′ W, beobachtete man gegen 11 Uhr vormittags: $U = 11^h\,5^m\,0^s$ $\odot = 19°\,18{,}5'$. $IB = -0{,}5'$; $AH = 7$ m. $I\text{-}U = +2^h\,46^m\,25^s$. $MGZ\text{-}I = -6^m\,25^s$. Wo befand sich das Schiff?

$U = 11^h\,5^m\,0^s$	$\odot = 18°\,37{,}5'$	$\varphi = +51°40'$	log cos $= 9{,}79256$
$I\text{-}U = +2^h\,46^m\,25^s$	$IB = -\ 0{,}5'$	$\delta = -17°58'$	log cos $= 9{,}97829$
$I = 13^h\,51^m\,25^s$	$\odot = 18°\ 37'$	$t_o = 1^h\,9^m\,56^s$	log sem $= 8{,}36357$
$MGZ\text{-}I = -\ 6^m\,25^s$	$GB = +\ 9'$		x {log sem $= 8{,}13442$
$MGZ = 13^h\,45^m\,0^s$ 29. I.	$h_b = 18°\ 46'$		sem $= 01361$
$\lambda = -2^h\,41^m\,40^s$	$z_b = 71°\ 14'$	$\varphi-\delta = 69°38'$	sem $= 32599$
$MOZ = 11^h\,3^m\,20^s$	$A = -4{,}06$	$z_r = 71°18'$	sem $= 33966$
entg. $Ztgl = -\ 13^m\,16^s$	$B = -1{,}08$	$z_b = 71°14'$	
$WOZ = 10^h\,50^m\,4^s$	$C = -5{,}14$	$\left.\begin{matrix} z_r - z_b \\ \Delta z \end{matrix}\right\} = +\ 4'$	
$t_o = 1^h\,9^m\,56^s$	$Az = S\,18°\,O$		

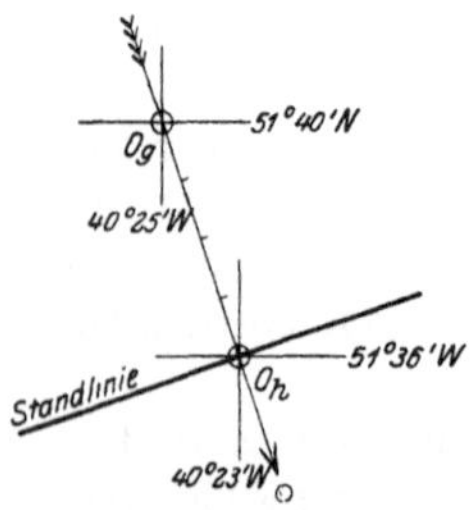

Abb. 84.

Loggeort	O_g:	51°40′N	40°25′W
S 18° O 4 Sm:		4′S	2′O (1,2 Sm Abw. = 2′)
Wahrscheinlichster Schiffsort	O_h:	51°36′N	40°23′W

Das Schiff befindet sich auf einer Geraden, die durch O_h geht und senkrecht zum Azimut verläuft.

Beispiel 2. Am 20. September 1925, nach Logge auf 35° 35′ S und 58° 22′ O, beobachtete man gegen 6 Uhr vormittags: $U = 5^h\,45^m\,2^s$. ✱ Aldebaran = 35° 48′ (westl.). $IB = -2'$. $AH = 16$ m. $I\text{-}U = -3^h\,54^m\,50^s$. $MGZ\text{-}I = -0^m\,35^s$. Wo befand sich das Schiff?

$U = 5^h\,45^m\,2^s$	✱ $= 35°\,48'$	$t_w = 1^h\,5^m\,11^s$	log sem $= 8{,}3030$
$I\text{-}U = -3^h\,54^m\,50^s$	$IB = -\ 2'$	$\varphi = -35°\,35'$	log cos $= 9{,}9102$
$I = 1^h\,50^m\,12^s$	✱ $= 35°\,46'$	$\delta = +16°\,22'$	log cos $= 9{,}9820$
$MGZ\text{-}I = -\ 35^s$	$GB = -\ 8'$	$\varphi-\delta = 51°\,57'$	log sec $= 0{,}2102$
$MGZ = 1^h\,49^m\,37^s$ 20. IX.	✱ $h_b = 35°\,38'$		x {log sem $= 8{,}4054$
$\lambda = +3^h\,53^m\,28^s$	$z_b = 54°\,22'$		log sec $= 0{,}0227$
$MOZ = 5^h\,43^m\,5^s$	$A = N\,19°\,W$		$\varphi-\delta$ sec $= 0{,}2102$
$m\odot\alpha = 11^h\,53^m\,45^s$			log sec $= 0{,}2329$
$\Upsilon\tau = 17^h\,36^m\,50^s$	$z_r = 54°\,12'$		
✱ $\alpha = 4^h\,31^m\,39^s$	$z_b = 54°\,22'$		
✱ $\tau = 13^h\,5^m\,11^s$	$z_r - z_b = -\ 10'$		
✱ $t_w = 1^h\,5^m\,11^s$			

Loggeort	O_g:	35°35′S	58°22′O
S 19° O 10 Sm:		10′S	4′O (3,3 Sm Abw. = 4′)
Wahrscheinlichster Schiffsort	O_h:	35°45′S	58°26′O

Das Schiff befindet sich auf einer Geraden, die durch O_h geht und senkrecht zum Azimut verläuft.

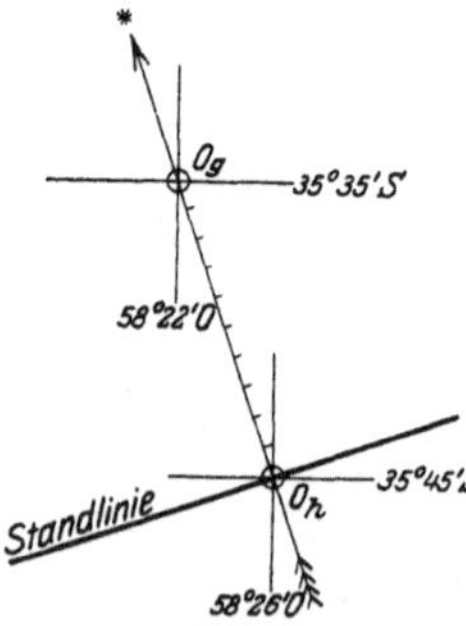

Abb. 85.

Berechnung der Standlinie nach dem Längenverfahren (Chronometerlänge). (Bei Höhen in der Nähe des Meridians nicht verwendbar!)

1. Beobachte eine Gestirnshöhe und beschicke sie zur wahren Höhe (s. S. 178).

2. Entnimm für die *MGZ* der Beobachtung die Jahrbuchwerte und berechne aus h_b, ✶ δ und φ_g den Stundenwinkel des Gestirns (s. S. 187).

3. Leite aus dem Stundenwinkel die *MOZ* ab und vergleiche sie mit der aus der Chronometerzeit abgeleiteten *MGZ*. Der Unterschied ist die Länge, in der die Standlinie den Parallel der Loggebreite schneidet. Ist die *MGZ* größer als die *MOZ*, so ist die Länge W, ist *MGZ* kleiner als die *MOZ*, so ist die Länge O. Die Differenz: Berechnete Länge — Gegißte Länge bezeichnet man mit u.

4. Ziehe durch diesen Leitpunkt O_l (φ_g, λ_r) eine Gerade, senkrecht zum Azimut des Gestirns. Diese ist die astr. Standlinie, auf der das Schiff im Augenblick der Beobachtung stand.

Beispiel: Am 5. Mai 1925, nach Logge auf 42° 43′ N und 141° 18′ O, beobachtete man gegen 6 Uhr nachmittags: $U = 6^h\,42^m\,20^s$. ⊙ = 10° 0′. $IB = 0$. $AH = 14$ m. $I\text{-}U = +1^h\,57^m\,25^s$. $MGZ\text{-}I = -0^m\,30^s$. Wo befand sich das Schiff?

$U = 6^h\,42^m\,20^s$	$\varphi = +42°\,43'$	log sec = 0,1339
$I\text{-}U = +1^h\,57^m\,25^s$	⊙ $\delta = +16°\,8'$	log sec = 0,0175
$I = 8^h\,39^m\,45^s$	$z_0 = 26°\,35'$	log sin = 9,9054
$MGZ\text{-}I = -\ 0^m\,30^s$	$z = 80°\,28'$	log sin = 9,6563
$MGZ = 8^h\,39^m\,15^s$ 5.V.	$z + z_0 = 107°\,3'$	log sem = 9,7131
⊙ $\delta = +16°\,8'$	$\frac{1}{2}(z+z_0) = 53°\,32'$	⊙ $t_w = 6^h\,7^m\,35^s$
$Ztgl = -\ 3^m\,20^s$	$\frac{1}{2}(z-z_0) = 26°\,57'$	$Ztgl = -\ 3^m\,20^s$
⊙ = 10° 0′		$MOZ = 18^h\,4^m\,15^s$ 5.V.
$GB = -\ 28'$		$MGZ = 8^h\,39^m\,15^s$ 5.V.
⊖ $h = 9°\,32'$		$ZU = 9^h\,25^m\,0^s$
$A =$ N 77° W		$\lambda_r = 141°\,15'$ O
		$\lambda_g = 141°\,18'$ O
		$u = 3'$ W

Das Schiff befand sich auf einer Geraden, die durch den Leitpunkt O_l senkrecht zum A verläuft. $u = 3'$W.

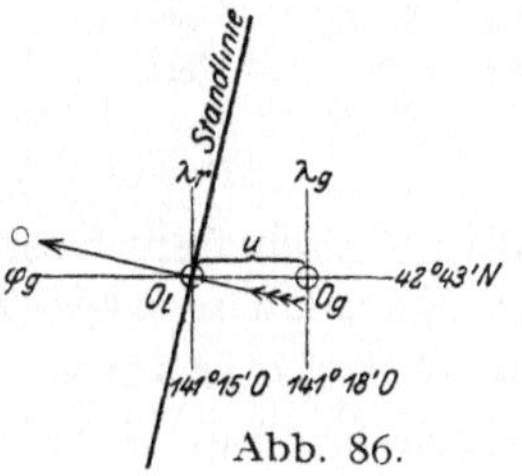

Abb. 86.

Beispiel: Am 2. November 1925 morgens gegen 2 Uhr, nach Logge auf 35° 34′ S und 39° 48′ W, beobachtete man: $U = 1^h\,55^m\,32^s$. ✶ Fomalhaut = 19° 15,6′ (westl.). $IB = -0{,}5'$. $AH = 11$ m. $I\text{-}U = +2^h\,40^m\,12^s$. $MGZ\text{-}I = +1^m\,4^s$. Wo befand sich das Schiff?

$U = 1^h\,55^m\,32^s$	$\varphi = -35°\,34'$	log sec = 0,0897
$I\text{-}U = +\ 2^h\,40^m\,12^s$	✶ $\delta = -30°\,1'$	log sec = 0,0625
$I = 4^h\,35^m\,44^s$	$z_0 = 5°\,33'$	log sin = 9,7914
$MGZ\text{-}I = +\ 1^m\,4^s$	$z = 70°\,53'$	log sin = 9,7322
$MGZ = 4^h\,36^m\,48^s$ 2.XI	$z + z_0 = 76°\,26$	log sem = 9,6758
m ⊙ $\alpha = 14^h\,43^m\,44^s$	$\frac{1}{2}(z+z_0) = 38°\,13'$	✶ $t_w = 5^h\,48^m\,6^s$
✶ $\alpha = 22^h\,53^m\,32^s$	$\frac{1}{2}(z-z_0) = 32°\,40'$	✶ $\tau = 17^h\,48^m\,6^s$
✶ $\delta = -30°\,1'$		✶ $\alpha = 22^h\,53^m\,32^s$
✶ = 19° 16,5′		♈ $\tau = 16^h\,41^m\,38^s$
$IB = -\ 0{,}5'$		m ⊙ $\alpha = 14^h\,43^m\,44^s$
✶ = 19° 16′		$MOZ = 1^h\,57^m\,54^s$ 2.IX.
$GB = -\ 9'$		$MGZ = 4^h\,36^m\,48^s$ 2.IX.
✶ $h = 19°\,7'$		$ZU = 2^h\,38^m\,54^s$
$A =$ S 66° W		$\lambda_r = 39°\,43'$ W
		$\lambda_g = 39°\,48'$ W
		$u = 5'$ O

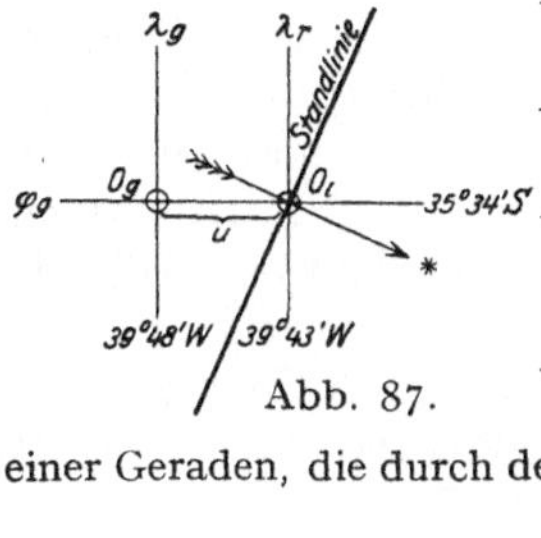

Abb. 87.

Das Schiff befand sich auf einer Geraden, die durch den Leitpunkt O_l, senkrecht zum A verläuft. $u = 5'$ O.

Merke! Aus einer sogenannten „Chronometerlänge" erhält man *nur* dann die wirkliche Länge des Schiffsortes, wenn das Gestirn im Augenblick der Beobachtung recht Ost oder West peilte oder wenn die Breite, mit der der Stundenwinkel berechnet wurde, genau bekannt war. In *allen* anderen Fällen erhält man immer nur die Länge, in der die Standlinie den der Rechnung zugrunde gelegten Breitenparallel schneidet!

Verbesserung der berechneten Länge für einen Fehler in der Breite. In der Praxis will man die berechnete Länge oft für einen Fehler in der Breite verbessern.

Die Längenverbesserung für 1′ Breitenfehler entnimmt man der Tafel *C* der *ABC*-Tafel. Um den Namen der Längenverbesserung zu bestimmen, schreibe man den Quadranten, in dem das Azimut liegt, hin und den entgegengesetzten Quadranten darunter. Darauf zeichne man von dem Namen der Breitenberichtigung ausgehend einen Pfeil in der Richtung der Diagonale. Dieser Pfeil zeigt auf den Namen der Längenberichtigung.

Beispiel: Eine Chronometerlänge, mit 52° 10′ N Breite berechnet, ergab die Länge 20° 10′ W. Das Azimut zur Zeit der Beobachtung war S 51° O. Durch eine Nordsternbeobachtung fand man, daß die wahre Breite zur Zeit der Längenbeobachtung 12′ südlicher war. Wie groß ist die richtige Länge?

$$\left.\begin{matrix} A: \text{S } 51^\circ \text{ O} \\ \varphi = 52^\circ \end{matrix}\right\} C = 1{,}32 \qquad \begin{matrix} \text{S} & \text{O} \\ & \searrow \\ \text{N} & \text{W} \end{matrix}$$

Berechnete λ	=	20° 10′ W
Verh. f. Breitenf.		
1,32 · 12	=	16′ W
Richtige λ	=	20° 26′ W.

Berechnung der Standlinie nach dem Breitenverfahren. Nur bei Höhen in der Nähe des Meridians anwendbar.

Meridianbreite. Obere Kulmination. Mittagsbreite.

1. Beschicke die gemessene (größte) Höhe zur wahren Mittagshöhe h_0 und gib dieser den Namen *N* oder *S*, je nachdem sie über dem Nord- oder Südhorizont beobachtet wurde.

2. Bilde die Meridianzenitdistanz $z_0 = 90^\circ - h_0$ und gib dieser den entgegengesetzten Namen von h_0, also *N* bei einer Beobachtung über den Südhorizont und umgekehrt.

3. Entnimm dem Nautischen Jahrbuch die Abweichung des beobachteten Gestirns. Bei Sonne, Planet und Mond hat man erst die ang. *MGZ* der oberen Kulmination zu berechnen und dafür δ dem Jahrbuch zu entnehmen (s. S. 181).

4. Die Breite ist gleich der algebraischen Summe aus Abweichung und Meridianzenitdistanz. $\varphi = z_0 + \delta$. Die errechnete Breite ist die Ost—West verlaufende Standlinie.

Um nicht unnötig lange mit dem Sextanten in der Hand auf den Augenblick der Kulmination warten zu müssen, empfiehlt es sich, bei Fixsternen und Planeten die Kulminationszeit vorher zu berechnen (s. S. 181). Auch die Vorausberechnung der zu erwartenden Höhe bietet oft große Vorteile (s. S. 196). Der Mond ist zu Meridianbreiten nicht besonders zu empfehlen. Man errechnet mit ihm am besten immer eine Standlinie nach der Höhenmethode.

Beispiel 1: Am 26. Mai 1925 mittags, nach Logge auf 45° 48′ N und 21° 16′ W, beobachtete man $\odot = 65°\,9'$ im Südmeridian. $IB = +1'$. $AH = 5$ m. Auf welcher Breite befand sich das Schiff?

$WOZ = 12^h\,0^m$ 26. V.	$\odot = 65°\,9'$	
$Ztgl = -\ 3^m$	$IB = +1'$	
$MOZ = 11^h\,57^m$ 26. V.	$\odot = 65°\,10'$	Wahre Breite $= 45°\,45'$ N
$\lambda = +\ 1^h\,25^m$	$GB = +11'$	Loggebreite $= 45°\,48'$ N
$MGZ = 13^h\,22^m$ 26. V.	$\underline{\odot} h_0 = 65°\,21'$ S	$\Delta\varphi = 3'$ S
$\odot\delta = 21°\,6'$ N	$z_0 = 24°\,39'$ N	
	$\odot\delta = 21°\,6'$ N	
	$\varphi = 45°\,45'$ N	

Beispiel 2: Am 1. April 1925 nachmittags, nach Logge auf 55° 45′ N und 3° 18′ O, will man die Breite aus einer Meridianhöhe des Pollux bestimmen. IB des Beobachtungsinstrumentes $= +3'$. $AH = 6$ m. Welche Ablesung ist am Instrument zu erwarten und welches ist die Breitenversetzung, wenn die beobachtete Höhe $= 62°\,41'$ ist?

$\ast\,\tau = 12^h\,0^m$	Loggebreite $= 55°\,45'$ N	(= Breite des Beob.-Ort. O_g)
$+\ast\,\alpha = 7^h\,41^m$	$\ast\,\delta = 28°\,12'$ N	(= Breite des Projekt.-P.)
$\Upsilon\,\tau = 19^h\,41^m$	$z = 27°\,33'$ N	(z ist N, wenn O_g nördl. vom
$-m\odot\alpha = 0^h\,35^m$	$h = 62°\,27'$ S	Projektionspunkt liegt
$MOZ = 19^h\,6^m$ 1. IV.	$-GB = +5'$	und umgekehrt.)
	$\underline{\ast} = 62°\,32'$	
	$-IB = -3'$	
	zu erwartende Ablesung $h_r = 62°\,29'$	
	tatsächliche Beobachtung $h_b = 62°\,41'$	
	($\Delta h =$) $\Delta\varphi = 12'$ S	(Wenn h_b größer als h_r, dann
	Loggebreite $\mp\ 55°\,45'$ N	ist $\Delta\varphi$ gleichnamig mit h
	Wirkliche Breite $= 55°\,33'$ N	und umgekehrt.)

Meridianbreite. Untere Kulmination. Mitternachtsbreite.

1. Beschicke die gemessene (kleinste) Höhe zur wahren Mitternachtshöhe h_0.

2. Berechne die ang. MGZ der unteren Kulmination (s. S. 181) und entnimm dem Nautischen Jahrbuch die Abweichung des beobachteten Gestirns.

3. Bilde die Poldistanz p. Sie ist stets gleich $90° - \delta$.

4. Die Breite ist dann immer $= h_0 + p$. Die so errechnete Breite ist immer gleichnamig mit δ. Die errechnete Breite ist die Ost—West verlaufende Standlinie.

Beispiel 1: Mitternachts vom 2. auf 3. Juli 1925, nach Logge auf 70° 40′ N und 11° 40′ O, beobachtete man $\odot = 3°\,38'$ in der unteren Kulmination. $AH = 6$ m. $IB = -2'$. Auf welcher Breite befand man sich?

WOZ d. ob. Kulm. $= 12^h\,0^m$ 3. VII.	$\odot = 3°\,38'$	
$Ztgl = +\ 4^m$	$IB = -\ 2'$	
$MOZ = 12^h\,4^m$	$\odot = 3°\,36'$	oder:
$\lambda = -\ 47^m$	$GB = -\ 1'$	
MGZ d. ob. Kulm. $= 11^h\,17^m$ 3. VII.	$\underline{\odot} h_0 = 3°\,35'$	$\underline{\odot} h_0 = 3°\,35'$
$-\ 12^h$	$p = 66°\,58'$	$= +\ 90°$
MGZ d. unt. Kulm. $= 23^h\,17^m$ 2. VII.	$\varphi_b = 70°\,33'$ N	Nadird. $93°\,35'$
$\odot\,\delta = +\ 23°\,2'$	$\varphi_g = 70°\,40'$ N	$\odot\,\delta = 23°\,2'$
	$\Delta\varphi = 7'$ S	$\varphi_b = 70°\,33'$ N

Beispiel 2: Am 17. April 1925 vormittags, nach Logge auf 53° 26′ N und 27° 12′ W, will man Algenib (α Persei) in der unteren Kulmination beobachten.

$IB = +3'$. $AH = 6$ m. Welche Ablesung ist am Instrument zu erwarten? Welches war der Breitenfehler, wenn die beobachtete Höhe $= 12°\,49'$ war?

✱ τ	$= 12^h\ 0^m$			$\varphi = 53°\,26'$
✱ α	$= 3^h\ 19^m$			$p = 40°\,24'$
♈ τ	$= 15^h\ 19^m$	17. IV.		$h_0 = 13°\ \ 2'$
m⊙ α	$= 1^h\ 40^m$			$-GB = +\ \ 9'$
MOZ d. ob. Kulm.	$= 13^h\ 39^m$	17. IV.		✱ $= 13°\,11'$
$^1/_2$ ✱ Tg	$= 11^h\ 58^m$			$-IB = -\ \ 3'$
MOZ d. unt. Kulm.	$= 1^h\ 41^m$	17. IV.	zu erw. Abl. h_r	$= 13°\ \ 8'$
✱ δ	$= +49°\,36'$		beobachtetes h_b	$= 12°\,49'$
			$(\Delta h =)\ \Delta\varphi$	$= 19'$ S
			Loggebreite	$= 53°\,26'$ N
			Wirkliche Breite	$= 53°\ \ 7'$ N

Nebenmittagsbreite. Ist man durch Bewölkung des Himmels nicht in der Lage, ein Gestirn während der Kulmination zu beobachten, so kann dies auch kurz vor und nach der Kulmination geschehen, ohne daß dadurch die Berechnung der Breite wesentlich erschwert wird.

1. Man notiere die Zeit der Beobachtung und leite daraus die MGZ ab, für die man dem Jahrbuch für die Sonne: δ und $Ztgl$, für irgendein anderes Gestirn: m⊙α, ✱ α und ✱ δ entnimmt.

Aus der MGZ leite man den Stundenwinkel des beobachteten Gestirns ab.

3. Beschicke den beobachteten Kimmabstand zur wahren Mittelpunktshöhe.

4. Berechne den kleinen Wert u, um den die Meridianhöhe größer ist als die beobachtete Höhe (sowie das Azimut des Gestirns im Augenblick der Beobachtung).

5. Addiere u zur beobachteten wahren Höhe. Das Resultat ist die Meridianhöhe h_0, aus der man dann die Breite wie bei der Meridianbreite bestimmt.

In Wirklichkeit befindet sich dann das Schiff auf einer Geraden, die durch den Leitpunkt O_b (Schnittpunkt des berechneten Breitenparallels mit dem Meridian der Loggelänge) senkrecht zum Azimut verläuft.

In der Praxis wird der kleine Winkel, den die Standlinie mit dem Breitenparallel bildet, meistens vernachlässigt und die errechnete Breite verwertet, als wenn sie durch eine Meridianbeobachtung gewonnen worden wäre.

Der Wert u kann leicht berechnet werden nach der Formel

$$\sin\frac{u}{2} = \operatorname{sem} t \cdot \cos\varphi \cdot \cos\delta \cdot \operatorname{cosec} z_0.$$

In der Praxis entnimmt man ihn aber wohl stets einer Nebenmeridianbreitentafel. Die bekanntesten deutschen Nebenmeridianbreitentafeln sind die von Kapitän H. Brunswig, von Studienrat A. Mühleisen, von Kapitän I. Randermann, von Navigationslehrer Lüning und von Dr. Fulst (Breusing-Fulst, Tafel 31).

Die Nebenmeridianbreitenrechnung ist ein Näherungsverfahren. Sie ist deshalb nur innerhalb gewisser Grenzen anwendbar. Eine gute Faustregel ist folgende: **Nebenmeridianbreiten lassen sich nur rechnen, solange der Stundenwinkel (t_o oder t_w) in Minuten kleiner ist als die Meridianzenitdistanz (z_0) in Graden.**

Beispiel: Am 8. November 1925 beobachtete man kurz vor Mittag zwischen Wolkenlücken $\overline{\odot} = 23°\,18'$, als die Borduhr $11^h\,29^m$ *WOZ* zeigte. $IB = +2'$. $AH = 7$ m. Loggebesteck $= 50°\,20'$ N $16°\,58'$ W.

$$
\begin{array}{rrl}
WOZ = & 11{,}5^h & \\
Ztgl = & -\ 0{,}3^h & \\
\hline
MOZ = & 11{,}2^h & 8.\ \mathrm{XI.} \\
\lambda = & 1{,}1^h & \\
\hline
MGZ = & 12{,}3^h & 8.\ \mathrm{XI.} \\
\odot\delta = & -\ 16°\,30' &
\end{array}
\qquad
\begin{array}{rl}
\overline{\odot} = & 23°\,18' \\
IB = & +\ 2' \\
\hline
\overline{\odot} = & 23°\,20' \\
GB = & -23' \\
\hline
\odot h = & 22°\,57' \\
u = & +21' \\
\hline
h_o = & 23°\,18'\ \mathrm{S} \\
z_o = & 66°\,42'\ \mathrm{N} \\
\delta = & 16°\,30'\ \mathrm{S} \\
\hline
\varphi_r = & 50°\,12'\ \mathrm{N} \\
\varphi_o = & 50°\,20'\ \mathrm{N} \\
\hline
\Delta\varphi = & 8'\ \mathrm{S}
\end{array}
$$

Tafel 31, Breusing-Fulst:

$$
\begin{array}{l}
\varphi = +\ 50°\ \delta = -\ 16^1/_2°\ :\ \mathrm{I} = 0{,}26 \\
\varphi = \ 50°\ t_0 = \ 31^m\ :\ \mathrm{II} = 81 \\
\hline
u = \mathrm{I} \cdot \mathrm{II} = 81 \cdot 0.26 = 21' \\
A = \mathrm{I} \cdot t = 0{,}26 \cdot 31 = \mathrm{S}\ 8°\ \mathrm{O}
\end{array}
$$

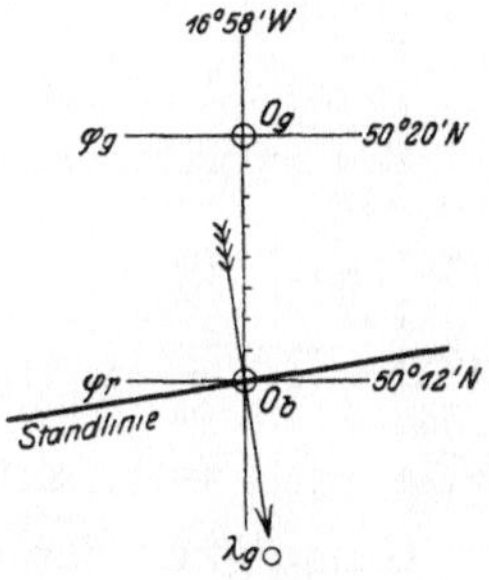

Abb. 88.

Nebenmitternachtsbreite. Bei Berechnung der Nebenmitternachtsbreite verfährt man genau wie bei einer Nebenmittagsbreite, nur wird u von der beobachteten wahren Höhe subtrahiert, um die Meridianhöhe zur Zeit der unteren Kulmination zu erhalten.

$$h_0 = h - u \quad \text{und} \quad \varphi = h_0 + p\,.$$

Zur logarithmischen Berechnung von u kann man sich der Formel bedienen:

$$\sin\frac{u}{2} = \operatorname{sem} t_u \cdot \cos\varphi \cdot \cos\delta \cdot \sec h$$

t_u ist dabei der Stundenwinkel vom unteren Meridian, also $= \ast\,\tau$ oder $= 24^h - \ast\,\tau$.

Polarsternbreite.

1. Man bestimmt die mittlere Greenwicher Zeit der Beobachtung.
2. Hierfür entnimmt man dem Jahrbuche die Geradeaufsteigung der mittleren Sonne.
3. Durch Addition dieser Geradeaufsteigung zur mittleren Ortszeit erhält man den Zeitwinkel des Widderpunktes.
4. Man beschickt den beobachteten Kimmabstand zur wahren Höhe.
5. An die so ermittelte wahre Höhe bringt man die Berichtigung aus Tafel 3 des Nautischen Jahrbuchs an, und zwar im allgemeinen nur die erste. Wenn man eine große Genauigkeit erzielen will, berücksichtigt man auch die zweite und die dritte Berichtigung.

Bei Nordsternbeobachtungen empfiehlt es sich immer, die ungefähre Höhe ($h = \varphi - \mathrm{I}$) vorher auszurechnen und am Instrument einzustellen. In der Praxis vernachlässigt man den kleinen Winkel, den die Standlinie mit dem Breitenparallel bildet und betrachtet den Parallel der gefundenen Breite als Standlinie.

Beispiel: Am 11. Dezember 1925 abends, nach Logge auf 54° 10′ N und 3° 49′ O, will man gegen 6^h *WOZ* den Nordstern beobachten. $IB = +1'$. $AH = 12$ m. Welche ungefähre Höhe hat man am Instrument einzustellen?

$WOZ = 18^h$	Logge $\varphi = 54°\,10'$	Man wird am Instrument etwa $55^1/_4°$ einstellen.
$w\odot\alpha = 17^h$	entg. I $= +56'$	
$\Upsilon\tau = 11^h$	$\ast h = 55°\ 6'$	
Tafel 3: I $= -56'$	entg. $GB = +7'$	
	$\ast h = 55°\,13'$	
	entg. $IB = -1'$	
	$\ast h = 55°\,12'$	

Man beobachtet nun um $6^h\,35^m$ *WOZ* $\underline{\ast}$ Polaris $= 55°\,27'$. Welche Breite folgt daraus?

$WOZ = 18^h\,35^m$	$WOZ = 18^h\,35^m$	$\underline{\ast} = 55°\,27'$	$\ast h = 55°\,21'$
$\lambda = -15^m$	$Ztgl = -7^m$	$IB = +1'$	I $= -59'$
$WGZ = 18^h\,20^m$ 11. XII.	$MOZ = 18^h\,28^m$	$\underline{\ast} = 55°\,28'$	II $= 0$
$Ztgl = -7^m$	$m\odot\alpha = 17^h\,20^m$	$GB = -7'$	III $= +1'$
$MGZ = 18^h\,13^m$ 11. XII.	$\Upsilon\tau = 11^h\,48^m$	$\ast h = 55°\,21'$	$\varphi = 54°\,23'$

Genauigkeit der Nebenmeridianbreite (Fehlergleichungen).

Einfluß eines Fehlers in der Länge auf die Breite:

$$\Delta\varphi = \Delta\lambda \cdot \cos\varphi \cdot \operatorname{tang} A.$$

Einfluß eines Fehlers im Stundenwinkel auf die Breite:

$$\Delta\varphi = \tfrac{1}{4}\Delta t \cdot \cos\varphi \cdot \operatorname{tang} A.$$

Einfluß eines Fehlers in der Höhe auf die Breite:

$$\Delta\varphi = \Delta h \cdot \sec A.$$

Einfluß eines Fehlers in der Deklination auf die Breite:

$$\Delta\varphi = \Delta\delta \cdot \cos q \cdot \sec A.$$

Einfluß eines Fehlers im Azimut auf die Breite:

$$\Delta\varphi = \Delta A \cdot \cos\varphi \cdot \operatorname{tang} t.$$

oder $$\Delta\varphi = \Delta A \cdot \cos h \cdot \sin q \cdot \sec t.$$

Ein durch einen Fehler in der Länge hervorgerufener Fehler im Stundenwinkel läßt sich dadurch unschädlich machen, daß man vor und nach der Kulmination bei ungefähr gleichen Höhen das Gestirn beobachtet und daraus jedesmal die Breite berechnet. Das Mittel aus diesen beiden Breiten ist vom Fehler im Stundenwinkel frei. — Ein Fehler im Chronometerstand ist ohne Einfluß auf die Breite, da er durch den Fehler in der nach demselben Chronometer bestimmten Länge wieder aufgehoben wird.

Die Verwertung einer einzelnen astronomischen Standlinie.

a) In der Nähe von Land.

1. Bei Ansteuerung von Land gibt eine Standlinie, die auf die Küste zuläuft, den Punkt an, den das auf der Standlinie entlang segelnde Schiff erreichen würde.

2. *Eine parallel* der Küste verlaufende Standlinie gibt den Abstand, in dem sich das Schiff von der Küste befindet. Führt die Standlinie frei von allen der Küste vorgelagerten Untiefen und gefährlichen Stellen, so kann man sie als Kurs wählen.

3. In Verbindung mit einer Lotung (vor allem Reihenlotung) gibt eine astr. Standlinie den wahren Schiffsort. Je rechtwinkliger sich die Standlinie und die Tiefenlinien schneiden, um so zuverlässiger ist die Ortsbestimmung.

4. In Verbindung mit einer terrestrischen Standlinie, einer U.T.-Peilung oder einer F.T.-Peilung ergibt die astr. Standlinie ebenfalls den wahren Schiffsort.

5. Bei Ansteuerung von Land kann eine meridional verlaufende Standlinie zur ang. Chronometerkontrolle verwandt werden. Verfolgt man eine Standlinie, die auf eine Landmarke zuführt und erhält man diese Landmarke nicht in der zu erwartenden Peilung in Sicht, so ist dies ein Zeichen, daß der Chronometerstand um den Betrag der Längenverschiebung der Standlinie falsch ist. Liegt die aus der Höhenbeobachtung errechnete Standlinie links von der wahren (aus Kurs und Landpeilung erhaltenen) Standlinie, so ist die Standverbesserung des Chronometers — (d. h. die vom Chronometer abgeleitete *MGZ* ist zu groß) und umgekehrt.

b) Auf hoher See.

6. Verläuft die Standlinie parallel zum gesteuerten Kurs, so zeigt sie eine seitliche Versetzung an und bietet die Möglichkeit, in den vorgeschriebenen Kurs wieder hineinzusteuern.

7. Verläuft die Standlinie senkrecht zum gesteuerten Kurs, so kann man daraus ersehen, ob das Schiff gegenüber der Loggerechnung voraus oder zurück ist.

8. Eine Standlinie aus einer Beobachtung, bei der das Gestirn im I. Vertikal oder in dessen Nähe stand, gibt eine gute Kontrolle der gegißten Länge.

9. Eine Standlinie aus einer Beobachtung, bei der das Gestirn im Meridian oder in dessen Nähe stand, gibt eine gute Kontrolle der gegißten Breite.

10. Der Schnittpunkt einer astr. Standlinie mit einer F.T.-Peilungslinie gibt den wahren Schiffsort, und zwar um so genauer, je rechtwinkliger sich die Linien schneiden.

Die Verschiebung der astronomischen Standlinie.

1. Durch eine Segelung verschiebt sich die Standlinie parallel mit sich selbst in der Richtung der Segelung und um den Betrag derselben.

2. Durch einen Höhenfehler verschiebt sich die Standlinie parallel mit sich selbst in der Richtung des Azimuts um so viele Sm, wie der Höhenfehler Bogenminuten beträgt.

3. Durch einen Fehler im Chronometerstand verschiebt sich die Standlinie parallel mit sich selbst in der Richtung des Breitenparallels um so viele Längenminuten, wie der Chronometerfehler in Bogenmaß ausgedrückt beträgt (= Anzahl der Zeitsekunden: 4).

Die Genauigkeit der astronomischen Standlinie.

1. Da man bei jeder Höhenmessung mit einem Höhenfehler rechnen muß, so hat man die Standlinie nicht als eine Linie, sondern als einen Streifen aufzufassen, dessen Breite von der möglichen Größe des Höhenfehlers (im Mittel $\pm 1'$) abhängt.

2. Da man auf See zeitweise mit einer Ungenauigkeit im Chronometerstand rechnen muß, so ist auch aus diesem Grunde die Standlinie keine Linie, sondern ein Streifen, dessen Breite auch von der möglichen Größe des Fehlers im Chronometerstand abhängt. (Bei einem Fehler von $\pm 4^s = \pm 1 \cdot \cos \varphi$ Sm.)

3. Da die als eine Gerade betrachtete Standlinie in Wirklichkeit ein Stück eines Kreises (Höhengleiche) ist, so soll man Höhen über 85° nicht zur Standlinie benutzen.

4. Bei sehr großen Besteckfehlern (über 30 Sm) kann das berechnete Azimut und damit die Richtung des Standstreifens ungenau werden. Je kleiner die beobachtete Höhe, desto kleiner ist der Einfluß eines solchen Fehlers.

5. Bei sehr großem Δh (über 30′) kann die Richtung des Standstreifens falsch werden, da das Azimut als gerade Linie gezeichnet wird, während es in Wirklichkeit eine Orthodrome ist. Je kleiner die beobachtete Höhe, desto kleiner ist der Einfluß eines solchen Fehlers.

14. Die Bestimmung des Schiffsortes aus zwei oder mehreren Standlinien.

Aus einer astronomischen Beobachtung ergibt sich immer nur eine Standlinie. Den Schiffsort findet man immer erst als Schnittpunkt zweier Standlinien. Zu einer astr. Ortsbestimmung sind also immer zwei astr. Beobachtungen nötig. Die Standlinien können dabei nach beliebigem Verfahren gefunden werden. Die Lösung kann nach Zeichnung oder Rechnung erfolgen. Die meisten Vorteile bietet immer die Lösung durch Zeichnung, vor allem dann, wenn der Maßstab der Seekarten so groß ist, daß die Lösung gleich in der Seekarte selbst erfolgen kann. Je rechtwinkliger sich die Standlinien schneiden, und je kleiner die Verseglung und die Zeit sind, die zwischen den beiden Beobachtungen liegen, desto genauer ist der aus den beiden Standlinien berechnete Schiffsort.

Ermittlung des Schiffsorts nach dem Höhenverfahren.

A. Beide Höhen wurden am selben Orte beobachtet.

1. Verfahren I. Berechne für den Loggeort O_g die beiden Δz und die dazugehörigen Az. Trage in O_g die Az an und auf diesen die Δz ab. Durch die so erhaltenen Leitpunkte (O_h) zieht man die Standlinien senkrecht zu den Az. Ihr Schnittpunkt ist der wahre Schiffsort O_w.

Die Lösung durch Rechnung geschieht mit Zuhilfenahme besonderer Tafeln. Jede nautische Tafelsammlung enthält eine solche Tafel. Ein einfaches, immer anwendbares Verfahren ist folgendes:

Rechne immer:

$$\left.\begin{aligned} a &= \Delta z_1 \cdot \operatorname{cosec} \Delta Az \\ b &= \Delta z_2 \cdot \operatorname{cosec} \Delta Az \end{aligned}\right\} \Delta Az = \text{Unterschiede der beiden Azimute } Az_1 \text{ und } Az_2.$$

Kopple dann a an O_g in der Richtung der Standlinie II und b in der Richtung der Standlinie I. Die Richtung der beiden Standlinien bei der

Kopplung, entnimmt man einer Skizze. Die Richtungen stimmen immer mit den Richtungen $O_{h_1} - O_w$ und $O_{h_2} - O_w$ überein.

2. Verfahren II. Berechne für O_g die Werte Δz_1 und Az_1. Bestimme durch Rechnung oder Zeichnung den Leitpunkt O_{h_1} nach Breite und Länge und lege durch ihn Standlinie I. Berechne nun für O_{h_1} als Loggeort Δz_2 und Az_2. Trage ΔAz_2 in O_{h_1} an und darauf Δz_2 ab. Durch den so erhaltenen Leitpunkt O_{h_2} zieht man die Standlinie II. Der Schnittpunkt O_w der beiden Standlinien ist der wahre Schiffsort.

Lösung durch Rechnung: Die an O_{h_1} anzubringenden Verbesserungen $\Delta\varphi$ u. $\Delta\lambda$ sind:

$$\left.\begin{aligned}\Delta\varphi &= \Delta z_2 \cdot \sin Az_1 \cdot \operatorname{cosec} \Delta Az \\ \Delta\lambda &= \Delta\varphi \cdot C_1\end{aligned}\right\}$$ Die Namen von $\Delta\varphi$ und $\Delta\lambda$ entnimmt man am besten einer Skizze.

In diesen Formeln bedeutet ΔAz die Differenz der beiden Azimute und C_1 ist Wert, den man mit Az_1 und φ der C-Tafel (ABC-Tafel) entnimmt.

Beispiel (Verfahren I): Nach Logge auf 44° 12′ N und 43° 20′ W beobachtete man gleichzeitig die Kimmabstände von Sonne und Mond, aus denen sich die wahren Zenitdistanzen ergaben:

Durch Rechnung fand man
$$\begin{array}{ll} ☾\ z_b = 56^\circ 35' & ☉\ z_b = 37^\circ 43' \\ ☾\ z_r = 56^\circ 31' & ☉\ z_r = 37^\circ 48' \\ \hline \Delta z_1 = -\ 4' & \Delta z_2 = +\ 5' \\ Az_1 = \text{S } 47^\circ \text{ W} & Az_2 = \text{S } 28^\circ \text{ O} \end{array}$$

Lösung durch Zeichnung.

$$\begin{array}{lrlr} O_g: & 44^\circ 12' \text{N} & & 43^\circ 20' \text{W} \\ \Delta\varphi = & 2' \text{S} & \Delta\lambda = & 10' \text{O} \\ \hline O_w: & 44^\circ 10' \text{N} & & 43^\circ 10' \text{W} \end{array}$$

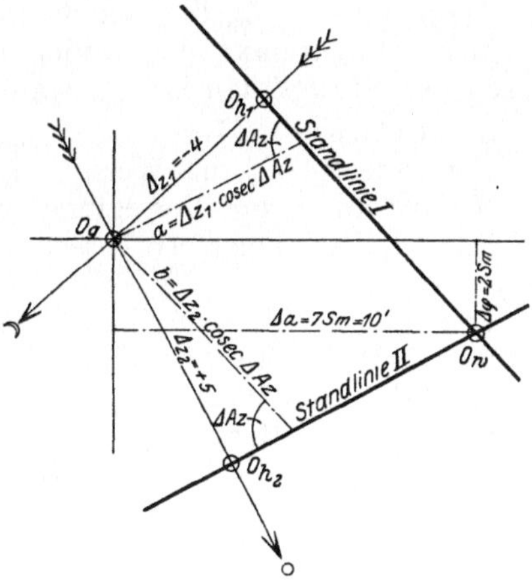

Lösung durch Rechnung:

$$\begin{array}{l} \Delta z_1 = 4'\ Az_1 = \text{S } 47^\circ \text{ W Stdl. } I = \text{S } 43^\circ \text{O} \\ \Delta z_2 = 5'\ Az_2 = \text{S } 28^\circ \text{ O Stdl. } II = \text{N } 62^\circ \text{O} \\ \hline \Delta Az = 75^\circ \end{array}$$

$a = 4 \cdot \operatorname{cosec} 75^\circ = 4{,}1$

$b = 5 \cdot \operatorname{cosec} 75^\circ = 5{,}2$

$$\begin{array}{l} \text{N } 62^\circ \text{O } 4{,}1 \text{ Sm} = 1{,}9' \text{N } 3{,}6' \text{O} \\ \text{S } 43^\circ \text{O } 5{,}2 \text{ Sm} = 3{,}8' \text{S } 3{,}6' \text{O} \\ \hline 1{,}9' \text{S } 7{,}2 \text{ Sm O} = 10' \text{O} \\ O_g = 44^\circ 12' \text{N} \quad 43^\circ 20' \text{W} \\ \hline O_w = 44^\circ 10' \text{N} \quad 43^\circ 10' \text{W} \end{array}$$

Abb. 89.

Schlußrechnung mit Tafel 33 in „Breusing-Fulst“:

$$\begin{array}{ll} \Delta z_1 = -\ 4' & \text{entgegeng. } Az_1 = \text{N } 47^\circ \text{O} \\ \Delta z_2 = +\ 5' & Az_2 = \text{S } 28^\circ \text{O} \\ \hline \Delta z_2 : \Delta z_1 = 1{,}25 & \delta = \Delta Az = 105^\circ \end{array}$$

Aus Tafel 33: $\beta = +48^\circ$, $Az_2 = \text{S } 28^\circ \text{O}$; $\left.\begin{array}{l}\beta = 48^\circ \\ \Delta z_2 = 5'\end{array}\right\}$ Gradtafel ergibt $v = 6{,}8$ Sm

Besteckversetzung: S 76° O 6,8 Sm $= \begin{cases} b = 2' \text{S} \\ a = 7 \text{ Sm O} = 10' \text{O}. \end{cases}$

$$\begin{array}{lrlr} O_g = & 44^\circ 12' \text{N} & & 43^\circ 20' \text{W} \\ b = & 2' \text{S} & l = & 10' \text{O} \\ \hline O_w = & 44^\circ 10' \text{N} & & 43^\circ 10' \text{W} \end{array}$$

Beispiel (Verfahren II): Nach Logge auf 44° 12′ N und 43° 20′ W beobachtete man gleichzeitig die Kimmabstände von Sonne und Mond, aus denen sich die wahren Zenitdistanzen ergaben ☾ $z_b = 56° 35'$, ⊙ $z_b = 37° 43'$. Durch Rechnung fand man für den Loggeort ☾ $z_r = 56° 31'$ und $Az = $ S 47° W. Daraus ergab sich $\varDelta z = -4'$ und als wahrscheinlicher Schiffsort O_{h_1}: 44° 15′ W 43° 16′ W. Für diesen Ort fand man durch Rechnung ⊙ $z_r = 37° 49'$, $Az = $ S 28° O, also $\varDelta z_2 = +6'$.

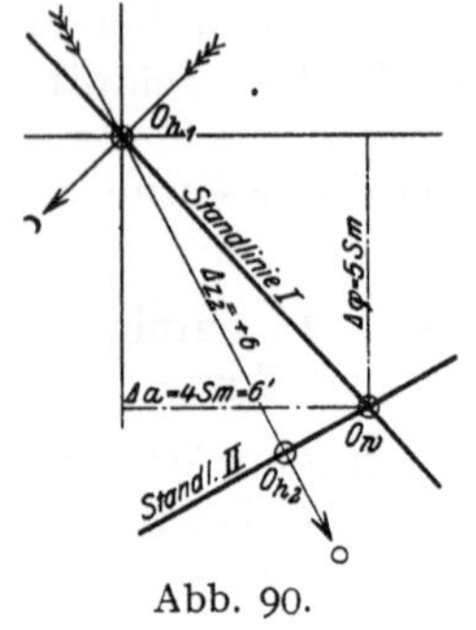

Abb. 90.

Lösung durch Zeichnung:

	O_g: 44° 12′ N	43° 20′ W
N 47° O 4 Sm:	$\varDelta\varphi = 3'$ N	$\varDelta\lambda = 4'$ O
	O_{h_1}: 44° 15′ N	43° 16′ W
	$\varDelta\varphi = 5'$ S	$\varDelta\lambda = 6'$ O
	O_w: 44° 10′ N	43° 10′ W

Lösung durch Rechnung:

$Az_1 = $ S 47° W $C_1 = 1{,}3$
$Az_2 = $ S 28° O

$\varDelta Az = 75°$

$\varDelta\varphi = 6 \cdot \sin 47° \cdot \operatorname{cosec} 75° = 6 \cdot 0{,}73 \cdot 1{,}04 = \mathbf{4{,}56'\ S}$

$\varDelta\lambda = 4{,}56 \cdot 1{,}3 = \mathbf{5{,}93'\ O}$

B. Die Höhen wurden an verschiedenen Orten beobachtet.

1. Verfahren I.

Berechne für O_g die Werte $\varDelta z_1$ und Az_1.

Kopple an O_g die Versegelung, man erhält dann O_{gv}.

Berechne für O_{gv} die Werte $\varDelta z_2$ und Az_2.

Trage nun in O_{gv} die beiden Az an und auf ihnen die beiden $\varDelta z$ ab. Der Schnittpunkt der beiden durch die so erhaltenen Leitpunkte gezogenen Standlinien ist der wahre Schiffsort O_w.

2. Verfahren II.

Berechne für O_g die Werte $\varDelta z_1$ und Az_1.

Kopple an O_g die Verseglung und $\varDelta z$, man erhält dann $O_{h_1 v}$.

Für $O_{h_1 v}$ als Loggeort berechne man aus der zweiten Beobachtung $\varDelta z_2$ und Az_2.

Durch $O_{h_1 v}$ lege man Standlinie I und Az_2. Auf Az_2 wird $\varDelta z_2$ abgetragen. Dadurch erhält man O_{h_2} und Standlinie II. Der Schnittpunkt der beiden Standlinien ist der wahre Schiffsort O_w.

Lösung durch Rechnung: Die an $O_{h_1 v}$ anzubringenden Verbesserungen $\varDelta\varphi$ und $\varDelta\lambda$ sind:

$$\varDelta\varphi = \varDelta z_2 \cdot \sin Az_1 \cdot \operatorname{cosec} \varDelta Az$$

und
$$\varDelta\lambda = \varDelta\varphi \cdot C_1 .$$

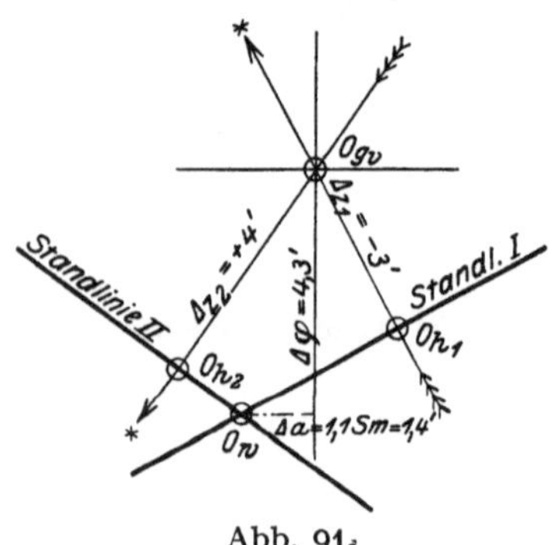

Abb. 91.

Beispiel (Verfahren I): Nach Logge auf 40° 5′ N 38° 30′ W fand man aus einer Höhenbeobachtung $\varDelta z_1 = -3'$, $Az_1 = $ N 32° W. Darauf segelte man rw. ONO 12 Sm und fand nun aus einer zweiten Beobachtung im $Az_2 = $ S 40° W: $\varDelta Z_2 = +4'$.

O_g:	40° 5′ N	38° 30′ W
ONO 12 Sm:	$\varDelta\varphi = 4{,}6'$ N	$\varDelta\lambda = 14{,}5'$ O
O_{gv}:	40° 9,6′ N	38° 15,5′ W
	$\varDelta\varphi = 4{,}3'$ S	$\varDelta\lambda = 1{,}4'$ W
O_w:	40° 5′ N	38° 17′ W

Beispiel (Verfahren II): Nach Logge auf 40° 5′ N 38° 30′ W fand man aus einer Höhenbeobachtung $\Delta z_1 = -3'$ und $Az_1 = N\ 32°\ W$. Daraus ergab sich als Leitpunkt $O_{h_1} = 40°\,2{,}5'$ N und $38°\,27{,}9'$ W. Darauf segelte man ONO 12 Sm. Der versegelte Leitpunkt $O_{h_1 v}$ lag danach auf $40°\,7{,}1'$ N $38°\,13{,}4'$ W. Jetzt fand man aus einer zweiten Beobachtung im $Az_2 = S\ 40°\ W : \Delta z_2 = +3'$.

O_g:	40° 5′ N	38° 30′ W
S 32° O 3 Sm:	$\Delta\varphi = 2{,}5'$ S	$\Delta\lambda = 2{,}1'$ O
O_{h_1}:	40° 2,5′ N	38° 27,9′ W
ONO 12 Sm:	$\Delta\varphi = 4{,}6'$ N	$\Delta\lambda = 14{,}5'$ O
$O_{h_1 v}$:	40° 7,1′ N	38° 13,4′ W
	$\Delta\varphi = 1{,}7'$ S	$\Delta\lambda = 3{,}6'$ W
O_w:	40° 5′ N	38° 17′ W

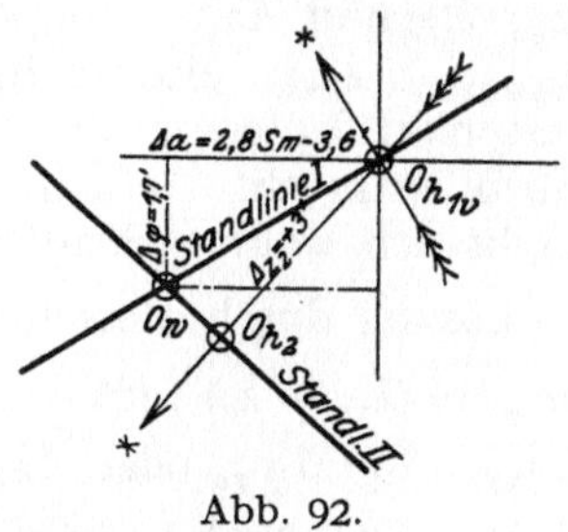

Abb. 92.

Ermittlung des Schiffsortes nach dem Längenverfahren.

A. Beide Höhen wurden am selben Orte beobachtet. Berechne mit der gegißten Breite nach der Längenmethode aus der 1. Beobachtung Leitpunkt O_{l_1} (φ_g, λ_1) und Az_1 und aus der 2. Beobachtung Leitpunkt O_{l_2} (φ_g, λ_2) und Az_2. Verwandle die Differenz $\lambda_1 - \lambda_2$ in Sm und trage diese Strecke in beliebigem Maßstab (in der Karte im Kartenmaßstab) auf dem Breitenparallel φ_g ab. Ziehe durch O_{l_1} die Standlinie *I* senkrecht zu Az_1 und durch O_{l_2} die Standlinie *II* senkrecht zu Az_2. Der Schnittpunkt der beiden Standlinien ergibt den wahren Schiffsort.

Lösung durch Rechnung: Entnimm der *C*-Tafel (*ABC*-Tafel) mit φ_g und Az_1 den Wert C_1 und mit φ_g und Az_2 den Wert C_2. Dann ist

$\Delta\varphi_g = (\lambda_1 - \lambda_2) : (C_1 \pm C_2)$ +, wenn die beiden Az in benachbarten, —, wenn sie in demselben oder in entgegengesetzten Kompaßvierteln liegen.

$\Delta\lambda_1 = C_1 \cdot \Delta\varphi_g$ ($\Delta\lambda_1$ ist die an λ_1 anzubringende Längenverbesserung.)
oder $\Delta\lambda_2 = C_2 \cdot \Delta\varphi_g$ ($\Delta\lambda_2$ ist die an λ_2 anzubringende Längenverbesserung.)

Die Namen von $\Delta\varphi$ und $\Delta\lambda$ entnimmt man am besten einer Skizze. Die Namen von $\Delta\lambda$ findet man auch nach folgender Regel: Schreibe den Quadranten, in dem das betr. Azimut liegt, hin und den entgegengesetzten Quadranten darunter. Geht man dann von dem Namen des Breitenfehlers ($\Delta\varphi$) in der Richtung der Diagonale, so trifft man auf den Namen der Längenverbesserung (s. Beispiel).

Beispiel: Nach Logge auf 44° 12′ N und 43° 20′ W beobachtete man gleichzeitig die Kimmabstände von Sonne und Mond. Die Mondbeobachtung ergab als Chronometerlänge gerechnet $\lambda_1 = 43°\,12'$ W und $Az_1 = S\ 47°\ W$; die Sonnenbeobachtung ergab als Chronometerlänge gerechnet $\lambda_2 = 43°\,5'$ W und $Az_2 = S\,28°\,O$.

Lösung nach Rechnung:

$\lambda_1 = 43°\,12'$ W $\quad C_1 = 1{,}3$
$\lambda_2 = 43°\ \ 5'$ W $\quad C_2 = 2{,}6$
$\lambda_1 - \lambda_2 = 7' \quad C_1 + C_2 = 3{,}9$

$\Delta\varphi_g = 7' : 3{,}9 = 1{,}9'$ S

$\Delta\lambda_1 = 1{,}9' \cdot 1{,}3 = 2{,}47'$ (SW ↘ NO)

oder $\Delta\lambda_2 = 1{,}9' \cdot 2{,}6 = 4{,}94'$ (SO ↘ NW)

Abb. 93. Lösung durch Zeichnung.

φ_g: 44° 12′ N	$\lambda_1 = 43°\,12'$ W	$\lambda_2 = 43°\ 5'$ W
$\Delta\varphi_g = 2'$ S	$\Delta\lambda_1 = 2'$ O	$\Delta\lambda_2 = 5'$ W
O_w: 44° 10′ N	43° 10′ W	43° 10′ W

B. Die Höhen wurden an verschiedenen Orten beobachtet. Berechne mit der Loggebreite aus der 1. Beobachtung Leitpunkt O_{l_1} (φ_g, λ_1) und Az_1. Kopple an O_{l_1} die Versegelung; man erhält dann $O_{l_1 v}$ $(\varphi_{gv}, \lambda_{1v})$. Mit der Breite φ_{gv} berechne nun aus der 2. Beobachtung Leitpunkt O_{l_2} $(\varphi_{gv}, \lambda_2)$ und Az_2. Ziehe dann durch $O_{l_1 v}$ und O_{l_2} die Standlinien senkrecht zu den betr. Azimuten. Der Schnittpunkt derselben ergibt den wahren Schiffsort.

Lösung durch Rechnung:

$$\left.\begin{array}{l}\Delta\varphi_{gv} = (\lambda_{1v} - \lambda_2) : (C_1 \pm C_2) \\ \Delta\lambda_{1v} = C_1 \cdot \Delta\varphi_{gv} \text{ oder } \Delta\lambda_1 = C_2 \cdot \Delta\varphi_{gv}\end{array}\right\} \text{Vorzeichenregeln wie vorher.}$$

Beispiel: Nach Logge auf 40° 5′ N u. 38° 30′ W beobachtete man den Kimmabstand eines Sternes und berechnete daraus nach der Längenformel $\lambda_1 = 38°\,23'$ W ($Az_1 = $ N 32° W). Darauf segelte man rw. ONO 12 Sm. Diese Strecke an 40° 5′ N und 38° 23′ W gekoppelt, ergibt 40° 9,6′ N und 38° 8,5′ W. Man beobachtete nun den Kimmabstand eines anderen Sternes und berechnete daraus mit der Breite 40° 10 N die Länge $\lambda_2 = 38°\,24'$ W ($Az_2 = $ S 40° W).

Lösung durch Rechnung:

$O_{l_1} : \varphi_g = 40°\,5'$ N $\quad \lambda_1 = 38°\,23'$ W
ONO 12 Sm $\Delta\varphi = 4{,}6'$ N $\quad \Delta\lambda = 14{,}5'$ O

$O_{l_1 v} : \varphi_{gv} = 40°\,9{,}6'$ N $\quad \lambda_{1v} = 38°\,8{,}5'$ W $\quad C_1 = 2{,}09$
$\lambda_2 = 38°\,24'$ W $\quad C_2 = 1{,}56$

$\lambda_{1v} - \lambda_2 = 15{,}5' \quad C_1 + C_2 = 3{,}65$

$\Delta\varphi = 15{,}5 : 3{,}65 = 4{,}3'$ S

$\Delta\lambda_{1v} = 4{,}3 \cdot 2{,}09 = 9'$ $\qquad \Delta\lambda_{1v}$: NW ↗ SO $\quad \Delta\lambda_2$: SW ↘ NO

$\Delta\lambda_2 = 4{,}3 \cdot 1{,}56 = 6'$

$O_{l_1 v} : 40°\,9{,}6'$ N $\quad 38°\,8{,}5'$ W
$\Delta\varphi = 4{,}3'$ S $\quad \Delta\lambda = 9'$ W

$O_w : 40°\,5'$ N $\quad 38°\,17'$ W

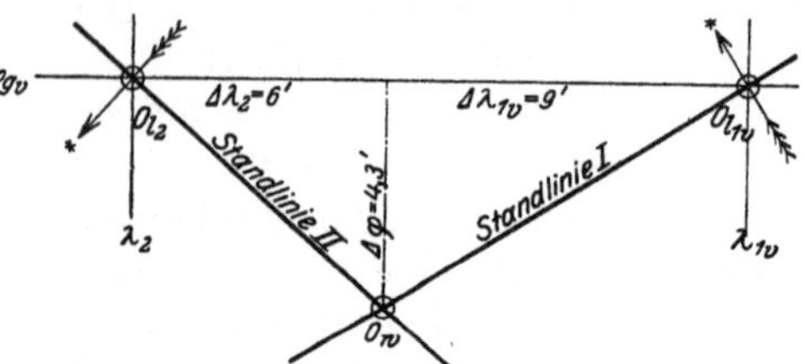

Abb. 94. Lösung durch Zeichnung.

C. Ermittlung des Schiffsortes durch Verwendung der u-Werte. In der Handelsmarine navigiert man auf hoher See im allgemeinen während eines ganzen Etmals nur nach Loggerechnung. Die astronomischen Beobachtungen laufen nebenher zur Kontrolle des gegißten Bestecks. Ihre Resultate werden im Tagebuch vermerkt; etwa so: $8^h\,10^m$ vorm. $\odot = 35°\,14'$ ergab 5′ W oder $6^h\,50^m$ nachm. ✱ Polaris = 54° 12′ ergab 4′ N usw. Mittags vergleicht man dann das Loggebesteck mit dem astronomischen Besteck, berechnet daraus die Besteckversetzung und nimmt nun erst das astr. Besteck als neuen Abfahrtsort an. Es wird deshalb mit Vorliebe allen astronomischen Rechnungen immer das Loggebesteck zugrunde gelegt und nicht der sich aus einer Beobachtung ergebende Leitpunkt. Auf Grund dieser Tatsache hat sich in der Handelsmarine an Bord der Dampfer einiger Reedereien folgendes Verfahren eingebürgert.

Man koppelt das Besteck bis zur Zeit jeder einzelnen Beobachtung nach Kompaß und Logge und berechnet, gleichgültig, ob zwischen den einzelnen Beobachtungen eine Versegelung liegt oder nicht, immer die Unterschiede zwischen der jeweiligen Loggelänge und der aus der Beobachtung folgenden Länge, die man mit u_1, u_2, u_3 usw. bezeichnet.

Die an das Loggebesteck anzubringenden Berichtigungen $\Delta\varphi$ und $\Delta\lambda$ findet man dann nach folgenden Formeln:

$$\left.\begin{aligned} \Delta\varphi &= -(u_1 u_2) : (C_1 \pm C_2) \\ \Delta\lambda &= u_1 + \Delta\varphi \cdot C_1 \\ \text{oder}\quad \Delta\lambda &= u_2 + \Delta\varphi \cdot C_2 \end{aligned}\right\}\text{ Vorzeichenregeln wie auf S. 211.}$$

Beispiel 1: Auf einem Schiffe wurde auf 57° 12′ N 58° 24′ W nachmittags eine Sonnenhöhe beobachtet, die mit der Breite 57° 12′ N die Länge 58° 42′ W und das Az S 28° W ergab. Nach etwa 2 Stunden, nach Logge auf 57° 4′ N 58° 37′ W, beobachtete man nochmals eine Sonnenhöhe, die mit der Breite 57° 4′ N die Länge 59° 14′ W und das Az S 62° W ergab.

$u_1 = 18'$ W $\quad C_1 = 3{,}45$
$u_2 = 37'$ W $\quad C_2 = 0{,}98$

$\Delta u = 19' \quad C_1 - C_2 = 2{,}47$

$\Delta\varphi = 19 : 2{,}47 = 7{,}7'$ N
$\Delta\lambda = 37'$ W $+ 0{,}98 \cdot 7{,}7'$ W $= 44'$ W
oder $\Delta\lambda = 18'$ W $+ 3{,}45 \cdot 7{,}7'$ W $= 44'$ W
(S ↗ W, N O)

$O_{gII} = 57°\ 4'$ N $\quad 58°\ 37'$ W
$\Delta\varphi = 8'$ N $\quad \Delta\lambda = 44'$ W

$O_w = 57°\ 12'$ N $\quad 59°\ 21'$ W

Beispiel 2: An Bord eines Schiffes fand man:

$u_1 = 5'$ W $\quad C_1 = 1{,}38$ (ung. Az SW)
$u_2 = 10'$ O $\quad C_2 = 0{,}32$ (ung. Az SO)

$\Delta u = 15' \quad C_1 + C_2 = 1{,}70$

$\Delta\varphi = 15 : 1{,}7 = 8{,}8'$ S
$\Delta\lambda = 5'$ W $+ 8{,}8' \cdot 1{,}38$ O $= 7'$ O (SW ↘ NO)
oder $\Delta\lambda = 10'$ O $+ 8{,}8' \cdot 0{,}32$ W $= 7'$ O (SO ↘ NW)

Beispiel 3: s. a. S. 210 und 212. Nach Logge auf 40° 5′ N und 38° 30′ W berechnete man aus dem Kimmabstand eines Sternes $u_1 = 7'$ O $Az_1 =$ N 32° W ($C_1 = 2{,}09$). Darauf segelte man ONO 12 Sm und berechnete jetzt aus dem Kimmabstand eines anderen Sternes $u_2 = 8{,}5'$ W $Az_2 =$ S 40° W ($C_2 = 1{,}56$).

$\Delta\varphi = 15{,}5 : 3{,}65 = 4{,}3'$ S (SW ↘ NO)
$\Delta\lambda = 8{,}5'$W $+ 4{,}3' \cdot 1{,}56$ O $= 8{,}5'$W $+ 6{,}7'$O $= 1{,}8'$**W**

O_{gII}: 40°9,6′ N $\quad$ 38°15,5′ W
$\Delta\varphi =$ 4,3′ S $\quad \Delta\lambda =$ 1,8′ W

O_w: 40°5′ N $\quad$ 38°17′ W

Beobachtet man nur die Sonne, so ist anzunehmen, daß die 1. Beobachtung vormittags dem I. Vertikal am nächsten liegt. Und da bei Nachmittagsbeobachtungen die Sonne um so näher dem I. Vertikal stehen wird, je später man ihre Höhe nimmt, so kann man im allgemeinen, gleichgültig ob vormittags oder nachmittags, gleichgültig auch ob das Schiff östliche oder westliche Kurse steuert, folgende Regel aufstellen: Zunehmendes West (Ost) bedingt eine nördliche (südliche) Breitenberichtigung; abnehmendes West (Ost) eine südliche (nördliche) Breitenberichtigung. West und Ost bezieht sich auf die errechneten u-Werte.

Ermittlung des Schiffsortes nach kombinierten Verfahren. Man kann zwei Standlinien, deren Azimutdifferenz mindestens 30° ist, ganz gleichgültig nach welchem Verfahren sie berechnet sind, immer sinngemäß miteinander verbinden. Ihr Schnittpunkt ergibt immer den Schiffsort. Die Lösung erfolgt am besten durch Zeichnung. Es empfiehlt sich aber unter allen Umständen, jede Standlinie nach dem Höhenverfahren zu berechnen. Man bekommt schließlich eine große Sicherheit in der Rechnung und die ausschließliche Beschränkung auf das Höhenverfahren bedeutet eine wesentliche Vereinfachung der ganzen astronomischen Navigation.

Das astronomische Mittagsbesteck. Dies ist eine der einfachsten und häufigsten Aufgaben der astronomischen Ortsbestimmung. Man beobachtet dazu gewöhnlich eine Höhe in der Nähe des I. Vertikals und eine Meridianbreite der Sonne. Hat man mittags nicht die Meridianhöhe, sondern eine Nebenmeridianbreite gemessen, so empfiehlt sich, diese Beobachtungen nach dem Höhenverfahren auszuwerten. Man erhält aus solcher Rechnung auch nicht das astronomische Besteck im wahren Ortsmittag, sondern nur den Schiffsort für den Augenblick der zweiten Beobachtung. Werden an Bord die Uhren nach „Zonenzeit auf See" gestellt, so soll man auf jeden Fall um 12^h mittag Zonenzeit eine Standlinie nehmen und diese und die erste Beobachtung nach dem Höhenverfahren auswerten. Hat man aber eine Höhe in der Nähe des I. Vertikals und eine Mittagsbreite beobachtet, so ist der Gang der Rechnung wie folgt:

1. Lösung nach dem Längen- und Breitenverfahren. (Zu empfehlen!)

Berechne aus der Vormittagshöhe mit der Loggebreite eine Chronometerlänge und finde so den Leitpunkt O_l.

Bringe an O_l die Versegelung an bis Mittag und erhalte so O_{lv}.

Berechne aus der Meridianhöhe die Mittagsbreite und $\Delta\varphi$.

Ziehe durch O_{lv} Standlinie I und trage auf dem Meridian von O_{lv} $\Delta\varphi$ ab und durch den so erhaltenen Zeitpunkt O_b ziehe Standlinie II. Oder rechne

$\Delta\lambda = \Delta\varphi \cdot C_1$. ($C_1$ entnimmt man der ABC-Tafel.)

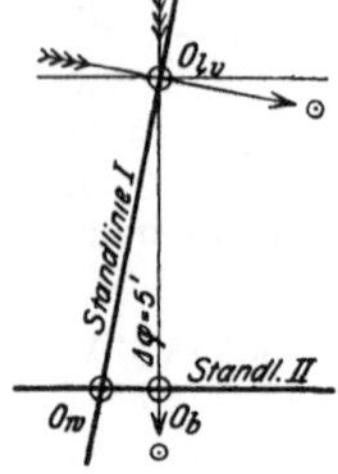

Abb. 95.

Beispiel: Vormittags 8 Uhr nach Logge auf 51° 50′ N und 38° 40′ W fand man aus einer Sonnenhöhe die Länge = 38° 46,5′ W. Az = S 80° O (C_1 = 0,29). Nun segelte man bis Mittag N 52° W 20 Sm und fand nun aus einer Meridianbreite der Sonne $\Delta\varphi$ = 5′ S.

O_l =	51° 50′ N	38° 46,5′ W		
Verseglung =	12,3′ N	25,7′ W		
O_{lv} =	52° 2′ N	39° 12′ W	$\Delta\lambda = 5 \cdot 0{,}29 = 1{,}5$	
	$\Delta\varphi$ = 5′ S	$\Delta\lambda$ = 2′ W	SO ↘ NW	
O_w =	51° 57′ S	39° 14′ W		

2. Lösung nach dem Höhenverfahren.

Berechne aus der Vormittagshöhe für den Loggeort O_g: Δz_1 und Az_1.

Bringe die Versegelung bis Mittag an O_g an und erhalte O_{gv}.

Berechne aus der Meridianhöhe Δz_2.

Trage in O_{gv} die beiden Azimute an und darauf die beiden Δz ab. Schnittpunkt der Standlinien ist der wahre Schiffsort. Oder rechne wie gezeigt auf S. 209.

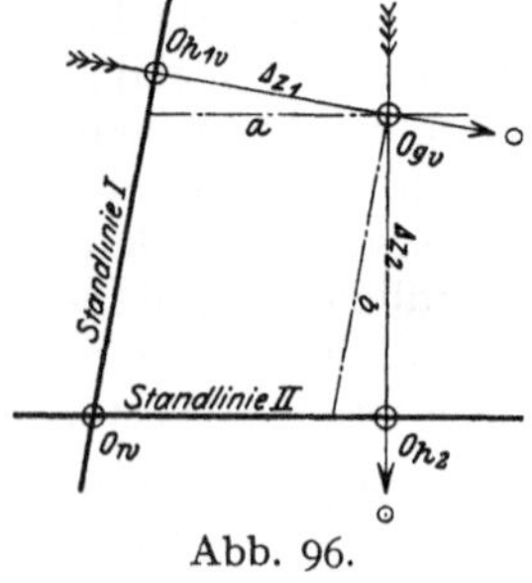

Abb. 96.

Beispiel: Vormittags 8 Uhr, nach Logge auf 51° 50′ N 38° 40′ W, fand man aus einer Sonnenhöhe $\Delta z_1 = -4'$ Az_1 = S 80° O. Nun segelte man bis Mittag N 52° W 20 Sm und fand nun aus einer Meridianhöhe der Sonne $\Delta z_2 + 5'$.

$\Delta z_1 = -4'$ Az_1 = S 80° O Stdl. I = S 10° W $a = 4 \cdot \operatorname{cosec} 80° = 4{,}1$
$\Delta z_2 = +5'$ Az_2 = Süd Stdl. II = West $b = 5 \cdot \operatorname{cosec} 80° = 5{,}1$
$\Delta Az = 80°$

West	4,1 Sm =		4,1 Sm W
S 10° W	5,1 Sm =	5,0′ S	0,9 Sm W
		5,0′ S	5,0 Sm W
			= 8,0′ W.

O_g =	51° 50′ N	38° 40′ W
Versegl. =	12′ N	26′ W
O_{gv} =	52° 2′ N	39° 6′ W
	5′ S	8′ W
O_w =	51° 57′ S	39° 14′ W.

An Bord vergleicht man dann gewöhnlich das astronomische Mittagsbesteck mit dem Loggebesteck. Der Unterschied ist die Besteckversetzung (s. S. 58).

Bestimmung des Schiffsortes aus drei oder mehreren Standlinien. Zwei astronomische Standlinien schneiden sich immer, auch wenn eine davon oder beide erheblich falsch sind. Eine Kontrolle der Richtigkeit der beobachteten Standlinien erhält man erst durch drei oder mehrere Standlinien. Diese müßten sich stets, wenn sie fehlerfrei wären, in einem Punkte schneiden. Im allgemeinen wird dies nicht der Fall sein, sondern sie werden ein kleines Dreieck oder Vieleck bilden. Als wahren Schiffsort nimmt man einen Punkt in der Mitte dieser Figur an. Liegt zwischen den einzelnen Beobachtungen eine Verseglung, so berechnet man aus jeder Beobachtung für den jeweiligen gegißten Schiffsort Δz und Az und trägt dann alle diese Werte im Loggeort der letzten Beobachtung an. Oder man berechnet aus jeder Beobachtung mit der jeweiligen Loggebreite den Längenpunkt und beschickt diese Längen durch Anbringen der versegelten Längenunterschiede auf den Breitenparallel der Loggebreite der letzten Beobachtung (Längenverfahren). Man wähle die zu beobachtenden Gestirne so aus, daß ihre Azimute möglichst gleichmäßig über den Horizont verteilt sind.

Beispiel: In der Nacht vom 30. zum 31. Dezember 1925 beobachtete man in 31° 55′ S und 76° 30′ W

$U = 0^h\,33^m\,11^s$ Denebola $\underline{\ast} = 10°\,58'$
$U = 0^h\,34^m\,3^s$ Achernar $\underline{\ast} = 28°\,35'$
$U = 0^h\,34^m\,49^s$ Aldebaran $\underline{\ast} = 27°\,8'$

$IV = +1'$ $AH = 5$ m.
$I\text{-}U = +5^h\,6^m\,0^s$
$MGZ\text{-}I = +10^m\,11^s$

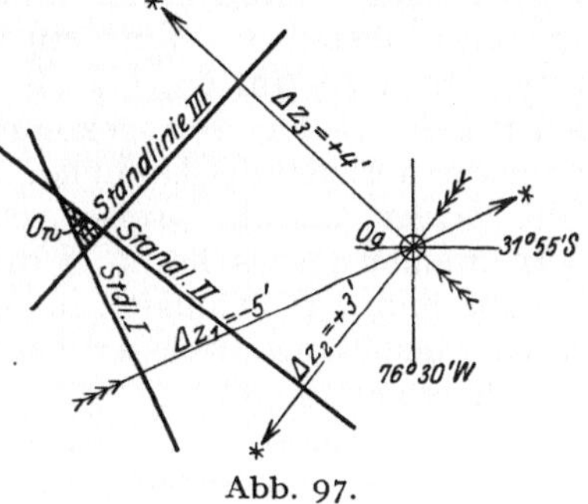

Abb. 97.

$O_w : \varphi = 31°\,55'$S $\lambda = 76°\,36'$W

Lösung 1 nach dem Höhenverfahren.

Denebola	Achernar
$\ast\, t_ö = 4^h\,26^m\,11^s$	$\ast\, t_w = 5^h\,44^m\,55^s$
$z_b = 79°\,10'$	$z_b = 61°\,30'$
$z_r = 79°\;\;5'$	$z_r = 61°\,33'$
$\Delta z_1 = -5'$	$\Delta z_2 = +3'$
$A_1 = $ N 65° O	$A_2 = $ S 38° W

Aldebaran

$\ast\, t_w = 2^h\,49^m\,5^s$
$z_b = 62°\,57'$
$z_r = 63°\;\;1'$
$\Delta z_3 = +4'$
$A_3 = $ N 47° W

Lösung 2 nach dem Längenverfahren.

Denebola	Achernar	Aldebaran
$\ast\, t_ö = 4^h\,26^m\,36^s$	$\ast\, t_w = 5^h\,44^m\,35^s$	$\ast\, t_w = 2^h\,48^m\,49^s$
$MOZ = 0^h\,42^m\,57^s$	$MOZ = 0^h\,43^m\,54^s$	$MOZ = 0^h\,44^m\,44^s$
$\lambda_1 = 76°\,36'$W	$\lambda_2 = 76°\,35'$W	$\lambda_3 = 76°\,34'$W
$A_1 = $ N 65° O	$A_2 = $ S 38° W	$A_3 = $ N 47° W

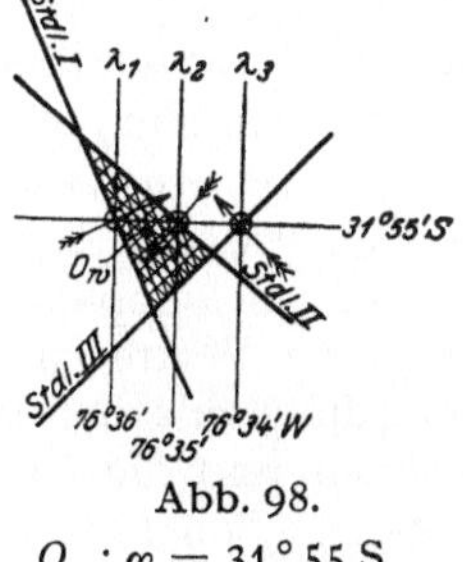

Abb. 98.

$O_w : \varphi = 31°\,55$ S
$\lambda = 76°\,35{,}5'$W

V. Chronometerkontrolle.

Unterbringung und Behandlung der Chronometer. Das Chronometer muß in einem guten Chronometerkasten in einem zweckentsprechend gebauten Chronometerspind aufbewahrt werden. Das Chronometerspind soll in einem heizbaren (mittschiffs und möglichst tief gelegenen) Raum untergebracht werden. Es darf nicht in der Nähe von Heizkörpern, vom Maschinenraum, Mannschaftswohnraum, Luken, Niedergängen, elektrischen Anlagen und größeren vertikalen Eisenmassen aufgestellt sein. Auch ist es kein Aufbewahrungsraum für Reservemagnete, Reserverosen oder sonstige Eisenteile. Chronometer zum Beobachten nie aus dem Spind nehmen! Es empfiehlt sich, zu allen Beobachtungen eine Beobachtungsuhr (im Nachfolgenden immer mit U bezeichnet) zu verwenden, die jedesmal mit dem Chronometer verglichen wird. Chronometer jeden Morgen zur gleichen Stunde möglichst von derselben Person aufziehen lassen! Die Führung eines von der Deutschen Seewarte herausgegebenen Chronometertagebuches ist zu empfehlen. Auf jeden Fall über Stand und Gang des Chronometers Buch führen und täglich notieren: 1. Datum, 2. Schiffsort, 3. Temperatur im Chronometerspind, 4. täglicher Gang, 5. Stand im MG-Mittag, 6. Chronometervergleiche, 7. Bemerkungen über heftige Schiffsbewegungen in schwerer See usw. Jeden Tag zuerst Extremthermometer ablesen und anschreiben, dann Chronometer vergleichen, dann Chronometer aufziehen und schließlich Extremthermometer neu einstellen. Wenn ein Chronometer stehen blieb, ist mit dem Ingangsetzen zu warten, bis die auf dem Zifferblatt angezeigte Greenwicher Zeit wieder herangekommen ist, dann gebe man dem Kasten eine leise horizontale Drehung, so daß die Unruhe wieder schwingt. Wenn Zeiger ausnahmsweise gestellt werden müssen, nur Minutenzeiger (immer rechts herum!) drehen, indem man den Glasdeckel abschraubt und den Schlüssel auf das Vierkant des Minutenzeigers setzt. Bei der Einstellung aufpassen, daß der Minutenzeiger mit dem Sekundenzeiger übereinstimmt!

Beim Transport des Chronometers kardanische Aufhängung festklemmen und Feststellhebel einschieben. Wenn möglich nur bei trockenem Wetter an Land bringen. Chronometer am Tragriemen anfassen, so daß Zifferblatt immer in horizontaler Lage bleibt. Chronometer vor allen Erschütterungen und schnellen horizontalen Drehungen sorgfältig bewahren. Den zuverlässigsten Mann zum Transport wählen. Die Benutzung von Straßenbahn und Droschke oder Auto ist beim Transport zu vermeiden. Ist ein Transport per Bahn unerläßlich, so ist es am besten, das Gehäuse aus der kardanischen Aufhängung herauszunehmen, dasselbe mit Seidenpapier zu umhüllen und in einen kleinen Kasten mit Werg oder Watte zu verpacken, den man auf dem Schoße behält. Bei Versendung mit der Post ist es empfehlenswert, Chronometer ablaufen zu lassen und die Unruhe durch untergeschobene Papierstreifchen oder Korkstückchen festzustellen. Jede Berührung der blanken Metallflächen mit den Fingern ist dabei zu vermeiden. Alle 2—3 Jahre Chronometer reinigen und ölen lassen! Die See-Berufsgenossenschaft schreibt vor: „Jeder Kapitän ist verpflichtet, sein Chronometer vor jeder in Deutschland bewirkten Neuanschaffung sowie alle drei Jahre und außerdem nach jeder größeren Havarie durch die Seewarte, deren Agenturen oder eine andere vom Vorstande der See-Berufsgenossenschaft anzuerkennende Stelle oder Person revidieren zu lassen und einen Vermerk hierüber in das Schiffstagebuch einzutragen."

Fast jedes neue Chronometer ändert an Bord seinen Gang, und zwar meistens im gewinnenden Sinne. Bei neuen Chronometern ist deshalb häufige Kontrolle besonders geboten.

Chronometervergleiche. Hat man drei Chronometer an Bord, so geben sorgfältige tägliche Vergleiche auch ohne Standbestimmung ein sicheres Bild von der Zuverlässigkeit der Chronometer. Jeden Morgen zur selben Zeit vergleichen. Im Folgenden sollen das Beobachtungschronometer und seine Ablesung immer mit I bezeichnet werden, die beiden Kontrollchronometer und deren Ablesungen mit II und III. Folgende Reihenfolge des Vergleiches wird mit Vorteil eingehalten:

$$\left.\begin{array}{l}\text{Chr. I} = 5^h\,46^m\;\;0^s\\ \text{Chr. II} = 5^h\,48^m\,26{,}5^s\end{array}\right\}\;\text{I}-\text{II} = -\,0^h\;\;2^m\,26{,}5^s$$

$$\left.\begin{array}{l}\text{Chr. I} = 5^h\,47^m\;\;0^s\\ \text{Chr. III} = 5^h\,31^m\,28^s\end{array}\right\}\;\text{I}-\text{III} = +\,0^h\,15^m\,32{,}0^s$$

$$\left.\begin{array}{l}\text{Chr. III} = 5^h\,33^m\;\;0^s\\ \text{Chr. II} = 5^h\,50^m\,58{,}5^s\end{array}\right\}\;\text{III}-\text{II} = -\,0^h\,17^m\,58{,}9^s.$$

Der algebraische Unterschied (I—II) — (I—III) muß gleich dem dritten Vergleich III—II sein. Diese Beziehung ist als Prüfung zu benützen.

Chronometerstandbestimmung. Benütze jede sich bietende Gelegenheit zur Chronometerkontrolle. Der Stand des Beobachtungschronometers gegen *MGZ* wird im folgenden mit *MGZ*-I bezeichnet, die Stände der anderen Chronometer mit *MGZ*-II und *MGZ*-III. +-Stand bedeutet: Chronometer ist gegen *MGZ* zurück; —-Stand bedeutet: Chronometer ist gegen *MGZ* voraus. Die heute noch gebräuchlichen Arten der Chronometerstandbestimmung sind: 1. durch astronomische Beobachtung, 2. durch Vergleich mit einer Normaluhr, 3. durch Zeitsignale an Land, 4. durch Signaluhren und Fernsprecher, 5. durch F.T.-Zeitsignale.

Standbestimmung durch Beobachtung von Einzelhöhen von Gestirnen. φ und λ des Beobachtungsortes müssen genau bekannt sein. Auf See also nur möglich, wenn die Länge des Schiffsortes durch gleichzeitige gute terrestrische Ortsbestimmung genau bekannt ist. Wenn irgend möglich, mehrere Höhen messen und das Mittel daraus bilden. Nur Höhen über 15° und in der Nähe des I. Vertikals benützen. Im Hafen empfiehlt es sich, wenn irgend möglich, an Land über dem künstlichen Horizont zu beobachten. Am besten mißt man kurz nacheinander die Höhen zweier Gestirne, von denen das eine östlich, das andere westlich vom Meridian in ungefähr gleicher Höhe und ungefähr gleichem Azimut steht. Das Mittel der dann gefundenen Stände gibt den wahren

Stand, gültig für das Mittel der Beobachtungszeiten. Bei unverändertem Schiffsort sind Sonnenhöhen vormittags und nachmittags zu empfehlen. Rechnung auf Zehntelminuten und mit 5 stelligen Logarithmen durchführen. Bei der Höhenbeschickung Barometer- und Thermometerstand berücksichtigen.

Berechne den Stundenwinkel des Gestirnes nach der Formel:

$$\operatorname{sem} t = \sin^2 \frac{t}{2} = \sec\varphi \cdot \sec\delta \cdot \sin\frac{1}{2}(z + z_0) \cdot \sin\frac{1}{2}(z - z_0)$$

(s. Teil IV S. 187). Aus dem Stundenwinkel leitet man die *MOZ* ab (s. S. 177). Durch Anbringen der Länge erhält man die *MGZ*. Der Unterschied der *MGZ* und der Chronometerzeit ist der Stand.

Beispiel: Am 28. August 1925, nachmittags gegen 4 Uhr, peilte man Observations Point bei Coquimbo rechtweisend N 34° O 2 Sm ab und bestimmte dadurch seinen Schiffsort zu 29° 58,1′ S und 71° 21,5′ W. Gleichzeitig beobachtete man: I = $9^h\,0^m\,28^s$ $\odot = 18°\,11'\,30''$. $IB = +\,0'\,40''$. $AH = 8$ m. Lufttemp. = +25° C. Wassertemp. = + 22° C. Angenäherter Stand des Chr = $-\,4^m$. Welches war der wirkliche Stand?

$I = 9^h\ 0^m$	$\odot = 18°\,11'30''$	$\varphi = 29°\,58{,}1'S$	$\log\sec = 0{,}06233$
ang. $St = -\ 4^m$	$IB = +\ 40''$	$\delta = 9°\,40{,}8'N$	$\log\sec = 0{,}00623$
ang. $MGZ = 20^h\,56^m$ 28.VIII.	$\odot = 18°\,12{,}2'$	$z_0 = 39°\,38{,}9'$	$\log\sin = 9{,}91677$
$\odot\delta = 9°\,40{,}8'N$	$GB = +\ 8{,}8'$	$z = 71°\,39{,}0'$	$\log\sin = 9{,}44034$
$Ztgl = +\ 1^m\,9^s$	$\odot h = 18°\,21{,}0'$		$\log \operatorname{sem} = 9{,}42567$
		$z + z_0 = 111°\,17{,}9'$	$\odot t_w = 4^h\ 8^m\ 38^s$
			$WOZ = 16^h\ 8^m\ 38^s$
		$\frac{z + z_0}{2} = 55°\,39{,}0'$	$Ztgl = +\ 1^m\ 9^s$
			$MOZ = 16^h\ 9^m\ 47^s$
		$\frac{z - z_0}{2} = 16°\ 0{,}0'$	$\lambda = +4^h\,45^m\,26^s$
			$MGZ = 20^h\,55^m\,13^s$
			$I = 21^h\ 0^m\,28^s$
			$MGZ\text{-}I = -\ 5^m\,15^s$
			zur Zeit d. Beobachtung.

Standbestimmung durch Vergleich mit einer Normaluhr. Normaluhren finden sich auf fast allen Sternwarten, Seefahrtsschulen und Telegraphenämtern, wo ihr Stand und Gang dauernd überwacht wird. Im Ausland ist eine gewisse Vorsicht angebracht. Ausführung der Beobachtung:

1. Vor dem Anlandgehen: Uhrvergleich machen. I-*U*.

2. An Land: Uhrvergleich mit Normaluhr. *NU-U*. Mittel aus 5 bis 6 Vergleichen bilden.

Stand der Normaluhr gegen *MGZ* zur Zeit des Uhrenvergleichs erfragen. *MGZ-NU*.

3. Nach dem Anbordkommen: Uhrvergleich I-*U* wiederholen.

Ausführung der Rechnung:

1. Borduhrvergleiche mitteln. Wenn durch irgendwelche Umstände der Normaluhrvergleich zeitlich einem Uhrvergleich an Bord viel näher liegt als dem anderen, so ist eine Beschickung auf die Zeit des Normaluhrvergleichs notwendig.

2. $(MGZ\text{-}NU) + (NU\text{-}U) = MGZ\text{-}U$.

3. $(MGZ\text{-}U) - (I\text{-}U) = MGZ\text{-}I$.

Beispiel: Am 1. Dezember 1925 wurde in Hamburg beobachtet:
Vor dem Anlandgehen um $8^h\,32^m$ $I\text{-}U = -\,1^h\,2^m\,48^s$.
Auf der Sternwarte um $9^h\,2^m$ $NU\text{-}U = -\,0^h\,0^m\,47{,}7^s$.
$MGZ\text{-}NU = -\,1^h\,0^m\,0^s$ z. Zt. d. Uhrvergleichs.
Nach dem Anbordkommen um $9^h\,45^m$ $I\text{-}U = -\,1^h\,2^m\,49^s$.

$$
\begin{array}{rl}
NU\text{-}U = & -\,0^h\,0^m\,47{,}7^s \\
MGZ\text{-}NU = & -\,1^h\,0^m\;\;0{,}0^s \\
\hline
MGZ\text{-}U = & -\,1^h\,0^m\,47{,}7^s \\
I\text{-}U = & -\,1^h\,2^m\,48{,}5^s \\
\hline
MGZ\text{-}I = & +\,0^h\,2^m\;\;0{,}8^s
\end{array}
$$
z. Zt. d. Normaluhrvergleichs.

Standbestimmung durch Zeitbälle, -klappen, -flaggen, -lichtzeichen oder -schallzeichen. Ein Verzeichnis der Zeitsignalstationen findet sich im Nautischen Jahrbuch. Auch die Leuchtfeuerverzeichnisse geben genaue Auskunft über die Zeitsignalstationen ihres Bereiches. Stets das neueste Verzeichnis gebrauchen. Optische Signale sind akustischen vorzuziehen. Bei Schallsignalen ist die Zeit, die der Schall bis zum Beobachtungsorte gebraucht, von der Uhrablesung abzuziehen. Für je 340 m rechnet man 1^s. Bei Zeitbällen gilt der Beginn des Falles als Signalzeit. Nach Ausführung der Beobachtung darauf achten, ob etwa nachträglich das Signal als fehlerhaft bezeichnet wird (s. darüber Nautisches Jahrbuch). In Hamburg werden die auf den Türmen der elektrischen Zentrale am Kaiser-Wilhelm-Hafen und den St. Pauli-Landungsbrücken aufgestellten Lichtzeitsignale von den zugehörigen Normaluhren täglich viermal eingeschaltet, und zwar erfolgt nach mitteleuropäischer Zeit das Aufleuchten der Lampen um:

$5^h\,55^m\,0{,}0^s$ morgens	$5^h\,55^m\,0{,}0^s$ nachmittags
$11^h\,55^m\,0{,}0^s$ vormittags	$11^h\,55^m\,0{,}0^s$ abends,

das Verlöschen der Lampen um:

$6^h\;\;0^m\,0{,}0^s$ morgens	$6^h\;\;0^m\,0{,}0^s$ abends
$12^h\;\;0^m\,0{,}0^s$ mittags	$12^h\;\;0^m\,0{,}0^s$ nachts.

Beispiel: In Singapore beobachtete man auf einem Dampfer das Fallen des Zeitballes, als die Beobachtungsuhr $1^h\,2^m\,11{,}0^s$ zeigte. Durch Uhrvergleich hatte man gefunden: $I\text{-}U = +5^h\,0^m\,55{,}0^s$ und $I\text{-}II = -0^h\,2^m\,26{,}5^s$. Welches waren die Stände der Chronometer I und II zur Zeit der Beobachtung?

Der Zeitball fiel um	$U = \;\;1^h\,2^m\,11{,}0^s$	stets rechnen:
Uhrvergleich	$I\text{-}U = +5^h\,0^m\,55{,}0^s$	$U + (I\text{-}U)$
Der Zeitball fiel also um ChrZeit . .	$I = \;\;6^h\,3^m\;\;6{,}0^s$	stets rechnen:
Der Zeitball fiel nach dem N. J. um	$MGZ = 18^h\,0^m\;\;0{,}0^s$	$MGZ\text{-}I$
Stand des Chr. I zur Zeit der Beob.	$MGZ\text{-}I = -0^h\,3^m\;\;6{,}0^s$	stets rechnen:
Chronometervergleich	$I\text{-}II = -0^h\,2^m\,26{,}5^s$	$(MGZ\text{-}I) + (I\text{-}II)$
Stand des Chr. II zur Zeit der Beob.	$MGZ\text{-}II = -0^h\,5^m\,32{,}5^s$	

Hat man noch ein drittes Chronometer, so ist $MGZ\text{-}III = (MGZ\text{-}II) + (II\text{-}III)$.

Standbestimmung durch Signaluhr und Fernsprecher. In den Chronometerobservatorien der Hamburger Sternwarte (Fernsprecher: Hamburg, Alster Nr. 10 000), der Stationszentrale in Wilhelmshaven (Fernsprecher: W'haven Nr. 2000—2019) und in Kiel (Fernsprecher: Kiel Nr. 1900) sowie in einer großen Zahl von Observatorien im Ausland sind Signaluhren aufgestellt, die es ermöglichen, Uhrvergleiche mit Hilfe des Fernsprechers vorzunehmen. — Der Beobachtende läßt sich mit der Hauptstelle verbinden. Nachdem sich die Hauptstelle gemeldet hat, wird Nummer Null verlangt und gewartet (mit dem Hörer am Ohr), bis das Zeitsignal ertönt, das die Signaluhr in jeder Minute einmal erteilt. Das Signal besteht aus einem im Hörer des Fernsprechers deutlich wahrnehmbaren sirenenartigen Tone, der in jeder Minute genau von der Sekunde 55,0 bis 60,0 *MEZ* ertönt, so daß das Ende des Tones der vollen Minute entspricht. Nach kurzer Pause folgen die Kennungstöne, die die Minuten kennzeichnen. Sie setzen sich aus kurzen Schnarrtönen (•) und einem 2^s dauernden Sirenenton (—) nach dem folgenden Schema zusammen.

Bei Minute 1 ertönt:	•		Bei Minute 7 ertönt:	••—
„ „ 2 „ :	••		„ „ 8 „ :	•••—
„ „ 3 „ :	•••		„ „ 9 „ :	••••—
„ „ 4 „ :	••••		„ „ 10 „ :	•••••—
„ „ 5 „ :	•••••		Bei der vollen Stunde	
„ „ 6 „ :	•—		ertönt:	———

Außerdem ertönt noch bei jeder Sekunde ein kurzer Knack im Hörrohr.

Die Kennungen wiederholen sich alle 10^m, woraus sich die Notwendigkeit ergibt, bei Benutzung des telephonischen Zeitsignals die *MEZ* auf etwa 5^m genau zu kennen. Um Verwechslungen, namentlich zwischen Minute 1 und 6 zu vermeiden, muß nach dem letzten Schnarrton der Hörer noch 5^s am Ohr bleiben.

Eine telephonische Standbestimmung verläuft demnach etwa folgendermaßen: Sobald die Verbindung mit Nummer Null der Zentrale hergestellt ist, wird der Blick (Hörer am Ohr) auf den Sekundenzeiger der Beobachtungsuhr gerichtet, bis der sirenenartige Ton von Sekunde 55,0 bis 60,0 ertönt. Die Sekunde, die der Zeiger der Uhr im Augenblick des Aufhörens des Tones anzeigt, ist sofort auf ein Blatt Papier niederzuschreiben. Hierauf muß die Minutenkennung der Signaluhr beobachtet und unter Hinzufügung der Sekundenzahl 0 über die Angabe der Beobachtungsuhr vermerkt werden. Die letztere ist dann durch Vorsetzen der hinzugehörigen, abgelesenen Minutenzahl zu vervollständigen. Die Errechnung des Standes der Beobachtungsuhr geschieht am besten nach folgendem Muster:

Signaluhr	$SU =$	$10^h\ 12^m\ 0^s$	
MGZ — *MEZ*	$ZU =$	$-\ 1^h$	
	$MGZ =$	$9^h\ 12^m\ 0^s$	stets *MGZ-U*
Beobachtungsuhr	$U =$	$10^h\ 14^m\ 15^s$	
	$MGZ\text{-}U =$	$-\ 1^h\ 2^m\ 15^s$	stets (*MGZ-U*) — (I-*U*)
Uhrvergleich	$\text{I-}U =$	$-\ 1^h\ 4^m\ 20^s$	
Std. des Chr. z. Z. d. Beob.	$MGZ\text{-I} =$	$+\ 0^h\ 2^m\ 5^s$	

Standbestimmung durch F.T.-Signale. Von den F.T.-Stationen (Nauen, Paris usw.). werden täglich Zeitsignale abgegeben. Alle näheren Angaben sind dem „Nautischen Funkdienst", dem „Funk-Wetter", einem neuen Nautischen Jahrbuch oder Leuchtfeuerverzeichnis zu entnehmen. Die Signale sind mit dem Hörer am Ohr direkt im Kartenhaus oder mit der Beobachtungsuhr in der Hand im Funkenraum abzuhören, nachdem der Apparat auf die Wellenlänge der betreffenden

Station eingestellt wurde. Die funkentelegraphischen Zeitsignale werden im allgemeinen nach dem sog. „Onogo-System“

$$(O - n\,n\,n\,n\,n - o - g\,g\,g\,g\,g - o)$$

gegeben; hierbei bilden die Punkte der Buchstaben n und g die eigentlichen Zeitsignale.

Die Striche haben die Länge von 1^s und einen Abstand von 1^s vom nächsten Signal.

Bei fehlerhafter Abgabe der Signale werden sogleich nach ihrer Beendigung vor dem Schlußsignal die Worte „Zeitsignal ungültig“ nachtelegraphiert. Bei Ausfall der Zeitsignale wird die Meldung „Zeitsignal fällt aus“ gegeben.

Auf der Funkentelegraphenstation Nauen werden täglich nach diesem System um 1^h und 13^h mitteleuropäischer Zeit Zeitsignale in folgender Art gegeben:

Mittlere Greenw. Zeit						Zeichen	Bedeutung
h	m	s	h	m	s		Ankündigungssignale
11 (23)	55	0—	11 (23)	56	0	• • • — • • • — • • • — usw.	*v v v* usw.
11 (23)	56	16—	11 (23)	56	40	— • — • —	Achtung
						• — — • — — — — — • •	*p o z* (Kennung von Nauen)
						— — — — • — — • •	*m g z* (Mittlere Gr. Zeit)
11 (23)	57	0—	11 (23)	57	45	— • • — — • • — usw.	*x x x* usw. (im Sekundentempo)
11 (23)	57	55—	11 (23)	58	0	55 ——— 56 57 ——— 58 59 ——— 0	
	58	8—		58	10	8 ——— 9 10 •	Zeitsignale
	58	18—		58	20	18 ——— 19 20 •	
	58	28—		58	30	28 ——— 29 30 •	
	58	38—		58	40	38 ——— 39 40 •	
	58	48—		58	50	48 ——— 49 50 •	
11 (23)	58	55—	11 (23)	59	0	55 ——— 56 57 ——— 58 59 ——— 0	
	59	6—		59	10	6 ——— 7 8 ——— 9 10 •	Zeitsignale
	59	16—		59	20	16 ——— 17 18 ——— 19 20 •	
	59	26—		59	30	26 ——— 27 28 ——— 29 30 •	
	59	36—		59	40	36 ——— 37 38 ——— 39 40 •	
	59	46—		59	50	46 ——— 47 48 ——— 49 50 •	
11 (23)	59	55—	12 (0)	0	0	55 ——— 56 57 ——— 58 59 ——— 0	
12 (0)	0	4—	12 (0)	0	10	4 • 5 ——— 6 7 • 8 ——— 9 10 •	Schlußsignal

Im Anschluß an diese „Onogo“-Signale gibt Nauen kurz nach 1^h und 13^h *MEZ* auf den Wellen 3100 m (tönend) und 18050 m (ungedämpft)

Koinzidenzsignale. Jede Signalserie besteht aus 301 Zeichen. Die Signale mit den Nummern 1, 61, 121, 181, 241 und 301 sind Striche von $0{,}5^s$ Länge; alle übrigen Zeichen bestehen aus kurzen Punkten. Der Abstand zwischen je zwei aufeinanderfolgenden Zeichen beträgt etwa $0{,}977^s$, ist also etwas kleiner als 1^s. Das erste Zeichen beginnt zur Zeit um 1^h (13^h) 0^m $59{,}26^s$, das letzte um 1^h (13^h) 5^m $52{,}38^s$; daraus lassen sich die Abgabezeiten aller übrigen 299 Zeichen leicht berechnen. Diese Koinzidenzsignale dienen in erster Linie wissenschaftlichen Zwecken. Sie ermöglichen eine Standbestimmung auf eine Hundertstelsekunde.

Der Gang und die Gangformel.

$+g$ bedeutet: das Chronometer verliert.
$-g$ bedeutet: das Chronometer gewinnt.

Die Gangformel heißt: $g = g_0 + a(t - t_0) + b(t - t_0)^2$.

g_0 ist der Normalgang, d. h. der Gang bei der Normaltemperatur t_0. Als Normaltemperatur gilt jetzt 20° C, früher 15° C. (Aufpassen, für welche t_0 der Normalgang gilt!!) Herrscht eine andere Temperatur t im Chronometerspind, so hat das Chronometer einen anderen Gang g. t bestimmt man morgens beim Aufziehen, indem man Maximum- und Minimumthermometer abliest; $t = \frac{\text{Max} + \text{Min}}{2}$.

a und b sind die für längere Zeit unveränderlichen Temperaturkoeffizienten, die auf der Seewarte oder dem Chronometerobservatorium bestimmt werden. $a(t - 20°) + b(t - 20°)^2$ nennt man die Temperaturverbesserung t_v. Also $g = g_0 + t_v$ und $g_0 = g - t_v$.

t_v wird von Grad zu Grad Temperatur berechnet und vorn ins Chronometertagebuch eingetragen.

Beispiel: $a = +0{,}033$ und $b = -0{,}002$. Wie groß ist t_v für eine Temperatur von 5° C?

$$t_v = 0{,}033\,(5 - 20) - 0{,}002\,(5 - 20)^2 = -0{,}495 - 0{,}450 = -0{,}945^s.$$

In der Praxis sieht man fast ausnahmslos von einer Berücksichtigung von t_v ab.

Gangbestimmung aus zwei beobachteten Ständen. Zur Bestimmung des Ganges ist die Kenntnis des Standes für zwei verschiedene Zeitpunkte erforderlich. Je größer die Zwischenzeit ist, um so genauer läßt sich der Stand bestimmen. Man subtrahiere (algebraisch) den ersten Stand vom zweiten Stand und dividiere die Differenz durch die Anzahl der zwischen den beiden Standbestimmungen verflossenen Tage.

Beispiel: Durch Zeitballbeobachtung fand man um $10^h\,0^m$ *MGZ* am 13. Mai 1925 *MGZ*-I $= +24^m\,44{,}6^s$ und um $17^h\,0^m$ *MGZ* am 24. Mai *MGZ*-I $= +24^m\,20{,}0^s$. [Die mittlere Temperaturverbesserung (t_{vm}) betrug in der Zwischenzeit $+0{,}4^s$.] Gesucht der neue Gang (g_0)?

$$\begin{array}{ll} S_2 = +24^m\,20{,}0^s & T_2 = 17^h\,0^m\ 24.\,\text{V}. \\ S_1 = +24^m\,44{,}6^s & T_1 = 10^h\,0^m\ 13.\,\text{V}. \\ \hline S_2 - S_1 = -\quad 24{,}6^s & T_2 - T_1 = \quad 11{,}29 \text{ Tage } (\textit{Tbr} \text{ Tabelle S. 223}) \end{array}$$

$$g = \frac{S_2 - S_1}{T_2 - T_1} = \frac{-24{,}6}{11{,}29} = -\mathbf{2{,}2^s}.$$

(Berücksichtigt man t_{vm}, so ist $g_0 = g - t_{vm}$, also $g_0 = -2{,}2^s - 0{,}4^s = 2{,}6^s$. Wenn mit t_{vm} nicht gerechnet wird, so ist schon g der neue Gang für das Chronometertagebuch.)

Gangbestimmung aus einem vorausberechneten und einem beobachteten Stand. Nach dem Chronometertagebuch ist der für $17^h\,0^m$ *MGZ* am 24. V. vorausberechnete Stand *MGZ*-I $= +\,24^m\,22{,}0^s$. Durch Zeitbeobachtung fand man aber um diese Zeit $+24^m\,20{,}0^s$. Die letzte Standbestimmung war um $10^h\,0^m$ *MGZ* am 13. V. Das seither angewandte g_0 war $-2{,}4^s$. Welches neue g_0 folgt daraus?

$$S_b = +\,24^m\,20{,}0^s \qquad T_2 = 17^h\,0^m\ 24.\ \mathrm{V.}$$
$$S_r = +\,24^m\,22{,}0^s \qquad T_1 = 10^h\,0^m\ 13.\ \mathrm{V.}$$
$$S_b - S_r = \quad -2{,}0^s \quad T_2 - T = 11{,}29 \text{ Tage}$$
$$\Delta g_0 = \frac{S_b - S_r}{T_2 - T_1} \quad \text{also} \quad \Delta g_0 = \frac{-2{,}0}{11{,}29} = -\,0{,}2^s$$
$$\text{altes } g_0 = -\,2{,}4^s$$
$$\text{neues } g_0 = \text{altes } g_0 + \Delta g_0 \quad \text{also} \quad \text{neues } g_0 = -\,2{,}6^s\,.$$

Umwandlung von Stunden und Minuten in Dezimalbrüche des Tages (*Tbr*).

h	m	*Tbr*	h	m	*Tbr*	h	m	*Tbr*	h	m	*Tbr*
0	0	0,00	6	0	0,25	12	0	0,50	18	0	0,75
	10	0,01		10	0,26		10	0,51		10	0,76
	20	0,01		20	0,26		20	0,51		20	0,76
	30	0,02		30	0,27		30	0,52		30	0,77
	40	0,03		40	0,28		40	0,52		40	0,78
	50	0,04		50	0,29		50	0,53		50	0,78
1	0	0,04	7	0	0,29	13	0	0,54	19	0	0,79
	10	0,05		10	0,30		10	0,54		10	0,80
	20	0,06		20	0,31		20	0,55		20	0,81
	30	0,06		30	0,31		30	0,56		30	0,81
	40	0,07		40	0,32		40	0,56		40	0,82
	50	0,07		50	0,33		50	0,57		50	0,83
2	0	0,08	8	0	0,33	14	0	0,58	20	0	0,83
	10	0,09		10	0,34		10	0,58		10	0,84
	20	0,10		20	0,35		20	0,59		20	0,85
	30	0,10		30	0,35		30	0,60		30	0,85
	40	0,11		40	0,36		40	0,61		40	0,86
	50	0,12		50	0,37		50	0,62		50	0,87
3	0	0,13	9	0	0,38	15	0	0,62	21	0	0,88
	10	0,13		10	0,38		10	0,63		10	0,88
	20	0,14		20	0,39		20	0,64		20	0,89
	30	0,15		30	0,40		30	0,65		30	0,90
	40	0,15		40	0,40		40	0,65		40	0,90
	50	0,16		50	0,41		50	0,66		50	0,91
4	0	0,17	10	0	0,42	16	0	0,67	22	0	0,92
	10	0,17		10	0,42		10	0,67		10	0,92
	20	0,18		20	0,43		20	0,68		20	0,93
	30	0,19		30	0,44		30	0,69		30	0,94
	40	0,19		40	0,44		40	0,70		40	0,94
	50	0,20		50	0,45		50	0,70		50	0,95
5	0	0,21	11	0	0,46	17	0	0,71	23	0	0,96
	10	0,22		10	0,47		10	0,72		10	0,97
	20	0,22		20	0,47		20	0,73		20	0,97
	20	0,23		30	0,48		30	0,73		30	0,98
	40	0,24		40	0,49		40	0,74		40	0,99
	50	0,24		50	0,50		50	0,74		50	0,99
6	0	0,25	12	0	0,50	18	0	0,75	24	0	1,00

Beschickung des Chronometerstandes auf eine beliebige Zeit und Berechnung des Tagebuchstandes (d. h. des Standes für den *MG*-Mittag). In das Chronometertagebuch trägt man für gewöhnlich immer den Stand für den *MG*-Mittag des betreffenden Tages ein. Hat die Beobachtung nicht im *MG*-Mittag stattgefunden, so muß sie auf den *MG*-Mittag beschickt werden. Die Berechnung der Beschickung (Δg) erfolgt nach den Formeln: $\Delta g = g \cdot Tbr$ (Tbr = Tagesbruch; Stunden und Minuten in Dezimalen des Tages; s. Tafel S. 223). Tagebuchstand = beobachteter Stand $\pm \Delta g$. Wenn die Beschickung auf eine spätere Zeit erfolgt, so gilt das +-Zeichen, d. h. Δg muß mit seinem richtigen Vorzeichen an S_b angebracht werden. Wenn die Beschickung auf eine frühere Zeit erfolgt, so gilt das —-Zeichen, d. h. Δg muß mit umgekehrtem Vorzeichen an S_b angebracht werden.

Beispiel: Am 25. März 1925 mittags wurde in Singapore der Zeitball beobachtet, als das Chronometer $6^h\,5^m\,32{,}5^s$ zeigte. $g_0 = +2{,}6^s$. Welches war der Stand für den *MG*-Mittag am 25. März?

$$\mathrm{I} = 6^h\,5^m\,32{,}5^s$$

Der Zeitball fiel $MGZ = 6^h\,0^m\,0{,}0^s$

$$MGZ\text{-I} = -5^m\,32{,}5^s \text{ um } 6^h\,MGZ \text{ am 25. III.}$$

$$g = +2{,}6^s \qquad Tbr = 0{,}25\ (= 6^h)$$

$$\Delta g = +2{,}6 \cdot 0{,}25 = +0{,}7^s$$

Tagebuchstand am 25. III. $= -5^m\,32{,}5^s + 0{,}7^s = -5^m\,31{,}8^s$; am *MG*-Mittag ($= 12^h\,MGZ$).

VI. Kompaßkunde.

Angewandte Abkürzungen:

B_1, C_1, K_1 = der vom festen Magnetismus herrührende Teil von B, C und K.
B_2, C_2, K_2 = der vom flüchtigen Magnetismus herrührende Teil von B, C und K.
B_3, C_3 = der vom halbfesten Magnetismus herrührende Teil von B und C.
z = Kompaßkurs. z' = mißweisender Kurs. δ = Deviation (örtliche Ablenkung).
Pl.Kp. = Peilkompaß. St.Kp. = Steuerkompaß. Mw. = Mißweisung. Fw. = Fehlweisung oder Gesamtmißweisung.
H = erdmagnetische Horizontalkraft.

Wichtige Bücher über Kompaßkunde: Deutsche Seewarte: „Der Kompaß an Bord"; Prof. Meldau: „Kleines Kompaßlexikon".

1. Deviationslehre.

Allgemeines über Deviationsbestimmung. Die Deviation heißt + oder östlich, wenn das Nordende der Kompaßnadel östlich vom magnetischen Meridian liegt, — oder westlich, wenn es westlich davon liegt. Um die Deviation zu finden, vergleicht man die Kompaßpeilung eines Peilobjektes (Gestirn oder Landgegenstand) mit dessen bekannter mißweisenden Peilung. Mit großem Vorteil bedient man sich bei allen diesen Rechnungen der 360°-Rose. Es ist dann immer:

Deviation = mißweisende Peilung — Kompaßpeilung

oder:

Fehlweisung = rechtweisende Peilung — Kompaßpeilung.

Fehlweisung (= Gesamtmißweisung) ist die algebraische Summe aus Deviation und Mißweisung. (Über Kursverwandlung s. S. 52.)

Beispiel: An Bord eines Dampfers peilte man die Sonne N 72° W am Kompaß. Durch Rechnung fand man das rechtw. Az. der Sonne = West. Der Kurs am Peilkompaß war S 62° O, Kurs am Steuerkompaß = S 75° O. Mißweisung = 15° W.

Schema I.

Anzuwenden bei mißw. Navigation oder wenn es vor allem auf die Bestimmung der Deviation ankommt.

rechtw. Az.	=	270°	(West)
ϕ	=	288°	(N 72° W)
Pl.Kp. Fw.	=	−18°	(18° W)
entg. Mißw.	=	+15°	(15° O)
Pl.Kp. δ	=	− 3°	(3° W)
Pl.Kp. Kurs	=	118°	(S 62° O)
mißw. Kurs	=	115°	(S 65° O)
St.Kp.Kurs	=	105°	(S 75° O)
St.Kp. δ	=	+10°	(10° O)

Schema II.

Vorzuziehen bei rechtw. Navigation oder wenn es vor allem auf die Bestimmung des rechtweisenden Kurses ankommt.

			entg. Mißw.		Deviation
rechtw. Az.	=	270°			
ϕ	=	288°			
Pl.Kp. Fw.	=	−18°	+15°	=	− 3°
Pl.Kp. Kurs	=	118°	←		
rechtw. Kurs	=	100°			
St.Kp.Kurs	=	105°	←		
St.Kp. Fw.	=	−5°	+15°	=	+10°

In der Nähe der Küste kann man, wenn der Schiffsort genau bekannt ist, die rechtweisende oder mißweisende Peilung einer Landmarke der Seekarte entnehmen. Besonders genaue Resultate ergeben Deckpeilungen. Die Seehandbücher und Seekarten geben Auskunft, wo sich solche Deckpeilungen mit Vorteil anstellen lassen. Auch Verstreckpeilungen (mit Hilfe eines Prismenkreuzes) geben gute Resultate.

Auf hoher See bestimmt man die Deviation nach Gestirnspeilungen und verwendet dazu Zeitazimute (s. S. 188), Höhenazimute (s. S. 190) oder Amplituden der Sonne (s. S. 192).

Erdmagnetismus. Die Gesamtkraft T des Erdmagnetismus wirkt im magnetischen Meridian in der Inklinationsrichtung. Man zerlegt sie in die Horizontalkraft H und die Vertikalkraft V. V erregt in allen vertikalen Eisenmassen Magnetismus. Auf magnetischer N-Breite entsteht in einer Vertikalstange unten immer ein Nordpol, oben ein Südpol. $V = 0$ am magnetischen Äquator. H erregt in allen horizontalen Eisenmassen Magnetismus. Der in einer horizontalen Eisenstange erregte Magnetismus ist proportional dem Kosinus des Winkels, den die Stange mit dem magnetischen Meridian bildet. Außerdem ist von H die Richtkraft des Kompasses abhängig. $H = 0$ an den magnetischen Polen der Erde. Am magnetischen Äquator ist H etwa doppelt so groß wie in unseren Breiten.

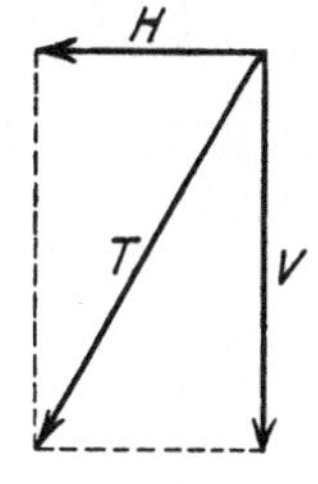

Abb. 99.

Fester Schiffsmagnetismus. Jedes Schiff ist als ein fester Magnet zu betrachten. Die Lage und Stärke der festen Pole (der magnetische Charakter eines Schiffes) ist wesentlich vom Baukurs abhängig. Ein solcher fester Pol, der sich irgendwo im Schiff befinden kann, stellt die Gesamtwirkung aller einzelnen beim Bau in das Schiff hineingehämmerten festen Pole auf den Kompaß dar. Die Gesamtkraft G des vor dem Kompaß liegenden festen Schiffspols kann zerlegt werden in eine parallel zum Deck nach vorn wirkende Längsschiffskraft P (fester Längsschiffspol),

Koeffizienten-

Koeffizienten	A	B	C
Ursachen Die Koeffizienten rühren her:	1. von einem Indexfehler der Rose-, (Kollimationsfehler); 2. von einem fehlerhaft angebrachten Steuerstrich; 3. vom flüchtigen Pol im unsymmetrisch zum Kompaß angeordneten horizontalen Weicheisen.	B_1 vom festen Längsschiffspol. B_2 vom flüchtigen Pol im symmetrisch zum Kompaß angeordneten vertikalen Weicheisen. Ein S-Pol vor dem Kompaß erzeugt ein $+B$. Ein N-Pol vor dem Kompaß erzeugt ein $-B$.	C_1 vom festen Querschiffspol. C_2 vom flüchtigen Pol im unsymmetrisch zum Kompaß angeordneten vertikalen Weicheisen. C_2 ist bei mittschiffs aufgestellten Kompassen meistens nicht vorhanden. Ein S-Pol an StB erzeugt ein $+C$. Ein N-Pol an StB erzeugt ein $-C$.
Berechnung	$A=(\delta_n+\delta_o+\delta_s+\delta_w):4$.	$B=(\delta_o-\delta_w):2$.	$C=(\delta_n-\delta_s):2$.
Hervorgerufene Deviation	$\delta=A$ konstante Deviation. Auf allen Kursen derselbe Wert.	$\delta=B\cdot\sin z$ halbkreisige Deviaton. Größte Werte auf O- und W-Kurs.	$\delta=C\cdot\cos z$ halbkreisige Deviation. Größte Werte auf N- und S-Kurs.
Vorzeichenregel	+ bedeutet in nebenstehenden Abbildungen östliche Ablenkung, − bedeutet westliche Ablenkung.	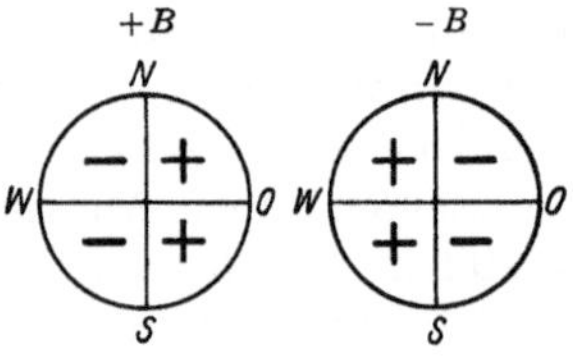 $+B$: N; W − + O; − +; S $-B$: N; W + − O; + −; S	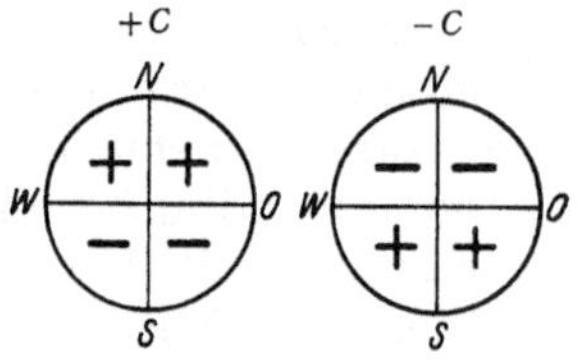 $+C$: N; W + + O; − −; S $-C$: N; W − − O; + +; S
Mathematische Analysis	$A=57{,}3^\circ\dfrac{d-b}{2\lambda}$.	$B=B_1+B_2+B_3$ $B_1=57{,}3^\circ\cdot\dfrac{P}{\lambda\cdot H}$ $B_2=57{,}3^\circ\cdot\dfrac{c}{\lambda}\tan J$ $B_3=-57{,}3^\circ\dfrac{v}{\lambda}\sec J\cdot\cos z'$. z' ist der mißw. Kurs, auf dem der halbfeste Magnetismus entstand.	$C=C_1+C_2+C_3$ $C_1=57{,}3^\circ\cdot\dfrac{Q}{\lambda\cdot H}$ $C_2=57{,}3^\circ\cdot\dfrac{f}{\lambda}\cdot\tan J$ $C_3=57{,}3^\circ\dfrac{v'}{\lambda}\cdot\sec J\cdot\sin z'$.
Veränderung mit der magnetischen Breite	A ist unabhängig von der magnetischen Breite.	B_1 nimmt ab mit der magn. Breite und ist umgekehrt proportional der Horizontalkraft H. B_2 nimmt ab mit der magn. Breite und ist proportional der Tangente der Inklination. Ändert auf S magn. Breite das Vorzeichen!	C_1 wie B_1 C_2 wie B_2
Einfluß auf die Richtkraft		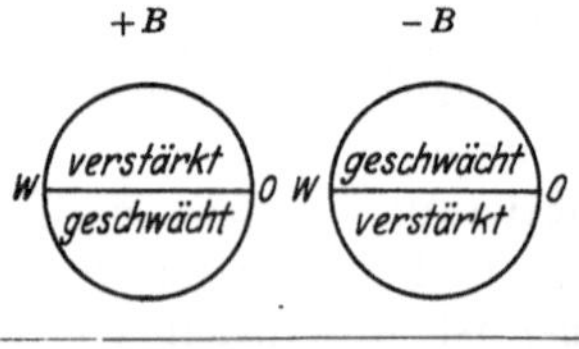 $+B$: W verstärkt / geschwächt O $-B$: W geschwächt / verstärkt O	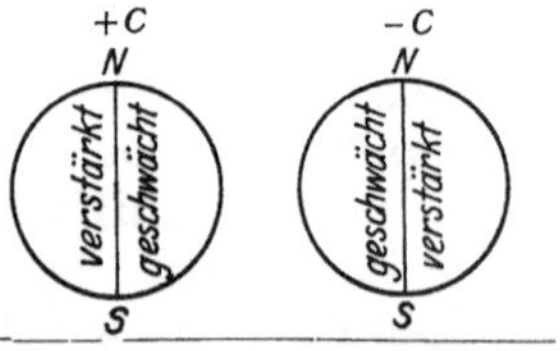 $+C$: N; verstärkt / geschwächt; S $-C$: N; geschwächt / verstärkt; S
Kompensation	Wird im allgemeinen nicht kompensiert. Wenn unbedingt nötig, dann kann es durch eine Verschiebung des Steuerstriches geschehen. $+A$ Verschiebung des Steuerstriches um den Betrag von A nach StB, $-A$ nach BB.	Auf O- oder W-Kurs. B_1 durch feste Längsschiffsmagnete. B_2 wenn das Schiff seine magn. Breite stark ändert, durch die Flindersstange vor oder hinter dem Kompaß. Sonst ebenfalls durch feste Längsschiffsmagnete.	Auf N- oder S-Kurs. C_1 durch feste Querschiffsmagnete. C_2 ebenso. Nur wenn C_2 groß ist und das Schiff seine magn. Breite stark ändert, durch Verschieben der Flinderstange aus der Mittschiffslinie.

Tafel.

D	*E*	*K*
Vom flüchtigen Pol im symmetrisch zum Kompaß angeordneten horizontalen Weicheisen. $+a$- und $-e$-Stangen erzeugen ein $+D$. $-a$- und $+e$-Stangen erzeugen ein $-D$.	Vom flüchtigen Pol im unsymmetrisch zum Kompaß angeordneten horizontalen Weicheisen.	Von neuen Querschiffskräften, die dadurch entstehen, daß bei einer Krängung 1. die festen Pole unter oder über dem Kompaß seitlich davon zu liegen kommen (K_1); 2. der Pol der Vertikalinduktion eine horizontale Komponente erhält (K_2); 3. horizontale Eisenmassen der Induktion durch die Vertikalkraft und vertikale Eisenmassen der Induktion durch die Horizontalkraft ausgesetzt werden (K_2).
$D=(\delta_{no}-\delta_{so}+\delta_{sw}-\delta_{nw}):4\,.$	$E=(\delta_n-\delta_o+\delta_s-\delta_w):4\,.$	$K=\dfrac{\delta_n-\delta_n'}{\pm i}$ oder $K=\dfrac{\delta_s'-\delta_s}{\pm i}$. δ' ist die Deviation bei gekrängtem Schiff. $+i$ bedeutet die Anzahl Grade der Krängung nach StB, $-i$ nach BB.
$\delta=D\cdot\sin 2z$ viertelkreis. Deviation. Größte Werte auf NO-, SO-, SW- und NW-Kurs.	$\delta=E\cdot\cos 2z$ viertelkreisige Deviaton. Größte Werte auf N-, S-, O- und W-Kurs.	$\delta_k=K\cdot i\cdot\cos z$ halbkreisige Deviation. Größte Werte auf N- und S-Kurs.
$+D$: N, W, O, S; NW −, NO +, SW +, SO − $-D$: N, W, O, S; NW +, NO −, SW −, SO + 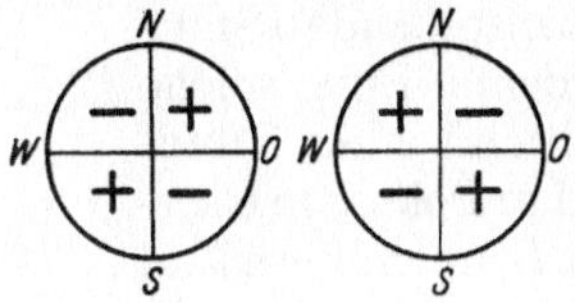	$+E$: NW, NO, SW, SO; N +, W −, O −, S + $-E$: NW, NO, SW, SO; N −, W +, O +, S − 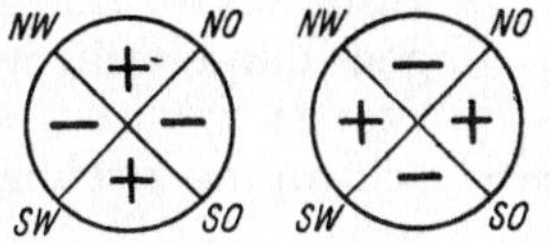	$+K$ bei Krängung n. StB, $+K$ bei Krängung n. BB 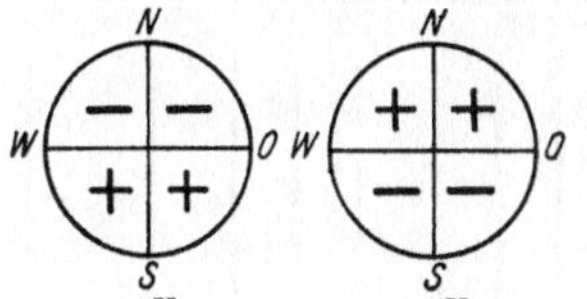 N, W, O, S; links: oben − −, unten + +; rechts: oben + +, unten − − $-K$ bei Krängung n. BB, $-K$ bei Krängung n. StB
$D=57{,}3^\circ\,\dfrac{a-e}{2\lambda}$	$E=57{,}3^\circ\,\dfrac{d+b}{2\lambda}$	$K=K_1+K_2$ $K_1=\dfrac{R}{\lambda\cdot H}$ $K_2=\dfrac{k-e}{\lambda}\cdot\operatorname{tang}J.$
Unabhängig von der magn. Breite. Siehe aber S. 233.	Unabhängig von der magn. Breite.	K_1 nimmt ab mit der magn. Breite und ist umgekehrt proportional der Horizontalkraft H. K_2 nimmt ab mit der magn. Breite und ist proportional der Tangente der Inklination. Ändert auf S magn. Breite das Vorzeichen.
 +a u. +e Stangen verstärken auf allen Kursen −a u. −e Stangen schwächen auf allen Kursen		
Auf NO-, SO-, SW- oder NW-Kurs. Durch Weicheisenmassen (Kugeln oder Zylinder). Bei $+D$ (meistens!) seitwärts am Kompaß, bei $-D$ vor oder hinter dem Kompaß angebracht.	Auf N—S- oder O—W-Kurs. Wird im allgemeinen nicht kompensiert. Wenn unbedingt nötig (wenn der Kompaß außerhalb der Mittschiffsebene steht) durch Verschieben der D-Korrektoren aus der Querschiffslinie.	Auf O- oder W-Kurs. K_1 durch Krängungsmagnet senkrecht unter dem Kompaß. Die Kompensation von K_2 geschieht z. T. schon durch Anbringen von D-Kugeln.

eine parallel zum Deck nach Steuerbord wirkende Kraft Q (fester Querschiffspol) und eine senkrecht zum Deck nach unten wirkende Kraft R. Die Längsschiffskraft P erzeugt den Koeffizienten B_1, die Querschiffskraft Q den Koeffizienten C_1 und die Vertikalkraft R den Koeffizienten K_1. Siehe Abb. 100.

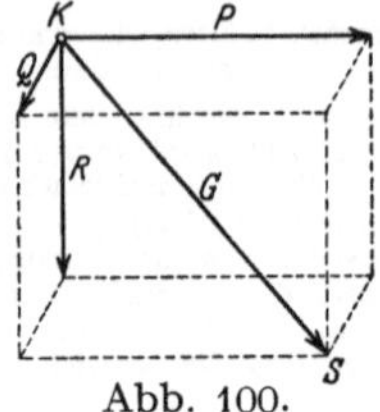

Abb. 100.

Flüchtiger Magnetismus im vertikalen Weicheisen. Die ganzen Eisenmassen eines Schiffes kann man durch vertikale und horizontale Eisenstangen darstellen. In vertikalen Stangen werden durch die Vertikalkraft V des Erdmagnetismus flüchtige Pole erregt. Die Wirkung aller einzelnen Pole im vertikalen Eisen kann man sich in einem Pole (Pol der Vertikalinduktion) vereinigt denken, der bei einer Rundschwojung unverändert bleibt. Er übt daher dieselbe Wirkung aus wie ein fester Pol. Seine Gesamtkraft kann man also ebenfalls zerlegen in eine Längsschiffskraft, eine Querschiffskraft und eine senkrecht zum Deck nach unten wirkende Kraft. Die entsprechenden Koeffizienten sind B_2, C_2 und K_2.

Flüchtiger Magnetismus im symmetrisch verteilten horizontalen Weicheisen. Das ganze zum Kompaß symmetrisch gelagerte horizontale Eisen kann durch nebenstehende 4 Stangen dargestellt werden. Eine solche Stange wechselt während einer Rundschwojung zweimal ihre Pole. Ein eiserner Decksbalken ist z. B. auf mißweisend Nord- und Südkurs unmagnetisch, während er seine stärkste Magnetisierung zeigt, wenn er im magnetischen Meridian liegt, also auf mißweisend Ost- (Steuerbord: Nordpol) und West- (Steuerbord: Südpol) Kurs.

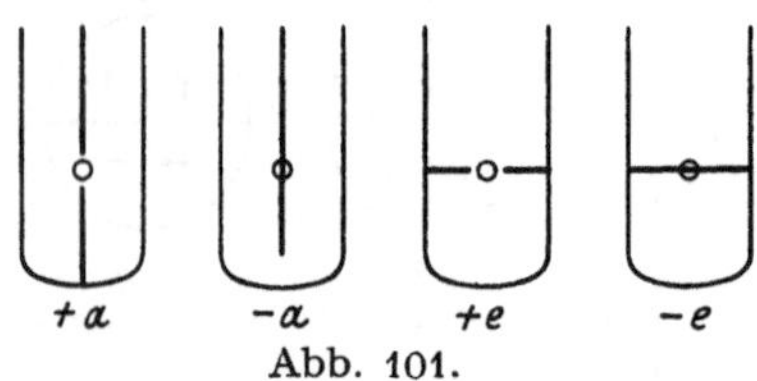

Abb. 101.

Die allgemeine Deviationsformel.

$$\delta = A + B \sin z + C \cos z + D \sin 2z + E \cos 2z \quad (z = \text{Kompaßkurs}).$$

A, B, C, D, E heißen die Deviationskoeffizienten.

A heißt die konstante Deviation.

$B \sin z + C \cos z$ heißt die halbkreisige Deviation. Dies ist der mit der magnetischen Breite veränderliche Teil der Deviation.

$D \sin 2z + E \cos 2z$ heißt die viertelkreisige Deviation.

$A + D \sin 2z + E \cos 2z$ ist der mit der magnetischen Breite unveränderliche Teil der Deviation.

Berechnung der Koeffizienten. Siehe Tafel Seite 226.

Beispiel: An Bord eines Schiffes fand man beim Schwojen auf den

Kompaß-kursen	die Deviationen	A	B	C	D	E
N	$-10°$	$\delta_n = -10°$	$\delta_o = +4°$	$\delta_n = -10°$	$\delta_{no} = 0°$	$\delta_n = -10°$
NO	0	$\delta_o = +4°$	$-\delta_w = +2°$	$-\delta_s = -4°$	$-\delta_{so} = -2°$	$-\delta_o = -4°$
O	$+4°$	$\delta_s = +4°$	$2B = +6°$	$2C = -14°$	$\delta_{sw} = +6°$	$\delta_s = +4°$
SO	$+2°$	$\delta_w = -2°$	$B = +3°$	$C = -7°$	$-\delta_{nw} = +12°$	$-\delta_w = +2°$
S	$+4°$	$4A = -4°$			$4D = +16°$	$4E = -8°$
SW	$+6°$	$A = -1°$			$D = +4°$	$E = -2°$
W	$-2°$					
NW	$-12°$					

Schwächung der Richtkraft. Die meisten an Bord vorkommenden horizontalen Eisenmassen sind unter dem Kompaß durchgehende $-a$- und $-e$-Stangen. Diese bewirken, daß die Richtkraft eines Kompasses an Bord im Mittel stets geringer als die Richtkraft desselben Kompasses an Land ist. Bei stark geschwächter Richtkraft fängt die Rose an zu laufen, bei stark erhöhter Richtkraft wird der Kompaß faul oder träge. Das Verhältnis der mittleren an Bord nach magnetisch Nord wirkenden Kräfte (H') zu der am selben Orte an Land vorhandenen Horizontalkraft H des Erdmagnetismus bezeichnet man mit λ. An Bord von Handelsschiffen ist λ gewöhnlich 0,9—0,8, auf Kriegsschiffen in Panzertürmen kann es 0,3—0,2 werden.

Bestimmung von λ durch Schwingungsbeobachtungen.

Beispiel: Die Rose eines Trockenkompasses braucht an Land zu 10 Schwingungen $17{,}8^s$ ($= t$). Dieselbe Rose braucht an Bord zu je 10 Schwingungen auf den Kompaßkursen z die Zeiten t':

z	t'	$\frac{H'}{H} = \frac{t^2}{t'^2} = \lambda$
ONO	$17{,}4^s$	1,047
SSO	$22{,}6^s$	0,620
WSW	$20{,}0^s$	0,792
NNW	$17{,}0^s$	1,096
		$4\lambda = 3{,}555$
		$\lambda = 0{,}889$

Wenn auf den Kompaßkursen eine größere Deviation ($\delta > 10°$) vorhanden ist, so muß man, ehe man das Mittel bildet, die Werte ($t^2 : t'^2$) noch mit $\cos\delta$ multiplizieren.

Bestimmung von λ durch Deflektorbeobachtungen s. S. 245.

Halbfester Magnetismus. Wenn das Schiff im Hafen oder auf der Reise längere Zeit ein und denselben Kurs anliegt, so bilden sich im Schiffseisen halbfeste Pole, die die Koeffizienten B_3 und C_3 erzeugen. Einige Schiffe nehmen schnell, andere langsam den halbfesten Magnetismus auf und verlieren diesen schnell oder langsam. Die Art des Eisens, die Größe des Schiffes, die Dauer des Anliegens des Kurses spielen eine große Rolle.

Beträge von 10° und mehr, hervorgerufen durch halbfesten Magnetismus, sind keine Seltenheit!

Bei Kursänderung tritt dann eine Änderung der zu erwartenden Ablenkung auf, und zwar derart, daß die Rose immer von neuem nach dem alten Kurs hingedreht wird. Besonders stark fühlbar macht sich die Wirkung des halbfesten Magnetismus, wenn man längere Zeit östliche oder westliche Kurse gesteuert hat. Berücksichtigt man diese Änderung der Deviation nicht, so wird dadurch das Schiff immer nach dem alten Kurse zu versetzt. Also: Nach jeder Kursänderung Deviation bestimmen! Diese unmittelbar nach der Kursänderung beobachtete Deviation hat aber nur Augenblickswert!

Hat das Schiff im Hafen längere Zeit auf ein und demselben Kurs gelegen und man beobachtet kurz darauf eine neue Deviationstabelle, so werden die Werte dieser Tafel falsch. Auf dem alten Kurs und dem ihm entgegengesetzten bleiben die Werte der Steuertafel richtig. In dem rechts vom alten Kurs liegenden Halbkreis ist die wahre Deviation nach dem Verschwinden der halbfesten Pole östlicher, im links gelegenen Halbkreis westlicher als die Steuertafel angibt. Also: Nie unmittelbar nach einer längeren Liegezeit auf ein und demselben Kurs Deviationstafel aufstellen!

Krängungsfehler. Der Krängungskoeffizient K ist die Deviationsänderung ($\Delta\delta$), die auf Nord- oder Südkurs durch eine Krängung von 1° hervorgerufen wird. Für Nord- oder Südkurs ist $K = \frac{\Delta\delta}{i^\circ}$. K ist $+$, wenn das Nordende der Nadel nach Luv (der erhöhten Seite) gezogen, $-$, wenn es nach Lee (der Seite, nach der das Schiff überliegt) abgestoßen wird. Auf irgendeinem Kompaßkurse z findet man K aus: $K = \frac{\Delta\delta}{i^\circ} \cdot \sec z$.

Bei Krängung des Schiffes nach der einen oder anderen Seite entsteht also eine Änderung ($\Delta\delta$) der bisherigen Ablenkung, die man den Krängungsfehler δ_k nennt. Für eine Neigung von i° ist der Krängungsfehler: $\delta_k = K \cdot i$. Für einen beliebigen Kurs z ist $\delta_k = K \cdot i \cdot \cos z$.

Schlingert das Schiff, so wirken die durch die Krängung erzeugten magnetischen Kräfte bald nach der einen, bald nach der anderen Seite. Der Kompaß kann dadurch ins Laufen geraten. Eine gute Kompensation des Krängungsfehlers ist deshalb sehr wichtig!

Bestimmung von K und δ_k.

Beispiel 1: Man beobachtete auf Kurs 150°, als das Schiff 10° nach BB gekrängt war, eine Ablenkung von $+15°$, während die Ablenkungstafel für denselben Kurs $+9°$ angibt. Gesucht K?

$K = \frac{\Delta\delta}{i} \cdot \sec z = \frac{6°}{10°} \cdot \sec 30° = 0{,}69°$. K bekommt das $-$-Zeichen, da das Nordende der Rose nach Lee gezogen wurde, also $K = -0{,}69°$.

Beispiel 2: Ein Schiff, dessen Kompaß einen Krängungskoeffizienten $K = -0{,}5°$ hat, steuert NW $^1/_2$W am Kompaß und liegt dabei 9° nach Steuerbord über. Die Deviation auf ebenem Kiel ist $+0{,}5°$. Wie groß ist die Deviation bei gekrängtem Schiff und der mißweisende Kurs?

$\delta_k = K \cdot i \cdot \cos z = 0{,}5 \cdot 9 \cdot \cos 4^1/_2{}^{str} = 2{,}9°$. Da K minus, so wird dabei das Nordende der Nadel nach Lee gezogen, also $\delta_k = +2{,}9°$.

δ ist also $+0{,}5° + 2{,}9° = +3{,}4°$. mw. Kurs = NW $^1/_4$ W.

Die Kompensation der Kompasse. Man stellt an Land an einem eisenfreien Orte die Vertikalkraftwage so ein, daß sie horizontal schwebt. Das Schiff wird in seeklaren Zustand gebracht. Die Aufstellung der Kompasse wird sorgfältig nachgeprüft. Man bringt die D-Kugeln und im gegebenen Falle die Flindersstange nach Schätzung an (s. 234). Das Gelingen dieser schätzungsweisen Kompensation von D und besonders von B_2 ist ganz von der Geschicklichkeit und der persönlichen Erfahrung des Kompensierenden abhängig.

Man beachte: Kompensationsmagnete sollen mindestens das Doppelte ihrer Länge von der Rose entfernt sein. Flindersstangen sollen etwa 2 cm über den Rosenrand herausragen. Bei Trockenkompassen soll die Flindersstange etwa 21 cm, bei Fluidkompassen mindestens 33 cm von der Rosenmitte entfernt bleiben (Entfernung: Mitte Stange —

Mitte Rose). D-Kugeln sollen etwa $^2/_3$ des Rosendurchmessers vom Rosenrande entfernt bleiben. K-Magnete müssen mindesten $^1/_2$ m von den Rosenmagneten entfernt bleiben!

Ist ein Magnetkompaß, wie das jetzt häufiger geschieht, in der Nähe eines Selbsteuerkreiselkompasses aufgestellt, so ist darauf zu achten, daß bei der Kompensation des Magnetkompasses oder dessen Benutzung der Motor des Selbsteuers ausgeschaltet ist, da sonst Störungen von ca. 5° und mehr bei dem Magnetkompaß eintreten können.

Am Kompensationsplatz angelangt, legt man das Schiff auf angenähert mißweisenden Ost- oder Westkurs und setzt mit Hilfe der Vertikalkraftwage den Krängungsmagnet ein. Nun legt man das Schiff genau auf mißweisenden Ost- oder Westkurs und bringt einen oder mehrere Längsschiffsmagnete (B-Magnete) derart an, daß das Schiff auch am Kompaß Ost oder West anliegt (dabei stets an ein mögliches A denken!).

Regeln für das Kompensieren von B.

Wenn auf mißw. Kurs:	O	O	W	W
die vorhandene δ ist:	+	−	+	−
so lege man das Nordende des Kompensationsmagneten nach:	vorn	hinten	hinten	vorn

Bei $+\delta$ ist das Nordende der Kompaßrose dem Bug zu abgelenkt, bei $-\delta$ dem Heck zu.

Nun legt man das Schiff genau auf mißweisenden Nord- oder Südkurs und bringt einen oder mehrere Querschiffsmagnete (C-Magnete) derart an, daß das Schiff auch am Kompaß Nord oder Süd anliegt (an A denken!).

Regeln für das Kompensieren von C.

Wenn auf mißw. Kurs:	N	N	S	S
die vorhandene δ ist:	+	−	+	−
so lege man das Nordende des Kompensationsmagneten nach:	StB	BB	BB	StB

Bei $+\delta$ ist das Nordende der Kompaßrose nach Steuerbord, bei $-\delta$ nach Backbord abgelenkt.

Verwendet man mehrere B- oder C-Magnete, so verteilt man sie am besten gleichmäßig auf beide Seiten des Kompasses. Dabei bringe man diese Magnete möglichst weit voneinander entfernt an, da sie sich sonst ungünstig beeinflussen. Auch vermeide man, die B- und C-Magnete so anzubringen, daß sich ihre Enden fast berühren, da sie sich sonst gegenseitig schwächen oder verstärken und den normalen Verlauf der Kompensation stören können.

Nun legt man das Schiff auf die beiden entgegengesetzten Hauptstriche (immer mißweisende Kurse!) und bringt durch ein Verschieben der festen Magnete die Hälfte der etwa auf diesen Kursen noch vorhandenen Deviation weg.

Dann legt man das Schiff auf mißweisenden Nordostkurs (oder irgendeinen anderen Hauptzwischenstrich) und verschiebt die D-Kugeln so lange, bis auch hier am Kompaß Nordost anliegt. Sind Restbeträge von B und C vorhanden, so ist es gut, zu wissen, daß der Sinus von 45° und der Kosinus von 45° ungefähr 0,7 sind.

Beispiel: Restdeviation auf Nordkurs (C) = +5°, auf Ostkurs (B) = +3°. Man findet auf Nordostkurs +9°. Man hat dann $D = 9° - (+5° \cdot 0{,}7 + 3° \cdot 0{,}7) = 9° - 5{,}6° = +3{,}4°$. Man verstellt also die D-Kugeln nur für die +3,4°.

Regeln für das Kompensieren von D.

Wenn auf mißw. Kurs:	NO	SO	SW	NW	so muß man die Kugeln
die vorhandene Deviation ist:	+	−	+	−	nähern oder vergrößern
	−	+	−	+	entfernen oder verkleinern

Dann legt man das Schiff auf den folgenden Hauptzwischenstrich und bringt die etwa hier noch vorhandene Ablenkung wieder zur Hälfte durch ein weiteres Verschieben der D-Kugeln weg. $+D$ kann dabei ruhig um 1 oder 2° überkompensiert werden. (Siehe S. 256.)

Das Schiff wird nun nochmals auf mißweisenden Ost- oder Westkurs gelegt und eine genaue Einstellung des Krängungsmagneten vorgenommen.

Jetzt wird das Schiff langsam zweimal herumgeschwojt (etwa 1/2 Stunde zu einer Drehung), einmal nach StB und einmal nach BB, und auf jeden vollen Kompaßstrich (oder von 10° zu 10°) die Deviation bestimmt. Die gefundenen Ablenkungen für jeden Kurs werden gemittelt. Daraus berechnet man die Koeffizienten A, B, C, D und E. Wenn die Kompensation gelungen sein soll, müssen deren Werte sehr klein sein (nicht über 4°). Bei Neubauten ist es allerdings zuweilen angebracht, unter Berücksichtigung des noch im Schiffe befindlichen halbfesten Magnetismus, größere Restbeträge der Deviation bestehen zu lassen oder sogar durch Überkompensierung hervorzurufen. Die Entscheidung darüber setzt aber große Erfahrung und volle Vertrautheit mit den magnetischen Verhältnissen des Schiffes voraus.

Bei nur einmaliger Drehung findet man häufig „scheinbare" A- und E-Werte von 1—2°, die in Wirklichkeit gar nicht vorhanden sind. Es entsteht meistens

	bei einer Rechtsdrehung	bei einer Linksdrehung
bei einem Trockenkompaß	$-A$ und $-E$	$+A$ und $+E$
bei einem Fluidkompaß	$+A$	$-A$

Stimmen die gefundenen kleinen Werte in ihren Vorzeichen mit diesen Angaben überein, so sind sie zu vernachlässigen und beim Aufstellen der Steuertafel nicht zu berücksichtigen. Stimmen sie nicht damit überein oder sind sie erheblich größer als 1,5°, so prüfe man zunächst nochmals die Lage des Steuerstriches, die angewandten mißweisenden Peilungen (falsche Mißweisung!) und evtl. auch die Peilvorrichtung. Ist man absolut sicher, daß dabei keine Unrichtigkeiten unterliefen, so muß man annehmen, daß A- und E-Werte wirklich vorhanden sind. Diese Werte bleiben immer besser unkompensiert. Müssen sie kompensiert werden (etwa weil sie sehr groß sind, wie es bei Kompassen, die an der Schiffsseite aufgestellt sind, der Fall sein kann), so verfahre man wie folgt:

Um A zu kompensieren, verlege man den Steuerstrich aus der Mittschiffsebene um den Betrag des A, und zwar bei $+A$ nach Steuerbord, bei $-A$ nach Backbord.

Die so ausgeführte Kompensation gilt jedoch nur für Ablesungen, denen der Steuerstrich zugrunde liegt, aber nicht für Ablesungen (z. B. Peilungen), die direkt an der Rose gemacht werden!

Um E zu kompensieren, berechne man $\operatorname{tang} 2\beta = \frac{E}{D}$ und verstelle die D-Kugeln um den Winkel β zur Querschiffsrichtung. Siehe Abb. 102 u. 103.

Bei nachträglich erfolgter Kompensation von A und E muß das Schiff nochmals geschwojt und die Restdeviation aufs neue bestimmt werden. Die gefundenen Werte trägt man dann in ein Deviationsdiagramm ein, gleicht sie durch Ziehen einer schlanken Kurve aus und fertigt dann an Hand des Diagramms eine Steuertabelle an.

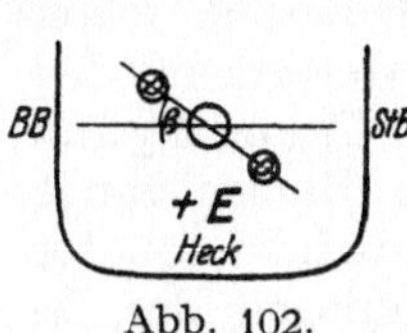

Abb. 102.

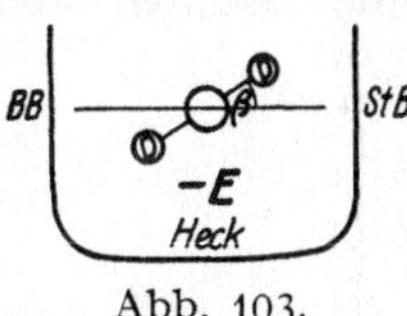

Abb. 103.

Hat das Schiff eine elektrische Lichtanlage, so ist diese jetzt anzustellen und alle elektrischen Lampen (Seitenlampen, Topplaterne, Kompaßlampe usw.) sind einzuschalten. Das Schiff ist nochmals zu schwojen, und die Deviation ist nachzuprüfen. Eine Änderung der Deviation darf dabei nicht gefunden werden. Ist dies doch der Fall, so ist die Leitungsanlage fehlerhaft, und diese muß geändert werden.

Kompensation von D durch Nadelinduktion. Hat D einen sehr großen Wert, so kann man es — besonders bei Fluidkompassen und bei beschränkten Raumverhältnissen — allein durch Weicheisenmassen, die nur durch Feldinduktion wirken, nicht kompensieren. Man benutzt dann durch Nadelinduktion wirkende D-Korrektoren. Es sind dies meistens am Kessel des Fluidkompasses selbst, also innerhalb des Kardanringes, horizontal oder vertikal angebrachte Streifen aus Eisenblech oder Stäbe, in denen das Nadelsystem der Kompaßrose Pole induziert. Solche Ersatzkorrektoren wurden besonders häufig in der Kriegsmarine verwandt. Die mit ihnen ausgeführte Kompensation ist nur gültig für die Breite, für die die Einstellung der Korrektoren stattfand. Auch fällt bei ihnen eine Einwirkung auf den Krängungsfehler fort. Die Richtkraft eines Kompasses, dessen D durch Nadelinduktion kompensiert wurde, ist nicht auf allen Kursen dieselbe; eine Erhöhung des mittleren Wertes dieser Richtkraft ist dabei ausgeschlossen. Wo es nicht unbedingt nötig ist (wie etwa wegen Platzmangel auf U-Booten) vermeide man diese Art der Kompensation.

Getrennte Kompensation von B_1 und B_2. An einem Ort der Erde kann immer nur die Summe $B_1 + B_2$ beobachtet werden. Die Trennung dieser Werte und ihre getrennte Kompensation durch feste Magnete und vertikale Weicheisenmassen ist daher erst möglich, wenn für B zwei an Orten mit sehr verschiedener magnetischer Breite beobachtete Werte vorliegen. Am einfachsten geschieht die Trennung und die Kompensation von B_2 am magnetischen Äquator, da dort $B_2 = 0$ ist. Man steure also in der Nähe des magnetischen Äquators mißweisend Ost- oder Westkurs und kompensiere das ganze vorhandene B mit den Längsschiffsmagneten. Tritt dann bei größer werdender Entfernung vom Äquator ein neues B auf, so beseitige man dieses durch eine Flindersstange nach folgender Regel:

Wenn man die Breite ändert nach	und es tritt auf ein	so hat man die Flindersstange anzubringen
Norden	$+B$	hinter dem Kompaß
Norden	$-B$	vor dem Kompaß
Süden	$+B$	vor dem Kompaß
Süden	$-B$	hinter dem Kompaß

Um einer etwaigen Induktionswirkung der B-Magnete auf die Flindersstange Rechnung zu tragen, berechnet man am besten, schon ehe man den magnetischen Äquator erreicht, aus den bis dahin vorliegenden Beobachtungen B_1 und B_2 und bringt eine diesem B_2 entsprechende Flindersstange an (s. Tabelle 256). Auf dem magnetischen Äquator mache man dann $B_1 = 0$ durch Verlegen der B-Magnete.

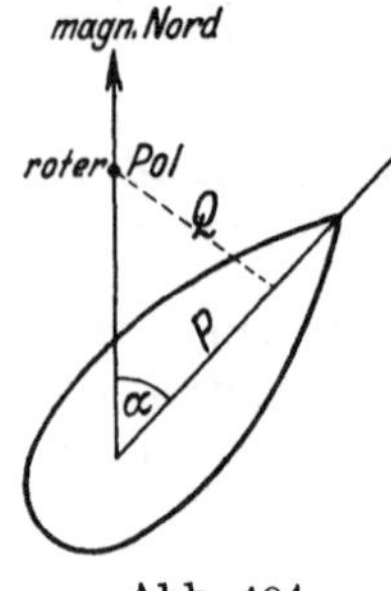

Abb. 104.

Soll auf einem Neubau B_2 gleich durch eine Flindersstange kompensiert werden, so kann das zunächst nur schätzungsweise geschehen. Um nicht ganz auf Schätzung allein angewiesen zu sein, kann folgende Überlegung wertvoll werden: Man kann, da C_2 meistens sehr klein ist, das ganze auftretende $C = C_1$ setzen. Ist nun der Baukurs α, dann ist (ungefähr) $B_1 = C \cdot \text{cotg}\, \alpha$.

Beispiel: Ein Schiff war auf Baukurs NOzN gebaut. Dann muß an BB vorn ein roter Pol, also ein $+C_1$ und ein $-B_1$ entstanden sein. Man findet nun vor der Kompensation $B = -28°$, $C = +10°$.

Man rechnet: $B_1 = 10° \cdot \text{cotg}\, 3^{\text{str}} = -15°$
$B = -28°$

Man findet also angenähert: $B_2 = -13°$, das mit einer Flindersstange wegkompensiert wird.

Im allgemeinen ist für Brückenkompasse auf modernen eisernen Schiffen auf nordmagnetischer Breite B_2 fast immer negativ, so daß man die Flindersstange vor dem Kompaß anbringen muß. Diese vor dem Kompaß angebrachte Flindersstange ist zu verkürzen, wenn bei südlicher Breitenänderung $-B$, zu verlängern, wenn ein $+B$ auftritt.

Auf einigen Schiffen steht der Steuerkompaß so dicht am Frontschott, daß man bei Anbringung einer Flindersstange vor dem Kompaß den Durchgang zwischen Kompaß und Frontschott versperren würde. Auf Anraten von Prof. Meldau wurde deshalb (zuerst im Jahre 1923) auf Dampfern des Norddeutschen Lloyd folgende Kompensation von B_2 mit Erfolg vorgenommen:

In der Vorderwand des Ruderhauses wurden 2 Vollkernflindersstangen von 130 cm Länge und 8 cm Durchmesser in einem Abstand von 20 cm (Mitte Stangen) aufgestellt. Der Steuerkompaß wurde in einem Abstande von 80—84 cm aufgestellt, so daß man bequem zwischen Kompaßhaus und Frontschott durchgehen konnte. Die Oberkante der Flindersstangen soll etwa 10 cm über der Rosenebene liegen. 2 Flindersstangen von der angegebenen Länge und in der beschriebenen Anordnung kompensieren in unseren Breiten ein B_2 von 6°—8°.

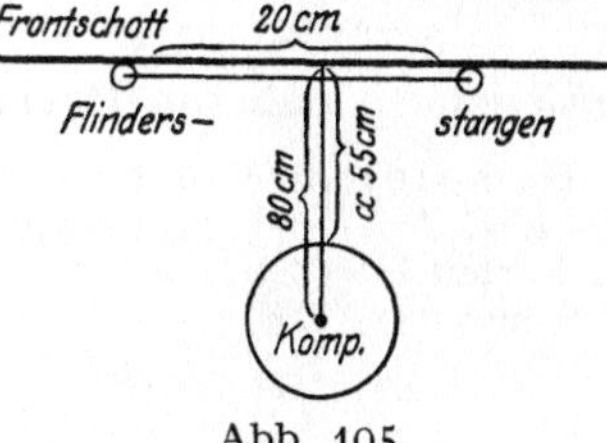

Abb. 105.

Für irgendeinen Hafen (Basisstation), dessen Horizontalintensität $= H$ und dessen Inklination $= I$ ist, ist $B = B_1 + B_2$. Für irgendeinen Ort auf See (Seestation), dessen Horizontalintensität $= H'$ und dessen Inklination $= I'$ ist, ist $B' = B_1' + B_2' = \frac{H}{H'} B_1 + \frac{\operatorname{tang} I'}{\operatorname{tang} I} B_2$. Hat man also B und B' beobachtet, so kann man aus diesen beiden Gleichungen B_1 und B_2 berechnen. Wählt man als Basisstation einen Hafen an der deutschen Küste, und setzt man H immer gleich 1 und $\operatorname{tang} I = 2{,}4$, so ist in der zweiten Gleichung B' immer $= \frac{1}{H'} B_1 + \frac{\operatorname{tang} I'}{2{,}4} B_2$. Den Wert $\frac{1}{H'}$ entnimmt man dabei der von der deutschen Seewarte herausgegebenen Karte: „Linien gleicher magnetischer Horizontalintensität" und den Wert $\operatorname{tang} I'$ der Karte „Linien gleicher magnetischer Inklination".

Beispiel 1: Auf der Elbe beobachtete man für einen Trockenkompaß $B = -6°$. Später fand man bei Kap der guten Hoffnung $B' = +10°$. Wie groß ist B_1 und B_2 bei Kap der guten Hoffnung und wie ist dieses B_2 daselbst zu kompensieren?

Den Karten entnimmt man: Bei Kap der guten Hoffnung ist $\frac{1}{H'} = +1{,}0$ (stets +) und $\operatorname{tang} I' = -1{,}73$, also $\frac{-1{,}73}{2{,}4} = -0{,}72$.

$$\begin{array}{ll} \text{I} & B_1 + B_2 = -\ 6° \\ \text{II} & 1{,}0\,B_1 - 0{,}72\,B_2 = +10° \\ \hline \text{I}-\text{II} & B_2 + 0{,}72\,B_2 = -16° \\ & 1{,}72\,B_2 = -16° \end{array}$$

Also für Hamburg: $B_2 = -\ 9{,}3°$

Für Kap der guten Hoffnung: $B_2' = (-9{,}3) \cdot (-0{,}72) = +6{,}7°$.

Setzt man den Wert $-9{,}3°$ für B_2 in die Gleichung I ein, so hat man:

$$B_1 - 9{,}3° = -6°$$

Also für Hamburg: $B_1 = +3{,}3°$.

Da in unserem Falle $\frac{1}{H} = 1$ ist, so gilt dieser Wert von B_1 auch für Kap der guten Hoffnung.

Hat man auf diese Weise B_2' berechnet, so kann man die ungefähre Länge der anzubringenden Flindersstange der Tafel auf S. 256 entnehmen. Die genaue Länge ist durch Ausprobieren festzustellen. Für unseren Fall wird man also einen Vollzylinder von etwa 50 cm Länge oder einen Hohlzylinder von 70 cm Länge in einem Abstande von 35 cm vor dem Kompaß anbringen. Beim Kompensieren verfährt man am besten so: Man entfernt die Längsschiffsmagnete gänzlich. Dann bringt man die Flindersstange an oder man verändert die angebrachte Flindersstange so, daß die vorhandene Deviation sich um den Betrag von B'_2, in unserem Falle also um $+6{,}7°$, ändert. Die übrigbleibende Deviation $10° - (+6{,}7°) = +3{,}3°$ ist durch feste Längsschiffsmagnete zu kompensieren, so daß die Deviation gleich 0 wird.

Beispiel 2. Man fand vor der Weser $B = +8°$ und entnahm den Karten $H = 1{,}84$, $I = +67^1/_2°$; auf 40° S und 118° O fand man $B' = +15°$ und entnahm den Karten $H' = 2{,}0$ $I' = -70°$. Wie groß sind B_1 und B_2 auf der Weser und auf 40° S und 118° O?

$$B'_1 : B_1 = H : H', \qquad B'_2 : B_2 = \operatorname{tang} I' : \operatorname{tang} I,$$

$$B'_1 = \frac{1{,}84}{2} \cdot B_1 = 0{,}92\, B_1, \qquad B'_2 = \frac{-2{,}75}{+2{,}47} \cdot B_2 = -1{,}1\, B_2.$$

$$\begin{array}{lrl} \text{I} & B_1 + B_2 & = +\ 8° \\ \text{II} & 0{,}92\, B_1 - 1{,}1\ B_2 & = +15° \\ \hline \text{I} & 0{,}92\, B_1 + 0{,}92\, B_2 & = +\ 7{,}4° \\ \text{II} & 0{,}92\, B_1 - 1{,}1\ B_2 & = +15° \\ \hline \text{I}-\text{II} & +2{,}02\ B_2 & = -\ 7{,}6° \\ & B_2 & = -\ 3{,}7° \end{array} \qquad \begin{array}{l} B_1 - 3{,}7° = +8° \\ B_1 = 8° + 3{,}7° \\ B_1 = +11{,}7° \end{array}$$

Es ist also auf der Weser:

$$B_1 = +11{,}7°, \quad B_2 = -3{,}7°, \quad B = 11{,}7° - 3{,}7° = +8°.$$

Auf 40° S und 118° O:

$$\left.\begin{array}{l} B'_1 = 11{,}7° \cdot 0{,}92 = +10{,}8° \\ B'_2 = (-3{,}7°) \cdot (-1{,}1) = +4{,}1° \end{array}\right\} B' = +10{,}8° + 4{,}1° = +14{,}9°$$

Auch folgende Formel wird zur Bestimmung von B_2 gern benutzt. Bezeichnet man die Werte der Basisstation mit B, H und I, und die der Seestation mit B', H' und I', so hat man:

$$B_2 = \frac{B' \cdot H' - B \cdot H}{H' \cdot \operatorname{tang} I' - H \cdot \operatorname{tang} I} \cdot \operatorname{tang} I.$$

Für unser Beispiel 1 hat man $H = 1{,}84$, $\operatorname{tang} I = \operatorname{tang} 67^1/_2° = +2{,}40$ und $H' = 1{,}85$, $\operatorname{tang} I' = \operatorname{tang}(-60°) = -1{,}73$, also:

$$B_2 = \frac{(10 \cdot 1{,}85) - (-6 \cdot 1{,}84)}{(1{,}85 \cdot -1{,}73) - (1{,}84 \cdot 2{,}40)} \cdot 2{,}40$$

$$B_2 = \frac{18{,}50 + 11{,}02}{-3{,}20 - 4{,}42} \cdot 2{,}40$$

$$B_2 = \frac{29{,}48}{-7{,}62} \cdot 2{,}40 = -3{,}87 \cdot 2{,}40 = -9{,}3°.$$

Für unser Beispiel 2 finden wir auf dieselbe Weise:

$$B_2 = \frac{(+15 \cdot 2) - (8 \cdot 1{,}84)}{(2 \cdot -2{,}75) - (1{,}84 \cdot 2{,}40)} \cdot \operatorname{tang} 68°$$

$$B_2 = \frac{30{,}0 - 14{,}7}{-5{,}5 - 4{,}4} \cdot 2{,}4$$

$$B_2 = \frac{15{,}3}{-9{,}9} \cdot 2{,}4 = -1{,}55 \cdot 2{,}4 = -3{,}7°.$$

Verfahren, um das Schiff auf bestimmte mißweisende Kurse zu legen. Die Kompensation wird am einfachsten ausgeführt, indem man das Schiff auf mißweisende Kurse legt und die in Frage kommenden Magnete so verlegt, daß auch am Kompaß derselbe Kurs anliegt. Um das Schiff auf bestimmte mißweisende Kurse zu legen, bedient man sich der Peilscheibe. Als solche dient in der Regel der geteilte Rand des Peilkompasses in Verbindung mit der Peilvorrichtung. Man stellt die Peilvorrichtung auf die Differenz: mißweisende Peilung — mißweisender Kurs, und läßt das Schiff drehen, bis das Peilobjekt in der Diopterrichtung erscheint. Dann liegt das Schiff auf dem gewünschten mißweisenden Kurs.

B e i s p i e l: Die mißweisende Peilung eines Objektes ist S 23° W (203°).

Soll nun das Schiff mißweisend anliegen	so ist die Peilvorrichtung auf der Peilscheibe einzustellen a) bei einer Teilung der Peilscheibe von 0—90°	b) bei einer Teilung der Peilscheibe von 0—360°
N	23° BB hinten	= 203°
O	67° StB hinten	= 113°
S	23° StB vorn	= 23°
W	67° BB vorn	= 293°
NW	68° BB hinten	= 248°
	usw.	

Auf See berechnet man sich vorher die mißweisende Peilung des betreffenden Gestirns für die voraussichtliche Zeit und Dauer der Arbeit von 10 zu 10 Minuten.

Nachkompensierung während der Reise. Während der Reise soll ohne zwingenden Grund an der von sachverständiger Seite ausgeführten Kompensation des Schiffes n i c h t s geändert werden. Ist eine Nachkompensierung aber durchaus nötig und ausführbar, so stelle man vorher die alte Lage der Magnete genau fest, damit man allenfalls den alten Zustand wieder herstellen kann. Man kompensiere nie unmittelbar, nachdem das Schiff längere Zeit auf ein und demselben Kurs gelegen hat. In der Regel handelt es sich nur um eine Nachkompensierung von B und K. Hat ein Fluidkompaß große D-Kugeln, bei denen fast immer eine starke Wirkung durch Nadelinduktion auftritt, so wird auch D nicht in allen Breiten gleich sein, da ja die Richtkraft verschieden ist. Das wird oft nicht beachtet, und der Nautiker wundert sich dann über Änderungen im D (s. auch Seite 233).

Bei schlecht kompensiertem K wird die Rose beim Schlingern unruhig und der Kompaß dadurch oft ganz unbrauchbar. Man hilft sich in der Praxis dadurch, daß man den Krängungsmagnet solange verschiebt, bis man die Lage herausgefunden hat, bei der die Rose am ruhigsten liegt. Im allgemeinen wird der Krängungsmagnet bei Annäherung an den magnetischen Äquator immer weiter von der Rose entfernt werden müssen (wenn N o r d p o l nach o b e n liegt). Auf südmagnetischer Breite ist der Magnet dann umzukehren und bei zunehmender Breite der Rose wieder zu nähern.

Die Nachkompensation geschieht auf See am besten, indem man das Schiff nach dem K o m p a ß auf den betreffenden Hauptstrich legt und die Deviation bestimmt. Man dreht dann das Schiff um den Betrag der Deviation (bei $+\delta$ dreht man nach links, bei $-\delta$ nach rechts) und hält diesen Kurs nach einem anderen Kompaß. Dann werden die Magnete verlegt, bis auf dem zu kompensierenden Kompaß der betreffende Hauptstrich anliegt.

Auf Ostkurs nur längsschiffsliegende Magnete bewegen, und zwar: Wenn Nordende des Magneten nach vorn liegt, bei $+\delta$ Magnet der Rose nähern, bei $-\delta$ entfernen; wenn Nordende nach hinten liegt, bei $+\delta$ Magnete von der Rose entfernen, bei $-\delta$ nähern. Auf Westkurs entgegengesetzt verfahren. Denke an das auf Seite 234 über B_2 Gesagte!

Auf Nordkurs nur querschiffsliegende Magnete bewegen, und zwar: Wenn Nordende des Magneten nach StB liegt, bei $+\delta$ Magnet nähern, bei $-\delta$ entfernen; wenn Nordende nach BB liegt, bei $+\delta$ Magnet entfernen, bei $-\delta$ nähern. Auf Südkurs entgegengesetzt verfahren.

Regeln für Kompensation von K.

Wenn bei gekrängtem Schiff das Nordende der Rose abgelenkt ist	so muß der Krängungsmagnet gestellt werden, wenn nach oben zeigt sein Nordende	sein Südende
nach Lee	tiefer	höher
nach Luv	höher	tiefer

Ein von einem deutschen Hafen etwa nach Südamerika bestimmtes Schiff wird also:

1. Zunächst in der Nordsee in der Nähe der deutschen Küste sein B noch einmal recht genau bestimmen. Man soll auch unbedingt die Zeit daran wenden, das Schiff wenigstens einmal zu einer vollständigen Deviationsbestimmung zu drehen.

2. Auf der Fahrt längs der spanischen Küste kompensiere man auf Südkurs ein etwa vorhandenes C und auf Südost- oder Südwestkurs auch ein etwa vorhandenes D.

3. Auf etwa 10° N bestimme man wieder sein B möglichst genau und berechne aus den nun vorliegenden Beobachtungen B_1 und B_2. Nun bringe man eine diesem B_2 entsprechende Flindersstange an oder verändere die vorhandene Flindersstange dem gefundenen B_2 entsprechend (s. Tabelle S. 256).

4. Auf dem magnetischen Äquator lege man das Schiff nochmals auf mißweisenden Ost- oder Westkurs und mache B_1 (d. h. das ganze vorhandene B) gleich Null.

5. Ein auf südlicher Breite auftretendes B kompensiere man durch Nähern oder Entfernen oder Kürzen oder Verlängern der Flindersstange.

Aufstellen der Deviationstabelle. Methoden der vollständigen Deviationsbestimmung. Beim Aufstellen einer Deviationstabelle dreht man das Schiff langsam herum (mindestens $^1/_2$ Stunde zu einer Schwojung) und bestimmt die Deviation auf einer beliebigen Anzahl von Kursen. Die gefundenen Werte für δ trägt man in ein Deviationsdiagramm ein. Durch die eingezeichneten Punkte legt man eine schlanke Kurve und gleicht dadurch etwaige Beobachtungsfehler aus. Der Kurve entnimmt man dann die Deviationen für diejenigen Kompaßkurse, die man in der Deviationstabelle haben will. Die wichtigsten Methoden der vollständigen Deviationsbestimmung sind:

1. Peilung einer Landmarke. Die Entfernung der Landmarke muß mindestens das Hundertfache vom Durchmesser des Schiffsdrehkreises betragen, wenn bei Anwendung ein und derselben mißweisenden Peilung Fehler über 0,5° vermieden werden sollen. Die mißweisende Peilung der Landmarke entnimmt man einer Seekarte oder man bestimmt sie durch gleichzeitige Peilung der Marke und eines Gestirns.

Beispiel: Man peilte auf S 35° O-Kurs einen Turm in N 38° W und gleichzeitig die Sonne in S 75° W. Das rechtw. Az. der Sonne war in diesem Augenblick 250° (S 70° W). Mw. = 8° W

rechtw. Az.	= 250°
ϕ	= 255°
Fw. des Pl.Kp.	= −5°
entg. Mißw.	= +8°
δ	= +3°
Kp.Pl. des Turmes	= 322°
mißw. Pl. des Turmes	= 325°.

In vielen Häfen sind besondere Einrichtungen zur Deviationsbestimmung vorhanden. In der Regel sind es Bojen oder Pfähle zum Festmachen des Schiffes, von wo aus die mißweisende Richtung einer oder mehrerer Landmarken bekannt ist. Näheres darüber steht in den Seehandbüchern und ist auch wohl stets im Hafen- oder Lotsenamt zu erfragen.

2. Deviationsbakensysteme und Deckpeilungen, z. B. in Kiel, Eckernförder Bucht und Wilhelmshaven. Näheres darüber s. Seehandbücher.

3. Gegenseitige Peilung mit einem Kompasse an Land. Man stellt an Land an einem eisenfreien Orte einen guten Peilkompaß auf. Dann peilt man gleichzeitig auf verabredete Zeichen vom Landkompaß aus den Bordkompaß und umgekehrt (Uhrzeiten der Peilungen notieren!). Entgegengesetzte Peilung mit Landkompaß — Peilung mit Bordkompaß = δ.

4. Peilung von Gestirnen. Die rechtweisende Peilung des Gestirns wird einer Azimuttafel, die Mißweisung der Seekarte entnommen. Das Gestirn soll nicht höher als 40° stehen. Besonders zweckmäßige Gestirne sind die Sonne und in mittlerer Nordbreite der Polarstern (s. auch S. 193).

5. Mit Hilfe des Kreiselkompasses. Die am Kreiselkompaß abgelesenen Kurse müssen durch Anbringung des Fahrtfehlers und der Mißweisung in mißweisende Kurse verwandelt werden. δ = mißweisender Kurs — Magnetkompaßkurs.

Deviationsdiagramme. Es sind rechtwinklige und sogenannte Napiersche Diagramme im Gebrauch. Im rechtwinkligen Diagramm werden die für die Kompaßkurse gefundenen Ablenkungen senkrecht zur Achse im Maßstab der Rosenteilung aufgetragen. Um die zu einem mißweisenden Kurse gehörige Ablenkung zu finden, legt man das Diagramm so, daß die Achse von oben nach unten läuft. Dann sucht man den mißweisenden Kurs an der Achse auf, zieht durch ihn eine Linie unter 45° zur Achse, bei O-Ablenkung nach rechts oben, bei W-Ablenkung nach links unten. Das vom Schnittpunkt dieser Linie mit der Kurve auf die Achse gefällte Lot ist die Ablenkung auf dem betreffenden mißweisenden Kurse. Der Fußpunkt des Lotes ist zugleich der dazugehörige Kompaßkurs.

Beim Napierschen Diagramm trägt man die für die Kompaßkurse gefundenen Deviationen auf den punktierten Linien im Maßstab der Rosenteilung auf, und zwar O-Ablenkung nach rechts unten, W-Ablenkung nach links oben. Das Diagramm wird dabei wieder so gelegt, daß seine Achse von oben nach unten läuft. Will man die zu einem mißweisenden Kurse gehörige Deviation finden, so suche man den Kurs an der Achse auf und messe die Strecke von ihm bis zur Kurve parallel zu den ausgezogenen Linien.

Allgemeines über die Steuertafel. Sind die Deviationen nur klein, so kann man die für die Kompaßkurse gefundenen Werte ohne weiteres auch für die entsprechenden mißweisenden Kurse anwenden. Ist die Deviation aber über 5°, so sind mit Hilfe des Deviationsdiagramms besondere Deviationstabellen für Kompaßkurse und mißweisende Kurse anzufertigen. Die Steuertafel (Deviationstabelle) gilt immer nur für die Breite, für die sie aufgestellt wurde. Sie ist eigentlich nur ein Anhaltspunkt für die ungefähre Größe der Deviation in dem Falle, daß keine Deviationsbestimmung möglich ist. Sie macht auf keinen Fall die beständige und sorgfältige Überwachung der Deviation überflüssig. Jede eisenhaltige Ladung kann die Deviation wesentlich verändern. Starke Änderungen der Deviation sind auch beobachtet worden nach einer Kollision, nachdem ein Blitz das Schiff getroffen hat, nach Reparaturen (auch nach solchen in der Maschine) und nach Rostklopfen der Außenhaut.

Einfluß von Nebel und Sonnenbestrahlung auf den Kompaß.

Es hat sich bis jetzt noch nicht einwandfrei feststellen lassen, ob Nebel imstande ist, die Deviation der Kompasse zu verändern. Dabei ist allerdings zu bedenken, daß bei dichtem Nebel gemeinhin jede Möglichkeit fehlt (außer, wenn ein Kreiselkompaß an Bord ist), die genaue Deviation zu bestimmen. Die Elektrizitätsmengen, die aus der Nebelwolke durch den Schiffskörper zum Meere abgeleitet werden, sind auf jeden Fall viel zu gering, als daß der durch ihren Transport durch den Schiffskörper verursachte Strom den Kompaß merkbar ablenken könnte. Aber da Nebel häufig von Abkühlung begleitet ist, können mit ihm am Schiffskörper Temperaturänderungen und damit Änderungen des magnetischen Zustandes auftreten, weil die Magnetisierung des Eisens von der Temperatur abhängt. Auf dem Dampfer „Magellan" hat sich z. B. auf südlichem Kurse systematisch in der Deviation des Peilkompasses ein Unterschied von $3^1/_2°$ gezeigt, je nachdem vormittags seine Backbordseite oder nachmittags seine Steuerbordseite von der Sonne erwärmt war. Auf Dampfer „Aller" zeigte sich auf Reisen ostwärts (New York—Neapel) stets eine andere tägliche Deviationsänderung wie auf Reisen westwärts. Derartig einseitige Wärmewirkungen sind beim Einfahren eines Schiffes in einen kalten Nebel allerdings nicht zu erwarten. Es erscheint aber nicht unmöglich, daß die Wirkung der allgemeinen Abkühlung auf den Schiffsmagnetismus am Kompaß erkennbar werden kann, zumal da diese Abkühlung nicht gleichzeitig alle Schiffsteile und die Kompensationsmagnete am Kompaß ergreifen wird. Wichtiger aber als diese etwaige Fehlerquelle wird die folgende sein können: Wenn der Schiffskörper nicht vollkommen gegen die an Bord verwendeten elektrischen Betriebsströme isoliert ist, so wird die Durchfeuchtung durch den Nebel die Strombahnen im Schiffskörper ändern und damit merklich die Kompasse beeinflussen können. Dies gilt vor allem bei einpoliger Anlage der Stromleitungsnetze, wo der Schiffskörper normal zur Rückleitung herangezogen wird, aber auch bei doppelpoliger Anlage, wenn an nicht ganz tadellosen Stellen durch die Feuchtigkeit Schiffsschluß herbeigeführt wird. Beispiele, in denen die elektrischen Beleuchtungsstromkreise auf Dampfern Kompaßablenkungen von 4—7°, ja selbst von 12° veranlaßt haben, sind in der nautischen Literatur wohlbekannt. Vermieden wird diese Gefahr durch doppelpolige Anordnung eines gut isolierten Leitungsnetzes, indem Hin- und Rückleitung in der Nähe der Kompasse dicht aneinandergelegt werden. Ist dafür gesorgt, so werden erkennbare Kompaßablenkungen durch Nebel kaum zu befürchten sein; in allen Fällen aber, wo bei Nebel Störungen am Kompaß bemerkt werden, sollte alle Aufmerksamkeit auf die Feststellung verwendet werden, ob wirklich alle anderen wohlbekannten Arten von Störungsanlässen ausgeschlossen waren.

2. Der Kompaßdeflektor und seine Anwendung.

Prinzip. Unter einem Deflektor versteht man ein magnetisches Hilfsinstrument, das bei der Kompensation der Kompasse und zur Bestimmung der Deviationskoeffizienten gebraucht wird. Er wird im Mittelpunkt des Kompaßdeckels aufgesetzt und besteht im wesentlichen aus einem oder mehreren Magneten, die, in bestimmter Entfernung von der Kompaßrose und in einer bestimmten Richtung zur Nordsüdlinie der Rose gebracht, die Rose ablenken. Die Größe der Ablenkungswinkel bildet einen Maßstab für die an Bord vorhandenen Richtkräfte. Bringt man nun die Kompensationsmagnete und D-Korrektoren so an, daß die Rose auf den 4 Hauptkursen bei gleicher Einstellung der Deflektormagnete immer um denselben Winkel abgelenkt wird, so ist das ein Zeichen, daß die Richtkraft auf den 4 Hauptstrichen gleich und damit die Koeffizienten B, C und D gleich Null sind. Zur Kompensation von A und E ist das Instrument nicht geeignet. Durch seine Wirkungsweise ermöglicht der Deflektor die Kompensation der Kompasse auch bei unsichtigem Wetter und macht also den Nautiker dabei unabhängig von Land- oder Gestirnspeilungen. Eine Kenntnis der Koeffizienten ist zur Kompensierung nicht nötig. Bekannte Deflektoren sind die von Gareis, Thomson, L. Bamberg, W. Ludolph und H. Florian (letztere für Floriankompasse). Sie alle sind für die gebräuchlichen Trockenrosen mit Nadelanordnung nach dem Thomsonsystem anwendbar. Der neue Universaldeflektor des Bamberg-Werkes der Askania-Werke A.-G. in Berlin-Friedenau ist in Abb. 106 wiedergegeben. Dieser Universaldeflektor ermöglicht durch die Zentriervorrichtung den Gebrauch des Instruments auf Kompassen aller Größen von 150 mm Rosendurchmesser aufwärts; auf Kompassen mit geringerem Rosendurchmesser dürfte die Verwendung eines Deflektors kaum in Frage kommen. Durch die bei diesem Instrument geschaffene Möglichkeit, das Magnetsystem sowohl in horizontaler als auch in vertikaler Richtung zu verstellen, ist erreicht worden, daß dieser Universaldeflektor für Kompasse aller Arten und Systeme zur Anwendung gelangen kann, da die ablenkende Wirkung seines Magnetsystems auf die Kompaßmagnete in ausreichender Weise geschwächt oder verstärkt werden kann.

Normaleinstellung. Man bringe den Kompaß an Land in eisenfreie Umgebung. Setze den Deflektor auf, so daß die Deflektormagnete mit der NS-Richtung der Rose einen Winkel von 135° bilden und bewege die Magnete mit der Einstellschraube so, daß die Rose um 90° nach rechts

Abb. 106. Universal-Deflektor von Bamberg (Askania-Werke).

abgelenkt wird. Lag z. B. vorher Nord an, so muß nun West anliegen. Diese Stellung des Deflektors ist seine Normaleinstellung für den betreffenden Ort.

Man kann die Normaleinstellung auch an Bord durch Deflektorbeobachtungen finden. Hierzu steuere man Nord nach dem Kompaß, der kompensiert werden soll. Halte diesen Kurs (sowie alle künftigen Kurse) nach einem anderen Kompaß ein. Setze den Deflektor so auf den Kompaßdeckel, daß das Südende des oder der Magnete über Nord der Rose zu stehen kommt, und bewege ihn dann langsam über Steuerbord um 135°. Das Nordende der Nadel wird dem Südpol des Deflektors bis zu einem gewissen Betrage folgen. Nun bewege man die Deflektormagnete durch Drehen der Einstellschraube, bis der Ablenkungswinkel 90° beträgt (also West anliegt). Jetzt lese man die Skala des Deflektors ab (z. B. 23). Dann drehe man den Deflektor wieder langsam zurück, bis das Südende der Magnete wieder über dem Nordende der Rose steht, und entferne den Deflektor. Bei der ganzen Operation ist große Ruhe nötig, damit der Kompaß nicht wild wird und zu laufen anfängt.

Nun steuere man Süd (ohne Deflektor), setze den Deflektor wieder mit dem Magnetsüdende über den Nordstrich der Rose, der nun nach achtern zeigt. Drehe den Südpol des Deflektors rechts herum (von achtern über Backbord) um 135° und bewege die Einstellschraube, bis die Rose wieder um 90° abgelenkt ist (also Ost anliegt). Lese wieder die Deflektorskala ab (etwa 29). Das Mittel der Ablesungen $\frac{1}{2}(23 + 29) = 26$ ist dann die Normaleinstellung.

Manche für bestimmte Kompasse gebaute Deflektoren haben eine nach den Werten von H geteilte Skala. Man entnimmt dann H des Schiffsortes der Karte der „Linien gleicher Horizontalintensität" und stellt den Indexstrich des Deflektors auf dieses H ein.

Die einmal gefundene Normaleinstellung für einen Kompaß kann man, solange das Schiff in derselben magnetischen Breite bleibt, immer wieder verwenden. Zuverlässiger ist es aber, sie jedesmal neu zu bestimmen; auch muß sie für jeden Kompaß besonders bestimmt werden.

Ausführung der Kompensation. Bei Trockenkompassen bringe man zuerst die D-Kugeln schätzungsweise an. Bei Fluidkompassen entferne man zunächst die D-Kugeln und auch alle sonstigen Kompensationsmassen, die durch Nadelinduktion wirken. Hat man Trocken- und Fluidkompasse, so kompensiere man den Trockenkompaß mittels des Deflektors, bestimme dann seine Ablenkung und kompensiere dann den Fluidkompaß nach den Angaben des Trockenkompasses. Wenn es die Beschaffenheit des Kompaßplatzes erlaubt, so empfiehlt es sich, als Regelkompaß einen Trockenkompaß und als Steuerkompaß einen Fluidkompaß zu nehmen.

Man steuere am Kompaß Nord, halte diesen Kurs nach einem anderen Kompaß, setze den Deflektor in Normaleinstellung, wie vorhin angegeben, auf den Kompaßdeckel (den Südpol des Deflektormagneten über Nord der Rose), drehe rechts herum um 135° und lese die Einstellung der Rose ab (z. B. S 86° W; der Ablenkungswinkel α_N ist dann also 94°).

Dann steuere Kompaß Süd, setze den Deflektor wieder mit seinem Südende über Nord der Kompaßrose, drehe ihn rechts herum um 135° und lese wieder ab (z. B. N 82° O; der Ablenkungswinkel α_S ist dann also 98°).

Sind beide Ablenkungswinkel gleich, so ist kein B vorhanden. Sind die Ablenkungswinkel ungleich, so wird jetzt mittels Längsschiffsmagnete auf diesem Kurse die Ablenkung auf den Betrag $\frac{1}{2}(\alpha_N + \alpha_S)$ gebracht [in unserem Beispiel also auf $\frac{1}{2}(94° + 98°) = 96°$]. B ist positiv, wenn α_S größer ist als α_N.

Dann steuere man Ost am Kompaß, verfahre wie vorher (Südende des Deflektors immer über Kompaß Nord und immer rechts bis 135° drehen!) und lese wieder ab (z. B. N 12° W; Ablenkungswinkel α_O ist also gleich 102°).

Dann steuere man West, verfahre wie vorher und lese wieder ab (z. B. S 16° O; Ablenkungswinkel α_W ist also gleich 106°).

Sind diese letzten beiden Ablenkungswinkel einander gleich, so ist kein C vorhanden. Sind die Ablenkungswinkel ungleich, so bringe man auf diesem Kurse durch die Querschiffsmagnete die Ablenkung auf den Betrag $\frac{1}{2}(\alpha_O + \alpha_W)$ [in unserem Beispiel also auf $\frac{1}{2}(102° + 106°) = 104°$] C ist positiv, wenn α_O größer ist als α_W.

Sind die Größen $\frac{1}{2}(\alpha_N + \alpha_S)$ und $\frac{1}{2}(\alpha_O + \alpha_W)$ einander gleich, so ist kein D vorhanden. Sind sie ungleich, so ist ein $+D$ vorhanden, wenn $\frac{1}{2}(\alpha_N + \alpha_S)$ kleiner ist als $\frac{1}{2}(\alpha_O + \alpha_W)$, im umgekehrten Falle ein $-D$. Es wird wegkompensiert, indem man auf Ost- oder Westkurs die D-Korrektoren anbringt oder verschiebt (bei $+D$ nähern, bei $-D$ entfernen), bis der Ablenkungswinkel gleich $\frac{1}{2}[\frac{1}{2}(\alpha_N + \alpha_S) + \frac{1}{2}(\alpha_O + \alpha_W)]$ ist [in unserem Beispiele also $\frac{1}{2}(96° + 104°) = 100°$].

Man kann beim Kompensieren aber auch auf folgende Weise verfahren: Man mache auf Kompaßkurs Nord durch Verlegung der Längsschiffsmagnete $\alpha_N = 90°$ (so daß am Kompaß also West anliegt).

Man mache dann auf Kompaßkurs Ost durch Verlegung der Querschiffsmagnete $\alpha_O = 90°$ (so daß am Kompaß also Nord anliegt).

Auf Südkurs beobachte man α_S und mache $\alpha = \frac{1}{2}(90° \pm \alpha_S)$ durch nochmaliges Verlegen der Längsschiffsmagnete.

Auf Westkurs beobachte man α_W und mache $\alpha = \frac{1}{2}(90° \pm \alpha_W)$ durch nochmaliges Verlegen der Querschiffsmagnete.

D wird kompensiert wie vorher. Wenn aber, wie es z. B. bei Fluidkompassen fast immer der Fall ist, die Kompensation mit den D-Kugeln zum Teil auf Nadelinduktion beruht, so berechnet man D besser nach den angegebenen Formeln und stellt die Kugeln nach den Angaben der Tafel auf Seite 256 ein.

Weichen nach der ersten Kompensation (Neukompensierung) die Ablenkungswinkel auf Nord- und Südkurs bzw. auf Ost- und Westkurs mehr als 10° voneinander ab, so muß die Kompensation von B und C wiederholt werden, ehe man D kompensiert.

Koeffizientenbestimmung. Man verfahre genau so wie beim Kompensieren angegeben, nur bewege man die Kompensationsmassen nicht, sondern notiere nur die gefundenen Deviationen, die man aus den beobachteten Ablenkungswinkeln berechnet. Man findet auf Nordkurs δ_W, auf Südkurs δ_O, auf Ostkurs δ_N und auf Westkurs δ_S. Die Deviation ist positiv, wenn die Rose nach dem Aufsetzen des Deflektors gegen die senkrechte Stellung nach rechts (Ablenkungswinkel größer als 90°), negativ, wenn die Rose nach links gedreht ist (Ablenkungswinkel kleiner als 90°].

Die Koeffizienten findet man dann nach den Formeln:

$$B = \frac{\delta_O - \delta_W}{2}, \quad C = \frac{\delta_N - \delta_S}{2}, \quad D = \frac{(\delta_N + \delta_S) - (\delta_O + \delta_W)}{4}.$$

Kleine Fehler in der Normaleinstellung des Deflektors heben sich bei dieser *Differenzenbildung* auf. Sind die Werte von B oder C größer als 5°, so muß man auch noch λ berechnen nach der Formel:

$$\lambda = 1 - \frac{1}{57,3} \cdot \frac{(\delta_N + \delta_S) + (\delta_O + \delta_W)}{4},$$

B, C und D werden dann berechnet nach den Formeln:

$$B = \frac{\delta_O - \delta_W}{2\lambda}, \quad C = \frac{\delta_N - \delta_S}{2\lambda}, \quad D = \frac{(\delta_N + \delta_S) - (\delta_O + \delta_W)}{4\lambda}.$$

Auf Grund der so gefundenen Koeffizienten berechnet man dann die Steuertafel nach der Formel:

$$\delta = B \sin z + C \cos z + D \sin 2z.$$

Beispiel: Man fand nach Aufsetzen des Deflektors auf

Komp.-Kurs	die Ablesung am Steuerstrich	daraus folgen die Ablenkungswinkel	und die Deviationen
Nord	N 88° W	$\alpha_N = 88°$	$\delta_W = -2°$
Süd	S 86° O	$\alpha_S = 86°$	$\delta_O = -4°$
Ost	N 8° W	$\alpha_O = 98°$	$\delta_N = +8°$
West	S 4° O	$\alpha_W = 94°$	$\delta_S = +4°$

$$B = \frac{-4° + 2°}{2} = -1°,$$

$$C = \frac{+8° - 4°}{2} = +2°,$$

$$D = \frac{(+8° + 4°) - (-4° - 2°)}{4} = +4{,}5°,$$

$$\lambda = 1 - 0{,}0174 \cdot \frac{(+8 + 4) + (-4 - 2)}{4},$$

$$\lambda = 1 - 0{,}0174 \cdot 1{,}5 = 0{,}974.$$

3. Bau und Behandlung des Magnetkompasses.

Die Montierung des Kompasses. Zu einer ordentlichen Kompaßausrüstung eines Seeschiffes gehört ein Kompaßhaus aus Holz oder unmagnetischem Metall. Dieses muß solide gebaut sein, damit die Erschütterungen des Schiffes nicht noch verstärkt auf den Kompaß übertragen werden. Auf eine gute und feste Verbindung des Hauses mit dem Schiffe ist aus diesem Grunde großes Gewicht zu legen. Ein gutes Kompaßhaus besitzt Vorrichtungen, mit deren Hilfe die Kompensationsmagnete (B- und C-Magnete und Krängungsmagnet) im Innern des Hauses bequem und absolut sicher angebracht werden können. Außerdem sind am Hause verstellbare Träger für die D-Korrektoren und evtl. auch eine Messingbüchse für die Flindersstange angebracht.

Die Kompaßrose befindet sich in einem Kessel aus Kupfer oder Rotguß, der kardanisch aufgehängt ist. Der Kessel ist am Boden beschwert, so daß sich das Deckelglas immer horizontal einstellt. Zum Kompaßhaus gehört ferner eine Kompaßhaube, die den Kompaß gegen Regen, Spritzwasser und direkte Sonnenbestrahlung schützt und die die Beleuchtungskörper trägt.

Die Pinne, auf der die Kompaßrose ruht, soll bei Trockenkompassen aus einem Messingstift mit Iridiumspitze bestehen. Je leichter die Rose ist, um so spitzer muß die Pinne angeschliffen sein. Bei Fluidkompassen ist die Pinne aus harter Bronze. Sie braucht hier weniger spitz zu sein.

Das Hütchen der Kompaßrose soll aus echtem Edelstein (Saphir, Rubin, Beryll) sein. Seine Höhlung muß hochpoliert und völlig rein sein.

Der Steuerstrich muß vertikal angebracht sein. Die Verbindungslinie Pinne-Steuerstrich soll senkrecht stehen zu der querschiffs gerichteten kardanischen Achse. Peilkompasse müssen 4 Steuerstriche, Steuerkompasse mindestens 2 gegenüberliegende Steuerstriche besitzen.

Die Kompaßrose. Die Kompaßrose soll jederzeit, ohne von ihrer horizontalen Gleichgewichtslage abzuweichen, die Richtung der auf sie wirkenden magnetischen Kräfte anzeigen und in einer hierdurch bestimmten Lage unausgesetzt verharren. Um dieser Aufgabe gerecht zu werden, muß sie folgende Eigenschaften haben:

1. Große Stabilität, d. h. sie muß auf allen Breiten ihre horizontale Lage beibehalten.

2. Große Ruhe, d. h. sie darf nur schwer in Schwingungen geraten, und falls sie durch irgendwelche Ursachen doch zum Schwingen gebracht wurde, muß sie in möglichst kurzer Zeit wieder in die Gleichgewichtslage zurückkehren.

3. Große Empfindlichkeit, d. h. sie muß sich jederzeit sofort genau in die Richtung der auf sie wirkenden magnetischen Kräfte einstellen, so daß auch kleine Kursänderungen sofort an der Rose erkannt werden können.

4. Große Unempfindlichkeit gegen die Kompensationsmagnete.

I. Die Stabilität der Kompaßrose. Sie wird erreicht: 1. bei Trockenkompassen durch Versenkung des Schwerpunktes unterhalb des Aufhängepunktes; 2. bei Fluidkompassen durch eine möglichst hohe Form des Schwimmers.

II. Die Ruhe der Kompaßrose. Für die Ruhe der Rose ist das Verhältnis der Schwingungsdauer der Rose zu der des Schiffes ausschlaggebend. Es kommt dabei darauf an, der Rose eine bedeutend längere Schwingungsdauer zu geben als das Schiff hat. Dies wird erreicht: 1. durch möglichste Verlegung aller Gewichtsmassen nach dem Umfang der Rose, also durch Vergrößerung des Trägheitsmomentes; 2. durch einen Ausgleich des Trägheitsmomentes für alle Drehachsen (Ost-West-, Nord-Süd- und Vertikalachse). Um letzteres zu erreichen, ordnet man bei Trockenkompassen 2 (4, 6 oder 8) Magnete symmetrisch zur Nord-Südlinie so an, daß die Pole aller Magnete auf dem Umfange eines Kreises liegen und daß dabei die Halbmesser, die zu den gleichnamigen Polen eines Magnetpaares gezogen werden, mit der Nord-Südlinie einen Winkel von 30° (15° und 45°; 15°, 30° und 45°; 15°, 25°, 35° und 45°) bilden. Ferner bringt man die Magnete in einer Ebene an, die um den halben Halbmesser dieses Kreises tiefer liegt als der Unterstützungspunkt der Rose.

Bei Fluidkompassen wird durch den Widerstand der Flüssigkeit hinreichende Ruhe der Rose erzielt.

Für beide Arten von Kompassen ist aber in bezug auf die Ruhe der Rose noch von Bedeutung: 1. daß der Kompaß an einem Ort aufgestellt ist, der möglichst frei von Erschütterungen ist; 2. daß besondere Sorgfalt auf die Konstruktion des Kompaßgestelles und seine Verbindung mit dem Schiffskörper gelegt wird; 3. die richtige Beschaffenheit des Kardanringes und des Kompaßkessels.

III. Die Empfindlichkeit der Kompaßrose. Eine möglichst große Empfindlichkeit der Rose wird erreicht: 1. durch möglichst geringe Reibung (gut gespitzte Pinne, hartes glattes Hütchen, geringes Gewicht); 2. durch ein geeignetes magnetisches Moment der Rose; 3. durch Aufstellen des Kompasses an einem Ort mit möglichst großer mittlerer Richtkraft.

IV. Die Unempfindlichkeit der Rose gegen die Kompensationsmassen. Diese wird erreicht: 1. dadurch, daß die Rosenmagnete zu beiden Seiten der Nord-Südlinie paarig so angeordnet werden, daß ihre Pole (nicht Enden!) auf dem Umfang eines Kreises zu liegen kommen und die gleichnamigen Pole eines Magnetpaares einen Winkel von 60° miteinander bilden (s. unter „Ruhe"); 2. dadurch, daß man die Rosenmagnete so klein wählt, daß ihre Länge gegenüber ihrer Entfernung von den auf sie wirkenden Kompensationsmassen vernachlässigt werden kann; 3. durch größtmöglichste Entfernung der Kompensationsmassen von den Rosenmagneten.

Bei falscher Anordnung der Rosenmagnete und bei zu großer Annäherung der Kompensationsmassen an die Rosenmagnete werden hervorgerufen:

1. durch die festen Pole der Kompensationsmagnete (und möglicherweise auch der D-Korrektoren und der Flindersstange) eine sextantale Deviation von der Form:

$$\delta = F \cdot \sin 3z + G \cdot \cos 3z\,.$$

Dabei ist: $$F = \frac{\delta_{30^\circ} - \delta_{90^\circ} + \delta_{150^\circ} - \delta_{210^\circ} + \delta_{270^\circ} - \delta_{330^\circ}}{6}$$

und $$G = \frac{\delta_{0^\circ} - \delta_{60^\circ} + \delta_{120^\circ} - \delta_{180^\circ} + \delta_{240^\circ} - \delta_{300^\circ}}{6}.$$

2. durch die flüchtigen Pole in den Quadrantalkugeln und in der Flindersstange und durch die Nadelinduktion eine oktantale Deviation von der Form:

$$\delta = H \cdot \sin 4z + K \cdot \cos 4z\,.$$

Dabei ist:

$$H = (\delta_{nno} - \delta_{ono} + \delta_{oso} - \delta_{sso} + \delta_{ssw} - \delta_{wsw} + \delta_{wnw} - \delta_{nnw}) : 8$$

und $$K = (\delta_{n} - \delta_{no} + \delta_{o} - \delta_{so} + \delta_{s} - \delta_{sw} + \delta_{w} - \delta_{nw}) : 8\,.$$

Das Auftreten von sechstel- und achtelkreisiger Deviation muß unter allen Umständen vermieden werden. Man nennt diese Deviation: die störenden Glieder der Deviationsformel. Wenn eine solche Deviation beobachtet wird, wechsle man umgehend die Kompasse bzw. die Rosen aus.

Die Peilvorrichtung. Der Peilaufsatz besteht in seiner einfachsten Form aus einem Peillineal (Diopteralhidade), das mit einem Mittelstift in eine Vertiefung in der Mitte des Kompaßdeckelglases paßt, zwei umlegbaren Dioptern, von denen das Objektivdiopter mit einem um eine horizontale Achse drehbaren Spiegel versehen ist, und einem in der Mitte des Peildiopters aufsetzbaren Schattenstift. Ein in der Mitte des Diopterlineals gespannter Faden ermöglicht eine direkte Ablesung der Kompaßpeilung. Bei besser ausgeführten Apparaten befindet sich am Okulardiopter noch ein Ableseprisma, mit dem die Rosenteilung genau abgelesen werden kann, und ein oder mehrere Blendgläser. Zuweilen ist auch noch ein vertikal neigbares Fernrohr angebracht.

Der Schatten des Schattenstiftes fällt in der Regel direkt auf die Rose, an der die um 180° versetzte Peilung ohne weiteres abgelesen wird. Will man genauer ablesen, so dreht man das Diopterlineal so, daß der Schatten des Stiftes auf den Horizontalfaden des Lineals fällt, und liest dann ab.

Meistens trägt der Deckelring des Kompasses auch noch eine Kreisteilung. Auf ihr liest man die Seitenpeilungen, bezogen auf die Richtung, voraus ab, während man auf der Rose die Kompaßpeilung abliest. Beim Peilen ist darauf zu achten, daß der Kompaß mit der aufgesetzten Peilvorrichtung genau horizontal steht. Der Peilende darf sich also mit dem Arm oder der Hand nicht auf den Kompaßdeckel stützen oder an der Peilvorrichtung festhalten!

An Bord der Schiffe, wo man vom Regelkompaß aus keinen freien Rundblick hat, sind an leicht zugänglichen Stellen der Kommandobrücke, von denen aus man einen freien Ausblick nach vorn, hinten und der Seite hat, Peilscheiben angebracht. Auch diese müssen sich horizontal einstellen und ihre Nullinien müssen genau parallel zur Kiellinie sein. Von der Peilscheibe werden die Peilungen mit Hilfe des anliegenden Kurses auf den Kompaß übertragen.

Sind Kompaß oder Peilscheibe gegen die Horizontale geneigt, so entstehen Peilfehler, die mit der Neigung des Peilapparates und der Höhe des gepeilten Gestirnes rasch wachsen.

Peilfehler

wenn der Peilapparat geneigt ist um	und die Höhe des gepeilten Gestirnes beträgt:				
	15°	30°	45°	60°	75°
1°	1/2°	1/2°	1°	1 1/2°	4°
2°	1/2°	1°	2°	3°	8°
3°	1°	2°	3°	5°	11°

Man lasse die Peilscheiben vom Kompaßexperten ausrichten und sich für jede Peilscheibe den Konstantenwinkel, d. h. einen Winkel zwischen Nullpunkt der Scheibe und einen Punkt möglichst weit vorn im Schiff (Mast oder Bug) geben. Diese Konstantenwinkel trage man im Deviationsjournal an auffälliger Stelle ein und mit ihrer Hilfe prüfe man die Stellung der Peilscheiben öfters nach.

Die Aufstellung eines Kompasses an Bord eiserner Schiffe. Es ist unbedingt erforderlich, daß schon im Bauplane für ein neues Schiff auf einen guten Kompaßplatz Bedacht genommen wird. Für das Verhalten des Kompasses ist die Beschaffenheit des Aufstellungsortes ausschlaggebend. Fast alle Klagen über den Kompaß sind in Wirklichkeit Klagen über den Kompaßplatz. Für die Wahl des Platzes gelten folgende Gesichtspunkte:

1. Der Kompaß muß genau mittschiffs auf festem, von Erschütterungen möglichst unbeeinflußtem Unterbau stehen.

2. In seiner unmittelbaren Nähe dürfen sich keinerlei drehbare oder sonst irgendwie bewegliche Eisenteile befinden. Bewegliche Steuervorrichtungen, Maschinentelegraphen usw. sind, soweit sie sich dicht bei einem Kompasse befinden, aus unmagnetisierbarem Material herzustellen.

3. Die Nähe vertikaler Eisenmassen ist zu vermeiden. (Abstand von Schornstein, Masten, Maschine usw. mindestens 7 m, von Ventilatoren, Schotten usw. mindestens 4 m, von Bootsdavits, Stützen usw. mindestens 2—3 m.) Der Kompaß soll deshalb auch möglichst weit entfernt bleiben von den Enden des Schiffes, sowie von den Vorder- oder Hinterkanten eiserner Aufbauten.

4. Alle innerhalb 3 m vom Kompaß befindlichen Eisenmassen müssen symmetrisch zur Mittschiffsebene verteilt sein. Man verwende also auch keine einseitigen eisernen Ruderleitungen.

5. Horizontale Eisenmassen, die unter dem Kompaß durch (Decksbalken, eiserne Decks) oder an ihm vorbei (Geländer, eiserne Wände) führen, wirken immer richtkraftschwächend und sind die hauptsächliche Ursache für die Entstehung von halbfestem Magnetismus, der für die Navigierung sehr gefährlich ist.

6. Elektromotoren und Dynamos (z. B. der F.T.-Anlage) dürfen auch nicht in der Nähe größerer Eisenmassen (z. B. Schotten) aufgestellt werden, die sich bis nahe an den Kompaß erstrecken. Stromführende Kabel sind in der Nachbarschaft des Kompasses nur dann zulässig, wenn Hin- und Rückleitung dicht nebeneinander oder zu einem Strange zusammengedreht verlegt sind.

Der Peilkompaß muß leicht zugänglich und so aufgestellt sein, daß die freie Rundsicht nach keiner Seite gehemmt ist. Der Steuerkompaß muß in bequemer Sichtweite von der Steuerstelle aus angebracht werden.

Prüfung und Behandlung der Kompasse an Bord. Die Seeberufsgenossenschaft schreibt vor: „Die Kompasse und die Art ihrer Aufstellung müssen vor Ingebrauchnahme, ferner nach einem Umbau, einer größeren Reparatur, sowie nach Anlage einer elektrischen Leitung durch eine Agentur der Seewarte oder eine andere vom Vorstande der Seeberufsgenossenschaft als geeignet bezeichnete Stelle oder Person geprüft und zweckentsprechend befunden sein. Auch müssen die Kompasse kompensiert werden. Hierzu sind gleichfalls nur die Agenturen der Seewarte oder andere vom Genossenschaftsvorstande ausdrücklich anerkannte Stellen oder Personen ausschließlich zuständig. Eine Wiederholung der Prüfung auf Beschaffenheit und Gebrauchsfähigkeit ist mindestens alle drei Jahre erforderlich, für Fischdampfer jedoch alle Jahre. Wenn ein Schiff ununterbrochen drei Monate still liegt, so ist die Wiederholung der Prüfung vor Wiederaufnahme der Fahrt erforderlich. Über jede Prüfung ist ein Attest auszustellen und an Bord aufzubewahren."

Beim Kauf von Kompassen lasse man sich durch die Seewarte oder einen Kompaßexperten beraten. Trotzdem ist es notwendig, daß auch der Schiffsführer selbst eine einfache Untersuchung auszuführen imstande ist. Es ist dabei nachzuprüfen:

1. die Zentrierung der Pinne und des Rosenblattes. Bei einer Drehung des Rosenblattes im Kessel muß der Abstand zwischen Rosenrand und

Kesselwand immer überall gleich groß sein. Auch müssen die Ablesungen am vorderen und hinteren Steuerstrich immer genau entgegengesetzte Kurse anzeigen. Die Pinnenspitze muß sich außerdem in der Höhe der Achsen der kardanischen Aufhängung befinden;

2. die Beschaffenheit der Pinne und des Hütchens. Die Pinne darf keinen Grat haben und muß so spitz sein, daß man mit ihr auf dem Fingernagel schreiben kann. Ob das Hütchen Risse oder Einbohrungen hat, erkennt man, indem man mit der Pinne im Hütchen vorsichtig mahlende Bewegungen ausführt. Die Pinne muß im Halter festsitzen. Das Hütchen soll im Verhältnis zur Pinne genügend weit sein und eine Neigung der Rose von mindestens 5° nach allen Seiten ermöglichen.

3. die kardanische Aufhängung. Der Kompaßkessel muß sich leicht und frei in den Achsen der kardanischen Aufhängung bewegen und sich immer wieder so einstellen, daß der Glasdeckel horizontal steht, was mit einer Libelle nachgeprüft werden kann.

4. der Steuerstrich. Die Linie „Pinnenspitze—Steuerstrich" muß genau in der Kiellinie liegen oder ihr wenigstens genau parallel laufen. Die Prüfung geschieht am besten mit einem auf den Kompaß gesetzten Peilapparat. Man vergleicht die Peilung eines möglichst weit entfernten genau mittschiffs stehenden Objektes mit dem Steuerstrich. Man kann auch zwei symmetrisch zur Mittschiffsebene befindliche Objekte peilen. Der Steuerstrich muß sich dann in der Mitte zwischen den beiden Peilungen befinden;

5. die Einstellungsfähigkeit der Rose. Man lenke die Rose durch einen Magnet oder ein Stück Eisen 3—4 Strich ab und beobachte die Schwingungen. Nehmen bei Trockenrosen die Schwingungen langsam und allmählich ab und stellt sich die Rose genau wieder auf den vorher anliegenden Gradstrich ein, so ist sie gut. Bleibt die Rose aber plötzlich stehen oder nehmen die Schwingungen sehr rasch ab, so sind entweder Pinne oder Stein nicht in Ordnung oder die Rose hat keine genügende Richtkraft. Bei Fluidkompassen werden infolge der Dämpfung durch die Flüssigkeit die Schwingungen immer sehr rasch abnehmen. Um so mehr ist aber darauf zu achten, daß sich der Kompaß wieder genau in der alten Lage einstellt.

Wenn das Schiff in Fahrt ist, ist darauf zu sehen, daß die im Gebrauch befindlichen Kompasse in bezug auf Kessel, Lager und Achsen stets sauber und rein gehalten werden. Der Deckel muß stets gut und dicht schließen. Hat sich Feuchtigkeit im Kessel angesammelt oder soll die Rose oder Stein und Pinne ausgewechselt werden, so ist der Kompaß stets von Deck nach unten (ins Kartenhaus oder in die Kajüte) zu nehmen. Die Reinigung der Innenseite des Kessels darf nie mit Twist geschehen, welches leicht Fasern abläßt, die dann ein Festhaken der Rose verursachen können, sondern man muß hierzu weiches Leder oder Leinen verwenden. Bei Einsetzung einer neuen Rose ist sorgfältig darauf zu achten, daß sich keinerlei Fasern am Rande befinden. Rosen mit Seidenfäden dürfen nicht zu lange starken Sonnenstrahlen ausgesetzt werden, da sonst die Seide leicht verbrennt (verkohlt). Wenn der Kompaß nicht mehr zum Peilen benutzt wird, sollte daher das Nachthaus immer gleich wieder aufgesetzt werden.

Reserverosen müssen, jede in einem besonderen Kasten, an einem möglichst trockenen Orte aufbewahrt werden. Pinne und Stein werden daneben gelegt, nachdem der Stein in Seidenpapier gewickelt und die Pinne mit der Spitze in Hollundermark oder weichen Kork gesteckt ist. Das Einölen der Pinne ist unstatthaft, da der geringste Teil Öl oder anderen Fettes Stein und Pinne verunreinigt, so daß die Rose träge wird. Mehrere Kästen sind so übereinander zu stellen, daß je zwei übereinanderliegende Rosen mit den Polen nach entgegengesetzten Richtungen zeigen. Auf Schiffen, die den Äquator nicht überschreiten, kann man die Reserverosen auch in senkrechter Stellung aufbewahren, auf nordmagnetischer Breite mit dem Nordpol der Rosenmagnete nach unten, auf südmagnetischer Breite umgekehrt.

Auswechseln von Kompassen. Wird ein Reservekompaß mit Rose gleicher Konstruktion an Stelle eines im Gebrauch befindlichen eingesetzt, so bleibt die Deviation ungeändert. Ist aber der Reservekompaß anderer Konstruktion, z. B. Fluidkompaß gegen Trockenkompaß, so ist eine andere Deviation zu erwarten. Ersetzt man einen Trockenkompaß, der mit D-Kugeln kompensiert war, durch einen Fluidkompaß, so tritt meistens ein großes $-D$ (10—20°) auf; umgekehrt ein $+D$.

Fluidkompasse können nicht gut in Reserve gehalten werden, da sie am Aufbewahrungsorte ebenso rasch abnutzen, wie die in Gebrauch befindlichen, selbst wenn sie in kardanischer Aufhängung verbleiben. Kompensationsmagnete sind stets in größerer Entfernung von den Reserverosen (und Chronometern!) so aufzubewahren, daß je zwei von gleicher Länge mit ungleichnamigen Polen zusammengelegt werden. Einzelne Magnete verschiedener Länge sind so aufzubewahren, daß sie sich gegenseitig nicht berühren.

Ermittlung des magnetischen Momentes M und des Trägheitsmomentes K einer Kompaßrose.

Diese Beobachtungen erfolgen stets an Land an einem eisenfreien Orte.

I. Bestimmung des magn. Momentes M mittels einer Sinusablenkungsschiene.

Ko = Kompaßrose, Kompaßmagnete parallel zur Ablenkungsschiene.

G.E. = Gaußsche Einheit.

1 G.E. = 0,1 cm/g/sec.

$$\left.\begin{array}{l} M \text{ (in Millionen G.E.)} \\ M \text{ (in cm g sec} \cdot 1\,000\,000) \end{array}\right\} = \frac{e^3}{2} \cdot H \cdot \sin\alpha .$$

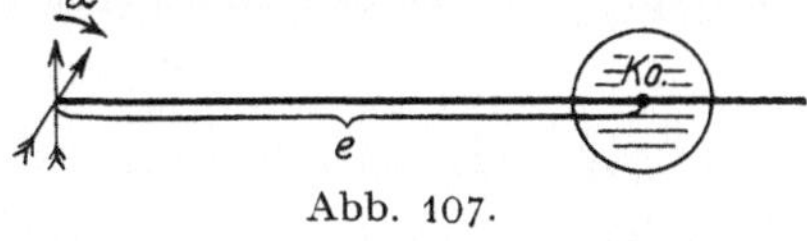

Abb. 107.

Beispiel: In Lübeck ($H = 1{,}825$) fand man bei $e = 400$ mm den Ablenkungswinkel $\alpha = 3{,}5°$.

$$\begin{array}{rl} 400^3 \log &= 7{,}80618 \\ H \log &= 0{,}26126 \\ 2 \operatorname{colog} &= 9{,}69897 - 10 \\ 3°\,30' \log\sin &= 8{,}78568 - 10 \\ 1000000 \operatorname{colog} &= 4{,}00000 - 10 \\ \hline M = 3{,}56 \text{ Mill. G.E.} \log &= 0{,}55209 . \end{array}$$

Zur schnellen angenäherten Berechnung von M dient folgende Regel:

In der deutschen Küstengegend ist bei $e = 400$ mm M in Mill. G.E. gleich dem Winkel α in Graden; bei $e = 500$ mm ist M in Mill. G.E. gleich dem doppelten Winkel α.

Beispiel: Wenn bei $e = 400$ mm $\alpha = 3{,}5°$, so ist $M = 3{,}5$ Mill. G.E. Wenn bei $e = 500$ mm $\alpha = 3{,}5°$, so ist $M = 7{,}0$ Mill. G.E.

II. Bestimmung des Trägheitsmomentes K. (Geschieht durch Schwingungsbeobachtungen.)

$$\left.\begin{array}{l} K \text{ (in Mill. G.E.)} \\ K \text{ (in cm g sec)} \end{array}\right\} = \frac{M \cdot H \cdot t^2}{\pi^2}.$$

Beispiel: Man fand in Lübeck ($H = 1{,}825$) als Schwingungsdauer einer Rose, deren $M = 3{,}56$ war, $15{,}5^s$.

$$\begin{aligned} 3{,}56 \log &= 0{,}55209 \\ H \log &= 0{,}26126 \\ 15{,}5^2 \log &= 2{,}38066 \\ \pi^2 \text{ colog} &= 9{,}00570 - 10 \\ \hline K = 158{,}5 \text{ Mill. G.E. } \log &= 2{,}19971\,. \end{aligned}$$

Zur schnellen angenäherten Berechnung von K dient folgende Regel:

Setzt man $\frac{t^2}{\pi^2} \cdot H = x$, dann ist $K = x \cdot M$. Den Wert für x entnimmt man folgender, für die deutsche Küstengegend berechneten Tafel:

t in Sek.	x	t in Sek.	x	t in Sek.	x
8	12	14	35	20	72
9	15	15	41	21	80
10	18	16	46	22	87
11	22	17	52	23	95
12	26	18	58	24	104
13	30	19	65	25	113

Beispiel: Eine Rose, deren $M = 3{,}6$ Mill. G.E., schwingt $15{,}5^s$. Dann ist $K = 3{,}6 \cdot 43{,}5 = 157$ Mill. G.E.

III. Bestimmung der Werte M/p und K/p.

Für die Empfindlichkeit der Rose kommt in erster Linie das Verhältnis in Frage zwischen der mechanischen Kraft, die sich ihrer Einstellung in den magn. Meridian entgegenstellt, falls sie aus diesem abgelenkt ist, und zwischen dem magn. Moment der Rose. Die mechanische Kraft ist die Reibung der Rose auf der Pinne. Ihre Größe ist bei guter Beschaffenheit von Pinne und Stein in erster Linie vom Gewicht p der Rose abhängig. Man bestimmt deshalb bei Kompaßuntersuchungen hauptsächlich den Wert M/p. Ferner muß die Rose bei möglichst geringem Gewicht ein möglichst großes Trägheitsmoment haben, so daß für die Beurteilung der Güte einer Rose mehr der Wert K/p, als der Wert K allein in Frage kommt. Die Werte M/p und K/p findet der Nautiker häufig auf Kompaßrosen und in Kompaßattesten angegeben.

Beispiel: In Lübeck fand man bei einer Rose $M = 3{,}56$, $K = 158{,}5$, $p = 16$ g.

$$\begin{aligned} M \log &= 0{,}55209 \\ 16 \text{ colog} &= 8{,}79588 \\ \hline M/p = 0{,}223 \quad \log &= 9{,}34797 \end{aligned} \qquad \begin{aligned} T \log &= 2{,}19971 \\ 16 \text{ colog} &= 8{,}79588 \\ \hline K/p = 9{,}9 \quad \log &= 0{,}99559 \end{aligned}$$

IV. Mindestanforderungen bezüglich des magn. Momentes, des Trägheitsmomentes, des Gewichtes und der Werte M/p und K/p.

(Angaben beziehen sich auf Trockenkompasse.)

Ungefähre Mindestanforderungen für Trockenkompasse:

Wenn das Gewicht der Rose in Gramm beträgt:	so soll mindestens sein:			
	M in Mill. G.E.	M/p	Schwingungsdauer in Sek. bei ungeschw. Richtkraft	K/p
10	1,5	0,150	13,5	5
15	2,4	0,160	14,1	6
20	3,5	0,175	14,6	7
25	4,9	0,195	14,8	8
30	6,5	0,215	14,9	9

Der Kompaßrosendurchmesser soll mindestens 200 mm sein. Trockenkompasse mit Rosendurchmessern unter 125 mm soll man nicht kaufen.

Wenn der Durchmesser ist	darf das Höchstgewicht sein
175—200 mm	20 g
200—250 mm	25 g
über 250 mm	30 g

Vom Fluidkompaß. Bei den Fluidkompassen dreht sich die mit einem Schwimmer versehene Rose in einer Flüssigkeit. Dadurch wird das Gewicht der Rose fast ganz aufgehoben und die Rose auch durch die Erschütterungen des Schiffskörpers weniger beeinflußt, da Kessel, Flüssigkeit und Rose diesen Erschütterungen gegenüber ein Ganzes bilden. Der Auflagedruck der Rose (Schwimmer mit Karte) soll bei +15° C nicht größer sein als 30 g. Da die Rose gezwungen ist, sich in der Flüssigkeit zu drehen, so erfolgt ihre Bewegung sehr ruhig. Die Füllung des Fluidkompasses besteht gewöhnlich aus Wasser und 45% Alkohol. Sie soll klar und farblos sein. Damit bei Temperaturschwankungen keine Spannungen im Kessel auftreten, ist der Kompaßkessel mit einer elastischen Wellblechkapsel oder einer ähnlichen Vorrichtung versehen. Wenn im Kompaßkessel Blasen auftreten, so kann man diese bei Kompassen neuerer Konstruktion (z. B. Bamberg-Kompassen) durch langsames Kippen um 180° beseitigen. Lassen sich die Luftblasen durch Kippen nicht mehr wegbringen, so ist nach Lösen der Füllschraube Flüssigkeit, im Notfalle reines Regenwasser nachzufüllen.

An heißen Tagen sind Schwimmkompasse vor direkter Sonnenbestrahlung zu schützen. Flüssigkeitskompasse können als Reservekompasse nur schlecht gebraucht werden, da sie, wenn sie keine besonderen Vorrichtungen besitzen, ohne abgenützt zu werden, nicht in Reserve gestellt werden können.

An Bord kleinerer Schiffe, die bei schwerem Seegang stark arbeiten, ist ein Fluidkompaß fast immer einem Trockenkompaß vorzuziehen. Auch an Bord großer Schiffe wird man an Plätzen, die starken Erschütterungen ausgesetzt sind oder die hoch über den Schlingerachsen des Schiffes liegen, mit guten Fluidkompassen bessere Erfolge erzielen als mit Trockenkompassen. Überall da aber, wo die Rose genügend ruhig liegt und der Kompaß keinen allzu großen Erschütterungen ausgesetzt ist, soll man wenigstens als Regelkompaß einen Trockenkompaß verwenden. Er ist in seiner Bauart bedeutend einfacher als ein Schwimmkompaß und läßt sich für alle Breiten leichter und genauer kompensieren als dieser. Auf Jachten, Motorbooten, Fischdampfern und für Rettungsboote sollten dagegen ausschließlich Fluidkompasse verwendet werden.

Der Rosendurchmesser des Fluidkompasses soll nicht unter 100 mm und nicht über 230 mm betragen. Der Gefrierpunkt der Flüssigkeit soll unter —20° C liegen.

Die Schwingungsdauer eines Fluidkompasses soll bei ungeschwächter Richtkraft und +15° C

bei einem Rosendurchmesser von mm	nicht größer sein als Sekunden
100—150	12—14
150—200	14—17
200—230	17—22

Der Mitschleppungsfehler soll bei einer Richtkraft von $^3/_4 H$ bei einer Drehung von 360° in 4 Minuten bei kleineren Rosen (Durchmesser 100 bis 175 mm) nicht mehr als 4°, bei größeren Rosen (Durchmesser 175 bis 230 mm) nicht mehr als 5° betragen.

Die Führung des Deviationsjournals. Nach den Unfallverhütungsvorschriften der Seeberufsgenossenschaft muß auf jedem Schiffe außerhalb der großen Küstenfahrt ein nach den Vorschriften der Seewarte eingerichtetes, vom Genossenschaftsvorstande näher festzustellendes Deviationstagebuch geführt werden.

Damit bei Kommandowechsel jeder Nautiker sich sofort ein Bild über die magnetischen Eigenschaften seines neuen Schiffes sowie über dessen Kompasse machen kann, empfiehlt es sich, im Deviationsjournal groß und deutlich zu vermerken:

1. Wann und wo die letzte vollständige Deviationsbestimmung ausgeführt wurde.
2. Welche Koeffizienten dabei für jeden Kompaß gefunden wurden.
3. Für jeden Kompaß die zuletzt aufgestellte Deviationstabelle.
4. Eine Skizze der Lage aller Kompensationsmittel der Kompasse (auch der Achterdeckskompasse usw.).
5. Eine Angabe, ob B_1 und B_2 getrennt bestimmt wurden, und welche Beträge?
6. Ein Vermerk, wann und von wem die Kompasse gemäß den U. S. B. zuletzt untersucht wurden. (Kompaßatteste müssen an Bord sein!)
7. Wie sich die Reserverosen verhalten, wenn man sie in die mit anderen Rosen kompensierten Kompasse einsetzt.
8. Der Konstantenwinkel für die Peilscheibe (s. S. 248).

Wichtige Bemerkung: Nur auf wenigen Schiffen wird den Reservekompassen genügende Beachtung geschenkt! Der Achterdeckskompaß muß unbedingt — selbst wenn der Kompaß nur ein einfacher, in einem Kasten aufgehängter Kompaß ist, der an verschiedenen Stellen verwendet werden kann, — beobachtet und kompensiert werden (wenigstens für B_1 und C_1), damit er sofort bei Ausfall des Brückenkompasses (z. B. durch Blitzschlag, Feuer usw.) benutzt werden kann. Die Reserverosen, die sich meistens in Kästen an Bord befinden, müssen bei Gelegenheit eingesetzt und ausprobiert werden.

Vorschriften der Seeberufsgenossenschaft über Kompasse.

Die Seeberufsgenossenschaft hat 1923 nachfolgende Vorschrift veröffentlicht, die in die neuen Unfallverhütungsvorschriften aufgenommen wurde:

1. Die Kompasse müssen vor ihrer Ingebrauchnahme geprüft und zweckentsprechend befunden sein. An Bord eiserner oder diesen gleich zu erachtender Schiffe (s. 3.) sind sie vor Indienststellung des Schiffes gehörig zu kompensieren. Für die Prüfung der Kompasse und für ihre Kompensation sind zuständig die Deutsche Seewarte, ihre Agenturen, die Seefahrtschulen oder andere vom Vorstand der Seeberufsgenossenschaft anerkannte Stellen und Personen. Für Kompasse bzw. für Schiffe, die im Ausland beschafft sind, ist die Prüfung bzw. Kompensierung nachzuholen, sobald ein deutscher Hafen angelaufen wird, und zwar auch dann, wenn schon eine Prüfung bzw. Kompensierung im Auslande stattgefunden hat.

2. Regelmäßige Nachprüfungen der Kompasse sowie der Kompensierung sind mindestens alle 3 Jahre erforderlich, bei Fischdampfern jedoch jährlich. Außerordentliche Nachprüfungen der Kompasse sind vorzunehmen, wenn durch Reinigungs-, Instandsetzungs- oder Ausbesserungsarbeiten an den Kompassen die Voraussetzungen der amtlichen Bescheinigung oder der letzten Prüfung als nicht mehr vorhanden anzusehen sind. Außerordentliche Nachkompensierungen sind vorzunehmen nach Umbauten, größeren Instandsetzungs- oder Ausbesserungsarbeiten am Schiff, oder dann, wenn ein Schiff, das ununterbrochen länger als 3 Monate stillgelegen hat, wieder in Fahrt gestellt wird, oder, wenn sich auf See die Kompensierung als verbesserungsbedürftig erweist. In letzterem Falle ist auch der Kapitän, sofern er im Besitze des Befähigungszeugnisses zum Schiffer auf großer Fahrt ist, befugt, Nachkompensierungen der Kompasse eines Schiffes vorzunehmen. Über jede Änderung an der Kompensation ist im Schiffstagebuch ein Vermerk zu machen und die unten erwähnte Bescheinigung auszustellen. Jede außerordentliche Nachprüfung bzw. Kompensierung setzt einen neuen dreijährigen Zeitraum für die regelmäßige Nachprüfung bzw. Kompensierung in Lauf. Dieses gilt nicht von den durch den Kapitän ausgeführten Nachkompensierungen. Über jede Prüfung und jede Kompensierung ist auf vorgeschriebenem Vordruck eine Bescheinigung auszustellen und an Bord aufzubewahren.

3. Vorschriften über die Aufstellung der Kompasse an Bord.

a) Der Regelkompaß (oder der Steuerkompaß, falls nur ein solcher an Bord ist) ist mitschiffs, an möglichst erschütterungsfreier Stelle auf festem Unterbau aufzustellen. Er muß für den Wachhabenden leicht und sicher erreichbar sein. Der Aufstellungsort und die Höhe des Kompaßhauses müssen derart sein, daß freie Rundsicht zum Peilen vorhanden ist. Steht der Kompaß nicht genügend frei, so sind besondere Peilscheiben an Stellen mit freier Rundsicht und leicht erreichbar für den Wachhabenden aufzustellen.

b) Für eiserne Schiffe und Schiffe, die mit Verwendung von Eisen gebaut sind (z. B. Eisenbetonschiffe), gelten folgende Vorschriften: Unter Eisen sind hier alle stark magnetisierbaren Eisen- und Stahlsorten (nicht schwach magnetisierbare Nickel- oder Manganstahle) verstanden. Der Regelkompaß (oder der Steuerkompaß, falls nur ein solcher an Bord ist) ist frei vom Einfluß einzelner überwiegender Eisenmassen so aufzustellen, daß das Schiff nur in seiner Gesamtheit als magnetischer Körper auf ihn wirkt. Zu vermeiden sind die Enden des Schiffes sowie die Vor- und Hinterkante eiserner Aufbauten. In der Umgebung des Kompasses dürfen keine unsymmetrisch zur Mittelschiffsebene verteilte Eisenmassen vorhanden sein. Auf Schiffen von mehr als 8500 cbm (3000 Br.-R.-T.) Raumgehalt soll die Entfernung des Regelkompasses von Schornsteinen, Ladebaumpfosten und Ladebäumen, Rudermaschinen und Winden mindestens 4 m, von beweglichen Eisenmassen, wie Booten, Davits, den Köpfen größerer Lüfter u. dgl. mindestens 4 m, von eisernen Vertikalwänden, Masten, Deckstützen, Lüftern u. dgl. mindestens 3 m betragen. Diese Mindestentfernungen ermäßigen sich für Schiffe von 8500 bis 2900 cbm (3000 bis 1000 Br.-R.-T.) verhältnismäßig zur Schiffsgröße bis auf 50% ihres Wertes bei 2900 cbm Raumgehalt. Im Umkreis von 1,5 m um die Kompaßmitte ist jedes nicht zur Kompensation benötigte Eisen zu vermeiden, Geländerstangen und Stützen sind nötigenfalls durch nichtmagnetisches Material zu unterbrechen oder zu ersetzen. Auf Schiffen unter 2900 cbm (1000 Br.-R.-T.) Raumgehalt ist der Kompaß mindestens 1 m von den nächsten Eisenmassen entfernt zu halten. Der Abstand von beweglichen Eisenmassen, wie Lukendeckel, Türen, Ruderpinne, Köpfen von Lüftern muß so groß sein, daß der Kompaß durch die Bewegung der Eisenmassen nicht beeinflußt wird. Im Interesse der Sicherheit der Schiffsführung empfiehlt es sich, über die vorstehend angegebenen Mindestmaße hinauszugehen, soweit es die Einrichtung und die Bauart des Schiffes zulassen. Falls in Sonderfällen besondere Schwierigkeiten zur Erfüllung dieser Forderungen vorliegen, so ist für eine Abweichung von ihnen zuvor die Genehmigung der Seeberufsgenossenschaft einzuholen.

c) Bei der Aufstellung des Steuerkompasses und weiterer Kompasse sind die obigen Vorschriften nach Möglichkeit zu befolgen. Der Abstand zweier Kompasse voneinander muß so groß sein, daß die Rose und die Kompensierungseinrichtungen des einen Kompasses mindestens 1,5 m von der Rose und den Kompensierungseinrichtungen des anderen Kompasses entfernt sind. Läßt sich auf kleineren Schiffen die Aufstellung des Steuerkompasses in einem eisernen Ruderhaus nicht vermeiden, so ist er von den Wänden entfernt möglichst in der Mitte des eisenumschlossenen Raumes anzuordnen.

d) Für alle Kompasse müssen zweckdienliche Einrichtungen zur unveränderlichen und gesicherten Anbringung der üblichen Kompensierungsmittel geschaffen sein.

e) Alle Leitungen für elektrische Licht- und Kraftanlagen, die sich weniger als 5 m von der Kompaßrose entfernt befinden, müssen doppelpolig so gelegt sein, daß Hin- und Rückleitung unmittelbar zusammenliegen.

f) Auf Schiffen mit Kreiselkompaßanlagen muß mindestens ein mit Peilvorrichtungen versehener Magnetkompaß gebrauchsfertig so aufgestellt sein, wie es die obigen Vorschriften anordnen.

g) Es empfiehlt sich, die Schiffspläne von einer sachverständigen Seite dahin begutachten zu lassen, ob die für die Kompaßaufstellung vorgesehenen Plätze mit Rücksicht auf den Schiffsdienst und in magnetischer Hinsicht unter den vorliegenden Verhältnissen möglichst gut gewählt sind.

h) Soweit es die örtlichen Verhältnisse zulassen, ist das Schiff nach dem Stapellauf zur Ausrüstung auf einen dem Baukurs entgegengesetzten Kurs zu legen. Schiffe, die lange im Hafen auf ein und demselben Kurs gelegen haben, werden ebenfalls zweckmäßig einige Zeit vor Wiederaufnahme der Fahrt auf einen entgegengesetzten Kurs gelegt.

Angenäherter Betrag des durch Weicheisenkugeln kompensierten D.

Bei einem $+D$ müssen die Kugelmittelpunkte ungefähr folgenden Abstand voneinander haben:

Kugeln von ca. Durchmesser	80 cm	75 cm	70 cm	65 cm	60 cm	55 cm	
	und kompensieren dann etwa:						
14 cm	1°	1,5°	2°	2,5°	3°	4°	bei Thomson-Rosen
18 cm	1,5°	2°	2,5°	3,5°	5°	6°	bei Thomson-Rosen
22 cm	3,5°	4°	5°	6°	7,5°	9°	bei Thomson-Rosen
18 cm	2°	3°	5°	7°	—	—	bei Fluidkompaßrosen und einem magn. Moment von etwa 40 Mill. G.E.
22 cm	5°	7°	8,5°	11°	—	—	bei Fluidkompaßrosen und einem magn. Moment von etwa 40 Mill. G.E.

Bei Fluidkompaßrosen von größerem magnetischen Moment muß man die Kugelmittelpunkte weiter auseinanderrücken, und zwar für jede weiteren 10 Mill. G.E. etwa um 1,5 cm.

Angenäherter Betrag des durch eine Flindersstange kompensierten B_2.

Länge der Flindersstange	Die Flindersstange ist ein Vollzylinder von 8 cm Durchmesser:				Die Flindersstange ist ein Hohlzylinder von 8 cm Durchmesser und 1 cm Wandstärke:			
	Abstand der Rosenmitte von der Mittelachse der Flindersstange				Abstand der Rosenmitte von der Mittelachse der Flindersstange			
	25 cm	30 cm	35 cm	40 cm	25 cm	30 cm	35 cm	40 cm
30 cm	6°	5°	3°	2°	6°	4°	3°	2°
40 cm	14°	10°	6°	3°	12°	8°	5°	3°
50 cm	18°	13°	9°	5°	15°	10°	7°	5°
60 cm	23°	15°	11°	7°	17°	12°	8°	6°
70 cm	28°	17°	14°	9°	19°	13°	9°	7°
80 cm	30°	19°	15°	12°	20°	14°	10°	9°

Diese Werte gelten für die deutsche Küste als Basisstation. Hätte man B_2 für eine andere Basisstation berechnet, so müßte man die in dieser Tafel angegebenen Ablenkungen mit ($\tan I : 2{,}4$) multiplizieren.

Kompaßtafel für Striche und Grade (0—360°).

N bis O	Strich	Grade	O bis S	Strich	Grade	S bis W	Strich	Grade	W bis N	Strich	Grade
N$^1/_8$O	$^1/_8$	1,4	O$^1/_8$S	8$^1/_8$	91,4	S$^1/_8$W	16$^1/_8$	181,4	W$^1/_8$N	24$^1/_8$	271,4
N$^1/_4$O	$^1/_4$	2,8	O$^1/_4$S	8$^1/_4$	92,8	S$^1/_4$W	16$^1/_4$	182,8	W$^1/_4$N	24$^1/_4$	272,8
N$^3/_8$O	$^3/_8$	4,2	O$^3/_8$S	8$^3/_8$	94,2	S$^3/_8$W	16$^3/_8$	184,2	W$^3/_8$N	24$^3/_8$	274,2
N$^1/_2$O	$^1/_2$	5,6	O$^1/_2$S	8$^1/_2$	95,6	S$^1/_2$W	16$^1/_2$	185,6	W$^1/_2$N	24$^1/_2$	275,6
N$^5/_8$O	$^5/_8$	7,0	O$^5/_8$S	8$^5/_8$	97,0	S$^5/_8$W	16$^5/_8$	187,0	W$^5/_8$N	24$^5/_8$	277,0
N$^3/_4$O	$^3/_4$	8,4	O$^3/_4$S	8$^3/_4$	98,4	S$^3/_4$W	16$^3/_4$	188,4	W$^3/_4$N	24$^3/_4$	278,4
N$^7/_8$O	$^7/_8$	9,8	O$^7/_8$S	8$^7/_8$	99,8	S$^7/_8$W	16$^7/_8$	189,8	W$^7/_8$N	24$^7/_8$	279,8
NzO	**1**	**11,3**	**OzS**	**9**	**101,3**	**SzW**	**17**	**191,3**	**WzN**	**25**	**281,3**
NzO$^1/_8$O	1$^1/_8$	12,7	OSO$^7/_8$O	9$^1/_8$	102,7	SzW$^1/_8$W	17$^1/_8$	192,7	WNW$^7/_8$W	25$^1/_8$	282,7
NzO$^1/_4$O	1$^1/_4$	14,1	OSO$^3/_4$O	9$^1/_4$	104,1	SzW$^1/_4$W	17$^1/_4$	194,1	WNW$^3/_4$W	25$^1/_4$	284,1
NzO$^3/_8$O	1$^3/_8$	15,5	OSO$^5/_8$O	9$^3/_8$	105,5	SzW$^3/_8$W	17$^3/_8$	195,5	WNW$^5/_8$W	25$^3/_8$	285,5
NzO$^1/_2$O	1$^1/_2$	16,9	OSO$^1/_2$O	9$^1/_2$	106,9	SzW$^1/_2$W	17$^1/_2$	196,9	WNW$^1/_2$W	25$^1/_2$	286,9
NzO$^5/_8$O	1$^5/_8$	18,3	OSO$^3/_8$O	9$^5/_8$	108,3	SzW$^5/_8$W	17$^5/_8$	198,3	WNW$^3/_8$W	25$^5/_8$	288,3
NzO$^3/_4$O	1$^3/_4$	19,7	OSO$^1/_4$O	9$^3/_4$	109,7	SzW$^3/_4$W	17$^3/_4$	199,7	WNW$^1/_4$W	25$^3/_4$	289,7
NzO$^7/_8$O	1$^7/_8$	21,1	OSO$^1/_8$O	9$^7/_8$	111,1	SzW$^7/_8$W	17$^7/_8$	201,1	WNW$^1/_8$W	25$^7/_8$	291,1
NNO	**2**	**22,5**	**OSO**	**10**	**112,5**	**SSW**	**18**	**202,5**	**WNW**	**26**	**292,5**
NNO$^1/_8$O	2$^1/_8$	23,9	SOzO$^7/_8$O	10$^1/_8$	113,9	SSW$^1/_8$W	18$^1/_8$	203,9	NWzW$^7/_8$W	26$^1/_8$	293,9
NNO$^1/_4$O	2$^1/_4$	25,3	SOzO$^3/_4$O	10$^1/_4$	115,3	SSW$^1/_4$W	18$^1/_4$	205,3	NWzW$^3/_4$W	26$^1/_4$	295,3
NNO$^3/_8$O	2$^3/_8$	26,7	SOzO$^5/_8$O	10$^3/_8$	116,7	SSW$^3/_8$W	18$^3/_8$	206,7	NWzW$^5/_8$W	26$^3/_8$	296,7
NNO$^1/_2$O	2$^1/_2$	28,1	SOzO$^1/_2$O	10$^1/_2$	118,1	SSW$^1/_2$W	18$^1/_2$	208,1	NWzW$^1/_2$W	26$^1/_2$	298,1
NNO$^5/_8$O	2$^5/_8$	29,5	SOzO$^3/_8$O	10$^5/_8$	119,5	SSW$^5/_8$W	18$^5/_8$	209,5	NWzW$^3/_8$W	26$^5/_8$	299,5
NNO$^3/_4$O	2$^3/_4$	30,9	SOzO$^1/_4$O	10$^3/_4$	120,9	SSW$^3/_4$W	18$^3/_4$	210,9	NWzW$^1/_4$W	26$^3/_4$	300,9
NNO$^7/_8$O	2$^7/_8$	32,3	SOzO$^1/_8$O	10$^7/_8$	122,3	SSW$^7/_8$W	18$^7/_8$	212,3	NWzW$^1/_8$W	26$^7/_8$	302,3
NOzN	**3**	**33,8**	**SOzO**	**11**	**123,8**	**SWzS**	**19**	**213,8**	**NWzW**	**27**	**303,8**
NO$^7/_8$N	3$^1/_8$	35,2	SO$^7/_8$O	11$^1/_8$	125,2	SW$^7/_8$S	19$^1/_8$	215,2	NW$^7/_8$W	27$^1/_8$	305,2
NO$^3/_4$N	3$^1/_4$	36,6	SO$^3/_4$O	11$^1/_4$	126,6	SW$^3/_4$S	19$^1/_4$	216,6	NW$^3/_4$W	27$^1/_4$	306,6
NO$^5/_8$N	3$^3/_8$	38,0	SO$^5/_8$O	11$^3/_8$	128,0	SW$^5/_8$S	19$^3/_8$	218,0	NW$^5/_8$W	27$^3/_8$	308,0
NO$^1/_2$N	3$^1/_2$	39,4	SO$^1/_2$O	11$^1/_2$	129,4	SW$^1/_2$S	19$^1/_2$	219,4	NW$^1/_2$W	27$^1/_2$	309,4
NO$^3/_8$N	3$^5/_8$	40,8	SO$^3/_8$O	11$^5/_8$	130,8	SW$^3/_8$S	19$^5/_8$	220,8	NW$^3/_8$W	27$^5/_8$	310,8
NO$^1/_4$N	3$^3/_4$	42,2	SO$^1/_4$O	11$^3/_4$	132,2	SW$^1/_4$S	19$^3/_4$	222,2	NW$^1/_4$W	27$^3/_4$	312,2
NO$^1/_8$N	3$^7/_8$	43,6	SO$^1/_8$O	11$^7/_8$	133,6	SW$^1/_8$S	19$^7/_8$	223,6	NW$^1/_8$W	27$^7/_8$	313,6
NO	**4**	**45,0**	**SO**	**12**	**135,0**	**SW**	**20**	**225,0**	**NW**	**28**	**315,0**
NO$^1/_8$O	4$^1/_8$	46,4	SO$^1/_8$S	12$^1/_8$	136,4	SW$^1/_8$W	20$^1/_8$	226,4	NW$^1/_8$N	28$^1/_8$	316,4
NO$^1/_4$O	4$^1/_4$	47,8	SO$^1/_4$S	12$^1/_4$	137,8	SW$^1/_4$W	20$^1/_4$	227,8	NW$^1/_4$N	28$^1/_4$	317,8
NO$^3/_8$O	4$^3/_8$	49,2	SO$^3/_8$S	12$^3/_8$	139,2	SW$^3/_8$W	20$^3/_8$	229,2	NW$^3/_8$N	28$^3/_8$	319,2
NO$^1/_2$O	4$^1/_2$	50,6	SO$^1/_2$S	12$^1/_2$	140,6	SW$^1/_2$W	20$^1/_2$	230,6	NW$^1/_2$N	28$^1/_2$	320,6
NO$^5/_8$O	4$^5/_8$	52,0	SO$^5/_8$S	15$^5/_8$	142,0	SW$^5/_8$W	20$^5/_8$	232,0	NW$^5/_8$N	28$^5/_8$	322,0
NO$^3/_4$O	4$^3/_4$	53,4	SO$^3/_4$S	12$^3/_4$	143,4	SW$^3/_4$W	20$^3/_4$	233,4	NW$^3/_4$N	28$^3/_4$	323,4
NO$^7/_8$O	4$^7/_8$	54,8	SO$^7/_8$S	12$^7/_8$	144,8	SW$^7/_8$W	20$^7/_8$	234,8	NW$^7/_8$N	28$^7/_8$	324,8
NOzO	**5**	**56,3**	**SOzS**	**13**	**146,3**	**SWzW**	**21**	**236,3**	**NWzN**	**29**	**326,3**
NOzO$^1/_8$O	5$^1/_8$	57,7	SSO$^7/_8$O	13$^1/_8$	147,7	SWzW$^1/_8$W	21$^1/_8$	237,7	NNW$^7/_8$W	29$^1/_8$	327,7
NOzO$^1/_4$O	5$^1/_4$	59,1	SSO$^3/_4$O	13$^1/_4$	149,1	SWzW$^1/_4$W	21$^1/_4$	239,1	NNW$^3/_4$W	29$^1/_4$	329,1
NOzO$^3/_8$O	5$^3/_8$	60,5	SSO$^5/_8$O	13$^3/_8$	150,5	SWzW$^3/_8$W	21$^3/_8$	240,5	NNW$^5/_8$W	29$^3/_8$	330,5
NOzO$^1/_2$O	5$^1/_2$	61,9	SSO$^1/_2$O	13$^1/_2$	151,9	SWzW$^1/_2$W	21$^1/_2$	241,9	NNW$^1/_2$W	29$^1/_2$	331,9
NOzO$^5/_8$O	5$^5/_8$	63,3	SSO$^3/_8$O	13$^5/_8$	153,3	SWzW$^5/_8$W	21$^5/_8$	243,3	NNW$^3/_8$W	29$^5/_8$	333,3
NOzO$^3/_4$O	5$^3/_4$	64,7	SSO$^1/_4$O	13$^3/_4$	154,7	SWzW$^3/_4$W	21$^3/_4$	244,7	NNW$^1/_4$W	29$^3/_4$	334,7
NOzO$^7/_8$O	5$^7/_8$	66,1	SSO$^1/_8$O	13$^7/_8$	156,1	SWzW$^7/_8$W	21$^7/_8$	246,1	NNW$^1/_8$W	29$^7/_8$	336,1
ONO	**6**	**67,5**	**SSO**	**14**	**157,5**	**WSW**	**22**	**247,5**	**NNW**	**30**	**337,5**
ONO$^1/_8$O	6$^1/_8$	68,9	SzO$^7/_8$O	14$^1/_8$	158,9	WSW$^1/_8$W	22$^1/_8$	248,9	NzW$^7/_8$W	30$^1/_8$	338,9
ONO$^1/_4$O	6$^1/_4$	70,3	SzO$^3/_4$O	14$^1/_4$	160,3	WSW$^1/_4$W	22$^1/_4$	250,3	NzW$^3/_4$W	30$^1/_4$	340,3
ONO$^3/_8$O	6$^3/_8$	71,7	SzO$^5/_8$O	14$^3/_8$	161,7	WSW$^3/_8$W	22$^3/_8$	251,7	NzW$^5/_8$W	30$^3/_8$	341,7
ONO$^1/_2$O	6$^1/_2$	73,1	SzO$^1/_2$O	14$^1/_2$	163,1	WSW$^1/_2$W	22$^1/_2$	253,1	NzW$^1/_2$W	30$^1/_2$	343,1
ONO$^5/_8$O	6$^5/_8$	74,5	SzO$^3/_8$O	14$^5/_8$	164,5	WSW$^5/_8$W	22$^5/_8$	254,5	NzW$^3/_8$W	30$^5/_8$	344,5
ONO$^3/_4$O	6$^3/_4$	75,9	SzO$^1/_4$O	14$^3/_4$	165,9	WSW$^3/_4$W	22$^3/_4$	255,9	NzW$^1/_4$W	30$^3/_4$	345,9
ONO$^7/_8$O	6$^7/_8$	77,3	SzO$^1/_8$O	14$^7/_8$	167,3	WSW$^7/_8$W	22$^7/_8$	257,3	NzW$^1/_8$W	30$^7/_8$	347,3
OzN	**7**	**78,8**	**SzO**	**15**	**168,8**	**WzS**	**23**	**258,8**	**NzW**	**31**	**348,8**
O$^7/_8$N	7$^1/_8$	80,2	S$^7/_8$O	15$^1/_8$	170,2	W$^7/_8$S	23$^1/_8$	260,2	N$^7/_8$W	31$^1/_8$	350,2
O$^3/_4$N	7$^1/_4$	81,6	S$^3/_4$O	15$^1/_4$	171,6	W$^3/_4$S	23$^1/_4$	261,6	N$^3/_4$W	31$^1/_4$	351,6
O$^5/_8$N	7$^3/_8$	83,0	S$^5/_8$O	15$^3/_8$	173,0	W$^5/_8$S	23$^3/_8$	263,0	N$^5/_8$W	31$^3/_8$	353,0
O$^1/_2$N	7$^1/_2$	84,4	S$^1/_2$O	15$^1/_2$	174,4	W$^1/_2$S	23$^1/_2$	264,4	N$^1/_2$W	31$^1/_2$	354,4
O$^3/_8$N	7$^5/_8$	85,8	S$^3/_8$O	15$^5/_8$	175,8	W$^3/_8$S	23$^5/_8$	265,8	N$^3/_8$W	31$^5/_8$	355,8
O$^1/_4$N	7$^3/_4$	87,2	S$^1/_4$O	15$^3/_4$	177,2	W$^1/_4$S	23$^3/_4$	267,2	N$^1/_4$W	31$^3/_4$	357,2
O$^1/_8$N	7$^7/_8$	88,6	S$^1/_8$O	15$^7/_8$	178,6	W$^1/_8$S	23$^7/_8$	268,6	N$^1/_8$W	31$^7/_8$	358,6
Ost	**8**	**90,0**	**Süd**	**16**	**180,0**	**West**	**24**	**270,0**	**Nord**	**32**	**360,0**

Bezeichnung der Kompaßstriche.

Deutsch	Englisch	Französisch	Italienisch	Spanisch	Schwedisch Norwegisch Dänisch	Holländisch	Portugiesisch
NORD	**NORTH**	**NORD**	**TRAMONTANA**	**NORTE**	**NORD**	**NOORD**	**NORTE**
N. z. Ost	N. by E.	N. quart N.E.	Tra. quarto Greco.	N.cuartaN.E.	N. til Ost	N. ten Oost	N. quarta Nordeste
N. N. O.	N. N. E.	N. N. E.	Greco Tram.	N. N. E.	N. N. O.	N. N. O.	Nornordeste
N. O. z. N.	N. E. by N.	N. E. q. N.	Greco q. Tram.	N. E. c. N.	N. O. til N.	N. O. ten N.	N. E. q. N.
N. O.	N. E.	N. E.	Greco	N. E.	N. O.	N. O.	Nordeste
N. O. z. O.	N. E. by E.	N. E. q. E.	Gr. q. Levante	N. E. c. E.	N. O. til O.	N. O. ten O.	N. E. q. Leste
O. N. O.	E. N. E.	E. N. E.	Greco Levante	E. N. E.	O. N. O.	O. N. O.	Lesnordeste
O. z. N.	E. by N.	E. q. N. E.	Lev. q. Greco	E. c. N. E.	O. til N.	O. ten N.	E. q. N. E.
OST	**EAST**	**EST**	**LEVANTE**	**ESTE**	**OST**	**OOST**	**ESTE** (Leste)
O. z. S.	E. by S.	E. q. S. E.	Lev. q. Scirocco	E. c. S. E.	O. til S.	O. ten Z.	E. q. S. E.
O. S. O.	E. S. E.	E. S. E.	Scirocco Levante	E. S. E.	O. S. O.	O. Z. O.	Lessueste
S. O. z. O.	S. E. by E.	S. E. q. E.	Scir. q. Lev.	S. E. c. E.	S. O. til O.	Z. O. ten O.	S. E. q. Leste
S. O.	S. E.	S. E.	Scirocco	S. E.	S. O.	Z. O.	Sudeste (Sueste)
S. O. z. S.	S. E. by S.	S. E. q. S.	Scir. q. Ostro	S. E. c. S.	S. O. til S.	Z. O. ten Z.	S. E. q. Sul
S. S. O.	S. S. E.	S. S. E.	Ostro Scirocco	S. S. E.	S. S. O.	Z. Z. O.	Susueste
S. z. O.	S. by E.	S. q. S. E.	Ostro q. Scir.	S. c. S. E.	S. til O.	Z. ten O.	S. q. S. E.
SÜD	**SOUTH**	**SUD**	**OSTRO**	**SUR**	**SYD**	**ZUID**	**SUL**
S. z. W.	S. by W.	S. q. S. O.	Ost. q. Libeccio	S. c. S. O.	S. til V.	Z. ten W.	S. q. S. O.
S. S. W.	S. S. W.	S. S. O.	Ostro Libeccio	S. S. O.	S. S. V.	Z. Z. W.	Susudoeste
S. W. z. S.	S. W. by S.	S. O. q. S.	Lib. q. Ostro	S. O. c. S.	S. V. til S.	Z. W. ten Z.	S. O. q. S.
S. W.	S. W.	S. O.	Libeccio	S. O.	S. V.	Z. W.	Sudoeste (Sudueste)
S. W. z. W.	S. W. by W.	S. O. q. O.	Lib. q. Ponente	S. O. c. O.	S. V. til V.	Z. W. ten W.	S. O. q. Oeste
W. S. W.	W. S. W.	O. S. O.	Ponente Libeccio	O. S. O.	V. S. V.	W. Z. W.	Oessudoeste
W. z. S.	W. by S.	O. q. S. O.	Pon. q. Libeccio	O. c. S. O.	V. til S.	W. ten Z.	O. q. S. O.
WEST	**WEST**	**OUEST**	**PONENTE**	**OESTE**	**VEST**	**WEST**	**OESTE** (Ueste)
W. z. N.	W. by N.	O. q. N. O.	Pon. q. Maestro	O. c. N. O.	V. til N.	W. ten N.	O. q. N. O.
W. N. W.	W. N. W.	O. N. O.	Ponente Maestro	O. N. O.	V. N. V.	W. N. W.	Oesnoroeste
N. W. z. W.	N. W. by W.	N. O. q. O.	Ma. q. Ponente	N. O. c. O.	N. V. til V.	N. W. ten W.	N. O. q. O.
N. W.	N. W.	N. O.	Maestro	N. O.	N. V.	N. W.	Noroeste (Norueste)
N. W. z. N.	N. W. by N.	N. O. q. N.	Ma. q. Tramontana	N. O. c. N.	N. V. til N.	N. W. ten N	N. O. q. N.
N. N. W.	N. N. W.	N. N. O.	Maestro Tramontana	N. N. O.	N. N. V.	N. N. W.	Nornoroeste
N. z. W.	N. by W.	N. q. N. O.	Tram. q. Maes.	N. c. N. O.	N. til V.	N. ten W.	N. q. N. O.

Tafeln zur schnellen Berechnung der Ablenkung aus den Ablenkungskoeffizienten.

B	***B* sin *z*** (Kurswinkel in Graden)									
	0°	10°	20°	30°	40°	50°	60°	70°	80°	90°
	°	°	°	°	°	°	°	°	°	°
0°	0,0	0,0	0,0	0,0	0,0	0,0	0,0	0,0	0,0	0,0
1°	0,0	0,2	0,3	0,5	0,6	0,8	0,9	0,9	1,0	1,0
2°	0,0	0,3	0,7	1,0	1,3	1,5	1,7	1,9	2,0	2,0
3°	0,0	0,5	1,0	1,5	1,9	2,3	2,6	2,8	3,0	3,0
4°	0,0	0,7	1,4	2,0	2,6	3,1	3,5	3,8	3,9	4,0
5°	0,0	0,9	1,7	2,5	3,2	3,8	4,3	4,7	4,9	5,0
6°	0,0	1,0	2,1	3,0	3,9	4,6	5,2	5,6	5,9	6,0
7°	0,0	1,2	2,4	3,5	4,5	5,4	6,1	6,6	6,9	7,0
8°	0,0	1,4	2,7	4,0	5,1	6,1	6,9	7,5	7,9	8,0
9°	0,0	1,6	3,1	4,5	5,8	6,9	7,8	8,5	8,9	9,0
10°	0,0	1,7	3,4	5,0	6,4	7,7	8,7	9,4	9,8	10,0
C	90°	80°	70°	60°	50°	40°	30°	20°	10°	0°
	C* cos *z (Kurswinkel in Graden)									

D	***D* sin 2 *z*** (Kurswinkel in Graden)				
	0°	10°	20°	30°	40°
	90°	80°	70°	60°	50°
	°	°	°	°	°
0,5°	0,0	0,2	0,3	0,4	0,5
1°	0,0	0,3	0,6	0,9	1,0
2°	0,0	0,7	1,3	1,7	2,0
3°	0,0	1,0	1,9	2,6	3,0
4°	0,0	1,4	2,6	3,5	3,9
5°	0,0	1,7	3,2	4,3	4,9

E	***E* cos 2 *z*** (Kurswinkel in Graden)				
	0°	10°	20°	30°	40°
	90°	80°	70°	60°	50°
	°	°	°	°	°
0,5°	0,5	0,5	0,4	0,3	0,1
1,0°	1,0	0,9	0,8	0,5	0,2
1,5°	1,5	1,4	1,1	0,8	0,3
2,0°	2,0	1,9	1,5	1,0	0,3
2,5°	2,5	2,3	1,9	1,3	0,4
3,0°	3,0	2,8	2,3	1,5	0,5

Vorzeichenregeln.

$+A$	$+B$	$+C$	$+D$	$+E$
+ | +	− | +	+ | +	− | +	oben +
+ | +	− | +	− | −	+ | −	links −, rechts −, unten +

$-A$	$-B$	$-C$	$-D$	$-E$
− | −	+ | −	− | −	+ | −	oben −
− | −	+ | −	+ | +	− | +	links +, rechts +, unten −

Sollte ein Koeffizient einen größeren Wert haben, als hier angegeben, so dividiere man denselben durch 2, gehe dann mit dem Quotienten in die Spalte ein und multipliziere den entnommenen Wert mit 2.

Beispiel: $B = 20°$, gehe mit 10° in die Tafel ein und multipliziere den entnommenen Wert mit 2.

VII. Gezeitenberechnung.

Erklärungen, betreffend die Tidenerscheinungen.

Hochwasserhöhe (*HWH*) ist die Höhe des Wasserspiegels über Kartennull bei *HW*.

Niedrigwasserhöhe (*NWH*) ist die Höhe des Wasserspiegels über Kartennull bei *NW*.

Tidenstieg ist der Höhenunterschied zwischen *NWH* und darauf folgender *HWH*.

Tidenfall ist der Höhenunterschied zwischen *HWH* und darauf folgender *NWH*.

Tidenhub (*TH*) ist das arithmetische Mittel aus Tidenstieg und Tidenfall einer Tide. Verbindet man die Orte mit gleichem Tidenhub in Gezeitenkarten durch Linien, so nennt man den Raum zwischen zwei solchen Linien **Hubzone**.

Springzeit (*Sp*) ist der Zeitpunkt der stärksten Einwirkung von Mond und Sonne auf die Tidenerscheinung.

Nippzeit (*Np*) ist der Zeitpunkt der geringsten Einwirkung von Mond und Sonne auf die Tidenerscheinung.

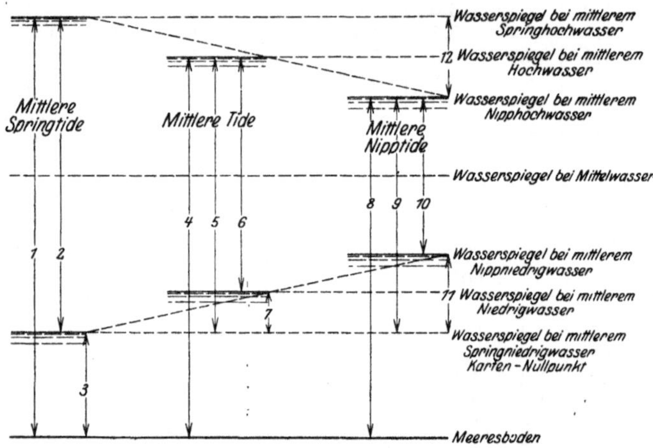

Abb. 108. Graphische Darstellung der Gezeitenerscheinung.

1 = Wassertiefe bei *SpHW*. 2 = mittlere Springhochwasserhöhe (*mSpHWH*) = mittlerer Springtidenhub (*mSpTH*). 3 = Kartentiefe = Wassertiefe bei mittlerem *SpNW*. 4 = Wassertiefe bei mittlerem *HW*. 5 = mittlere *HWH*. 6 = mittlerer Tidenhub (*mTH*). 7 = mittlere *NWH*. 8 = Wassertiefe bei mittlerem Nipphochwasser. 9 = mittlere *NpHWH*. 10 = mittlerer Nipptidenhub (*mNpTH*). 11 = mittlere *NpNWH*. 12 = $u = SpHWH - NpHWH$.

Berechnung der Tidenhübe aus den Hochwasserständen und umgekehrt.

$$mSpTH = mNpTH + 2u \qquad mSpTH = mTH + u$$
$$mNpTH = mSpTH - 2u \qquad mSpTH = mSpHWH$$
$$mTH = (mSpTH + mNpTH) : 2 \qquad mNpTH = 2\,mNpHWH - mSpHWH$$
$$mNpTH = mTH - u \qquad mTH = mNpHWH.$$

Springverspätung ist der Zeitunterschied zwischen dem Zeitpunkt des Voll- oder Neumonds und der Springzeit. Sie beträgt durchschnittlich 0—3 Tage, kann aber auch negativ sein (**Springverfrühung**).

Springtide (*SpT*) ist die Tide, die das der Springzeit am nächsten liegende *HW* bringt. Ihr Hochwasser heißt **Springhochwasser**, ihr Niedrigwasser **Springniedrigwasser**; das Mittel aus beiden ist der **Springtidenhub**. Ebenso erklären sich: **Nipptide**, **Nipphochwasser**, **Nippniedrigwasser**, **Nipptidenhub**.

Mittelwasser (*MW*) ist das Mittel aus möglichst vielen während mehrerer Jahre gleichmäßig über den Verlauf der Tiden verteilten Wasserstände. Es ist nicht gleich dem Mittel aus *HW* und *NW* einer Tide. Das *MW* aller Europa umgebenden Meere liegt fast überall in gleicher Höhe.

Normal-Null (*NN*), der Nullpunkt für alle Höhenmessungen aut dem festen Lande, liegt in Deutschland 15 cm über *MW*.

Karten-Null (*KN*) der deutschen Seekarten liegt wie das der Seekarten Englands, Dänemarks, Norwegens und Japans in der Höhe des mittleren Springniedrigwassers. Das holländische und amerikanische *KN* liegt in der Höhe des mittleren *NW*. Das französische und spanische *KN* liegt in der Höhe des niedrigsten beobachteten Wasserstandes. Alle Höhenangaben der Seekarten und der Gezeitentafel beziehen sich, sofern nicht ausdrücklich anderes bemerkt ist, auf *KN*.

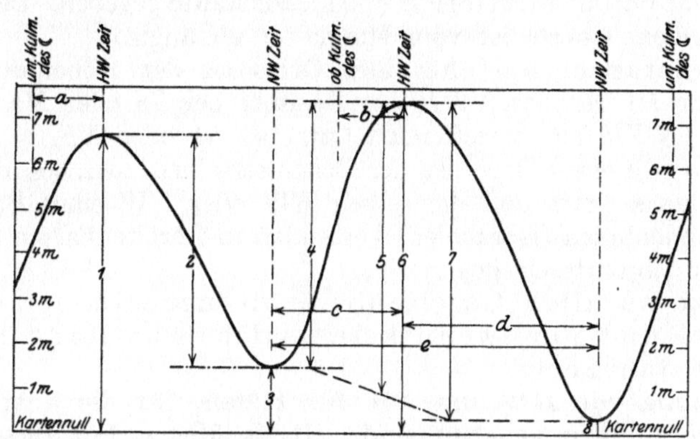

Abb. 109. Graphische Darstellung der Gezeitenerscheinung.

1 u. 6 = *HWH*; 2 und 7 = Tidenfall; 3 und 8 = *NWH*; 4 = Tidenstieg; 5 = Tidenhub = $\frac{1}{2}(4 + 7)$; *a* und *b* = ☾ Flutintervall; *c* = Steigdauer; *d* = Falldauer; *e* = eine ganze Tide = $c + d$.

Schiffahrtspegel. Alle ausdrücklich durch ein Schild als „Schiffahrtspegel" kenntlich gemachten Pegel der deutschen Küste geben die Wasserstände über *KN*. Alle anderen Pegel (sog. Betriebspegel) haben andere Nullpunkte und sind deren Angaben für die Navigation nicht ohne weiteres anwendbar (s. darüber Gezeitentafel).

Mondflutintervall ist die Zwischenzeit zwischen Mondkulmination und Eintritt des *HW*.

Gewöhnliche Hafenzeit ist das Mondflutintervall bei Voll- und Neumond.

Verbesserte Hafenzeit nennt man das mittlere Mondflutintervall.

Halbmonatliche Ungleichheit in Zeit ist die Abweichung des Mondflutintervalls der einzelnen Tage vom mittleren Mondflutintervall. Sie ist abhängig vom Mondalter, aber auch von der Ortszeit der Mondkulmination.

Halbmonatliche Ungleichheit in Höhe ist die Abweichung der *HWH* der einzelnen Tage von der mittleren *HWH*. Sie ist abhängig vom Mondalter.

Mondalter sind die Anzahl Tage, die seit dem Tage des Neumonds oder Vollmonds verflossen sind. 0 = Neumond, 14 = Vollmond, 7 = erstes oder letztes Viertel.

Tägliche Ungleichheit in Zeit ist der Unterschied in der Zwischenzeit, die zwischen Vormittags- und Nachmittags-*HW* einerseits und dem Nachmittags-*HW* und darauf folgendem Vormittags-*HW* anderseits liegt. Dasselbe gilt für Niedrigwasser.

Tägliche Ungleichheit in Höhe ist der Unterschied der Wasserstände zweier aufeinander folgender *HW* ein und desselben Tages.

Tidekonstante in Zeit eines Ortes ist der Zeitunterschied zwischen dem Eintritt des *HW* oder *NW* am Basisort und dem Eintritt desselben *HW* oder *NW* am betreffenden Ort. In der Gezeitentafel ist von einem Orte meistens nur die mittlere *HW*-Tidekonstante gegeben. Der genaue Wert der Tidekonstante ist vom Mondalter abhängig.

Tidekonstante in Höhe eines Ortes ist der Höhenunterschied zwischen der *HWH* oder *NWH* am Basisort bei *Sp* oder *Np* und der *HWH* bzw. *NWH* am betreffenden Orte bei *Sp* oder *Np*.

Flutstunde eines Ortes ist der Zeitunterschied zwischen dem *HW* oder *NW* dieses Ortes und demselben *HW* oder *NW* eines Basisortes. Die Flutstundenlinien (Isorachien) verbinden in Gezeitenkarten alle Orte mit gleicher Eintrittszeit des *HW*.

Benutze zu allen Gezeitenberechnungen immer die Gezeitentafel und nur, wenn keine solche zur Hand ist, das Nautische Jahrbuch.

Berechnung von *HW* und *NW* für Häfen, für die ausführliche Vorausberechnungen gegeben sind. (Basishäfen.) Für diese Häfen kann man der Gezeitentafel die *HW*- und *NW*-Zeiten und die *HWH* und *NWH* ohne weiteres entnehmen. Sind keine *NWH* gegeben, so kann man solche mit Hilfe des Mondalters, der Springverspätung, des Tidenhubs und der *HWH* leicht schätzen. Zu beachten sind die Zeitangaben! Für außereuropäische Häfen sind alle Zeitangaben in *MOZ* gemacht, für die europäischen Häfen in *OEZ* oder *MEZ*.

Berechnung der *HW* und *NW* für Häfen, für die Tidekonstanten gegeben sind. Entnimm der Gezeitentafel die *HW*- und *NW*-Zeiten der Basisstation und bringe daran den Wert der Tidekonstante gegen *HW* und *NW*. Unter Umständen ist das *HW* der Basisstation für den vorhergehenden oder auch für den nächstfolgenden Tag zu entnehmen. Ist keine Tidekonstante gegen *NW* gegeben, so berechnet man das *NW* aus den Hochwasserzeiten durch Anbringen der Steig- oder Falldauer, oder wenn auch diese nicht bekannt sind, durch Anbringen der halben Zwischenzeit zwischen den einschließenden *HW*. Zur Berechnung der Wasserhöhen benutzt man die gegebenen Höhenunterschiede für *HW* und *NW* zu Spring- und Nippzeit unter Berücksichtigung des Mondalters und der Springverspätung. Evtl. muß man sich die Wasserhöhen aus den Hüben unter Berücksichtigung des Mondalters berechnen.

Berechnung von *HW* und *NW* für Häfen, für die nur die Hafenzeit gegeben ist. Entnimm dem Kalender der Gezeitentafel (oder dem Nautischen Jahrbuch Tafel 5) die *MOZ* des Meridiandurchganges des ☾ in

Greenwich. Wenn dieser Wert + Hafenzeit größer als 24^h ist, so entnimm den Wert für das vorhergehende Datum. Bringe daran die Verbesserung für Länge und erhalte so die *MOZ* des Meridiandurchganges des ☾ am Orte. Dazu addiere, um *HW*-Zeit zu erhalten, die Hafenzeit. Die Zeit des *NW* erhält man bei normaler Dauer der Ebbe durch Addition oder Subtraktion von $^1/_4$ Mondtag (= $6^h\ 12^m$). Ist Fall- oder Steigdauer bekannt, so verwende man diese. Man muß damit rechnen, daß man mit Hilfe der Hafenzeit die *HW*- und *NW*-Zeiten nur auf etwa 1 Stunde genau erhält. Die Berechnung der Wasserstände erfolgt unter Berücksichtigung von Mondalter und Springverspätung mit Hilfe der gegebenen Werte so gut als möglich. Es handelt sich auch hierbei nur um Annäherungswerte.

Beschickung der geloteten Wassertiefe auf Kartentiefe. Um eine gelotete *WT* mit den Angaben der Seekarte vergleichen zu können, muß die Lotung auf Kartennull beschickt werden. Dazu muß man kennen: 1. Steig- bzw. Falldauer (rund 6^h); 2. Tidenstieg bzw. Tidenfall (ang. gleich dem Hub); 3. die Zwischenzeit zwischen Lotung und nächstliegendem *HW*; 4. die Wasserhöhe bei dem nächstliegenden *HW*.

Der Tafel 8 des Nautischen Jahrbuchs entnimmt man dann den Wert, den man von der geloteten *WT* subtrahieren muß, um ***WT* bei *NW*** zu erhalten. Um die Lotung auf *KN* zu beschicken, muß noch die *WH* bei *NW* bekannt sein. Oder:

Der Tafel I der Gezeitentafel entnimmt man den Höhenunterschied des geloteten Wasserstandes gegen den des zeitlich nächstliegenden *HW*. Dieser Wert ist von der ***HWH*** abzuziehen, um die Beschickung auf *KN* zu erhalten.

Gelotete Tiefe — Beschickung auf Kartennull = Kartentiefe.

Bei Basishäfen ist es vorteilhafter, die „Beschickung auf Kartennull" den in der Gezeitentafel gegebenen Tidenkurven zu entnehmen.

Da Kartennull ein Mittelwert ist, so muß man damit rechnen, daß unter Umständen an dem betreffenden Orte geringere Tiefen gefunden werden als in der Karte angegeben sind. Besonders niedrige Wasserstände treten auf in den Springzeiten, an denen sich der Voll- oder Neumond in Erdnähe befindet. Ferner an den europäischen Küsten zur Zeit der Nachtgleichen und in den tropischen Meeren zur Zeit der Sonnenwenden. Auch lange Zeit hindurch wehende ablandige Winde können besonders niedrige Wasserstände hervorrufen.

Bestimmung des Gezeitenstromes. Überall da, wo die Flutwelle keine oder nur geringe Hindernisse findet, wechselt die Gezeitenströmung halbwegs zwischen Hoch- und Niedrigwasser ihre Richtung, so daß der Flutstrom ungefähr von 3 Stunden vor bis 3 Stunden nach Hochwasser läuft, der Ebbestrom von 3 Stunden vor bis 3 Stunden nach Niedrigwasser, und beide ihre größte Stärke bei Hoch- bzw. bei Niedrigwasser erreichen. Setzen sich aber dem Fortschreiten der Flutwelle Hindernisse (z. B. ansteigender Meeresboden, Verengung des Strombettes, Küsten usw.) entgegen, so daß eine Reflexion der Welle in entgegengesetzter Richtung erfolgt (eine stehende Welle entsteht), so kann eine Annäherung des Stromwechsels an die Hoch- und Niedrigwasserzeit erfolgen, die bis zum Zusammenfallen beider sich steigern kann, so daß dann die Regel gilt: Solange das Wasser steigt, läuft Flutstrom, solange das Wasser fällt, Ebbestrom.

Daraus ergibt sich, daß aus der Kenntnis der Zeit des Hochwassers allein noch nichts über die Stromverhältnisse gefolgert werden kann. Je nach dem Grade der Behinderung der Fortpflanzung der Flutwelle wird man alle möglichen Zwischenzeiten zwischen Hoch- bzw. Niedrigwasser einerseits und dem Stromwechsel anderseits erwarten können. Man muß sich nur vor der falschen Anschauung hüten, daß das Steigen des Wassers immer gleichbedeutend mit Flutstrom und das Fallen des Wassers immer gleichbedeutend mit Ebbestrom sei. Das Fortschreiten des Wellenberges ist eben nur eine Verschiebung der Gestalt des Wasserspiegels.

Um den jeweiligen Gezeitenstrom im Bereich der europäischen Küsten für eine bestimmte Zeit festzustellen, berechne man die Zwischenzeit zwischen dieser Zeit und der Zeit des Meridiandurchganges des ☾ in Greenwich. Mit dieser Zwischenzeit kann man den der Gezeitentafel beigegebenen Strömungskarten den jeweiligen Gezeitenstrom leicht angenähert entnehmen. Für außereuropäische Orte müssen die in den Seehandbüchern gemachten Angaben zu Rate gezogen werden.

Beispiele der Gezeitenberechnung.

a) Basishafen. Wann ist nach *MEZ* am 17. Dezember 1924 bei Helgoland *HW* und *NW*? Welche Wasserstände über *KN* sind dann zu erwarten? Um $1^h\,30^m$ nachmittags lotete man dort eine *WT* von 12 m. Es soll die mit der Karte zu vergleichende *WT* berechnet werden. Mit welcher Strömung war zur Zeit der Lotung zu rechnen?

In der Gezeitentafel findet man:

Helgoland 17. XII. *MEZ*	Vm		Nm	
	Zeit	Höhe	Zeit	Höhe
HW	$2^h\,55^m$	2,6	$3^h\,25^m$	2,3
NW	$9^h\,40^m$	0,1	$9^h\,55^m$	0,5

Lotung = $1^h\,30^m$ Nm
nächst. *HW* = $3^h\,25^m$ Nm
ZU = $1^h\,55^m$ vor *HW*.

NW = $9^h\,40^m$ Höhe = 0,1 m
HW = $3^h\,25^m$ Höhe = 2,3 m
Steigdauer = $5^h\,45^m$ Tidenstieg = 2,2 m

Gezeitentafel *T* I = 0,5 m
HWH = 2,3 m
WH um $1^h\,30^m$ = 1,8 m [1])
Lotung = 12,0 m
KT = 10,2 m

Lotung = $1^h\,30^m$ Nm *MEZ* 17. XII.
= $0^h\,30^m$ Nm *MGZ* 17. XII.
nächste ☾ Kulm. = $4^h\,48^m$ Nm *MGZ* 17. XII.
Lotung fand statt = $4^h\,18^m$ vor ☾ Kulm. in Gr.

Aus Stromkarte III findet man:
Strom setzt Ost bis OSO
1—2 Sm pro Stunde.

b) Hafen, für den Tidekonstanten gegeben sind. Wann ist nach *MEZ* *HW* und *NW* in Port Talbot am 17. Dezember 1924? Welche Wasserstände über *KN* sind dann zu erwarten?

In der Gezeitentafel findet man:

17. XII.	*HW*		*NW*	
	Vm	Nm	Vm	Nm
Greenock	$4^h\,45^m$	$4^h\,40^m$	$10^h\,15^m$	$10^h\,35^m$
Tidekonstante	$+\,6^h\;9^m$	$+\,6^h\;9^m$	$-\,5^h\;6^m$	$-\,5^h\;6^m$
Port Talbot	$10^h\,54^m$	$10^h\,49^m$	$5^h\;9^m$	$5^h\,29^m$

Da am 11. Dezember Vollmond war, so ist:

Mondalter am 17. XII. = 6 Tage
Springverspätung in Greenock = 2 Tage
Alter der Gezeit am 17. XII. = 4 Tage.

[1]) Die Tidenkurve von Helgoland für mittlern Tidenhub ergibt ebenfalls *WH* über *KN* = 1,8 m.

Der Höhenunterschied für *HW* bei Springzeit ist nach der Gezeitentafel +5,9 m, bei Nippzeit +3,9 m, man kann also mit einem Höhenunterschied von 5 m rechnen und man hat Wasserstand in m über *KN*

17. XII.	bei *HW*		bei *NW*	
	Vm	Nm	Vm	Nm
Greenock	2,6	2,9	0,6	0,4
Höhenunterschied .	+5	+5	?	?
Port Talbot . . .	$7^1/_2$	8	$^1/_2$	$^1/_2$

c) Hafen, für den nur Hafenzeit gegeben ist. Wann war nach *MOZ HW* und *NW* bei Mogador (31,5° N 9,8° W) am 5. Juli 1924. Hafenzeit für Mogador = $1^h\ 27^m$. Welche Tidenverhältnisse sind zu erwarten?

In der Gezeitentafel findet man:

		unt. Kulm.	ob. Kulm.
MOZ d. Kulm. d. ☾ in Greenwich	=	$2^h\ 17^m$ Vm	$2^h\ 41^m$ Nm
Verbesserung für Länge 0,13 × 9,8	=	+ 1^m	+ 1^m
MOZ d. Kulm. d. ☾ am Orte . .	=	$2^h\ 18^m$ Vm	$2^h\ 42^m$ Nm
Hafenzeit	=	$+1^h\ 27^m$	$+1^h\ 27^m$
MOZ d. *HW* in Mogador	=	$3^3/_4$ Vm	4^h Nm
Angen. $^1/_4$ ☾ Tag	=	$6^1/_4{}^h$	$6^1/_4{}^h$
MOZ d. *NW* in Mogador	=	10^h Vm	$10^1/_4{}^h$ Nm

Da am 2. Juli Neumond war, ist das Mondalter 3 Tage, und da man in der Gegend von Mogador mit einer Springverspätung von 2 Tagen rechnen muß, so ist etwa 1 Tag seit der Springtide verflossen.

VIII. Wetter- und Meereskunde.

1. Wetterkunde[1]).

Erklärung einiger wichtiger meteorologischer Begriffe. In den unteren 10—12 km ist die Luft ein Gemisch von 79 Raumteilen Stickstoff und 21 Raumteilen Sauerstoff.

Isobaren sind Linien, die Orte gleichen Luftdrucks miteinander verbinden.

Isothermen sind Linien, die Orte gleicher Temperatur miteinander verbinden.

Befindet sich an einem Ort ein Gebiet hohen Luftdrucks, so sagt man, es befindet sich dort ein Maximum oder ein Hochdruckgebiet.

Gebiete niedrigen Luftdrucks bezeichnet man als Minima, Tiefdruck- oder Depressionsgebiete.

Gradient ist der Luftdruckunterschied in mm auf 60 Sm, senkrecht zu den Isobaren gemessen.

Absolute Feuchtigkeit = Anzahl Gramm Wasserdampf, die 1 cbm Luft enthält.

Spezifische Feuchtigkeit: Anzahl Gramm Wasserdampf, die 1 kg Luft enthält.

---

1) Eine erschöpfende Darstellung dieses Teiles findet man in Krauß: Maritime Meteorologie und Ozeanographie. Berlin: Julius Springer 1917.

Relative Feuchtigkeit ist das Verhältnis der tatsächlich vorhandenen Wasserdampfmenge zu der bei der jeweiligen Temperatur möglichen.

Wolken sind Ansammlungen flüssigen Wassers in Tröpfchenform. Sie ziehen mit dem Winde und sinken in der Luft, der Schwere folgend, langsam abwärts. Die 4 Haupttypen der Wolken sind: Cumulus- oder Haufenwolke (*cu*), Nimbus- oder Regenwolke (*ni*), Stratus- oder Schichtwolke (*str*) und Cirrus- oder Federwolke (*ci*).

Nebel sind unmittelbar auf der Erde lagernde Wolken.

Bezeichnung des Wetters.

Zeichen	Herkunft d. Zeichen	Deutsche Bedeutung der Zeichen	Zeichen	Herkunft d. Zeichen	Deutsche Bedeutung der Zeichen
b	**b**lue sky	wolkenloser blauer Himmel	o	**o**vercast	ganz bedeckt. Himmel
			p	**p**assing showers	vorüberziehende Regenschauer
c	**c**louds, detached	teilweise bewölkt, vereinzelte Wolken	q	s**q**ually	böig
d	**d**rizzling rain	Staubregen	r	**r**ain	Regen
			s	**s**now	Schnee
f	**f**oggy	nebelig	t	**t**hunder	Donner
g	**g**loomy	stürmisch aussehendes, trübes Wetter	u	**u**gly	drohende Luft
			v	**v**isibility	entfernte Gegenstände sind scharf zu sehen
h	**h**ail	Hagel			
l	**l**ightning	Blitzen	w	**w**et, dew	feucht, Tau
m	**m**isty	diesig	z	ha**z**y	häsiges Wetter

Ein- oder mehrfach unterstrichene Buchstaben bedeuten höhere Grade. Z. B. $\underline{f}$ = starker Nebel, $\underline{\underline{f}}$ = sehr dichter Nebel, $\underline{r}$ = starker Regen, $\underline{\underline{r}}$ = wolkenbruchartiger Regen, $\underline{\underline{s}}$ = sehr starker Schneefall usw.

Thermometer.

Der Wärmezustand der Luft wird mit dem Thermometer (von thermos = Wärme) gemessen.

Man muß sorgfältig unterscheiden zwischen Wärme und Temperatur. Gleiche Wärmemengen erzeugen in verschiedenen Körpern ganz verschiedene Temperaturerhöhungen. Die Einheit der Temperatur ist 1° Celsius; die Einheit der Wärmemenge ist 1 Kalorie. Das Verhältnis zwischen Wärmegehalt und Temperatur wird durch die Wärmekapazität eines Körpers bestimmt. Das Thermometer ist kein Wärme mengen- sondern ein Wärme höhen-(Temperatur)-Messer. Für den Seemann kommen nur Quecksilber- und Weingeistthermometer in Frage. Diese Instrumente beruhen auf der gleichmäßigen Raumänderung des Quecksilbers oder des Methylalkohols bei Temperaturänderungen. Das Quecksilberthermometer besteht aus einer Glaskugel, an die ein enges Rohr von überall gleichem Querschnitt angeschmolzen ist. Die Kugel und ein Teil des Rohres enthalten Quecksilber, der übrige Teil ist luftleer. Beim Erwärmen dehnt sich das Quecksilber stärker aus als das Glas, daher tritt Quecksilber aus der Kugel in das Rohr. Hinter oder neben dem Rohre ist ein Maßstab angebracht, an dem man den Stand des Quecksilbers ablesen kann. Will man prüfen, ob sich der Nullpunkt eines Thermometers verschoben hat, so taucht man es in schmelzendes Eis oder reinen Schnee. Es muß dann 0 (Gefrierpunkt) anzeigen. Hat man ein Instrument, dessen Skala bis 100 reicht, so kann man auch die richtige Lage dieses Punktes prüfen, indem man das Thermometer bei mittlerem Barometerstand in kochendes Wasser hält. Das Thermometer muß dann 100 (Siedepunkt) anzeigen. Der Raum zwischen diesen beiden „Fixpunkten" wurde von dem Schweden Celsius in 100 gleiche Teile geteilt.

Außer der Celsiusteilung findet man zuweilen noch die Réaumurteilung (nach dem Franzosen Réaumur) und die Fahrenheitteilung (zuerst angewandt von dem Danziger Mechaniker Fahrenheit). Man verwandelt Réaumurgrade in Celsiusgrade, indem man die Réaumurgrade mit 10 multipliziert und dann durch 8 dividiert, z. B. 18° R = 180 : 8 = 22,5° C. Fahrenheitgrade verwandelt man in Celsiusgrade, indem man von ihnen 32 abzieht, den Rest halbiert und zu dieser Hälfte $^1/_{10}$ und $^1/_{100}$ ihres Wertes addiert. Z. B. 114° Fahrenheit = 114 − 32 = 82, die Hälfte = 41 + 4,1 + 0,41 = 45,51° C.

In der Wetterkunde finden auch noch die Maximum- und Minimumthermometer, sowie der Thermograph oder das Schreibethermometer Verwendung.

An Bord müssen alle Beobachtungen der Temperatur der freien Luft, damit sie unter sich vergleichbar und für die Wissenschaft von Wert sind, immer an derselben Stelle des Schiffes angestellt werden, die nur unter zwingenden Verhältnissen geändert werden darf. Um die Lufttemperatur zu bestimmen, muß möglichst viel Luft an der Thermometerkugel vorüberstreichen. Das Thermometer muß dabei gegen direkte Sonnenstrahlung und gegen die Ausstrahlung benachbarter Wände geschützt sein. Man hängt es daher in einem Kasten mit Schlitzwänden auf, der der Luft freien Durchgang gewährt und das Thermometer vor Sonnenstrahlen, Regen oder Spritzwasser schützt. Der Kasten soll mindestens 1 m über Deck stehen.

Zu genauen Messungen der Lufttemperatur bedient man sich des Aspirationsthermometers von Aßmann. Bei diesem ist das Thermometer in eine blank polierte doppelte Metallbüchse eingeschlossen, von der die von außen kommenden Wärmestrahlen zum größten Teil wieder zurückgeworfen werden. Ein durch ein Uhrwerk in rasche Drehung versetzter Ventilator saugt einen Strom der zu messenden Luft mit kräftigem Zuge an der Thermometerkugel vorüber.

Vergleichung der Thermometerskalen.

C = Celsius. R = Réaumur. F = Fahrenheit.

°C	°R	°F	°C	°R	°F	°C	°R	°F
40	32,0	104,0	10	8,0	50,0	−20	−16,0	− 4,0
39	31,2	102,2	9	7,2	48,2	−21	−16,8	− 5,8
38	30,4	100,4	8	6,4	46,4	−22	−17,6	− 7,6
37	29,6	98,6	7	5,6	44,6	−23	−18,4	− 9,4
36	28,8	96,8	6	4,8	42,8	−24	−19,2	−11,2
35	28,0	95,0	5	4,0	41,0	−25	−20,0	−13,0
34	27,2	93,2	4	3,2	39,2	−26	−20,8	−14,8
33	26,4	91,4	3	2,4	37,4	−27	−21,6	−16,6
32	25,6	89,6	2	1,6	35,6	−28	−22,4	−18,4
31	24,8	87,8	1	0,8	33,8	−29	−23,2	−20,2
30	24,0	86,0	0	0,0	32,0	−30	−24,0	−22,0
29	23,2	84,2	− 1	− 0,8	30,2	−31	−24,8	−23,8
28	22,4	82,4	− 2	− 1,6	28,4	−32	−25,6	−25,6
27	21,6	80,6	− 3	− 2,4	26,6	−33	−26,4	−27,4
26	20,8	78,8	− 4	− 3,2	24,8	−34	−27,2	−29,2
25	20,0	77,0	− 5	− 4,0	23,0	−35	−28,0	−31,0
24	19,2	75,2	− 6	− 4,8	21,2	−36	−28,8	−32,8
23	18,4	73,4	− 7	− 5,6	19,4	−37	−29,6	−34,6
22	17,6	71,6	− 8	− 6,4	17,6	−38	−30,4	−36,4
21	16,8	69,8	− 9	− 7,2	15,8	−39	−31,2	−38,2
20	16,0	68,0	−10	− 8,0	14,0	−40	−32,0	−40,0
19	15,2	66,2	−11	− 8,8	12,2	−41	−32,8	−41,8
18	14,4	64,4	−12	− 9,6	10,4	−42	−33,6	−43,6
17	13,6	62,6	−13	−10,4	8,6	−43	−34,4	−45,4
16	12,8	60,8	−14	−11,2	6,8	−44	−35,2	−47,2
15	12,0	59,0	−15	−12,0	5,0	−45	−36,0	−49,0
14	11,2	57,2	−16	−12,8	3,2	−46	−36,8	−50,8
13	10,4	55,4	−17	−13,6	1,4	−47	−37,6	−52,6
12	9,6	53,6	−18	−14,4	−0,4	−48	−38,4	−54,4
11	8,8	51,8	−19	−15,2	−2,2	−49	−39,2	−56,2
10	8,0	50,0	−20	−16,0	−4,0	−50	−40,0	−58,0

Die Wärmeverhältnisse der Luft.

Die Wärmeverhältnisse der Lufthülle hängen fast ausschließlich von der Sonnenstrahlung ab. Die Sonne schickt beständig in Form von Strahlung gewaltige Wärmemengen in den Weltenraum hinaus, von denen ein kleiner Bruchteil von der Erde aufgefangen wird. Auf ihrem Wege durch die Lufthülle erleiden die Sonnenstrahlen eine bedeutende Schwächung. Ein Teil der Strahlen wird schon in großen Höhen von dem Wasserdampf und der Kohlensäure der Luft verschluckt. Ein anderer Teil wird durch den in der Luft stets vorhandenen Staub und durch die Luftmolekel selbst nach allen Richtungen hin zerstreut und erzeugt so das „zerstreute Tageslicht", ohne das wir im Schatten, also auch in unseren Wohnräumen, vollständige Finsternis haben würden. Der Rest der Strahlen geht durch die unteren Luftschichten, ohne sie unmittelbar zu erwärmen, hindurch. Erst wenn diese Strahlen den Boden treffen, der alle Arten von Sonnenstrahlen rasch und gut aufsaugt, geben sie an diesen ihre Wärme ab. Die untere Luft erwärmt sich dann durch Berührung mit den erwärmten Gegenständen der Erdoberfläche, also durch Leitung, nicht durch Strahlung.

Wenn der erhitzte Boden bei Tage durch Leitung die unmittelbar darüber befindliche Luft erwärmt, so dehnt diese sich aus, wird spezifisch leichter als die höher liegende und steigt in die Höhe, um herabsinkenden kälteren und deshalb schwereren Luftteilchen Platz zu machen. Dieser Vorgang wird Konvektion (Forttragung) genannt.

Die Wärmemenge, die 1 cbm Erdboden bei Abkühlung um 1° abgibt, genügt, um rund 2000 cbm Luft um 1° zu erwärmen; die Wärmemenge, die 1 cbm Wasser bei Abkühlung um 1° abgibt, genügt sogar, um rund 3000 cbm Luft um 1° zu erwärmen. Die Luft wird also dem Boden nicht alle zugestrahlte Wärme durch Leitung entziehen können. Den Rest dieser Wärme strahlt die Erde wieder in den Weltenraum zurück. Durch diese Ausstrahlung, die bei Tag und Nacht, besonders bei unbedecktem Himmel und im Winter, stattfindet, kann die Erde kühler werden als die unteren Luftschichten, denen sie dann ihrerseits wieder Wärme durch Leitung entzieht. Die von der Erde ausgesandten Wärmestrahlen werden zum größten Teil von dem in der Luft vorhandenen Wasserdampf und der Kohlensäure aufgesaugt.

Die Lufthülle der Erde wird so von einem beständigen Wärmestrom Sonne—Erde—Weltenraum durchsetzt und hierdurch in dauernder Bewegung erhalten. Sie wirkt dabei als Wärmeschutz, ähnlich wie ein Glasdach über einem Treibhause.

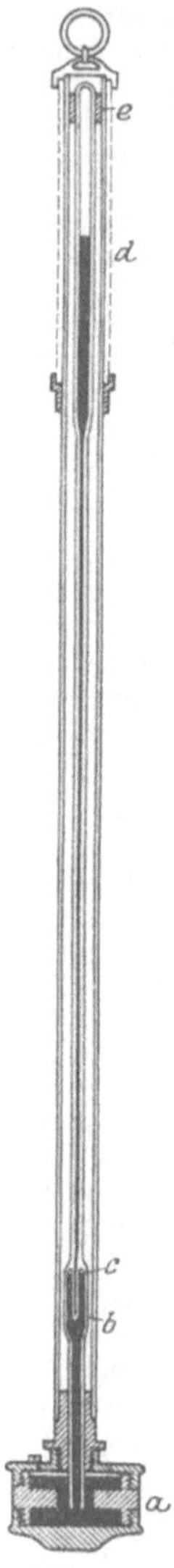

Barometer.

Die Luft besitzt wie alle irdischen Körper ein Gewicht. 1 cbm trockener Luft von 0° wiegt 1,293 kg. Die Luft übt daher auf alle in ihr befindlichen Gegenstände einen Druck aus, der gleich dem Gewichte der über dem betreffenden Gegenstande lastenden Luftsäule ist. An der Meeresoberfläche beträgt dieser Druck, den man „Atmosphärendruck" nennt, 1,03 kg pro Quadratzentimter. Er entspricht dem Druck einer Quecksilbersäule von gleicher Grundfläche und 760 mm Höhe. In der Nähe der Erdoberfläche wiegt eine Luftsäule von 10 m Höhe ebensoviel wie eine Quecksilbersäule von 1 mm Höhe und gleicher Grundfläche, so daß der Luftdruck für je 10 m Höhenunterschied um 1 mm abnimmt.

Abb. 110.

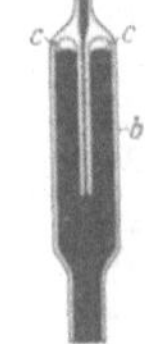

Abb. 111.

Das Instrument, mit dem wir diesen Druck messen, heißt Barometer (von baros = Schwere, also Schweremesser). Seine Einrichtung ist aus Abb. 111 zu ersehen. Die äußere Luft drückt durch eine kleine Öffnung im Gefäß *a* auf das Quecksilber und treibt dieses in dem luftleeren Rohr so hoch (bis *d*), bis es dem äußeren Luftdruck das Gleichgewicht hält. Der luftleere Raum über dem Quecksilber (*d e*) wird Torricellische Leere (nach dem Physiker Torricelli) genannt. Als „Höhe des Barometers" kommt nur der Abstand der Quecksilberkuppe im langen Rohr von der Quecksilberoberfläche im Gefäß in Betracht. Um sie ablesen zu können, versieht man das Rohr am oberen Ende mit einem Maßstab und einer Noniuseinrichtung. Da sich nun beim „Fallen" und „Steigen" des Barometers die Oberfläche des Quecksilbers im Gefäß ebenfalls hebt oder senkt, so müßte der Nullpunkt des Maßstabes eigentlich vor jeder Ablesung auf die Quecksilberoberfläche im Gefäß eingestellt werden. Um das zu vermeiden, hat man beim Marinebarometer einen „verkürzten" Maßstab angewandt. Außerdem ist das Marinebarometer in der Mitte (über *c*) stark verengt und wird erst an der für die Ablesung in Frage kommenden Stelle (etwas unterhalb *d*) wieder weiter. Diese Verengung soll das „Pumpen" des Quecksilbers verhüten, hat aber den Nachteil, daß das Barometer „träge" wird, d. h. daß es den Luftdruckschwankungen nur langsam folgt. Will man die „Trägheit" des Barometers prüfen, so kippe man es vorsichtig um, bis die Glasröhre vollständig mit Quecksilber angefüllt ist. Dann bringe man das Barometer wieder in die vertikale Lage zurück und beobachte, wieviel Zeit das Quecksilber gebraucht, um die letzten 20 mm über dem augenblicklichen Barometerstande zurückzulegen. Diese Zeit nennt man die „Fallgeschwindigkeit". Sie soll nicht unter 8 und nicht über 10 Minuten liegen. Unterhalb der Verengung ist das Barometer mit einer „Buntenschen Luftfalle (*c c*) versehen, die das Eindringen von Luft in die Torricellische Leere verhüten soll. Die Angaben der Bordbarometer werden unberichtigt, also so, wie sie abgelesen sind, in die meteorologischen Schiffstagebücher eingetragen. Um die an verschiedenen Orten und an Bord verschiedener Schiffe gemachten Ablesungen unter sich vergleichen und für wissenschaftliche Zwecke verwenden zu können, sind an diese außer dem jeweiligen Instrumentfehler (Standverbesserung) noch die Verbesserungen für Lufttemperatur, Seehöhe und Normalschwere anzubringen.

Temperaturverbesserung. Bei steigender Temperatur dehnt sich das Quecksilber aus, wird also spezifisch leichter, d. h. dieselbe Quecksilbermasse nimmt bei höherer Temperatur eine größere Höhe im Glasrohr ein. Um vergleichbare Angaben zu erhalten, müssen diese also auf dieselbe Temperatur beschickt werden. Man nimmt 0° C als Normaltemperatur an.

Reduktion auf den Meeresspiegel. Der Barometerstand nimmt für je 10 m Erhebung etwa 1 mm ab. Der genaue Wert hängt von der Temperatur der Luft und von der Höhe ab, in der man sich über dem Meeresspiegel befindet.

Schwereverbesserung. Da die Erde keine Kugel, sondern an den Polen abgeplattet ist, so nimmt die Schwerkraft der Erde vom Äquator nach den Polen hin langsam zu. Es ist auf dem Äquator das Gewicht einer bestimmten Quecksilbermenge kleiner als am Pol. Ein und demselben Luftdruck hält auf dem Äquator eine um ungefähr 4 mm höhere Quecksilbersäule das Gleichgewicht als am Pol. Man muß deshalb die Barometerstände auch auf die gleiche Schwerkraft beschicken. Als normale Schwerkraft nimmt man die Schwerkraft in 45° Breite im Meeresspiegel an.

Will man die Angaben des Barometers an Bord mit den Barometerangaben meteorologischer Karten vergleichen, so müssen an die Ablesung erst diese Verbesserungen angebracht werden. Nachstehende kleine Tafel ist zur schnellen Vergleichung nützlich:

Gesamtverbesserung der Barometerablesung für Lufttemperatur, Seehöhe und Schwere.

Höhe des Barometergefäßes 5 m über dem Meeresspiegel.

Geographische Breite	Lufttemperatur in Celsiusgraden						
	0°	5°	10°	15°	20°	25°	30°
0°	—	—	—	—	−4,1	−4,7	−5,3
20°	—	—	−2,2	−2,8	−3,6	−4,2	−4,8
40°	+0,2	−0,4	−1,0	−1,6	−2,4	−3,0	−3,6
60°	+1,5	+0,9	+0,3	−0,3	−1,1	−1,7	−2,3
80°	+2,4	+1,8	+1,2	+0,6	−0,1	—	—

Ist das Barometergefäß höher als 5 m über dem Meeresspiegel, so ist für jeden Meter an den Tafelwert eine Berichtigung von +0,1 mm anzubringen. Ist es niedriger als 5 m, so ist für jeden Meter —0,1 mm anzubringen. Die Barometerablesung ist erst für Instrumentfehler zu verbessern!

An Bord muß das Quecksilberthermometer so angebracht sein, daß man es leicht und bequem ablesen kann. Es darf weder den direkten Sonnenstrahlen ausgesetzt sein, noch sich in der unmittelbaren Nähe der Dampfheizung, des Ofens oder einer Lampe befinden. Es muß völlig frei beweglich angebracht sein, so daß es immer vertikal hängt. Beim Ablesen ist darauf zu achten, daß sich Auge, vordere Kante des Nonius, höchster Punkt der Quecksilberkuppe und hintere Kante des Nonius in einer Linie senkrecht zum Barometer befinden. Nachts erleichtert ein Streifen weißen Papieres oder eine kleine Blendlaterne, hinter das Glasrohr gehalten, das Ablesen oft wesentlich. Bei starker Bewegung des Schiffes nimmt das genaue Ablesen längere Zeit in Anspruch. Es ist deshalb erst das Thermometer am Barometer und dann das Barometer abzulesen.

Eine andere Art des Barometers ist das Metall- oder Aneroidbarometer (Aneroid = ohne Flüssigkeit). Es besteht aus einer luftleeren Metalldose *a*. Der gewellte, elastische Deckel dieser Dose wird bei zunehmendem Luftdruck eingedrückt, bei abnehmendem Luftdruck von der starken Stahlfeder *b* hochgezogen. Diese Bewegung des Dosendeckels wird durch eine Hebelübersetzung stark vergrößert auf einen Zeiger *o* übertragen. Da die Elastizität des Metalls sich mit der Zeit und mit größeren Druckunterschieden ändert, so sind die Metallbarometer nur bei beständiger Kontrolle und Vergleichung mit Quecksilberbarometern zu genauen Luftdruckmessungen verwendbar. Zum Beobachten der kleinen Änderungen des Luftdrucks sind sie aber bequem und ziemlich sicher zu gebrauchen. Sie bedürfen keiner Schwerekorrektion, aber Temperaturverbesserungen, die für jedes Instrument durch Versuche festgestellt werden müssen. Durch eine kleine Schraube in der Rückwand des Gehäuses können die Aneroidbarometer leicht für kleine Fehler berichtigt werden.

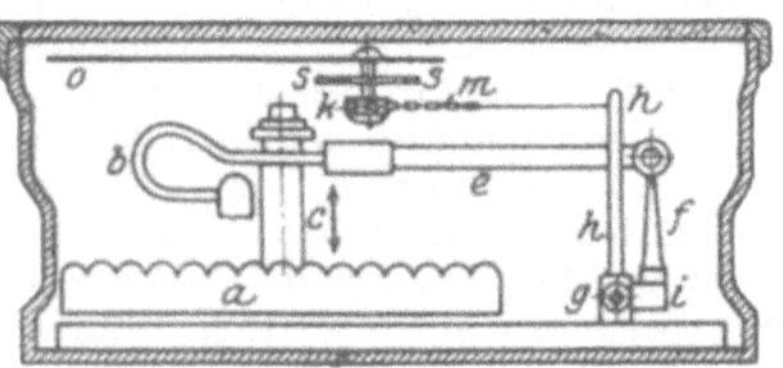

Abb. 112. Aneroidbarometer.

Auch das selbstregistrierende Barometer, das Schreibebarometer oder der Barograph findet an Bord Verwendung. Es kann wertvollen Anhalt zur Beurteilung der Wetterlage geben. Man erkennt an seiner Kurve die Neigung zum Steigen oder Fallen des Barometers leicht und deutlich. Die Natur der Kurve läßt auch oft insofern Schlüsse auf das kommende Wetter zu, als eine ruhige, glatte Kurve gutes Wetter, eine unruhige, zackige Kurve schlechtes Wetter erwarten läßt.

Außerhalb der großen Küstenfahrt müssen die an Bord befindlichen Barometer vor ihrer Neuanschaffung von der Seewarte, deren Agenturen oder von einer sonstigen seitens des Vorstandes der Seeberufsgenossenschaft anzuerkennenden Stelle oder Person auf ihre Brauchbarkeit geprüft sein. Das über diese Prüfung erteilte Attest ist an Bord aufzubewahren. Außerhalb der großen Küstenfahrt ist jeder Kapitän verpflichtet, die Barometer alle drei Jahre, auf Fischdampfern jedoch alljährlich, durch die Organe der Seewarte oder sonstige vom Vorstande der Seeberufsgenossenschaft anzuerkennende Stellen oder Personen revidieren zu lassen. Kann er diese Revision aus dem Grunde nicht bewirken, weil er mit seinem Schiffe gegen Ende der einjährigen Periode keinen Hafen anläuft, in dem sich der Sitz einer zur Revision befugten Stelle oder Person befindet, so hat die Revision beim nächsten Aufenthalt in einem solchen Hafen zu erfolgen. Ergibt die Revision Mängel des Barometers, so ist für deren sofortige Abstellung Sorge zu tragen und ein Vermerk hierüber in das Schiffstagebuch einzutragen.

Millibar.

Mit Begründung der Ärologie kamen auch bei der meteorologischen Forschung die strengen Methoden der Physik zur Anwendung. War es bisher immer schon ein Nachteil, daß ein Teil des Auslandes den Luftdruck nicht nach Millimetern, sondern nach dem veralteten Zoll maß, so stellte sich jetzt heraus, daß die Luftdruckangaben in Quecksilberhöhe überhaupt unzweckmäßig sind für die theoretische Behandlung der meteorologischen Probleme. Dem Luftdruckmaß die Höhe einer Quecksilbersäule zugrunde zu legen, beruht rein auf Zufall. Auf Vorschlag des

Meteorologen V. Bjerknes wurde deshalb 1912 beschlossen, in der Meteorologie als Maß das Millibar einzuführen, das dem der gesamten Physik zugrunde liegenden Zentimeter-Gramm-Sekunden-System entstammte. 1 Millibar = mb entspricht einer Einheit von 1000 Dyn auf 1 qcm. Durch einfache Berechnungen wurde das Verhältnis der bisher gebräuchlichsten Millimeter-Ablesung zu der neuen Beziehungsweise festgelegt. Es bestehen folgende Gleichungen:

1 mm Hg (Quecksilber) = 1,3332 mb
1 mb . . . . = 0,7501 mm Hg
1000 mb . . . . = 750,1 mm Hg.

Für die Praxis kann man mit genügender Genauigkeit

1 mb = $^3/_4$ Hg und z. B. a) 1013,3 mb = 760 mm
1 mm = $^4/_3$ mb rechnen; b) 780 mm = 1040 mb.

Es werden jetzt schon von verschiedenen Staaten Wetterkarten und F.T.-Wetterberichte mit Angabe des Luftdruckes nach Millibar ausgegeben, und es wird dieses Maß bald international eingeführt werden. Die Deutsche Seewarte hat folgende Tabellen zur Umrechnung von Millibar in Millimeter veröffentlicht.

Millibar in Millimeter.

Millibar	0	1	2	3	4	5	6	7	8	9
	Millimeter Quecksilber									
92	*90,1*[1]	*90,8*	*91,6*	*92,3*	*93,1*	*93,8*	*94,6*	*95,3*	*96,1*	*96,8*
93	*97,6*	*98,3*	*99,1*	*99,8*	00,6	01,3	02,1	02,8	03,6	04,3
94	05,1	05,8	06,6	07,3	08,1	08,8	09,6	10,3	11,1	11,7
95	12,6	13,3	14,1	14,8	15,6	16,3	17,1	17,8	18,6	19,3
96	20,1	20,8	21,6	22,3	23,1	23,8	24,6	25,3	26,1	26,8
97	27,6	28,3	29,1	29,8	30,6	31,3	32,1	32,8	33,6	34,3
98	35,1	35,8	36,6	37,3	38,1	38,8	39,6	40,3	41,1	41,8
99	42,6	43,3	44,1	44,8	45,6	46,3	47,1	47,8	48,6	49,3
100	50,1	50,8	51,6	52,3	53,1	53,8	54,6	55,3	56,1	56,8
101	57,6	58,3	59,1	59,8	60,6	61,3	62,1	62,8	63,6	64,3
102	65,1	65,8	66,6	67,3	68,1	68,8	69,6	70,3	71,1	71,8
103	72,6	73,3	74,1	74,8	75,6	76,3	77,1	77,8	78,6	79,3
104	80,1	80,8	81,6	82,3	83,1	83,8	84,6	85,3	86,1	86,8
105	87,6	88,3	89,1	89,8	90,6	91,3	92,1	92,8	93,6	94,3

Zehntel	
Millibar	Millimeter
1	1
2	2
3	2
4	3
5	4
6	5
7	5
8	6
9	7

[1]) Den *kursiv* gedruckten Zahlen sind 600, den übrigen 700 mm hinzuzufügen.

Beispiele:

992,2 mb = (7) 44,1 + 0,2 = 744,3 mm
1053,3 mb = (7) 89,8 + 0,2 = 790 mm } oder umgekehrt
792,5 mm = 1056 + 0,5 = 1056,5 mb
693,4 mm = 924 + 0,4 = 924,4 mb.

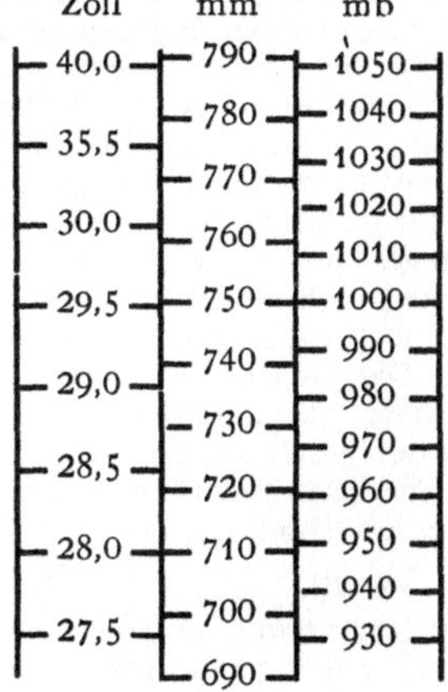

Die Einführung des Millibarmaßes bedingt auch den Übergang zu einer neuen Skaleneinteilung am Barometer. Die nebenstehenden Maßstäbe zeigen die drei Druckskalen nebeneinander (von links nach rechts in der historischen Entwicklungsfolge); sie ermöglichen in Annäherung die Reduktion der Skalen untereinander.

Die Druckverhältnisse der Luft. Der Luftdruck an demselben Orte unterliegt beständig Schwankungen. Es lassen sich dabei regelmäßige und unregelmäßige Schwankungen unterscheiden.

Der jährliche regelmäßige Gang des Luftdrucks ist im allgemeinen am Äquator am kleinsten und nimmt über die Tropenzone hinaus zu. Der tägliche periodische Gang des Luftdrucks ist am regelmäßigsten und auffallendsten innerhalb der Tropen. Man erkennt dort deutlich eine zwar kleine, aber gut ausgeprägte doppelte Wellenbewegung, die jeden Tag zwei Wellenberge und zwei Wellentäler von verschiedenen Höhen und Tiefen aufweist. Die Berge fallen gewöhnlich auf die Stunden 10 Uhr vormittags und nachmittags, die Täler auf die Stunden 4 Uhr vormittags und nachmittags. Die Schwankung beträgt etwa 2 mm.

Die mittleren Werte der unregelmäßigen Barometerschwankungen sind am kleinsten in der Nähe des Äquators; sie wachsen von den Wendekreisen an beträchtlich und erreichen ihre höchsten Beträge in der Gegend der Polarkreise, während sie in den Polargebieten selbst eine deutliche Abnahme zeigen. Sie erreichen ihre Höchstwerte sowohl in bezug auf Häufigkeit als auf Größe stets im Winter der betreffenden Halbkugel.

Niederschläge.

Erreichen die ausgeschiedenen Wassertröpfchen bei zunehmender Kondensation oder durch Vereinigung mehrerer kleiner Tröpfchen eine solche Größe, daß sie von der Luft nicht mehr getragen werden und bei ihrem Fallen nicht wieder vollständig verdampfen, so fallen sie zur Erde nieder und bilden den Regen. Bei Temperaturen unter dem Gefrierpunkt kondensiert der atmosphärische Wasserdampf nicht in Form von Wasserstaub, sondern von Eisstaub, und als Niederschlag erhalten wir Schnee. Erkalten in klaren Nächten die Gegenstände an der Erdoberfläche und diese selbst durch Wärmeausstrahlung unter den Taupunkt der Luft oder sogar unter den Gefrierpunkt, so schlägt sich auf ihnen der Wasserdampf in flüssiger oder fester Form als Tau oder Reif nieder. Rauhreif oder Rauhfrost sind Schneegebilde, die sich beim Vorüberstreichen von verhältnismäßig warmer und feuchter Luft an unter 0° abgekühlten festen Gegenständen niederschlagen. Wird stark erwärmte und sehr wasserdampfreiche Luft in große eisige Höhen emporgehoben, so kann sich dort ihr Wasserdampfgehalt in Eis verwandeln. Die Vorbedingungen für diesen Vorgang sind am besten im Sommer erfüllt, wo Kumulusköpfe oft in 8 bis 10 km Höhe reichen. Hier ist die Region der Schneekristalle und stark unterkühlten Wassertröpfchen und damit auch der Bereich der Hagel- und Graupelbildung. Graupeln sind runde, graupen- bis erbsengroße, undurchsichtige, weiße Körner, die aus vielen kleinen Schneekristallen zusammengesetzt sind. Hagel oder Schloßen dagegen sind Eiskörner von unregelmäßiger Form und wechselnder Größe mit einem trüben Kern (dem sog. Graupelkorn), der von verschiedenen, mehr oder minder klaren, lufthaltigen Eishüllen umschlossen ist. Eiskörner sind gefrorene Regentropfen, also kleine, glänzende Kugeln glasklaren, durchsichtigen Eises. Dieser Eisregen entsteht, wenn Regen durch eine Luftschicht fällt, deren Temperatur unter 0° liegt. Fast alle Kondensationsvorgänge, besonders die rasch verlaufenden (Hagel- und Graupelbildung), sind von elektrischen Erscheinungen begleitet. Der Anteil, den die Elektrizität an der Bildung der einzelnen Niederschlagsformen hat, ist noch nicht genau bekannt.

Die Menge der Niederschläge wird mittels Auffanggefäße (Regenmesser) von passend gewähltem Querschnitt gemessen. Feste Niederschläge müssen vor dem Messen geschmolzen werden. Als Maß der Niederschläge gilt die Höhe in mm, in der sie die Erde bedecken würden, falls kein Tropfen von ihnen verdunstete, versickerte oder abflösse.

Wind.

Horizontale Luftbewegungen bezeichnen wir als Wind. Wir bestimmen den Wind nach seiner Richtung und seiner Stärke. An Land wird die Windstärke meistens mit dem Robinsonschen Schalen-Anemometer (von anemos = Wind) gemessen. Dieses besteht aus einem drehbar aufgestellten Kreuze von zwei gleich langen Stäben, die an ihren Enden je eine halbkugelige Schale tragen. Da der

Tafel der Windstärke.

Windstärke nach Beaufort-Skala	Bezeichnung			Mittlere Werte der Windgeschwindigkeit			Angenäherter Gradient in mm ²)	Angenäherter Luftdruck in kg pro m² bei senkrecht auftreffendem Wind	Fahrt und Segelführung beim Winde an Bord eines modernen Segelschiffes mit doppelten Marsrahen
	deutsch	französisch	englisch	Meter pro Sekunde¹)	Seemeilen pro Stunde	Kilometer pro Stunde			
0	Windstille	calm	calm	$^1/_2$	1	1,8	—	—	Vollkommene Windstille. Keine Steuerfähigkeit im Schiff
1	Leiser Zug	presque calm	light air	$1^1/_4$	$2^1/_2$	4,5	—	0,2	Eben steuerfähig; alle Segel bei
2	Flaue Brise	légère brize	slight breeze	3	6	10,8	1,2	0,8	1—2 Kn, wenn „gut voll"
3	Leichte Brise	petite brize	gentle breeze	5	10	18,0	1,4	2,3	3—4 Kn, wenn „gut voll"
4	Mäßige Brise	jolie brize	moderate breeze	7	$13^1/_2$	25,2	1,8	3,5	5—6 Kn, wenn „gut voll"
5	Frische Brise	belle brize	fresh breeze	$9^1/_2$	$18^1/_2$	34,2	2,1	7	Man führt noch Oberbramsegel (Reuelsegel)
6	Steife Brise	frais brize	strong breeze	12	$23^1/_2$	43,2	2,6	10	Man führt noch Bramsegel
7	Harter Wind	grand brize	moderate gale	$14^1/_2$	28	52,2		14	Man führt noch Marssegel und Klüver
8	Stürmischer Wind	pétit coup de vent	fresh gale	$17^1/_2$	34	63,0	3	20	Man führt noch gereffte Obermarssegel und Untersegel
9	Sturm	coup de vent	strong gale	21	41	75,6	4	30	Man führt noch Untermarssegel und Untersegel
10	Starker Sturm	fort coup de vent	whole gale	$24^1/_2$	$47^1/_2$	88,2	—	45	Man führt noch Großuntermarssegel u. gereffte Fock
11	Schwerer Sturm	tempête	storm	29	55	104	—	65	Man führt noch Sturmstagsegel
12	Orkan	ouragon	hurricane	>30	>57	>105	—	>80	Man treibt vor Topp und Takel

¹) Ganz angenähert ist die Windgeschwindigkeit in m/sec doppelt so groß wie die Stärke nach der Beaufort-Skala.

²) Man erhält in unseren Breiten annähernd den Gradienten, wenn man die Stärke des Windes nach der Beaufort-Skala mit 0,4 oder 0,5 multipliziert. Die in der Tafel angegebenen Gradienten beziehen sich auf die deutsche Küstengegend.

Wind auf die hohle Seite dieser Schalen stärker drückt als auf die erhabene, so versetzt er das Kreuz in Umdrehungen, deren Anzahl auf ein Zählwerk mit Zeiger übertragen wird. Auf See wird die Windstärke oder Windgeschwindigkeit stets geschätzt, und zwar nach einer von dem englischen Admiral Beaufort aufgestellten Skala.

Die Windrichtung wird nach der Himmelsrichtung bezeichnet, aus welcher der Wind kommt. SW-Wind ist also Wind aus Südwest. Auf See wird die Windrichtung nach dem Kompaß geschätzt, allenfalls auch mit Hilfe eines Wimpels oder Windstanders bestimmt. Die Fahrt des Schiffes erzeugt einen scheinbaren Gegenwind, der gleich der Schiffsgeschwindigkeit ist. Der an Bord tatsächlich zu beobachtende Wind ist in Richtung und Stärke die Resultierende aus diesem Gegenwind und dem wahren Wind. Die Richtung und Stärke des letzteren ergibt sich durch Konstruktion des Parallelogramms der Bewegungen. Es ist aber ungebräuchlich, an Bord solche Berechnungen anzustellen. Die Seeleute wissen sich bei ihren Windbeobachtungen fast völlig von der Fahrt des Schiffes frei zu machen. Am Tage läßt sich oft die wahre Richtung des unteren Windes aus der Richtung der Wellen, die des oberen aus Wolkenbeobachtungen ziemlich einwandfrei bestimmen.

Windgesetze. Winde sind Ausgleichsbewegungen der Luft. Man kann als Gesetz aussprechen: An der Erdoberfläche bewegt sich die Luft vom Ort des höheren Luftdrucks (Maximum) zum Ort des niedrigen Luftdrucks (Minimum). Die Stärke dieser Bewegung ist von der Größe des vorhandenen Luftdruckunterschiedes abhängig.

Da die Ausgleichsbewegungen der Luft in der Höhe, wo sie fast keinen Reibungswiderstand finden, eher auftreten können als an der Erdoberfläche, wo bereits größere Druckunterschiede vorhanden sein müssen, damit die Bewegungshindernisse überhaupt überwunden werden können, so kann im allgemeinen das Barometer schon eine beträchtliche Zeit fallen oder steigen, bevor die entsprechende Luftbewegung an der Erdoberfläche eintritt. Auf diese Tatsache gründet sich die Verwendung des Barometers als Voraussager solcher atmosphärischen Vorgänge.

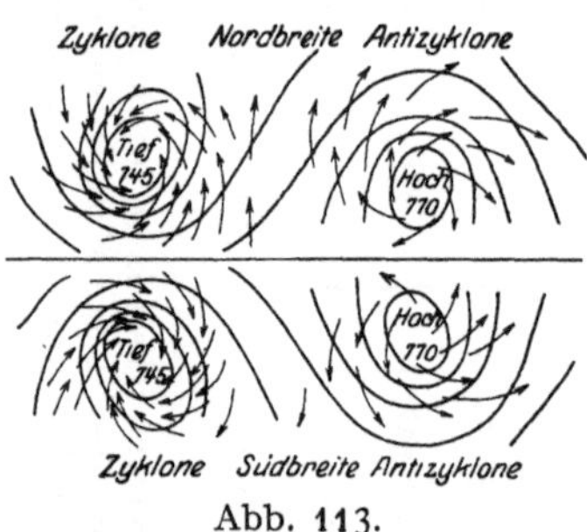

Abb. 113.

Bei ruhender Erde würden die Winde direkt vom Maximum zum Minimum wehen. Durch die Drehung der Erde werden die Winde aber abgelenkt, und zwar auf Nordbreite nach rechts, auf Südbreite nach links, und wir haben als weiteres Gesetz: Auf Nordbreite weht der Wind spiralförmig gegen den Uhrzeiger in das Minimum hinein (Zyklone), dagegen mit dem Uhrzeiger aus dem Maximum heraus (Antizyklone). Auf Südbreite weht der Wind mit dem Uhrzeiger in das Minimum hinein und gegen den Uhrzeiger aus dem Maximum heraus. (Siehe Abb. 113.)

Diese Tatsachen ermöglichen es, vom Schiffe aus die Peilung des Zentrums eines Maximums oder Minimums festzustellen:

Man stelle sich mit dem Rücken gegen den Wind, dann liegt das Gebiet des niedrigen Luftdrucks auf der nördlichen Halbkugel links etwas nach vorn, auf der südlichen Halbkugel dagegen rechts etwas nach vorn. Das Gebiet hohen Luftdrucks liegt auf der nördlichen Halbkugel rechts etwas nach hinten, dagegen auf der südlichen Halbkugel links etwas nach hinten (Buys-Ballotsches Gesetz).

Allgemeine Zirkulation der Atmosphäre. Kalmenzone: Gebiet niedrigen Luftdrucks, schwacher unbeständiger Winde, großen Regenreichtums. Liegt im Mittel zwischen 0° und 10° Nordbreite, im September am nördlichsten, im März am südlichsten. Die Breite des Kalmengürtels ist veränderlich; im allgemeinen ist sie auf der östlichen Seite der Ozeane größer als auf der westlichen. Im Indischen Ozean fehlt eine ausgeprägte Kalmenzone.

Passate: Ersatzströme für die in den Kalmen aufsteigende Luft. Mittlere Windstärke 4—5 Beaufort. Die Passatgrenzen liegen in den östlichen Teilen der Ozeane mehr polwärts als in den westlichen. Über den Passaten weht in 2—3 km Höhe der Antipassat.

Mittlere Grenzen der Passate.

im	Atlantischen Ozean		Stillen Ozean		Indischen Ozean	
Passate . . .	NO	SO	NO	SO	NO	SO
im September	10—34° N	3N°—26° S	10—32° N	7° N-23° S	—	8—25° S
im März . .	3—25° N	0—28° S	5—25° N	3° N-30° S	NO Monsun	11—30° S

Roßbreiten: Hochdruckgebiete zwischen 30° und 35° Nord- und Südbreite. Gebiete schwacher, unbeständiger Winde, klaren, schönen Wetters, großer Regenarmut.

Land- und Seebrise. — Monsune. An den Küsten erwärmt sich am Tage das Land mit der darüber lagernden Luft stärker und rascher als das Meer mit der darüber lagernden Luftschicht. Nachts dagegen kühlen sich das Land und die Landluft stärker und rascher ab als die See und die Seeluft. Es entsteht deshalb am Tage über dem Lande, nachts über dem Wasser ein Minimum. Die Luft fließt dann von da in der Höhe gegen das kühlere Gebiet hin ab, erzeugt dort Druckvermehrung und als Folge davon treten unten Luftströmungen nach dem erwärmten Gebiet zu auf. Die Seebrise (Tagwind) setzt zuerst auf hoher See ein und dringt langsam gegen die Küste vor. Sie ist am stärksten in den Nachmittagsstunden, der Landwind (Nachtwind) in den Morgenstunden vor Sonnenaufgang. In den Morgen- und Abendstunden zwischen dem Wechsel der Brisen herrscht Windstille.

Wie die tägliche Umkehr des Temperaturunterschiedes zwischen Land und See den täglichen Wechsel zwischen Land- und Seewind hervorruft, so bringen die jahreszeitlichen Umkehrungen der Temperaturunterschiede zwischen den großen Festlandmassen und den angrenzenden Meeren jahreszeitlich wechselnde Winde hervor, die man Monsune nennt. Im Sommer bilden sich über den großen Kontinenten durch die starke Erwärmung des Landes Tiefdruckgebiete aus, während auf See relativ hoher Druck herrscht; im Winter ist es umgekehrt. Es wird also im Sommer der kühlere Seewind unten in das Land hineinströmen, im Winter der dann kältere Landwind unten auf das Meer hinaus abfließen. Zugleich unterliegen diese Strömungen der Ablenkung durch die Erddrehung. Der Monsunwechsel dauert in der Regel 2—4 Wochen und

Luftdruck und Winde an der Erdoberfläche im Januar[1]).

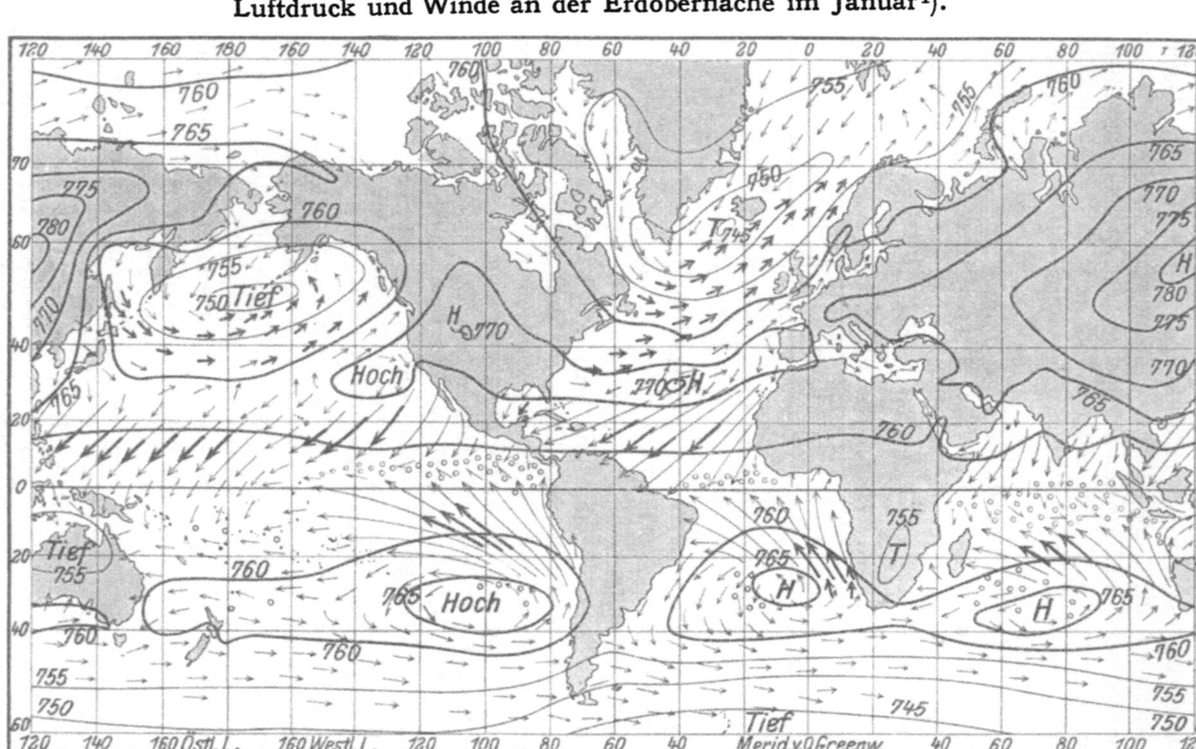

Abb. 114. ——— Isobaren. Barometerstände in mm, beschickt auf den Meeresspiegel und die Schwere in 45° Breite. Die Pfeile fliegen mit dem Winde und geben die vorherrschende Windrichtung. Je länger die Pfeile sind, um so beständiger weht der Wind; je kräftiger die Pfeile sind, um so größer ist die Windgeschwindigkeit. → Schwache Winde. °°°° Häufige Windstillen.

[1]) Aus Krauß: Maritime Meteorologie und Ozeanographie.

Luftdruck und Winde an der Erdoberfläche im Juli[1]).

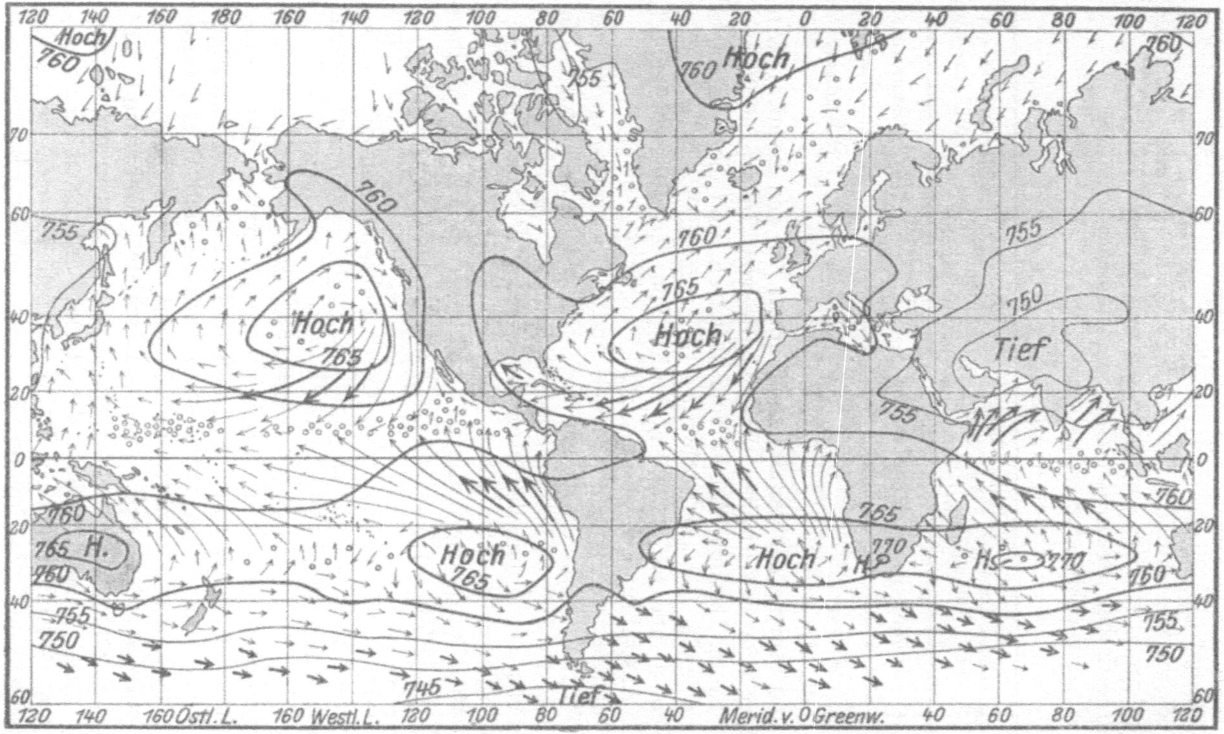

Abb. 115. ——— Isobaren. Barometerstände in mm, beschickt auf den Meeresspiegel und die Schwere in 45° Breite. Die Pfeile fliegen mit dem Winde und geben die vorherrschende Windrichtung. Je länger die Pfeile sind, um so beständiger weht der Wind; je kräftiger die Pfeile sind, um so größer ist die Windgeschwindigkeit. → Schwache Winde. °₀°₀°₀ Häufige Windstillen.

1) Aus Krauß: Maritime Meteorologie und Ozeanographie.

findet in den Monaten März und April sowie Oktober und November statt. Er ist meistens mit heftigen Winden und schlechtem Wetter verbunden. Die hauptsächlichsten Monsungebiete der Erde sind:

1. Der Nordindische Ozean, das ganze Arabische Meer, die Bucht von Bengalen und die Chinasee.
2. Die Meeresteile nördlich von Australien, die Javasee, Bandasee und die angrenzenden Teile des Indischen und Stillen Ozeans.
3. Im Atlantischen Ozean der Golf von Guinea.
4. Die Westküste Mittelamerikas.

Monsuntafel.

	Atlant. Ozean Golf v. Guinea	Stiller Ozean Westküste Mittelamerikas	Still. u. Ind. Oz. nördlich von Australien	Nordind. Ozean und Chinasee
Nordsommer (April—Sept.)	SW-Monsun	SW-Monsun	verstärkter SO-Passat	SW-Monsun
Nordwinter (Okt.—März)	SO-Passat	verstärkter NO-Passat	NW-Monsun	NO-Monsun

Winde und Stürme der gemäßigten Zonen. In den gemäßigten Zonen beider Breiten herrschen Westwinde vor. In den nördlichen Breiten, wo häufig Maxima und Minima auftreten, sind die Westwinde nicht so gleichmäßig wie auf Südbreite. Die „braven Westwinde", die dort zwischen 40 und 60° S wehen, werden von den Segelschiffen bei Reisen nach Australien usw. ausgenutzt.

In den mittleren und höheren Breiten sind die Stürme ausgedehnter als in den Tropen, sie dauern länger und schreiten schneller fort. Die mittlere Dauer der Stürme beträgt etwa 40 Stunden. Das Passieren des Sturmes vollzieht sich schneller, wenn man nach Westen fährt, langsamer, wenn man nach Osten fährt.

Einen Sturm, in dem der Wind rasch rechts herum (auf der südlichen Halbkugel links herum) dreht, nennt der Seemann einen „Ausschießer", und man spricht vom „Ausschießen" des Windes. Dreht der Wind dagegen langsam zurück, d. h. auf Nordbreite links, auf Südbreite rechts herum, so sagt der Seemann: der Wind „krimpt" und nennt den im Krimpen begriffenen Wind „Krimper".

Im Nordatlantischen und im Nordpazifischen Ozean gehen die Zentren der Stürme meistens nördlich an den Schiffen vorüber, so daß es in der Regel aus Süd oder Südost zu wehen beginnt. Bei fallendem Barometer dreht der Wind dann rechts herum nach Südwest und Westsüdwest, aus welcher Richtung er dann meistens hart weht, bis er in einer schweren Bö nach Nordwest oder Nordnordwest ausschießt. Wenn ein Schiff in einen solchen schweren Südweststurm gerät und gezwungen ist, beizudrehen, so wartet es das Passieren des Sturmes am besten auf Steuerbordhalsen ab. Auf der südlichen Halbkugel befinden sich die Schiffe ebenfalls meistens auf der äquatorialen Seite der Sturmbahnen. Sie haben bei linksdrehendem Winde über Backbordhalsen beizudrehen.

Zu einer sicheren Navigierung ist unbedingt nötig, daß die besonderen Regeln, die die Deutsche Seewarte über das

Verhalten bei den Stürmen in den verschiedenen Ozeanen in ihren Seehandbüchern gibt, gründlich studiert und genau beachtet werden.

Einige für die Schiffahrt wichtige örtliche Winde und Stürme.

Fallwinde. In den verschiedenen Gegenden der Weltmeere haben sich für bestimmte Winde, die häufig wehen oder besonders auffallende Witterungserscheinungen mit sich bringen, besondere Namen eingebürgert. In der Regel handelt es sich dabei entweder um sogenannte „Fallwinde" oder um „eigentliche Böen". Die Fallwinde treten in der Nähe bergiger Küsten oder solcher Hochflächen auf, die nach dem Meere zu steil abfallen. Sie finden ihre Erklärung in der Verhinderung des ungestörten horizontalen Luftaustausches durch das Küstengebirge. Dadurch kann es leicht zur Ausbildung steiler lokaler Gradienten kommen, die dann einen gewaltsamen Ausgleich von der Kammhöhe zum Meere zur Folge haben, besonders wenn die Luft über dem Lande sehr kalt und spezifisch schwerer ist, als in gleicher Höhenlage über dem Meere. Die von der Höhe herabstürzende Luft kommt dann meistens verhältnismäßig warm und trocken unten an. Typisch für alle diese Fallwinde ist der „Föhn", dessen Natur zuerst in den Alpen studiert wurde. Die für den Seemann wichtigsten Fallwinde sind:

Die Bora. Ein kalter, trockener Fallwind, der zuweilen mit orkanartiger Stärke an den kahlen Abhängen des Karstes, der Dalmatinischen und Albanischen Küstengebirge aus nordöstlicher Richtung auf das Adriatische Meer herabstürzt. Die eigentliche Borazeit ist der Winter, wenn der Temperaturunterschied der Luft über dem hohen kalten Gebirge und über dem Meere am größten ist. Eine schwere Wolke über den Gebirgskämmen kündigt die Bora an, die gewöhnlich nur einige Tage, manchmal aber auch mehrere Wochen dauert.

Der Mistral. Ganz ähnlicher Natur und ähnlichen Ursprungs wie die Bora ist der Mistral im Golf von Lyon, der auch hauptsächlich im Winter als kalter Nordwestwind von den Hochflächen Frankreichs auf das Meer hinabstürzt.

Der Schirokko. Er ist ein dem westlichen Teile des Mittelmeeres eigentümlicher, heißer, trockener Wind aus südlicher bis südöstlicher Richtung, der zu allen Jahreszeiten auftritt, am drückendsten in den Monaten Juli und August. Er verdankt seine Entstehung einem Hochdruckgebiete über der Sahara.

Auch im östlichen Teile des Mittelmeeres, besonders im Adriatischen Meere, kennt man einen Schirokko. Es ist hier ein feuchter, warmer, stürmischer Wind aus Ostsüdost bis Südsüdost, der hohen Seegang und manchmal auch Niederschläge bringt. Dieser Schirokko wird hervorgerufen durch die Wechselwirkung einer gut ausgebildeten Depression über Nordwesteuropa und eines Hochdruckgebietes über der Balkanhalbinsel oder Kleinasien.

Der Harmattan. Er ist seiner Entstehungsursache nach ein dem Schirokko des westlichen Mittelmeeres eng verwandter, heißer Landwind, der an der Westküste Afrikas von Madeira bis zum Gabunfluß aus östlicher bis ostnordöstlicher Richtung weht. Seine Hauptmonate sind Dezember und Januar. Er führt trockene Luft und rötlichen Staub aus der Sahara weit auf das Meer hinaus. Der Harmattan erreicht selten Sturmstärke.

Die Williwaws. So nennt man die Fallwinde an der Steilküste von Feuerland und Südpatagonien, die plötzlich, ohne Anzeichen losbrechend, ein bis zwei Stunden wehen.

Die Sumatras sind Fallwinde von den hohen Bergen Sumatras, die als schwere Gewitterböen in der Malakkastraße zur Zeit des Südwestmonsuns auftreten.

Echte oder eigentliche Böen. Die eigentlichen Böen (so genannt zum Unterschied von den böigen Winden, wie sie auf der Rückseite jeder sturmumwehten Zyklone vorkommen) sind Stoßwinde, die sich deutlich gegen die am Orte vorherrschenden schwachen und zum Teil anders gerichteten Winde abheben. Typisch dafür sind die Linienböen oder Frontgewitter unserer Breiten. Echte Böen kündigen sich fast immer durch rasch aufziehendes, drohendes Gewölk an. Die Kenntnis solcher Anzeichen ist für den Seemann um so wichtiger, als das Barometer diese Böen nur selten rechtzeitig ankündigt. Die für den Seemann wichtigsten echten Böen sind:

Der westafrikanische Tornado. Dies sind echte Gewitterböen, die an der Westküste Afrikas von 10° südlicher bis 25° nördlicher Breite bis tief in die Guineabucht hinein vorwiegend in den Monaten März—April und Oktober—November auftreten. Das erste Anzeichen ist eine drohend aussehende Wolkenbank am östlichen Horizont, die fast stets gegen den fühlbaren Unterwind hochkommt und sich zu einem regelmäßigen Bogen formt. Meistens hängen aus ihrer Mitte Regenbänder herab. Ist diese pilzförmige Gewitterwolke 40—60° hoch, so beginnt der Sturm in einer schweren Bö plötzlich aus Nordost zu wehen. Während der Sturm aus voller Stärke weht, ändert er seine Richtung nur wenig. Strömender Regen und heftige Gewitter begleiten ihn oft. Nach ein bis vier Stunden flaut der Wind ab und dreht durch Ost und Südost wieder nach Südwest und West.

Der Pampero. Mit diesem Namen bezeichnen die Seeleute die in der Nähe der La Plata-Mündung auftretenden Stürme, in denen der Wind von Nordost gegen den Uhrzeiger umläuft und seine größte Stärke in Südwest erlangt. Sie kommen am häufigsten in den Monaten Juni bis Oktober vor. Meistens gehen ihnen einige Tage lang schwache, nordöstliche bis nordwestliche Winde mit großer Wärme und fallendem Barometer voraus. Am klaren Südwesthimmel zeigt sich eine Wolkenbank, die sich in einem Bogen von Ost nach West erstreckt und mit großer Geschwindigkeit hochkommt. Wenn sie 60—70° hoch ist, schießt der Wind plötzlich in einer schweren Bö nach Südwest aus und weht einige Zeit aus dieser Richtung mit großer Stärke bei rasch steigendem Barometer und stark fallendem Thermometer. Zu gleicher Zeit setzt meistens heftiger Regen ein, der von Blitz und Donner begleitet wird. Die Dauer der Pamperos und ihre Heftigkeit sind verschieden. Manche haben in weniger als einer halben Stunde ausgeweht, andere halten mehrere Tage lang an. Nach dem Pampero dreht der Wind nach Süd und Südost und flaut bald ganz ab.

Der Norder. Die amerikanischen Norder im Golf von Mexiko sind heftige Stürme, die namentlich von November bis Februar auftreten, wenn hier der Nordostpassat am unregelmäßigsten weht und die Gegensätze zwischen Land und Wasser besonders groß sind. Nachdem auf ein hohes Maximum unmittelbar ein Minimum gefolgt ist, setzen bei verhältnismäßig niedrigem Barometerstand warme, südliche Winde ein, die einige Tage anhalten. Im Norden und Nordwesten zeigen sich dann schwarze Wolken mit Wetterleuchten. Feuchte, sehr durchsichtige Luft, auch Luftspiegelungen und auffallend starkes Meerleuchten werden beobachtet. Ein Wolkenschleier überzieht den ganzen Himmel. Der Wind geht dann in schweren Regenböen nach Südwest, West und Nordwest herum und weht aus dieser Richtung mit großer Heftigkeit. Gleich nach dem Eintritt des Norders beginnt das Barometer zu steigen, das Thermometer zu fallen. Nachdem der Norder ein bis vier Tage geweht hat, flaut er ab und dreht langsam über Norden nach Ostnordost.

Ähnlich schwere Nordstürme treten auch an der Westküste Amerikas, von Kalifornien bis Mittelamerika, an der südamerikanischen Küste von Peru bis Nordchile und im nördlichen Teil des Arabischen Meeres auf.

Die Bayamos sind heftige Gewitterböen an der Südküste Kubas.

Die white squalls oder weißen Böen der Westindischen Gewässer, die bei heiterem, wolkenlosen Himmel auftreten, werden nur durch schnell fliegende, weiße Wölkchen angezeigt.

Die Blizzards an der Ostküste Nordamerikas. Orkanartige Winterböen aus Nordwest, die bei heiterm Himmel über Land auftreten und zuweilen die See erreichen.

Die Nordwester in der Bai von Bengalen. Sie treten nur unmittelbar an der Küste nachmittags von März bis Mai auf und sind kurzlebige Böen von zwei bis drei Stunden Dauer aus Nordwest, die oft Orkanstärke erreichen.

Die Black Southeasters an der Südostküste Afrikas von Kapstadt bis etwa 25° südlicher Breite. Es sind schwere Böen von ein bis zwei Stunden Dauer, die hauptsächlich von Januar bis März auftreten und aus Südost auf die afrikanische Küste zuwehen. Eine tiefschwarze Wolkenbank und eine schwere Dünung aus Südost kündigen sie an.

Die Bürster sind schwere Böen von ein bis drei Stunden Dauer an der Süd- und Südostküste Australiens. Sie treten meistens nur am Tage vom September bis April auf. Die Windrichtung ist Süd.

Es gehört zu den Erfordernissen einer guten Schiffsführung, daß das Navigationspersonal sich an der Hand der Seehandbücher der Deutschen Seewarte jederzeit gründlichst belehrt, wo solche Stürme zu erwarten sind, durch welche Anzeichen sie angekündigt werden, und wie man in denselben zu manövrieren hat.

Wind- und Wasserhosen oder Tromben. Sie entstehen häufig in der Wolkenregion als kleine, aber außerordentlich heftige Wirbel, die sich allmählich trichterförmig nach unten verlängern und oft den Erdboden erreichen. Sie haben niedrigen Luftdruck im Zentrum, wirken daher saugend auf die Umgebung und reißen Staub, Wasser, manchmal sogar Bäume und Schiffsteile in die Höhe. Wandern sie über das Meer, so entstehen Wasserhosen. Zu den Tromben gehören die nordamerikanischen Tornados, die hauptsächlich am Tage während der heißen Jahreszeit auftreten. Ihr Durchmesser beträgt gewöhnlich nur einige hundert Meter, ihre Fortpflanzungsgeschwindigkeit und zerstörende Kraft ist sehr groß.

Die tropischen Wirbelstürme. Die tropischen Stürme treten gewöhnlich im Hochsommer der betreffenden Erdhalbkugel zwischen 10 und 30° Breite auf; zuweilen erreichen sie noch höhere Breiten. — Sie entstehen meistens in den Kalmengürteln.

Je nach der Gegend, in der sie auftreten, werden diese tropischen Stürme mit verschiedenen Namen bezeichnet. Man nennt sie:

1. in der Gegend der Antillen: Westindische Orkane oder Hurrikane;
2. an der nordamerikanischen Küste des Atlantischen und Stillen Ozeans: Orkane;
3. im Arabischen Meer und im Meerbusen von Bengalen: Zyklone;
4. im südlichen Indischen Ozean: Mauritius-Orkane;
5. an den Küsten Ostasiens und der benachbarten Inselwelt: Taifune;
6. in der Südsee von den Gesellschaftsinseln bis zur Küste von Australien: Südsee-Orkane.

Die tropischen Wirbelstürme sind Sturmfelder, in die der Wind von allen Seiten mit Orkangewalt hineinströmt. — Der Wind weht in Spiralen um das Zentrum herum auf N-Breite gegen, auf S-Breite mit dem Uhrzeiger. Im Zentrum herrscht Windstille und aufsteigender Luftstrom bei einer furchtbaren, von allen Seiten zusammenschlagenden See. Der Durchmesser des Zentrums beträgt etwa 10 Sm. Der Durchmesser des ganzen Sturmfeldes ist sehr verschieden und schwankt zwischen 250 bis 500 Sm. Die Fortpflanzung des Sturmfeldes ist ebenfalls verschieden. Im allgemeinen ist sie bei westwärts gerichteter Bahn 8—17 Sm pro Stunde und nach dem Umbiegen 17—30 Sm pro Stunde. Während des Umbiegens sinkt die Geschwindigkeit in der Regel auf 2—10 Sm herab.

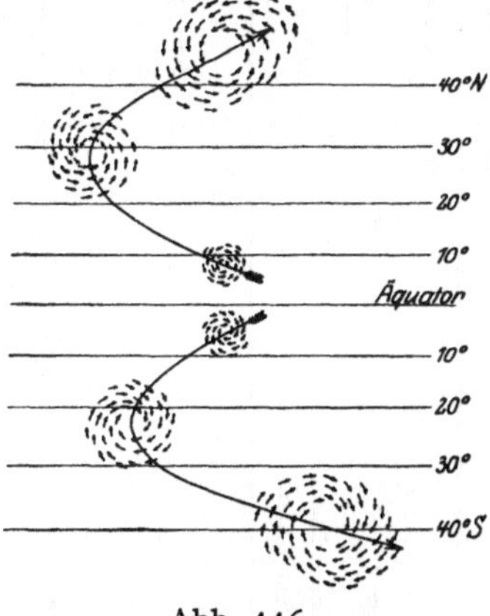

Abb. 116.

Die Bahnen der Zyklone haben die Form einer nach Osten offenen Parabel. (Siehe Abb. 116.) In niederen Breiten ist die Bahn westwärts und vom Äquator fort gerichtet. Auf Nordbreite zwischen 25 und 27°, auf Südbreite in ca. 22° macht die Bahn eine Biegung nach Osten. — Das gefährlichste Viertel liegt bei den Orkanen auf N-Breite rechts vorn, bei den Orkanen auf S-Breite links vorn.

Anzeichen für das Nahen eines tropischen Sturmes. Fehlen der täglichen Periode der Luftdruckschwankung. Meistens ist ein etwas

Übersichtstafel der tropischen Wirbelstürme.

	Nördliche Halbkugel					Südliche Halbkugel		
	Atlant. Ozean	Indischer Ozean		Stiller Ozean		Indischer Ozean		Stiller Ozean
	Westindische Hurrikane	Zyklone im Arabischen Meer	Zyklone im Bengalischen Meerbusen	Taifune Ostasiens	Orkane in den Mexikanischen Gewässern	Mauritius-Orkane	Orkane zwischen Java und Australien	Südsee-Orkane
Ursprung	15—20° N und 60—75° W, östlich von den kleinen Antillen	5—15° N, bei den Lakadiven und Malediven	5—20° N, bei den Nikobaren, Andamanen und den Mergui-Inseln	4—28° N und 124—175° O, meistens östlich von den Philippinen	5—15° N und 90—110° W	Ungefähr 10—12° S und 60—90° O, bei den Chagos Inseln	Nördlich von Australien zwischen 105—125° O	5—12° S und 145° O bis 140° W
Scheitel	Ungefähr 20—30° N und 75° W. Je östlicher die Bahn, um so nördlicher liegt der Scheitel	15—20° N, gewöhnlich aber nicht vorhanden	15—20° N, gewöhnlich aber nicht vorhanden	Februar—Mai: 15—20° N, Juni—Oktober: 20—35° N, Oktober—Dezbr.: 15—20° N, durchschnittlich 20—35° N, selten südlicher. Zuweilen fehlt er ganz	fehlt meistens ganz	15—25° S und 55—75° O. Der Scheitel liegt um so südlicher, je westlicher die Bahn liegt; manchmal fehlt er auch ganz	23—25° S, fehlt sehr häufig	13—29° S. Im Mittel $19^1/_2$° S. Häufig fehlt er ganz
Ende	In ungefähr 50° N und 40° W	Küste Arabiens oder Küste Vorderindiens zwischen Kambay-Golf und Karachi	Küste Vorder- und Hinterindiens von Madras bis Akyab	Küste von Korea und Japan, seltener Siam, Tonking und China	15—25° N und 125° W, zuweilen auch im Kalifornischen Meerbusen	28—30° S und 55—70° O	Nordwestküste Australiens, oft in 30° S	NO-Küste Australiens, meistens aber 30—35°S und 165° O bis 165° W

Bahnrichtung	Südl. von 17° N: N—NW, zwischen 17° und 20° im Juni, Juli, August bis Mitte Sept.: W—NW; zwischen 17° und 20° von Mitte September, Oktober, Nov.: NW—N; nördlich vom Scheitelpunkt N—NO	Südlich von 15° N: W—NW; weiter nördlich: NW—NO	Südlich von 15° N: W—NW; nördlich davon bis Ende September ebenfalls: W—NW, von Oktober an: N—NO	In der Hauptzeit: südlich der Linie: Shanghai-Liukiu-Bonin-Insel: W—NW, nördlich davon: N—NO. Im November: südlich von 20° N: W—NW, nördlich von 20° N: N—NO	Südlich von 20° N: W—NW, darüber hinaus NW—N, selten auch N—NO	Bis etwa 15° S: W—SW, dann S—SO	W—S, einige biegen auch nach SO und O um	Meistens nur für ganz kurze Zeit S—SW, dann SSO—SO
Stündl. Fahrt des Mittelfeldes in Sm	8—12 (im NW-Ast), 5—10 (während des Umbiegens), 15—30 (im NO-Ast).	4—10	Erst 2—8, dann 8—25	5—10 (bis 20° N), 15 (20—30° N), 15—30 (30—40° N)	5—20	15—20 (vor dem Umbiegen), 5—10 (während des Umbiegens), 18—26 (nach dem Umbiegen).	Unbestimmt	3—18, im Mittel 8
Durchmesser des Sturmfeldes in Sm	200—300 durchschnittlich. Extreme sind 50 und 1000	150—400	100—500	Etwa 50 im Anfang, 800 am Ende	80—200	50—60 im Anfang, 700—800 am Ende	150—300	300—500 Extreme sind 200 und 800
Hauptzeiten des Auftretens	Juni, Juli, August, September, Oktober.	April, Mai, Juni, September, Oktober, November.	April, Mai, Juni, September, Oktober, November, Dezember.	April, Mai, Juni, Juli, August, September, Oktober, November, Dezember.	Juli, August, September, Oktober, November.	Januar, Februar, März, April, Mai, November, Dezember.	April, Mai, September, Oktober, November, Dezember.	Januar, Februar, März, April, November, Dezember.

höherer Luftdruck vorhanden. Cirrusschleier am Himmel. Die Luft wird heiß und sehr durchsichtig. Bei Sonnenaufgang oder -untergang hat der Himmel rötliche Färbung. Später treten Dünung und schließlich ein starker Barometerfall und die Orkanwolke selbst auf.

Bestimmung der Lage des Zentrums. Die schon früh auftretenden Cirruswolken geben einem oft schon Aufschluß darüber, da sie ungefähr von dem Zentrum herwehen. Ist man sich über die Lage des Zentrums nicht klar, so drehe man bei und bestimme nach dem Buys-Ballotschen Gesetz die Lage des Zentrums. — Auf welcher Seite der Sturmbahn man sich befindet, bestimme man nach folgenden Regeln:

„Ändert sich bei beigedrehtem Schiffe die Windrichtung nicht, und fällt das Barometer, so befindet man sich in der Richtung der Orkanbahn."

„Dreht der Wind links (gegen den Uhrzeiger), so befindet man sich auf der linken Seite der Sturmbahn."

„Dreht der Wind rechts (mit dem Uhrzeiger), so befindet man sich auf der rechten Seite der Sturmbahn."

Diese Regeln gelten für Nord- und Südbreite.

Man hat auch Instrumente erfunden, um damit die Peilung des Zentrums und die Richtung der Orkanbahn auf Grund weniger Schiffsbeobachtungen mechanisch zu bestimmen. Das beste und bekannteste derartige Instrument ist das Barozyklonometer für die ostasiatischen Taifune. Die einzelnen Orkane weichen aber oft stark von dem idealen Fall ab, für den solche Instrumente konstruiert sind, so daß diese nur in der Hand erfahrener Kapitäne gute Resultate geben. (Siehe S. 154.)

Manöver. Befindet man sich auf der Orkanbahn, so bereite man sich auf sehr schweres Wetter vor. Wenn das Minimum das Schiff erreicht hat, wird der Wind (meistens nach einer kleinen Windstille im Zentrum) aus der entgegengesetzten Richtung mit voller Kraft wehen. Auf dieses Umspringen des Windes hat man besonders zu achten. — Befindet man sich auf N-Breite im linken vorderen Quadranten, auf S-Breite im rechten vorderen Quadranten, und ist man noch ziemlich weit von dem Zentrum entfernt, so lenze man von der Orkanbahn fort. — Die gebräuchlichste Regel ist die folgende:

„Dreht der Wind rechts, so befindet man sich auf der rechten Seite der Sturmbahn, und man drehe mit StB-Halsen bei" (also: rechts, rechts, rechts).

„Dreht der Wind links, so befindet man sich auf der linken Seite der Sturmbahn, und man drehe mit BB-Halsen bei" (also: links, links, links). — In allen Fällen ist Öl zur Beruhigung der Wellen zu gebrauchen.

Diese Regeln geben nur ganz allgemeine Anhaltspunkte. Die Schiffsführung muß an der Hand der Seehandbücher der Deutschen Seewarte die Eigentümlichkeiten der Orkane der betreffenden Gegend studieren und sich mit den dort niedergelegten wertvollen Erfahrungen und besonderen Verhaltungsmaßregeln gut vertraut machen. Ebenso beachte man in den Häfen die Sturm- und Wettersignale. Man versäume auch nicht, von der funkentelegraphischen Wetterauskunft, die man heutigentags überall findet, Gebrauch zu machen, wenn man in Orkanmonaten eine Reise in gefährdeten Gebieten macht.

2. Wetterdienst und Sturmwarnungswesen.

Arbeitsmethode des europäischen Wetterdienstes. Nach internationalen Vereinbarungen werden an über 200 Orten Europas dreimal täglich, um 8 Uhr a. m., 2 Uhr p. m. und 7 Uhr p. m. *MEZ* (zum Teil auch um 2 Uhr a. m.), Luftdruck, Windrichtung und -stärke, Temperatur, Änderung des Luftdruckes, Sichtweite, Wolken usw. beobachtet und gemessen. Jeder Beobachter stellt aus seinen Beobachtungen ein Chiffretelegramm von 4—5 fünfstelligen Zahlengruppen zusammen und sendet es an die Wetterzentrale seines Landes. In Deutschland an die Deutsche Seewarte-Hamburg. Die Zentralstellen der Länder verbreiten nach einem feststehenden Sendeplan drahtlos mit Funkenstationen von europäischer Reichweite Sammeltelegramme ihrer Landesbeobachtungen. Jedes mit einer drahtlosen Empfangsanlage ausgerüstete Wetterbureau und Schiff kann somit etwa $1^1/_2$ Stunden nach den Beobachtungsterminen bereits im Besitz des gesamten europäischen Nachrichtenmaterials sein.

Wetterkarten. Auf Grund dieser Nachrichten erfolgt das Zeichnen der Wetterkarten. Diese bilden dann wiederum die Grundlage für die Wettervorhersage, indem auf sie die Regeln über die Anordnung des Wetters im Umkreis der Minima und Maxima und über die fortschreitende Bewegung der atmosphärischen Gebilde richtig angewandt werden. Der „Wetterbericht der Deutschen Seewarte“ enthält für jeden Beobachtungstermin eine gut durchgearbeitete Wetterkarte sowie einige weitere kleine Nebenkarten.

Zur Bezeichnung der Niederschlagsformen sowie anderweitiger atmosphärischer Erscheinungen dienen darin die folgenden

internationalen Zeichen:

Regen . . . . .
Schnee . . . . .
Schneegestöber .
Eisnadeln . . .
Schneedecke . .
Hagel . . . . .
Graupel . . . .
Reif . . . . . .
Rauhfrost, Duft

Glatteis . . . . .
Tau . . . .
Nebel . . . . . .
Nässender Nebel .
Bodennebel . . . .
Dunst, Höhenrauch
Sonnenschein . . .
Stürmischer Wind .

Gewitter . . .
Donner . . . .
Wetterleuchten
Nordlicht . . .
Regenbogen . .
Sonnenring . .
Sonnenhof. . .
Mondring . . .
Mondhof . . .

Die Stärke dieser Phänomene ist durch Hinzufügung der Ziffern 0 = schwach, 1 = mäßig, 2 = stark zu bezeichnen.

Außerdem enthält der Wetterbericht eine Wiedergabe des ganzen Beobachtungsmaterials, eine eingehende Schilderung der Wetterlage und

Vorhersagen für die deutschen Küsten. Da dieser große Wetterbericht erst gegen 3 Uhr nachmittags zum Versand gebracht werden kann, wird auf Grund der 7 Uhr p. m.-Beobachtungen noch eine Schiffswetterkarte ausgegeben, die noch mit den Nachtschnellzügen zum Versand kommt. Auch die Wetterwarten von Swinemünde und Königsberg geben für ihre Küstengebiete solche Schiffswetterkarten heraus. Auch die Schiffswetterkarten enthalten einen ausführlichen Wetterbericht, eine Wettervorhersage und evtl. eine Sturmwarnung.

Hafentelegramme. Auf Grund der Beobachtungen von 8 Uhr a. m. geht schon um $10^{h}\,15^{m}$ a. m. ein „Hafentelegramm" an die verschiedenen Hafenplätze der Nord- und Ostsee, wo es sofort nach Eingang zum Aushang gebracht wird. Das Telegramm enthält die Wetterverhältnisse an 6 bzw. 8 Küstenorten der Nordsee bzw. Ostsee, die so gewählt sind, daß sie ein ungefähres Bild von dem herrschenden Wind und Wetter dieser Gewässer geben. In einem Textteil wird noch der augenblickliche Stand und die voraussichtliche Änderung der Luftdruckverteilung über Europa skizziert und eine den Bedürfnissen der Schiffahrt angepaßte Wettervorhersage für die kommenden 24 Stunden gegeben.

Sturm- und Windwarnungen. Ist für irgendeine Küstengegend Windstärke 6 oder mehr zu erwarten, so wird der in Frage kommende Küstenstreifen durch Telegramm gewarnt. Die Telegramme enthalten in etwa 10—15 Worten die Ursache der Sturmgefahr und die zu erwartende Richtung und Stärke des Sturmes. An der deutschen Küste sind über 100 Sturmwarnungsstellen eingerichtet. Leider sind die Signale, durch die die Bekanntgabe der Warnungen an die Küstenbevölkerung und die Seeleute erfolgt, in den einzelnen Seestaaten noch recht verschieden. (Ein ganz besonderes Sturmwarnungssignalwesen haben die Seestaaten des fernen Ostens, um das Nahen der tropischen Orkane zu melden.) In Deutschland werden folgende Signale gegeben:

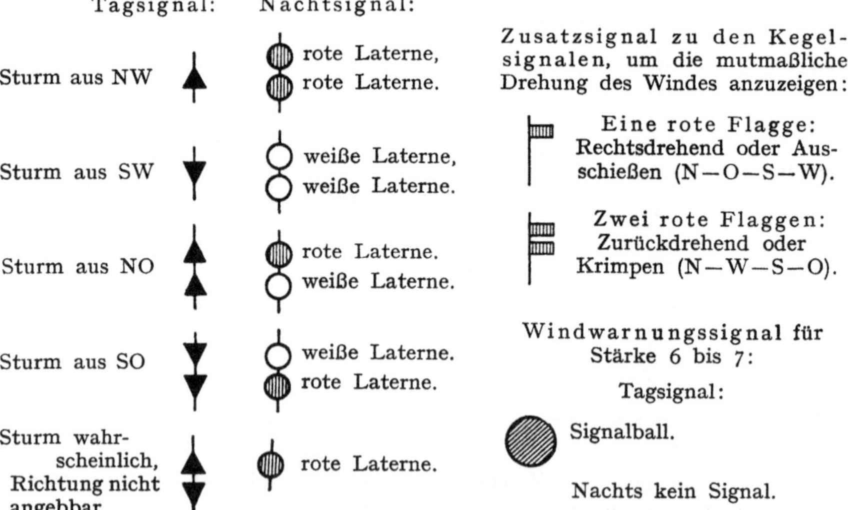

Die Windwarnungen werden für die Nordsee und die westliche Ostsee von der Deutschen Seewarte, für die mittlere Ostsee bis zum polnischen Korridor von der Wetterwarte Swinemünde und für die ostpreußische Küste und den Memelgau von der Wetterwarte Königsberg erlassen.

Die Sturmwarnungen erfolgen für die Nordsee und die Ostsee bis zum polnischen Korridor von der Deutschen Seewarte, für die ostpreußische Küste und den Memelgau von der Wetterwarte Königsberg.

Sturmwarnungssignale mit Scheinwerfern werden von den Marinenachrichtenstellen Pillau und Arkona in der Ostsee, List auf Sylt und Helgoland in der Nordsee in der nachstehend beschriebenen Weise abgegeben. Vor Verwechslung der Signale mit den in der Nähe der abgebenden Nachrichtenstellen befindlichen Leuchtfeuern wird gewarnt.

Die Scheinwerfersignale werden gegeben nach Eintritt der Dunkelheit alle zwei Stunden, und zwar zu Beginn der Stunden mit geraden Zahlen, z. B. von 8^h bis $8^h 30^m$, 10^h bis $10^h 30^m$ usw.

Die Signale werden mit dem Scheinwerfer, der mit etwa 35° Erhöhung gegen den Himmel gerichtet ist, wiederholt mit Pausen nach verschiedenen Richtungen gegeben, Ein kurzer Schein von etwa 3^s Dauer entspricht der Spitze des Kegels, ein langer Schein von etwa 9^s Dauer der Grundfläche des Kegels, und Kreise allein, abwechselnd rechts und links herum, dem Ball der Windwarnungssignale.

Sturmwarnungssignale.

1. Tagsignal.	Nachtsignal.	2. Tagsignal.	Nachtsignal.
▲	•—	▲ ▲	•—•—
Sturm aus NW.		**Sturm aus NO.**	
3. Tagsignal.	Nachtsignal.	4. Tagsignal.	Nachtsignal.
▼	—•	▼ ▼	—•—•
Sturm aus SW.		**Sturm aus SO.**	
5. Tagsignal.	Nachtsignal.		
▲ ▼	•——•		
Sturm wahrscheinlich.			

Windwarnungssignal (Stärke 6 bis 7).

Tag.	Nachtsignal:
	CCCCC
Signalball.	Kreise allein, abwechselnd rechts und links herum.

Vor dem Nachtsignal werden als Anruf und zum Zeichen, daß das folgende Signal eine Sturmwarnung ist, Kreise mit dem an den Himmel gerichteten Scheinwerfer beschrieben. Bei rechtsdrehenden Winden werden als Anruf Kreise rechts herum, bei linksdrehenden Winden Kreise links herum und bei Signalen ohne Angabe der Drehung des Windes

Kreise abwechselnd rechts und links herum beschrieben. Nach dem Anruf folgt das Sturmsignal und danach als Schlußzeichen wieder das Anrufsignal.

Das dem Tagsignal „Ball“ entsprechende Nachtsignal „Kreise rechts und links herum“ wird ohne Anruf gegeben, da dieses Signal dem Anrufsignal gleich ist.

Beispiele:

Sturm aus NW linksdrehend.

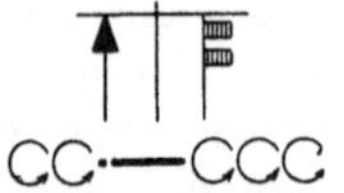

Sturm aus NO rechtsdrehend.

Sturm aus SO ohne Angabe der Drehrichtung.

Sturm wahrscheinlich, Richtung nicht angebbar.

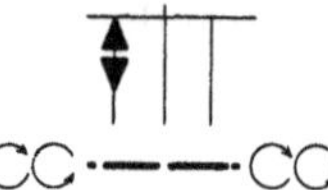

Die Warnungen gelten für die Umgebung der Signalstelle bis auf etwa 50 Sm Abstand; sie gelten stets bis zum Abend des auf den Tag ihrer Ausgabe folgenden Tages, so daß zu dieser Zeit keine Nachtsignale mehr gezeigt werden. Läuft ein Telegramm „Sturmgefahr vorüber“ ein, so werden die Nachtsignale nicht mehr gezeigt, während ein Telegramm „Gefahr noch nicht vorüber, Signal hängen lassen“ das weitere Zeigen der Signale bis zum Abend des nachfolgenden Tages zur Folge hat.

Windsemaphore.

Eine wichtige Einrichtung sind ferner die Windsemaphore. Sie geben die zuletzt telegraphisch gemeldete Windrichtung und -stärke von zwei nahegelegenen Stationen an; die an der Nordsee von Borkum (*B*) und Helgoland (*H*), die an der Ostsee von Brüsterort (*B*) und Leba (*L*) bzw. von Arkona (*A*) und Leba. Das Semaphorsignal in nebenstehender Abbildung bedeutet z. B.: Borkum meldet NW-Wind, Stärke 8; Helgoland meldet ONO-Wind, Stärke 6. (An der Ostsee bedeuten vier horizontale Arme Stärke 7—12.)

Abb. 117. Semaphor am Hoheweg-Leuchtturm.

Die Windsemaphore zeigen an der Nordsee für die stromabwärts fahrenden, an der Ostsee dagegen für die in See befindlichen Schiffe O rechts und W links.

Die Stellung der beweglichen Zeiger auf dem Kreise gibt die Windrichtung von 2 zu 2 Kompaßstrichen an.

Um Windstille zu signalisieren, wird bei gesenkten Windstärkeflügeln der Windrichtungszeiger auf S eingestellt.

Als besonderes Signal werden eine halbe Stunde vor jeder Beobachtungszeit der Windmeldestationen am Mittag und am Abend und mit Eintritt der Dunkelheit der oberste Windstärkeflügel auf jeder Seite unter 45° nach oben gerichtet eingestellt, die übrigen Flügel und Richtungsanzeiger aber gesenkt. Ebenso wird dieses Signal dauernd eingestellt, wenn Störungen vorliegen, die das Signalisieren unmöglich machen.

Funkentelegraphischer Wetterdienst[1]. Der funkentelegraphische Wetterdienst ist für die Schiffahrt von größter Bedeutung geworden. In fast allen Gegenden des Weltmeeres kann der Nautiker mit Hilfe

[1]) An diesem F.T.-Wetterdienst können sich auch die Schiffskommandos nach Rücksprache mit der Deutschen Seewarte beteiligen. (Siehe S. 92.)

der drahtlosen Telegraphie Wetterberichte, Sturmwarnungen und unter Umständen Nebel- oder Eisnachrichten auffangen.

Jedes Land sammelt auf einer Zentralstelle die Beobachtungen seiner Stationen und bringt sie durch Funkenstationen mit großer Reichweite drahtlos zu bestimmten Zeiten zur allgemeinen Kenntnis. Diese Telegramme werden fast immer verschlüsselt gegeben. Die Schlüssel bestehen aus Gruppen von je 5 Ziffern oder Buchstaben.

Beispiel: Schlüssel zur Verzifferung der Wetterbeobachtungen in der zur Zeit für Deutschland gültigen Form[1]).

Funkobs Deutschland von:

8 Uhr vorm.	*BBBDD*	*FwwTT*	*cbWVP*	AN_1aNh	$RRmmZ_2$
2 „ nachm.	*BBBDD*	*FwwTT*	*cbWVP*	AN_1aNh	
7 „ „	*BBBDD*	*FwwTT*	*cbWVP*	AN_1aNh	$RRmmZ_2$

Küstenstationen melden in der 5. Gruppe SV_1 statt *MM* und *mm*.

Die Buchstaben haben folgende Bedeutung:

BBB den auf 0°, auf Meeresspiegel und Normalschwere reduzierten Barometerstand in Millimetern und Zehnteln (424 = 742,4 mm).
DD Windrichtung (*00* = Stille, *32* = Nord).
F Windstärke nach der Beaufort-Skala *0—9*. Bei größerer Windstärke als *9* wird eine *9* eingesetzt und die Stärke am Schluß in Worten hinzugefügt.
ww Wetter zur Zeit der Beobachtung (*00 — 99*).
TT Lufttemperatur in ganzen Graden Celsius.
c Art der Luftdruckänderung in den letzten 3 Stunden vor der Beobachtung (*0—9*).
b Änderung des Luftdrucks in den letzten 3 Stunden vor der Beobachtung in Halb-Millimetern.
W Witterungsverlauf seit der letzten Beobachtung.
V Sichtweite in Kilometern in 9 Stufenwerten von 0—50 km.
P Relative Feuchtigkeit in Stufenwerten von 10 zu 10%.
A, *a* Art der niedrigen und hohen Wolken.
N_1 Größe der Bedeckung des Himmels mit niedrigen Wolken in $^1/_{10}$.
N Größe der Gesamtbewölkung in $^1/_{10}$.
h untere Wolkengrenze in 8 Stufenwerten bis 2500 m.
RR Niederschlagsmenge in Millimetern von 7^h Nm bis 8^h Vm bzw. 8^h Vm bis 7^h Nm.
mm Minimum der Lufttemperatur in ganzen Graden Celsius.
S Seegang nach Beaufort-Skala *0—9*.
V_1 horizontale Sichtweite nach See zu.
Z_2 Zeit, bezeichnend den Beginn des Niederschlags.

Über die Angaben, die die einzelnen Stationen machen, über die Art der Schlüssel, sowie über die genaue Sendezeit usw. geben der „Nautische Funkdienst" und das „Funkwetter" Auskunft. Die Uhrzeiten sind darin entweder in *MGZ* oder in *MEZ* angegeben, und zwar von Mitternacht

[1]) Unterliegt Änderungen. Siehe darüber immer die neueste Ausgabe von „Funkwetter" und „Naut. Funkdienst".

bis Mitternacht von 0—24^h durchgezählt, so daß z. B. 0708 = 7^h 8^m Vm oder 1445 = 2^h 45^m Nm.

Während der Abgabe von Wetterberichten sollen die Bordstationen Funkstille halten!

Beispiel der Entschlüsselung eines Funkwettertelegramms nach der Formel: *II BBBDD FwTTd cbbR$_2$R$_2$ MMmmS*. Telegramm: 59430 52088 21013 14524.

II = Kennziffer des Beobachtungsortes:

1. Gruppe	594 = *BBB*	= Barometerstand 759,4 mm
	30 = *DD*	= Wind NNW
2. Gruppe	5 = *F*	= Windstärke 5
	2 = *w*	= Himmel $^1/_2$ bedekt
	08 = *TT*	= Temperatur +8° C
	8 = *d*	= Zug der Wolken aus N
3. Gruppe	2 = *c*	= Luftdruck stetig steigend
	10 = *bb*	= Änderung des Luftdrucks in den letzten 3 Stunden 1,0 mm
	13 = R_2R_2	= Niederschlagshöhe in den letzten 24 Stunden = 13 mm
4. Gruppe	14 = *MM*	= höchste Temperatur in den letzten 24 Stunden = +14°C
	52 = *mm*	= niedrigste Temperatur in den letzten 24 Stunden = −2° C
	4 = *S*	= Zustand der See = mäßige Dünung.

Sendeprogramm der Wettersammelberichte der Deutschen Seewarte (durch Hauptfunkstelle Königswusterhausen, 1924)[1]).

Beobachtungstermin	Sendezeit	Telegramm	
2^h Vm	0745	Funkobs[2])	Europa I
8^h Vm	0940	,,	Deutschland
,,	0950	,,	Europa II
2^h Nm	1540	,,	Deutschland
,,	1548	,,	Europa III
7^h Nm	2040	,,	Deutschland
,,	2050	,,	Europa IV

Funkobs Deutschland = Sammeltelegramm deutscher Stationen, verbreitet für den deutschen Wetterdienst und im Austausch gegen die ausländischen Wettermeldungen.

Funkobs Europa = Sammeltelegramm europäischer Stationen für die Wetterdienststellen im Reich usw.

Verschlüsselung für Funkobs Europa = *JJBBB DDFww TTcbN*.

JJ = Kennbuchstaben der Stationen, die übrigen Buchstaben wie auf S. 289 angegeben.

Damit jede Ziffer in der Formel ihren ihr zukommenden Platz behält, werden die Ziffern, für die keine Beobachtungen vorliegen, jede durch ein *X* oder einen Strich ersetzt. Wenn alle Beobachtungen einer Station fehlen, stehen an ihrer Stelle eine oder mehrere Gruppen von *X* oder eine Fehlanzeige.

[1]) Unterliegt Änderungen. Siehe darüber stets die neueste Ausgabe von „Funkwetter" und „Naut. Funkdienst".

[2]) Obs ist die gebräuchliche Abkürzung für Observation.

Versorgung der in See befindlichen Schiffe mit Wetternachrichten. „Funkwetter.“ Zu diesem Zwecke verbreiten zur Zeit (1924) folgende an der deutschen Küste liegenden Funkstellen und Feuerschiffe drahtlos zu verschiedenen Tageszeiten Wettermeldungen:

Nordsee: Borkumriff, Außenjade, Amrumbank-Feuerschiff, Borkum, Wilhelmshaven, List a. Sylt. (Wilhelmshaven wiederholt die gesammelten Meldungen dreimal täglich.)

Ostsee: Friedrichsort (Bülk und Marienleuchte), Swinemünde, Adlergrund-Feuerschiff und Pillau.

Diese Meldungen werden unmittelbar nach angestellter Beobachtung verbreitet und sind deshalb von besonderem Wert.

Die Verbreitung der „Funkwettertelegramme“, die nicht örtliche Zustandsmeldungen, sondern eine Erläuterung der Wetterlage und eine Vorhersage geben sollen, ist zur Zeit für das deutsche Küstengebiet folgendermaßen geregelt:

Nordsee: Funkstelle Norddeich I, Welle 1100 m, um 1115 und 2230. — Inhalt: Windrichtung, Windstärke, Seegang, Bewölkung, Regen, Dunst, Nebel usw. von den Stationen Borkumriff, Amrumbank, Utsire, Tynemouth, von 0800 bzw. 1900. Anschließend Luftdruckverteilung über Europa und Wettervorhersage für die Nordsee. Ferner im Winter eine kurze Schilderung der Eisverhältnisse der Ems-, Jade- und Wesermündungen.

Mittlere und westliche Ostsee: Funkstelle Swinemünde II, Welle 1100 m, um 1130 und 2245. — Inhalt: Windrichtung, Windstärke, Seegang usw. (wie oben) von den Stationen Bülk, Adlergrund, Skagen und Wisby von 0800 bzw. 1900. Anschließend Luftdruckverteilung über Europa und Wettervorhersage für die mittlere und westliche Ostsee. — Ferner im Winter eine kurze Übersicht über die Eisverhältnisse an den wichtigsten Häfen der westlichen und mittleren Ostsee.

Östliche Ostsee: Funkstelle Pillau, Welle 1650 m, um 1230. — Inhalt: Windrichtung, Windstärke, Seegang usw. (wie oben) von den Stationen Pillau, Brüsterort, Memel und Wisby von 0800. Anschließend Luftdruckverteilung über Europa und Vorhersage für die östliche Ostsee. — Im Winter Eismeldungen wie Swinemünde.

Die Vorhersagen gelten vom Zeitpunkt der Verbreitung ab bis zum nächsten Bericht.

Diese „Funkwetter“-Telegramme stehen den genannten Küstenfunkstellen außerdem zur Abgabe an anfragende Schiffe zur Verfügung, wie auch der Text des „Funkwetters“ Norddeich täglich an die Küstenfunkstelle Cuxhaven zur Auskunfterteilung geleitet wird. Für die westliche Ostsee sendet außerdem die Marinefunkstelle Swinemünde täglich um 1200 das Ostsee-Hafentelegramm drahtlos.

Ozeanfunkwetter. Seit 1. IX. 1924 sendet Norddeich II täglich um 1305 *MEZ* auf Welle 2300 m ungedämpft ein sog. „Ozeanfunkwetter“-Telegramm. Es enthält in kurzen Worten Angabe über die Verteilung des Luftdruckes über dem östlichen Atlantischen Ozean und eine Wettervorhersage für den westlichen Kanaleingang für den folgenden Tag geltend. Bei der Aufstellung dieser Berichte liegt dem

Meteorologen die Verteilung des Luftdruckes von 2 Uhr nachts über Amerika, dem Atlantischen Ozean und Europa, ferner die Luftdruckverteilung über dem mittleren und östlichen Atlantischen Ozean (Schiffswettermeldungen), sowie über Europa von 8 Uhr vormittags vor.

Versorgung der in See befindlichen Schiffe mit Sturmwarnungen. „Funksturm". Wie die Funkwetterberichte, so werden auch die Sturmwarnungen für die auf See befindlichen Schiffe drahtlos verbreitet, und zwar senden z. B. für die deutschen Küsten:

Norddeich: Sturmwarnungen für die Nordsee je zweimal hintereinander sofort nach Eintreffen und außerdem um: *0615*, *1115* (im Anschluß an das Funkwetter), *1730* und *2230* (im Anschluß an das Funkwetter).

Swinemünde: Sturmwarnungen für die Küste von Flensburg bis Leba je zweimal hintereinander sofort nach Eintreffen und außerdem um: *0630* und *1130* (im Anschluß an das Funkwetter), *1750* und *2245* (im Anschluß an das Funkwetter).

Pillau: Sturmwarnungen für die östliche Ostsee, sofort nach Eintreffen dreimal hintereinander und im Anschluß an „Funkwetter".

Die drahtlosen Sturmwarnungen für die letzten beiden Funkstellen werden wie die drahtlich gegebenen Warnungen von den Wetterwarten Swinemünde und Königsberg herausgegeben.

Wetterberichte für die Ost- und Nordsee auf Anfrage von Schiffen. Schiffe können von folgenden deutschen Küstenfunkstellen der Ost- und Nordsee auf ihr Ersuchen gegen Erstattung der Gebühren funkentelegraphische Wetterberichte für die nachstehend angegebenen Bezirke erhalten:

1. Von den Küstenfunkstellen Swinemünde, Rufzeichen *KAW*, und Bülk, Rufzeichen *KBK*, für den mittleren bzw. westlichen Teil der Ostseeküste.

2. Von den Küstenfunkstellen Cuxhaven, Rufzeichen *KCX*, und *Norddeich*, Rufzeichen *KAV*, für die Nordseeküste.

Für jeden dieser zwei Bezirke stellt die Deutsche Seewarte in Hamburg täglich um 1000 auf Grund der Morgenbeobachtungen einen besonderen, aus durchschnittlich etwa 25 Worten bestehenden Wetterbericht auf, der von dem Telegraphenamt in Hamburg an die genannten Küstenstationen weitergegeben wird.

Außerdem geben die genannten Stellen Sturmwarnungstelegramme auf Ersuchen von Schiffen an diese ab.

Bekanntgabe der Sturmwarnungen durch Sturmsignale von Schiffen mit F.T.-Apparaten. Die mit F.T.-Apparaten ausgerüsteten Schiffe werden ersucht, die Sturmwarnungen den übrigen Schiffen durch Sturmsignale bekanntzugeben. Als solche dienen am Tage die an der deutschen Küste benutzten Signalkörper, der schwarze Ball und ein oder zwei schwarze Kegel in Übereinstimmung mit der Signalweise der Sturmwarnungsstellen der Deutschen Seewarte. Von den Fischereischutzbooten werden die Sturmsignale am hinteren Mast gezeigt, während die Flaggen zur Bezeichnung der Links- bzw. Rechtsdrehung am vorderen Mast neben dem Fischereistander gezeigt werden.

Während der Dunkelheit werden die Sturmwarnungen mittels Morselaterne oder zweier Handlaternen durch die mehrmals wiederholte Abgabe folgender Morsezeichen angezeigt:

— • • • (*B*) für den Signalball.
• — Sturm aus NW.
— • Sturm aus SW.
• — • — Sturm aus NO.
— • — • Sturm aus SO.

Die letzten vier Nachtsignale entsprechen den Tagsignalen insofern, als • die Spitze und — die Grundfläche des Kegels bedeuten.

Das angesagte Rechts- oder Linksdrehen der Winde wird nicht signalisiert; ein Anruf oder Schlußzeichen wird bei diesem einfachen nächtlichen Sturmsignalisieren nicht · gegeben.

Zu beachten! Der Schiffsleitung stehen an Wetternachrichten nicht nur die eigens für die Schiffahrt gesendeten „Funkwetter-Berichte" der Küstenfunkstellen zur Verfügung, sondern auch jede Einzelmeldung eines Beobachters, die an die Zentralstelle des Landes drahtlos übermittelt wird, ferner jedes Sammeltelegramm eines Landes und auch die Sammelberichte für Ländergruppen. Wenn alle diese Möglichkeiten ausgenutzt werden sollen, so ist es notwendig, daß der Bordfunker bzw. die Schiffsleitung eine genaue Kenntnis des Wetternachrichtenprogramms, der Stationen, ihrer Sendezeiten, Wellenlängen, Rufzeichen und der Art der Verschlüsselung besitzt. *Eine genaue Kenntnis des von der Deutschen Seewarte herausgegebenen „Funkwetter"-Schlüssels sowie des „Naut. Funkdienstes" ist also unbedingt zu fordern.*

Drahtlose telephonische Wetternachrichten werden ebenfalls von einer Reihe von Küstenstationen gegeben. Da mit einer Verbreitung der drahtlosen Telephonie in der Schiffahrt zu rechnen ist, so dürfte diese Art der Wetternachrichtenübermittelung besonders von Schiffen der Küstenfahrt und Fischerei ausgenutzt werden.

Eismeldedienst. Der *Eismeldedienst* erfolgt in der Hautpsache durch drahtlose Telegraphie.

Die Deutsche Seewarte gibt im Winter um 1115 durch Norddeich für die Nordsee und um 1130 durch Swinemünde für die Ostsee und um 0940 durch Königswusterhausen für die Nord- und Ostsee Eismeldungen im Anschluß an den Wetterbericht zur Zeit (1924) nach folgendem Schlüssel:

$$\underbrace{J\,K}_{1}\quad\underbrace{J\,K}_{2}\quad\underbrace{J\,K}_{3}\quad|\quad\underbrace{J\,K}_{4}\quad\underbrace{J\,K}_{5}\quad\underbrace{J\,K}_{6}\quad|\quad\underbrace{J\,K}_{7}\quad\underbrace{J\,K}_{8}\quad\underbrace{J\,K}_{9}$$

J = Eisverhältnisse.

0 — eisfrei
1 — leichtes, loses Eis
2 — strichweise Treibeis } Schiffahrt unbehindert
3 — dünne Eisdecke
4 — zusammengeschobenes Eis } Segelschiffahrt erschwert
5 — starkes Treibeis
6 — starke Eisdecke
7 — schweres Eistreiben
8 — dichte, starke Eismassen } Schluß der Segelschiffahrt
9 — nicht gemeldet.

K = Folgen der Eisverhältnisse für die Schiffahrt.

0 — Eisverhältnisse wegen Nebel, Schneetreiben usw. nicht zu erkennen
1 — Schiffahrt unbehindert
2 — „ für Segelschiffe erschwert
3 — „ erschwert, für Segler nur mit Schlepperhilfe möglich
4 — „ sehr erschwert, für Segler geschlossen
5 — „ nur für starke Dampfer möglich
6 — „ nur mit Eisbrecherhilfe möglich
7 — „ geschlossen
8 — Fahrrinne wird durch Eisbrecher offengehalten
9 — nicht gemeldet.

Stationen für die Eismeldung von Königswusterhausen:

Stationen	Gruppe
1 Seekanal, 2 Pillau, 3 Swinemünde	1. Gruppe
4 Travemünde, 5 Holtenau, 6 Brunsbüttelerkoog	2. Gruppe
7 Hamburg, 8 Brake (Weser), 9 Nesserland (Ems)	3. Gruppe

Die Meldungen beziehen sich auf folgende Fahrwasser:

Königsberger Seekanal:	Seekanal bis Königsberg
Pillau:	Hafen und Reede
Swinemünde:	„ „ „
Travemünde:	„ „ „
Holtenau:	Kaiser-Wilhelm-Kanal bis Brunsbüttel
Brunsbüttelerkoog:	vorliegendes Elbgebiet
Hamburg:	Landungsbrücken
Brake:	vorliegendes Wesergebiet
Nesserland:	„ Emsgebiet und Hafen.

Beispiel: 55 56 43 22 44 21 01 99 90 bedeutet:

Seekanal:	Starkes Treibeis, Schiffahrt nur für starke Dampfer möglich
Pillau:	Starkes Treibeis, Schiffahrt nur mit Eisbrecherhilfe möglich
Swinemünde:	Zusammengeschobenes Eis, Schiffahrt erschwert, für Segler nur mit Schlepperhilfe möglich
Travemünde:	Strichweise Treibeis, Schiffahrt für Segelschiffe erschwert
Holtenau:	Zusammengeschobenes Eis, Schiffahrt sehr erschwert, für Segler geschlossen
Brunsbüttelerkoog:	Strichweise Treibeis, Schiffahrt unbehindert
Hamburg:	Eisfrei, Schiffahrt unbehindert
Brake:	Nicht gemeldet
Nesserland:	Eisverhältnisse wegen Nebel, Schneetreiben usw. nicht zu erkennen.

In ähnlicher Weise vollzieht sich auch der Eismeldedienst anderer nordischer Staaten. Streng genommen gelten die Eismeldungen nur für den Zeitpunkt, zu dem sie angestellt sind. Die Schiffsführung muß also neben der Aufnahme der Eismeldungen die meteorologischen Vorgänge (Temperatur, Wind, Strömungen) stetig verfolgen und aus ihnen Schlüsse auf die Veränderung der Eisverhältnisse ziehen. Von großem Wert für den Eismeldedienst sind freiwillige Eismeldungen von Schiffen mit drahtloser Telegraphie. Schiffe ohne diese Einrichtung können ihre Eismeldungen durch Signale an solche mit drahtloser Einrichtung zwecks Weitermeldung abgeben. Die Weitermeldung kann verschlüsselt an eine Funkstation geschehen, die dann zu einer bestimmten Zeit die gesammelten Meldungen von See der Seewarte zuleitet, die diese Meldungen mit in den amtlichen telegraphischen Eisbericht aufnimmt. Ist die Aufnahme der

Funksignale aus irgendwelchen Gründen nicht geglückt, so kann man jederzeit funkentelegraphisch Eisnachrichten erhalten, in der Ostsee durch Anrufen von Friedrichsort und Pillau, in der Nordsee von List, Wilhelmshaven und Borkum. Auch ausländische Stationen geben auf Anruf Auskunft, z. B. Hernösand, Waxholm, Gottland, Karlskrona, Göteborg, Boden u. a.

Über Eismeldungen von See s. auch S. 402 und Nachtrag.

Während der Eiszeit im Frühjahre eines jeden Jahres werden von Kanada und den Vereinigten Staaten auf den transatlantischen Dampferwegen bei den Großen Newfoundland-Bänken Eismeldeschiffe stationiert. — Ihr Rufzeichen ist zur Zeit *KFOG*. Täglich um 1100 und 2300 *MGZ* gibt das Eismeldeschiff mit der 600-m-Welle die S-, O- und W-Grenze des Eisgebietes bekannt, und zwar dreimal hintereinander mit Pausen von 2^m dazwischen. Um 1230 *MGZ* werden Eisnachrichten mit der 2300-m-Welle, ungedämpft, verbreitet, und zwar auch dreimal hintereinander mit Pausen von 2^m dazwischen. Eisnachrichten vom Eismeldeschiff können zu jeder Zeit den Schiffen mitgeteilt werden, die mit der Handelsschiffs-Welle erreichbar sind. Jede Nachricht enthält: Lage des Eismeldeschiffes, Lage und Beschreibung des Eises und sonstige Angaben. Sie beziehen sich stets auf die Zeit des Meridians 75° W und werden offen in englischer Sprache gegeben.

Um 2400 *MGZ* sendet das Eismeldeschiff einen telegraphischen Eisbericht an Hydrographic Office Washington, der zur Zeit durch folgende Funkstellen zu den nachstehenden Zeiten verbreitet wird:

Funkstelle	Rufzeichen	Zeit (*MGZ*)	Wellenlänge
Norfolk	*NAM*	1545, 2100	1363 m
Washington-Arlington	*NAA*	0255, 1530	2655 m, 5996 m
Annapolis	*NSS*	2200	17150 m
New York	*NAH*	1530, 2200	1538 m
Boston	*NAD*	1600, 2200	1363 m

Während dieser Zeiten sollten die Schiffe ihren funkentelegraphischen Verkehr so weit wie möglich einstellen.

Die Kapitäne vorbeifahrender Schiffe können den Dienst der Patrouillenschiffe dadurch wesentlich unterstützen, daß sie funkentelegraphisch folgende Angaben mitteilen:

a) Gesichtete Eisberge oder Schiffahrtshindernisse unter Angabe des Datums, der Zeit, Länge und Breite; bei Eisbergen die Richtung der Drift und die derzeitige Wassertemperatur.

b) In dem Gebiet zwischen 39° und 48° N-Breite und 52° und 44° W-Länge vierstündlich die Temperatur des Wassers an der Oberfläche unter Angabe von Länge und Breite, Kurs sowie Schiffsgeschwindigkeit zur Zeit jeder Beobachtung. Diese Angaben sollen zur Aufstellung einer Temperaturkurve dienen, mittels der die Zweige des Labrador-Stromes festgestellt werden sollen.

Ist es notwendig, die Dampferwege zu ändern, so wird dies sofort bekanntgegeben.

Die Position jedes Dampfers wird an Bord des Eismeldeschiffes in eine Karte eingetragen und hierdurch sein Weg während der Durchfahrt durch das gefährdete Gebiet sorgfältig verfolgt. Durch Kenntnis der Position aller Schiffe in dem Gebiet der Großen Bänke ist das Eismeldeschiff in der Lage, Warnung an diejenigen zu geben, die auf Eisberge zusteuern oder in gefährliche Nähe von ihnen kommen können.

3. Meereskunde[1]).

Das Meerwasser. Das Seewasser verdankt seinen salzig-bitteren Geschmack der Beimengung zahlreicher Salze: Kochsalz 78%, Chlormagnesium 11%, Bittersalz 5%, sonstige Salze 6%. Das Mischungsverhältnis aller dieser Salze ist im Meerwasser überall und zu allen Zeiten dasselbe. Der Salzgehalt des Oberflächenwassers der offenen Meere schwankt zwischen 32 und 38 kg Salz auf 1000 kg Seewasser. Die Durchschnittstemperatur für die ganze Meeresoberfläche beträgt etwa $17^1/_2$° C. Im Jahresmittel ist die Meeresoberfläche um etwa $^1/_2$—1° wärmer als die darüber lagernde Luft. Unterhalb einer den täglichen und jährlichen Temperaturschwankungen unterworfenen Oberschicht von 20—200 m (der sog. Sprungschicht), in der die Temperatur sehr rasch abnimmt (10—20° auf 1—200 m), nimmt die Temperatur sehr langsam ab (1 bis 2° auf 1000 m). Der Gefrierpunkt des Seewassers liegt bei —2°.

Das spezifische Gewicht des Meerwassers und seine Bestimmung. An der Meeresoberfläche wiegt 1 Liter Ozeanwasser von 17,5° C und 35‰ Salzgehalt 1028 g, während 1 Liter Süßwasser 1000 g wiegt. Das spez. Gewicht des Meerwassers ist also 1,028. In der Nähe der Küste, in fast allen Häfen und in abgeschlossenen, große Flüsse aufnehmenden Meeresbecken ist das spez. Gewicht des Meerwassers oft bedeutend niedriger. Die Bestimmung des Salzgehaltes in den Lösch- und Ladehäfen der Erde ist für die praktische Schiffahrt sehr wichtig. Nur wenn man das spez. Gewicht des Hafenwassers kennt, läßt sich die Frage beantworten, wie weit ein Schiff eintauchen darf, um dann in See bis zur Tieflademarke beladen zu sein. — An Bord von Schiffen bestimmt man zu diesem Zwecke das spez. Gewicht des Wassers mit einem Aräometer. Dieses Instrument beruht auf dem archimedischen Prinzip. Es ist ein aus Glas geformter Hohlkörper, der an seinem unteren Ende beschwert ist und nach oben zu in ein Glasrohr endigt. Im Innern des Glasrohrs ist eine Skala angebracht, auf der die Strecke von 1000 bis 1028 in 28 Teile geteilt ist. Man kann also an ihm direkt das spez. Gewicht der Flüssigkeit ablesen, in der das Aräometer schwimmt und für die es geeicht ist. Da aber das spez. Gewicht des Salzwassers außer von dem Prozentgehalt an Salz auch von der Temperatur abhängt, so müssen alle Beobachtungen

[1]) Eine erschöpfende Darstellung dieses Abschnittes findet man in Krauß: Maritime Meteorologie und Ozeanographie. Berlin: Julius Springer 1917.

mit Hilfe von Tafeln auf die Temperatur reduziert werden, für die das Instrument geeicht ist.

Denkt man sich die Entfernung der Frischwassermarke von der Salzwassermarke an der Schiffseite ebenfalls in 28 Teile geteilt, so entsprechen diese Teilstriche denen des Aräometers. Beispiel: Man findet in einem Hafen die Dichtigkeit des Wassers zu 1,015. Der Abstand der Frischwassermarke von der Salzwassermarke sei 20 cm. Wie tief darf das Schiff geladen werden?

$28 : 15 = 20 : x \quad x = \frac{300}{28} = 10{,}7,$ d. h. die Frischwassermarke braucht nur 10,7 cm über Wasser zu bleiben. (Siehe S. 355.)

In der Praxis verfährt man bei diesen Messungen am besten so, daß man 1. das spez. Gewicht des Oberflächenwassers bestimmt (Aufschlagen mit einer Pütze!); 2. das des Wassers aus ungefähr der Tiefe des Schiffbodens (Pumpen!) und dann den Mittelwert bildet. Die Temperaturkorrektion kann dabei vernachlässigt werden. Seine größte Dichte (größtes spez. Gewicht) erreicht das Meerwasser bei $-2°$ bis $-4°$. (Frischwasser bei $+4°$.)

Die Wellen. Man unterscheidet: 1. die vom Winde unmittelbar aufgeworfenen Windseen, kurzweg „Seen" genannt und 2. die aus der Ferne heranrollende „Dünung". Die Größe der Welle wird bestimmt: 1. durch ihre Periode, d. i. die Zeit in Sekunden, die für einen festen Beobachtungsort zwischen dem Eintreffen zweier aufeinander folgender Wellenkämme verfließt; 2. ihre Länge, d. i. der Abstand von Wellenkamm zu Wellenkamm in Metern; 3. ihre Fortpflanzungsgeschwindigkeit, mit der sie durch das Wasser laufen; 4. ihre Höhe, d. i. der senkrechte Abstand des Wellenkammes vom Wellental.

Stärke des Seeganges und der Dünung nach Beaufort.

Beaufort	Bezeichnung	Ungefähre Wellenlänge in m
0	Vollkommen glatte See	0
1	Sehr ruhige See	$0-\frac{1}{4}$
2	Ruhige See	$\frac{1}{4}-\frac{3}{4}$
3	Leicht bewegte See (kleine Wellen)	$\frac{3}{4}-2$
4	Mäßig bewegte See (mäßige Wellen	2—4
5	Ziemlich grobe See (ziemlich hohe Wellen) . .	3—6
6	Grobe See (hohe Wellen)	5—8
7	Hohe See (große Wellen)	7—10
8	Sehr hohe See (sehr große Wellen)	über 10
9	Gewaltige, schwere See (große Wellenberge) . .	über 10

Strömungen im allgemeinen. „Strom" oder „Strömung" nennt der Seemann den Unterschied zwischen der Fahrt durchs Wasser und der Fahrt über den Grund. Unter „Richtung einer Strömung" versteht man die Richtung, nach der das Wasser fließt. „Warm" nennt man einen Strom, der polwärts fließt, weil er das in niederen Breiten unter stärkerer Sonnenstrahlung erwärmte Wasser nach höheren Breiten, wo an sich kälteres liegen sollte, führt. Ein Strom der umgekehrten Richtung heißt „kalt". Beide Begriffe sind also relativ. Die hauptsächliche Ursache aller großen, horizontalen Oberflächenströmungen des Meeres ist das große System der Luftströmungen. Die unmittelbar unter dem Einfluß des Windes entstehenden Strömungen heißen Triftströme oder Triften. Zum Ersatz der von solchen Triften fortgeführten Wassermassen muß Wasser von den Seiten und im Rücken nachströmen. Diese Aufgabe übernehmen die Kompensationsströme oder Ergänzungsströme. Wenn eine Triftströmung auf eine Küste stößt und hier einen Aufstau des Wassers verursacht, so fließt dieses nach beiden Seiten entlang der Küste ab, und es entstehen die Abflußströmungen oder Stauströme. In vielen Fällen bilden sich Stromringe, indem die Abflußströmung durch einen Verbindungsstrom in die Kompensationsströmung übergeführt wird.

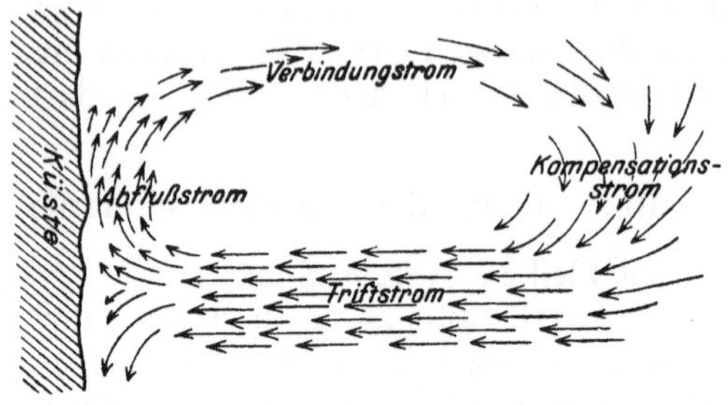

Abb. 118. Schematische Darstellung eines Stromringes.

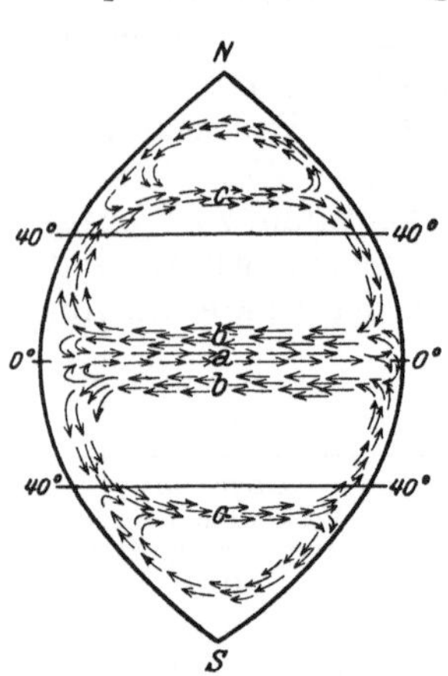

Abb. 119. Schema der horizontalen Meeresströmungen in einem ideellen Ozean.
a = Äquatorialgegenströmung,
b = Äquatorialströme,
c = Verbindungsströme (Westwindtriften).

Über die Strömungen in der Nähe der Küste unterrichte man sich eingehend aus den Seehandbüchern. Häufig treten unter den Küsten sog. Neerströme auf, die den Hauptströmungen gerade entgegenlaufen.

Den Flut- und Ebbeströmungen muß in der Nähe des Landes ebenfalls die größte Beachtung geschenkt werden. Im freien Meere, fern von der Küste, kentert der Gezeitenstrom 3 Stunden vor und 3 Stunden nach Hoch- und Niedrigwasser, so daß die stärkste Strömung in der einen oder anderen Richtung zur Zeit des Hoch- und Niedrigwassers läuft. Bei der Annäherung an die Küste ändern sich diese Verhältnisse derart, daß in unmittelbarer Nähe der Küste und in Flußmündungen das Kentern des Stromes meistens mit dem Eintritt des Hoch- und Niedrigwassers zusammenfällt. Es wird daher dringend davor gewarnt, aus der Stromrichtung irgendeinen Schluß auf die Wasserhöhe und umgekehrt aus dem Wasserstande auf die Stromrichtung und -stärke zu ziehen. Es muß für jeden Ort durch Beobachtung festgestellt werden, welche Beziehungen zwischen der Zeit des Hoch- und Niedrigwassers und der Zeit des Stromwechsels bestehen. Man findet darüber genaue Angaben in den Seehandbüchern, Gezeitentafeln und -karten.

Oberflächenströmungen des Atlantischen Ozeans. Unter der Einwirkung des NO-Passates entsteht der Nordäquatorialstrom. Dieser

Jahresisothermen der Luft und Oberflächenströmungen der Meere im Nordwinter[1]).

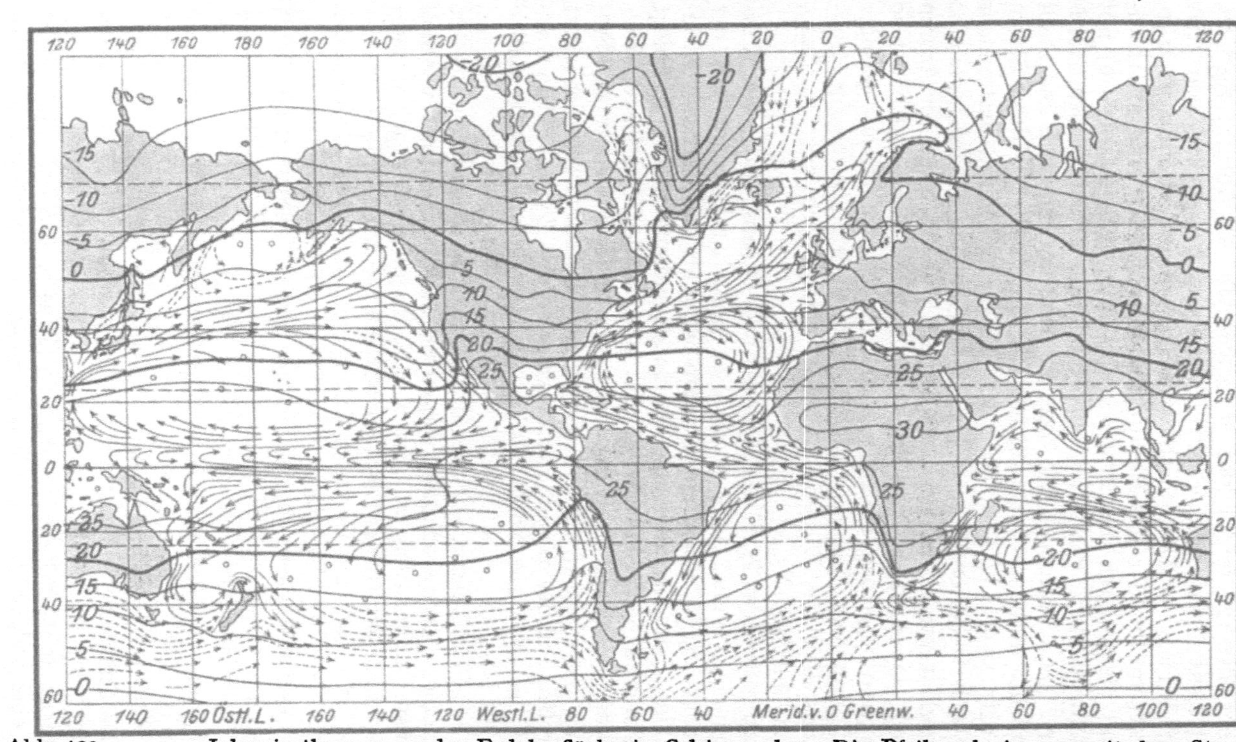

Abb. 120. ——— Jahresisothermen an der Erdoberfläche in Celsiusgraden. Die Pfeile schwimmen mit dem Strom und geben die vorherrschende Stromrichtung. ———→ Relativ warme Strömung. -------→ Relativ kalte Strömung. ° ° ° Häufige Stromstillen.

[1]) Aus Krauß: Maritime Meteorologie und Ozeanographie.

setzt in WSW- bis WNW-Richtung von der Küste Afrikas auf Südamerika und Westindien zu mit einer Geschwindigkeit von etwa 12 Sm im Etmal. An der Küste Amerikas gibt er sein Wasser teils der Guyanaströmung, teils bildet er, außerhalb der Antillen fließend, die Antillenströmung; hier hat er eine Geschwindigkeit von etwa 15 Sm im Etmal. — Der durch den Südäquatorialstrom verstärkte Guyanastrom fließt in das Karaibische Meer, bildet den Karaibenstrom und fließt durch die Straße von Florida (Floridastrom) mit einer Geschwindigkeit von etwa 50—70 Sm im Etmal in den Nordatlantischen Ozean, vereinigt sich hier mit dem Antillenstrom und fließt in nordöstlicher und später in östlicher Richtung weiter. Dieser Strom ist der Golfstrom. Je nördlicher der Golfstrom kommt, desto mehr breitet er sich fächerförmig aus; er hat hier auch nur bald noch eine Geschwindigkeit von etwa 15 Sm im Etmal. Auf der Höhe der Azoren teilt er sich, ein Arm fließt östlich, geht später südlich und bildet so den Kompensationsstrom (Kanarischer Strom), der mit nur geringer Geschwindigkeit dem Äquator zufließt. Die anderen Arme des Golfstromes umspülen die Küsten Englands, gehen nach dem Nordkap, Spitzbergen und Island.

Im nordwestlichen Teile des Atlantischen Ozeans sind zwei Kaltwasserströmungen: der Ost- und Westgrönlandstrom und der Labradorstrom. — Der erstere Strom wird an der Ostküste Grönlands gebildet, fließt an der Küste Grönlands südlich entlang und biegt bei Kap Farewell nach Westen um und geht an der Westküste Grönlands entlang. — Der andere Kaltwasserstrom setzt an der Küste Labradors entlang und fließt an der Ostküste Neufundlands vorbei, hier lagert er einen großen Teil der mitgeführten Eismassen ab. Zwischen dem Golfstrom und der Ostküste Nordamerikas fließt er ziemlich weit südlich (etwa bis 30° N).

Durch den Südostpassat entsteht der Südäquatorialstrom, dieser fließt mit einer Geschwindigkeit von etwa 24 Sm im Etmal westlich auf die Küste Südamerikas zu. Bei Kap S. Roque teilt er sich in zwei Arme. Der in nordwestlicher Richtung abfließende Arm heißt Guyanaströmung und hat eine Geschwindigkeit von 36 Sm im Etmal. Der andere Arm läuft in SSW-Richtung an der Küste Brasiliens entlang mit einer Geschwindigkeit von 24 Sm im Etmal. Dieser Strom heißt Brasilstrom. — Auf der Höhe des La Plata wird der Brasilstrom durch die Westwindtrift und den kalten Falklandstrom, der eine Fortsetzung der von Westen nach Osten setzenden Kap-Horn-Strömung ist, abgelenkt. Die Westwindströmung setzt auf die Westküste Afrikas zu; in der Nähe des Festlandes biegt ein Arm nach Norden ab und fließt als Kompensationsstrom dem Südäquatorialstrom zu. Dieser Kaltwasserstrom heißt Benguelaströmung. Der andere Arm der Westwindströmung stößt auf die warme Agulhasströmung und bildet mit dieser eine südöstlich setzende Strömung. — Zwischen dem Nordäquatorialstrom und dem Südäquatorialstrom liegt die äquatoriale Gegenströmung, die Guineaströmung heißt. Diese Strömung hat die Gestalt eines Keils, dessen Spitze im Westen liegt. Im Sommer liegt die Spitze des Keils auf etwa 30—40° West, im Winter auf etwa 30—25° West. Die Geschwindigkeit dieser Strömung ist etwa 12 Sm im Etmal.

Oberflächenströmungen des Stillen Ozeans. Der Nordäquatorialstrom läuft von der Küste Amerikas auf die Philippinen zu (Geschwindigkeit 24 Sm im Etmal). Hier biegt er nach Norden um und fließt an der Küste Chinas und Japans entlang. Er heißt nun Kuro Schio, seine Geschwindigkeit ist etwa 60 Sm im Etmal. Auf etwa 40° N-Breite und 150° O-Länge teilt sich der Kuro-Schio in zwei Arme. Der eine Arm fließt auf Alaska zu. Von der Küste Alaskas geht der Strom als Alaskastrom an der Küste weiter nach Norden entlang, biegt nach Westen um und fließt dann zurück an der Westküste der Behringstraße nach der Ostküste Japans. Der andere Arm des Kuro Schio geht in die Westwindtrift über und setzt auf die Küste Nordamerikas zu, längs der er als Kompensationsstrom südlich fließt. Dieser Kompensationsstrom heißt Kalifornischer Strom.

Der Südäquatorialstrom des Stillen Ozeans hat ebenfalls eine Geschwindigkeit von 24 Sm im Etmal. Auf der Ostseite des Ozeans ist die Strömung sehr regelmäßig. Auf der Westseite wird sie im südlichen Sommer durch den Nordwestmonsum behindert. Die Strömung setzt von der Küste Amerikas auf den Archipel und die Ostküste Australiens zu und fließt dann an der australischen Küste entlang nach Süden. — Der Ostaustralische Strom hat eine Geschwindigkeit von etwa 36 Sm im Etmal. Durch die Westwindtrift wird er abgelenkt und vereinigt sich mit derselben. In der Nähe der Küste von Südamerika teilt sich die Westwindtrift. Der eine Teil geht nördlich als Kompensationsstrom. Diese Strömung heißt Peruanische oder Humboldtströmung; sie hat kaltes Wasser. — Der andere Arm der Westwindtrift geht als Kap-Horn-Strömung weiter.

Die äquatoriale Gegenströmung erstreckt sich über den ganzen Stillen Ozean. Geschwindigkeit etwa 12 Sm im Etmal.

Oberflächenströmungen des Indischen Ozeans. Im südlichen Indischen Ozean hat man ungefähr dieselben Verhältnisse wie im südlichen Atlantischen Ozean. Der Südäquatorialstrom setzt mit einer Geschwindigkeit von etwa 24 Sm im Etmal auf die Küste von Madagaskar zu. Hier teilt er sich in zwei Arme. Der eine Arm geht südlich, wird durch die Westwindtrift abgelenkt und vereinigt sich mit dieser. Diese Westwindtrift bildet zum Teil später die Westaustralische Strömung, die den Kompensationsstrom für den Südäquatorialstrom bildet. Der andere Arm des Südäquatorialstroms umfließt die Insel Madagaskar und strömt auf die Küste Afrikas zu. Hier teilt sich dieser Arm wieder; der südlich fließende Arm hat erst den Namen Mozambiqueströmung, später den Namen Agulhasströmung. Diese Agulhasströmung hat eine Geschwindigkeit von etwa 48 Sm im Etmal. Durch die Westwindtriftströmung wird die Agulhasströmung am Kap der guten Hoffnung abgelenkt nach SO und geht später in die Westwindtriftströmung über.

Im nördlichen Indischen Ozean richten sich die Strömungen nach den Monsunen. Im nördlichen Winter hat man daher meistens fast nur westliche Strömungen. Östlich und südlich von Ceylon und auch in der Malakkastraße erreicht die Strömung oft eine Geschwindigkeit von 70 Sm im Etmal. Zwischen dem Äquator und 5° Südbreite trifft man im Nordwinter eine nach Osten gerichtete äquatoriale Gegenströmung, ähnlich wie die Guineaströmung. -- Im nördlichen Sommer findet man kräftige östliche Strömungen. An der Somaliküste (Afrika) hat man durch den einen nördlichen Arm des Südäquatorialstroms eine Verstärkung des östlichen Stroms, so daß man an dieser Küste oft sehr starke nordöstliche Strömungen findet. — An der Malabarküste läuft der Strom dann SSO mit ziemlicher Stärke.

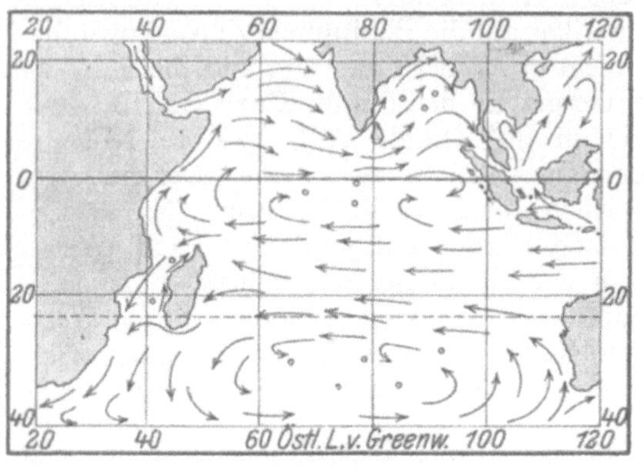

Abb. 121. Oberflächenströmungen des Indischen Ozeans im nördlichen Sommer (zur Zeit des Südwestmonsuns)[1].

4. Das meteorologische Tagebuch.

Für eine große Reihe von Veröffentlichungen der Deutschen Seewarte, die ja zum größten Teile der ausübenden Schiffahrt wieder zugute kommen, sind fortlaufende, ständig sich erneuernde, maritim-meteorologische Beobachtungsdaten unentbehrlich. Um eine Übereinstimmung der Methoden der Beobachtungen und Aufzeichnungen zu erreichen, und damit ein zuverlässiges und allgemein vergleichbares Material zu sammeln, gibt die Deutsche Seewarte Meteorologische Tagebücher heraus und erläßt Anweisungen zur Führung derselben. Ähnliche auf internationalem Übereinkommen beruhende Anweisungen werden auch von anderen Zentralstellen, wie z. B. von London, Washington und De Bilt bei Utrecht herausgegeben, so daß die Gleichartigkeit aller maritimen Beobachtungen so ziemlich gesichert ist. Die Führung dieser Tagebücher ist zwar überall eine freiwillige, doch werden seit Maurys Zeiten an Bord vieler Schiffe fast aller seefahrenden Nationen solche Aufzeichnungen mit größter Zuverlässigkeit und strengster Gewissenhaftigkeit gemacht, und die Beobachtungen bilden das Fundament unserer Kenntnisse der maritimen Meteorologie und der Oberflächenströmungen der Ozeane.

Durch gewissenhafte Führung eines solchen Tagebuchs trägt der Seemann nicht nur seinen bescheidenen Teil zur wissenschaftlichen Erforschung der von ihm befahrenen Meeresräume und zur Vervollständigung

[1]) Aus Krauß: Maritime Meteorologie und Ozeanographie.

des maritim-meteorologischen und ozeanographischen Beobachtungsmaterials bei, sondern er kann auch persönlich großen Nutzen davon haben.

Ein sorgfältiger Beobachter, der den Verlauf des Wetters im Hinblick auf die eigenen Beobachtungen verfolgt, erlangt allmählich auch die Fähigkeit, mit leidlicher Sicherheit die nächsten Änderungen des Wetters vorherzusehen, ein Vorteil, der an Bord eines Seglers immer, an Bord eines Dampfers häufig von Wert ist. Diese Verwendung der täglichen Beobachtungen im eigenen Interesse ist das, wonach jeder Beobachter streben sollte; sie gibt den Aufzeichnungen im Tagebuch ein besonderes Gepräge und gewährt Befriedigung.

IX. Seestraßenrecht.

Halte Brücke und Ausguck stets gut besetzt!

Ausweicheregeln. Die allgemeinen Gesichtspunkte, nach denen die Regeln über das Ausweichen der Schiffe auf See aufgestellt wurden, sind folgende:

1. Nähern sich zwei Fahrzeuge einander so, daß eine Gefahr des Zusammenstoßes entsteht, so weicht nur ein Fahrzeug aus, das andere muß Kurs und Geschwindigkeit beibehalten. (Mit einer Ausnahme: zwei Dampfer Steven auf Steven.)
2. Von diesen beiden Fahrzeugen ist dasjenige zum Ausweichen verpflichtet, das in der günstigeren Lage ist.
3. Sind beide Fahrzeuge gleich günstig gestellt, so hat dasjenige Fahrzeug auszuweichen, das voraussichtlich nach Steuerbord ausweichen wird.

Es hat also auszuweichen, sobald bei Annäherung Gefahr eines Zusammenstoßes entsteht:

1. Stets jedes überholende Fahrzeug dem überholten.
2. Ein Dampfer (Kursänderungssignal!!):
   a) jedem Segelschiff,
   b) dem an seiner Steuerbordseite befindlichen Dampfer,
   c) dem gerade entgegenkommenden Dampfer (nach Steuerbord ausweichen!).
3. Ein Segelschiff:
   a) jedem fischenden Segelfahrzeug oder Boot,
   b) wenn es raumen Wind hat, dem beim Winde segelnden Fahrzeuge und dem leewärts befindlichen mit raumem Wind von derselben Seite,
   c) wenn es raumen Wind von BB hat, dem Segler mit raumem Wind von StB,
   d) wenn es mit BB-Halsen beim Winde segelt, dem mit StB-Halsen beim Winde segelnden,
   e) wenn es vor dem Winde segelt, allen anderen Seglern.

Vermeide bei einem Ausweichemanöver, den Bug des anderen Fahrzeuges zu kreuzen! Ein Dampffahrzeug muß sein Ausweichemanöver durch ein Schallsignal anzeigen! Man führe ein als notwendig erkanntes Ausweichemanöver stets sofort und ausgiebig aus! Im Nebel mache ein Ausweichemanöver erst dann, wenn das andere Schiff zu sehen ist, und zeige dann das Manöver sofort an! Fischdampfer, auch wenn sie vor dem Grundnetz oder Treibnetz fischen, haben kein Wegerecht. Man geht ihnen aber trotzdem gern und weit aus dem Wege. Die Gefahr eines Zusammenstoßes kann im Zweifelsfalle durch wiederholte, sorgfältige Kompaßpeilung stets erkannt werden. Ändert sich die Peilung nicht oder nur wenig, so ist immer Gefahr vorhanden! Das nicht zum Ausweichen verpflichtete Fahrzeug muß Kurs und Geschwindigkeit beibehalten. Wenn jedoch infolge von dickem Wetter oder aus anderen Ursachen zwei Fahrzeuge einander so nahe gekommen sind, daß ein Zusammenstoß durch Manöver des zum Ausweichen verpflichteten Fahrzeuges allein nicht vermieden werden kann, so soll auch das andere Fahrzeug so manövrieren, wie es zur Abwendung eines Zusammenstoßes am dienlichsten ist.

In engen Fahrwassern muß jedes Dampffahrzeug, wenn dies ohne Gefahr ausführbar ist, sich an derjenigen Seite der Fahrrinne oder Fahrwassermitte halten, die an seiner Steuerbordseite liegt.

Kursänderungssignale eines Dampfers. Sind Fahrzeuge einander ansichtig, so muß ein in Fahrt befindliches Dampffahrzeug seine Kursänderung durch folgende Signale (kurze Töne) mit der Dampfpfeife oder Sirene anzeigen:

kurz . . . . . . Ich richte meinen Kurs nach Steuerbord.
kurz, kurz . . . Ich richte meinen Kurs nach Backbord.
kurz, kurz, kurz Meine Maschine geht mit voller Kraft rückwärts.

Nebelsignale (siehe auch S. 305).

A. Dampfpfeifen- oder Sirenensignale, mindestens alle 2 Minuten:

lang . . . . . . Ein Dampffahrzeug, das Fahrt durch das Wasser macht.
lang, lang . . . Ein Dampffahrzeug mit gestoppter Maschine, das in Fahrt ist, aber keine Fahrt durchs Wasser macht.
lang, kurz, kurz a) Ein Dampffahrzeug, das schleppt,
b) ein Dampffahrzeug, das Kabel legt usw.,
c) ein Dampffahrzeug, das manövrierunfähig oder manövrierbehindert ist.

B. Nebelhornsignale, mindestens jede Minute:

lang . . . . . . Ein Segelfahrzeug, das mit Steuerbordhalsen segelt.
lang, lang . . . Ein Segelfahrzeug, das mit Backbordhalsen segelt.
lang, lang, lang Ein Segelfahrzeug, das mit dem Winde achterlicher als dwars segelt.
lang, kurz, kurz mindestens alle 2 Minuten { a) Ein Dampffahrzeug, das geschleppt wird,
b) ein Segelfahrzeug, das geschleppt wird,
c) ein Segelfahrzeug, das manövrierunfähig oder manövrierbehindert ist.

C. Glocken-(Trommel-oder Gong-) Signale, mindest. jede Minute:

Rasches Läuten ungefähr 5 Sek. lang	a) Ein Fahrzeug, das vor Anker liegt, am Grunde festsitzt, an einer exponierten Stelle am Lande befestigt ist, oder ein Fischerfahrzeug, dessen Fanggerät an einem Hindernis festgeraten ist,
	b) ein kleines Segelfahrzeug, das in Fahrt ist.

D. Dampfpfeifen-, Sirenen- bzw. Nebelhornsignale und Glockensignale, mindestens jede Minute:

langer Ton (Dampfpfeife) **und** Glocke	Ein Dampffahrzeug, das fischt.
langer Ton (Nebelhorn) **und** Glocke	Ein Segelfahrzeug, das fischt.

E. Irgendein kräftiges Schallsignal, mindestens jede Minute:

Horn, Muschel, Gong usw.	Kleine Segelfahrzeuge unter 57 cbm Bruttoraumgehalt in Fahrt.

Mäßigung der Geschwindigkeit und Manövrieren im Nebel. Jedes Fahrzeug muß bei Nebel, dickem Wetter, Schneefall oder heftigen Regengüssen unter sorgfältiger Berücksichtigung der obwaltenden Umstände und Bedingungen mit mäßiger Geschwindigkeit fahren.

Ein Dampffahrzeug, das anscheinend vor der Richtung querab (vorderlicher als dwars) das Nebelsignal eines Fahrzeuges hört, dessen Lage nicht auszumachen ist, muß, sofern die Umstände dies gestatten, seine Maschine stoppen und dann vorsichtig manövrieren, bis die Gefahr des Zusammenstoßens vorüber ist.

Verhalten nach einem Zusammenstoß.

1. Nach einem Zusammenstoß von Schiffen auf See hat der Führer eines jeden derselben dem anderen Schiffe und den dazugehörigen Personen zur Abwendung oder Verringerung der nachteiligen Folgen des Zusammenstoßens den erforderlichen Beistand zu leisten, soweit er dazu ohne erhebliche Gefahr für das eigene Schiff und die darauf befindlichen Personen imstande ist.

Unter dieser Voraussetzung sind die Führer der beteiligten Schiffe verpflichtet, so lange beieinander zu bleiben, bis sie sich darüber Gewißheit verschafft haben, daß keines derselben weiteren Beistandes bedarf.

2. Vor der Fortsetzung der Fahrt hat jeder Schiffsführer dem anderen den Namen, das Unterscheidungssignal sowie den Heimats-, den Abgangs- und den Bestimmungshafen seines Schiffes anzugeben, wenn er dieser Verpflichtung ohne Gefahr für das eigene Schiff genügen kann.

Verpflichtung der Schiffseigentümer und Kapitäne.

Der Eigentümer und der Führer eines Fahrzeuges haften dafür, daß die zur Lichterführung und zum Signalgeben nötigen Lampen und Apparate vollständig und in brauchbarem Zustande auf dem Fahrzeuge vorhanden sind.

Im übrigen liegt die Befolgung der Vorschriften dem Führer des Fahrzeuges ob. Führer ist der Schiffer oder dessen berufener Vertreter. Hat das Fahrzeug einen Zwangslotsen angenommen, so hat dieser die in den Artikeln 16—27 der Seestraßenordnung gegebenen Vorschriften zu erfüllen, sofern nicht der Schiffer kraft landesrechtlich ihm zustehender Befugnis den Zwangslotsen seiner Funktionen enthoben hat. Die für die Schiffe und Fahrzeuge der Marine geltenden besonderen Bestimmungen werden hierdurch nicht berührt.

Lichterführung und Nebelsignale.

Allgemeines über Positionslaternen. Die für die Schiffahrt gesetzlich vorgeschriebenen Laternen müssen gemäß der Seestraßenordnung eingerichtet und nach den Unfallverhütungsvorschriften der See-Berufsgenossenschaft von der Deutschen Seewarte oder einer ihrer Dienststellen geprüft und in Ordnung befunden sein. Die darüber erhaltenen Atteste müssen an Bord aufbewahrt werden.

Die vorgeschriebenen Lichter sind bei jedem Wetter von Sonnenuntergang bis Sonnenaufgang zu führen. — Es empfiehlt sich, die Lichter bei nebligem oder trübem Wetter auch bei Tage zu führen.

Auf die richtige Abblendung der Seitenlaternen durch die gesetzlich vorgeschriebenen Schirme ist besonders zu achten.

Werden die Laternen durch elektrisches oder Gaslicht beleuchtet, so muß Notbeleuchtung durch Petroleum vorhanden sein.

Die Mitte der Lichtquelle muß in die wagerechte Ebene fallen, die man sich durch die Mitte des Mittelglases (= Mittellinse) der Lampe gelegt denkt.

Muß man die elektrische Birne einer Lampe auswechseln, so muß man dafür genau solche einsetzen, wie sie bei der Prüfung der Laterne verwendet wurde, damit die Hauptschleifen der Glühfäden der Birne sich wieder in der Höhe der Mittellinse befinden. Bei elektrischen Lampen muß der im Attest angegebene elektrische Strom zur Verwendung kommen, damit die Lampe entsprechend brennt. Niemals einen schwächeren Strom verwenden!

Bei Petroleumlampen muß die Flamme 4 cm hoch mit weißem Lichte brennen. Solche Lampen müssen etwa alle 4 Stunden nachgesehen werden und, wenn nötig, die Kruste vom Dochte abgemacht werden, ohne daß dabei die Flamme erlischt.

Die Sichtweite von Lichtern in Laternen mit geschliffenen oder gepreßten Linsen nimmt sehr schnell ab, wenn diese Laternen geneigt sind. Daher sind vielfach Seitenlaternen besonders bei Segelschiffen, die stark überliegen, schlecht und spät zu erkennen.

Nach jeder Reparatur an einer Laterne muß man diese durch eine amtliche Stelle prüfen lassen! Der guten Behandlung der Positionslaternen schenke man größte Beachtung!

Segler in Fahrt.

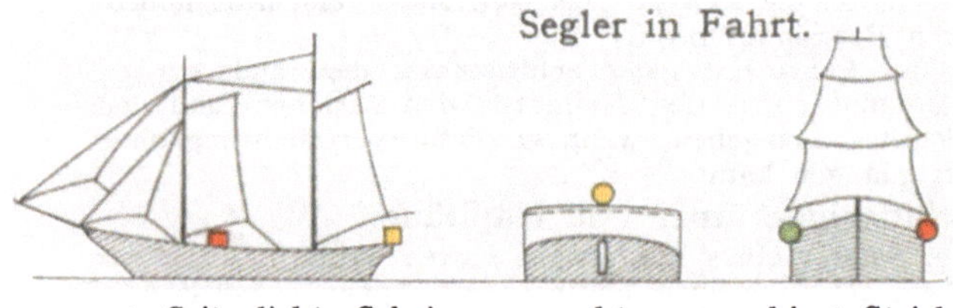

1. Seitenlicht, Schein von recht voraus bis 2 Strich achterlicher als dwars, mindestens 2 Sm sichtbar.
2. Hecklicht, Schein 6 Strich nach jeder Seite, mindestens 1 Sm sichtbar, darf fest angebracht sein. Für Hecklicht auch Flackerfeuer zulässig.
3. Die Laternenbretter müssen bei den Seitenlichtern mindestens 1 m vor dem Licht vorausragen.

Nebelsignale für Segler in Fahrt.
Mindestens jede Minute:
Auf StB-Hals: einen langen Ton.
Auf BB-Hals: zwei lange Töne.
Mit dem Wind achterlicher als dwars: drei lange Töne.

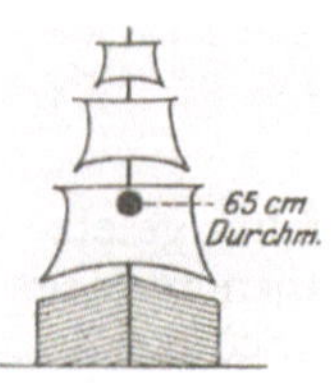

Dampffahrzeug nur unter Segel.

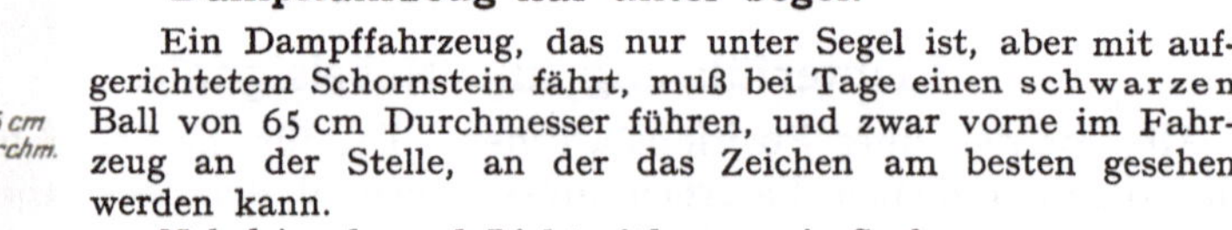

Ein Dampffahrzeug, das nur unter Segel ist, aber mit aufgerichtetem Schornstein fährt, muß bei Tage einen schwarzen Ball von 65 cm Durchmesser führen, und zwar vorne im Fahrzeug an der Stelle, an der das Zeichen am besten gesehen werden kann.

Nebelsignale und Lichterführung wie Segler.

Dampffahrzeuge in Fahrt.

(Jedes durch Maschinenkraft fortbewegte Fahrzeug.)

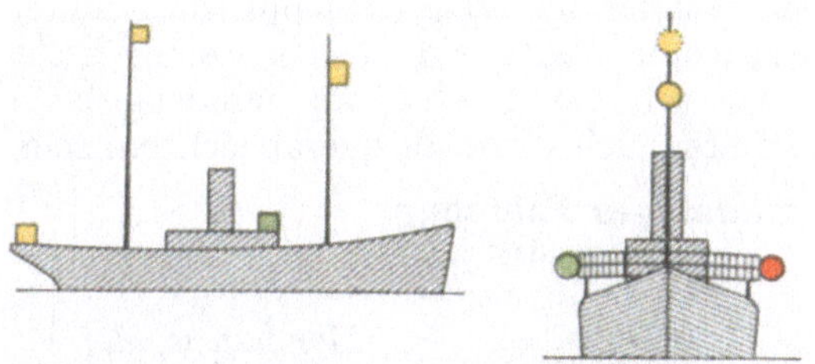

Seitenlichter und Hecklicht wie Segler.

Vorderes Topplicht, Schein 10 Strich nach jeder Seite; mindestens 6 m hoch; mindestens 5 Sm sichtbar.

Ein Dampfer in Fahrt darf ein zweites Topplicht führen, beide müssen in der Kiellinie angebracht sein, das hintere wenigstens $4^1/_2$ m höher als das vordere, die senkrechte Entfernung muß kleiner als die horizontale sein.

Nebelsignale.

Nebelsignale werden mit der Dampfpfeife oder Sirene gegeben.

Mindestens alle 2 Minuten:

Fahrt durchs Wasser: einen langen Ton.

Keine Fahrt durchs Wasser: zwei lange Töne mit 1 Sekunde Zwischenpause.

Fahrzeug, das mit Legen oder Aufnehmen von Telegraphenkabeln beschäftigt ist.

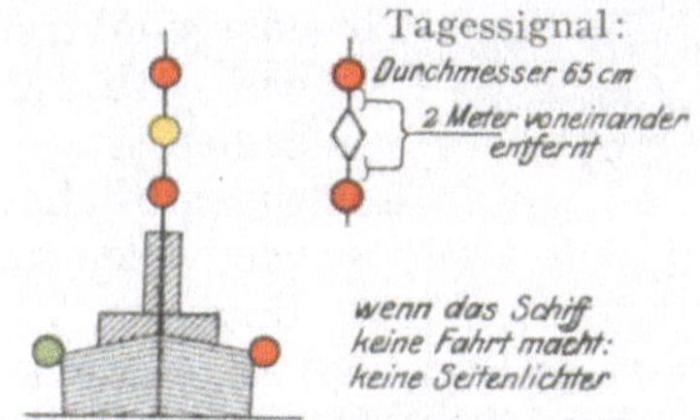

Nebelsignale.

Mindestens alle 2 Minuten:

eine Tongruppe von einem langen und zwei kurzen Tönen.

Am oder in der Nähe des Fockmastes 3 Laternen senkrecht untereinander; über den ganzen Horizont sichtbar, Sichtweite 2 Sm.

Hecklicht wie Segler, wenn in Fahrt.

Schleppendes Dampffahrzeug und geschlepptes Fahrzeug.

Schleppzug über 180 m Länge und mehrere Fahrzeuge.

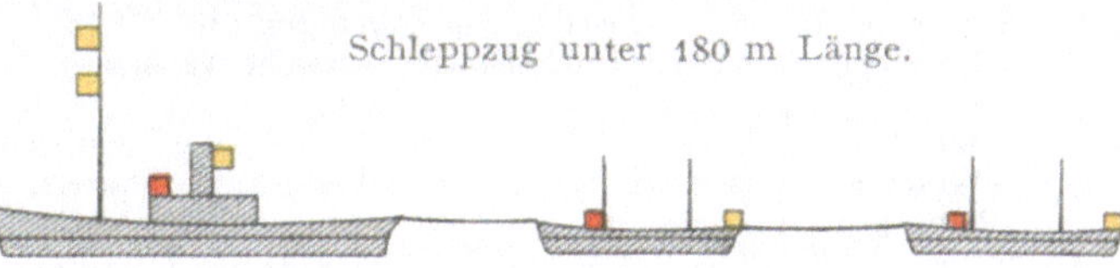

Ein Dampffahrzeug, das ein anderes Fahrzeug schleppt, muß außer den Seitenlichtern zwei weiße Lichter senkrecht übereinander und mindestens 2 m voneinander entfernt führen. Wenn es mehr als ein Fahrzeug schleppt und die Länge des Schleppzuges vom Heck des schleppenden Fahrzeuges bis zum Heck des letzten geschleppten Fahrzeuges 180 m übersteigt, muß es als Zusatzlicht noch ein drittes weißes Licht 2 m über oder unter den anderen führen. Jedes dieser Lichter muß ebenso eingerichtet und angebracht sein wie das Topplicht des

Nebelsignale.

Mindestens alle 2 Minuten:

eine Tongruppe von einem langen und zwei kurzen Tönen.

allein fahrenden Dampfers, jedoch genügt für das Zusatzlicht eine Höhe von mindestens 4 m über dem Rumpfe des Fahrzeuges.

Ein Dampffahrzeug, das ein anderes Fahrzeug schleppt, darf hinter dem Schornstein oder dem hintersten Maste ein kleines weißes Licht führen. Dieses Licht, nach dem sich das geschleppte Fahrzeug beim Steuern richten soll, darf nicht weiter nach vorne als querab sichtbar sein.

Manövrierunfähiges Fahrzeug.

2 rote Laternen in 6—12 m Höhe über dem Rumpfe, Sichtweite 2 Sm über den ganzen Horizont.

Tagessignal:

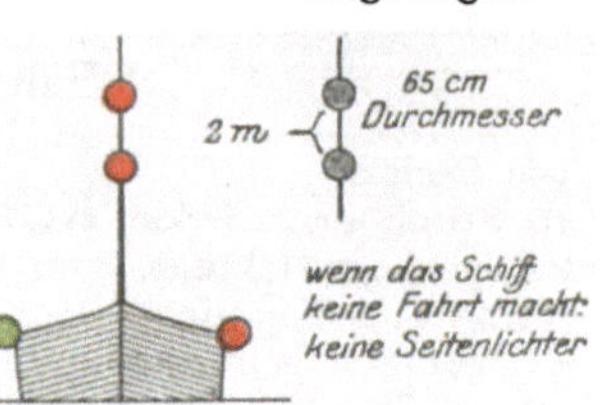

Nebelsignale.
Mindestens alle 2 Minuten:
Tongruppe von einem langen und zwei kurzen Tönen.

Hecklicht wie Segler, wenn in Fahrt.

Lotsenfahrzeuge (auf Station).

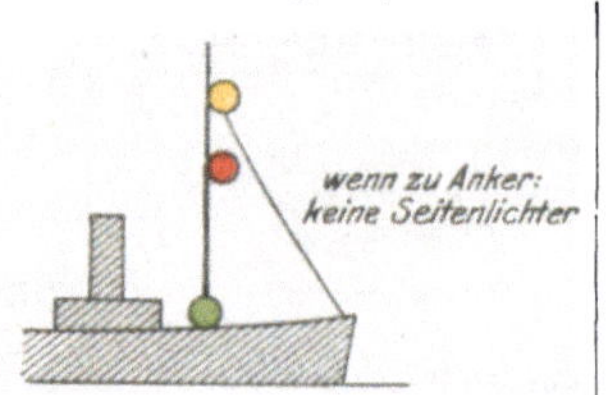

Nebelsignale.
Lotsensegelfahrzeuge wie alle anderen Segler.
Lotsendampffahrzeuge wie alle anderen Dampfer.

Lotsensegelfahrzeuge (auf Station) haben ein weißes, über den ganzen Horizont sichtbares Licht am Masttopp zu führen. Bei Annäherung sind die Seitenlichter zu zeigen.

Außerdem müssen sie mindestens alle 15 Minuten ein oder mehrere Flackerfeuer zeigen.

Lotsendampffahrzeuge (auf Station) haben außer den für alle Lotsenfahrzeuge vorgeschriebenen Lichtern $2^1/_2$ m unter dem weißen Licht am Masttopp ein über den ganzen Horizont sichtbares rotes Licht zu führen, 2 Sm sichtbar.

Die Fahrzeuge der Seelotsen zeigen für die

Ems:	1 langes	Flackerfeuer,	deutsche Lotsen.
	3 kurze	,,	holl. ,,
Jade:	2 lange	,,	(Die Schoner von der Ems, Jade und
Weser:	1 langes	,,	Weser sind schwarz, die von der Elbe
Elbe:	3 kurze	,,	weiß angestrichen.)

Am Tage für alle Flüsse: Lotsenflagge im Vortopp (allgemeines Lotsensignal).
Fernsignal für Lotsen: Zwei Bälle und darunter Kegel mit der Spitze nach oben.

Ankernde Fahrzeuge, Dampfer und Segler.

Unter 45 m lang. 45 m und länger.

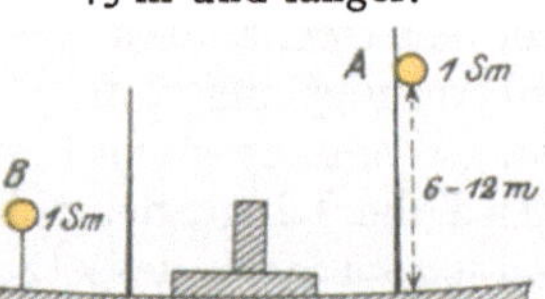

Nebelsignale.
Mindestens jede Minute:
die Glocke ungefähr 5 Sekunden lang rasch läuten.

Laterne *B* muß mindestens $4^1/_2$ m niedriger als Laterne *A* sein. Fahrzeuge, die in einem Fahrwasser oder nahe bei einem solchen auf Grund festsitzen, müssen außerdem die zwei roten Lichter des manövrierunfähigen Fahrzeuges führen. (Nicht international vorgeschrieben, aber sehr gebräuchlich ist es, daß ankernde Fahrzeuge am Tage einen schwarzen Ball setzen. Siehe Verkehrsordnung, S. 315—317.)

Fischereifahrzeuge (während der Ausübung ihres Gewerbes)[1].

Grundschleppnetzfahrzeuge und Schleppnetzfahrzeuge einschließlich der Austernfischer.

Die mit *A* bezeichneten Lichter müssen über den ganzen Horizont scheinen.

Die Segelfahrzeuge (Grund- und Schleppnetzfahrzeuge) müssen mit einem hinreichenden Vorrat von roten und grünen Kunstfeuern versehen sein, deren jedes mindestens 30 Sekunden brennt. Diese Kunstfeuer müssen bei der Annäherung anderer Fahrzeuge zeitig genug gezeigt werden, und zwar entsprechend dem Halse, mit dem das Fahrzeug segelt, also grün bei StB- und rot bei BB-Halsen.

Dampfer

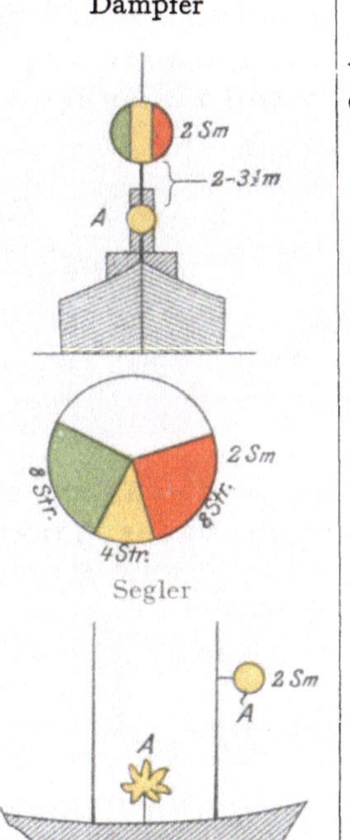

Nebelsignale.

Mindestens jede Minute: ein langer Ton, darauf Läuten mit der Glocke.

Tagsignal:

Korb an der Stelle, wo er am besten gesehen werden kann.

Nebelsignale.

Mindestens jede Minute: ein langer Ton, darauf Läuten mit der Glocke.

Treibnetz- und Angelleinenfahrzeuge.

Solange die Netze im Wasser oder die Leinen aus sind, zwei weiße Lichter wie nebenstehend. Das untere der beiden Lichter muß in der Richtung stehen, nach der die Netze zeigen. Während des Auslegens und Einholens der Leinen zeigen diese Fahrzeuge, je nach ihrer Gattung, die Lichter, die für ein Dampf- oder Segelfahrzeug in Fahrt vorgeschrieben sind.

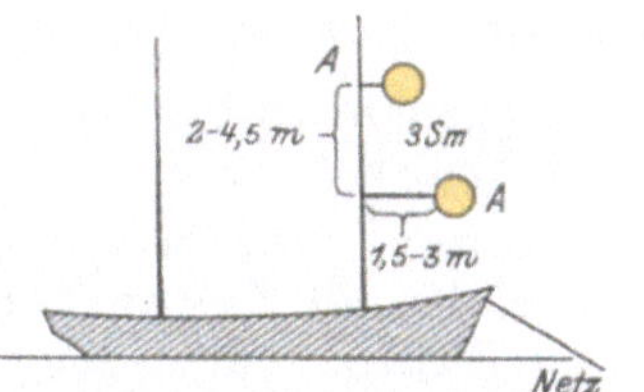

Nebelsignale.

Wie vorher.

---

[1]) Angaben über die verschiedenen Fischereigeräte findet man in den Seehandbüchern. Über die deutschen Geräte geben das Seehandbuch Nordsee-Ostteil und das Seehandbuch Ostsee-Südteil Auskunft.

Offene Fischerboote.

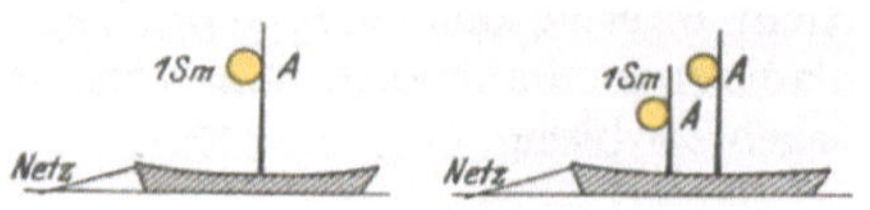

Fanggerät unter 45 m | Fanggerät über 45 m horizontal vom Boote aus.

Nebelsignale.

Wie vorher.

Wenn unter 57 cbm, mindestens jede Minute ein wirksames Schallsignal.

Vor Anker liegende oder mit dem Fanggerät fest verbundene Fahrzeuge. (Für Dampfer und Segler gültig.)

Zu Anker ohne Netze aus.

1

Fahrzeuge unter 45 m lang.

2.

Fahrzeuge über 45 m lang.

Grundnetz aus und zu Anker.

3. (unter 45 m)

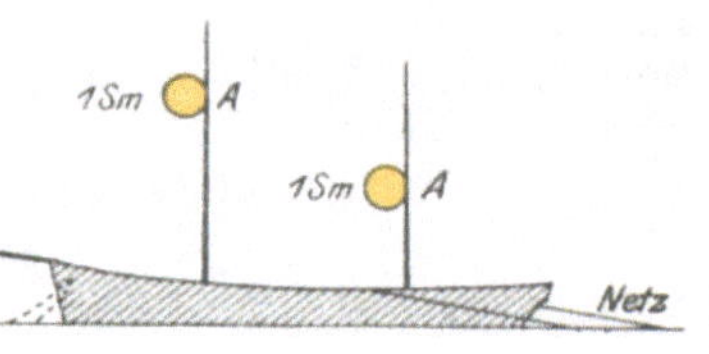

4. (über 45 m)

Fanggerät festgeraten.

Nebelsignale.

Mindestens jede Minute:

ungefähr 5 Sekunden lang die Glocke rasch läuten.

Bei Tage:

Korb an der zum Vorbeifahren freien Seite zeigen. Wenn festgeraten, Tagsignal niederholen.

Bemerkungen und Erklärungen:

Bei allen fischenden Fahrzeugen, die 2 Lichter zeigen müssen, steht das untere Licht in der Richtung, nach der die Netze ausliegen.

Alle fischenden Fahrzeuge dürfen Flackerfeuer zeigen und Arbeitslichter gebrauchen.

Alle fischenden Fahrzeuge müssen bei Tage, wenn sie in Fahrt sind, einen Korb od. dgl. heißen.

Signale von Fischerfahrzeugen in England[1]). Britische Fischerfahrzeuge, die mit Zugnetzen — Dreh- oder Snurrwaden — (Seine nets) fischen, führen zum Schutz ihres Fischgeräts gegen Beschädigung durch andere Fahrzeuge folgende Signale:

a) Am Tage: Ein schwarzer Ball oder ähnlicher Körper möglichst nahe am Vorsteven mindestens 3 m über der Reeling. Ein schwarzer Kegel, Spitze aufwärts, an einer Rahe am Besanmast an der Seite, an der das Netz ausliegt.

[1]) Diese Signale sind von der holländischen Regierung auch für die niederländischen Fischerfahrzeuge eingeführt worden.

b) Nachts: Drei weiße Lichter in Dreiecksform, Spitze oben, an der Rahe an der Seite des Schiffes, an der das Netz ausliegt. Während des Ausfahrens des Netzes führt das Schiff außer dem obigen Signal auch die Seitenlichter; beim Einholen werden keine Seitenlichter gezeigt.

c) Schallsignale, zwei lange Töne und ein kurzer Ton mit der Pfeife, wenn andere Schiffe sich dem fischenden Fahrzeug nähern.

Fahrzeugen mit obigen Signalen ist mit möglichst großem Abstand aus dem Wege zu gehen. Zugnetze nebst Leinen können ein Gebiet bis zu einer Quadratseemeile einnehmen.

Nicht fischende Zugnetzfischerfahrzeuge, die nachts vor Anker liegen, führen nur die vorgeschriebenen Ankerlaternen.

Signale von Minensuchfahrzeugen in England. Bei Minensucharbeiten oder -übungen beschäftigte britische Fahrzeuge sind in ihrer Manövrierfähigkeit beträchtlich beschränkt. Solchen durch nachstehende Signale kenntlich gemachten Fahrzeugen müssen im Interesse der allgemeinen Sicherheit alle Dampf- und Segelschiffe aus dem Wege gehen und mindestens so weit von ihnen ableiben, wie nachstehend angegeben ist. Zwischen den paarweise oder in Gruppen zusammen arbeitenden Fahrzeugen hindurchzufahren, ist gefährlich.

1. Einzeln fahrende Fahrzeuge führen einen schwarzen Ball im Vortopp und einen gleichen Ball an der Rahnock oder an gut sichtbarer Stelle an der Seite, an der vorbeizufahren gefährlich ist. Je ein Ball an jeder Rahenock zeigt an, daß das Vorbeifahren an beiden Seiten gefährlich ist. Von diesen Fahrzeugen ist mindestens 825 m abzubleiben.

2. Paar- oder gruppenweise arbeitende Fahrzeuge zeigen einen schwarzen Ball im Vortopp und einen gleichen Ball an der Rahnock oder an gut sichtbarer Stelle an der Seite, an der vorbeizufahren gefährlich ist. Schiffe dürfen auf nicht weniger als 365 m hinter einem Paar oder einer Gruppe von Minensuchern oder, wenn mehrere Paare oder Gruppen zusammen arbeiten, hinter dem letzten Paar oder der letzten Gruppe vorbeifahren. Keinesfalls darf versucht werden, zwischen zusammen arbeitenden Paaren oder Gruppen hindurchzufahren.

Nachts werden statt der schwarzen Bälle grüne Lichter gezeigt.

Die vorstehenden englischen Bestimmungen zeigen, wie selbständig und ohne Rücksichtnahme auf internationale Abmachungen einige Seestaaten Sondervorschriften betreffs Seestraßenrecht erlassen. Der Nautiker muß darauf gefaßt sein, daß er Signale und Lichter sichtet, die nicht dem Seestraßenrecht entsprechen.

Kennzeichnung von deutschen Marinefahrzeugen, die Scheiben schleppen, sowie von geschleppten und verankerten Scheiben. (Siehe auch Verkehrsordnung, S. 315.) Ein Fahrzeug, das Scheiben schleppt, führt, sofern seine Größe und Takelung es zulassen:

Bei Nacht: Außer den durch Artikel 3 der Seestraßenordnung vorgeschriebenen Lichtern drei über den ganzen Horizont scheinende Lichter untereinander, die beiden obersten rot, das unterste weiß. Falls trotz dieses Signales ein Fahrzeug sich dem Schleppzuge in gefahrdrohender Weise nähert, wird auf dem Scheibenschlepper ein Fackelfeuer abgebrannt.

Bei Tage: zwei schwarze Kegel untereinander mit den Spitzen nach unten.

Diese Kennzeichnungen sind Signale im Sinne des Artikels 29 der Seestraßenordnung und bedeuten: 1. Daß das Fahrzeug, welches sie führt, eine oder mehrere Scheiben schleppt, die sich bis zu 1 Sm hinter dem Schlepper befinden können. 2. Daß das schleppende Fahrzeug in seiner Manövrierfähigkeit mehr oder weniger behindert ist.

Wenn bei Nacht nach geschleppten Scheiben nicht geschossen wird und die Umstände es gestatten, ist am Ende der letzten Scheibe ein über den ganzen Horizont sichtbares weißes Licht angebracht. Wenn nach ihnen geschossen wird oder geschossen werden soll, so fehlt diese Kennzeichnung in der Regel. Auf das Vorhandensein des weißen Lichtes ist also in keinem Falle mit Sicherheit zu rechnen.

Jede verankerte Scheibe wird wie eine geschleppte Scheibe beleuchtet.

Bei Annäherung an ein schießendes Schiff ist besondere Vorsicht geboten. Bei Nacht bietet die Richtung der Scheinwerferstrahlen einen Anhalt für Schußrichtung und Scheibenlage.

Kleinere Fahrzeuge.

a) Dampffahrzeuge unter 113 cbm Bruttoraumgehalt müssen führen:

α) im vorderen Teile des Fahrzeuges oder an oder vor dem Schornstein in einer Höhe von mindestens 3 m über dem Schandeckel 1 weißes Licht. Das Licht muß an der Stelle, wo es am besten gesehen werden kann, sich befinden und im übrigen so eingerichtet und angebracht sein wie das Topplicht des allein fahrenden großen Dampfers; es muß von solcher Stärke sein, daß es auf eine Entfernung von mindestens 2 Sm sichtbar ist;

Nebelsignale.
Dampfer: wie große Dampfer.
Segler unter 57 cbm und Boote: irgendein kräftiges Schallsignal.

β) grüne und rote Seitenlichter und von solcher Stärke, daß sie auf eine Entfernung von mindestens 1 Sm sichtbar sind; oder an deren Stelle 1 doppelfarbige Laterne, die an den betreffenden Seiten 1 grünes und 1 rotes Licht von recht voraus bis zu 2 Strich hinter die Richtung quer ab (2 Strich achterlicher als dwars) zeigt. Diese Laterne muß mindestens 1 m unter dem weißen Lichte geführt werden.

b) Kleine Dampfboote, wie z. B. solche, die von Seeschiffen an Bord geführt werden, dürfen das weiße Licht niedriger als 3 m über dem Schandeckel, jedoch nur über der unter β) erwähnten doppelfarbigen Laterne führen.

c) Ruder- und Segelfahrzeuge von weniger als 57 cbm Bruttoraumgehalt müssen 1 Laterne mit einem grünen Glase auf der einen Seite und mit einem roten Glase auf der anderen gebrauchsfertig zur Hand haben. Diese Laterne muß, wenn das Fahrzeug sich einem anderen oder ein anderes sich ihm nähert, zeitig genug, um einen Zusammenstoß zu vermeiden, und derart gezeigt werden, daß das grüne Licht nicht von der Backbordseite und das rote nicht von der Steuerbordseite her gesehen werden kann.

d) Ruderboote, gleichviel ob sie rudern oder segeln, müssen eine Laterne mit einem weißen Lichte gebrauchsfertig zur Hand haben, das zeitig genug gezeigt werden muß, um einen Zusammenstoß zu verhüten.

Die Positionslaternen jedes Schiffes müssen von einer Agentur der Deutschen Seewarte geprüft und den gesetzlichen Vorschriften entsprechend befunden sein. Das darüber erhaltene Attest muß an Bord aufbewahrt werden.

Bemerkung. Die Helligkeit des Lichtes nimmt ab mit dem Quadrate der Entfernung; z. B. eine Lampe scheint 1 Sm weit, damit sie 5 Sm weit scheint, muß sie 25 mal so stark sein.

Kennzeichnung von Baggern, Bergungsfahrzeugen und Wasserbaustellen. (Siehe auch Verkehrsordnung.) In deutschen von Seeschiffen befahrenen Gewässern müssen Bagger aller Art, Taucherglocken, Bergungs- und ähnliche Geräteschiffe, wenn sie nicht außerhalb des Fahrwassers an Kaimauern oder Uferwänden festliegen, an der zu passierenden Seite am Tage 1 roten Ball, nachts 1 rotes Licht 1,5 m senkrecht über 1 weißen Licht und an der nicht passierbaren Seite 1 weißes Licht führen. (Nach der neuen Verkehrsordnung sollen diese Bezeichnungen geändert werden. Man beachte daher die Verkehrsordnung genau!) An Bagger- und Bergungsfahrzeugen, ihren Transportprähmen und ihren bei den Ankern beschäftigten Booten ist nur an der zum Passieren bezeichneten Seite langsam vorbeizufahren.

Herankommende Fahrzeuge müssen halten, wenn Bagger und andere Gerätschiffe im engen, durch sie vollständig gesperrten Fahrwasser am Tage 1 über Eck gestelltes Viereck (Doppelkegel), nachts 1 rotes Licht 1,5 m senkrecht über 1 grünem Licht, die beide ringsum sichtbar sein müssen, zeigen.

Alle bei Strom-, Ufer- und Leuchtfeuerbauten, Taucher- und Sprengarbeiten benutzten Fahrzeuge und Einrichtungen sind in möglichst langsamer Fahrt und mit großer Vorsicht zu passieren, wenn auf ihnen am Tage 1 roter Zylinder, nachts 3 ringsum sichtbare Lichter, 1 rotes zwischen 2 weißen senkrecht in 1,5 m Abstand voneinander, gezeigt werden. Wenn das Arbeitspersonal dieser Stellen durch den Wellenschlag oder Schwall gefährdet werden kann, sind die Maschinen rechtzeitig auf den passierenden Schiffen zu stoppen. Zuwiderhandlungen gegen diese Bestimmungen werden bestraft.

Notsignale. (Siehe auch Teil XII, S. 402.) Fahrzeuge, die in Not sind und Hilfe von anderen Fahrzeugen oder vom Lande verlangen, müssen folgende Signale — zusammen oder einzeln — geben.

Bei Tage:

1. Kanonenschüsse oder andere Knallsignale, die in Zwischenräumen von ungefähr 1 Minute Dauer abgefeuert werden.
2. Das Signal *NC* des „Internationalen Signalbuches".
3. Das Fernsignal, bestehend aus einer viereckigen Flagge, über oder unter der ein Ball oder etwas, was einem Balle ähnlich sieht, aufgeheißt ist.
4. Das Fernsignal, bestehend aus einem Kegel mit der Spitze nach oben, über oder unter dem ein Ball oder etwas, was einem Balle ähnlich sieht, aufgeheißt ist.
5. Anhaltendes Ertönenlassen irgendeines Nebelsignalapparats.
6. Die Nationalflagge im Schau (d. i. in der Mitte geknotet).

Bei Nacht:

1. Kanonenschüsse oder andere Knallsignale, die in Zwischenräumen von ungefähr 1 Minute Dauer abgefeuert werden.
2. Flammensignale auf dem Fahrzeuge, z. B. brennende Teer-, Öltonnen od. dgl.
3. Raketen oder Leuchtkugeln von beliebiger Art und Farbe. Dieselben sollen einzeln in kurzen Zwischenräumen abgefeuert werden.
4. Anhaltendes Ertönenlassen irgendeines Nebelsignalapparats.

Notsignale von Schiffen (und Luftfahrzeugen) werden an den Küsten von Großbritannien und N-Irland, wenn sie bemerkt werden, durch ein oder mehrere der nachstehenden Signale beantwortet:

Signal:	Bedeutung:
1. Rakete, die beim Platzen weiße Sterne wirft:	Signal gesehen,
oder 2. Helles, weißes, pyrotechnisches Licht (Blüse):	Hilfe herbeigerufen.

Signal:	Bedeutung:
3. Signal mit hellem, weißem Blitz oder weißen Sternen beim Platzen (Socket signal): oder 4. Kanonenschüsse und daneben Raketen, die beim Platzen weiße Sterne werfen:	Raketenapparatmannschaft wird versammelt.
5. Signal mit hellem, weißem Blitz oder weißen Sternen (Socket signal) oder Signale mit roten Sternen beim Platzen, nacheinander gefeuert:	Rettungsbootsmannschaft wird versammelt.

Bei Tage werden daneben rote Flaggen wie folgt gezeigt:

Rechteckige oder ausgezackte, rote Flagge (Doppelstander): Raketenapparatmannschaft wird versammelt.

Dreieckige, rote Flagge (Stander): Rettungsbootsmannschaft wird versammelt.

Signale 1 und 2 werden benutzt, wenn kein Raketenapparat oder Rettungsboot in der Nähe ist, oder auch als sofortige Antwort auf ein Notsignal, wenn zwischen dem Sichten des Notsignals und dem Zeitpunkt des Feuerns des Signals zum Sammeln der Mannschaften einige Zeit vergehen kann.

Wegweisersignale für Mannschaften von gestrandeten Schiffen beim Landen werden an den Küsten von Großbritannien und N-Irland von den Küstenwacht- oder Rettungsstationen, wenn sie besetzt sind, wie folgt gemacht, um den Booten die geeignetste Stelle zum Landen anzuzeigen:

Signal:		Bedeutung:
1. Bei Tage:	Flagge aufrecht hochgehalten:	Versucht hier zu landen.
Nachts:	Weißes Flackerfeuer ruhig gehalten oder in den Boden gesteckt:	
2. Bei Tage:	Flagge nach beiden Seiten geschwenkt:	Landen äußerst gefährlich. Abhalten, bis Rettungsboot kommt.
Nachts:	Weißes Flackerfeuer nach beiden Seiten geschwenkt:	
3. Bei Tage:	Flagge nach rechts oder links geschwenkt und dann in der Richtung gehalten:	Die beste Landestelle ist in der Richtung, wohin die Flagge geschwenkt und gehalten oder das Flackerfeuer getragen wird.
Nachts:	Weißes Flackerfeuer ruhig gehalten und längs der Küste nach rechts oder links getragen:	

Warnsignale für Schiffe mit gefährlichem Kurs werden an den Küsten von Großbritannien und N-Irland von den Küstenwachtstationen wie folgt gegeben:

1. Das internationale Signal *J D* (Ihr Kurs führt Sie in Gefahr).

2. Der Buchstabe *U* (• • —) mit Laterne oder Nebelhorn, Dampfpfeife usw.

Um die Aufmerksamkeit des Schiffes auf diese Signale zu lenken, können benutzt werden:

a) Rakete, die weiße Sterne beim Platzen zeigt,

b) weiße Flackerfeuer oder

c) Knallsignal (weiße Blitz- oder Sternsignale [Socket signal] oder Kanonenschlag).

Da das weiße Blitz- oder Sternsignal auch zum Zusammenrufen der Mannschaft des Rettungsapparates dient, wird es als Warnsignal nur in besonderen Fällen benutzt.

Bemerkungen zum Fahren in Kanälen, Flußmündungen und engen Revieren.

1. Rechte Fahrwasserseite halten; Segelfahrzeugen aber ausweichen! Links überholen!

2. Vor dem Einlaufen in solche Fahrwasser muß man sich eingehend an der Hand von Segelanweisungen oder der Seehandbücher unterrichten über den anzutreffenden Strom, die anzuwendende Navigierung, die dort geltenden gesetzlichen Verordnungen usw.

3. Man nehme, wenn angängig, einen Lotsen oder ortskundigen Mann an Bord.

Der Lotse ist nur der Berater des Kapitäns oder des wachhabenden Nautikers. In erster Linie wird für jeden Schaden die Schiffsleitung zur Verantwortung gezogen, dann erst der Lotse, es sei denn, daß er ein Zwangslotse ist, der durch eine amtliche Verfügung die Schiffsführung übernommen hat.

Lotsenzwang bedeutet, daß das Schiff, einerlei, ob es einen Lotsen an Bord nimmt oder nicht, die Kosten für einen Lotsen tragen muß. Der Kapitän wird auf den Revieren, wo Lotsenzwang herrscht, daher stets besser tun, einen Lotsen zu nehmen.

Man gebe, solange ein Lotse an Bord ist, kein Manöverkommando, ohne den Lotsen davon zu benachrichtigen.

4. Man laufe nicht zu große Fahrt, da das Schiff sonst leicht aus dem Ruder läuft und schlecht steuert. Bei zu schnellem Fahren können durch das Kielwasser leicht Beschädigungen an zusammenhängenden oder vertäuten Schiffen oder am Ufer entstehen. Für solche Schäden ist das Schiff haftbar!

5. Achte darauf, ob Fahrzeuge im Fahrwasser Signale wie „langsame Fahrt laufen", „mit gestoppter Maschine passieren" usw. gesetzt haben.

6. Bagger in Tätigkeit sind stets mit langsamster Fahrt zu passieren. In den meisten Staaten zeigen die Bagger gewöhnlich an der Seite, an welcher der Bagger passiert werden kann, am Tage einen roten Ball und nachts eine rote und darunter eine weiße Laterne. Sperrt der Bagger das Fahrwasser, so wird meistens am Tage ein Zylinder oder ähnlicher Gegenstand und nachts eine mehrfarbige Laterne gesetzt. Man erkundige sich eingehend nach solchen besonderen Bezeichnungen!

7. Beachte die Stellen, wo Seekabel ausgelegt sind und vermeide das Ankern in deren Nähe.

Ankersignale[1]). Noch nicht international eingeführt, aber schon sehr viel gebräuchlich sind Tagessignale für zu Anker liegende Schiffe.

Das meist angewendete Signal ist ein Ball, der an gut sichtbarer Stelle des Vorschiffs gesetzt wird.

In einigen englischen und amerikanischen Häfen besteht bereits die Hafenvorschrift, daß kleinere Schiffe zu Anker einen, größere Schiffe zwei Bälle setzen müssen, und zwar etwa an den Stellen und in der Höhe, wo die Ankerlaternen geführt werden.

Seestraßenrecht zwischen Schiffen und Luftfahrzeugen. Es kann notwendig werden, daß ein Schiff einem Luftfahrzeug (Flugzeug, Luftschiff) oder umgekehrt ausweichen muß. Eine internationale Regelung des Wegerechts zwischen Schiffen und Luftfahrzeugen hat noch nicht stattgefunden.

Im allgemeinen muß das in der Luft fahrende und manövrierfähige Flugzeug oder Luftschiff einem Schiff aus dem Wege gehen.

---

[1]) Holland beabsichtigt folgende Vorschrift für seine Reviere zu erlassen: Zu Anker liegende Fahrzeuge haben bei Nebel mit der Glocke zu läuten; sind sie über 45 m lang, so sollen sie im Vorschiff mit einer starken Glocke läuten und im Hinterschiff einen Gong bzw. Triangel anschlagen.

Befindet sich ein Flugzeug oder Luftschiff auf dem Wasser und ist es manövrierfähig, so kommt für beide Teile das Seestraßenrecht zur Anwendung. Das Schiff sollte sich jedoch stets hüten, dem Flugzeug oder Luftschiff zu nahe zu kommen.

Einem auf dem Wasser gerade landenden Flugzeug oder Luftschiff gehe man aus dem Wege, da dieses sonst leicht verunglücken kann.

In Seenot befindlichen Flugzeugen nähere man sich vorsichtig, auch achte man darauf, daß man nicht Tragflächen, Haltetaue usw. in die Schraube bekommt. Man mache sofort das Ladegeschirr klar, wenn man einem in Seenot befindlichen Flugzeug helfen will, da man mit Hilfe eines Ladebaums oft besser Insassen von einem Flugzeug bergen kann als mit einem Boot.

Muß man nahe an ein in Seenot befindliches Luftschiff herangehen, so vermeide man jede Funkenbildung und jedes offene Feuer an Deck, wegen der hohen Explosionsgefahr der Gasballons des Luftschiffes.

Seeschiffahrt und Luftschiffahrt müssen sich gegenseitig unterstützen!

Auszug aus dem Entwurf der Verkehrsordnung für die deutschen Seefahrts- und Seewasserstraßen[1]).

Nach langen Mühen ist es endlich gelungen, viele Bestimmungen für die Reviere der deutschen Flußmündungen zu vereinheitlichen. Diese Bestimmungen werden zusammengefaßt in der „Verkehrsordnung für die deutschen Seefahrts- und Seewasserstraßen". Diese neue Verkehrsordnung wird in absehbarer Zeit Gesetzeskraft erlangen und in hervorragendem Maße den Verkehr der Schiffe auf deutschen Revieren regeln. Jedes deutsche Schiff und jedes Schiff, das deutsche Häfen anläuft, muß die Verkehrsordnung, sobald sie in Kraft getreten ist, in ein oder zwei Exemplaren an Bord haben und die Nautiker haben sich streng nach ihren Vorschriften zu richten.

Leider werden für die einzelnen Hafenplätze, den Kaiser Wilhelm-Kanal usw. noch immer einige Sondervorschriften bestehen bleiben.

Alle Schiffahrtskreise sollten im Interesse der Sicherheit danach streben, daß alle Signale und Bezeichnungen für den Schiffahrtsverkehr möglichst einheitlich geregelt werden.

Für die zollamtliche und gesundheitliche Behandlung der Schiffe gelten für die Schiffahrt die bisherigen Verordnungen.

Nachstehend sind einige wichtige Bestimmungen der Verkehrsordnung aufgeführt; Zuwiderhandlungen werden mit Geldstrafen geahndet.

Allgemeine Vorschriften. Lichter usw. Rote und grüne Lichter dürfen nur insoweit benutzt werden, als die Seestraßenordnung oder diese Verordnung es vorschreiben. Alle änderen Lichter sind gehörig abzublenden, damit Verwechslungen oder verkehrsstörende Blendungen vermieden werden. Das Abbrennen bengalischer Feuerwerkskörper ist verboten, soweit es nicht durch die Seestraßenordnung erlaubt ist.

Die Mindestsichtweite aller in dieser Verordnung aufgeführten Lichter muß 1 Sm betragen, wenn die Seestraßenordnung nicht eine größere Sichtweite vorschreibt.

---

[1]) Hier sind nur einige der wichtigsten Bestimmungen gegeben, über die sich beim Druck des Buches der Ausschuß des Seeschiffahrtstages und die Regierung bereits geeinigt hatten.

Die Durchmesser und die Höhe aller in diesen Bestimmungen angeführten Bälle und Kegel und der Durchmesser der Zylinder muß mindestens 65 cm, die Höhe der Zylinder mindestens 100 cm betragen.

Zweites Dampferlicht und Hecklicht. Jedes Dampffahrzeug in Fahrt über 45 m Länge muß das nach Artikel 2e der Seestraßenordnung erlaubte zweite Dampferlicht, wenn es die Bauart des Schiffes zuläßt, führen.

Das Hecklicht, gemäß Artikel 10 der Seestraßenordnung, ist von jedem Fahrzeuge — auch in Schleppzügen — zu führen.

Jedes in Fahrt befindliche offene Fahrzeug hat das Hecklicht oder Flackerfeuer solange zu zeigen, bis das überholende Fahrzeug vorbeigefahren ist.

Dampffahrzeuge mit Schlepperhilfe. Ein Dampffahrzeug muß, wenn es in Fahrt und unter Dampf ist und sich eines oder mehrerer Schlepper zur Hilfeleistung bedient, die Lichter eines allein fahrenden Dampffahrzeuges führen. Die Hilfe leistenden Schlepper müssen die Schlepperlichter gemäß der Seestraßenordnung führen, solange die Schlepptrossen an dem Schiffe fest sind.

Schlepper bei festsitzenden Fahrzeugen. Ein Schlepper, der ein am Grunde festsitzendes Fahrzeug abzuschleppen versucht, hat während der Zeit, in der die Schlepptrosse fest und das abzuschleppende Fahrzeug noch nicht in Fahrt ist, die Lichter und Abzeichen für manövrierunfähige Fahrzeuge zu führen. Die Schlepper- bzw. Dampferlichter sind zum sofortigen Gebrauche bereitzuhalten.

Geschleppte, nicht steuerfähige Fahrzeuge usw. müssen neben den Seitenlichtern und dem Hecklicht die Lichter und Abzeichen für manövrierunfähige Fahrzeuge gemäß der Seestraßenordnung führen.

Wegerechtschiffe. Schiffe, Docks u. dgl., die wegen ihres Tiefgangs oder ihrer Länge gezwungen sind, die tiefste Fahrrinne für sich in Anspruch zu nehmen, dürfen, sofern sie von einem Lotsen geführt werden und dieser es für erforderlich hält, auf dessen Anordnung als „Wegerechtschiffe" im Vortopp ein rotes Licht, bei Dampffahrzeugen mindestens 2 m höher als das weiße Dampferlicht, und bei Tage im Vortopp einen schwarzen Zylinder führen. Wird ein solches Schiff usw. geschleppt, so hat sowohl das geschleppte Schiff usw. als auch der oder die Schlepper das vorstehende Signal zu führen. Bedient sich ein Dampffahrzeug, das in Fahrt und unter Dampf ist und als „Wegerechtschiff" fahren muß, eines oder mehrerer Dampffahrzeuge zur Hilfeleistung, so hat nur das Wegerechtschiff das vorstehende Signal zu führen.

Kriegsschiffe, Tonnenleger und Eisbrecher dürfen, auch wenn sie keinen Lotsen an Bord haben, in Ausübung ihres Dienstes das vorstehende Signal führen.

Motorfahrzeuge unter Segel und Motor. Ein Motorfahrzeug, das Segel gesetzt und seinen Motor in Betrieb hat, muß bei Tage vorn im Fahrzeug an der Stelle, an der ein Zeichen am besten gesehen werden kann, einen schwarzen Kegel führen, dessen Spitze nach oben zeigt.

Fähren. Ketten- und Seilfähren, die an einen festen Weg gebunden sind, haben vorn und hinten je ein weißes Licht in gleicher Höhe zu führen.

Schiffe mit Sprengstoffen oder Munition. Schiffe, die mehr als 35 kg Sprengstoffe oder Munition geladen haben, müssen im Vortopp ein grünes Licht, bei Dampffahrzeugen mindestens 2 m höher als das Dampferlicht, bei Tage eine weit erkennbare, stets ausgespannt zu haltende schwarze Flagge mit weißem „*P*" führen.

Schiffe unter Zollzeichen. Ein Fahrzeug, das einen auf das Zollinteresse vereidigten Lotsen an Bord hat, muß innerhalb der Zollgrenze, gleichgültig, ob es in Fahrt oder vor Anker ist, das Hecklicht und 1,5 m darüber ein grünes Licht führen, das ebenso eingerichtet sein muß wie das Hecklicht; bei Tage muß das Fahrzeug unter der Landesflagge die schwarz-weiße Zollflagge führen.

Ein einlaufendes Fahrzeug, dessen zollamtliche Abfertigung an der vorgeschriebenen Stelle (Nebenzollamt, Wachtschiff) aus besonderen Gründen nicht geschehen ist, muß bis zur erfolgten Abfertigung das Hecklicht und das vorstehend beschriebene grüne Licht, letzteres jedoch 1,5 m unter dem Hecklicht, bei Tage unter der Landesflagge die weiße Zollflagge mit schwarzen Schrägstreifen führen.

Vor Anker liegende Fahrzeuge. Vor Anker liegende Fahrzeuge haben bei Tage an derselben Stelle, an der sie das vordere Ankerlicht gemäß Artikel 11 der Seestraßenordnung zu führen haben, einen schwarzen Ball zu führen.

Schwojende Fahrzeuge. Auf dem Winde liegende oder schwojende Fahrzeuge müssen, solange sie schräg oder quer zum Fahrwasser liegen, bei Annäherung anderer

Fahrzeuge am Heck ein weißes Licht derart auf- und niederbewegen, daß es den sich nähernden Fahrzeugen sichtbar bleibt, bis die Gefahr des Zusammenstoßes vorüber ist.

Schiffe, die zum Zwecke der Kompaßregulierung drehen oder schwojen, haben die Flagge „*K*" des internationalen Signalbuches an gut sichtbarer Stelle zu führen.

Festgemachte Fahrzeuge. Fahrzeuge aller Art, die an Ufern, Dalben, Tonnen oder Landungsbrücken, und Baggerschuten, die längsseit von Baggern festgemacht sind, müssen auf der Fahrwasserseite möglichst in Deckshöhe bei einer Fahrzeuglänge unter 45 m 1 weißes Licht mittschiffs, wenn 45 m lang oder länger 2 weiße Lichter — eins vorn und eins achtern — führen.

Liegen zwei oder mehrere Fahrzeuge längsseit nebeneinander, so muß das dem Fahrwasser zunächst liegende Fahrzeug die im Absatz 1 bezeichneten Lichter führen.

Ankern. Schwojen. Festmachen. Zum Ankern sind in der Regel die dafür vorgesehenen Reeden, zum Festmachen die dazu bestimmten Stellen zu benutzen. Innerhalb von Leitsektoren darf nur in den dringendsten Notfällen geankert werden.

Muß wegen Nebels oder unsichtigem Wetter, zum Zwecke des Schwojens, wegen eines Unfalles oder aus anderen zwingenden Gründen außerhalb der Reeden geankert werden, so muß das Ankern stets so nahe an der Grenze des Fahrwassers geschehen, wie es der Tiefgang des Schiffes erlaubt. Kleine Fahrzeuge haben in solchen Fällen außerhalb des Fahrwassers zu ankern, sofern es ihr Tiefgang gestattet.

Kein Fahrzeug darf an einer Stelle ankern, die so eng ist, daß hierdurch der Verkehr gesperrt wird.

Auf Bagger und Baggerprähme, die bei der Arbeit sind, finden vorstehende Bestimmungen keine Anwendung, doch müssen auch sie nach Schluß der Arbeit außerhalb des Fahrwassers, zum wenigsten an seinen Rand gelegt werden.

Es ist verboten, in einem Umkreise von 300 m von einem Bagger, Taucherfahrzeug oder Schiffahrtshindernis zu ankern oder mit weggefierten oder schleppenden Ankern vorbeizufahren.

Das Ankern sowie das Treiben vor schleppendem Anker ist an solchen Stellen verboten, wo Kabel, Fährketten oder Fährseile liegen. Diese Stellen sind durch grüne Kugeltonnen oder durch am Ufer aufgestellte Tafeln mit entsprechender Aufschrift bezeichnet.

Das Ankern oder Liegen vor den Anlegestellen der Fähren und der Personendampfer, die eine regelmäßige Personenbeförderung betreiben, ist verboten, wenn es nicht von der zuständigen Schiffahrtspolizeibehörde ausdrücklich gestattet ist. Im Falle der Zuwiderhandlung gegen diese Vorschrift findet neben der Bestrafung Entfernung der über Bord abgeleiteten, geschütteten oder geworfenen Stoffe auf Kosten des Zuwiderhandelnden statt, außerdem kann auf Erstattung der Kosten aller hierdurch hervorgerufenen Schäden erkannt werden.

Bagger, Taucherfahrzeuge, Schiffahrtshindernisse. Alle Fahrzeuge, Strombauwerke, Schiffahrtshindernisse usw. führen, wenn die Schiffahrt auf sie durch Fahrtverminderung, Stoppen usw. Rücksicht nehmen muß, besondere Signallichter und Signalkörper. Die Seite auf der am besten vorbeigefahren werden kann, wird ebenfalls besonders bezeichnet.

Wracks. Wracks, an denen ohne Fahrtverminderung und ohne besondere Vorsichtsmaßregeln vorbeigefahren werden kann, werden nach den allgemeinen Grundsätzen durch Wracktonnen, Wrackleuchttonnen oder durch auf dem Wrack selbst oder in seiner unmittelbaren Nähe an Land angebrachte Bezeichnung kenntlich gemacht. Die Lage der Tonnen zum Wrack wird durch Toppzeichen angegeben.

Schießübungen werden durch Setzen eines roten Lichtes und bei Tage durch Flagge *B* bezeichnet. In den N. f. S. werden die Schießübungen und Sperrmaßnahmen und -bezeichnungen stets rechtzeitig bekannt gegeben. (Siehe S. 311.)

Schallsignale. Allgemeines. Schallsignale dürfen nur insoweit gegeben werden, als die Seestraßenordnung und diese Verordnung es vorschreiben und zulassen.

Die zur Abgabe der Nebelsignale verwendete Glocke muß eine derartige Schallwirkung haben und so angebracht sein, daß ihr Schall von allen Seiten in ausreichender Entfernung gehört werden kann.

Nebelsignale. a) Ein Dampffahrzeug, das in Fahrt und unter Dampf ist und sich eines oder mehrerer Dampffahrzeuge zur Hilfeleistung bedient, hat die bei Nebel vorgeschriebenen Schallsignale eines alleinfahrenden Dampffahrzeuges zu geben. Die hilfeleistenden Fahrzeuge haben keine Nebelsignale zu geben.

b) Vor Anker liegende Fahrzeuge und schwojende Fahrzeuge müssen bei Nacht oder unsichtigem Wetter, solange sie schräg oder quer zum Fahrwasser liegen, in kurzen Zwischenräumen etwa 5 Sekunden lang die Glocke rasch läuten mit darauf folgenden 3 Einzelschlägen. Schwojende Fahrzeuge dürfen außerdem bei Annäherung anderer Fahrzeuge mit der Dampfpfeife das allgemeine Gefahrsignal (1 langer und 4 kurze Töne) geben, bis die Gefahr des Zusammenstoßes vorüber ist.

c) Im Fahrwasser liegende Bagger, Taucherfahrzeuge, Wracks und sonstige Schiffahrtshindernisse oder die zur Bezeichnung der letzteren ausgelegten Fahrzeuge, an denen nur auf einer Seite vorbeigefahren werden kann, müssen, wenn sie von einlaufenden Schiffen an Steuerbord und von auslaufenden Schiffen an Backbord zu lassen sind, eine Anzahl von Einzelschlägen, wenn sie von einlaufenden Schiffen an Backbord und von auslaufenden Schiffen an Steuerbord zu lassen sind, eine Anzahl von Doppelschlägen mit der Schiffsglocke geben.

d) Flöße müssen mit einer kräftig tönenden Glocke und einem wirksamen Nebelhorn versehen sein und bei Nebel die durch Artikel 15d und e der Seestraßenordnung vorgeschriebenen Signale geben. Scheibenflöße der Reichsmarine werden von dieser Bestimmung ausgenommen. Bei Nebel kürzen die Scheibenschlepper die Schleppleine auf das Mindestmaß ein und geben die vorgeschriebenen Nebelsignale. (Siehe S. 311.)

e) Wenn das Fahrwasser aus irgendeinem Grunde gesperrt und das Vorbeifahren von Fahrzeugen verboten ist, so ist auf der Sperrstelle das folgende Sperrsignal in kurzen Zwischenräumen zu geben: Rasches Läuten mit der Glocke mit darauffolgenden 3 Doppelschlägen, oder zwei Gruppen von je 3 langen Tönen mit der Dampfpfeife oder dem Nebelhorn.

Gefahr- und Warnungssignal. Wird ein in Fahrt befindliches Fahrzeug manövrierunfähig oder gerät es in Gefahr, so hat es das allgemeine **Gefahrsignal** (1 langen und 4 kurze Töne), gruppenweise in kurzen Zwischenräumen mit der Dampfpfeife anzuzeigen.

Sonstige Schallsignale. Die nachstehenden Schallsignale sind von den angerufenen Fahrzeugen möglichst zu beantworten:

a) Erregung der Aufmerksamkeit: 1 langer Ton.
b) Zum Überholen:
   das überholende Schiff: (Signal bei Herausgabe des Buches noch nicht bestimmt);
   das zu überholende Schiff, das das Überholen gestattet und hierzu bereit ist: (desgl.).
c) Herbeirufen eines Schleppers: 1 kurzer, 1 langer, 1 kurzer Ton.
d) Herbeirufen eines Zollbeamten: 5 kurze Töne.
e) Anhalten eines Schiffes durch ein Zollwachboot: 1 langer, 1 kurzer Ton.
f) Herbeirufen eines Quarantänebeamten bei Nacht: viermal je 6 kurze Töne.

Fahrregeln. Rechts fahren. Alle deutschen Seefahrts- und Seewasserstraßen gelten als enge Fahrwasser im Sinne des Artikels 25 der Seestraßenordnung. Jedes Dampffahrzeug muß sich, wenn dies ohne Gefahr ausführbar ist, an derjenigen Seite der Fahrrinne oder der Fahrwassermitte halten, die an seiner Steuerbordseite liegt. Das Hauptfahrwasser bzw. die tiefe Rinne ist von den kleinen Fahrzeugen möglichst für die tiefgehenden Fahrzeuge frei zu lassen. Wo Nebenfahrwasser vorhanden sind, müssen kleine Fahrzeuge diese soweit wie möglich benutzen.

Überholen. Es soll grundsätzlich links überholt werden. Die Absicht zum Überholen ist vom Hintermann durch ein dafür bestimmtes Schallsignal anzuzeigen. Das Überholen ist erst auszuführen, wenn der Vordermann das festgesetzte Signal als Einverständnis zum Überholen gegeben, die Änderung seines Kurses angezeigt und genügend Platz gegeben hat. Der Hintermann hat die Änderung seines Kurses zum Überholen gemäß der Seestraßenordnung anzuzeigen.

Will ein Wegerechtschiff ein Fahrzeug überholen oder will ausnahmsweise ein kleines Fahrzeug ein größeres Fahrzeug rechts überholen, weil das größere Fahrzeug nicht genügend Platz nach Steuerbord geben kann und für das kleine Fahrzeug an Steuerbord genügend Platz vorhanden ist, so hat das überholende Fahrzeug seine Absicht durch ein dafür festgesetztes Signal anzuzeigen. Das Überholen darf erst ausgeführt werden, wenn der Vordermann das dafür bestimmte Signal als Einverständnis zum Überholen gegeben, die Änderung seines Kurses angezeigt und genügend Platz gegeben hat. Der Hintermann hat die Änderung seines Kurses zum Überholen gemäß Artikel 28 der Seestraßenordnung anzuzeigen.

Kein Fahrzeug darf ein anderes ohne Not am Überholen verhindern; vielmehr muß jedes vorausfahrende Fahrzeug dem ihm folgenden auf das Überholsignal den notwendigen Platz geben, wenn das Fahrwasser es gestattet.

Wegerechtschiffe. Wegerechtschiffe müssen die rechte Seite des Fahrwassers halten, soweit es die Wassertiefe mit Sicherheit gestattet. Einem Wegerechtschiff muß jedes andere in Fahrt befindliche Fahrzeug, das nicht als Wegerechtschiff fährt, ausweichen und zum Überholen Platz geben. Begegnen oder überholen sich zwei Wegerechtschiffe, so verbleibt es bei den allgemeinen Vorschriften der Seestraßenordnung. Wegerechtschiffe dürfen einander an engen Stellen und in starken Krümmungen des Fahrwassers nicht überholen. Beim Vorbeifahren ist besondere Vorsicht geboten.

Schleppzüge. Kein Schleppzug darf mehr geschleppte Fahrzeuge enthalten, als der Schlepper sicher zu führen vermag.

Auf dem Schlepper sind, wenn sein Name durch längsseits geschleppte Fahrzeuge verdeckt wird, Schilder mit seinem Namen in deutlich lesbarer Schrift von mindestens 20 cm Buchstabenhöhe derart anzubringen, daß der Name des Schleppers über den längsseit geschleppten Fahrzeugen zu sehen ist.

Schleppzüge aus kleinen Fahrzeugen haben, wenn dies ohne Gefahr ausführbar ist, die Hauptfahrwasser bzw. die Mitte des Fahrwassers und die Richtfeuerlinien zu meiden und sich so weit auf der in ihrer Fahrtrichtung rechts liegenden Seite zu halten, daß größere Schiffe Platz haben, zwischen ihnen und der Mitte des Fahrwassers oder der Richtfeuerlinie vorbeizufahren. Wo Nebenfahrwasser vorhanden sind, müssen sie diese soweit wie möglich benutzen.

Beim Zuankergehen von Schleppzügen sollen grundsätzlich die Schlepper und alle geschleppten Fahrzeuge ankern und die Verbindung miteinander lösen. Können aus Sicherheits- oder anderen zwingenden Gründen nicht alle zu einem Schleppzug gehörenden Fahrzeuge ankern, so müssen die nicht vor Anker liegenden Fahrzeuge so dicht an die verankerten herangeholt werden, daß ihre Zusammengehörigkeit unverkennbar ist.

Besetzung des Ausgucks. Jedes Fahrzeug in Fahrt muß den Ausguck beständig gut besetzt halten.

Ausübung der **Fischerei.** Fischereifanggeräte dürfen im Fahrwasser nicht so aufgestellt oder ausgelegt werden, daß sie den Schiffsverkehr behindern. Insbesondere dürfen fischende Fahrzeuge innerhalb des Fahrwassers nicht ankern.

Freihalten des Fahrwassers. Auf den Revieren darf nichts über Bord geworfen werden. Das Lenzen, Ableiten oder Abfließenlassen von Öl, von Ölrückständen und von ölhaltigem Wasser ist verboten.

Im Fahrwasser darf nur dort geladen oder gelöscht werden, wo es dem Verkehr nicht hinderlich und von den zuständigen Schiffahrtspolizeibehörden gestattet ist.

Fahrzeuge, die bei Ankermanövern oder aus sonstigen Gründen drehen oder schwojen müssen, haben darauf zu achten, daß sie die überholenden und entgegenkommenden Schiffe nicht behindern. Sie haben tunlichst vor dem Drehen bzw. Schwojen die überholenden oder entgegenkommenden Fahrzeuge vorbeifahren zu lassen.

Schiffe, die im Fahrwasser auf Grund geraten sind und mit eigner Kraft oder mit Schlepperhilfe Abbringungsversuche unternehmen, müssen, wenn herannahende Schiffe gezwungen sind, nahe vorbeizufahren und dies durch das Achtungssignal anzeigen, ihre Abbringungsversuche, wenn möglich, solange einstellen, bis jene Schiffe vorbeigefahren sind.

X. Seemannschaft.

(Siehe auch Teil XI über Ladung, Schiffstrimm, Tiefgang usw. und Teil I: Vorbemerkungen.)

1. Einige Angaben über Schiffsmanöver mit Dampfern und Motorschiffen.

Manövriertabellen. Es ist unbedingt erforderlich, daß die Schiffsleitung mit den Manövriereigenschaften des Schiffs vollständig vertraut ist. Die Zeit zur Aufstellung einer Manövriertabelle muß vorhanden sein. Die erhaltenen Resultate trage man in das Tagebuch ein und hänge die Fahrt- und Manövriertabelle im Kartenhaus an gut sichtbarer Stelle aus, damit jeder neu an Bord kommende Nautiker einen Anhalt betreffs der Manövriereigenschaften des Schiffes hat. Auf dieser Tabelle muß auch angegeben sein, ob die Schraube bei Vorwärtsgang rechts oder links dreht, oder bei Doppelschraubendampfern, ob die Schrauben bei Vorwärtsgang nach außen oder innen schlagen (s. auch S. 324).

Beispiel für eine Manövriertabelle:

Dampfer:............................ Ort:............................ Datum:...............

Wetter:..

Tiefgang: V:...................... H:..........................

Volle Kraft:	................................Sm	Umdrehungen:	....
Halbe ,,	.... ,,	,,	....
Langsam:	.... ,,	,,	....
Ganz langsam:	.... ,,	,,	....

Vom Stillstand in volle Fahrt in .... Min.
Zum ,, von voller ,, ,, ... ,,
Zeitdauer der Umsteuerung:..............................

Dampfer dreht mit voller Fahrt und Ruder:

hart StB			hart BB		
1 Strich in	Min.	Sek.	1 Strich in	Min.	Sek.
2 Striche ,, ...	,, ...	,,	2 Striche ,, ...	,, ...	,,
4 ,, ,, ...	,, ...	,,	4 ,, ,, ...	,, ...	,,
8 ,, ,, ...	,, ...	,,	8 ,, ,, ...	,, ...	,,

Durchmesser des Drehkreises:..............................
Zeitdauer einer vollen Runddrehung: ....

Bei Doppelschraubendampfern sind auch Versuche anzustellen mit einer Schraube vorwärts- und einer Schraube rückwärtsgehend. Bei hoher Geschwindigkeit erhält man die besten Fahrtergebnisse erst bei Tiefen über 60 m. Tiefgang, Wind und Wetter haben einen großen Einfluß auf die Fahrtergebnisse. Als ungefähre Regel kann gelten, daß ein beladener Dampfer bei stürmischen Winden von vorn und entsprechendem Seegang 5—7 Kn seiner Fahrt einbüßt. Alle Versuche sollten in stromfreiem Wasser angestellt werden.

Die Wirkung des Ruders und der Schraube[1]). Die in Drehung befindliche Schraube eines Dampfers bringt die mit den Schraubenflächen

[1]) Angaben gelten nicht für Schiffe mit Flettner-Ruder, da bei diesen das Ruder auch bei Rückwärtsgang besser ausgenützt werden kann. Siehe Teil XIV.

in Berührung kommenden Wassermassen in Bewegung und erzeugt so den Schraubenstrom. Da durch die Schraubenflügel Wassermassen fortgeschleudert werden, so fließt anderes Wasser an deren Stelle; es entsteht der Ergänzungsstrom. Dadurch, daß die Schraube in den unteren Wasserschichten einen größeren Widerstand findet als in den oberen, entsteht der Seitenschub, der eine seitliche Ablenkung des Hecks des Schiffes bewirkt. Durch die Fahrt des Schiffes fließen die Wassermassen gewissermaßen an dem Schiffe vorbei; es entsteht der Fahrtstrom, der bei Fahrt voraus auf das übergelegte Ruder trifft und das Heck des Schiffes nach der Seite drängt, die der Lage des Ruders entgegengesetzt ist. Da das in Fahrt befindliche Schiff viel Wasser verdrängt, so hat dieses das Bestreben, in den vom Schiffe freigegebenen Raum wieder einzuströmen; es entsteht der Sog oder Nachstrom.

Einschrauben-Handelsschiffe haben fast stets eine rechtsdrehende Schraube. Die Drehung des **Buges** bei Einschraubendampfern mit **rechts**gängiger Schraube ist aus folgender Zusammenstellung ersichtlich:

Ruderlage	Schiff und Schraube gehen vorwärts		Schiff und Schraube gehen rückwärts		Schiff geht vorwärts, Schraube schlägt rückwärts	Schiff geht rückwärts, Schraube schlägt vorwärts
	vom Stillstand ausgehend	in Fahrt	vom Stillstand ausgehend	in Fahrt		
Mittschiffs .	BB langsam	StB langsam	StB langsam	StB langsam	StB langsam	StB langsam
Steuerbord.	StB langsam	StB schnell	StB langsam	StB langsam	StB sehr langsam	StB langsam
Backbord . .	BB schnell	BB langsam	StB sehr langsam	StB schnell	StB schneller	BB langsam

Ist ein Schiff in voller Fahrt voraus begriffen und wird die Maschine auf volle Kraft rückwärts beordert, so vergehen je nach den Umsteuerungseinrichtungen, der Steigung der Schraube und der Größe der Fahrt des Schiffes größere oder kleinere Bruchteile einer Minute, ehe die Schraube überhaupt anfängt, rückwärts zu laufen. Die Größe dieser Zeitspanne spielt bei der Beurteilung des Zusammenwirkens von Schraube und Ruder eine so große Rolle, daß sie nicht außer Betracht gelassen werden darf. Hat bei rechtsgängiger Schraube, in der Zeit, bis zu der die Schraube anfängt, rückwärts zu laufen, das Ruder bereits hart an Bord — z. B. hart BB — übergelegt werden können, so wirkt der das Ruder treffende Fahrtstrom in der Weise auf das Schiff ein, daß das Heck noch etwas nach rechts bzw. der Kopf scheinbar nach links abgedreht wird. Fällt der Zeitpunkt, zu dem das Ruder hart an Bord gelegt ist, mit demjenigen, zu dem auch die Schraube anfängt, rückwärts zu laufen, zusammen, so wird sich, solange noch einige Fahrt voraus im Schiffe ist, der das überliegende Ruder treffende Fahrtstrom derart bemerkbar machen, daß er die Schraubenwirkung etwas schwächt. Wenn aber die Schraube sehr schnell umgesteuert werden kann und auch sehr schnell anfängt, rückwärts zu laufen, während das Überlegen des Ruders nicht so schnell

Einige ungefähre Angaben über die Manövrierfähigkeit von Dampfern bzw. Motorschiffen.

Dampfer, Typ und Größe		PS	Geschwindigkeit	Schiff in voller Fahrt, dann Maschine gestoppt,			Wenn die Maschine von volle Kraft voraus auf volle Kraft rückwärts gestellt wird,		Durchmesser des Drehkreises[1])
				verliert Steuerfähigkeit nach	kommt zum Stillstand nach	durchläuft noch eine Strecke von	so kommt das Schiff zum Stillstand nach	so läuft das Schiff noch voraus	
			Seemeilen	Minuten	Minuten	Meter	Minuten	Meter	Meter
Fracht-D. . . .	2700 T	1100	9	10	20	1800	4	300	300
Fracht-D. . . .	4500 T	2000	10,5	9	18	2200	3,5	350	500
Fracht-D. . . .	7500 T	2900	11	8	12	1500	3,5	400	—
Passagier-D. . .	4000 T	2700	12,5	8,5	17	2300	3	250	750 Zeit für den Drehkreis etwa 6^m
Passagier-D. . .	6000 T	3400	12,5	9	14	2000	4	400	—
Passagier- und Fracht-D.	13000 T	5500	13	9	12	1860	4	750	450 Zeit für den Drehkreis bei Doppelschrauben etwa 8^m
Passagier-D. . .	17000 T	10000	16	12	16	3000	3	750	1200. Volle Kraft voraus. Zeit etwa 10^m 250 bei Doppelschrauben. Zeit etwa 10^m

[1]) a) Der Durchmesser des Drehkreises ist etwa gleich der fünf- bis achtfachen Schiffslänge (fünf bei breiten, acht bei langen Schiffen).

b) Man logge, während man den Drehkreis beschreibt, an verschiedenen Punkten. Das Mittel der erhaltenen Fahrten bezeichne man mit F. Die Anzahl der Sekunden, die man zum Durchlaufen des ganzen Drehkreises brauchte, sei s. Dann ist der angenäherte Durchmesser in Metern gleich $\frac{1}{6} F s$.

bewerkstelligt werden kann, dann ist es, will man nach StB drehen, das beste, das Ruder sofort hart BB überzulegen. — Will man einem plötzlich voraus auftauchenden Hindernis so schnell wie möglich aus dem Wege gehen, so lege man (immer eine rechtsschlagende Schraube angenommen) das Ruder hart StB und stelle die Maschine auf volle Kraft voraus. Will man das Schiff möglichst schnell stoppen, gleichgültig, wohin es mit dem Buge dreht, so stelle man die Maschine auf volle Kraft rückwärts und lege das Ruder sofort hart StB (oder mittschiffs). Sobald die Schraube auf rückwärts anspringt, lege man das Ruder hart BB.

Um ein Schiff aus einem engen Hafen herauszumanövrieren und zu diesem Zwecke auf entgegengesetzten Kurs zu bringen, ein Manöver, das oft vorkommt, verfahre man folgendermaßen: Volle Kraft vorwärts, Ruder hart StB; dann, sobald das Schiff etwas Vorwärtsgang bekommt und in der Drehung ist, „Stop" und sofort volle Kraft rückwärts, Ruder ca. 10—15° BB; bekommt das Schiff Fahrt achteraus: „Stop" und Ruder hart BB, solange Platz genug für den Rückwärtsgang ist; dann wieder volle Kraft vorwärts und gleichzeitig Ruder hart StB usw.

Doppelschrauben-Handelsschiffe haben fast stets nach außen schlagende Schrauben, so daß an StB eine rechtsgängige, an BB eine linksgängige Schraube ist. Doppelschraubenschiffe sind in bezug auf Manövrierfähigkeit den Einschraubenschiffen bedeutend überlegen. Will man mit solch einem Schiffe eine möglichst kurze Drehung ausführen, so lasse man die BB-Schraube vorwärts, die StB-Schraube mit voller Kraft rückwärts gehen. Die BB-Schraube lasse man dabei einige Umdrehungen weniger machen als die StB-Schraube. Das Ruder bleibt am besten mittschiffs liegen. Lange, schmale Schiffe drehen, vom Stillstand ausgehend, oft nur sehr schwer, wenn eine Schraube vorwärts, die andere rückwärts arbeitet. In diesem Falle gebe man dem Schiffe erst etwas Vorausgang, ehe man das Ruder überlegt oder die Schraube der Seite, nach der man drehen will, auf rückwärts stellt. Wind, Seegang, Trimm, Tiefgang, Krängung, Wassertiefe und Strom beeinflussen die Manövrierfähigkeit eines Schiffes oft wesentlich. Auch richtet sich diese sehr stark nach der Bauart des Schiffes. Bei Dreischraubendampfern schlagen bei Vorwärtsgang die mittlere und StB-Schraube meist nach rechts, die BB-Schraube nach links. Drei- und mehrfache Schraubenschiffe manövrieren etwas leichter als Ein- und Doppelschraubendampfer.

Manövrieren in engen und flachen Gewässern. In flachen Gewässern und Kanälen soll man nie viel Fahrt laufen, da sonst das Schiff aus dem Ruder läuft und auch durch Sogwirkungen leicht Schaden anrichtet. In Kanälen ist auch meistens eine Höchstgeschwindigkeit von 5 Kn vorgeschrieben. Bei Befahren von engen Gewässern soll man stets beide Buganker und einen Heckanker klar zum Fallen haben. Mit Hilfe der Anker kann man seine Manöver oft ganz erheblich unterstützen. Soll ein Schiff vor dem Anker drehen, so lasse man den Anker fallen, nach dessen Seite die Drehung erfolgen soll. Ist man gezwungen, in einem engen Fahrwasser sein Schiff (Einschraubendampfer) schnell aufzustoppen und soll das Schiff dabei möglichst in der Fahrtrichtung bleiben, so lege man das Ruder BB, gehe mit voller Kraft zurück und lasse BB-Anker fallen.

Sobald man merkt, daß das Schiff unruhig wird, muß die Fahrt des Schiffes noch weiter vermindert werden. Man gebe im allgemeinen auf flachem Wasser viel Ruder, um aber sofort und schnell wieder aufzukommen, sobald sich die Wirkung des Ruders bemerkbar macht. Muß man in einem engen Fahrwasser einem vor Anker liegenden Schiffe ausweichen, so halte man nicht zu weit ab, damit man nicht dem Ufer zu nahe kommt. Einem entgegenkommenden Schiffe weiche man nicht zu früh und nur mit geringer Ruderlage aus. Man halte Steven auf Steven, bis sich die Schiffe auf zwei bis drei Schiffslängen nahegekommen sind. Ein Überholen anderer Schiffe vermeide man überhaupt; auf jeden Fall in Fahrwasserkrümmungen. Besondere Sorgfalt ist der raschen und genauen Ausführung aller Maschinenmanöver zu schenken. Glaubt die Schiffsleitung, daß ein Maschinenmanöver falsch ausgeführt wird, so stelle sie den Maschinentelegraphen zunächst auf „Halt", lasse ihn so einige Sekunden stehen und gebe dann erst erneut das gewünschte Kommando. Durch dieses Zwischenkommando dürften Unklarheiten und evtl. Fehler vermieden werden.

Man vergesse bei allen Manövern in engen Gewässern nie, daß die Drehachse des Schiffes oft sehr weit nach vorn liegt und das Heck daher stärker ausschlagen wird als der Bug!

Größere Schiffe sollten in schwierigen und engen Gewässern stets Schlepperhilfe in Anspruch nehmen. Sie nützen dadurch sich und dem Schiffsverkehr am meisten.

Verhalten im Eis. Kommt ein Schiff im Eise fest, so ist bei auflandigem Winde stets die Gefahr einer Strandung vorhanden. Tief beladene Schiffe können durch Eispressungen auch zerdrückt oder doch mindestens stark beschädigt werden. Beim Loseisen soll sich das Schiff möglichst dicht hinter dem Eisbrecher halten, da die geschaffene Fahrrinne oft sehr schnell wieder vereist. Es muß aber immer daran denken, daß Eisbrecher (z. B. Kriegsschiffe) im dicken Eis oft schon auf 20—50 m abstoppen. Ein Ausscheeren des Dampfers ist in einem solchen Falle nicht möglich, da er an den Eiskanten abprallen würde. Diese Gefahr des Hintenhineinrennens ist besonders groß, wenn das befreite Schiff geschleppt werden muß. Man nimmt daher zum Schleppen am besten eine möglichst lange Trosse durch jede Klüse, die man dann durch einen gemeinsamen Schäkel laufen läßt. Bei allen Manövern im Eis stets die Wache klar stehen lassen!!

Will man ein anderes Schiff loseisen, so dampfe man von achtern auf am Eishavaristen vorbei und gehe dann über dem Achtersteven bis dicht an seinen Bug heran und zerstöre die letzte trennende Eisschicht durch Schraubenwasser. Ist das Eis sehr dick, so muß man erst an beiden Seiten des Havaristen, von achtern aufkommend, vorbeidampfen.

Brennstoffverbrauch. Der Brennstoffverbrauch bei Kohlenfeuerung beträgt etwa von Dampfmaschinen 0,7—0,8, von Turbinen 0,6—0,7 kg per PS/Stunde. 1 cbm Kohlen = 0,86—0,88 Tonne; 1 Tonne Kohlen = 1,15 cbm. Bei Ölfeuerung beträgt er etwa 0,5—0,55 kg pro PS/Stunde, bei Motorschiffen Ölverbrauch etwa 0,13—0,23 kg (1 cbm Öl = 0,9 Tonne) pro PS/Stunde. Im allgemeinen ist der Brennstoffverbrauch pro PS/Stunde bei allen Geschwindigkeiten derselbe.

Zusammenstellung der Beziehungen zwischen Brennstoffverbrauch, Schiffsgeschwindigkeit und Aktionsradius. Die Wegstrecke, die man mit einem bestimmten Brennstoffvorrat bei bestimmten Geschwindigkeiten zurücklegen kann, nennt man Aktionsradius (A). k = stündlicher Brennstoffverbrauch. K = Kohlenverbrauch bzw. Brennstoffverbrauch für eine Reise von m Seemeilen bei einer Geschwindigkeit v.

I. Bei gleichen Zeiten verhalten sich die Brennstoffverbräuche desselben Schiffes annähernd wie die dritten Potenzen der dazu gehörigen Geschwindigkeiten. $k_1 : k_2 = v_1^3 : v_2^3$.

II. Bei gleicher Geschwindigkeit sind die Aktionsradien desselben Schiffes angenähert proportional den Brennstoffvorräten. $A_1 : A_2 = K_1 : K_2$.

III. Bei gleichem Brennstoffvorrat und verschiedenen Geschwindigkeiten erhalten sich die Aktionsradien desselben Schiffes annähernd umgekehrt wie die Quadrate der dazu gehörigen Geschwindigkeiten. $A_1 : A_2 = v_2^2 : v_1^2$.

IV. Bei gleichen Strecken und verschiedenen Geschwindigkeiten verhalten sich die Brennstoffverbräuche desselben Schiffes ungefähr wie die Quadrate der dazu gehörigen Geschwindigkeiten. $K_1 : K_2 = v_1^2 : v_2^2$.

Beispiel: Ein Dampfer gebraucht bei 10 Kn Fahrt stündlich 4,7 t Kohlen.

I. Wie groß wird der stündliche Kohlenverbrauch sein, wenn die Fahrt auf 8 Kn ermäßigt wird? $x : 4{,}7 = 8^3 : 10^3$ $x = 2{,}41$ t.

II. Wieviel Sm kann er bei einer Fahrt von 8 Kn mit einem Vorrat von 525 t zurücklegen? $x : 8 = 525 : 2{,}41$ $x = 1745$ Sm.

III. Auf wieviel Kn Fahrt muß man das Schiff bringen, um mit diesem Vorrat von 525 t noch eine Distanz von 2500 Sm zurücklegen zu können?

$$x^2 : 8^2 = 1745 : 2500 \qquad x = 6{,}7 \text{ Kn}.$$

IV. Wieviel Kohlenvorrat muß das Schiff haben, um die Strecke von 2500 Sm mit einer Fahrt von 8 Kn zurücklegen zu können?

$$x : 525 = 8^2 : 6{,}7^2 \qquad x = 752 \text{ t}.$$

Mittelwerte der Fahrt moderner Segler in Kn bei Windstärken 1—10 *B*.

Winkel des Windes mit dem Kiel des Schiffes	Windstärke (*B*-Skala)									
	1	2	3	4	5	6	7	8	9	10
6 Striche	1	3	5	6	7	8	8	—	—	—
8 Striche	2	4	6	7	8	9	10	9	8	10
10 Striche	2	4	5	7	9	11	10	10	11	10
12—16 Striche	1	3	5	7	9	10	10	11	13	11

2. Sicherheitsdienst an Bord.

(USB = Unfallverhütungsvorschriften der Seeberufsgenossenschaft.)

Allgemeine Vorschriften. Größte Ruhe und Besonnenheit sind die Grundbedingungen für alle Manöver des Sicherheitsdienstes. Unruhige Elemente zwinge man im Falle der Gefahr mit Gewalt zur Ruhe.

Damit die neu an Bord kommenden Leute der Besatzung sofort wissen, welche Stationen sie bei den Sicherheitsmanövern zu besetzen haben, empfiehlt es sich, Rollenbücher, Rollenlisten und Rollenkarten auszuarbeiten, wie dies bereits bei den großen deutschen Schiffahrtsgesellschaften geschieht. Mit Hilfe seiner Rollennummer kann jeder Mann dann ersehen, welche Funktionen er zu erfüllen hat.

Auf größeren Schiffen sorge man für gute Alarmeinrichtungen. Die Brücke sollte auf allen Schiffen eine Glocken- oder telephonische Verbindung nach den Mannschaftsräumen haben.

Da heute die gute Ausbildung der Seeleute im Rudern, Segeln usw. durch die Kriegsmarine fehlt, so müssen die Schiffskommandos bedeutend mehr als früher für die Ausbildung der Besatzung im Sicherheitsdienst sorgen!

An den Sicherheitsübungen hat stets die ganze Besatzung teilzunehmen. Überstundenarbeit erhalten die Mannschaften für ihre Teilnahme an den Sicherheitsübungen nicht bezahlt, da diese Arbeit im Interesse der Sicherheit des Schiffes geleistet wird.

Auf allen größeren Passagier- und allen Auswandererschiffen wird vor Abfahrt des Schiffes eine Prüfung der Sicherheitseinrichtungen durch die Besichtiger und einen Reichskommissar vorgenommen. Diese erstreckt sich vornehmlich:

1. auf Prüfung der rot- oder weißgestrichenen Rettungsringe (Tragf. 14 kg) und Rettungsgürtel (Tragf. 8—10 kg). (Nachtrettungsbojen müssen rot angestrichen sein.)

2. Rettungsbootsrolle. Überholen des Bootsinventars. Ausschwingen und Zuwasserlassen der Boote. Ruder- und Segelübungen.

3. Verschlußrolle. Schließen aller wasserdichten Verschlüsse, Schotten, Fenster usw.

4. Feuerrolle. Länge der Schläuche, entsprechend der Größe des Schiffes. Druckprobe der Schläuche. Überholen der Feuereimer. Probieren der Handpumpen. Übung mit dem Rauchhelm. Probieren der Clayton-Dampf- usw. -Apparate.

5. Überholen des Rettungsgeschützes. Abgeben eines Probeschusses.

6. Probieren der Dampfpfeife, Sirene, Nebelsignalapparate, Ruderleitung, Handruder.

Auf See ist bezüglich des Sicherheitsdienstes folgendes besonders zu beachten: Sind Türen in den Schotten zum Durchbringen der Ladung, so sind diese, wenn sie unter der Tiefladelinie liegen, vor dem Auslaufen aus dem Hafen zu schließen.

Schott-Türen zwischen Heiz- und Maschinenräumen und zwischen Passagierabteilungen sollten täglich auf ihre Gangbarkeit geprüft werden. Schottenmanöver sollten auf jedem Passagierdampfer auf See mindestens einmal täglich gemacht werden, so daß alle Wachen innerhalb weniger Tage das Manöver öfter gemacht haben. Bei unsichtigem Wetter sind auf See alle Schottentüren zu schließen. Jedem Offizier muß die Schottenschließvorrichtung bekannt sein.

Rettungsboote. Betreffs Ausrüstung der Schiffe mit Rettungsbooten beachte man die U.S.B. und ferner bei Passagierdampfern die

Vorschriften des Landes, wohin das Schiff fährt. Das Ausland hat z. T., namentlich für Dampfer, die Zwischendecker fahren, sehr weitgehende Forderungen betreffs der Anzahl, Größe und Ausrüstung der Rettungsboote gestellt.

Alle Boote sind mindestens einmal jährlich auf ihre Beschaffenheit zu untersuchen.

Auf Passagierdampfern sind die Rettungsboote alle vier Wochen aus- und einzuschwingen. Siehe auch U.S.B.

Die Rettungsboote müssen auf See ihre volle Ausrüstung im Boot haben (s. S. 336).

Man benutze jede Gelegenheit, um die Mannschaft im Bootsdienst auszubilden.

Hat man übereinanderstehende Boote, so lasse man beide Parten der Taljenläufer der Rettungsboote lose bzw. belege beide, da man auf diese Weise vermeidet, daß die Taljenblöcke durchfallen. Die Boote werden so schneller und sicherer zu Wasser gebracht.

Es wird dringend empfohlen, bei den Rettungsbooten eine gute Notbeleuchtung anzubringen, die im Falle der Gefahr in Betrieb genommen werden kann, damit Mannschaft und Passagiere diese bei Nacht im Falle der Not sicher bedienen und benutzen können.

Viele Boote sind mit sog. Patentpfropfen ausgerüstet, die sich bei dem Zuwasserlassen des Bootes selbsttätig schließen. Bei strenger Kälte ist es aber schon wiederholt vorgekommen, daß kleine Eisstückchen den guten Abschluß verhinderten. Es ist vorteilhaft, wenn die Rettungsboote mit Patent- und Schraubverschluß ausgerüstet sind.

Mann über Bord. Für das Manöver „Mann über Bord“ bilde man sich die Deckmannschaft aus. Durch schnellste Rettungsmaßregeln ist schon manches Menschenleben auf hoher See gerettet worden. Die Deckmannschaft muß wissen, daß ein bestimmtes Signal auf See, wie z. B. vier kurze Töne mit der Dampfpfeife, mehrmaliges Läuten mit der Glocke „Mann über Bord“ bedeutet, daß dann sofort Rettungsbojen geworfen werden, der Ausguck besetzt wird, ein Mann mit Flaggen am Tage dem Rettungsboot die Richtung zuwinkt usw. Man halte stets eine rote, weiße und grüne Flagge zum Lenken des Rettungsbootes klar; des Nachts kann man dazu die Dampfpfeife verwenden. Stets die Fangleine beim Boot zu Wasser bringen benutzen!

Die Feuerlöscheinrichtungen. Die Feuerlöscheinrichtungen an Bord müssen vor jeder Ausreise, möglichst vor Einnahme der Ladung, gründlich überholt und ausprobiert werden. Man trage hierüber eine Bemerkung in das Tagebuch ein (s. auch die U.S.B.). Man bedenke, daß gerade an Bord neben der eigentlichen Flammenwirkung des Brandes die Verqualmung einzelner Räume eine große Gefahr für Menschenleben bedeutet. Es ist dies wichtig im Hinblick auf das Vorhandensein bzw. Bereithalten von Rauchschutzapparaten. In der Anwendung und Handhabung des Rauchhelms und der Sicherheitslampen soll stets eine große Zahl Leute der Besatzung ausgebildet sein. Bei Kohlenbunker- und Tankbränden benutze man zur Vermeidung von Explosionen immer nur Sicherheitslampen. An Bord entsteht Feuer oft durch Nachlässigkeit, schlecht gelegte elektrische Anlagen, Unvorsichtigkeit mit offenem Licht, Rauchen bei gefährlicher Ladung usw. Man denke bei jedem Brande an Bord stets daran, daß das Feuer durch Glühendwerden der Schotten leicht auf anliegende Abteilungen übertragen werden kann. Liegt daher der Herd eines Feuers in der Nähe eines Schottes, so sorge man nach Möglichkeit dafür, daß das Schott in dem bis dahin noch vom Feuer verschonten Raume freigemacht und gekühlt wird. Auch die Außenhaut über der Wasserlinie in der Nähe der Brandherde kühle man gehörig durch große Mengen Wasser. Man bringe auf alle Fälle alle explosiven oder feuergefährlichen Güter aus dem Nebenraum. Elektrische Anlagen muß man vielfach bei Bränden stromlos machen, um Kurzschluß zu vermeiden. Jedem Brande an Bord gehe man sofort energisch zu Leibe und schone bei Gefahr für Schiff oder Menschenleben keine Sachwerte und keine Ladung.

Für die Feuererkennung kommen auf Frachtschiffen Fernthermometer in den Ladungen selbst und automatische Feuermelder in Frage. Beide Einrichtungen haben den Zweck, der Schiffsleitung eine außergewöhnliche Temperatursteigerung an besonders für eine Feuersgefahr in Betracht kommenden Stellen anzuzeigen. Sie unterscheiden sich nur dadurch, daß das Fernthermometer der Schiffsleitung eine dauernde Kontrolle der Temperaturen in den Ladungen oder jeweilig angeschlossenen Räumen gestattet, während der automatische Feuermelder nur eine bestimmte Gefahrtemperatur anzeigt und erst bei Eintritt dieser Temperatur warnend sich bemerkbar macht. Eine Verbindung der Fernthermometer mit einer Signaleinrichtung, die bei einer bestimmten Temperatur ausgelöst wird, kann leicht hergestellt werden. Bewährt haben sich besonders die sog. Schnüffelanlagen. Bei ihnen sind Rohre aus allen Räumen nach der auf der Brücke liegenden Meldestation geführt. Oberhalb der Öffnungen der Rohre befindet sich ein Ventilator, der mit einem Uhrwerk in Verbindung steht und jede Viertelstunde auf kurze Zeit in Tätigkeit tritt. Ist irgendwo Feuer entstanden, so wird Rauch in den Beobachtungsraum gesogen, und es läßt sich dann feststellen, aus welchem Raum er kommt.

Als Feuerlöscheinrichtung dient für den ersten Löschangriff, der sofort nach Entdeckung eines Brandes einzusetzen hat, das sog. kleine Löschgerät, das überall an Bord verteilt sein soll. Dieses Löschgerät soll von jedermann leicht erreichbar und benutzbar sein und soll die Entwicklung des kleinen Feuers zu einem größeren eigentlich von vornherein ausschließen. Bedingung ist, daß die Apparate dauernd gebrauchsfertig sind und daß sie durch längere Seereisen nicht in ihrer Gebrauchsfähigkeit gelitten haben.

Neben dem kleinen Löschgerät kommt dann das eigentliche schwere Feuerlöschgerät für die Brandlöschung in Frage.

Es sind dies entweder Löscheinrichtungen, die im Brandfalle ganze Schiffsräume als Ganzes beeinflussen; hierzu gehören Dampflöscheinrichtungen, Kohlensäure- oder Stickstofflöscheinrichtungen oder Sprinkleranlagen (Schaumsprinkler- oder Brauseanlagen) oder solche Einrichtungen, die, im Brandfalle angesetzt und von Hand betätigt, mehr oder minder ortsfest eingebaut sind. Hierzu gehören Feuerlöschleitungen mit Feuerlöschschläuchen, Brausemundstücke zum Abkühlen ganzer Räume, Schaumlöschanlagen zur Bekämpfung von Ölbränden in Kessel- und Maschinenräumen, Überflutungseinrichtungen für besonders gefährliche Kammern usw.

Um Feuer an Deck, in den Oberräumen und durch die Luken mit Wasser bekämpfen zu können, ist die Deckwaschleitung größerer Schiffe mit Anschlüssen für Feuerlöschschläuche versehen; auch in den Maschinen- und Kesselräumen sind Anschlüsse anzubringen. Wirksame Bekämpfung mit Wasser ist nur möglich, wenn der Brandherd direkt zugänglich ist. Falls möglich, ist er freizulegen. Gute Dienste können hierbei Rauchhelme und Feuerlösch-Schlauchmundstücke leisten, die einen fächerartigen Strahl erzeugen und so vor der strahlenden Hitze des Feuers schützen. Wenn aus Mangel an anderen Feuerbekämpfungsmitteln Wasser auch gegen tieferliegende, unzugängliche Ladungsbrände verwendet wird, ist darauf zu achten, daß durch zu große Mengen nicht die Schwimmfähigkeit oder die Stabilität des Schiffes gefährdet wird. Zur Bekämpfung mittels Wassers gehören auch die Sprinkler-Regen- oder Rieselanlagen, die vor allem für große Schiffe durchgebildet sind. Bei ihnen sind oberhalb des zu schützenden Raumes Rohrsysteme mit Brausen verlegt, aus denen ein Regen auf den Raum herabgelassen werden kann. Bei ausbrechendem Feuer schmilzt die Metallegierung, mit der die Brausen verschlossen sind.

Muß man mit Wasser löschen, so gebe man sofort gehörige Mengen, da dies sicherer und schneller wirkt als kleine Mengen längere Zeit gegeben.

Für kleinere Ölbrände und auch für Brände elektrischer Maschinen ist Sand, wo solcher zur Hand ist, ein ausgezeichnetes Feuerlöschmittel.

Feuer in abgeschlossenen Räumen können durch Luftabsperrung oder durch Dampf gelöscht werden. Der Dampf kann den Räumen schnell und in beliebiger Menge zugeführt werden. Als sehr zweckmäßig hat sich zur Bekämpfung mittels Dampfes das „Rich"-System bewährt. Dieses System ist eine kombinierte Feuerfeststellungs- und Bekämpfungsanlage.

Laderaumbrände, deren Herd in den meisten Fällen schwer zugänglich ist, werden außer durch Dampf am leichtesten durch nicht brennbare Gase bekämpft. Unter den Systemen, die hierfür ausgebildet worden sind, fanden bisher am meisten Verwendung: das Gronwaldsystem mit gasförmiger Kohlensäure aus Druckflaschen, das Siemens- & Halske-System mit gasförmiger Kohlensäure aus Generatoren, das Lux-System mit flüssiger Kohlensäure aus Flaschen, das Harper-System mit Verbrennungsgasen der Maschinenanlage, das Clayton-System mit Schwefeldioxyd (SO_2), Stickstoff und einigen anderen höheren Oxyden des Schwefels. Da das Gas vom Wasser begierig aufgesogen wird, ist das Bilgewasser aus den Räumen beim Beginn des Löschens sorgfältigst zu entfernen; ein gleichzeitiges Löschen mit Dampf kann nicht stattfinden, da Dampf und Schwefeloxyd sich sofort vereinigen und wirkungslos werden würden. Die Luken und Ventilatoren müssen ständig fest geschlossen gehalten werden, während das Gas durch den Raum strömt.

Das Schaum-Feuerlöschverfahren. In neuerer Zeit werden immer mehr Dampfer mit Öl als Betriebsstoff ausgerüstet. Ölbrände sind aber durch Wasser und Dampf allein nur sehr schwer oder überhaupt nicht zu löschen. Bei den flüssigen Brennstoffen schließt die Weiterverbreitung des Feuers durch das Fortfließen des brennenden und sich schnell erhitzenden Öles eine besonders große Gefahr in sich. Brände schwerer Öle kann man unter Umständen mit großen Mengen Wasser bekämpfen, Brände leichter Öle dagegen nicht. Bei kleineren Ölvorräten pumpe man, wenn sie in Brand geraten, die Tanks nach Möglichkeit schnell leer. Tankschiffe und Tankleichter waren bei ausbrechendem Feuer jedoch fast stets restlos dem Untergange geweiht. Man ist daher dazu übergegangen, auf Schiffen, zu deren Antrieb Heizöl verwendet wird, Schaum-Feuerlöschanlagen einzubauen. In Schaumlöschern werden zwei Flüssigkeiten, von denen der einen schaumbildende Stoffe (z. B. Saponin) beigemengt sind, getrennt aufbewahrt. Im Augenblick des Inbetriebsetzens mischen sich diese beiden Flüssigkeiten und erzeugen den Schaum, der, je nach dem Apparat, in kräftigem Strahl oder in dichtem Guß im gleichen Augenblick auch schon heraustritt. Der zähe, kohlensäurehaltige Schaum breitet sich in dichter Decke über die brennende Fläche aus, sperrt die Luftzufuhr ab, und erstickt das Feuer in kürzester Zeit. Die im Schaum enthaltenen Kohlensäurebläschen fördern die Löschwirkung noch und bewirken eine sehr schnelle erhebliche Abkühlung des Brandobjektes.

Die Flüssigkeiten, aus denen sich der Schaum entwickelt, werden durch die Schaumbildung auf das Sechs- bis Achtfache ihres ursprünglichen Rauminhalts vergrößert. Die flüssigen, chemischen Lösungen werden an Bord in Tanks gleicher Größe in einem wenig gefährdeten Raume, gewöhnlich oberhalb der Kesselräume, untergebracht.

Die Gesamtanlage wird in der Regel so ausgeführt, daß die Bedienung von einer Stelle außerhalb der Kesselräume geschieht. Falls wasserdichte Schotten vorhanden sind, werden mehrere Stationen so angeordnet, daß von jeder Station die Räume auf beiden Seiten der Schotte bedient werden können. Die Bedienung erstreckt sich auf die zur Förderung der Lösung vorhandenen Pumpen, den Verdichter zur Förderung der Druckluft oder ein Ventil zur Regelung der in Flaschen geführten Druckluft oder des Gases.

Für kleinere Brände, bei denen keine Gefahr besteht, daß das Leben der Bedienungsmannschaft bedroht ist, verwendet man kleinere ortfeste Apparate, die mit Schlauchanschluß versehen sind und bei denen die chemischen Lösungen durch Druckluft oder durch Dampf in die Schläuche und das Strahlrohr gedrückt werden. In dem Strahlrohr oder kurz vor demselben mischen sich die Flüssigkeiten und bilden den Löschschaum. Noch kleinere Feuer können durch tragbare Handfeuerlöscher bekämpft werden.

Zur Berechnung der als Löschmasse nötigen chemischen Lösung nimmt man an, daß die Bodenfläche eines Kesselraumes im allgemeinen mit einer 30 cm hohen Schaumschicht bedeckt werden muß. Für besondere Fälle rechnet man noch eine Sicherheitsdicke von 20 cm hinzu, so daß für 1 qm Grundfläche rd. $^1/_2$ cbm Löschschaum erforderlich ist. Das ergibt eine für die Löschung bestimmte Löschflüssigkeit von 75 l pro Quadratmeter.

Das Schlingern der Schiffe hat keinen Einfluß auf die Löschwirkung der Schaummassen, da der Schaum auf den Flüssigkeiten schwimmt; er benetzt die Wände und wirkt damit vorbeugend gegen das Umsichgreifen des Brandes.

3. Boote und Bootsmanöver.

Allgemeines. Die Anzahl und Größe der Boote eines Schiffes wird bestimmt durch die U.S.B. und das Reichsgesetz über das Auswanderungswesen. Unter Umständen sind auch die Vorschriften des Landes, nach denen das Schiff fährt, zu berücksichtigen.

Der Bootskörper besteht im wesentlichen aus dem Kiel, dem Vorsteven, dem Achtersteven, dem Dollbord, den Spanten und den die Außenhaut bildenden Planken. Zur inneren Einrichtung eines Bootes gehört die Duchtwägerung mit den auf ihr ruhenden Sitzbänken (Duchten) für die Besatzung, das Bodengarnier, die Heißbolzen mit den Heißstroppen und die Fußleisten, die den Füßen der rudernden Mannschaft als Stützpunkte dienen. Die in der Mitte längsschiffsliegende Garnierplanke, auf der sich die Mastspur befindet, heißt der Bootsfisch. Die vorn, in der Höhe der Duchten liegende Gräting für den Bugmann beim Bedienen des Bootshakens und der Fangleine, und die achtern liegende Gräting für die Füße des Steurers heißen die Bootsplichten. Der Bauart nach unterscheidet man Diagonalboote, Klinkerboote und Kraweelboote.

Die Boote müssen stets in gutem Zustande sein. Die eisernen Boote sind innen und außen frei von Rost zu halten. Bei hölzernen Booten müssen die Nähte gut gedichtet sein. Die sofortige Verwendbarkeit der Rettungsboote muß mindestens alle drei Monate (auf Schiffen, die in der Regel mehr als 10 Passagiere fahren, mindestens alle vier Wochen) durch Bootsmanöver festgestellt werden. Das Ergebnis ist ins Tagebuch einzutragen. Alle Vorrichtungen zum Herablassen der Rettungsboote müssen leicht zugänglich und in gutem Zustande sein. Die dazu erforderlichen Taljen müssen zum sofortigen Gebrauch fertig in den Davits oder Kränen hängen. Die Läufer müssen so lang sein, daß die Boote, auch wenn das Schiff leer ist, zu Wasser gelassen werden können. Es müssen Vorrichtungen vorhanden sein, die ein sicheres und schnelles Loslösen der Boote von den Blöcken ermöglichen. Untere Blöcke der Bootstaljen dürfen keine Haken haben. An jedem Rettungsboot muß der Kubikinhalt auf vorschriftsmäßigen Schildern vermerkt sein.

Als Rettungsboote gelten nach den U.S.B.:

1. Vorn und hinten scharf gebaute Boote aus Holz oder Metall, die, wenn aus *Holz*, entweder mit festen, dichten Luftkasten von mindestens 10% des Bootraumgehaltes oder mit gleichwertigen Schwimmvorrichtungen versehen sind. An jeder Seite muß außenbords eine Sicherheitsleine von vorn bis hinten befestigt sein.

Bei Metallbooten dieser Art ist der räumliche Inhalt der Schwimmvorrichtungen entsprechend der durch das Baumaterial bedingten geringeren Schwimmfähigkeit zu erhöhen.

2. Boote wie unter Nr. 1 mit der Maßgabe, daß mindestens die Hälfte der Schwimmvorrichtung außenbords angebracht sein muß.

Die Rettungsboote müssen so aufgestellt sein, daß sie gegen Seeschlag möglichst geschützt sind und daß nach jeder Seite des Schiffes die Hälfte des vorhandenen Bootsraumes zu Wasser gelassen werden kann.

Ermittlung des Raumgehaltes der Boote. Als Raumgehalt eines Bootes in Kubikmetern gilt das mit 0,6 multiplizierte Produkt seiner in Metern ausgedrückten größten äußeren Länge, größten äußeren Breite und inneren Tiefe. Die Länge wird gemessen zwischen den Außenflächen der Beplankung, neben dem Vordersteven, bis zur hinteren Fläche des Spiegels oder bis zur Außenfläche der Beplankung neben dem Achtersteven; die Breite zwischen den Außenflächen der Beplankung; die Tiefe in der Mitte der Länge zwischen der oberen Kante des Schandeckels (Dollbords) und der inneren Fläche des Kielganges neben dem Kiel oder, wenn das Boot ein Setzbord mit Öffnungen (Rundseln) für die Riemen hat, von der Unterkante dieser Öffnungen bis zu der inneren Fläche des Kielganges neben dem Kiel. — Bei Halbklappbooten wird die Länge ermittelt, indem man das Mittel aus der Länge des festen Bootes und derjenigen des Aufsatzes nimmt; die Breite wird in gleicher Weise ermittelt; die Tiefe von der Oberkante des Aufsatzes gemessen. — Bei zusammenklappbaren Booten wird der Raumgehalt wie bei gewöhnlichen Booten ermittelt. — Kein Boot darf weniger als 3 cbm Raumgehalt haben. Man muß etwa 0,28 cbm Bootsraum für jeden Mann rechnen.

Bootsmanöver. „Ausschwingen der Boote". Die Art des Ausschwingens der Boote richtet sich nach der Konstruktion der Davits, unter denen dieselben stehen. Bei gewöhnlichen Davits werden die Boote durch Nachaußendrehen derselben, was durch sinngemäßes Holen der Davitgeien geschieht, bewegt. Auf starke Geien, vor allem der vorderen, ist besonderer Wert zu legen, da die ganze Kraft, die auf das zu Wasser gefierte Boot durch See und Dünung einwirkt, von derselben getragen werden muß. Wenn das Boot ausgeschwungen ist, die Davits vierkant geholt und die Geien festgesetzt sind, kann mit dem Fieren des Bootes begonnen werden.

Zuwasserfieren. Fangleinen weit nach vorn nehmen und belegen. Pfropfen einstecken. Beim Fieren halten sich die beiden im Boot befindlichen Leute an den Manntauen, die an den Nocken der Davits angebracht sind, fest und niemals an den Bootstaljen. Der Platz dieser Leute ist immer zwischen den vorderen und hinteren Bootstaljen und niemals außerhalb. Das Boot soll nie mit dem Bug zuerst ins Wasser kommen. Vordere Talje bei Vorwärtsgang des Schiffes zuletzt aushaken. Beim Aussetzen in stürmischem Wetter erst Öl zur Beruhigung der See anwenden.

„Heissen der Boote". Zuerst Fangleine an Bord geben oder ein von Bord zugeworfenes Tau als solche benutzen. Mit dieser das Boot möglichst vierkant unter die Davits holen. Die Bootstaljen soweit überholen, daß, wenn dieselben gehakt sind, das Boot nicht in dieselben einstampfen kann. Beim Anheissen des Bootes mit der Hand oder Winde darauf achten, daß die vordere Talje zuerst zum Tragen kommt, damit es bei Vorwärtsgang des Schiffes oder anlaufender See nicht unterschneiden kann. Bei nicht hoch über Wasser liegenden Schiffen können Längsschwingungen des Bootes durch Überkreuznehmen der Manntaue gedämpft werden. Vorzuziehen ist jedoch, das Boot, sobald es frei vom Wasser ist, durch Steifholen der Fangleine stetig zu halten. Macht das Schiff Schlingerbewegungen, wird mit dem Anheißen begonnen, wenn das Schiff sich dem Boote zuneigt. Ist das Boot geheisst, werden die Taljen abgestoppt und belegt. Zum Abstoppen kann man am besten die Manntaue verwenden, mit denen Törns um Davitkopf und Ducht genommen werden.

Beim Heißen eines Heckbootes im Strom oder Seegang versuche man nicht, das Boot durch Durchholen der hinteren Talje quer zum Strom oder zur See zu bringen. Man lasse das Boot in der Längsschiffsrichtung, hake die Heißtaljen ein, kreuze die Manntaue und lüfte das Boot mit der vorderen Talje allein, bis seine vordere Hälfte sich gut über Wasser befindet. Jetzt hole man erst die Achtertalje langsam durch. Die Leute im Boot holen gleichzeitig die Manntaue gut mit durch.

Anlegen mit einem Boot. Will man an einem zu Anker liegenden Schiff anlegen, so manövriere man mit dem Boote so, daß man von achtern nach vorn am Fallreep längsseit scheert. Ist Wind und Seegang, so rudere man frei vom Schiff bis vor das Fallreep, dann nehme man die Fangleine wahr, dann erst die Riemen ein. Darauf achten, daß das Boot nicht unter die Fallreeptreppe gerät. Nachts und bei schlechtem Wetter empfiehlt es sich, ans Heck des Schiffes zu gehen. Bei einem beigedreht liegenden oder mit gestoppter Maschine treibenden Schiff wählt man zum Anlegen die Leeseite. Will man mit einem Boot ein in Fahrt befindliches Schiff erwarten, so lege man sich genau in die Kurslinie des Schiffes und halte recht auf das Schiff zu. Erst wenn das Schiff dicht herangekommen ist, weiche man so viel wie eben notwendig aus und lasse die vorderste Ducht klar stehen zum Wahrnehmen der von Bord aus geworfenen Fangleine.

Einige Winke für Bootsführer. Verrichte jede Arbeit im Boot, wenn irgend möglich, im Sitzen. Laß niemals einen Mann stehen, wenn nicht unbedingt nötig. Klettere nie am Bootsmast in die Höhe, um etwa Falle einzuscheeren usw., sondern lege den Mast dazu nieder. Verstaue alle schweren Gegenstände auf dem Boden des Bootes und möglichst mittschiffs. Beim Rudern zurre alle Masten, Segel und Reservehölzer in der Mitte des Bootes fest, wird gesegelt, werden die Riemen, Reservemasten usw. an den Seiten gezurrt. Wird ein Boot von einem Dampfer geschleppt, so nimm das Schlepptau möglichst lang und mache es im Boot an einem Poller oder um den Vormast oben über der Ducht fest. Sehr gut schleppt es sich auch mit zwei Leinen, je eine von jeder Seite des Hecks des Dampfers. Bei seitlichem starken Wind und See läßt man sich am besten an der Leeseite des Dampfers schleppen, an welcher auch die Fang- bzw. Schleppleine des Bootes befestigt wird. Durch richtiges Steuern hält man die notwendige seitliche Entfernung vom schleppenden Schiff. Vorsicht bei Maschinenmanövern des schleppenden Schiffes! Die Besatzung nimmt beim Schleppen hinten im Boot Platz bis auf einen Mann, der vorn klar steht, um allenfalls das Schlepptau loszuwerfen oder zu kappen. Das Anlegen an ein in Not befindliches Schiff soll immer an der Leeseite desselben erfolgen. Zu bergende Leute müssen über Bug oder Heck, nicht an der Seite, übergenommen werden.

Bootsegeln. Beim Segeln sorge man für guten Trimm. Eine Verschiebung von Gewichten nach vorn vergrößert die Leegierigkeit und umgekehrt. Belege die Schoten nicht fest, sondern höchstens mit einem Kneifsteck, den Tamp klar zum Ausreißen. Beim Segeln mit Dwarswind und Seegang fiere man, um einer heranrollenden hohen See auszuweichen, die Großschot auf und halte etwas ab. Segelt man in schwerer See beim Winde, so luve man beim Anrollen einer schweren See, kurz bevor sie das Boot erreicht, in diese hinein, halte dann aber, sowie sie vorbei ist, sofort wieder ab. Bei achterlichem Winde und schwerem Seegang achte man gut auf das Ruder und lege es beim Auflaufen einer hohen See auf, da sonst das Boot leicht quergeworfen wird. Das Lenzen vor schwerer See ist stets gefährlich. Ist man dazu gezwungen, so empfiehlt sich das Führen eines Stagsegels und das Nachschleppen einer Trosse über das Heck, um das Gieren zu vermindern. Ferner Verwendung von reichlich Öl aus einem Ölsack, der vorn im Boot ausgebracht wird. Um ein Boot bei hohem Seegang zu steuern, benützt man als Ruder am besten einen Riemen, der achtern durch ein Ende lose gelascht wird.

Abreiten eines Sturmes auf hoher See in einem offenen Boot. Man nimmt alles, was im Boot zu entbehren ist, wie Masten, alle Remen bis auf zwei, die Längsplichten usw., lascht alles zusammen und steckt an dieses so gebildete Floß eine Leine mit einer Hahnpote, so daß das Floß dwars an derselben zu liegen kommt. Ist ein Segel im Boot, so läßt man dasselbe an der Rahe, die ebenfalls in das Floß gelascht wird, macht es los und zeist an das Fußliek geeignete Gewichte, so daß es mit seiner Fläche im Wasser senkrecht zu stehen kommt. Dann wirft man das Floß über Bord, gibt 12—15 m Lose, scheert die Leine durch den Ring am Vorsteven und macht sie um eine Ducht fest. Hat man Öl im Boot, so befestige man an dem Floß noch einen oder zwei mit Öl gefüllte Säcke. An dem Flosse werden sich dann die Seen brechen, das Boot wird am starken Treiben gehindert und mit dem Kopfe auf der See gehalten, so daß es, selbst wenn es tief beladen sein sollte, vollkommen sicher liegt und nur wenig Wasser übernimmt.

Handhabung offener Boote in Brandung und schwerer See. (Bearbeitet nach den Regeln, die die Deutsche Gesellschaft zur Rettung Schiffbrüchiger ihren Mannschaften gegeben hat.)

Einlaufen aus See an Land. Ist die Küste unbekannt, so versuche man durch Eingeborene den besten Landungsplatz zu erfahren; man lande an einer unbekannten Küste, wenn es nicht dringend nötig ist, nie des Nachts. — Lenzsäcke und Öl leisten bei der Handhabung der Boote gute Dienste.

Beachte folgende Regeln:

Man vermeide, wenn möglich, jede brechende Welle, indem man das Boot in eine solche Lage bringt, daß sich die See vor dem Boote bricht.

Wenn die See sehr hoch, oder wenn das Boot klein ist, und besonders, wenn es ein plattes Heck hat, so wende man den Bug nach der See hin und streiche nach Land zu, wobei man jedoch jeder heranlaufenden See einige Schläge entgegenrudert, damit sie das Boot schnell passiere.

Wenn man es für sicher hält, den Bug dem Lande zuzukehren, so streiche man einige Schläge über Steuer gegen jede herankommende See, um die Fahrt des Bootes soviel als möglich zu hemmen. Hat man im Boote einen Lenzsack oder irgendeinen Gegenstand, der diesen ersetzen kann, so schleppe man diesen zu gleicher Zeit nach, damit das Boot leichter recht vor der See treibt, was immer die Hauptsache ist.

Man trimme das Boot an dem der See zugekehrten Ende etwas tiefer als an dem entgegengesetzten; man hüte sich aber, schwere Lasten an die äußersten Enden zu bringen.

Wenn ein Boot Segel und Riemen hat, so berge man unter allen Umständen die Segel, ehe man sich in die Brandung wagt, es sei denn, daß der Strand sehr steil ist. Hat es bloß Segel, so mindere man dieselben; eine gereffte Fock oder ein anderes kleines Vordersegel ist hinreichend.

Beim Landen an flachen Küsten halte man das Boot recht vor der See, bis es Grund findet, und lasse sich dann durch jede folgende Welle soweit wie möglich strandauf schieben. Bei abschüssigen Küsten halte man gerade auf den Strand zu und gebe im Augenblick des Landens dem Boote eine halbe Wendung nach der Richtung hin, aus der die Brandung läuft, damit das Boot mit der Breitseite auf den Strand geworfen wird.

2. Auslaufen vom Lande nach See:

Wenn man genügende Gewalt über das Boot hat und sich die nötige Geschicklichkeit zutraut, so vermeide man die Brandung, d. h. man treffe mit der Grundsee nicht da zusammen, wo sie sich bricht oder überstürzt.

Bei heftigem Gegenwinde und schwerer Brandung gebe man bei Annäherung jeder gebrochenen Welle, die man nicht vermeiden kann, dem Boote möglichst viel Fahrt.

Wenn das Boot mehr Fahrt hat, als notwendig ist, um sein Zurücktreiben durch die Brandung zu verhindern, so hemme man bei Annäherung der Brandung die Fahrt etwas, um dem Boote das Ersteigen der Welle zu erleichtern.

Ausrüstung von Rettungsbooten für eine Seereise.

Jedes Rettungsboot soll mindestens enthalten:

Einen Riemen pro Bank.

Zwei Reserveriemen.

Einen und einen halben Satz Rudergabeln (Dollen).

Zwei Reservepflöcke für jedes Speigatt (Wasserablaßloch).

Zwei volle Wasserfässer, enthaltend 1 Liter Trinkwasser pro Person, auf hölzernen Klampen am Boden festgezurrt.

Einen vollen Brotbehälter, enthaltend 1 kg Lebensmittel (Hartbrot) pro Person.

Eine Blechdose mit Notsignalen (Rotfeuer ca. 10 Stück) und einem Bojenlicht.

Eine kleine Bootsapotheke und einen Verbandskasten.

Eine Flasche Rum oder sonstigen Alkohol.

Einen Schöpfeimer (Ösfaß) und einen weiteren Reserveeimer.

Ein Ruder mit Pinne oder Joch und Leinen.

Ein Paar Korkfender aus Segeltuch Nr. 0, mit trockenen, reinen Korkabfällen vollgestopft.

Eine Fangleine von hinreichender Länge.

Ein Paar Greifleinen aus zwölfgarniger Manilaleine in ca. 1200 mm langen und 150 mm tiefen Buchten durchhängend.

Einen Bootshaken.

Ein Stell fertiger Masten und Segel in einem wasserdichten Bezug.

Zwei Bootsbeile (Kappbeile).

Einen Bootskompaß in einem Kasten (möglichst ein Fluidkompaß mit Ölbeleuchtung).

Ein Fernrohr, ein Handlot und ein Gewehr mit Munition.

Einen Behälter mit 6 l Öl zur Beruhigung der Wellen und zwei Ölbeutel oder sonst eine geeignete Vorrichtung zum Verteilen des Öles über die Wasseroberfläche.

Eine Laterne von mindestens 9stündiger Brenndauer, nebst Brennöl für die Lampe.

Eine Flagge für Notsignale.

Eine Schachtel Sturmstreichhölzer in einer Blechdose.

Einen Treibanker oder geeignetes Material zur Herstellung eines solchen.

Wenn eine längere Bootsreise bevorsteht, nach Möglichkeit warme Decken und Lebensmittel wie kondensierte Milch mit in die Boote nehmen.

Motor-Rettungsboote müssen außerdem mit Brennstoff und Öl für den Motor, ferner mit einem chemischen Feuerlöschapparat, Seitenlaternen und nach Möglichkeit mit einer F.-T.-Station ausgerüstet sein.

4. Anweisung zur Handhabung des Raketenapparates[1]).

Wenn ein Schiff an der deutschen Küste in kurzer Entfernung vom Ufer strandet und das Leben der Mannschaft dadurch gefährdet ist, wird der letzteren, wenn irgend möglich, vom Ufer aus auf folgende Weise Beistand geleistet werden:

1. Eine Rakete, an der eine dünne Leine befestigt ist, wird über das Schiff hingeschossen. Diese Raketenleine muß möglichst rasch erfaßt und festgehalten werden. Ist dies geschehen, so muß einer von der Mannschaft beiseite treten und, wenn es Tag ist, seinen Hut, seinen Arm, eine Flagge oder ein Tuch schwenken; ist es aber Nacht, so muß eine Rakete oder ein Blaufeuer angezündet oder eine Kanone abgefeuert werden, oder man zeigt eine Laterne und läßt sie wieder verschwinden. Alles dies geschieht, um denen am Lande als Signal zu dienen, daß die Leine gefaßt ist.

---

[1]) An Bord jedes Schiffes muß ein Plakat mit Angabe über Handhabung des Raketenapparates aufgehängt sein.

2. Wenn dann die Schiffsmannschaft einen der am Ufer befindlichen Leute seitwärts von den übrigen eine rote Fahne schwenken sieht, oder wenn ihr zur Nachtzeit ein rotes Licht gezeigt wird, das dann wieder verschwindet, so muß sie die vorerwähnte Raketenleine vom Lande her einholen, bis sie einen Steertblock daran befestigt findet, durch den ein Jolltau (endloser Läufer) geschoren ist.

3. Dieser Steertblock ist am Mast ungefähr $2^1/_2$ m unter der Sahlung zu befestigen oder — falls die Masten nicht mehr stehen — an dem höchsten festen Gegenstande auf dem Schiffe. Sobald der Block festgemacht ist, muß wieder einer von der Schiffsmannschaft beiseite treten und das unter 1. beschriebene Signal geben.

4. Sobald dies Signal am Lande gesehen ist, wird durch die Leute am Lande ein Tau, das Rettungstau, an dem Jolltau (Läufer) befestigt und vom Lande aus an Bord gezogen werden.

5. Wenn dies Rettungstau an Bord gezogen ist, muß die Mannschaft es sogleich etwa $^1/_2$ m oberhalb des Steertblocks, womöglich mit diesem an demselben Schiffsteile befestigen und dabei Sorge tragen, daß das Jolltau (Läufer) klar von dem Rettungstau bleibt.

6. Wenn das Rettungstau in solcher Weise an Bord befestigt ist, muß das Jolltau (Läufer) von dem Rettungstau losgemacht und, wenn dies geschehen ist, das unter 1. beschriebene Signal wiederholt werden.

7. Die Leute am Lande werden dann das Rettungstau straff anholen und an ihm vermittels des Läufers eine Hosenboje an Bord ziehen; in diese hat sich die Person, welche ans Land gezogen werden soll, zu setzen, und zwar mit den Beinen in die Hose und die Arme über die Boje legend. Alsdann muß abermals einer von der Mannschaft zur Seite treten und den Leuten am Lande das unter 1. beschriebene Signal geben. Die Leute am Lande werden dann die Boje ans Land holen, und nachdem die Person gelandet ist, leer wieder ans Schiff ziehen. Dies Verfahren wiederholt sich, bis alle Personen gerettet sind.

8. Es kann zuweilen der Fall sein, daß das Wetter und der Zustand des Schiffes die Befestigung des Rettungstaus nicht zulassen; in solchen Fällen wird die Hosenboje vermittels des Jolltaus (Läufers) hingezogen, und die Schiffbrüchigen werden dann in der Hosenboje vermittels des Jolltaus durch die Brandung geholt anstatt längs des Rettungstaus.

Die Kapitäne und Mannschaften gestrandeter Schiffe müssen hierbei stets vor Augen haben, daß ihre Rettung nur bei eigener Besonnenheit und bei strenger Befolgung der oben gegebenen Vorschriften gelingen kann.

Die Vorschriften inbetreff der zu gebenden Signale müssen besonders genau befolgt werden. Alle Frauen, Kinder, Passagiere und alle hilflosen Personen sind zuerst zu landen, jedoch soll mit der Rettung der Passagiere erst begonnen werden, nachdem ein Mann der Besatzung die Rettungsvorrichtung ausprobiert hat.

5. Öl zur Beruhigung der Wellen.

(Aus „Seemann in Not“.)

Die Seeberufsgenossenschaft schreibt für Schiffe und Boote vor, sich mit 50 kg, bzw. 5 kg animalischem oder vegetabilischem Wellenöl auszurüsten.

Die Wirkung des Öls besteht darin, daß die Wellenköpfe unterdrückt und ihrer lebendigen Kraft beraubt werden. Die gefährlichen Wellenköpfe werden also in eine ungefährliche Dünung verwandelt, und das Fahrzeug nimmt wenig oder kein Wasser mehr über. Am größten ist der Erfolg auf tiefem Wasser, geringer auf Untiefen und Barren. Unwirksam ist das Öl gegen die Grundwellen in Brandungen, da hier die durch den Grund oder die Klippen am Fortschreiten gehemmten Wellen durch nichts mehr am Brechen verhindert werden können.

Das Öl ist um so wirksamer, je schneller es sich auszubreiten vermag. Die dickflüssigen Ölsorten haben sich besser bewährt als die dünnflüssigen und leichten. Obenan stehen die tierischen Öle, insbesondere die verschiedenen Fischöle und Transorten, dann kommt ungereinigtes Petroleum und die Pflanzenöle, z. B. Olivenöl und Leinöl; wenig wirksam sind gereinigtes Petroleum und die Mineralöle. Bei kaltem

Wetter werden die dicken Öle zu zähflüssig; sie müssen dann mit leichtflüssigen Ölen, z. B. Petroleum, verdünnt werden, damit sie sich schneller ausbreiten können.

Es genügt, daß das Öl tropfenweise aussickert. Am einfachsten wird es zu Wasser gebracht durch Ausgußrohre oder durch flaschenförmige Säcke aus lockerem Gewebe (Kartoffelsäcke). Man stopft Rohre oder Säcke zunächst mit Werg voll und durchtränkt dieses mit nachgefülltem Öl. Die Säcke werden nicht nachgeschleppt, sondern im Luv möglichst weit vom Schiff entfernt, zwischen Wind und Wasser, so aufgehängt, daß sie von den Kämmen der Wellen berührt werden.

Ein gestrandetes Schiff kann die Bemühungen des vom Lande abfahrenden Rettungsbootes unterstützen, indem es Öl ausgießt. Da der meistens auflandige Wind die Ölschicht auf das Land zutreibt, so kann das Rettungsboot leichter gegen Wind und See aufkommen. Bei der Rückfahrt sollte auch das Boot fleißig Öl gebrauchen.

6. Lenzsäcke

sind Säcke von der Gestalt eines Zuckerhutes, $1\frac{1}{3}$ m lang und an der Mündung $\frac{2}{3}$ m weit. Sie werden mit der Öffnung nach vorn, im Hahnenpfot befestigt, an einem starken Tau geschleppt, während eine dünnere Leine an dem spitzen Ende fest ist. Da beim Schleppen die Mündung vorn ist, so füllt sich der Sack natürlich mit Wasser, leistet einen beträchtlichen Widerstand und hält dadurch das Heck des Bootes zurück. Fiert man dann das stärkere Tau an der Mündung auf und holt die dünne Leine an dem spitzen Ende ein, so wird der Sack herumgedreht, klappt zusammen und kann mit leichter Mühe ins Boot geholt werden.

Diese Lenzsäcke werden hauptsächlich von Segelbooten benutzt, in denen sie sowohl dazu dienen, die Fahrt zu hemmen, als auch das Boot der Länge nach vor der See zu halten. Jedoch auch für Ruderboote sind sie von großem Nutzen, und alle deutschen Rettungsboote sind mit ihnen versehen.

Ein solcher Lenzsack kann ersetzt werden durch ein an die Rah geschlagenes Segel, das mit einer Einrichtung zum Brassen und Einholen versehen ist und vom Boote nachgeschleppt wird. Ein solches Schleppsegel trägt überdies viel dazu bei, die Kraft der See unmittelbar hinter dem Boote zu brechen.

7. Anker, Ankerketten und Ankermanöver[1]).

Allgemeines. Man verwendet Stockanker und stocklose Anker; erstere nur noch auf Segelschiffen und älteren Dampfern. Die Stockanker sind aus Schmiedeeisen oder Stahlguß, die stocklosen Anker aus Siemens-Martin-Flußeisen und Stahlformguß. Man unterscheidet bei einem Anker: a) den Ankerschäkel oder Röhring, b) den Stock, c) den Schaft, d) das Kreuz, e) die Arme oder Pflüge (Pflunken), g) den beim stocklosen Anker unterhalb des Schwerpunkts angebrachten Kattschäkel, f) die Hände oder Schaufeln (Spaten). Je nach ihrer Verwendung an Bord unterscheidet man a) Buganker, deren Gewicht jedesmal beim Bau eines Schiffes je nach dem Rauminhalt desselben bestimmt wird; b) Rüstanker, die als Reserveanker für Buganker dienen und deshalb gleiches Gewicht mit diesen haben; c) Heckanker oder Stromanker, die zum gelegentlichen kurzen Verankern des Schiffes, zum Abhieven nach Grundberührung usw. dienen. Sie haben etwa ein Viertel des Gewichtes eines Bugankers; d) Warpanker, die beim Verholen des Schiffes

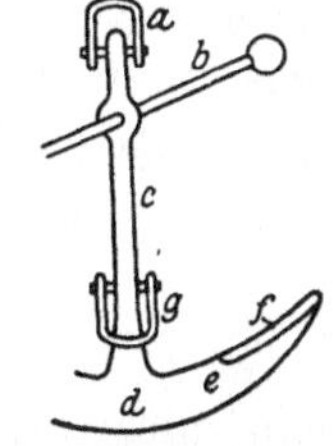

Abb. 122.

[1]) Anker- und Kettenatteste sind an Bord aufzubewahren gemäß USB.

verwendet werden und etwa ein Achtel des Gewichtes eines Bugankers haben; e) Bootsanker im Gewicht von 10—60 kg. Nach den Vorschriften der Seeberufsgenossenschaft müssen auf einem Schiffe von mehr als 1000 cbm Raumgehalt zwei Buganker, ein Reserveanker, ein Stromanker und ein Warpanker nebst den dazugehörigen Attesten an Bord sein. Die Ankerketten setzen sich zusammen aus Längen von je 15 Faden (25 bis 27 m). Jede Kettenlänge besteht aus einer ungeraden Zahl gewöhnlicher Schaken mit Steg  aus mittelgroßen Schaken mit Steg (zweite und vorletzte Schake einer jeden Länge) und großen Schaken ohne Steg (erste und letzte Schake). Die Verbindung der einzelnen Längen einer Kette erfolgt durch Schäkel. Werden an Stelle der gewöhnlichen Schäkel Patentschäkel benutzt, so fallen die steglosen Endschaken fort. Außerdem befindet sich gewöhnlich in der ersten (und oft auch in der letzten) Länge jeder Kette, etwa 6 m vor dem zum Anker gehörigen Ende entfernt, ein Wirbel, um Törns, die beim Schwojen des Schiffes oder beim Verstauen der Ketten in letztere hineingeraten sind, wieder herausdrehen zu können.

Beim Zusammenschäkeln von Längen ist stets darauf zu achten, daß das *bogenförmige Ende* des Schäkels *nach dem Anker* hinzeigt. Die Bolzen der Kettenschäkel sind durch *Holz*pflöcke oder Blei zu sichern.

Unter Stärke einer Ankerkette versteht man den Durchmesser des Eisens einer gewöhnlichen Schake, an der langen Seite gemessen. Stärke und Länge der Ankerketten richten sich nach der Schiffsgröße und werden von der Seeberufsgenossenschaft vorgeschrieben. Die eine der Ankerketten ist gewöhnlich um 15 Faden länger als die andere. Für das Gewicht der Ankerketten gelten folgende Näherungswerte:

Stärke der Kette in mm......	10	20	30	40	50	60
Gewicht der Kettenlänge in kg	50	200	500	900	1400	2000

Um beim Ankerhieven bzw. Stecken der Ketten jederzeit sehen zu können, wieviel Kette sich ungefähr außerhalb der Klüsen befindet, müssen die einzelnen Längen jeder Kette gemarkt sein. Dies geschieht durch Drahtbändsel, die auf den Steg gesetzt werden, zuweilen auch noch durch Anstreichen der Glieder mit Mennige. Es bedeutet:

Ein Bändsel auf dem Steg der ersten Schake hinter einem Schäkel 15 bzw. 75 Faden
„ „ „ „ „ „ zweiten „ „ „ „ 30 „ 90 „
„ „ „ „ „ „ dritten „ „ „ „ 45 „ 105 „
„ „ „ „ „ „ vierten „ „ „ „ 60 „ 120 „

Große Schaken ohne Steg werden bei der Markierung gewöhnlich nicht mitgezählt. Die unteren Enden der Ketten müssen am Boden des Kettenkastens gut befestigt sein, damit die Ketten nicht ausrauschen können. Die Ketten müssen von Zeit zu Zeit überholt, gereinigt und geteert werden. Überhaupt ist der Instandhaltung des Ankergeschirrs stets größte Beachtung zu schenken.

In großen Wassertiefen (über 25 m) und bei schwerem Ankergeschirr soll man die Anker nicht direkt von der Back fallen lassen, sondern erst etwas fieren!

Im allgemeinen genügt bei Wassertiefen bis zu 30 m eine Länge der Ankerkette, die etwa der vierfachen Wassertiefe entspricht. Bei starkem Strom oder kräftigen Gezeiten braucht man etwas mehr Kette.

Will man ankern, so drehe man, wenn angängig, das Schiff erst in den Wind oder gegen den Strom und lasse den Anker fallen, sobald die Fahrt über den Grund aufgehört hat. Ist ein Wenden des Schiffes vor dem Ankern nicht ausführbar, so gebe man zunächst nur wenig Kette (etwa zweifache Wassertiefe) und warte mit dem weiteren Stecken, bis das Schiff herumgeschwojt ist.

Liegt man vor beiden Ankern vertäut, so ist durch geeignete Manöver dafür zu sorgen, daß keine Törns in die Ankerketten kommen und die Anker klar bleiben. Muß man längere Zeit vor Ebbe und Flut vertäut liegen, so empfiehlt sich ein Vermooren mit Hilfe eines Mooringsschäkels.

Liegt man vor einem Anker, so muß der zweite stets zum Fallen klar sein. Es muß stets darauf geachtet werden, daß das Schiff nicht treibt. (Überbordwerfen eines schweren Lotes und Befestigung der Leine an der Reeling.)

Nachts ist auf gutes Brennen der Ankerlaternen zu achten. Kommt Nebel auf, so müssen sofort die vorgeschriebenen Nebelsignale gemacht und evtl. die Schotten geschlossen werden.

Auf vielen Revieren sind für schwojende Schiffe des Nachts und bei Nebel Sondersignale, wie das Schwenken einer Laterne am Heck oder die Abgabe besonderer Dampfpfeifensignale, vorgeschrieben.

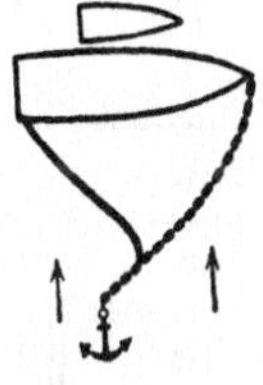
Abb. 123.

Es gibt eine große Anzahl offener Reeden, wo es bei Seegang oft unmöglich ist, Leichter längsseit zu haben. In solchen Fällen kann man sich unter Umständen gut helfen, indem man aus der Klüse des Achterschiffes eine Leine auf die Ankerkette steckt und dann so lange Kette aussteckt, bis das Schiff quer zur See liegt. Die Leichter können dann in Lee ihre Ladung löschen oder laden.

In größeren starken Eisfeldern soll man nicht versuchen zu ankern. Entweder bricht die Kette oder das Schiff treibt vor Anker.

8. Über Segel und Segeltuch.

Die Segel für Handelsschiffe wurden früher vielfach aus Hanf, seit vielen Jahren aber nur noch aus Flachs gewebt. Für Jachten wird noch häufig ein Gewebe aus Baumwolle verwendet. Das im Handel vorkommende Segeltuch wird gewöhnlich in „Stücken" von 35 m ($38^1/_4$ Yards) Länge und 61 cm (24" engl.) Breite geliefert. Das Zusammennähen der einzelnen Bahnen (Kleider) geschieht im allgemeinen so, daß die Nähte im Segel annähernd vertikal zu stehen kommen. Eine Ausnahme davon machen einige Stagsegel und die Segel der Jachten. An besonders beanspruchten Stellen wird jedes Segel noch durch aufgenähte Doppelungen (Stoßlappen) gegen Aufreißen und Durchscheuern geschützt. Für Verdoppelungen und Nähte rechnet man im allgemeinen 10% der Segelfläche. Das Segeltuch wird in verschiedenen Qualitäten hergestellt. Die erste Qualität heißt „Kern" (Extra), die zweite „Kron" (Bleached), die dritte und vierte „Marke A und B" (Boiled). Jede Qualität wird in sieben verschiedenen Stärken (Schwere) geliefert. Das Gewicht des Segeltuches ist:

Nr.	0	1	2	3	4	5	6
kg/qm	1,02	0,95	0,90	0,86	0,81	0,74	0,67

Bei Neubauten verwendet man für die eigentlichen Segel gewöhnlich nur die erste Qualität, die zweite und dritte Qualität nur für Sonnensegel, Persennings, Bezüge usw. Für Fock, Untermarssegel, Vorstängestagsegel und Sturmsegel nimmt man im allgemeinen Nr. 0, für Großsegel, Obermarssegel, Besahn, Stängestagsegel Nr. 1, für Unterbramsegel, Großer Klüver, Binnenklüver, Bagiensegel Nr. 2, für Oberbramsegel, Außenklüver, Bramstängestagsegel, Gaffeltoppsegel Nr. 3, für Reuel, Skeisegel, Reuelstängestagsegel, Flieger Nr. 4 und 5.

An Bord eines jeden größeren Segelschiffes muß sich befinden:
eine Reservespiere für eine Stänge oder eine Unterrahe,
eine Reservespiere für den Klüverbaum oder eine Marsrahe,
ferner folgende Reservesegel:

5-Mast-Vollschiffe	5-Mast-Barken, und 4-Mast-Vollschiffe	4-Mast-Barken, Vollschiffe und Barks	Briggs	Schonerbarken, Schonerbriggs und Dreimastschoner mit Rahen	Rah- und Gaffelschoner	Kleinere Schiffe ohne Rahen (außerhalb der Wattfahrt)
3 Untersegel 3 Untermarssegel 3 Obermarssegel 1 Vorstängestagsegel 1 Klüver 1 Besahnstagsegel oder 1 Sturmbesahn	2 Untersegel 2 Untermarssegel 2 Obermarssegel 1 Vorstängestagsegel 1 Klüver 1 Besahnstagsegel oder 1 Sturmbesahn	1 Fock 1 Untermarssegel 1 Obermarssegel 1 Vorstängestagsegel 1 Klüver 1 Besahnstagsegel oder 1 Sturmbesahn	1 Fock 1 Untermarssegel 1 Obermarssegel 1 Vorstängestagsegel 1 Klüver 1 Briggsegel	1 Fock 1 Marssegel 1 Vorstängestagsegel 1 Klüver 1 Großstagsegel 1 Großsegel	1 Vorstagsegel 1 Stagfock 1 Schonersegel	1 Stagfock 1 Großsegel[1])

Für Dampfer richtet sich der Bedarf an Reservesegeln nach der Größe, der Maschinenkraft und der Art des Dienstes, für den das Schiff bestimmt ist.
Über Berechnung der Segel siehe Teil XIX.

9. Trossen, Tauwerk, Blöcke und Taljen.

Hanftauwerk. Man unterscheidet im allgemeinen Hanf-, Manilahanf-, Kokosnußfaser- und Drahttauwerk. Hanftauwerk besitzt große Haltbarkeit und ist zur Konservierung geteert. Manilatauwerk ist gelb, leicht

[1]) Für Motorsegelschiffe kann eines dieser Segel auf Antrag vom Genossenschaftsvorstand erlassen werden.

und geschmeidig. Kokosnußfasertauwerk ist besonders leicht, aber weniger haltbar. Bei rechts geschlagenem Tauwerk wird der Hanf rechts zu Garnen (Kabelgarnen) gesponnen, die Garne werden links zu Kardeelen zusammengedreht und die Kardeele rechts zu Trossen geschlagen. Bei links geschlagenem Tauwerk ist es umgekehrt. Der Umfang von allem Tauwerk, das direkt durch Menschenhände gezogen werden soll, darf nicht unter 50 mm und nicht viel über 80 mm sein, weil solches Tauwerk für normale Hände am besten anzufassen ist. Die Stärke oder Dicke des Tauwerks wird durch seinen Umfang angegeben. Nach der Anzahl Kardeelen, aus den ein Tau besteht, unterscheidet man dreischäftiges (Trossenschlag) und vierschäftiges (Wantschlag) Tauwerk. Letzteres findet an Bord fast kaum mehr Verwendung. Werden dreischäftige, rechtsgeschlagene Enden (Duchten) noch einmal nach links zusammengeschlagen, so erhält man den Kabelschlag (Kabeltrosse). Die Länge einer gewöhnlichen Trosse ist 120 bis 130 Faden. Siehe S. 360.

Tauwerk, das einer Verwendung zugeführt wird, bei der eine nachträgliche Dehnung unzulässig ist (z. B. bei Webeleinen, Logleinen, Enden, die gekleidet werden usw.), muß vorher gereckt werden. Die Tampen sind mit Takelings zu versehen, damit sie nicht aufdrehen. Tauwerk ist nach Möglichkeit vor Nässe zu schützen. Verholleinen müssen, ehe sie verstaut werden, vollkommen trocken sein. Durch Tränken mit Wasser, Öl oder Fett wird die Haltefähigkeit eines Endes sehr geschwächt. Ob Tauwerk abgenutzt ist, erkennt man daran: 1. daß die Kardeelen ihre runde Form verloren haben und eckig geworden sind; 2. daß einzelne Garne aus den Kardeelen hervortreten oder gebrochen sind; 3. daß die Garne dort, wo die Kardeelen aufeinander liegen, kleine Fasern haben.

Drahttauwerk. Zu Drahttauwerk verwendet man dünne Stahl- oder Eisendrähte, die verzinkt und um einen dünnen Faden (das Herz oder die Seele) links zu Kardeelen gewunden werden. Sechs Kardeelen legen sich dann wiederum rechts um eine Haupthanfseele, um auf diese Weise ein elastisches Tau zu bilden. Seine Stärke oder Dicke wird ebenfalls durch seinen Umfang angegeben. — Drahttauwerk besitzt bei gleicher Tragfähigkeit geringeren Umfang als Hanftauwerk und ist dauerhafter. Es ist aber bedeutend weniger dehnbar, dagegen sehr empfindlich gegen Kinkenbildung, Scheuern an scharfen Kanten und scharfen Biegungen.

Drahttauwerk soll möglichst luftig aufbewahrt und ab und zu mit Leinöl abgerieben werden. Kinken müssen immer sofort vorsichtig ausgebogen werden. Hervorstehende Enden gebrochenen Drahtes müssen sofort mit einer Drahtschere abgekniffen werden. Siehe S. 360.

Über alle Trossen, die nach den U.S.B. an Bord sein müssen, müssen auch Atteste an Bord vorhanden sein.

Blöcke. Bei einem Block unterscheidet man 1. das Gehäuse. Seine Seitenwände aus Rüstern- oder Eschenholz oder Eisenguß heißen Backen; 2. die Scheibe aus Pockholz, Eisen oder anderem Metall. In ihrer Mitte befindet sich eine Metallbüchse (zuweilen mit Kugellagern); 3. den Bolzen oder Nagel aus Stahl mit einem viereckigen oder abgerundeten

Kopf; 4. den Stropp oder den Beschlag mit dem Haken oder Auge. Der freie Raum oberhalb der Scheibe heißt das Tauraumende, der unterhalb der Scheibe der Herd. Die Scheibe läuft im Scheibengatt. Bei mehrscheibigen Blöcken sind die Scheibengatts durch Dämme voneinander getrennt. Der Bolzen steckt im Bolzengatt. Der Stropp oder der Beschlag liegt in der Keepe. Heutigentags haben die meisten Blöcke den Beschlag im Innern des Gehäuses. Als Maß für hölzerne Blöcke gilt die Länge des Gehäuses. Eiserne Blöcke werden nach dem Umfange des zu scherenden Taues benannt. Im allgemeinen soll der Durchmesser der Scheibe das Sechsfache von dem des Läufers betragen. Alle Blöcke müssen von Zeit zu Zeit versehen werden, indem man den Beschlag abnimmt, den Bolzen herausschlägt, alles, auch die Scheibe, gut reinigt, den eisernen Beschlag mit Mennige anstreicht und Bolzen und Büchse gut schmiert. Siehe S. 359.

Taljen. Je nach der Art der Vereinigung mehrerer Blöcke miteinander spricht man an Bord von Jolle oder Wipp, Klappläufer, Talje, Takel oder Gien und Manteltakel. Je mehr Scheiben man verwendet, desto größer ist die Kraftersparnis und desto leichter kann auch das Tau für ein und dieselbe Last sein. Mit der Scheibenzahl wächst aber auch die Reibung und der Biegungswiderstand des Tauwerks, so daß man selten mehr als dreischeibige Blöcke an Bord verwendet (s. auch Ladung). Siehe S. 359.

10. Konservierung des Schiffes.

Die Lebensdauer eines Schiffes hängt in hohem Maße von der guten Konservierung desselben ab. Außerdem ist die Beschaffenheit der Außenhaut von großem Einflusse auf die Geschwindigkeit des Schiffes. Starke Bewachsung kann diese um 2—3 Knoten verringern. Die Folgen davon sind Überanstrengung der Maschine, Mehrverbrauch an Brennstoff und damit Zeit- und Geldverluste. Reeder und Schiffsleitung sollten deshalb der Konservierung des Schiffes die größte Aufmerksamkeit schenken.

Rostschutzmittel. Die wesentlichste Ursache der Zerstörung des Eisens ist die Rostbildung. In trockener Luft und in luftfreiem Wasser verändert sich das Eisen bei gewöhnlicher Temperatur nicht; die Rostbildung setzt erst bei gleichzeitiger Anwesenheit von Wasser und Sauerstoff und unter Mitwirkung des Kohlendioxyds der Luft ein. Es entsteht dabei immer zuerst Ferrokarbonat, dieses löst sich im kohlensäurehaltigem Wasser zu Ferrobikarbonat, das durch den Sauerstoff der Luft in den rotbraunen Rost (Ferrihydroxyd) und in Kohlendioxyd zerlegt wird. Auch galvanische Ströme rufen unter Wasser Rostbildungen hervor, und zwar in auffallendem Maße bei den Austrittsöffnungen der bronzenen Seeventile und am Heck, Ruder- und Hintersteven bei Schiffen mit Bronzeschrauben. Rost tritt ferner auf, wenn säurehaltige Flüssigkeiten unter gleichzeitigem Luftzutritt mit dem Eisen in Berührung kommen. Ferner bilden sich beim Schmieden des Eisens Eisenoxyduloxydverbindungen: Hammerschlag. Geschmiedetes Eisen rostet weniger als gewalztes Eisen, Gußeisen weniger als kohlenstoffarmes Eisen, gehärteter Stahl weniger als ungehärteter, Schweißeisen weniger als Flußeisen. Man kann im allgemeinen sagen, je kohlenstoffreicher das Eisen ist, desto widerstandsfähiger ist es gegen Rostbildung; das harte Gußeisen ist also gegen Verrosten das widerstandsfähigste, der weiche Stahl das empfindlichste Eisen.

Bewährte Rostschutzmittel sind:

1. Ölfarbenanstriche. Näheres darüber s. unter Farbanstriche.

2. Anstriche mit Steinkohlenteer, Black varnish, Asphalt, Pech, Mineralwachs usw.

Diese Stoffe, rein und wasserfrei in warmem Zustande aufgetragen, bilden einen vorzüglichen Schutzanstrich, weil sie einen dichten, elastischen und nicht porösen Überzug bilden. Eisenlack ist ein Asphaltpräparat, das in der Kälte leicht spröde wird und springt. Der zu verarbeitende Teer soll möglichst säurefrei sein. Als Anstrich für gußeiserne Rohre hat sich sehr bewährt: 8 Teile Teer, 2 Teile gebrannter und gepulverter Kalk und 1 Teil Terpentinöl; in heißem Zustande auf das heiße Eisen aufgetragen. Dreimaliger Anstrich. Eisen- und Stahldecks gibt man oft einen dicken Steinkohlenteeranstrich und streut darauf eine Schicht feinen Seesandes und fährt damit solange fort, bis die Schicht 15 bis 20 mm dick ist.

3. Portlandzement. Der dünne, mit Wasser angerührte reine Zement wird mit dem Pinsel vier- bis fünfmal (nach jedesmaligem vollständigen Erhärten) auf die metallreinen Flächen gestrichen. Seeschiffe werden binnen im Boden mit einer Mischung von 2 Teilen scharfem Seesand und 1 Teil Portlandzement auszementiert. Zementanstrich empfiehlt sich für alle Räume, die für Reinigung und Konservierung schlecht zugänglich sind (Piektank, Kettenkasten, Doppelböden), ferner zementiert man die Wasserläufe auf allen Decks, die Räume zwischen Deckstringerwinkel bzw. zwischen Vertikal-Deckstringer und Außenhaut, Bodenwrangen, Kielschweine usw. Zementanstrich eignet sich auch für alle Räume, in denen geringer Luftwechsel vorhanden ist, so daß Ölfarbenanstriche nicht trocknen würden. Zuweilen mischt man den Zement mit Mörtel, Beton oder Koks.

4. Mehrere Anstriche von schwedischem Holzteer oder Black varnish abwechselnd mit Schichten trockenen Zements. Oft angewandt für Tankdecken unter dem Garnier und überall da, wo Holz auf Eisen zu liegen kommt.

5. Harzöl- oder Lackanstriche. Eine Lösung von Kautschuk oder Harz in Benzin, Terpentinöl oder Spiritus. Diese Lackfirnisse härten zwar unter Wasser nicht nach, trocknen aber sehr schnell und werden daher häufig in Docks zu Schiffsbodenanstrichen verwandt.

6. Säurefreie Fette. Sie eignen sich jedoch nur zum vorübergehenden Überziehen von blanken Eisenteilen. Mineralische Fette, in Terpentin oder in leichtflüssigen Petroleumdestillaten gelöst, sind dazu zu empfehlen.

7. Metallüberzüge aus Zinn, Zink (oder seltener aus Nickel). Die mit Säure völlig rein gebeizten und dann rasch getrockneten Gegenstände

werden noch heiß in die geschmolzenen Metalle getaucht. Der Metallüberzug wird außerdem häufig noch durch Ölfarbenanstrich geschützt. Man schraubt auch Zinkplatten auf Ruder und Hintersteven auf, um die zerstörende Wirkung des galvanischen Stromes unschädlich zu machen, indem in diesem Falle nicht der stählerne Schiffskörper, sondern die Zinkplatten angegriffen werden, die nach der Zerstörung leicht erneuert werden können. Zink gibt den vorzüglichsten Schutz auch gegen Salzwasser. Blei bildet auch gegen Salz- und Schwefelsäure schützenden Überzug.

8. Bedeckthalten mit Körpern, die Wasser und Säuren aufnehmen oder binden; z. B. in Tunneln Kalksteinschlag, für die Schraubenmuttern zweimaliger Teeranstrich usw.

9. Anwendung von Kaltglasur. Ein patentiertes Verfahren, bei dem ein Gemisch aus feingemahlenem Zement, Mineralfarbstoffe, Ceresit und Wasser durch eine Zerstäubungsdüse mittels Preßluft auf die angefeuchtete und grundierte Eisenfläche aufgesprengt wird. Die Masse erhärtet schnell, ist salzwasserbeständig und wetterfest, liefert eine sehr harte und glatte Oberfläche, bekommt keine Haarrisse und erlaubt selbst eine nachträgliche Formänderung des Eisens.

10. Die eigentlichen Schiffsbodenfarben. Der Schiffsbodenanstrich, dem immer ein Rostschutz-Anstrich vorhergeht, soll das Bewachsen des Schiffes verhindern; er muß deshalb eine lockere, abblatternde oder schlüpfrige Beschaffenheit besitzen, darf jedoch nicht infolge seiner chemischen Zusammensetzung das Eisen angreifen. Man verwendet dazu Farben, denen man oxydierbare Metalle in Pulverform zusetzt oder ein dick aufgetragenes Gemisch von Rindertalg mit Bleiweiß oder Zinkweiß. Statt des Talges kann man auch Wachs oder Paraffin nehmen. Einigen Schiffsbodenfarben sind auch Giftstoffe (Quecksilberoxyd, Arsenik usw.). beigemischt. Der Erfolg dieser Gifte ist zweifelhaft. In den Groß-Schifffahrtsbetrieben werden die Schiffsböden nach gründlicher Befreiung von Rost mit einer Rostschutz- und darauf mit einer Schiffsbodenfarbe, die von anerkannt guten Werken beschafft sind, gestrichen.

Farbanstriche. An eine gute Rostschutzfarbe werden folgende Anforderungen gestellt: 1. Sie muß im Wasser vollkommen unlöslich sein; 2. sie muß eine gewisse Härte haben, um äußeren, mechanischen Einwirkungen Widerstand entgegensetzen zu können; 3. sie muß dauerhaft und witterungsbeständig sein; 4. sie muß elastisch und dehnbar sein, um bei Volumenveränderung infolge Temperaturdifferenzen nicht zu zerreißen; 5. sie muß eine gute Deckkraft (Ergiebigkeit) besitzen; 6. sie muß giftfrei und möglichst geruchlos sein.

Vor dem ersten Anstrich muß das Eisen mittels Schrabber, Rosthammer und Stahlbürsten vollkommen vom Roste und Hammerschlag gereinigt werden. Der Anstrich darf nur auf absolut trockene Flächen aufgetragen werden. Man vermeide daher das Malen in den frühen Morgenstunden und bei Regen- oder Frostwetter. Alle Farbanstriche sind möglichst dünn aufzutragen, da sich sonst leicht Runzeln bilden. Der zweite und jeder folgende Anstrich darf erst dann erfolgen, wenn der vorhergehende nicht nur vollkommen trocken, sondern auch hart und unnachgiebig geworden ist, da sonst leicht Blasen entstehen. Man halte den ersten Anstrich möglichst mager, d. h. man verwende viel Farbkörper und wenig Öl. Die Streichfähigkeit der Farbe beim ersten Anstrich kann durch Verdünnen mit Terpentin erzielt werden. Ferner verwende man zum ersten Anstrich einen Farbkörper mit möglichst hohem spezifischen Gewicht, z. B. Bleimennige. Später setzt man dann immer einen ölreicheren Anstrich auf einen ölärmeren. Der oberste Anstrich soll einen Farbkörper von möglichst geringem spezifischen Gewicht haben. Niemals aber bestreiche man Holz oder Eisen vor dem Auftragen des eigentlichen Anstriches mit reinem Leinöl; das ist Unfug! Man vermeide, in der heißen Sonne zu malen und setze den frischen Anstrich auch nicht gleich der prallen Sonne aus. Nietenköpfe und Fugen sind beim Anstrich besonders sorgfältig zu behandeln und evtl. vorher zu verkitten.

Als Bindemittel wird für alle Farbanstriche gekochtes Leinöl verwandt, sog. Leinölfirnis. Beim Kochen setzt man demselben meistens etwas Bleiglätte, zuweilen auch etwas borsaures Mangan zu. Das Öl darf nach dem Kochen nicht sofort verwandt werden, sondern muß noch mehrere Tage lagern. Ein Anstrich mit gekochtem Öl trocknet in 1 bis 2 Tagen, während ungekochtes Öl 2—3 Wochen dazu braucht.

Die Veränderung, die ein Anstrich beim Trocknen erleidet, betrifft nur das Öl. Der Farbkörper selbst behält im hart gewordenen Anstrich genau dieselben chemischen Eigenschaften, die er vor dem Mischen mit dem Öl hatte. Alle Veränderungen, die die Einwirkung von Luft, Licht, Gasen und Flüssigkeiten auf den isolierten Farbkörper hervorrufen, werden sich auf die Dauer auch beim trockenen Anstrich bemerkbar machen, nur geht die Veränderung langsamer vor sich, da das Öl die Farbkörperteilchen einhüllt und schützt. Das Trocknen des Öls ist ein reiner Oxydationsvorgang, bei dem das Öl aus der Luft Sauerstoff aufnimmt. Daher erfährt es beim Trocknen stets eine Gewichtszunahme von 12—14%.

Eine spätere Veränderung des Öls ist gleichbedeutend mit einer Zerstörung des Anstrichs. Ätzende Alkalien, Sodalösungen zerstören jeden Ölanstrich rasch. Reines Wasser wirkt stärker zerstörend als Salzwasser, heißes Wasser schneller und stärker als kaltes.

Da manche Farben giftig sind oder nach dem Aufstrich gesundheitsschädliche Dünste ausscheiden, so sorge man stets für gehörige Lüftung der frisch gemalten Räume. Besonders beim Streichen der Bilgen und ähnlicher Räume muß für frische Luftzufuhr beim Malen Sorge getragen werden. Man verwende keine arsenhaltigen Farben in geschlossenen Räumen.

Die hauptsächlichsten Farbkörper sind:

1. Kohlenstoff: Graphit, fein gemahlene Holzkohle und Ruß. Graphit ist ein fast unzerstörbarer Farbkörper.

2. Bleimennige. Viel benutzter erster Eisenanstrich, der nur durch Schwefelwasserstoff angegriffen wird.

3. Bleiweiß und Zinkweiß. Kommt oft verfälscht im Handel vor.

4. Schwerspat. Ein fast unzerstörbarer Farbkörper.

5. Caput mortuum oder Englischrot, Colcothar, Eisenrot, Königsrot, Ocker. Eisenoxyde, die fast durch alle in Frage kommenden Einflüsse unzerstörbar sind. Sie werden oft mit Bleimennige gemischt und trocknen etwas langsam.

6. Eisenmennige. Gut deckender, widerstandsfähiger und relativ billiger Farbstoff.

Ungefährer Farbverbrauch bei Farbanstrichen:

Art der Farbe	Holzanstrich in g/qm			Art der Farbe	Eisenanstrich in g/qm		
	erster	zweiter	dritter		erster	zweiter	dritter
	Anstrich				Anstrich		
Grundfarbe	80	—	—	Bleimennige	136	152	140
Mastenfarbe	110	84	74	Eisenmennige	120	112	103
Bleiweiß	—	105	90	Bleiweiß	—	87	63
Zinkweiß	—	95	85	Zinkweiß	—	83	50
Schwarz	—	22	28	Schwarz	—	25	32

Schutzmittel gegen die Zerstörung des Holzes. Bei der Konservierung des Holzes handelt es sich um die Verzögerung der chemischen Zersetzung der Luftbestandteile, die man gewöhnlich als Gärungs- oder Fäulnisprozesse bezeichnet. Zunächst gärt und fault der Inhalt des Zellengewebes. Man verwende daher nur abgelagertes trockenes oder saftarmes Holz, bei dem das Zellengewebe auf künstlichem oder natürlichem Wege eingetrocknet wurde. Vor allem also nur Holz, das bei uns im Winter gefällt wurde. Harte Hölzer sind nicht so leicht vergänglich wie leichte, und von den letzteren sind harzreiche Hölzer beständiger als harzarme. Feuchte, kohlensäurehaltige Luft und hohe Temperatur sind für die Zersetzung des Holzes besonders günstig. Man muß deshalb alle Räume aus Holz gut ventilieren. Eichenholz wird durch Eisen zerstört. Bei Feuchtigkeit, ungenügender Luftzirkulation und Lichtmangel tritt auch Schwammbildung auf.

Schwere Holzarten sind: Quebracho, Eiche, Weißbuche, Rotbuche, Pitchpine, Esche; leichte Arten sind: Ulme, Tanne, Kiefer, Erle, Lärche, Fichte, Pappel, Weide.

Nach der Härte ordnen sich die Hölzer wie folgt: Weißbuche, Eiche, Rotbuche, Esche, Ulme, Erle, Lärche, Kiefer.

Balkenköpfe schütze man vor unmittelbarer Berührung mit Eisenteilen usw.

Gegen Reißen durch Einwirkung der Sonnenwärme schützt man Holz sehr gut durch einen Anstrich aus 2 Teilen Steinkohlenteer, 1 Teil Holzteer, mit etwas Harz aufgekocht und mit 4 Teilen trocken gelöschtem Kalk verrührt (für die Dächer von Deckshäusern usw.).

Die gewöhnliche Einwirkung von Naß und Trocken wird durch Einreiben von Wachs, durch Anstriche mit gekochtem Leinöl, gute Ölfarben oder Holzteer ferngehalten. Das Holz muß vor dem Anstrich trocken sein.

Schwamm wird durch Heizung und Lüftung entfernt, besser noch durch Anstrich mit Sublimatlösung oder Avenarius-Karbolineum.

Wurmfraß wird durch Tränken der Oberfläche mit fettigen und harzigen Stoffen (Petroleum, Holzteer) verhindert. Larven der Würmer werden durch Benzindämpfe (Vorsicht!!), ferner durch Eintröpfeln von roher Salzsäure und Sublimatlösung in die Wurmlöcher getötet.

Schutz gegen Feuer ist insoweit möglich, als das Brennen mit Flamme verhindert wird. Hierzu fünf- bis sechsmal wiederholter Anstrich mit sehr dünner Wasserglaslösung, die mit etwas Ton oder Kreide versetzt ist, oder mit Chlorkalziumlösung, in der man gebrannten Kalk gelöscht hat.

Will man Holz lacken, so streiche man das Holz erst mit ganz dünnem Leimwasser an. Die Fläche wird dann später glatter.

Konservierung der stehenden Takellage. Zum Salben der stehenden Takelage (Labsalben) nimmt man entweder:

1. reinen Holz- oder schwedischen Teer;
2. denselben verdünnt, und zwar die gewöhnliche Tonne mit $1^1/_2$ bis 2 Pützen kochendheißer Fleischlake oder Salzlake;
3. eine Mischung von $^2/_3$ Holzteer, $^1/_3$ Steinkohlenteer;
4. eine Mischung von 8 Gewichtsteilen Holzteer, 4 Teilen Black varnish, 1 Teil Terpentinspiritus (zum Labsalben von Hanftauwerk und des bekleideten Teils der stehenden Takelage);
5. eine Mischung von 6 Gewichtsteilen Black varnish und 4 Teilen Holzteer (zum Labsalben von Stahldrahttauwerk).

Durch Beimengung von Silberglätte erhalten alle diese Salben die Fähigkeit, der Takelage ein glänzendes Aussehen zu geben. Die Salzlake wirkt auf das Tauwerk konservierend. Beimengung von Kienruß erhöht die schwärzende Wirkung. Beigaben von Terpentinspiritus verdünnen die Salben und lassen sie schneller trocknen (bis zu $^1/_4$ l auf 1 l Salbe).

Schmiermittel. Ein gutes Schmiermittel muß folgende Eigenschaften haben:

1. Es darf Metalle nicht angreifen, muß also säurefrei sein.
2. Es soll keine fremdartigen Beimengungen enthalten und selbst nach längerem Stehen keinen Bodensatz bilden.
3. Der Geruch soll nur schwach wahrnehmbar sein.
4. Es soll sich nicht zersetzen.
5. Es soll möglichst wenig eintrocknen oder verdecken.
6. Es soll nicht verharzen.
7. Es muß wasserfrei sein.

Als Schmiermittel kommen die fetten Öle des Tier- (Trane, Walratöl) und Pflanzenreiches (Glyzeride, Oliven- oder Baumöl, Rüböl) und vor allem die Mineralöle (die schwerflüssigen Kohlenwasserstoffe der Stein- und Erdöle), Schmierseifen, Bleiseife, Talg und Caloricid (aus Lageröl, Graphit und ätherischem Öl) in Betracht. Trocknende Öle, wie Leinöle, Firnis, Sikkative, Rizinusöl, sind nicht verwendbar; ebenso wenig die Fettsäure enthaltenden fetten Öle des Tier- und Pflanzenreiches (Wollschweißfett, Baumwollsamenöl usw.).

Kitte. Die zu verkittenden Flächen müssen vorher gut gereinigt werden. Der Kitt ist in dünnen, gleichmäßigen Schichten aufzutragen und vor dem Hartwerden vor Erschütterungen zu bewahren.

Ölkitt: Gekochtes Leinöl mit Bleimennige, Kreide und Ton.

Glyzerinkitt: Bleiglätte und etwas verdünntes Glyzerin. Vorzüglich widerstandsfähig gegen Laugen, Säuren, Petroleum usw.

Wasserglaskitt: Wasserglas mit Kreide; eine sehr wasserfeste und harte Masse.

Rostkitt: 1 Teil Schwefelblume, 2 Teile Salmiak sind mit Essig oder Wasser und Zusatz von Eisenfeilspänen zu einem steifen Brei zu mengen. Dient zum Kitten von Eisen auf Stein oder Stein auf Eisen.

11. Schiffsausrüstung.

Die U.S.B. schreiben vor: Jedes Schiff muß folgende Gegenstände an Bord haben:

Benennung der Gegenstände	Lange und atlant. Fahrt		Große Küstenfahrt		Fischdampfer, sofern sie nicht über den 61. Grad nördl. Breite fahren	Fischlogger	Schleppdampfer der großen Küstenfahrt innerhalb der Ostsee, Nordsee u. des Kanals	Kleine Küstenfahrt	Wattfahrt
	Dampfer	Segler	Dampfer	Segler				Dampfer	Dampfer
Steuerkompaß oder Kreiselkompaß	1	1	1	1	1[1])	1[1])	1	1	1
Regelkompaß mit Peilvorrichtung[2])	1	1	1	—	—	—	1	—	—
Reserve-Steuerkompaß (in einem Kasten, um ihn aufstellen zu können)	1	1	1	1	1	1	—	1	—
Reserve-Kompaßrose[3])	2	1	2	1	1	—	1	—	—
Chronometer	1	1	1[4])	1[4])	—	—	—	—	—
Sextant	1	1	—	—	—	—	—	—	—
Oktant (oder Sextant)	1	1	1	1	1	1	1	—	—
Barometer	1	1	1	1	1	1	1	1	—
Thermometer	2	1	1	1	—	—	1	—	—
Peilstock	—	—	—	—	—	—	1	1	1
Handlot nebst Leine (3—5 kg Gewicht, 35—45 m Leine)	2	1	2	1	1	1	2	1	1[5])
Mittellot nebst Leine (8—10 kg Gewicht, 60—100 m Leine)	1	1	1	1	1[6])	1	1	1	1
Tiefseelot (15—25 kg Gewicht, 200—230 m Leine)	1	1	1	1	—	—	—	—	—
Log nebst Leine	2	1	2	1	1	1	1	1	—
Loggläser[7])	2	2	2	2	2	2	2	2	—
Fernrohr oder Nachtglas	2	2	2	2	1	1	2	1	1
Vollständiger Satz Pumpgeschirr für jede Pumpe	1	2	1	2	1	2	1	1	1
Eimer (Pützen)	6	6	6	4	6	2	6	4	2
Äxte	2	2	1	1	1	1	1	} 1	1
Kappbeile	1	1	1	1	1	—	1	}	
Großer Fuchsschwanz (Handsäge)	1	1	1	1	1	1	1	—	—
Kleiner Fuchsschwanz (Handsäge	1	1	1	1	—	1	—	1	1
Hammer	2	2	2	2	1	2	2	1	1
Bolzentreiber	1	1	1	1	—	1	1	1	1

[1]) Mit Peilvorrichtung. [2]) Falls der Regelkompaß nicht freisteht, muß noch ein Azimutkompaß vorhanden sein. [3]) Für Spritkompasse nicht erforderlich. [4]) Nur gültig für Schiffe, die über den 61. Grad nördlicher Breite hinausgehen oder außerhalb des Kanals fahren. [5]) Oder Peilstock. [6]) Ein Lot 15—25 kg schwer mit Leine von 150 m Länge. [7]) Für Patentlog nicht erforderlich.

Benennung der Gegenstände	Lange und atlant. Fahrt		Große Küsten-Fahrt		Fischdampfer, sofern sie nicht über den 61. Grad nördl. Breite fahren	Fischlogger	Schleppdampfer der großen Küstenfahrt innerhalb der Ostsee, Nordsee u. des Kanals	Kleine Küstenfahrt	Wattfahrt
	Dampfer	Segler	Dampfer	Segler				Dampfer	Dampfer
Verschiedene Notschäkel . .	6	6	6	6	6	6	6	2	2
Kuhfuß	1	1	1	1	—	1	1	1	1
Stemmeisen.	3	3	3	3	3	1	3	1	1
Schleifstein	1	1	1	1	1	—	1	1	1
Vollständiger Satz Schraubenschlüssel.	1	1	1	1	—	1[1]	1	1	1
Feldschmiede mit Amboß, Hammer und Zangen . .	1	1[2]	1	—	—	—	—	—	—
Zweischeibige Gienblöcke . .	2	4	2	4	2	—	—	—	—
Taljeblöcke	6	6	6	4	6	4	4[3]	4	4
Sturmleitern	1	1	1	1	—	—	1	—	—
Ballastschaufeln (sofern das Schiff mit Ballast im Raum oder losem Schüttgut fährt	6	6	6	4	2	—	6	2	2
Rauchhelme	2[4]	—	—	—	—	—	—	—	—
Sicherheitslampe	1	2	1	1	—	—	—	1	—
Ein Reservesatz geprüfter Positionslaternen	1	1	—	—	—	—	—	—	—
Reservesatz geprüfter Vorsteckgläser.	—	—	1	1	1	1	1	1	—
Reservewindenläufer	1	1	1	1	—	—	—	—	—

[1]) Oder verstellbarer Schraubenschlüssel. [2]) Nur für Schiffe von mehr als 1000 Registertons Brutto-Raumgehalt. [3]) Zwei größere und zwei kleinere. [4]) Nur gültig für Passagierdampfer in transatlantischer Fahrt. An Bord eines jeden in der langen und atlantischen Fahrt beschäftigten Kohlendampfers muß ein Rauchhelm vorhanden sein.

Ferner müssen an Bord sein: Ein Satz Signalflaggen und ein Satz Semaphorsignalkörper, eine Morselampe, eine genügende Anzahl geschlossener Laternen für den Gebrauch in den Lade- und Maschinenräumen, eine genügende Anzahl von Schutzbrillen und mindestens 50 kg vegetabilischen oder animalischen Öles zur Beruhigung der Wellen.

XI. Ladung.

1. Allgemeine Bemerkungen.

Der Betrieb der meisten Reedereien wird in der Hauptsache aus den Einnahmen, die durch den Transport von Ladung erzielt werden, ermöglicht. Jeder Nautiker hat nicht nur als Vertreter des Reeders an Bord, sondern schon aus Selbsterhaltungstrieb die Pflicht, der Behandlung der Ladung die größte Aufmerksamkeit zu schenken.

Das Seefrachtgeschäft wird im allgemeinen zwischen dem Verfrachter (Reeder) und dem Befrachter (Absender) geschlossen. Der Befrachter ist vielfach zugleich der Ablader oder Belader, d. h. derjenige, der das Frachtgut dem Verfrachter übergibt.

Der Nautiker selbst hat mit dem Frachtgeschäft in der heutigen Zeit selten etwas zu tun, seine Tätigkeit erstreckt sich auf das Laden und Löschen der Ladung, also auf die Annahme der Ware vom Befrachter und ihre Ablieferung an den Empfänger.

Den Ladungsdienst erlernt der Nautiker ohne Zweifel am besten durch die Praxis. Allerdings wird zeitweise ein recht teures Lehrgeld bezahlt. Um letzteres nach Möglichkeit zu verringern, sind im folgenden einige Hinweise gegeben. Auf alle Punkte dieses wichtigen Arbeitsgebietes des Nautikers einzugehen, ist in dem Rahmen dieses Buches nicht möglich.

Von der guten Stauung der Ladung hängt ihre Beschaffenheit bei der Ablieferung und die Sicherheit des Schiffes ab.

Für die Stauung der Ladung ist stets die Schiffsleitung verantwortlich, auch wenn Berufsstauer die Arbeiten ausführen.

2. Regeln für das Einnehmen, Stauen und Löschen der Ladung.

1. Sind die Laderäume leer, so probiere man die in die Laderäume führenden Feuerlöscheinrichtungen (z. B. Dampflöschleitungen, Clayton- oder Kohlensäureapparate).

2. Man sorge für gründliche Reinigung der Laderäume, der Bilgen und der Pumpenanlagen.

Falls viel Ungeziefer und Ratten an Bord sind, so lasse man die Räume ausschwefeln oder durch Blausäure oder ähnliche Gase ausräuchern.

Sind die Laderäume sehr schmutzig und schmierig, so wasche man diese mit Sodawasser aus und sorge für gute Lüftung, so daß die Räume vollständig trocken sind.

3. Man sorge für gutes Garnierlegen!

Gewiß sind die Unkosten für gutes Garniermaterial (Holz, Ventilatoren, Matten usw.) sehr groß, aber die Kosten werden durch die gute Ablieferung der Ladung wieder vollständig eingebracht. Der Ladungsoffizier achte sorgsam darauf, daß das Garniermaterial, das nicht in der Ladung verwendet wird, gereinigt, gesammelt und sicher aufbewahrt wird.

Bei alten Schiffen ohne Bauchdielen und Schweißlatten muß man im Unterraum ein Garnier von etwa 16—20 cm Höhe legen. Die neueren Schiffe haben aber fast alle solche, und man kommt daher mit einem wesentlich geringeren Garnier aus. Holz von etwa 2—3 cm (ca. 1 Zoll) Stärke genügt.

Bei empfindlicher und wertvoller Ladung lege man das Garnier etwas höher. Je nach der Art der Ladung ist das Garnierholz weiter oder dichter zu legen. Das Holz muß sauber, trocken und geruchlos sein. Das Holz sei für weiche, gegen Druck empfindliche Ladung nicht zu hart, außerdem bedecke man bei solchen Ladungen das Holz gut mit Matten.

Je nach der Art der einzunehmenden Ladung sind die Räume mit Matten und Ladungspersenningen zu bekleiden. Stützen und eiserne Spanten sind besonders gut durch Holz und Matten zu garnieren.

Holz ist zum Garnieren von leicht schmelzenden Ladungen besser als Matten geeignet, welche die Feuchtigkeit festhalten, an die Ladung abgeben und vielfach die Ursache feuchter, schwarzer Flecke der Ladung sind.

Für leicht schwitzende Ladung und solche, die gut ventiliert werden muß, verwende man ausreichend Ladungsventilatoren (an zwei Seiten gitterartig) von etwa 12×12 cm im Querschnitt aus 2—3 cm starkem Holz.

4. Für Schüttladungen (Getreide, Kohlen usw.) sind in den Räumen Schotten zu errichten. Beachte die Bestimmungen der Unfallverhütungsvorschriften der Seeberufsgenossenschaft, die diese für Schüttladungen und gefährliche Güter herausgegeben hat.

5. Zum Trennen der einzelnen Partien der Ladung benutze man Holz und Matten, bei Sackladungen am besten Ladungspersenninge; bei Eisenladungen von Stäben und kleinen Platten verwende man altes Tauwerk, das hierbei wohl das einzig sichere Mittel ist.

6. Man überzeuge sich vor der Einnahme der Ladung von dem Zustande der Schotten, Luken, Treppen, Geländer in den Laderäumen. Befinden sich in diesen Bullaugen, so sind diese durch Blenden zu sichern.

Etwaige durch die Laderäume gelegte elektrische Leitungen sind nach Möglichkeit außer Betrieb zu nehmen oder, falls das nicht angängig ist, gut zu sichern. Schon mancher Schiffsbrand ist durch schlecht verlegte oder beschädigte elektrische Leitungen in Laderäumen entstanden.

7. Man überzeuge sich, daß das Ladungsgeschirr (Bäume, Hanger, Blöcke, Bolzen, Ketten, Stroppen, Netzschlingen, Brooken, Kettenschlingen) in gutem Zustande ist. Ferner lasse man alle Winden vor der Benutzung gründlichst nachsehen und schmieren.

8. Man nehme nur solche Ladung an, für die der Befrachter eine Ladeorder ausgestellt hat.

Nach Übernahme der angelieferten Güter hat der Ladungsoffizier einen Empfangsschein auszustellen, auf diesem vermerke er alle Fehler und Mängel, die er an der Ladung festgestellt hat.

Die Ablieferung der Ladung hat ebenfalls nur auf Order der Agentur, des Maklers oder des Konnossementinhabers zu erfolgen. Der Ladungsoffizier lasse sich eine Empfangsbescheinigung über jede abgelieferte Ladungspartie geben.

9. Man verlasse sich nie auf die Stauer, sondern überwache selbst die Ladungsarbeiten!

Die Ladungsoffiziere sollten nach Möglichkeit keine Ladung anschreiben, sondern ihr Augenmerk auf das richtige Stauen, Laden und Löschen richten.

10. Die Ladung wird am besten durch besondere Ladungsanschreiber angeschrieben. Muß man Leute von Bord verwenden, so wähle man alte und zuverlässige Matrosen oder Steurer aus. Leute mit möglichst wenig geistigen Interessen schreiben vielfach am besten Massenladungen an. Auf 1000 Säcke, Eisenstäbe usw. kann man aber doch selbst bei geübten Anschreibern ein Stück mehr oder weniger erwarten. Selbst mechanische Mittel wie Zähluhren oder Zählstäbchen (Ostasien) versagen.

Wertvolle Ladungen, wie Gold-, Silberbarren, Pelzkisten, Juwelenkisten, Wertbriefe usw. lasse man durch einen Offizier und einen Mann anschreiben.

11. Lukenwachen werden in allen Häfen notwendig sein. Man sorge für gute Ablösung der Lukenwachen, da diese sonst ermüden und nicht mehr aufpassen. Eine scharfe Kontrolle der Wachen durch die Offiziere wird durchweg, besonders des Nachts, notwendig sein. Die Lukenwachen rüste man mit Nadel, Garn, Hammer und Nägeln zur Reparatur von beschädigter Ladung aus.

12. Die Ladung ist möglichst so auf die vorhandenen Räume zu verteilen, daß das Schiff in allen Abteilungen — ihrer Größe entsprechend — gleichmäßig belastet wird. Man belade jedoch erst die mehr mittschiffs gelegenen Luken, damit man die weiter vorn oder hinten gelegenen noch gut zum Trimmen verwenden kann.

Im allgemeinen — es kommt auf die Bauart des Schiffes an — staue man etwa $^2/_3$ des Gewichtes der Ladung in die unteren Räume und $^1/_3$ in die oberen.

Besteht die ganze Ladung aus Korn, Wolle oder anderen Bulkladungen, so muß man bei vielen Schiffen die Ballasttanks auffüllen. Wenn möglich, nehme man stets etwas Schwergut (Schwergut = Güter, von denen 1000 kg weniger als 1 cbm einnehmen) in die unteren Räume.

Bei dem Stauen der Ladung muß man den Brennstoff- und Wasserverbrauch während der Reise in Betracht ziehen.

Läuft das Schiff verschiedene Häfen an, so ist die Ladung auf die Räume so zu verteilen, daß sie möglichst schnell (also aus mehreren Luken) und ohne Umstauung gelöscht werden kann.

Ferner ist auf Optionsladung Rücksicht zu nehmen. Das ist solche Ladung, die je nach Order der Verschiffer oder Empfänger in verschiedenen Häfen gelöscht werden kann.

13. Sehr zu beachten ist, was für Ladung zusammen in einen Raum genommen werden kann; ob die Ladung riecht, schwitzt, leckt, Feuchtigkeit anzieht; ob die Ladung andere Güter verfärbt oder gefährliche chemische Verbindungen eingeht. Man weise lieber solche Ladungen zurück, die die schon im Schiffe befindliche Ladung gefährden.

14. Das Rauchen und offenes Licht in den Luken sind stets zu verbieten; desgleichen auch an Deck, wenn feuergefährliche oder leicht entzündliche Ladung an Bord genommen wird.

15. Vor Beginn der Dunkelheit sorge man für eine ausreichende Beleuchtung der Laderäume und der Decks.

16. Nach Einnahme der Ladung auf gutes Anlegen der Luken achten, diese mit drei geteerten Persenningen versehen und dann schalken[1]).

17. Auf See sorge man für gute und ausreichende Lüftung der Ladung. Bei schlechtem Wetter sind die zu Lüftungszwecken geöffneten Luken rechtzeitig zu schließen und die Ventilatoren unter Umständen zu entfernen.

---

[1]) Auf einem Dampfer ereignete sich folgender Unglücksfall, der von Interesse ist: Die Spuren *C* und *D* des eisernen Schiebebalkens der Oberdeck-Großluke saßen nicht genau auf halber Länge, so daß Entfernung *b* um fast 2 Zoll größer war als *a*.

Kann die Lüftung der Ladung wegen schlechten Wetters nicht erfolgen, so vermerke man dieses im Tagebuch. Solche Eintragungen sind später bei Notierung des Protestes von Wert und schützen den Reeder vor Haftung für Schäden durch Schweiß usw.

Die Ventilatoren sind bei Wind von vorne so zu richten, daß die vorderen Ventilatoren der Laderäume auf Abzug und die hinteren in den Wind stehen; bei anderen Windrichtungen ist entsprechend zu verfahren.

18. Während der Ladungsarbeiten im Hafen ist der Tiefgang des Schiffes fortlaufend zu beobachten.

Man bedenke, daß ein Schiff annähernd für jeden Fuß $^1/_4$ Zoll tiefer in Frischwasser liegt, als in Salzwasser oder für jeden Dezimeter 0,27 cm tiefer.

Beispiel: Ein Schiff liegt in Hamburg mit einem mittleren Tiefgang von 24'. Tiefer als 24' darf das Schiff in See nicht beladen sein. Da das Elbewasser in Hamburg als Frischwasser anzusehen ist, so hat das Schiff tatsächlich erst für Seewasser einen Tiefgang von 23' 6", da $24 \cdot {}^1/_4 = 6''$ sind, die das Schiff im Seewasser sich heben würde. Wären die „Tons per Zoll" bei dem Schiff 40, so könnte es noch mit 240 Tons beladen werden.

Ist man in einem Hafenplatze, der z. B. an einer Flußmündung liegt, nicht sicher, ob man es mit Salz- oder Frischwasser zu tun hat, so kann man sich mit Vorteil zur Bestimmung des Salzgehaltes eines Skalen-Aräometers bedienen, den man, falls er nicht bereits an Bord (evtl. im Inventar der Maschinenabteilung) vorhanden ist, in jedem größeren Hafenplatze kaufen kann. Siehe auch S. 296.

3. Berechnung der Trimmänderung und des Tiefganges[1]).

Allgemeines. Den meisten Schiffen werden von den Werften außer den Bauplänen noch einige Kurven und Tabellen mitgegeben, die zur Berechnung des Tiefganges usw. dienen. Gewöhnlich befinden sich an Bord: Deplacementskurve, Kurve der Längen-Metazentren, Kurve der Tons per Zentimeter oder Tons per Zoll, Kurve des Trimmoments und in neuerer Zeit Trimmtabellen.

Deplacementskurve. Diese Kurve findet man wohl stets an Bord. Sie ermöglicht dem Nautiker ohne Rechnung Tiefgang, Freibord, Schwergut und Deplacement zu bestimmen.

Außerdem war der Schiebebalken etwas nach vorn durchgebogen. Nur einer der beiden Längsbalken (*1—2*) war gezeichnet. Beim Abdecken der Luke des Abends setzten die Schauerleute versehentlich den längeren Balken *2* an die Stelle von Balken *1*, was natürlich nur möglich wurde, indem man denselben einstampfte und damit den Schiebebalken nach hinten durchbog. Der hinten eingelegte Balken *1* erhielt hierdurch eine geringe Auflage. Unglücklicherweise nahm man am nächsten Morgen den vorderen Balken zuerst heraus, was zur Folge hatte, daß der Schiebebalken nach vorn zurücksprang, der hintere Balken seine geringe Auflage verlor und zwei auf den hinteren Lukendeckeln stehende Schauerleute mit Balken in die Tiefe stürzten. Beide wurden tödlich verletzt.

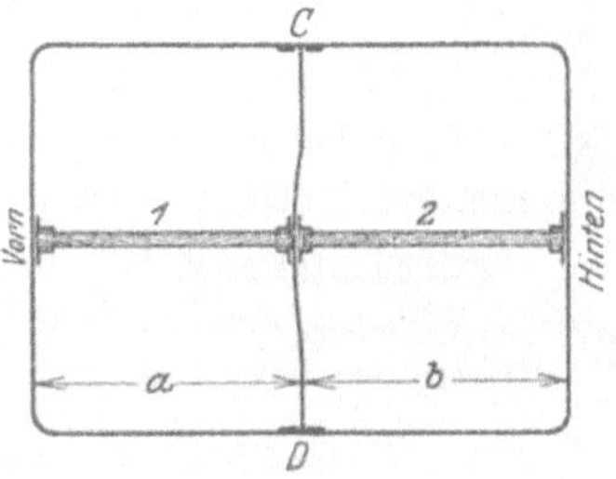

Abb. 124.

1) S. auch Teil XIV: Schiffbau und Stabilität.

Angaben für Seewasser.

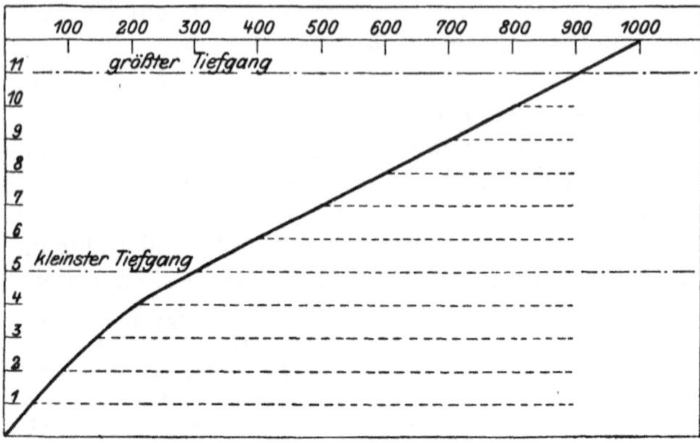

100 200 300 400 500 600 700 800 900 1000

größter Tiefgang

kleinster Tiefgang

Deplacement	Tiefgang	Schwergut	Freibord
900	11	600	1
800	10	500	2
700	9	400	3
600	8	300	4
500	7	200	5
400	6	100	6
300	5	0	7
200	4		
160	3		
100	2		
	1		

Abb. 125.

Das Schiff hätte nach diesem Beispiel:

Leeres Schiff: Deplacement 300 Tons, Tiefgang 5 Fuß, Schwergut 0 Tons.
Volles „ : „ 900 „ , „ 11 „ , „ 600 „ .

Tons per Zentimeter oder Tons per Zoll Eintauchung. Hierunter versteht man die Anzahl Tons, die gelöscht oder geladen werden müssen, um den mittleren Tiefgang um 1 cm oder 1 Zoll zu vermehren oder zu verringern.

Gewöhnlich ist auch hierfür eine Kurve an Bord, die ähnlich wie die Deplacementskurve konstruiert ist (Fläche in der Wasserlinie 1 qcm : 100 = „Tons per Zentimeter", oder Fläche in der Wasserlinie in Quadratfuß : 420 = „Tons per Zoll").

Beispiel 1: Tons per Zentimeter = 14; eingenommene Ladung 140 Tons. 140 : 14 = 10 cm. Der Tiefgang wird im Mittel um 10 cm größer sein.

Beispiel 2: Ein Schiff von 5000 Br.-Reg.-Tons, bei dem die „Tons per Zoll" bei einem Tiefgang von 20′ etwa 40 sind, hat noch 2′ 2″ Tiefgang über der Lademarke. Wieviel Ladung kann noch eingenommen werden?

$$2' \, 2'' = 26''. \qquad 26 \cdot 40 = 1040 .$$

Es können noch 1040 Tons Ladung eingenommen werden.

Moment, um den Trimm 1 cm oder Zoll zu ändern[1]), ist gleich:

a) $$\frac{\text{Deplacement} \cdot X}{\text{Länge des Schiffes in Meter} \cdot 100} = \text{Trimmoment für 1 cm;}$$

b) $$\frac{\text{Deplacement} \cdot X}{\text{Länge des Schiffes in Fuß} \cdot 12} = \text{Trimmoment für 1 Zoll.}$$

(X = Höhe des Metazentrums über dem Kiel [aus der Kurve der Längen-Metazentren] minus Abstand: Kiel-Deplacementsschwerpunkt).

Trimmänderung ist die Änderung des Tiefganges am Vordersteven plus Änderung des Tiefganges am Hintersteven und umgekehrt.

Beispiel: Ein Schiff hat: V 15′ 00″ H 16′ 00″ Tiefgang,
später: V 14′ 6″ H 16′ 6″ „
Trimmänderung = 12 Zoll.

[1]) Siehe auch Teil XIV: Schiffbau und Stabilität.

Einige häufige Berechnungen. 1. Man hat eine Ladung (G) um eine bestimmte Länge (L) in Fuß oder Meter aus der Mitte bei einem Deplacement (D) in Tons verschoben. Die Trimmänderung ist dann (in Fuß oder Meter) gleich $\frac{G \cdot L}{D}$ oder, wenn das Schiff sehr lang ist, $= \frac{G \cdot L \cdot 0{,}7}{D}$.

Beispiel: $G = 600$ Tons; $L = 100$ Fuß; $D = 6000$ Tons. Trimmänderung?

$$\frac{600 \cdot 100}{6000} = \frac{10}{1} = 10 \text{ Fuß} = \mathbf{120\ Zoll.}$$

Wäre das Schiff sehr lang, so hätte man $120 \cdot 0{,}7 =$ **84 Zoll.**

Ist das Trimmoment gegeben, so hat man folgende Rechnung:

Trimmoment $= 700$; $G = 600$ Tons; $L = 100$ Fuß. Trimmänderung?

$$\frac{600 \cdot 100}{700} = \frac{60\,000}{700} = \mathbf{86\ Zoll.}$$

2. Gegeben: Tons per Zoll, Trimmoment bei einem bestimmten Tiefgang.

Beispiel: Dampfer X hat einen Tiefgang von V 18′ 10″, H 25′ 7″. Die Ladung soll bei Spant 149 gestaut werden. Ladung = 720 Tons. Spant 100 ist das Spant der Mitte des Schiffes. Von Spant zu Spant beträgt die Entfernung 2 Fuß. Wie groß wird der Tiefgang sein, wenn nach den von der Werft mitgegebenen Tabellen „Tons per Zoll" = 46 und das „Trimmoment" bei einem Tiefgang von 22 Fuß = 1118 ist.

$720 : 46 = 16$ Zoll.

Spant 100 bis 149 = Unterschied 49;

$49 \cdot 2$ Fuß $= 98$ Fuß von der Mitte.

$$\frac{98 \cdot 720}{1118} = \frac{70\,560}{1118} = 62 \text{ Zoll.}$$

62 Zoll ist der doppelte Druck, also $62 : 2 = 31'' = 2'\,7''$.

Tiefgang:	V 18′ 10″	H 25′ 7″
	+ 16″	+ 16″
	V 20′ 2″	H 26′ 11″
	+ 2′ 7″	− 2′ 7″
	***V* 22′ 9″**	***H* 24′ 4″**

Da Spant 149 nach vorne liegt, wird 2′ 7″ bei V addiert und bei H subtrahiert.

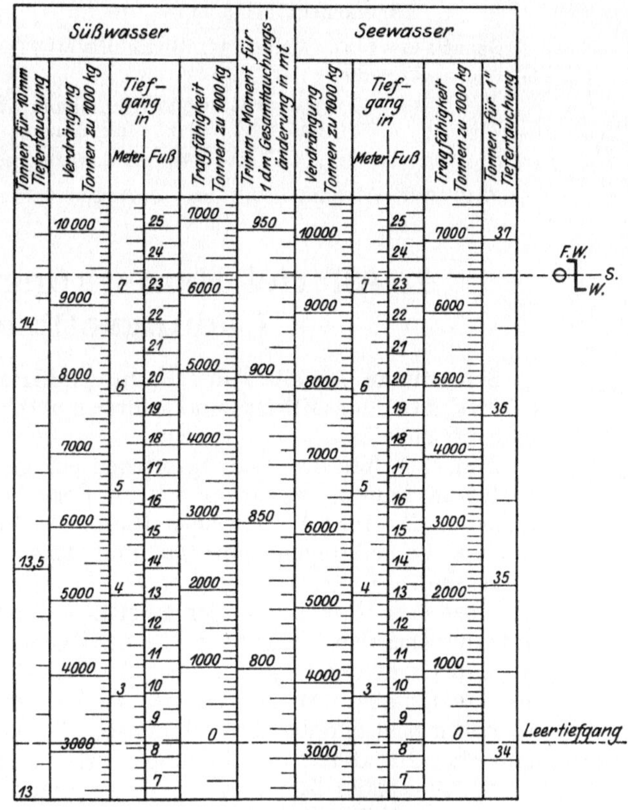

Abb. 126. Trimm-Tabelle.

Trimmtabelle. In neuerer Zeit werden den Schiffen Angaben zur Berechnung des Tiefganges in obiger (oder anderer zweckentsprechender) Form mitgegeben. Siehe Abb. 126.

Das in solchen Tabellen angegebene Trimmoment stellt einen Mittelwert dar, der für die Rechnungen der Praxis bei normaler Lage des Schiffes vollständig genügt.

Beispiel: Frachtdampfer von etwa 4600 Br.-Reg.-Tons. Spanten zählen von hinten nach vorne 0—160; Entfernung von Spant zu Spant 0,68 m, Spant 80 = Spant der Mitte des Schiffes. Tiefgang: *V* 6,2 m, *H* 5,8 m.

270 Tons Ladung sollen im Vorschiff zwischen Spant 130—140; 400 Tons Ladung sollen im Achterschiff zwischen Spant 20 und 30 gestaut werden. Welchen Tiefgang wird das Schiff haben? Siehe Abb. 126.

Bei einem mittleren Tiefgang von 6 m sind die Anzahl der Tons für 10 mm = 1 cm Tiefertauchung etwa 13,9. 270 + 400 = 670 : 13,9 = 48,4 cm = 0,48 m.

Tiefgang	*V* 6,2 m	*H* 5,8 m
Trimmänderung für Zuladung*) .	+0,48 „	+0,48 „
Tiefgang mit Ladung (Mittel 6,5 m)	*V* 6,68 m	*H* 6,28 m
Trimmoment	−0,26 „	+0,26 „
Tiefgang nach der Beladung . .	*V* 6,42 m	*H* 6,54 m

Trimmoment bei 6,5 m = 910 mt.

*) Trimmänderung für die Zuladung kann auch sofort der Tabelle entnommen werden.

I. Spant 130—140 = Mittel 135, Mittschiffs bis 135 = 55 Spanten × 0,68 m = 37 m
II. „ 20— 30 = „ 25, „ „ 25 = 55 „ × 0,68 „ = 37 „

I. 270 · 37 = 9 990 Rechtsmoment (da Vorschiff)
II. 400 · 37 = 14 800 Linksmoment (da Achterschiff)
Rest 4 810 mt Linksmoment

4810 : 910 = 5,3 dm = 0,53 m, 0,53 : 2 = 0,26 m vorne und 0,26 m hinten.

4. Allerlei Bemerkungen für den Ladungsoffizier.

Schriftliche Arbeiten des Ladungsoffiziers. Die schriftlichen Arbeiten des Ladungsoffiziers sind zahlreich und bei den einzelnen Reedereien sehr verschieden.

Zunächst hat der Ladungsoffizier ein genaues „Lade- und Löschbuch" zu führen, in das er alle an Bord kommenden oder gelöschten Güter nach Anzahl, Gewicht, Raumeinnahme, Marke, Nummer und etwaige Bemerkungen einträgt und ferner vermerkt, wo sie verstaut sind.

Über den Rauminhalt der einzelnen Laderäume und die Raumausnutzung und den Tiefgang führe man genau Buch, so daß man jeden Augenblick in der Lage ist, über den noch vorhandenen Freiraum und die Tragfähigkeit Auskunft geben zu können.

Ladungsanschreibehefte, Manifeste, Ladungsberichte und Staupläne sind ebenfalls durch den Ladungsoffizier anzufertigen.

Die Staupläne lege man möglichst groß an und benutze für die verschiedenen Hafenplätze besondere Buntstifte.

Gewichte, die bei der Belastung des Schiffes außer der Ladung in Rechnung zu ziehen sind:

a) Maschinenvorräte (Öl, Talg, Packungen usw.) Es sind für 6 Monate etwa 1,5 kg/PSi zu rechnen.

b) Gewicht eines Mannes 75 kg.

c) Für jeden Fahrgast mit Handgepäck 80 kg.

d) Für den Monat kann man etwa 50 kg Proviant für den Mann rechnen (etwa 0,3 cbm); ferner etwa 600 l Wasser (Trink-, Koch- und Waschwasser) für den Mann.

e) Man vergesse nie den Brennstoff- und Wasserverbrauch (bzw. Einnahme) bei der Berechnung des Tiefgangs in Rechnung zu ziehen!!!

Tragfähigkeit des Ladegeschirrs. Ein Ladebaum eines neueren Frachtdampfers hat eine Tragfähigkeit von etwa 5 Tons bei etwa vierfacher Sicherheit.

An Bord jedes modernen Frachtdampfers befinden sich jetzt ein oder zwei Ladebäume, die zur Übernahme der schwersten Güter geeignet sind.

An einen hölzernen Ladebaum von etwa 35 cm Durchmesser kann man, wenn er gehörig abgestützt wird, die schwersten Lasten hängen.

Man lasse an jeden Ladebaum seine Tragkraft gut sichtbar anmalen.

Ein Ladeblock hat im allgemeinen eine Tragfähigkeit von etwa 5 Tons bei vierfacher Sicherheit.

Ein normaler Windenläufer von etwa $2^1/_4''$ Umfang hat eine Tragfähigkeit von etwa 3 Tons bei dreifacher Sicherheit.

Taljen. Feste Blöcke leiten nur das Tauwerk, sie geben keinen Kraftgewinn; ein solcher wird nur durch Blöcke erzielt, die direkt an der Last angreifen.

Den größten mechanischen Vorteil erzielt man, wenn der Block mit der größeren Anzahl Parten des Läufers an der Last befestigt ist.

Bezeichnet K = Kraft, L = Last, P = Parten, so bestehen folgende Verhältnisse:

$P = L : K$ (zur Berechnung der Talje),

$K = L : P$ (zur Berechnung der benötigten Kraft, um eine bestimmte Last bei bestimmter Talje zu heben).

Diese Formeln geben aber nur einen Anhalt, da sie die Reibung und den Biegungswiderstand des Tauwerks nicht berücksichtigen. Die Reibung ist sehr verschieden, sie richtet sich nach dem Gewicht bzw. Druck der Last auf die Scheiben, nach der Beschaffenheit des Tauwerks und der Blöcke.

Je besser das Ladegeschirr in Ordnung gehalten wird, desto leichter und schneller kann man damit arbeiten.

Eine gute Ladewinde hebt

einfach geschottet etwa 3—5 Tons } bei normaler
doppelt „ „ 6—8 „ } Leistungsfähigkeit.

(Ungefähre stündliche Leistung einer Winde bei normalem Ladungsbetrieb 10—20 Tons; von Landkränen etwa 15—25 Tons; von Elevatoren 80—120 Tons.)

Stärke von Tauwerk und Ketten[1]).

a) Tauwerk.

Umfang in Zoll	Mittlere Brechkraft in Tons			Umfang in Zoll	Mittlere Brechkraft in Tons		
	Kabeltau	Hanftrosse	Drahttau		Kabeltau	Hanftrosse	Drahttau
1	—	0,6	2	5	4	7	67
$1^1/_2$	—	0,9	3	$5^1/_2$	5	8	—
$1^3/_4$	—	1,0	5	6	6	10	—
2	—	1,3	7	7	8	14	—
$2^1/_2$	—	2	11	8	11	18	—
3	1,5	3	15	9	15	22	—
$3^1/_2$	2,0	4	20	10	19	28	—
4	2,6	5	28	11	24	34	—
$4^1/_2$	3,4	6	40	12	29	40	—

b) Ketten.

Dicke in Zoll . . .	$^1/_4$	$^1/_2$	$^5/_8$	$^3/_4$	1	$1^1/_4$	$1^1/_2$	$1^5/_8$
Brechkraft in Tons	2	7	12	17	28	44	62	73

Tauwerk und Ketten nie über ein Drittel der Brechkraft beanspruchen.

Deckbelastung. Bei neueren und gut gebauten Frachtdampfern kann man die Zwischendecks etwa mit 1,5—1,8 Tons pro qm belasten. Gute Luken sollte man nicht mit mehr als 1,3—1,5 Tons pro qm belasten. (Für Schiffe der allgemeinen Fahrt kann man für 1 cbm Laderaum etwa 0,7—0,8 Tons Ladung rechnen.)

5. Gefährliche Güter.

Abfälle, Ammoniak, Benzin, Benzol, flüssige Brennstoffe, Kaustik-Pottasche, Chlor, Dynamit, Farben, Feuerwerkskörper, Films, Filz, Geschosse, Jute, Kalziumkarbid, ungelöschter Kalk, Karbolsäure, Kohle, Kohlensäure, Kopra, Kunstseide, Lacke, flüssige Luft, Lumpen, Naphthalin, Nitroglyzerin, Patronen, Pech, Phosphor, Pikrinsäure, ölgetränkte Wolle oder Jute, Ölpapier, Öle aller Art, Salpeter, Schwefel, Schwefelkies, Schwefelsäure, Sprengstoffe, Streichhölzer, Terpentin, Trinitrobenzol, ferner manche Erzarten und andere Güter gehören zu den gefährlichen Gütern.

Diese Ladungen bringen durch Selbstentzündung oder durch Ausscheidung giftiger oder ätzender Stoffe oder Gase oder durch ihre leichte Brennbarkeit oder Explosionskraft große Gefahren für Schiff und Menschen mit sich.

Gefährliche Güter sind im allgemeinen vom Transport durch die Schiffe ausgeschlossen und dürfen, falls sie zugelassen werden, nur unter ganz besonderen Bedingungen und Vorsichtsmaßregeln verschifft werden. Verschiedene Staaten haben besondere Gesetze über den Verkehr mit gefährlichen Gütern herausgegeben, und der Kapitän erkundige sich, bevor er solche Ladungen an Bord nimmt, sehr genau nach diesen.

[1]) 1 Zoll = 2,54 cm, $^3/_4$ Zoll = 1,905 cm, $^1/_2$ Zoll = 1,27 cm, $^1/_4$ Zoll = 0,635 cm.

Passagierschiffe dürfen im allgemeinen niemals gefährliche Güter an Bord nehmen.

In Deutschland geben die „Unfallverhütungsvorschriften der Seeberufsgenossenschalt“ für einige Ladungen Vorschriften. Sehr zu empfehlen ist das „Alphabetische Verzeichnis zur Seefrachtordnung“, das alle von den Seebundesstaaten erlassenen Bestimmungen über die Beförderung gefährlicher Güter auf Handelsschiffen enthält.

In Deutschland müssen die Verladescheine der gefährlichen Güter einen roten Querstreifen haben, so daß die Schiffsleitung sofort aufmerksam gemacht wird und in der Lage ist, die Ladung zurückzuweisen oder an besonderer Stelle zu verstauen.

Bei dem Verstauen dieser Güter kann man nicht vorsichtig genug sein. Säuren sollte man nur an Deck stauen und unter Umständen mit Kalk, Sand oder Asche umgeben. Muß man gefährliche Güter in die Luken nehmen, so sind diese direkt an den Luken zu verstauen, damit sie im Falle der Gefahr leicht herausgeholt und über Bord geworfen werden können.

Solche Güter staue man ferner nie sehr hoch aufeinander, da schon oft allein durch Druck Explosionen entstehen können, ferner staue man sie nie in die Nähe von Heizräumen oder Heizraumschotten.

In vielen Häfen dürfen Schiffe mit gefährlicher Ladung überhaupt nicht liegen oder nicht an den gewöhnlichen Plätzen ankern. Man melde daher stets sofort bei Annäherung an einen Hafen der Hafenbehörde, daß man solche Ladungen an Bord hat. Die Pulverflagge muß meist gesetzt werden, wenn solche Ladungen an Bord sind.

Man nehme Ladungen dieser Art nur an Bord, wenn die Verpackungen einwandfrei sind.

Wie vorsichtig man mit Ladungen von gefährlichen Gütern umgehen muß, mag folgender Bericht einer Seeamtsverhandlung zeigen:

Die Explosion der Benzinladung eines Schiffes gab dem Seeamt Anlaß zu folgendem Spruch: „Das Schiff ist infolge Explosion der Benzinladung gesunken und es haben bei dem Unfall der Lotse und sechs Leute der Besatzung den Tod gefunden. Die Ursache der Explosion hat sich nicht mit Sicherheit aufklären lassen, es kann als wahrscheinlich bezeichnet werden, daß sich beim Heraufholen der Stahlleinen aus dem Kabelgatt Funken gebildet haben, die das aus dem Laderaum in das Kabelgatt gedrungene Gemisch von Benzindämpfen und Luft zur Entzündung gebracht haben. Eine Schuld der Schiffsleitung oder eines Mitgliedes der Besatzung ist nicht erwiesen.“

In der Begründung dieses Spruches wird ausgeführt: „Bei dem schweren Arbeiten des Schiffes kann sich sehr wohl die Verschraubung einer oder einzelner Fässer gelöst haben und dadurch etwas Benzin aus den Fässern ausgetreten sein. Die sich dann bildenden Dämpfe werden dann durch das Schott, das zwar wasserdicht, aber wohl nicht ganz gasdicht gewesen ist, in das Kabelgatt gelangt sein, wo sie von dem Bootsmann und dem 1. Offizier nicht bemerkt wurden, weil sich das schwere Gas unten am Boden hielt. Bei dem Herausholen der eisernen Trossen aus dem Kabelgatt werden sich dann beim Aufschlagen der Trossen auf eiserne Gegenstände Funken gebildet haben, durch welche das Benzin-Luftgemisch zur Entzündung gebracht worden ist.“

Vorsicht beim Betreten der Laderäume. Hat man gasbildende oder sauerstofffressende Güter geladen, so sind die Räume vor dem Betreten gehörig zu lüften.

Benzin, Kohle, Öle z. B. bilden Gase. Baumwolle, Getreide, Hanf, Jute, Kopra, Mühlenprodukte, Reiskleie z. B. fressen Sauerstoff.

Bei Kohlenladungen kann man das Vorhandensein von Gasen durch die Sicherheitslampen feststellen, diese sollen auf der Brücke unter Verschluß aufbewahrt und von Zeit zu Zeit geprüft werden.

Mittel zur Verhütung der Selbstentzündung und der Explosionsgefahr bei Kohlenladungen, soweit solche in der Macht der Schiffsführung liegen.

1. Der Kapitän muß sich über die Eigenschaften der Kohlen Kenntnis verschaffen, ihren Ursprungsort erforschen, zu erfahren suchen, ob die liefernde Grube Schlagwetter führt, ob die Kohlen beim Lagern brennbare Gase entwickeln und ob die Kohle Schwefelkies enthält. In verdächtigen Fällen sollten die Kohlen tunlichst vom Transport ausgeschlossen oder wenigstens nicht in frisch gefördertem Zustande verschifft werden.

2. Es ist möglichst zu vermeiden, die Kohlen in frisch gefördertem nassen Zustande oder im Regen in die Schiffe zu verladen.

3. Während des Kohlenladens und solange das frisch beladene Schiff im Hafen liegt, sollen die Luken nicht geschlossen werden. Auch auf See sind, wenn das Wetter es gestattet, alle Luken ganz oder teilweise offen zu halten.

4. Es ist alles zu vermeiden, was zu einer Zerstückelung der Kohle beiträgt. In dieser Hinsicht bietet das Entleeren der Transportgefäße unten im Schiffsraum Vorzüge vor dem Verfahren, die Kohlen aus gekippten Wagen durch eine Rinne bis an die Luke gleiten und dann aus größerer Höhe in den Laderaum stürzen zu lassen oder das Transportgefäß mittels Krans über die Luke zu heben und hier zu entleeren. Unterhalb der Luke angehäufter Gruß ist nach dem Laden soweit wie möglich zu entfernen.

5. Jeder Wärmesteigerung in der Kohle muß entgegengewirkt werden. Die Dampfkessel, Wasser- und Dampfrohrleitungen sind von der Ladung möglichst fernzuhalten.

6. Es empfehlen sich fortlaufende Barometerbeobachtungen. Das Herannahen einer barometrischen Depression oder ein intensiver Barometersturz können Gefahr mit sich bringen.

7. Temperaturmessungen. Die Gefahr der Selbstentzündung der Kohlen wächst mit der Größe der Schiffe und der Länge der Reise in rascher Zunahme. Bei längeren Reisen ist deshalb täglich die Temperatur in verschiedenen Teilen der Ladung zu messen und der Befund in das Schiffstagebuch einzutragen. Temperaturen über 40° C sind verdächtig und verlangen eine nähere Untersuchung. Mit Rücksicht auf die Gefahr der Zerreibung der Kohlen bei schwererem Arbeiten des Schiffes darf nach jedem Überstehen schweren Wetters die Messung der Temperatur der Ladung niemals unterlassen werden. Dieses Messen geschieht mittels in die Kohlen eingebrachter eiserner Rohre, in welche Thermometer eingesenkt werden.

8. Das wirksamste Mittel zur Verhütung einer Explosion ist die Oberflächenventilation (einige Staaten schreiben für Kohlendampfer vor, wie groß der Querschnitt aller Lüftermündungen sein muß für die einzelnen Räume), d. h. Herstellung eines beständigen Luftstroms über

der Ladung. Dabei sind die Ventilatoren in solcher Stärke und Form anzubringen, daß das Wegschlagen derselben und die dadurch entstehende anderweitige Gefährdung der Sicherheit des Schiffes ausgeschlossen wird. Auf richtige Stellung der Ventilatorenköpfe ist beständig sorgfältig zu achten. Das Vorhandensein nur einer einzigen Abzugsöffnung ist nicht allein ungenügend, sondern gefahrbringend, weil durch den möglichen Zutritt der atmosphärischen Luft sich ein explosives Gasgemisch bildet, das keinen Ausweg findet. Auch ist es für die Ventilation der Kohlenbunker auf Dampfschiffen nicht genügend, einen einzelnen Ventilationsschacht zu öffnen, wenn nicht gleichzeitig für ein lebhaftes Durchströmen der Luft Sorge getragen wird.

Unter allen Umständen ist aber eine Ventilation innerhalb der Kohlenmassen zu vermeiden, weil hierdurch die Kohlenzersetzung und Selbstentzündung begünstigt wird.

9. Auf Schiffen mit einem festen Zwischendeck dürfen die Zwischendecksluken nicht angelegt werden. Auch dürfen auf Kohlen keine Güter gestaut werden, durch die Gase nicht abziehen können.

10. Auf Kohlenschiffen ist von den Laderäumen und allen benachbarten Gelassen, in denen sich brennbare Gase ansammeln können, insbesondere auch von dem Wellentunnel sowie auch von den Köpfen der Ventilatoren offenes Feuer und Licht fernzuhalten, mag das Schiff sich im Hafen oder auf der Reise befinden. Das Tabakrauchen ist daselbst zu verbieten. Zur Verhütung einer Explosion etwa angesammelter Gase dürfen die in Betracht kommenden Räume mit keinem anderen Licht als mit zuverlässigen Sicherheitslampen betreten werden, deren Flamme die etwa vorhandenen Gase durch entsprechende Vergrößerung und durch andere Merkmale anzeigt. Bei der gewöhnlichen Davyschen Sicherheitslampe machen sich schon 2% Gas durch Bildung eines blauen Kegels über der Flamme bemerkbar, und dieser Lichtkegel vergrößert sich erheblich beim Vorhandensein größerer Gasmengen. Siehe darüber auch U.S.B. Diese Vorschrift findet keine Anwendung auf Kajüten- und Logisräume, wenn das Trennungsschott in geeigneter Weise abgedichtet ist, um ein Eindringen der Gase in die bewohnten Räume zu verhüten.

Die Sicherheitslampen sind von dem Kapitän oder einem durch ihn dazu bestimmten Schiffsoffizier in Verwahrung zu nehmen, jederzeit in gebrauchsfähigem Zustande zu halten und dürfen zum Zwecke ihrer Ingebrauchnahme nur nach vorheriger gründlicher Prüfung ihrer Beschaffenheit verabfolgt werden.

Anweisung über den Gebrauch der Sicherheitslampe gibt die im Auftrage des Reichsamts des Innern verfaßte Denkschrift: „Steinkohlenladungen in Kauffahrteischiffen, gemeinfaßliche Darstellung ihrer Gefahren und der Mittel zu deren Verhütung". Ein Exemplar dieser Schrift muß an Bord eines jeden Kohlenladung führenden Fahrzeuges vorhanden sein.

Da aber die Davyschen Sicherheitslampen letzten Endes auch nur ein Notbehelf sind, so betrete man nach Möglichkeit die Laderäume nur mit elektrischen Lampen.

11. Wird ein Bunker- oder Ladungsfeuer festgestellt, so muß bei Bekämpfung mit Wasser zunächst der Brandherd freigeschaufelt werden,

da sie sonst wirkungslos bleibt, es sei denn, daß man den Raum auflaufen lassen kann, was aber ein nicht unbedenkliches Mittel ist, weil die Sicherheit des Schiffes dadurch in anderer Hinsicht geschädigt werden kann. Bekämpfung durch Dampf oder Gase, vor allem durch Kohlensäure, ist zweifellos das schnellste und sicherste Mittel. Auch Luftabschluß durch Schaumabdeckung der Oberfläche kann wirksam sein, ist aber wohl nur langsam wirkend und erfordert große Mengen Schaum, weil eine direkte Tiefenwirkung nicht möglich ist. Siehe auch S. 330.

6. Andere besondere Ladungen.

Flüssigkeiten in Tanks. Die Tanks sind stets fast vollständig mit der Flüssigkeit aufzufüllen. Große Tanks — wie auf Tankschiffen — müssen mit Expansionsschächten versehen sein, damit große Schwerpunktsverschiebungen vermieden werden (Abb. 127).

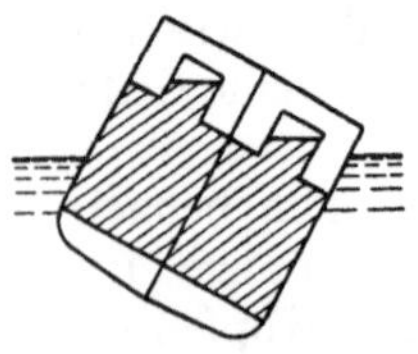
Abb. 127.

Tanks müssen so aufgefüllt sein, daß die Flüssigkeit bei Neigung in den Expansionsschächten steht.

Werden die Tanks nicht genügend gefüllt, so wird die lebendige Kraft, die die Flüssigkeit bei dem Schlingern des Schiffes entwickelt, dem Schiff leicht gefährlich! Ebenso sollte man auch nach Möglichkeit die Ballast- und Trimmtanks bzw. Doppelböden und Öltanks entweder voll oder leer halten. Besonders bei leerem Schiffe ist das zu beachten.

Man beachte genau die Vorschriften der Seeberufsgenossenschaft und der Ablader betreffs flüssiger Ladung.

Die Bereitschaft bestimmter Feuerlöschmittel ist bei Öl-, Benzinladungen usw. vorgeschrieben.

Flüssigkeiten in Kisten, Fässern, Demijohns und in anderen Packungen nur annehmen, wenn die Verpackung unbeschädigt ist, auf keinen Fall leckende Güter annehmen! Nicht einmal reparierte Verpackungen sollte man annehmen. Flüssige Ladungen nicht mit trockener Ladung zusammenstauen!

Beim Ausstellen der Empfangsscheine (receipts) stets vermerken, daß das Schiff nicht verantwortlich ist für Bruch und Leckage.

Erhält man große **Faßladungen**, so fange man mittschiffs an zu stauen und gehe von dort nach den Seiten und den Enden des Schiffes. Zum Feststauen ist viel *weiches* Holz erforderlich. *Bauch und Kimmen frei! Spund nach oben!*

Stückfässer . .	(ca. 1200 l)	kann man etwa	2—3	Lagen hoch stauen.
Pipen	(ca. 530 l)	,, ,, ,,	4—5	
Oxhofte	(ca. 220 l)	,, ,, ,,	6	
Petroleumfässer	(ca. 160 l)	,, ,, ,,	6—7	
Mehl-, Fleisch-, Brotfässer		,, ,, ,,	8	

Gemüse- und Obstladungen möglichst in besonderen Räumen unterbringen. Sehr viel Ventilation ist erforderlich. Nicht in die Nähe von Kesselanlagen stauen. Gemüse- und Obstladungen müssen als nasse Ladung angesehen werden. Nicht in Räume stauen, wo scharf riechende

Güter sind, ferner nicht mit Mais, Getreide, Kaffee, Häuten, Makkaroni, Mehl und anderen Gütern zusammen stauen (siehe auch Kühlraumladung).

Deckladungen. Bestimmungen der Abgangs- und Ankunftshäfen sowie die Vorschriften der Seeberufsgenossenschaft beachten. In großer Fahrt möglichst keine Decklast annehmen. Erfordert besonders gute Stauung. Sehr gute, geprüfte Ketten zum Laschen nehmen. Sicherheitsmaßregeln wie Laufstege über die Decklasten, Treppen, Haltetaue anbringen.

Bemerkungen über Holzdeckladungen. Die meisten Seestaaten haben sich internationalen Regeln betreffs der Beförderung von Holzdeckladungen von schweren und leichten Hölzern unterworfen. Die neuen Holztransportschiffe müssen mit einer besonderen Tiefgangsmarke versehen sein (siehe Schiffbau, Teil XIV.) und besonders gebaut sein. Nautiker, die in der Holzfahrt beschäftigt sind, sollten sich stets die internationalen Regeln von ihrem Reeder oder ihrer Handelskammer geben lassen und bei der Holzverschiffung nach denselben verfahren.

Empfehlenswerte Vorschriften über Holzladungen: Holzladung in Schiffsräumen soll gut gestaut und abgestützt sowie dabei so gegen das Deck gekeilt sein, daß dieses nicht vor der Schwere der Decklast nachzugeben vermag, wenn eine solche mitgeführt wird.

Holzladung auf Deck muß gestaut, gestützt und gezurrt sein, so daß dieselbe im Seegang nicht übermäßig gegen die Stützen gepreßt wird, die längs den Seiten des Schiffes angebracht sind. Solche Deckladung darf auf keinen Fall bis zu einer so großen Menge eingenommen werden, daß sie Schlagseite verursacht. Auf dem Deck sollen dabei zweckdienliche Anordnungen getroffen werden, damit die an Bord befindlichen Personen sich frei und sicher bewegen können, die Mannschaftsräume gut und sicher erreichbar sind (Relings auf der Decklast errichten), sowie Platz geschaffen werden für den ungehinderten Gebrauch von erforderlichen Deckmaschinen und anderen für die Manövrierung und Sicherheit des Schiffes nötige Ausrüstung. Die Decklast darf nicht so hoch sein, daß der Ausguck von der Brücke behindert wird. Mißt die Decklast von seegehenden Fahrzeugen eine Höhe von höchstens 2 m, dann müssen aus Holz angefertigte Stützen eine Dicke von mindestens 7,5 cm haben, aber 11 cm, falls die Höhe größer ist. Sind die Stützen aus anderem Material, dann muß deren Stärke derjenigen der Holzstützen entsprechen. Der Abstand zwischen den Stützen darf 1,25 m nicht übersteigen, und diese müssen 1,20 m über die Deckladung hinausragen sowie längsschiffs mit Manntauen, Brettern oder Planken mit höchstens 35 cm Abstand voneinander zusammengebunden werden.

Während der Zeit vom 16. Oktober bis zum 31. März, beide Tage eingeschlossen, dürfen schwere Güter nicht auf Deck verladen werden. Zu schweren Holzwaren gehören Balken und Sparren aus Kiefern- oder Tannenholz, sofern sie mindestens 6 m lang sind und 20 cm am Toppende messen; Telegraphenstangen aus Fichten- oder Tannenholz; Sparren derselben Holzarten, sofern sie mindestens 10 m lang sind und am Toppende 6 cm messen; Espen-, Birken- und Ellernholz in Stämmen, sofern die Länge 2,50 m übersteigt, sowie Eichen, Mahagoni, Teak, Buchen und ebenso jede andere Holzart, die schwerer ist als Kiefernholz, sofern jedes einzelne Stück größer als $^1/_2$ cbm ist. Zu schweren Holzwaren rechnet auch Papiermasse. Zu leichten Holzwaren gehören die übrigen Holzwaren von geringen Dimensionen und anderer Art wie oben genannt, wie Schwellen, Props, Papierholz, Lattenholz, Bretter usw. aus Tanne, Fichte, Kiefer, Rottanne u. a. Während der fraglichen Zeit dürfen jedoch auf Deck höchstens 5 Stück Mastbäume oder Sparren mitgeführt werden. Während der Zeit vom 1. April bis 15. Oktober, beide Tage eingerechnet, dürfen größere Mengen Papiermasse, die an Gewicht der Hälfte der erlaubten Menge Holzwaren entsprechen, nicht auf Deck verladen werden.

Wenn leichte Holzwaren während der Zeit vom 16. Oktober bis zum 31. März, beide Tage eingeschlossen, auf Deck verladen werden, dann darf die Höhe der Decklast bei Fahrzeugen mit ganzem Überbau die Höhe desselben und auf Fahrzeugen mit offenem oder teilweise offenem Deck ein Viertel der größten Breite des Schiffes nicht übersteigen, jedoch in keinem Fall mehr als 2,1 m.

Über die Höhe der Decklast und die Menge des Ballastes hat der Kapitän täglich Eintragungen in das Tagebuch zu machen.

Wertladungen wie Gold, Silber und Juwelen sollten stets in Gegenwart von einem oder zwei Offizieren übergenommen werden. Verpackung und Siegel auf ihren guten Zustand genau überholen. Marke und Nummern auf Übereinstimmung mit dem Empfangsschein kontrollieren. Raum gut verschließen, möglichst zwei Schlösser verschiedener Art, von denen je ein Offizier den Schlüssel hat. Auf den Empfangsscheinen stets vermerken: „Inhalt ohne Gewähr".

Ballenladungen. Bei Übernahme oder beim Löschen solcher Ladungen den Stauern strengstens die Benutzung von Haken, Kuhfüßen und Drahtstroppen verbieten. Das Schiff ist für solche Schäden sonst haftbar.

Beschädigte Ladung weise man bei der Übernahme zurück. Wird Ladung an Bord beschädigt, so stelle man in Gegenwart des Ladungsempfängers oder eines Vertreters den Schaden fest; lasse das beschädigte Gut reparieren und versiegle es, bevor es gelöscht wird, nur so wird das Schiff von unnötigen Reklamationen befreit sein. Bei größeren Ladungsbeschädigungen sofort Sachverständige heranholen zur unparteiischen Feststellung der Schäden!!!

Anlage und Behandlung von Kühlräumen[1]**.** Bei Anlage von Kühlräumen (Proviantkühlraum und Ladekühlraum) auf Schiffen kommen als die beiden wichtigsten Faktoren in Betracht: die Kälteerzeugung und die Kältehaltung. Für die Kälteerzeugung müssen dauernd Betriebskosten aufgewendet werden. Es ist daher wichtig, daß die für die Kältehaltung erforderliche Isolierung einen möglichst hohen Grad Isolierfähigkeit besitzt, denn die einmal vorhandene Isolierfähigkeit bleibt als Dauerwert bestehen.

Im allgemeinen sollten Kühlräume Isolierungen erhalten, deren Wärmedurchgangskoeffizient zwischen 0,20 und 0,25 liegt (1 = schlecht,

[1]) Lehrreiches Material enthält die kleine Schrift „Thermosbau" von H. Pohlmann. Berlin: Julius Springer. 1921.

0 = ausgezeichnet). Damit sind Werte geschaffen, die so gut isolieren, daß, wenn ein Kühlraum voll Ladegut ist, das gut durchgekühlt ist, dieser auch im warmen Klima etwa $1-1^1/_2$ Tag ohne Kältezufuhr sein kann, damit evtl. einmal eintretende Maschinenreparaturen durchgeführt werden können.

Die Erzeugung der Kälte im Raume geschieht entweder durch Rohrsysteme oder in der Weise, daß Luftkühler eingebaut werden, und daß die durchgekühlte Luft in den Kühlraum hineingeblasen wird bzw. daß die im Kühlraum vorhandene Luft dauernd durch einen Luftkühler zirkuliert. Auch wird die Kälteerzeugung durch Kombination dieser beiden Systeme bewirkt. Verschiedene Arten von Kühlmaschinen werden in der Schiffahrt verwendet (z. B. Kohlensäure-Eismaschinen, einfache Eismaschinen). Der Betrieb und die Instandhaltung dieser Maschinen erfolgt durch das Maschinenpersonal. Siehe Teil XV.

Die Luftumwälzung, die durch das System des Luftkühlers automatisch bewirkt wird, hat den Vorteil, daß die Kälte möglichst gleichmäßig im Raume verteilt wird. Sie hat den Nachteil, daß, wenn irgendwo im Raume Unsauberkeiten od. dgl. vorhanden sind, diese Stoffe auch über den ganzen Raum verteilt werden. Mit Rücksicht auf das letztere ist es außerordentlich wünschenswert, daß die Kühlräume während der Reise alle paar Tage vollkommene Lufterneuerungen bekommen. Diese Lufterneuerung kann bei guter Isolierung und guter Maschinenanlage unbedenklich durchgeführt werden, weil die Kälte, die in der Luft aufgespeichert ist, infolge des geringen spezifischen Gewichtes der Luft außerordentlich geringfügig ist. Allerdings ist es bei der Lufterneuerung notwendig, daß diese Luft, die neu hineinkommt, durchgekühlt wird, also durch den Luftkühler geht. Bei ruhender Kühlung ist die Lufterneuerung nicht so notwendig.

Zur dauernden Kontrolle der Kälte in den Kühlräumen können Fernanzeiger verwendet werden oder Steckthermometer. Bei Verwendung der letzteren empfiehlt es sich aber, zum Stecken Minimum-Maximum-Thermometer zu verwenden, weil beim Heraufholen der Thermometer sonst starke Ungenauigkeiten eintreten. Es ist wichtig, daß die Temperatur möglichst in gleicher Höhe gehalten wird. Daher empfiehlt es sich, falls nicht eine Maschine dauernd durcharbeiten kann, die Abstellung der Maschine öfters vorzunehmen, aber kurzfristig. Ein vollgeladener Raum bietet eine größere Gewähr für gleichmäßige Erhaltung der Temperatur beim Abstellen der Maschine als ein Raum, in dem nur eine geringe Menge Kühlgut vorhanden ist. Diese Faktoren können daher beim Abstellen der Maschine Berücksichtigung finden.

Es ist äußerst wichtig, daß die Kühlräume, bevor neue Ladung genommen wird, gründlich gesäubert werden. Dies gilt vor allen Dingen auch für den Fußboden. Die Grätinge müssen aufgenommen, sauber gereinigt und getrocknet werden, und der Fußboden muß ordentlich gewaschen und getrocknet werden. Die auf den Fußboden zu verlegenden Grätinge müssen nach beiden Richtungen hin mindestens 4 cm Luftzirkulation zulassen, weil sonst Gefahr vorliegt, daß das Fleisch, wenn es auf den Grätingen gelagert wird, an der Unterseite weich wird. Ein Verpacken von Kühlgut direkt auf dem Boden oder direkt gegen die Wände, ohne daß eine Luftschicht bleibt (die durch die Grätinge bzw. Wegerung gewährleistet wird), darf nicht vorkommen. Bei sehr hoher Fleischstapelung ist es empfehlenswert, daß in gewissen Abständen Zwischenhölzer verlegt werden, damit die Luft besser zirkulieren kann.

Da es Kühlraumbrände gegeben hat, ist es äußerst wertvoll, die Kühlräume so einzubauen, daß sie bis zu einem hohen Grade feuersicher sind. Es ist daher die Auskleidung des Kühlraumes in der inneren Fläche mit Beton und geglättetem Zementputz einer Auskleidung mit Holz vorzuziehen. Die Auskleidung mit Beton und Zementputz bietet gleichzeitig noch die Vorteile gegenüber Holzverschalung, daß der Raum viel leichter sauber und rein zu halten ist und daß sich Insekten u. dgl. nicht leicht einnisten können.

Die gewünschte Isolierstärke für die Erreichung einer Wärmedurchgangszahl von etwa 0,20—0,25 läßt sich mit verschiedensten Materialien durchführen. Die bekanntesten sind folgende: Blätterholzkohle, granulierter Kork, gepreßte Korkplatten, Torfoleum, Thermosbau (ein Luftzellensystem). Das letztere läßt sich als Ganzes und in Kombination mit allen anderen Isolierstoffen ausführen.

Die Türkonstruktion bei Kühlräumen muß möglichst so gestaltet sein, daß der Verschluß durch Aufliegen von Falzkanten aufeinander erzielt wird, nicht durch Gegenlage von geneigt liegenden Flächen, weil die letzteren sich leicht festklemmen. Die Türen müssen leicht und bequem aufzumachen und zu verschließen sein. Es ist dabei auch Vorsorge zu treffen, daß die Türen von draußen und drinnen geöffnet werden können, damit etwa aus Versehen eingeschlossene Personen herauskönnen.

Die Firmen, die Kühlanlagen für Schiffe bauen, geben für ihre Anlagen Gebrauchsanweisungen heraus. Der Nautiker lasse sich stets einen Abdruck dieser Anweisungen geben und sorge dafür, daß die Kühlanlagen entsprechend behandelt werden.

Zweckmäßige Temperaturen für Kühlräume.

Fische	−6°	bis	−8° C
Fleisch, Wild und Geflügel	−3°	„	−6° C
Eier			0° C
Butter	0°	„	+3° C
Gemüse und Früchte	+1°	„	+3° C
Bier, Käse, Milch	+4°	„	+9° C

7. Goldene Regeln für Kapitäne und Ladungsoffiziere.

Herausgegeben vom „Schutzverein Deutscher Reeder".

1. Vor Antritt der Reise, vor Beginn der Beladung und vor Beginn der Entlöschung den Frachtvertrag genau durchlesen.
2. Den Abladern sofort schriftlich das Schiff ladebereit melden und die gewünschte Ladungsmenge (auch Stauholz) bestellen.

3. Den Abladern vor Ablauf der vereinbarten Liegezeit schriftlich mitteilen, wann die Liegezeit für abgelaufen erachtet wird und von welcher Stunde ab Liegegeld fällig ist. (§ 569 HGB.)

4. Falls die Ablader Konnossementsvermerke wegen Liegegeld, Fautfracht u. dgl. verweigern und es nach dem Gesetze des Abladehafens nicht zulässig ist, auf solchen Vermerken zu bestehen, notariellen Protest machen gegen Befrachter, Ablader und wen die Sache sonst angehen mag und die Befrachter sowie möglichst auch die Empfänger telegraphisch benachrichtigen, daß neben den reinen Konnossementen ein Protest wegen Liegegeld, Fautfracht usw. herläuft.

5. Nur die im Frachtvertrage angegebene Ladung annehmen oder mit Genehmigung des Befrachters solche Ersatzladung, durch deren Beförderung das Schiff hinsichtlich Frachteinnahme, Lade- und Löschzeit usw. nicht ungünstiger gestellt wird. (§ 562 HGB.)

6. Notariellen Protest machen, wenn nicht genügend Ladung geliefert wird, und möglichst durch unparteiische Sachverständige feststellen lassen, wieviel das Schiff mehr laden kann.

7. Die Konnossemente vor der Unterzeichnung genau durchlesen und nur solche Konnossemente zeichnen, die sich in Übereinstimmung mit dem Frachtvertrage befinden und wegen aller Bedingungen und Ausnahmen auf den Frachtvertrag, ausgestellt in ..... (z. B. Bremen, den 1. April 1925), verweisen.

8. Im Löschhafen sofort schriftliche Löschbereitschaftsanzeige erstatten und, wenn die Empfänger unbekannt sind, gemäß Ortsgebrauch verfahren.

9. Den Empfängern vor Ablauf der vereinbarten Liegezeit schriftlich mitteilen, wann die Liegezeit für abgelaufen erachtet wird und von welcher Stunde an Liegegeld verlangt wird. (§ 596 HGB.)

10. Im Lade- und Löschhafen die Ladung genau zählen lassen und die Zählbücher aufbewahren; falls die Ladung gewogen wird, die Gewichtsfeststellungen überwachen lassen. Bei Frachtzahlung nach ausgeliefertem Gewichte oder Maße muß das Schiff meistens das ausgelieferte Gewicht beweisen.

11. Die Ladung nur gegen Vorzeigung des — gegebenenfalls indossierten — Konnossements oder gegen Hinterlegung des vollen Marktwertes der Ladung einschließlich Fracht usw. ausliefern. Nach der Entlöschung von den Empfängern die Originalkonnossemente, auf welchen die Ablieferung der Güter bescheinigt ist, verlangen. (§ 650 HGB.)

12. Wenn die Reederei dem Schiffsmakler keine Frachtinkassogebühr zugestehen will, muß der Kapitän sowohl dem Schiffsmakler als auch den Empfängern vor Beginn der Entlöschung schriftlich mitteilen, daß er (der Kapitän) selbst die Fracht einzuziehen wünsche.

13. Darauf achten, daß die Konnossemente bezüglich der Regelung etwaiger großer Havarie keine Bestimmungen enthalten, die im Widerspruch zum Frachtvertrage stehen.

14. Keine reinen Konnossemente ausstellen, wenn beschädigte oder schlecht verpackte Güter verladen werden; nur in Ausnahmefällen bei erstklassigen Abladern sich mit einem Reverse begnügen. Den Empfängern gegenüber sich nicht auf Reverse der Ablader berufen.

15. Darauf achten, daß richtige Maße und/oder Gewichte in die Konnossemente gesetzt werden! Der Konnossementsvermerk: „Maß und Gewicht unbekannt" befreit den Kapitän keineswegs von jeder Verantwortlichkeit. Wenn die Angaben erkennbar unrichtig sind, im Konnossement einen Protestvermerk machen, notfalls notariell protestieren.

16. Bei Holzladungen mit der Notizgabe die benötigte Menge Stauholz (zu $^2/_3$ Fracht) bestellen. Die Mitnahme einer größeren als der bestellten Stauholzmenge (kurzer Enden) verweigern; evtl. Protest notieren und nicht nur die volle Fracht für die zuviel verladene Menge kurzer Enden, sondern obendrein Schadenersatz wegen Stauverlust, höherer Staukosten, Zeitverlust usw. fordern.

17. Falls im Frachtvertrage nicht ausdrücklich Beladung und/oder Entlöschung durch maschinelle Vorrichtungen, z. B. Greifer, vereinbart ist, die Einwilligung zu einer solchen Beladung und/oder Entlöschung davon abhängig machen, daß die Befrachter bzw. Stauer sich verpflichten, die Reederei für alle etwaigen durch die Beladung bzw. Entlöschung verursachten Beschädigungen des Dampfers — ohne Rücksicht auf die Schuldfrage — schadlos zu halten.

18. Vor Ablauf der chartergemäßen Überliegezeit den Abladern bzw. Empfängern mitteilen, daß für etwaige weitere Verzögerung eine höhere Vergütung als das vereinbarte Liegegeld (Schadensersatz nach § 602 HGB.) gefordert werde.

19. Falls der Frachtvertrag nicht ausdrücklich vorsieht, daß auch an Sonntagen und Feiertagen sowie nachts geladen und gelöscht werden muß, von den Abladern bzw. Empfängern eine schriftliche Bestätigung verlangen, daß die benutzte Zeit als Liegezeit rechnet und alle Kosten für Rechnung der Ablader bzw. Empfänger gehen.

20. Beim Zeichnen der Konnossemente darauf achten, daß in denselben das richtige Datum angegeben ist! Wenn in den Konnossementen auf einen Frachtvertrag verwiesen wird, muß auch der richtige Ausstellungstag desselben angegeben sein.

21. Melde stets rechtzeitig Protest bzw. Verklarung an, wenn Seeschäden die Ladung beschädigt oder verdorben haben!

8. Die Grundlagen der Haager Regeln.

Verantwortlichkeit des Seeverfrachters aus dem Konnossement.

Die nachstehenden Artikel sind bereits mehrfach der Gegenstand der Beratung von internationalen Schiffahrtskonferenzen gewesen. Einige Staaten haben die Absicht, die Vorschriften gesetzlich einzuführen, andere lehnen sie noch ab. Es erscheint aber notwendig, daß der Nautiker die „Haager Regeln" kennt, da diese in der Hauptsache doch von den meisten Seestaaten als Grundlagen für die Ausstellung der Konnossemente angewendet werden dürften.

Artikel I.

Begriffsbestimmungen.

In diesen Regeln umfassen die Ausdrücke:

a) „Verfrachter" denjenigen, der mit dem Befrachter (Ablader) einen Transportvertrag abschließt,

b) „Frachturkunde“ das Konnossement oder jedes ähnliche Traditionspapier, das sich auf Gütertransport zur See bezieht,

c) „Güter“ Waren, Kaufmannsgüter und Gegenstände aller Art mit Ausnahme von lebenden Tieren oder auf Deck beförderter Ladung,

d) „Schiff“ jedes für den Gütertransport zur See verwendete Fahrzeug,

e) „Gütertransport“ den Zeitraum vom Augenblick der Übernahme der Güter an Bord bis zum Zeitpunkt der Ausladung von Bord des Schiffes.

Artikel II.

Gefahren.

Vorbehaltlich der Bestimmung des Artikels VI hat bei einem jeden Frachtvertrage der Verfrachter hinsichtlich der Behandlung, Verladung, Stauung, Beförderung, Verwahrung, Überwachung und Ausladung der Güter folgende Verpflichtungen und Rechte.

Artikel III.

Verpflichtungen.

1. Der Verfrachter hat vor und bei Beginn der Seereise mit der gehörigen Sorgfalt

a) das Schiff seetüchtig zu machen,

b) das Schiff ordnungsgemäß zu bemannen, auszurüsten und zu verproviantieren,

c) die Laderäume, Gefrier- und Kühlkammern und alle anderen Teile des Schiffes, in denen Güter befördert werden, für deren Aufnahme, Beförderung und Erhaltung tauglich und sicher zu machen.

2. Der Verfrachter ist verpflichtet, für die ordnungsmäßige und sorgfältige Behandlung, Verladung, Stauung, Beförderung, Verwahrung, Überwachung und Ausladung der Güter Sorge zu tragen.

3. Nach Übernahme der Güter hat der Verfrachter, Schiffer oder Agent des Verfrachters auf Verlangen des Abladers ein Konnossement auszustellen. Das Konnossement soll folgenden Inhalt haben:

a) die für die Identifizierung der Güter notwendigen Hauptmerkzeichen, wie dieselben vor Beginn der Verladung vom Ablader schriftlich angegeben worden sind, vorausgesetzt, daß diese Merkzeichen auf den — unverpackten — Gütern oder auf den Behältern oder Hüllen, in denen die Güter sich befinden, derartig gestempelt oder sonstwie klar ersichtlich gemacht sind, daß sie bis zum Ende der Reise leserlich bleiben,

b) je nach Lage des Falles die Anzahl der Ballen oder der einzelnen Stücke oder die Menge oder Preis oder das Gewicht, wie sie vom Ablader vor Beginn der Verladung schriftlich angegeben worden sind,

c) die äußerliche Verfassung und Beschaffenheit der Güter. Verfrachter, Schiffer oder Agent des Verfrachters sind jedoch nicht verpflichtet, in ein Konnossement Beschreibungen, Merkzeichen, Zahl, Menge oder Gewicht der Güter aufzunehmen, wenn begründeter Verdacht besteht, daß die Angaben nicht genau den Tatsachen entsprechen.

4. Ein solches Konnossement liefert prima facie Beweis für den Empfang der darin gemäß 3 a), b) und c) bezeichneten Güter durch den Verfrachter.

5. Der Ablader übernimmt dem Verfrachter gegenüber Gewähr für Richtigkeit seiner Angaben in Beschreibung, Merkzeichen, Zahl, Menge und Gewicht der Güter; er haftet dem Verfrachter für jeden aus ungenauen Angaben entstehenden Schaden. Der Frachtvertrag erlischt jedoch nicht sofort, sondern der Verfrachter hat die Interessen dritter Personen und seine eigenen auf Grund des Vertrages dann zu vertreten.

6. Wenn im Bestimmungshafen vor Wegschaffung der Güter dem Verfrachter oder seinem Agenten nicht schriftlich Anzeige eines Anspruchs wegen Verlustes oder Beschädigung unter näherer Bezeichnung des Anspruchs erstattet ist, liefert die Wegschaffung der Güter prima facie Beweis für die Ablieferung derselben seitens des Verfrachters in konnossementmäßiger Beschaffung. Der Verfrachter und das Schiff sind von jeder Haftung für Verlust oder Beschädigung befreit, falls nicht innerhalb 24 Monaten (betreffs der Fristfestsetzung ist keine volle Einigkeit erzielt worden) nach Ablieferung der Güter Klage erhoben wird. Im Falle einer wirklichen oder scheinbaren Beschädigung oder eines Verlustes sind der Verfrachter und der Ablader bzw. der Empfänger verpflichtet, sich gegenseitig in der Feststellung der Schäden oder in dem Zählen zu unterstützen (usw.).

7. Nach der Verladung der Güter muß das vom Verfrachter, Schiffer oder Agenten des Verfrachters dem Ablader auszustellende Konnossement auf Verlangen des Abladers den Vermerk „Verladen“ enthalten, es sei denn, daß bereits vorher ein Konnossement oder ein anderes Dokument mit dem Vermerk „Zur Verladung empfangen“ ausgestellt worden ist. Gegen Rückgabe des den Vermerk „Zur Verladung empfangen“ tragenden Konnossements hat der Ablader nach geschehener Verladung Anspruch auf Ausstellung eines Konnossements mit dem Vermerk „Verladen“. Ein Konnossement mit dem Vermerk „Zur Verladung empfangen“, in welches nachträglich vom Verfrachter, Schiffer oder Agenten des Verfrachters der oder die Namen des Schiffes oder der Schiffe, in welche die Güter verladen worden sind, und das Datum oder die Daten der Verladung eingetragen worden sind, wird als ein Konnossement mit der Klausel „Verladen“ im Sinne dieser Regeln behandelt.

8. Nichtig ist jede Vereinbarung in einem Frachtvertrage, durch welche die Haftung des Verfrachters oder des Schiffes für Verlust oder Beschädigung der Güter infolge von Nachlässigkeit, Verschulden oder Nichterfüllung der in Art. III vorgesehenen Pflichten und Obliegenheiten ausgeschlossen oder in anderer als in diesen Regeln vorgesehener Weise beschränkt wird.

Artikel IV.

Rechte.

1. Weder der Verfrachter noch das Schiff haften für Beschädigung infolge von Seeuntüchtigkeit, es sei denn, daß der Verlust oder die Beschädigung dadurch entstanden sind, daß der Verfrachter nicht die gehörige Sorgfalt angewandt hat, um das Schiff seetüchtig zu machen oder seine ordnungsmäßige Bemannung, Ausrüstung oder Verproviantierung sicherzustellen oder die Räume zur Aufnahme der Ladung instand zu setzen.

2. Weder der Verfrachter noch das Schiff haften für den Verlust oder Beschädigung infolge von

a) Handlungen, Verschulden oder Nachlässigkeit des Schiffers, der Schiffsmannschaft, des Lotsen oder eines Angestellten des Verfrachters bei der Navigierung oder Leitung des Schiffes,

b) Feuer,

c) Gefahren der See und anderer schiffbarer Gewässer,

d) höherer Gewalt,

e) kriegerischen Ereignissen,

f) feindlichen Handlungen,

g) einer Verfügung von hoher Hand oder der Beschlagnahme im gerichtlichen Verfahren,

h) Quarantänebeschränkungen,

i) Handlungen oder Unterlassungen des Abladers oder Eigentümers der Güter, seiner Agenten oder Vertreter,

j) teilweisen oder allgemeinen Streiks oder Aussperrungen, Stockung oder Hemmung der Arbeit, wie immer entstanden,

k) inneren Unruhen,

l) Rettung oder Rettungsversuchen von Leben oder Eigentum zur See,

m) innerem Verderb oder natürlicher Beschaffenheit der Güter,

n) ungenügender Verpackung,

o) ungenügender oder nicht entsprechender Markierung,

p) heimlichen, bei gehöriger Sorgfalt nicht zu entdeckenden Mängeln,

q) irgendwelchen anderen ohne Wissen und Willen des Verfrachters oder ohne Verschulden oder Nachlässigkeit seiner Agenten oder Angestellten entstehenden Ursachen.

3. Der Ablader soll für keinen Schaden oder Verlust des Verfrachters verantwortlich sein, wenn der Schaden nicht durch einen Fehler, Nachlässigkeit oder Unachtsamkeit des Abladers oder seiner Vertreter hervorgerufen ist.

4. Eine Abweichung vom Kurse bei Rettung oder Rettungsversuchen von Leben oder Eigentum zur See oder eine im Frachtvertrage vorgesehene Abweichung vom Kurse bedeutet keine Verletzung dieser Regeln oder des Frachtvertrages. Der Verfrachter haftet nicht für hieraus entstehende Verluste oder Beschädigungen.

5. Der Verfrachter oder das Schiff haften für Verlust oder Beschädigung der Güter oder an sonstigen Ladungsinteressen entstandenem Schaden nicht über einen Betrag von 100 £ per Kollo oder Einheit oder das Äquivalent dieser Summe in anderer Währung hinaus, es sei denn, daß die Beschaffenheit und der Wert der Güter vom Ablader vor der Abladung angegeben und in das Konnossement aufgenommen worden sind.

Ein anderer als der in diesem Paragraphen erwähnte Höchstbetrag kann durch Vereinbarung zwischen dem Verfrachter, Schiffer oder Agenten des Verfrachters und dem Ablader bestimmt werden, vorausgesetzt, daß dieser nicht weniger als die obengenannte Summe beträgt.

Die Erklärung des Abladers über die Beschaffenheit und den Wert deklarierter Güter hat die Vermutung der Richtigkeit für sich, jedoch steht dem Verfrachter der Gegenbeweis offen.

6. Der Verfrachter oder das Schiff haften weder für Verlust oder Beschädigung der Güter noch für sonstigen im Zusammenhang damit entstandenen Schaden an Ladungsinteressen, wenn die Beschaffenheit oder der Wert der Güter vom Ablader vorsätzlich falsch angegeben worden ist.

7. Güter von entzündlicher, explosiver oder sonst gefährlicher Beschaffenheit dürfen, wenn diese Beschaffenheit dem Verfrachter vom Ablader nicht vor der Verschiffung angegeben worden ist und der Verfrachter, Schiffer oder Agent des Verfrachters ihrer Verschiffung nicht zugestimmt haben, jederzeit vor Ablieferung ohne Entschädigung vom Verfrachter zerstört oder unschädlich gemacht werden. Der Ablader haftet für alle aus der Verschiffung solcher Güter entstehenden direkten oder indirekten Schäden und Auslagen. Sind die Güter mit Zustimmung des Verfrachters, Schiffers oder des Agenten des Verfrachters abgeladen worden, so dürfen sie in gleicher Weise ohne Entschädigung vom Verfrachter zerstört oder unschädlich gemacht werden, sobald sie Schiff oder Ladung in Gefahr bringen.

Artikel V.

Es steht dem Verfrachter frei, auf alle oder einzelne seiner nach diesem Artikel ihm zustehenden Rechte ganz oder teilweise zu verzichten, vorausgesetzt, daß ein solcher Verzicht in das dem Ablader ausgestellte Konnossement aufgenommen wird.

Artikel VI.

Besondere Bedingungen.

Ungeachtet der Bestimmungen der vorhergehenden Artikel steht es dem Verfrachter, Schiffer oder Agenten des Verfrachters oder dem Ablader bei der Verschiffung einzelner Güter frei, irgendwelche Vereinbarungen in bezug auf die Haftung oder Nichthaftung des Verfrachters für diese Güter oder für die Seetüchtigkeit des Schiffes oder in bezug auf die Sorgfalt seiner Angestellten oder Agenten bei Behandlung, Verladung, Stauung, Verwahrung, Überwachung und Ausladung der zur See beförderten Güter zu treffen, vorausgesetzt, daß in diesem Falle kein Konnossement ausgestellt wird und daß die vereinbarten Bedingungen in eine Empfangsbescheinigung aufgenommen werden, die nicht eine durch Indossament übertragbare Urkunde dargestellt und dementsprechend kenntlich gemacht ist.

Jede so getroffene Vereinbarung ist gültig.

Artikel VII.

Geltungsbereich der Regeln.

Ungeachtet vorstehender Regeln sind Verfrachter und Ablader berechtigt, irgendwelche Vereinbarungen über die Haftung des Verfrachters oder des Schiffes für Verlust oder Schäden bei oder im Zusammenhang mit der Verwahrung, Überwachung und Behandlung von Gütern vor der Verladung und nach der Löschung vom Schiff, auf dem die Beförderung stattfindet, zu treffen.

Artikel VIII.

Internationale Übereinkunft betr. Beschränkung der Reederhaftung.

Der Inhalt dieser Regeln läßt Rechte und Pflichten des Verfrachters, die sich aus der Konvention über die Haftungsbeschränkungen der Eigentümer von seefahrenden Schiffen ergeben, unberührt.

9. Stau- und Stauraumangaben für einige Ladungen.

Für verschiedene Güter sind nachstehend kurze Angaben gemacht, die bei der Übernahme dieser oder ähnlicher Ladungen zu beachten sind.

Es ist zunächst die Art der Ladung angegeben, ferner einige allgemeine Bemerkungen und die Verpackungsart, und schließlich ist der Stauraum gegeben, den eine Tonne zu 1000 kg in Kubikmeter beansprucht.

Umrechnung der Stauraumangaben:

1. Z. B.: 1 t (= 1000 kg) nimmt einen Raum von 2,5 cbm ein, dann wiegt 1 cbm = 1 t : 2,5 = **0,4 t.**

2. 0,4 t beanspruchen 1 cbm, dann nimmt 1 t = 1 cbm : 0,4 = **2,5 cbm** ein.

Die Werte sind nur Näherungswerte, da die Beschaffenheit der Güter und die Verpackung vielfach verschieden sind.

Art der Ladung — Verpackung — Bemerkungen	1000 kg messen cbm
Anilin, vorsichtig stauen. Krüge und Kannen, die in Kisten verpackt sind.	2,27
Anilinsalze färben andere Ladung leicht gelb.	
Äpfel, gute Ventilation, keine schweren Güter auf diese Ladung stauen. Amerikan. Apfelfässer 65—72 kg. 1 Faß etwa 0,184 cbm (siehe auch Kühlraumladung) Fässer	2,57—3,3
Kisten	2,0 —2,3
Apothekerwaren, stets besonders stauen. Verpackung meist in Kisten. Gewicht und Maße unbestimmt.	
Asche, Schüttladung oder in Fässern	1,28—1,5
Asphalt, Brote und Fässer	0,49—0,66
Automobile. Muß man gebrauchte Automobile oder ähnliche Fahrzeuge an Bord nehmen, so achte man darauf, daß die Brennstoffbehälter entleert sind, und alle Teile trocken sind. Putzlappen usw. sind ebenfalls wegen Feuersgefahr zu entfernen.	
Balken, Buche — (Buche bis Ulme:) nach Möglichkeit bei den Stauarbeiten Benutzung von Haken vermeiden. Balken sind vielfach feucht, daher keine trockene Ladung auf die Balken stauen (siehe auch Holzladungen) — je nach Feuchtigkeit oder Trockenheit	ca. 1,45
Eiche	1,13—1,34
Esche	1,13
Mahagoni	1,13
Pockholz	0,97
Tanne	1,85
Teak	1,3
Ulme	1,7
Ballastsand, muß trocken sein, schadet sonst durch Feuchtigkeit anderer Ladung. Schüttladung	0,66—0,68

Art der Ladung — Verpackung — Bemerkungen	1000 kg messen cbm
Baumwolle, achtgeben, daß die Ballen unbeschädigt und trocken sind. Fälle von Selbstentzündung sind vorgekommen. Ballen können auch inwendig naß sein. Empfangsschein nur ausstellen: „Ballen in anscheinend gutem Zustande".	
Ballen, ägyptische, ungepreßt	4,8—5
„ „ gepreßt	2,4—2,6
„ amerikan., ungepreßt	5,1—5,4
„ „ gepreßt	2,3—3,2
„ ostindische, ungepreßt	2,4—2,8
„ „ gepreßt	1,5—1,9
Schornsteine durch Funkenflugschützer sichern!	
Baumwollsaat, sehr staubende Ladung, in Säcken	1,8—2,27
Betelnuß, in Säcken (meist schlecht verpackt)	1,5—1,7
Bier, leidet durch Zusammenstauen mit scharfriechenden Gütern, Teer usw. Bier in Fässern zu 300 kg, ein Faß 0,5 cbm.	
Bier in Fässern	1,53—1,6
Flaschenbier in Fässern	2,3
Blei, in Broten	0,22—0,26
Bleichpulver (Chlor), nicht mit trockener oder empfindlicher Ladung zusammen stauen. Chlor frißt Säcke, Kisten usw. auf längeren Reisen an. Krüge	2,27
Bohnen, grüne, getrocknet, Säcke	1,93
feste, harte, getrocknet, Säcke und Schüttladung . . .	1,2—1,33
Branntwein, Fässer !.	1,6—2,2
Brennholz, lose (je nach Feuchtigkeit)	2,2—3,2
Braunkohle, Schüttladung	1,41
Butter, kühl stauen, fern von aller Ladung mit Gerüchen. Fässer und Eimer	1,45—1,98
Cacao, Säcke und Kisten	2,0—2,27
Cadamom, nicht in die Nähe von empfindlichen Gütern stauen. Kisten	2,67
Cement, Fässer so stauen, daß die Kreuzstücke an den Böden der Fässer auf und nieder stehen. 1 Faß 0,185 cbm = 162 kg. Fässer	1,05—1,1
Cocosnüsse (trocken), nicht in Nähe von empfindlicher Ladung und Nahrungs- und Futtermittel stauen; ferner nicht in die Nähe von Kesselanlagen. Säcke	1,5—2
Copra, wie Cocosnüsse. Ladung bringt viele kleine Käfer mit an Bord, die in der Kälte aber absterben; neigt zur Erhitzung, riecht. Säcke und Schüttladungen	2,2—2,41
Datteln, trocken, in Säcken oder Kisten	1,28
naß, in Säcken oder Kisten	1,13
Draht, kleine, lose gerollte, leichte Rollen	1
festgerollte Rollen	0,28—0,62
Eier, nur auf Verantwortung des Verschiffers verladen, sehr vorsichtig behandeln. Gewöhnlich in Kisten verschiedener Größe versandt. Da Eier in Kalk, Stroh usw. verpackt werden, sind die Maße nicht angebbar.	
Eis, in besonderen Räumen verstauen. Stücke, Blocks	1,2—1,5
Eisen (Roh-), Stücke, lose	0,27
Eisenbahnschienen, Stücke, lose	0,22—0,26
Eisenkonstruktionen, sehr verschieden	0,4 —0,6

Art der Ladung — Verpackung — Bemerkungen	1000 kg messen cbm
Eisen-Waggonteile und ähnliche große Hohlstücke stauen dagegen etwa 120—280% und mehr, als sie wiegen (im Mittel rechne man 250%).	
Schienen und starke Stäbe nie querschiffs, wenn nicht genügend gesichert, da schon häufiger die Bordwände beim Schlingern beschädigt oder sogar durchstoßen wurden.	
Für jede Luke kann man auf einem großen Frachtdampfer etwa 1000 m und mehr altes Tauwerk rechnen zum Abteilen von kleinen Eisenpartien nach Marken und Häfen.	
Kleine Eisenplatten, Bleche, Stäbe nehme man nur an, wenn der Verschiffer diese Ladung einwandfrei gezeichnet und möglichst mit kleinen Blechschildern versehen hat, sonst kann für die richtige Ablieferung keine Gewähr übernommen werden; das gilt namentlich für lange Reisen.	
Maschinenteile wie Flanschen, Verbindungsstücke, Radsätze usw. durch Belegen mit Matten, Stroh, Holz vor Beschädigungen schützen.	
Gußeisen springt durch Schlag oder Stoß!	
Große Eisenmassen (z. B. Mannesmann-Rohre) in der Nähe des Magnetkompasses beeinflussen diesen. Vorsicht!!	
Erbsen (trocken), Säcke	1,15—1,25
Erze, Säcke. Gewicht und Maße sehr verschieden. In großen Mengen und als Schüttladung, Vorschriften der Seeberufsgenossenschaft für solche Ladung beachten. Schotten errichten! Erze dünsten oft aus, geben auch häufig Feuchtigkeit ab, daher keine empfindliche Ladung auf Erze stauen. Durch Erzladungen werden die Schiffe oft so steif, daß sie auf See sehr stark arbeiten, die Schiffe leiden ungemein dadurch. Schiffe, die nicht besonders für Erzladungen gebaut sind und auch keine Hochtanks haben, sollten auf alle Fälle etwas Erz in die Zwischendecks nehmen und dort für absolut feste Lagerung sorgen.	0,4—0,9
Eisenerze beeinflussen vielfach den Magnetkompaß.	
Felle, Häute, gutes Garnier legen. Trockene Häute vor Nässe schützen, nicht in die Nähe von feuchter Ladung. Die Haarseite der Felle nach außen.	
Keine beschädigten und keine angefaulten Häute an Bord nehmen. Riechende Ladung. Nasse Häute	1—1,2
Gesalzene, nasse Häute erfordern hohes Garnier. Zwischen die Felle und in die Zwischenräume gehörig Salz — Salzlake — streuen. Nasse Ladung.	
Häute, gesalzen, getrocknet, gepreßt in Ballen	2—2,5
gesalzen in Fässern (leicht leckend!)	1,42
getrocknet, ungepreßt	3,4—4,2
Ferrosilicium (Kieseleisen, Ferrosilikan). In Holz- und Eisenbehältern von verschiedener Größe.	
Entwickelt bei Hinzutritt von Nässe und feuchter Luft giftige Gase. Nicht in die Nähe bewohnter Räume stauen. Gute Lüftung unerläßlich.	
Fett (Schmalz). Schmierladung. Nicht mit empfindlicher Ladung zusammenstauen. Nicht in die Nähe von Kesselanlagen. Falls das Fett zu Nahrungsmittel verwendet werden soll, nicht in die Nähe von Ladung mit scharfen Gerüchen stauen. Fässer, Eimer	1,74—1,85
Fischöl, Schmierladung, vielfach leckend. Kisten, Fässer, alte Petroleumkisten	1,62
Flachs, Ballen	2,4

Art der Ladung — Verpackung — Bemerkungen	1000 kg messen cbm
Fleisch in Fässern ist als nasse Ladung zu behandeln. Räume besonders gut reinigen, wenn frisches Fleisch verladen wird.	
Schweinefleisch in Fässern	1,4—1,5
Rindfleisch in Fässern	1,48
Rindfleisch in Stücken	2,5—3,6
Hammelfleisch in Stücken	3 —3,4
(siehe auch Kühlraumladung).	
Früchte, nasse, empfindliche Ladung, kühl stauen, vor riechender Ladung usw. schützen. Verpackung verschieden	ca. 2,5
(siehe auch Kühlraumladung).	
Gambia (Gambier; Gerbstoff, gummiartig). Riechend und leckend. Keine empfindliche Ladung in die Nähe stauen Körbe . . .	3,4
Säcke . . .	2,84
Getreide, Korn (siehe S. 353). Unfallverhütungsvorschriften beachten! Gutes Garnier, gute Ventilation, Schotten.	
Buchweizen . . . . Schüttladungen, Säcke	1,5 —1,86
Gerste . . . . „ „	1,15—1,7
Hafer . . . . „ „	2,0 —2,27
Mais, besonders leicht feucht und heiß „ „	1,39—1,48
Reis „ „ „ „ „ „ „	1,2 —1,52
Roggen . . . . „ „	1,34—1,5
Weizen . . . . „ „	1,26—1,5
Ungefähre Angaben für Getreideladungen von amerikanischen Häfen:	
1000 amerik. Bushel Hafer { messen etwa 28,1 cbm; wiegen „ 14,53 Tons }	
1000 „ „ Roggen { messen „ 33,6 cbm; wiegen „ 25,40 Tons }	
1000 amerik. Bushel Mais { messen „ 35,3 cbm; wiegen „ 25,40 Tons }	
1000 „ „ Weizen { messen „ 35,3 cbm; wiegen „ 27,22 Tons }	
1000 „ „ Buchweizen { messen „ 31,6 cbm; wiegen „ 21,74 Tons }	
1000 „ „ Gerste { messen „ 32,0 cbm; wiegen „ 21,74 Tons }	
Bushel-Raumeinnahme schwankend je nach der Qualität des Getreides.	
Glas, Glasscheiben hochkant stauen, meist ist die Seite bezeichnet, die oben sein soll. Spiegelglas vor Feuchtigkeit schützen. Glas in guten Taustroppen übernehmen. Den Empfangsscheinen den Vermerk geben: „Nicht verantwortlich für Bruch".	
Glasscheiben . . . . Kisten, Raufen, Geflechte	1,18
Flaschen . . . . „ „ „	2,41
Glaswaren verschiedener Sorte (Gläser) . . . . . Kisten	3—5,7
Glaswaren (Vasen, Kunstgegenstände) . . . . . „	3—10
Glycerin, nasse Ladung. Fässer, Kisten	1,13—1,3
Graphit, nicht mit Fett, Öl zusammenstauen. Kisten, Säcke .	1,3—1,5
Haar, Ballen, gepreßt (trockene, riechende Ladung)	2,5 —5
„ ungepreßt	6,2 —10
Häute siehe Felle.	
Heu erfordert gute Ventilation. Gepreßte Ballen	3,2 —3,5
Holz siehe auch Balken. Holzdeckladungen können, wenn das Holz viel Wasser aufgesaugt hat, die Stabilität sehr beeinflussen. Siehe auch S. 365.	

Art der Ladung — Verpackung — Bemerkungen	1000 kg messen cbm
Honig, in Krügen, großen und kleinen Fässern. Gleichmäßige Temperatur notwendig. Honig gärt leicht, daher ist an den Fässern meist ein kleines Spundloch angebracht, das nach Übernahme an Bord zu öffnen ist. Das Schließen dieser Spundlöcher später beim Löschen nicht vergessen!	1,2 —1,5
Indigo, vorsichtig stauen, Kisten genau bei Anbordnahme überholen, da Indigo wertvolle Ladung. Kisten	1,8 —2,5
Ingwer, wird getrocknet und in Sirup in Krügen versandt, in diesem Falle darauf achten, daß die Krüge aufrecht verstaut werden. Kisten und Krüge	2,2 —2,6
Jute, neigt zur Selbstentzündung. Ladung vorsichtig behandeln. Gutes Garnier und gute Ventilation. Ballen (selten Kisten)	1,45—2,3
(Jutesäcke mit Ölkernen usw. neigen besonders leicht zur Selbstentzündung.)	
Kaffee, empfindliche Ladung, gutes Garnier, gute Ventilation; vor Feuchtigkeit und riechender Ladung schützen. Bei der Übernahme achtgeben, daß die Säcke heil und nicht schlaff sind.	
Säcke	1,4 —1,7
Mattensäcke	2,2 —2,4
Kalisalze, nicht mit Eisenladungen zusammenstauen, da diese sonst rosten. Säcke	0,85—0,95
Kampfer, in Kisten und Ballen; flüssig, häufig in alten Petroleumkisten versandt. Größte Vorsicht ist geboten. Wenn möglich, diese Ladung zurückweisen, da alle andere Ladung sehr darunter leidet. Auf keinen Fall mit Nahrungs- oder Futtermitteln in die gleiche Luke nehmen. Kisten	1,93—2,1
Karbid (Kalziumkarbid), feuergefährliche Ladung, vollkommen trocken zu halten. Sollte nur in wasserdichter, fester Verpackung an Bord genommen werden. Verpackung und Gewicht verschieden.	
Kartoffeln, viel Ventilation erforderlich (siehe S. 364). Kisten, Fässer (alte Zementfässer häufig), Säcke	1,8—2,8
Käse, empfindliche Ladung; nicht zu hoch stauen, da druckempfindlich. Kisten	1,9—2
Kleie, lose Säcke	3,1—3,98
gepreßte Säcke	2,2—2,28
(Leicht entzündbar, nicht an Heizraumwände stauen!)	
Knochen, lose, riechende Ladung	2,41
Kohle	1,13—1,34
Unfallverhütungsvorschriften der Seeberufsgenossenschaft bez. Trimmen und Einbau von Schotten beachten! Wegen Feuersgefahr siehe S. 362.	
Koks, wie Kohle. Schüttladung	2—2,5
Kopra siehe Copra.	
Korinthen, empfindliche, feuchte Ladung, gute Lüftung. Nicht in die Nähe von Heizräumen stauen. Säcke und Kisten . .	1,4—1,6
Kork, Ballen, gepreßt	5,7
Korkholz	7,0—8,2
loser Kork	12,5
Korn siehe Getreide.	
Kühlraumladung. Man unterscheidet Kühlladungen und Gefrierladungen. Über Beschaffenheit der Kühlräume und Temperatur in denselben siehe S. 366.	
Gefrorenes Rindfleisch, gefrorene Schweine	2,5—2,8
Gefrorene Hammel	2,8—3,2

Art der Ladung — Verpackung — Bemerkungen	1000 kg messen cbm
Kupfer, Stücke	0,2—0,284
Fässer	0,3—0,5
Kupfererz, Säcke	0,51—0,57
Leder, wertvolle Ladung. Nur unversehrte Kisten annehmen!	
Lose Rollen	5,2—6,3
Ballen, Kisten (festgepackt)	2,2—2,5
Leinöl, Fässer	1,5
Leinsaat, Schüttladung und Säcke	1,45—1,62
Lichte, kühl stauen. Kisten	1,58—1,61
Lumpen, unangenehme Ladung; macht häufig viel Zollschwierigkeiten; auf keinen Fall in Seuchenhäfen (Cholera, Pest usw.) an Bord nehmen. Nicht in die Nähe von Öl und Fett stauen, da feuergefährlich. Meist in Bündeln	verschieden
Margarine, Schmierladung, kühl stauen. Gegen Gerüche empfindliche Ladung. Eimer, Fässer, Kisten	1,5—2
Mais siehe Getreide. Sehr leicht heiß und feucht. Gute Ventilation!	
Mandeln, empfindliche Ladung, in Ballen	3,1
geschälte in Säcken	1,9—2,1
Marmor, in großen Stücken, flach stauen, gutes Garnierholz verwenden. In Platten (sehr zerbrechlich!!), hochkant stellen, gut abstützen. Nicht in die Nähe von Öl, Fett, Eisen usw. stauen, da der Marmor sonst sofort Flecke bekommt	0,4 —0,65
Mauersteine	0,57—0,6
Mehl, empfindliche, trockene Ladung; gute Ventilation; nicht mehr wie 8 Fässer hoch stauen. Fässer	1,7 —1,8
Säcke	1,2 —1,42
Milch, kondensierte. Kühl stauen. Kisten sind leicht zerbrechlich	1,28
Nester, eßbare. Wertvolle Ladung, vor Nässe und Gerüchen zu schützen. Verpackung, Gewicht verschieden.	
Nüsse, nicht in die Nähe von Heizanlagen stauen.	
Walnüsse in Säcken	4,8—5,2
Paranüsse in Säcken und Fässern	2 —2,6
Steinnüsse	1,2
Ocker, vorsichtig stauen. Fässer	1,42
Öl, Schmierladung, nicht zwischen Stückgüter stauen. Meist stark riechend. Öldämpfe sind schädlich und gefährlich.	
Fässer	1,3 —1,9
Kisten (häufig alte Petroleumkisten)	1,6 —1,7
Flaschen in Kisten (feine Ware)	2,1 —2,8
große, eiserne Fässer	1,14—1,3
Tankladung ca.	1,1 —1,2
Ölkuchen, meist von schlechtem Geruch, nicht mit anderer Ladung, die empfindlich ist, zusammenstauen. Nicht in die Nähe von Kesselanlagen stauen. Säcke	1,31—1,6
Ölpapier, gefährliche, zur Selbstentzündung neigende Ladung.	
Papier, flach stauen, die Ballen nicht auf die hohe Kante stellen!	1,4 —1,8
Petroleum, gefährliche Ladung. Der starke Geruch des Petroleums schadet anderer Ladung sehr. Fässer, Kisten	1,05—1,35
Pfeffer, stark riechende, schwitzende Ladung, ist als trockene Ladung zu verstauen. Kleine Partien weise man nach Möglichkeit zurück. Wertvolle Ladung. Säcke	2,1 —2,7
Phosphor, sehr gefährliche, leicht entzündbare Ladung.	
Pottasche, Fässer	1,1 —1,3

Art der Ladung — Verpackung — Bemerkungen	1000 kg messen cbm
Rattan (Bambusrohr), keine schwere Ladung darauf stauen, fern von Kesselanlagen. Als Garnier nur mit ausdrücklicher schriftlicher Erlaubnis des Versenders benutzen. Bündel haben sehr verschiedene Größe und Gewicht.	
Reis siehe Getreide.	
Rum, Fässer	1,8 —1,9
Salpeter, vorsichtig behandeln. Laderäume gut reinigen, besonders dürfen keine Öl-, Teer-, Fettrückstände vorhanden sein. Schwer von Gewicht. Von anderen Gütern gut durch Garnier trennen	0,98—1,02
Salz, nicht mit empfindlicher oder feuchter Ladung in einen Raum stauen. Schüttladung	1,0 —1,3
Säcke	1,5 —1,6
Sand. Manche Sorten Sand geben Feuchtigkeit ab, schaden daher anderen Gütern. Loser Sand	0,58—0,68
Säuren siehe gefährliche Ladung (S. 360).	
Schlempe, in Kisten, Säcken; leicht entzündbar.	
Schmalz siehe Fett.	
Schwefel, gefährliche Ladung. Nicht in die Nähe von Eisen und fern von den Eisenteilen des Schiffes stauen.	
lose	1,02
Kisten	1,13
Fässer	1,7
Schwefelsäure, sehr gefährliche Ladung (siehe S. 360).	
2—4 Krüge mit Kalk umgeben in einer Kiste	0,7 —0,8
Krüge, Demijohns	2,5 —3,1
Segeltuch, Ballen	1,09—1,3
Seide, wertvolle, empfindliche Ladung. Nicht mit feuchter, schwitzender Ladung oder Eisen zusammenstauen. Sehr gutes Garnier. Ballen (gewebte Ware)	2,85—3,2
Kisten!	2,9 —3,2
Ballen (lose Seide)	3,8 —4
Soda, nicht in die Nähe von Eßwaren oder Futtermitteln stauen. Fässer, Säcke	1,2 —1,62
Speck (Schinken), Kisten	1,55—1,87
Fässer	1,9 —1,98
Stacheldraht, Haspeln	1,2 —1,4
Südfrüchte (siehe S. 364), nasse Ladung. Gute Ventilation. Kisten, Fässer, Raufen	2,4 —3,2
Tabak, empfindliche, wertvolle Ladung. Sehr gutes, weiches Garnier, sehr gute Ventilation. Tabak in Ballen ist gegen Druck sehr empfindlich. Auf keinen Fall Haken benutzen; nur wenige Ballen in eine Brok nehmen. Kisten	1,2—3
Fässer	2 —4,2
Ballen	1,8—4
Talg, Schmierladung. Fässer	1,5—1,98
Tee, sehr empfindliche, wertvolle Ladung. Sehr gutes Garnier. Vollständig trockene Laderäume. Tee nur in Räume nehmen, wo keine riechende Ladung ist. Holzschotten genügen nicht, um Tee vor riechender Ladung zu schützen. Verpackung in Kisten (selten in Ballen)	2,6—3,6
Teer, Schmierladung, stark riechend, falls nicht in Metallfässern. Fässer	1,4—1,53
Twist, gepreßte Ballen	4,8—5,3

Art der Ladung — Verpackung — Bemerkungen	1000 kg messen cbm
Viehtransporte erfordern große Sorgfalt. Genau die Bestimmungen des Abgangs- und Bestimmungshafens beachten. Pferdeställe 1,1 m breit, 2,2—2,5 m lang, 1,5—1,9 m hoch; Rindviehställe 0,8—0,9 m breit, 2,2—2,5 m lang, 1,5—1,9 m hoch } für ein Tier Nicht mehr als 3 oder 4 Tiere in einem Stall. Wenn Ställe aus Holz gebaut werden, müssen die Stützen 10 cm Stärke haben. Fußbelag stets aus Holz u. mit Fußleisten versehen. Schafställe: Für größere Tiere hat man für jedes Tier etwa 0,4 m Breite, 1,3 m Länge und 1,2 m Höhe zu rechnen. Ställe werden meist für mehrere Tiere hergerichtet in der Größe: 2,5 m breit, 6,2 m lang und 1,2 m hoch. Schafställe können übereinander gebaut werden. Mindesthöhe 2,4 m. Es ist dann für gute Abdichtung und Abfluß der oberen Ställe Sorge zu tragen. Gute Ventilation notwendig. Tierwärter in genügender Zahl mitnehmen. Rauchen in der Nähe der Ställe verboten! Futter für ein Pferd und Tag: 3 kg Hafer, 1 kg Kleie, 5 kg Heu, 30 l Wasser. Futter für ein Stück Rindvieh und Tag: 7 kg Heu, 25—30 l Wasser. Tiere in besonderen Broken an Bord nehmen oder in Kisten { Schweres Pferd wiegt etwa 700 kg Leichtes „ „ „ 500 „ Rindvieh „ „ 250—400 kg Schaf „ „ 30— 65 „ Schwein „ „ 50—100 „	
Vitriol siehe gefährliche Ladung! (Siehe S. 360.) Demijohns . .	3
Wein (siehe S. 364). Gutes Garnier. Empfangsscheine stets mit dem Vermerk versehen: „Nicht verantwortlich für Bruch und Leckage!“ Gute Aufsicht bei Übernahme ist erforderlich, da diese Ladungen sehr bestohlen werden. Fässer	1,5—2,4
Kisten	2,2—2,42
Wolle, gutes Garnier, trockene Räume (siehe Bemerk. b. Baumwolle)	
Ballen ungepreßt	6,6—7,6
„ gereinigt, gepreßt	2,8—3,1
„ ungereinigt, gepreßt	2,3—2,6
Schornsteine durch Funkenflugschützer sichern!	
Zelluloid, in verschiedenen Packungen und in verschiedener Verarbeitung. Feuergefährlich!	
Zement siehe Cement.	
Zinkerz. Fässer sind meist schwach, daher keine schwere Ladung darauf stauen. Säcke	0,56—0,68
Zucker, in trockene Räume stauen; Ladung selbst gibt aber meist Feuchtigkeit ab, so daß Eisenwaren in der Nähe rosten. Gutes Garnier. Möglichst kühl stauen. Säcke	1,2 —1,25
Fässer, Kisten	1,5 —1,72
Zwiebeln, nasse, riechende Ladung (siehe S. 364). Säcke, Körbe	2,12

10. Spezifische Gewichte fester Körper.

Wasser (bei 4°) = 1.

Ätzkali, trocken	2,1	Aluminiumbronze. . . .	7,7
Alabaster	2,3 — 2,8	Amalgam, natürl. . . .	13,7 —14,1
Alaun, Kali-	1,71	Anthrazit	1,4 — 1,7
Aluminium, chem. rein .	2,6 — 2,8	Antimon	6,7

Antimonglanz	4,6 —4,7
Apatit	3,16—3,22
Arsen	5,7 —5,8
Arsenige Säure	3,69—3,72
Asbest	2,1 —2,8
Asbestpappe	1,2
Asphalt (Erdpech)	1,1 —1,5
Basalt	2,7 —3,2
Baumwolle, lufttrocken	1,47—1,50
Bergkrystall, rein	2,6
Bernstein	1,0 —1,1
Beton	1,80—2,45
Bimsstein, natürl.	0,37—0,9
„ Wiener	2,2 —2,5
Bittersalz, kristall.	1,7 —1,8
„ wasserfrei	2,6
Blätterkohle	1,2 — 1,5
Blei	11,25—11,37
Bleiglätte, künstl.	9,3 — 9,4
„ natürl.	7,83— 7,98
Bleiglanz	7,3 — 7,6
Bleiweiß	6,7
Bleizucker	2,4
Blutlaugensalz, gelb	1,83
Bolus	2,2 —2,5
Bor	2,68
Borazit	2,9 —3,0
Borax	1,7 —1,8
Brauneisenstein	3,40—3,95
Braunkohle	0,8 —1,5
Braunstein (Pyrolusit)	3,7 —4,6
Bronze	7,4 —8,9
Butter	0,94—0,95
Calcium	1,58
Calciumcarbid	2,26
Cadmium	8,6
Chilisalpeter	2,26
Chlorbarium, kristall.	3,7
Chlornatrium, gesotten	2,15—2,17
Chromgelb	6,0
Chroms. Kali, dopp.	2,7
Deltametall	8,6
Diamant	3,5 —3,6
Dolomit	2,9
Eis	0,88—0,92
Eisen, chemisch rein	7,88
Eisenvitriol	1,80—1,98
Elfenbein	1,83—1,92
Erde, lehmig, fest gestampft, frisch	2,0
„ lehmig, fest gestampft, trocken	1,6 —1,9
„ mager, trocken	1,34
Fahlerze	4,36—5,36
Feldspat (Orthoklas)	2,53—2,58
Fette	0,92—0,94
Feuerstein	2,6 —2,8
Flachs, lufttrocken	1,5
Flußeisen	7,85
Flußspat	3,1 — 3,2

Flußstahl	7,86
Gabbro	2,9 —3,0
Galmei	4,1 —4,5
Gerste, geschüttet	0,69
Gips, gebrannt	1,81
„ gegossen, trocken	0,97
„ gesiebt	1,25
Glanzkohle	1,2 —1,5
Glas, Fenster-	2,4 —2,6
„ Flaschen-	2,6
„ Flint-	3,15—3,90
„ grünes	2,64
„ Kristall-	2,9 —3,0
„ Spiegel- oder Kron-	2,45—2,72
Glaubersalz	1,4 —1,5
Glimmer	2,65—3,20
Glockenmetall	8,81
Gneis	2,4 — 2,7
Gold, gediegen	19,33
„ gegossen	19,25
„ gehämmert	19,30—19,35
Granat	3,4 — 4,3
Granit	2,51— 3,05
Graphit	1,9 — 2,3
Grauspießglanz	4,6 — 4,7
Grobkohle	1,2 — 1,5
Gummi, arabisches	1,31— 1,45
„ (Kautschuk) roh	0,92— 0,96
Gummifabrikate	1,0 — 2,0
Gummigutt	1,2
Gußeisen	7,25
„ flüssig	6,9 —7,0
Guttapercha	0,96—0,99
Hafer, geschüttet	0,43
Hanffaser, lufttrocken	1,5
Harz	1,07

Holzarten:	lufttr.	frisch
Ahorn	0,53—0,81	0,83—1,05
Akazie	0,58—0,85	0,75—1,00
Apfelbaum	0,66—0,84	0,05—1,26
Birke	0,51—0,77	0,80—1,09
Birnbaum	0,61—0,73	0,96—1,07
Buchsbaum	0,91—1,16	1,20—1,26
Ebenholz	1,26	—
Eberesche	0,69—0,89	0,87—1,13
Eiche	0,69—1,03	0,95—1,28
Erle	0,42—0,68	0,63—1,01
Esche	0,57—0,94	0,70—1,14
Fichte (Rottanne)	0,35—0,60	0,40—1,07
Guajak (Pockholz)	1,17—1,39	—
Hickory	0,60—0,90	—
Kiefer (Föhre)	0,31—0,76	0,38—1,08
Kirschbaum	0,76—0,84	1,05—1,18
Lärche	0,47—0,56	0,81
Linde	0,32—0,59	0,58—0,87
Mahagoni	0,56—1,05	—
Nußbaum	0,60—0,81	0,91—0,92

	lufttr.	frisch
Pappel	0,39—0,59	0,61—1,07
Pechkiefer (Pitchpine)	0,83—0,85	—
Pflaumenbaum	0,68—0,90	0,87—1,17
Roßkastanie	0,58	—
Rotbuche	0,66—0,83	0,85—1,12
Steineiche	0,71—1,07	—
Tanne (Weißtanne)	0,37—0,75	0,77—1,23
Teakholz	0,9	—
Ulme (Rüster)	0,56—0,82	0,78—1,18
Weide	0,49—0,59	0,79
Weißbuche	0,62—0,82	0,92—1,25
Zeder	0,57	—

Holzkohle, lufterfüllt	0,4
„ luftfrei	1,4 —1,5
Holzpflasterung	0,69—0,72
Hornblende	3,0
Isolierbims	0,38
Jod	4,95
Kalium	0,865
Kalk, gebrannt, gesch.	0,9 —1,3
„ gelöscht	1,15—1,25
Kalkmörtel, trocken	1,60—1,65
„ frisch	1,75—1,80
Kalksandsteine	1,89—1,92
Kalkspat	2,6 —2,8
Kalkstein	2,46—2,84
Kanonengut	8,44
Kaolin (Porzellanerde)	2,2
Kartoffel	1,06—1,13
Kautschuk, roh	0,92—0,96
Kies	1,8 —2,0
Kieselerde	2,66
Kieselsäure, kristall.	2,2 —2,6
Knochen	1,7 —2,0
Kobalt	8,51—9,5
Kobaltglanz	6,0 —6,1
Kochsalz, gesotten	2,15—2,17
Koks im Stück	1,4
Kolophonium	1,07
Kork	0,24
Korkstein, weißer	0,25
Korkstein, schwarzer	0,56
Korund	3,9 —4,0
Kreide	1,8 —2,6
Kunstsandstein	2,0 —2,1
Kupfer, gegossen	8,8 —9,0
Kupferglanz	5,5 —5,8
Kupferkies	4,1 —4,3
Kupfervitriol, kristall.	2,2 —2,3
Lagermetall, Weißmetall	7,1
Lava	2,8 —3,0
Leder, gefettet	1,02
„ trocken	0,86
Lehm, trocken	1,5 —1,6
„ frisch gegraben	1,67—1,85
Leim	1,27
Linoleum in Rollen	1,15—1,30
Magnesia	3,2
Magnesit	3,0
Magnesium	1,74
Magneteisenstein	4,9 —5,2
Magnetkies	4,54—4,64
Malachit	3,7 —4,1
Mangan	7,15—8,03
Manganerz	3,46—4,1
Marmor	2,52—2,85
Meerschaum	0,99—1,28
Mehl, lose	0,4 —0,5
Mehl, zusammengepreßt	0,7 —0,8
Melaphyr	2,6
Mennige, Blei-	8,6 —9,1
Mergel	2,3 —2,5
Messing	8,52—8,75
Mühlsteinquarz	1,25—1,60
Naphthalin	1,15
Natrium	0,978
Neusilber	8,4 —8,7
Nickel	8,9 —9,2
Ocker	3,5
Papier	0,70—1,15
Paraffin	0,87—0,91
Pech	1,07—1,10
Phenol (bei 0°)	1,08—1,09
Phosphor	1,82—2,4
Phosphorbronze	8,8
Platin, gehämmert	21,3 —21,5
„ gegossen	21,15
Polierschiefer	2,1
Porphyr	2,6 —2,9
Porzellan	2,3 —2,5
Pottasche	2,26
Preßkohle (Brikett)	1,25
Quarz	2,5 —2,8
Roggen, geschüttet	0,68—0,79
Roheisen	7,0 —7,8
Roteisenstein	4,5 —4,9
Salmiak	1,5 —1,6
Salpeter, Kali-	1,95—2,08
Sand, fein und trocken	1,40—1,65
„ fein und feucht	1,90—2,05
„ grob	1,4 —1,5
Sandstein	2,2 —2,5
Schafwolle, lufttrocken	1,32
Schamottesteine	1,85
Schiefer	2,65—2,70
Schießpulver, lose	0,9
„ gestampft	1,75
Schlacke, Hochofen-	2,5 —3,0
Schmirgel	4,0
Schnee, lose	0,125
Schwefel	1,93—2,1
Schwefelkies (Pyrit)	4,9 —5,2
Schweißeisen	7,8
„ als Draht	7,60—7,75
Schweißstahl	7,86
Schwerspat	4,5
Serpentin	2,4 — 2,7

Silber	10,42—10,63	Tuffstein im Stück	1,3
Soda, geglüht	2,5	„ als Ziegel	0,8 — 0,9
„ kristall.	1,45	Wachs	0,95— 0,98
Spateisenstein	3,7 —3,9	Walrat	0,88— 0,94
Speckstein	2,6 —2,8	Weißmetall	7,1
Speiskobalt	6,4 —7,3	Weizen, geschüttet	0,7 — 0,8
Stärke im Stück	1,53	Wismut	9,78—10,1
Stahl	7,85—7,87	Wolfram	17,5
Steinkohle im Stück	1,2 —1,5	Zemente	0,82—1,95
Steinsalz	2,28—2,41	Ziegel, gewöhnl.	1,4 —1,6
Strontianit	3,7	„ Klinker	1,7 —2,0
Strontium	2,5	Ziegelmauerwerk	1,4 —1,65
Syenit	2,6 —2,8	Zink	6,8 —7,2
Talg	0,90—0,97	Zinkblende	3,9 —4,2
Ton	1,8 —2,6	Zinkchlorid	2,75
Tonschiefer	2,76—2,88	Zinkspat (Galmei)	4,1 —4,5
Topas	3,51—3,57	Zinkvitriol, kristall.	2,04
Torf	0,64—0,85	Zinn	7,0 —7,5
Torfstreu, gepreßt	0,21—0,23	Zinnstein	6,4 —7,0
Trachyt	2,6 —2,8	Zinnober	8,12
Traß, gemahlen	0,95	Zucker, weißer	1,61

11. Spezifische Gewichte von Flüssigkeiten

(bei etwa $+15°$ C Temperatur).

Name der Flüssigkeit	Spez. Gew.	Name der Flüssigkeit	Spez. Gew.
Aceton	0,79	Leinöl, gekochtes	0,94
Äther (Äthyläther)	0,74	Methylalkohol	0,81
Aldehyd	0,80	Milch	1,03
Alkohol (wasserfrei)	0,79	Mineralschmieröle	0,90—0,93
Amylalkohol	0,81	Mohnöl	0,92
Anilin	1,04	Naphtha, Petroleum-	0,76
Anisöl	1,00	Natronlauge	1,15—1,7
Baldrianöl	0,97	Ölsäure	0,90
Baumwollsamenöl	0,93	Olivenöl (Baumöl, Provenceöl)	0,92
Benzin	0,68—0,70	Palmöl	0,91
Benzol	0,90	Petroleumäther	0,67
Bernsteinöl	0,80	Petroleum, Leucht-	0,79—0,82
Bier	1,02—1,04	Photogen	0,78—0,85
Brom	3,19	Quecksilber	13,5956
Buttersäure	0,96	Rapsöl	0,92
Campheröl	0,91	Rizinusöl	0,97
Carbolsäure, roh	0,95—0,97	Rüböl	0,92
Chlornatrium	1,10	Salpetersäure	1,1 —1,5
Chloroform	1,48	Salzsäure	1,05—1,2
Cocosnußöl	0,93	Schwefelkohlenstoff	1,29
Eiweiß	1,04	Schwefelsäure	1,1 —1,89
Glycerin	1,26	Seewasser	1,02—1,03
Harzöl	0,96	Specköl	0,92
Holzgeist	0,80	Teer, Steinkohlen-	1,20
Kalilauge	1,10—1,7	Terpentinöl	0,87
Kienöl	0,85—0,86	Tran	0,92—0,93
Klauenfett	0,92	Wasser (destilliert)	1,00
Kokosnußöl	0,93	Wein	0,99—1,01
Kreosotöl	1,04—1,10	Zinkvitriol	1,1 —1,4
Kupfervitriol	1,1	Zitronenöl	0,84
Lavendelöl	0,88		

12. Längenmaße, Flächenmaße, Raummaße

Regeln zur Verwandlung von

1. Höhere Sorten in niedere:

Man multipliziere die Zahl der höheren Sorte mit der Verhältniszahl. Es ist hierbei gleichgültig, ob die gegebene Zahl größer oder kleiner als 1 ist.

Z. B.: 0,498 £ wieviel Schilling? 0,498 · 20 = 9,96 s,
0,96 s = 0,96 · 12 d = 11,52 d,
0,498 £ = 9 s 11,5 d.

Ländernamen	Längenmaße	Flächenmaße
Ägypten	metrisch	metrisch
Argentinische Republik	metrisch	metrisch
Brasilien	metrisch	metrisch
Bulgarien	metrisch	metrisch
China	1 Yin zu 10 Tschi (Covid, Fuß) zu 10 Tsun (Pant) zu 10 Fän = 3,73 m 1 Yin nach Vertrag mit England = 3,581 m 1 Li (Meile) zu 180 Faden zu 10 Feldmesser-Covid = 0,5755 km	1 Mau = 631 qm 1 King = 0,2453 ha Seidenzeug nach Gewicht
Deutsches Reich	1 Meter (m) zu 100 Zentimeter (cm) zu 10 Millimeter (mm) 1 Kilometer (km) = 1000 m 1 deutsche Landmeile = 7,5 km 1 geographische Meile (15 = 1 Äquatorgrad) = 7,420 438 54 km 1 deutsche (und franz.) **Seemeile** (60 = 1 Meridiangrad) = **1,852 km** 1 Faden = 1,829 m 1 Kabel = 0,22 km 1 Äquatorgrad = 111,3064 km 1 Meridiangrad = 111,1111 km	1 Quadratmeter (qm) zu 10 000 Quadratzentimeter (qcm) zu 100 Quadratmillimeter (qmm) 1 Hektar (ha) zu 100 Ar (a) zu 100 qm 1 Quadratkilometer (qkm) = 100 ha 1 geographische Quadratmeile = 55,062 91 qkm
Frankreich	metrisch, früher: 1 Pariser Fuß = 0,324 839 m (1 m = 443,295 936 Par. Lin.)	metrisch
Griechenland	metrisch 1 griechische Meile = 10 km	metrisch 1 Stremma = 10 a
Großbritannien (das metrische Maß und Gewicht sind zugelassen)	1 Zoll, Inch (12 teilig) = 2,539954 cm 1 Fuß (= 12 Zoll) = 0,304 794 49 m 1 Yard (= 3 Fuß) = 0,914 383 5 m 1 Fathom = 2 Yards = 6 Fuß = 72 Zoll = 1,828 767 m 1 Chain zu 100 Links zu 7,92 Inches = 20,12 m 1 Statute Mile zu 8 Furlongs zu 40 Ruten zu 2,75 Fathoms zu 2 Yards = 1,609 314 9 km (1 Statute Mile = 1760 Yards)	1 Qu.-Zoll = 6,4514 qcm 1 Qu.-Fuß = 0,092 90 qm 1 Qu.-Yard = 0,8361 qm 1 Acre = 160 Qu.-Ruten = 4840 Qu.-Yards = 40,4671 a 1 Yard of land = 30 Acres = 12,1401 ha 1 Hide of land = 100 Acres = 40,467 ha 1 Mile of land = 640 Acres = 2,59 qkm

und Gewichte verschiedener Länder.

Geld-, Maß- und Gewichtssorten.

2. Niedere Sorten in höhere:

Die Zahl der niederen Sorte, gleichgültig ob größer oder kleiner als die Verhältniszahl, wird durch die Verhältniszahl dividiert.

Z. B.: 9 s 11,52 d wieviel £? 11,52 : 12 = 0,96 s,
9,96 s : 20 = 0,498 £.

Raummaße	Gewichte	Ländernamen
metrisch	metrisch	**Ägypten**
metrisch	metrisch	**Argentinische Republik**
metrisch	metrisch	**Brasilien**
metrisch	metrisch	**Bulgarien**
1 Tschi Getreide zu 10 Sching = 1,031 hl 1 Sai Getreide zu 2 Hwo zu 10 Sching = 1,2243 hl (Getreide und Flüssigkeiten sonst meist nach Gewicht)	1 Pikul zu 100 Kätties zu 16 Tael (Liang) = 60,453 kg 1 Tael zu 10 Mähs oder Tsin zu 10 Condorin oder Fän zu 10 Käsch (Sabek) = 37,793 g (für Silber = 37,753 g)	**China**
1 Kubikmeter (cbm) zu 1000 Liter (l) zu 1000 Kubikzentimeter (ccm) zu 1000 Kubikmillimeter (cmm) 1 Hektoliter (hl) = 100 l 1 Scheffel = 0,5 hl (nicht mehr amtlich) 1 Oxhoft = 2,20 hl 1 Stückfaß = 12,00 hl 1 Tonne (Schiffsmaß) = 2,12 cbm 1 Registertonne = 2,833 cbm	1 Kilogramm (kg) = 1000 Gramm (g) zu 1000 Milligramm (mg) 1 kg = 2 (alte) Zoll-Pfund 1 Tonne (t) (früher zu 20 Zentner) = 1000 kg 1 Doppelzentner (dz) = 100 kg 1 Schiffslast zu 2 Tonnen 2000 kg	**Deutsches Reich**
metrisch 1 Stère = 1000 l	metrisch	**Frankreich**
metrisch 1 Kiló = 1 hl	metrisch 1 Stater = 56,32 kg	**Griechenland**
1 Kub.-Zoll = 16,386 ccm 1 Kub.-Fuß = 0,028 315 cbm 1 Kub.-Yard = 0,7645 cbm 1 Register-Ton = 100 Kub.-Fuß = 2,832 cbm 1 Imperial Gallon von 277,2738 Kub.-Zoll = 4,5435[1])	1 Pfd. avoirdupoids **(lbs)** [Handelsgewicht] zu 16 Ounces zu 16 Drams = 0,453 592 65 kg = 7000 Troygrains 1 Troypfund [Gold-, Silber u. Münzsowie Apothekergewicht] zu 12 Ounces zu 20 Pennyweights (dw) = 5760 Grains = 0,373 241 95 kg	**Großbritannien** (das metrische Maß und Gewicht sind zugelassen)

[1]) Imperial Gallon von 1824. Mit der Jahreszahl 1890 wird ein Imperial Gallon zu 277,463 Kub.-Zoll = 4,546 5087 18 l angegeben; 1 l = 0,219949 Imperal Gallons. Hieraus ergibt sich 1 hl = 2,7466 Bushel; 1 Bushel = 0,3637 hl.

Ländernamen	Längenmaße	Flächenmaße
Großbritannien (das metrische Maß und Gewicht sind zugelassen)	1 Nautical Mile (Knot) zu 6080 Fuß = 1,853 15 km Kaufmännisch: 12 Yards = 11 m	
Ostindien (britisch)	1 Guz zu 2 Hat zu 24 Angli = 1 engl. Yard = 0,9144 m 1 Meile z. 1000 engl. Faden z. 4 Cubits oder 2 Bombay-Guz = 1,8288 km 1 Cubit (Madras) = 0,4572 m 1 Guz (Bombay) = 0,6858 m 1 Guz (Bengalen) = 0,9144 m Im Großhandel das engl. Yard	1 Qu.-Yard = 0,8361 qm 1 Acre = 40,4671 a 1 Qu.-Fuß = 0,0929 qm 1 Qu.-Cubit = 0,209 qm 1 Qu.-Guz (Bombay) = 0,4703 qm 1 Qu.-Meile = 3,3444 qkm
Japan	metrisch und englisch 1 Shaku Kane zu 10 Sun zu 10 Bu = 0,303 m 1 Ri zu 36 Tschô zu 60 Ken zu 6 Shaku = 3,927 km	metrisch und englisch 1 Qu.-Tsch = 0,991 74 ha
Österr.-Ungarn	metrisch	metrisch
Paraguay	metrisch, früher: 1 Vara = 0,866 m 1 Legua = 4,33 km	metrisch, früher: 1 Qu.-Legua = 17,43 qkm
Preußen (altes Maß)	1 Rute zu 12 Fuß = 3,766 24 m	1 Qu.-Zoll = 6,8406 qcm 1 preuß. Morgen = 25 Ar = 1/4 Hektar = 2553,2 qm
Dänemark **Norwegen**	In Dänemark, Norwegen: 1 Rute zu 5 Alen zu 2 Fuß = 3,138 535 m 1 Meile zu 2000 preußische Ruten = 7,532 484 km in Norwegen 1 Meile zu 6000 Faden = 11,295 km daneben metrisch	In Dänemark: 1 Qu.-Rute zu 100 Qu.-Fuß = 9,85 qm 1 Tonne Land zu 560 Qu.-Ruten = 0,551 63 ha daneben metrisch
Rumänien	metrisch	metrisch
Rußland **Polen**	metrisch, engl. Fußmaß. 1 Saschehn (z. 7 Fuß od.) z. 3 Arschin zu 16 Werschock = 2,133 57 m 1 russ. Fuß = 1 engl. Fuß (Zoll 10 teilig) 1 Werst = 1,066 781 km 1 Meile zu 7 Werst = 7,467 465 km	metrisch, engl. Fußmaß. 1 Dessätine = 1,0925 ha 1 Qu.-Saschehn = 4,5521 qm 1 Qu.-Werst = 1,138 02 qkm

Raummaße	Gewichte	Ländernamen
1 alter (Winchester-)Gallon von 231 Kub.-Zoll = $^5/_6$ Imp. Gallon = 3,785 203 l 1 Last zu 10 Quarters zu 8 Bushels zu 4 Peks zu 2 Gallons = 29,078 924 hl 1 Barrel zu 2 Kilderkin zu 2 Firkin = 1,635 hl 1 Anker = 10 Imp. Gallons von 1824 = 0,454 35 hl 1 Tun zu 2 Pipes (Butts) zu 2 Hogsheads zu 63 Gallons = 11,45 hl	1 Schiffston (short ton, Canada, Ver. St. [s. u.]) = 2000 Pfund (lbs) = 907,1853 kg 1 Ton (long ton) = 20 Hundred- (cent-) weight zu 4 Quarters zu 28 Pfund (= 2240 lbs) = 1016,0475 kg	**Großbritannien** (das metrische Maß und Gewicht sind zugelassen)
Flüssigkeiten n. engl. Imp. Gallons oder wie Getreide nach Gewicht 1 Khahoon (Bengalen) zu 16 Soallees wiegt 1354,73 kg 1 Kandry Reis (Bombay) wiegt 97,95 kg 1 Garce (Madras) zu 80 Parahs = 4,916 cbm	1 Bazar Maund zu 40 Sihrs (Seers) zu 16 Chittaks = 37,324 kg 1 Faktorei Maund = 33,868 kg 1 Madras Maund = 11,34 kg 1 Bombay Maund = 12,70 kg	**Ostindien** (britisch)
metrisch und englisch 1 Sho zu 10 Go zu 10 Sai zu 10 Satsu = 1,803 907 l 1 Koko zu 10 To zu 10 Sho = 1,803 907 hl	metrisch und englisch 1 Kin zu 160 Momme zu 10 Fun zu 10 Rin = 0,601 kg 1 Kwan zu 1000 Momme = 3,7565 kg	**Japan**
metrisch	metrisch	**Österr.-Ungarn**
metrisch, früher: 1 Fanega = 2,88 hl 1 Pipa = 4,560 26 hl	metrisch, daneben: 1 Quintal zu 4 Arrobas zu 25 Libra = 46,008 kg	**Paraguay**
1 Kub.-Fuß = 0,030 92 cbm 1 Kub.-Zoll = 17,891 ccm 1 Klafter zu 108 Kub.-Fuß = 3,339 cbm 1 Schachtrute zu 144 Kub.-Fuß = 4,452 cbm 1 Oxhoft zu 1,5 Ohm zu 2 Eimer zu 2 Anker zu 30 Quart zu 64 Kub.-Zoll = 2,061 05 hl 1 Scheffel zu 16 Metzen zu 3 Quart = 0,549 61 hl	1 (Zoll-)Pfd. zu 30 Lot zu 10 Quentchen zu 100 Korn = 0,500 kg 1 alt. preuß. (u. württemberg.) Pfd. = 0,4677 kg 1 Schiffslast zu 40 Zentner zu 100 Pfd. = 2000 kg 1 Hamburger Komm.-Last = 6000 Pfund	**Preußen** (altes Maß)
	In Dänemark: 1 Komm.-Last zu 5200 Pfund = 2600 kg daneben metrisch	**Dänemark**
	In Norwegen: 1 Ztr. = 49,811 kg daneben metrisch	**Norwegen**
metrisch	metrisch	**Rumänien**
metrisch, engl. Fußmaß. 1 Kub.-Saschehn = 9,7123 cbm 1 Botschka zu 40 Wedro zu 100 Tscharka = 4,9195 hl 1 Krutschka (Stoof) = 1,229 89 l 1 Tschetwert zu 8 Tschetwerik zu 8 Garnitzi = 2,099 hl 1 Wedro zu 10 Krutschka 1 Standard = 4,672 cbm	1 Pfund = 0,409 531 kg 1 Pud zu 40 Pfund zu 32 Lot = 16,38048 kg 1 Tonne zu 12 Berkowitz zu 10 Pud = 1965,66 kg 1 Last = 2025,41 kg	**Rußland Polen**

Ländernamen	Längenmaße	Flächenmaße	Raummaße	Gewichte
Schweden	metrisch, früher: 1 Famn zu 3 Alen zu 2 Fuß zu 10 Zoll = 1,7814 m 1 Meile = 10,6886 km	metrisch, früher: 1 Tunnland zu 2 Spanland zu 16 Kappland zu $3^1/_2$ Kannland = 56 000 Qu.-Fuß = 0,493 641 ha	metrisch, früher: 1 Ahm zu 6 Kub.-Fuß zu 10 Kannen = 1,570 313 hl 1 Tonne = 1,6489 hl	metrisch, früher: 1 Zentner zu 100 Skalpund zu 100 Ort = 42,507 58 kg 1 Schiffspfd. = 170,028 kg 1 Schiffslast = 5760 Pfd. = 2450 kg
Spanien	metrisch	metrisch	metrisch	metrisch
Südamerika[1])	metrisch, altkastilisch. 1 Vara = 3 Piks = 4 Palmos = 0,8359 m 1 Legua = 5,565 km	metrisch, altkastilisch. In Venezuela: 1 Fanegada=0,6987 ha	metrisch, auch altkastilisch. 1 Cahiz zu 12 Fanegas zu 12 Celemines = 6,66 hl 1 Cantara zu 8 Acumbres zu 4 Cuartillas = 16,328 l 1 Moyo = 2,5826 hl 1 Pipa = 4,3570 hl 1 Bota = 4,8411 hl	metrisch, auch altkastilisch. 1 Quintal zu 4 Arrobas zu 25 Libras zu 2 Marco zu 8 Oncas = 46,0093 kg 1 Tonnelada = 20 Quintal = 920 kg
Türkei	metrisch	metrisch	metrisch	metrisch
Uruguay	metrisch, früher: 1 Vara = 0,859 m 1 Legua = 5,154 km	metrisch, früher: 1 Qu.-Legua = 26,6 qkm	metrisch, früher: 1 Pipa = 4,554 24 hl 1 Fanega = 1,372 72 hl 1 Galon = 3,805 l	metrisch, früher: 1 Quintal zu 4 Arrobas zu 25 Libras = 45,94 kg 1 Tonnelada = 918,8 kg
Vereinigte Staaten von Nordamerika (Metrisches Maß und Gewicht sind zugelassen)	englisch, jedoch: 1 Mile = 1,609 33 km 1 Naut. M. = 1,854 95 km 1 Statute M. = 3 Naut. Miles	englisch. 1 Qu.-Meile (Sektion) = 2,5899 qkm 1 Township zu 36 Sektionen = 93,236 qkm	altenglisch. 1 (Wein-)Gallon zu 4 Quarts zu 2 Pints zu 4 Gills zu 4 Fluid Ounces = 3,7862 l 1 Trocken-Gall. (Getreidem.) von 268,803 Kub.-Zoll = 4,4046 l (1 Bushel = 8 Trocken-Gall.) 1 gehäuft. Gallon = $1^1/_4$ Trocken-Gallons	englisch. 1 Hundred-weight häufig (z. B. in Newyork) zu 4 Quarters zu 25 Pfund = 45,359 kg 1 Ton (short ton) zu 2000 Pfund (lbs) = 907,1853 kg 1 long ton zu 2240 Pfund (lbs) = 1016,0475 kg

[1]) Die Angaben gelten für Bolivia, Chile, Ekuador, Guatemala, Honduras, Kolumbien, Kostarika, Nikaragua, Peru, S. Salvador und Venezuela.

13. Vergleichung von Maßen und Gewichten.

Raummaße.

Englisch-Deutsch.

1 Kubikfuß	=	0,02832 cbm
1 „	=	28,32 Liter
1 Load	=	1,41576 cbm
1 Pint	=	0,568 Liter
2 „ = 1 Quart	=	1,136 „
4 Quart = 1 Gallone	=	4,544 „
1 Bushel = 8 Gallonen	=	36,35 „
8 „ = 1 Quarter	=	291 „
1 Registertonne = 100 cbfß	=	2,83152 cbm

Beispiel: 2 cbfß wieviel cbm? 0,02832 · 2 = 0,05664 cbm.

Deutsch-Englisch.

1 Kubikmeter	=	35,317 Kubikfuß
1 „	=	0,7063 Loads
1 „	=	0,3532 Registertons
1 „	=	220,10 Gallonen
1 Liter	=	0,2201 Gallonen
1 „	=	1,75 Pints

1 englische Maßtonne (ton measurement) zu 40 cbfß = 1,1326 cbm

oder

1 cbm = 0,883 t zu 40 cbfß (engl. Maßtonne).

In einzelnen Häfen rechnet man auch mit Maßtonnen zu 50 cbfß = 1,42 cbm oder 1 cbm = 0,707 t zu 50 cbfß.

1 Petersburg Standard = 165 cbfß = 4,672 cbm

1 Tschetwert (russisch) = 209,9 Liter.

1 Stückfaß = 1200 Liter
1 Oxhoft = 220 „
Die Standard Oil Co. Amerika rechnet ihre Petroleumfässer zu 42 Gallonen = 191 Liter.

1 Tun zu 2 Pipes	=	1145 Liter
1 Puncheon	=	382 „
1 Hogshead	=	286 „
1 Barrel	=	164 „
1 Kilderkin	=	82 „
1 Firkin	=	41 „

Gewichte.

Englisch-Deutsch.

1 engl. Unze (Handelsgewicht)	=	28,3 Gramm
16 „ Unzen = 1 engl. Pfund	=	453,6 Gramm = 0,45359 Kilogr.
112 Pfund = 1 engl. Zentner	=	50,802 Kilogr.
1 engl. Tonne (dead weight)	=	1016 Kilogr. = 1,016 deutsche Tonne

Deutsch-Englisch.

1 Gramm	=	0,035 Unzen
500 „ = 1 deutsches Pfund	=	1 engl. Pfund $1^1/_2$ Unzen
1000 „ = 1 Kilogramm	=	2 „ „ 3 „
	=	2,20455 engl. Pfund
100 Pfund = 1 Zentner	=	110,23 „ „
20 Zentner = 1000 Kilogr. = 1 Tonne	=	2204,6 „ „

Längenmaße (Englisch-Deutsch).

Zoll in Meter.

Zoll .	1	2	3	4	5	6	7	8	9	10	11	12
Meter	0,025	0,051	0,076	0,102	0,127	0,152	0,178	0,203	0,229	0,254	0,279	0,305

Fuß in Meter.

Fuß	0	1	2	3	4	5	6	7	8	9
0	0,00	0,30	0,61	0,91	1,22	1,52	1,83	2,13	2,44	2,74
10	3,05	3,35	3,66	3,96	4,27	4,57	4,88	5,18	5,49	5,79
20	6,10	6,40	6,71	7,01	7,32	7,62	7,92	8,23	8,53	8,84
30	9,14	9,45	9,75	10,06	10,36	10,67	10,97	11,28	11,58	11,89
40	12,19	12,50	12,80	13,11	13,41	13,72	14,02	14,33	14,63	14,93
50	15,24	15,54	15,85	16,15	16,46	16,76	17,07	17,37	17,68	17,98
60	18,29	18,59	18,90	19,20	19,51	19,81	20,12	20,42	20,73	21,03
70	21,34	21,64	21,95	22,25	22,55	22,86	23,16	23,47	23,77	24,08
80	24,38	24,69	24,99	25,30	25,60	25,91	26,21	26,52	26,82	27,13
90	27,43	27,74	28,04	28,35	28,65	28,96	29,26	29,57	29,87	30,17

Faden in Meter.

Faden	0	1	2	3	4	5	6	7	8	9
0	0,00	1,83	3,66	5,49	7,32	9,14	10,97	12,80	14,63	16,46
10	18,29	20,12	21,95	23,77	25,60	27,43	29,26	31,09	32,92	34,75
20	36,58	38,40	40,23	42,06	43,89	45,72	47,55	49,38	51,21	53,03
30	54,86	56,69	58,52	60,35	62,18	64,01	65,84	67,66	69,49	71,32
40	73,15	74,98	76,81	78,64	80,47	82,29	84,12	85,95	87,78	89,61
50	91,44	93,27	95,10	96,92	98,75	100,58	102,41	104,24	106,07	107,90
60	109,73	111,55	113,38	115,21	117,04	118,87	120,70	122,53	124,36	126,18
70	128,01	129,84	131,67	133,50	135,33	137,16	138,99	140,82	142,64	144,47
80	146,30	148,13	149,96	151,79	153,62	155,45	157,27	159,10	160,93	162,76
90	164,59	166,42	168,25	170,08	171,91	173,73	175,56	177,39	179,22	181,05

Längenmaße (Deutsch-Englisch.)

Zehntel Meter in Fuß und Zoll.

Meter	0,1	0,2	0,3	0,4	0,5	0,6	0,7	0,8	0,9	1,0
	0′ 4″	0′ 8″	1′ 0″	1′ 4″	1′ 8″	2′ 0″	2′ 4″	2′ 7″	2′ 11″	3′ 3″

Meter in Fuß und Zoll.

Meter	0	1	2	3	4	5	6	7	8	9
0	0′ 0″	3′ 3″	6′ 7″	9′10″	13′ 1″	16′ 5″	19′ 8″	23′ 0″	26′ 3″	29′ 6″
10	32 10	36 1	39 4	42 8	45 11	49 3	52 6	55 9	59 1	62 4
20	65 7	68 11	72 2	75 6	78 9	82 0	85 4	88 7	91 10	95 2
30	98 5	101 9	105 0	108 3	111 7	114 10	118 1	121 5	124 8	127 11
40	131 3	134 6	137 10	141 1	144 4	147 8	150 11	154 2	157 6	160 9
50	164 1	167 4	170 7	173 11	177 2	180 5	183 9	187 0	190 4	193 7
60	196 10	200 2	203 5	206 8	210 0	213 3	216 6	219 10	223 1	226 5
70	229 8	232 11	236 3	239 6	242 9	246 1	249 4	252 8	255 11	259 2
80	262 6	265 9	269 0	272 4	275 7	278 11	282 2	285 5	288 9	292 0
90	295′ 3″	298′ 7″	301′10″	305′ 1″	308′ 5″	311′ 8″	315′ 0″	318′ 3″	321′ 6″	324′10″

Meter in Faden.

Meter	0	1	2	3	4	5	6	7	8	9
0	0,0	0,5	1,1	1,6	2,2	2,7	3,3	3,8	4,4	4,9
10	5,5	6,0	6,6	7,1	7,7	8,2	8,7	9,3	9,8	10,4
20	10,9	11,5	12,0	12,6	13,1	13,7	14,2	14,8	15,3	15,9
30	16,4	17,0	17,5	18,0	18,6	19,1	19,7	20,2	20,8	21,3
40	21,9	22,4	23,0	23,5	24,1	24,6	25,2	25,7	26,2	26,8
50	27,3	27,9	28,4	29,0	29,5	30,1	30,6	31,2	31,7	32,3
60	32,8	33,4	33,9	34,4	35,0	35,5	36,1	36,6	37,2	37,7
70	38,3	38,8	39,4	39,9	40,5	41,0	41,6	42,1	42,7	43,2
80	43,7	44,3	44,8	45,4	45,9	46,5	47,0	47,6	48,1	48,7
90	49,2	49,8	50,3	50,9	51,4	51,9	52,5	53,0	53,6	54,1

Kubikfuß in Kubikmeter (und umgekehrt).

cbfß	cbm	cbfß	cbm	cbfß	cbm	cbfß	cbm
1	0,03	26	0,74	51	1,44	76	2,15
2	0,06	27	0,76	52	1,47	77	2,18
3	0,09	28	0,79	53	1,50	78	2,21
4	0,11	29	0,82	54	1,53	79	2,24
5	0,14	30	0,85	55	1,56	80	2,26
6	0,17	31	0,88	56	1,58	81	2,29
7	0,20	32	0,91	57	1,61	82	2,32
8	0,23	33	0,93	58	1,64	83	2,35
9	0,26	34	0,96	59	1,67	84	2,38
10	0,28	35	0,99	60	1,70	85	2,41
11	0,31	36	1,02	61	1,73	86	2,43
12	0,34	37	1,05	62	1,76	87	2,46
13	0,37	38	1,08	63	1,78	88	2,49
14	0,40	39	1,10	64	1,81	89	2,52
15	0,43	40	1,13	65	1,84	90	2,55
16	0,45	41	1,16	66	1,87	91	2,58
17	0,48	42	1,19	67	1,90	92	2,60
18	0,51	43	1,22	68	1,92	93	2,63
19	0,54	44	1,25	69	1,95	94	2,66
20	0,57	45	1,27	70	1,98	95	2,69
21	0,59	46	1,30	71	2,01	96	2,72
22	0,62	47	1,33	72	2,04	97	2,75
23	0,65	48	1,36	73	2,07	98	2,77
24	0,68	49	1,39	74	2,09	99	2,80
25	0,71	50	1,42	75	2,12	100	2,83

Tons zu 40 Kubikfuß in Kubikmeter (und umgekehrt).

t	cbm	t	cbm	t	cbm	t	cbm
1	1,13	26	29,45	51	57,76	76	86,08
2	2,27	27	30,58	52	58,90	77	87,21
3	3,40	28	31,71	53	60,03	78	88,34
4	4,53	29	32,85	54	61,16	79	89,48
5	5,66	30	33,98	55	62,23	80	90,61
6	6,80	31	35,11	56	63,42	81	91,74
7	7,93	32	36,24	57	64,55	82	92,87
8	9,06	33	37,38	58	65,69	83	94,01
9	10,19	34	38,51	59	66,82	84	95,14
10	11,33	35	39,64	60	67,96	85	96,27
11	12,46	36	40,77	61	69,09	86	97,40
12	13,59	37	41,91	62	70,22	87	98,54
13	14,72	38	43,04	63	71,35	88	99,67
14	15,86	39	44,17	64	72,49	89	100,80
15	16,99	40	45,30	65	73,62	90	101,93
16	18,12	41	46,44	66	74,75	91	103,07
17	19,25	42	47,57	67	75,88	92	104,20
18	20,39	43	48,70	68	77,02	93	105,33
19	21,52	44	49,83	69	78,15	94	106,46
20	22,65	45	50,97	70	79,28	95	107,60
21	23,78	46	52,10	71	80,41	96	108,73
22	24,92	47	53,23	72	81,55	97	109,86
23	26,05	48	54,36	73	82,68	98	110,99
24	27,18	49	55,50	74	83,81	99	112,13
25	28,32	50	56,63	75	84,95	100	113,26

14. Münztafel[1]).

Pari-Wert 1914. — GW. = Goldwährung. SW. = Silberwährung. DW. = Doppelwährung. PW. = Papierwährung. Beispiele siehe S. 386 u. 387.

Ländernamen	Münzsorte	Deutsch ℳ zur Friedenszeit	₰
Ägypten (GW.)	1 Sequin (ägypt. Pfd.) zu 100 Piaster zu 10 Oschrel-Gersch	20	75
	1 Beutel = 500 Piaster.		
	1 Piaster zu 40 Para zu 12 Gedid	—	20,75
Arabien	1 Krusch zu 40 Diwani	1	67,5
	1 Mahmudi zu 20 Gass	—	21,4
	1 Mokkataler zu 80 Cabir	3	55
	1 Maria-Theresien-Taler (Silberwert)	1	73
Argentinien (GW.)	1 Peso nacional (Gold) zu 100 Centavos	4	05
	1 Papierpeso etwa	1	80
Belgien (DW.)	Wie Frankreich.		
Brasilien (GW.)	1 Goldpeso zu 100 Centavos	4	05
	10 Milreis-Goldstück	22	93
	1 Conto di Reis = 1000 Milreis	2292	75
	1 Papiermilreis etwa	1	02
Bulgarien (SW.)	1 Lew (Frank) zu 100 Stotinki	—	81
	Keine eigenen Goldmünzen, nur Silbermünzen und in Gold einlösbare Banknoten.		
China (SW.)	1 Haikuan-Tael Silber (amtlich)	6	41
	Man zahlt mit Silber (und Gold) nach Gewicht (Tael). Chin. Dollar etwa	2	—
Dänemark (GW.)	1 Krone Silber = 100 Öre	1	12,5
	1 Krone Silber (als Scheidemünze)	1	08
	1 20-Kronenstück	22	50
Deutsches Reich (GW.??)	1 Mark [ℳ] zu 100 Pfennig [₰]	1	—
	In Gold: 20- und 10-Markstücke (von 8 und 4 g Gewicht).		
	In Silber: 5-, 2-, 1-, $^1/_2$-Markstücke.		
	In Nickel: 10-, 5-Pfennigstücke.		
	In Kupferbronze: 2-, 1-Pfennigstücke.		
	1 kg fein Gold = 2790 Mark.		
	1 kg fein Silber = 180 Mark Gold.		
	1 kg Gold = 15,5 kg Silber.		
Frankreich (DW.)	1 Frank = 20 Sous = 100 Centimes	—	81
	1 20-Frankstück	16	20
Griechenland (DW.)	1 Altdrachme zu 100 Lepta	—	72,5
	1 Neudrachme zu 100 Lepta	—	81
	1 20-Drachmenstück	16	20
Großbritannien (GW.)	1 Pfd. Sterling oder 1 Sovereign [£] zu 20 Schilling (s)	20	42,95
	1 Guinee zu 21 s	21	45
	1 Schilling = 12 Pence [deniers, d] zu 4 Farthings	1	02
	1 Pfd. Sterling zu 15 Rupien	20	43
in **Indien**	1 Rupie zu 16 Annas zu 12 Pic oder 4 Pice = 1s 4d	1	36
	1 10-Rupienstück = zwei 5-Rupienstücke in Gold	19	89
in **Afrika**	1 Rupie	1	36
Japan (GW.)	1 Goldyen zu 100 Sen zu 10 Rin	2	08
	Goldstücke: 5, 10, 20 Yen.		
	Silberstücke: 10, 20, 50 Sen.		
	Nickelstücke: 5 Sen. Kupferstücke: 1 und 5 Rin.		

[1]) Auf die Angaben der Währungen von Polen, Lettland und der anderen neugegründeten Staaten ist absichtlich verzichtet worden, da deren Währungsverhältnisse noch nicht stabil und zum Teil noch ungeklärt sind.

Ländernamen	Münzsorte	Deutsch ℳ zur Friedenszeit	Deutsch ₰ zur Friedenszeit
Italien (DW.)	1 Lire (= 1 Frank) zu 100 Centesimi	—	81
	1 Scudo zu 5 Lire. 1 20-Lirestück	16	20
Mexiko (SW.)	1 Peso [Dollar, Piaster] duro zu 8 Reales oder zu 100 Centavos (nominell 4,396 M.)	2	—
	1 Hidalgo (Gold) zu 10 Goldpesos	41	30,8
Niederlande (GW.)	1 Gulden zu 100 Cent	1	68,7
	1 10-Guldenstück (Willemsdor)	16	87
	1 Krone zu 100 Heller = 50 Kreuzer = 1,05 Fr. .	—	85
Österreich-Ungarn (GW.)	1 20-Kronenstück	17	01
	1 Gulden (fl.) österr. Währung zu 100 Kreuzer (Silber und Papier)	1	70
	8 Gulden in Gold = 20 Fr.	16	20
Persien (SW.)	1 Toman zu 10 Neukran zu 10 Senaar zu 10 Bisti zu 10 Dinar	8	10
Portugal (GW., fakt. PW.)	1 Krone zu 10 Milreis = 10 000 Reis (Realen) . .	45	36
	1 Tostao (Silber) zu 100 Reis = 41,2 Pf., gerechn. zu	—	45,36
Rumänien (GW.)	1 Lei [Piaster, Romana] zu 100 Bani (Para) . .	—	81
	1 Carold'or zu 20 Lei	16	20
Rußland (GW.)	1 Rubel Silber zu 100 Kopeken	2	16
	100 Rubel Papier.	216	—
	1 Imperial Gold zu 15 Rubel	32	40
	1 Halbimperial Gold zu 7,5 Rubel	16	20
	Finnland (GW.): 1 Mark zu 100 Penni	—	81
Schweden u. Norwegen (GW.)	1 20-Kronenstück	22	50
	1 Krone zu 100 Öre	1	12,5
Schweiz (DW.)	1 Frank zu 100 Rappen (Centimes)	—	81
	1 20-Frankstück	16	20
Serbien (DW.)	1 Dinar zu 100 Para	—	81
	1 20-Dinarstück	16	20
Spanien (DW.)	1 Peseta zu 100 Centesimos (wie Frankreich) . .	—	81
Südamerika[1] (SW.)	1 Peso corriente (nacional) (Dollar) zu 100 Centavos (Cents), tatsächlich etwa 1,80 M., nominell . .	4	05
Türkei (GW.)	1 Piaster (Gersch) zu 40 Para zu 3 Asper	—	18,46
	1 Medjidié Gold zu 100 Piaster	18	46
	1 Medjidié Silbermünze zu 19 Goldpiaster	3	40
	1 Beutel = 5 Goldmedjidié = 500 Piaster	92	30
Uruguay (GW.)	1 Goldpeso zu 100 Centimos	4	34,78
Ver. Staaten v. N.-Am. (DW.)	1 Dollar [$] zu 100 Cents [c.]	4	19,8
	1 Eagle zu 10 Dollar	41	98

1) Die Angaben gelten für Bolivia (SW.), Chile (DW.), Dominikanische Republik (SW.), Ekuador (SW.), Guatemala (SW.), Haiti (DW.), Honduras (SW.), Kolumbien (SW.), Kostarika (SW.), Nikaragua (SW.), Paraguay (PW.), Peru (SW., 1 Sol = 10 Dinaros zu 10 Centavos), S. Salvador (SW.) und Venezuela (DW.).

15. Häufig vorkommende englische Ausdrücke im Ladungsdienst.

Der deutsche Ladungsoffizier soll nach Möglichkeit versuchen, mit Deutsch überall durchzukommen, denn die deutsche Sprache und die deutschen Maß- und Gewichtssysteme können in der Welt nur dann wieder zur Geltung kommen, wenn wir die Ausländerei aufgeben.

Es seien hier einige häufig vorkommende englische Ausdrücke gegeben:

alleged not to be explosive	angeblich nicht explosiv
bags repaired	gebrauchte, reparierte Säcke
carefully note the custom regulations	Zollvorschriften genau beachten
content full	Inhalt voll
content loose	Inhalt lose, schlaff
develops damp	entwickelt Dampf, Feuchtigkeit
easely inflammable	leicht entzündbar
free from danger	frei von Gefahr
in demijohns; is accepted on deck at shippers risk	in Korbflaschen an Deck auf Gefahr der Ablader
must not be brought into contact with water	duldet kein Wasser
on deck at shippers risk	an Deck auf Abladers Verantwortung
said to be	sollen sein
said to contain	sollen enthalten
seals and packages in perfect order and condition	Siegel und Verpackung in gutem Zustande
second hand cases	gebrauchte Kisten
some bags torn	einige Säcke zerrissen
weight, contents, marks, numbers, value unknown and not answerable for damage, breakage, sweat, vermin, rust	Gewicht, Inhalt, Marken, Nummern, Wert unbekannt und nicht verantwortlich für Schaden, Bruch, Schweiß, Ungeziefer, Rost
hooks should not be used by the stevedores men	Haken sollen von den Stauern nicht benutzt werden
cif = cost, insurance, freight	Kosten, Versicherung, Fracht
fob = free on board	frei an Bord.

bag	Sack	casket	Kästchen
bale	Ballen	coil	Rolle
barrel	Faß	crates	Raufe
basket	Korb	firkin	kleines Fäßchen
bucket	Eimer	keg	kleines Fäßchen
bundle	Bündel	pail	Eimer
case	Kiste	tub	kleiner Eimer
cask	Faß		

accident	Unfall	claim	Schadenersatz beanspruchen
act	Gesetz	clean	ausfegen, reinigen
adjustment	Dispache	clear	aufklaren
afterpart (in the)	hinten	clearance	Ausklarierung
along shore man	Schauerleute	coal-barge	Kohlenleichter
authorities	Behörden	coal-dust	Kohlenstaub
average adjuster	Dispacheur	compare	vergleichen
ballast	Ballast	content	Inhalt
bill of lading	Konnossement	consignee	Empfänger
board	Behörde, Amt	corroding	einfressend
breakage	Bruch	corrosive	ätzend
broker	Makler	count	zählen
brokerage	Kourtage	crane	Kran
bung	Spund	crowbar	Kuhfuß
capacity	Ladefähigkeit	custom-house	Zollhaus
carrier	Verfrachter	damage	beschädigen
casuality	Unfall	day's work	Etmal
certificate of register	Schiffszertifikat	deadweight	Schwergut
chain	Kette	demurrage	Überliegezeit

dented	angestoßen	ropeladder	Lotsentreppe
derrick	Ladebaum	rust	Rost
despatch-money	Beförderungsgeld	sample	Probe, Muster
differ	abweichen	seal	Siegel
draught	Tiefgang	seaprotest	Verklarung
dunnage	Garnier	separately	besonders
dust	Staub	sew	nähen
duty	Zollabgabe	shipsarticles	Musterrolle
fire dangerous	feuergefährlich	short	fehlen
forepart (in the)	vorne	shut	schließen
hatch	Luke	stain	Fleck
heave	hieven	stained	fleckig
hook	Haken	strop	Stropp
hose	Schlauch	superintendent of a mercantile marine office	Wasserschout
humid	feucht	survey	Besichtigung
inch	Zollmaß	sweat	Schweiß
insurance	Versicherung	sweep	fegen
lay-days	Liegetage	sweeping	Fegsel
lighter	Leichter	swing (to)	schwoien
loose	lose, weich, schlaff	tackle	Gei, Talje
loss	Verlust	tallyman	Anschreiber
lower	fieren	tarpaulin	Persenning
moist	feucht	underwriter	Versicherer
naval court	Seeamt	unknown	unbekannt
overdue	überfällig	unseaworthiness	unseetüchtig
parcel	kleines Paket	vermin	Ungeziefer
particular	besonders	water danger	wasserscheu, gefährlich, wenn in die Nähe von Wasser kommend
partly	teilweise	weight	Gewicht
pay duty	verzollen	wet	naß
power of attorney	Vollmacht	winch	Winde
port of distress	Nothafen	wire	Draht
prohibited	verboten		
quay berth	Kaiplatz		
rags	Lumpen		
receipt (mates-)	Empfangsschein		
repair	ausbessern		
rope	Tau		

16. Ungefähre Beförderungsdauer in Tagen für Sendungen von europäischen Häfen nach Übersee.

Abgangshäfen: b = belgische, d = deutsche, e = englische, f = französische, i = italienische, p = portugiesische, sp = spanische.

Adelaide	27—30 i	Bahama-Inseln	4—5 v. NewYork	Bombay	12—18 i
Aden	7—10 i	Bahia	11—13 p	Brisbane . .	4 v. Adelaide
Akkra (Goldküste)	15 e u. f	Batavia	23—25 i	Buenos Aires .	14—19 p
Alexandrien . .	$2^3/_4$—4 i	Beira (Mosambik)	23—29 i	Buschir	19—28 i
Algier	3—4 d	Beirut	5—9 i	Calabar (Kamerun)	19 e
Amiranten . . .	17—24 f	Bender-Abbas (Persien) . . .	18—25 i	Caldera (Chile) .	33—40 d
Angola (Loanda)	15—24 p	Betschuanaland über Capstadt, Bolivien über Panama, Boma (Kongo) . . .	19 b	Canarische Inseln	2—5 sp
Antofagasta . .	32—39 d			Cape Palmas . .	18—23 d
Arica (Chile) . .	29—39 d			Capstadt . . .	17 e
Ascension . . .	14 e			Capverd. Inseln.	5—7 p
Auckland . . .	37 e			Cartagena (Columbien) . .	11 v. NewYork
Azoren	3—7 p				

Colombo . . . . 13—15 i
Colon (Panama) 6—8 v. New York
Conakry (Franz.-Guinea) . . . 10—12 f
Costa Rica 5 v. New York
Coquimbo (Chile) 32—35 f u. p
Cuba . 12—14 v. d nach Havanna
Curaçao 8—10 v. New York
Cypern . . . . 4— 5 i
Dakar (Senegal) 5 p
Daressalam 17—18 f. u. i
Delagoabai . . . 27—34 i
Djibouti . . . . 9—11 f
Duala (Kamerun) 18 f
Falkland-Inseln 27 e
Fayal . . . . . 6—7 p
Fernando Po . . 23 sp
Fidschi-Inseln . 30 e
Frz.-Guinea . . 10—12 f
Fremantle (West-australien) . . 23—26 i
Gambia (Bathurst) 13 e
Grand Bassa (Liberia) 19 b
Grand Bassam (Elfenbeinküste) 13—16 f
Guadeloupe . . 10—12 f
Guatemala von New York über New Orleans nach Puerto Barrios 5
Guyana . . . . 15 e
Hawai (von d nach Honolulu) . . . . 20—24
Haiti . . . . . 17—19 f
Honduras 5 v. New York
Hongkong . . . 25—29 i
Iquique 30—40 über New York
Jaffa . . . . . 5— 8 i
Jamaika 5—7 v. New York
Jap . . . . . . 39 i
Karolinen . . . 51 i
Kilindini (Deutsch-(Ostafrika) . . 16—18 i
Kingston . . . 13 e
Kribi (Kamerun) 20—31 d
Lagos . . . . . 16 e u. f
La Guayra . . 15—16 f
Libreville (Kongo) 16—20 f
Loanda . . . . 15—24 p
Loango . . . . 18—24 f
Lome . . . . . 16—25 d
Lüderitzbucht . 20—21 d
Madagaskar . . 22—26 f
Madeira (Funchal) 2—4 p
Manas . . . . . 18—21 p
Maracaibo 10 v. New York
Marianen (Saipan) 44 i
Marschall-Inseln (Jaluit) . . . 54—57 i
Martinique . . . 11—12 f
Matadi . . . . 20 f
Mauritius . . . 26—31 f
Melbourne 1 v. Adelaide
Mexiko 5 von New York
Mombasa . . . 14—18 i
Monrovia . . . 12 f
Montevideo. . . 16—21 f
Montreal 14 St. v. New Yor
Mosambik . . . 21 i
Nagasaki . . . 33 e
Neufundland . . 6—7 e
Neuguinea . . . 38—41 i
New York . . . 5—10
Nicaragua (Westküste) 3—5 von Colon
Nigeria . . . 17—18 e u. d
Padang . . . . 22—23 f
Palau . . . . . 37 i
Panama siehe Colon
Para . . . . . 10—12 p
Paraguay über Buenos Aires
Penang . . . . 18—20 i
Pernambuco . . 10—13 p
Pisagua . . . . 29—36 d
Port au Prince 9 v. New York
Porto Rico 4—6 v. New York
Port Said . . . $2^1/_2$—4 i
Portug.-Guinea . 8—10 p
Puerto Columbia 9—10 v. New York
Punta-Arenas . 23—24 p
Quebec . 1 v. New York
Réunion . . . . 24—29 f
Rio de Janeiro . 13—14 p
Rio del Rey . . 23 e
Sabang . . . . 20 i
Saigon . . . . 24 i u. f
Salvador . . 8—9 v. Colon
Samoa 29—31 v. Queenstown
San Domingo 9 v. New York
San Thomé . . 11—17 p
Schanghai . . . 29—32 i
Seychellen-Inseln 17—24 f
Sierra Leone . . 11 p
Singapore . . . 21 i
Smyrna . 4—5 von Berlin
St. Helena . . . 17 e
St. John's (Canada) 8—11 e
St. Lucia . . . 14 f
St. Thomas . . 13 e
Swakopmund . 19 f
Sydney . 2 v. Adelaide
Tahiti 12 v. S. Francisco
Tampico . . . . 20—29 b
Tanga . . . . . 16—19 i
Tanger $2^1/_2$—$6^1/_2$ St. sp
Tenerife . . . . 2—5 sp
Togo (Lome) . . 16 f
Trinidad . . . . 14 e
Tripolis . . . . 2 i
Tsingtau . . . . 33—36 i
Tunis . . . 10—36 St. i
Valparaiso . . . 29 p
Venezuela siehe La Guayra
Veracruz . . . 14 f
Victoria (Kamerun) 18 f
Westaustralien . 23—26 i
Yokohama . . . 23 e
Zanzibar . . 18—20 i u. f

XII. Signalwesen.

1. Internationales Signalbuch.

Allgemeines über die Einrichtung und den Gebrauch des Internationalen Signalbuches.

Das Internationale Signalbuch dient zum Verkehr zwischen Kriegs- oder Handelsschiffen untereinander oder zum Verkehr mit Signalstationen ohne Rücksicht darauf, ob der eine Teil die Sprache des anderen versteht. Zum Signalisieren dienen 26 Signalflaggen. Außer diesen Flaggen ist ein sogenannter Signalbuchwimpel erforderlich.

Mit den 26 Signalflaggen können gemacht werden: 26 Signale mit einer Flagge, 650 Signale mit zwei Flaggen, 15 600 Signale mit drei Flaggen, 358 800 Signale mit vier Flaggen.

Das Signalbuch zerfällt in drei Hauptteile:

I. Teil: (Empfänger).

1. Signale mit einer Flagge und dem Signalbuchwimpel darüber. Ferner sind diejenigen Signale, die gewohnheitsmäßig durch Heißen einer Signalflagge allein gemacht zu werden pflegen, angegeben (*C* = Ja, *D* = Nein usw.).
2. Signale mit zwei Flaggen untereinander. Diese Signale sind wichtige und dringende Signale (Gefahr, Not, Hilfe usw.).
3. Signale mit zwei Flaggen und dem Signalbuchwimpel darüber. Länge und Breite in Graden; Zeit in Stunden, Minuten und Sekunden; Barometerstand; Thermometerstand.
4. Signale mit zwei Flaggen und dem Signalbuchwimpel darunter. Zahlensignale.
5. Signale mit drei Flaggen. a) Kompaßsignale, Geld, Maß und Gewicht, Dezimalen und Brüche (*ABC* — *BDZ*). b) Hilfsausdrücke und Hilfssätze (*BEA* — *CWT*). c) Allgemeine Signale (*CXA* — *ZNP*).
6. Signale mit vier Flaggen. a) Geographische Signale (*ABCD*—*BFAU*). b) Alphabetische Buchstabiertafel (*CBDF*—*CZYX*). Die Signalgruppen *GQBC* — *GWVT* sind zur Bezeichnung der Schiffe der Kriegsmarine und die Gruppen *HBCD*—*WVTS* zur Bezeichnung der Schiffe der Handelsmarine bestimmt, weshalb sie den Namen Unterscheidungssignale führen. Jedes Schiff erhält bei seiner Eintragung in das Schiffsregister ein Unterscheidungssignal, das es auch behält, wenn es innerhalb des Reiches seinen Heimatshafen wechselt. Schiffe verschiedener Flagge führen häufig dasselbe Unterscheidungssignal, Schiffe derselben Flagge niemals.

II. Teil: (Geber).

Im zweiten Teile sind die Signale nach ihrer Bedeutung wie in einem Wörterbuch alphabetisch geordnet.

1. In dem allgemeinen Wörterbuch sind alle im ersten Teil vorkommenden Signale nach ihrer Bedeutung alphabetisch geordnet. Ausgenommen hiervon sind diejenigen Signale, die bereits im ersten Teile übersichtlich geordnet sind. Es sind dies: a) die Signale mit einer Flagge und dem Signalbuchwimpel darüber; b) Längen, Breiten; Stunden, Minuten, Sekunden; Barometer, Thermometer; c) Kompaßsignale; d) Dezimal- und Bruchtabelle; Maße und Gewichte; e) Buchstabiertafel.
2. Hilfsausdrücke, alphabetisch geordnet.
3. Geographische Signale, alphabetisch geordnet.

III. Teil (Verschiedenes).

1. Signale zwischen schleppendem und geschlepptem Schiff.
2. Anweisung für das Signalisieren mit Fernsignalen.
3. Eine Anzahl dringender und wichtiger Signale, die durch Fernsignale übermittelt werden können.
4. Anweisung zum Signalisieren mit dem Semaphor.
5. Anleitung zum Signalisieren mit Handflaggen.
6. Anleitung zum Signalisieren mit Morsezeichen.
7. Anleitung zur Handhabung des Raketenapparates.

Anleitung zum Signalisieren.

Eine genaue Erklärung und Anleitung zur Handhabung des Internationalen Signalbuches ist in jedem Exemplar dieses Buches gegeben. In der Praxis wird aber oft manches vereinfacht.

Es wird empfohlen, zum Aneinanderstecken der Flaggen anstatt der Schotstekverbindung oder an Stelle von „Knebel und Auge" sich des in der Reichsmarine allgemein gebräuchlichen Schäkels zu bedienen. Das Signalisieren wird dadurch wesentlich beschleunigt.

Passierende Schiffe auf See zeigen meistens die Nationalflagge und das Unterscheidungssignal. — Auf vielen Schiffen ist es Sitte, ihr Unterscheidungssignal zusammen angesteckt zu lassen. Man achte darauf, daß man das Signal nicht verkehrt aufheißt — Das Schiff, das auf der Ausreise begriffen ist, grüßt gewöhnlich das Schiff, das auf der Heimreise ist, zuerst (s. S. 6).

Signalübungen sollten, wo sich immer die Gelegenheit dazu bietet, angestellt werden, damit der Signalverkehr im Notfalle nicht versagt. Man studiere auch gründlich das Beiheft zum internationalen Signalbuch „Signalverkehr zwischen Kriegs- und Handelsschiffen deutscher Flagge".

Alphabetische (Buchstabier-) Signale.

1. Signalbuchwimpel über *E* zeigt an, daß die Bedeutung der nach demselben geheißten Flaggen nicht im Signalbuch aufzuschlagen ist, sondern die Flaggen nur die Buchstaben des Alphabetes darstellen.

2. Signalbuchwimpel über *F* zeigt das Ende eines durch alphabetische Signale buchstabierten Wortes oder einen Punkt zwischen großen Anfangsbuchstaben an.

3. Signalbuchwimpel über *G* zeigt an, daß die alphabetischen Signale beendet sind.

Wenn das zu buchstabierende Wort aus mehr als vier Buchstaben besteht, müssen zwei oder mehr Flaggensätze — ein Flaggensatz = 4 Flaggen — verwandt werden. Kommt der gleiche Buchstabe mehr als einmal in einem Worte vor, so muß der Buchstabe bei seinem zweiten Vorkommen in den zweiten Flaggensatz gebracht werden.

Beispiel: Geoffrey M. Rooure zu buchstabieren.

1. Flaggensatz:	Signalbuchwimpel über *E*.	
2. ,,	*GEOF*	Geoffrey.
3. ,,	*FREY*	
4. ,,	Signalbuchwimpel über *F*.	
5. ,,	*M*.	
6. ,,	Signalbuchwimpel über *F*.	
7. ,,	*RO*	Rooure.
8. ,,	*OURE*	
9. ,,	Signalbuchwimpel über *G*.	

Zahlensignale.

Zahlen können nach der Zahlentafel des Internationalen Signalbuches mit zwei Flaggen und dem Signalbuchwimpel darunter oder nach der hier gegebenen Zahlentafel gemacht werden.

Zahlentafel.

A = 1	*J* = 10	*S* = 99
B = 2	*K* = 11	*T* = 100
C = 3	*L* = 22	*U* = 0
D = 4	*M* = 33	*V* = 00
E = 5	*N* = 44	*W* = 000
F = 6	*O* = 55	*X* = 0000
G = 7	*P* = 66	*Y* = 00000
H = 8	*Q* = 77	*Z* = 000000
I = 9	*R* = 88	

Dabei ist zu bemerken:

1. Signalbuchwimpel über *M* zeigt an, daß die nach demselben geheißten Flaggen Ziffern ausdrücken, deren Bedeutung dieser Zahlentafel zu entnehmen ist.

2. Signalbuchwimpel über *N* zeigt das Dezimalkomma an.

3. Signalbuchwimpel über *O* zeigt an, daß das Zahlensignal beendet ist.

Wenn die zu signalisierende Zahl aus mehr als vier Ziffern besteht, müssen zwei oder mehr Flaggensätze verwandt werden. Kommt die gleiche Ziffer mehr als einmal in einer Zahl vor, so muß diese Ziffer bei ihrem zweiten Vorkommen in den zweiten Flaggensatz gebracht werden, wenn nicht die Signale *K* bis *Z* der Zahlentafel benutzt werden können.

Die Flaggen des Internationalen Signalbuchs
und ihre Benennung in der Reichsmarine.

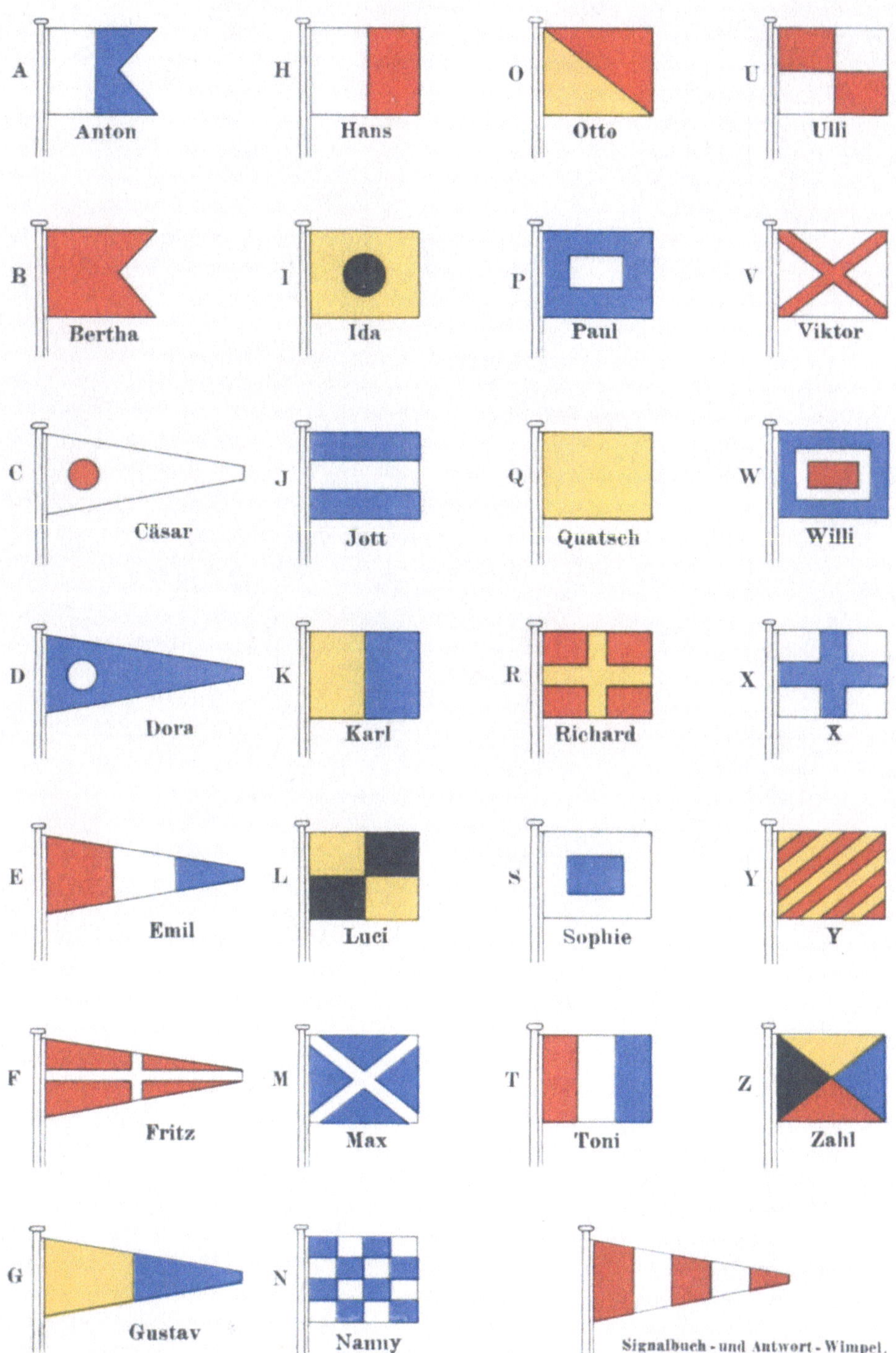

a) **Beispiel:** 8997866 zu signalisieren.

1. Flaggensatz: Signalbuchwimpel über *M*.
2. „ *HSG* = 8997 } 8997866.
2. „ *HP* = 866 }
4. „ Signalbuchwimpel über *O*.

b) **Beispiel:** 8,997866 zu signalisieren.

1. Flaggensatz: Signalbuchwimpel über *M*.
2. „ *H* = 8.
3. „ Signalbuchwimpel über *N* = Dezimalkomma.
4. „ *SGHP* = 997866.
5. „ Signalbuchwimpel über *O* (= 8,997866).

Häufiger vorkommende Signale.

Signalflaggen	Bedeutung
Sig.Wpl. über *A*	Ich mache Probefahrt mit voller Kraft.
„ „ *B*	Ich lade (oder lösche) Pulver oder einen anderen Explosivstoff.
„ „ *C*	(oder *C* allein) Ja.
„ „ *D*	(oder *D* allein) Nein.
„ „ *H*	Stoppen Sie, drehen Sie bei oder kommen Sie näher, ich habe Ihnen wichtige Mitteilungen zu machen.
„ „ *I*	Ich habe keinen reinen Gesundheitspaß.
„ „ *J*	Ich mache Fahrt voraus.
„ „ *K*	Ich gehe über Steuer (bedeutet auf deutschen Revieren auch oft „Schiff wird kompensiert“).
„ „ *L*	Ich habe (hatte) eine gefährliche, ansteckende Krankheit an Bord.
„ „ *P*	Ich bin im Begriff in See zu gehen.
„ „ *Q*	Ich habe einen reinen Gesundheitspaß, doch bin ich zu Quarantäne verpflichtet (*Q* wird auch allein geheißt).
„ „ *R*	Kreuzen Sie nicht meinen Kurs.
„ „ *S*	Ich verlange einen Lotsen.
„ „ *T*	Laufen Sie mir nicht vorbei.
„ „ *U*	Meine Maschinen sind gestoppt.
„ „ *V*	Meine Maschinen gehen rückwärts.
„ „ *W*	Sämtliche Boote an Bord.
„ „ *X*	Ich will vor Ihrem Bug vorübergehen.
„ „ *Y*	Sämtliche Schiffe des Konvoy sollen die Verbindung mit einander wiederherstellen.
„ „ *Z*	Ich will hinter Ihrem Heck herumgehen.
AM	Unfall, wünsche einen Arzt.
BR	Mann über Bord.
BT	Mann über Bord, wünsche ein Boot.
BZ	Schiff ist auf Grund.
DV	Zeigen Sie Ihr Unterscheidungssignal.
DW	Zeigen Sie Ihre Nationalflagge.
FH	Senden Sie ein Boot.
GD	Bereiten Sie sich auf einen Orkan vor.
GN	Ihre Lage ist gefährlich.
HM	Schiff schwer beschädigt; wünsche Passagiere abzugeben.
JD	Sie begeben sich in Gefahr.
KF	Feuer werden gezeigt werden, wo am besten zu landen.
NC	In Not. Wünsche sofort Hilfe.
NM	Feuer an Bord.
SM	Habe Befehle für Sie.
UE	Melden Sie mich telegraphisch meinem Reeder.
UG	„ „ „ beim Lloyd.

Signalflaggen	Bedeutung
UL	Melden Sie mich der Börsenhalle in Hamburg.
VM	Kann Ihr Signal nicht ausmachen. Kommen Sie näher.
XU	Können Sie mich schleppen?
YI	Wünsche sofort Kohlen.
YN	„ Polizei.
YO	„ sofort Proviant.
YR	„ „ Wasser.
YP	„ einen Schlepper.
YU	Ist Krieg erklärt?
YX	Krieg ist erklärt.
PR	Haben Sie Eis angetroffen?
PBL	Habe Eis angetroffen.
TDL	Wünsche Ihnen eine angenehme Reise.
XOR	Danke Ihnen.
ZBH	Willkommen.
JOW	Ich beglückwünsche Sie.

Eine allein gehißte viereckige rote Flagge bedeutet, daß Unterseeboote in der Nähe sind. (Wird auch sonst verwandt, um auf Seeschiffahrtswegen das Vorhandensein eines Schiffahrtshindernisses anzuzeigen.)

Eissignale für Schiffe auf See ohne F.T. (Siehe auch Teil XX: Nachtrag.) Um einen schnellen Austausch der Eisnachrichten auf See von Schiff zu Schiff zu ermöglichen, wurden von der Deutschen Seewarte folgende Signale eingeführt:

Schwarzer Ball: Eisfrei, Schiffahrt unbehindert.

Roter Wimpel: Treib- oder Schollеneis, Schiffahrt für schwache Dampfer erschwert.

Rote Flagge: Dichtes Treib- und Schollеneis, Schiffahrt für schwache Dampfer unsicher.

Roter Wimpel über roter Flagge: Große Felder von Treib- oder Schollеneis, Schiffahrt für starke Dampfer erschwert.

Rote Flagge über rotem Wimpel: Zusammengefrorenes Treib- oder Schollеneis, Schiffahrt für starke Dampfer sehr erschwert.

Schwarzer Ball über rotem Wimpel: Packeis und Treibeis, Schiffahrt nur für starke Dampfer möglich, evtl. mit Eisbrecherhilfe.

Roter Wimpel über schwarzem Ball: Schweres Eistreiben, Schiffahrt nur mit Eisbrecherhilfe möglich.

Schwarzer Ball über roter Flagge, darunter roter Wimpel: Schiffahrt nicht möglich.

Um den Ort der Eisbeobachtung anzugeben, ist die von der Deutschen Seewarte herausgegebene „Ortungskarte für die Ostsee" nötig. Dies ist eine in Quadrate von 20′ Breite und 30′ Länge eingeteilte Karte. Jedes Quadrat enthält zwei Buchstaben zur Kennung. Die Ortsangabe erfolgt nach Angabe des Eissignals und wird allein für sich gezeigt.

Notsignale (siehe auch S. 313). Fahrzeuge, die in Not sind und Hilfe von anderen Fahrzeugen oder vom Lande verlangen, müssen folgende Signale — zusammen oder einzeln — geben:

Bei Tage:

1. Kanonenschüsse oder andere Knallsignale, die in Zwischenräumen von ungefähr einer Minute Dauer abgefeuert werden.

2. Das Signal *NC* des Internationalen Signalbuches.

3. Das Fernsignal, bestehend aus einer viereckigen Flagge, über oder unter der ein Ball oder etwas, was einem Balle ähnlich sieht, aufgeheißt ist.

4. Das Fernsignal, bestehend aus einem Kegel mit der Spitze nach oben, über oder unter dem ein Ball oder etwas, was einem Balle ähnlich sieht, aufgeheißt ist.

5. Anhaltendes Ertönenlassen irgendeines Nebelsignalapparates (Sirene, Dampfpfeife, Nebelhorn).

Bei Nacht:

1. Kanonenschüsse oder andere Knallsignale, die in Zwischenräumen von ungefähr 1^m Dauer abgefeuert werden.

2. Flammensignale auf dem Fahrzeuge, z. B. brennende Teer-, Öltonnen oder dergleichen.

3. Raketen oder Leuchtkugeln von beliebiger Art und Farbe; dieselben sollen einzeln in kurzen Zwischenräumen abgefeuert werden.

4. Anhaltendes Ertönenlassen irgendeines Nebelsignalapparates.

Vorbehaltlich des Rechts der Kriegsfahrzeuge, Sternsignale oder Raketen zu anderweitigen Signalzwecken zu benutzen, dürfen Notsignale nur dann angewendet werden, wenn die Fahrzeuge in Not oder Gefahr sind.

Jedes Schiff muß die zur Abgabe von Notsignalen erforderlichen Vorkehrungen an Bord haben. Außerhalb der kleinen Küstenfahrt werden mindestens 12 Raketen oder entsprechende Leuchtkugeln sowie 12 Kanonenschläge oder ein gleichwertiger Apparat mit Munition für Signalschüsse verlangt.

Siehe auch drahtlose Telegraphie S. 410.

Besonders zu merken sind folgende vier, aus Ball und Flagge bestehenden Signale:

Ihr Kurs führt Sie in Gefahr.

Feuer oder Leck; habe unverzüglich Hilfe nötig.

Knapp an Lebensmitteln; Hunger leidend.

Auf Grund; habe unverzüglich Hilfe nötig.

Abb. 128.

Lotsensignale. Als Lotsensignale gelten:

Bei Tage:

1. Die am Vormast geheißte, mit einem weißen Streifen von einem Fünftel der Flaggenbreite umgebene Reichsflagge (Lotsenflagge).

2. Das Signal *PT* des Internationalen Signalbuches.

3. Die Internationale Flagge *S* mit oder ohne dem Internationalen Flaggenbuchwimpel darüber.

4. Das Fernsignal, bestehend aus einem Kegel mit der Spitze nach oben und mit zwei Bällen oder ballähnlichen Gegenständen darüber.

Bei Nacht:

1. Blaufeuer, die alle 15^m abgebrannt werden.

2. Ein unmittelbar über der Reeling in Zwischenräumen von kurzer Dauer gezeigtes helles weißes Licht, das jedesmal ungefähr 1^m lang sichtbar ist.

Die Lotsensignale dürfen auf den Schiffen nur dann zur Anwendung gelangen, wenn auf ihnen Lotsen verlangt werden. Jedes Schiff muß die zur Abgabe von Lotsensignalen erforderlichen Vorkehrungen an Bord haben. Außerhalb der kleinen Küstenfahrt werden mindestens 12 Blaulichter verlangt.

Die zu Not- und Lotsensignalen bestimmten Feuerwerkskörper sind in metallenen Behältern an leicht zugänglichen Stellen aufzubewahren.

Emslotsen: Blaue Flagge mit *E*. Topplicht am Großmast. Längere Zeit andauerndes Flackerfeuer.

Jadelotsen: Reichsdienstflagge; keine Vorstänge. Zwei lange Flackerfeuer hintereinander.

Weserlotsen: Bremer Flagge. Weißes Licht im Großtopp, alle 15^m ein langes Flackerfeuer.

Elbelotsen: Weiße Lotsenfahrzeuge; roter Wimpel, darunter Hamburger Flagge. Weißes Licht am Vortopp, alle 15^m 3 schnell folgende kurze Flackerfeuer.

Fernsignale.

Fernsignale werden erforderlich, wenn es der Entfernung oder des Zustandes der Luft wegen nicht möglich ist, die Farben der Flaggen und die Bedeutung der Flaggensignale festzustellen. Die Fernsignale werden gemacht durch Semaphorsignale, durch Bälle, Kegel und Zylinder und durch Bälle, Flaggen und Wimpel.

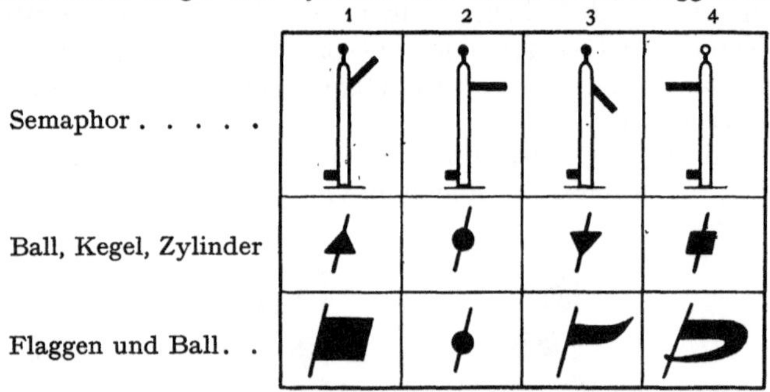

Abb. 129.

Die vier Stellungen der Semaphorarme und die vier Signalzeichen bedeuten die Ziffern 1, 2, 3, 4. — Durch verschiedene Gruppierung der Zahlen 1, 2, 3, 4 werden die den Signalflaggen entsprechenden Buchstaben des Alphabets und die besonderen Signale hergestellt. Zahlen werden gewöhnlich nach der Zahlentafel (S. XVIII des Internationalen Signalbuches) gegeben.

Besondere Signale	Zeichen
1. Vorbereitung, Antwort, Halt, Schluß . . .	2.
2. Das ganze Signal ausstreichen	2. 2.
3. Internationales Signal und Sig.Wpl.	4. 2. 1.
4. Alphabetisches Signal	4. 2. 2.
5. Zahlensignal	4. 2. 3.
6. Beendigung des Alphabet- oder Zahlensignals	4. 3. 2.

A	1. 1. 2	*G*	1. 4. 2.	*M*	2. 2. 3.	*S*	2. 4. 1.	*Y*	3. 2. 3.
B	1. 2. 1.	*H*	2. 1. 1.	*N*	2. 2. 4.	*T*	2. 4. 2.	*Z*	3. 2. 4.
C	1. 2. 2.	*I*	2. 1. 2.	*O*	2. 3. 1.	*U*	2. 4. 3.		
D	1. 2. 3.	*J*	2. 1. 3.	*P*	2. 3. 2.	*V*	3. 1. 2.	Notsignal	2. 1.
E	1. 2. 4.	*K*	2. 1. 4.	*Q*	2. 3. 3.	*W*	3. 2. 1.		
F	1. 3. 2.	*L*	2. 2. 1.	*R*	2. 3. 4.	*X*	3. 2. 2.		

Signale mit einer Flagge zum ausschließlichen Gebrauch zwischen Schleppern und geschleppten Schiffen.

Die Flagge kann gezeigt werden, indem man sie in der Hand hält oder am Stag im Fockwant oder an der Gaffel je nach den Umständen heißt.

Flagge	Bedeutung, wenn von dem Schlepper abgegeben	Bedeutung, wenn von dem geschleppten Schiffe abgegeben
A	Ist Schlepptrosse fest, soll ich Ankerhieven unterstützen?	Schlepptrosse ist fest, unterstützen Sie Ankerhieven.
B	Ist Schlepptrosse fest, alles klar zum Schleppen?	Schlepptrosse ist fest, alles klar zum Schleppen.
C	Kürzen Sie die Schlepptrosse, ich fahre langsam.	Kürzen Sie die Schlepptrosse, langsam fahren.
D	Fieren Sie die Schlepptrosse, ich fahre langsam.	Ich fiere die Schlepptrosse, fahren Sie langsam.
E	Ich richte (Richten Sie) den Kurs nach Steuerbord.	Ich richte (Richten Sie) den Kurs nach Steuerbord.
F	Werfen Sie die Schlepptrosse los.	Werfen Sie die Schlepptrosse los.
G	Muß Schlepptrosse loswerfen, holen Sie ein.	Muß Schlepptrosse loswerfen, holen Sie ein.
H	Schlepptrosse ist gebrochen.	Schlepptrosse ist gebrochen.
I	Ich richte (Richten Sie) den Kurs nach Backbord.	Ich richte (Richten Sie) den Kurs nach Backbord.
J	Recht so, so weiter steuern.	Recht so, so weiter steuern.
K	Ich halte ab vor der See.	Halten Sie ab vor der See.
L	Ich muß so bald wie möglich unter Schutz (zu Anker).	Bringen Sie mein Schiff so bald wie möglich in Schutz (zu Anker).
M	Wollen wir sofort ankern?	Wollen sofort ankern.
N	Ich gehe so langsam wie möglich.	Gehen Sie so langsam wie möglich.
O	Ich werde langsamer gehen.	Gehen Sie langsamer.
P	Ich gehe volle Kraft.	Gehen Sie volle Kraft.
Q	Meine Maschinen gehen volle Kraft rückwärts.	Verstanden, daß ihre Maschinen volle Kraft rückwärts gehen.
R	Ich stoppe meine Maschinen.	Stoppen Sie sofort die Maschinen.
S	Setzen Sie Segel bei.	Ich werde Segel beisetzen.
T	Bergen Sie Segel.	Ich werde Segel bergen.
U	Ich komme näher heran, ich möchte mit Ihnen sprechen.	Kommen Sie näher heran, ich wünsche mit ihnen zu sprechen.
V	Ich kann Ihren Befehl nicht ausführen.	Ich kann Ihren Befehl nicht ausführen.
W	Machen Sie Signal für Lotsen.	Ich möchte Lotsen nehmen (von Bord setzen).
X	Mann über Bord.	Mann über Bord.
Y	Fieren Sie ein Boot zu Wasser.	Fieren Sie ein Boot zu Wasser.
Z	Boot an Bord, fange an zu schleppen.	Boot an Bord, fangen Sie an zu schleppen.

Nachtsignale. Die oben zum Gebrauche zwischen Schleppern und geschleppten Schiffen angegebenen Signale können bei Nacht mit einer Laterne nach dem Morsesystem gemacht werden.

Winkersignale mit Handflaggen. Sie können beim Fehlen von Winkerflaggen auch nur mit den Armen, mit Mützen und dgl. gegeben werden. Als Anruf werden ein oder beide Arme solange hin- und hergeschwenkt, bis der Angerufene mit „*v*“ (verstanden) antwortet. Möglichst freien Platz zum Signalisieren wählen. Kann der Signalempfänger die Zeichen nicht erkennen, so macht er den Buchstaben „*w*“ (Platz wechseln).

Zeigt der Signalempfänger während des Winkspruchs „*n*" (nicht verstanden), so werden die letzten beiden Worte wiederholt.

Nach Beendigung des Winkspruchs macht der Signalgeber „*v*". Der Signalempfänger wiederholt „*v*", wenn er den Winkspruch verstanden hat. Wurde der Winkspruch nicht verstanden, so zeigt der Empfänger „*n*", worauf der ganze Winkspruch wiederholt wird.

Abb. 130. Winkersignalzeichen mit Handflaggen.

Handhabung des Raketenapparates siehe Seemannschaft, S. 337.

2. Morsesignale.

Allgemeines.

Die Morsezeichen werden durch kurze und lange Lichtblinke gegeben. Im Nebel kann man sie auch in besonderen Fällen durch kurze und lange Töne geben. — Die Morselampe muß so angebracht werden, daß sie von dem angerufenen Schiff (Station) gut gesehen werden kann. — Man gebe zunächst die Morsezeichen nicht zu schnell, da man nicht weiß, ob der Abnehmer in der Lage ist, so schnell zu folgen. Man hüte sich auch davor, in das Gegenteil zu verfallen; denn ein zu langsames Morsen ermüdet zu leicht. — In der Nähe der Küste und in viel befahrenen Gewässern wird es nicht angebracht sein, seine Aufmerksamkeit durch das Signalisieren von der Navigation ablenken zu lassen. Das Internationale Signalbuch gibt daher die Anweisung, die größte Vorsicht zu beobachten, wenn diese Signalweise angewendet wird.

Morsebuchstaben.

A •—	*L* •—••	*W* •——
B —•••	*M* ——	*X* —••—
C —•—•	*N* —•	*Y* —•——
D —••	*O* ———	*Z* ——••
E •	*P* •——•	
F ••—•	*Q* ——•—	Außerdem noch
G ——•	*R* •—•	
H ••••	*S* •••	*Ä* •—•—
I ••	*T* —	*Ö* ———•
J •———	*U* ••—	*Ü* ••——
K —•—	*V* •••—	*Ch* ————

Morsezahlen.

1 •————	6 —••••
2 ••———	7 ——•••
3 •••——	8 ———••
4 ••••—	9 ————•
5 •••••	0 —————

Da es ein Hilfszeichen für „das Folgende sind Zahlen" nicht gibt, empfiehlt es sich, um Irrtümer zu vermeiden, Zahlen zu buchstabieren. Hierbei werden die Ziffern in ihrer Reihenfolge buchstabiert (z. B. 1914 = eins neun eins vier).

Internationale Signale dringender Bedeutung.

Diese Signale können bei Nacht oder dickem Wetter durch kurze oder lange Lichtblinke oder Töne (Sirenen, Nebelhörner usw.), bei Tage mit Handflaggen gegeben werden.

Sie können abgegeben werden, ohne daß die Antwort auf das Vorbereitungszeichen abgewartet wird, wenn anzunehmen ist, daß die Person, an die das Signal gerichtet ist, nicht antworten kann, oder wenn sonst besondere Umstände vorliegen.

Jedoch ist in diesen Fällen zwischen dem Vorbereitungszeichen und dem Signal selbst eine angemessene Pause innezuhalten. Sie sind in Unterbrechungen zu wiederholen, bis anzunehmen ist, daß sie gesehen und verstanden sind.

U ••—	Sie sind in Gefahr.
V •••—	Ich brauche Hilfe, bleiben Sie bei mir.
W •——	Habe Eis angetroffen.
P •——•	Ihre Lichter sind erloschen (oder brennen schlecht).
R •—•	Ich habe keine Fahrt mehr; Sie können vorsichtig an mir vorbeifahren.
L •—••	Stoppen Sie (oder drehen Sie bei), ich habe Ihnen wichtige Mitteilungen zu machen.
F ••—•	Ich bin beschädigt, treten Sie mit mir in Verbindung.

Anweisung zum Gebrauch der Morsesignale.

Vorbereitungs- und Klarzeichen, Anrufe. Vorbereitungszeichen •••••••• usw. (eine Reihe von *E* in einem Zeichen) wird vom Signalgeber so lange zur Erregung der Aufmerksamkeit der Signalempfänger gegeben, bis diese das Zeichen „Klar zum

Empfang" (—) machen. Das Vorbereitungszeichen dient zugleich als Anruf an einen einzelnen Signalempfänger, wenn die Umstände keinen besonderen Anruf erforderlich machen.

Klarzeichen — (*T*) wird von den Signalempfängern gegeben, sobald sie klar zum Abnehmen des Signals sind. Nach einem besonderen Anruf wird es nur von dem in Betracht kommenden Empfänger abgegeben.

Anrufe. Müssen Signalempfänger besonders bezeichnet werden, so geschieht dies durch den Anruf, nachdem das Vorbereitungszeichen wenigstens von denjenigen Empfängern durch das ,,Klarzeichen" beantwortet ist, an die das Signal gerichtet werden soll.

Der Anruf besteht, wenn keine besonderen Vereinbarungen getroffen sind, in den Unterscheidungssignalen der Signalempfänger oder in dem buchstabierten Schiffsnamen. In letzterem Falle hat dem Schiffsnamen das Hilfszeichen ,,Das Folgende sind Buchstaben" ••—•••—• (*FF* in einem Zeichen) voranzugehen.

Morsehilfszeichen. Verstandenzeichen — (*T*). Vom Signalempfänger als ,,Klarzeichen" auf einen Anruf und danach nach jedem Wort oder jeder Gruppe, wenn verstanden, zu geben.

Wird vom Signalempfänger das ,,Verstandenzeichen" nach einem Worte (oder einer Gruppe) nicht gezeigt, so ist es vom Signalgeber zu wiederholen, bis es mit ,,Verstanden" beantwortet wird.

Das Folgende wird buchstabiert ••—•••—• (*FF* in einem Zeichen). Vom Signalgeber vor einem Signal oder einem Wort zu geben, wenn dieses buchstabiert werden soll.

Ist vom Signalempfänger mit dem ,,Verstandenzeichen" — (*T*) zu beantworten.

Das Folgende sind Gruppen des internationalen Signalbuches: —————— (*MMM* in einem Zeichen). Vom Signalgeber vor einem Signal, das nach Gruppen des internationalen Signalbuches gemacht werden soll, zu geben.

Ist vom Signalempfänger mit dem ,,Verstandenzeichen" — (*T*) zu beantworten.

Internationaler Signalbuchwimpel ———— (*Ch*). Vom Signalgeber in einem Signal nach Gruppen des internationalen Signalbuches an Stelle des Signalbuchwimpels zu geben.

Trennungszeichen •• •• (*I I* in getrennten Buchstaben). Vom Signalgeber nach der Adresse der Person, für die das Signal bestimmt ist, vor dem Wortlaut des Signals und nach dem Signal vor der Unterschrift zu geben.

Punkt •• •• •• (*I I I* in getrennten Buchstaben). Vom Signalgeber zu geben: a) als Interpunktionszeichen, b) nach allen Abkürzungen (nicht nach Hilfszeichen).

Beendigungszeichen •••—• (*VE* in einem Zeichen). Vom Signalgeber am Schlusse des ganzen Signals zu geben.

Ist vom Signalempfänger, wenn er das ganze Signal verstanden hat, mit •—• —•• (*R D*) in getrennten Buchstaben) zu beantworten.

Das ganze Signal verstanden •—• —•• (*R D* in getrennten Buchstaben). Vom Signalempfänger auf das Beendigungszeichen des Signalgebers zu geben, wenn er das ganze Signal verstanden hat.

Irrungszeichen ••••••• usw. (eine Reihe von *E* in getrennten Buchstaben). Vom Signalgeber zu geben, wenn er beim Geben eines Wortes oder einer Gruppe einen Fehler gemacht hat und das letzte oder angefangene Wort bzw. die letzte oder die angefangene Gruppe ausgestrichen werden soll.

Ist vom Signalempfänger mit demselben Zeichen ••••••• usw. (eine Reihe von *E* in getrennten Buchstaben) zu beantworten.

Widerrufszeichen •——•—— (*WW* in einem Zeichen). Vom Signalgeber zu geben, wenn das ganze bis dahin gegebene Signal ausgestrichen werden soll.

Ist vom Signalempfänger mit demselben Zeichen •——•—— (*WW* in einem Zeichen) zu beantworten.

Wiederholen Sie das Wort oder die Gruppe nach —

••——•• (*IMI* in einem Zeichen)

gefolgt von •—— •— (*W A* in getrennten Buchstaben),

gefolgt von dem Wort oder der Gruppe, das dem vorangeht, dessen Wiederholung gewünscht wird.

Vom Signalempfänger zu geben, wenn er ein einzelnes Wort oder eine einzelne Gruppe wiederholt haben möchte.

Ist vom Signalgeber mit dem „Verstandenzeichen" — (*T*) zu beantworten.

Wiederholen Sie von — ab.

•• — — •• (*IMI* in einem Zeichen)

gefolgt von • — • — (*A A* in getrennten Buchstaben).

Vom Signalempfänger zu geben, wenn er mehrere Wörter oder Gruppen wiederholt haben möchte.

Ist vom Signalgeber mit dem „Verstandenzeichen" — (*T*) zu beantworten.

Wiederholen Sie alles.

•• — — •• (*IMI* in einem Zeichen)

gefolgt von • — • — •• • — •• (*A L L* in getrennten Buchstaben).

Vom Signalempfänger zu geben, wenn er das ganze Signal wiederholt haben möchte.

Ist vom Signalgeber mit dem „Verstandenzeichen" — (*T*) zu beantworten.

Diese letzten drei Signale können auch vom Signalgeber vor dem Beendigungszeichen gemacht werden, wenn er sich vom Signalempfänger zur Sicherheit das ganze Signal oder Teile desselben wiederholen lassen will.

3. Drahtlose Telegraphie[1]) (F.T.).

Die drahtlose Telegraphie ist das wichtigste Nachrichtenmittel der Schiffahrt.

Allgemeines.

1. Apparat scharf auf die Welle abstimmen, mit der gearbeitet werden soll.
2. Mit möglichst geringer Energie geben.
3. Gerade stattfindenden F.T.-Verkehr nicht stören. Funkstillen beachten!
4. Telegramme so kurz und klar wie möglich geben.
5. Man beachte die gesetzlichen Bestimmungen.

Besondere Morsezeichen im F.T.-Verkehr. Die Zeichen für Buchstaben und Zahlen sind dieselben wie die Morsezeichen des Internationalen Signalbuches. Außerdem kommen noch folgende Zeichen zur Anwendung.

Bei der amtlichen Wiederholung und am Kopfe der Funkentelegramme sind Ziffern — ausgenommen 4, 5, 6 — durch die folgenden abgekürzten Zeichen auszudrücken. Diese Abkürzungen können auch im Texte der ganz in Zahlen abgefaßten F.T.-Telegramme angewendet werden. Die Telegramme müssen dann den Vermerk „in Ziffern" tragen:

1 •—	7 —•••	á oder å •——•—
2 ••—	8 —••	é ••—••
3 •••—	9 —•	ñ ——•——
	0 —	

Punkt	.	•• •• •• (3 i)	Apostroph . . .	’	•————•
Semikolon	;	—•—•—•	Bruchstrich . .	—	—••—• oder ——————
Komma	,	•—•—•—			
Kolon	:	———•••	Klammer . . .	()	—•——•—
Fragezeichen und Aufforderung zur Wiederholung . .	?	••——••	Anführungszeichen	„	•—••—•
			Unterstreichungszeichen		••——•—
Ausrufungszeichen	!	——••——			
Bindestrich . . .	-	—••••—	Doppelstrich . .		—•••—

[1]) Siehe auch F.T. und D.T. unter technischer Navigation.

Anruf, jeder Übermittelung vorangehend . . . . . . —·—·—
Verstanden . . . . ···—··
Irrung . . . . ···········
Schluß der Übermittelung . . . . ·—·—·
Aufforderung zum Geben . . . . —·—
Warten . . . . ·—···
Aufgearbeitet, ferner mit nachfolgendem eigenen Rufzeichen Schlußzeichen . . . . ···—·—
Warnungszeichen (3 mal gegeben zum Zeichen, daß mit zu hoher Energie gegeben wird) . . . . ——··——
Seenotzeichen (*s*, 0, *s*) . . . . ···———···

Achtung: Es ist beabsichtigt, das Seenotzeichen zu ändern. Man beachte daher alle neuen F.T.-Bestimmungen sorgfältigst!

Zusammenstellung der im F.T.-Verkehr anzuwendenden Abkürzungen.

1 Abkürzungen	2 Frage	3 Antwort oder Bemerkung
—·—· ——·—	(*C Q*)	Suchzeichen, von einer Station angewendet, die in Verkehr zu treten wünscht
— ·—·	(*T R*)	Zeichen zur Ankündigung der von der Bordstation zu machenden dienstlichen Angaben
——··——	(!)	Zeichen, das darauf hinweist, daß eine Station mit großer Kraft senden wird
P R B	Wünschen Sie mit meiner Station unter Benutzung des Internationalen Signalbuches zu verkehren?	Ich wünsche mit Ihrer Station unter Benutzung des Internationalen Signalbuches zu verkehren
Q R A	Welches ist der Name Ihrer Station?	Hier ist die Station . . . .
Q R B	In welcher Entfernung von meiner Station befinden Sie sich?	Die Entfernung zwischen unseren Stationen beträgt . . . . Seemeilen
Q R C	Welches ist Ihre wahre Peilung?	Meine wahre Peilung ist . . . . Grad
Q R D	Wohin fahren Sie?	Ich fahre nach . . . .
Q R F	Woher kommen Sie?	Ich komme von . . . .
Q R G	Welcher Gesellschaft oder Schiffahrtslinie gehören Sie an?	Ich gehöre . . . . an
Q R H	Welches ist Ihre Wellenlänge?	Meine Wellenlänge beträgt . . . Meter
Q R J	Wieviel Wörter haben Sie zu übermitteln?	Ich habe . . . . Wörter zu übermitteln
Q R K	Wie erhalten Sie?	Ich erhalte gut
Q R L	Erhalten Sie schlecht? Soll ich 20 mal ···—· geben, um das Einstellen Ihrer Apparate zu ermöglichen?	Ich erhalte schlecht. Geben Sie 20mal ···—·, damit ich meine Apparate einstellen kann
Q R M	Wurden Sie gestört?	Ich wurde gestört
Q R N	Sind die Luftstörungen sehr stark?	Die Luftstörungen sind sehr stark
Q R O	Soll ich die Kraft vermehren?	Vermehren Sie die Kraft
Q R P	Soll ich die Kraft vermindern?	Vermindern Sie die Kraft
Q R Q	Soll ich schneller geben?	Geben Sie schneller
Q R S	Soll ich langsamer geben?	Geben Sie langsamer
Q R T	Soll ich mit der Übermittelung aufhören?	Hören Sie mit der Übermittelung auf

1 Abkürzungen	2 Frage	3 Antwort oder Bemerkung
Q R U	Haben Sie etwas für mich?	Ich habe nichts für Sie
Q R V	Sind Sie bereit?	Ich bin bereit. Alles ist in Ordnung
Q R W	Sind Sie beschäftigt?	Ich bin mit einer anderen Station beschäftigt (oder: mit ......). Bitte nicht zu stören
Q R X	Soll ich warten?	Warten Sie. Ich werde Sie um .. Uhr rufen (oder erforderlichenfalls)
Q R Y	Wann bin ich an der Reihe?	Sie haben die Nummer ....
Q R Z	Sind meine Zeichen schwach?	Ihre Zeichen sind schwach
Q S A	Sind meine Zeichen stark?	Ihre Zeichen sind stark
Q S B	Ist mein Ton schlecht? Ist mein Funke schlecht?	Der Ton ist schlecht Der Funke ist schlecht
Q S C	Sind die Zwischenräume bei der Übermittelung schlecht?	Die Zwischenräume bei der Übermittelung sind schlecht
Q S D	Lassen Sie uns die Uhren vergleichen. Ich habe ... Uhr; welche Zeit haben Sie?	Die Uhr ist ...
Q S F	Sollen die Funkentelegramme abwechselnd oder in Reihen übermittelt werden?	Die Übermittelung soll abwechselnd erfolgen
Q S G	....	Die Übermittelung soll in Reihen von 5 Funkentelegrammen erfolgen
Q S H	....	Die Übermittelung soll in Reihen von 10 Funkentelegrammen erfolgen
Q S J	Welches ist die zu erhebende Gebühr für ......?	Die zu erhebende Gebühr ist .....
Q S K	Ist das letzte Funkentelegramm zurückgezogen?	Das letzte Funkentelegramm ist zurückgezogen
Q S L	Haben Sie Quittung erhalten?	Bitte Quittung zu geben
Q S M	Welches ist Ihr wahrer Kurs?	Mein wahrer Kurs ist .... Grad
Q S N	Haben Sie Verbindung mit dem festen Lande?	Ich habe keine Verbindung mit dem festen Lande
Q S O	Haben Sie Verbindung mit einer anderen Station (oder: mit .....)?	Ich habe Verbindung mit.... (durch Vermittelung von .....)
Q S P	Soll ich .... melden, daß Sie ihn rufen?	Verständigen Sie ....., daß ich ihn rufe
Q S Q	Werde ich gerufen von ......?	Sie werden gerufen von .....
Q S R	Werden Sie das Funkentelegramm ..... befördern?	Ich werde das Funkentelegramm .... befördern
Q S T	Haben Sie einen allgemeinen Anruf erhalten?	Allgemeiner Anruf für alle Stationen
Q S U	Bitte mich anzurufen, sobald Sie fertig sind (oder: um ... Uhr)	Ich werde Sie rufen, sobald ich fertig bin
Q S V	Ist öffentlicher Verkehr im Gange?	Öffentlicher Verkehr ist im Gange. Bitte nicht zu stören
Q S W	Soll ich die Funkenzahl erhöhen?	Erhöhen Sie die Funkenzahl
Q S X	Soll ich die Funkenzahl vermindern?	Vermindern Sie die Funkenzahl
Q S Y	Soll ich mit der Wellenlänge von .... Meter geben?	Gehen wir über zur Welle von ...... Meter
Q S Z	Soll ich jedes Wort zweimal geben?	Geben Sie jedes Wort zweimal; ich habe beim Empfang Ihrer Zeichen Schwierigkeiten
Q T A	Soll ich jedes Funkentelegramm zweimal geben?	Geben Sie jedes Funkentelegramm zweimal; ich habe beim Empfang Ihrer Zeichen Schwierigkeiten

1 Abkürzungen	2 Frage	3 Antwort oder Bemerkung
	oder:	oder:
Q T A	Soll ich das Funkentelegramm, das ich soeben übermittelt habe, wiederholen?	Wiederholen Sie das Funkentelegramm, das Sie soeben übermittelt haben; die Aufnahme ist undeutlich
Q T B		Ich bin mit Ihrer Wortzählung nicht einverstanden; ich wiederhole den ersten Buchstaben jedes Wortes und die erste Ziffer jeder Zahl (z. B. *Q T B 12 j c r b 2 d* ..... usw.)
Q T C	Haben Sie etwas zu übermitteln?	Ich habe etwas zu übermitteln. Ich habe ein oder mehrere Telegramme für .....
Q T E	Wie ist meine rechtweisende Peilung?	Meine rechtweisende Peilung ist .....
Q T F	Wie ist mein Standort nach Funkpeilung?	Mein Standort nach Funkpeilung ist .....

Wenn hinter einer Abkürzung ein Fragezeichen steht, so drückt dies aus, daß es sich um die neben der betreffenden Abkürzung angegebene Frage handelt.

Beispiele:

Stationen		
A	*Q R A*?	= Welches ist der Name Ihrer Station?
B	*Q R A* „Bremen"	= Hier ist die Station „Bremen".
A	*Q R G*?	= Welcher Gesellschaft oder Schiffahrtslinie gehören Sie an?
B	*Q R G* Nordd. Lloyd *Q R Z*	= Ich gehöre dem Nordd. Lloyd an. Ihre Zeichen sind schwach.

Die Station A vermehrt alsdann die Kraft ihres Senders und sagt:

A	*Q R K*?	= Wie erhalten Sie?
B	*Q R K*	= Ich erhalte gut.
	Q R B 80	= Die Entfernung zwischen unseren Stationen beträgt 80 Seemeilen.
	Q R C 62	= Meine wahre Peilung ist 62°.
	usw.	usw.

Gesetzliche Bestimmungen über F.T.-Verkehr.

Für deutsche Schiffe ist die Abfassung und Abgabe der Telegramme durch eine Verordnung des Reiches unter dem Namen „Anweisung für den Funkentelegraphendienst" gesetzlich geregelt. Diese Regelung bezieht sich auf den öffentlichen Verkehr der deutschen Küstenstationen mit deutschen Bordstationen und den deutschen Bordstationen untereinander, dem öffentlichen Verkehr der deutschen Küstenstationen mit fremden Bordstationen, sowie deutschen Bordstationen mit fremden Küsten und fremden Bordstationen. Ferner gilt neben dieser Anweisung die Telegraphenordnung für das Deutsche Reich, außerdem die Bestimmungen der Internationalen Telegraphenverträge. Man beachte ferner die Sonderbestimmungen der einzelnen Länder. Die Küstenstationen und die Bordstationen sind ohne Unterschied des von ihnen benutzten funkentelegraphischen Systems verpflichtet, Funkentelegramme miteinander auszutauschen, soweit nicht für einzelne Stationen Beschränkungen des öffentlichen Verkehrs festgesetzt sind. Die Angabe über Rufzeichen, Wellenlänge u. dgl. enthält das vom Internationalen Bureau der Telegraphenverwaltungen in Bern herausgegebene Verzeichnis der Telegraphenstationen nebst Nachträgen. Außerdem wird von dem gleichen Bureau eine alphabetische Liste der Rufzeichen veröffentlicht und ständig auf dem laufenden gehalten. Alle Funkentelegraphenstationen sind verpflichtet, Anrufe von Schiffen in Seenot mit unbedingtem Vorrang entgegenzunehmen, zu beantworten und ihnen gebührende Folge zu leisten. In Seenot befindliche Schiffe geben das Zeichen •••———•••.

Für die Übermittlung von Funkentelegrammen ist das Morsesystem vorgeschrieben. Außerdem enthält die Anweisung für den Funkentelegraphendienst eine Reihe besonders verabredeter internationaler Abkürzungen; so beim Anruf, beim Schluß, bei Irrungen u. dgl. Die Adresse der Funkentelegramme an Schiffe in See bzw. von Schiffen an eine Küstenstation muß enthalten:

1. den Namen oder die Stellung des Empfängers mit etwaigen ergänzenden Zusätzen;
2. den Namen des Schiffes bzw. des Ortes, wie er in dem Internationalen Verzeichnis aufgeführt ist;
3. den Namen der Küstenstation, wie er in dem Internationalen Verzeichnis aufgeführt ist.

Die Bordstation ruft in der Regel die Küstenstation an. Vor dem Anruf muß die Bordstation ihre Empfangseinrichtung so empfindlich wie möglich einstellen und sich zunächst vergewissern, daß die anzurufende Küstenstation mit niemandem in Verkehr steht. Ergibt die Beobachtung, daß eine Übermittlung im Gange ist, so wartet die anrufende Bordstation die erste Unterbechung ab. Die Bordstation ruft die Küstenstation mit der Normalwelle an, die in dem Internationalen Verzeichnis durch Unterstreichung gekennzeichnet ist. Dem Ruhezeichen einer Küstenstation ist unbedingt Folge zu leisten. Die anrufende Bordstation hat alsdann die ihr von der Küstenstation angegebene Wartezeit zu respektieren. Der Anruf setzt sich zusammen aus den Zeichen —•—•—, dem dreimal wiederholten Rufzeichen der Gebestation. Die angerufene Station meldet sich mit dem Zeichen —•—•—, dem dreimal wiederholten Rufzeichen der rufenden Station, dem Worte „*de*", dem eigenen Rufzeichen und dem Zeichen —•—. Im deutschen Verkehr kann auch das „*de*" durch *v* = •••— ersetzt werden.

Sobald die Küstenstation geantwortet hat, gibt die Bordstation an:

a) die ungefähre Entfernung des Schiffes von der Küstenstation in Seemeilen;

b) den Schiffsort in kurzer und den Umständen angepaßter Form;

c) die Zahl der Funkentelegramme, wenn sie von normaler Länge sind, oder die Zahl der Wörter, wenn die Telegramme außergewöhnlich lang sind.

Wird eine Küstenstation von mehreren Bordstationen angerufen, so entscheidet die Küstenstation über die Reihenfolge der Korrespondenz. Die eigentliche Übermittlung von Telegrammen wird durch das Zeichen —•—•— eingeleitet und durch das Zeichen •—•—• mit nachfolgendem Rufzeichen der gebenden Station beendet. Der Schluß des Verkehrs zwischen zwei Stationen wird von jeder Station durch das Zeichen •••—•— und das eigene Rufzeichen ausgedrückt. Die auf einer Bordstation eingehenden Funkentelegramme werden in einem Telegrammankunftsbuch eingetragen. Die von einer Bordstation dagegen ausgehenden Funkentelegramme in die zutreffende Nachweisung. Kann ein auf einer Bordstation eingegangenes Telegramm nicht bestellt werden, so teilt die Bordstation dies der Ursprungsanstalt durch dienstliche Meldung mit. Zulässig sind im funkentelegraphischen Verkehr folgende besonderen Telegramme:

1. Funkentelegramme mit vorausbezahlter Antwort. Diese Funktelegramme tragen vor der Adresse die Angabe „Antwort bezahlt" oder *RP*, vervollständigt durch den Vermerk über den für die Antwort vorausbezahlten Betrag. („Antwort bezahlt x M" oder *RP* x M. bzw. „Antwort bezahlt x fr." oder *RP* x fr.)

Der an Bord eines Schiffes ausgestellte Antwortschein berechtigt, in den Grenzen seines Wertes ein Funkentelegramm an eine beliebige Bestimmung bei der Bordstation, die den Schein ausgestellt hat, aufzugeben.

2. Funkentelegramme mit Vergleichung („Vergleichung" oder *TC*).

3. Durch Eilboten zu bestellende Funkentelegramme, aber nur in den Fällen, wo der Betrag der Eilbotenkosten vom Empfänger erhoben wird („Eilbote" oder „Exprès") und soweit die in Frage kommenden Länder sich mit solchen Funkentelegrammen befassen können. Durch Eilboten zu bestellende Funktelegramme, für welche die Kosten vom Absender erhoben werden („Eilbote bezahlt" oder *XP*), können zugelassen werden, wenn sie nach dem Lande gerichtet sind, auf dessen Gebiete die vermittelnde Küstenstation liegt.

4. Durch die Post zu bestellende Funkentelegramme („Post" oder „Poste"; „Post eingeschrieben" oder *PR*; „Postlagernd" oder *GP*; „Postlagernd eingeschrieben" oder *GPR*).

5. Zu vervielfältigende Funkentelegramme („x Adressen" oder *TMx*).

6. Funkentelegramme mit Empfangsanzeige („Empfangsanzeige" oder *PC*; „Empfangsanzeige mittels Post" oder *PCP*), aber nur, soweit es sich um die Bekanntgabe des Tages und der Stunde handelt, zu welcher die Küstenstation der Bordstation das für letztere bestimmte Telegramm übermittelt hat.

7. Gebührenpflichtige Dienstnotizen (*ST*). Ausgenommen sind diejenigen, welche eine Wiederholung oder eine Auskunft verlangen. Indes sind alle Arten von gebührenpflichtigen Dienstnotizen zugelassen, soweit es sich um die Beförderung auf den Linien des Telegraphennetzes handelt.

8. Dringende Funkentelegramme („Dringend" oder *D*), aber nur, soweit es sich um die Beförderung auf den Linien des Telegraphennetzes handelt und nach Maßgabe der Ausführungsübereinkunft zum Internationalen Telegraphenvertrage.

Jede Bordstation hat als Unterlage für die Abrechnung folgende, monatlich abzuschließende Nachweisungen in doppelter Ausführung zu führen:

1. für die von deutschen Küstenstationen aufgenommenen,
2. für die an deutsche Küstenstationen abgegebenen,
3. für die von fremden Küstenstationen aufgegebenen Funkentelegramme, die nach Schluß der Reise mit den Telegrammurschriften der zuständigen Telegraphenanstalt zuzuführen sind.

Eine Nachweisung über die zwischen Schiffen gewechselten Funkentelegramme ist wohl für die betriebsführende Unternehmung, nicht aber für die zuständige Telegraphenanstalt aufzustellen.

Die Gesamtgebühr für Funkentelegramme umfaßt:

1. die Gebühr, die der Küstenstation für ihre Übermittlung zukommt = die Küstengebühr,
2. die Gebühr, die der Bordstation zusteht = die Bordgebühr,
3. die Gebühr für die Beförderung auf den Linien des Telegraphennetzes = Landgebühr.

Für sämtliche Stationen ist die Höhe der Gebühr in dem Internationalen Verzeichnis der Funkentelegraphenstationen angegeben.

Telegraphengeheimnis. Nach dem Strafgesetzbuch wird derjenige mit Geldstrafe oder mit Gefängnis bestraft, der ein Telegramm oder einen Brief unbefugterweise öffnet. Das fahrlässige oder absichtliche Bieten von Gelegenheiten zur Kenntnisnahme von Telegrammen durch einen Beamten ist ebenfalls strafbar.

Das Reichsgesetz über das Telegraphengeheimnis lautet: „Das Telegraphengeheimnis ist unverletzlich, vorbehaltlich der gesetzlich für strafrechtliche Untersuchungen, im Konkurse und in zivilprozessualen Fällen oder sonst durch Reichsgesetz festgestellten Ausnahmen. Dasselbe erstreckt sich auch darauf, ob und zwischen welchen Personen telegraphische Mitteilungen stattgefunden haben."

Die drahtlose Telegraphie und die drahtlose Telephonie fallen ebenfalls unter dieses Reichsgesetz.

Der Kapitän bzw. sein Stellvertreter, die Funkoffiziere und Funkbeamten an Bord haben daher über den drahtlosen F.T.- und D.T.-Verkehr Stillschweigen zu bewahren und das Telegraphengeheimnis zu hüten.

Der Kapitän ist an Bord seines Schiffes Vorgesetzter der Besatzung einschließlich der Bordtelegraphisten, auch wenn diese sonst Reichsbeamte sind.

Dem Kapitän steht die Kontrolle des Betriebes der Bordstation zu.

Die Einsicht in die Telegramme steht dem Kapitän aber nur zu, wenn er auf das Telegraphengeheimnis verpflichtet ist.

Die Verpflichtung der Kapitäne oder ihrer Stellvertreter auf das Telegraphengeheimnis erfolgt in der Regel bei der Post- oder Telegraphendirektion am Orte des Heimathafens des Schiffes.

Der Kapitän und I. Offizier eines mit FT ausgerüsteten Schiffes lasse sich stets auf das Telegraphengeheimnis verpflichten, damit sich an Bord nicht ein Bordtelegraphist unter Berufung auf das Telegraphengeheimnis weigern kann, dem Kapitän bzw. seinem Stellvertreter Nachricht zu geben von einem nicht direkt an das Kommando gesandten Telegramm, das aber doch für die Schiffsleitung von Wichtigkeit ist.

Drahtlose Telephonie. Für diese gelten die gleichen oder ähnliche gesetzliche Bestimmungen wie für die drahtlose Telegraphie.

Bemerkung. Anwendung der F.T. zur Ortsbestimmung, im Wetterdienst und zur Chronometerkontrolle ersehe man aus den einzelnen Abschnitten.

XIII. Seerecht, Schiffspapiere und verwandte Gebiete.

1. Schiffstagebuch[1]).

Zweck und Nutzen des Schiffstagebuches. Das Tagebuch soll ein laufendes Bild der ganzen Reise geben und hauptsächlich dienen: 1. zur Lieferung von Material für eine sachgemäße Navigierung, 2. zur Kontrolle der Schiffsführung, 3. zur Beurkundung wichtiger Begebenheiten, 4. in Verbindung mit der Verklarung zur Entlastung der Schiffsleitung.

Gesetze und Verordnungen, die Eintragungen in das Tagebuch vorschreiben.

1. Handelsgesetzbuch.
2. Verordnung über Führung und Behandlung des Schiffstagebuches.
3. Seemannsordnung.
4. Gesetz über Beurkundung des Personenstandes und Eheschließungen.
5. Reichsversicherungsordnung — Seeunfallversicherungsgesetz.
6. Unfallverhütungsvorschriften der Seeberufsgenossenschaft.
7. Strandungsordnung.
8. Vorschriften des Bundesrats (Reichsregierung) über Auswandererschiffe.
9. Bekanntmachung betreffend Krankenfürsorge auf Kauffahrteischiffen.
10. Internationaler Vertrag zum Schutz des menschlichen Lebens auf See.
11. Internationales Abkommen gegen Einschleppen der Pest.
12. Blockadebestimmung (Pariser Deklaration).

Das Handelsgesetzbuch. Auf jedem Schiffe muß ein Tagebuch geführt werden, in das für jede Reise alle erheblichen Begebenheiten, seit mit dem Einnehmen der Ladung oder des Ballastes begonnen ist, einzutragen sind.

Das Tagebuch wird unter der Aufsicht des Kapitäns von dem Steuermann und im Falle der Verhinderung des letzteren von dem Kapitän selbst oder unter seiner Aufsicht von einem durch ihn zu bestimmenden geeigneten Schiffsmanne geführt.

Anmerkung: In der Schiffahrt ist es allgemein gebräuchlich, daß eine Tagebuchkladde oder ein Brückenbuch geführt wird, in das alle Begebenheiten direkt vom wachhabenden Offizier eingetragen werden. Nach Beendigung seiner Wache hat der Offizier die Kladde oder das Brückenbuch zu unterschreiben. Aus diesen Büchern fertigt einer der Offiziere die Tagebuchreinschrift an.

Das Tagebuch ist von Zeit zu Zeit vom Kapitän und dem das Tagebuch führenden *Schiffsoffizier* zu unterschreiben.

---

[1]) Gute, zuverlässige Auskunft gibt auch das Buch von Kapt. Budde: Die Seestraßenordnung, das Schiffstagebuch und andere wichtige Abhandlungen aus der Seemannschaft. Hamburg: Verlag Eckardt & Meßtorff.

Von Tag zu Tag sind in das Tagebuch einzutragen:
die Beschaffenheit von Wind und Wetter;
die von dem Schiffe gehaltenen Kurse und zurückgelegten Entfernungen;
die ermittelte Breite und Länge;
der Wasserstand bei den Pumpen.

Ferner sind in das Tagebuch einzutragen:
die durch das Lot ermittelte Wassertiefe;
jedes Annehmen eines Lotsen und die Zeit seiner Ankunft und seines Abganges;
die Veränderungen im Personale der Schiffsbesatzung;
die im Schiffsrate gefaßten Beschlüsse;
alle Unfälle, die dem Schiffe oder der Ladung zustoßen und eine Beschreibung dieser Unfälle.

Auch die auf dem Schiffe begangenen strafbaren Handlungen und die verhängten Disziplinarstrafen sowie die vorgekommenen Geburts- und Sterbefälle sind in das Tagebuch einzutragen.

Die Eintragungen müssen, soweit nicht die Umstände es hindern, täglich geschehen.

Das Tagebuch ist von dem Kapitän und dem Steuermann zu unterschreiben.

Die Verordnung betreffend die Führung und Behandlung des Schiffstagebuches. Sie schreibt folgende Eintragungen vor:

a) Vor Beginn jeder Reise:

1. Die zur Sicherung der Ladung, des Ballastes und der Pumpen getroffenen Vorrichtungen.

2. Der Tiefgang des Schiffes vorn und hinten.

b) Von Tag zu Tag: Die bei Berichtigung der Kurse angewandte Mißweisung, Ablenkung und Abtrift.

c) Im eintretenden Falle:

1. Die durch das Lot ermittelte Bodenbeschaffenheit.

2. Die wichtigen Peilungen von Landmarken und Seezeichen (also auch **F.T.P.**). Bei Vierstrichpeilungen sind die Uhrzeiten bei 45° und 90° anzugeben. Bei allen Winkelmessungen zur Ortsbestimmung sind auch die für Instrumentenfehler verbesserten, gemessenen Winkel einzutragen.

3. Die Abgabe von Nebelsignalen und die Fahrt des Schiffes bei Nebel, dickem Wetter, Schneefall oder heftigen Regengüssen.

4. Jede Einnahme von Trinkwasser, tunlichst mit Angabe der Herkunft des Wassers.

5. Erkrankungen, wenn sie bei einer auf dem Schiffe beschäftigten Person eine Arbeitsunfähigkeit von mehr als drei Tagen oder den Tod des Erkrankten oder dessen Ausschiffung zur Folge haben, nebst einer kurzen Beschreibung der Krankheitserscheinungen. Die Eintragung ist nicht erforderlich, wenn die Erkrankung von dem Schiffsarzt in das von ihm zu führende Tagebuch eingetragen ist.

6. Alle an Bord ausgeführten, vorbeugenden Maßnahmen gegen ansteckende Krankheiten sowie Vorkehrungen gegen Weiterverbreitung dieser Krankheiten.

7. Alle von den Gesundheitsbehörden vorgenommenen Besichtigungen, Untersuchungen, Desinfektionen usw.

8. Das Ergebnis der vorgeschriebenen Prüfung der Arzneimittel, der sonstigen Hilfs- und der Lebensmittel zur Krankenpflege.

9. Die Eintragungen, die gemäß der Vorschriften des Bundesrats über Auswandererschiffe zu machen sind.

Das Tagebuch ist nach einem Muster zu führen, das den Zeitraum eines bürgerlichen Tages umfaßt. Man benutzt dazu am besten die im Handel überall zu habenden Tagebücher (Schiffsjournale).

Das Tagebuch muß, bevor es in Gebrauch genommen wird, mit fortlaufenden Seitenzahlen versehen sein. Das Entfernen von Blättern sowie Radierungen sind nicht gestattet. Etwaige Änderungen der Eintragungen sind durch einfaches Durchstreichen so zu bewirken, daß das Durchstrichene leserlich bleibt. Nachträgliche Einschaltungen und Zusätze sind ausdrücklich als solche unter Beifügung des Datums zu bezeichnen.

Erledigte Tagebücher müssen 5 Jahre, vom Tage der letzten Eintragung an gerechnet, aufbewahrt werden. Die Aufbewahrung kann an Bord oder am Lande erfolgen.

Bei Seeunfällen hat der Kapitän, soweit es nach Lage der Umstände geschehen kann, für die Rettung des Tagebuches zu sorgen.

Die Seemannsordnung[1]**.** Nach ihr ist einzutragen:

a) Von dem Tagebuchführer:

1. Die Gründe für eine Verzögerung oder Unterlassung der Anmusterung eines Schiffsmanns vor einem Seemannsamte.

b) Von dem Kapitän selbst:

2. Die Anordnungen betreffend die Herabsetzung eines Schiffsmanns im Range und Heuer wegen Untauglichkeit zu dem Dienste, zu dem er sich verheuert hat.

3. Die Gründe für eine Kürzung oder Änderung in der Beköstigung.

4. Die Entlassung eines Schiffsmanns vor Ablauf der Dienstzeit und die Gründe dafür.

5. Die Anordnungen des Kapitäns, wenn ein Schiffsmann ohne Erlaubnis Güter, insbesondere Spirituosen, Waffen, Munition oder mehr an Tabak, als er für die Reise gebrauchen kann, an Bord bringt.

6. Die Zwangsmaßregeln, die zur Aufrechterhaltung der Ordnung und der Sicherung des Dienstes an Bord ergriffen werden.

7. Jede gröbliche Verletzung der Dienstpflicht mit einer genauen Angabe des Sachverhalts.

8. Die Beschwerde eines Schiffsmanns über das ungebührliche Betragen der Vorgesetzten oder anderer Mitglieder der Schiffsmannschaft, oder darüber, daß das Schiff nicht seetüchtig ist oder daß die Vorräte ungenügend oder verdorben sind.

9. Der Einspruch eines Schiffsmanns gegen den Bescheid eines Seemannsamts, sofern er innerhalb der gesetzlichen Frist bei dem Kapitän zu Protokoll gegeben wird.

---

[1]) Die Seemannsordnung dürfte im Jahre 1925 in neuer Fassung herausgegeben werden! Beim Gebrauch dieses Buches darauf achten!

c) Von dem Seemannsamte:

10. Das Ergebnis von Untersuchungen, die anzustellen sind, wenn ein Schiffsoffizier oder mindestens drei Schiffsleute bei einem Seemannsamte (Konsul) Beschwerde erheben, daß das Schiff nicht seetüchtig ist oder daß die Vorräte ungenügend oder verdorben sind.

In den Fällen 2., 4., 7., 8., 9. ist dem Schiffsmanne auf Verlangen eine Abschrift über die Eintragungen in das Tagebuch auszuhändigen.

Zu 4. ist zu bemerken:

Der Kapitän kann den Schiffsmann vor Ablauf der Dienstzeit entlassen:

1. solange die Reise noch nicht angetreten ist, wenn der Schiffsmann zu dem Dienste, zu dem er sich verheuert hat, untauglich ist;

2. wenn der Schiffsmann eines groben Dienstvergehens, insbesondere wiederholten Ungehorsams, fortgesetzter Widerspenstigkeit, wiederholter Trunkenheit im Dienste oder der Schmuggelei sich schuldig macht;

3. wenn der Schiffsmann des Vergehens des Diebstahls, Betrugs, der Untreue, Unterschlagung, Hehlerei oder Urkundenfälschung oder einer mit Todesstrafe oder mit Zuchthaus bedrohten Handlung sich schuldig macht;

4. wenn der Schiffsmann durch eine strafbare Handlung eine Krankheit oder Verletzung sich zuzieht, die ihn arbeitsunfähig macht;

5. wenn der Schiffsmann mit einer geschlechtlichen Krankheit behaftet ist, die den übrigen an Bord befindlichen Personen Gefahr bringen kann. Ob dies der Fall ist, bestimmt sich, sofern ein Arzt zu erlangen ist, nach dessen Gutachten;

6. wenn die Reise, für die der Schiffsmann geheuert war, wegen Krieg, Embargo oder Blockade, wegen eines Ausfuhr- oder Einfuhrverbots oder wegen eines anderen, Schiff oder Ladung betreffenden Zufalls nicht angetreten oder fortgesetzt werden kann.

Der Kapitän muß die Entlassung sowie deren Grund, sobald es geschehen kann, dem Schiffsmanne mitteilen und in den Fällen 2 bis 5, spätestens bevor dieser das Schiff verläßt, in das Schiffstagebuch eintragen. Dem Schiffsmanne ist auf Verlangen eine vom Kapitän unterzeichnete Abschrift der Eintragung auszuhändigen.

Zu 7. ist zu bemerken:

Als gröbliche Verletzung der Dienstpflicht gilt:

1. Nachlässigkeit im Wachdienste;

2. Ungehorsam gegen den Dienstbefehl eines Vorgesetzten;

3. ungebührliches Betragen gegen Vorgesetzte, gegen andere Mitglieder der Schiffsmannschaft oder gegen Reisende;

4. Verlassen des Schiffes ohne Erlaubnis oder Ausbleiben über die festgesetzte Zeit;

5. Wegbringen eigener oder fremder Sachen von Bord des Schiffes und Anbordbringen oder Anbordbringenlassen von Gütern oder sonstigen Gegenständen ohne Erlaubnis;

6. eigenmächtige Zulassung fremder Personen an Bord und Gestattung des Anlegens von Fahrzeugen an das Schiff;

7. Trunkenheit im Schiffsdienste;

8. Vergeudung, unbefugte Veräußerung oder Beiseitebringen von Proviant.

Seemannsordnung muß in jedem Logis aushängen!

Das Gesetz über Beurkundung des Personenstandes. Geburten oder Todesfälle sind spätestens am folgenden Tage nach der Geburt oder dem Todesfall vom Kapitän unter Zuziehung von zwei Schiffsoffizieren oder anderen glaubhaften Personen in dem Tagebuche zu beurkunden. Der Kapitän bzw. sein Vertreter oder Nachfolger hat zwei von ihm beglaubigte Abschriften der Urkunden demjenigen Seemannsamte, bei dem es zuerst geschehen kann, zu übergeben. — Sobald das Schiff den inländischen Hafen erreicht hat, in welchem die Fahrt beendet ist, ist das Tagebuch dem Standesbeamten (oder der dafür zustehenden Behörde) vorzulegen.

Statt die volle Beurkundung im Text des Tagebuches zu machen, kann man hier nur einen kurzen Hinweis auf die ausführliche Eintragung im Geburts- und Sterberegister machen. In diesem Register sind dann die einzelnen Fälle ausführlich einzutragen und vom Kapitän und zwei glaubhaften Personen zu unterschreiben.

Geburtsurkunde.

Ort, Tag, Stunde M.O.Z.	Geschlecht (bei zwei Kindern die Zeiten der Geburten genau feststellen)	Vorname	Vor- und Familienname der Eltern	Religion	Stand	Wohnort	Personen, die dabei gewesen	Angabe, wie die Personen festgestellt sind	Unterschrift vom Kapitän und zwei Zeugen (Schiffsoffiziere)	Bemerkungen

Sterbeurkunde.

Ort	Tag	Stunde M.O.Z.	Vor- und Familienname (des Verstorbenen)	Religion (des Verstorbenen)	Alter (des Verstorbenen)	Stand oder Gewerbe (des Verstorbenen)	Wohnort (des Verstorbenen)	Geburtsort (des Verstorbenen)	Mutmaßl. Todesursache (des Verstorbenen)	Vor- und Familienname des Ehegatten. Ledig?	Vor- und Familienname (der Eltern)	Stand oder Gewerbe (der Eltern)	Wohnort (der Eltern)	Personen, die Zeugen sind	Wie diese Personen festgestellt sind	Unterschrift des Kapitäns, der Zeugen, Schiffsoffiziere	Bemerkungen

In diesem Falle müssen außer den beiden beglaubigten Abschriften des Geburts- und Sterberegisters auch noch zwei beglaubigte Abschriften der kurzen Eintragung im Text des Tagebuches eingereicht werden.

Die Reichsversicherungsordnung. Seeunfallversicherungsgesetz. Nach gesetzlicher Vorschrift der Reichsversicherungsordnung ist jeder Unfall, durch den ein auf einem Seefahrzeuge Beschäftigter während der Reise getötet oder so verletzt ist, daß er stirbt oder für mehr als drei Tage völlig oder teilweise arbeitsunfähig wird, in das Tagebuch (Schiffsjournal, Loggbuch) einzutragen und dort oder in einem Anhang kurz darzustellen. Ist kein Tagebuch zu führen, so hat der Schiffsführer solche Unfälle in einer besonderen Niederschrift nachzuweisen.

Von jeder solchen Eintragung hat der Schiffsführer eine von ihm beglaubigte Abschrift dem Seemannsamte zu übergeben, bei dem es zuerst geschehen kann. Statt dessen kann er auch das Tagebuch oder die Niederschrift dem Seemannsamte zur Abschrift der Eintragung vorlegen. Das Seemannsamt gibt das Tagebuch oder die Niederschrift binnen 24 Stunden zurück.

Ereignet sich der Unfall im Inland vor oder nach der Reise, so hat ihn der Schiffsführer spätestens am dritten Tage, nachdem er ihn erfahren hat, dem Seemannsamte oder, wo keins am Orte ist, der Ortspolizeibehörde anzuzeigen.

Das Seemannsamt oder die Ortspolizeibehörde übersendet die Abschriften und Anzeigen dem Seemannsamte des Heimatshafens.

Nach der Satzung der Seeberufsgenossenschaft ist jeder Unfall, der die oben bezeichneten Folgen hat, auch dem für den Heimatshafen des Schiffes zuständigen Sektionsvorstande besonders anzuzeigen. Sektion I Papenburg, II Bremen, III Hamburg (Zippelhaus 18), IV Kiel, V Stettin, VI Königsberg. An Bord jedes Schiffes muß ein Plakat angebracht werden, auf dem angegeben ist, zu welcher Sektion das Schiff gehört.

Für alle nach diesen Vorschriften erforderlichen Eintragungen und Anzeigen ist das vom Reichsversicherungsamte festgestellte Muster maßgebend.

Verletzt der Schiffsführer die vorstehenden Vorschriften, so kann der Vorstand der Seeberufsgenossenschaft gegen ihn Geldstrafen verhängen.

Ein Unfalljournal und eine genügende Anzahl von Formularen für die Meldungen müssen sich an Bord eines jeden Schiffes befinden.

In dem Unfalljournal bzw. auf dem Formular sind hauptsächlich folgende Angaben zu machen:

Name des Schiffes — Heimatshafen — Unterscheidungssignal — Reeder — Kapitän und Wohnort desselben — Reise des Schiffes — Sektion und Vertrauensmann der Seeberufsgenossenschaft. Außerdem:

1. Wochentag, Datum, Tageszeit und Stunde des Unfalls.

2. Vor- und Zuname der verletzten oder getöteten Person. Art der Beschäftigung, Beruf, Wohnort, Lebensalter.

3. Veranlassung und Hergang.

4. Worin besteht die Verletzung? Wird diese den Tod oder eine Erwerbsunfähigkeit von mehr als 13 Wochen zur Folge haben?

5. Wo ist die verletzte Person untergebracht?

6. Krankenkasse, welcher die Person angehört?

7. Zeugen des Unfalls? (Name, Wohnung.)

8. Wird eine Verklarung über den Unfall abgelegt? Wo wird diese stattfinden?

9. Bemerkungen.

Der Kapitän hat das Unfalljournal sowie die Formulare zu unterschreiben.

Die Unfallverhütungsvorschriften der Seeberufsgenossenschaft[1]). Es ist in das Tagebuch einzutragen:

1. Der Verschluß der Türen in den wasserdichten Schotten auf Passagierdampfern vor Antritt der Reise.

2. Das Ergebnis über die vorgeschriebene periodische Untersuchung der Boote auf Seetüchtigkeit (mindestens einmal jährlich), das in bestimmten Zwischenräumen vorgeschriebene Ausschwingen derselben (Passagierschiffe mindestens alle 4 Wochen, sonst alle 3 Monate), die hierbei festgestellte Bereitschaft zum sofortigen Aussetzen, etwaige bei dem Ausschwingen gefundene Mängel sowie die Gründe einer etwaigen Verzögerung. Ferner Art, Zahl und Zeit der abgehaltenen Übungen in der Handhabung der Boote und im Rudern.

---

[1]) Die Unfallverhütungsvorschriften der Seeberufsgenossenschaft werden 1925 in neuer Fassung erscheinen!

3. Der Befund über die mindestens einmal jährlich vorzunehmende Untersuchung der Beschaffenheit und Haltbarkeit der Fuß-, Spring- und Handpferde von sämtlichen Rahen und vom Klüverbaum sowie der Vermerk über eine etwaige Erneuerung derselben.

4. Der Befund über die mindestens einmal jährlich vorzunehmende Untersuchung der Beschaffenheit der Rettungsgürtel.

5. Die bei der vorgeschriebenen Revision (Großschiffahrt alle 3 Jahre, Fischerei jährlich) der Barometer und Kompasse vorgefundenen Mängel sowie ein Vermerk ihrer sofort bewirkten Abstellung.

6. Ein Vermerk über die mindestens alle 3 Jahre vorzunehmende Revision der Chronometer.

7. Ein Vermerk über die Aufstellung und Abdichtung der Schotten und der Befestigung und Stauung der Ladung (bei Getreideladungen).

8. Ein Vermerk über den Einbau von Temperaturmessern oder Feuermeldern (bei Kohlenladungen).

Die legitimierten Beauftragten der Seemannsämter und die technischen Aufsichtsbeamten der Genossenschaft sind jederzeit zum Betreten der Schiffe bzw. der Betriebe und zur Besichtigung derselben berechtigt; ihnen sind auf Verlangen die Schiffspapiere, das Tagebuch und die Listen an Ort und Stelle zur Einsicht vorzulegen.

In jedem Logis muß sich ein Abdruck der Unfallverhütungsvorschriften der Seeberufsgenossenschaft befinden.

Die Strandungsordnung. Der Strandvogt hat vor allem für die Rettung der Personen zu sorgen. Im Falle der Bergung hat er zunächst die Schiffs- und Ladungspapiere, insbesondere das Schiffsjournal, an sich zu nehmen, das letztere sobald wie möglich mit dem Datum und seiner Unterschrift abzuschließen und sämtliche Papiere dem Schiffer zurückzugeben.

Die Vorschriften des Bundesrats (der Reichsregierung) über Auswandererschiffe. Nach diesen Vorschriften ist in das Tagebuch einzutragen:

1. Zahl, Art, Zeit und Ort der abgehaltenen Bootsübungen.

2. Befund über die mindestens jährlich einmal vorzunehmende Untersuchung der Beschaffenheit der Rettungsgürtel.

3. Befund der vorgeschriebenen Untersuchung der Boote auf Seetüchtigkeit und Ausschwingen derselben.

4. Die Gründe für eine etwa notwendig gewordene Verringerung der Beköstigungsmengen für Auswanderer.

5. Die Zuwiderhandlungen gegen die vom Kapitän getroffenen Maßregeln, um die Ordnung und die Sittlichkeit an Bord aufrechtzuerhalten.

6. Jede dem deutschen Konsul erstattete Meldung über die Verschleppung von Frauenspersonen zu Unzuchtszwecken.

7. Ein Vermerk, daß beim Tode eines Passagiers sein Nachlaß gesichert, ein Nachlaßverzeichnis aufgenommen ist, sowie ein Vermerk, welchem Konsul dieses Verzeichnis übergeben ist.

8. Jede Erprobung der Feuerlöschgeräte, des Raketenapparates sowie des F.T.-Notsenders.

Auf folgende wichtige Vorschriften über Auswandererschiffe sei kurz hingewiesen:

Kein Schiff darf als Auswandererschiff benutzt werden, bevor es nach gründlicher Untersuchung im Dock oder auf der Helling für seetüchtig befunden worden ist.

Die Untersuchung muß im Inlande von staatlichen Besichtigern erfolgen. Befindet sich unter den staatlichen Besichtigern kein Schiffbautechniker, so ist ein solcher heranzuziehen.

Dampfschiffe dürfen die Reise nur mit Kesseln und Maschinen oder Motoren, die sich in gutem, seetüchtigem Zustande befinden, antreten. Insbesondere muß der Schraubenwellentunnel gegen den Schiffsraum wasserdicht und gegen den Maschinenraum mit einem sicheren, dichten Verschlusse hergestellt sein.

Die Kessel sind jährlich einer äußeren und einer inneren Untersuchung zu unterziehen.

Alle Vorschriften über die Einrichtung und Ausrüstung der Auswandererschiffe sind sorgfältig zu beachten, so vor allem die Vorschriften über die Beköstigung der Auswanderer usw., über Bedienung und Krankenpflege usw., über Sicherheits- und Rettungsvorschriften, Boote, Bootsausrüstung, Bootsbemannung, Bootsübungen, Rettungsgürtel, Rettungsbojen, Sicherheitsrollen, über ärztliche Untersuchung der Reisenden und der Schiffsbesatzung usw. Über die Vornahme der ärztlichen Untersuchung hat der Arzt den Besichtigern schriftlich oder mündlich eine Erklärung abzugeben.

Man beachte die Sonderbestimmungen der einzelnen Staaten!

Besichtigung der Schiffe. Jeder Unternehmer hat von der beabsichtigten Reise eines Schiffes der Auswanderungsbehörde Anzeige zu erstatten. Von dem Zeitpunkt des Eingangs der Anzeige steht das Schiff unter der Aufsicht der Besichtiger, die jederzeit an Bord und zu allen Räumen des Schiffes zuzulassen sind.

Die Einschiffung der Auswanderer darf erst erfolgen, nachdem die Besichtiger hierzu die Genehmigung erteilt haben!

Bekanntmachung betreffend Krankenfürsorge auf Handelsschiffen. (Siehe auch „Gesundheitspflege an Bord", Teil XVII.). In das Tagebuch ist einzutragen:

1. Jede Einnahme von Trinkwasser, tunlichst mit kurzer Angabe der Herkunft des Wassers.
2. Jede Kürzung der Rationen oder jede einschneidende Änderung in der Wahl und Abgabe der Speisen und Getränke.
3. Die Beschwerde eines Schiffsmanns über ungeeigneten oder verdorbenen Proviant.
4. Das Ergebnis der vorgeschriebenen Prüfung der Arzneimittel und der sonstigen Hilfs- und Lebensmittel zur Krankenpflege. (Mindestens einmal im Jahr und ferner vor Antritt jeder größeren Reise.)
5. Geburts- und Sterbefälle.
6. Unfälle und Erkrankungen, wenn sie bei einer auf dem Schiffe beschäftigten Person eine Arbeitsunfähigkeit von mehr als drei Tagen oder wenn sie den Tod des Erkrankten oder dessen Ausschiffung zur Folge haben, nebst einer kurzen Beschreibung der Krankheitserscheinungen.

Die Eintragung ist nicht erforderlich, wenn die Erkrankung vom Schiffsarzt in das von ihm zu führende Tagebuch eingetragen ist.

7. Alle Desinfektions- und sonstigen Maßnahmen, die dem Auftreten von Pest, Aussatz, Cholera, Fleckfieber, Gelbfieber und Pocken vorbeugen bzw. die Weiterverbreitung verhindern sollen.

8. Alle von den Hafen-Gesundheitsbehörden vorgenommenen Besichtigungen, Desinfektionen usw.

Internationaler Vertrag zum Schutz des menschlichen Lebens auf See. Auf Grund dieses Vertrages sind in das Tagebuch einzutragen:

1. Jede an Bord stattgefundene Schottübung oder jede andere Übung im Gebrauch und der Handhabung der an Bord vorhandenen Sicherheitseinrichtungen.

2. Die Zeit jeder Schließung und Öffnung von Lade- und Kohlenpforten, Seitenfenstern usw.

3. Jede Besichtigung der an Bord vorhandenen Sicherheitseinrichtungen und die dabei festgestellten Mängel.

4. Jeder vom Schiffe aufgefangene Seenotruf. Die Art und Weise, wie diesem Ruf Folge geleistet wurde, oder die dringenden Gründe, die den Kapitän davon abhielten, zu Hilfe zu eilen.

Eintragungen, die vom Kapitän selbst vorzunehmen sind.

1. Nach der Seemannsordnung: Beschwerde über Seeuntüchtigkeit des Schiffes. — Kürzung der Rationen. — Beschwerde über verdorbenen Proviant. — Herabsetzung eines Schiffsmannes im Range oder Heuer. Schiffsoffiziere können nicht im Range herabgesetzt werden! — Gröbliche Verletzung der Dienstpflicht eines Mannes. — Verstöße gegen die Schiffsordnung. — Anbordbringen von Schmuggelwaren. — Beschwerde eines Schiffsmannes über ungebührliches Betragen eines Vorgesetzten. — Einspruch eines Schiffsmannes gegen die Entscheidung eines Seemannsamtes, wenn dieses einen Strafbescheid erlassen und das Schiff vor Ablauf der Berufungsfrist den Hafen verlassen hat.

2. Alle Unfälle, durch welche eine auf dem Fahrzeug beschäftigte Person auf der Reise getötet wird oder eine Körperverletzung erleidet. Reichsversicherungsordnung, Seeunfallversicherung.

3. Alle Geburts- und Sterbefälle während der Reise. Gesetz über die Beurkundung des Personenstandes.

Anmerkung: Es genügt natürlich auch, wenn der Kapitän die betreffende Eintragung, die durch einen Offizier gemacht werden kann, durch seine Unterschrift beglaubigt.

Eintragungen in das Schiffstagebuch, die weder vom Kapitän noch von den Schiffsoffizieren gemacht werden dürfen.

1. Beschwerden der Seeleute beim Seemannsamt wegen Seeuntüchtigkeit des Schiffes oder Untauglichkeit des Proviants. Seemannsordnung. Eintragung macht das Seemannsamt.

2. Wenn der Kapitän von einem Seemannsamt wegen Nachlässigkeit betreffend die Vorkehrungen zur Verhütung von Unfällen usw. bestraft wurde. Reichsversicherungsordnung. Eintragung macht das Seemannsamt.

3. Bei Strandungen. Strandungsordnung. Eintragung macht der Strandvogt.

4. Wenn einem Schiff das Anlaufen eines Hafens oder einer Reede wegen effektiver Blockade verwehrt wird. Pariser Deklaration von 1856. Die Eintragung macht der Blockadeoffizier.

5. Wenn ein Schiff mit Embargo belegt wird. Die Eintragung macht die Embargokommission.

6. In einzelnen Ländern, wenn über das Schiff Quarantäne verhängt wird. Eintragung macht die Quarantänebehörde.

Fälle, in denen der Kapitän mit Strafe bedroht wird, wenn Eintragungen in das Schiffstagebuch unterbleiben.

1. Bei Eintragungen bezüglich der Seemannsordnung, und zwar:
a) bei vorzeitiger Entlassung von Schiffsleuten,
b) bei verbotswidrig an Bord gebrachten Gütern,
c) bei getroffenen Zwangsmaßregeln,
d) bei Beschwerden der Schiffsleute auf See.

2. Bei Eintragungen, die die Polizeiverordnung und das Handelsgesetzbuch vorschreiben.

3. Bei Eintragungen, die das Gesetz über die Beurkundung des Personenstandes vorschreibt.

4. Bei Eintragungen betreffend die Reichsversicherungsordnung und die Unfallverhütungsvorschriften der Seeberufsgenossenschaft.

Fälle, in denen der Kapitän verpflichtet ist, dem Schiffsmanne vom Inhalt der Eintragung in das Schiffstagebuch Kenntnis zu geben.

1. Bei Herabsetzung eines Schiffsmannes in Rang und Heuer. Seemannsordnung.

2. Bei Entlassung eines Schiffsmannes vor Ablauf der Dienstzeit. Seemannsordnung.

3. Bei gröblicher Verletzung der Dienstpflicht. Seemannsordnung.

4. Bei Beschwerde eines Schiffsmannes während der Reise beim Kapitän wegen ungebührlichen Betragens, Seeuntüchtigkeit des Schiffes oder ungenügender Verproviantierung. Seemannsordnung.

5. Bei Einspruch eines Schiffsmannes gegen den Strafbescheid eines Seemannsamtes. Seemannsordnung.

In allen 5 Fällen ist dem Schiffsmanne auf Verlangen eine Abschrift der Eintragung, die vom Kapitän unterzeichnet ist, auszuhändigen. In den Fällen 1—3 kann die Mitteilung unterbleiben, doch ist dann der Grund für die Unterlassung in das Tagebuch einzutragen.

2. Manteltarif.

Außer durch die Seemannsordnung werden Vereinbarungen zwischen Reeder und Seeleuten auch durch Tarife und Manteltarife geregelt. Die Tarife selbst sind vielfach kurz gefaßt und geben meistens nur die Heuersätze der einzelnen Chargen an. Die Manteltarife dagegen geben in ausführlicher Weise eine Reihe von wichtigen Abmachungen bezüglich Überstundenarbeit, Verpflegung, Urlaub, Wohnräume usw. Es ist unbedingt notwendig, daß sich jeder Kapitän und jeder Schiffsoffizier eingehend mit dem jeweils gültigen Tarif und Manteltarif vertraut macht, damit er entsprechend den Abmachungen, die der Zentralverband der

Reeder mit den Arbeitnehmerverbänden der Seeleute getroffen hat, handeln kann. Er kann sich und seiner Reederei viele Unannehmlichkeiten ersparen, wenn er die Tarifbestimmungen genau kennt und gehörig beachtet. Der Manteltarif stellt in gewissem Sinne eine Ergänzung der Seemannsordnung dar, und es ist anzunehmen, daß die neue Seemannsordnung eine ganze Reihe Bestimmungen des heutigen Manteltarifs enthalten wird.

Beispiel eines Manteltarifes[1]).

A. Geltungsbereich.

§ 1. Der Tarifvertrag soll Geltung haben für Fracht- und Passagierschiffe über 100 B.-R.-T. Ausgenommen bleiben Fischerei- und Bergungsfahrzeuge, Schlepper und Leichter, Schulschiffe, Kabeldampfer, Fähr- und Fördedampfer, Seebäderdampfer, insbesondere die Dampfer, die ausschließlich den Verkehr zwischen dem Festland und den deutschen Nordseeinseln vermitteln, sowie die Postdampfer Kiel-Korsör.

§ 2. Für die ausgenommenen Gruppen, abgesehen von den Fischereifahrzeugen, sollen Sondervereinbarungen unter Zugrundelegung von Richtlinien dieses Vertrages getroffen werden.

Für die Schiffe, die dauernd und ausschließlich zwischen ausländischen Häfen fahren, bleiben besondere Vereinbarungen vorbehalten.

§ 3. Der Tarifvertrag gilt für alle Personen, die zum Dienst an Bord des Schiffes während der Fahrt für Rechnung des Reeders angenommen werden.

§ 4. Gastrollengeber und andere, aushilfsweise oder zur Mitwirkung an Bord beschäftigte Seeleute sollen in billiger Berücksichtigung ihrer Stellung und ihrer Tätigkeit entsprechend den Sätzen des Heuertarifs bezahlt werden.

B. Allgemeine Bestimmungen.

§ 5. Es steht den Reedereien frei, neben dem tariflichen Einkommen den Schiffsoffizieren, den Oberstewards und Oberköchen Fach- und Alterszulagen, den Unteroffizieren Alterszulagen zu gewähren.

§ 6. Einzelfahrten bis ins Weiße Meer sowie nach Island oder atlantischen Häfen Frankreichs, Irlands oder der Westküste Großbritanniens fallen für die Berechnung des Gesamteinkommens unter die Nord- und Ostseefahrt.

§ 7. Auf Segelschiffen mit Hilfsmotoren erhält der I. Maschinist die Heuer eines II., der II. Maschinist die Heuer eines III. Maschinisten. Als Segelschiffe mit Hilfsmotoren gelten im Sinne dieser Bestimmung nur solche Segelschiffe, die den Motor nur gelegentlich unter besonderen Umständen, wie bei Windstille u. dgl., gebrauchen.

§ 8. Sofern nur ein Elektriker an Bord ist, steht ihm das Gehalt des IV. Maschinisten zu; sind zwei Elektriker an Bord, so steht dem I. Elektriker das Gehalt des III. Maschinisten und dem II. Elektriker das Gehalt des IV. Maschinisten zu.

§ 9. Wird bei einer Besatzung von mehr als 10 Köpfen kein Steward gefahren, so ist dem Koch ein Kochjunge beizugeben oder er erhält eine um 10% höhere Heuer. Auf Schiffen mit mehr als 25 Köpfen Besatzung ist ein Kochsmaat anzuheuern.

§ 10. Weibliche Personen dürfen nur auf Passagierschiffen beschäftigt werden, die solcher zur Bedienung von weiblichen Reisenden bedürfen oder als Wäscherinnen oder Plätterinnen.

C. Arbeitszeit.

I. Im Hafen und auf der Reede.

1. Wochentags.

a) Decks- und Maschinenpersonal.

§ 11. Die achtstündige Arbeitszeit im Hafen und auf der Reede kann außerhalb der Tropen für alle mit Löschen, Laden, Aufklaren und Abfertigung des Schiffes zusammenhängenden Arbeiten sowie für den Nachtwachdienst um eine Stunde

[1]) Der hier wiedergegebene Manteltarif vom 1. April 1924 wird wohl beim Erscheinen des Buches bereits in einigen Paragraphen geändert sein. Darauf achten und eventuell verbessern!

überschritten werden, ohne daß für diese Stunde eine Überstundenbezahlung in Betracht kommt. Zehn Stunden Nachtwachdienst stehen neun Stunden Arbeitszeit gleich.

b) Verpflegungs- und Bedienungspersonal.

§ 12. Die Arbeitsbereitschaft des Verpflegungs- und Bedienungspersonals darf nicht in weiterem Umfang in Anspruch genommen werden, als für die Zubereitung der gewöhnlichen Mahlzeiten und für die regelmäßige Bedienung der an Bord befindlichen Personen sowie für die sonstigen Bedienungsarbeiten notwendig ist.

2. Sonn- und Festtags. (Bei allen Berufsarten.)

§ 13. An Sonn- und Festtagen dürfen Arbeiten, einschließlich des Wachdienstes, nur gefordert werden, soweit sie unumgänglich oder unaufschiebbar oder durch den Personenverkehr bedingt sind.

3. Besondere Bestimmungen.

§ 14. Für Schiffsoffiziere und Mannschaften, denen infolge von gesetzlichen oder behördlichen Bestimmungen oder zwecks Sicherung von Schiff und Ladung kein Landgang gewährt werden kann, gilt die an Bord verbrachte Zeit nicht als Arbeit, es sei denn, daß sie zu Arbeiten anderer Art als den unter D III § 27 genannten kleineren Dienstleistungen herangezogen werden.

II. Auf See.

§ 15. Das Decks- und Maschinenpersonal geht auf Dampfschiffen und Schiffen mit Hauptmotoren den Dienst auf See in drei Wachen. Jedoch wird der Dienst auf diesen Schiffen in zwei Wachen eingeteilt:

1. Für das Deckspersonal, sofern das Schiff 2000 B.-R.-T. nicht übersteigt.

2. Für das Maschinenpersonal:

a) In der Nord- und Ostseefahrt, sofern das Schiff 2000 B.-R.-T. nicht übersteigt.

b) In der Fahrt nach den atlantischen Häfen des westlichen Europas und nach den Häfen des Mittelmeers und Schwarzen Meers, sofern das Schiff 1000 B.-R.-T. nicht übersteigt.

§ 16. Für sogenannte Tagelöhner gilt außerhalb der Tropen die neunstündige Arbeitszeit.

D. Vergütung für Überarbeit.

I. Decks- und Maschinenpersonal.

a) Im Hafen und auf der Reede.

§ 17. Mit Ausnahme der Offiziere des Decks- und Maschinendienstes, deren Mehrarbeit (§§ 11, 14, 15) durch die tariflichen Bezüge abgegolten ist, wird für alle Arbeit oder Wachtätigkeit, die über die in §§ 11, 14 und 15 bezeichnete regelmäßige Arbeits- und Wachzeit hinaus geleistet wird, der tarifliche Überstundenlohn bezahlt, soweit die Arbeiten nicht zur Rettung des Schiffes oder von Menschenleben aus dringender Gefahr erforderlich sind (beispielsweise auch Rollenmanöver).

§ 18. Beim Ein- und Auslaufen wird den Mannschaften innerhalb des bürgerlichen Werktages sämtlicher Wach- und Arbeitsdienst im Hafen oder auf der Reede und auf See zusammengerechnet. Für die zehn Stunden übersteigende Zeit wird Überstundenlohn vergütet. Ist am Tage des Ein- oder Auslaufens Arbeit im Hafen oder auf der Reede, abgesehen vom Fest- oder Losmachen des Schiffes, überhaupt nicht geleistet worden, so kommt eine solche Berechnung und die Bezahlung von Überstundenlohn nicht in Frage, es sei denn, daß die Arbeit des Los- und Festmachens an Deck bzw. in der Maschine länger als eine Stunde dauert. Bei Überschreitung dieser einen Stunde wird auch diese mit Überstundenlohn bezahlt. An Sonn- und Festtagen gilt das gleiche, doch wird die Arbeit im Hafen und auf der Reede in jedem Falle vorbehaltlich der Bestimmungen unter D III § 27 mit Überstundenlohn bezahlt. Für Arbeiten, die zur Bewahrung des Schiffes in dringender Gefahr oder zur Rettung von Menschenleben geleistet werden, kommt kein Überstundenlohn in Betracht.

§ 19. Arbeiten, die von den Mannschaften zu verrichten sind, sollen unter gewöhnlichen Umständen von Schiffsoffizieren nicht verlangt werden.

Mit Ausschluß des Lösch- und Ladedienstes sowie der zur Abfertigung des Schiffes notwendigen Arbeiten soll der Offizier im Hafen und auf der Reede nicht länger zum Schiffsdienst herangezogen werden, als die Beschäftigung der Schiffsmannschaft dauert.

Den Schiffsoffizieren ist auch beim Auslaufen aus dem Hafen eine Ruhezeit von mindestens acht Stunden innerhalb 24 Stunden, soweit durchführbar davon mindestens zusammenhängend vier Stunden, zu gewähren.

Der Schiffsoffizier, der beim Auslaufen den Wachdienst übernimmt, soll nach Möglichkeit für die Arbeit vor dem Auslaufen und für den dann folgenden Wachdienst keine längere zusammenhängende Arbeitszeit als zwölf Stunden haben.

Im Heimatshafen ist der Dienst der Schiffsoffiziere möglichst dahin zu regeln, daß die Schiffsoffiziere außerhalb der Hafenarbeitszeit an Land gehen können, und zwar bis zum Wiederbeginn der Hafenarbeitszeit am nächsten Morgen, mit Ausnahme der für den Wachdienst erforderlichen Schiffsoffiziere.

Wird im Heimatshafen die Nachtwache von Landwachoffizieren gegangen, erhalten alle Schiffsoffiziere für die Zeit außerhalb der Hafenarbeitszeit bzw. Lösch- und Ladezeit Urlaub. Werden keine Landwachoffiziere eingestellt, erhält die Bordwache von 12 Uhr mittags bis zum Wiederbeginn der Arbeit am nächsten Morgen Freizeit.

Wenn der Bordbetrieb es zuläßt, soll die Schiffsleitung auch innerhalb der Hafenarbeitszeit entbehrliche Schiffsoffiziere im Heimatshafen an Land beurlauben.

b) Auf See.

§ 20. Mit Ausnahme von Havariefällen sollen die Schiffsoffiziere des Maschinendienstes während der Freiwache nicht zu sogenannten Verlegenheitsarbeiten oder zu Arbeiten, die üblicherweise vor Antritt der Reise hätten ausgeführt werden können, herangezogen werden, so daß nur solche Arbeiten, die zur Instandsetzung der Decks- und der sonstigen Hilfsmaschinen erforderlich werden, in dieser Zeit unter Assistenz genügenden Hilfspersonals auszuführen sind. Hiernach notwendige Zutörnarbeit soll möglichst nicht über 10 Uhr vormittags ausgedehnt werden.

Während der Nachtwache dürfen von Bordwachoffizieren nur Arbeiten verlangt werden, die zur Sicherheit des Schiffes notwendig sind.

Manöverwachen auf Fahrten im Revier und Kanal sollen nur insoweit gegangen werden, als es die örtlichen Verhältnisse und die Sicherheit des Schiffes unbedingt erfordern.

§ 21. Die Unteroffiziere und Mannschaften der Freiwache erhalten, falls sie zu Arbeiten herangezogen werden, den tariflichen Überstundenlohn, soweit diese Arbeiten nicht

a) für die Fahrt und Manövrierung des Schiffes oder zur Sicherheit von Schiff, Leben oder Ladung erforderlich sind,

b) in Rollenmanövern (Boots-, Schotten- und Feuerlöschmanövern) oder in der Hilfeleistung zur Rettung anderer Schiffe oder von Menschenleben bestehen.

§ 22. In den Fällen unter § 21 a ist Überstundenlohn zu zahlen, wenn und soweit die Arbeiten dadurch notwendig geworden sind, daß ein Schiffsmann von einer vom Kapitän anerkannten Krankheit befallen ist, und zwar für die Zeit, nachdem die Krankheit drei Tage gedauert hat.

§ 23. Die Fahrt durch Schiffahrtskanäle einschließlich des Aufenthalts in den Schleusen und des für diese Fahrt notwendigen Aufenthalts auf den Kanalreeden gilt als Arbeitszeit auf See.

II. Verpflegungs- und Bedienungspersonal.

§ 24. Das Verpflegungs- und Bedienungspersonal der Frachtdampfer erhält für die etwa geleistete Mehrarbeit monatlich die tarifliche Entschädigung. Köche und Stewards auf Frachtdampfern erhalten im Hafen und auf der Reede für die ihnen zur Verrichtung in der Zeit von $6^1/_2$ Uhr abens bis 6 Uhr morgens aufgetragene Arbeit den tariflichen Überstundenlohn im einzelnen bezahlt.

§ 25. Das gleiche gilt für Köche und Stewards auf Passagierdampfern, die auch für die Bedienung der Schiffsangestellten bestimmt sind.

III. Allgemeine Vorschriften.

§ 26. Über die Notwendigkeit der nach der S.-O. zu leistenden Überarbeit entscheidet ausschließlich die Schiffsleitung.

§ 27. Kleinere Dienstleistungen, die der regelmäßige Betrieb eines Schiffes mit sich bringt, gelten nicht als Überarbeit, soweit sie einen Schiffsmann nicht länger als etwa 15 Minuten beschäftigen.

§ 28. Falls die oben erwähnten, außerhalb der regelmäßigen Arbeitszeit geleisteten Rettungsarbeiten mit besonderen Gefahren für das Leben der Schiffsleute verbunden sind, so haben sie Anspruch auf besondere Vergütung. Diese Vergütung ist mindestens in Höhe des tariflichen Überstundensatzes zu bemessen und wird im Streitfalle von dem in Ziffer P erwähnten Tarifschiedsgericht festgesetzt.

E. Verpflegung.

§ 29. Die Übertragung der Verpflegung der Besatzung auf den Kapitän oder eine andere Person gegen Zahlung fester Sätze für den Kopf und Tag ist unzulässig. Die Reederei kauft den Proviant ein. Der herausgegebene Proviant ist nur für die empfangsberechtigten Personen zum eigenen Verbrauch an Bord bestimmt. Nicht verbrauchter Proviant bleibt Eigentum der Reederei. Der Kapitän ist nach wie vor für die ordnungsmäßige Verwaltung und Verwendung des Proviants laut S.-O. verantwortlich.

§ 30. Für die Menge des für die Besatzung zu liefernden Proviants ist die jeweilig geltende Speiserolle maßgebend.

§ 31. Über denjenigen Proviant, der über die Anforderungen der Speiserolle hinaus an Bord ist, steht ausschließlich der Reederei die Verfügung zu. Die Kostgeldsätze, welche in den Liegehäfen für solche Besatzungen festgestellt sind, die von der Reederei nicht verpflegt werden, haben keinerlei Bedeutung für Besatzungen, die von der Reederei auf stilliegenden oder fahrenden Schiffen verpflegt werden. Die Reederei ist verpflichtet, für solche Besatzungen sowohl im Inland wie im Ausland die Aufwendungen zu machen, die für eine der Speiserolle entsprechende Verpflegung notwendig sind.

§ 32. Die Schiffsoffiziere, das Deckspersonal und das Maschinen- sowie, falls es mindestens zehn Köpfe stark ist, auch das Bedienungs- und Verpflegungspersonal, wählen aus ihrer Mitte je einen Vertreter. Diesen Vertretern, unter dem Vorsitz des Schiffsoffiziers (Verpflegungsausschuß), steht auf Frachtschiffen die Aufsicht über die Verwaltung und Verwendung des von der Reederei gemäß der jeweiligen Speiserolle eingekauften Proviants zu. Bei der Übernahme an Bord hat ein Mitglied des Verpflegungsausschusses bei der Prüfung und Unterbringung des Proviants mitzuwirken. Klagen über die Zubereitung des Essens hat der Verpflegungsausschuß entgegenzunehmen und gemeinsam mit der Schiffsleitung auf Abstellung hinzuwirken. Auf Passagierschiffen führt dieser Ausschuß ausschließlich die Aufsicht über die Beköstigung der Mannschaft.

§ 33. Die Tätigkeit des Verpflegungsausschusses ist ehrenamtlich.

§ 34. Bei Streitigkeiten über angebliche Maßregelungen eines Mitgliedes des Verpflegungsausschusses ist der Deutsche Seefahrtsausschuß zur Vermittlung berufen.

§ 35. Für Selbstbeköstigung und bei ambulanter Krankenbehandlung wird der tarifliche Verpflegungssatz für den Kopf und laufende 24 Stunden bezahlt.

F. Versicherung.

§ 36. Die Besatzung ist von der Reederei zu versichern:

a) Bei Fahrten durch minenverseuchte Gebiete gegen Seeunfall durch Minengefahr in Höhe des achtfachen Jahresbetrags der Rente, die für den Betriebsunfall nach Maßgabe der Reichsversicherungsordnung erstmalig rechtskräftig festgesetzt wird.

b) Gegen Totalverlust der Effekten durch Kriegs- oder Minengefahr sowie Seegefahr zum jeweiligen Vollwert bis zu der tariflichen festgesetzten Höhe. Im Falle des Totalverlustes des Schiffes ist spätestens am Tage nach der über den Unfall abgelegten Verklarung dem Schiffsmanne der der Reederei tatsächlich nachgewiesene Schaden bis zu $^2/_3$ der Versicherungssumme vorschußweise zu zahlen. Bei Nichttotalverlust des Schiffes ist die Hälfte der Versicherungssumme zum selben Termin vorschußweise auszukehren.

G. Landgang im Hafen.

§ 37. Landgang im Hafen ist nach Ablauf der Arbeitszeit zu gewähren, soweit der Borddienst und die Sicherheit des Schiffes nach Überzeugung der die Verantwortung für beides tragenden Schiffsleitung es zulassen. Während des Aufenthaltes des Schiffes im Hafen ist dem Schiffsoffizier und Schiffsmanne mindestens einmal im Monat ein dienstfreier Werktag zu gewähren. Er darf nur gewährt werden, soweit es der Borddienst zuläßt und der Abgang des Schiffes dadurch nicht gefährdet wird. Die Befreiung vom Schiffsdienst beginnt vormittags 8 Uhr und endet mit Beginn der Arbeitszeit des nächsten Tages. Der Anspruch auf Landgang und den dienstfreien Tag darf nicht geltend gemacht werden, wenn das Schiff in den nächsten 24 Stunden abgehen soll.

H. Seemännische Fahrtzeit.

§ 38. Grundsätzlich darf ein Schiffsmann angestellt werden:

1. als Heizer erst nach sechsmonatiger Fahrtzeit als Kohlenzieher. Die Fahrtzeit kann in diesem Falle bis auf drei Monate herabgesetzt werden, wenn der Kohlenzieher mindestens drei Monate als Heizer an Land tätig gewesen ist,
2. als Lagerhalter oder Schmierer erst nach zweijähriger Fahrtzeit als Heizer,
3. als Jungmann erst nach sechsmonatiger Fahrtzeit als Junge,
4. als Leichtmatrose erst nach sechsmonatiger Fahrtzeit als Jungmann,
5. als Vollmatrose erst nach zwölfmonatiger Fahrtzeit als Leichtmatrose,
6. als Steward nach sechsmonatiger Fahrtzeit als Meßraumsteward oder Aufwäscher, es sei denn, daß er gelernter Kellner ist,
7. als Alleinkoch oder Mannschaftskoch nach sechsmonatiger seemännischer Fahrtzeit. Ausnahmen sind zulässig, soweit sie im Interesse des Schiffsbetriebes erforderlich werden.

§ 39. Ein Anspruch auf Aufrücken in den nächsthöheren Dienstgrad wird durch den Erwerb dieser Fahrtzeiten nicht erworben.

J. Urlaub.

§ 40. Der Schiffsoffizier und der Schiffsmann haben, sofern sie bei derselben Reederei ein volles Jahr beschäftigt sind, Anspruch auf Urlaub. Die Urlaubszeit beträgt im zweiten Beschäftigungsjahr fünf Werktage, für jedes weitere Beschäftigungsjahr bei derselben Reederei einen Werktag mehr bis zur Höchstdauer von 18 Tagen jährlich. Während der Urlaubszeit ist die Heuer sowie das tarifliche Verpflegungsgeld zu zahlen. Der Urlaub ist zeitlich innerhalb des betreffenden Jahres nach dem Ermessen der Reederei zu gewähren, und zwar tunlichst zusammenhängend, jedenfalls aber in Abschnitten von mindestens drei aufeinanderfolgenden Werktagen.

Der Anspruch auf Urlaub erlischt nicht, wenn dieser in einem Jahre nicht gewährt werden kann und der Antrag auf Nachgewährung des Urlaubs im darauffolgenden Jahre gestellt wird.

Besteht hiernach für den Schiffsmann bzw. Schiffsoffizier bei Ausspruch einer Kündigung durch ihn bzw. durch die Reederei ein Anspruch auf Urlaub, so ist ihm dieser auch nach der Kündigung zu gewähren. Der Anspruch ist spätestens am Tage der Entlassung geltend zu machen. Bei Entlassungen aus Gründen des § 70 S.-O. besteht kein Anspruch auf Urlaub.

K. Anstellung und Kündigung.

§ 41. Bei Anheuerung eines Schiffsoffiziers oder Schiffsmannes auf unbestimmte Zeit können beide Teile das Dienstverhältnis unter Einhaltung einer Kündigungsfrist von 48 Stunden zur Entlassung in einem deutschen Hafen, den das Schiff zum Löschen oder Laden anläuft, aufheben.

Endet die Kündigungsfrist später als der Zeitpunkt, auf den die Abfahrt des Schiffes festgesetzt ist, so kann die Entlassung erst im nächsten deutschen Hafen gefordert werden, den das Schiff zum Löschen oder Laden anläuft.

§ 42. Schiffsoffiziere, die mindestens sechs Monate im Dienste einer und derselben Reederei stehen, gelten als zu dieser Reederei im festen Anstellungsverhältnis befindlich. Sofern ein Schiffsoffizier die erste Reise bei einer Reederei auf einem Segelschiff macht und diese Reise länger als sechs Monate dauert, tritt das feste Anstellungsverhältnis erst eine Woche nach Beendigung dieser Reise ein, spätestens aber nach Ablauf von neun Monaten.

§ 43. Das Vertragsverhältnis eines festangestellten Schiffsoffiziers kann von diesem nur mit einer viertägigen Kündigungsfrist, von der Reederei dagegen nur unter Einhaltung einer Kündigungsfrist von vier Wochen (28 Tagen) aufgehoben werden. Kündigt die Reederei einen festangestellten Schiffsoffizier aus anderen als den im § 70 S.-O. aufgeführten Gründen, so hat sie dem Angestellten Gelegenheit zu geben, während der Kündigungsfrist sich nach einer anderen Stellung umzusehen.

Soweit das Schiff während der Kündigungsfrist sich nicht ununterbrochen in demselben deutschen Hafen oder in den Häfen benachbarter Orte, wie Hamburg-Harburg, Altona oder Bremen-Bremerhaven oder Danzig-Neufahrwasser oder Königsberg-Pillau gelegen hat oder der Angestellte nicht innerhalb Deutschlands an Land beschäftigt worden ist, hat die Reederei die ihm danach an der vierwöchigen Gelegenheit zur Umschau fehlende Zeit (Umschaufrist) zu vergüten. Seine Bezüge verringern sich während der Kündigungs- und Umschaufrist auf den Betrag der Tarifheuer ohne Verpflegungsgeld, soweit seine Dienste von der Reederei nicht mehr in Anspruch genommen werden. Von dem Zeitpunkt ab, in dem der Schiffsoffizier eine neue Stellung angetreten hat, erlischt der Anspruch auf irgendwelche Vergütung.

§ 44. Wird in der Nord- und Ostseefahrt das Schiff, für das der Angestellte angeheuert ist, auf länger als zwei Wochen aufgelegt, so ermäßigen sich die Fristen und Heuerzahlungen auf zwei Wochen.

§ 45. Die aus anderen als den im § 70 S.-O. aufgeführten Gründen erfolgende Kündigung eines festangestellten Schiffsoffiziers muß, um rechtsgültig zu sein, von dem Inhaber, Vorstand oder Prokuristen der Reederei (nicht durch einen Sonderbevollmächtigten, z. B. einen Inspektor) schriftlich erklärt werden. Ist bei Segelschiffen eine Verständigung über die Kündigung mit der Reederei nicht rechtzeitig möglich, so kann die Kündigung auch durch den Kapitän schriftlich erfolgen.

§ 46. Wird ein deutscher Schiffsmann oder Schiffsoffizier aus anderen als den im § 70 S.-O. angeführten Gründen in einem anderen als dem in der Musterrolle bezeichneten Hafen der Ausreise entlassen, so ist ihm freie Rückreise nach diesem Ausreisehafen zu gewähren, soweit es ein deutscher Hafen ist.

§ 47. Die Rückbeförderung hat auf der Eisenbahn in einer der deutschen 3. Wagenklasse entsprechenden Wagenklasse, zur See, wenn sie auf Schiffen erfolgt, die neben dem Zwischendeck eine 3. Klasse führen, in letzterer zu erfolgen. Den Schiffsoffizieren ist zur See die Zurückbeförderung in der Kajüte zu gewähren.

L. Heuerzahlung.

§ 48. Dem Schiffsoffizier und dem Schiffsmanne ist auf Verlangen ein in Abständen von 15 Tagen zu zahlender Ziehschein bis zur Höhe von 80% seines Monatseinkommens zu erteilen, jedoch ausschließlich zugunsten von Familienangehörigen. Abschlagszahlungen auf die Heuern von Schiffsleuten, welche auf Schiffen zwischen Europa und nordamerikanischen Häfen fahren, werden für die Zeit nach dem Eintreffen des Schiffes im nordamerikanischen Hafen erst dann auf Ziehschein bezahlt, wenn das Schiff den letzten nordamerikanischen Hafen wieder verlassen hat und festgestellt ist, daß der Schiffsmann sich dann noch an Bord befindet.

M. Wohnräume der Mannschaften.

§ 49. Mindestens einmal wöchentlich sind die Wohnräume durch die Mannschaften gründlich zu reinigen und in regelmäßigen Zeitabschnitten einer Desinfektion zu unterziehen. Die für die wöchentliche Reinigung erforderliche Zeit gilt als Arbeitszeit.

§ 50. Der Mannschaft ist zur Verrichtung der Backschaft hinreichend Zeit zu gewähren oder hierfür ein Mann der Besatzung vor Beginn der Freizeit zur Verrichtung der Backschaft vom Dienst freizustellen.

Eine Überstundenbezahlung kommt für Backschaft an Sonn- und Festtagen nicht in Frage.

§ 51. Bei Neubauten ist für jeden Mann ein verschließbares Kleiderspind in das Logis einzubauen; auf älteren Schiffen, soweit baulich möglich.

§ 52. Auf Dampfschiffen, auf denen mindestens 15 Mann in einem Logis gemeinschaftlich untergebracht sind, ist ein Junge als Backschafter zur Verfügung zu stellen.

§ 53. Für die Reinigung und Instandhaltung der Offizierskammern ist geeignetes Bedienungspersonal zur Verfügung zu stellen.

N. Berufskleidung.

§ 54. Auf Passagierschiffen, die eine eigene Wäscherei an Bord haben, ist die weiße Wäsche, das Tropenzeug u. dgl. der Offiziere auf Kosten der Reederei zu waschen. Das gleiche gilt für die Berufswäsche des Verpflegungs- und Bedienungspersonals.

§ 55. Den Maschinisten ist auf Schiffen mit Hauptmotoren, die mit Rohöl betrieben werden, in Ansehung der besonderen Verhältnisse, die dort einen starken Verbrauch der Kleidung bedingen, eine monatliche Zulage von 10%, dem übrigen Maschinenpersonal auf diesen Schiffen eine solche von 6% der jeweiligen Tarifheuer der IV. Maschinisten in großer Fahrt zu gewähren.

O. Zeugnisse.

§ 56. Beim Ausscheiden aus dem Dienst der Reederei kann der Schiffsmann ein Zeugnis über Führung und Leistungen vom Kapitän, der Schiffsoffizier von der Reederei verlangen.

Jedoch muß der Reederei Gelegenheit gegeben werden, die für das Schiff verantwortlichen Stellen zu hören.

§ 57. Dem im festen Anstellungsverhältnis bei einer Reederei stehenden Schiffsoffizier, welchem aus anderen als den im § 70 S.-O. aufgeführten Gründen gekündigt ist, ist auf Wunsch in gleicher Weise ein vorläufiges Zeugnis zu erteilen, in welchem ebenfalls über Fachleistung und Führung zu berichten ist.

§ 58. Dem Verwaltungs-, Bedienungs- und Verpflegungspersonal ist beim Wechsel des Schiffes im Dienst derselben Reederei auf Wunsch vom Zahlmeister bzw. Obersteward, Oberkoch usw. ein Zeugnis über seine Leistungen (Fachzeugnis) auszustellen.

P. Tarifschiedsgericht.

§ 59. Zur Entscheidung aller Streitigkeiten über die Bestimmungen dieses Tarifvertrages und der bisher geltenden Tarifverträge, die zwischen den Vertragsparteien bzw. deren Angehörigen bestehen, ist das durch Vertrag vom 12. April 1919 eingesetzte Tarifschiedsgericht für die Seeschiffahrt ausschließlich zuständig. Anträge auf schiedsrichterliche Entscheidung sind schriftlich unter kurzer Sachdarstellung einzureichen und können nur von einem der unterzeichneten Verbände gestellt werden.

Das Tarifschiedsgericht ist in gleicher Weise auch bei den Streitigkeiten zuständig, die aus einer Regelung einzelner Reedereien zu § 5 entstehen.

Q.

§ 60. Eine Änderung der in diesem Vertrag geregelten Arbeitsbedingungen und Lohnbedingungen durch Sondervereinbarungen ist ausgeschlossen.

§ 61. Allen Anheuerungen sind die Bestimmungen dieses Manteltarifs und des jeweiligen Heuertarifs zugrunde zu legen, der vollinhaltlich in jede Musterrolle aufzunehmen ist.

§ 62. Die vertragschließenden Parteien verpflichten sich, die Bestimmungen des vorliegenden Vertrages streng einzuhalten und ihre Mitglieder zur Beachtung der gleichen Pflicht mit allen Mitteln anzuhalten, die ihnen nach ihren Satzungen den Mitgliedern gegenüber zur Verfügung stehen.

§ 63. Alle geldlichen Bezüge werden in einem besonderen Vertrage vereinbart.

R.

§ 64. Dieses Abkommen hat Gültigkeit vom 1. April 1924.

Es kann von jedem der beteiligten Verbände unter Einhaltung einer Frist von drei Monaten frühestens auf den 31. März 1925 aufgekündigt werden; von dann an jeweils auf den 30. September oder 31. März j. Js., ebenfalls unter Einhaltung einer Kündigungsfrist von drei Monaten. Im Falle einer solchen Kündigung tritt der Vertrag nur bezüglich des Verbandes außer Kraft, von dem oder dem gegenüber er gekündigt worden ist[1]).

3. Schiffs- und Ladungspapiere[2]).

Verordnungen und Gesetze, die an Bord sein müssen: Handelsgesetzbuch — Seemannsordnung[3]) — Seestraßenrecht — Strandungs-

[1]) Siehe Fußnote auf Seite 426.

[2]) Gute Bücher über dieses Wissensgebiet sind: Budde: Der Kapitän und Schülke: Schiffs-, Ladungs- und Havariepapiere, Verlag Eckardt & Meßtorff.

[3]) Für jeden Mannschaftsraum ein Exemplar.

ordnung — Gesetz über die Verpflichtung zur Mitnahme hilfsbedürftiger Seeleute — Reichsversicherungsordnung (Seeunfallversicherungsgesetz) — Satzungen der Seekasse — Verordnung über das Verhalten des Kapitäns nach einem Zusammenstoß von Schiffen auf See — Unfallverhütungsvorschriften der Seeberufsgenossenschaft[1]) — Verordnung über die Ausrüstung der Kauffahrteischiffe mit Hilfsmitteln zur Krankenpflege — Flaggenrecht — Verordnung über die Führung und Behandlung des Schiffstagebuches — Gewerbeordnung für das Deutsche Reich — Hafenordnungen — Das Gesetz über die Beurkundung des Personenstandes und die Eheschließung — Seepolizeiverordnung über Minen und Schießübungen — Vorschriften des Bundesrats über Auswandererschiffe. (Man erkundige sich sehr genau nach den Vorschriften für Auswanderer des Landes, nach dem das Schiff fahren soll!)

Bücher, die an Bord sein müssen: Internationales Signalbuch — Signalverkehrsbuch — Seehandbücher in neuester Auflage nebst Nachträgen und Ergänzungen — Leuchtfeuerverzeichnisse in letzter Ausgabe — Nautischer Funkdienst — Nautisches Jahrbuch — Logarithmentafel — Gezeitentafel — Nachrichten für Seefahrer!!

Schiffspapiere, die an Bord sein müssen: a) Schiffstagebuch — Maschinentagebuch — Schiffszertifikat — Klassifikationszertifikate des German. Lloyd oder des Bureaus Veritas über das Schiff und die Maschine — Meßbrief — Freibordzertifikat — Laternenzertifikate — Anker-, Trossen- und Kettenzertifikate — Atteste über die nautischen Instrumente: Kompaß, Sextant, Barometer, Chronometer — Patente des Kapitäns, der Offiziere, des Decks- und Maschinenpersonals — Mannschaftslisten — Musterrolle — Atteste der Schiffsleute über ihre Tauglichkeit zum Schiffsdienste. — Gesundheitspässe — Klarierungspapiere — Lukenbesichtigungsprotokoll — Inventarverzeichnis — Freibordzertifikat — Ladungspapiere: Chartepartie — Konnossemente — Manifest. — Ursprungsattest.

b) Für Fahrten durch den Suez- oder Panamakanal müssen die besonderen Meßbriefe hierüber an Bord sein.

c) Schiffe, die Auswanderer bzw. Passagiere 3. Klasse fahren, müssen ein Vermessungszertifikat für Auswandererschiffe an Bord haben; ferner müssen diese Schiffe die Vermessungszertifikate der Länder an Bord haben, von denen aus das Schiff seine Rückfahrt antritt, und vielfach ein Desinfektionsattest.

d) Bei Ankunft im Hafen halte man etwa folgende Papiere für die Behörden und Geschäftsleute bereit:

Papiere	
Deklaration für den Arzt Passagierliste Mannschaftsliste Gesundheitspässe	für die Gesundheitsbehörde.
Passagierlisten Mannschaftsliste Liste der Deportierten Liste der Überschmuggler	für die Polizeibehörde.

[1]) Für jeden Mannschaftsraum ein Exemplar.

Passagierlisten Gepäcklisten Zollmanifeste Konnossemente Lagerlisten (Inventarmanifeste)	für die Zollbehörde.
Passagierlisten Gepäcklisten Manifeste Konnossemente Anmeldung beim Konsulat Stauplan	für den Agenten.
Stauplan	für den Stauer.

Schiffszertifikat (Certificate). Das Zertifikat ist eine von der Registerbehörde ausgestellte Urkunde über die Eintragung des Schiffes in das Schiffsregister. Die Registerbehörde ist das Amtsgericht desjenigen Hafens, von dem aus die Seefahrt mit dem Schiffe betrieben wird.

Das Zertifikat muß folgende Angaben enthalten:

1. Namen und Gattung des Schiffes.
2. Unterscheidungssignal.
3. Zeit und Ort der Erbauung.
4. Heimathafen.
5. Ergebnis der amtlichen Vermessung.
6. Namen des Reeders oder der Reeder; bei Gesellschaften ist der Sitz der Gesellschaft (oder des Vertreters) anzugeben usw.
7. Anrechte der Reeder (gesetzliche Ansprüche der einzelnen Parteien).
8. Nationalität des Reeders (oder der Reeder usw.).
9. Ordnungsnummer und Ort und Tag der Eintragung.

Bei Verlust des Schiffes oder Verkauf nach dem Ausland ist das Zertifikat zurückzugeben.

Klassifikationszertifikate siehe Teil XIV „Schiffbau" und Teil XV „Maschinenkunde".

Flaggenattest. Wird ein Schiff im Auslande gekauft oder ein Neubau vom Bauhafen nach dem Heimatshafen überführt, so ist ein Flaggenattest erforderlich, damit das Schiff die deutsche Flagge führen kann. Das Flaggenattest wird im Auslande vom Konsul, im Inlande vom Amtsgericht (Registergericht) des Erbauungshafens ausgestellt. Das Flaggenattest hat ein Jahr Gültigkeit.

Meßbrief (Bill of measurement). Der Meßbrief wird von der Registerbehörde (Vermessungsbehörde) ausgestellt. Dieses Dokument enthält genaue Angaben über die Vermessung (Moorsomsche Schiffsvermessung, Simpson-Regel). Nach dem Meßbrief werden meistens die Lotsengelder, Hafenabgaben und Leuchtfeuerabgaben berechnet.

Der Meßbrief enthält folgende Angaben:

1. Gattung, Namen, Unterscheidungssignal.
2. Nationalität, Heimatshafen, Reederei.
3. Umstände, die sich auf die Erbauung beziehen.
4. Ausdehnung des Schiffsrumpfes (Länge, Breite usw.).

5. Bruttoraumgehalt.

6. Abzüge (Maschinenraum, Wohnräume der Mannschaft und zum Betriebe notwendige Räume).

7. Nettoraumgehalt.

8. Datum der Vermessung und Datum der Ausstellung des Meßbriefes.

Freibordzertifikat. Es wird von der Seeberufsgenossenschaft ausgestellt und enthält Angaben über Freibord und Tiefgang des Schiffes zu den verschiedenen Jahreszeiten und für die verschiedenen Fahrten. Es dient als Ausweis, falls Beladung oder Tiefgang von den Hafenbehörden beanstandet wird.

Chartepartie (Charterparty) (siehe auch Abschnitt „Ladung", S. 368 und 370). Die Chartepartie ist eine Vertragsurkunde zwischen dem Kapitän oder Reeder (oder Makler) über die Verfrachtung eines Schiffes im ganzen oder zu einem Teil mit einer anderen Person.

Eine Chartepartie muß folgende Angaben enthalten:

1. Ort, Datum, Namen der Vertragschließenden. 2. Namen des Schiffes, Nationalität, Größe des Schiffes. 3. Lade- und Löschort. (Kann auch für Order gehen.) 4. Art der Güter. 5. Höhe der Fracht und wie sie bezahlt werden soll. 6. Lade- und Löschzeit. Ob die Überliegezeit vergütet werden soll. 7. Höhe des Reugeldes (Fautfracht), wenn eine Partei zurücktritt vom Vertrage. 8. Nach welchen Bestimmungen eine etwa vorkommende Havarie geregelt werden soll. 9. Bestimmungen über Einrichtungen zum Schutze der Ladung. 10. Bestimmungen über die Klarierung des Schiffes und der Ladung. 11. Ob das Schiff zu seinen Gunsten einem anderen Hilfe leisten darf. (Diese Bedingung ist für Zeitcharterungen sehr wichtig.) 12. Name desjenigen, der das Original der Urkunde aufbewahrt.

Die Chartepartie verliert ihre Gültigkeit, wenn das Schiff verlorengeht, die Güter wegen eines Aus- oder Einfuhrverbots nicht abgeliefert werden können, die Ladung durch höhere Gewalt verloren geht, die Häfen blockiert sind, das Schiff beschlagnahmt wird, einer der Vertragschließenden zurücktritt und Reugeld bezahlt.

Bei dem Abfassen einer Chartepartie muß man sehr vorsichtig sein und jede Bedingung genau festsetzen. Man nehme ja die sog. „Negligence-Klausel" auf, die besagt, daß für die Schäden, die durch höhere Gewalt, Verschulden der Schiffsführung oder Besatzung, Stauer, Lotsen und anderer Personen und durch andere Unglücksfälle hervorgerufen werden, das Schiff (Reeder) nicht aufkommt.

Despatch-money. Bei jedem Frachtabschluß ist die Höhe der Frachtrate abhängig von der von dem Ablader bzw. Empfänger für Be- und Entlöschung beanspruchten Zeit. Der Reeder wird seiner Frachtforderung die für die Reisedauer einschließlich Ein- und Ausladen normalerweise erforderliche Zeit zugrunde legen, denn der Zeitaufwand ist das Wesentliche seiner Kalkulation.

Die Zeit, die der Reeder nun dadurch gewinnt, daß der Empfänger seinen Dampfer schneller entlöscht, als der Reeder bei Abschluß des Frachtvertrages erwarten und seiner Kalkulation zugrunde legen konnte, ist für den Reeder ein Gewinn, der durch die Bemühungen und die Mehrleistung des Empfängers entstanden ist. Für diese durch seine eigene Leistung gegenüber den Abmachungen des Frachtvertrages erzielte Zeitersparnis bedingt sich der Befrachter im Frachtvertrag zuweilen eine Vergütung (despatch-money) aus. In der Regel wird die Vergütung für ersparte Zeit auf die Hälfte des Betrages festgesetzt, der für eine Überschreitung der vereinbarten Löschzeit festgesetzt wird.

Konnossement oder Ladeschein (Bill of lading). Das Konnossement oder Ladeschein ist eins der häufigsten und bekanntesten Ladungspapiere. Es ist eine Urkunde, die vom Kapitän oder seinem Vertreter unterschrieben werden muß und in welcher dieser bekennt, bestimmte Güter zu bestimmten Bedingungen an Bord genommen zu haben. Das Konnossement wird meist in vier Exemplaren ausgestellt, von diesen vier Exemplaren werden eins oder zwei an den Ladungsempfänger gesandt. Ein Exemplar bleibt bei dem Verlader und zwei oder ein Exemplar bleiben an Bord.

Das Konnossement enthält:

1. Namen des Schiffes, Namen des Kapitäns.
2. Namen des Abladers, Namen des Empfängers oder ob an Order.
3. Ablade-, Lösch- und Orderhafen.
4. Art der Güter oder ob Inhalt unbekannt.
5. Marke und Nummer, Gewicht und Größe oder ob Gewicht und Größe unbekannt.
6. Welche Fracht zu bezahlen ist.
7. Besondere Bestimmungen über Löschen und Laden, ob „frei an Bord", über eine etwaige Havarie, über etwaige Schäden durch Verschulden von Personen oder höhere Gewalt usw.
8. Ort und Tag der Ausstellung.

Bei „Durchgangskonnossementen" (Through bill of lading) sorgt der Kapitän oder Reeder für eine passende Weitertransportierung der Güter über den Bestimmungshafen des Schiffes hinaus.

Manifest. Das Manifest ist ein Verzeichnis aller verladenen Güter eines Schiffes. Es wird gewöhnlich nach den Konnossementen zusammengestellt. Sehr oft müssen die Manifeste in zwei verschiedenen Arten ausgefüllt werden; das eine Manifest muß die Güter enthalten, die in dem angelaufenen Hafen zu landen sind, und das andere Manifest muß die Güter enthalten, die außer den zu landenden Gütern noch an Bord sind. Die Manifeste müssen vom Kapitän unterschrieben werden und müssen meist mit dem Stempel des Konsuls von dem Lande versehen sein, wohin das Schiff fährt.

Die Ausfüllung des Manifestes muß sehr genau geschehen, da die Zollbehörden nach diesem ihre Kontrolle führen und Fehler mit hohen Strafen belegen. Das Manifest muß folgende Angaben enthalten:

1. Namen und Nationalität des Schiffes.
2. Namen des Kapitäns.
3. Art der Güter (Marke, Nummer, Gewicht).
4. Verschiffungsort.
5. Empfänger.

Ursprungsattest. Dieses Papier ist selten an Bord; es ist ein Ladungspapier und enthält Angaben, wo die Ladung herstammt. Dieses Papier kann nützlich sein für Quarantänezwecke und Kriegsfälle, um den Ursprung der Ladung klarzulegen.

Klarierungsattest (Clearance paper). Das Klarierungsattest wird von einigen Staaten verlangt. Es enthält die Bescheinigung der Behörde (meistens Zollbehörde), daß alle Abgaben bezahlt sind. Das Schiff erhält in vielen Häfen erst nach Einbringung des Klarierungsattestes die Erlaubnis zum Auslaufen.

Lukenbesichtigungsprotokoll. Hat ein Schiff schlecht Wetter gehabt, so tut der Kapitän gut, daß er die Lukenbesichtiger an Bord bestellt, damit diese Sachverständigen und Vertrauensleute etwaige Schäden feststellen und sich überzeugen, daß der Schaden nicht durch ein Verschulden der Schiffsleitung sondern durch höhere Gewalt entstanden ist. Die Untersuchung wird zu Protokoll genommen und dient dem Kapitän als Ausweis bei etwaigen Schadenersatzansprüchen, daß ihn keine Schuld trifft.

Gesundheitspaß wird gewöhnlich von der Gesundheitsbehörde, in einigen Ländern auch von der Zollbehörde, ausgestellt. Der Gesundheitspaß bescheinigt, daß in der Nähe des Hafens (Landes), woher das Schiff kommt, seit soundso langer Zeit keine epidemische Krankheit geherrscht hat. Der Konsul des Landes, wohin das Schiff fährt, muß den Gesundheitspaß stempeln.

Musterrolle ist eine vom Seemannsamte (oder Konsulat) ausgestellte Urkunde. Sie enthält: Namen und Unterscheidungssignal des Schiffes; Namen des Kapitäns und Wohnort; Namen, Wohnort, Geburtsort und -datum, Stellung und Gage jedes Mannes der Besatzung, die Unterschrift jedes Mannes und besondere Bestimmungen. — Die Musterrolle ist immer an Bord zu führen.

Atteste über Lampen, Anker, nautische Instrumente usw. dienen als Ausweis, daß diese Gegenstände den gesetzlichen Anforderungen genügen.

Inventarmanifest. Über folgende Gegenstände (oft auch noch über einige andere) muß bei Ankunft in den meisten Häfen der Zollbehörde eine genau angefertigte Liste übergeben werden. Es ist zweckmäßig, zu bemerken, ob die Gegenstände neu oder $^1/_2$ oder $^1/_4$ verbraucht sind.

Deutsch	Englisch	Spanisch
Reserveanker	reserve anchor	anclas de repuesto
Reserveketten für Ruder	reserve chains (for helm)	cadenas de repuesta para timón
Segel	sail	velas
Sonnensegel	awning	velas de sol
Lukenkleider	tarpaulin	vestidos de tronera
Ventilatorenbezüge	covers	vestidos de ventiladores
Windsäcke	wind-sails	costales de viento
Ladungspersenninge	tarpaulings (of cargo)	garbatos p. carga
Lukenpersenninge	tarpaulings	garbatos p. lumbreras
Segeltuch	canvas	panno de vela
Persenningtuch	canvas (for tarpaulings)	paño (p. persenninge)
Stahltrossen	wire, steel wire	piezas de acero
Leinen	ropes	lienzo
Manilatauwerk	Manila-rope	cardaje (manila)
Hanftauwerk	hemp-rope	cordaje (cañamo)

Deutsch	Englisch	Spanisch
Bändsel, Schiemannsgarn usw.	housing, ropeyarn, twine	hilo, estambre etcétera
Lotleinen	sounding lines	cuerda de media onza
Barometer	barometer	barómetro
Chronometer	chronometer	cronómetro
Kompasse	compasses	brújulas
Peilapparate	apparatus for bearings	aparéjos para sondar
Sextant	sextant	sextante
Fernrohre	telescopes	telescopios
Nachtgläser	night-glasses	telescopios del noche
Uhren	clocks and watches	relojes
Nebelhorn	fog-horn	aparéjo advertiao de niebla
Gong	gong	batintin
Sprachrohr	speaking-trumpet	bocina
Handschellen	handcuffs	esposas
Patentlogge	patent-log	barquillas
Lotmaschine	sounding-machine	aparéjo p. media onza
Lotdraht	wire for soundings	alambre p. media onza
Glasrohre zum Loten	glass tubes for soundings	cubetas
Lloydsignale	Lloydsignals	sennales (Lloyd)
Blaulichter	blue lights	luzes azúles
Holmeslichter	lights (Holmes)	luzes (Holmes)
Raketen	rockets	cohetas
Pulver	powder	polvo
Schlagrohre	fusees	espoletas
Kanonen	cannon, gun	cañónes
Geschosse	projectile	proyectiles
„ Leinen	projectile lines (ropes)	cuerdas de proyectiles
„ „ (Manila)	projectile manila lines	cuerdas de proy. (Manila)
Revolver	revolver	revólveres
Patronen	cartridges	patrónes
Kanonenschläge	exploding charges	trabucas
Rettungsgürtel	life belts	remedios
Rettungsbojen	life-buoy	boyas de remedios
Rauchhelm	smoke-helmet	yeluno (humo)
Brandschläuche	leather-hoses (for fire)	odres (fuigo)
Deckwaschschläuche	leather-hoses (for deck)	odres (lavar cubierto)
Schlauchspitzen aus Leder	leather hose points	punte de odres de cuero
Schlauchspitzen aus Kupfer	copper hose points	punte de odres de cobra
Handpumpe, transp.	hand-pump (transp.)	sacabuches (transp.)
Saugerohr	suction-pipe	chupador
Brandeimer	fire pails	cubos
Korkfender	fender, cork-fender	corchos
Kohlenballastschaufel	coal-shovel	badiles
Seife	soap	jarbón
Soda	soda	sosa
Seifenlauge	lye	lejía
Putzsteine	bathbricks	tizas
Twist	cotton waste	merma
Besen	brooms	escobas
Waschquäste	tassels, brushes	borlas p. lavar
Schrubbürsten	scrubbing brushes	cepillos
Pinsel	painting brushes	pinceles
Schwämme	sponges	esponjas
Schleifstein	grindstone	esmoladeras
Matten	strawmats, mats	esteras
Rohrstöcke	canes (ratan)	cañas de Indias
Stahlschraper	steel-scrapers	accero-shraper

Deutsch	Englisch	Spanisch
Schrapmesser	scrapers	cuchilla (p. acero)
Schmirgel- und Sandpapier	sand-paper	esmeril
Rapper	old-canvass (wrapper)	rapper
Rosthammer	chipping hammer	martillos (herumbre)
Putzpomade	polish (polishing pomatum)	tizas
Stahlbürsten	steelbrushes	cepillos de acero
Leder	leather	cuero
Eisendraht	iron wire	alambre de hierro
Kupferdraht	copper wire	alambre de cobre
Filz	felt	fieltro
Glas (Scheiben- u. Fenster-)	glass (pan of glass and window-glass)	vidrios (ventanas)
Nägel, eiserne	iron nails	clavos (de hierro)
Nägel, kupferne	copper nails	clavos (de cobre)
Schrauben, eiserne	iron screws	tornillos (de hierro)
Schrauben, kupferne	copper screws	tornillos (de cobre)
Pech	pitch	pez
Harz	resin	resina
Werg	oakum	estopa
Lukenkeile	hatchway-wedges	cunnas p. los troneras
Plankholz	boards	tablas
Farben	paints	colores
Kreide	chalk	creta
Leinöl	linseed-oil	aceite de linaca
Sikkativ	siccativ	siccativ
Lack	lac	barniz
Kreolin	creoline	créolin
Teer	tar	alquitrán
Tran	fish-oil	acerte de bollena
Talg	tallow	talco
Terpentin	turpentine	trementina
Spiritus	spirit	espíritu
Varnish	varnish	barniz
Zement	cement	cemento
Kupferplatten	copper plates	hojas de cobre
Rettungsboote n. Inv.	life-boats	esquifes (con invent.)
Klappboote	folding boats	esquifes (p. caer)
Photographieapparate	photographical apparatus	aparéjos fotograficas
Petroleum	petroleum	petróleo
Kitt	paste	pasta
Werkzeuge	tools	herramientas

4. Havariepapiere und Verhalten bei einer Havarie[1]).

Havarie nennt man jeden Schaden, der einem Schiffe oder seiner Ladung zustößt. Man unterscheidet: gewöhnliche Havarie, besondere Havarie und große Havarie.

Gewöhnliche Havarie nennt man die Unkosten, die jedes Schiff hat durch Abnutzung der Segel und des Tauwerks, Abnutzung der

[1]) Budde: Der Kapitän; Schülke: Schiffs-, Ladungs-, und Havariepapiere und Dr. B. H. Moltmann: Das Recht der großen Haverei. Hamburg: Verlag Eckardt & Meßtorff, sind sehr empfehlenswerte Bücher.

Maschine usw., sowie die Unkosten, die durch Lotsengelder, Hafengelder, Schlepplöhne usw. entstehen. Für diese Schäden wird das Schiff durch die Frachtgelder entschädigt.

Besondere Havarie oder „Avarie particulière" nennt man alle Schäden, die dem Schiffe oder der Ladung durch außergewöhnliche Unfälle zustoßen, also alle Schäden, die durch höhere Gewalt hervorgerufen werden, z. B. durch Sturm und See, durch Leckspringen, durch Stranden, durch Feuer, durch Kollision, durch Naßwerden oder Schwinden der Ladung usw.

Bei der besonderen Havarie trägt der Teil, der davon betroffen wird, seinen Schaden selbst. Trifft ein Schaden das Schiff, so trägt das Schiff die Kosten, trifft ein Schaden die Ladung, so trägt die Ladung die Kosten.

Große Havarie[1]). Werden das Schiff und die Ladung von einer ungewöhnlichen Gefahr bedroht und wird zur Rettung aus dieser Gefahr das Schiff oder die Ladung absichtlich beschädigt, und hat diese Rettung Erfolg, so nennt man dies „große Havarie" oder „Averie grosse".

Wesentliche Erfordernisse der großen Havarie sind:

Die Gefahr muß ungewöhnlich sein. — Die Gefahr muß Schiff und Ladung betreffen. — Das Opfer, das gebracht wird, muß Erfolg haben. — Der Schaden muß freiwillig und vorsätzlich zugefügt werden, um Schiff und Ladung zu retten.

Es empfiehlt sich, die Maßnahmen, die zur Rettung von Schiff, Menschenleben und Ladung unternommen werden, in einem „Schiffsrat" zu beschließen.

Zur großen Havarie gehören z. B.: Schaden, der beim Löschen eines Feuers durch Wasser entsteht — Kappen von Masten, Rahen, um das Schiff aufzurichten — Schaden an der Maschine beim Abbringen eines gestrandeten Schiffes — Kosten der Leichterung eines gestrandeten Schiffes — Kosten im Nothafen, der angelaufen wurde, um Schiff und Ladung zu retten — Schlepplohn, wenn nach den vorliegenden Umständen das Schleppen etwas Außergewöhnliches ist, wie z. B. bei Eisgang — Schlippen von Anker und Ketten — Seewurf, um das gestrandete Schiff zu leichtern.

Wird ein Schiff absichtlich auf den Strand gesetzt und sind die Umstände so, daß ohne diese Maßnahme das Schiff doch sinken oder stranden würde, so ist das keine große Havarie. Nur wenn das Schiff zur Rettung aus einer gemeinsamen Gefahr absichtlich auf den Strand gesetzt wird, wird der Schaden durch große Havarie vergütet.

---

[1]) Den angegebenen allgemeinen Regeln liegen die „York-Antwerp Rules" zugrunde. Betreffs der freiwilligen Strandung sei darauf hingewiesen, daß das deutsche und auch das Seerecht einiger anderer Länder jede absichtliche Strandung, die zum Zwecke der Abwendung des Unterganges vorgenommen wird, im Gegensatz zu den Y.A.R., als große Havarie vergütet. Die Y.A.R. fassen diese Bestimmung so scharf, damit nicht jede durch Leckspringen, Grundstoß, Kollision usw. ohnehin unvermeidliche Strandung durch Entschluß des Kapitäns zu einer absichtlichen, freiwilligen Strandung gemacht werden kann. Wird ein Schiff aber z. B., um der Kaperung zu entgehen oder um ein Feuer in der Ladung, das das Schiff zu zerstören droht, besser löschen zu können, absichtlich auf Strand gesetzt, so ist dies auch nach den Y.A.R. große Havarie.

Bei der großen Havarie tragen Schiff, Ladung und Fracht die entstehenden Kosten.

Die große Havarie wird meistens nach den sog. „York-Antwerp Rules" geregelt. Aus einer „besonderen Havarie" kann sehr leicht eine „große Havarie" werden. Es ist daher wichtig, daß die Schiffsleitung alle einschlägigen Gesetze genau kennt.

Es bricht z. B. an Bord eines Dampfers Feuer in der Ladung aus. Das Feuer wird durch Wasser gelöscht. Durch die Wassermassen wird noch ein Teil der Ladung und Schiffsinventar, das in demselben Raume lag, beschädigt. — In diesem Falle liegt „besondere Havarie" und „große Havarie" vor. — Die durch Feuer zerstörten Teile der Ladung gehören zur „besonderen Havarie". Die Ladung trägt allein die Kosten. — Die durch das Wasser beschädigte Ladung und das beschädigte Schiffsinventar gehören zur „großen Havarie". Hier tragen Schiff und Ladung (evtl. Fracht) die Kosten. Bei Ausbruch eines Feuers an Bord muß der Kapitän nicht nur überlegen, wie er das Feuer am schnellsten löscht, sondern wie er es ohne größeren Schaden für alle Interessenten (Schiff, Ladungsverschiffer, Empfänger) löscht!

Einige Regeln für das Verhalten der Schiffsleitung im Nothafen (oder ersten Hafen) nach einer großen Havarie:

1. Melde innerhalb 24 Stunden nach Ankunft Protest an bei der Hafenbehörde, beim Konsul oder Notar.
2. Benachrichtige sofort Agenten, Reeder, Versicherer.
3. Sieh zu, ob in dem Hafen Sachverständige (Experte, Surveyors) sind; sonst ernenne Sachverständige.
4. Setze mit den Sachverständigen ein Besichtigungsprotokoll (survey report) auf, in dem alle Schäden verzeichnet sein müssen. Stellen sich später (z. B. beim Löschen) noch mehr Schäden heraus, so sind die Sachverständigen wieder zu berufen. Man sei recht sorgfältig bei der Aufsetzung dieses Protokolls, damit nichts vergessen wird.
5. Nach der Besichtigung wird entschieden, was mit dem Schiff gemacht werden soll. Schätzung der Kosten. Diese Angaben werden ebenfalls protokolliert. (Taxationsprotokoll.)
6. Muß die Ladung gelöscht werden, so versichere der Kapitän dieselbe gegen Diebstahl und Feuer. Die Unkosten gehören zur großen Havarie. — Keine Güter ohne Sicherstellung ausliefern, bevor nicht die auf der Ladung ruhenden Havariebeiträge festgestellt sind.
7. Nach Beendigung der Reparatur läßt der Reeder oder der Kapitän durch die Besichtigungskommission ein Revisionsprotokoll aufnehmen, das die Angabe enthält, daß das Schiff wieder seetüchtig ist.
8. Prüfe genau die Rechnungen und lasse diese vom Konsul zeichnen.
9. Die Generalrechnung lasse man ebenfalls vom Konsul zeichnen.
10. Der Kapitän sorge ohne Verzug für Aufmachung der Dispache; diese wird am besten durch einen Dispacheur erledigt.

Dispache. Unter Dispache (Schadenberechnung) versteht man die Feststellung und Verteilung derjenigen Schäden und Kosten, die einem Schiffe oder dessen Ladung durch große Havarie verursacht werden. Sie muß enthalten: genaue Angabe der betreffenden Gefahr und die zur

Abwendung derselben von dem Schiffe vorgenommenen Maßnahmen, eine Angabe des Wertes der geopferten und von der Gefahr betroffenen Güter, die Verteilung des Schadens auf Schiff, Ladung und Fracht. — Bei der Berechnung der Havarievergütung werden, falls es nicht besonders ausgemacht ist, Decksladungen oder Ladungen, die nicht im Manifest stehen, ferner Wertgegenstände, die nicht als solche besonders deklariert sind, nicht berücksichtigt.

Bei der Aufstellung der Havarievergütung wird das Alter und der Zustand des Schiffes in Betracht gezogen, und es wird von dem vollen Betrage wegen des Unterschiedes alt und neu nach den abgemachten Havariebestimmungen etwas abgezogen. Desgleichen wird der Verkaufserlös von alten Stücken, die durch neue ersetzt sind, und der Verkaufserlös der beschädigten Ladung berücksichtigt.

Nicht zur großen Havarie tragen bei die Vorräte für das Schiff, die Effekten der Reisenden und der Besatzung und die Heuerguthaben der Besatzung.

Die Aufmachung der Dispachen im Bestimmungshafen erfolgt durch den Kapitän oder auf Verlangen eines Beteiligten von einem vereidigten Dispacheur (Sachverständigen).

Der Dispacheur hat die Verpflichtung, Unterlagen, die zum Beweise von See- und Flußschäden eingeliefert werden, zu prüfen und die sich ergebenden Schäden (große oder besondere Havarie) nach den gesetzlichen Vorschriften, unparteiisch nach seiner besten Überzeugung, in Gestalt einer Dispache aufzumachen. Er ist verpflichtet, eine Kopie zur Einsichtnahme für Interessenten aufzubewahren und denselben auf Wunsch eine Abschrift gegen Erstattung der Unkosten zu überlassen. Die Dispache ist die Unterlage für die Zahlungspflicht des Versicherers und die Ansprüche der Versicherten. Eine vom Dispacheur aufgemachte Dispache ist rechtskräftig und kann nur vor Gericht angefochten werden.

5. Geschäftliche Angelegenheiten.

Allgemeine Bemerkungen. Ist der Kapitän selbst Reeder oder Vertreter des Reeders, so hat er alle Aufgaben, die mit dem Betriebe einer Reederei zusammenhängen, zu erledigen. Im allgemeinen sind die Kapitäne aber nur Angestellte einer Reederei, und je nach den besonderen Verhältnissen dieser haben die Kapitäne folgende geschäftliche Angelegenheiten zu erledigen:

Abschlüsse von Frachtverträgen; hierbei sind die in dem Abschnitt über Ladung gemachten Angaben (Haager Regeln, Bemerkungen über die einzelnen Arten der Ladung usw.) zu beachten.

Abschlüsse über Beschaffung von Brennstoff, Proviant, Wasser und evtl. Ballast.

Annahme und Abmusterung der Mannschaft.

Beschaffung der Schiffspapiere, der Musterrolle, des Gesundheitspasses, der Zollmanifeste, der Konnossemente, Proviant- und Inventarmanifeste usw.

Auf Passagierdampfern hat der Kapitän für die Besichtigung des Schiffes durch die Besichtiger und Behörden für das Auswanderungswesen vor jeder Reise und die Beschaffung des Besichtigungsprotokolls zu sorgen.

Die An- und Abmeldung des Schiffes bei den Hafen- und der Zollbehörde und bei dem Konsul.

Von den nautischen Offizieren sind im allgemeinen folgende geschäftliche Arbeiten zu erledigen:

Ausfüllung der Musterbücher. — Anfertigung der Gehaltsabrechnungen und Überstundenlisten. — Auszahlung der Heuern. (Hierbei sind die Abzüge für die Invalidenversicherung, Angestelltenversicherung, Krankenkassen und für die Steuerbehörde bei der Abrechnung zu berücksichtigen!) — Verwaltung und Abgabe der Effekten von Kranken und Verstorbenen. — Anfertigung der Listen über an Bord befindliche Sachen für Zoll- und Hafenbehörden. — Listenführung und Verwaltung des Proviants.

Außer diesen laufenden Angelegenheiten kommen noch manche andere hinzu, die durch besondere Anlässe bedingt werden. So hat der Kapitän nach jeder Reise, falls diese nicht ganz glatt und bei bestem Wetter verlaufen ist, Protest notieren zu lassen. Havarie- und Kollisionsfälle bringen weitere Aufgaben mit sich. (Im Falle einer Kollision empfiehlt es sich oft, die Gegenpartei sofort zu verklagen und für den Schaden haftbar zu machen; namentlich gegen ein Schiff fremder Nationalität gehe man unter Umständen scharf vor.)

Erhält die Schiffsleitung wichtige Schreiben in einer fremden Sprache, die von ihr nicht vollständig beherrscht wird, so lasse sie sich das Schreiben oder das Dokument durch eine Vertrauensperson übersetzen. Der Kapitän oder sein Vertreter unterzeichne nie ein Schriftstück, dessen Inhalt ihm nicht genau bekannt ist!

Von allen wichtigen Schreiben, Verträgen, Rechnungen mache man sich Abschriften oder lasse sich Duplikate geben.

An seine Reederei hat der Kapitän über die Reise, Ladung, Passagiere, Brennstoffverbrauch, Mannschaft, Zustand des Schiffes, besondere Unkosten und Begebenheiten zu berichten.

Seeprotest oder Verklarung bedeuten dasselbe. Seeprotest kommt nur im Auslande, Verklarung nur im Reichsgebiet zur Geltung. Durch sie wahrt der Kapitän seine Rechte den Ladungsempfängern und Versicherern gegenüber, falls diese Ansprüche wegen Beschädigung machen. Die Absicht, nach Ankunft in dem Bestimmungshafen Protest zu erheben, hat der Kapitän innerhalb 24 Stunden zu Protokoll zu geben. Man nennt dies „Protest notieren". Der vorsichtige Kapitän wird auch nach einer günstig verlaufenen Reise Protest notieren lassen, um, wenn sich später wider Erwarten irgendwelche Ladungsbeschädigungen zeigen, den vollen Protest ausführen zu können. Protestausführung ist nur nach vorausgegangener, rechtzeitiger Protestnotierung gestattet.

Für die Annahme der Verklarung sind im Reichsgebiete die Amtsgerichte, im Auslande die Konsulate oder eigens zu diesem Zwecke bestimmte Behörden zuständig. Hat das Schiff mehrere Bestimmungshäfen, so ist die Verklarung in demjenigen Hafen zu bewirken, den das Schiff nach dem Unfall zuerst erreicht. Verklarung ist ferner abzulegen im Nothafen, sofern in diesem repariert oder gelöscht wird, oder am ersten geeigneten Ort, wenn die Reise endet, ohne daß der Bestimmungshafen erreicht wird.

Ist der Kapitän gestorben oder außerstande, die Aufnahme der Verklarung zu bewirken, so ist hierzu der im Range nächste Schiffsoffizier berechtigt und verpflichtet.

Seeprotest und Verklarung werden auf Grund des Schiffstagebuches abgelegt. Der dabei erstattete Reisebericht muß ein klares Bild von der Entstehungsursache des etwaigen Schadens geben. Besondere Begebnisse, wie Unfälle, schlechtes Wetter usw. werden besonders erwähnt, desgleichen müssen die etwa getroffenen Maßregeln zur Verhütung der Unfälle angegeben werden. Der Bericht muß vom Kapitän und Mannschaft (meist 2 oder 3 Zeugen) beschworen werden. Der Kapitän bekommt zwei Abschriften der Verhandlung. Eine behält er an Bord, die andere sendet er dem Ladungsempfänger. Eine dritte Abschrift läßt der Kapitän selbst anfertigen und schickt sie seinem Reeder.

Rechtfestsetzung. Ob im Falle von gerichtlichen Auseinandersetzungen das deutsche Seerecht oder ein anderes zur Anwendung kommt, hängt vielfach von den getroffenen Abmachungen ab, und von den Gesetzen des Landes, in dessen Hafen sich das Schiff gerade befindet.

Für Prozesse, die Ladungsangelegenheiten betreffen, kommt meistens das Recht des Bestimmungshafens der Ladung in Betracht.

Bei allen Verträgen setze man fest, welches Recht zur Anwendung kommt, und versuche durchzusetzen, daß das deutsche Gericht entscheidend sein soll.

Deutsche Hafenbehörde. 24 Stunden nach Ankunft eines Schiffes in einem deutschen Hafen hat man auf dem Hafenamt meistens folgende Angaben zu machen: Tag der Ankunft — Zu Handelszwecken? — Name des Schiffes — Name des Kapitäns — Heimatsstaat — Heimatshafen — Unterscheidungssignal — Registertons (netto) — Besatzung, einschließlich Kapitän — Beladen? — Passagiere (Anzahl und wieviel I., II. oder III. Klasse) — Herkunftshafen — Tiefgang. Meßbrief mit zur Anmeldung nehmen.

Scheck und Wechsel. Ein Scheck ist eine Geldanweisung auf das Guthaben, das jemand bei einer Bank hat, der Scheck muß bei Sicht bezahlt oder verrechnet werden. Die Bezahlung durch Schecks hat sich sehr eingebürgert und fördert den bargeldlosen Zahlungsverkehr.

Ein Wechsel ist eine schriftliche Abmachung zwischen Personen, nach einer bestimmten Zeit eine bestimmte Summe zu zahlen.

Es wird jetzt selten geschehen, daß ein Kapitän Wechsel ausstellt, da die Agenturen meistens die Geschäfte der Reederei führen. Man unterscheidet: „Eigene" (trockene) Wechsel, bei denen der Aussteller auch der zum Zahlen Verpflichtete ist, und „Gezogene" (trassierte oder girierte) Wechsel, bei denen der Aussteller einen Anderen zu zahlen beauftragt (Tratte). Sollte man einen Wechsel ausstellen, oder annehmen müssen, so verwende man nur gezogene Wechsel, d. h. also einen Wechsel, an dem mehrere Personen beteiligt sind.

Wechsel = bill of exchange = lettre de change.

Im Wechsel bedeutet Trassant den Aussteller des Wechsels, Remittent den Wechselbesitzer, Trassat den Wechselschuldner. Hat der Trassat den Wechsel durch seine Unterschrift („quer geschrieben") anerkannt, so ist er Akzeptant.

Ein guter oder gezogener Wechsel enthält folgende Angaben:

1. Das Wort „Wechsel".
2. Die zu zahlende Summe in Ziffern und Buchstaben.
3. Name derjenigen Person, an die gezahlt werden soll (Remittent = Plett).
4. Wann die Zahlung erfolgen soll.
5. Unterschrift des Wechselausstellers (Trassant = Schulz).
6. Name derjenigen Person, die die Zahlung zu leisten hat (Trassat = Meier).
7. Ort und Datum, wann die Ausstellung erfolgt ist.
8. Ort, wo die Zahlung erfolgt.

Die Wechsel werden von großen Banken meistens nur in einem Exemplar ausgegeben (Sola-Wechsel). Werden zwei oder drei Exemplare ausgefüllt, so erhalten diese die Bezeichnung Prima-, Sekunda-, Tertiawechsel. Auf jedem dieser drei Wechsel ist vermerkt, daß, wenn einer erfüllt ist, die anderen nicht mehr gelten. — Man achte darauf, daß in dem Wechsel bei dem Remittent steht „an dessen Order"; denn nur diese Wechsel können weiter verkauft werden (indossiert werden; durch eine Erklärung auf der Rückseite des Wechsels an einen anderen übertragen werden).

Beispiel eines guten, gezogenen Wechsels:

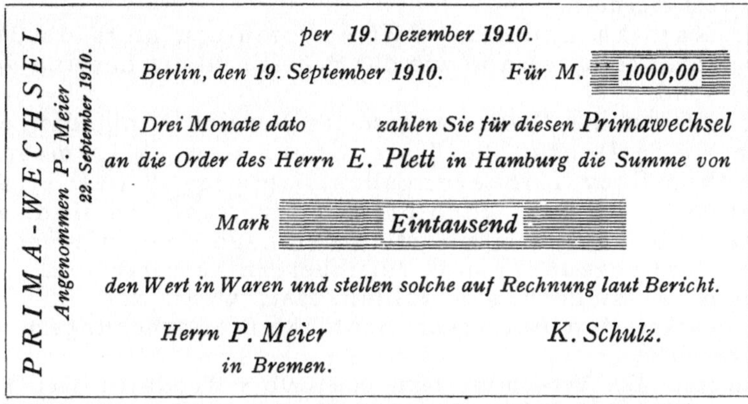
PRIMA-WECHSEL

Angenommen P. Meier

22. September 1910.

per 19. Dezember 1910.

Berlin, den 19. September 1910. *Für M.* 1000,00

Drei Monate dato zahlen Sie für diesen Primawechsel

an die Order des Herrn E. Plett in Hamburg die Summe von

Mark Eintausend

den Wert in Waren und stellen solche auf Rechnung laut Bericht.

Herrn P. Meier *K. Schulz.*

in Bremen.

(P. Meier ist, nachdem er den Wechsel anerkannt hat, Akzeptant.)

Seeversicherung. Nach dem Gesetz ist ein Versicherungsvertrag (Police) eine Vereinbarung zwischen zwei Parteien; in dieser Vereinbarung verpflichtet sich die eine Partei (Versicherer oder Assekuradeur) der anderen Partei (Versicherungsnehmer), den Schaden zu ersetzen, der dem Versicherungsnehmer vielleicht durch Gefahren der See, Feuer usw. entsteht. Die Versicherung umfaßt gewöhnlich eine bestimmte Reise und Zeit. Den Versicherungsvertrag nennt man Police, diese wird vom Versicherer unterschrieben und dem Versicherungsnehmer übergeben, der dafür die sog. Prämie zahlt.

Versichern kann man ungefähr alles, z. B. Schiff, Fracht, Ladung, Havariegelder usw.

Der Versicherer trägt alle Gefahren, die dem Schiffe während der Dauer der Versicherung zustoßen können, z. B. Seeunfälle, Strandung, Feuer, Krieg, Diebstahl usw.

Der Versicherer trägt aber keine Verantwortung, wenn die Gefahren ihren Grund haben in der natürlichen Beschaffenheit der Güter (Explosionsstoffe usw.) oder in einem inneren Fehler, wenn das Schiff nicht seetüchtig ist, die Schiffspapiere nicht in Ordnung sind, die Güter bei Aus- oder Einladen beschädigt werden, Alter, Fäulnis usw.

Die Verpflichtungen der Versicherer sind stets genau festzulegen. — Die Versicherungsgesellschaften müssen staatlich genehmigt sein. Bei großen Summen sind die Gesellschaften verpflichtet, Rückversicherungen einzugehen.

Der Versicherte mache sich mit dem Inhalt der Police recht gut vertraut; er versäume auf keinen Fall die Anzeigepflicht bei Gefahränderungen oder sonstigen Abweichungen von den Abmachungen des Versicherungsvertrages. Für alle versicherten Gegenstände und Güter hat der Versicherte für deren Erhaltung bestens zu sorgen. Bei auftretenden Schäden und Unfällen hat der Versicherte sofort den Versicherer zu benachrichtigen. Rechnungen und Belege über Auslagen oder Aufwendungen zur Behebung von Schäden an versicherten Sachen sind aufzuheben und auf Verlangen des Versicherers vorzuzeigen. Der Versicherte und der Versicherer haben bei der Feststellung von Schäden Sachverständige zu ernennen.

Der Kapitän und sein Vertreter müssen stets darüber unterrichtet sein, wo und wie das Schiff und die Ladung versichert sind.

Sie müssen die Bedingungen der Versicherung, die, obgleich sie in Deutschland stets nach den „Allgemeinen Deutschen Seeversicherungsbestimmungen“ (A.D.S.) abgeschlossen werden, doch oft recht verschieden sind, genau kennen, damit sie sofort in der Lage sind, die Rechte des Reeders gegenüber den Versicherern zu vertreten.

Einige Versicherungen zahlen erst, wenn der Schaden einen bestimmten Betrag erreicht hat (Versicherungen mit Franchise).

Abandon. Der Versicherer kann innerhalb 5 Werktagen nach Eintritt des Versicherungsfalles durch Abgabe einer Erklärung, daß er zur Zahlung der Versicherungssumme bereit ist, sich von allen weiteren Verpflichtungen befreien (Abandon des Versicherers).

Der Versicherte kann bei Verschollenheit des Schiffes, Strandung, Wegnahme des Schiffes als gute Prise, bei Reparaturunwürdigkeit nach Havarie usw. sein Eigentumsrecht an dem versicherten Gegenstand gegen Auszahlung der Versicherungssumme dem Versicherer überlassen (Abandon des Versicherten).

Schiffslebensversicherung ist eine Einrichtung, die in Hamburg durch die Schiffslebensversicherungs-A.G. (S.L.V.) gegründet worden ist. Die S.L.V. ist als eine Ergänzung der sonstigen Schiffsversicherung anzusehen.

Die Schiffslebensversicherungsgesellschaft versichert das Schiff gegen diejenigen Gefahren, die durch seine Lebenstätigkeit im Betriebe selbst bedingt sind, nämlich gegen Betriebsschäden. Es werden versichert klassifizierte Schiffe gegen drohenden Klassenverlust, nicht klassifizierte Schiffe gegen drohende Fahrtuntüchtigkeit, außerdem Schiffe beider Art gegen Betriebsunwürdigkeit infolge Veraltens. Bei dem Versicherungsfall des drohenden Klassenverlustes ersetzt die Gesellschaft die Kosten der Reparaturen, die von der Klassifikationsanstalt bei den auf Grund ihrer Klassifikationsvorschriften vorgenommenen periodischen speziellen Besichtigungen zur Abwendung des Klassenverlustes wegen baulicher Schäden an dem versicherten Schiff angeordnet werden. Bei nicht klassifizierten Schiffen werden die Kosten der Reparaturen ersetzt, die von dem Sachverständigen bei den vereinbarten periodischen Besichtigungen des Schiffes zur Erhaltung der Fahrttüchtigkeit desselben für notwendig befunden werden. Die Gesellschaft ersetzt ferner die Kosten derjenigen Reparaturen, die zwischen zwei periodischen Besichtigungen durch bauliche Schäden an dem versicherten Schiff erforderlich werden. Bei dem Versicherungsfall der Betriebsunwürdigkeit des Schiffes ersetzt die Gesellschaft den hierdurch entstehenden Schaden an dem in der Police bestimmten Zeitpunkt, wenn das Schiff bis dahin nicht total verlorengegangen oder verschollen ist.

Bodmerei. Sollte ein Kapitän nicht in der Lage sein, die Gelder zu beschaffen, um z. B. die Kosten einer „großen Havarie" zu bezahlen, so hat er das Recht, sein Schiff und die Fracht zu verpfänden. Ist die Schuld sehr groß, so kann er auch die Ladung verpfänden. Ist eine Schuld nur im Interesse der Ladung gemacht, so kann er die Ladung allein verpfänden (oder verbodmen). Sonst darf er nur Schiff, Fracht und Ladung verbodmen, und zwar nur dann, wenn wirklich kein Geld zu erhalten ist. Er hat in der Zeitung seine Lage bekanntzugeben und Angebote zu erbitten, von denen er das Günstigste annimmt.

In dem Bodmereibrief müssen folgende Angaben stehen: Name des Gläubigers — Schuld — Bezeichnung der verbodmeten Gegenstände — Bezeichnung als Bodmereischuld — Prämie — Ort, wo die Zahlung erfolgen soll — Datum — Unterschrift des Kapitäns — (Bodmereibriefe sind jetzt sehr selten.)

Kondemnation. Ist ein Schiff reparaturunwürdig oder reparaturunfähig, so kann es kondemniert werden. Es ist hierüber ein Protokoll aufzunehmen, in dem die Gründe der Kondemnation durch Sachverständige aufgezählt werden. — Der Kapitän ist für die noch an Bord befindliche Ladung verantwortlich und hat sich mit den Ladungsempfängern in Verbindung zu setzen.

Schiffspfandrecht. Ein beträchtlicher Teil der deutschen See- und Binnenschiffsflotte ist aus der Zeit vor und während des Krieges mit Pfandrechten für Darlehen belastet worden. Solche Pfandrechte sind in das Schiffsregister einzutragen.

Ein Pfandrecht an einem im Schiffsregister eingetragenen Schiffe kann in der Weise bestellt werden, daß die Höhe der Geldsumme, für welche das Schiff haftet, durch einen der für wertbeständige Hypotheken zugelassenen Maßstäbe bestimmt wird (wertbeständiges Schiffspfandrecht).

Die Beleihung der Schiffe und die Verwertung der Schiffspfandbriefe geschieht in Deutschland durch die Schiffsbeleihungsbanken in Berlin, Hamburg und Duisburg.

Steuerbehörde. Bei der Abrechnung der Heuern sind jetzt auch die Steuern für die Reichseinkommensteuer abzuziehen und evtl. die Steuermarken für diese Steuer zu kleben. Für Verheiratete sowie für Kinder können Abzüge von der Steuer gemacht werden. Man erkundige sich vor und nach der Reise bei dem nächsten Finanzamt nach den neuesten Bestimmungen in dieser Hinsicht!

6. Hilfe- und Bergeleistung.

Werden ein Schiff oder an Bord befindliche Menschen und Gegenstände gerettet, so besteht Hilfeleistung.

Hat die Besatzung eines Schiffes die Verfügung über ihr Schiff verloren und wird dieses oder die an Bord befindlichen Sachen geborgen, so besteht Bergeleistung.

Für Hilfe- und Bergeleistung können Entschädigungen gezahlt werden. Die Verteilung des Lohnes richtet sich nach § 749 des HGB.

(§ 749. Wird ein Schiff oder dessen Ladung ganz oder teilweise von einem anderen Schiffe geborgen oder gerettet, so wird der Berge- oder Hilfslohn zwischen dem Reeder, dem Kapitän und der übrigen Besatzung des anderen Schiffes in der Weise verteilt, daß zunächst dem Reeder die Schäden und Betriebskosten ersetzt werden, welche durch die Bergung oder Rettung entstanden sind, und daß von dem Reste der Reeder eines Dampfschiffes zwei Drittel, eines Segelschiffes die Hälfte, der Kapitän und die übrige Besatzung eines Dampfschiffes je ein Sechstel, eines Segelschiffes je ein Viertel erhält.)

Manche Staaten, wie z. B. England und die Vereinigten Staaten, machen keinen Unterschied zwischen Bergung und Hilfeleistung.

Anspruch auf Hilfs- oder Bergelohn besteht nicht für die Besatzung des gefährdeten Schiffes, ferner nicht, wenn die geleisteten Dienste keinen Erfolg hatten (im Falle der Bergungsvertrag nach dem Grundsatz „no cure — no pay" abgeschlossen wurde) oder wenn die Hilfe ohne Aufforderung geleistet wurde.

Über den Betrag des Hilfs- oder Bergelohnes setze man am besten einen Vertrag auf; in diesem setze man nach Möglichkeit fest, daß Streitigkeiten nach deutschem Recht zu erledigen sind. Man vergesse auch nicht, eine Klausel mit aufzunehmen, nach der eine Haftung des Reeders im Falle schuldhaften Handelns seitens des Kapitäns oder der Schiffsbesatzung ausgeschlossen ist.

Nach erfolgter Bergung oder Hilfeleistung lasse sich der Kapitän im Hafen die Summe, welche er gefordert hat, sicherstellen und lasse im Falle der Nichtbezahlung das Schiff mit Arrest belegen. Hat der Kapitän keine Zeit, die Verhandlungen abzuwarten, so beauftrage man den Agenten, Konsul oder einen Experten mit der Wahrnehmung seiner Rechte.

Hat man selbst Hilfeleistungen empfangen, so erkundige man sich im Hafen sofort danach, ob die Helfer irgendeinen Schaden am Schiff oder sonstwie erlitten haben. Sollte das der Fall sein (z. B. Ketten gebrochen, Klüsen beschädigt usw.), so lasse man den Schaden durch Sachverständige abschätzen und nehme ein Protokoll auf, um späteren etwa übermäßigen Forderungen begegnen zu können.

7. Die Reichsversicherungsordnung.

Diese schreibt vor, daß bestimmte Berufsklassen, Arbeiter und Angestellte gegen Unfälle, Krankheiten usw. zu versichern sind.

Für die Seefahrer kommen folgende Reichsversicherungen in Frage:

1. Die **Unfallversicherung**, deren Träger die Seeberufsgenossenschaft ist. Jeder Schiffsmann ist bei der Seeberufsgenossenschaft in Hamburg

gegen Betriebsunfall versichert. Die Beiträge sind allein vom Reeder aufzubringen.

2. Die **Invaliden- und Hinterbliebenenversicherung,** deren Träger die Invaliden-, Witwen- und Waisenversicherungskasse der Seeberufsgenossenschaft (Seekasse) ist.

Die Invalidenversicherung ist eine Versicherung gegen die wirtschaftlichen Nachteile, die durch längere Krankheit und sonstige Gebrechen, durch Alter und Tod verursacht werden. Die Versicherung gewährt den Mitgliedern, um ihnen nach Möglichkeit einen Ausgleich für diese Nachteile zu verschaffen, Renten. Jeder Versicherte, der das 65. Lebensjahr vollendet und die vorgeschriebene Wartezeit zurückgelegt hat, erhält eine Altersrente. Die Wartezeit für die Altersrente beträgt in der Regel 1200 Beitragswochen, d. h. der Versicherte muß, wenn er bei Vollendung des 65. Lebensjahres die Altersrente beanspruchen will, mindestens 1200 Beitragswochen nachweisen können. Indessen werden auf diese Zahl volle Krankheitswochen und Militärdienstwochen als sog. „Ersatztatsachen" mit angerechnet. Jeder Versicherte, der invalide wird, dauernd oder vorübergehend, erhält, wenn er bei Eintritt der Invalidität die Wartezeit von nur 200 Beitragswochen (auf die ebenfalls obenerwähnte Ersatztatsachen angerechnet werden) erfüllt hat, ohne Rücksicht auf sein Lebensalter eine Invalidenrente. Als Invalide gilt, wer infolge Krankheit oder sonstiger Gebrechen nicht mehr imstande ist, ein Drittel dessen durch Lohnarbeit zu verdienen, was andere körperlich und geistig gesunde Arbeitnehmer derselben Art mit ähnlicher Ausbildung in derselben Gegend zu verdienen pflegen. Die Invalidenrente wird, wenn die Invalidität voraussichtlich eine dauernde ist, von Beginn der Invalidität an gezahlt. Ist sie nur eine vorübergehende, aber länger als 26 Wochen ununterbrochen fortdauernde, so wird vom Beginn der 27. Woche ab eine Krankenrente gewährt. War ein Versicherter verheiratet, so erhält nach seinem Tode seine Witwe, wenn sie invalide ist oder später invalide wird, eine Witwenrente und seine ehelichen Kinder unter 15 Jahren eine Waisenrente.

Die Höhe der Renten richtet sich nach der Anzahl und dem Werte der in dem Musterbuch bzw. in der Quittungskarte verwendeten Beitragsmarken.

Außer diesen gesetzlichen Leistungen gewährt die Invalidenversicherung als freiwillige Leistung erkrankter Versicherter ein Heilverfahren durch Unterbringung in Krankenanstalten, Heilstätten, Bädern, Genesungs- und Erholungsheimen und durch sonstige gesundheitliche Maßnahmen.

Endlich ist noch von großem Wert die neuerdings von sämtlichen Versicherungsanstalten geübte Kinderfürsorge. Leben die versicherten Eltern noch, so können deren tuberkulösen oder tuberkulosebedrohten Kinder auf Kosten der Landesversicherungsanstalt in geeignete Heilanstalten und Pflegeheime für Wochen oder Monate geschickt werden. Ist der versicherte Elternteil gestorben, so ist die Versicherung befugt, Waisenkinder (Vollwaisen oder Halbwaisen, gleichviel, ob sie gesund, krank oder erholungsbedürftig sind) auf Antrag der Mutter oder des Vormundes in Waisenfürsorge zu nehmen. Solche Waisenkinder werden dann unter völliger oder teilweiser Verwendung der Waisenrente erforderlichenfalls viele Jahre bis zum vollendeten 15. Lebensjahre in einem Kinderheim oder auf dem Lande bei Pflegeeltern untergebracht.

Invalidenversicherungspflichtig ist jeder Schiffsmann mit Ausnahme des Kapitäns, der Offiziere des Decks- und Maschinendienstes, Zahlmeister und Zahlmeisterassistenten sowie der Ingenieurassistenten. Die Beiträge gehen je zur Hälfte des Arbeitgebers und der Arbeitnehmer. Für angemusterte Seeleute erfolgt der Ausweis zur Invalidenversicherung durch das Seefahrtsbuch.

Eine Verwendung von Quittungskarten findet nur statt, wenn ein Seefahrer vorübergehend an Bord eines im Hafen liegenden Schiffes tätig und nicht angemustert ist, oder nur für kurze Zeit eine andere Arbeit an Land verrichtet. Die Quittungskarten und Beitragsmarken sind von dem Arbeitgeber zu beschaffen. Die Seemannsämter geben Quittungskarten und Beitragsmarken für die Seekasse aus.

Die Mittel für diese Versicherungen sind von dem Arbeitnehmer und dem Arbeitgeber aufzubringen. Das Reich leistet lediglich Zuschüsse zu diesen Versicherungskassen.

Arbeitnehmer und Arbeitgeber haben jede Woche einen Beitrag zu gleichen Teilen zu zahlen.

Die Beitragswoche beginnt mit Montag.

Die Höhe der Beiträge wird von Zeit zu Zeit festgesetzt, der Durchschnittsbeitrag wird nach Lohnklassen abgestuft.

3. Die **Reichs-Angestelltenversicherung** ist eine ähnliche Versicherung wie die Invalidenversicherung, doch werden in ihr, wie schon der Name sagt, nur die Angestellten aufgenommen und versichert.

Vom Schiffspersonal gehören der Angestelltenversicherung die Chargen, die nicht invalidenversicherungspflichtig sind, an. Die Versicherungsgrenze wird von Zeit zu Zeit festgesetzt. Beim Überschreiten der Versicherungsgrenze ist eine freiwillige Weiterversicherung dringend zu empfehlen. Bei Pflichtversicherung gehen die Beiträge zu gleichen Teilen zu Lasten des Arbeitgebers und des Arbeitnehmers. Für Angestellte, die auf Grund einer Lebensversicherung von der eigenen Beitragsleistung befreit sind, hat nur der Arbeitgeber seine gesetzliche Hälfte an die Versicherungsanstalt für Angestellte abzuführen. Ab 1. Januar 1923 sind bei der Angestelltenversicherung Marken zu kleben.

Eine gleichzeitige Versicherung bei der Invaliden- und Angestelltenversicherung bestand bis 31. Dezember 1922; seit dem 1. Januar 1923 hat diese aufgehört. Ein Angestellter kann mithin nur bei einer dieser beiden Kassen versichert sein. Eine freiwillige Versicherung bei der Invalidenversicherung ist für die Personen, die aus dieser am 31. Dezember 1922 ausgeschieden sind, nicht erforderlich, weil die Beiträge späterhin bei Berechnung der Renten aus der Angestelltenversicherung ohne weiteres mit berücksichtigt werden. Die Wartezeit der Angestelltenversicherung beträgt 120 Beitragsmonate.

Die Leistungen der Kasse bestehen bei Invalidität oder Erreichung der Altersgrenze in Zahlung einer Rente. Im Todesfalle des Versicherten wird ein Witwen- und Waisengeld gezahlt.

In Krankheitsfällen kann unter Umständen auf Veranlassung der Verwaltung oder auch auf Antrag des Versicherten eine Heilbehandlung stattfinden.

Zur Zeit beträgt die Rente 360 M. für das Jahr plus 10% der nach der Wartezeit (frühestens aber ab 1924) eingezahlten Beiträge. Würde z. B. ein Nautiker seit 1913 Mitglied der Angestelltenversicherung sein und von 1924 bis 1934 einen monatlichen Beitrag von 12 M. zahlen (also 10 Jahre, 12 Monate je 12 M. = 1440 M.), so würde er, falls eine Rente zur Auszahlung gelangte, 360 M. + 144 M. = 504 M. für das Jahr erhalten. Die Witwenrente beträgt $^6/_{10}$ der Vollrente; bei einer Vollrente von 360 M. also 216 M. für das Jahr. Die Waisenrente für Kinder unter 18 Jahren beträgt $^5/_{10}$ der Vollrente; bei einer Vollrente von 360 M. also 180 M. für das Jahr.

4. Die **Krankenversicherung**[1]) wird von der Krankenkasse, die für die Seefahrer neu begründet ist, getragen. Die Mittel für diese Versicherung werden zu einem Drittel vom Reeder und zu zwei Drittel von dem Arbeitnehmer getragen. Die Krankenversicherung tritt nicht bei Erkrankungen des Seefahrers an Bord im Ausland in Kraft; in solchen Fällen wird die Krankenbehandlung des Seefahrers nach den Bestimmungen der Seemannsordnung geregelt. Die Beiträge der Schiffsleute müssen bei der Heuerberechnung in Abzug gebracht werden.

5. Die **Erwerbslosenfürsorge für Seeleute.** Fürsorgeberechtigt ist ein unterstützungsbedürftiger Erwerbsloser, der in den letzten 12 Monaten vor Eintritt seiner Bedürftigkeit mindestens 3 Monate hindurch als Angehöriger der Schiffsbesatzung eines deutschen Seefahrzeuges beschäftigt, aber nicht für den Fall der Krankheit pflichtversichert war. Zuständig für die Gewährung der Erwerbslosenfürsorge ist die Gemeinde (öffentlicher Arbeitsnachweis), in der der erwerbslose Seemann seinen Wohnort hat, oder, beim Fehlen eines solchen, die Aufenthaltsgemeinde. Die Höhe der Fürsorge ist nach Ortsklassen verschieden. Ist der Unterstützungsbedürftige verpflichtet, für Familienangehörige zu sorgen, so treten Familienzuschläge in Kraft. Die Unterstützung eines Erwerbslosen kann innerhalb 12 Monaten höchstens für 26 Wochen gewährt werden. Bei Krankheit tritt an Stelle der Erwerbslosenunterstützung Krankengeld, Wochengeld oder andere Ersatzleistungen. Die Mittel für diese Fürsorge werden je zur Hälfte durch Pflichtbeiträge von Reedern und Seeleuten (d. h. solchen Angehörigen der Schiffsbesatzung eines deutschen Seefahrzeuges, die weder für den Fall der Krankheit pflichtversichert sind noch einen regelmäßigen Jahresarbeitsverdienst von über 2400 M. [zur Zeit] haben) sowie durch eigene Leistungen der Gemeinden aufgebracht. Die Beiträge werden in der gleichen Höhe erhoben wie sie in der allgemeinen Erwerbslosenfürsorge für den Heimathafen des Fahrzeugs festgesetzt sind. Sie sind wie die Beiträge zur Invaliden- und Hinterbliebenenversicherung von der Heuer in Abzug zu bringen und mit den übrigen Versicherungsbeiträgen an die Seekasse zu entrichten.

8. Seekriegsrecht.

Über das Seekriegsrecht ist zu allen Zeiten viel geschrieben und verhandelt worden. Weittragende Beschlüsse wurden gefaßt. Als der Weltkrieg kam, wurden alle Bestimmungen von den Feinden (besonders von England und Frankreich) beiseitegeschoben. Gewalt zwang Recht!

Auch bei zukünftigen Kriegen werden neue Rechtsbeugungen vorkommen. Einige allgemeine Richtlinien seien hier aber gegeben.

Das Seekriegsrecht erlaubt:

1. Die Sperrung der eigenen Häfen.
2. Die Beschlagnahme von Handelsschiffen der feindlichen Mächte und solcher neutralen Schiffe, welche Kriegskontrebande führen oder den Feind in neutralitätswidriger Weise unterstützen.
3. Das Legen von verankerten Minen im Kriegsgebiet.
4. Die Fortnahme und Veränderung von Seezeichen im Kriegsgebiet.

---

[1]) Der Entwurf dieser Versicherung für Seeleute liegt der Regierung vor.

5. Die Beanspruchung neutraler Privatschiffe, die sich in den Häfen und Reeden der Kriegführenden aufhalten, aus Gründen militärischer Notwendigkeit gegen Entschädigung.

Das Kriegsrecht beginnt mit der Eröffnung der Feindseligkeiten. Eine Kriegserklärung an die feindlichen Mächte soll dem Beginn des Krieges vorangehen. Die neutralen Staaten sollen benachrichtigt werden.

Schiffe, die mit drahtloser Telegraphie oder drahtloser Telephonie ausgerüstet sind, werden als **benachrichtigt** angesehen, da bei ihnen die Kenntnis von dem Ausbruch der Feindseligkeiten vermutet werden kann!

In dem Hoheitsgebiet neutraler Staaten, das ist das Gebiet, das sich seewärts bis auf eine Entfernung von 3 Sm von dem Niedrigwasser der Küstenlinie erstreckt, dürfen feindliche Handlungen nicht vorgenommen werden. Man kontrolliere bei der Befahrung solchen Gebietes mit größter Sorgfalt und ohne Unterlaß seinen Schiffsort! Einige Seestaaten sind bestrebt, die Hoheitsgrenze auf 12 Sm auszudehnen. Man erkundige sich danach!

Handelsschiffe feindlicher Mächte können aufgebracht werden. Aber auch neutrale Schiffe können der Aufbringung unterliegen:

1. Wenn neutrale Schiffe den Feind unterstützen.
2. Wenn neutrale Schiffe Kriegskontrebande fahren.
3. Wenn neutrale Schiffe die Blockade brechen wollen.
4. Wenn neutrale Schiffe sich einer Untersuchung widersetzen und sich nicht genügend ausweisen können.

In allen solchen Fällen beantrage man Protest und reiche eine Entschädigungsklage ein.

Der Begriff Kriegskontrebande ist ein äußerst weitläufiger geworden; während des Weltkrieges gehörte fast jeder Artikel dazu.

Im allgemeinen wird der Kapitän im Falle eines Kriegsausbruches zwischen größeren Seemächten gut daran tun, falls er nicht ganz sicher ist, daß er nach der Heimat kommt und keine Kriegskontrebande an Bord hat, den Hafen eines neutralen Staates aufzusuchen und hier weitere Order von der Reederei abzuwarten oder weitere Entschließungen selbst zu treffen. Von dem ruhigen und zielbewußten Handeln des Kapitäns hängt hier meistens alles ab.

U-Bootkrieg. Es besteht die Absicht, den U-Bootkrieg in Zukunft auf Grund folgender Bestimmungen zu führen (am 6. Februar 1922 in Washington zwischen Amerika, England, Frankreich, Japan vereinbart): Ein Handelsschiff darf nicht beschlagnahmt werden, bevor es durchsucht worden ist. Es darf nur angegriffen werden, wenn es sich weigert, anzuhalten oder wenn es nach der Beschlagnahme den angegebenen Weg nicht befolgt. Ein Handelsschiff darf erst zerstört werden, wenn die Besatzung und die Fahrgäste in Sicherheit gebracht sind. Wenn ein U-Boot nicht imstande ist, ein Handelsschiff gefangenzunehmen, indem es die internationalen Regeln beachtet, so muß es nach den anerkannten Menschenrechten auf einen Angriff und die Beschlagnahme verzichten und das Handelsschiff seinen Weg fortsetzen lassen, ohne es zu belästigen.

9. Einige der wichtigsten Behörden der Schiffahrt.

Das Seemannsamt. Es besteht in der Regel aus einem Vorsitzenden und zwei Beisitzern.

Zu den Obliegenheiten des Seemannsamtes gehört:

1. Die An- und Abmusterung der Schiffsbesatzungen, die Ausfertigung der Seefahrtsbücher und der Musterrolle.
2. Die Beglaubigung der Eintragungen des Kapitäns im Seefahrtsbuch.
3. Die Schlichtung von Streitigkeiten zwischen Kapitän, Offizieren und Mannschaft evtl. Bestrafung wegen Vergehen gegen die Seemannsordnung.

4. Vertretung der Seekasse, Ausgabe von Quittungskarten und Beitragsmarken.

5. Bearbeitung von Unfällen der Besatzung auf Grund der Reichsversicherungsordnung.

6. Überwachung der Einhaltung der in der Seemannsordnung enthaltenen Bestimmungen.

7. Überwachung der Einhaltung der in der Reichsversicherungsordnung und in den Unfallverhütungsvorschriften der Seeberufsgenossenschaft erlassenen Vorschriften.

8. Im Auslande die vorläufige Vernehmung der Schiffsleitung und der Schiffsbesatzung bei Schiffs- oder Seeunfällen.

Im Auslande übernehmen die Konsulate die Aufgaben der Seemannsämter.

Das Seeamt. Das Seeamt bildet eine kollegiale Behörde und besteht aus einem Vorsitzenden, der die Befähigung zum Richteramt besitzen muß, und vier Beisitzern, von denen mindestens zwei „Schiffer auf großer Fahrt" sein müssen. Für jedes Seeamt ist vom Reichskanzler ein Reichskommissar gestellt. Das Seeamt muß Untersuchung von Seeunfällen vornehmen, wenn bei dem Unfalle das Schiff oder Menschenleben verloren gingen. Bei sonstigen Seeunfällen bleibt die Vornahme der Untersuchung dem Ermessen des Seeamtes überlassen. Das Seeamt kann auf Antrag des Reichskommissars einem Kapitän oder Schiffsoffizier, durch dessen Schuld der Unfall verursacht wurde, die Befugnis zur Ausübung des Gewerbes entziehen.

Das Reichsoberseeamt. Das Oberseeamt ist die oberste Spruchbehörde in Seeunfallsachen und entscheidet über Beschwerden gegen die Sprüche der Seeämter in den Fällen, in denen einem Schiffer, Steuermann oder Maschinisten die Befugnis zur Ausübung des Gewerbes entzogen ist. Ihm obliegt also mit die Pflicht, darüber zu wachen, daß im Seemannsberufe zu den leitenden und verantwortungsvollen Stellen nur Persönlichkeiten zugelassen werden, die durch ihre Kenntnisse, Fähigkeiten und Charaktereigenschaften zur Ausübung dieses lebenswichtigen Berufes geeignet sind.

Die Schiffsregisterbehörde. Sie besorgt die Eintragungen in das Schiffsregister und Ausstellung der Schiffszertifikate und Flaggenzeugnisse.

Die Schiffsvermessungsbehörde. Sie erledigt die Vermessungsarbeiten an den Schiffen und stellt den Meßbrief aus, der als Unterlage für das Schiffszertifikat gilt.

Die Schiffsvermessungsbehörde untersteht dem Schiffsvermessungsamt in Berlin.

Die Schiffsbesichtiger. Diese sind meistens auch Beamte der Schiffsvermessungsbehörde. Die Besichtiger stellen die Seetüchtigkeitsatteste, Besichtigungsprotokolle für Auswanderer- und Passagierschiffe aus und sind Sachverständige für Seeschäden.

Die Auswanderungsbehörde. Sie überwacht das Auswanderungswesen und übt in den Hafenorten durch Kommissare eine Aufsicht über die Auswandererschiffe bezüglich deren Seetüchtigkeit, Sicherheitseinrichtungen, Ausrüstung, Verproviantierung usw. aus. Der Kapitän und die Offiziere von Auswandererschiffen müssen den Kommissaren jede gewünschte Auskunft über das Schiff, dessen Reise, die Passagiere usw. erteilen. Die Kommissare haben jederzeit das Recht zum Betreten der für die Auswanderer bestimmten Räume und Einsicht in die Schiffspapiere zu nehmen.

Die Seeberufsgenossenschaft. Diese hat die Aufgabe, auf Grund der Reichsversicherungsordnung die Angestellten der Seeschiffahrt vor Betriebsunfällen zu schützen und zu diesem Zwecke Vorschriften (Unfallverhütungsvorschriften der Seeberufsgenossenschaft) zu erlassen und die Personen gegen Unfälle zu versichern. Ihr untersteht auch die Seekasse. Die Seeberufsgenossenschaft ist ein Verband der in der Seeschiffahrt und verwandten Betrieben tätigen Unternehmer.

Die Strandämter. Sie haben im Falle der Strandung eines Schiffes sofort Hilfeleistungen in die Wege zu leiten und für die Bergung der gelandeten oder an Land getriebenen Sachen zu sorgen. Das Strandamt darf jedoch keine Maßregeln ohne Einwilligung der Schiffsleitung ergreifen. Siehe Seite 422.

Das Reichsverkehrsministerium. Es hat u. a. die Aufgabe, für die Instandhaltung aller Reichswasserstraßen und Küstengewässer zu sorgen; ihm obliegt die Instand- und Inbetriebhaltung der Seezeichen. Ihm untersteht auch der Funkdienst der Feuerschiffe.

Die Marineleitung (Kriegsmarine). Sie unterstützt u. a. durch Herausgabe der Nachrichten für Seefahrer, der Feuerbücher, Seehandbücher, des Nautischen Funkdienstes, durch Unterhaltung der F.T.-Peilstationen an der Küste und der Nachrichtenstellen die Schiffahrt.

In Lübeck, Bremen, Hamburg, Stettin und Königsberg befinden sich Dienststellen der Marineleitung. Deren hauptsächlichsten Aufgaben sind:

a) Pflege der Beziehungen zur Handelsschiffahrt, insbesondere zu den örtlichen Schiffahrts- und Fischereikreisen, Bindeglied mit den örtlichen Behörden.

b) Organe der Marineleitung für das Seetransportwesen der Marine.

c) Auskunftsstelle für die Handelsschiffskreise in nautischen Angelegenheiten.

d) Nautischer Nachrichtendienst.

e) Verwaltung der Marinenachrichten- und Funkstellen.

f) Schiffsmeldedienst.

g) Sammlung von Material für Seekarten und nautische Bücher, die von den Dienststellen für ihren Bezirk laufend auf Richtigkeit zu prüfen sind.

h) Überwachung von örtlichen Vermessungen der Marine, die nicht vom Vermessungsschiff ausgeführt werden.

i) Die Bezeichnung und Beseitigung von Schiffahrtshindernissen in den deutschen Gewässern außerhalb der Hoheitsgrenzen im Auftrage des Reichsverkehrsministeriums. (Innerhalb der Hoheitsgrenzen sind die örtlichen Behörden zuständig.)

Das Reichswirtschaftsministerium. Es bearbeitet u. a. die Ausbildungsfragen der Nautiker; ihm unterstehen die Reichsinspektoren für das Prüfungswesen der Seefahrtschulen, und von ihm wird das „Nautische Jahrbuch" herausgegeben.

Die Deutsche Seewarte. Sie prüft gemäß Anordnung der Seeberufsgenossenschaft die Positionslaternen und die nautischen Instrumente und erteilt den Nautikern Rat in allen nautischen Angelegenheiten. Die Seewarte gibt ferner Seehandbücher, Monatskarten, den Piloten, Wetterkarten usw. heraus und unterhält einen Sturm-, Eis- und Wetternachrichtendienst.

In allen deutschen Hafenplätzen befinden sich Agenturen bzw. Dienststellen der Seewarte.

XIV. Schiffbau und Stabilität.

1. Einige Angaben aus dem Schiffbau.[1])

Angaben, die zum Entwurf eines Schiffes nötig sind: 1. Schiffsart (Dampfer, Motorschiff, Segelschiff). 2. Hauptverwendungszweck. 3. Die zu befahrenden Gewässer, Wassertiefen in den anzulaufenden Häfen. 4. Tragfähigkeit, Ladung, Passagiere. 5. Mitzuführende Vorräte (Brennstoff, Wasser, Öl, Proviant usw.). 6. Angenäherte Hauptabmessungen, größter Tiefgang. 7. Art der Maschinenanlage und Takelung. 8. Anzahl der Besatzung. 9. Wünsche betreffend Sicherheitseinrichtungen, Unsinkbarkeit, Doppelböden, Verstärkungen gegen Eis, Ballast, Länge der Laderäume, Größe der Laderäume. 10. Art der Ruderanlage, Wünsche betreffend Aufstellung der Kompasse, Kreiselkompaßanlage, Funkpeiler, Unterwasserschallsignal-Apparate, Echolot usw. 11. Ausrüstung und Einrichtung. 12. Für Kriegsschiffe: Bestückung, Panzer, Munition usw. 13. Für Sonderfahrzeuge, wie Kohlendampfer, Tankfahrzeuge usw., besondere Konstruktionsbedingungen. 14. Preis.

Das Schiffsgewicht. Zu jedem Entwurf eines Schiffes gehört die Bestimmung seines Gesamtgewichtes (ausgedrückt in metrischen Tonnen = der Wasserverdrängung in Frischwasser in cbm).

Das ganze Schiffsgewicht zerfällt in:

A. Das Eigengewicht oder tote Gewicht, das ist das Gewicht des unbeladenen Schiffes mit allem Zubehör. Ihm entspricht die sog. „leichte Wasserverdrängung" und die „Leichtwasserlinie", auf der das Schiff in betriebsfertigem aber leerem Zustande schwimmt.

B. Die nützliche Zuladung, das ist das Gewicht der Ladung und der für den Betriebszweck und die Inbetriebhaltung zu befördernden Personen und Waren. Ihr entspricht die „beladene Wasserverdrängung" und die „Ladewasserlinie" oder Tiefladelinie, auf der das Schiff vollkommen seefertig und beladen schwimmt.

Für den ersten Entwurf empfiehlt es sich, die Gewichte in folgende Gruppen zusammenzufassen und in Prozenten vom ganzen Gewicht anzugeben:

---

[1]) Ein ausgezeichnetes Nachschlagewerk über alle den Schiffbau betreffenden Einzelheiten ist: Johow-Foerster: Hilfsbuch für den Schiffbau. 4. Aufl. Berlin: Julius Springer. 1920.

Zusammensetzung des Schiffsgewichts eines Handelsschiffes:

A. Eigengewicht des Schiffes: 1. Schiffskörper, einschließlich aller fest eingebauten Einrichtungen im Innern und auf Deck.

2. Schiffshilfsmaschinen und Apparate mit den für ihren Antrieb erforderlichen Rohrleitungen, Ersatzteilen und Zubehör.

3. Bemastung und Takelung einschließlich Segel.

4. Boote mit Ausrüstung.

5. Ausstattung der Wohnräume für Besatzung und Fahrgäste (auch der Wirtschafts-, Kranken- und Navigationsräume) mit Möbeln, Leinen und sonstigem Inventar.

Dazu kommt bei Dampfschiffen:

6. Die Maschinenanlage: Hauptmaschine, Kessel mit Wasser, Schornstein, Wellenleitung, Schraube usw. sowie Hilfsmaschinen, die zum Betrieb der Hauptmaschine erforderlich sind.

B. Nützliche Zuladung. 1. Fahrgäste mit Gepäck, Lebensmittel, Trink- und Waschwasser.

2. Ladung (bei Viehladung auch Futter und Frischwasser).

3. Besatzung mit Ausrüstung, Lebensmitteln und Frischwasser.

4. Brennstoff und Kesselspeisewasser.

5. Verbrauchsstoffe für den Betrieb und die Instandhaltung des Schiffskörpers und der Maschinenanlage.

6. Ballast.

C. Reserve beim Entwurf für Änderungen während des Baues und für Abweichungen in der Baustofflieferung.

Klassifikationsgesellschaften. Unter Klasse versteht man die Bezeichnung, die die Klassifikationsgesellschaften den einzelnen Schiffen geben, je nach ihrer Seefähigkeit und Stärke. Die größten Klassifikationsgesellschaften sind:

1. Der „Germanische Lloyd" (gegründet 1867).
2. Der „Englische Lloyd" (Lloyds Register, gegründet 1726).
3. Das „Bureau Veritas" (französisch, gegründet 1828).
4. Die „Norske Veritas" (gegründet 1855).

Die Klassifikationsgesellschaften sind private Unternehmen. Sie haben den Zweck, die Seefähigkeit und die Stärke der Konstruktion der Handelsschiffe festzustellen und durch Erteilung einer bestimmten Klasse jedem Beteiligten, vor allem den Versicherungsgesellschaften, ein Urteil über die Zuverlässigkeit des Schiffes zu ermöglichen. Sie stellen in ihren Vorschriften, gestützt auf Erfahrungen und Untersuchungen, Regeln für den Neubau von Schiffen, Maschinen und Kessel auf; sie überwachen die Bauausführung und große Reparaturen.

Zur Aufrechterhaltung der Klasse müssen alle Schiffe entsprechend der ihnen erteilten Klasse regelmäßig wiederkehrenden Besichtigungen durch die Experten der Gesellschaft unterzogen werden. Hat ein Schiff eine Havarie erlitten, so verliert es die Klasse, eine neue Besichtigung ist notwendig.

Bei den Besichtigungen werden alle Teile des Schiffes im Dock einer gründlichen Besichtigung unterzogen. Die Stärke der Platten wird geprüft, desgl. die Doppelbodendecken, die Spanten, die Stringer, die Schotten usw. Die Doppelböden werden einer Druckprobe unterworfen. Alle Teile der Maschine, die Wellen usw. und ferner die Tackelage werden untersucht. Die Schiffsleitung hat dafür zu sorgen, daß alle Teile und Räume des Schiffes für die Besichtigung bereit sind. Man erkundige sich rechtzeitig nach den Wünschen der Besichtiger, damit alle Vorbereitungen für die Besichtigung getroffen werden können.

Das Klassenzeichen des Germanischen Lloyd ist für eiserne und stählerne Schiffe ein A mit eingeschalteten Ziffern 4 oder 3, welche die Dauer der für die Schiffe festgesetzten Wiederbesichtigungsperioden angeben. Dem A werden Klassennummern, z. B. 100 oder 90, vorangestellt, die den Grad der Stärke und den Unterhaltungszustand der Schiffe bezeichnen (z. B. 100 A_4, 90 A_3).

Sind Schiffe für einen bestimmten Freibord gebaut, so können diese die Klasse „mit Freibord" erhalten (z. B. 100 A_4 mit Freibord).

Ferner wird dem Klassenzeichen noch ein Fahrtzeichen beigefügt, wenn das Schiff in einer bestimmten Fahrt beschäftigt wird und Abweichungen von der Bauvorschrift zugelassen sind; es bedeutet

K = große Küstenfahrt, k = kleine Küstenfahrt,
W = Wattfahrt, I = Binnenfahrt.
[E] = der Bug ist für die Fahrt durch Eis besonders verstärkt.

Schließlich werden noch einige Nebenzeichen angewendet. Es bedeutet:

daß das Schiff unter der besonderen Aufsicht des Germanischen Lloyd gebaut ist; besonders verstärkte Schotten hat und die Schotteneinteilung den Vorschriften der Seeberufsgenossenschaft entspricht.

daß die Schottenanordnung den Vorschriften der Seeberufsgenossenschaft für Passagierdampfer entspricht.

daß das Schiff unter der besonderen Aufsicht des Germanischen Lloyd gebaut ist.

daß das Schiff unter der besonderen Aufsicht einer fremden Klassifikationsgesellschaft gebaut ist.

Neue oder wie neu reparierte Holzschiffe erhalten das Klassenzeichen A 1. Mit A werden noch taugliche Holzschiffe, mit B 1 und B Holzschiffe der zweiten Klasse und mit C Holzschiffe der dritten Klasse bezeichnet.

Ähnliche Zeichen wie der Germanische Lloyd verwendet auch der Englische Lloyd, so bedeutet z. B. 100 A 1, daß das Schiff die höchste Klasse besitzt und nach Lloyds Vorschriften erbaut ist.

Das Bureau Veritas bezeichnet die Klassen der Schiffe und den Zustand der Ausrüstung nach Nummern, hierbei ist 1 die höchste Klasse.

Will oder soll ein Nautiker ein Schiff, das nicht bei dem Germanischen Lloyd klassifiziert ist, kaufen, so empfiehlt es sich, daß er einen Vertreter des Germanischen Lloyd als Sachverständigen hinzuzieht.

Tiefgang- oder Freibordmarken. Der größte Tiefgang, den ein Schiff haben darf, wird durch die Tiefgangs- oder Freibordmarken gekennzeichnet, die auf der Außenhaut mittschiffs in gut sichtbarer Weise eingekörnt werden müssen. Meistens wird auch durch einen weißen Strich die Stelle auf der Außenhaut markiert, von der der Freibord aus rechnet Gebräuchliche Marken sind folgende:

F.W. = Frischwasser.
S. = Sommer im Salzwasser.
W = Winter im Salzwasser.

F.W. = Frischwasser.
= Sommer und Winter im Salzwasser.

Zeitweise werden noch folgende Bezeichnungen verwendet:

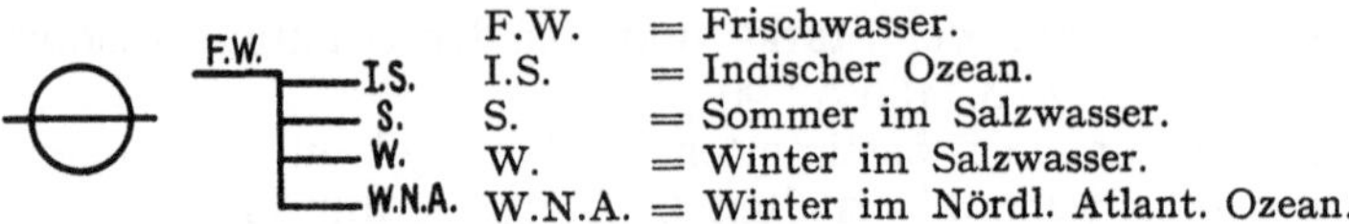

F.W. = Frischwasser.
I.S. = Indischer Ozean.
S. = Sommer im Salzwasser.
W. = Winter im Salzwasser.
W.N.A. = Winter im Nördl. Atlant. Ozean.

Dampfer, die in der Holzfahrt beschäftigt werden und Decklasten von schwerem oder leichtem Holz fahren, haben außer den gewöhnlichen Freibordmarken nach den internationalen Vereinbarungen über mit Holzdecklasten fahrende Schiffe noch folgende Tiefgangsbezeichnungen:

S.H.S. = schwere Holzlast, Sommer.
S H.W. = schwere Holzlast, Winter.
S.H.F. = schwere Holzlast, Frischwasser.

Oder

H.S. = Holzlast, Sommer.
H.W. = Holzlast, Winter.
H.W.N. = Holzlast, Winter — Nordatlantik.
H.F. = Holzlast, Frischwasser.

Ökonomischer Wirkungsgrad von Handelsschiffen nach Alexander Urwin:

$$E = \frac{F - K}{A} \cdot \frac{365 \cdot 100}{Z}$$

E = Verzinsung des angelegten Kapitals.
F = vereinnahmte Fracht pro Reise.
K = Gesamtunkosten.
A = Anlagekosten des Schiffes.
Z = Zeitdauer der Reise in Tagen.

Schiffbautechnische Begriffe und Bezeichnungen. L = Konstruktionslänge = Länge zwischen den Perpendikeln. — Die Perpendikel stehen bei gewöhnlichen Handelsschiffen winkelrecht auf der Konstruktionswasserlinie (*CWL*), und zwar das vordere Perpendikel im Schnittpunkt der *CWL* mit Hinterkante Vorsteven bei eiserner Außenhaut, mit Außenkante Sponung am Vorsteven bei hölzerner Außenhaut; das hintere Perpendikel im Schnittpunkt der *CWL* mit Mitte Ruderspindel bei Schiffen mit Balanceruder, sonst mit Vorderkante Rudersteven bzw. Außenkante Sponung am Rudersteven.

Bei Kriegsschiffen und Schiffen ohne richtige Steven werden die Perpendikel in der Regel durch die Schnittpunkte der *CWL* mit den Schiffsumrissen gelegt. Die Marinen der verschiedenen Staaten haben verschiedene Bedingungen. — Hiervon abweichende Längenangaben: Länge über alles, Länge für Meßbrief, für Register, für Klassifikation usw.

B = Konstruktionsbreite, gemessen an der breitesten Stelle des Unterwasserteils, gewöhnlich in der *CWL* auf $^1/_2\,L$; bei gewöhnlichen Eisen- und Stahlschiffen auf Außenkante Spante, bei Schiffen mit Holzhaut auf Außenkante Planken, bei Schiffen mit Gürtelpanzer auf Außenkante Panzer, bei formstabilen Anbauten Breite über Außenspanten der Anschwellungen.

Hiervon abweichende Breitenangaben: Breite über alles, Breite für Meßbrief, für Register, Klassifikation usw.

H = Seitenhöhe, gemessen auf $^1/_2\,L$, bei eiserner Außenhaut von Oberkante Kiel bzw. Flachkiel, bei hölzerner Außenhaut von Außenkante Sponung am Kiel bis Seite Deck (Oberkante Deckbalken an der Seite).

Zu beachten sind die besonderen Höhenangaben für Meßbriefe, Register, Schottenvorschriften usw.

RT = Raumtiefe, gemessen auf $^1/_2\,L$ von Oberkante der Bodenwrangen bzw. Doppelboden bis zur Oberkante der Deckbalken in der Mitte, einschließlich Balkenbucht.

Zu beachten sind die besonderen Bestimmungen für Meßbriefe, Klassifikation usw.

CWL = Konstruktionswasserlinie. Dies ist die Wasserlinie, die der Konstruktion als Schwimmebene zugrunde gelegt ist.

T = Konstruktionstiefe, gemessen auf $^1/_2\,L$ von der *CWL* bis Oberkante Kiel bzw. Außenkante Sponung am Kiel.

D oder ***P*** = Wasserverdrängung (Deplacement) ist der Rauminhalt = (*V*) oder das Gewicht der vom Schiff verdrängten Wassermasse. Reservedeplacement ist der Inhalt des über Wasser befindlichen wasserdichten Teils des Schiffskörpers.

Tragfähigkeit ist bei Handelsschiffen das Gesamtgewicht von Ladung, Passagieren, Besatzung, Proviant, Wasser, Brennstoff, d. h. sämtlicher veränderlichen Gewichte.

Unter dem Deplacementsschwerpunkt versteht man den Punkt (Auftriebsmittelpunkt), in dem man sich die verschiedenen Auftriebskräfte vereinigt denken kann.

F = Verdrängungs- (Deplacement-) Schwerpunkt bei aufrechter Lage.

G = Gewichts- (System-) Schwerpunkt = Schwerpunkt des Schiffskörpers mit allem, was darauf ist.

M = Breitenmetazentrum. Metazentrum ist der Schnittpunkt der Vertikalen, die bei einer unendlich kleinen Neigung des Schiffes durch den Deplacementsschwerpunkt geht, mit der Mittschiffsebene.

MG = metazentrische Höhe.

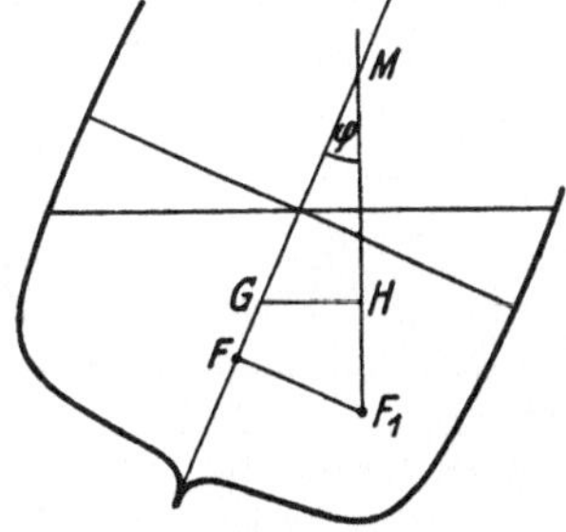

Abb. 131.

A u f r i c h t e n d e s M o m e n t. Neigt sich ein Schiff etwas über, so verschiebt sich der Deplacementsschwerpunkt F nach F_1, während der Gewichtsschwerpunkt G seine Lage beibehält. Das aufrichtende Moment ist daher $= D \cdot MG \cdot \sin\varphi$.

St. = statisches Stabilitätsmoment = Aufrichtungsvermögen des Schiffes.

Trimm ist der Unterschied zwischen dem vorderen und dem hinteren Tiefgang, gemessen an den Perpendikeln. Man unterscheidet Steuerlastigkeit und Kopflastigkeit.

Tiefgang, gemessen von der Schwimmebene bis Unterkante Kiel bzw. bis zum tiefsten Punkt des Schiffskörpers. Der Tiefgang wird am Schiff mit Hilfe der Tiefgangsmarken abgelesen.

Sprung ist die Längsschiffkrümmung der Decklinie in der Projektion auf die Längsschnittebene.

Balkenbucht ist die Krümmung der Deckbalken. Die Balkenbucht beträgt etwa $^1/_{50}$ *B*.

⊗ = Hauptspant ist der Querschnitt mit der größten Fläche unter der *CWL*, meistens auf $^1/_2$ *L* gelegen. Das Hauptspant wurde früher auch als Nullspant bezeichnet, da die Spanten von diesem Spant nach vorne und hinten gezählt wurden. Heute erfolgt die Zählung durchweg von hinten nach vorne, seltener umgekehrt.

Freibord ist im allgemeinen der Unterschied zwischen *H* und *T*.

Leichtes Deplacement ist das Deplacement im leeren Zustand, jedoch mit sämtlichen Einrichtungen und Vorräten.

Beladenes Deplacement ist das Deplacement des seeklaren und normal beladenen Schiffes.

Bei der Konstruktion eines Schiffes werden verschiedene Zeichnungen angefertigt. Die wichtigsten sind: Längsriß, Wasserlinienriß und Spantenriß.

Senten sind Schnittlinien der Schiffsoberfläche mit Ebenen, die zur Mittschiffsebene geneigt sind, mit dieser aber eine horizontale Schnittgerade haben. Dünne, biegsame Latten werden auch Senten genannt.

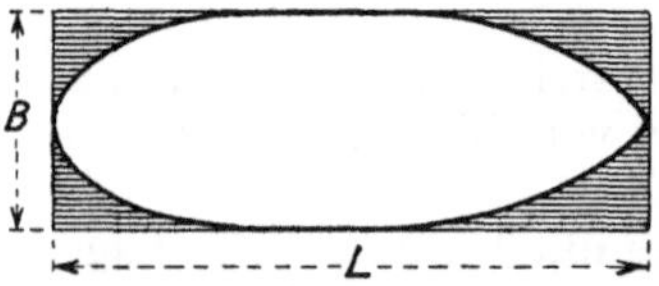

Abb. 132.

α gibt das Verhältnis von dem Wasserlinienareal (*CWL*) eines Schiffes zum umschriebenen Rechteck an (Abb. 132).

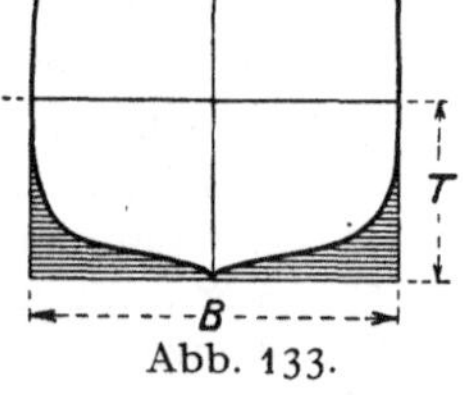

Abb. 133.

β gibt das Verhältnis der eingetauchten Hauptspantfläche zum umschriebenen Rechteck an (Abb. 133).

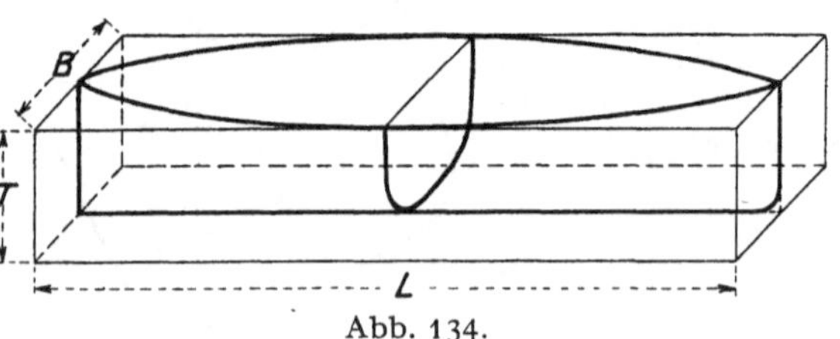

Abb. 134.

δ = Deplacementskoeffizient, gibt das Verhältnis des Deplacements zum Inhalte des dem Unterwasserschiff umschriebenen Parallelepipedons an (Abb. 134).

Wenn man einige Werte der Schiffsform kennt, so kann man sich ungefähr ein Bild des Schiffskörpers machen.

Beispiele:

Nr.	Schiffsgattung	Verdrängung t	Geschw. Kn	$L:B$	$T:B$	$L:H$	δ	α	β	MG[1]) (Metazent. Höhe) m
1	Großer Schnelldampfer .	23 000	23,5	9,89	0,42	14,90	0,63	0,75	0,95	0,4—0,6
2	Großer Postdampfer . .	10 000	16,0	8,58	0,47	11,75	0,62	0,79	0,90	0,4—0,6
3	Großer Frachtdampfer .	25 000	13,5	9,03	0,53	13,65	0,77	0,87	0,96	0,4—0,5
4	Kleiner Frachtdampfer .	4 600	10,5	7,40	0,46	12,70	0,77	0,88	0,97	0,4—0,5
5	Fischdampfer	400	10,0	5,30	0,46	9,25	0,46	0,72	0,75	0,6—0,8
6	Schleppdampfer	340	12,0	5,10	0,43	7,70	0,46	0,72	0,80	0,6
7	Barkasse	28	10,0	4,57	0,36	8,00	0,40	0,68	0,63	0,5
8	Segelschiff f. Frachtfahrt	6 200	—	6,77	0,49	10,70	0,69	0,83	0,94	0,6—0,8
9	Logger	150	—	4,28	0,40	7,37	0,54	0,81	0,77	0,5—0,6
10	Linienschiff	13 000	18,0	5,47	0,34	9,46	0,62	0,78	0,92	1,1
11	Großer Kreuzer	10 000	22,0	6,10	0,35	10,11	0,52	0,70	0,88	1,0
12	Kleiner Kreuzer	3 000	26,0	8,69	0,41	13,30	0,47	0,66	0,77	0,7
13	Kanonenboot	1 000	14,0	6,40	0,30	13,00	0,53	0,72	0,88	0,7
14	Torpedoboot	400	28,0	8,71	0,26	15,24	0,46	0,63	0,77	0,4—0,5

[1]) MG ist hier nur zum Vergleich gegeben.

Die Außenhaut findet ihre Auflage auf den Spanten, die als Quer- oder Längsspanten das Gerippe des Schiffskörpers darstellen und dessen äußere Form bestimmen. Da die Beanspruchung eines Schiffskörpers äußerst groß ist (z. B. Schiff auf einem Wellenberge, Schiff im Wellental, das Schlingern und Stampfen der Schiffe, die verschiedene Verteilung des Gewichtes im Schiffskörper), so sind sehr starke Verbände nötig, um dem Schiffskörper die nötige Festigkeit zu geben. Die wichtigsten Stützen des Schiffskörpers sind die Quer- und Längsverbände.

Zu den Querverbänden gehören die Spanten, Gegenspanten, Bodenwrangen, Deckbalken und Stützen, Querschotten. Kurze Stützplatten.

Zu den Längsverbänden gehören der Kiel, die Kielschweine, die Stringer, Längsschotten, Außenhaut, eiserne Decks, Doppelböden.

Während in Deutschland die Schiffe meistens nach dem Quer- und Längsspantensystem gebaut werden, sind die Schiffe in England häufig nach dem sogenannten Isherwood-System erbaut, bei dem in verhältnismäßig geringen Abständen im Boden, an den Schiffsseiten und unter Deck Längsträger in Verbindung mit weit auseinanderstehenden und starken Querspanten verwendet werden.

Bodenwrange ist eine breite eiserne oder stählerne Platte, die sich quer über den Schiffsboden und bis in die Kimmen hinaufreichend erstreckt.

Gegenspanten dienen zur Verstärkung des Bodens und der Schiffswände. Es werden meist eiserne Winkel verwendet, die von der Bodenwrange an dem Spant auflaufen. Bei sehr fest gebauten Schiffen laufen alle Gegenspanten bis zum Hauptdeck hinauf, bei gewöhnlichen Schiffen läuft nur jedes zweite bis zum Hauptdeck.

Rahmenspanten sind Spanten, deren Querschnitt durch eine besondere Platte erhöht und dadurch verstärkt ist; sie werden als besondere Verstärkung verwendet und auch dort, wo man andere Teile (z. B. Stützen) fortläßt, um Raum zu gewinnen, angewandt.

Interkostal = eingeschoben. Interkostalplatte = eingeschobene Platte (Abb. 135).

Schlagwasserplatten müssen alle breiten Schiffe haben, damit sich das im Schiffsboden sammelnde Wasser nicht zu sehr beim Schlingern bewegen kann (Abb. 136).

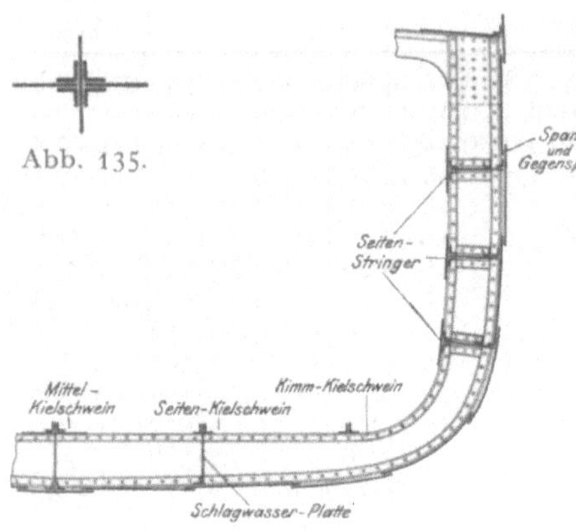

Abb. 136.

Stringer (Seiten-, Deckstringer) sind eiserne oder stählerne Platten, die an den Seiten des Schiffes längs laufen und zwischen den Spanten befestigt sind. Sie sind durch starke Winkel mit der äußeren Beplattung und den Gegenspanten (oder Spanten) verbunden. Sämtliche Balkenlagen eines Schiffes erhalten von vorn bis hinten ununterbrochen durchlaufende Deckstringer.

Schotten sind Wände, die einen Raum in mehrere wasserdichte Räume zerlegen. Sie sind die wichtigsten und stärksten Querverbände. Die Seeberufsgenossenschaft und die Klassifikationsgesellschaften haben eingehende Vorschriften erlassen, wie und wo die Schotten einzubauen sind. Alle Schiffe sind mit einem Kollisionsschott, Schotten zwischen Maschinen- und Kesselraum und Schotten für die Achterpick (Stopfbuchsenschott) zu versehen. Passagierdampfer müssen mehr Schotten als Frachtdampfer haben. Jede Veränderung an den vorgeschriebenen Schotteneinrichtungen sind sofort zu melden und Mängel abzustellen.

Sind wasserdichte Türen in die Schotten eingebaut, so ist deren Instandhaltung die größte Sorgfalt zu schenken. Man beachte die Bestimmungen der S.B.G.

Alle Teile, die einer besonderen Beanspruchung ausgesetzt sind, wie Vorder-, Achtersteven, Ruderanlage, Wellenlager, Kiel, Maschinenfundamente usw., erhalten besondere Verstärkungen, zu denen verschiedene Arten von Winkeleisen verwandt werden (U-, Z-, T-Form usw.).

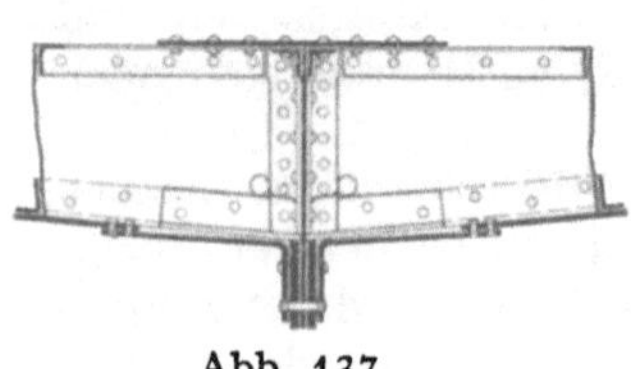
Abb. 137.

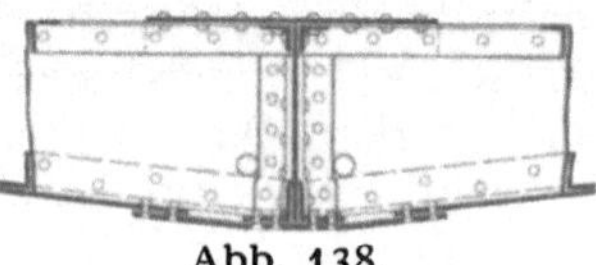
Abb. 138.

Als Kiele werden für Segelschiffe gewöhnlich Balken oder Zenterplattenkiele verwandt (Abb. 137). Für Schiffe, bei denen ein möglichst kleiner Tiefgang erwünscht ist, nimmt man Flachkiele (Abb. 138).

Die Verbindung der einzelnen Teile eines Schiffes geschieht meistens durch Vernietung, auch durch Schweißung. Hat man einen Bau oder eine Reparatur zu beaufsichtigen, so achte man gehörig darauf, daß die Nieten ordentlich eingeschlagen sind. Die Arbeiter schlagen oft den Kopf einer schlecht eingeschlagenen Niete schön breit, um den Fehler zu verdecken, und später hat man dort eine leckende Stelle.

Die gebräuchlichsten Ruderanlagen sind:

Das Patentruder. Unter einem Patentruder versteht man ein Ruder, bei dem die Achse des Ruderstevens mit der Achse durch die Ruderfingerlinge eine Gerade bildet (Abb. 139).

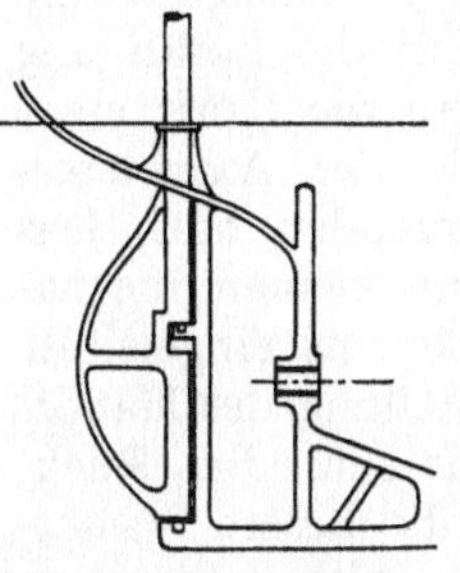

Abb. 139. Patentruder.

Das Balanceruder. Bei einem Balanceruder liegt ein Viertel bis ein Drittel der Ruderfläche vor der Drehachse (Abb. 140).

Das Bugruder wird für solche Schiffe verwandt, die auch über den Achtersteven fahren sollen.

Das Suezruder. Dieses Ruder wird bei der Fahrt durch den Suezkanal aufgesetzt, um bei der geringen Wassertiefe und Geschwindigkeit des Schiffes ein steuerfähiges Schiff zu behalten (Abb. 141).

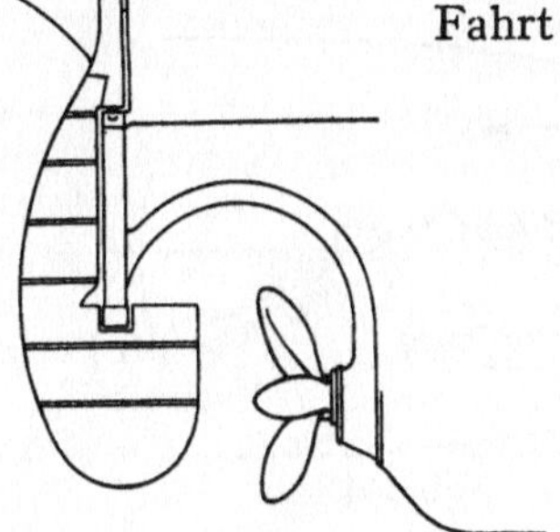

Abb. 140. Balanceruder.

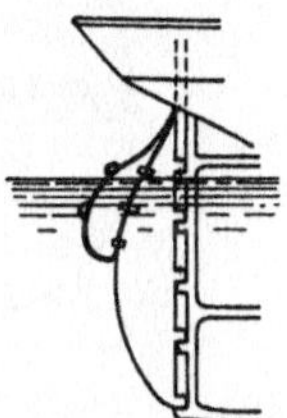

Abb. 141. Suezruder.

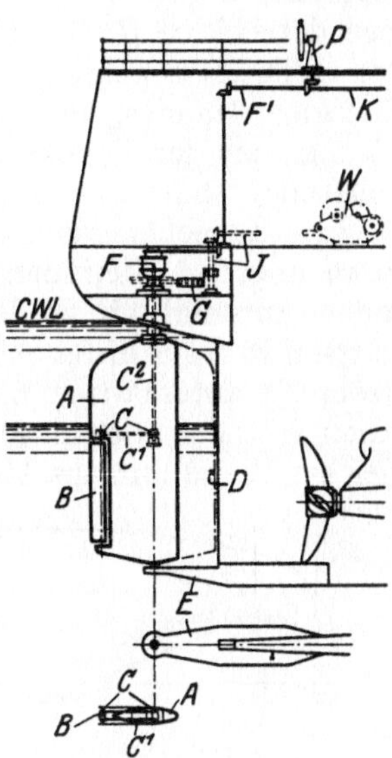

Abb. 142. Prinzipskizze des Flettnerruders.

A = Hauptruder.
B = Hilfsruder.
C = Joch.
C^1 = Parallelgestänge.
C^2 = Hilfsruderschaft.
D = Hinterkante Hauptruder bei Rückwärtsfahrt.
E = Ruderhacke.
F = Getriebe.
G = Reservequadrant.
J = Antriebswellen für Reservequadrant.
K = Axiometerleitung zur Kdo.-Brücke.
P = Flettnersteuerstand hinten.
W = elektrische Verholwinde als Reserverudermaschine.

Das Flettnerruder. Das Flettnerruder zeichnet sich im Gegensatz zu den bisher bekannten Ruderanlagen dadurch aus, daß es auch für größere Schiffe zum Antrieb keine durch motorische Kräfte bewegte Rudermaschine gebraucht, sondern mittels eines kleinen an der Hinterseite des eigentlichen Ruderblattes angebrachten Hilfsruders gesteuert wird. Der Ruderschaft des Hauptruders erfährt bei den verschiedenen Ruderanlagen keine zwangsläufige Drehung durch irgendeine äußere Kraft, ist vielmehr vollkommen frei beweglich im Schiff gelagert. Soll das Schiff eine Kursänderung ausführen, so wird mittels einer einfachen Axiometerleitung von der Brücke des Schiffes aus durch den Mann am Ruder das kleine Hilfsruder nach der gewünschten Kursrichtung gelegt, worauf das Hauptruder sich selbsttätig durch die äußere Wasserströmung in die gewünschte Richtung einstellt. Der Kraftbedarf zum Legen des Hauptruders wird somit lediglich aus der äußeren Wasserströmung entnommen, die, sobald das Hilfsruder um einen gewissen Winkel gelegt ist, das Hauptruder in entgegengesetzter Richtung verdreht, bis eine Gleichgewichtslage der beiden Ruder zueinander eingetreten ist. Für die Betätigung des Hilfsruders genügt auch für größere Schiffsanlagen die Kraft eines einzelnen Mannes, der lediglich Reibungswiderstände der Axiometerleitung von der Brücke bis zum Hilfsruder zu überwinden hat. Das Hilfsruder steht außerdem in Verbindung mit einem kleinen mechanischen Getriebe, das dazu dient, die von der Brücke aus eingeleitete Bewegung des Hilfsruders nach der selbsttätigen Einstellung des Hauptruders automatisch wieder in die Nullage zurückzudrehen. Bei Rückwärtsfahrt des Schiffes schlägt das Hauptruder durch die äußere Wasserströmung automatisch um 180° herum, steht also in vollkommen entgegengesetzter Richtung, so daß auch jetzt wieder das Hilfsruder in gleicher Weise auf das Hauptruder wirkt wie bei Vorwärtsfahrt.

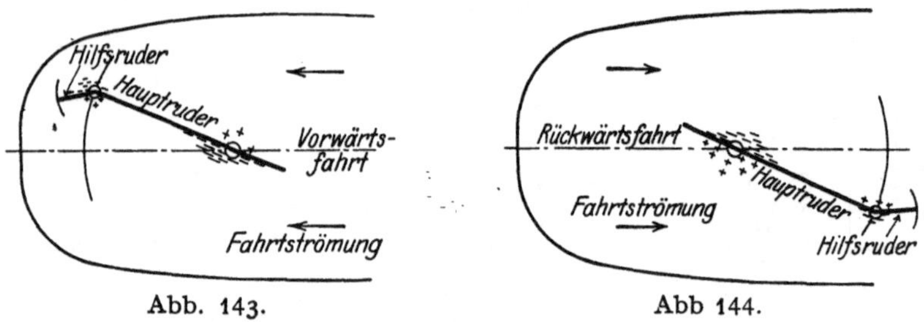

Abb. 143. Abb 144.

Hilfsruder und Getriebe sind durch ein Gestänge verbunden, welches durch das als Hohlkörper gebaute Hauptruder und den durchbohrten Ruderschaft hindurchgeführt ist.

Der Ruderschaft wird von einem oberhalb seiner mittels Stopfbuchse abgedichteten Durchtrittsstelle durch die Außenhaut liegenden Drucklager getragen. Die Unterkante des Ruders ist mit einem Zapfen in dem Halslager einer am Hintersteven angebrachten Hacke geführt. Die Flettnerruder werden aber auch in Art der Balanceruder ausgeführt, also ohne untere Führung.

Als Anzeigevorrichtungen sind für das Flettnerruder besondere Anzeigeapparate gebaut worden. Diese zeigen stets die Lage des Hauptruders an, und zwar bei Vorwärts- und bei Rückwärtsfahrt.

Die Anlage des Flettnerruders ist wesentlich einfacher und billiger als die der bisherigen Ruderanlagen; das Flettnerruder dürfte daher bald vielfach angewendet werden.

Die Versicherungsgesellschaften, wie z. B. der Germanische Lloyd, schreiben vorläufig noch vor, daß, im Falle das Hilfsruder ausfällt, man auch noch mit dem Hauptruder steuern können muß. Daher werden die Ruderschäfte mit der üblichen Notsteuervorrichtung ausgerüstet, so daß das Hauptruder auch mit dem Handruder gesteuert werden kann.

Abb. 143 und 144 stellen schematische Aufsichten des Ruders dar. Die Stellen des Druckverlustes (Unterdrucks) sind mit Minuszeichen, die des Druckzuwachses (Überdrucks) mit Pluszeichen bezeichnet.

Das Dreiflächenruder. In dem Bestreben, Steuerfähigkeit und -sicherheit zu vergrößern, gelangte Flettner zur Konstruktion seines Dreiflächenruders, das in Abb. 145 dargestellt wird.

Die Mittelfläche (1) trägt an ihrem hinteren Ende, also am größten Hebelarm, die Flettnerflosse (3). Die Seitenflächen (2) sind durch Tragarme (4) mit der Mittelfläche fest verbunden, und das ganze Ruder dreht sich um den Schaft, der mit demselben durch eine Kupplung (6) verbunden ist. Der Schutzkasten (7) umkleidet ein Parallelgestänge, das die Flettnerflosse (3) bewegt. Die Entfernung der Flächen untereinander ist so gewählt, daß eine gegenseitige Beeinflussung nicht eintritt.

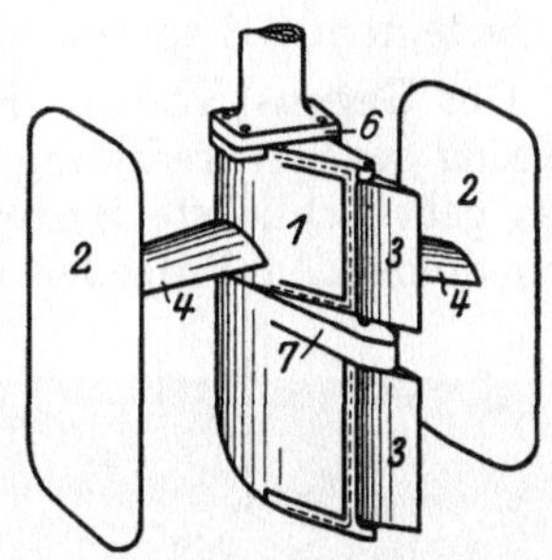

Abb. 145. Dreiflächenruder von Flettner.

Das Flettner-Dreiflächenruder ist frei um seine Achse drehbar am Schiffe angeordnet und wird nur durch das Hilfsruder (3) in seiner vor-

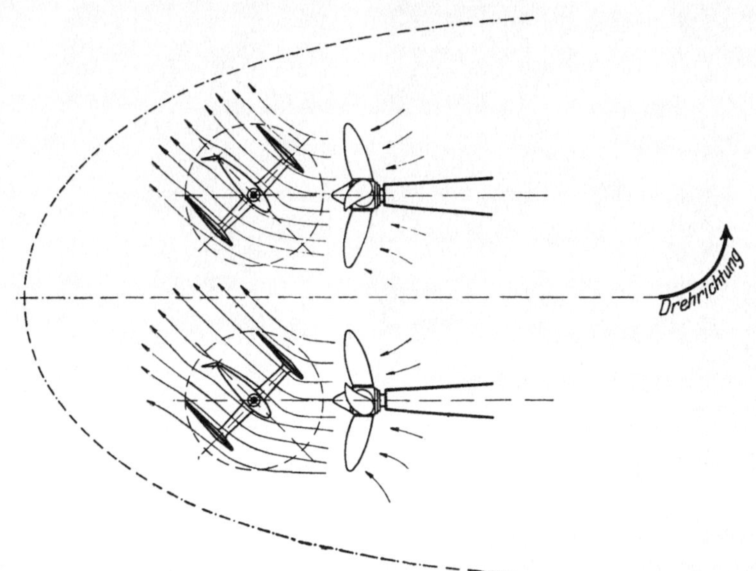

Abb. 146. Flettners Dreiflächenruder.

geschriebenen Lage zur Strömung gehalten. Nur die stetigen vom Steuernden gewollten seitlichen Kräfte werden vom Ruder auf das Schiff übertragen. Plötzliche Strömungsänderungen (wie Wellenstöße usw.) können nicht, wie es bei dem alten Ruder der Fall war, auf das Schiff übertragen werden, da das Flettnerruder denselben federnd ausweicht. Hierdurch wird auch bei starkem Seegang die Stetigkeit des Kurses gewährleistet, und der zurückgelegte Weg wird gradliniger und kürzer.

Zusammenfassend sind als die hauptsächlichsten Vorteile des Flettnerruders anzugeben: 1. Erhebliche Kräfteersparnis, 2. Stetigkeit des Kurses, 3. Größte Manövrierfähigkeit, 4. Weitgehendste Sicherheit, 5. Bedeutende Ersparnis an Anschaffungskosten und Betriebsmitteln.

Der Gegen-(Kontra-)Propeller. Die Gegenpropeller tragen zur Erhöhung der Steuerwirkung und Verminderung der Stampfbewegungen bei. Das gebräuchlichste System ist das, daß die Leitflügel hinter dem sich drehenden Propeller am Ruderpfosten des Hinterstevens befestigt sind und hier das abströmende Wasser in axialer Richtung leiten. Der hierbei erzielte Gegendruck auf die festen Leitflügel wird durch diese als Zusatzschub an das Schiff abgegeben, und es wird hierdurch eine Erhöhung des Gesamtwirkungsgrades erreicht. Durch die stark dämpfende Wirkung des Kontrapropellers wird das Stampfen des Schiffes merklich verringert. Hierdurch wird eine gleichmäßigere Fahrt auch bei starkem Seegang erreicht; die Schraube taucht seltener aus dem Wasser, die Maschine geht weniger häufig durch, und das Schiff verliert weniger an Geschwindigkeit bei starkem Seegang.

Abb. 147. Einbau eines Kontrapropellers von Th. Zeise.

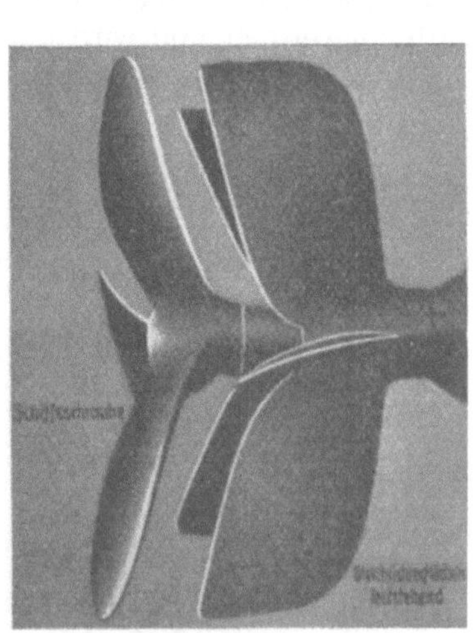

Abb. 148. Leitflügel vor der Schraube.

Die Vibrationen, die der Hauptpropeller in vielen Fällen verursacht, werden durch den Kontrapropeller reduziert, da das Schraubenwasser gleichmäßig und ohne Rotation abströmt.

Man hat bei einigen Schiffen eine Leistungsersparnis von 5–15% festgestellt.

Gegenpropeller bzw. eine zweiflügelige Leitschraube werden auch am Hintersteven vor der Schraube angebracht. Doch findet man diese Art seltener. (Siehe Abb. 148.)

Formstabile Anbauten nach Dr.-Ing. E. Foerster. Zur Sicherung einer stets ausreichenden Stabilität erhalten die Schiffe mit vielen und hohen Aufbauten vielfach formstabile Anbauten oder Wulste. Die größte Breite haben die Anbauten etwa in der Wasserlinie, auf der sie bei Ankunft im Endhafen mit Ladung schwimmen, also wenn Brennstoff, Wasser usw. verbraucht sind, und die Stabilität ohne Anbauten geschwächt ist. Sie gehen etwa in der Tiefladelinie in die normalen Schiffsformen über.

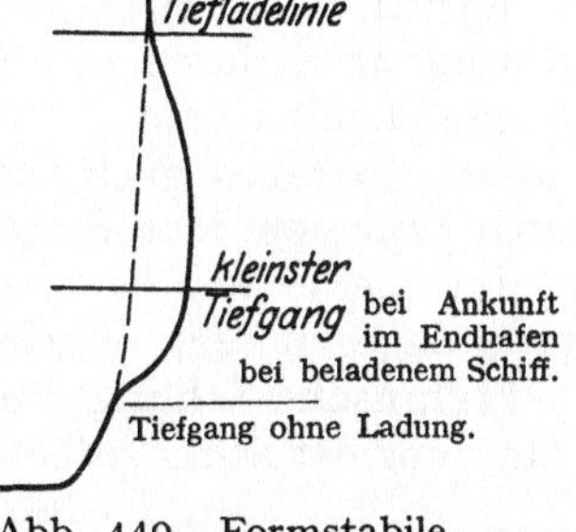

Abb. 149. Formstabile Anbauten.

In England und in Amerika werden die Wulste auch noch in anderer Form und an anderen Stellen angebracht.

Ohne Zweifel haben die Schiffsleitungen bei den Schiffen mit formstabilen Anbauten besonders bei dem Einlaufen in Schleusen, Docks usw. darauf zu achten, daß die Wulste nicht beschädigt werden, diese sind aber im allgemeinen so stark gebaut, daß die Schiffskommandos ohne Sorge bei genügender Achtsamkeit alle bisherigen Anlegemanöver ausführen können.

Bei ruhigem Wetter bietet das Längsseitkommen von Tendern, Schleppern, Leichtern keine Schwierigkeiten bei solchen Schiffen; bei schlechtem Wetter und Seegang liegen Fahrzeuge aber gar nicht oder schlecht längsseit.

Die formstabilen Anbauten bieten für die Sicherheit bestimmter Schiffe so große Vorteile, daß einige Nachteile in den Kauf genommen werden müssen.

Mittel zur Verhütung des Schlingerns bei Schiffen.

Schlickscher Schiffskreisel. Die Achse eines rotierenden Kreisels setzt der Ablenkung nach irgendeiner Richtung einen Widerstand entgegen, wenn sie rechtwinkelig zu dieser Richtung frei ausschwingen kann. Dieser Widerstand richtet sich nach der Größe und der Umdrehungszahl des Kreisels. Auf diesem Prinzip beruht der Schlicksche Schiffskreisel. Ein Rahmen *R* kann sich um die querschiffs liegende Achse in den Lagern drehen, die fest mit dem Schiffskörper verbunden sind. In dem Rahmen befindet sich der Kreisel (*K*). Unten an dem Rahmen ist ein Gewicht (*G*) angebracht, das den Zweck hat, die Schwungradachse in die senkrechte Lage zurückzubringen. Mit Hilfe der Bremse (*B*) können die Pendelbewegungen des Rahmens so gedämpft werden, daß die Schwingungsperioden von Schiff und Rahmen gleichgroß sind.

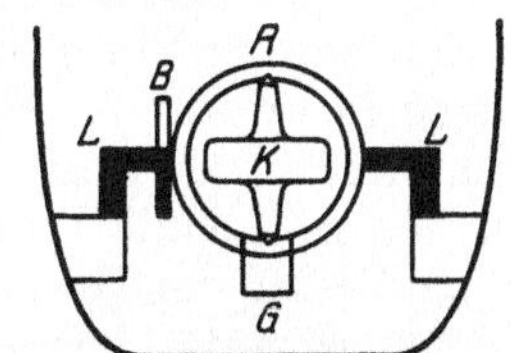

Abb. 150. Schema eines Schlickschen Schiffskreisels.

Wird — von oben gesehen — bei rechtsdrehendem Kreisel das Schiff nach StB gekrängt, so schlägt das obere Ende des Schwungrades nach rückwärts aus, bei Neigung des Schiffes nach BB, nach vorne. Hierdurch wird infolge der Kreiselwirkung eine Drehwirkung auf die Achse bzw. das Achsenlager (L) ausgeübt, welche der ursprünglichen Drehrichtung entgegengesetzt ist. Den schlingernden Bewegungen eines Schiffes wird daher bei genügender Kreiselgröße eine Gegenbewegung entgegengesetzt und so das Schlingern vermieden oder doch gedämpft.

Die Anlagen werden durch Motore oder Turbinen betrieben.

Während bei dem Schlickschen Kreisel die richtige Periode der Rahmenschwingungen durch die Bewegungen des Schiffes und Einstellung der Bremse erzielt werden, werden bei dem Schlingerkreisel des Amerikaners Sperry (bekannt auch durch seine Kreiselkompasse) die Schwingungen durch besondere Motore in Verbindung mit einem Pendelkreisel geregelt.

Für kleine Schiffe sind solche Anlagen unschwer einzubauen, für große dagegen sehr schwierig und kostspielig.

Frahmsche Schlingertanks. Wesentlich einfacher und billiger ist die Dämpfung der Schlingerbewegungen durch Flüssigkeiten. Schon bei hochliegenden Tanks kann man die Einwirkung von den bewegten Flüssigkeitsmassen auf die Schlingerbewegungen feststellen. Der Frahmsche Schlingertank ist eine Art kommunizierende Röhre, bestehend aus zwei an den Schiffsseiten angeordneten senkrechten Behältern (S), die durch einen Querkanal (Q) verbunden sind; die oberen Teile der Kästen sind durch den Luftkanal (L) verbunden. Durch das Absperrventil (A) kann eine Bewegung innerhalb der Anlage verhindert bzw. reguliert werden.

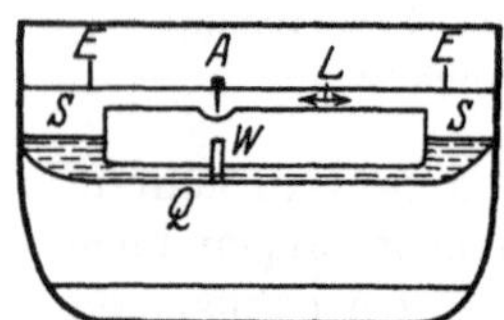

Abb. 151. Schema eines Frahmschen Schlingertanks.
A = Absperrventil.
E = Entlüftungspeilrohre.
L = Luftkanal.
S = Seitenkästen.
Q = Querkanal.
W = Wasserstandsanzeiger.

Die in dem Behälter eingeschlossene Wassermenge führt, veranlaßt durch die Schlingerbewegungen des Schiffes, pendelartige Bewegungen von einer Seite zur anderen aus. Infolge der dadurch entstehenden ungleichen Wasserstände in den beiden Schenkeln wirken Drehmomente auf das Schiff ein, die den durch die Wellen hervorgerufenen Drehmomenten entgegengesetzt gerichtet sind. Die Wirkung ist am größten, wenn die Schwingungen innerhalb des Behälters mit denen des Schiffes übereinstimmen. Zum Zwecke der Regulierung dient das Absperrventil, mit dem die hin und her strömende Luft mehr oder weniger abgedrosselt werden kann, um so die für den jeweiligen Seegang günstigste Wasserbewegung einzustellen. Anstatt Wasser können natürlich auch andere Flüssigkeiten in den Behältern verwendet werden. Einen Nachteil von Bedeutung hat solche Anlage: durch die schwingende Wassermasse im Schiff wird die Stabilität verringert.

Die formstabilen Anbauten zur Dämpfung der Schlingerbewegung. Die formstabilen Anbauten sichern nicht nur dem Schiffe eine gehörige Stabilität und bieten einen gewissen Schutz gegen Leckagen, sondern sie können auch zur Dämpfung der Schlingerbewegungen ausgenutzt werden. Zu diesem Zwecke werden einige Zellen längs der Mitte des Schiffes mit Schlitzen versehen, durch die Außenwasser in die Zellen eintreten kann. Dadurch wird es möglich, daß, wenn das Schiff in schwerer See zu rollen beginnt, die Rollschwingungen schon im Entstehen abgedämpft werden. Diese Art der Dämpfung ist die einfachste und billigste. (Siehe Abb. 152.)

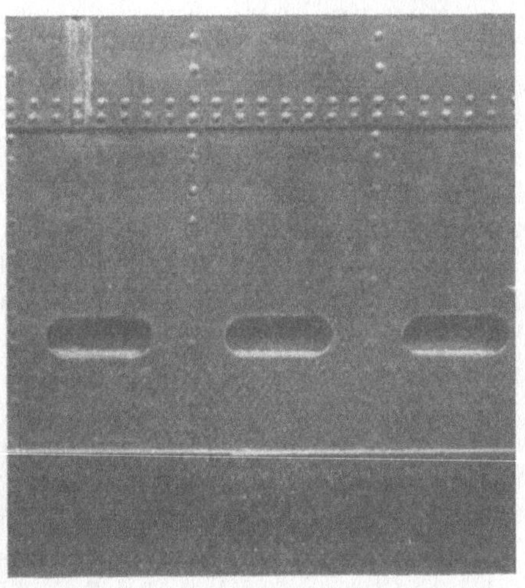

Abb. 152.

Bezeichnung der Decks. Die Decks auf neueren und großen Schiffen werden jetzt meistens durch Buchstaben des Alphabets bezeichnet, also A-Deck, B-Deck usw. Auf älteren Schiffen werden aber noch gewöhnlich die alten Bezeichnungen wie in Abb. 153 angewendet.

Auf größeren Kriegsschiffen haben die Decks gewöhnlich die Bezeichnung wie in Abb. 154.

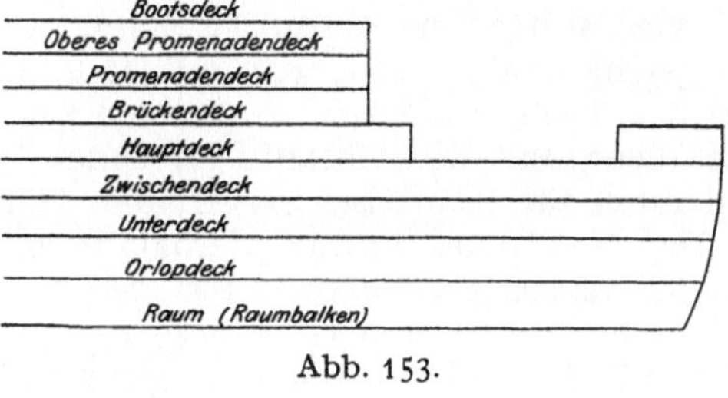

Abb. 153.

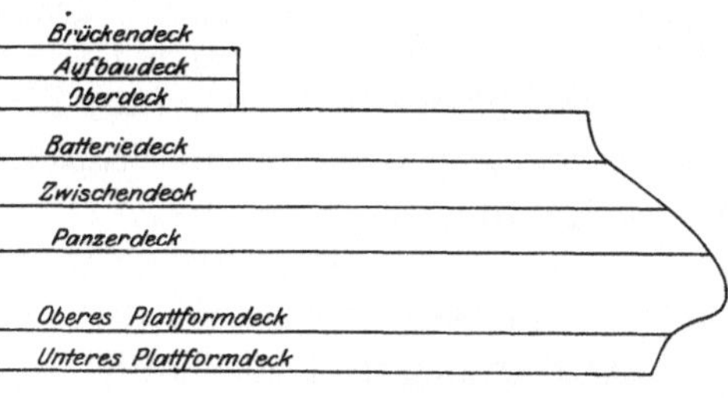

Abb. 154.

Steinholzbelag für Schiffe mit eisernen Decks (Litosiloschiffsbelag). Die Verwendung von guten Hölzern zum Belegen der Schiffsdecks ist ungemein teuer; ein wesentlich billigeres Mittel bietet sich in dem unverbrennbaren Steinholzbelag. Dieser besteht aus einem Gemisch von kaustisch gebranntem und gemahlenem Magnesit mit Chlormagnesiumlauge und einer Beimischung von Holzmehl, Asbest usw. Diese Art der Deckbelegung von eisernen Decks hat sich sowohl für Innenräume wie auch auf den Außendecks gut bewährt.

Eisenbetonschiffbau. In den letzten Jahren sind einige in See gehende Schiffe aus Eisenbeton gebaut worden, die jedoch aufgelegt worden sind, und dürfte diese Bauart nur für die Flußschiffahrt in Frage kommen. Auch bei Schiffen ist eben nicht so sehr der Herstellungspreis, als vielmehr das Verhältnis von Bau- und Betriebskosten zur Lebensdauer für die Beurteilung der Wirtschaftlichkeit maßgebend.

2. Schiffsvermessung.

Die Maßstäbe der Schiffsvermessung. Um die Größe der Schiffe zum Zwecke der Frachtenberechnung, Abgabenzahlung usw. in vergleichbaren Einheiten auszudrücken, bedient man sich folgender Zahlenangaben:

1. Raumgehalt. Er wird ausgedrückt in Registertonnen (daher Tonnage) zu 100 Kubikfuß engl. = 2,8316 Kubikmeter. Die Berechnung des Raumgehalts wird nach der vom Ingenieur Moorsom erdachten Methode vorgenommen. Werden vom Bruttoraumgehalt (Großtonnage) die für den Betrieb des Schiffes (Wohnräume der Mannschaft, Maschinenräume, Kesselräume, Kohlenbunker usw.) notwendigen Räume in Abzug gebracht, so bleibt der Nettoraumgehalt über.

2. Deplacement, d. i. das Gewicht der vom Schiffskörper verdrängten Wassermenge, ausgedrückt in metrischen Tonnen zu 1000 kg. Das Deplacement eines Schiffes schwankt je nach dem Grade der Belastung und dient bei Handelsschiffen nur zu schiffbaulichen Berechnungen.

3. Tragfähigkeit (Ladevermögen, deadweight), d. i. das Gewicht der Ladung, die das Schiff aufnehmen muß, um bis zur höchstzulässigen Wasserlinie einzusinken. Sie wird gemessen nach metrischen Tonnen zu 1000 kg oder englischen Gewichtstonnen zu 2240 lb (= 1016 kg).

Allgemeines. Die Berechnung des Schiffskörpers erfolgt gewöhnlich nach der Simpsonregel (siehe Teil XIX).

Als Vermessungsdeck dient bei allen Schiffen mit mehr als einem Deck das zweite Deck von unten.

Zum Bruttoraumgehalt werden sämtliche Räume einschließlich der geschlossenen Aufbauten auf Deck, aber ausschließlich des Doppelbodens, soweit er nicht zur Aufnahme von Ladung, Vorräten oder Brennstoff dient, und die Piektanks gerechnet. Nicht vermessen werden Deckaufbauten für Kombüse, Steuerhaus, Hilfsmaschinen.

Den Nettoraumgehalt erhält man, wenn man vom Bruttoraumgehalt abzieht:

1. alle Räume zum Gebrauche der Schiffsmannschaft,
2. alle Räume zur Lenkung des Schiffs,
3. Räume für Hilfskessel und Hilfsmaschinen,
4. bei Segelschiffen den Raum für Segel (Segelkoje),
5. bei Dampfschiffen: Maschinen-, Kesselräume und Wellentunnel.

Annäherungsformel für den Bruttoraumgehalt (nach Moorsom):

Bruttoraumgehalt in cbm $= (\delta \cdot L \cdot B \cdot T + A) : 2{,}832$ (alles in Metermaß),

„ **in Reg.-Tonnen** $= (\delta_1 \cdot L \cdot B \cdot T + A) : 100$ (alles in engl. Fußmaß).

L = Länge auf dem Vermessungsdeck zwischen Innenkanten Planken am Bug und Heck = Vermessungslänge,

B = innere größte Breite von Wegerung zu Wegerung = Vermessungsbreite,

T = mittschiffs gemessene Tiefe von Unterkante Decksplanken bis Oberkante Bodenwegerung neben dem Kielschwein = Vermessungstiefe,

A = Inhalt der Aufbauten in cbm bzw. in Kubikfuß,

$\delta_1 = \delta + 0{,}04$ (Mittelwert; δ_1 schwankt zwischen 0,5 und 0,8).

Vermessung für den Suez- und Panamakanal. Der Bruttoraumgehalt wird nach dem gewöhnlichen Meßverfahren ermittelt, aber sämtliche geschlossene Aufbauten werden mitvermessen.

Die Abzüge sind ungefähr die gleichen wie oben für den Nettoraumgehalt.

Ähnlich findet die Vermessung für den Panamakanal statt.

Vermessung der Kriegsschiffe. Ein Panzerdeck wird nur dann als Vermessungsdeck angesehen, wenn es ganz oder teilweise zur Unterbringung von Mannschaften oder deren Sachen geeignet ist.

Segelfläche. Die Segelfläche ist ungefähr gleich der 45fachen Fläche des Hauptspants.

3. Innere Schiffsräume.

Wohnräume. Für jeden Mann der Besatzung hat man etwa 3,5 bis 3 cbm Luftraum einschließlich der Koje und 1,5—1,25 qm freie Bodenfläche zu rechnen. Höhe 2 m.

Für jede im Auswandererdeck[1]) reisende Person muß ein durch Ladung, Gepäck (abgesehen von Handgepäck) oder Proviantgegenstände nichtbeschränkter Raum von mindestens 2,85 cbm vorhanden sein. Bei Berechnung dieses Raumes wird eine mehr als 2,40 m betragende Deckhöhe nur für 2,40 m angenommen. Außerdem muß für jede im Auswandererdeck reisende Person ein Raum von mindestens 0,25 qm auf Deck zur Benutzung frei bleiben. Das Ausland stellt in dieser Hinsicht viel höhere Anforderungen.

Die Seitenfenster der Auswandererdecks müssen über der Wasserlinie liegen.

Ist das oberste Schiffsdeck von Eisen, so dürfen in dem Raum unmittelbar darunter Auswanderer nur untergebracht werden, wenn das eiserne Deck mit einem hölzernen Schutzdeck von mindestens 7 cm Dicke versehen ist. — Für die Auswanderer muß eine genügende Anzahl Tische und Bänke vorhanden sein, die meistens in einem besonderen Raum aufgestellt sein müssen. — Männer- und Frauenabteilung müssen getrennt sein.

Hospitäler. Die besseren Frachtdampfer sind gewöhnlich mit einem Hospital (ein Bett) versehen, man rechnet dafür etwa 5 cbm Raum.

Auf Passagierschiffen müssen sich mindestens zwei abgesonderte Krankenräume befinden. Die Krankenräume müssen auf je 100 Personen 10 cbm Luftraum enthalten. Für jede in dem Krankenraum befindliche Person ist 5 cbm Luftraum zu rechnen. Für 100 Personen sind zwei Kojen vorzusehen. Die Räume sind besonders günstig zu legen und mit guten Beleuchtungs-, Lüftungs- und Heizanlagen zu versehen. Badeeinrichtung für die Kranken und zwei Abtritte müssen sich in größter Nähe der Krankenräume befinden. Operationstisch und Wascheinrichtung für den Arzt müssen vorhanden sein. — Auf deutschen Kriegsschiffen soll das Lazarett Schwingkojen für 2% der Besatzung enthalten.

[1]) Die einzelnen Staaten haben besondere Auswanderergesetze; diese Angaben sollen nur als Anhalt dienen.

Kojen und Hängematten. Die einzelnen Kojen müssen durch niedrige Zwischenwände voneinander getrennt sein. Jede Koje muß 1,83 m lang und 0,60 m breit sein. Mehr als zwei Kojen dürfen nicht übereinander angebracht werden. Der Abstand der unteren Koje vom Fußboden muß mindestens 0,15 m, der Abstand der oberen von der Decke des Raumes mindestens 0,75 m betragen. Die Gänge zwischen den Kojen müssen 0,60 m breit sein. Auf je 100 Kojen eine tragbare Treppe.

Entfernung der Hängematthaken auf Kriegsschiffen 45 cm. Für Hängemattskasten von 1,2 cbm rechnet man zehn Hängematten mit zwei Decken.

Sitzbreite für einen Mann = 55 cm. Breite der Tische = 60 cm. Breite der Bänke = 25 cm.

Auf Kriegsschiffen Kleiderspind für einen Mann 45 cm hoch, 50 cm breit, 50 cm tief. Heizerspinde größer.

Waschräume, Bäder, Aborte. Bei mehr als 20 Mann Besatzung ein heizbarer Waschraum mit ausreichender Waschgelegenheit. Besondere Waschräume für das Maschinenpersonal, wenn dieses mehr als 10 Mann beträgt, ausreichend für $^1/_6$ des Maschinenpersonals, eine Brause auf je vier der sich gleichzeitig reinigenden Leute; Warmwasserleitung.

Auf Passagierschiffen sind Bäder und Aborte für Männer und Frauen getrennt.

Waschbecken. Durchmesser der Becken 35—40 cm. Anzahl für Zwischendeckpassagiere = 1% der Personenzahl[1]). — Auf jedem Schiff, das den 30. Grad nördlicher Breite nach Süden überschreiten soll, muß eine Bade- oder Brausevorrichtung vorhanden sein.

Sind die Auswanderer in Kammern untergebracht, so ist für sechs Personen eine Wascheinrichtung vorzusehen. — Abtritte müssen in solcher Zahl vorhanden sein, daß für je 50 männliche und für je 50 weibliche Auswanderer mindestens einer zu deren ausschließlichem Gebrauche dient. Die Abtritte müssen gut gelüftet und bei Tag und Nacht hell beleuchtet sein.

In der deutschen Marine rechnet man für 40 Mann der Besatzung ein Klosett und ein Pissoir.

Niedergänge und Treppen. Aus jeder zwischen festen Querwänden liegenden Abteilung eines Auswandererdecks muß eine im Lichten mindestens 0,80 m breite, mit festen Geländern versehene Treppe unmittelbar auf das Deck führen. Faßt die Abteilung mehr als 100 Personen, so muß für jedes Hundert eine solche Treppe vorhanden sein, faßt die Abteilung mehr als 400 Personen, so müssen für je 150 Personen eine Treppe, mindestens aber deren vier vorhanden sein.

Lüftung. Für jede Abteilung müssen zwei Ventilatoren von mindestens 30 cm Durchmesser vorhanden sein, von welchem der eine zum Einlassen, der andere zum Auslassen der Luft dient. Sind mehr als 100 Personen in der Abteilung untergebracht, so muß entweder die Zahl der Ventilatoren vermehrt oder ihr Querschnitt entsprechend erweitert wer-

---

[1]) Bei größerer Anzahl. Sind nur wenige Zwischendeckspassagiere an Bord, so sind mehr Waschbecken erforderlich.

den. — Für Laderäume sind die Ventilatoren zollsicher zu verschließen (eingesetztes Kreuz usw.).

Gewöhnlich sind die unteren Abteilungen in den Decks, wo Auswanderer untergebracht werden, mit zwei Patentfenstern (Patent Utley) versehen.

Beleuchtung. In jeder bewohnten Abteilung müssen sich eine genügende Anzahl Lampen befinden (100 Personen = 2 Lampen). In den Gängen usw. müssen sich Sicherheitslampen befinden.

Bemerkung. Auf Auswandererschiffen rechnet man auf 100 Personen einen Aufwärter, sind mehr als 25 Frauen unter den Auswanderern, so ist eine Aufwärterin erforderlich. Auf größeren Schiffen außerdem ein Krankenpfleger.

Boote. Anzahl und Größe richtet sich nach den Vorschriften der Klassifikationsgesellschaften, den Vorschriften der Seeberufsgenossenschaft und den Vorschriften über Auswandererschiffe. Unter Umständen sind die Vorschriften der Länder zu berücksichtigen, deren Häfen das Schiff anläuft.

Kein Boot darf weniger als 3 cbm Raumgehalt haben. Über Ermittlung des Raumgehaltes der Boote siehe S. 333.

Ballast. Der Ballast ist in vielen Fällen als Teil der Ladung anzusehen. Fährt ein Schiff Ballast, so sollte es soviel Ballast einnehmen, daß sein Tiefgang etwa 0,6—0,7 des beladenen Tiefganges beträgt. Im allgemeinen kann man bei festem Ballast 0,4—0,55 t und bei Wasserballast 0,53—0,61 t für jede Bruttoregistertonne rechnen.

4. Angaben aus der Stabilitätslehre.

Die Seeberufsgenossenschaft überwacht die Stabilitätsverhältnisse neuer Schiffe in Zusammenarbeit mit Reeder und Bauwerft. Sie schreibt vor, daß in Zukunft bei Neubauten, sowie bei Schiffen, die einem größeren, die Stabilität beeinflussenden Umbau unterzogen werden, für die wichtigsten Beladungsfälle und Tiefgänge Hebelarmkurven der statischen Stabilität aufgestellt und dem Führer des Schiffes mitgegeben und erläutert werden müssen. Jedes Schiff normaler Bauart wird heute von den Schiffbauern so konstruiert, daß es bei einer bestimmten Mindestbelastung sicher über See fahren kann. Diesbezügliche Unglücksfälle wie Kentern von Schiffen sind wohl meistens nur durch Unachtsamkeit oder besondere Ereignisse wie Havarie, Einschlagen der Luken durch die See, Übergehen der Ladung usw. entstanden. Trotzdem ist es für jeden Nautiker unbedingt notwendig, daß er sich über die Stabilitätseigenschaften seines Schiffes genau unterrichtet, denn die Verantwortung für die Stabilität in See gehender Schiffe und für die richtige Beladung trägt fast in allen Schiffahrtsländern **allein** der Kapitän.

Gefühl und Erfahrung setzen den Praktiker im allgemeinen genügend instand, die Stabilität seines Schiffes sicher zu beurteilen. Jeder pflichttreue Nautiker wird sein Schiff dauernd beobachten und wird wissen, wie er es zu behandeln hat, damit er ein gutes, seetüchtiges und handiges Fahrzeug hat. Er wird überlegen, welchen Beanspruchungen sein Schiff durch Ladung und Ballast, durch den Einfluß von Wind und Seegang und durch überkommende Wassermassen ausgesetzt ist. Er wird an die Einwirkungen auf die Stabilität denken, die der Verbrauch von Brennstoff und Wasser während der Reise hat, namentlich dann, wenn flüssiger Brennstoff oder Wasser aus Hochtanks verwendet wird.

Bei unbekannten Schiffen, Neubauten, Schiffen von besonderer Bauart und bei Fahrzeugen, die besondere Ladungen oder große Deckslasten fahren sollen, wird der Nautiker aber ohne Zweifel durch Anstellung von Versuchen und durch Tabellen und Kurven, die er von der Werft erhalten kann, in der raschen Beurteilung der Stabilität unterstützt werden können. Es ist unbedingt erwünscht, daß die Werften allen Neubauten diese für die Nautiker notwendigen Angaben und Kurvenblätter mitgeben.

Empfehlenswert ist es auch, daß die Schiffskommandos typische Beladungs- und Ballastzustände in Form kleiner Ladepläne von den Werften erhalten, die so den Nautikern ein Bild der Verteilung von Brennstoff, Ballast, Wasser und Ladung und ferner Angaben über den ungefähren Tiefgang und die wahrscheinlichste metazentrische Höhe geben.

Unter der statischen[1]) Stabilität versteht man den Widerstand, den das aufrecht schwimmende Schiff einer Neigung entgegensetzt, und die Fähigkeit, sich, falls es in eine geneigte Lage gebracht ist, von selbst wieder aufzurichten.

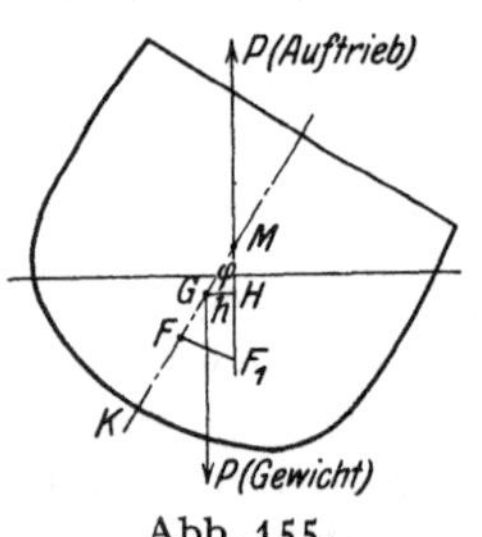

Abb. 155.

F = Deplacements- oder Verdrängungs- oder Formschwerpunkt bei aufrechter Lage.
F_1 = Verdrängungschwerpunkt bei geneigter Lage.
G = System- oder Gewichtsschwerpunkt. Dieser behält bei unveränderter Gewichtsverteilung (d. h. keiner Änderung der Ladung) bei jeder Neigung seine Lage bei.
K = tiefster Punkt des Schiffes bei aufrechter Lage in der Mittschiffsebene.
M = Schnittpunkt der Auftriebsrichtung mit der Mittschiffsebene bei jeder Neigung (bei kleinen Neigungswinkeln Metazentrum genannt).
h = Hebelarm der statischen Stabilität.
φ = Krängungswinkel. $\overline{MG}$ = metazentrische Höhe.

Aus der Zeichnung kann man leicht ersehen, daß bei hohem Metazentrum ein Schiff steif ist, daß es dagegen rank ist, je näher das Metazentrum dem Systemschwerpunkt liegt. Fällt G über M, so würde das Schiff kentern. Die Stabilität (im Verhältnis zu F und M) eines Schiffes ist abhängig von der Lage des Systemschwerpunktes, von der Breite und dem Freibord. An M ist man durch die Schiffsform gebunden, G kann jedoch der Nautiker durch Trimmen der Ladung oder Ballastes beeinflussen. Die Größe $\overline{MG}$ ist für die Beurteilung der Anfangsstabilität von größter Bedeutung.

Bei gut entworfenen und richtig gestauten Schiffen soll sowohl für die aufrechte wie für jede vorkommende geneigte Lage ausreichende

[1]) Unter der dynamischen Stabilität versteht man die Arbeit, die zum Aufrichten notwendig ist.

Stabilität vorhanden sein. Nicht immer bedingt eine genügende Anfangsstabilität auch gute Stabilitätsverhältnisse für Neigungen.

Während z. B.[1]) ein Frachtdampfer von 2000 t Deplacement ein $\overline{MG}$ von 0,6 m haben muß, wird ein gleichartig gebauter aber größerer Dampfer von etwa 20 000 t Deplacement mit etwa 0,45 m $\overline{MG}$ auskommen, und ein solcher von 30 000 t Deplacement gar mit 0,3 m. Schiffe mit hohen Aufbauten müssen eine größere metazentrische Höhe haben als Schiffe von gleichem Deplacement ohne solche, und zwar richtet sich der Wert von $\overline{MG}$ sehr nach dem Verhältnis des Oberwasserteils des Schiffes zum Unterwasserteil ($O : U$).

Das Verhältnis $\frac{O}{U}$ beträgt auf einem Frachtdampfer etwa 1,1—1,2, auf Schiffen mit hohen Aufbauten etwa 1,6—2,3. Genügt z. B. für einen Frachtdampfer von 10 000 t Deplacement ein $\overline{MG}$ von 0,5, so muß ein Dampfer von gleichem Deplacement mit Aufbauten ein Verhältnis $\frac{O}{U} = 1{,}6$ und 0,8 m $\overline{MG}$ haben.

Die Kenntnis von $\overline{MG}$ genügt aber allein nicht, die Schiffsführung muß auch den Verlauf der Stabilität bei Neigung kennen, da der gleiche Betrag von $\overline{MG}$, welcher für das eine Schiff noch völlige Sicherheit bis zu 50° Neigung bedeutet, für das andere Schiff schon Kentergefahr bei 10° Neigung ergeben kann. Andererseits ist es auch nicht gut, wenn ein Schiff übermäßig stabil ist, da dann die Gefahr besteht, daß das Schiff durch heftige Rollbewegungen und Stöße leckspringt oder die Ladung übergeht, wenn die Eigenbewegungen des Schiffes mit den Perioden der Wellenimpulse zusammentreffen! (Daher Verwendung von Hochtanks bei Erz- und Kohlendampfern.)

Die Größe des Neigungswinkels, bis zu dem ein Schiff stabil ist, bezeichnet man als Umfang der Stabilität. Als Maß für die Anfangsstabilität gilt $\overline{MG}$ (= metazentrische Höhe) bei unendlich kleiner Neigung. Als Maß für die Stabilität bei größeren Neigungen gilt der Hebelarm (h), an dem die aufrichtende Kraft (der Auftrieb) wirkt. Dieser Hebelarm ändert sich mit dem Neigungswinkel des Schiffes. Man kann durch Aufzeichnung der Hebelarme bei verschiedenen Neigungen die Hebelarmkurve der Stabilität darstellen.

Beispiel:

I. Schiff mit Ladung und Ballast.
II. Schiff mit Ladung ohne Ballast.
III. Schiff ohne Ladung mit Ballast.

(Bei III ist die Anfangsstabilität Null oder sogar negativ, bei 6° Neigung nimmt sie aber schnell zu.)

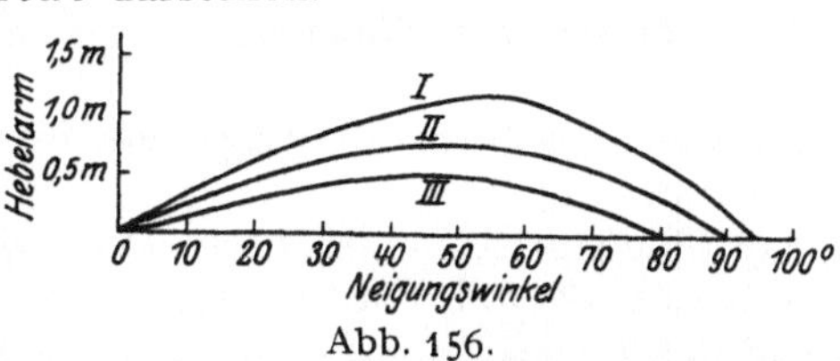

Abb. 156.

Werden derartige oder ähnliche Kurven von den Werften[2]) den Neubauten für verschiedene Tiefgänge, Beladungen und metazentrische Höhen

[1]) Angaben nach Dr.-Ing. E. Foerster: Werft, Reederei, Hafen Nr. 21. 1922.

[2]) Die Berechnung durch die Nautiker an Bord ist nicht möglich, da die Rechnungen ein besonderes Studium erfordern.

mitgegeben, so kann der Nautiker ungefähr ersehen, welche Stabilität das Schiff voraussichtlich haben wird.

Sehr vereinfacht wird die Feststellung der Stabilität durch die besonders hierfür geschaffenen Apparate wie z. B. die von Dr.-Ing. Kempf oder H. F. Johns. Bei diesen Stabilitätsweisern wird ein von der Werft zu lieferndes Kurvenblatt auf das Gerät gebracht. Durch einige einfache Griffe wird der Apparat eingestellt und gestattet dann eine Beurteilung der Stabilität. Voraussetzung für die Handhabung der Stabilitätsweiser ist aber, daß man $\overline{KG}$ bzw. $\overline{MG}$ kennt. Die Bestimmung von $\overline{KG}$ oder $\overline{MG}$ dürfte vielfach auf Schwierigkeiten stoßen.

Ist die Lage des Gewichtsschwerpunktes (G) des leeren Schiffes über Oberkante Kiel ($= OKK$) von der Werft angegeben, und sind dem Schiff eine „Kurve der Lage des Metazentrums über Kiel“ oder Stabilitätskurven mitgegeben worden (siehe auch Kurvenblatt Abb. 162), so kann der Nautiker die nötigen Werte angenähert berechnen.

Beispiel einer Momentberechnung (Bestimmung von $\overline{KG}$):

	Gewicht in t	Hebelarm in m über OKK ($\overline{KG}$)	Moment in m/t
Leeres Schiff	3000 (von der Werft angegeben)	6,0 (von der Werft angegeben)	18 000
Ladung 1 . .	4000	4,0	16 000
Ladung 2 . .	1000	7,0	7 500
Ladung 3 . .	3000	5,0	15 000
	11 000		56 500

Neues $\overline{KG} = \frac{56500}{11000} = 5{,}13$ m über OKK.

Hiernach: 1. Anfangsstabilität $\overline{MG} = \overline{MK} - \overline{KG}$ (davon $\overline{MK}$ aus Kurvenblatt, $\overline{KG}$ soeben berechnet); denn selbst wenn keine Stabilitätskurven an Bord sind, ergibt die Anfangsstabilität einen kleinen Anhalt.

2. Hätte man bei dem Vorhandensein von Stabilitätskurven in eine solche einzugehen, um den Wert der Stabilität bei Neigung festzustellen.

Da die Gewichte und Schwerpunkte der einzelnen Ladungen aber schwierig festzustellen sind, so ist dieses Verfahren recht ungenau, es ist daher besser, die Höhenlage von G durch einen Krängungsversuch zu ermitteln.

Beispiel einer Berechnung von $\overline{MG}$ und $\overline{KG}$ durch einen Krängungsversuch:

Man fülle ein Rettungsboot an Deck, dessen Inhalt bekannt ist, oder einen Hochtank voll Wasser, und bestimme die Neigung des Schiffes, die dadurch hervorgerufen wird. Dann sind $\overline{MG}$ und $\overline{KG}$ nach folgenden Formeln zu berechnen:

$$\overline{MG} = \frac{p \cdot l}{P} \cdot \operatorname{cotg} \varphi$$

$$\overline{KG} = \overline{MK} - \overline{MG}.$$

Hier bedeutet:

$\overline{KG}$ = die gesuchte Lage des Gewichtsschwerpunktes über *OKK*.

$\overline{MK}$ = Breitenmetazentrum über *OKK* nach dem Kurvenblatt, das von der Werft zu liefern ist.

p = verschobenes Krängungsgewicht.

l = Verschiebungsweg in der Querschiffsebene.

P = Gesamtgewicht des Schiffes nach der Deplacementskurve.

Die durch die Krängung hervorgerufene Neigung wird am besten an einem Libellenkrängungsmesser mit Dämpfung abgelesen.

Beispiel: Schiffsgewicht 13 000 t. Der B.B.-Schlingertank wird aus dem St.B.-Doppelbodentank gefüllt. Verschobenes Gewicht 50 t Wasser. Verschiebungsweg 11 m. Festgestellter Neigungswinkel 3,5°. $\overline{MK}$ nach dem von der Werft mitgegebenen Kurvenblatt sei 7,4 m *OKK*.

$$\overline{MG} = \frac{50 \cdot 11}{13\,000} \cdot 16{,}35\,,$$

$$\mathbf{\overline{MG} = 0{,}69\ m = Anfangsstabilität,}$$

$$\overline{KG} = 7{,}4 - 0{,}69,$$

$$\mathbf{\overline{KG} = 6{,}71\ m.}$$

Die Berechnung ist, wie man sieht, bei Kenntnis von $\overline{MK}$ sehr einfach und schnell ausführbar.

$\overline{MG}$ und die Stabilität bei Neigung können ferner durch nachstehendes Verfahren unschwer bestimmt werden.

Stabilitätsbestimmung nach Dr.-Ing. E. Foerster[1]**.** Damit der Nautiker sich ohne Rechnung an Bord schnell und sicher mit den Stabilitätsverhältnissen eines Schiffes vertraut machen kann, hat Dr.-Ing. E. Foerster vorgeschlagen, daß den Schiffskommandos von den Werften einige Diagramme mitgegeben werden, mit deren Hilfe diese Aufgabe gelöst

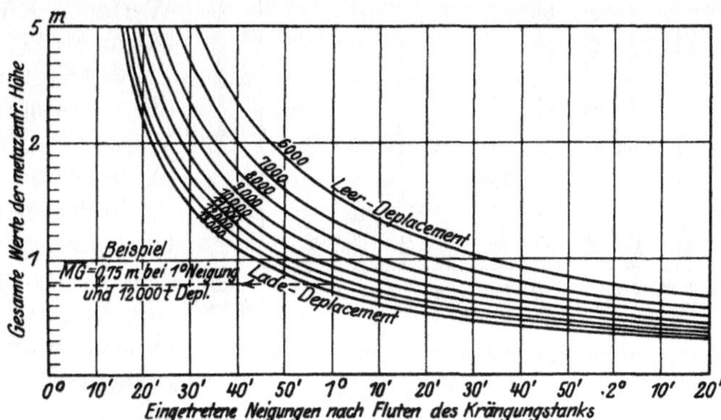

Abb. 157.

werden kann. Voraussetzung ist allerdings, daß das Schiff an jeder Seite in einem der mittleren Räume einen kleinen Krängungstank für die Zwecke der Stabilitätskontrolle erhält. Die volle Füllung des Tanks muß eine einwandfrei meßbare Krängung von einigen Graden

[1] Mit Genehmigung von Dr.-Ing. E. Foerster hier veröffentlicht.

herbeiführen. Die Größe der Tanks muß bei kleinen und mittleren Schiffen etwa $^1/_5$—$^1/_3$%, bei größeren $^1/_{10}$—$^1/_5$% des Deplacements betragen. Ein Schiff von 13 000 t Deplacement müßte also Tanks von etwa 20 cbm Größe haben.

Der Krängungstank muß mit der Ballastleitung verbunden sein und durch Schwimmkontakt nach der Brücke den Augenblick seiner vollen Füllung melden.

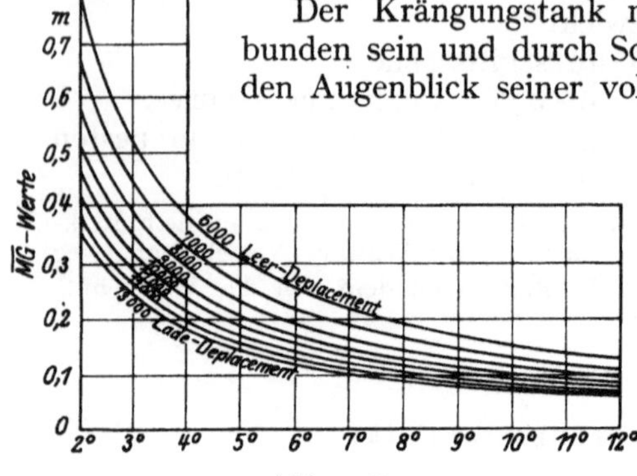

Abb. 158.

Ferner muß die Werft folgende Diagramme liefern:

1. Diagramme für die Ablesung der metazentrischen Höhe ($\overline{MG}$) nach gemessener Krängung (es sind hier meistens zwei Blätter erforderlich, ein Blatt mit den Angaben für kleine und eins für größere Krängungen) (Abb. 157 u. 158).

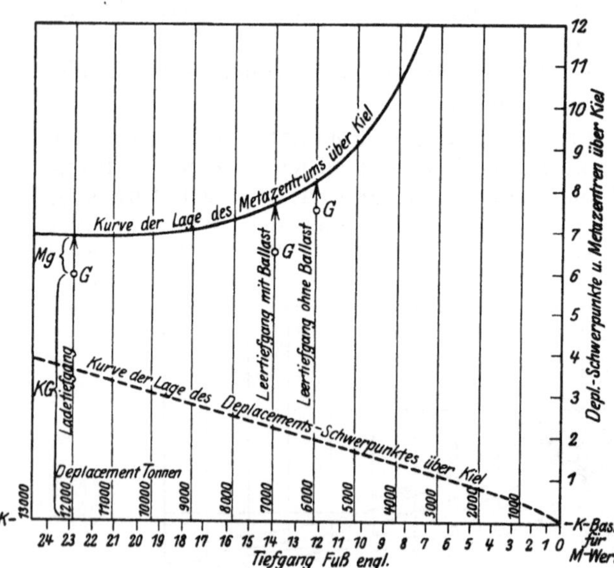

Abb. 159.

2. Diagramm zur Eintragung der nach 1 abgelesenen $\overline{MG}$-Werte zwecks Bestimmung des Gewichtsschwerpunktes (G) über Kiel (K) (Abb. 159).

3. Diagramm für die Ablesung der Werte $\overline{KM} \cdot \sin \varphi$ (Abb. 160).

4. Diagramm für die Ablesung der Werte $\overline{KG} \cdot \sin \varphi$ (Abb. 161).

Außer diesen vier Diagrammen muß das Blatt mit den Angaben über Deplacement und Tiefgang usw. an Bord sein.

Für alle Schiffe besonderer Bauart oder für solche, die besondere Ladungen, Erz, Holz an Deck, Flüssigkeiten in Tanks usw. fahren, dürften derartige kleine Krängungstanks und Diagramme nützlich sein.

Die Skizzen solcher Diagramme und Beispiele der Verwendung dürfte die Anwendung am besten erläutern.

Nach Feststellung des Tiefganges ist auf einem Dampfer aus der Deplacementskurve der Wert 12 000 t entnommen. Die metazentrische

Höhe sei nach Füllung des Krängungstanks auf Grund der dadurch herbeigeführten Krängung von 1° nach dem Diagramm Abb. 157 für 12 000 t Deplacement zu 0,75 m ermittelt worden. Setzt man diesen Wert im Diagramm Abb. 159 von der *M*-Kurve für das betreffende Deplacement nach unten ab, so bleibt der direkt ablesbare Wert der Höhe des Systemschwerpunktes *G* über Oberkante Kiel als Restbetrag übrig. Dieser sei 6 m. Es soll nunmehr die Wirkung einer Zuführung von 1000 t Decksladung in 8 m Schwerpunktshöhe über *OKK* ermittelt werden.

Es ergibt sich folgendes einfache Bild:

	Verdrängung t	Schwerpunkt m	Moment m/t
Vorhandener Zustand	12 000	· 6 =	72 000
Zufügung	1 000	· 8 =	8 000
Resultierender Zustand	13 000		80 000

Die neue Schwerpunktslage ergibt sich mit $\frac{80\,000}{13\,000} = 6{,}15$ m. Bei diesem Tiefgange liegt das Metazentrum in diesem Falle ebenfalls auf 6,75 m über *OKK*. Mithin ist die metazentrische Höhe nach dieser Zufügung = 0,60 m. Angenommen nun, das Schiff hätte auf einer langen Überseereise 3000 t Kohlen mit einem Schwerpunkt von 3 m über Kiel zu verbrauchen, so ergäbe sich folgendes Bild für das Reiseende:

	Verdrängung t	Schwerpunkt m	Moment m/t
Abreisezustand	13 000	6,15	80 000
Kohlenverbrauch	3 000	3,00	9 000
Reiseende	10 000		71 000

Der Schwerpunkt liegt auf $\frac{71\,000}{10\,000} = 7{,}1$ m über Kiel. Das Metazentrum liegt hierbei nach Abb. 159 bei 10 000 t Deplacement 7,0 m über Kiel.

Die metazentrische Höhe ist negativ (= —0,1 m); das Schiff kentert bei kleinstem Impuls. Frage des Schiffsführers: Durch welche Doppelbodenballastmenge gewinnt das Schiff eine ausreichende Stabilität wieder?

Dies ergibt sich aufs einfachste wie folgt:

	Verdrängung t	Schwerpunkt m	Moment m/t
Ankunftszustand ohne Wasserballast im Doppelboden	10 000	7,1	71 000
Ballast, beispielsweise	1 000	0,6	600
Ankunftszustand mit Ballast	11 000		71 600

Der Schwerpunkt liegt $\frac{71\,600}{11\,000} = 6{,}5$ m über *OKK*. Bei 11 000 t Deplacement liegt nach Abb. 159 das Metazentrum 7,00 m über *OKK*. Die metazentrische Höhe ist daher 0,5 m, d. h. für diesen Frachtdampfer reichlich; 600 t Ballast würden genügen.

Wie vorher bereits gesagt, ist es für die Schiffsführung auch notwendig, die Stabilität des Schiffes bei Neigung zu kennen. Um die Hebelarme der Stabilität zu erhalten, muß von dem Werte $\overline{KM} \cdot \sin\varphi$ der Wert $\overline{KG} \cdot \sin\varphi$ abgezogen werden, zur Entnahme dieser Annahme dienen die Diagramme Abb. 160 und 161. Da $\overline{KG}$ bereits nach Diagramm (Abb. 159) bekannt ist, so kann man sich den Betrag auch schnell selbst mit der Gradtafel ausrechnen.

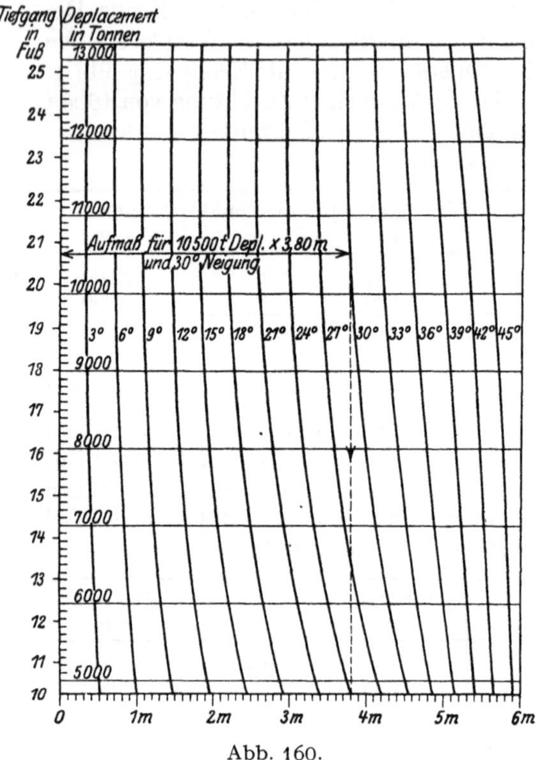

Abb. 160.

Der Unterschied, der sich aus den Ablesungen der beiden Werte für die einzelnen Neigungen ergibt, ist für jeden gewünschten Neigungswinkel der gewünschte Hebelarmwert der Stabilität.

Beispiel: Für 10 500 t Deplacement wird für eine Neigung von 30° $\overline{KM} \cdot \sin\varphi = 3{,}8$ m nach dem Diagramm Abb. 160 bestimmt. $\overline{KG} \cdot \sin\varphi$ ist bei $\overline{KG} = 6$ m für $30° = 3$ m nach Rechnung bzw. nach dem Diagramm Abb. 161. Der Hebelarm der Stabilität für 30° ist also $3{,}8\,\text{m} - 3\,\text{m} =$ **0,8 m** und das Stabilitätsmoment 0,8 m · 10500 t = **8400 m/t.**

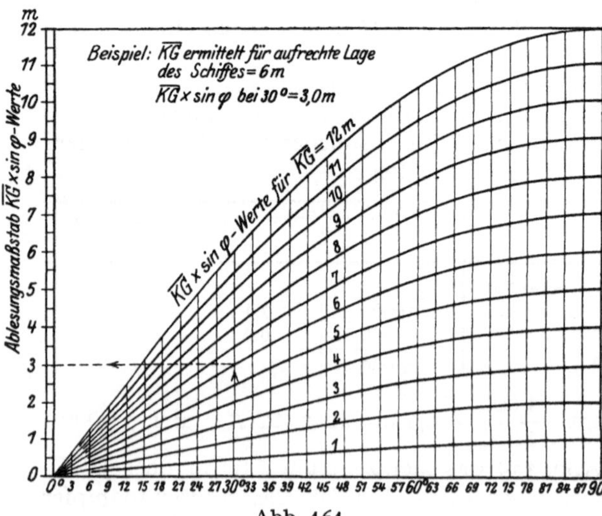

Abb. 161.

Die Schiffsführung hat also, wenn solche Diagramme an Bord sind, nur an Hand der einfachen Diagramme die Werte zusammenzusetzen, um die Größe der metazentrischen Höhe und die Stabilitätsverhältnisse bei Neigung kennenzulernen.

Den Schiffsleitungen kann die Bestimmung der Stabilität nach den Vorschlägen von Dr.-Ing. C. Commentz noch dadurch erleichtert werden, daß die Werften die Größe der metazentrischen Höhen für bestimmte Neigungswinkel für das betreffende Schiff nach folgendem Schema den Kommandos mitgeben:

Tiefgang im Mittel	Verdrängung etwa	Höhe des Metazentrums über *OKK*	Metazentrische Höhe in Metern bei Krängungswinkeln von							
m	t	m	$^1/_2$°	1°	$1^1/_2$°	2°	3°	4°	6°	8°

Ferner sollen die Werften den Schiffsleitungen die Hebelarmkurven in größerer Anzahl mitgeben, da zu einem bestimmten Ladezustand bei einer bestimmten metazentrischen Höhe eine bestimmte Hebelarmkurve gehört.

Im allgemeinen werden die Schiffskommandos selten Zeit und Gelegenheit haben, Versuche betreffs Feststellung der Stabilität anzustellen, sondern sie müssen diese auf Grund ihrer Erfahrungen rasch beurteilen. In allen zweifelhaften Fällen, bei der Übernahme großer Decksladungen usw. bestimme man aber $\overline{MG}$ (die Anfangsstabilität) und nach Möglichkeit mit Hilfe von Kurvenblättern oder Stabilitätsweisern auch die Stabilität bei Neigung.

Erwünscht ist es, daß alle solche Beobachtungen den Schiffbauern zur Kenntnis gebracht werden, damit diese auf Grund der Erfahrungen der Praxis an der Verbesserung der Schiffe betreffs Stabilität arbeiten können.

Beispiel eines Kurvenblattes[1]), wie es heute von den Werften vielfach den Schiffen mitgegeben wird, dem man Deplacement, Breiten- und Längenmetazentren, Tons per Zentimeter, Trimmoment, Deplacementsschwerpunkte bei jedem Tiefgang entnehmen kann, siehe Abb. 162 (S. 482). Hierin bedeutet:

⊙ = Schwerpunkt, ⊙⊙ = Schwerpunkte.

1 = Kurve der Deplacements, abgesetzt von *HP* (= hinteres Perpendikel). 1 cm = 200 t.

2 = Kurve der Deplacementsschwerpunkte (Depl.-⊙⊙) über Oberkante Kiel (*OKK*), abgesetzt von *HP*. 1 cm = 0,5 m.

3 = Kurve der Breitenmetazentren, abgesetzt von der Kurve der Depl.-⊙⊙ über *OKK*. 1 cm = 0,5 m. Oder besser man mißt *MK* direkt von *HP* ab.

4 = Kurve der Längenmetazentren, abgesetzt von der Kurve der Depl.-⊙⊙ über *OKK*. 1 cm = 20 m.

5 = Trimmoment für 1 m Gesamttauchungsänderung, abgesetzt von Spant 6. 1 cm = 1000 m/t.

6 = Tonnen per Zentimeter, abgesetzt von *HP*. 1 cm = 1 t.

[1]) Siehe auch Ladung S. 355 und 356.

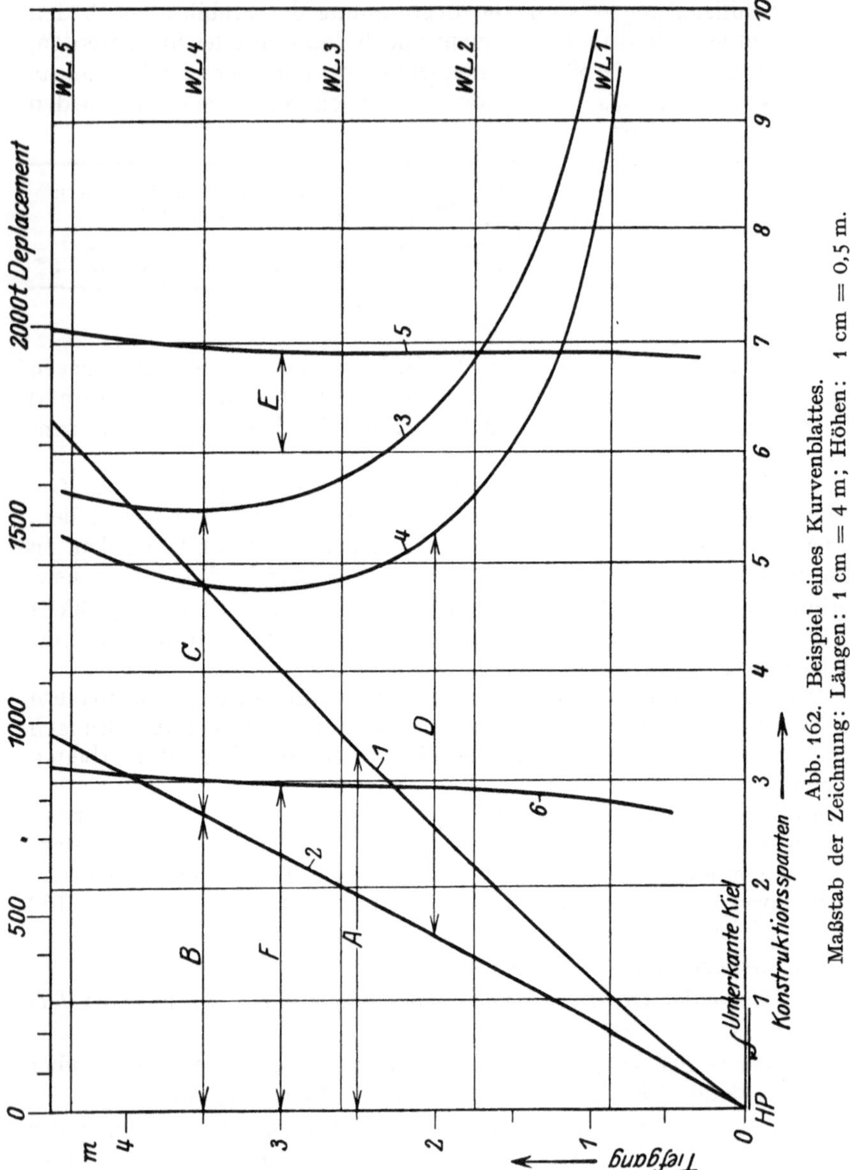

Abb. 162. Beispiel eines Kurvenblattes.
Maßstab der Zeichnung: Längen: 1 cm = 4 m; Höhen: 1 cm = 0,5 m.

Beispiele der Entnahme der Werte aus dem Kurvenblatt:

A aus *1*. Bei 2,5 m Tiefgang ergibt die Depl.-Kurve: $A = 4{,}65$ cm, also $4{,}65 \cdot 200 = 930$ t Depl.

B aus *2*. Bei 3,5 m Tiefgang ergibt die Kurve der Depl.-⊙⊙ über *OKK*: $B = 3{,}8$ cm, also $3{,}8 \cdot 0{,}5 = 1{,}9$ m liegt der Depl.-⊙ bei 3,5 m Tiefgang über *OKK*.

C aus *3*. Bei 3,5 m Tiefgang ergibt die Kurve der Breitenmetazentren: $C = 3{,}9$ cm, also $3{,}9 \cdot 0{,}5 = 1{,}95$ m, oder $B + C = 7{,}7$ cm, also MK $7{,}7 \cdot 0{,}5 = 3{,}85$ m, d. h. M liegt 3,85 m über *OKK*.

D aus *4*. Bei 2 m Tiefgang ergibt die Kurve der Längenmetazentren: $D = 5{,}2$ cm, also $5{,}2 \cdot 20 = 104$ m.

E aus *5*. Bei 3 m Tiefgang ergibt die Kurve der Trimmomente für 1 m Gesamttauchungsänderung: $E = 1{,}35$ cm, also $1{,}35 \cdot 1000 = 1350$ m/t.

F aus *6*. Bei 3 m Tiefgang ergibt die Kurve Tonnen per Zentimeter: $F = 4{,}2$ cm, also $4{,}2 \cdot 1 = 4{,}2$ t.

XV. Schiffsmaschinenkunde.

1. Einige physikalische Erklärungen.

Maßeinheiten.

Die Einheit des Volumens eines Körpers ist das cbm.

Die Einheit des Gewichtes eines Körpers ist das kg.

Die Einheit der Masse eines Körpers ist $\frac{1 \text{ kg}}{9{,}81}$.

1 Atm. = 1 kg/qcm = 14,223 engl. Pfund/Zoll².
= 735,5 mm Quecksilbersäule von 0° C = 28,958 engl. Zoll.
= 10 m Wassersäule von +4° C.

Der mittlere wirkliche Luftdruck in der Höhe des Meerespiegels ist:

1,0333 Atm. = 1,0333 kg/qcm = 14,696 engl. Pfund/Zoll².
= 760 mm Quecksilbersäule von 0° C (= 29,922 engl. Zoll).
= 10,333 m Wassersäule von + 4° C.

Gewicht von 1 cbm trockener Luft bei $t°$ und p mm Quecksilbersäule:

$$G \text{ in kg} = \frac{p}{760} \cdot \frac{1{,}293}{1 + \frac{t}{273}}.$$

Die Schwerkraft g für das mittlere Deutschland = 9,81 sec/m.
„ „ „ am Äquator . . . . = 9,781 sec/m.
„ „ „ an den Polen . . . . = 9,831 sec/m.

1 Dyn ist diejenige Kraft, die der Masse 1 g in 1 sec die Beschleunigung 1 cm erteilt. 1 Dyn $= \frac{1}{981}$ g Gewicht = 1,0194 mg Gewicht.

10^6 Dyn = 1 Megadyn = 1 kg Gewicht (abgerundet).

Arbeit ist der Aufwand von Kraft (P) längs eines Weges (s).

Arbeit = Kraft · Weg.

Technische Arbeitseinheit = 1 m/kg $= \frac{1}{427}$ WE.

Physikalische Arbeitseinheit = 1 Erg = 1 Dyn (= Krafteinheit) · 1 cm.
10^6 Erg = 1 Megerg. 10^7 Erg = 1 Joule = 0,102 m/kg = 0,000239 WE.
1 m/kg = 98,1 Megerg = 9,81 Joule.

Leistung oder Effekt ist die Arbeit in einer Sekunde.

Leistung = Arbeit : Zeit oder Leistung = Kraft · Geschwindigkeit.

Technische Einheit der Leistung = 1 sec/m/kg = 9,81 Watt.

1 Pferdestärke (PS) = 75 sec/m/kg = 75 · 10^8 Sekundenerg = 750 Watt = 0,75 Kilowatt.

1 engl. Pferdestärke (HP = horse-power) = 550 Fuß/Pfund/sec = 76,04 sec/m/kg.

Goldene Regel der Mechanik. Arbeitsleistung = Arbeitsaufwand, oder: Was man an Kraft gewinnt, verliert man an Weg.

Energie der Lage (potentielle Energie). $A = g \cdot h$.
A = Arbeitsvermögen = Energie (m/kg), g = Gewicht (kg), h = Höhe (m).

Lebendige Kraft (kinetische Energie). $A = \frac{m \cdot v^2}{2}$, $A_1 = \frac{m}{2}(v_2^2 - v_1^2)$, m = Masse $\left(= \frac{\text{Gewicht in kg}}{9{,}81}\right)$, v, v_1, v_2 = Geschwindigkeiten in sec/m.
A_1 = Arbeitszunahme oder -Abgabe bei Änderung der Geschwindigkeit.

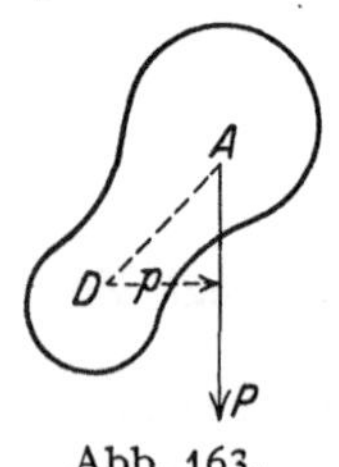

Abb. 163.

Hebelgesetz. An einem Hebel herrscht Gleichgewicht, wenn das Drehmoment der Kraft gleich ist dem Drehmoment der Last.

Drehmoment = Kraft (P) · Kraftarm (p).

A = Angriffspunkt der Kraft P.
D = Drehpunkt des Körpers.
p = ein Lot von D auf AP.

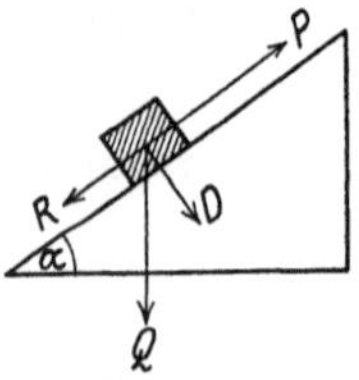

Abb. 164.

Schiefe Ebene.

α = Steigungswinkel der Ebene.
P = Kraft in kg.
Q = Last in kg.
D = Normaldruck in kg.
R = Reibungswiderstand in kg.
μ = Reibungskoeffizient.
$R = D \cdot \mu = Q \cdot \cos\alpha \cdot \mu$.

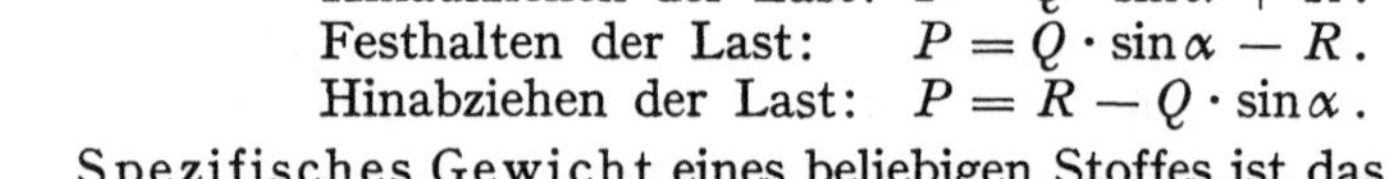

Hinaufziehen der Last: $P = Q \cdot \sin\alpha + R$.
Festhalten der Last: $P = Q \cdot \sin\alpha - R$.
Hinabziehen der Last: $P = R - Q \cdot \sin\alpha$.

Spezifisches Gewicht eines beliebigen Stoffes ist das Gewicht von 1 ccm desselben in g. Oder: Das spezifische Gewicht gibt an, wievielmal so schwer der betreffende Körper ist wie das gleiche Volumen Wasser.

Volumen = Gewicht : spez. Gewicht.
Gewicht = Volumen · spez. Gewicht.

Spez. Gewicht des Wassers bei 4° C und 760 mm Luftdruck = 1.
Spez. Gewicht des Wasserdampfes bei einer Spannung von 1 Atm. = 0,0006.

Geschwindigkeit (c) ist der Weg (s), den ein Körper in der Zeiteinheit (1 sec) zurücklegt. Geschwindigkeit = $\frac{\text{Weg}}{\text{Zeit}}$. Geschwindigkeitseinheiten sind sec/m und Knoten = Sm/Stunde.

$$c = \frac{s}{t} \quad \text{und} \quad t = \frac{s}{c}.$$

Gleichförmige Bewegung: Gleiche Wegstrecken in gleichen Zeiten.

Gleichmäßig beschleunigte Bewegung: Der in einer Zeiteinheit zurückgelegte Weg ist immer um denselben Betrag größer als der in der vorhergehenden gleichgroßen Zeiteinheit.

Beschleunigung ist die Geschwindigkeitszunahme in der Zeiteinheit.

Trägheitsgesetz. Jeder Körper sucht seine Geschwindigkeit und seine Bewegungsrichtung beizubehalten (Galilei 1610).

Gesetz von der Erhaltung der Materie. Die Materie eines abgeschlossenen Systems bleibt bei allen chemischen Umsetzungen konstant.

Gesetz von der Erhaltung der Energie. Die Energiemenge eines abgeschlossenen Systems bleibt bei allen Energieumsetzungen konstant.

Gesetz von der Entropie. Die Entropie eines abgeschlossenen Systems vermehrt sich bei allen Energieumsetzungen ständig und strebt einem Höchstwert zu. Oder: Die Energie hat die Neigung, sich zu entwerten. Die Summe der entwerteten Energie nennt man Entropie.

Das wirtschaftliche Grundgesetz der Mechanik. Die Natur ist bestrebt, alle ihre Vorgänge mit dem möglichst geringsten Aufwand an Energie zu vollziehen.

Gleichgewichtszustände. Stabiles Gleichgewicht: Schwerpunkt wird durch jede Veränderung der Lage gehoben. Wird der Körper aus der stabilen Gleichgewichtslage gebracht, so „verbraucht" er Arbeit. Labiles Gleichgewicht: Schwerpunkt kann durch eine Bewegung des Körpers nur eine tiefere Lage einnehmen. Gibt ein Körper seine labile Gleichgewichtslage auf, so „leistet" er Arbeit. Indifferentes Gleichgewicht: Schwerpunkt kann durch eine Bewegung des Körpers weder steigen noch fallen. Wird ein im indifferenten Gleichgewicht befindlicher Körper bewegt, so leistet er weder Arbeit noch verbraucht er welche.

Aggregatzustände: Fest, flüssig, gasförmig.

Mariottesches Gesetz. Das Volumen einer abgeschlossenen Gasmenge ist dem auf ihr lastenden Druck umgekehrt proportional. Oder: Das Produkt aus Volumen · Druck einer abgeschlossenen Gasmenge ist konstant.

Kalorie oder Wärmeeinheit (WE) ist die Wärmemenge, die nötig ist, um 1 kg Wasser bei 760 mm Luftdruck von 14,5° C auf 15,5° C zu erwärmen.

$$1 \text{ WE} = 427 \text{ mkg} = 4189 \text{ Joule} = 1{,}1636 \text{ Wattstunden.}$$

Schmelzwärme ist diejenige Wärmemenge, die nötig ist, um 1 kg eines festen Stoffes von der Schmelztemperatur in Flüssigkeit von derselben Temperatur zu verwandeln. Schmelzwärme des Eises = 80 WE.

Verdampfungswärme ist diejenige Wärmemenge, die nötig ist, um 1 kg eines flüssigen Stoffes von der Siedetemperatur in Gas von derselben Temperatur zu verwandeln. Verdampfungswärme des Wassers = 537 WE.

Die Siedetemperaturen und die Ausdehnung des Wasserdampfes sind bei verschiedenem atmosphärischen Druck verschieden, z. B.:

Bei einem Druck von	ist die Siedetemperatur	und 1 l Wasser gibt
1 Atmosph.	100° C	1650 l Dampf
2 ,,	120° C	850 l ,,
4 ,,	145° C	450 l ,,
5 ,,	150° C	350 l ,,
10 ,,	180° C	200 l ,,
15 ,,	196° C	130 l ,,
20 ,,	210° C	105 l ,,

Der Dampf hat also die Fähigkeit, sich auszudehnen (zu expandieren). Die Expansionskraft des Dampfes wird bei allen Arten von Dampfmaschinen verwertet.

2. Einige maschinentechnische Erklärungen.

Verbrennung der Steinkohle. Auf 1 qm totale Rostfläche (Rostlänge · Rostbreite) werden in 1 Stunde verbrannt:

bei natürlichem Zug 70—90 kg (Mittelwert 80 kg);

bei künstlichem Zug 100—150 kg je nach Winddruck.

Der Heizwert der Steinkohle (Kesselkohle) ist bei vollkommener Verbrennung der Kohle 7000—7500 WE pro kg. Im Mittel werden aber bei Dampfkesseln nur 5200—5300 WE nutzbar gemacht.

Durch die bei der Verbrennung von 1 kg Steinkohle erzeugte Wärme werden 8—9 kg Wasser verdampft. 1 qm totale Rostfläche erzeugt bei natürlichem Zug durchschnittlich in 1 Stunde 80 · 8,5 = 680 kg Dampf.

Die Luftmenge, die theoretisch zur vollkommenen Verbrennung von 1 kg Steinkohle nötig ist, beträgt im Mittel 11 kg oder 8,5 cbm von 16° C. In der Praxis arbeiten die Kesselfeuerungen mit einem Luftüberschuß von 30—80%. Rauchgasmenge = Menge der zugeführten Luft. Die Geschwindigkeit der Rauchgasmenge ist im Mittel 4 m/sec.

Maschinenleistung.

N_i = indizierte Leistung, aus dem Indikatordiagramm berechnet in Pferdestärken (PS_i).

N_e = effektive Leistung = Arbeit, die von der Maschinenwelle abgegeben wird, berechnet in Pferdestärken (PS_e).

N_n = nutzbare Leistung

$$= \frac{\text{Schiffswiderstand in kg} \cdot \text{Schiffsgeschwindigkeit m/sec}}{75},$$ ausgedrückt in Pferdestärken (PS_n).

$$N_n = 0{,}6\text{—}0{,}7\,N_e;\quad N_e = 0{,}6\text{—}0{,}9\,N_i;\quad N_n = 0{,}4\text{—}0{,}7\,N_i\,.$$

Der Indikator zeichnet den Dampfdruck im Zylinder der Maschine auf (Abb. 165).

Der Indikator besteht aus einem Zylinder, in dem sich ein Kolben bewegt. Der Richtung des Dampfes entgegen wirkt eine Spiralfeder auf den Kolben. Mit dem Kolben ist ein Schreibstift in Verbindung gebracht. Der Indikator wird in geeigneter Weise mit der Maschine in

Verbindung gebracht und zeichnet mit dem Schreibstift auf eine meistens durch den Balancier gedrehte Papierrolle das Diagramm auf. — Abb. 166 zeigt einen Indikator, der ein ungefähres Bild von der Wirkungsweise dieses Apparates gibt. Es ist hier *a* der Zylinder; *b* der Kolben; *c* die Kolbenstange einer Dampfmaschine; *d* der Indikator mit dem Schreibstift *e*. An der Kolbenstange des großen Kolbens ist eine Schreibtafel befestigt. Erfolgt nun das Ein- und Ausströmen des Dampfes in geregelter Weise (mit Expansion), so beschreibt der Schreibstift die Linie *p m n o p* (= Diagramm). Diese Art Indikator läßt sich bei großen Maschinen nicht anbringen. In ähnlicher Weise arbeiten aber auch die neueren Indikatoren. Um aus den Diagrammen die PS_i zu berechnen, dienen verschiedene Maßstäbe. Bei vielen Diagrammen kann man die Atmosphären sofort ablesen. Das Diagramm einer Schiffsdampfmaschine zeigt Abb. 167.

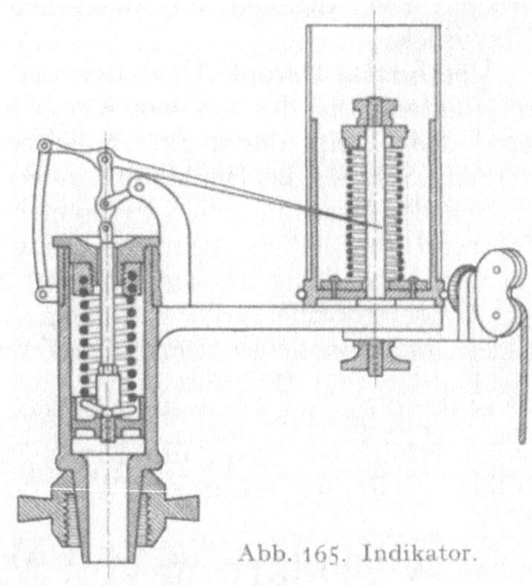
Abb. 165. Indikator.

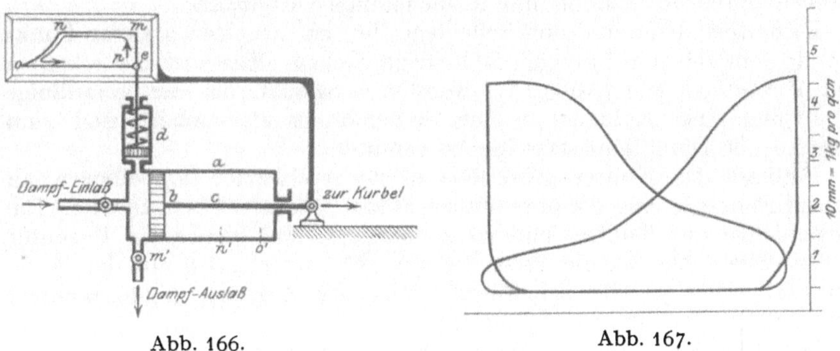

Abb. 166. Abb. 167.

Die PS_i einer Schiffsdampfmaschine erhält man durch folgende Rechnung:

$$PS_i = \frac{F \cdot 2 \cdot s \cdot n \cdot p_i}{60 \cdot 75}.$$

F = nutzbare Kolbenfläche in qcm.
$2s$ = Kolbenweg, auf und nieder gerechnet = doppelter Hub der Maschine.
n = Umdrehungen pro Minute.
p_i = mittlerer Druck aus dem Doppeldiagramm in kg/qcm.

Die Zahlen 60 und 75 dienen zur Umwandlung in sec/mkg und Pferdestärken.

Überdruck. Wenn von einem Dampfdrucke von 1 Atm. gesprochen wird, wird der Dampf natürlich erst dann auf jeden qcm der Kolbenfläche einen für Krafterzeugung verwendbaren Druck von 1 kg ausüben können, wenn seine Spannung den Druck der Außenluft um 1 Atm. übersteigt. Man sagt in diesem Falle, der Dampf habe 1 Atm. Überdruck. Die Angaben im Maschinenbetriebe beziehen sich alle auf Überdruck.

Überhitzter Dampf (Überhitzer). Um möglichst trockenen Dampf zu erhalten, wird der aus dem Kessel kommende Dampf überhitzt. Man leitet den Dampf durch gute gußeiserne Rohre, die von außen erhitzt werden. Schiffe, die Heißdampf anwenden, müssen am Dampfeintrittsstutzen der Maschine einen Pyrometer (Thermometer zum Messen hoher Temperaturen) haben. Günstige Dampftemperatur ca. 280—300°. Wenn ein Kessel möglichst trockenen Dampf liefert, so gelangt der Dampf ohne viel Wassertröpfchen, die sich beim Aufwallen des Wassers im Kessel bilden und von dem strömenden Dampf leicht mitgerissen werden, in die Leitung und Maschine.

Füllung heißt der Teil des Zylindervolumens, der mit den arbeitenden Gasen erfüllt ist, wenn die Expansion desselben beginnen soll. Die Füllung stellt den reziproken Wert des Expansionsverhältnisses dar.

3. Erklärung von Maschinenteilen.

Pleuelstange (Abb. 173). Die Pleuelstange überträgt die Kraft des Kolbens auf die Kurbelwelle. Die Pleuel- oder Lenkstange ist mit dem Kolben durch Kreuzkopf und Kolbenstange verbunden.

Exzenter. Exzenter sind Scheiben, die sich um einen anderen Punkt als ihr Zentrum und in einem Schleifring drehen. Exzentrische Scheiben mit Exzenterbügeln (Abb. 175) werden verwandt, um die geradlinige Bewegung eines Kolbens in eine drehende zu verwandeln, und zum Steuern der Dampfeintrittsschieber benutzt.

Kulisse. Die Kulisse (Abb. 185) ist ein geschlitzter Doppelbogen, an dessen Enden je eine Exzenterstange durch Scharniere befestigt ist. Die Bogengänge der Kulisse sind so konstruiert, daß immer ein Exzenter außer Arbeit ist. Da die Exzenter um 180° verschieden auf der Welle befestigt sind, so tritt bei Umschaltung der Exzenter (resp. Kulisse) eine andere Bewegungsrichtung ein.

Drucklager nehmen von einer drehenden Welle in ihrer Längsrichtung einen Druck auf. Sie sind daher besonders fest gebaut.

Stopfbüchse. Stopfbüchsen dienen dazu, den Austritt von Wasser und Dampf aus einer Öffnung, in der sich ein Kolben oder eine Welle bewegt, zu verhindern. Sie bestehen meistens aus einem äußeren Metallring, der durch Schrauben gegen die Packung in der Büchse gepreßt wird. Die Packung besteht gewöhnlich aus Talkumpappe, ölgetränktem Hanf, Tuks usw.

Anker und Längsanker dienen zur Verbindung von Kesselwänden. *d* in Abb. 169.

Stehbolzen. Haben die zu versteifenden Wandungen nur einen geringen Abstand voneinander, so werden sie durch Stehbolzen verankert. Es sind dies kleine starke Eisen.

Nockenscheiben werden vielfach zur Steuerung von Ventilen gebraucht. Je nach der Größe der Scheibe und des Buckels sowie nach der Anzahl der Umdrehungen der Nockenwelle wird das zu betätigende Ventil usw. gesteuert. Die Nockenscheiben werden auch zeitweise mit 2 Buckeln ausgeführt, je nach dem Zweck ihrer Verwendung. Die sich drehende Nockenwelle dreht die Nockenscheibe; ein Ventil- oder Hebelarm, der auf der Nockenscheibe liegt, wird durch den Buckel gehoben und so in Bewegung gesetzt und gesteuert.

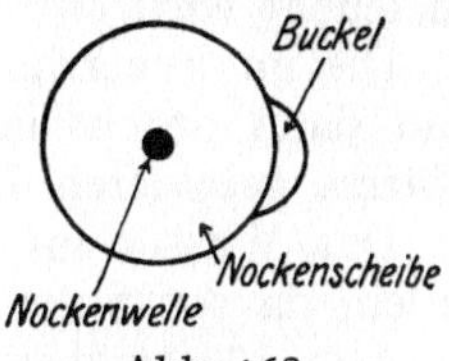

Abb. 168.

4. Die Kessel der Schiffsmaschinen.

Allgemeines. Die Dampfkessel werden aus Flußeisen (Siemens-Martin-Stahl) oder Schmiedeeisen hergestellt. Für die Teile, die mit dem Feuer in Berührung kommen, werden besondere Bleche (Low-moor-Blech, besondere Flußeisenbleche) verwendet. — Bei fortwährendem Betrieb muß der Wasserraum möglichst groß sein. Wenn der Betrieb des Kessels

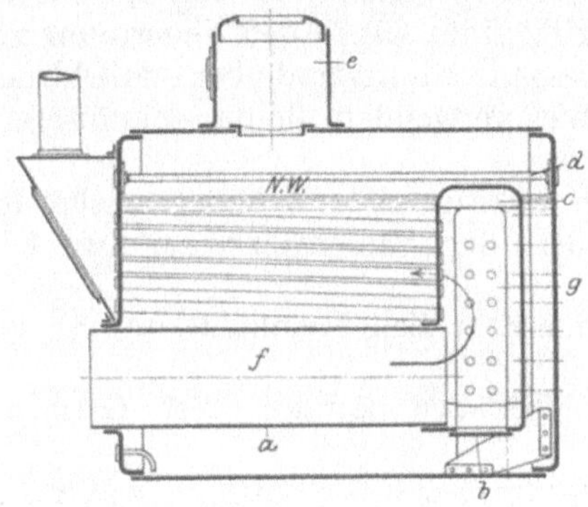

Abb. 169. Zylinderkessel.

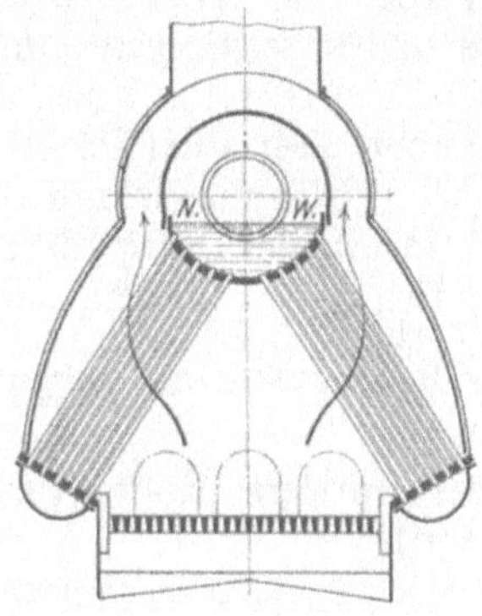

Abb. 170. Yarrow-Kessel.

öfter unterbrochen wird oder wenn möglichst schnell der nötige Druck erzeugt werden muß, sei der Wasserraum möglichst klein. In der Handelsmarine verwendet man hauptsächlich Zylinderkessel (Abb. 169), in der Kriegsmarine Wasserrohrkessel (Abb. 170 und 171).

Abb. 169 stellt einen älteren Zylinderkessel mit rückkehrenden Heizröhren dar. Bei jedem Kessel unterscheidet man: Feuerraum (*f*), Wasserraum und Dampfraum.

Man bezeichnet *f* als den Feuerraum; *a* = Rostanlage; *b* = Wolf; *g* = Rauchkammer; *c* = Rauchkammerdecke; *d* = Langanker zur

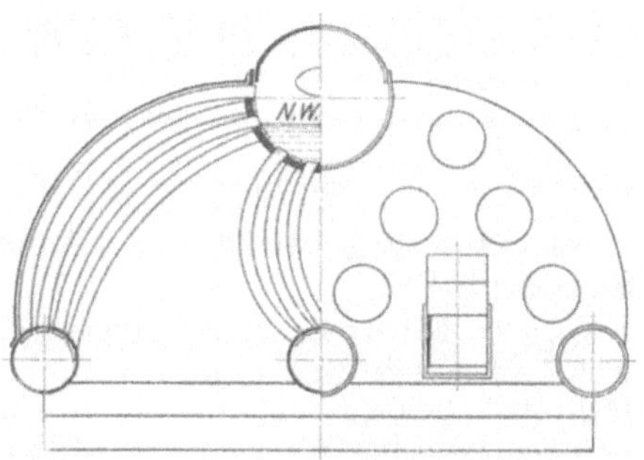

Abb. 171. Thornycroft-Kessel.

Verbindung der Kesselwände; e = Dampfdom. Der Dampfdom fällt bei modernen Kesselanlagen fort, da bei ihnen schon der Dampfraum so groß bemessen ist, daß der Dampf beim Aufwallen des Wassers nicht zu feucht wird.

Die im Feuerraum erzeugten Heizgase ziehen in die Rauchkammer und dann durch die Feuerrohre nach dem Schornstein. Die durch die Wärme gebildeten Dämpfe sammeln sich im Dampfdom.

Das Wasser im Kessel darf nie tiefer als die Rauchkammerdecke fallen, da sonst der Betrieb gefährdet wird.

Abb. 170 zeigt einen Yarrow-Kessel (von vorne, aufgeschnitten). Ein Oberkessel, zwei parallel dazu liegende Unterkessel. Ober- und Unterkessel sind durch zahlreiche Rohre verbunden.

Abb. 171. Thornycroft-Kessel, Schulz-Kessel und ähnliche Bauarten. Die Abbildung zeigt den Kessel von vorne und halb aufgeschnitten. Ein Oberkessel, zwei oder drei parallel dazu verlaufende Unterkessel, verbunden durch gekrümmte Rohrbündel. Wenn drei Unterkessel vorhanden, liegt der eine genau unter Mitte Oberkessel, und es besteht ein gesonderter Rost zu jeder Seite desselben.

Werden die Kessel mit Ölfeuerung geheizt, so sind sie mit besonderen Einrichtungen zum Einspritzen des Öls in den Feuerraum versehen. Es werden für diesen Zweck besonders Luftzerstäuber und Öldruckzerstäuber, aber auch Dampfzerstäuber verwendet, die das zerstäubte Öl in den Verbrennungsraum schleudern.

Feuerung der Dampfkessel. Zum Anfeuern der Zylinderkessel rechne man etwa 6—7 Stunden, zum Anfeuern der Wasserrohrkessel etwa 1 bis 2 Stunden.

Zum Heizen der Kessel wird hauptsächlich Steinkohle und Öl verwendet.

Der mittlere Kohlenverbrauch über See beträgt (nach Günther Kempf):

		pro PS_i u. Std.
1.	Einfach-Expansionsmaschine	ca. 1,2 kg
2.	Verbundmaschine und natürlicher Kesselzug	„ 0,85 „
3.	Dreifach-Expansionsmaschine und natürlicher Kesselzug	„ 0,70 „
4.	Dreifach-Expansionsmaschine und künstlicher Kesselzug	„ 0,67 „
5.	Dreifach-Expansionsmaschine mit Überhitzung und künstlichem Kesselzug	„ 0,58 „
6.	Vierfach-Expansionsmaschine und natürlicher Kesselzug	„ 0,68 „
7.	Vierfach-Expansionsmaschine und künstlicher Kesselzug	„ 0,62 „
8.	Vierfach-Expansionsmaschine mit Überhitzung und künstlichem Kesselzug	„ 0,58 „
9.	Doppelverbund-Ventilmaschine mit Überhitzung und künstlichem Kesselzug	„ 0,48 „
10.	Getriebeturbine mit Überhitzung und künstlichem Kesselzug	„ 0,46 „

Bei Ölfeuerung beträgt der Brennstoffverbrauch etwa 0,46—0,55 kg für jede PS_i-Std.

Künstlicher Zug. Zylinderkessel. Die Luft wird von Ventilatoren durch Luftkanäle und einen Luftvorwärmer (Rohrkasten, durch dessen Rohre die Heizgase des Kessels nach dem Schornstein abziehen) unter und teilweise über das Feuer gedrückt (in der Handelsmarine gebräuchlich). Oder die Heizgase werden durch Ventilatoren aus den Rauchfängern abgesaugt und in die Schornsteine gedrückt, so daß die frische Verbrennungsluft durch einen Luftvorwärmer den Feuerungen zuströmt.

Wasserrohrkessel. Hier ist fast stets der Heizraum durch doppelte Türen (Luftschleusen) geschlossen. Ventilatoren saugen durch Luftschächte die Verbrennungsluft von Deck und drücken sie in die Heizräume, in welchen dadurch ein Überdruck bis etwa 65 mm Wassersäule geschaffen werden kann.

Die Ölfeuerung hat eine große Verbreitung gefunden, da sie gegenüber der Kohlenfeuerung folgende Vorteile hat:

Bequeme Unterbringung des Brennstoffes in Doppelböden und in Tanks. Bequeme und saubere Übernahme desselben. Geringerer Raumbedarf als Kohle. 1 cbm = ca. 920 kg Öl, aber nur ca. 800 kg Kohlen. Die Ladefähigkeit des Schiffes wird gesteigert und der Aktionsradius vergrößert.

Da durch die Ölfeuerung die Kessel stets gleichmäßig geheizt werden können, so wird auch die mittlere Schiffsgeschwindigkeit gesteigert.

Schließlich kann das Heizerpersonal erheblich verringert werden, da das Kohlentrimmen, Heizen und das Fortschaffen der Asche fortfallen.

Die Nachteile der Ölfeuerung sind hauptsächlich folgende:

Das Heizöl ist wesentlich teurer als Kohle.

Die Ergänzung des Ölbedarfs kann auf Schwierigkeiten stoßen.

Die Unterbringung des Heizöls erfordert besondere Vorsichtsmaßregeln, um Brandgefahren und Explosionen vorzubeugen.

Es wird bei dem Bau eines Schiffes stets von Fall zu Fall entschieden werden müssen, ob Kohlen- oder Ölheizung zu verwenden ist. Einen Passagierdampfer, der auf einer Strecke fährt, wo er Ölvorräte leicht ergänzen kann, wird man stets mit Ölfeuerung ausrüsten, da dann die Vorteile die Nachteile überwiegen. Einen Dampfer dagegen, der auf einer Linie fährt, wo Kohlen leicht beschaffbar sind, aber Öl teuer ist, wird man mit Kohlenfeuerung ausrüsten.

Deutschland hat keine nennenswerte Erdölproduktion und ist daher auf das Ausland (Nordamerika, Mexiko, Argentinien, Rumänien, Rußland, Persien, Ostindien) angewiesen. Aus dem Rohöl werden durch Destillation und Raffination folgende Produkte gewonnen: Roh- und Motorbenzin, Leuchtpetroleum, Gasöl, Heizöl, Paraffin, Wachs, Schmier- und Zylinderöl, Rückstände. Als Brennstoffe für die Kesselfeuerung kommen hauptsächlich Schweröle in Frage, wie z. B. Teeröle, Masut (Rückstand von Naphtha). Man verwendet aber auch andere Öle und ist besonders in Deutschland bestrebt, aus besonderen Arten des Schiefers, aus Braunkohle und anderen Stoffen größere Mengen Öl zu gewinnen.

Da die hochwertigen und leichtflüssigen Öle sehr teuer sind, so begnügt man sich in Deutschland für die Kesselfeuerung meist mit Ölrückständen. Diese sind nun sehr dickflüssig und müssen vor der Zerstäubung im Kessel erst flüssig gemacht werden.

Die Schiffe mit Ölfeuerung sind daher mit Einrichtungen versehen, die das Öl für die Verbrennung vorbereiten. Meistens haben die Schiffe zwei Tanks in bzw. neben dem Heizraum, die für den Tagesbedarf an Öl ausreichen. Von diesen Setztanks aus wird das Öl durch einen Vorwärmer gepumpt und auf eine Temperatur von etwa 110—150° angewärmt und dann durch die Zerstäuber in den Kessel gedrückt. Zum Anheizen, wenn kein Dampf im Schiff ist, wird zunächst meistens Petroleum oder ein anderes Leichtöl verwendet.

Der Betrieb einer Ölfeuerungsanlage erfordert Vorsicht, und es sind besondere gesetzliche Vorschriften für die Handhabung und die Anlagen der Ölfeuerung erlassen.

In den Heizräumen sind Rauchen und offenes Licht verboten.

In jedem Heizraum ist ein Kasten mit mindestens 0,5 cbm Sand oder anderen trockenen Feuerlöschmitteln aufzustellen, und es müssen Schaufeln zum Verteilen desselben vorhanden sein. Ferner müssen chemische Feuerlöschapparate vorhanden sein. Mindestens eins der Schlauchmundstücke der Wasserfeuerlöscheinrichtung muß so eingerichtet sein, daß beim Löschen ein fächerartiger Strahl erzeugt wird.

In den Heizräumen dürfen sich keine Ansammlungen von Ölen befinden, die Räume sind sauber zu halten.

Bevor ein Tank oder Bunker, der Ölbrennstoff enthielt, betreten wird, muß dafür gesorgt werden, daß die Öldämpfe abgezogen sind.

Alle Entlüftungs- oder Peilrohre dürfen nicht in Räumen enden, wo Passagiere oder Mannschaften wohnen oder sich aufhalten.

Öldämpfe sind für den Menschen schädlich und schaden auch der Ladung.

Alle ölführenden Zellen und Tanks dürfen nur so weit gefüllt werden, daß eine Ausdehnung des Öls bei Erwärmung möglich ist. Größere Tanks sind mit einem Expansionstank zu versehen.

Der Ölkauf ist eine Vertrauenssache. Nur ein zuverlässiger Fachmann soll die Beschaffung in die Hand nehmen.

Die Schiffsleitung achte streng darauf, daß keine Ölrückstände in der Nähe der Küste und des Hafens und besonders nicht im Hafen über Bord gepumpt werden, da sich sonst das Schiff schweren Strafen aussetzt.

Desgleichen verbiete die Schiffsleitung die starke Rauchentwicklung, die durchweg meist auf Fehler in der Bedienung der Feuerung zurückzuführen ist. In manchen Hafenplätzen werden die Schiffsleitungen bestraft, wenn das Schiff zu sehr qualmt, oder es wird solchen Schiffen das Liegen im Hafen verboten.

Bei Verwendung von flüssigem Brennstoff daran denken, daß die halbgefüllten und nicht vollen Öltanks die Stabilität leicht ungünstig beeinflussen können.

Armatur des Schiffsdampfkessels. Hauptabsperrventil, dieses befindet sich gewöhnlich am Dampfdom und ist so eingerichtet, daß der Dampf nur langsam beim Öffnen in die Leitung tritt, um ein zu schnelles Erwärmen zu vermeiden.

Hilfsabsperrventile befinden sich an größeren Kesselanlagen.

Sicherheitsventile. Jeder größere Kessel muß mindestens zwei Sicherheitsventile haben. Sowie der Dampfdruck über die Normalspannung hinausgeht, lassen die Sicherheitsventile den Dampf heraus. Einstellung der Sicherheitsventile liegt in der Hauptsache staatlichen Beamten ob. Auf Seeschiffen in längerer Fahrt sind die Maschinisten berechtigt, fehlerhafte Sicherheitsventile nach einem Kontrollmanometer zu berichtigen. Jede Änderung an den Sicherheitsventilen ist in das Kesselrevisionsbuch und Maschinentagebuch einzutragen und der zuständigen Behörde mitzuteilen.

Wasserstandzeiger (Wasserstandgläser). An Einenderkesseln 2 Stück, an Doppelendern 2 Stück an einer Stirnwand, 1 Stück an der anderen Stirnwand. Am Kessel besondere Absperrvorrichtungen; am Glas oben und unten ein Hahnkopf, unten eine Vorrichtung zum Durchblasen. Gewöhnlich ist durch eine Marke (roter Pfeil) der niedrigste Wasserstand, der im Kessel sein darf, angegeben.

Probierventile oder -hähne. Zwei an jedem Kessel. Der untere in der Ebene des niedrigsten Wasserstandes, der obere 10 cm höher.

Abschaumventil mit innerem Rohr, welches in der Höhe des niedrigsten Wasserstandes mündet, dient zum Reinigen des Wassers.

Speiseventile, unter dem Drucke des Kesselwassers selbsttätig schließend. Die Speiseventile sitzen möglichst dicht am Kessel; oft ist eine Absperrvorrichtung zwischen Kessel und Speiseventil vorhanden.

Manometer. Jeder Kessel hat zwei Manometer, die zur Erkennung der Dampfspannung dienen. Die höchste zulässige Spannung ist besonders gekennzeichnet. Es werden meistens Platten- und Rohrfedermanometer verwandt. Sehr gebräuchlich ist das Bourdonsche Manometer. Die Manometer werden durch eine längere Rohrleitung mit dem Dampfkessel verbunden, außerdem wird ein sog. Wassersack eingeschaltet, um Wassertröpfchen zu sammeln, die durch einen Hahn entfernt werden können.

Ausblaseventil dient zum Reinigen des Kessels, es liegt ganz unten im Kessel.

Speisepumpen. Jeder Kessel muß zwei zuverlässige Speisevorrichtungen haben, die voneinander unabhängig sind.

Bemerkung. Die Ölniederschläge im Kessel werden durch Zusetzen von Soda aufgelöst. — Das Kesselwasser ist, wenn mit Kondensationswasser gearbeitet wird, von Zeit zu Zeit auf seinen Salzgehalt zu untersuchen; man bedient sich dazu eines Salinometers, an dem man sofort den Salzgehalt ablesen kann. Das Kesselwasser muß aber zunächst auf die am Salinometer angegebene Temperatur gebracht werden.

Mann- und Schlammlöcher dienen zum Reinigen des Kessels, wenn dieser außer Betrieb gesetzt ist.

5. Schiffsdampfmaschinen[1]).

Allgemeines. Da auf Dampfern ein Schwungrad für die Maschinen anzubringen der Raum verbietet, so hat man auf Schiffen nur mehr-

[1]) 1807 baute Fulton das erste größere Dampfschiff.

zylindrige Maschinen, da es nur so möglich ist, die Maschine über den toten Punkt zu bringen. Unter dem „toten Punkt“ versteht man die Stellung der Kurbel, wenn der Kolben an seinem äußersten Stand angekommen ist und Kolbenstange und Pleuelstange eine Gerade bilden. — Da hohe Spannungen vorteilhaft sind, weil diese eine größere Expansionskraft besitzen, so verwendet man zwei-, drei- und vierfache Expansionsmaschinen, da diese den Dampf ausnutzen können. Bei einer dreifachen Expansionsmaschine arbeitet der (I.) Hochdruckzylinder etwa mit 12—15 Atm., der (II.) Mitteldruckzylinder mit 3—7 Atm. und der (III.) Niederdruckzylinder mit 2 Atm. — Da die Maschinen ähnlich wie ein Dampfhammer arbeiten, so heißen sie „Hammermaschinen“.

Wird das Hauptabsperrventil des Dampfkessels geöffnet, so strömt der Dampf (bei *d*, Abb. 180) in den Schieberkasten (*e*). Der vom Schieberkasten überdeckte Teil der Zylinderwand enthält zwei Kanäle, durch die je nach Stellung des Schiebers (*S*) der Dampf abwechselnd in den Zylinder ein- (*a*) und wieder ausströmen (*b*) kann. Nachdem der Dampf in dem Zylinder seine Arbeit getan hat, tritt er aus dem Dampfaustrittskanal (*c*) heraus und geht nach dem Aufnehmer oder Receiver und von hier in den Mitteldruckschieberkasten. Je nach der Anzahl der Zylinder setzt er nun seinen Weg weiter fort. Es werden aber auch Maschinen mit zwei Hochdruck- und zwei Niederdruckzylindern, die miteinander auf besondere Art verbunden sind und auf die gleiche Welle arbeiten, gebaut. — Damit alle Zylinder die gleiche Kraft auf die Kurbelwelle ausüben, haben die Kolben verschiedene Durchmesser (kleinster Durchmesser: Hochdruckzylinder; größter Durchmesser: Niederdruckzylinder).

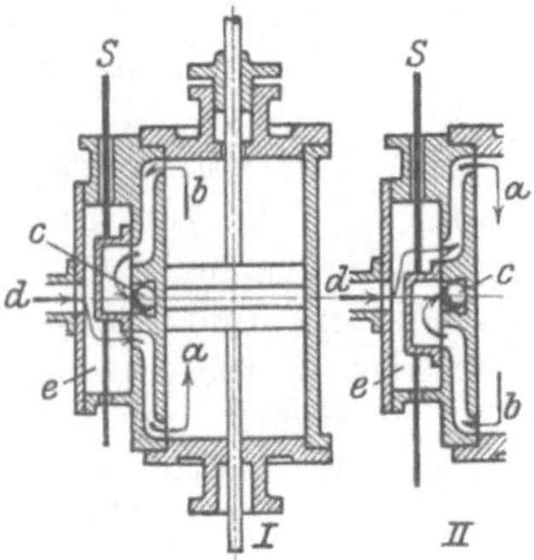

Abb. 172.

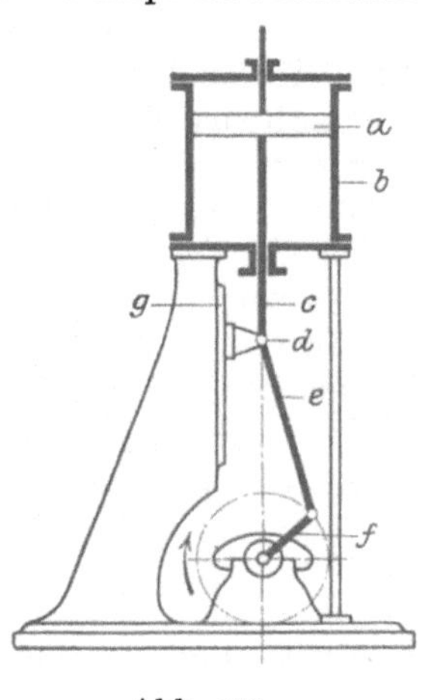

Abb. 173.

Abb. 181: Der auf den Kolben (*a*) wirkende Dampfdruck setzt die mit dem Kolben verbundene Kolbenstange (*c*) in Bewegung. Die Kolbenstange überträgt die geleistete Arbeit zunächst auf einen Kreuzkopf, und dieser auf die Pleuelstange (*e*). Die Pleuelstange setzt die Kurbelwelle (*f*) in Bewegung. Die Führung der Gestänge erfolgt durch einen Gleitschuh (*d* [mit Kreuzkopf]), der auf der Gleitbahn (*g*) gleitet.

Man läßt nie den Schieber solange in einer Stellung, bis der Kolben den ganzen Weg im Zylinder zurückgelegt hat, sondern man sperrt den Dampf schon vorher ab, um die Expansionskraft des Dampfes auszunutzen. Zur Regelung der Expansion (siehe auch Füllung) dient der

Expansionsschieber, der sich in dem Schieberkasten vor dem Schieber befindet und letzteren reguliert.

Bei den meisten Maschinen läßt man den Schieber bei seiner Bewegung etwas voraneilen. Der Dampf kann dann beim Steigen des Kolbens sofort seine volle Wirkung auf diesen ausüben, und zugleich wird das Anschlagen des Kolbens an den Zylinder verhütet, da der schon eingeströmte Gegendampf wie ein elastisches Kissen wirkt.

Nachdem der Dampf den Niederdruckzylinder verlassen hat, geht er in den Kondensator. Im Kondensator wird der Dampf abgekühlt und das Wasser auf eine solche Temperatur gebracht, daß es dem Kessel wieder zugeführt werden kann. Für Seeschiffe sind Oberflächen- (Abb. 174), für Flußschiffe Einspritzkondensatoren im Gebrauch. Das Gehäuse der Oberflächenkondensatoren ist entweder mit der Maschine vereinigt und besteht aus Gußeisen, oder es ist ein besonderer zylindrischer oder ovaler Körper aus Kupfer- oder Messingblech. Die getrennte Anordnung der Kondensatoren erhöht die Zugänglichkeit der Maschine. Das Kühlwasser durchfließt stets die vom Dampf umgebenen Rohre. Die Rohre im Kondensator sind sehr zahlreich und bestehen meistens aus Messing oder Bronze. Das gesammelte Kondensationswasser wird gewöhnlich durch eine Luftpumpe aufgesaugt und dann den Kesseln durch die Speisepumpen wieder zugeführt.

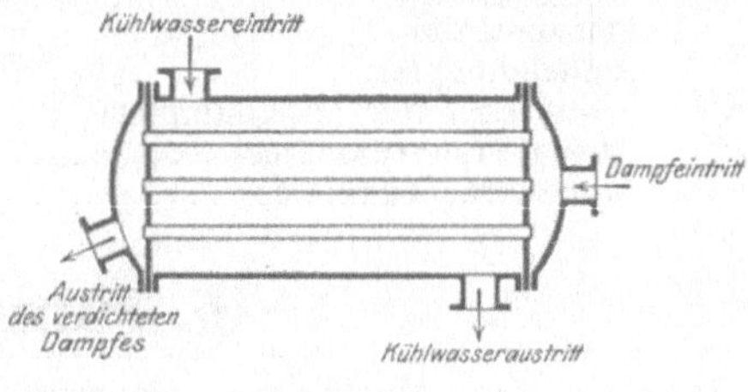

Abb. 174.

Steuerung und Umsteuerung. Die regelmäßig wechselnde Zu- und Abströmung des Dampfes zu beiden Seiten des Kolbens im Zylinder wird durch die Steuerung besorgt. Die Schieber und Expansionsschieber sind mit Exzenterstangen und Exzenterscheiben, die auf der Kurbelwelle befestigt sind, verbunden. Durch die Bewegung der Kurbelwelle werden die eingestellten Schieber bewegt. Die Umsteuerung erfolgt meistens durch das Verschieben einer Kulisse, die bei kleinen Maschinen durch einen Handhebel oder durch eine Schraubenspindel mit Handrad hin und her bewegt wird (s. Abb. 175). Bei größeren Dampfmaschinen geschieht die Umsteuerung der Kulisse durch eine besondere Maschine. Die Klugsche Umsteuerung, die vielfach an Bord verwendet wird, ist keine Kulissensteuerung, sondern besteht in der Bewegung eines Schwinghebels, dessen Drehpunkt verschiebbar ist.

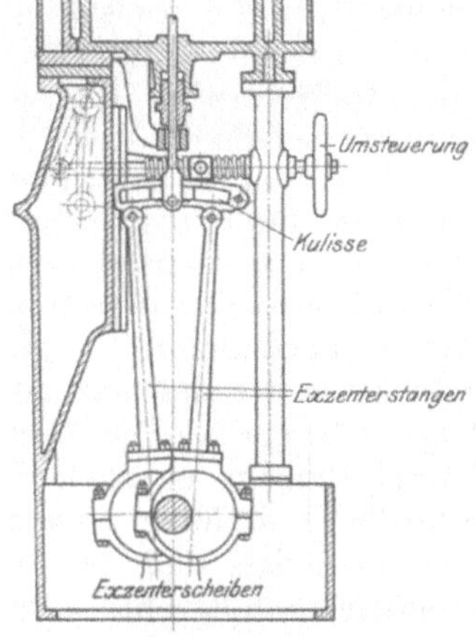

Abb. 175.

In neuerer Zeit wird bei einzelnen Dampfmaschinen auch eine Ventilsteuerung verwendet, bei der die Ventile durch Nockenscheiben gesteuert werden. Siehe S. 489.

Um zu verhindern, daß die Schraube, wenn sie bei schlechtem Wetter und Stampfen des Schiffes aus dem Wasser kommt, zuviel Umdrehungen macht, sind die Maschinen mit selbsttätigen Drosselapparaten versehen, die dann die Dampfzufuhr absperren oder vermindern.

Ungefähre Umlaufzahl und Hub von Dampfmaschinen verschiedener Schiffe.

Art der Maschine	Umlaufzahl	Hub mm
Torpedoboote	300—400	400— 500
Pinassen, Beiboote	250—400	150— 200
Kleine Schlepper	180—250	200— 300
Große Schlepper und Fischdampfer	100—160	300— 700
Leichte Kreuzer	120—180	600— 900
Panzerkreuzer	100—150	900—1100
Panzerschiffe	100—150	950—1300
Schnelldampfer	75— 95	1600—1850
Große Dampfer (Postdampfer) . .	70— 90	1300—1500
Kleine Frachtdampfer	95—130	650— 900
Große Frachtdampfer	70— 85	900—1400

6. Pumpen.

Pumpen sind Maschinen, die zum Heben von Wasser und anderen Flüssigkeiten dienen. In einem luftleeren Raume steigt das Wasser durch den Druck der Atmosphäre etwa 10 m. Eine sehr gute Pumpe hat daher eine Saughöhe von etwa 10 m.

Die Arten der Pumpen unterscheidet man danach, wie diese die Luftleere erzeugen. An Bord werden Kolben-, Zentrifugal-, Dampfstrahlpumpen und Pulsometer verwandt.

In den Pumpen wird die Flüssigkeit gehoben: a) durch Kolben (Kolben pumpen), b) durch rasch umlaufende Schaufelräder (Zentrifugalpumpen), c) durch einen Strahl von Dampf (Dampfstrahlpumpen), d) durch Luft oder Dampfdruck (Pulsometer). An Bord werden meistens Kolbenpumpen verwandt.

Die Luftpumpen (der Kondensatoren z. B.) erhalten ihren Antrieb meistens durch den Schwinghebel von einem Kreuzkopf der Hauptmaschine aus, es sind daher stehende, einfach wirkende Pumpen. Die Zirkulationspumpen sind häufig ähnlich wie die Luftpumpen von der Hauptmaschine angetriebene Kolbenpumpen. Auf größeren Schiffen verwendet man als Zirkulationspumpen Kreisel- oder Zentrifugalpumpen. Die Zentrifugalpumpe wirkt dadurch, daß in einem kapselförmigen eisernen Gehäuse ein Schaufelrad durch Dampf in so schnelle Umdrehung versetzt wird, daß die Luft daraus entweicht. Dies hat zur Folge, daß das Wasser in dem an der Seite des Gehäuses mündenden Saugrohre aufsteigt und nun von den Schaufelrädern erfaßt und aus einem Abflußrohr herausgeschleudert wird.

Dampfstrahlpumpen werden als Ejektoren zum Überbordschaffen von Asche und Wasser, Injektoren oft als Kesselspeisepumpen verwendet. — Bei den Dampfstrahlpumpen wird durch eine enge Düse

Dampf durch ein Gehäuse getrieben. Durch diesen heftigen Dampfstrom wird eine Luftleere erzeugt, und das Wasser wird angesaugt und mitgeschleudert (Abb. 176).

Speisepumpen, Lenz- und Ballastpumpen sind gewöhnlich Tauchkolbenpumpen, Duplexpumpen und besondere Dampfpumpen.

Pulsometer sind kolbenlose Dampfpumpen mit zwei Kammern. In diese tritt der Dampf abwechselnd ein und treibt das Wasser durch das Druckventil heraus. Die Umsteuerung erfolgt durch Klappen. Der Dampf schlägt sich nieder, infolgedessen tritt die Saugwirkung ein. — Um bei den Kolbenpumpen einen ruhigen Gang zu erzielen, werden Druckwindkessel eingeschaltet.

Zu beachten ist, daß man bei dem Einbau einer neuen Pumpe ihre Abmessungen nicht zu klein wählt, damit die Pumpe im Falle der Not auch leistungsfähig ist.

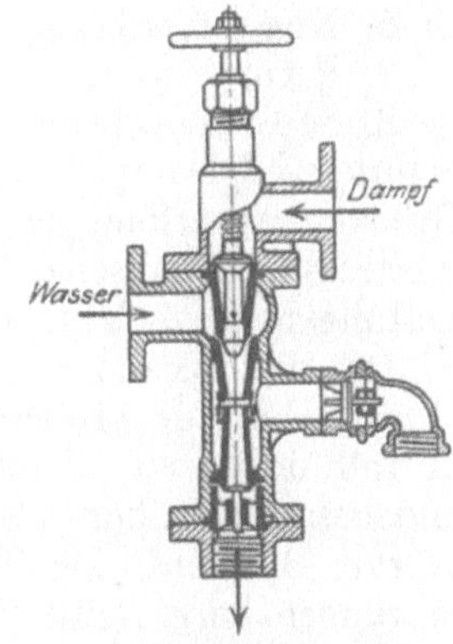

Abb. 176. Dampfstrahlpumpe.

7. Hilfsmaschinen.

Die wichtigsten Hilfsmaschinen an Bord sind:

1. Umsteuerungsmaschinen für die Hauptmaschine. Nur bei kleinen Maschinen (etwa bis 500 PS) läßt sich das Umlegen der Steuerung von voller Kraft vorwärts auf Rückwärtsgang in genügend kurzer Zeit (etwa in 30 Sek.) durch die Handsteuerung allein erreichen. Bei allen größeren Maschinenanlagen ist eine mit der Handumsteuerung verbundene Dampfumsteuerung angebracht.

2. Regulatoren, die den Zweck haben, das Durchgehen der Maschine zu verhindern, wenn bei starkem Seegang die Schraube aus dem Wasser taucht. Entweder wirken sie direkt, von der Maschine beeinflußt, auf die Drosselklappe oder Umsteuerung oder infolge der durch das Ein- und Austauchen des Schiffes hervorgerufenen Druckänderung des Wassers am Heck.

3. Maschinendrehvorrichtungen und Bremsen. Erstere dienen zum Drehen größerer Hauptmaschinen beim Anwärmen, und wenn diese außer Betrieb sind; die letzteren, um die Drehung der Schraube zu verhindern, was zuweilen bei Arbeiten an der Maschine oder den Wellenleitungen erforderlich wird.

4. Winden, Spille, Kräne. Die Dampfwinden und Kräne machen viel Lärm. Man ist daher dazu übergegangen, sie hydraulich oder elektrisch zu betreiben. In der Praxis rechnet man beim Laden und Löschen von 1 t mit einem Verbrauch von 6 kg Kohlen bei Dampfwinden und von 340 g Öl bei elektrischem Antrieb und Öldynamos.

5. Ankerlichtmaschinen. Sie haben den Zweck, die auslaufende Ankerkette jederzeit schnell stoppen, sie in zuverlässiger Weise an Bord befestigen, sie schnell und einfach weiterstecken und schließlich sie rasch und ohne Vergeudung von Menschenkraft einhieven zu können. Außer-

dem dienen sie zum An-Deck-Nehmen des Ankers und zur Bewegung des Gangspills beim Verholen. Größere Schiffe führen eine Ankerlichtmaschine auf der Back und eine im Hinterschiff.

6. Bootsheißmaschinen.

7. Pumpenanlagen der verschiedensten Art.

8. Steuer- oder Rudermaschinen. Die Rudermaschinen größerer Schiffe sind Dampf- oder elektrische Maschinen. Die Steuerung von der Brücke aus erfolgt durch Axiometerleitung oder durch die sehr verbreitete hydraulische Telemotorleitung oder auch durch elektrische Leitungen oder elektrohydraulische Anlagen.

Da die Axiometer - Ruderleitungen mit ihren Gestängen, Zahnrädern usw. für größere Schiffe unbrauchbar sind, so verwendet man überall dort, wo längere Ruderleitungen erforderlich sind, elektrische und besonders aber die hydraulischen Telemotor-Anlagen (Atlas-Werke, Bremen). Die Telemotor-Anlagen werden in verschiedenen Ausführungen hergestellt, sie arbeiten aber alle nach folgendem Prinzip:

Die Anlage besteht aus dem auf der Brücke aufgestellten Geber aus Bronze und dem bei der Rudermaschine aufgestellten Empfänger. Beide Apparate sind durch eine doppelte kupferne Rohrleitung sowie mit den Zubehörteilen, wie Handpumpe, Glyzerinbehälter usw., verbunden. Der Telemotor arbeitet nun in der Weise, daß durch Drehung des Ruderrades, das mit dem Geber verbunden ist, ein mit Lederdichtung versehener Kolben in dem Bronzezylinder des Gebers verschoben wird. Dem Geberzylinder auf der Brücke entspricht ein bei der Rudermaschine aufgestellter Empfängerzylinder, dessen Kolbenstange mit dem Wechselschieber der Rudermaschine in Verbindung steht. Die gesamte Leitung ist mit einer Flüssigkeit, die aus 2 Teilen Glyzerin und 1 Teil Wasser besteht, gefüllt. Jede Verschiebung des Kolbens im Geber entspricht einer gleichen Verschiebung des Kolbens im Empfänger, und die Rudermaschine wird entsprechend gesteuert.

Durch eine geeignete Vorrichtung wird die Gleichstellung der Kolben von Geber und Empfänger bewirkt und damit der Wechselschieber der Rudermaschine auf die Nullage zurückgeführt. Das Übersetzungsverhältnis vom Handrad auf den Geberkolben ist so eingerichtet, daß 8 Umdrehungen erforderlich sind, damit das Ruder von der Mittellage auf Hartlage gelegt wird. —

Bevor die Telemotor-Anlage benutzt wird, überzeuge man sich rechtzeitig davon, daß sie betriebsklar ist, daß sich das Ruder leicht von Bord zu Bord legen läßt und daß bei Mittellage des Ruderanzeigers das Ruderblatt auch mittschiffs liegt. Bei Störungen, die man nicht selbst beseitigen kann, benachrichtige man sofort die Abteilung Maschine.

Um eine mißbräuchliche Betätigung im Hafen zu verhindern, drehe man das Umlaufventil, das sich am Geber befindet, auf. Bei Aufnahme der Fahrt hat man das Ventil bei Mittelstellung des Kolbens zu schließen.

9. Destillierapparate. Sie werden gebraucht, um aus kondensiertem Dampf, der entweder dem Hilfskessel oder dem Zusatzwassererzeuger entnommen wird, trinkbares Wasser herzustellen.

10. Kältemaschinen und Kühlanlagen[1]). Kühl- und Eismaschinen finden an Bord mannigfaltige Verwendung zur Konservierung des Proviants, für die Erzeugung von Eis, zur Trinkwasserkühlung und für Ladungskühlräume. Es kommen verschiedene Systeme zur Anwendung. Auf deutschen Schiffen findet man vielfach Schiffskühlanlagen nach dem System Linde (Atlas-Werke, Bremen). Bei diesem Verfahren wird wie bei allen Kompressions-Kaltdampfmaschinen die Verdampfungswärme verflüssigter Gase zur Kälteerzeugung benutzt. Der Vorgang ist folgender: Aus einem Kondensator, der Kohlensäure oder Ammoniak oder ähnliche Säuren in verflüssigter Form enthält, wird das verflüssigte Gas durch eine Reguliervorrichtung in einen Verdampfer gelassen.

Infolge des niedrigen Druckes verdampft das verflüssigte Gas und entnimmt die dazu nötige Wärme aus der umgebenden Luft oder Flüssigkeit, die dadurch gekühlt werden.

Das nun dampfförmige Gas wird aus dem Verdampfer durch einen Kompressor gesaugt und in einen Verflüssiger gepreßt, wo das Gas durch hohen Druck und Kühlwasser erneut verflüssigt wird.

Die Kühlmaschine kann elektrisch, durch Dampfmaschine oder Motor betrieben werden.

11. Heiz- und Beleuchtungsanlagen.

12. Wirtschaftsmaschinen aller Art.

13. Ventilationsapparate.

14. Feuerlöscheinrichtungen, Claytonapparate usw. (s. auch Seemannschaft, S. 330).

Der Nautiker mache sich an Bord seines Schiffes möglichst bald mit der Arbeitsweise der Spills, Winden, Bootsheißmaschinen, Rudermaschinen sowie der Feuerlöscheinrichtungen vertraut, damit er diese Anlagen selbständig bedienen kann.

8. Rohrleitungen.

Die wichtigsten Rohrleitungen sind: Hauptdampfleitung, Hilfsdampfleitung, Abdampfleitung, Speiseleitung. — Die Dampfleitungen sind bei neueren Schiffen nahtlos gezogene Stahlrohre, bei kleineren Leitungen sind es kupferne Rohre. Die Dampfrohre, die zur Zuleitung des Dampfes dienen, haben eine Umhüllung, die aus schlechten Wärmeleitern besteht.

Verschiedene Rohrleitungen und deren gewöhnlicher Anstrich zur leichten Erkennung der Art der Leitung:

Lenzrohre:	blau,	Wasserrohre:	gelb (schwarz),
Flutrohre:	grün,	Feuerrohre:	rot (grau),
Spülrohre:	gelb,	Peilrohre:	schwarz.

Zur Beachtung: Werden bei Frostwetter die Rohrleitungen nicht benutzt, so achte man darauf, daß sie entwässert sind.

---

[1]) Siehe auch Ladung S. 366.

9. Schiffsschrauben.

Die Kurbelwelle der Hauptmaschine ist mit den Zwischenwellen und der Schwanzwelle (Schraubenschaft) verbunden. Der Schraubenschaft findet seine letzte Unterstützung durch das Stevenrohr. Der Schraubenschaft trägt auf seinem hinteren konischen Ende die Schraube. Nach der Anzahl der Flügel unterscheidet man zwei-, drei- und vierflügelige Schrauben. — Drei- und vierflügelige Schrauben sind die gebräuchlichsten. Bei Einschraubendampfern dreht die Schraube meistens nach rechts beim Vorwärtsgang. — Bei Zweischraubendampfern dreht die Steuerbordschraube nach rechts und die Backbordschraube nach links (voraus). — Bei Dreischraubendampfern drehen meistens die Backbord- und Mittelschraube links und die Steuerbordschraube rechts (voraus). — Bei jeder vollen Umdrehung der Schraube müßte sich das Schiff um die Steigung, die die Schraubenflügel haben, fortbewegen; dies ist aber nicht der Fall, und man kann mit etwa 15% Slip (siehe S. 20) rechnen. — Gebräuchliche Arten von Schiffsschrauben:

a) Abb. 177: Gewöhnliche Schraube;

b) Abb. 178: Griffitschraube;

c) Abb. 179: Hirschschraube.

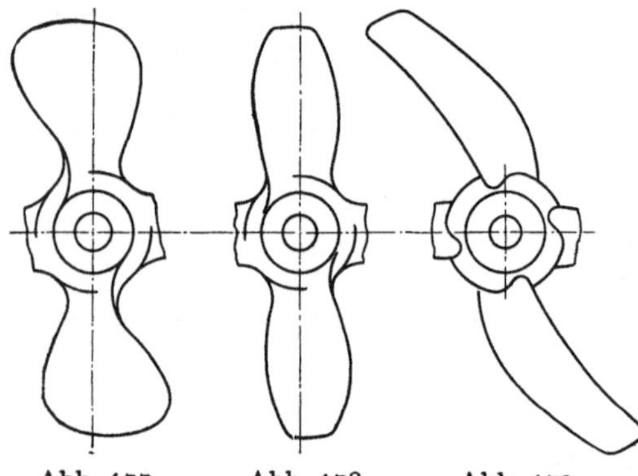

Abb. 177. Abb. 178. Abb. 179.

Die seitlich am Schiff laufenden Schrauben werden in Wellenhosen, die von der Außenhaut umgeben sind, oder in besonderen Wellenböcken gelagert. Für die Anbringung der Schraube am Schiff ist nicht jede Lage gleichwertig, vielmehr wird es in jedem Falle darauf ankommen, diejenige Stelle am Schiffskörper aufzusuchen, wo das Wasser der Schraube am günstigsten zuströmt. Diese Stelle ist durch Versuche festzustellen, wie sie in den Modellversuchsanstalten ausgeführt werden.

Sind kleinere Schiffe (Jachten, kleine Schlepper und Fischereifahrzeuge) mit nichtumsteuerbaren Motoren ausgerüstet, so erhalten sie vielfach Umsteuerpropeller. Die Umsteuerung bzw. Umstellung der Schraubenflügel erfolgt vom Schiffsinnern aus mittels einer Zugstange durch die hohle Wellenleitung. — Bei Fahrzeugen, die Besegelung haben, kann man die Schraubenflügel, wenn der Motor abgestellt ist, auf „Segelstellung" bringen, d. h. so stellen, daß sie den geringsten Widerstand bieten.

Eine neue Konstruktion ist die Gillschraube. Sie besteht aus einer Schiffsschraube, die von der normalen Art dadurch abweicht, daß sie von einem Kranz eingefaßt ist, der eine konische Form besitzt wie der Rost eines Kegels, dem man die Spitze abschneidet, und daß die Flügel um so breiter werden, je näher sie dem Kranze sind, indem sie dort, wo sie sich an diesen anschließen, ihre größte Breite, fast gleich der

Kranzbreite, erreichen. Der Kranz aber ist so angeordnet, daß sein großer Durchmesser vorn, sein kleiner jedoch hinten ist.

Die Schraube saugt das Wasser durch den Kranz, und dieser wirft es vermöge seiner konischen Form direkt in gerader Richtung nach achtern, im Gegensatz zur gewöhnlichen Schraube, deren Strom von der Drehrichtung der Schraube beeinflußt wird.

Die Gillschraube ist frei von erheblichen Erschütterungen und gibt dem Schiff eine bemerkenswerte anfängliche Geschwindigkeit. Das Schiff gehorcht dem Ruder selbst bei niedrigster Geschwindigkeit, auch wenn die Schraube nicht so sehr tief eingetaucht ist, da sie die Oberfläche weniger bricht und nicht durch die etwa mitgerissene Luft beeinflußt wird. Diese letzteren Eigenschaften machen sie sehr geeignet für Fluß- und namentlich Kanalschiffe.

Da an die Wirkungsweise der Schrauben bei verschiedenen Schiffstypen ganz verschiedene, teilweise sich widerstreitende Anforderungen zu stellen sind, so gibt es keine Schraubenkonstruktion, die allen Anforderungen gleichmäßig gut entspricht, andererseits gibt es aber auch für jede nach irgendeinem Einzelgesichtspunkt konstruierte Spezialschraube meist irgendein Anwendungsgebiet, für das sie sich besonders gut eignet.

Bei der Wahl einer geeigneten Schraube sollte man deshalb immer den Rat einer Spezialfabrik einholen, evtl. empfiehlt es sich, bei besonders schwierigen Fällen, durch Modellversuche in einer Schleppversuchsanstalt die wichtigsten Konstruktionsdaten für den Schraubenneubau feststellen zu lassen.

Die Abteilung Maschine darf im Hafen die Schrauben nicht ohne Erlaubnis der Schiffsleitung bewegen!

10. Turbinen.

Auf vielen Schiffen verwendet man anstatt der Kolbenmaschinen Turbinen.

Prinzip. Der Zweck aller Dampfmaschinen ist die Umwandlung der Energie des Dampfes in mechanische Arbeit. Während jedoch bei der Kolbendampfmaschine diese Umwandlung durch Ausnutzung der Spannungsenergie des Dampfes geschieht, ist die Dampfturbine für die Verwertung der Strömungsenergie des Triebmittels gebaut.

Leit- und Laufschaufeln. Dem Dampf wird demnach zunächst durch Ausströmen aus einem Raum von Kesselspannung in einen zweiten niederer Spannung eine bedeutende Geschwindigkeit und entsprechende Strömungsenergie erteilt, und diese dann zum großen Teil in einem dem Dampfstrahl ausgesetzten, am äußeren Umfang mit sog. Schaufeln besetzten Laufrad in mechanische Arbeit verwandelt. Die feststehenden sog. Düsen oder Leitschaufeln, in welchen die Umsetzung der Spannungsenergie des Dampfes in Strömungsenergie erfolgt, geben dem Dampfstrahl zugleich die zur vorteilhaften Ausnutzung in den Laufradschaufeln erforderliche Richtung.

Stufeneinteilung. Würde das gesamte zur Verfügung stehende Druckgefälle des Dampfes, also der Unterschied zwischen Kesseldruck und

Kondensatordruck, in einem einzigen Leitapparat in Strömungsenergie umgesetzt werden, so würde der erzeugte Dampfstrahl eine derartig hohe Geschwindigkeit erhalten, daß nur bei einer außerordentlich hohen Umfangsgeschwindigkeit der Laufschaufeln eine genügende Umwandlung in mechanische Arbeit möglich wäre. Eine derartige Umlaufgeschwindigkeit verbietet sich einerseits aus konstruktiven Gründen, andererseits erfordert der direkt auf der verlängerten Turbinenwelle sitzende Schiffspropeller niedere Umlaufszahlen, um günstig zu arbeiten.

Bei Schiffsturbinen ist man daher noch mehr wie bei Landturbinen gezwungen, um niedere Umlaufszahlen bei günstiger Ausnutzung des Dampfes zu erzielen, eine große Anzahl Stufen zu wählen, d. h. man ordnet nicht nur je ein Leit- und Laufrad an, sondern schaltet eine größere Zahl derartiger Systeme hintereinander.

Oder aber es müssen besondere Übersetzungsgetriebe angewendet werden, die die schnellen Umdrehungen der Turbine in langsamere der Welle bzw. der Schraube umwandeln, wie das auch vielfach angewendet wird.

Turbinenbauarten. Die Laufschaufeln sind je nach der Bauart entweder auf einer Reihe hintereinander auf der Turbinenwelle sitzender Laufräder befestigt, wobei jedes Laufrad wieder mehrere Schaufelkränze

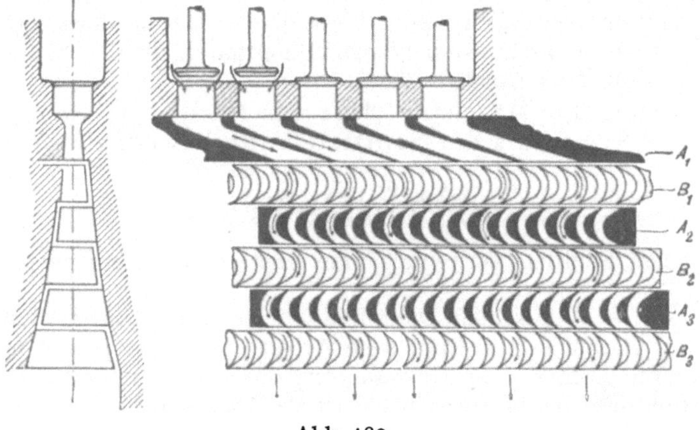

Abb. 180.

besitzen kann, oder sie befinden sich auf einer mit der Welle verbundenen abgestuften Zylindertrommel. Die Leitschaufeln sind bei der letzten Anordnung an der inneren Wandung eines den Rotor umgebenden Gehäuses angebracht und ragen radial nach innen zwischen die Laufschaufelkränze.

Bei den Rotoren mit Einzelrädern müssen je zwei benachbarte Räder durch eine am Gehäuse und an der Welle dampfdicht anschließende Scheidewand getrennt sein, in welcher die Leitapparate untergebracht werden.

Zwischen je zwei Schaufelkränzen eines Laufrades sind ferner mit dem Gehäuse fest verbundene Lenkschaufeln angeordnet, die den Dampf nach Austritt aus einem Laufkranz in die zur Beaufschlagung des nächsten erforderliche Richtung umlenken.

Die beiden Bauarten unterscheiden sich außer in der äußeren Anordnung auch in der inneren Arbeitsweise des Dampfes.

Vielfach werden auch Kombinationen beider Bauarten ausgeführt, und zwar derart, daß für den Hochdruckteil die Anordnung mit Einzelrädern, für den Niederdruckteil die Zylindertrommel gewählt wird. Hierhin gehört unter anderm die A.E.G.-Schiffsturbine. Abb. 180 zeigt die Reihenfolge der Leit- (*A*) und Laufschaufelkränze (*B*) bei einer Turbine.

Unterteilung der Turbinen und Anordnung im Schiff. Um bei großer Stufenzahl eine zu große Baulänge der Turbinen zu vermeiden, erfolgt meist eine Teilung in voneinander getrennte Hoch- und Niederdruckturbinen, die in verschiedener Weise auf einer oder mehreren Propellerwellen angeordnet sein können.

Rückwärtsfahrt. Für die Rückwärtsfahrt müssen, falls nicht die Bauart des Übersetzungsgetriebes es überflüssig macht, besondere häufig im hinteren Ende des Niederdruckteiles der Vorwärtsturbinen untergebrachte Rückwärtsturbinen vorgesehen sein.

Beispiel einer Schiffsturbinenanlage ohne Übersetzungsgetriebe. Die Arbeitsweise einer Parsons-Schiffsturbinenanlage ist folgende und wird nach dem Vorstehenden verständlich sein. Der von den Kesseln kommende Dampf sammelt sich in dem querschiffs liegenden Hauptdampfrohr, geht hier durch ein Dampfsieb und strömt dann durch den Stutzen *1* in die Hochdruckturbine (*E*). Zwischen *1* und dem Hauptdampfrohr liegt das Hauptabsperrventil *A*. (Siehe Abb. 181.)

Nach Durchströmen der Hochdruckturbine verteilt sich der Dampf durch die Rohre *2-2* auf die beiden Niederdruckturbinen *FF* und geht von diesen durch die Abdampfrohre *3-3* in die Kondensatoren *GG*.

Zur Rückwärtsbewegung sind zwei besondere Hochdruckrückwärtsturbinen vorgesehen, welche im hinteren Teil des Gehäuses der Niederdruckturbinen untergebracht sind. Dieselben erhalten Frischdampf durch die Rohre *4-4* und *5-5* und schicken den Abdampf durch die Abdampfrohre *3-3* in die Kondensatoren *GG*. (Siehe Abb. S. 504.)

Manövriervorrichtung. Um die Turbinen von Vorwärts- auf Rückwärtsgang umzusteuern, wird das Ventil *A* geschlossen, wodurch die Hochdruckturbine abgestellt wird. Alsdann werden die Ventile *BB* geöffnet und der Dampf geht jetzt durch die Rohre *4-4* zu den Manövrierschiebern *CC*, welche vom Maschinistenstand aus durch Hebelübertragung bedient werden. Durch Umsteuern dieser Schieber strömt der Frischdampf entweder durch die Rohre *5-5* in die Rückwärtsturbinen oder durch die Anschlüsse *6-6* in die Niederdruckvorwärtsturbinen.

Bei Rückwärtsgang laufen die Niederdruckturbinen, bei Vorwärtsfahrt die Rückwärtsturbinen im Vakuum mit.

Man sieht also, daß die Handgriffe für das Umsteuern und Manövrieren äußerst einfach sind und vom Maschinistenstande aus gut ausgeführt werden können.

Rückschlagventile. Um zu verhüten, daß aus der Niederdruck turbine Dampf in die beim Manövrieren ausgeschaltete Hochdruckturbine zurückströmt, sind in den Dampfrohren *2-2* die selbsttätigen Rückschlagventile *D—D* angeordnet, die für besondere Fälle auch vom Maschinistenstande aus mit der Hand geschlossen werden können.

Konstante und variable Schiffsgeschwindigkeiten. Während bei Handelsschiffen die Fahrtgeschwindigkeit im allgemeinen annähernd

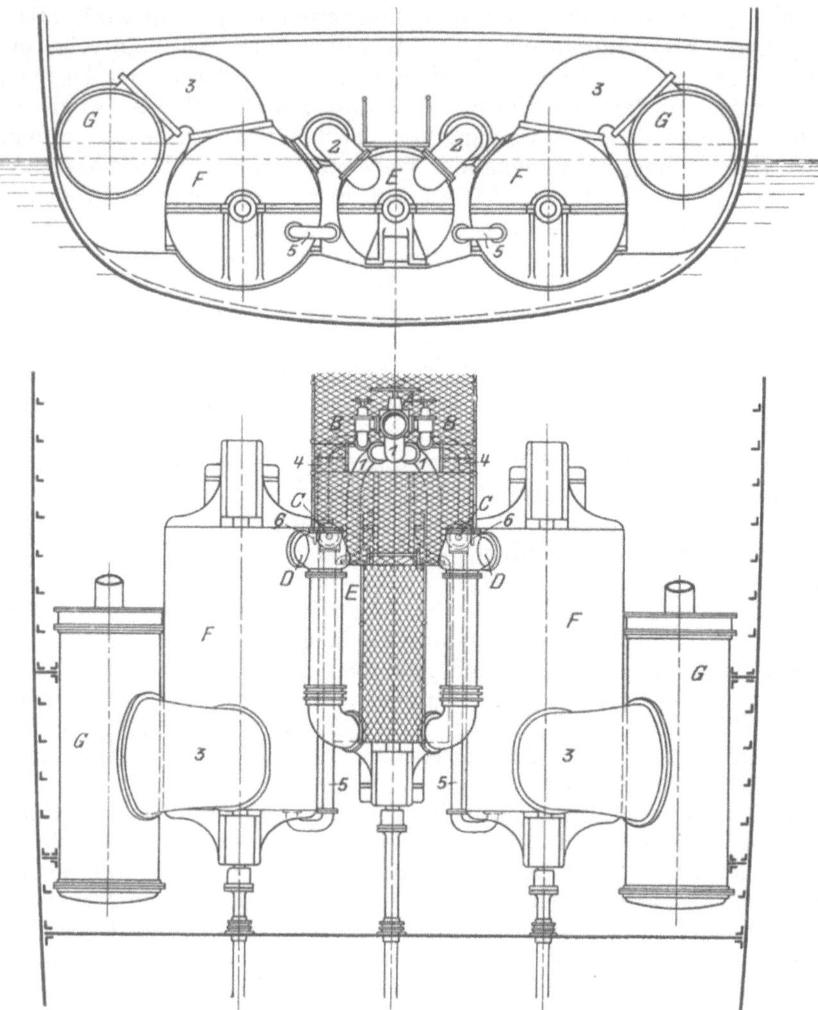

Abb. 181. Schiffsturbinen-Anlage.

konstant ist und für die Turbinenanlage daher immer gleiche Verhältnisse bezüglich Tourenzahl, Leistung und Dampfmenge vorliegen, muß für Kriegsfahrzeuge und Jachten die Turbinenanlage den sehr verschiedenen Tourenzahlen, die der Propellerwelle bei voller Fahrt und Marschfahrt vorgeschrieben sind, angepaßt werden, namentlich mit Rücksicht auf die mit der Tourenzahl außerordentlich veränderliche Leistung und Gesamtdampfmenge der Turbinenanlage.

Marschstufen, Marschturbinen. Dies geschieht, falls nicht besondere Übersetzungsgetriebe vorhanden sind, durch Vorschalten einer Anzahl besonderer Stufen, sog. Marschstufen, welche je nach der Bauart wieder aus Einzelrädern oder Zylindertrommeln bestehen können, und entweder im Gehäuse der Hochdruckturbine an der Dampfeintrittsseite untergebracht werden oder als Turbinen für sich — Marschturbinen — ausgebildet werden.

Die Dampfdurchgangsquerschnitte der Marschstufen resp. Marschturbinen sind der außerordentlich verringerten Dampfmenge bei niederen Schiffsgeschwindigkeiten angepaßt, und hierin liegt im wesentlichen das Mittel zur Erzielung einer genügenden Dampfökonomie auch bei Marschfahrten.

Die Marschstufen vergrößern natürlich die Gewichts- und Raumbeanspruchung der Turbinenanlage ganz bedeutend.

Turbinen für die Handelsschiffe. Der Einführung der Schiffsturbine auf Handelsschiffen — also auf Schiffen mit meist niedrigeren Fahrtgeschwindigkeiten als die Kriegsschiffe — stand lange Zeit der Umstand im Wege, daß bei der erforderlichen geringen Umlaufszahl der Propellerwelle die Turbine entweder im Dampfverbrauch unökonomisch wurde oder außerordentliche Dimensionen erforderte, und so den Hauptvorteil gegenüber der Kolbenmaschine — geringer Raumbedarf und geringes Gewicht — wieder einbüßte.

Daher wurden Übersetzungsgetriebe geschaffen, die zwischen der hochtourigen und klein und ökonomisch ausfallenden Turbine und den langsam laufenden und daher ebenfalls mit gutem Wirkungsgrad arbeitenden Propeller geschaltet werden.

Föttingertransformator. Der Föttingertransformator bewirkt diese Übersetzung hydraulisch in der Weise, daß ein Primärschaufelrad, das auf der mit konstanter hoher Tourenzahl nur in einem Drehsinn umlaufenden Turbinenwelle sitzt, ein dieses umgebendes, auf der Propellerwelle sitzendes Sekundärrad beaufschlagt. Das Arbeitswasser wird dem Primärrad in kurz geschlossenem Kreislauf unter völliger Ausnutzung der Austrittsgeschwindigkeit aus dem Sekundärrad wieder zugeführt und dadurch ein hoher Wirkungsgrad des ganzen auch für Rückwärtsfahrt eingerichteten Aggregats erzielt.

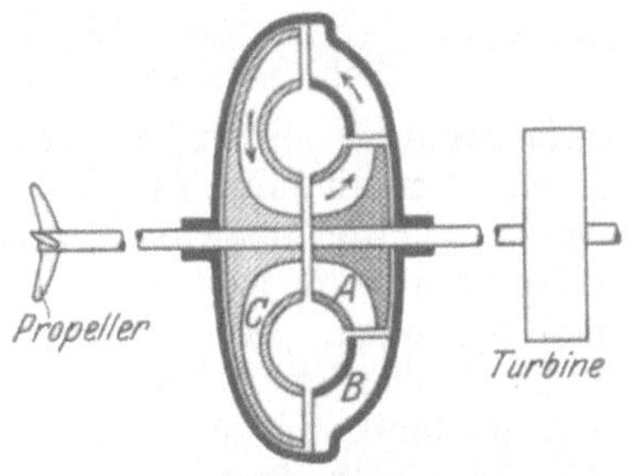

Abb. 182.

Abb. 182 zeigt einen schematischen Schnitt durch einen Föttingertransformator. Schaufelrad A ist mit der Turbinenwelle verbunden und dreht sich mit ihr. Leitrad B sitzt am Fundament fest und dreht sich nicht. Schaufelrad C sitzt auf der Propellerwelle fest und dreht sich mit ihr. Turbinenwelle und Propellerwelle haben keine Verbindung, sondern treiben sich gegenseitig nur durch das im Transformator fließende Wasser (oder Öl).

Wird dem Transformator wenig Wasser zugeführt, so wird die Propellerwelle langsamer laufen, und man kann den Propeller zum Stillstand bringen, trotzdem die Turbine voll läuft. Für die Rückwärtsfahrt ist meist ein zweiter Transformator vorhanden, dessen Leitschaufeln so gerichtet sind, daß beim Anstellen der Propeller rückwärts gedreht wird Eine besondere Rückwärtsturbine ist nicht nötig, dagegen muß diese bei allen Zahnradgetrieben vorhanden sein.

Westinghouse-Lavalgetriebe. Bei dem Westinghouse-Lavalgetriebe wird die Übersetzung durch ein Zahnradgetriebe bewirkt.

Zahnradgetriebe bzw. die sog. Ritzelgetriebe werden in letzter Zeit viel angewendet. Die Ritzel sind eine besondere Art von Zähnen, die aus dem hochwertigsten, homogenen Stahl hergestellt werden, und deren Verzahnung aus dem Vollen herausgearbeitet wird. Die Übersetzungsverhältnisse sind je nach der Anzahl und Größe der Zahnräder verschieden (1 : 28, 1 : 50).

Die Rückwärtsturbinen erreichen nie die volle Leistung der Vorwärtsturbinen. Die Schiffsleitung erkundige sich nach der Leistungsfähigkeit und prüfe sie praktisch aus!

Wellenleitung. Der Anzahl der Turbinen entsprechend hat eine Anlage eine oder mehrere Wellen; oft arbeiten mehrere Turbinen mittels Ritzelgetriebes auf eine Propellerwelle.

Werden 3 oder 4 Wellen verwendet, so sind die Propeller meistens aus Manganbronze aus einem Stück gegossen.

Vorzüge der Turbine. 1. Geringer Raumbedarf. 2. Geringes Gewicht. 3. Geringer Kohlenverbrauch bei hohen Geschwindigkeiten. 4. Selbsttätige Schmierung. 5. Ersparnis an Personal. 6. Keinerlei Schwierigkeit bei Verwendung überhitzten Dampfes. 7. Ölfreies Kondensat.

Gegen die Turbinen wird vielfach die geringe Betriebssicherheit angeführt; bei guter Ausführung ist dieser Grund aber nicht stichhaltig, da sich Turbinenanlagen auf vielen Schiffen schon lange Jahre ausgezeichnet bewährt haben.

11. Motore.

(Schiffsölmaschinen, Wärmekraftmaschinen.)

Allgemeines. Motore finden als Antriebsmittel für die Schiffe mehr und mehr Verwendung, da diese jetzt vollkommen betriebssicher selbst für große Schiffe ausgeführt werden können. Durch die Verwendung von Motoren wird viel Platz gewonnen, da Heizräume und Kohlenbunker fortfallen. Der Raumgewinn, der geringe Brennstoffverbrauch und die Personalersparnis überwiegen häufig die hohen Anschaffungskosten der Motoranlage.

Die Wärmekraftmaschinen nützen die ihnen zu Gebote stehenden Wärmequellen in einem hohen Maße aus. In den Gasmaschinen wird ein Gas oder eine vergaste Flüssigkeit in dem Zylinder selbst zur Verbrennung gebracht. Die durch die Verbrennung entstehenden hochgespannten Gase treiben einen im Zylinder befindlichen Kolben vorwärts. Die erzeugte Kraft wirkt direkt und hat keinen langen Weg zu machen, auf dem sie Wärme verlieren kann.

Das Prinzip einer einfachen Wärmekraftmaschine zeigen die Abb. 183 und 184, und es wird durch diese auch die Arbeitsweise verständlich. Die Arbeit ist folgende: *a—b* Ansaugen des Gasluftgemisches; *b—c* Verdichten des angesaugten Gemisches; in *c* Entzündung des verdichteten Gemisches durch Glühkörper oder elektrische Funken; *c—d* Verbrennung (Verpuffung) der

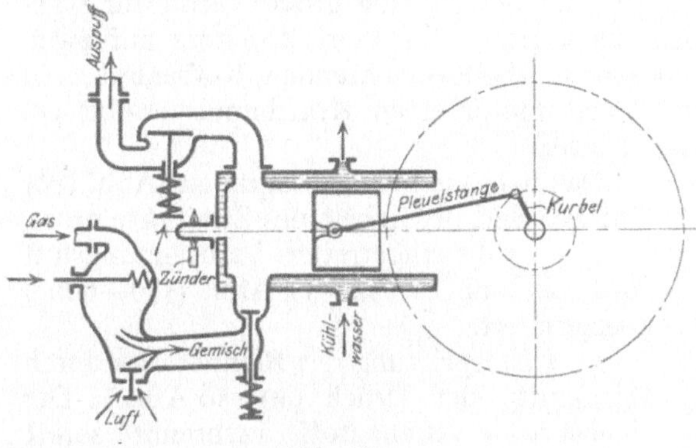

Abb. 183.

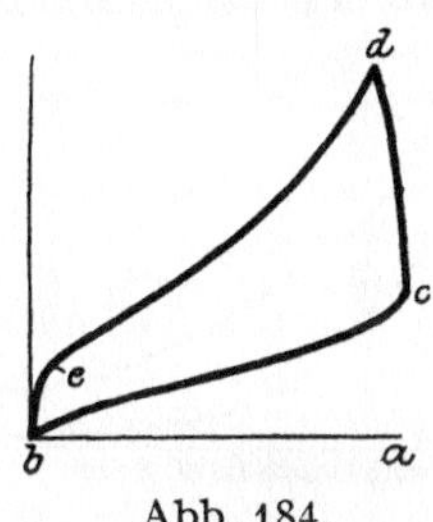

Abb. 184.

Ladung; *c—d* Ausdehnung der Verbrennungsgase; in *e* Öffnen des Auspuffventils; *e—b* Druckausgleich zwischen Zylinder und Außenluft (Auspuff); *b—a* Ausschieben der Abgase ins Freie. Die Buchstaben beziehen sich auf das Diagramm Abb. 184.

Schiffsmotore. Auf großen Schiffen werden Motore verschiedener Bauart verwendet, die von den an Land gebräuchlichen kleinen Motoren erheblich abweichen, wenn auch das Prinzip ähnlich ist. Als Schiffsmotore werden meist Gleichdruckmotore, bei denen der Druck bei der Verbrennung nahezu gleich bleibt, verwendet. Es werden fast durchweg einfachwirkende Motore angewendet, d. h. solche deren Kolben nur von einer Seite beansprucht werden. Es werden aber auch doppeltwirkende Motorenanlagen im Schiffsbetrieb verwendet. Man unterscheidet die Schiffsmotore nach ihrer Arbeitsweise in Viertakt- und Zweitaktmotore[1]).

Der Viertaktmotor arbeitet in vier Takten, wie das Diagramm Abb. 185 veranschaulicht.

I. *a—b* Ansaugen von atmosphärischer Luft durch ein Einsaugeventil, *a—b* ist Abwärtsgang des Kolbens bei stehender Maschine.

II. *b—c* Aufwärtsgang des Kolbens und Kompression der angesaugten Luft bis auf 32—35 Atm.

c—d Einspritzen des Brennstoffs durch Druckluft oder Druck und Entzündung des eingespritzten Brennstoffs durch die komprimierte und stark erhitzte Luft[2]) (550—600°).

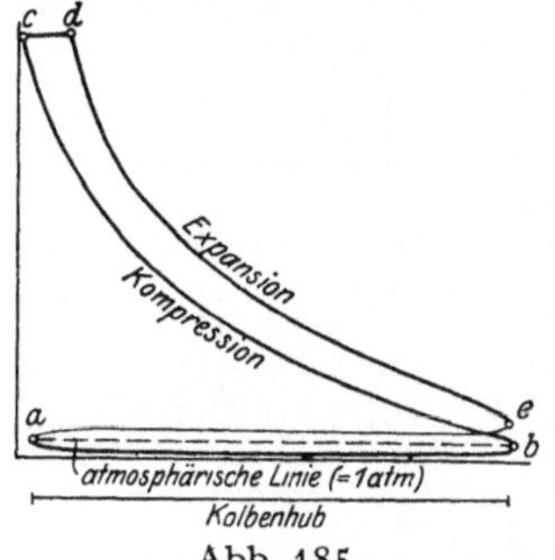

Abb. 185.

[1]) Die deutschen Firmen sind in der Lage, erstklassige Motore für Schiffe aller Art und Größe zu bauen.

[2]) So erfolgt bei dem sehr bekannten Dieselverfahren die Zündung durch hochkomprimierte Luft, in die im letzten Augenblick der Brennstoff eingespritzt wird.

III. *d—e* Expansion des Gasgemisches (Arbeitsleistung).

IV. *e—a* Ausstoßung des verbrannten Gasgemisches beim Aufwärtsgang des Kolbens durch das Auspuffventil.

Also jeder 4. Takt eine Verbrennung und Arbeitsleistung.

Bei dem Zweitaktmotor, der bereits eine große Verbreitung gefunden hat, reduzieren sich die 4 Takte des Viertaktmotors auf zwei, einen arbeitsleistenden und einen arbeitsverzehrenden Kolbenhub. In derselben Zeit, in der der Viertaktmotor einen Kraftimpuls ergibt, erhält der Zweitaktmotor deren zwei.

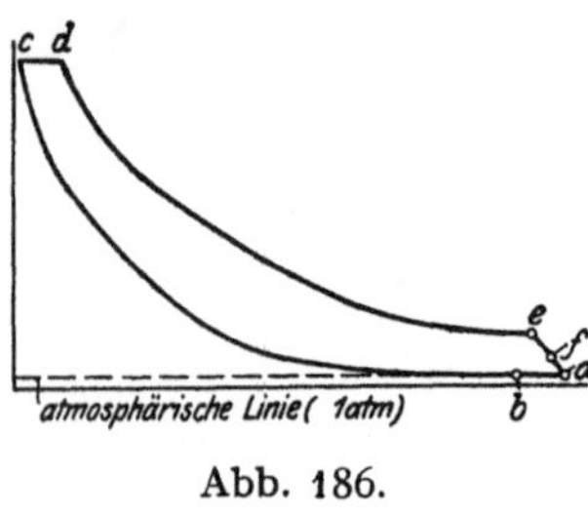

Abb. 186.

Das nebenstehende Diagramm (Abb. 186) gibt ein Bild der Arbeit des Zweitaktmotors.

I. *b—c* die eingetretene Verbrennungsluft wird bis auf ca. 32—35 Atm. (550—600°) komprimiert.

c—d Einspritzung des Brennstoffes durch Druckluft oder Druck (40—50 Atm.). Der eingespritzte Brennstoff verbrennt sofort durch die komprimierte und erhitzte Luft.

II. *d—e* Expansion. *e—f* Auspuff.

Von *f* über den Totpunkt *a* Ausspülung des Zylinderinnern durch Druckluft. Der Rest der Druckluft bleibt gleich als Ladung für den neuen Takt im Zylinderinnern und wird komprimiert usw. Also alle zwei Takte bereits eine Verbrennung bzw. Arbeitsleistung.

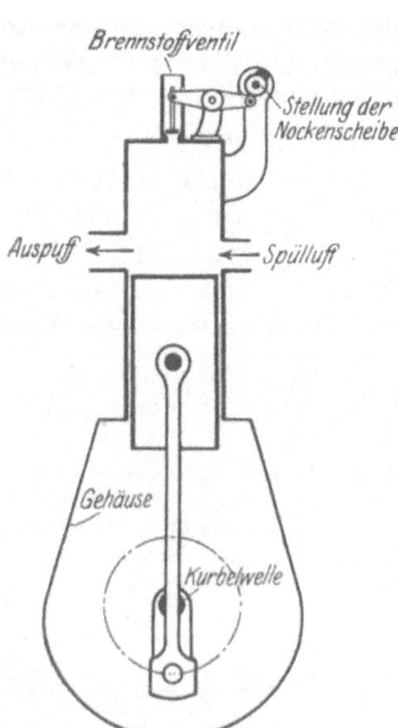

Abb. 187. Zweitaktmotor. Obere Stellung des Kolbens.

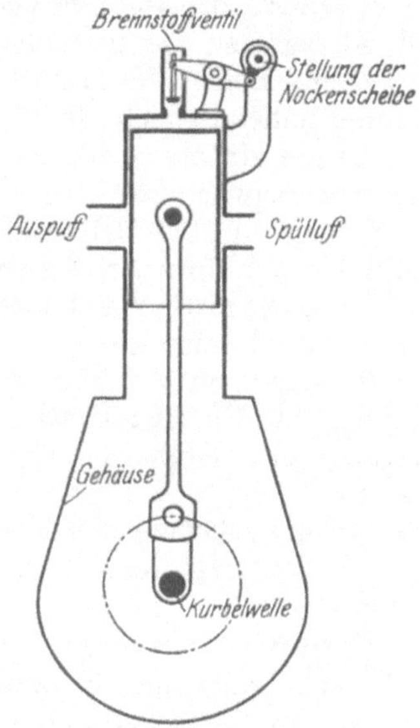

Abb. 188. Zweitaktmotor. Untere Stellung des Kolbens.

Die Abbildungen 187 und 188 stellen schematisch einen Zweitaktmotor dar, einmal in der oberen und einmal in der unteren Totstellung.

Steuerung und Umsteuerung. Um das regelmäßige Arbeiten der Motore zu gewährleisten, sind diese mit verschiedenen Ventilen versehen. Die Hauptventile eines Motors sind: 1. Anlaßventil, 2. Brennstoffventil, 3. Auspuffventil, 4. Spülluftventil beim Zweitaktmotor oder Einsaugeventil beim Viertaktmotor. Die letzteren beiden Ventile (3. und 4.) werden auch als Schlitzventile ausgebildet und durch den Kolben geschlossen oder geöffnet (Zweitaktmotor, Abbildungen).

Die Ventile werden sonst im allgemeinen durch Nockenscheiben, die auf einer Welle sitzen, gesteuert (siehe Abbildungen S. 489). Die Nockenwelle wird durch die Hauptwelle in Bewegung gesetzt. Jeder Motor, der für Vor- und Rückwärtsfahrt eingerichtet ist, hat 2 Gruppen Nockenscheiben auf der Nockenwelle; ein Satz ist für den Vorwärtsbetrieb, der andere für den Rückwärtsbetrieb. Die Schiffsmotore, die direkt auf die Propellerwellen arbeiten, bestehen stets aus mehreren Zylindern, die auf eine Welle arbeiten. Die Kurbeln sind stets so angeordnet, daß die Kurbelstellungen verschieden sind. Bei einem Sechszylindermotor sitzen so z. B. die Kurbeln für die einzelnen Zylinder um 120° gegeneinander versetzt. Wenn nun der Motor für Vorwärtsgang angelassen werden soll, so öffnen die Nockenscheiben nur bei den Zylindern die Anlaßventile, bei denen der Kolben auf Vorwärtsgang steht (Lage 1) (siehe Abb. 189).

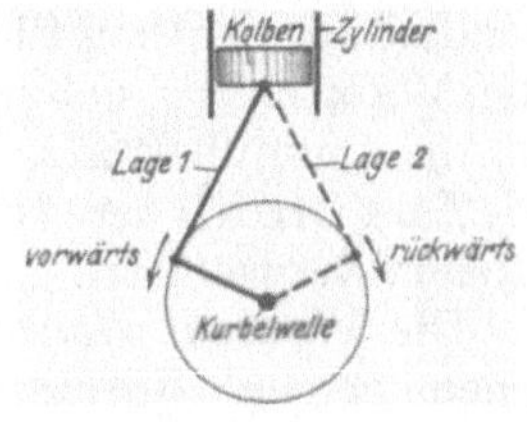

Abb. 189.

Ist der Motor auf Vorwärtsgang eingestellt, und soll die Maschine nun rückwärtsgehen, so ist sie zunächst zu stoppen, dann wird die Nockenwelle umgesteuert, und darauf das Anlaßventil angestellt. Die Nockenscheiben für Rückwärtsgang betätigen nun nur zunächst die Ventile der Zylinder, die für Rückwärtsgang günstig stehen (also Lage 2).

Diese Art der Umsteuerung wird viel verwendet, kommt aber nur für Motore, die direkt auf die Propellerwelle arbeiten, in Frage.

Das Ingangsetzen oder Anlassen der Motore ist mit einer gewissen Umständlichkeit verknüpft. Größere Motoranlagen wurden früher mit besonderen Anlaß- bzw. Hilfsmaschinen in Gang gesetzt, heute verwendet man zum Anlassen der Schiffsmotore fast ausschließlich Preßluft, die an Bord selbst durch einen kleinen Hilfsmotor erzeugt wird.

Gewöhnlich arbeiten die Motore einige Takte mit Preßluft, bis alle Zylinder in Betrieb sind.

Das Anspringen der Maschinen erfolgt meistens mit voller Kraft, was von der Schiffsleitung bei den Manövern bedacht werden muß. Erst nach dem Ingangsetzen lassen sich die meisten direkt auf die Propellerwelle arbeitenden Motore langsamer einstellen.

Kompressorlose Schiffsmotore. Bei diesen wird der Brennstoff ohne Luft durch eine Pumpe bis auf etwa 160—300 Atmosphären gedrückt, bis eine starke Feder des Brennstoffventils am Zylinder zurücktritt, der Brennstoff wird dann durch eine Düse fein verteilt in den Zylinder gespritzt.

Zur Armatur eines Motors gehören mancherlei Einrichtungen, die sich ganz nach der Bauart des Motors richten. Die Zuführung und die Anzeiger des Druckes des Brennstoffes, Anzeiger für das Arbeiten der Maschine, Umdrehungsanzeiger, die Steuerungen für die Ventile und die Umsteuerung sind davon die wichtigsten.

Die Kühlung verschiedener Motorteile ist von großer Wichtigkeit. Meistens werden die Zylinderdeckel, die Zylinder, die Kolben und die Auspuffventile mit Wasser gekühlt. Die Kühlung der Kolben erfolgt aber auch vielfach durch Öl. Die Zuführung zu dem sich bewegenden Kolben erfolgt entweder durch Gelenkrohre, Posaunenrohre oder Schwinghebel.

Als Hilfsmaschinen kommen besonders Ölpumpen, Wasser- bzw. Kühlpumpen, Preßluftanlagen meist mit kleinem Hilfsmotor als besondere Einrichtung für Motorschiffe in Frage. Für Heizungszwecke sind die Motorschiffe vielfach mit Hilfskesseln (mit Ölfeuerung) ausgerüstet, da die Dampfheizung die billigste Heizung ist.

Zum Betrieb der Nebelsignalapparate werden durchweg Preßluftsirenen verwendet.

Die Winden werden durch elektrischen Strom betätigt, der durch einen kleinen Hilfsmotor erzeugt wird.

Als Hilfsmotore werden vielfach auch die zum Antrieb kleinerer Schiffe und Rettungsboote verwendeten Glühkopfmotore verwendet. Bei dieser Motorart wird der Brennstoff nicht durch die hohe Temperatur der hochkomprimierten Verbrennungsluft, sondern er wird durch einen Teil des Deckels, der als Glühkopf ausgebildet ist, entzündet. Der Glühkopf wird elektrisch oder mittels Lötlampe oder Kohle stark erhitzt. Die Glühkopfmotore zeichnen sich durch einfache Handhabung aus.

Das Arbeitsverfahren ist dem des einfachwirkenden Zweitaktmotors ähnlich.

Die Zündung erfolgt im oberen Totpunkt. Der von den Verbrennungsgasen nach unten getriebene Kolben verdichtet die bei dem vorhergehenden Aufwärtsgang durch die Luftventile angesaugte Luft in dem geschlossenen Kurbelgehäuse auf etwa 0,5 Atm. Sobald die obere Kolbenkante die Auspuffschlitze freigibt, strömen die Verbrennungsgase in den Schalldämpfer und von dort ins Freie. Kurz darauf gibt der Kolben auch die Einströmschlitze frei. Die mit Überdruck aus dem Kurbelgehäuse in den Zylinder strömende Luft spült die Verbrennungsgase aus dem Zylinder und füllt ihn mit Frischluft.

Nach dem Hubwechsel schließt die steuernde Kante des aufwärts gehenden Kolbens erst die Luftschlitze, dann die Auspuffschlitze ab, so daß nunmehr die über dem Kolben befindliche Luft verdichtet und erhitzt wird. In der Nähe der oberen Totpunktlage wird durch die Brennstoffpumpe und Zerstäubereinrichtung der Brennstoff eingespritzt und an der Glühhaube und erhitzten Luft zur Verdampfung und Entzündung gebracht, worauf sich der geschilderte Arbeitsvorgang wiederholt. Die Maschine arbeitet mit wenig Geräusch, sie erzeugt ein gleichförmiges Drehmoment und wird bei hoher Leistung klein und leicht und damit billig.

Zum Anwärmen des Glühkopfes sind je nach der Maschinengröße etwa 8—10 Minuten erforderlich. Die Inbetriebsetzung erfolgt dann bei den Einzylindermaschinen, bis etwa 50 PS Leistung einschließlich, in sehr einfacher Weise durch Anwerfen mittels zweier Handgriffe, welche in dem vorn an der Maschine befindlichen Schwungrad untergebracht sind und beim Loslassen in den Schwungradkranz zurückschnellen. Die Zweizylinder- und größeren Einzylindermaschinen werden mit Preßluft bzw. Preßgasen, welche in einer oder mehreren zum Lieferungsumfang gehörigen Stahlflaschen aufgespeichert werden, angelassen. Das an einem Zylinderkopf sitzende Anlaß- und Ladeventil ist so ausgebildet, daß die Flasche vom Motor selbst mit Abgasen bis auf etwa 12 Atm. Überdruck aufgeladen werden kann. Zum erstmaligen Anlassen sowie in allen Fällen, wo nach Reparatur- oder sonstigen längeren Liegezeiten der Preßgasvorrat verlorengegangen ist, kann eine Kohlensäureflasche oder ein für diese Zwecke vorgesehener Handluftkompressor benutzt werden, mit welchem die Anlaßflasche von Hand auf den erforderlichen Druck aufgepumpt wird.

Brennstoff für Motore. Die entscheidenden Eigenschaften des Öls sind: Heizwert, Leichtflüssigkeit (Viskosität) und spezifisches Gewicht.

Ein für Motore im allgemeinen geeignetes Rohöl sollte einen Heizwert von 10 000—11 000 Kalorien und ein spezifisches Gewicht von 0,86—0,92 besitzen.

Je leichtflüssiger das Öl ist, desto leichter wird es von der Brennstoffpumpe durch die Rohrleitung gesaugt, und desto leichter läßt es sich zerstäuben.

Für Schiffsmotore kommen in erster Linie die Destillate des Erdöls, das Gasöl und in geringem Umfange das Petroleum, ferner das Destillat des Braunkohlenteers, das Paraffinöl, schließlich die Destillate des Steinkohlenteers, das Naphthalin und das Anthrazenöl, in Frage. Es werden aber auch immer mehr und mehr Schweröle der vorhergenannten Grundstoffe verwendet.

Notwendig ist es aber, die Schweröle vor der Verwendung dünnflüssig zu machen, zu diesem Zwecke werden besondere Vorheizungsanlagen vorgesehen. Solche Heizungsanlage kann z. B. aus Rohrschlangen bestehen, die in den Hauptauspufftöpfen liegen, und durch die Wasser fließt. Aus der Rohrschlange wird das warme Wasser in einen Tank geleitet und von hier mit Pumpen durch ein Rohrschlangensystem gedrückt, das die Öltanks für den Tagesverbrauch und die Ölfilter und die Ölzuführungsleitungen für den Motor erwärmt.

Es gibt verschiedene Verfahren, die es gestatten, sehr dickflüssige Öle für den Motorbetrieb zu verwenden.

Einige Motore, die Schweröle verwenden, werden mit leichten Ölen (Zündöl) angelassen, indem eine geringe Menge leichten brennbaren Öls bei jedem Krafthube in den Zylinder eingespritzt wird, bevor man das eigentliche Betriebsöl anstellt. Dazu sind aber 2 Brennstoffpumpen erforderlich.

Benzin, Petroleum, Spiritus werden für kleinere Motoranlagen bzw. Hilfsmotore zeitweise im Schiffsbetrieb verwendet.

Der Brennstoff wird durch Preßluft oder hohen Druck durch Zerstäuber in die Zylinder eingespritzt.

Betreffs der Lagerung, Feuerschutzmaßnahmen und Anwendung und des Kaufes des Brennstoffs gilt das bei der Ölfeuerung (S. 330 und 491) Gesagte.

Der *Brennstoffverbrauch* beträgt für Motore *etwa* 0,13 bis 0,23 kg/PS_i-st, je nach der Anlage und Ölsorte.

Es werden **langsam und schnell laufende Motore** für die Schiffe verwendet. Die ersteren arbeiten ohne Übersetzungsgetriebe auf die Propellerwelle. Sehr schnell laufende Motore werden dagegen mit *Übersetzungsgetrieben*, ähnlich wie bei den Turbinen (S. 505), verwendet.

Mit Erfolg wird auch das Lentzgetriebe angewendet, das ähnlich wie der Föttingertransformator arbeitet, nur wird hier eine Kapselpumpe und als Flüssigkeit Öl verwendet.

Die Schiffsmotore haben in den letzten Jahren viele Verbesserungen erfahren, ihre Entwicklung ist noch nicht abgeschlossen; es ist aber sicher, daß sie immer mehr und mehr als Antriebsmittel für Schiffe Verwendung finden werden und besonders dann, wenn es gelingt, die Ölproduktion zu steigern.

12. Besondere Maschinenanlagen.

Außer reinen Kolbenmaschinen, Turbinen und Motoren werden noch andere Maschinenanlagen verwendet. So kann man den von dem Niederdruckzylinder kommenden Dampf noch in einer Turbine ausnutzen, so daß man eine *Kolbenmaschine* und *Turbine* zugleich verwendet. Desgleichen hat man Kolbenmaschine und Motor zusammen angewendet. Ferner ist man bestrebt, die bedeutenden Wärmemengen, die durch den Auspuff des Motors verlorengehen, nutzbar zu machen.

Der elektrische Schiffsantrieb hat bereits auf mehreren Schiffen erfolgreich Anwendung gefunden. Die benötigte Elektrizität wird durch Turbinen und Motore erzeugt. Die Turbinen bzw. Motore können stets den gleichen Weg mit gleicher Geschwindigkeit laufen. Die Geschwindigkeitsregelung und Umsteuerung erfolgt durch die Steuerung der elektrischen Generatoren. Vor allem in Amerika baut man sog. *Diesel-elektrische Handelsschiffe.* Zum Antrieb dieser Schiffe sind Dieselgeneratoren vorgesehen, die ihre Kraft an einen Elektromotor abgeben, der die Schraube antreibt. Die gesamte Maschinenanlage wird von der Brücke aus betätigt, so daß der Maschinist nur seine Maschinen zu überwachen braucht, jedoch wird eine Reserveschalteinrichtung im Maschinenraum vorgesehen. Sämtliche Hilfsmaschinen und Ölpumpen werden elektrisch angetrieben. Heizung und Küche werden durch elektrische Wärme versorgt.

Ferner sei noch die *Gasturbine* erwähnt, die vorläufig noch eine Maschine der Zukunft ist. Geradeso wie man beim Dampf die ihm innewohnende Druckenergie in der Turbine ausnutzt, so will man die bei der Verbrennung des Öls erzeugte Druckenergie durch eine Gasturbine in Bewegungsenergie umwandeln. Bis jetzt ist die Vollendung dieser Art Maschine noch daran gescheitert, daß kein Material die auftretende Wärme aushalten kann, doch hofft man dieses Problem bald zu lösen.

Zum Schluß sei auch noch das Vulkangetriebe erwähnt. Dieses Getriebe besteht aus einem normalen Räderübersetzungsgetriebe, das durch eigenartige Föttingerkupplungen mit zwei schnell laufenden Dieselmotoren verbunden ist. Außer den bei normaler Fahrt in Tätigkeit tretenden Vorwärtskupplungen sind noch Rückwärtskupplungen vorgesehen, die bewirken, daß die Schraubendrehungsrichtung umgekehrt wird, trotzdem die Maschinen in gleicher Richtung weiterlaufen. Der Zweck des Getriebes ist ein dreifacher: 1. Herabsetzung der Umdrehungszahl der schnell laufenden Maschinen auf die langsam laufende Schraube. Das Ergebnis ist ein Gewinn an Wirtschaftlichkeit sowohl für die Maschine als auch für die Schraube und eine bedeutende Maschinengewichts- und Kostenersparnis; 2. wird das Manövrieren den Motoren abgenommen und dem Getriebe übertragen, wodurch die Preßluftumsteueranlage mit ihren Luftflaschen und Leitungen in Fortfall kommt. Sowohl für die Maschinenanlage als für das Schiff wird die Betriebssicherheit hierdurch wesentlich erhöht, besonders da die Anordnung es ermöglicht, daß jede Maschine einzeln ohne Störung des Betriebes zum Zwecke der Überholung oder zur Beseitigung von Störungen abgeschaltet werden kann; 3. nimmt die hydraulische Kupplung, die sehr elastisch ist, alle aus der Dieselmaschine herrührenden Stöße auf, so daß sie nicht in das Zahnradgetriebe und die Wellenleitung weitergeleitet werden. Dieses trägt außerordentlich zur Erhöhung der Betriebssicherheit bei und ermöglicht außerdem eine weitere Gewichtsersparnis, da die Schraubenwellen infolgedessen sehr viel leichter ausgeführt werden können.

XVI. Elektrizität an Bord[1]).

Die elektrische Kraft findet an Bord moderner Schiffe vielfache Verwendung zu elektrischer Beleuchtung, Klingelanlagen, Maschinentelegraphen, Ruderanzeiger, Dampfpfeifen, in der drahtlosen Telegraphie, ferner bei Kreiselkompaßanlagen, Funkpeiler, Unterwasserschallempfänger, drahtlose Telephonie, Scheinwerfer, Lüftungsanlagen, elektrischen Winden usw. Einige Schiffe haben sogar elektrische Antriebsmaschinen, für die der benötigte Strom durch Turbinen- oder Motoranlagen erzeugt wird.

1. Gebräuchliche Bezeichnungen bei F.T.-, D.T.- und anderen elektrischen Anlagen[2]).

Blitzpfeil. Schutz geg. Berührung. Hochspannung.	Akkumulatoren.	Kondensator.
Dynamo oder Elektromotor.	Dosenschalter.	Relais, Auslösemagnete.
Transformatoren.	Hebelausschalter.	Trennschalter.
		Zweipol. Dosenausschalter.

[1]) Siehe auch Teil III, „Technische Navigation", und Teil XV, „Maschinenkunde".
[2]) Siehe auch Seite 522.

Zweipol. Hebelumschalter.
Nichtregulierbar. Widerstand.
Regulierbarer Widerstand.
Sicherung.
Dreipolige Sicherung.
Meßinstrument.
Strommesser.
Spannungsmesser.
Leistungsmesser.
Zähler.
Stromrichtungsanzeiger.
Feste Lampen.
Bewegl. Lampen.
Lampenträger m. Lampenzahl.
Galvan. Element, Akkumulator, Batterie.
Gleichstrommaschine.
Wechselstrommaschine.
Hochfrequenzmaschine, Hochfrequenzquelle.
Regulierbarer Schiebekontakt.
Steckkontakt.
Klemmenanschluß.
(Ohmscher) Widerstand.
Eisen-Wasserstoffwiderstand.
Luftdrossel.
Eisendrossel.
Tonspule.
Schalter.
Mehrpoliger Schalter.
Taster.
Unterbrecher, Ticker.
Transformator.
Induktor (Resonanzinduktor). Transformator (Hochfrequenztransformator.
Funkenstrecke für seltene Funkenentladungen.
Löschfunkenstrecke (Stoßfunkenstrecke).
Lichtbogengenerator.
Entladestrecke für ideale Stoßerregung.
Vakuumröhre (Kathodenröhre).
Unveränderliche Selbstinduktionsspule.
Honigwabenspule.
Veränderliche Selbstinduktionsspule, Schiebespule, Variometer.
Kopplung.
Unveränderl. Kondensator, Blockkondensator.
Veränderl. Kondensator, Drehplattenkondensator.
Pendelkondensator.
Indikationsinstrument, Galvanometer. Amperemeter, Voltmeter.
Geißler- (Helium-, Neon- usw.) Röhre.
Kohärer.
Kristalldetektor.
Elektrolyt. Zelle.
Thermoelement.
Mikrophon.
Telephon.
Lautsprecher.
Schreibapparat.
Relais.
Geerdete Antenne.
Schwachstrahlende Antenne, Schirmantenne.
Starkstrahlende Antenne.

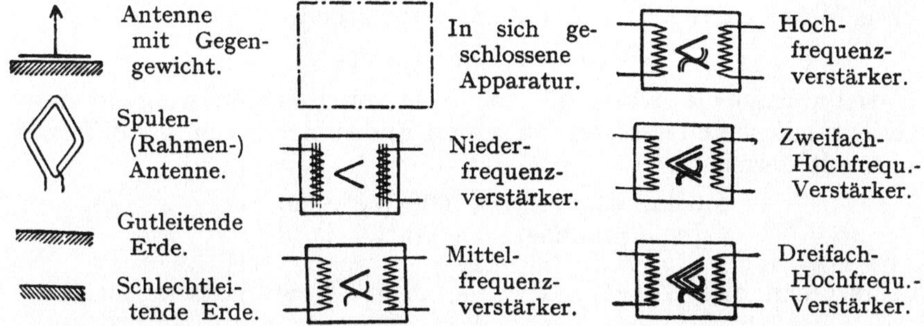

Leistungsschilder werden an allen Motoren und elektrischen Maschinen angebracht. Bei Gleichstrommaschinen wird gewöhnlich die Spannung (E), die Stromstärke (I), die Umlaufzahl (n), die von der Motorwelle abgegebene Leistung in Pferdestärken (PS) und in Kilowatt (kW) angegeben.

Bei Wechselstrommaschinen die Spannung (E), die Stromstärke (I), die Umlaufzahl (n) in der Minute, die Frequenz (= Perioden in der Sekunde) und die Leistung an der Motorwelle in Pferdestärken (PS) und in Kilowatt (kW). Der Leistungsfaktor ($\cos \varphi$) ist der Zahlenwert, mit dem bei Wechselstrommaschinen das Produkt aus Stromstärke und Spannung multipliziert werden muß, um die Leistung in Kilowatt zu erhalten.

2. Die wichtigsten elektrischen Maßeinheiten.

Größe	Einheit	Zeichen
Elektromotorische Kraft oder Stromspannung (EMK) (E)	Volt	V
Stromstärke (I)	Ampere	A
Widerstand (R)	Ohm	Ω
Elektrizitätsmenge (Q)	Coulomb	C
Elektrische Leistung ($\mathfrak{E}$) . . .	Voltampere oder Watt	VA
Elektrische Arbeit ($\mathfrak{A}$)	Joule	J

1 mkg/sec = 9,81 Watt,
1 Pferdestärke = 736 Watt = 75 mkg/sec,
1 Kilowatt = 1000 Watt = 1,36 PS,
1 „ = 102 mkg/sec,
1 Kilowattstunde = 1,36 Pferdekraftstunden,
1 „ = 367 000 mkg.

Das Volt ist die Einheit für die elektromotorische Kraft (EMK). 1 V ist diejenige EMK, die in einem geschlossenen Stromkreis von 1 Ω Gesamtwiderstand eine Stromstärke von 1 A hervorruft.

Das Ampere ist die Einheit der elektrischen Stromstärke (I). 1 A ist der Strom, der beim Durchgang durch eine wässerige Lösung von Silbernitrat in 1 Sekunde 0,00112 g Silber niederschlägt.

Das Ohm ist die Einheit des elektrischen Widerstandes (R). 1 Ω ist der Widerstand eines Quecksilberfadens bei 0° C von 106,3 cm Länge und 1 qmm Querschnitt.

1 Coulomb = 3 000 000 000 elektrostatische Einheiten. 1 elektrostatische Einheit ist die Elektrizitätsmenge, die auf eine ihr gleiche Menge im Abstand von 1 cm die Kraft von 1 Dyn[1]) ausübt.

[1]) 1 Dyn ist die Kraft, die der Masse von 1 g in einer Sekunde die Beschleunigung von 1 cm erteilt, 1 Dyn = $^1/_{981}$ g Gewicht. Siehe S. 483.

Das Watt ist die Einheit für die Stromarbeit.

$$1 \text{ Watt} = 1 \text{ Volt} \cdot 1 \text{ Ampere}.$$

1 Wattstunde ist die Arbeit, die ein Strom von 1 Ampere während einer Stunde in einem Leiter leistet, an dessen Enden eine Spannungsdifferenz von 1 Volt herrscht.

1 Kilowattstunde = 1000 Wattstunden.
1 Joule/Sekunde = 1 Watt.

Das Ohmsche Gesetz. $I = \frac{E}{R}$, d. h. die Stromstärke in einem Leiter, ausgedrückt in Ampere, ist gleich dem Spannungsunterschied (EMK) zwischen zwei beliebigen Punkten eines einfachen vom Gleichstrom durchflossenen Leiters, ausgedrückt in Volt, dividiert durch den Widerstand des Leiters, ausgedrückt in Ohm. Also auch:

$$1 \text{ Ampere} = \frac{1 \text{ Volt}}{1 \text{ Ohm}} \quad \text{oder} \quad \text{Stromstärke} = \frac{\text{Spannung}}{\text{Widerstand}}.$$

Dies Gesetz gilt auch für einen vom Wechselstrom durchflossenen induktionsfreien Leiter, wo unter E die effektive Spannung und unter I die effektive Stromstärke des Wechselstromes zu verstehen sind.

3. Erklärung einiger Begriffe.

Kapazität. Eine bestimmte Elektrizitätsmenge hat auf einem bestimmten Leiter eine bestimmte Spannung. Die Elektrizitätsmenge, die erforderlich ist, um auf der Oberfläche eines Leiters eine Spannung von 1 Volt zu erzeugen, heißt seine Kapazität (sein elektrisches Fassungsvermögen). Das Einheitsmaß der Kapazität ist 1 Farad. 1 Farad ist die Kapazität eines Leiters, der durch die Elektrizitätsmenge 1 Coulomb die Spannung 1 Volt bekommt. Man rechnet meistens mit dem Mikrofarad = $^1/_{1\,000\,000}$ Farad.

In der drahtlosen Telegraphie wird die Kapazität der verwendeten Kondensatoren häufig in elektrostatischen Einheiten (cm) angegeben: 1 Mikrofarad = 900000 cm.

$$\text{Kapazität} = \frac{\text{Elektrizitätsmenge}}{\text{Spannung}}.$$

Galvanisches Element. Zwei verschiedene Metalle, die in einer die Elektrizität leitenden Flüssigkeit stehen, bilden ein galvanisches Element. Die beiden Platten des Elements heißen Elektroden, die Flüssigkeit heißt Elektrolyt. Die aus der Flüssigkeit herausragenden Enden der Elektroden heißen die Pole des Elements. Die beiden anderen Enden heißen Kathode und Anode. Taucht man eine Kupfer- und Zinkplatte, so daß sie sich nicht berühren, in stark verdünnte Schwefelsäure und verbindet man die aus der Säure herausragenden Enden durch einen Kupferdraht, so fließt ein Strom vom oberen Kupferende (+-Pol) durch den Draht zum oberen Zinkende (—-Pol) und vom unteren Zinkende (+-Pol, Anode) durch die Flüssigkeit zum unteren Kupferende (—-Pol, Kathode).

Es gibt viele Arten von galvanischen Elementen.

An Bord benutzt man besonders gern *Trockenelemente*. Streng genommen sind auch sie nasse Elemente. Der Elektrolyt (meistens Salmiaklösung) ist hier mit Sand, Säge- oder Korkspänen od. dgl. zu einem feuchten Brei vermischt und dieser mit Pech oder Paraffin zugegossen.

Magnetische Wirkung des elektrischen Stromes. Jeder stromdurchflossene Leiter besitzt ein magnetisches Feld, dessen Kraftlinien ihn in konzentrischen Kreisen (in der Stromrichtung blickend, im Uhrzeigersinn) umgeben. Ein elektrischer Strom lenkt deshalb eine Magnetnadel aus ihrer Nord-Südlage ab. Denkt man sich in einem Stromleiter, in der Richtung des elektrischen Stromes schwimmend, das Gesicht der Nadel zugewandt, so wird deren Nordpol stets nach links abgelenkt (Ampèresche Schwimmregel).

Nordpol Südpol

Abb. 190.

Steckt man einen Weicheisenstab in eine stromdurchflossene Drahtspule, so wird er magnetisch, und zwar entsteht an dem Ende, um das, von vorne betrachtet, der Strom *mit* dem Uhrzeiger kreist, ein *Südpol*, an dem Ende, um das, von vorne betrachtet, der Strom *gegen* den Uhrzeiger kreist, ein *Nordpol*.

Wärme- und Lichtwirkung des elektrischen Stromes. Die Metalle setzen, obwohl gute Elektrizitätsleiter, dem Durchgang der Elektrizität Widerstand entgegen. Es wird daher ein Teil der elektrischen Energie zur Überwindung dieses Widerstandes verbraucht und in Wärme umgewandelt. Auf der Wärmewirkung des elektrischen Stromes beruht das elektrische Licht, die Hitzdrahtinstrumente, die Schmelzsicherungen usw.

Chemische Wirkung des elektrischen Stromes. Der galvanische Strom zersetzt chemische Verbindungen. Der Wasserstoff oder das Metall erscheint an der Kathode, der Sauerstoff oder die Säure an der Anode. Man macht davon Anwendung bei der Metallgewinnung, in der Galvanoplastik usw. Man benutzt diese chemische Wirkung auch, um die Polarität einer im Betrieb befindlichen elektrischen Anlage zu bestimmen. Man überbrückt die Enden zweier mit den Polen der Anlage verbundenen Drähte durch angefeuchtetes rotes Lackmuspapier (oder sog. Wilkesches Polreagenzpapier). Das Papier wird am *negativen Pol blau, am positiven rot*.

Einige einfache elektrische Meßinstrumente.

Galvanometer. Man läßt den Strom durch einen rechteckig gebogenen Kupferdraht, dessen Ebene mit dem magnetischen Meridian zusammenfällt, um eine Magnetnadel gehen. Die Nadel wird abgelenkt. Die Größe des Ausschlages wird von einer Skala abgelesen. Die konstruktive Ausführung der Galvanometer ist außerordentlich mannigfaltig. Das Galvanometer dient zum Nachweis elektrischer Ströme.

Voltmeter. Ein Voltmeter ist ein Galvanometer, mit dem man die Spannung des hindurchgehenden Stromes unmittelbar in Volt messen kann. Es ist im wesentlichen eine senkrecht stehende Drahtspule (Solenoid) mit sehr *vielen* Windungen ganz *dünnen* Kupferdrahtes. Über ihrer

Öffnung hängt ein Eisenstab an einer Spiralfeder. Wenn Strom durch die Spule fließt, wird der Eisenstab nach unten in das Solenoid gezogen. Vergrößert man die Spannung, so wird unter ihrem Druck auch noch Strom durch das Instrument getrieben, und der Stab wird tiefer in das Solenoid gezogen. Das Voltmeter muß in den Nebenschluß (wie eine elektrische Birne) eingeschaltet werden.

Amperemeter. Es dient zum Messen der Stromstärke. Es ist wie das Voltmeter eingerichtet, nur hat das Solenoid wenige Windungen eines dicken Drahtes. Amperemeter müssen in den Hauptschluß geschaltet werden. Jedes Galvanometer kann durch passende Vorschaltwiderstände in ein Voltmeter und durch passenden Nebenschluß in ein Amperemeter verwandelt werden.

Induktionswirkung des elektrischen Stromes. Durch Annäherung oder Entfernung eines Magneten gegen einen geschlossenen Leiter wird in diesem ein Strom erzeugt, der nur so lange fließt, als der Magnet in Bewegung ist. Die Stromrichtung ist abhängig sowohl von der Richtung der Bewegung des Magneten als auch von der Lage seiner Pole zum Leiter (Magnetinduktion).

Jeder elektrische Strom erregt beim Schließen oder beim Verstärken oder beim Annähern an einen anderen geschlossenen Leiter einen Strom von entgegengesetzter, beim Öffnen, beim Schwächen oder beim Entfernen einen Strom von gleicher Richtung (Elektroinduktion).

Fast alle Stromerzeugungsmaschinen beruhen auf der Induktionswirkung, ebenso Telephon, Mikrophon usw.

Selbstinduktion ist die Induktion, die in einer Hauptspule selbst entsteht, wenn man den in ihr fließenden Strom ändert. Sie äußert sich besonders bei Wechselstrom, aber auch beim Ausschalten von Gleichstrom. Je gekrümmter eine Leitung ist, desto mehr Selbstinduktion tritt auf. Die größte Selbstinduktion erleiden Spulen mit Eisenkern, da in ihnen jede Stromstärkenänderung eine starke Veränderung des magnetischen Feldes bedingt.

Die Selbstinduktion von Spulen kann so groß bemessen werden, daß sie für Wechselströme einen sehr hohen induktiven Widerstand darstellt, solche Spulen nennt man Drosselspulen.

Die Einheit der Selbstinduktion ist

$$1\ \text{Henry} = \frac{1\ \text{Volt} \cdot 1\ \text{Sek.}}{1\ \text{Ampere}}$$

Induktionsapparate. Zur Erzeugung sehr starker Induktionsströme bedient man sich besonderer Maschinen, bei denen durch Bewegung eines Stromleiters in einem magnetischen Felde Magnetinduktion stattfindet. — Bei den magnetelektrischen Maschinen werden zur Stromerregung Stahlmagnete verwandt. Die einfachste Art dieser Maschinen besteht aus einem kräftigen Hufeisenmagnet (Abb. 191), vor dessen Polen ein mit Eisenkernen versehener Anker schnell gedreht wird. Jeder der beiden Eisenkerne ist von einer Induktionsrolle umgeben, in deren Windungen abwechselnd

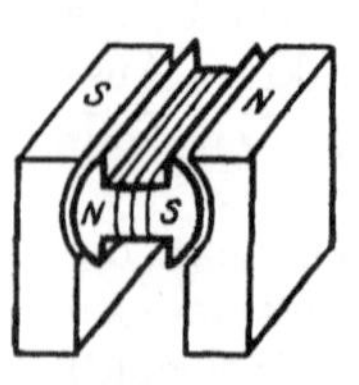

Abb. 191.

entgegengesetzt gerichtete Ströme entstehen, da die Eisenkerne bei jeder halben Umdrehung ihre Pole wechseln. Mit Hilfe zweier auf der Welle befestigter und mit den Induktionsdrähten verbundener Messingringe, auf denen Metallfedern schleifen, lassen sich die Ströme ableiten.

Dynamoelektrische Maschinen. Bei diesen werden statt der Stahlmagnete Elektromagnete verwendet. In einem Eisenkern, der einmal magnetisch gewesen, bleibt stets etwas Magnetismus zurück; dieser magnetische Rückstand dient dazu, einen schwachen Induktionsstrom hervorzurufen, der zunächst um den Eisenkern geleitet wird und dessen Magnetismus verstärkt. Ist die Maschine im Gange, so nimmt der elektrische Strom an Stärke schnell zu. — Die Anker, die sich zwischen dem Elektromagneten drehen, sind meist Trommel- oder Ringanker (Gramméscher Ring), Abb. 192 und 193. Nach ihrer Wirkungsweise unterscheidet man Gleichstrom- und Wechselstrommaschinen. — Wechselströme werden meistens bei großen Entfernungen verwandt. Für kleine Entfernungen verwendet man Gleichstrom. An Bord findet man als Hauptmaschinen für den elektrischen Betrieb durchweg Gleichstrommaschinen. Für besondere Zwecke (z. B. F.T.) werden aber auch an Bord Wechselstrommaschinen verwendet.

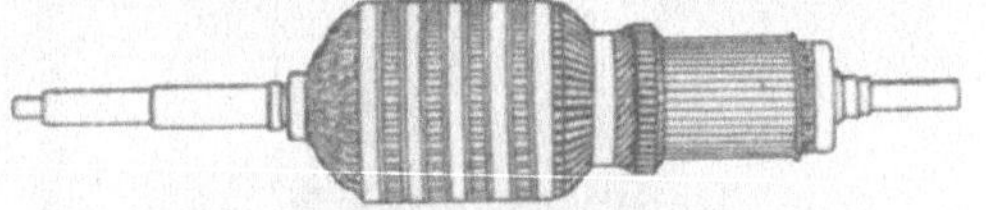

Abb. 192. Trommelanker.

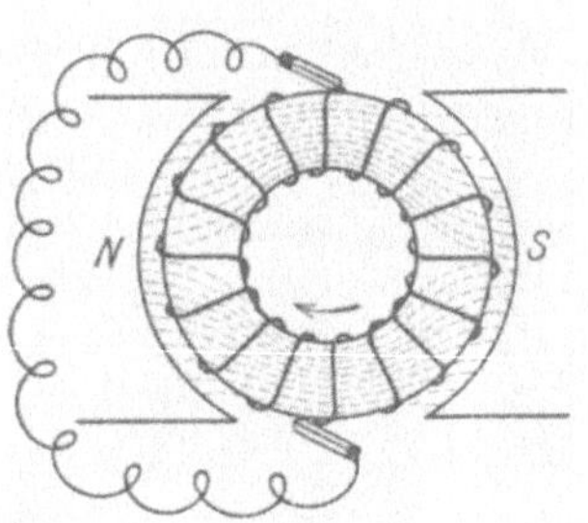

Abb. 193. Ringanker.

Dynamomaschinen heißen alle Maschinen zur Umwandlung mechanischer in elektrische oder elektrischer in mechanische Leistung. Man unterscheidet G e n e r a t o r e n oder S t r o m e r z e u g e r, die mechanische in elektrische Leistung umwandeln, und M o t o r e n, die elektrische in mechanische Leistung umwandeln. — Hauptbestandteile der Dynamomaschinen sind die Feldmagnete und der Anker, von denen ein Teil zur Ermöglichung mechanischer Leistung umlaufen muß. Weitere wesentliche Bestandteile sind die Schleifringe, Bürsten, Bürstenhalter, Umschalte- oder Kurzschlußvorrichtungen, Gehäuse, Welle, Lager, Grundplatte. Nach Art der Schaltung unterscheidet man Hauptstrommaschinen (Abb. 195), Nebenschlußmaschinen (Abb. 194) und Compoundmaschinen.

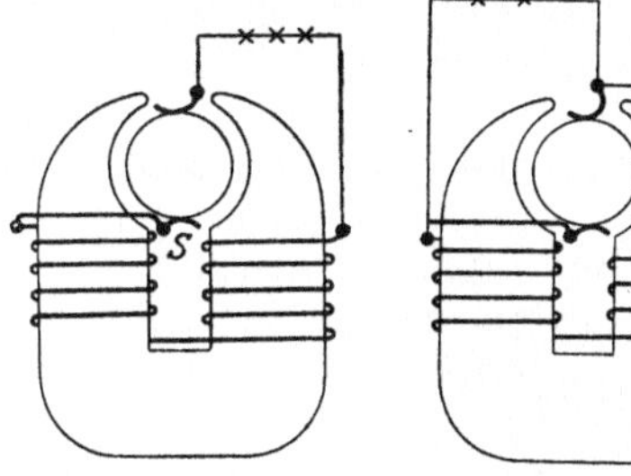

Abb. 194. Nebenschlußmaschine. Abb. 195. Hauptstrommaschine.

Transformatoren. Soll Wechselstrom niederer Spannung und hoher Stromstärke in solchen von geringer Stärke, aber hoher Spannung verwandelt werden, so geschieht die Umformung durch sog. Transformatoren, die dem Prinzip nach ebenso wirken wie Induktionsapparate, da sie ähnlich wie diese zwei Wicklungen isolierten Kupferdrahtes und einen Eisenkern haben. Die eine Drahtrolle besteht aus wenig Windungen dicken Drahtes, durch die man einen starken Wechselstrom von geringer Spannung sendet, der in der zweiten Rolle (viele Windungen dünnen Drahtes) Ströme von hoher Spannung erzeugt. Diese Ströme lassen sich wieder umwandeln. Es gibt aber noch sehr viele andere Systeme von Transformatoren. Zur Umwandlung von Gleichstrom in solchen von anderer Spannung bzw. Stromstärke verwendet man Umformer, die aus einem Motor und einem Dynamo bestehen, sog. Motorgeneratoren.

Abb. 196. AEG - Schiffsturbodynamo. 220 kW. 2200 Umlf./min.

Akkumulatoren dienen zum Aufspeichern elektrischer Energie. Durch den Ladestrom wird in der Akkumulatorzelle eine chemische Umwandlung hervorgerufen; beim Entladen erzeugt der umgekehrte chemische Vorgang elektrischen Strom. An Bord werden Akkumulatoren fast ausschließlich für den Funkpeiler und für die F.T. als Reservekraftquelle im Falle der Not verwendet. Siehe S. 103.

Beim Laden sind genau die von der Lieferungsfirma mitgegebenen Vorschriften zu beachten!

Über den Akkumulatoren sammelt sich leicht Knallgas, daher Akkumulatorenräume nie mit offenem Licht betreten und auch nicht in Ladeschränke mit offenem Licht hineinleuchten. Akkumulatorenräume gut ventilieren!

Kopplung. Unter Kopplung versteht man in der Elektrizitätslehre im allgemeinen eine derartige Verbindung zweier oder mehrerer Strom- oder Schwingungskreise, daß, wenn in dem einen elektrische oder magnetische Änderungen auftreten, auch in dem anderen solche hervorgerufen werden. Die Kopplungen können direkt oder induktiv sein.

Die Kopplung ist um so fester, je mehr Kraftlinien des einen Kreises von dem zweiten Kreise aufgenommen werden.

Schwingungskreis. Unter einem Schwingungskreis versteht man eine Anordnung, in welcher elektrische Schwingungen auftreten können. Man nennt den Schwingungskreis „geschlossen", wenn die Energie fast ausschließlich innerhalb des Schwingungskreises verläuft, dagegen „offen", wenn die Energie zum größten Teil außerhalb des Kreises verläuft (z. B. Antennen der F.T.).

4. Verwendung des elektrischen Stromes.

Elektrisches Licht. Ein in einen Stromkreis eingeschalteter dünner Draht erwärmt sich oder glüht bei genügender Stromstärke. Auf dem Erglühen der Leiter durch elektrischen Strom beruht das System der elektrischen Glühlampen. Die normalen Kohlenfadenglühlampen sind Lampen, bei denen ein Kohlenfaden unter Luftabschluß zum Glühen gebracht wird. Die Brenndauer einer guten Lampe beträgt etwa 1000 Stunden. — Tantal-, Osram- und Nernstlampen beruhen auf demselben Prinzip. Die Beleuchtungsstärke einer Birne wird in Hefnerkerzen[1]) oder Fußkerzen angegeben.

1 Fußkerze = 12 Hefnerlux = 11 intern. Lux.

Eine gewöhnliche Birne verbraucht angenähert in 1 Stunde pro Kerzenstärke 1 Watt Strom. Die normale Spannung des an Bord verwendeten Gleichstromes ist an den Verbrauchsstellen 110 Volt. Glühlampen für 110 Volt sind überall zu haben. — Werden in den Schließungsbogen eines starken elektrischen Stromes zwei Kohlenspitzen gebracht, so werden die Polenden bei der gegenseitigen Berührung zunächst glühend. Werden die beiden Kohlenspitzen dann in geringen Abstand voneinander gebracht, so werden vorzugsweise von der positiven Kohle durch den Strom weißglühende Teilchen losgerissen und nach dem negativen Pole hinübergeführt, so daß die Leitung durch die Kohlenteilchen und durch die glühende Luft unterhalten wird. Die positive Kohle wird dabei kraterförmig ausgehöhlt. Auf diesem Prinzip beruht die elektrische Bogenlampe, die auch für Scheinwerfer zur Verwendung kommt. Bei den Bogenlampen werden die Kohlenspitzen durch einen Regulator stets in gleicher Entfernung gehalten. Durch geeignete Nebenschaltung ist es möglich, mehrere Bogenlampen in einem Stromkreis zu haben. — Je nach der Größe und Ausdehnung der elektrischen Anlage kann man auf jede effektiv geleistete Pferdekraft 9—13 Glühlampen à 16 Normalkerzen rechnen.

---

[1]) Eine Hefnerkerze ist die Lichtstärke einer Amylazetatlampe von Hefner-Alteneck.

Abb. 197 zeigt eine solche Anlage. Es bedeutet:

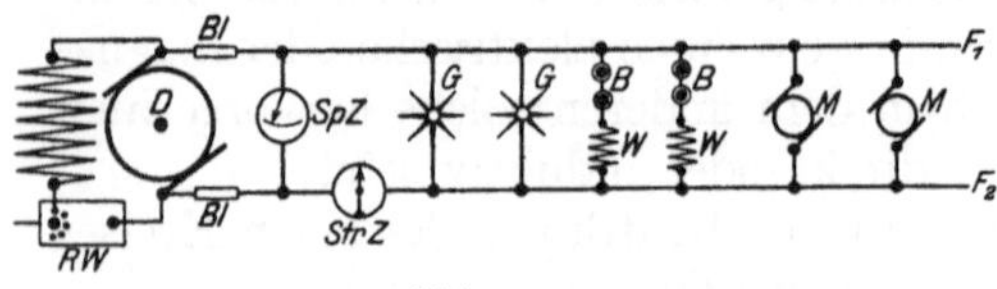

Abb. 197.

D = elektrische Dynamomaschine.
$StrZ$ = Stromzeiger.
Bl = Sicherung.
W = Widerstand.
G = Glühlampen.
SpZ = Spannungszeiger.
F_1 und F_2 = Leitungen.
RW = Regulierwiderstand.
B = Bogenlampen.
M = Motor.

Elektrische Signal- und Kommandoanlagen. Eine weitgehende Benutzung hat der elektrische Strom durch Einführung von elektrischen Telegraphen gefunden. Maschinen-, Dock-, Schottentelegraphen, Ruder-, Umdrehungsanzeiger und viele andere Apparate für die Befehlsübermittlung werden heute auf den Schiffen eingebaut.

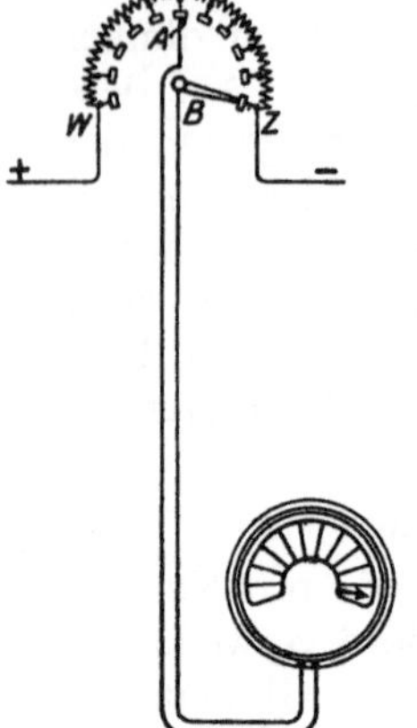

Abb. 198.

Der Anschluß der meisten Apparate kann an das Lichtnetz erfolgen. — Es werden verschiedene Systeme für diese Apparate verwandt, z. B.:

a) Das Spannungszeigersystem (Abb. 198) benutzt Spannungsänderungen, die an dem Geber erzeugt und an dem Empfänger abgelesen werden. Der Geber besteht aus einem Widerstand, von dem die Spannung abgenommen wird; der Empfänger aus einem Spannungsmesser. Im nebenstehenden Schaltungsschema bedeutet WZ den Geberwiderstand, der an eine Stromquelle angeschlossen ist. Er ist mit einer Kontaktbahn verbunden, über welche der Geberhebel B schleift. Die Zahl der Kontakte entspricht der Zahl der übertragenden Kommandos. An dem mittelsten der Kontakte und an die Geberkurbel B wird das Empfängervoltmeter angeschlossen.

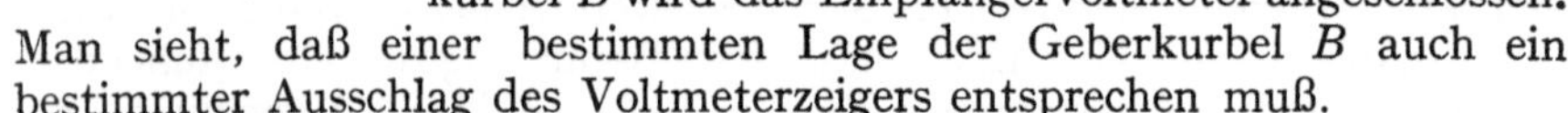
Man sieht, daß einer bestimmten Lage der Geberkurbel B auch ein bestimmter Ausschlag des Voltmeterzeigers entsprechen muß.

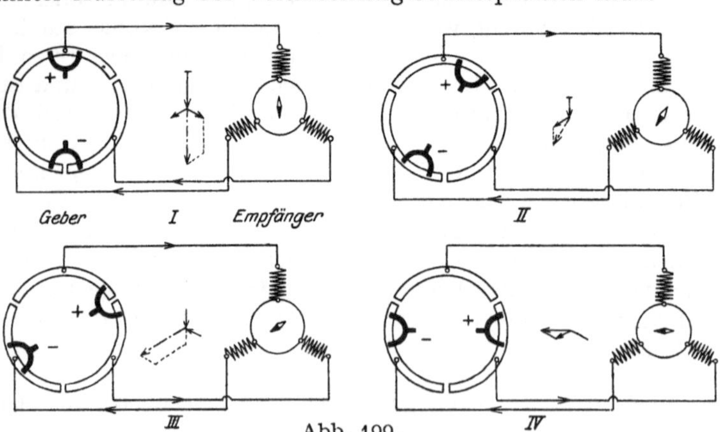

Abb. 199.

b) Beim Drehfeldsystem (Abb. 199) werden in dem Empfängerapparat drei magnetische Felder erzeugt, die sich zu einem resultierenden Feld zusammensetzen, in dessen Richtung sich ein Anker mit Zeiger einstellt. Durch den Geberapparat werden die drei Felder in ihrer Größenordnung so geregelt, daß die Richtung des resultierenden magnetischen Feldes in jedem Falle der Richtung des Geberhebels entspricht und sich mit ihm synchron bewegt. Der Geberapparat besteht im einfachsten Falle aus drei im Kreise angeordneten Kontakten, denen durch zwei gabelförmige Kontaktbürsten Strom zugeführt wird. Die drei Empfängerfelder werden durch drei Elektromagnete erzeugt, die radial um 120° versetzt, um den polarisierten, drehbaren Anker angeordnet sind. Die Zuleitung zu jedem der drei Elektromagnete ist an einem der drei Geberkontakte angeschlossen. Die Ableitungen sind unter sich in einem gemeinsamen Knotenpunkt vereinigt. Abb. 199 zeigt die Schaltung eines Gebers mit einem Empfänger, der zur Übertragung von 12 Kommandos dient, in einigen aufeinanderfolgenden Hebellagen.

Elektrische Nebelsignalapparate. Kapitän und wachehabende Nautiker haben besonders bei unsichtigem Wetter ihre volle Aufmerksamkeit auf die Führung des Schiffes zu richten. Es ist störend, daß in diesen Zeiten äußerster Anspannung die Aufmerksamkeit des wachhabenden Offiziers durch das Geben der Nebelsignale und das Sehen nach der Uhr abgelenkt wird. Auf größeren Schiffen werden daher automatische Nebelsignalgebeapparate (Uhrwerke mit elektrischer Schaltung) eingebaut, die sich sehr bewährt haben und deren Einbau auf allen Schiffen mit elektrischen Anlagen zu empfehlen ist.

Schiffstelegraphen. Sie bestehen aus einem Geber und einem Empfänger, die durch elektrische Leitungen miteinander verbunden sind. Geber und Empfänger sind in der Regel runde, wasserdicht abgeschlossene Gehäuse, die je unter einer Glasscheibe eine Skala mit der gleichen Beschriftung tragen. Am Geber stellt man einen Einstellhebel oder einen Handgriff so ein, daß ein an ihm befestigter Zeiger auf das Skalenfeld zeigt, das das zu übermittelnde Kommando enthält. Dieser Bewegung folgt ein Zeiger am Empfänger. Während des Einstellens ertönt am Geber ein Achtungssignal als Zeichen, daß die Anlage in Ordnung ist, am Empfänger ein lautes Weckersignal, um die Aufmerksamkeit auf das ankommende Kommando zu lenken. Im Schiffsbetrieb ist es wichtig, daß der Befehlgebende sich vergewissert, daß sein Kommando auch richtig verstanden ist. Diese Gewißheit erhält er durch die Rückmeldung. Bei einer Anlage mit Rückmeldeeinrichtung erhält auch der Empfänger einen Einstellhebel mit einem daran befestigten Zeiger und der Geber einen beweglichen Zeiger, der den Bewegungen des Einstellhebels am Empfänger folgt. Der Befehlsempfänger gibt eine Rückmeldung dadurch, daß er den Zeiger an dem

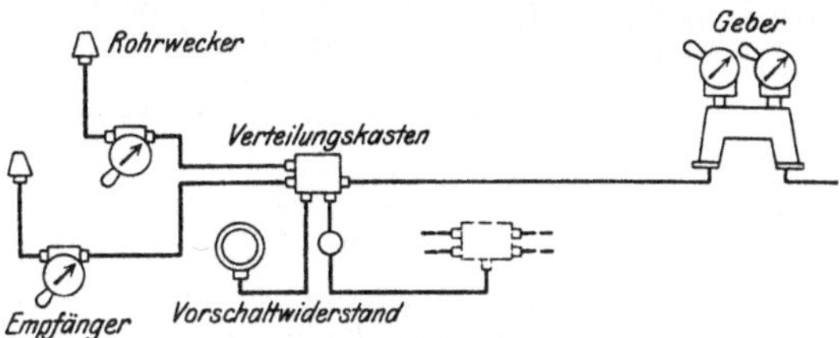

Abb. 200. Maschinentelegraphenanlage.

Einstellhebel des Empfangsapparates auf dasselbe Feld stellt, auf dem das eingelaufene Kommando steht; dadurch stellt sich auch am Geber der Zeiger auf das Feld, auf das der Zeiger am Einstellhebel zeigt.

Die wichtigsten Befehlsübermittler sind die Schiffstelegraphen nach den Haupt- und Hilfsmaschinen (Docktelegraph, Ankertelegraph usw.). Ältere Anlagen sind in der Regel an das Gleichstromnetz angeschlossen, modernere Anlagen werden mit Wechselstrom betrieben. Ihr Vorzug

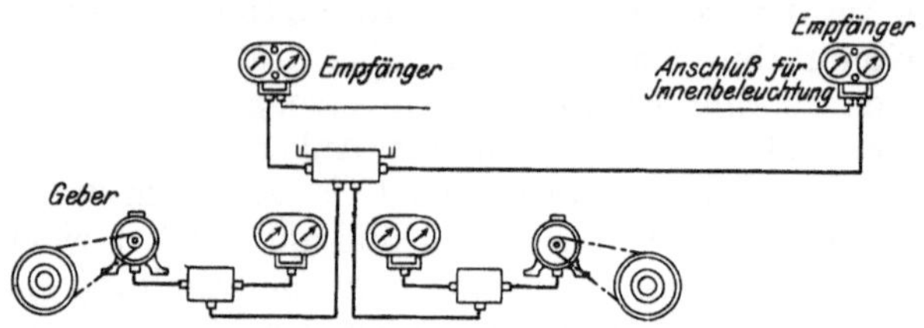

Abb. 201. Umdrehungsanzeigeranlage eines Zweischraubendampfers.

ist Unempfindlichkeit gegen elektrische Störungen, wie Isolationsfehler, Strom- und Spannungsschwankungen. Transformatoren gestatten die Auswahl jeder beliebigen, für den gegebenen Apparat am besten geeigneten Spannung.

An elektrischen Signalanlagen trifft man ferner noch die Umdrehungsfernanzeiger, die die jeweiligen minutlichen Umlaufszahlen der Schiffswelle sowie deren Drehrichtung auf der Brücke, dem Maschinenraum und in allen sonstigen für die Navigation wichtigen Schiffsstellen

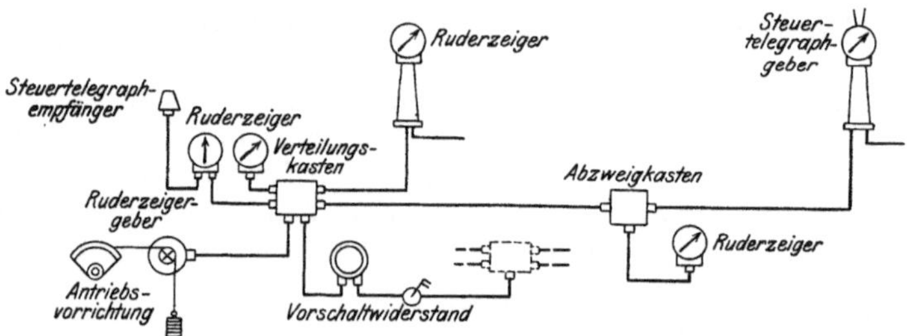

Abb. 202. Rudertelegraphenanlage.

dauernd anzeigen und damit gleichzeitig die Ausführung der durch den Maschinentelegraph gegebenen Befehle kontrollieren.

Ein weiterer Apparat ist der Ruderlageanzeiger, der die jeweilige Lage des Ruders nach dem Kartenhaus oder der Brücke meldet. Er ist häufig mit einem Rudertelegraph vereinigt.

Von weiteren Signaleinrichtungen sei hier noch erwähnt die Gefahrsignalanlage. Werden von Ausguckstellen gefährliche Hindernisse, wie treibende Wracks, Eisberge usw., gesichtet, so kann der Mann am Ausguck durch Druck auf eine Taste das Signal „Gefahr voraus“ auf der Brücke und auch im Maschinenraum als Lichtsignal erscheinen lassen, das gleichzeitig durch Alarmglocken angekündigt wird. Die Schottenalarmanlage läßt ihre Alarmglocken ertönen, sobald das Kommando

„Schotten dicht“ gegeben wird. Die auf der Kommandobrücke aufgestellte Schottentafel gibt dem Schiffsführer einen Überblick darüber, welche Schottentüren geöffnet und welche geschlossen sind.

Um die Schiffsbesatzung zu außergewöhnlichen Dienstleistungen sofort herbeizurufen, sind in der Nähe ihrer Wohn- und Arbeitsräume elektrische Alarmwecker angebracht, die von der Brücke aus in Gang gesetzt werden. Der elektrische Teil dieser Wecker ist wasser- und staubdicht abgeschlossen. Die Bewegung des Ankers wird entweder durch eine dünne Membrane in der Gehäusewand auf den Klöppel übertragen oder auch durch eine luftdicht durch die Gehäusewand geführte Achse. Die Wecker haben eine starke Lautwirkung, um Nebengeräusche übertönen zu können.

Fernthermometer sind Vorrichtungen, die das Resultat lokaler Temperaturmessungen selbsttätig auf beliebige Entfernungen übertragen. Die modernen Apparate an Bord beruhen auf der Veränderung des elektrischen Leitungswiderstandes eines Metalles, der bei reinen Metallen nahezu proportional der Temperaturänderung ist (Wheatstonesche Brücke). Als Metall wird meistens Nickel verwandt. Die Fernthermometeranlagen sind elektrisch selbsttätig. Sie erhalten Trockenelemente oder eine Akkumulatorenbatterie von 2—4 Volt. Die konstruktive Durchbildung richtet sich ganz nach ihrer Verwendung.

Die selbsttätigen Feuermelder beruhen auf dem Prinzip der Ausdehnung der Metalle durch Wärme. Sie bestehen meistens aus einem schwach gebogenen Metallstreifen, der an beiden Enden fest eingespannt ist. Gegenüber der Mitte des Metallstreifens ist eine verstellbare Kontaktschraube zum Einstellen auf die verschiedenen Wärmegrade von 0° bis 100° C angeordnet. Bei einer Temperaturerhöhung über die eingestellte Höchstgrenze hebt sich der Metallstreifen, der durch Wärmeausdehnung verlängert wird, von dem Kontakt ab, wodurch der Ruhestrom der Anlage unterbrochen wird. In der Anzeigestelle im Kartenhaus wird das Ansprechen eines Melders wieder durch eine Signallampe oder Alarmglocke erkennbar gemacht. Die Feuermelderanlagen erhalten fast alle Anschluß an einen Beleuchtungsstromkreis im Kartenhaus.

Eine wichtige Rolle im modernen Schiffsbetrieb spielen ferner die Lautfernsprecher, die die alten Sprachrohranlagen auf großen Schiffen fast ganz verdrängt haben. Den früheren Sprachrohreinrichtungen am nächsten kommt wegen seiner gedrungenen Bauart der Sprachrohrfernsprecher. In einem durch einen aufklappbaren Deckel staub- und feuchtigkeitsdicht verschlossenen Gehäuse befinden sich der Hörer (Telephon) und die Schalteinrichtungen. Der Geber (das Mikrophon) ist am Deckel befestigt. Klappt man den Deckel auf, so liegen Mikrophon und Telephon frei. Durch das Aufklappen wird der Rufstrom eingeschaltet, und am Gegenapparat ertönt der Anrufwecker so lange, bis auch hier das Mikrophon herausgeklappt ist. Läßt man nach Beendigung des Gesprächs den Deckel los, so legt sich das Mikrophon selbsttätig wieder vor das Telephon. Neben dem Weckersignal wird auch ein Lichtsignal dadurch gegeben, daß eine im Gehäuse untergebrachte kleine Glühlampe aufleuchtet. Für geräuschvolle Räume ist ein anderer Lautsprecher konstruiert worden, der wegen seiner kräftigen Lautwirkung, einfachen Handhabung und großen Widerstandsfähigkeit alle Anforderungen des Schiffsbetriebes erfüllt. An einem Anschlußkasten, der die Schalteinrichtungen enthält, hängen links ein Handfernsprecher, rechts ein Handhörer mit Handgriff, die durch geschützte bewegliche Leitungen mit dem Anschlußkasten verbunden sind. Der Handfernsprecher trägt an einem gemeinsamen röhrenförmigen Handgriff einen Hörer (Telephon) und einen Geber (Mikrophon). Hebt man den Fernsprecher ab, so ertönt am Gegenapparat ein Weckersignal, und gleichzeitig leuchtet an ihm eine Glühlampe auf. Die Anrufzeichen verschwinden, sobald auch hier der Fernsprecher vom Haken genommen wird. Beim Anhängen der Handfernsprecher wird der Betriebsstrom selbsttätig abgeschaltet. Den Apparat, dessen einzelne Teile wasserdicht gekapselt sind, befestigt man unter Deck einfach an einer Wand, auf Deck schließt man ihn in einen eisernen Schutzkasten ein, den man entweder an der Bordwand anbringt oder auf einer Säule frei auf Deck aufstellt. Sollen mehrere Lautsprechstationen miteinander verkehren, so sieht man wasserdicht gekapselte Linienwählereinrichtungen vor, mit denen man den eigenen Apparat auf die anzurufende Station schaltet. Zum Betriebe von Lautsprechanlagen benutzt man Gleichstrom von 12 Volt Spannung, den man zweckmäßig einer Akkumulatorenbatterie entnimmt. Für das Aufladen der Batterie gibt es einfache Ladeschalttafeln.

Elektrische Klingel-, Uhren- und Telephonanlagen werden an Bord häufig noch mit Trockenelementen betrieben.

Elektrische Uhren sind Zeigerwerke, die durch den elektrischen Strom mit einer Normaluhr in übereinstimmendem Gange gehalten werden. Man erreicht dies dadurch, daß die Normaluhr etwa in jeder Minute einen Stromleiter schließt und der Stromschluß durch einen Elektromagnet auf einen Anker einwirkt, wodurch ein Zahnrad um einen Zahn fortbewegt wird. Die Bewegung des Zahnrades rückt den Minutenzeiger, dessen Bewegung sich durch das Räderwerk auf den Stundenzeiger überträgt.

5. Bemerkungen bzgl. elektrischer Leitungen.

Für die elektrischen Leitungen an Bord müssen besondere Hin- und Rückleitungen vorhanden sein.

Alle Leitungen für elektrische Licht- und Kraftanlagen, die sich weniger als 8 m von der Kompaßrose entfernt befinden, müssen doppelpolig so gelegt sein, daß Hin- und Rückleitung unmittelbar zusammenliegen.

Kleine, gut gelegte Nebenleitungen beeinflussen den Kompaß nicht, daher können die Kompasse selbst elektrische Beleuchtung erhalten.

Auf Schiffen mit wenig Maschinenpersonal empfiehlt es sich, daß sich die wachhabenden Offiziere mit dem elektrischen Leitungsnetz vertraut machen. Auf solchen Schiffen sollte der wachhabende Offizier im Hafen stets einige brauchbare Sicherungen zur Hand haben, um bei

Kurzschluß oder Unbrauchbarkeit von Sicherungen diese auswechseln zu können.

Der wachhabende Offizier sorge auf See und im Hafen dafür, daß alle überflüssigen elektrischen Lampen und Apparate ausgeschaltet sind, damit die Glühbirnen und Apparate geschont und Brennstoff gespart werden!

XVII. Gesundheitspflege an Bord.

Auszug aus verschiedenen gesetzlichen Bestimmungen.

Auf jedem deutschen Schiffe in langer oder großer Fahrt, das nicht zur Führung eines Schiffsarztes verpflichtet ist, muß der Kapitän oder ein nautischer Schiffsoffizier ein Zeugnis über erfolgreiche Ablegung einer amtlichen Prüfung in der Gesundheitspflege besitzen.

Auf allen Hochseefischereifahrzeugen muß entweder der Kapitän oder Steuermann oder Bestmann oder ein Maschinist im Besitze eines Zeugnisses über erfolgreiche Absolvierung eines Kursus in der „ersten Hilfeleistung bei Unglücksfällen an Bord" sein.

Für Reisen in mittlerer und großer Fahrt sind deutsche Handelsschiffe, die mehr als 50 Reisende oder insgesamt mehr als 100 Personen während einer Seereise von mindestens 6 aufeinanderfolgenden Tagen beherbergen sollen oder voraussichtlich beherbergen werden, mit einem zur unentgeltlichen Behandlung der Schiffsbesatzung sowie der Reisenden III. Klasse und der Zwischendecker verpflichteten, im Deutschen Reich approbierten Arzt zu besetzen.

Jedes Schiff, das Auswanderer fährt, muß einen Arzt an Bord haben, dieser hat sich bei der Auswanderungsbehörde bzw. ihrem Vertreter (meistens dem Hafenarzt) persönlich vorzustellen und auszuweisen.

Einige Staaten, wie z. B. Italien und Spanien, verlangen, daß die Schiffe anderer Nationen, falls sie viele Auswanderer von Italien oder Spanien an Bord haben, einen Arzt dieses Landes fahren.

Der Schiffsarzt eines Schiffes, das Auswanderer bzw. II.-Kl.-Reisende fährt, hat von der Reederei eine Dienstanweisung zu erhalten, die im Einverständnis mit der Auswanderungsbehörde aufgestellt worden ist.

Auf den Schiffen, auf denen ein Schiffsarzt sein muß, hat dieser eine Krankenliste und ein Tagebuch zu führen. Krankenliste und Tagebuch sind nach Rückkehr von der Reise der nach Bestimmung der Landesregierung zuständigen Behörde vorzulegen.

Jedes Schiff muß außerhalb der Wattfahrt ein Exemplar der „Anleitung zur Gesundheitspflege auf Kauffahrteischiffen" an Bord haben. — Dieses Buch arbeite jeder Nautiker von Zeit zu Zeit erneut durch!

Betreffs der Eintragungen in das Schiffstagebuch, die Bezug auf die Gesundheitspflege an Bord haben, s. S. 417, 420, 423.

Jedes Schiff muß mit den durch Reichsgesetz vorgeschriebenen Mitteln zur Krankenpflege, Arzneimitteln sowie mit Lebensmitteln zur Krankenpflege ausgerüstet sein (die genauen Bestimmungen und Verzeichnisse siehe in der an Bord befindlichen „Anleitung zur Gesundheitspflege" nach). Für die richtige und vollständige Ausrüstung ist im Heimatshafen der Reeder, sonst während der Reise der Kapitän oder der Schiffsarzt verantwortlich.

Die Beschaffenheit der Arzneimittel und ihre Verwendung und Aufbewahrung hat entsprechend den erlassenen Bestimmungen zu erfolgen. Gifte besonders gut unter Verschluß halten!

Mindestens einmal im Jahre sind die Ausrüstung und die Krankenräume durch einen von der Regierung bestimmten Arzt (meistens den Hafenarzt) unter Hinzuziehung eines Apothekers zu prüfen. Diese Prüfungen haben auf allen Schiffen, auf denen ein Arzt an Bord ist, mindestens alle 3 Monate und vor jeder größeren

Reise stattzufinden. Über den Befund ist eine Bescheinigung auszustellen und eine Eintragung in das Schiffstagebuch zu machen.

Schiffe auf See, die keinen Arzt an Bord haben, können über eine Reihe von Funkstellen fast aller Kulturländer ohne Rücksicht auf die Nationalität bei Krankheit oder Unglücksfällen unentgeltliche funkentelegraphische ärztliche Beratung erhalten. Die Anfragen mit einem kurzen Krankheitsbericht können fast überall in beliebiger Kultursprache an die betreffende Funkstelle gerichtet werden, die sie unverzüglich an ein bestimmtes großes Krankenhaus weitergibt. Dessen Ärzte erteilen den erforderlichen Rat, der der Funkstelle telegraphiert und kostenfrei dem anfragenden Schiff zugeführt wird. Näheres darüber siehe im „Nautischen Funkdienst", den „Segelhandbüchern" und den „Nachrichten für Seefahrer".

Untersuchung anzumusternder Seeleute auf Tauglichkeit zum Schiffsdienst. (Auszug aus den gesetzlichen Bestimmungen.)

Auf den Kauffahrteischiffen ist für Reisen, die die Grenzen der kleinen Fahrt überschreiten, die Schiffsmannschaft vor der Anmusterung einer körperlichen Untersuchung auf ihre Tauglichkeit zum Schiffsdienste zu unterziehen.

Wenn die Ausmusterung in einem deutschen Hafen stattfindet, ist die Untersuchung durch einen Arzt vorzunehmen. Der Kapitän und der Reeder sind bei männlichen Angestellten befugt, der Untersuchung persönlich oder durch Stellvertreter beizuwohnen. In außerdeutschen Häfen kann der Kapitän, falls die Zuziehung eines Arztes Schwierigkeiten bereitet, ausnahmsweise die Untersuchung selbst, tunlichst im Beisein eines Beamten des Seemannsamts, ausführen.

Die Untersuchung weiblicher Angestellter darf nur durch einen Arzt erfolgen. Auf Wunsch des Arztes oder der zu Untersuchenden ist eine andere weibliche Person zuzuziehen.

Das Ergebnis der Untersuchung jeder angemusterten Person ist schriftlich festzustellen; die Aufzeichnung ist zwei Jahre lang, vom Tage der Anmusterung an gerechnet, von dem Reeder aufzubewahren.

Der Reeder hat dem Schiffsmanne bei Beendigung des Dienstes auf Verlangen das Untersuchungsergebnis abschriftlich mitzuteilen.

Personen, die bei der Untersuchung als untauglich für den zu übernehmenden Dienst befunden sind, dürfen nicht angemustert werden.

Die zum Decksdienste bestimmten Schiffsleute sind vor der ersten Anmusterung im Inlande gemäß den vom Reichskanzler erlassenen Bestimmungen auf Seh- und Farbenunterscheidungsvermögen zu untersuchen.

Nur solche Schiffsleute, die sich über den Besitz genügenden Seh- und Farbenunterscheidungsvermögens durch eine auf Grund der Untersuchung ihnen erteilte Bescheinigung ausweisen können, dürfen zum Ausguckdienste verwendet werden.

Der Kapitän hat hinsichtlich der zum Decksdienste bestimmten Schiffsleute die Bescheinigungen über den Ausfall der Untersuchungen auf Seh- und Farbenunterscheidungsvermögen vor der Abfahrt aus dem Musterungshafen einer sorgfältigen Durchsicht zu unterziehen.

Für die Durchführung dieser Vorschriften hat, unbeschadet der dem Kapitän zufallenden Obliegenheiten, der Reeder zu sorgen.

Für den Dienst vor den Feuern (Heizer, Kohlentrimmer usw.) nehme man nur ganz gesunde, kräftige und nüchterne Leute.

Allgemeine Bestimmungen über die gesundheitspolizeiliche Schiffskontrolle.

Die einen deutschen Hafen oder eine Lösch- oder Ladestelle auf einem deutschen Strome anlaufenden Seeschiffe unterliegen während ihres Aufenthalts daselbst einer gesundheitspolizeilichen Überwachung.

Bei der Überwachung ist darauf Bedacht zu nehmen, daß die Eröffnung des Verkehrs mit dem Lande nicht behindert, das Anlandgehen der Reisenden nicht verzögert und das Löschen und Laden nicht erschwert wird.

Sofern jedoch Tatsachen vorliegen, welche die Einschleppung einer gemeingefährlichen Krankheit (Aussatz, Cholera, Fleckfieber, Gelbfieber, Pest, Pocken) befürchten lassen, kann der Schiffsbesatzung (Kapitän, Schiffsoffiziere und Schiffsmannschaft) und den Passagieren das Anlandgehen nach Ankunft des Schiffes bis nach erfolgter Besichtigung oder Untersuchung durch den beamteten Arzt oder den Gesundheitsbeamten verboten werden.

Die an Bord befindlichen Kranken sind, soweit der beamtete Arzt es zur Verhütung der Verbreitung einer gemeingefährlichen Krankheit für erforderlich und ausführbar hält, auszuschiffen und in geeigneter Weise, womöglich in einem Krankenhaus, unterzubringen. Auch sind die nach dem Ermessen des beamteten Arztes erforderlichen Desinfektionen vorzunehmen.

Eine ärztliche Untersuchung des Schiffes und seiner Insassen ist bei seiner Ankunft vor der Zulassung des Schiffes zum freien Verkehre stets vorzunehmen:

1. wenn das Schiff im Abfahrtshafen oder während der Reise, jedoch längstens in den letzten sechs Wochen, Cholera (asiatische), Fleckfieber (Flecktyphus), Gelbfieber, Pest (orientalische Beulenpest), Pocken (Blattern) an Bord gehabt hat,

2. wenn auf dem Schiffe im Abfahrtshafen oder während der Reise die Rattenpest oder ein auffälliges Rattensterben festgestellt worden ist,

3. wenn das Schiff aus einem Hafen kommt oder während der Reise einen Hafen berührt hat, gegen dessen Herkünfte zur Zeit der Ankunft in dem deutschen Hafen die Untersuchung vorgeschrieben ist, und wenn seit der Abfahrt aus dem vorbezeichneten Hafen noch nicht sechs Wochen verflossen sind.

Die Untersuchung hat zu unterbleiben, wenn das Schiff nach dem Eintreten eines oder mehrerer unter 1 bis 3 angeführten Fälle bereits einen deutschen Hafen angelaufen und sich dort der Untersuchung und den übrigen auf Grund dieser Vorschriften ihm auferlegten Maßregeln unterzogen hat.

Ist das Schiff in einem ausländischen Hafen der gesundheitspolizeilichen Untersuchung und Behandlung in ausreichender Weise unterworfen worden, so kann es, falls es hierüber genügende schriftliche Ausweise vorlegt und falls seit dem Verlassen dieses Hafens keiner der unter 1 bis 3 angeführten Fälle eingetreten ist, im deutschen Hafen von der Untersuchung und von allen oder einem Teile der übrigen auf Grund dieser Vorschriften zu treffenden Maßregeln auf Antrag befreit werden. Die Entscheidung, ob die Ausweise genügend sind und in welcher Ausdehnung Erleichterungen eintreten können, steht dem beamteten Arzte zu.

Falls das Schiff in dem unter 3 bezeichneten Hafen lediglich Reisende und ihr Gepäck oder die Post ausgeschifft hat, ohne mit dem Lande in Verbindung gekommen zu sein, ist es so anzusehen, als ob es den Hafen nicht berührt hätte.

Jedes der Untersuchung unterliegende Schiff muß beim Einlaufen in das zum Hafen führende Fahrwasser, jedenfalls aber, sobald es sich dem Hafen auf Sehweite nähert, eine gelbe Flagge am Fockmaste hissen.

Das Schiff darf unbeschadet der Annahme eines Lotsen oder eines Schleppdampfers weder mit dem Lande noch mit einem anderen Schiffe, abgesehen vom Zollschiff, in Verkehr treten, auch die vorbezeichnete Flagge nicht einziehen, bevor es durch Verfügung der Hafenbehörde zum freien Verkehre zugelassen ist. Der gleichen Verkehrsbeschränkung unterliegen sämtliche Schiffsinsassen (Schiffsbesatzung, Reisende und sonst an Bord befindliche Personen).

Privatpersonen ist der Verkehr mit einem Schiffe, welches die gelbe Flagge führt, untersagt. Wer dieses Verbot übertritt, wird als zu dem untersuchungspflichtigen Schiffe gehörend behandelt.

Der Lotse und die Hafenbehörde haben durch Befragen des Kapitäns oder seines Vertreters festzustellen, ob das Schiff der Untersuchung unterliegt.

Ist dies der Fall, so haben sie auf die Befolgung der obenerwähnten Vorschriften zu achten sowie dem Kapitän oder seinem Vertreter einen nach Maßgabe der Anlage aufgestellten Fragebogen auszuhändigen.

In ähnlicher Weise wie in Deutschland erfolgt die Behandlung der Schiffe durch die Gesundheitsbehörden aller größeren Seestaaten.

Der Kapitän (bzw. Reederei und Agenten) werden gut tun, möglichst mit diesen Behörden Hand in Hand zu arbeiten und sie nach jeder Richtung hin zu unterstützen.

Schiffe, die von folgenden Ländern und Häfen kommen, unterliegen in Deutschland der quarantäneärztlichen Untersuchung, und zwar aus:

(Pest) Japan, Formosa, China, Hinterindien, Java, Britisch-Ostindien, Belutschistan, Persien, Persischer Golf, Arabien, Rotes Meer, Suezkanal, Ägypten, Bengasi in Tripolis, Saloniki, Insel Mauritius, Brasilien, Ostküste Amerikas, südlich Brasilien bis zum 40. Breitengrad, Westküste Südamerikas, Verakruz; griechische Häfen: Athen, Piräus, Nauplia, Kawalla und Zante;

(Cholera) Britisch-Ostindien, Häfen des Roten Meeres und des Suezkanals, Syrien, Hafen von Konstantinopel (Hafen von Smyrna, Häfen von Petersburg und Kronstadt zeitweise).

Es können aber auch noch andere Häfen festgesetzt werden, falls in diesen ansteckende Krankheiten auftreten.

Desinfektion der Schiffe.

Allgemeines. Der Desinfektion unterliegen diejenigen Gegenstände und Örtlichkeiten, die nach dem Ermessen des beamteten Arztes als infiziert zu erachten sind. Hauptsächlich kommen in Betracht: die Räumlichkeiten, in denen an übertragbaren Krankheiten leidende Kranke oder sonst als Träger des Ansteckungsstoffs zu erachtende Personen sich befunden haben, ihre Ausscheidungen und Abgänge und die von ihnen benutzten oder verunreinigten Gegenstände, wie die Lagerstätte, die Kleidungsstücke, Bett- und Leibwäsche, Eß- und Trinkgeschirr, Spuckgefäß, Nachtgeschirr, Waschbecken, Badewanne, Abort, sowie die sonst mit Ausscheidungen oder Abgängen verunreinigten Gegenstände und Stellen an Deck und in den Schiffsräumlichkeiten, ferner Wischtücher, Schwabber, Besen usw., die bei der Wartung des Kranken und der Reinigung seines Aufenthaltsraums verwendet worden sind, endlich die Kleidung der um den Kranken beschäftigten Personen.

Wenn auf stark besetzten Schiffen, namentlich Auswandererschiffen, bei dem Auftreten einer übertragbaren Krankheit unter den in gemeinschaftlichen Räumen untergebrachten Personen die Verbreitung des Ansteckungsstoffs sich nicht übersehen läßt, sind nicht nur die Krankenräume und die von den Kranken innegehabten Wohnräume, sondern auch alle übrigen in Betracht kommenden Schiffsräumlichkeiten zu desinfizieren, ebenso erforderlichenfalls nicht nur die Kleidung der Kranken und ihrer Pfleger, sondern auch sämtlicher Mitreisenden derselben Abteilung oder Klasse.

Auf Schiffen, die wegen Choleragefahr der Untersuchung unterliegen, ist, einerlei ob sie als verseucht, verdächtig oder rein befunden werden, das Trink- und Gebrauchswasser zu desinfizieren, wenn es nicht völlig unverdächtig erscheint, und durch gutes Trinkwasser zu ersetzen; auch ist das Ballastwasser, das im Hafen entleert werden soll, vorher zu desinfizieren, wenn es in einem choleraverseuchten oder -verdächtigen Hafen eingenommen wurde.

Auf solchen Schiffen ist ferner das Bilgewasser zu desinfizieren und alsdann, soweit tunlich, auszupumpen, wenn es nach dem Ermessen des beamteten Arztes Cholerakeime enthält. Maschinenbilgewasser von eisernen Schiffen, die aus choleraverseuchten Häfen nach kürzerer als fünftägiger Reise ankommen, ist regelmäßig zu desinfizieren. Die Desinfektion der Bilge unter den Laderäumen von eisernen Schiffen kann auf reinen Schiffen in der Regel unterbleiben, jedenfalls empfiehlt es sich, damit zu warten, bis das Schiff leer und der Bilgeraum bequem zugänglich geworden ist.

Desinfektionsmittel. Als Desinfektionsmittel können angewandt werden:

1. Verdünntes Kresolwasser (2,5 proz.).
2. Karbolsäurelösung (etwa 3 proz.).
3. Sublimatlösung ($^1/_{10}$ proz.).
4. Kalkmilch.

Die Kalkmilch wird bereitet, indem zu je 1 l Kalkpulver allmählich unter stetem Rühren 3 l Wasser hinzugesetzt werden.

5. Clohlorkalkmilch wird in der Weise hergestellt, daß zu je 1 l Chlorkalk allmählich unter stetem Rühren 5 l Wasser hinzugesetzt werden. Chlorkalkmilch ist jedesmal vor dem Gebrauche frisch zu bereiten.

6. Formaldehyd entweder in Dampfform oder in wässeriger Lösung (etwa 1 proz.).

7. Wasserdampf. Der Wasserdampf muß mindestens die Temperatur des bei Atmosphärendruck siedenden Wassers haben.

8. Auskochen in Wasser, dem Soda zugesetzt werden kann.

9. Verbrennen, anwendbar bei leicht brennbaren Gegenständen von geringem Werte.

Schiffsräucherung durch Blausäuregase. Die Erreger der Pest werden nur durch die auf den Ratten schmarotzenden Flöhe übertragen. Das Auslegen von vergiftetem Futter zur Vertilgung der Ratten ist ein Mittel von recht zweifelhaftem Wert, vor allem deshalb, weil zwar die Ratten abgetötet werden, aber nicht die auf ihnen sitzenden Flöhe, die so Gelegenheit finden, von den Ratten zu gesunden Menschen abzuwandern und diesen die Pesterreger einzuimpfen. Angesichts dieses Mißstandes ist man von der Auslegung von Gift abgegangen und zu Verfahren gekommen, bei denen der ganze Raum, in dem sich Ratten aufhalten, mit giftigen Gasen erfüllt wird, die gleichzeitig auch die Rattenflöhe abtöten. Von den zur Erreichung dieses Zweckes bekannten und angewandten Gasen — schweflige Säure, Kohlenoxyd und Blausäure — wird das letzgenannte wegen seiner wertvollen Vorteile gegenüber den anderen vorgezogen, nachdem man es zuerst in den Vereinigten Staaten eingeführt und in großem Umfange erprobt hatte. Sein wesentlichster Vorzug wird darin erblickt, daß seine Anwendung keine schädlichen Einwirkungen auf Proviant, Einrichtungsgegenstände (Holz, Leder, Metall usw.) oder Ladung mit sich bringt. Die Gefahr der Schädigung Unbeteiligter hat man durch Zusatz eines Reizgases mit Tränen erregender Wirkung abgeschwächt. In Deutschland wendet man mit Vorliebe das Zyklon-B-Verfahren (und ähnliche) an, das als wirksamen Bestandteil Chlorzyan enthält.

Zyklon B ist eine pulverförmige Streumasse, die in luftdicht verschlossenen Blechbüchsen versandt wird. Sobald eine Büchse (mit einem gewöhnlichen Büchsenöffner) geöffnet und ihr Inhalt in dem zu durchgasenden Raum ausgestreut wird, gehen die wirksamen Bestandteile in Gasform über und erfüllen den Raum bis in die feinsten Spalten und entlegensten Ecken. Das Zyklon B wirkt nicht nur auf Ratten tödlich, sondern ist gleichzeitig ein ausgezeichnetes insektentötendes Mittel, das Wanzen, Läuse, Kakerlaken und die auf den Ratten sitzenden Flöhe mit ihrer Brut sicher abtötet.

Anordnungen der Schiffsleitung bei einer Blausäuredurchgasung:

1. Blausäure ist eines der stärksten gasförmigen Gifte. Wenige Atemzüge des eingeschlossenen Gases genügen, um den Tod herbeizuführen. Der dem Gas zugefügte Reizstoff reizt zu Tränen und gibt dadurch die Anwesenheit von Blausäuregas zu erkennen.

2. Blausäuregas ist unschädlich für alle Kleidungsstücke und Einrichtungsgegenstände, sowie für Ladung und Proviant. Auch Provianträume brauchen daher nicht geräumt zu werden.

3. Zu dem mit dem Durchgasungsleiter vereinbarten Zeitpunkt sind sämtliche Windtutzen sorgfältigst dicht zu machen, sowie sämtliche Bullaugen zu schließen. Ventilationsanlagen sind abzustellen und die nach außen führenden Schieber zu schließen. Auch die Ankerkettenlöcher sind gut zu verstopfen.

4. Bilgen, Verkleidungen von Peilrohren u. dgl. sind so weit zu öffnen, daß das Gas in alle Teile der betreffenden Schiffsräume eindringen kann.

Schotten, die Kohlenbunker mit Laderäumen verbinden, sind zu schließen; das Abschlußschott des Wellentunnels muß ebenfalls abschließbar sein.

5. Die Luken sind in sämtlichen Zwischendecks vollkommen abzudecken; die Luken des obersten Decks dagegen sind vollzählig einzulegen und mit Persennigen und Lukenkeilen wie für hohe See gut zu verschließen.

6. Wasch- und Trinkwasser und andere offene trinkbare Flüssigkeiten sind zu entfernen oder auszugießen.

7. Das Schiff muß von allen Personen mit Ausnahme der Schiffswache mindestens eine Stunde vor Beginn der Durchgasung geräumt sein.

8. In den Räumen, die gegen Wanzen und Kakerlaken durchgast werden sollen, müssen sämtliche Schränke und Schubläden geöffnet und Matratzen hochgestellt sein, da sonst eine restlose Beseitigung des Ungeziefers in Frage gestellt ist.

Nach der Durchgasung bleiben die durchgasten Räume zwecks schneller Entlüftung offen stehen.

9. Die Schiffswache muß sich stets auf Deck aufhalten und jedem Unbefugten das Betreten des Schiffes verwehren.

10. In den durchgasten Schlafräumen darf in der auf die Durchgasung folgenden Nacht nicht geschlafen werden.

Sorge der Schiffsleitung um den Gesundheitszustand der Mannschaft.

Die Schiffsleitung kann ungemein viel dazu beitragen, daß der Gesundheitszustand an Bord ein guter ist. Sie sorge zunächst bei der Anmusterung dafür, daß nur gesunde und kräftige Leute angemustert werden. Während der Reise und im Hafen sorge sie für Sauberkeit der Logisräume und Aborte und deren häufige Durchlüftung. Besondere Beachtung ist der gründlichen und regelmäßigen Körper- und Zeugwäsche der Mannschaft zu widmen. Auch das Kojenzeug ist tunlichst häufig gründlich zu lüften und zu reinigen und, sofern erforderlich, zu desinfizieren. Bei kaltem Wetter ist für genügende Erwärmung der Logisräume zu sorgen.

Ganz besondere Sorgfalt ist der Beschaffung von gutem Trinkwasser zu schenken. Das Wasser ist immer aus der besten Bezugsquelle, die beim Konsul zu erfragen ist, zu entnehmen, auch wenn es sich teurer stellt als anderes. In Häfen, in denen Cholera, Ruhr oder Typhus herrscht, soll, wenn irgend möglich, Wasser *nicht* genommen werden. Nur in großen Hafenplätzen mit guten, staatlich beaufsichtigten, zentralen Wasserleitungen kann man eine Ausnahme machen, wenn von zuverlässiger und sachverständiger Seite (Konsul, Ärzte) das Wasser für unverdächtig erklärt wird und wenn es unmittelbar aus der Wasserleitung in die Wassertanks gepumpt werden kann oder in reingehaltenen, gut verschlossenen eisernen Wasserprähmen längsseit gebracht wird. Muß in verseuchten Häfen, wo solches Trinkwasser nicht zu erhalten ist, dennoch Trinkwasser genommen werden, so ist es vor dem Gebrauch abzukochen, *Filter an Bord geben keine Sicherheit, verschlechtern vielmehr häufig das Wasser. Abkochen ist das einzige einfach auszuführende, zuverlässige Mittel, um schlechtes oder verdächtiges Wasser unschädlich zu machen.*

In kalten Gegenden ist der Schiffsmann vor allen Dingen gegen die sehr nachteiligen Einwirkungen der feuchten Kälte zu schützen, die besonders zu Erkältungskrankheiten und rheumatischen Leiden Veranlassung geben können. Alle Leute sollen dicke, wollene Kleidung, diejenigen, die sich wenig bewegen (Rudergänger, Ausguckleute usw.), außerdem Ölzeug tragen; letztere sind unter Umständen auch häufiger abzulösen. Das Gesicht ,namentlich die Nase und die Ohren, sowie die Hände und Füße (z. B. beim Loten oder Rudern) sind nötigenfalls zum Schutz gegen Wind und Nässe mit Fett (halb Talg, halb Öl) einzureiben, die Füße und Unterschenkel vor Kälte durch Einlegen von Papier zwischen Doppelstrümpfe zu bewahren. — Da von Seewasser durchnäßte Stiefel schwer trocken werden und Kaltwerden der Füße bewirken, empfiehlt es sich, die Leute beim Deckwaschen solange als möglich (bis etwa 8° C Wassertemperatur) barfuß gehen oder aber die bei dieser Arbeit getragenen Stiefel sofort gegen trockene umtauschen zu lassen. Das Deckwaschen ist zu beschleunigen.

Als Erfrischungsmittel für die Leute diene heißer Kaffee. Schnaps werde nur selten verausgabt und dann mit heißem Wasser und Zucker gemischt (Grog). Die Nahrung sei reichlich und fetthaltig. Der vorschriftsmäßige Zitronensaft werde mit heißem anstatt mit kaltem Wasser angemacht.

In warmen Gegenden bewirkt große, insbesondere langanhaltende Hitze bei den meisten Menschen eine starke Erschlaffung, die den Seemann zu seinem Berufe zeitweise unbrauchbar machen kann. Außerdem können Sonnenstich und Hitzschlag eintreten, Krankheiten, die häufig rasch zum Tode führen oder langes Siechtum hinterlassen.

In warmen Gegenden sei die Kleidung in den heißen Tagesstunden leicht, für die kühlere Abend- und Nachtzeit wärmer. Wollenes Unterzeug in den Tropen abzulegen, ist nicht ratsam, sonst ist die Benutzung baumwollener Unterkleidung (Trikotstoff) zu empfehlen. Die Oberkleidung sei leicht, weit, eher hell als dunkel. An Stelle der Mütze trete zur Vorbeugung des Sonnenstichs ein leichter Hut mit Nackentuch (Schleier) oder ein sogenannter Tropenhelm aus dickem Kork. Wenn irgend möglich, werden Sonnensegel, jedoch nicht zu niedrig, und am besten *doppelte* Sonnensegel, das eine $^1/_2$ m über dem anderen, ausgeholt. Das Deck ist bei großer Hitze mehrmals täglich mit Wasser zu übergießen. Besonders sind die Leute am Ruder und Ausguck usw. zu schützen. Kein Mann darf mit unbedecktem Kopfe sich den Sonnenstrahlen aussetzen. Es empfiehlt sich, die Leute an Deck essen zu lassen. Das Schlafen an Deck ist in den Tropen jedoch nur dann zu gestatten, wenn keine Malaria- oder Gelbfiebergefahr besteht und wenn Sonnensegel mit genügend langen, gut schließenden Seitenvorhängen nach der Windseite zu ausgespannt sind. Es ist ratsam, daß sich die Leute häufig, wenn möglich jeden Morgen und Abend, kalt abbrausen oder abwaschen. Wer sehr am roten Hund leidet, wickelt sich, statt sich mit Seewasser zu benetzen, besser in ein mit Frischwasser naß gemachtes Laken ein.

Anstrengende Arbeiten werden am besten in den frühen Morgenstunden ausgeführt; in der heißesten Zeit, von 10 bis 2 Uhr, muß die Mannschaft möglichst geschont werden. Die Zeit um Sonnenuntergang diene der Erholung. Während des Regens lasse man in den Tropen, wenn angängig, die Arbeit im Freien einstellen, naß gewordene Kleider sind sofort gegen trockene zu vertauschen.

Die Nahrung sei leicht, gut verdaulich und minder fettreich als sonst; Hülsenfrüchte und Salzfleisch sind wenig, präserviertes Fleisch, Graupen, Grütze, Reis, Gemüse hingegen öfter zu verabreichen. Wasser mögen die Leute nach Gefallen trinken, doch nicht zuviel auf einmal; Branntwein gebe man nur selten.

Der Beköstigung der Mannschaft schenke die Schiffsleitung besondere Beachtung. Vielfach werden gute und ausreichende Lebensmittel durch ungeschickte Köche verdorben; man sorge für beste Zubereitung der Speisen. Nach Möglichkeit verabfolge man in den Tropen den Leuten häufiger Obst und Gemüse. Durch eine einfache, aber gut zubereitete und abwechslungsreiche Kost wird man seine Mannschaft vor vielen Krankheiten (besonders Magen- und Darmkrankheiten) bewahren.

Muß ein erkrankter Mann Krankenkost erhalten, so sorge man für eine besonders sorgfältige Zubereitung der Speisen; durch eine richtige und gute Krankenkost ist schon manches Leben erhalten worden.

Zum Wohlbefinden des Menschen trägt ferner sein gutes seelisches Befinden wesentlich bei. Namentlich auf langen Reisen von Frachtdampfern und Segelschiffen, wo während längerer Zeit wenige Menschen nur auf sich angewiesen sind, kommen leicht Differenzen zwischen den Leuten vor; Nörgelei und Unzufriedenheit treten auf. Die Schiffsleitung kann solchen Zuständen vorbeugen. Sie sorge für Zucht und Ordnung und eine straffe Disziplin, sie sei gerecht und habe Verständnis — nicht nur Wohlwollen — für jeden einzelnen Mann der Besatzung.

Einige Winke für die erste Hilfeleistung bei Unglücksfällen bis zur Ankunft des Arztes.

Man beachte genau die Vorschriften und Anweisungen, die in der „Anleitung zur Gesundheitspflege auf Kauffahrteischiffen" niedergelegt sind. Das Buch **muß** sich an Bord eines jeden Schiffes befinden.

Beim Entkleiden eines Verletzten beginne man stets an der gesunden Seite. Umgekehrt verfährt man beim Ankleiden, wo zuerst der verletzte und dann der gesunde Teil bekleidet wird. Den verletzten Körperteil vorsichtig und nie an der verletzten Stelle selbst anfassen. Lassen sich die Kleider nicht ausziehen, so trenne man sie vorsichtig mit einem Messer oder einer Schere in der Naht auf. Seestiefel werden bei Unterschenkel- und Fußverletzungen mittels eines Taschenmessers in den Nähten aufgetrennt. Bei jedem Unglücksfall sofort für ärztliche Hilfe sorgen!

Quetschung. Ruhigstellung des getroffenen Körperteiles. Arm in Tragbinde. Bein hoch lagern, Kniekehlen gut unterstützen. Bei Brustquetschung sitzende Stellung. Bei Bauchquetschung halb sitzende Stellung, Beine an den Leib ziehen und sehr vorsichtig sein mit Erfrischungsmitteln! Alle einengenden Kleidungsstücke lockern.

Verstauchung. Ruhigstellen des verletzten Gliedes. Kalter Umschlag. Arm in Tragtuch. Bein hoch lagern, Kniekehle gut unterstützen. Kalte Einwicklung.

Verrenkung. Ruhigstellen des verletzten Gliedes bis Arzt kommt.

Ohnmacht. Gesicht blaß, Puls und Atmung schwach. Rückenlage. Kopf tief. Öffnen der Kleider. Hautreize. Reiben und Bürsten der Füße und Hände. Taschentuch mit Essig oder Salmiakgeist unter die Nase. Starker Kaffee, Tee, Wein, Hoffmannstropfen. Bei Erbrechen Kopf seitwärts lagern.

Schock oder Wundschock. Blasse, kalte Haut, aussetzender Puls, Brechneigung. Rückenlage, Kopf tief. Lockern der Kleider. Eventuell künstliche Atmung.

Gehirnerschütterung. Pulsverlangsamung, Erbrechen. Rückenlagerung. Absolute Ruhe. Eisblase auf Kopf.

Schlaganfall. Blaurotes, gedunsenes Gesicht, voller langsamer Puls, schnarchende Atmung. Teilweise Lähmung. Hochlagerung des Oberkörpers. Öffnen der Kleider. Kälte auf den Kopf. Senfteig auf Brust.

Sonnenstich. Kann nur bei direkter Bestrahlung des bloßen Körpers durch die Sonne vorkommen. Kleider öffnen, eventuell entfernen. Kranken an kühlen Ort bringen. Kopf hoch lagern, wenn Gesicht gerötet, sonst Rückenlage ohne Erhöhung des Kopfes. Begießen oder Besprengen mit kaltem Wasser. Eisumschläge, kühles Getränk. Wenn Atmung stockend, künstliche Atmung.

Hitzschlag. Kann auch bei bewölktem Himmel vorkommen. Erste Hilfe siehe Sonnenstich.

Krämpfe. Weiche Unterlage unter Kopf und Körper. Entfernung aller Gegenstände aus der Umgebung, an denen sich der Kranke verletzen kann. Wenn Zunge zwischen den Zähnen eingeklemmt, flachen Gegenstand (Stück Holz) zwischen die Zähne schieben und Zunge bis hinter die Zahnreihe zurückdrängen.

Schlagaderblutung. Hellrotes Blut spritzt stoßweise oder im Strahl hervor. Glied oberhalb der Wunde abschnüren resp. Druckverband. Abschnürung nie über der Kleidung vornehmen. Schnürverband darf höchstens 2 Stunden liegenbleiben.

Blutaderblutung. Dunkelrotes Blut fließt gleichmäßig, ununterbrochen aus der Wunde. Druckverband oder Abschnürung unterhalb der blutenden Stelle.

Haargefäßblutung. Das weder deutlich hellrote noch dunkelrote Blut rieselt langsam aus der Wunde. Hochlagerung des verletzten Gliedes.

Erster Wundverband. Vermeide jede Berührung der Wunde mit den Fingern oder mit Kleidungsstücken. Unterlasse im allgemeinen jedes Reinigen der Wunde. Im Notfalle Abspülen oder Abtupfen der Wunde mit Borwasser, Karbolwasser, Lysoform, Lysol, Sublimat oder übermangansaurem Kalium. Bedecken der Wunde mit einer dicken Schicht trockner Wundwatte und darüber ein Stück Guttaperchapapier oder Leinwand. Mullbinden. Hochlagerung. Vor jeder Beschäftigung mit einer Wunde Hände gründlichst reinigen und desinfizieren.

Knochenbrüche. Glied ruhig und zweckmäßig lagern. Den Kranken nach Möglichkeit liegenlassen, bis alle Hilfsmittel zum Transport in das Lazarett zur Hand sind. Beim Transport Glied durch Schienen festlegen.

Unterleibsbrüche. Kranken mit erhöhtem Becken und an den Leib angezogenen Beinen lagern.

Verbrennen durch Feuer. Zunächst Ersticken der Flammen. Begießung des verbrannten Körperteils mit reichlich Wasser. Zeug entfernen, aber nicht abreißen, wenn es mit der Haut verklebt ist. Blasen nicht öffnen. Antiseptische Watte mit Borsalbe, Lanolin, Vaselin, ungesalzener Butter, Schmalz bestreichen oder mit Leinöl und Kalkwasser (zu gleichen Teilen) tränken. Luftabschließenden Verband anlegen.

Verbrennen durch Wasser oder Dampf. Sofort begießen mit kaltem Wasser. Kleider schleunigst entfernen, sonst wie vorher.

Verbrennen durch Ätzkalk oder Säuren. Sorgfältiges Entfernen der noch vorhandenen Reste des Ätzmittels durch reichliches Begießen mit Wasser und Abtupfen. Bei Verbrennung durch Laugen Umschläge mit stark verdünnten Säuren (Essig, Zitronensaft); bei Verbrennen mit Säuren Umschläge mit Kalkwasser, Seifenwasser, Sodawasser. Bei Verbrennen am Auge Einträufeln von reinem Öl.

Nasenbluten. Kopf hoch lagern, Halskragen lockern, Nase eine Zeitlang fest zusammendrücken. Antiseptischen Mull in das blutende Nasenloch stopfen oder Wundwatte, die vorher mit Essigwasser getränkt und gut ausgedrückt wurde.

Lungenbluten. Es wird schaumiges Blut ausgehustet. Sitzende Stellung einnehmen. Nicht sprechen. Kleidungsstücke lockern. Einen Eßlöffel voll Kochsalz in einem Glas kalter Milch langsam trinken.

Magenbluten. Kaffeesatzartiges Blut wird ausgebrochen. Bequeme Lagerung bei erhöhtem Oberkörper. Kleidungsstücke lockern. Eis auf die Magengegend. Keine Getränke und keine Speisen verabreichen.

Vergiftung. Durch Kitzeln des Schlundes, Trinkenlassen größerer Mengen lauwarmen Salzwassers für Erbrechen sorgen. Bei stockendem Atem künstliche Atmung. Ist eine Säure verschluckt, so gib ein Alkali (Soda, Pottasche, Magnesia, Kalk) in viel Wasser gelöst; ist eine Lauge (Alkali) verschluckt, so gib Säure in viel Wasser (Essig, Zitronen).

Gasvergiftung. Frische Luft. Reibungen und andere Reizmittel, kalte Begießungen, künstliche Atmung.

Anweisung zur Behandlung scheinbar Erfrorener. (Nach den Angaben der Deutschen Gesellschaft zur Rettung Schiffbrüchiger.)

Durch Kälte Erstarrte müssen vorsichtig angefaßt werden, damit kein Glied zerbricht. Sie werden in einen kalten, geschlossenen Raum gebracht und vorsichtig von den Kleidern, die aufzuschneiden sind, befreit. Eine ganz allmähliche Auftauung wird bezweckt durch Abreiben und Einhüllen mit Schnee oder kaltem Wasser und nassen Tüchern. Wenn die Haut auftaut und die Glieder beweglich werden, reibe man mit kalten Tüchern ab, gebe ein kaltes Bad und erwärme langsam den Raum. Bei Scheintoten stelle man Belebungsversuche an. Kehrt das Leben wieder zurück, so bringe man den Körper in ein kaltes Bett und decke ihn mit wollenen Decken zu; fahre in der Erwärmung allmählich fort, bis sich das Bewußtsein einstellt. Innerlich belebende Mittel dürfen nur vorsichtig bei fortschreitender Besserung gegeben werden.

Einzelne erfrorene Teile sehen sehr blaß aus und sind starr. Man reibe diese Körperteile mit Schnee oder kaltem Wasser, damit sich der Blutumlauf wieder herstellt. Dann dürfen sie nur ganz allmählich erwärmt werden. Bilden sich Blasen, so sind diese wie Brandblasen zu behandeln.

Anweisung zur Rettung Ertrinkender durch Schwimmen. (Nach den Angaben der Deutschen Gesellschaft zur Rettung Schiffbrüchiger.)

1. Ehe man ins Wasser springt, entkleide man sich vollständig und so schnell wie möglich. Hat man aber keine Zeit dazu, so löse man jedenfalls die Unterbeinkleider am Fuß, wenn sie zugebunden sind.

2. Wenn man sich dem Ertrinkenden nähert, rufe man ihm mit lauter, fester Stimme zu, daß Hilfe gebracht werde.

3. Man ergreife den Ertrinkenden nicht, solange er noch stark im Wasser arbeitet, sondern warte eine kurze Zeit, bis er ruhiger wird. Es ist Tollkühnheit, jemanden zu ergreifen, während er mit den Wellen kämpft, und wer es tut, setzt sich einer großen Gefahr aus.

4. Ist der Verunglückte ruhiger, so nähere man sich ihm, ergreife ihn beim Haupthaar, werfe ihn so schnell wie möglich auf den Rücken und gebe ihm einen plötzlichen Ruck, um ihn oben zu halten. Dann werfe man sich selbst ebenfalls auf den Rücken und schwimme so dem Lande zu, indem man mit beiden Händen den Körper am Haar festhält und sich dessen Kopf, natürlich mit dem Gesicht nach oben, auf den Leib legt. Man erreicht so schneller und sicherer das Land als auf irgendeine andere Art. Auch kann man in dieser Weise sehr lange treiben, was von großer Wichtigkeit ist, wenn man ein Boot oder sonstige Hilfe zu erwarten hat.

Da es nicht immer ausführbar ist, den Ertrinkenden an seinen Haaren zu erfassen, so wird es sich häufig empfehlen, sich dem Ertrinkenden von hinten her zu nähern und ihn bei den Armen dicht bei der Schulter zu umfassen.

5. Wenn jemand auf den Grund gesunken ist, so kann die Stelle, wo der Körper liegt, bei schlichtem Wasser genau an den Luftblasen erkannt werden, die gelegentlich zur Oberfläche emporsteigen. Einer etwaigen Strömung, welche die Blasen am senkrechten Emporsteigen hindert, muß dabei natürlich Rechnung getragen werden. Man kann oft, indem man in der durch die Blasen bezeichneten Richtung niedertaucht, einen Körper wiedererlangen, ehe es zu seiner Wiederbelebung zu spät ist.

6. Taucht man nach einem Körper, so ergreife man ihn am Haar, jedoch nur mit einer Hand, und gebrauche die andere Hand und die Füße dazu, sich zum Wasserspiegel zu erheben.

7. Befindet man sich in See, so ist es, falls der Strom vom Lande absetzt, ein großer Fehler, wenn man versucht, das Land zu erreichen. Man werfe sich dann lieber auf den Rücken, gleichviel, ob man allein oder mit einem Körper belastet ist, und treibe so lange, bis Hilfe naht. Mancher, der gegen den Strom dem Lande zuschwimmt, erschöpft frühzeitig und nutzlos seine Kräfte und geht unter, während ein Boot oder andere Hilfe ihn noch hätte erreichen können, wenn er sich hätte treiben lassen.

Diese Anweisungen sind unter allen Umständen gültig, sowohl in schlichtem Wasser als auch in der unruhigsten See.

Anweisung zur Wiederbelebung scheinbar Ertrunkener. (Nach den Angaben der Deutschen Gesellschaft zur Rettung Schiffbrüchiger.)

1. Entferne alle Kleidung vom Oberkörper bis zum Gürtel und löse diesen.

2. Entferne mittels des mit einem Stück Mull oder einem Taschentuch umwickelten Zeigefingers etwaigen Schlamm aus dem Schlunde. Ziehe die Zunge hervor und binde sie mit einem Tuch auf dem Kinn fest.

3. Lege den Scheintoten schleunigst mit dem Bauch nach unten aufs eigene Knie oder über eine aus Kleidungsstücken verfertigte Rolle, so daß Kopf und Brust nach unten hängen und sorge durch kräftigen Druck auf den Rücken für Abfluß des Wassers aus Lungen und Magen.

4. Lege den Körper auf den Rücken, reibe Brust und Gesicht mit Tüchern trocken und siehe zu, ob die Brust atmet, d. h. sich abwechselnd hebt und senkt.

5. Ist dies nicht der Fall, so beginne sofort mit den künstlichen Atmungsbewegungen und setze dieselben unverdrossen selbst viele Stunden lang fort, bis das Atmen wieder in Gang kommt oder bis ein Arzt erklärt, daß das Leben ganz erloschen ist.

6. Um die Atmungsbewegungen nachzuahmen, muß der Brustkasten abwechselnd ausgedehnt und wieder zusammengepreßt werden.

7. Zu dem Zwecke mache ein Polster aus Kleidungsstücken und schiebe es unter den Rücken des Ertrunkenen.

8. Fasse die Arme oberhalb der Ellbogen, erhebe sie bis über den Kopf, langsam 1, 2 zählend, dann senke sie wieder und presse die Oberarme, langsam 3, 4 zählend, sanft aber fest gegen die vordere Fläche des Brustkastens.

9. Sind zwei Helfer zur Hand, so stelle sich einer an jede Seite und mache dieselbe Bewegung in gleichem Zeitmaß.

10. Dies Auf- und Abbewegen der Arme wiederhole ruhig und taktmäßig 15mal in der Minute, bis der Scheintote wieder selbständig zu atmen beginnt.

11. Dann erst suche die Körperwärme herzustellen durch Reiben der Haut des ganzen Körpers mit warmen Decken, durch Bedecken mit warmen Kleidern, durch warme Betten, warme Flaschen und, wenn das Schlucken wieder möglich geworden, durch Trinkenlassen von warmen Flüssigkeiten (Wasser, Tee, Grog, Wein; erst nur teelöffelweise).

XVIII. Proviant.

Provianteinkauf und -ausgabe.

Für die Ausrüstung des Schiffes mit gutem und ausreichendem Proviant ist der Kapitän und nicht der Reeder verantwortlich.

An Bord der Frachtschiffe liegt die Verwaltung des Proviants meistens in den Händen eines der jüngeren Offiziere.

Diese Pflicht erfordert Arbeit und großes Interesse, damit der Proviant tatsächlich gut und restlos verwendet wird.

Ein praktisches Kochbuch sollte sich an Bord eines jeden Schiffes befinden, damit der Kapitän oder der betreffende Offizier dem Koch unter Umständen Ratschläge geben kann.

Die Verpflegung der Mannschaft wird gewöhnlich nach der amtlich festgesetzten Speiserolle geregelt, die durch die Seemannsordnung bzw. Musterrolle für die Reise der Mannschaft bekanntgegeben wird. Die meisten Reedereien bieten aber, was auch sehr gut und notwendig ist, ihren Leuten mehr. Auf vielen Schiffen erhält die Mannschaft zum Frühstück und Abendbrot einen warmen Gang. Auch der Wasserverbrauch ist meistens größer als vorgeschrieben; in der deutschen Marine rechnet man für einen Mann und eine Woche 140 l Trink-, Koch- und Waschwasser. — Das Gewicht des Proviants für eine Woche beträgt für einen Mann etwa 15 kg.

Die Lebensmittel, die zur Krankenpflege an Bord sein müssen, sind angegeben in der „Anleitung zur Krankenpflege auf Handelsschiffen". Es sei hier bemerkt, daß man auch an Bord die Krankenkost so nett wie möglich anrichten soll; denn das gute Aussehen des Aufgetragenen erhöht die Eßlust des Patienten. Die Beschaffenheit der Speisen muß tadellos sein. Kann ein Kranker nur langsam die Speisen genießen, so sorge man dafür, daß die Speisen nicht erkalten. Ferner lasse man nie länger als notwendig Speisen im Krankenzimmer stehen, da die Dünste der Speisen dem Kranken unangenehm sind und seinen Appetit herabsetzen.

Für Provianteinkauf und -ausgabe seien hier einige Angaben gemacht:

1. Kaffee pro Mann täglich etwa 30 g.
2. Tee pro Mann täglich etwa 4 g.
3. Zu einer Fleischsuppe gebraucht man etwa 250 g Fleisch für jede Person. — Ein altes Huhn gibt für etwa 6 Personen eine gute Suppe.
4. Kohl. Wirsingkohl rechne man $^1/_4$—$^1/_2$ Kopf pro Person. Blumenkohl ebenso.
5. Frische Erbsen, Bohnen, Mohrrüben usw. rechne man einen Teller voll für jede Person.
6. Gelbe Erbsen, Linsen, Bohnen rechne man 1 l auf 4 Personen.
7. Reis (als Hauptgericht) 1 Pfund für 4 Personen.
8. Bei guten Mehlspeisen hat man mindestens 1 Ei pro Person zu rechnen.
9. Rindfleisch (gebraten) $^3/_4$ Pfund pro Person; Beefsteak 250 g pro Person. — Eine Rinderzunge reicht für etwa 6 Personen.
10. Schweinefleisch (gebraten) 350 g pro Person.
11. Kleine Hühner (als zweiter Gang): ein halbes Huhn pro Person. Große Hühner (als zweiter Gang): ein Huhn für 3—4 Personen.

Altes Suppenhuhn, für Frikassee oder Suppe verwendet, sollte für 4 Personen reichen.

12. Hase als Hauptgericht reicht für 4—5 Personen.
13. Gans als Hauptgericht reicht für 6—8 Personen.
14. Ente als Hauptgericht reicht für 4 Personen.
15. Fisch rechne man pro Person 1 Pfund. Wird der Fisch gebraten, so rechne man auf jedes Pfund 50 g Butter.
16. Butter rechne man pro Mann täglich 80 g.
17. Zucker rechne man pro Mann täglich 40 g, wenn der Zucker durch die Küche verteilt wird; kommt der Zucker in die Mannschaftsräume, so gebe man 35 g dorthin. Die Mannschaft wird selten mit der Zuckermenge zufrieden sein; wenn man es ermöglichen kann, gebe man ihr mehr.

Der Milch-, Eier- und Butter- (resp. Margarine-) Verbrauch in der Küche selbst richtet sich meistens nach den Verhältnissen der Reederei. — Gute Zutaten sind unbedingt erforderlich, da man ohne diese keine guten Speisen bereiten kann.

Die Einkäufe erstrecken sich besonders auf Fleisch, Fisch, Kartoffeln, Eier, Milch, Brot und Gemüse. Man suche nicht „billig" zu kaufen, denn gute Ware hat ihren guten Preis. Billige Waren werden meistens schneller verderben.

1. Fleisch darf, wenn es frisch und zart sein soll, nicht riechen, muß eine frische Farbe haben und feine Fleischfasern; drückt man mit dem Finger leicht dagegen, so muß es sofort nachgeben. Das Fleisch junger Hühner muß hell sein, und die Beine müssen sich leicht brechen lassen. Gänse und Enten haben, wenn sie jung sind, zartere Schwimmhäute und leicht zerbrechende Schnäbel.
2. Fische dürfen nicht riechen, die Kiemen müssen rot, das Fleisch muß fest sein.
3. Kartoffeln koche man zuerst zur Probe, bevor man große Mengen einkauft.
4. Eier. Will man untersuchen, ob ein Ei frisch ist, so lege man es in eine Lösung von 30 g Kochsalz und $^1/_4$ l Wasser; sinkt das Ei unter, so ist es frisch. Bei großen Einkäufen mache man stets solche Versuche mit mehreren Eiern.
5. Brot. Man nehme nie zu feuchtes oder warmes Brot an Bord, da dieses Brot leicht schimmelt.

Aufbewahrung des Proviants.

Fleisch. Hat man Eis zur Verfügung, so lege man das Fleisch mit einer Unterlage von Ölpapier auf dasselbe. Kochfleisch tauche man einen Augenblick in kochendes Wasser und dann in abgekochtes kaltes Wasser; in diesem Wasser lasse man es liegen und gieße etwas Speiseöl auf die Oberfläche.

Sehr gut hält sich das Fleisch, wenn es in ein feuchtes Tuch, das in eine Lösung von 50 Teilen Wasser und 1 Teil Borsäure getaucht und dann nicht zu fest ausgerungen wurde, fest eingeschlagen wird. Man lege dann das Fleisch in eine flache Schüssel.

Fleisch zum Braten hält sich auch sehr gut durch einen Überguß von heißem Fett. Auch das Einlegen des Fleisches in dünnen Essig wird viel angewandt. Will man das Fleisch einpökeln, so löse man es am besten von den Knochen. Pökellake für Rindfleisch (für 25 Pfund Fleisch): 1 kg Salz, 50 g Salpeter, $4^1/_2$ l Wasser und etwa 100 g Zucker. Diese Mischung koche man auf, lasse sie erkalten, gieße sie dann auf das in einen Steintopf gelegte Fleisch, beschwere es mit einem Porzellanteller und verschließe das Gefäß. Das Fleisch hält sich so etwa 4 Wochen lang. In ähnlicher Weise wird das Schweinefleisch behandelt. Will man Schweinefleisch einpökeln, so verwende man etwas mehr Salz.

Fische: Fische bewahre man nicht auf, da sie schnell verderben. Durch Einkochen mit Gelatine kann man etwas länger von ihnen Nutzen haben.

Kartoffeln: Kartoffeln müssen luftig und trocken (Holzkisten) aufbewahrt werden. Auf langen Reisen erfordern sie eine sorgfältige Kontrolle.

Gemüse: Kohl hänge man luftig und kühl auf. Wurzeln, Rüben usw. halten sich sehr gut in Sandkisten.

Eier: Eier halten sich bei sorgfältiger Behandlung lange. Hat man Wasserglas, so lege man die Eier in eine Mischung von 1 bis 2 l Wasserglas auf 10 l Wasser. Auch das Bestreichen der Eier mit Vaselin, das Einlegen in Kalkwasser, das Verpacken in Salz hat sich gut bewährt.

Konserven: Konserven bewahre man an einem kühlen Ort auf.

Mehl: Mehl muß trocken, luftig und dunkel liegen.

Eis: Hat man einen Kühlraum an Bord, so vermeide man, ihn häufig zu betreten. Kauft man neue Mengen Eis, so achte man darauf, daß man große Stücke erhält. — Im Eisschrank decke man das Eis mit Filz zu. Der Eisschrank muß wöchentlich gereinigt werden. — Hat man kein Eis zur Verfügung, und will man ein Getränk kühlen, so hülle man die Flasche in ein nasses Tuch, fülle ein Gefäß halb mit kaltem Wasser, dem man einige Handvoll Salz zusetzt, und stelle die mit dem Tuch umhüllte Flasche hinein. Das Ganze setze man einem scharfen Zug aus. — Zweckmäßige Temperatur in Kühlräumen s. S. 368.

Beispiel einer Speiserolle. (Vom 19. VIII. 1922.)

1. Täglich.

Brot	500 g	
oder Mehl	350 g	
Rindfleisch	400 g	Nach 4wöchigem alleinigen Genuß von Salzfleisch ist Dosenfleisch mindestens 2mal wöchentlich zu geben.
oder Schweinefleisch	325 g	
oder Speck	225 g	
oder Dosenfleisch	200 g	
Frischer Fisch	750 g, nicht öfter als 2 mal wöchentlich.	
Getrockneter Fisch	375 g, und jedenfalls getrockneter Fisch nur 1 mal wöchentlich.	
Wasser	auf Dampfern 10 l, auf Seglern $7^1/_2$ l. Bei Besatzungen von über 10 Köpfen eine Ration mehr.	

2. Wöchentlich.

Hülsenfrüchte	800 g
Gemüse	3 kg frisches oder 300 g getrocknetes oder 1000 g Salzgemüse.
Kartoffeln	7 kg oder 600 g getrocknete Kartoffeln.
Butter oder Schmalz oder Margarine	500 g
Aufschnitt	250 g, wovon statt 100 g 2 Eier gegeben werden können.
Käse	250 g
Kaffee	50 g Kaffeebohnen, geröstet. 150 g gebrannter Kornkaffee.
Tee	25 g
Zucker	200 g
Getrocknete Früchte	250 g
Gewürze	Senf, Essig, Pfeffer, Salz nach Messebedarf.
Kondensierte Milch	pro Mann und Woche 225 g zur Verfügung der Küche.

3. Küche.

Fette	100 g Schmalz oder Margarine und 100 g geräucherter Speck oder 200 g Schmalz oder Margarine. Statt Schmalz oder Margarine kann bis zu $^1/_3$ der Menge Talg gegeben werden.
Zucker	100 g Zucker oder 50 g Zucker und 75 g Sirup.
Nährmittel	700 g einschließlich Reis oder Mehl.
Mehl	175 g
Gewürze	nach Küchenbedarf.

4. Allgemeine Bestimmungen. a) Auf Dampf- und Motorschiffen ist für das Maschinenpersonal während der Woche nach Bedarf Hafer- oder Gerstengrütze in Wasser als Getränk zu geben.

b) Im Hafen und auf der Reede ist nach Möglichkeit frischer Proviant zu geben. Bei längerem als zweitägigem Aufenthalt in einem Hafen kann dies indessen nur für 2 Tage innerhalb einer Woche verlangt werden.

XIX. Arithmetische und trigonometrische Formeln.

1. Arithmetik.

Vorbemerkung. Wenn man zwei Zahlen miteinander vergleicht, so findet man, daß die Zahlen entweder einander gleich (=) sind, oder daß die eine Zahl größer als (>) oder kleiner als (<) die andere ist. Den umgekehrten oder reziproken Wert einer Zahl erhält man, wenn man 1 durch die Zahl dividiert. Der umgekehrte Wert von 9 ist $^1/_9$; von $^3/_7$ ist er $^7/_3$ usw.

Vorzeichenregeln für das Rechnen mit algebraischen Zahlen.

1. Addieren: Die Summe zweier algebraischer Zahlen (Zahlbetrag mit bestimmten Vorzeichen) mit gleichen Vorzeichen hat dasselbe Vorzeichen und als Zahlbetrag die Summe der gegebenen Zahlbeträge.

$$\text{Summand} + \text{Summand} = \text{Summe}.$$

Beispiele: $(+8) + (+9) = +17$; $(-3) + (-5) = -8$.

Die Summe zweier algebraischer Zahlen mit ungleichen Vorzeichen hat das Vorzeichen des größeren Zahlbetrags und als Zahlbetrag die Differenz zwischen dem größeren und kleineren der gegebenen Zahlbeträge.

Beispiele: $(+3) + (-9) = -6$; $(-4) + (+5) = +1$.

2. Subtrahieren: Es wird subtrahiert, indem man das Vorzeichen der zweiten gegebenen Zahl umkehrt und dann addiert.

$$\text{Minuend} - \text{Subtrahend} = \text{Differenz}.$$

Beispiele: $(+17) - (+5) = (+17) + (-5) = +12$;
$(-23) - (-4) = (-23) + (+4) = -19$.

3. Multiplizieren: Beim Multiplizieren zweier algebraischer Zahlen geben gleiche Vorzeichen +, ungleiche −, und der Zahlbetrag des Resultats ist das Produkt der gegebenen Zahlbeträge:

$$\text{Multiplikand} \cdot \text{Multiplikator} = \text{Produkt}.$$

Beispiele: $(-3) \cdot (-5) = +15$; $(+9) \cdot (-3) = -27$.

4. Dividieren: Bei der Division algebraischer Zahlen geben gleiche Vorzeichen $+$, ungleiche $-$, und der Zahlbetrag des Resultats ist der Quotient der gegebenen Zahlbeträge.

Dividend : Divisor = Quotient.

Beispiele: $(-15):(-3) = +5$; $(-27):(+3) = -9$.

Regeln für das Auflösen der Klammern.

1. Steht ein Pluszeichen vor der Klammer, so kann diese einfach weggelassen werden.

2. Steht ein Minuszeichen vor der Klammer, so erhalten bei der Auflösung alle in der Klammer stehenden Glieder das entgegengesetzte Vorzeichen.

3. Steht ein Faktor neben der Klammer, so ist bei der Auflösung jedes in der Klammer stehende Glied mit dem Faktor zu multiplizieren.

4. Steht ein Divisor hinter der Klammer, so ist jedes in der Klammer stehende Glied durch den Divisor zu dividieren.

Potenzieren.

$$a^m = a \cdot a \ldots \cdot a \ (m \,\text{mal}), \qquad (-a)^{2m} = +a^{2m},$$

$$\left(\frac{a}{b}\right)^m = \frac{a^m}{b^m}, \qquad (-a)^{2m-1} = -a^{2m-1},$$

$$a^m \cdot a^n = a^{m+n}, \qquad a^m \cdot b^m = (ab)^m,$$

$$a^m : a^n = a^{m-n}, \qquad a^m : b^m = \left(\frac{a}{b}\right)^m,$$

$$(a^m)^n = a^{mn},$$

$$a^{-m} = \left(\frac{1}{a}\right)^m = \frac{1}{a^m}, \qquad a^0 = 1,$$

$$\left(\frac{a}{b}\right)^{-m} = \left(\frac{b}{a}\right)^m. \qquad a^{\frac{2}{3}} = \sqrt[3]{a^2}.$$

$$a^2 - b^2 = (a+b)(a-b),$$
$$(a+b)^2 = a^2 + 2ab + b^2,$$
$$(a-b)^2 = a^2 - 2ab + b^2,$$
$$(a+b)^3 = a^3 + 3a^2b + 3ab^2 + b^3,$$
$$(a-b)^3 = a^3 - 3a^2b + 3ab^2 - b^3.$$

Radizieren.

$$\left(\sqrt[n]{a}\right)^n = \sqrt[n]{a^n} = a, \qquad \sqrt[n]{a^m} = \left(\sqrt[n]{a}\right)^m = a^{\frac{m}{n}},$$

$$\sqrt[n]{ab} = \sqrt[n]{a} \cdot \sqrt[n]{b}, \qquad \sqrt[m \cdot n]{a} = \sqrt[m]{\sqrt[n]{a}} = \sqrt[n]{\sqrt[m]{a}},$$

$$\sqrt[n]{\frac{a}{b}} = \frac{\sqrt[n]{a}}{\sqrt[n]{b}}. \qquad \sqrt{9} = \pm 3,$$

$$\sqrt{-9} = \sqrt{9} \cdot \sqrt{-1} = 3 \cdot \sqrt{-1} = 3i,$$

$$\sqrt{-4} = 2i, \qquad \sqrt{-16} = 4i.$$

Logarithmieren.

$$\log(a \cdot b) = \log a + \log b, \qquad \log\left(\frac{a}{b}\right) = \log a - \log b = \log a + \operatorname{colog} b,$$

$$\log(a^n) = n \cdot \log a, \qquad \log\left(\sqrt[n]{a}\right) = (\log a) : n.$$

Ausziehen der Quadratwurzel aus bestimmten Zahlen. Das Ausziehen der Quadratwurzel geschieht nach der Formel:

$$\sqrt{a^2 + 2ab + b^2} = a + b.$$

Beispiel:

$$\begin{array}{rl}
 & \sqrt{58|41|54|49} = 7643 \\
7^2 = & 49 \\
 & 941\ (94 : (2 \times 7) = 6) \quad (14) \\
146 \cdot 6 = & 876 \\
 & 6554\ (655 : (2 \times 76) = 4) \quad (152) \\
1524 \cdot 4 = & 6096 \\
 & 45849\ (4584 : (2 \times 764) = 3) \quad (1528) \\
15283 \cdot 3 = & 45849 \\
 & -
\end{array}$$

$$\sqrt{1} = 1, \qquad \sqrt{100} = 10, \qquad \sqrt{10\,000} = 100,$$

$$\sqrt{10} = 3{,}1623, \qquad \sqrt{1000} = 31{,}6228.$$

Auflösen algebraischer Gleichungen. Eine Gleichung ist ein in der arithmetischen Zeichensprache niedergeschriebener Satz, der aussagt, daß zwei Größen einander gleich sind.

Jede Gleichung, die für alle Werte der in ihr vorkommenden Buchstabengrößen richtig bleibt, heißt identische Gleichung.

Ein Glied, das auf der einen Seite einer Gleichung als Summand steht, kann auf die andere Seite als Subtrahend gebracht werden und umgekehrt.

Beispiel:

$$\begin{aligned}
3x + 5 &= 2x - 3, \\
3x - 2x &= -3 - 5, \\
x &= -8.
\end{aligned}$$

Ein Glied, das auf der einen Seite einer Gleichung als Faktor steht, kann auf die andere Seite als Divisor gebracht werden und umgekehrt.

Beispiele:

$$\begin{aligned}
8 - \frac{x}{3} &= 6, & \frac{36}{x} - 3 &= 3, \\
-\frac{x}{3} &= 6 - 8, & \frac{36}{x} &= 3 + 3, \\
-\frac{x}{3} &= -2, & 36 &= 6x, \\
x &= 2 \cdot 3, & x &= 6. \\
x &= 6,
\end{aligned}$$

Verwertung von Gleichungen.

Beispiele: 1. A und B sind 153 Sm voneinander entfernt und laufen einander entgegen. A legt in der Stunde 4 Sm, B 5 Sm zurück. In wieviel Stunden treffen sie zusammen?

Sie treffen in x Stunden zusammen. In x Stunden hat A $4x$ Sm, B $5x$ Sm zurückgelegt, also ist

$$\begin{aligned}
153 &= 4x + 5x, \\
153 &= 9x, \\
17 &= x.
\end{aligned}$$

2. Ein Kapital von 6000 M. steht teils zu 3,5% und teils zu 4% auf Zinsen. Die jährlichen Zinsen betragen 226,50 M.

Wie groß sind die beiden Teile des Kapitals?

Der zu $3^1/_2$% ausgeliehene Teil betrage x M., dann ist der andere Teil $(6000-x)$ M.

Der erste Teil bringt dann $\frac{3,5\,x}{100}$ M. Zinsen, der zweite $\frac{(6000-x)\cdot 4}{100}$ M., also ist

$$226,50 = \frac{3,5\,x}{100} + \frac{(6000-x)\cdot 4}{100},$$

$$x = 2700\,.$$

Der eine Teil zu $3,5^0/_0$ ist also 2700 M., der andere Teil ist 3300 M.

Gleichungen ersten Grades mit zwei Unbekannten.

Beispiele:

$$1.\quad 12x + 28y = 108\,,$$
$$35x + 28y = 154\,.$$

Durch Subtraktion der oberen Gleichung von der unteren folgt:

$$23x = 46\,,$$
$$x = 2\,;$$

setzt man den Wert 2 in eine der beiden gegebenen Gleichungen für x ein, so erhält man $y = 3$.

$$2.\quad 11x + 12y = 34\,,$$
$$13x - 18y = 8\,.$$

Das kleinste gemeinschaftliche Vielfache der Koeffizienten von y ist 36, man hat also, um y zu eliminieren, die erste Gleichung mit 3, die zweite mit 2 zu multiplizieren.

$$33x + 36y = 102\,,$$
$$26x - 36y = 16\,;$$

durch Addition erhält man

$$59x = 118\,,$$
$$x = 2\,.$$

Setzt man diesen Wert in eine der beiden gegebenen Gleichungen für x ein, so erhält man

$$y = 1\,.$$

3. Ein Schiff mit 8000 cbm Raumgehalt und 4200 Tonnen Tragfähigkeit soll mit Blei und Baumwolle beladen werden. Blei mißt 0,2 cbm die Tonne und Baumwolle 3,2 cbm die Tonne. Wieviel muß das Schiff von beiden Gütern laden, um nicht nur voll sondern auch bis zum größten Tiefgang beladen zu sein?

$x + y = 4200$ (Tonnen)
$0,2x + 3,2y = 8000$ (cbm)

$0,2x + 0,2y = 840$ (1. Gleichung mit 0,2 multipliziert)
$0,2x + 3,2y = 8000$

$3y = 7160$
$y = 2387$ Tonnen Baumwolle $= 7638$ cbm
$x = 1813$ „ Blei $= 362$ „

4200 Tonnen $= 8000$ cbm.

Weitere Beispiele s. Kapitel Kompaß: Zerlegung von B in B_1 und B_2.

Verhältnisgleichungen. Eine Proportion ist eine Gleichung zwischen zwei Verhältnissen. Jede Proportion hat zwei Vorder- und zwei Hinterglieder, zwei innere und zwei äußere Glieder. Sind ihre inneren Glieder gleich, wie in $a:b = b:c$, so heißt sie stetig; b wird dann die mittlere Proportionale oder das geometrische Mittel zwischen a und c genannt. In einer Proportion ist das Produkt der inneren Glieder gleich dem Produkt der äußeren Glieder.

$$a:b = c:d\,,$$
$$ad = bc\,,$$

also:

$$a = \frac{b\cdot c}{d} \quad \text{oder} \quad b = \frac{a\cdot d}{c} \quad \text{usw.}$$

2. Flächenberechnung.

U = Umfang in Längenmaß; I = Inhalt in Flächenmaß.

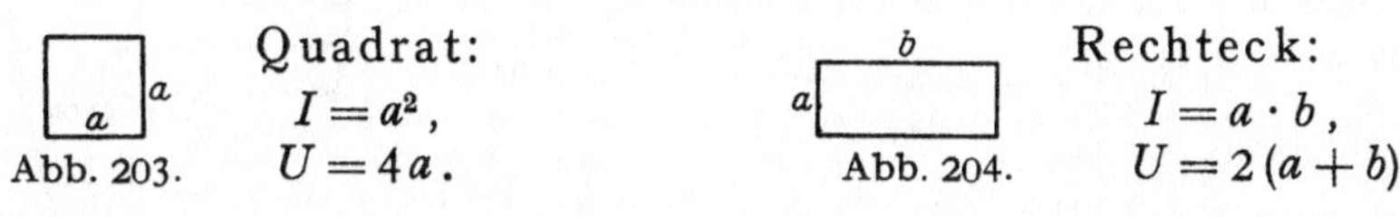

Abb. 203. Quadrat: $I = a^2$, $U = 4a$.

Abb. 204. Rechteck: $I = a \cdot b$, $U = 2(a + b)$.

Abb. 205. Parallelogramm: $I = ah = ab \cdot \sin\gamma$, $U = 2(a + b)$.

Abb. 206. Trapez: $I = h(a + b) \cdot 0{,}5$, $U = a+b+c+d$.

Abb. 207. Dreieck: $I = a \cdot h \cdot 0{,}5 = 0{,}5 \cdot a \cdot b \cdot \sin\gamma$, $U = a + b + c$.

oder: $I = \sqrt{\frac{s}{2}\left(\frac{s}{2} - a\right)\left(\frac{s}{2} - b\right)\left(\frac{s}{2} - c\right)}$, $s = a+b+c$.

Regelmäßige Vielecke:

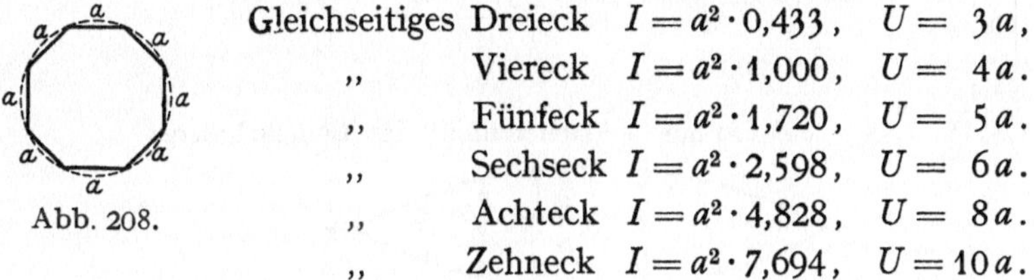

Gleichseitiges	Dreieck	$I = a^2 \cdot 0{,}433$,	$U = 3a$,
,,	Viereck	$I = a^2 \cdot 1{,}000$,	$U = 4a$.
,,	Fünfeck	$I = a^2 \cdot 1{,}720$,	$U = 5a$.
,,	Sechseck	$I = a^2 \cdot 2{,}598$,	$U = 6a$.
,,	Achteck	$I = a^2 \cdot 4{,}828$,	$U = 8a$.
,,	Zehneck	$I = a^2 \cdot 7{,}694$,	$U = 10a$.

Abb. 208.

Unregelmäßige Vielecke sind durch Diagonalen in Dreiecke zu zerlegen. I ist dann gleich der Summe der Inhalte der einzelnen Dreiecke. U ist stets die Summe aller äußeren Seiten.

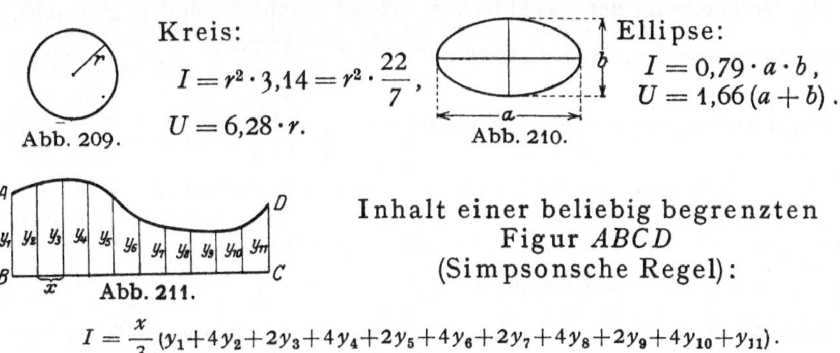

Abb. 209. Kreis: $I = r^2 \cdot 3{,}14 = r^2 \cdot \frac{22}{7}$, $U = 6{,}28 \cdot r$.

Abb. 210. Ellipse: $I = 0{,}79 \cdot a \cdot b$, $U = 1{,}66(a + b)$.

Abb. 211.

Inhalt einer beliebig begrenzten Figur $ABCD$ (Simpsonsche Regel):

$$I = \frac{x}{3}(y_1+4y_2+2y_3+4y_4+2y_5+4y_6+2y_7+4y_8+2y_9+4y_{10}+y_{11}).$$

Gerade Anzahl gleicher Streifen. Ordinaten mit geradem Index viermal, Ordinaten mit ungeradem Index zweimal, erste und letzte Ordinate einmal nehmen.

1. Beispiel: Um den körperlichen Inhalt eines Schiffsraums unter dem Vermessungsdeck zu finden, wurden eine Anzahl senkrechter Querschnitte ausgemessen.

Die Ausmessung eines solchen Querschnittes von nachstehender Form ergab folgende sieben, um je 1,30 m voneinander entfernte Schiffsbreiten. Wie groß ist der Flächeninhalt dieses Querschnittes?

$J = \frac{x}{3}(y_1 + 4y_2 + 2y_3 + 4y_4 + 2y_5 + 4y_6 + y_7)$;

$y_1 = 5{,}47$ m	$y_2 = 4{,}80$ m	$y_3 = 4{,}08$ m	$x = 1{,}30$ m
$y_7 = 0{,}53$,,	$y_4 = 3{,}26$,,	$y_5 = 2{,}45$,,	1,30 : 3
a) 6,0	$y_6 = 1{,}44$,,	6,53	$= \frac{x}{3} = 0{,}43$
	9,50	2	
a) 6	4	c) 13,06	
b) 38	b) 38,0		
c) 13,06			

$57{,}06 \cdot 0{,}43 =$ **24,54 qm** = Flächeninhalt des Querschnitts.

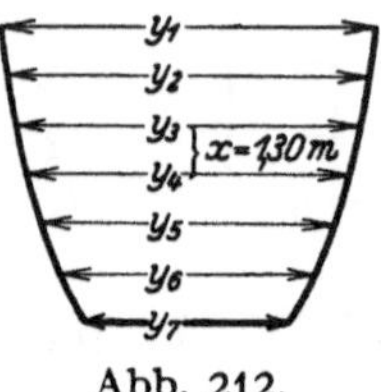

Abb. 212.

2. Beispiel: Zur Bestimmung eines Schiffsraumes zwischen dem Vermessungsdeck und dem darüber befindlichen Deck wurde der in halber Höhe des Raumes gelegte Längsschnitt ausgemessen. Die Ausmessung dieser Fläche ergab sieben je 5,85 m voneinander und vom Vor- und Achtersteven entfernte Schiffsbreiten. Flächeninhalt des Längsschnittes?

$y_1 = 0$ m	$y_2 = 5{,}82$ m	$y_3 = 8{,}84$ m	$x = 5{,}85$ m
$y_9 = 0$,,	$y_4 = 9{,}35$,,	$y_5 = 9{,}57$,,	$\frac{x}{3} = 1{,}95$ m
a) 0	$y_6 = 9{,}22$,,	$y_7 = 8{,}68$,,	
	$y_8 = 5{,}61$,,	27,09	
	30,00	2	
a) 0	4	c) 54,18	
b) 120	b) 120,00		
c) 54,18			

$174{,}18 \cdot 1{,}95 =$ **339,651 qm** = Flächeninhalt des Längsschnittes.

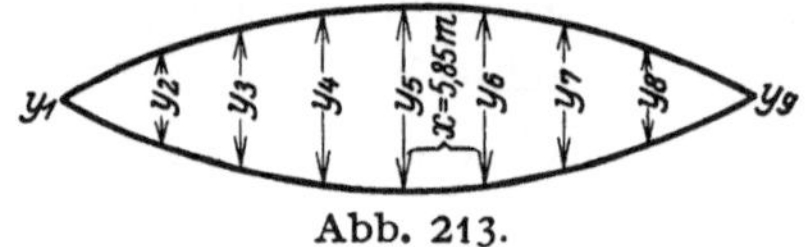

Abb. 213.

3. Segelberechnung.

Die Berechnung der Segelflächen erfolgt nach folgenden Formeln:

1. Rahsegel: Flächeninhalt $= \frac{\text{Rahliek} + \text{Fußliek}}{2} \cdot$ mittlere Tiefe.

2. Dreieckige Segel: Flächeninhalt $= \sqrt{\frac{s}{2}\left(\frac{s}{2} - a\right)\left(\frac{s}{2} - l\right)\left(\frac{s}{2} - c\right)}$,

wobei $a =$ Vorderliek, $l =$ Achterliek, $c =$ Fußliek und $s = a + l + c$ ist. Oder: Man mißt den senkrechten Abstand des Schothorns vom gegenüberliegenden Liek (z. B. vom Stagliek) und hat dann:

$$\text{Flächenhalt} = \text{Stagliek} \cdot \text{Lot} \cdot 0{,}5\,.$$

3. Gaffelsegel: Man zieht eine Diagonale von Klau zur Schot und hat dann zwei dreieckige Segel, deren Summe gleich dem Flächeninhalt des ganzen Segels ist.

Zur Berechnung des benötigten Segeltuches werden als Zuschläge für Nähte, Verdopplungen, Reffbänder usw. zum Flächeninhalt 10% desselben dazu addiert. Um aus den so erhaltenen Quadratmetern Segeltuch dann die laufenden Meter Segeltuch zu erhalten, hat man die

Quadratmeter durch 0,61 (Breite einer Rolle Segeltuch) zu dividieren. Um die Anzahl Rollen zu erhalten, dividiert man die Anzahl laufende Meter durch 35.

Beispiel: 100 qm Segeltuch = 100 : 0,61 = 164 m Segeltuch = 164 : 35 = 4 Rollen 24 m Segeltuch.

4. Körperberechnung.

O = Oberfläche in Flächenmaß. V = Volumen (Inhalt) in Raummaß.
M = Mantelfläche in Flächenmaß.

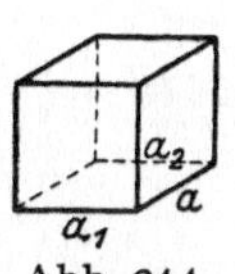

Abb. 214.

Würfel:
$V = a^3$,
$O = 6a^2$.

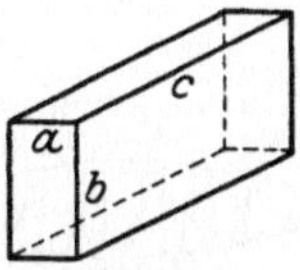

Abb. 215.

Rechtwinkliges Prisma:
$V = abc$,
$O = 2(ab + bc + ac)$

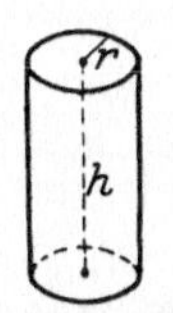

Abb. 216.

Zylinder (Walze):
$V = 3{,}14 r^2 \cdot h$,
$O = 6{,}28 (rh + r^2)$,
$M = 6{,}28 rh$.

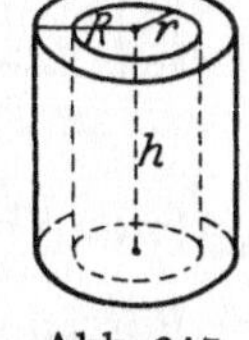

Abb. 217.

Röhre:
$V = 3{,}14 \cdot h(R+r)(R-r)$.

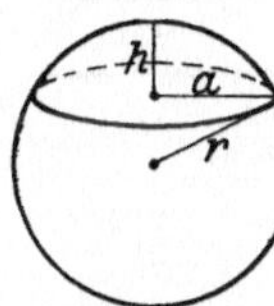

Abb. 218.

Kugel:
$V = 4{,}19 \cdot r^3$,
$O = 12{,}57 r^2$.

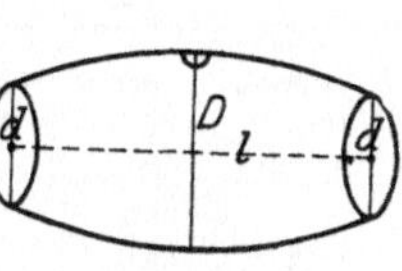

Abb. 219.

Faß:
$V = (2D + d)^2 \cdot 0{,}0873 \cdot l$
oder
$V = (2D^2 + d^2) \cdot 0{,}2618 \cdot l$.

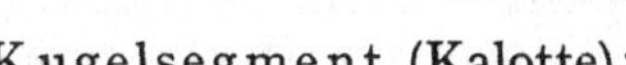

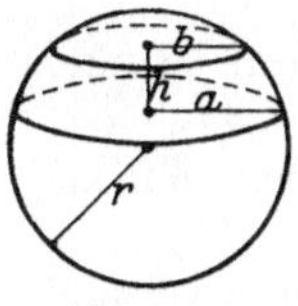

Abb. 220.

Kugelsegment (Kalotte):
$V = 0{,}53 \cdot h(3a^2 + h^2)$, $O = 3{,}14(2a^2 + h^2)$,
$M = 3{,}14(a^2 + h^2)$.

Kugelzone:
$V = 0{,}53 \cdot h(3a^2 + 3b^2 + h^2)$,
$O = 3{,}14(2rh + a^2 + b^2)$, $M = 6{,}28 \cdot r \cdot h$.

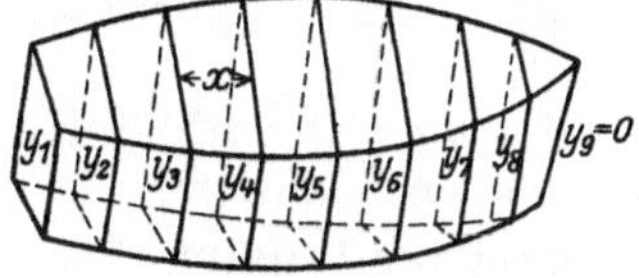

Abb. 221.

Inhalt beliebig begrenzter Schiffsräume (Simpsonsche Regel):

$$I = \frac{x}{3}(y_1 + 4y_2 + 2y_3 + 4y_4 + 2y_5 + 4y_6 + 2y_7 + 4y_8 + y_9).$$

Die Anzahl der Schichten muß stets gerade sein.

Beispiel: Um den körperlichen Inhalt eines Schiffsraums unter dem Vermessungsdeck zu finden, wurden in einem Schiffe sieben je 5,95 m voneinander und von der inneren Fläche der Bekleidung am Vorsteven und am Heck entfernte, senkrechte Querschnitte vermessen und für ihre Flächeninhalte die angegebenen Werte gefunden. Inhalt des Schiffsraumes?

$$\frac{x}{3} = 5{,}95 : 3 = 1{,}983\,.$$

$y_1 = 0$	$y_2 = 18{,}87$ qm	$y_3 = 42{,}38$ qm	
$y_9 = 0$	$y_4 = 53{,}27$	$y_5 = 54{,}88$	
a) 0	$y_6 = 51{,}85$	$y_7 = 41{,}20$	a) 0
	$y_8 = 15{,}71$	138,46	b) 558,80
	139,70	× 2	c) 276,92
	× 4	c) 276,92	835,72
	b) 558,80		× 1,983

Der Inhalt des vermessenen Raumes ist gleich **1657,2376 cbm**

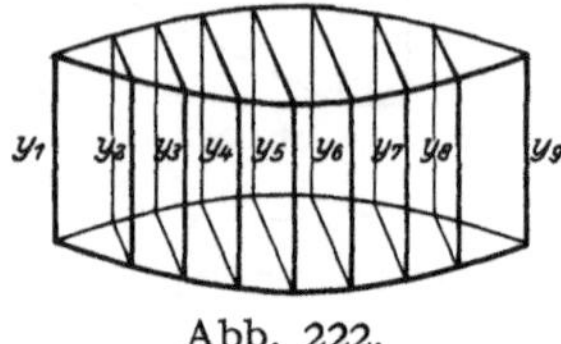

Abb. 222.

5. Trigonometrische Formeln.

Vorzeichen und Grenzwerte der Funktionen der Winkel von 0—180°.

	sin	tang	cos	cotg	sec	cosec	sin vers	sem
0°	0	0	+1	∞	+1	∞	0	0
I. Q.	+	+	+	+	+	+	+	+
90°	+1	∞	0	0	∞	+1	+1	+0,5
II. Q.	+	—	—	—	—	+	+	+
180°	0	0	−1	∞	−1	∞	+2	+1

1. Unter dem Sinus eines Winkels versteht man das Verhältnis der dem Winkel gegenüberliegenden Kathete zur Hypotenuse.

2. Unter dem Kosinus versteht man das Verhältnis der dem Winkel anliegenden Kathete zur Hypotenuse.

3. Unter der Tangente versteht man das Verhältnis der dem Winkel gegenüberliegenden Kathete zur anliegenden Kathete.

4. Unter der Kotangente versteht man das Verhältnis der dem Winkel anliegenden Kathete zur gegenüberliegenden Kathete.

5. Unter der Sekante versteht man das Verhältnis der Hypotenuse zu der dem Winkel anliegenden Kathete.

6. Unter der Kosekante eines Winkels versteht man das Verhältnis der Hypotenuse zu der dem Winkel gegenüberliegenden Kathete.

Aufschlagen der Funktionen stumpfer und negativer Winkel. Die Funktion eines stumpfen Winkels findet man, indem man entweder vom Supplementswinkel dieselbe Funktion oder vom Überschuß über 90° die Kofunktion aufschlägt. Beim sin und der cosec ist das Vorzeichen plus, bei den übrigen Funktionen minus.

Beispiele:

$$\sin 155° = \sin 25° = \cos 65°$$
$$\cos 112° = -\cos 68° = -\sin 22°$$
$$\text{tang}\, 171° = -\text{tang}\, 9° = -\text{cotg}\, 81°.$$

Die Funktion eines negativen Winkels ist gleich der Funktion des positiven Winkels. Beim cos und der sec ist das Vorzeichen plus, bei den übrigen Funktionen minus.

Beispiele:
$$\sin -35^\circ = -\sin 35^\circ$$
$$\cos -68^\circ = +\cos 68^\circ$$
$$\operatorname{tang} -72^\circ = -\operatorname{tang} 72^\circ.$$

Einige goniometrische Formeln.

$$\sin^2\alpha + \cos^2\alpha = 1, \quad \operatorname{tang}^2\alpha + 1 = \sec^2\alpha, \quad 1 + \operatorname{cotg}^2\alpha = \operatorname{cosec}^2\alpha,$$
$$\sin(\alpha+\beta) = \sin\alpha\cdot\cos\beta + \cos\alpha\cdot\sin\beta,$$
$$\cos(\alpha+\beta) = \cos\alpha\cdot\cos\beta - \sin\alpha\cdot\sin\beta,$$
$$\sin(\alpha-\beta) = \sin\alpha\cdot\cos\beta - \cos\alpha\cdot\sin\beta,$$
$$\cos(\alpha-\beta) = \cos\alpha\cdot\cos\beta + \sin\alpha\cdot\sin\beta,$$
$$\sin\alpha = 2\sin\frac{\alpha}{2}\cdot\cos\frac{\alpha}{2}, \quad \cos\alpha = \cos^2\frac{\alpha}{2} - \sin^2\frac{\alpha}{2},$$
$$\cos\alpha = 1 - 2\sin^2\frac{\alpha}{2}, \quad \cos\alpha = 2\cos^2\frac{\alpha}{2} - 1,$$
$$\sin\operatorname{vers}\alpha = 1 - \cos\alpha = 2\sin^2\frac{\alpha}{2} = 2\operatorname{sem}\alpha,$$
$$\sin\alpha + \sin\beta = 2\sin\tfrac{1}{2}(\alpha+\beta)\cdot\cos\tfrac{1}{2}(\alpha-\beta),$$
$$\sin\alpha - \sin\beta = 2\cos\tfrac{1}{2}(\alpha+\beta)\cdot\sin\tfrac{1}{2}(\alpha-\beta),$$
$$\cos\alpha + \cos\beta = 2\cos\tfrac{1}{2}(\alpha+\beta)\cdot\cos\tfrac{1}{2}(\alpha-\beta),$$
$$\cos\alpha - \cos\beta = 2\sin\tfrac{1}{2}(\beta+\alpha)\cdot\sin\tfrac{1}{2}(\beta-\alpha).$$

Ebene Trigonometrie.

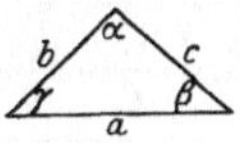

Abb. 223.

Sinusregel: $a : b = \sin\alpha : \sin\beta$,

Tangentenregel:
$$(a+b):(a-b) = \operatorname{tang}\tfrac{1}{2}(\alpha+\beta) : \operatorname{tang}\tfrac{1}{2}(\alpha-\beta),$$

Cosinusregel: $\cos\gamma = \dfrac{a^2+b^2-c^2}{2ab}$,

log. umgeformt: $\operatorname{tang}\dfrac{\alpha}{2} = \dfrac{N}{\frac{s}{2}-a}$, $\operatorname{tang}\dfrac{\beta}{2} = \dfrac{N}{\frac{s}{2}-b}$ usw.

$$N = \sqrt{\frac{\left(\frac{s}{2}-a\right)\left(\frac{s}{2}-b\right)\left(\frac{s}{2}-c\right)}{\frac{s}{2}}}.$$

Sphärische Trigonometrie.

Napiersche Regel: Man schreibt die Stücke eines rechtwinklig sphärischen Dreiecks unter Fortlassung des rechten Winkels so, wie sie aufeinander folgen, an die Peripherie eines Kreises, wobei man die Katheten durch ihre Komplemente ersetzt. Dann gilt der Satz: Der Cosinus eines Stückes ist gleich dem Produkte der Sinus der ihm gegenüberliegenden Stücke und gleich dem Produkte der Cotangenten der ihm anliegenden Stücke.

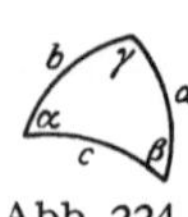

Abb. 224.

Sinusregel: $\sin a : \sin b = \sin\alpha : \sin\beta$.

Cosinusregel: $\cos a = \cos b \cdot \cos c + \sin b \cdot \sin c \cdot \cos\alpha$.

Napiersche Gleichungen:

$$\operatorname{tang}\frac{c}{2} : \operatorname{tang}\tfrac{1}{2}(a+b) = \cos\tfrac{1}{2}(\alpha+\beta) : \cos\tfrac{1}{2}(\alpha-\beta),$$

$$\operatorname{tang}\frac{c}{2} : \operatorname{tang}\tfrac{1}{2}(a-b) = \sin\tfrac{1}{2}(\alpha+\beta) : \sin\tfrac{1}{2}(\alpha-\beta),$$

$$\operatorname{cotg}\frac{\gamma}{2} : \operatorname{tang}\tfrac{1}{2}(\alpha+\beta) = \cos\tfrac{1}{2}(a+b) : \cos\tfrac{1}{2}(a-b),$$

$$\operatorname{cotg}\frac{\gamma}{2} : \operatorname{tang}\tfrac{1}{2}(\alpha-\beta) = \sin\tfrac{1}{2}(a+b) : \sin\tfrac{1}{2}(a-b).$$

Halbwinkelformeln:

$$\sin\frac{\alpha}{2} = \sqrt{\frac{\sin\left(\frac{s}{2}-b\right)\cdot\sin\left(\frac{s}{2}-c\right)}{\sin b\cdot\sin c}},$$

$$\cos\frac{\alpha}{2} = \sqrt{\frac{\sin\frac{s}{2}\cdot\sin\left(\frac{s}{2}-a\right)}{\sin b\cdot\sin c}},$$

$$\operatorname{tang}\frac{\alpha}{2} = \sqrt{\frac{\sin\left(\frac{s}{2}-b\right)\cdot\sin\left(\frac{s}{2}-c\right)}{\sin\frac{s}{2}\cdot\sin\left(\frac{s}{2}-a\right)}},$$

oder

$$\operatorname{tang}\frac{\alpha}{2} = \frac{N}{\sin\left(\frac{s}{2}-a\right)}, \text{ wobei } N = \sqrt{\frac{\sin\left(\frac{s}{2}-a\right)\cdot\sin\left(\frac{s}{2}-b\right)\cdot\sin\left(\frac{s}{2}-c\right)}{\sin\frac{s}{2}}}.$$

6. Verschiedenes.

Breite und Länge eines Ortes bezeichnet man als die Koordinaten eines Punktes auf der Erdoberfläche.

Das Meter ist der 10000000. Teil der Erdquadranten zwischen Äquator und Nordpol.

Die Seemeile ist die Länge einer Bogenminute des mittleren Erdumfangs oder der 21600. Teil des mittleren Erdumfangs = 1852 m.

Nach Bessel (Astronom) ist

die halbe Erdachse.	6356,079 km
der Äquatorhalbmesser	6377,397 „
der mittlere Halbmesser	6366,738 „
mittlerer Erdumfang	40000 „
1 Meridiangrad	111111,1 m

1 Äquatorgrad	111306,4 m
Abstand der Sonne von der Erde . .	20 Mill. geogr. Meilen
Sonnendurchmesser	18600 ,, ,,
mittlerer Abstand des Mondes von der Erde.	51800 ,, ,,
Monddurchmesser	469 ,, ,,

Der magnetische Nordpol (1831 von James Ross auf Bothia Felix festgestellt auf 70° N 95° W) ist jetzt nach 70° N 97° W gewandert. Lage des magnetischen Südpols nach Shackleton (1908): 72° 25′ S 155° 16′ O (wandert nach Osten).

Einige oft vorkommende Zahlen:

$\sqrt{2} = 1,4142$, $\log = 0,15052$. $\pi = 3,1416$, $\log = 0,49715$.

$\sqrt{3} = 1,7321$, $\log = 0,23856$. $2\pi = 6,2832$, $\log = 0,79818$.

Länge des Bogens, dessen Liniengröße gleich dem Halbmesser ist:

$$r = 57,30° = 3437,75' = 206265''.$$

XX. Nachtrag.

1. Funkortung auf große Entfernung[1]).

a) **Fremdpeilung.** Durch eine Fremdpeilung erhält man als Standlinie einen Großkreis. Wo immer sich das Schiff auf dem Großkreis befindet, wird es immer von der Landstation in demselben Großkreisazimut gepeilt. In den Funkortungskarten (gnomonischen Karten) sind die Großkreise von der Landstation aus als gerade Linien gezeichnet. Hier trägt man also die F.T.-Peilungen so ein, wie sie von der Peilstelle gefunden wurden. Der Schnittpunkt zweier solcher Peilstrahlen ist der Ort des eingepeilten Schiffes. Beim Einzeichnen in die Merkatorkarte gilt folgende Überlegung: Ein kleines Stück eines Großkreises (Tangente an den Großkreis) kann als gerade Linie (Standlinie) betrachtet werden. Um diese Standlinie zeichnen zu können, muß man 1. einen Punkt (Leitpunkt) kennen, durch den sie geht, und 2. ihre Richtung.

Die strenge Berechnung des Leitpunktes für diese Standlinie würde ziemlich langwierig sein. Man begnügt sich deshalb mit der Bestimmung eines Näherungspunktes, der dem wahren Leitpunkt um so mehr entsprechen wird, je kleiner der Abstand der Peilstelle von dem angepeilten Schiffe ist.

---

[1]) Bearbeitet auf Grund der Wedemeyerschen Studien und Veröffentlichungen. Die bis jetzt für die Nautiker geschaffenen Funkpeiler sind nicht dafür geeignet, langstrahlige Funkpeilungen der großen Landstationen zu nehmen. Die Apparate für die Nautiker sind der Praxis der Schiffahrt angepaßt und dienen zur Ansteuerung der Küsten und zur Küstenschiffahrt mittels Funkpeiler. Da aber doch einmal von diesem oder jenem Kommando langstrahlige Funkpeilungen beobachtet werden könnten, so seien hier einige Angaben gemacht, die zeigen, wie solche Funkpeilungen verwertet werden sollen.

Als angenäherten Leitpunkt wählt man am besten den Schnittpunkt des loxodromischen Peilstrahles (s. S. 93) mit dem Meridian des Loggeortes. Über den Weg, den man dabei einzuschlagen hat, wenn die Peilstelle außerhalb des Rahmens der benutzten Seekarte liegt, s. „Eigenpeilung".

Die Richtung der Standlinie ist die wieder auf Großkreis beschickte loxodromische Peilung. Da der Großkreis immer von der nach der Peilstelle gezogenen Kurslinie polwärts liegt, trägt man die aus Abb. 36, S. 94, gefundene Peilbeschickung stets polwärts an, um die Richtung der Standlinie (Tangente an den Großkreis durch den Leitpunkt) zu finden. Der Schnittpunkt zweier solcher Großkreistangenten ist dann der Schiffsort. Liegt dieser mehr als 60 Sm. vom Loggeort ab, so ist die ganze Rechnung unter Zugrundelegung des gefundenen neuen Ortes und der für ihn gültigen Peilbeschickungen zu wiederholen.

b) **Eigenpeilung.** Durch eine Eigenpeilung erhält man als Standlinie die Azimutgleiche, d. i. eine Kurve auf der Erdoberfläche, von der aus die Landstation immer die gleiche Großkreispeilung hat. Auch ein kleines Stück der Azimutgleiche kann als gerade Linie betrachtet werden (Tangente an die Azimutgleiche). Will man ein solches Stück in die Merkatorkarte einzeichnen, so muß man genau wie oben 1. seine Richtung kennen und 2. einen Leitpunkt, durch den es geht.

Die Richtung dieser Azimutgleiche (Standlinie) findet man, indem man an die rechtweisende F.T.-Peilung (rw. Richtung des Azimutstrahles $= \sphericalangle \alpha$) die kleine Beschickung $\Delta\alpha$ anbringt. Diese Berichtigung ist in den meisten Fällen, die für die Praxis in Frage kommen, ungefähr doppelt so groß wie die Beschickung der rechtweisenden F.T.-Peilung auf Merkatorpeilung (loxodromische Peilung). Beide Beschickungen werden im gleichen Sinne an die Großkreispeilung angebracht (siehe S. 94). Auch $\Delta\alpha$ kann man der graphischen Tafel Abb. 36 entnehmen. Man setze dabei die Breite der Bordstation $= B_1$, die Mittelbreite zwischen Bordstation und Landstation $= B_2$ und entnehme k, dann ist:

$$\Delta\alpha = 2 \cdot k \cdot \Delta\lambda ,$$

$\Delta\lambda =$ Längenunterschied zwischen Bordstation und Landstation.

Der „Nautische Funkdienst" enthält von 1925 an besondere Tafeln (von Prof. Wedemeyer berechnet) zur Entnahme des Winkels $\Delta\alpha$ und der Beschickung des Großkreises auf Loxodrome. Auch ist dort eine mathematische Begründung dieser Tafeln sowie der durch F.T.-Peilungen erhaltenen Standlinien gegeben.

1. Beispiel: Bordstation $= 60°$ N, Landstation $= 40°$ N, $\Delta\lambda = 40°$, für Funkbeschickung verbesserte F.T.-Peilung an Bord $= 110{,}8°$.

1. Beschickung der Großkreispeilung auf loxodromische Peilung.		2. Berechnung der Richtung der Azimutgleiche.	
Abb. 36:		Abb. 36:	
$B_1 = 60°$, $B_2 = 40°$ $\}$ $k = 0{,}44 \cdot 40°$.	$= 17{,}6°$	$B_1 = 60°$ N, $B_2 = \varphi_m = 50°$ N $\}$ $k = 0{,}45 \cdot 2 \cdot 40°$	$= 36{,}0°$
Großkreispeilung	$= 110{,}8°$	Großkreispeilung	$= 110{,}8°$
Loxodromische Peilung . .	$= 128{,}4°$	Richtung der Azimutgleiche	$= 146{,}8°$

Der Leitpunkt, durch den die Azimutgleiche geht, ist der Schnittpunkt des von der Landstation aus nach rückwärts verlängerten loxodromischen Peilstrahles mit dem Meridian des Loggeortes. Sollte die F.T.-Station außerhalb des Rahmens der im Gebrauch befindlichen Seekarte liegen, so berechnet man diesen Punkt nach vergrößerter Breite (s. S. 51) aus dem Dreieck, das gebildet wird von dem Meridian des Loggeortes, dem Breitenparallel der F.T.-Station und der loxodromischen Peilung nach der Formel:

$$\text{vergr. Br.U.} = \text{Lg.U.} \cdot \text{cotg Winkel} \quad \text{(s. Beispiel 2).}$$

Der Schnittpunkt der beiden so gefundenen Azimutgleichen ist der Schiffsort zur Zeit der Peilung.

Weicht der Loggeort recht erheblich (vor allem in der Länge) von dem so gefundenen Schiffsort ab, so ist die Rechnung mit dem gefundenen Schiffsort zu wiederholen. Drei Standlinien (Azimutgleichen) aus drei gleichzeitigen Peilungen verschiedener Landstationen müßten sich der Theorie nach in einem Punkte (dem Schiffsorte) schneiden. Dies wird aber bei großen Entfernungen des Schiffes von den Landstationen kaum jemals der Fall sein, infolge der Unsicherheit, die jeder langstrahligen F.T.-Peilung innewohnt.

Durch einen Fehler oder eine Ungenauigkeit in der Peilung wird auch die gefundene Standlinie ungenau, und zwar verschiebt sie sich (solange der Peilfehler nicht allzu groß ist) parallel mit sich selbst. Die Größe der Verschiebung ist von der Größe des Peilfehlers und von der Länge und Richtung des Peilstrahles abhängig. Der Einfluß solcher Fehler bei einer F.T.-Ortsbestimmung (F.T.-Kreuzpeilung) ist am kleinsten, wenn sich die Azimutgleichen unter einem Winkel von 90° schneiden. Dabei ist zu bedenken, daß durch die an die Großkreispeilungen anzubringenden Berichtigungen (Funkbeschickung und $\Delta\alpha$) die Peilwinkel eine solche Veränderung erfahren können, daß aus einem anfänglichen Kreuzungswinkel der Peilstrahlen von 90° ein recht ungünstiger (zu spitzer oder zu stumpfer) Kreuzungswinkel der Standlinien (Azimutgleichen) werden kann. Die Azimutgleiche ist eine sog. Cassinische Linie. Sie ändert ihre Richtung am stärksten, wenn die F.T.-Peilung $= 90° - \varphi$ der Landstation ist. Man soll daher in großer Entfernung von den F.T.-Stationen F.T.-Peilungen in der Nähe des Azimutes $90° - \varphi$ der Landstation vermeiden.

2. Beispiel. (Die F.T.-Stationen sind fingiert.) Auf einem 20 Kn laufenden Dampfer steuert man am Kreiselkompaß 15°. Kreiselkompaß $A = +0{,}8°$. Man peilt nun mit dem Bordpeiler die F.T.-Station Lissabon (38° 40′ N und 9° 12′ W) = 107° (Funkbeschickung = −2,0°) und gleich darauf die F.T.-Station Scilly (49° 56′ N und 6° 18′ W) = 49° (Funkbeschickung = +8,6°). Das Schiff befand sich zur Zeit der Peilungen nach Logge auf 47° 30′ N und 26° 30′ W. Welche Richtungen haben die Azimutgleichen, durch welche Leitpunkte gehen sie und welcher wahrer Schiffsort folgt daraus?

Kreiselkompaßkurs .	=	15°
Fahrtfehler	=	− 2°
Kompaß A	=	+ 0,8°
rechtweisender Kurs	=	13,8°

a) Berechnung der loxodromischen Peilungen:

		I		II
Funkseitenpeilung	=	107,0°		49,0°
Funkbeschickung	= −	2,0°		+ 8,6°
Berichtigte F.T.-Seitenpeilung	=	105,0°		57,6°
rechtw. Kurs	=	13,8°		13,8°
rechtw. Großkreispeilung . .	=	118,8°		71,4°
47° 30 / 38° 40 } 0,36 · 17,3	= +	6,2°	47° 30′ / 49° 56′ } 0,37 · 20,2	+ 7,4°
rechtw. loxodromische Peilung	=	125,0°		78,8°

b) Berechnung der Richtungen der Azimutgleichen:

		I			II
rechtw. Großkreispeilung . .	=	118,8°		=	71,4°
47° 30′ / φ_m = 43° 5′ } 0,37 · 2 · 17,3 .	= +	12,8°	47° 30′ / φ_m = 48° 43′ } 0,38 · 2 · 20,2	= +	15,3°
Richtung der Azimutgleiche	=	131,6°		=	86,7°

c) Berechnung der Leitpunkte:

I

Lg.U.		=	1038	log = 3,01620
Kurswinkel = 125°		=	55°	log cotg = 9,84523
vergr. Br.U.		=	+ 726,8	log = 2,86143
Lissabon = 38° 40′ . . .	M.T.	=	2519,3	
Leitpunkt φ = 47° 29′ N	M.T.	=	3246,1	

II

Lg.U.		=	1212	log = 3,08350
Kurswinkel		=	78,8°	log cotg = 9,29668
vergr. Br.U.		=	− 239,8	log = 2,38018
Scilly = 49° 56′	M.T.	=	3468,3	
Leitpunkt φ = 47° 18′ N	M.T.	=	3228,5	

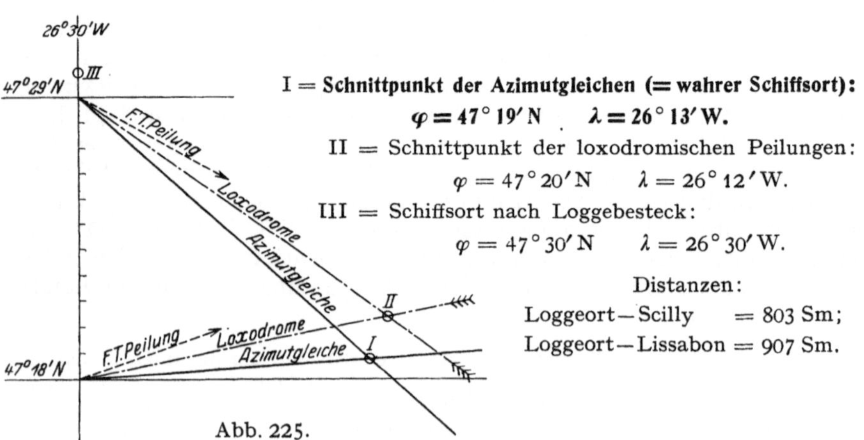

I = **Schnittpunkt der Azimutgleichen (= wahrer Schiffsort):**
φ = 47° 19′ N λ = 26° 13′ W.
II = Schnittpunkt der loxodromischen Peilungen:
φ = 47° 20′ N λ = 26° 12′ W.
III = Schiffsort nach Loggebesteck:
φ = 47° 30′ N λ = 26° 30′ W.

Distanzen:
Loggeort—Scilly = 803 Sm;
Loggeort—Lissabon = 907 Sm.

Abb. 225.

Allgemeines. Wenn Bordstation und Landstation auf demselben Meridian (oder beide auf dem Äquator) liegen, so fallen Loxodrome, Großkreis und Azimutgleiche zusammen. In allen anderen Fällen schneiden sich diese drei Linien unter bestimmten Winkeln sowohl im Schiffsort als auch im Orte der Landstation, gleichgültig, wie weit sie auch vielleicht auf der Zwischenstrecke voneinander abweichen. Auf kleinen

Entfernungen, bis etwa 200 Sm (also in allen Fällen der Praxis), kann man, ohne einen nennenswerten Fehler zu begehen, die Loxodrome „Schiff — Landstation" als Standlinie betrachten. Auf jeden Fall wird der darauf zurückzuführende Fehler immer erheblich innerhalb der Grenzen der Genauigkeit der F.T.-Peilungen liegen.

Die Wirkung dieser Ungenauigkeit (2—5°) ist bei großen Entfernungen (über 200 Sm) so bedeutend, daß F.T.-Peilungen zu Ortsbestimmungen auf so große Entfernungen nur recht wenig geeignet erscheinen. Dabei können sie aber trotzdem noch äußerst wertvolle Dienste leisten zur Ansteuerung eines Punktes (z. B. Auffindung eines in Not geratenen Schiffes) unter wiederholtem Anpeilen, denn je näher man der F.T.-Station kommt, um so besser werden die Peilungen werden. Bei solchen Zielfahrten hält man das mit dem Bordpeiler festgestellte Minimum immer recht voraus. Man nähert sich dann der Sendestation auf dem größten Kreise, also dem kürzesten Wege.

Anmerkung. Von Bedeutung kann die Theorie der Azimutgleiche werden, wenn es mit Hilfe des Kreiselkompasses gelingen sollte, Gestirnspeilungen auf 0,1° genau zu bekommen. Eine optische Peilung des Gestirns und eine gleichzeitige Höhenmessung würden dann zur Bestimmung des Schiffsortes genügen. Der Schnittpunkt der Azimutgleiche mit der Höhengleiche würde der wahre Schiffsort sein.

2. Der Anschütz-Funkpeilkompaß.

Die Richtungsbestimmung durch den Funkpeilrahmen ist besonders wichtig für die Schiffahrt zur Bestimmung des Schiffsortes, wenn optische Peilungen durch diesige Luft oder Nebel unmöglich gemacht werden. Der Wert eines Funkpeilgerätes wird wesentlich erhöht, wenn die Ablesung der Richtung von der Kompaßrose für die Eintragung in die Seekarte ohne Umrechnung mit Bezug auf rechtweisend Nord erfolgen kann. Neben der erzielten Zeitersparnis und Vereinfachung des Peilens ist in kritischen Augenblicken der Fortfall aller Fehlerquellen, z. B. Vorzeichenverwechslung, von großer Bedeutung.

Der Anschütz-Funkpeilkompaß erfüllt diese Aufgabe durch zwei Vervollkommnungen der an sich bekannten Verbindung des Peilrahmens mit einem Tochterkompaß der Kreiselkompaßanlage. Es sind dies zwei selbsttätige Vorrichtungen zur Verbesserung des Fahrtfehlers des Kreiselkompasses und zur Verbesserung der Ablenkung der Funkwellen durch den Schiffskörper und seine metallenen Aufbauten.

Der Fahrtfehler des Kreiselkompasses hat seine Ursache in der Fahrt des Schiffes. Er ist von der durchschnittlichen Fahrtgeschwindigkeit, dem Kurse und der geographischen Breite abhängig. Die Berücksichtigung des Kurses erfolgt selbsttätig. Die durchschnittliche Fahrtgeschwindigkeit wird in bezug auf die Breite eingestellt durch Drehen eines Stellknopfes an der Seite des Gehäuses. Es sind drei Teilungen vorgesehen für eine Breite von 30°, 40° und 50°.

Die Verbesserung der Ablenkung der Funkwellen durch den Schiffskörper und seine metallenen Aufbauten erfolgte bisher an Hand von Tabellen, die für jedes Schiff besonders aufgestellt werden. Im Funkpeilkompaß erfolgt diese Verbesserung selbsttätig durch eine Kurbelschleife, die den Tochterkompaß im einen oder anderen Sinne um die senkrechte Achse verdreht. Diese Kurbelschleife wird nach den Angaben der Ablenkungstabelle angefertigt, so daß der Winkel, um den der Tochterkompaß verdreht wird, immer dem in der Tabelle verzeichneten Werte gleich ist, der bisher rechnerisch an der Ablesung angebracht werden mußte.

Der am Handrad zur Drehung des Peilrahmens angebrachte Zeiger kommt immer über die Gradziffer der Tochterkompaßrose zu stehen, die der wahren geographischen Einfallrichtung der Funkwellen entspricht. Mit Hilfe des Funkpeilkompasses wird die Ortsbestimmung nach Funkpeilungen sehr vereinfacht, so daß sich auch dieses Hilfsgerät zum Anschütz-Kreiselkompaß ebenso schnell an Bord einbürgern wird wie das Anschütz-Selbsteuer und der Anschütz-Kursschreiber.

3. Das Flettner-Rotorschiff.

Die erste wissenschaftliche Veröffentlichung über die Erkenntnis, daß ein rotierender Körper, der von einem Seitenwind getroffen wird, einen Seitenforttrieb senkrecht zur Windrichtung erhält, hat der Berliner Experimentalphysiker Magnus, der Vorgänger von Helmholtz, in Poggendorfs Annalen unter dem Titel „Über die Abweichung der Geschosse“ 1853 veröffentlicht. Es war festgestellt worden, daß Geschosse, die aus einem gezogenen Lauf abgefeuert werden, von ihrer Bahn abweichen, wenn sie einen Seitenwind erhalten. Seine Mitteilungen darüber gerieten aber im Laufe der Jahre in Vergessenheit, und 1914 wurde derselbe Effekt noch einmal von Prof. Föttinger in Danzig aufgefunden, der 1917 auf der Hauptversammlung der Schiffsbautechnischen Gesellschaft nähere Angaben über die „verblüffenden“ Resultate seiner Versuche machte.

Aber auch diese zweite Entdeckung blieb ohne Bedeutung, bis Anton Flettner diesen Gedanken aufgriff und ihn in genialer Weise verwertete. Ursprünglich hatte sich Flettner damit befaßt, die Ausnutzung des Windes für Segelschiffe dadurch zu verbessern, daß er an Stelle der alten Leinwandsegel starre Metallflächen zu setzen versuchte, die nach strömungstechnischen Gesetzen einen höheren Wirkungsgrad erreichen als die Leinwandsegel. Diese Wirkung wurde durch die Anbringung verstellbarer Teile an der großen Segelfläche hervorgerufen, wodurch es überflüssig wurde, bei wechselndem Schiffskurse die gesamte Segelfläche zu verstellen. Vielmehr wurde die Windwirkung auf das gesamte Metallsegel durch die Steuerung eines kleinen Randstreifens dermaßen verändert, daß auch der Kurs des Schiffes sich in ähnlicher Weise änderte wie bei den früher üblichen Segelmanövern. Das gleiche Prinzip war bereits bei dem sog. Flettner-Ruder angewendet worden. Auch bei der Steuerung von Großflugzeugen war es bereits praktisch durchgeführt worden.

Da bei diesen Segelkonstruktionen das Gefahrenmoment im Falle eines Sturmes immer noch verhältnismäßig groß war, ging Flettner einen Schritt weiter, um bei erhöhter Wirkung die im Winde betätigten

Flächen noch weiter herabzusetzen und dadurch sowohl die Geschwindigkeit wie auch die Sicherheit des Segelschiffes weiter zu erhöhen. Er verwendete dazu das Prinzip der sog. Zirkulationsströmungen, das bereits von Magnus behandelt worden war.

Der Physiker Magnus (1802—1870) stellte durch Versuche fest,

1. daß ein Luftstrom, der auf einen ruhenden Zylinderkörper trifft, gestaut wird und unter erheblicher Reibung an beiden Seiten des Körpers in der Stromrichtung vorbeifließt;

2. daß sich bei Windstille um einen sich schnell drehenden Zylinder eine Zirkulationsströmung bildet;

3. daß der Reibungswiderstand eines Luftstroms, der auf einen rotierenden Zylinder trifft, an der Seite, die in der Rotationsrichtung liegt, sehr herabgemindert oder sogar aufgehoben wird. Die gesamte vorbeiströmende Luft wählt den Weg, auf dem sie den geringsten Widerstand findet, die Luftströmung wird durch die Rotation des Zylinders noch verstärkt. Durch das schnelle Abfließen der Luftmassen auf der einen Seite des sich drehenden Zylinders entsteht ein luftfreier Raum, der auf den Zylinderkörper eine Saugwirkung in senkrechter Richtung zur Luftströmung ausübt (s. Abb. 226 und 227).

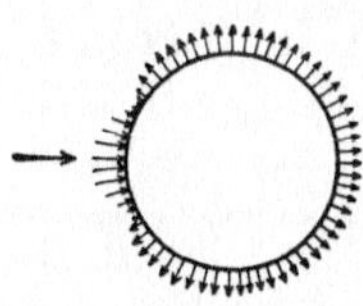

Abb. 226. Größe des Überdrucks und des Unterdrucks bei stillstehender Walze.

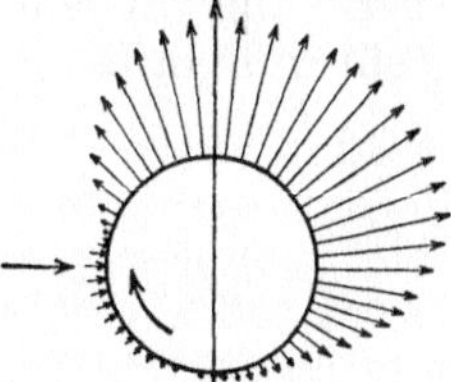

Abb. 227. Größe des Überdrucks und des Unterdrucks bei umlaufender Walze.

In den Abbildungen 226 und 227 bedeutet der gefiederte Pfeil die Richtung des ankommenden Windes. Die Pfeile am Walzenumfang, die gegen die Walze gerichtet sind, bedeuten erhöhten Druck, die auswärts gerichteten Unterdruck. Die Länge der Pfeile gibt ungefähr die Größe des Druckes und des Unterdruckes an.

Diese unter dem Namen „Magnus-Effekt“ bekannte Erscheinung bei rotierenden Zylindern wurde auf Grund der Versuche, die Flettner in der „Aerodynamischen Versuchsanstalt“ in Göttingen anstellen ließ, zum ersten Male bei dem Umbau des ehemaligen Dreimastmotorschoners „Buckau“ auf der Germaniawerft zu Kiel nach Patenten Flettners durchgeführt (s. Abb. 229).

Abb. 228. Zerlegung des Magnus-Effektes M in eine Seitenkraft S und eine nach vorne wirkende Kraft V, die dem Schiffe Vorwärtsgang verleiht. Unter Wind ist hier immer der „scheinbare“ Wind zu verstehen, d. h. derjenige Wind, den der Beobachter auf dem Schiffe feststellt.

Auf der „Buckau“ sind statt der früheren drei Masten mit Takelage zwei 3 m dicke und glatte Zylinder von nicht ganz Masthöhe (ca. 16,5 m) aus 2 mm starkem Stahlblech ohne Stage und Wanten erbaut worden. Diese Stahlmäntel können sich mit einer Geschwindigkeit von etwa 100 Umdrehungen pro Minute um starke Pivots (von etwa 10 m Höhe über Deck) drehen. Die Drehung der Zylinder, die rechts- und linksherum erfolgen kann, erfolgt durch elektrische Motoren von je 10 PS, die ihren Strom durch einen Generator erhalten, der im Maschinenraum von einem kleinen Dieselmotor getrieben wird. Das Ein- und Ausschalten der Motoren sowie die Änderung des Drehsinns der Zylinder erfolgt durch einfache Schaltungen auf der Brücke durch den Wachhabenden.

Da die Zylindermäntel das Anbringen von Ladegeschirr nicht gestatten, so ist auf der „Buckau" ein besonderer Gittermast als Lademast aufgestellt worden. Solche besondere Lademasten werden auf allen Schiffen dieser Art erforderlich sein.

Die Brücke ist auf der „Buckau" hinter dem achteren Zylinder. Da das Schiff aber breit genug ist, so kann sich der wachhabende Offizier trotz der Türme von den Brückennocken aus freisehen. Im allgemeinen dürfte es sich auf ähnlichen Schiffen empfehlen, die Brücke möglichst mittschiffs oder nach vorn zu legen.

Ein Flettner-Rotorschiff ist ein Segelschiff ohne Segel. Die Möglichkeiten, die diesem Schiffsantrieb offenstehen, sind groß. Flettner-Triebturmschiffe mit Hilfsmotor werden wahrscheinlich in Zukunft

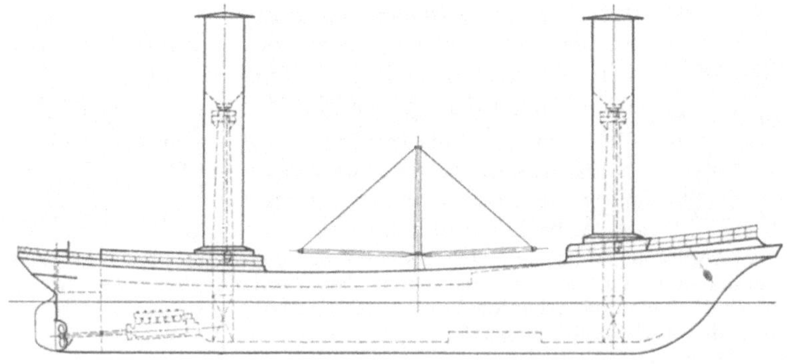

Abb. 229. Flettner-Rotorschiff „Buckau". Länge 45 m, Breite 8 m.

eine bedeutsame Rolle spielen. Es handelt sich um eine ausschließlich maschinell betätigte Ausnutzung der Windkraft, die keine besondere Bedienung durch eine Segelschiffsmannschaft erfordert.

Durch Regelung der Umdrehungsgeschwindigkeit der Türme kann die Ausnutzung der Antriebskraft beliebig und schnell verändert werden. Durch Änderung des Drehsinns der Zylinder ist es möglich, den Wind bestens auszunutzen, je nachdem, ob er von BB oder StB kommt. Wenn die Umdrehungsgeschwindigkeit der Zylinder gleich groß ist und kein Ruder gelegt wird, bewegt sich das Schiff in einer zur Windrichtung senkrechten Richtung. Sind die Umdrehungsgeschwindigkeiten der Türme aber verschieden, so daß der Druck auf die einzelnen Türme sich ändert, so tritt eine Steuerwirkung auf, die das Manöverieren äußerst vereinfacht.

Ein sehr großer Vorteil des Flettner-Rotorschiffs ist der, daß der Druck, den der Wind in der Fahrtrichtung ausübt, viel größer als bei einer entsprechenden Segelfläche ist. Unter günstigen Umständen, nämlich wenn die Umfangsgeschwindigkeit der Zylinder etwa drei- bis viermal so groß ist wie die Windgeschwindigkeit, ist die Windwirkung etwa zehnmal so groß wie bei einer gleich großen Segelfläche. Die Zylinder können also verhältnismäßig klein zur Takelage sein.

Da die Zylinder wesentlich niedriger sind als die Masten einer entsprechenden Takelage, so liegt der Gewichtsschwerpunkt tiefer als bei einem Segelschiff; die Stabilität wird also erhöht.

Zusammenfassend kann gesagt werden, daß das Flettner-Rotorschiff eine der bedeutendsten Neuerungen des Schiffsbaues ist.

4. Nachrichten über Eisverhältnisse in freier See.

Die Erfahrungen der letzten Jahre haben gezeigt, daß der Eisnachrichtendienst auf den Eiszustand der freien See ausgedehnt werden muß.

Bei Auftreten von Eis in der freien See sammelt die Deutsche Seewarte alle Meldungen, die ihr übermittelt werden, und fügt sie dem amtlichen, schriftlichen Eisbericht an. Außerdem werden diese Meldungen durch die Funkstelle Swinemünde drahtlos verbreitet im Anschluß an das um 11^{30} dem Wetterbericht angehängte „Funkeis".

Die von den Schiffen drahtlos abgegebenen Meldungen über in See angetroffenes Eis werden gemäß getroffenen Vereinbarungen von den Funkstellen Pillau, Swinemünde und Friedrichsort aufgenommen und der Seewarte zugeleitet. Telegrammkosten entstehen den Schiffen dadurch nicht. Auch alle anderen auf die Eisverhältnisse bezüglichen Schiffsmeldungen, die mündlich oder schriftlich eingehen, kommen, soweit diese zweckdienlich sind, zur Veröffentlichung.

An die Küstenfunkstelle der Freien Stadt Danzig können Eismeldungen in der gleichen Weise abgesetzt werden. Die Meldungen gehen an das Observatorium Danzig und werden für den Eisbericht verwertet.

Der Nachrichtendienst über Eis in der freien See wird um so wirkungsvoller und nutzbringender sein, je mehr die Schiffe sich am Meldedienst beteiligen.

a) Drahtlose Eismeldungen.

Für die drahtlos verbreiteten Eismeldungen von See kommt zur Zeit der nachstehende Schlüssel zur Anwendung:

Anruf: Rufname der Funkstelle, an die die Meldung abgesetzt werden soll.

Schiffsname; *OZZV*; *BBBLLL*; *EDDF*.

Bedeutung der Buchstaben:

O ist der Tag der Beobachtung, und zwar:

1 = Sonntag	5 = Donnerstag
2 = Montag	6 = Freitag
3 = Dienstag	7 = Sonnabend
4 = Mittwoch	

ZZ ist die Uhrzeit. Die Zeit wird auf volle Stunden abgerundet, von 00^h Mitternacht bis 24^h mitteleuropäische Zeit.

V ist die Sichtweite.

0 = dichter Nebel, Sichtweite bis 50 m	*5* = Dunst, Sichtweite bis 2 Sm
1 = dicker „ „ „ $^1/_{10}$ Sm	*6* = „ „ „ 5 „
2 = Nebel, „ „ $^2/_{10}$ „	*7* = - - - „ „ 10 „
3 = mäßiger „ „ „ $^1/_3$ „	*8* = - - - „ „ 30 „
4 = dünner „ „ „ 1 „	*9* = - - - „ über 30 „

BBB ist die geographische Breite in Graden und Zehntelgraden.
LLL ist die geographische Länge in Graden und Zehntelgraden.

E gibt die Eis- und Schiffahrtsverhältnisse.

1 = eisfrei, Schiffahrt unbehindert.
2 = schwaches Treibeis, Schiffahrt für schwache Dampfer erschwert.
3 = Treib- und Scholleneis, Schiffahrt für schwache Dampfer sehr erschwert.
4 = dichtes Treib- oder Scholleneis, Schiffahrt für schwache Dampfer unsicher.
5 = große Felder von Treib- oder Scholleneis, Schiffahrt für starke Dampfer erschwert,
6 = zusammengefrorenes Treib- oder Scholleneis, Schiffahrt für starke Dampfer sehr erschwert.
7 = Packeis und Treibeis, Schiffahrt nur für starke Dampfer möglich, gegebenenfalls mit Eisbrecherhilfe.
8 = schweres Eistreiben, Schiffahrt nur mit Eisbrecherhilfe möglich.
9 = schweres Festeis, Schiffahrt nicht möglich.

DD ist die Richtung des Windes, und zwar:

02 = NNO	*10* = OSO	*18* = SSW	*26* = WNW
04 = NO	*12* = SO	*20* = SW	*28* = NW
06 = ONO	*14* = SSO	*22* = WSW	*30* = NNW
08 = Ost	*16* = Süd	*24* = West	*32* = Nord

F ist die Windstärke.

0 = Windstill	*4* = mäßig	*7* = steif	*10* = starker Sturm
1 = sehr leicht	*5* = frisch	*8* = stürmisch	*11* = schwerer Sturm
2 = leicht	*6* = stark.	*9* = Sturm	*12* = Orkan
3 = schwach.			

Beispiel einer Eismeldung aus See vom Dampfer Atlantik:

Atlantik *3142* *562183* *4285*

Dampfer Atlantik meldet am Dienstag um 14 Uhr bei Nebel und Sichtweite bis zu $^2/_{10}$ Seemeilen auf 56,2° n. Br. und 18,3° ö. Lg. dichtes Treib- oder Scholleneis, Schiffahrt für schwache Dampfer unsicher, Wind NW, Stärke 5.

b) Eissignale für Schiffe auf See ohne Funkentelegraphie.

Die Mehrzahl der in der Ostsee fahrenden Schiffe hat keine drahtlose Telegraphie; die Schiffe sind zwecks Austausch von Meldungen auf die Signale des internationalen Signalbuchs angewiesen. Diese Signale aber sind für einen raschen Austausch von Nachrichten über angetroffenes Eis in See weder geeignet, noch diesen Eisverhältnissen angepaßt. Um einen schnellen Austausch der Eisnachrichten durch Signale von Schiff zu Schiff zu ermöglichen, ist das abgekürzte Verfahren eingeführt worden, wie auf S. 402 angegeben. Siehe auch Seite 564.

Um den Ort der Eisbeobachtung anzugeben, ist eine in Quadrate von 20′ Breite und 30′ Länge eingeteilte Karte der Ostsee nötig. Jedes Quadrat erhält zwei Buchstaben zur Kennung. Die Ortsangabe erfolgt nach Abgabe des Eissignals und wird allein für sich gezeigt.

Beispiel: Ein Schiff hat im Quadrat *AQ* dichtes Treib- oder Scholleneis angetroffen, das schwache Dampfer vielleicht nicht durchfahren können.

Signal: Rote Flagge. Wenn diese erkannt, die Buchstaben *AQ*.

Oder: Ein Schiff hat im Quadrat *BQ* schweres Eistreiben und Schiffahrt nur mit Eisbrecherhilfe möglich beobachtet.

Signal: Roter Wimpel über schwarzem Ball. Wenn diese erkannt, die Flaggen *BQ*.

Das vorherige Hissen des Eissignals hat zu erfolgen, weil die Schiffe es sogleich als Eissignal erkennen, da es in keinem Zusammenhang mit den Signalen des Signalbuches steht. Die Signalbuchwimpel sind bei Ortsangaben fortgelassen, um Verwechslungen mit den Eissignalen, bestehend aus Wimpel und Flagge, zu vermeiden.

Die Ortungskarte (im Maßstabe etwa 1 : 3 000 000) kann von der Deutschen Seewarte zum Preise von 1 M. bezogen werden.

5. Schiffsmeldungen über Störungen von Seezeichen usw.

Die Schiffsführer werden dringend ersucht, jede von ihnen gemachte Wahrnehmung über Veränderungen und Störungen von außerdeutschen Seezeichen und Leuchtfeuern sogleich entweder an ihre Reederei oder direkt an die Redaktion der Nachrichten für Seefahrer, Marineleitung, Berlin W 10, Königin-Augusta-Straße 38—42, senden zu wollen. Meldungen über Störungen deutscher Seezeichen sind an die zuständige Seezeichenbehörde zu geben.

Die Strandung des deutschen Dampfers „Eupatoria" auf der Salmedina-Bank vor Cartagena (Kolumbien), die zu vermeiden war, wenn dem Schiffsführer das Nichtbrennen des roten Warnsektors vom Fort San Fernando bekannt gewesen wäre, lehrt erneut die Wichtigkeit solcher Meldungen auf dem schnellsten Wege.

Telegraphische Mitteilungen werden unter „Marineleitung Berlin, Seenachricht" erbeten.

In allen Mitteilungen müssen die Orte nach Breite und Länge oder durch Peilungen bestimmt sein. Bei Kursen und Peilungen ist stets anzugeben, ob sie rechtweisend oder mißweisend sind.

6. Bezeichnungen von Unterwasserschallsendern in deutschen Seekarten.

In letzter Zeit sind in Küstengewässern und Flußmündungen Unterwasserschallsender ausgelegt worden. Diese Sender werden in den D. Adm.-Karten durch ein auf einer Seite stehendes Quadrat bezeichnet werden. Der Schnittpunkt der Diagonalen gibt die Lage des Senders an. Gibt der Unterwasserschallsender Glockensignale, so wird neben die Signatur *UWssGl.* (Unterwasserglocke) gesetzt. Membransender erhalten die Bezeichnung *UTSdr.* (Unterwassertelegraphiesender).

7. Seemännische Heuerstellen.

Die Vermittlung von Seeleuten und Schiffspersonal in Deutschland ist auf Grund des Übereinkommens und der Vorschläge, die von der internationalen Arbeiterkonferenz in Genua (Juni 1920) angenommen wurden, durch eine Verordnung des Reichsarbeitsministers vom 8. XI. 1924 geregelt worden. Die Regelung erfolgte auf Grund der Richtlinien des Deutschen Seefahrtsausschusses „für die Verwaltung paritätischer Heuerstellen vom 28. I. 1919".

Durch das Genueser Übereinkommen ist eine Stellenvermittlung vorgesehen: 1. durch Berufsvereinigungen der Reeder und Seeleute, die gemeinsam unter Aufsicht einer Zentralbehörde arbeiten, oder 2. in Ermangelung eines derartigen gemeinsamen Vorgehens von dem Staate selbst.

Das Genueser Übereinkommen betrifft die gewerbsmäßige und auch die nichtgewerbsmäßige Stellenvermittlung. Erstere untersteht den Vorschriften des Arbeitsnachweisgesetzes, während letztere der Verordnung vom 8. XI. 1924 unterliegt. Durch diese Verordnung wird bestimmt, daß andere nichtöffentliche, nichtgewerbsmäßige Stellenvermittlungen als die paritätischen Heuerstellen sich mit der seemännischen Stellenvermittlung nicht befassen dürfen. Jedoch besteht kein Benutzungszwang. Der paritätisch zusammengesetzte Verwaltungsausschuß mit einem unparteiischen Vorsitzenden regelt und überwacht die Arbeitsvermittlung und hat über Beschwerden gegen dieselbe zu entscheiden.

Unbeschadet der Aufsicht des Reichsamts für Arbeitsvermittlung ist als Aufsichts- und Beschwerdestelle für sämtliche Heuerstellen und ihre Verwaltungsausschüsse ein seemännischer Verwaltungsrat mit dem Sitz in Hamburg von den wirtschaftlichen Vereinigungen der Reeder und Seeleute zu bilden. Auch dieser ist paritätisch zusammengesetzt und hat einen unparteiischen Vorsitzenden, der mit seemännischen Arbeitsfragen vertraut sein muß.

Ein weiterer Paragraph der Verordnung bestimmt, daß die Vermittlung gebührenfrei und ohne Rücksicht auf die Zugehörigkeit zu einer Vereinigung zu erfolgen hat. Nach dem Genueser Übereinkommen soll bei der Stellenvermittlung dem Seemann das Recht der freien Wahl des Schiffes und dem Reeder das Recht der freien Wahl der Mannschaft gewahrt bleiben. Dem seemännischen Verwaltungsrat in Hamburg obliegt es, weitere Grundsätze, unter Zustimmung des Reichsamtes für Arbeitsvermittlung, über die Vermittlung usw. zu erlassen, welche insbesondere aber auch enthalten müssen, daß den Seeleuten aller Länder, die das Genueser Übereinkommen ratifiziert haben und bei denen etwa die gleichen Arbeitsbedingungen bestehen, die Heuerstellen zur Verfügung stehen.

Die paritätischen Heuerstellen sind somit Träger der beruflichen Arbeitsvermittlung. Sie sind nichtöffentliche, nichtgewerbsmäßige Arbeitsnachweise.

Die Adressen der paritätischen Heuerstellen Deutschlands sind zur Zeit:

Hamburg, Steinhöft 9 Abteilung A.
Hamburg, Seemannshaus an dem Hornwerk, Abteilung B, C, E.
Emden, Kleine Faldernstraße 6—7.
Bremen, Tannenstraße 30.
Bremerhaven, Am Hafen 93.
Bremerhaven, Schleusenstraße—Schifferstraße (Heuerstelle des N.D. Lloyd).
Königsberg i. Pr., Neuer Graben 13.
Stettin, Augustastraße 23.
Swinemünde, Bollwerk 11.
Rostock i. Meckl., Strandstraße 63a.
Flensburg, Kleine Fischerstraße 1.
Kiel, Wall 30a.
Holtenau, Schleuse.
Brunsbüttelkoog, Frischstraße.
Lübeck, Unterstraße 1.

Bemerkt sei, daß auch noch sieben gewerbsmäßige Stellenvermittler für Seeleute (zum Teil für Küstenschiffahrt) im Deutschen Reiche vorhanden sind, die auf die Orte Altona, Hamburg, Rostock und Stettin entfallen.

XXI. Anhang.

1. Im Buche angewandte Abkürzungen.

Abkürzung oder Zeichen	Bedeutung
α	Gerade Aufsteigung = Rektaszension
Abw. (oder a)	Abweitung
Ah (oder AH)	Augeshöhe
Az (oder A)	Azimut
b	Breitenkomplement $= 90° - \varphi$
BB	Backbord
Br. oder φ	Breite
φ_b	Breite, durch astr. Beobachtung gefunden
φ_g	Loggebreite, gegißte Breite
φ_m	Mittelbreite
φ_0	erreichte Breite, wahre Breite, Breite des Bestimmungsortes
φ_v	verlassene Breite, Breite des Abfahrtsortes, versegelte Breite
Br.U. od. $\Delta\varphi$	Breitenunterschied, Breitenänderung
δ	Abweichung = Deklination, Deviation
D.S.Z.	Deutsche Sommerzeit = Zeit des Meridians von 30° O
D.T.	Drahtlose Telegraphie
F_g	Fahrt des Schiffes über Grund
Fw.	Fehlweisung = Mißweisung + Deviation
F_w	Fahrt des Schiffes durchs Wasser
F.T.	Funkentelegraphie, Feuerturm
G (GZ)	Greenwich (Greenwicher Zeit)
g	Gang einer Uhr oder des Chronometers
g_0	Normalgang (Gang des Chr. bei +20° C)
Δg	Gangänderung, Gangunterschied
G.V. (od. GB)	Gesamtverbesserung
H	Meridianhöhe
h	wahre Gestirnhöhe
h_b, H_b	beobachtete Höhe
h_r, H_r	berechnete Höhe
h', H'	scheinbare Höhe
H.M.	Handelsmarine
HW	Hochwasser

Abkürzung oder Zeichen	Bedeutung
HWH	Hochwasserhöhe
HWZ	Hochwasserzeit
^{h}	Stunde, Uhr
I.V. oder I.B.	Indexverbesserung
K	Kurs, Kurswinkel
Kn	Knoten
Kpt.	Kapitän
K.M.	Kriegsmarine
Kt oder k	Kimmtiefe
Kp.	Kompaß
KN	Kartennull
L.F.V.	Leuchtfeuerverzeichnis
Lg. oder λ	Länge, λ_b, λ_g, λ_0, λ_v siehe unter φ
Lg.U. oder $\Delta\lambda$	Längenunterschied
MGZ	Mittlere Greenwicher Zeit
MGZ-I	Stand des Chronometers I, dementsprechend auch MGZ-II, MGZ-III usw.
MEZ	Mitteleuropäische Zeit = Zeit des Meridians von 15° O
MOZ	Mittlere Ortszeit $= m\odot\tau$ am Orte
$m\odot$	Mittlere Sonne
M.T.	Meridionalteile
Mw.	Mißweisung
mw.	mißweisend
^{m}	Minuten (Zeit)
N (N-lich)	Nord (nördlich)
N. f. S.	Nachrichten für Seefahrer
N. J.	Nautisches Jahrbuch
Nm.	Nachmittags
Np	Nippzeit
NW	Niedrigwasser, ebenso NWH, NWZ.
OEZ	Osteuropäische Zeit = D.S.Z.
O (O-lich)	Ost (östlich)
O_b	Breitenpunkt
O_g	gegißter Schiffsort, Loggeort
O_h	Höhenpunkt, wahrscheinlichster Schiffsort
O_l	Längenpunkt
O_w	wahrer Schiffsort
p	Poldistanz $= 90° - \delta$
P	Höhenverschub
π	Horizontalverschub
Plg.	Peilung
Pl.Kp.	Peilkompaß
q oder $\sphericalangle G$	parallaktischer Winkel, Winkel am Gestirn

Abkürzung oder Zeichen	Bedeutung	Abkürzung oder Zeichen	Bedeutung
ϱ	Halbmesser	U.T.	Unterwasserschallsignale
R	Refraktion = Strahlenbrechung	v	verbessert, versegelt
rw.	rechtweisend	Vm.	Vormittags
S (S-lich)	Süd (südlich)	VSB.	Vorschriften der Seeberufsgenossenschaft
Spr	Springzeit	WOZ	wahre Ortszeit = $w\odot\tau$ am Orte
S_{I}	Stand des Chronometers I, ebenso S_{II}, S_{III} usw.	$w\odot$	wahre Sonne
S_r	errechneter Stand des Chronometers	WGZ	Wahre Greenwicher Zeit
S_b	beobachteter Stand des Chronometers	W (W-lich)	West (westlich)
Sp	Spring, ebenso $SpHWH$, $SpNW$ usw.	Z	Meridianzenitdistanz $= \varphi - \delta = 90° - H_w$
SB.	Seeberufsgenossenschaft	z	Zenitdistanz $= 90° - h_w$, Kompaßkurs
StB	Steuerbord	z'	mißweisender Kurs
St.Kp.	Steuerkompaß	Zt	Zeit
^{s}	Sekunde (Zeit)	$Ztgl$ (oder e)	Zeitgleichung
Shb.	See-(Segel-)Handbuch	I	Zeitangabe des Chronometers I (Beobachtungschronometer)
Sm	Seemeile	II	Zeitangabe des Chronometers II (Kontrollchronometer)
t	Temperat., Stundenwinkel	I-U	Stand der Beob.-Uhr gegen Beob.-Chron.
t_o	Normaltemperatur $= +20°$ C	$\underline{\odot}$ $\underline{☾}$	Unterrandsbeobachtung über der Kimm
t_o	östlicher Stundenwinkel, ebenso t_w = westl. t.	$\overline{\odot}$ $\overline{☾}$	Oberrandsbeobachtung über der Kimm
Tbr	Tagesbruch	\☉/ \☾/	Unterrandsbeobachtung über dem künstl. Horizont
t_v	Temperaturverbesserung, ebenso t_{vm} = mittlere t_v	☾̆ ☉̆	Oberrandsbeobachtung üb. d. künstl. Horizont
τ	Zeitwinkel = Stundenwinkel vom unteren Meridian von $0-24^{\text{h}}$	⊖ ☾	Mittelpunktshöhe
τ♈	Zeitwinkel des Widderpunktes	$'$	Minute (Bogenmaß), Fuß
U	Zeitangabe der Beobachtungsuhr	$''$	Sekunde (Bogenmaß), Zoll
U.S.B.	Unfallverhütungsvorschriften der Seeberufsgenossenschaft		

2. Abkürzungen der deutschen Maß- und Gewichtsbezeichnungen.

1. Längenmaße:

Kilometer . . . . . km
Meter . . . . m
Dezimeter . . . . . dm
Zentimeter . . . . . cm
Millimeter . . . . . mm

2. Flächenmaße:

Quadratkilometer . . qkm oder km²
Hektar . . . . . . ha
Ar . . . . a
Quadratmeter . . . qm oder m²
Quadratdezimeter . . qdm oder dm²
Quadratzentimeter . qcm oder cm²
Quadratmillimeter . qmm oder mm²

3. Körpermaße:

Kubikmeter . . . . cbm oder m³
Hektoliter . . . . . hl
Liter l
Milliliter . . . . . . ml
Kubikdezimeter . . . cdm oder dm³
Kubikzentimeter . . ccm oder cm³
Kubikmillimeter . . cmm oder mm³

4. Gewichte:

Tonne . . . . t
Doppelzentner . . . dz
Kilogramm . . . . . kg
Hektogramm . . . . hg
Gramm. . . . . . . g
Milligramm . . . . . mg

3. Einige wichtige nautische Maße.

	Meile	Kabellänge	Kettenlänge (Schäkelkette)	Faden (Tiefenmaß)
Deutschland	Seemeile = 1852,00 m	Kabellänge, allgemein = 185 m	25,00 m	Faden = 1,829 m
	geogr. Meile = 7420,00 m	„ (Seetaktik) = 180 m		
Dänemark .	Qvartmiil = 1851,85 m	„ = 188 m		Favn = 1,883 m
	Miil = 7532,50 m			(Fuß = 0,314 m)
England . .	sea mile = 1851,85 m	„ (cable's length) = 185 m	21,95 m	Fathom = 1,829 m
	statute mile = 1609,30 m			(Yard = 0,914 m)
	League = 5555,55 m			(Fuß = 0,305 m)
	Nautical mile = 1853,15 m			
Frankreich .	mille marin = 1851,85 m	„ (encablure) neu = 200 m	30,00 m	
	Lieue marine = 5556,00 m	„ alt = 100 toises = 195 m		
	Lieue = 4444,44 m			
Holland . .	zeemyl = 1851,85 m	„ (Kabellengte) = 225 m		Vadem = 1,8 m
	myl = 1000,00 m			(Fuß = 0,3 m)
Italien . .	miglio marino = 1851,85 m		27,44 m	
Norwegen .	mil = 11295,48 m			Favn = 1,883 m
Österreich .	Seemeile = 1852,00 m	„ (Seetaktik) = 200 m	25,00 m	
Portugal . .	legoa = 6173,00 m	„ (estadio) = 258 m		Braça = 2,200 m
Rußland . .	werst = 1066,78 m	„ (Kabel) = 183 m		Saschen = 1,829 m (Saschen, Längenmaß = 2,130 m)
Schweden .	mil = 10688,00 m			Famn = 1,781 m (1 Fuß = 0,297 m)
Spanien . .	milla legal = 1851,85 m	„ (medida o cable) = 200 m		Braza = 1,672 m
	legua maritima = 5555,55 m			

1 deutsche Gewichtstonne = 1000 kg
1 Registertonne = 2,833 cbm

1 cbm = 0,353 Registert.
1 englische Gewichtstonne = 1016 kg

4. Verwandlung von Zeitmaß in Bogenmaß und umgekehrt.

Zeitmaß	Bogenmaß	Zeitmaß	Bogenmaß
1^h	15°	4^s	1′
4^m	1°	1^s	15″
1^m	15′	$^1/_{15}{}^s$	1″

5. Das griechische Alphabet.

A α	Alpha	a	I ι	Jota	i	P ϱ	Rho	r
B β	Beta	b	K $\varkappa$	Kappa	k	Σ σ	Sigma	s
Γ γ	Gamma	g	Λ λ	Lambda	l	T τ	Tau	t
Δ δ	Delta	d	M μ	My	m	Y v	Ypsilon	ü
E ε	Epsilon	e	N ν	Ny	n	Φ φ	Phi	ph
Z ζ	Zeta	z	Ξ ξ	Xi	x	X χ	Chi	ch
H η	Eta	e	O o	Omikron	o	Ψ ψ	Psi	ps
Θ ϑ	Theta	th	Π π	Pi	p	Ω ω	Omega	o

6. Zusätze und Berichtigungen.

Seite 82, Zeile 4 von oben, statt „den beiden" lies „zwei auf derselben Schiffsseite angebrachten".

Seite 82, Zeile 9 von oben, statt „den beiden" lies „zwei benachbarten".

Seite 108, Zeile 11 von unten, statt „500 Sm.", lies „200 Sm."

Seite 127, zweiter Abschnitt, füge hinzu: „In neuester Zeit gelang es dem Physiker Alexander Behm, Sicherungen (Abschaltungen) gegen diese Fehler zu treffen."

Seite 137, Abb. 54, füge hinzu: „S = Schwerpunkt des ganzen schwimmenden Systems, a = Angriffspunkt des Auftriebes, aS = metazentrische Höhe, St = Steuerstrich."

Seite 451, Zeile 26 von oben, statt „2400" lies „2700".

Seite 470, Zeile 10 von unten, statt „in cbm" lies „in Reg.-Tonnen".

Seite 557, zu Abschnitt 3, Das Flettner-Rotorschiff, füge hinzu:

Vorläufige Richtlinien für die Anwendung der Seestraßenordnung auf Rotorschiffe. Vorbehaltlich späterer gesetzlicher Regelung wird empfohlen, die Vorschriften der Seestraßenordnung bei Begegnung mit den unter Ausnutzung der Windkraft nach dem Flettnerschen Rotorsystem fahrenden Seeschiffen versuchsweise wie folgt anzuwenden:

1. Das im Dienst befindliche Rotorschiff Buckau ist als solches durch zwei 15 m hohe Drehtürme von 3 m Durchmesser, von denen einer vorn, der andere achtern im Schiff steht, äußerlich erkennbar.

2. Hat das Schiff den Motor in Betrieb, so gilt es als Dampfschiff im Sinne der Seestraßenordnung, auch wenn die Drehtürme in Bewegung sind.

Die Vorschriften der Seestraßenordnung für Dampfer werden voll befolgt.

3. Fährt das Schiff lediglich unter Ausnutzung der Windkraft mit Rotoren, so gilt es als Segelschiff im Sinne der Seestraßenordnung, bei Tage jedoch mit Ausnahme der Bestimmungen des Artikels 17.

Die Vorschriften für Segelschiffe werden mit der einzigen Ausnahme befolgt, daß das Rotorschiff mit Rücksicht auf seine größere Manövrierfähigkeit bei Tage jedem anderen Segelschiff aus dem Wege geht.

Der gemäß Artikel 14 der Seestraßenordnung an dem über dem Vorsteven befindlichen Dampferlaternenmast gehißte schwarze Ball bleibt auch im vorerwähnten Ausnahmefall gehißt.

Bei Nacht verhält es sich, wenn es nur mit Rotoren fährt, wie ein Segelschiff und führt nur Segelschiffslichter.

4. Bei Nebel wird stets der Motor in Betrieb genommen. Das Schiff verhält sich wie ein Dampfer.

S. 559, zu b) Eissignale für Schiffe auf See ohne Funkentelegraphie füge hinzu:

Die auf Seite 402 angegebenen Signale können nachts durch Signale mit den Morselampen ersetzt werden, und zwar bedeutet:

Schwarzer Ball = 1 langer Blink.	Roter Wimpel = 2 kurze Blinke.
Rote Flagge = 1 kurzer „	

1	2
MI	
3	4

Eine noch genauere Ortsangabe des Eises, wie auf S. 558 beschrieben, erreicht man folgendermaßen:

Man zerlegt ein beliebiges □, siehe nebenstehend, z. B. *MI* in vier mit Zahlen 1—4 bezeichnete Quadrate.

Wenn die Flaggen *MI* erkannt sind, so dippt man *MI* einmal, wenn Eis in □1, zweimal wenn Eis in □2 usw. zu melden ist. Nachts ersetzt man das Dippen der Flaggen durch entsprechende kurze Blinke.

Sachverzeichnis.

A, Koeffizient des magn. Komp. 226, 233.
A, Koeffizient des Kreiselkompasses 141.
Abandon 446.
ABC-Tafel 56, 185, 189, 196.
Abgestumpfte Doppelpeilung 46.
Abkürzungen, im Buch angewandt 561.
Ablader 331, 368, 370.
Ablenkung des Kompasses 193.
Ablenkungsformel des Funkpeilers 100.
Ablenkungsformel des Kompasses 228.
Ablenkungskoeffizienten 226, 259.
Aborte an Bord 472.
Abschaumventile 493.
Absolute Feuchtigkeit 265.
Absperrventil 492.
Abstandsbestimmungen 35, 42, 83, 106, 110.
Abstandstabelle nach Warneke 28.
Abstimmung (F.T.) 89.
Abtrift 52.
Abweichungsparallele 166.
Abweitung 48.
A-Deviation 141.
Aggregatzustände 485.
Agulhasströmung 300, 301.
Airys Hilfstafeln 57.
Akkumulatoren 520.
Akustische Lote 119, 123, 128, 129.
Alaskaströmung 301.
Alarmwerke, elektrische 525.
Algebraische Gleichung 541.
Algebraische Zahlen 539.
Alhidade 157.
Alphabet, griechisches 564.
Alphabetische Signale 400.
Ampere 515.
Amperemeter 518.
Amplitude 165, 192.
Anbauten, formstabile 467, 468.
Andresen Az.-Tafeln 189.
Aneroidbarometer 270.
Anfangsstabilität 475.
Angestelltenversicherung 450.
Anhang 561.
Anker 339.
Ankerketten 339.
Ankerlichtmaschine 497.
Ankern 4, 318, 339.
Ankersignale 308, 315.
Anlaßdauer von Maschinen 1, 490.
Anmusterung der Seeleute 528.
Annalen der Hydrographie 18.
Anode 516.
Anschütz-Funkpeiler 553.
Anschütz-Kaempfe 136.
Anschütz-Koppeltisch 146.
Anschütz-Kreiselkompaß 136.
Anschütz-Kursschreiber 145.
Anschütz-Lot 122.
Anzeichen für Orkane 281.
Äquatorialströmung 289.
Äquinoktialpunkte 166.
Aräometer 296.
Arbeit 483.
Arbeiten des Ladungsoffiziers 358.
Arbeitszeit 426.
Arithmetische Formeln 539.
Armatur des Dampfkessels 492.
Arzneimittel 527.
Askania-Werke (Bamberg) 242.
Astronomisches Fernrohr 148.
Astronomische Navigation 157.
Astronomische Ortsbestimmung 198.
Astronomische Vorkenntnisse 164.
Atlas-Werke Echolot 128.
Atlas-Werke Lotmaschine 118.
Atmosphäre 275.
Atteste 437.
Audion 90.
Aufbewahrung von Proviant 537.
Aufbewahrung von Reservekompaßrosen 251.
Auffindung eines unbekannt. Sterns 185.
Aufgabe der vier Punkte 46.
Aufgangsberechnung eines Gestirns 185.
Auflösen der Klammern 540.
Aufrichtungsvermögen des Schiffes 460.
Aufstellen der Kompasse 248.
Auf- und Untergang der Gestirne 183.
Ausblaseventil 493.
Ausdehnung des Wasserdampfes 486.
Ausräucherung der Schiffe 531.
Ausrüstung von Rettungsbooten 336.
Austrittspupille 148.

Auswandererschiffe 422.
Auswanderungsbehörde 453.
Ausweicheregeln 303.
Avarie 439.
Azimut 165, 188.
Azimutgleiche 550.
Azimutrechenstab 189.

B, Koeffizient 226, 233.
Bäder an Bord 472.
Baggersignale 312, 316.
Bahn der Zyklonen 281.
Balanceruder 463.
Balkenbucht 460.
Balkenkiel 462.
Ballast 473.
Ballastpumpen 497.
Ballenladungen 366.
Bamberg (Askania-Werke) 242.
Bamberg-Lot 118.
Barometer 268.
Barometerschwankungen 271.
Barozyklonometer 154.
Basisgerät 152.
Basnett-Tiefenmesser 118.
Bayamos 280.
B-Deviation 226, 233.
Beförderungsdauer durch Schiffe 397.
Befrachter 351.
Behm-Lot 119.
Behörden der Schiffahrt 452.
Belader 351, 368, 370.
Beladung des Schiffes 351.
Belastung des Schiffes 368.
Beleuchtung 473.
Benguelaströmung 300.
Beobachtungen, astr. 161, 178, 179.
Beobachtungsfehler 157, 179.
Bergeleistung 448.
Berufskleidung 431.
Beschädigte Ladung 366.
Beschleunigung 485.
Besondere Havarie 440.
Besteckrechnung, terrestrische 47.
Besteckversetzung 58, 215.
Betonnungssystem 15, 17.
Beurkundung des Personenstandes 419.
Bewegung der Weltkörper 168.
Bezeichnung der Kompaßstriche 258.
Bjerknes 271.
Black Southeasters 280.
Blausäuregase 531.
Blendgläser 158.
Blizzard 280.
Blöcke 343, 359.
Bodenwrangen 461.
Bodmerei 447.
Boen 279.
Bogenmaß 564.
Bootausrüstung 336.
Boote 332, 473.
Bootsmanöver 332.
Bootsvermessung 333.
Bora 279.
Bordstationen für F.T. 91.
Bortfeldt Az.-Tafeln 189.
Brandlöschung 329.
Brasilienstrom 300.
Braunsche Rahmenantenne 97.
Breitenbestimmung 197, 202.
Breitenkomplement 166.
Breitenmetazentrum 459.
Breitenpunkt 199.
Breitenunterschied 48.
Breitenverfahren 202.
Bremsen 497.
Brennstoff für Motore 326, 511.
Brennstoffverbrauch 325, 490, 512.
Brunswig-Tafeln 204.
Bruttoraumgehalt 470.
Buchstabiersignale 400.
Bugruder 463.
Bureau Veritas 456.
Bürgerliche Zeit 176.
Bürster 280.
Buys-Ballotsches Gesetz 274.

C, Koeffizient 226.
Celsius-Thermometer 267.
Chartepartie 435.
Chemische Wirkung des elektr. Stromes 517.
Cherub-Log 131.
Chromatische Abweichung 148.
Chronometerkontrolle 216.
Chronometerlänge 200.
Chronometertagebuch 216.
Clarkes Fahrtmesser 132.
Clayton-Apparat 330.
Coldewey-Sextant 162.
Commentz, Dr.-Ing. 481.
Coulomb 515.
CWL 459.

D, Koeffizient 227, 232, 256.
Dampf 485.
Dampfaustrittskanal 494.
Dampfdom 490.
Dampferwege 76.
Dampfkessel 489.
Dampfmaschine 489, 493.
Dampfstrahlpumpen 496.
Datumsgrenze 53.
Deckbelastung 360.
Deckladung 365.
Decksbezeichnung 469.
Deflektor 241.
Deklination, Abweichung 166.
Deklination, Mißweisung 52, 193.
Deplacement 459, 470.

Deplacementskoeffizient 460.
Deplacementskurve 355.
Desinfektion der Schiffe 530.
Despatch-money 435.
Destillierapparate 498.
Detektor 91.
Deutsche Seewarte 455.
Deviationsbestimmung 193, 224.
Deviationsdiagramme 239.
Deviationsformel 228.
Deviationskoeffizienten 228.
Deviationslehre 224.
Deviationstabelle 238.
Diesel-elektr. Schiffsantrieb 512.
Dispache 441.
D-Kugeln 227, 232, 256.
Docken 5.
Doppelglas 147.
Doppelpeilung 43.
Drahtlose Telegraphie 88, 409.
Drahtlose Telephonie 109, 415.
Drahttauwerk 343, 360.
Drehfeldsystem 523.
Drehkreis 323.
Drehmoment 484.
Dreiecksberechnung 543.
Dreiflächenruder 465.
Dreikreiselkompaß 138.
Drosselspulen 518.
Drucklager 488.
Druckverhältnisse der Luft 271.
D.T. (Drahtlose Telephonie) 109, 415.
Durchgangskonossement 436.
Dyn 483, 515.
Dynamoelektr. Maschinen 519.
Dynamomaschinen 519.

E, Koeffizient 227, 233.
Ebene Trigonometrie 546.
Ebsen-Tafeln 189.
Echo-Lot 119, 123, 128, 129.
Eigenpeilungen 97, 107, 550.
Einkreiselkompaß 137.
Einnehmen der Ladung 352.
Eintauchung des Schiffes 356.
Eintrittspupille 149.
Eisenbetonschiffbau 469.
Eisgefahr 62, 325.
Eiskörner 272.
Eismeldedienst 293, 402, 557, 564.
Eissignale 402, 557, 564.
Ejektoren 496.
Ekliptik 166.
Elektrische Anlagen, Bezeichnungen der — 513.
Elektrische Anzeiger 517.
Elektrische Apparate 521.
Elektrische Maßeinheiten 515.
Elektrischer Schiffsantrieb 512.
Elektrisches Licht 521.
Elektrizität an Bord 513.
Elektromagnetsender 79.
Embargo 425.
Empfangsanlage für Eigenpeilungen 97.
Empfindlichkeit der Kompaßrose 247.
Energie der Lage 484.
Englische Ausdrücke im Ladungsdienst 395.
Englischer Lloyd 456.
Entfernungstabellen 62.
Entropie 485.
Entwurf eines Schiffes 455.
Erddurchmesser 548.
Erde, Bewegung der — 168.
Erdmagnetismus 225.
Erdpole, magnetische 549.
Erdumfang 548.
Erfrorene, Behandlung von — 535.
Erste Hilfeleistung 533.
Erster Vertikal 165.
Ertrinkende, Rettung von — 535.
Erwerbslosenfürsorge 451.
Expansionsschieber 495.
Explosionsgefahr bei Kohlenladung 362.
Exzenter 488.
Exzentrizitätsfehler 158.

Faden 34, 563.
Fahren in Kanälen 314.
Fahrtbestimmung des Schiffes 18, 131.
Fahrtfehler (Kreiselkompaß) 140.
Fahrtmesser 18, 131.
Fahrttabellen 22, 321.
Fahrtzeit 430.
Fahrwasserbezeichnung 14, 15.
Falklandströmung 300.
Fall-Lot 130.
Fallwinde 279.
Farad 517.
Farbanstriche 346.
Farbverbrauch bei Farbanstrichen 348.
Faßberechnung 545.
Fathometer 128.
Fautfracht 369, 435.
Fehlergleichungen 188, 190, 192, 206.
Fehlweisung, Bestimmung der — 193, 225.
Fernrohre 147, 160.
Fernsignale 404.
Fernthermometer 525.
Fester Magnetismus 225.
Feuchtigkeit der Luft 265.
Feuerung der Dampfkessel 490.
Feuerlöscheinrichtungen 328.
Feuermelder 525.
Feuerung der Dampfkessel 490.
Fischereifahrzeuge 309.
Fixsterntafel 170.
Flachkiel 462.
Flächenberechnung 543.
Flächenmaße verschied. Länder 386.

Flaggenattest 434.
Flaggengruß 6.
Flaggensignale 399.
Flaggentafel 400.
Flettner-Rotorschiff 554.
Flettnerruder 463.
Fleuriais-Log 131.
Flinderstange 234, 256.
Flintglas 148.
Floridastrom 300.
Flüchtiger Schiffsmagnetismus 228.
Flüssige Ladung 364.
Fluidkompaß 253.
Flutstunde 262.
Forbes-Log 134.
Förster, Dr.-Ing. 477.
Formstabile Anbauten 467, 468.
Föttinger-Transformator 505.
Frahmscher Schlingertank 468.
Franchise 446.
Freibord 460.
Freibordmarken 458.
Freibordzertifikat 435.
Fremdpeilung (F.T.) 96, 106, 549.
Frequenz 90.
Fritter 89, 91.
Frühlingspunkt 167.
F.T. 88, 410.
F.T.-Verkehr 410.
F.T.-Zeitsignale 220.
Füllung 488.
Fulst-Tafeln 189, 204.
Fußkerze 521.
Funkbeschickung 99.
Funkfehlweisung 98.
Funkobs Telegr. 289.
Funkortung a. gr. Entfernung 549.
Funkpeiler 97, 101.
Funkpeilkompaß 553.
Funkseitenpeilung 99.
Funktionen der Winkel von 0—180° 546.
Funksturm 292.
Funkwetter 291.
Fuß in Meter 35.

Galileisches Fernrohr 147, 150.
Galvanisches Element 516.
Galvanometer 517.
Gangbestimmung 222.
Gang des Chronometers 222.
Gangformel 222.
Gasturbine 512.
Geburtsregister 416, 419.
Geburtsurkunde 420.
Gefährliche Güter 360.
Gefahrsignalanlage 524.
Gefahrwinkel 42.
Gegenpropeller 466.
Gegenspanten 461.
Gelap-Log 135.
Geldsorten 394.
Gemüseladung 364.
Geradeaufsteigung 167.
Geradkurssteurer 143.
Germanischer Lloyd 456.
Geschäftliche Angelegenheiten 442.
Geschwindigkeit 18, 36, 84, 484.
Gesichtsfeld 149.
Gesundheitspaß 437.
Gesundheitspflege an Bord 527.
Gesundheitszustand der Mannschaft 532.
Gewichtsmaße verschiedener Länder 387, 391.
Gewichtsschwerpunkt 459.
Gewöhnliche Havarie 439.
Gezeitenberechnung 259.
Gezeitenstrom 263.
Gillschraube 500.
Gleichförmige Bewegung 485.
Gleichgewichtszustände 485.
Gleichstrom 519.
Gleichungen, Lösung von — 541.
Gleitbahn 494.
Gleitschuh 494.
Glühkathodensenderöhre 91.
Glühkopfmotoren 510.
Glyzerinkitt 349.
Gnomonische Karten 55.
Goldene Regel der Mechanik 484.
Goldene Regeln für Ladungsoffiziere 368.
Golfstrom 300.
Goniometeranlage 96.
Goniometrische Formeln 547.
Gradbogen 158.
Gradient 265.
Gradtafel 48.
Graupeln 272.
Griechisches Alphabet 564.
Griffithschraube 500.
Große Havarie 440.
Größter Kreis, Berechnung des — 54.
Grunddreieck der sphär. Astronomie 168.
Grundlog 19.
Guyanaströmung 300.

Haager Regeln 370.
Haecke-Log 131.
Hängematten 472.
Hafenbehörde 444.
Hafentelegramme 286.
Hafenzeit 261.
Hagel 272.
Halbfester Magnetismus 229.
Halbkreisige Ablenkung 226.
Halbmesser eines Gestirns 165.
Hammermaschinen 494.
Handelsgesetzbuch 416.
Handflaggensignale 405.
Handlog 18.
Handlot 33.

Hanftauwerk 342, 360.
Harmattan 279.
Hauptspant 460.
Havarie 439.
Havariepapiere 439.
Hebelarmkurven 475.
Hebelgesetz 484.
Hefnerkerze 521.
Henry (elektr. Maßeinheit) 518.
Heuerstellen 559.
Heuerzahlung 431.
Hilfeleistung 448.
Hilfeleistung bei Unglücksfällen 533.
Hilfsmaschinen 497.
Himmelsmeridian 164.
Hinterbliebenenversicherung 449.
Hirschschraube 500.
Hochdruckgebiete 265.
Hochdruckzylinder 494.
Hochfrequenzmaschine 90.
Hochwasserhöhe 259.
Höhe eines Gestirns 164.
Höhenazimut 190.
Höhenberechnung 194.
Höhenbeschickung 165, 178.
Höhenformeln 195.
Höhengleiche 199.
Höhenparallele 164.
Höhenpunkt 199.
Höhentafeln 196.
Höhenverfahren 199, 208.
Höhenzeitazimut 192.
Holzarten 348.
Holzdecksladung 365.
Horizont 164.
Horizont, künstlicher 161.
Horizontalkraft 225.
Horizontalwinkel 41, 43.
Horizontsextant 162.
Hospitäler an Bord 471.
Hub der Maschine 487, 496.
Humboldströmung 301.
Hurrikan 281.
Hydraulischer Fahrtmesser 135.

Indexberichtigung 159, 178.
Indifferentes Gleichgewicht 485.
Indikator 486.
Indikatordiagramm 487.
Induktionsapparate 518.
Induktionswirkung des elektr. Stromes 518.
Injektoren 496.
Inklination 225, 235.
Interkostalplatten 462.
Internationale Dampferwege 58.
Internationales Signalbuch 398.
Invalidenversicherung 449.
Inventarmanifest 437.
Isherwood-System 461.
Isobaren 265.
Isothermen 265.

Jagdsegeln 60.
Jahrbuch, nautisches 180.

K, Koeffizient 227, 230.
K, Trägheitsmoment 252.
Kabellänge 563.
Kalifornienstrom 301.
Kalmen 275.
Kalorie 485.
Kältemaschinen 499.
Kaltglasur 346.
Kapazität eines elektr. Leiters 516.
Kaphornstrom 300, 301.
Karten 6, 9.
Karten-Null 261.
Kathode 516.
Kathodenröhren 90.
Kennung der Leuchtfeuer 13.
Kepplersche Gesetze 168.
Kerzenstärke 521.
Kessel der Maschine 489.
Ketten 360.
Kettenzertifikat 433.
Kiele 462.
Kielschwein 462.
Kilowatt 515.
Kimm 165.
Kimmabstand 165.
Kimmtiefe 165.
Kimmtiefenmesser 163.
Kinetische Energie 484.
Kitte 349.
Klarierungsattest 437.
Klassenzeichen des German. Lloyd 457.
Klassifikationsgesellschaften 456.
Klassifikationszertifikate 434.
Klugsche Umsteuerung 494.
Koeffiziententafel 226, 259.
Kohlenladung 362.
Kohlschütter-Meßkarte 188, 189, 196.
Kojen 472.
Kokosnußfasertauwerk 342.
Kolbenpumpen 496.
Kolbenstange 494.
Kommandoanlagen 522.
Kompaßdeflektor 241.
Kompaßkreis 152.
Kompaßkunde 224.
Kompaßrose 246.
Kompaßtafel für Striche und Grade 257.
Kompensation der Kompasse 230.
Kompensationsströme 298.
Kompressorlose Schiffsmotoren 509.
Kondensation 447.
Konnossement 436.
Konservierung des Holzes 348.
Konservierung des Schiffes 344.

Konservierung der Takellage 349.
Konstruktionsbreite 459.
Konstruktionswasserlinie 459.
Kontrapropeller 466.
Koordinaten, geographische 47
Koordinatensysteme 164, 165.
Kopernikus 168.
Koppelkurs 53.
Koppeltafel 48.
Koppeltisch 146.
Kopplung (elektr.) 89, 521.
Körperberechnung 545.
Kräne 497.
Krängungsfehler 230.
Krängungsversuche 476.
Krankenfürsorge 423.
Krankenversicherung 451.
Kreiselkompaß 136.
Kreiselpumpen 496.
Kreiselsextant 162.
Kreuzkopf 494.
Kreuzpeilung 45.
Kugel, Berechnung der 545.
Kühlanlagen 499.
Kühlraum 366.
Kühlwasser 510.
Kuhlmann-Ludolph 153.
Kulisse 488.
Kulmination 166, 180, 202.
Kündigung 430.
Künstlicher Horizont 161.
Künstlicher Zug 490.
Kurbelwelle 494.
Kuroschiostrom 301.
Kursänderungssignale 304.
Kursschreiber 145.
Kurssignale 304.
Kursverwandlung 52.
Kurvenblatt 47, 82.
Kurzzeitmesser 125.

Labiles Gleichgewicht 485.
Labradorstrom 300.
Labsalben 349.
Lackanstriche 345.
Ladegeschirr 359.
Laderaumbrände 330.
Ladeschein 436.
Ladung 351.
Ladungsoffizier, Bemerkungen für 358, 368.
Ladungspapiere 432.
Lampenattest 437.
Landbrise 275.
Landgang im Hafen 429.
Langanker 488.
Längenmaße verschied. Länder 386, 391.
Längenpunkt 199.
Längenverfahren 200, 211.
Längsverbände 461.
Lautfernsprecher 525.
Lebendige Kraft 484.
Lebensmittel 530.
Leistung 483.
Leistungsschilder 515.
Leitkabel 112.
Leitpunkt der astron. Standlinie 198.
Leitschaufeln 501.
Lenzpumpen 497.
Lenzsäcke 339.
Leuchtfeuer 11, 13, 36.
Lichtbogensender 90.
Lichterführung 3, 305.
Lichtstärke der Fernrohre 149.
Limbus 157.
Litosilobelag 469.
Lloyds Register 456.
Logarithmieren 540.
Logge 18, 131.
Löschen der Ladung 352.
Löwe-Sterntafeln 185.
Lotmaschinen 115.
Lotsenhilfe 315.
Lotsensignale 403.
Lotungen 33, 42.
Loxodrome 48.
Ludolph-Lotmaschine 118.
Luftfahrzeug, Seestraßenrecht der — 315
Luftdruck 268, 271.
Luftpumpen 496.
Lüftung 472.
Lüning-Tafeln 204.
Lukenbesichtigungsprotokoll 437.

M, magn. Moment 251.
Magnetismus, fester 225.
Magnetismus, flüchtiger 228.
Magnetismus, halbfester 229.
Magnetische Wirkung des elektr. Stromes 517.
Magnetisches Moment 251.
Magnet. Erdpole 549.
Magnus-Effekt 555.
Manifest 436.
Manilahanftauwerk 342.
Mannlöcher 493.
Mann über Bord 328.
Manometer 493.
Manövrieren im Nebel 305.
Manövrierunfähiges Fahrzeug 308.
Manövriertabelle 321, 323.
Manteltarif 425.
Marinebarometer 268.
Marinefernrohr 147.
Marineleitung 454.
Mariottesches Gesetz 485.
Marschturbine 505.
Maschinendrehvorrichtungen 497.
Maschinenleistung 486.
Maschinentelegraph 523.

Maße und Gewichte 386.
Massey-Log 131.
Mäßigung der Geschw. bei Nebel 2, 305.
Maßstäbe der Schiffsvermessung 470.
Matthies' Az.-Tafeln 189.
Maurers Meßkarte 188, 189, 196.
Mauritius-Orkan 282.
Mechanik 484.
Meereskunde 296.
Meeresströmungen 297.
Meerwasser 296.
Meldau, Prof. Dr. 224, 234.
Meridianbreite 202.
Merkatorkarte 6.
Meßbrief 434.
Meßkarten 185, 188, 189, 192, 196.
Metallüberzüge 345.
Metazentrische Höhe 459.
Metazentrum 474, 459.
Meteorologie 265.
Meteorologisches Tagebuch 302.
Meter 548.
Meter in Faden 34.
Millibar 270.
Minensuchfahrzeuge, England 311.
Minutenrose 140.
Mißweisung 52, 193.
Mistral 279.
Mittagsbesteck, astronomisches 213.
Mittagsbreite 202.
Mittelbreite 48.
Mitteldruckzylinder 494.
Mittelwasser 260.
Mitternachtsbreite 203.
Mittlere Zeit 167.
Mond, Bewegung des — 169.
Mondalter 262.
Mondfinsternis 169.
Mondflutintervall 261.
Monsune 275.
Montierung der Kompasse 245.
Morsesignale 407.
Motore 506.
Mühleisen-Tafeln 204.
Münztafel 394.
Musterrolle 437.
Mutterkompaß 139.

Nachkompensierung 237.
Nachrichten für Seefahrer 18.
Nadelinduktion 233.
Nadir 164.
Name eines unbekannten Sterns 185.
Napiersche Regel 577.
Nauener Zeitsignale 221.
Nautische Maße 563.
Nautisches Jahrbuch 180.
Navigationsgerät 153.
Navigatorlog 132.
Nebel 266.
Nebelsignalapparate 304, 305, 523.
Nebelsignale 2, 304, 305.
Nebenmeridianbreitentafeln 204.
Nebenmittagsbreite 204.
Nebenmitternachtsbreite 205.
Neerströme 298.
Neltings Rechenstab 189, 192.
Nettoraumgehalt 470.
Niederdruckzylinder 494.
Niedergänge 472.
Niederschläge 272.
Niedrigwasserhöhe 259.
Nippzeit 260.
Nockenscheiben 489.
Nonius 157.
Nordäquatorialstrom 298.
Norder 280.
Nordsternazimut 193.
Nordsternbreite 197.
Normal-Null (*NN*) 261.
Normaluhren 218.
Norske Veritas 456.
Notsignale 313, 402.
Nullspant 460.

Oberflächenkondensator 495.
Oberflächenströmungen 297, 301.
Oberseeamt 453.
Obstladung 364.
Ohm 515.
Ohmsches Gesetz 516.
Ökonomischer Wirkungsgrad v. Handelsschiffen 458.
Öl 338, 491.
Ölbrände 330.
Ölfarbanstriche 346.
Ölfeuerung 491.
Ölkitt 349.
Öl zur Beruhigung der Wellen 338.
Oktant 157.
Orkane 281.
Ort aus 2 Höhen 208.
Orthodrome 54.
Ortsbestimmung, terrestrische 43.
Ortsbestimmung durch F.T.P. 93.
Ortungskarten für F.T.P. 95.
Ostaustralstrom 301.
Ostgrönlandstrom 300.
Ostpunkt 164.
Ozeanfunkwetter 291.

Pagel, Korrektion 202, 211, 212.
Pampero 280.
Parallaktischer Winkel 166.
Parallaxe eines Gestirns 165.
Paritätische Heuerstellen 559.
Passate 275.
Patentlog 131.
Patentruder 463.
Pegel 261.

Peilbeschickung (F.T.P.) 94.
Peilen der Gestirne 193.
Peilungen 41.
Peilvorrichtung 247.
Personenstand 419.
Peruanische Strömung 301.
Pferdestärke 484.
Pitotröhre 133.
Planeten, Bewegung der — 169.
Plastik der Fernrohre 150.
Pleuelstange 488, 494.
Polarsternazimut 193.
Polarsternbreite 205.
Poldistanz 166.
Polhöhe 166.
Positionslaternen 305.
Portlandzement 345.
Potentielle Energie 484.
Potenzieren 540.
Pothenotsches Problem 46.
Präzession der Taggleichen 167.
Prismengläser 148, 150.
Probierventile 493.
Proportionen 542.
Props 366.
Proviantaufbewahrung 537.
Proviantausgabe 536.
Provianteinkauf 536.
Prüfung in Gesundheitspflege 527.
Pulfrichs Kimmtiefenmesser 163.
Pulsometer 497.
Pumpen 496.

Quadratwurzelausziehen 541.
Quarantänebestimmungen 528.
Querabstand 45.
Querverbände 461.

Radiopeiler 97.
Radizieren 540.
Rahmenspanten 461.
Raketenapparat 337.
Randermann, Naut. Tafeln 38, 189, 204.
Rauhfrost 272.
Raumgehalt der Schiffe 470.
Raumgehalt von Booten 333.
Raummaße verschied. Länder 386, 391.
Raumtiefe 459.
Receiver 494.
Rechenstab 189, 192.
Recht-Festsetzung 441.
Refraktion 165.
Regen 272.
Registertonnen 470.
Regulatoren 497.
Reichsangestelltenversicherung 450.
Reichsoberseeamt 453.
Reichsverkehrsministerium 454.
Reichsversicherungsordnung 420, 448.
Reichswirtschaftsministerium 454.
Reif 272.
Rektaszension 167.
Relative Feuchtigkeit 266.
Relingslog 19.
Remittent 445.
Reserverosen 251.
Rettung Ertrinkender 535.
Rettungsbojen 327.
Rettungsboote 327, 336.
Reuegeld 369, 435.
Richtkraft des Kompasses 229.
Richtungsempfangsanlagen 96.
Richtungshörer 82, 129.
Ringanker 519.
Ritzelgetriebe 506.
Robinsons Anemometer 272.
Röhrensender 91.
Rohrleitungen 499.
Roßbreiten 275.
Rostkitt 350.
Rostschutzmittel 344.
Rotorschiff 554.
Rückwärtsturbine 506.
Ruderanlagen 463.
Rudermaschinen 498.
Rudertelegraph 524.
Ruderwirkung 321.
Ruhe der Kompaßrose 246.

Schall 36, 84.
Schallortung 110.
Schallsignale 304, 318.
Schaum-Feuerlöschverfahren 331.
Scheck 444.
Schieberkasten 494.
Schiefe Ebene 484.
Schiffahrtsbehörden 452.
Schiffahrtspegel 261.
Schiffbau 455
Schiffsausrüstung 350.
Schiffsbesichtiger 453.
Schiffsdampfmaschinen 493.
Schiffsgewichte 456.
Schiffskontrolle, gesundheitspolizeil. 528.
Schiffskreisel, Schlickscher 467.
Schiffslebenversicherung 446.
Schiffsmanöver 321.
Schiffsmaschinenkunde 483.
Schiffmeldungen über Störungen von Seezeichen 559.
Schiffsmotore 506.
Schiffspapiere 416.
Schiffspfandrecht 447.
Schiffsräucherung 531.
Schiffsregisterbehörde 453.
Schiffsschraube 500.
Schiffstagebuch 416.
Schiffstelegraphen 522, 523.
Schiffsturbodynamo 520.
Schiffsvermessung 470.

Schiffsvermessungsbehörde 453.
Schiffszertifikat 434.
Schirokko 279.
Schlagwasserplatten 462.
Schlammlöcher 493.
Schleppersignale 405.
Schlickscher Schiffskreisel 467.
Schlingern, Mittel zur Verhütung 467.
Schlingertank 468.
Schmelzwärme 485.
Schmiermittel 349.
Schnee 272.
Schotten 327, 462.
Schottenalarmanlage 524.
Schraube 500.
Schraubenwirkung 321.
Schutz des menschl. Lebens auf See 424.
Schwingungskreis 521.
Sechsuhrkreis 166.
Seeamt 453.
Seeberufsgenossenschaft 454.
Seebrise 275.
Seefrachtordnung 361.
Seegang-Skala 297.
Seekarte 6.
Seekriegsrecht 451.
Seemännische Fahrzeit 430.
Seemännische Heuerstellen 559.
Seemannsamt 452.
Seemannschaft 321.
Seemannsordnung 418.
Seemeile 548, 563.
Seenotzeichen 410.
Seeprotest 443.
Seerecht 416.
Seestraßenrecht 303.
Seeunfallversicherungsgesetz 416, 420.
Seeversicherung 445.
Seewarte 455.
Segel 341.
Segelberechnung 544.
Segelfläche 471.
Segeln im größten Kreise 54.
Segeln in der Loxodrome 48.
Segeltuch 341.
Selbstentzündung von Kohlenladung 362.
Selbsteuer 143.
Selbstinduktion 518.
Semaphore 404.
Senten 460.
Sextant 157.
Sicherheitsdienst 326.
Sicherheitsventile 493.
Siedetemperaturen 486.
Signalanlagen 522.
Signalbuch 399.
Signaluhren 219.
Signalwesen 398.
Sigurdson-Tiefenmesser 118.
Simpsonsche Regel 543, 545.
Sinus-Regel 547.
Slip 20.
Soecken-Tafeln 196.
Solstitialpunkte 166.
Sonic depth finder 129.
Sonne 166, 549.
Sonnenfinsternis 169.
Sonnentag 167.
Sonnenwendpunkte 166.
Spannungszeigersystem 522.
Spanten 461.
Speisepumpen 493, 497.
Speiserolle 429, 538.
Speiseventile 493.
Spezifische Feuchtigkeit 265.
Spezifisches Gewicht 385, 484.
Spezifisches Gewicht fester Körper 382.
Spezifisches Gewicht von Flüssigkeiten 385.
Sphärische Abweichung 148.
Sphärische Trigonometrie 547.
Spiegelinstrumente 157.
Spiegelparallaxe 160.
Spille 497.
Springverspätung 260.
Springzeit 260.
Sprung 460.
Stabiles Gleichgewicht 485.
Stabilität 455, 473.
Stabilität der Kompaßrose 246.
Stabilitätsmoment 460.
Stabilitätsweiser 476.
Stand des Chronometers 217.
Standlinie, astronomische 198, 206.
Standlinie, terrestrische 35.
Stärke von Ketten 360.
Stärke von Tauwerk 360.
Statisches Stabilitätsmoment 400, 474.
Stauen der Ladung 352, 375.
Stauraumangaben 375.
Staustrom 298.
Stehbolzen 489.
Steinholzbelag 469.
Steinkohle 486.
Stellen der Uhren an Bord 173.
Sterbeurkunde 420.
Sternfinder von Wördemann 187.
Sternkarten 170, 171.
Sterntag 167.
Sternverzeichnis 172.
Steuerbehörde 447.
Steuermaschinen 498.
Steuertafel 240.
Steuerung der Maschine 495.
Stopfbüchse 488.
Strahlenbrechung 165.
Strandamt 454.
Strandungsordnung 422.
Strangmeyer-Fahrtmesser 132.
Strichtafel 48.

Stringer 462.
Strömungen des Meeres 297.
Stromschiffahrt 58.
Stück-Meßkarte 185, 188, 189, 196.
Stundenkreise 166.
Stundenwinkel 166, 187.
Stürme der gemäßigten Zone 278.
Stürme der Tropen 281.
Sturmsignale 286.
Sturmwarnungswesen 285, 286, 292.
Südäquatorialstrom 300.
Südsee-Orkane 281.
Suezruder 463.
Sumatras 279.
Sumner Standlinie 198.
Systemschwerpunkt 459.

Tag- und Nachtgleichenpunkte 166.
Tagebuchverordnung 417.
Tagesbruch-Tafel 223.
Tägliche Luftdruckschwankung 272.
Taifune 282.
Takelage, Konservierung der — 349.
Taljen 344, 359.
Tankladungen 364.
Tarifschiedsgericht 432.
Tau 272.
Tauwerk 342, 360.
Technische Navigation 78.
Teeranstrich 349.
Telefunkenkompaß 97.
Telemotoranlagen 498.
Telegraphengeheimnis 415.
Temperatur in Kühlräumen 368.
Terrestrische Fernrohre 148, 150.
Terrestrische Navigation 6.
Thermometer 266.
Thomson-Lot 115.
Thornycroft-Kessel 489.
Tidekonstante 262.
Tidenfall 260.
Tidenhub 260.
Tidenstieg 259.
Tiefgang 355, 356, 460.
Tiefgangsmarken 458.
Tiefenmelder 119.
Tieflot 33.
Tierkreis 166.
Tochterkompaß 139.
Tons per Zentimeter 356, 481.
Tons per Zoll 356.
Tornados 279.
Toter Punkt 494.
Trägheitsgesetz 485.
Trägheitsmoment 251.
Tragfähigkeit 459, 470.
Tragfähigkeit des Ladegeschirrs 359.
Transformatoren 519.
Trassant 445.
Trassat 445.
Trennung von B_1 und B_2 233.
Treppen an Bord 472.
Triebturmschiffe 554.
Triftströme 298.
Trigonometrische Formeln 546.
Trimm 460.
Trimmänderung 355.
Trimmoment 356.
Trimmtabelle 357.
Trockenelemente 517.
Trockener Dampf 488.
Trockenkompaß 245, 252.
Trombe 281.
Trommelanker 519.
Trommelsextant 162.
Trossen 342.
Turbinen 501.

Überarbeit 427.
Überdruck 187.
Überhitzter Dampf 488.
Übersetzungsgetriebe 505.
Uhren an Bord 172.
Uhren, elektrische — 526.
Umdrehungsanzeiger 524.
Umdrehungszähler 136.
Umlaufzahl von Maschinen 496.
Umsteuerpropeller 500.
Umsteuerung der Maschine 495.
Umsteuerungsmaschine 497.
Unfallverhütungsvorschriften der S.B. 421.
Unfallversicherung 448.
Ungedämpfte Wellen 90.
Unglücksfälle, Hilfeleistung bei — 533.
Universaldeflektor 242.
Untersuchung der Seeleute 528.
Unterwasserschallsignalwesen 78.
Untiefenbezeichnung 15.
Urlaub 430.
Ursprungsattest 436.
U.T. 78.

Verbesserung der Höhen 177.
Verbrennung der Steinkohle 486.
Verdampfungswärme 485.
Verdrängungsschwerpunkt 459.
Verfrachter 351.
Vergrößerte Breite 49, 51.
Vergrößerung der Fernrohre 149.
Vergütung für Überarbeit 427.
Verhältnisgleichungen 542.
Verkehrsordnung 316.
Verklarung 443.
Vermessung der Schiffe 470, 471.
Verpflegung 429.
Verschiebung der astron. Standlinie 207.
Verschub eines Gestirns 165.
Versicherung 429, 445, 446, 448.
Verstärkerröhren 105.

Vertikale 164.
Vertikalkraft 225.
Vertikalkraftwage 231.
Verwandeln der Zeiten 176.
Vielfachantennenanlage 97.
Viertaktmotore 508.
Viertelkreisige Ablenkung 228.
Viskosität 511.
Volt 515.
Voltmeter 517.
Vorzeichenregeln (Algebra) 539.
Vulkangetriebe 513.

Wachwechsel 3.
Wahrer Horizont 164.
Wahre Zeit 167.
Währungstafel 394.
Wahrscheinlichster Schiffsort 199.
Walker-Log 131.
Wärmeverhältnisse der Luft 268.
Wärmekraftmaschinen 506.
Waschräume 472.
Wasserglaskitt 350.
Wasserhosen 281.
Wasserlinienareal 460.
Wasserrohrkessel 491.
Wasserstandgläser 493.
Wasserverdrängung 459.
Watt 516.
Wechsel 444.
Wedemeyer 185, 189, 196.
Wegablenkung 98, 107.
Wegerechtschiffe 317, 320.
Wegweiseranlage, elektrische 112.
Weir-Az.-Diagramm 189.
Wellen 297.
Wellen, elektrische — 88, 90.
Wellenanzeiger 91.
Wellenberuhigung durch Öl 338.
Wellenhosen 500.
Wellenlänge 89.
Wertladungen 366.
Westaustralstrom 301.
Westinghouse-Lavalgetriebe 506.
Westpunkt 164.
Wetterdienst 285, 288.
Wetterkarten 285.
Wetterkunde 265.
Weyer-Az.-Tafel 192.
Widderpunkt 167.
Wiederbelebung Ertrunkener 536.
Wiggel-Tiefenmesser 118.
Williwaws 279.
Wind 272.
Winden 497.
Windgesetze 274.
Windhosen 281.
Windsemaphore 288.
Windstärketafel 273.
Windwarnungen 286.
Winkelmeßzeug 157.
Winkersignale 405.
Wirbelstürme 281.
Wohnräume an Bord 471.
Wohnräume der Mannschaft 431.
Wolken 266.
Wrackbezeichnung 16, 17.
Wurzelrechnung 540.

Yarrow-Kessel 489.

Zahlensignale 400.
Zeigersextant 162.
Zeit 167, 172, 176.
Zeitazimut 189.
Zeitballbeobachtung 219.
Zeitgleichung 167.
Zeitmaß 564.
Zeitwinkel 166.
Zenit 164.
Zenitdistanz 165.
Zenterplattenkiel 462.
Zentrifugalpumpen 496.
Zertifikate 433.
Zeugnisse für Schiffsleute 432.
Zirkulation der Atmosphäre 275.
Zirkulationspumpen 496.
Zodiakus 166.
Zonenzeit 174.
Zusammenstoß von Schiffen 305.
Zweitaktmotore 508.
Zyklone 282.
Zylinderkessel 489.

Grundzüge der maritimen Meteorologie und Ozeanographie. Mit besonderer Berücksichtigung der Praxis und der Anforderungen in Navigationsschulen. Von **Joseph Krauß**, Lübeck. Mit 60 Textfiguren. (233 S.) 1917. Gebunden 6 Goldmark

---

Bemastung und Takelung der Schiffe. Von **F. L. Middendorf**, Direktor des Germanischen Lloyd. Mit 172 Figuren, 1 Titelbild und 2 Tafeln. (410 S.) 1903. Unveränderter Neudruck. 1921. Gebunden 31.50 Goldmark

---

Die großen Segelschiffe. Ihre Entwicklung und Zukunft. Von Professor **W. Laas**, Berlin. Mit 77 Figuren im Text und auf Tafeln. (135 S) 1908. 6 Goldmark

---

Schiffbautechnisches Zeichnen. Ein Lehrbuch für die mustergültige Darstellung von Schiffen und Schiffsteilen zum Gebrauch an Technischen Schulen, Hochschulen und in der Praxis. Von Professor **Otto Lienau**, Danzig. Mit 54 Textabbildungen. (44 S.) 1923. 2.20 Goldmark

---

Kleinschiffbau. Schiff, Maschine, Propeller, Gewichte und Montagedaten. Von Privatdozent Dr.-Ing. **Ewald Sachsenberg**, Berlin. Erster Teil. Mit 166 Textabbildungen. (272 S.) 1920. 16 Goldmark

---

Rauchverbrennungsanlagen für Flußschiffe. Von Dr.-Ing. **Ewald Sachsenberg.** Mit 20 Textfiguren und 9 Tafeln. (30 S.) 1913. 3 Goldmark

---

Die dynamischen Wirkungen der Wellenbewegung auf die Längsbeanspruchung des Schiffskörpers. Von Dr.-Ing. **F. Horn**, Kiel. Mit 10 Textfiguren. (118 S.) 1910. 3 Goldmark

---

Strömungsenergie und mechanische Arbeit. Beiträge zur abstrakten Dynamik und ihre Anwendung auf Schiffspropeller, schnellaufende Pumpen und Turbinen, Schiffswiderstand, Schiffssegel, Windturbinen, Trag- und Schlagflügel und Luftwiderstand von Geschossen. Von Oberingenieur **Paul Wagner**, Berlin. Mit 151 Textfiguren. (263 S.) 1914. Gebunden 10 Goldmark

Schiffs-Ölmaschinen. Ein Handbuch zur Einführung in die Praxis des Schiffsölmaschinenbetriebes. Von Direktor Dipl.-Ing. Dr. **Wm. Scholz,** Hamburg. Dritte, verbesserte und erweiterte Auflage. Mit 188 Textabbildungen und 1 Tafel. (276 S.) 1924. Gebunden 13.50 Goldmark

---

Ölmaschinen, ihre theoretischen Grundlagen und deren Anwendung auf den Betrieb unter besonderer Berücksichtigung von Schiffsbetrieben. Von Marine-Oberingenieur a. D. **Max Wilh. Gerhards.** Zweite, vermehrte und verbesserte Auflage. Mit 77 Textfiguren. (168 S.) 1921. Gebunden 5.80 Goldmark

---

Schnellaufende Dieselmaschinen. Beschreibungen, Erfahrungen, Berechnung, Konstruktion und Betrieb. Von Professor Dr.-Ing. **O. Föppl,** Marinebaurat a. D., Braunschweig; Dr.-Ing. **H. Strombeck,** Obering., Leunawerke, und Professor Dr. techn. **L. Ebermann,** Lemberg. Dritte, ergänzte Auflage. Mit 148 Textabbildungen und 8 Tafeln, darunter Zusammenstellungen von Maschinen von AEG, Benz, Daimler, Danziger Werft, Deutz, Germaniawerft, Görlitzer M.-A., Körting und MAN Augsburg. (246 S.) 1925. Gebunden 11.40 Goldmark

---

Ölmaschinen. Wissenschaftliche und praktische Grundlagen für Bau und Betrieb der Verbrennungsmaschinen. Von Professor **St. Löffler,** Berlin, und Professor **A. Riedler,** Berlin. Mit 288 Textabbildungen. (532 S.) 1916. Unveränderter Neudruck. 1922. Gebunden 18 Goldmark

---

Der Eisenbeton-Schiffbau. Von Ing. **M. Rüdiger,** Hamburg. Mit 140 Textfiguren. (127 S.) 1919. 4.20 Goldmark

---

Das Seefracht-Tarifwesen. Von Dr. **Kurt Giese,** Oberregierungsrat in Hamburg. (395 S.) 1919. 16.80 Goldmark

---

See- und Seehafenbau. Von Professor **H. Proetel,** Aachen. Mit 292 Textabbildungen. (Handbibliothek für Bauingenieure, III. Teil: Wasserbau, 2. Band.) (231 S.) 1921. Gebunden 7.50 Goldmark

---

Deutsche Handelsschiffsölmotoren. Von Professor **Walter Mentz,** Danzig-Zoppot. (24 S.) 1923. (Sonderabdruck aus „Werft—Reederei—Hafen“, Heft 9 und 10.) 1.20 Goldmark